AutoCAD建筑图纸绘制专家精讲

云海科技 编著

中国铁道出版社
CHINA RAILWAY PUBLISHING HOUSE

内容简介

本书详细介绍了用 AutoCAD 2013 绘制全套建筑图的方法，包括建筑施工图、建筑结构图、室内装潢图和园林景观图。

本书共 17 章，分为 5 大篇，第 1 篇为建筑设计基础（第 1～2 章），介绍了建筑设计的基本理论和建筑制图的规范等基础知识；第 2 篇为 AutoCAD 基础（第 3～5 章），介绍了 AutoCAD 的基本操作、二维图形绘制和编辑等知识；第 3 篇为建筑施工图（第 6～11 章），介绍了建筑总平面图、平面图、立面图、剖面图、详图和结构图的绘制方法；第 4 篇为室内装潢（第 12～16 章），介绍了室内装潢平面布置图、顶棚图、水电开关图、室内立面图和节点大样图的绘制；第 5 篇为园林景观（第 17 章），介绍了园林景观施工图的绘制方法。

本书适合 AutoCAD 初中级读者和建筑工程专业人员阅读，同时也是高等院校和社会培训班建筑工程及其相关专业的专用教材。

图书在版编目（CIP）数据

AutoCAD 建筑图纸绘制专家精讲 / 云海科技编著. —北京：中国铁道出版社，2013.11
ISBN 978-7-113-17019-6

Ⅰ. ①A… Ⅱ. ①云… Ⅲ. ①建筑制图-计算机辅助设计-AutoCAD 软件 Ⅳ. ①TU204

中国版本图书馆 CIP 数据核字（2013）第 166114 号

书　　名：AutoCAD 建筑图纸绘制专家精讲
作　　者：云海科技　编著

策　　划：刘　伟　　　读者热线电话：010-63560056
责任编辑：张　丹　　　特邀编辑：赵树刚
责任印制：赵星辰　　　封面设计：多宝格

出版发行：中国铁道出版社（北京市西城区右安门西街 8 号　　邮政编码：100054）
印　　刷：三河市华业印装厂
版　　次：2013 年 11 月第 1 版　　2013 年 11 月第 1 次印刷
开　　本：787mm×1 092mm　1/16　印张：28.5　字数：668 千
书　　号：ISBN 978-7-113-17019-6
定　　价：69.00 元（附赠光盘）

前　言

AutoCAD（Auto Computer Aided Design）是美国 Autodesk 公司首次于 1982 年开发的自动计算机辅助设计软件，用于二维图形绘制、详细绘制、设计文档和基本三维设计。现已成为国际上广为流行的绘图工具之一。

AutoCAD 具有良好的用户界面，通过交互菜单或命令行方式便可以进行各种操作。它的多文档设计环境让非计算机专业人员也能很快学会使用。AutoCAD 具有广泛的适应性，它可以在各种操作系统支持的计算机和工作站上运行。

本书是使用 AutoCAD 2013 中文版进行建筑设计制图、室内装潢设计制图以及园林景观设计制图的应用综合教程，主要讲解 AutoCAD 在建筑设计、室内设计、园林设计行业里的具体运用。本书共 17 章，分为 5 篇，分别以“办公楼建筑设计.dwg”、“住宅楼建筑设计.dwg”、“三居室室内设计.dwg”、各类园林小景为实例进行讲解。

本书内容

第 1 篇（第 1～2 章）介绍了建筑设计的基本理论，主要包括建筑设计的特点、建筑制图的要求和规范及绘制各类建筑图纸的方法和步骤，包括建筑平面图、立面图、剖面图、详图、结构图的绘制等。

第 2 篇（第 3～5 章）介绍了 AutoCAD 的基础知识，包括 AutoCAD 的建筑制图基础、绘制和编辑二维图形的方法，分别讲解了 AutoCAD 绘图环境的设置、绘制基本图形的方法以及编辑修改基本图形的操作步骤。

第 3 篇（第 6～11 章）介绍了房屋建筑设计的知识，分别讲解了办公楼、住宅楼建筑总平面图的概述和绘制，办公楼和住宅楼各层建筑平面图的绘制，立面图与剖面图的绘制，详图和结构图的绘制。

第 4 篇（第 12～16 章）介绍了室内装潢设计的知识，分别讲解了三居室原始结构图的绘制，平面布置图的绘制，地面布置图的绘制，顶面布置图的绘制，立面图的绘制，水电开关布置图的绘制，节点大样图的绘制。

第 5 篇（第 17 章）介绍了园林景观设计的知识，分别讲解了围墙的绘制，亭的绘制，花架的绘制，桥的绘制，园林植物、山石的绘制，园林水体、铺装的绘制，别墅花园景观的设计。

AutoCAD 的学习方法

AutoCAD 功能强大，广泛运用于各个领域。在以往的学习中会存在对 AutoCAD 的具体运用上，一些从未涉及过该软件的人员却无从下手的情况。本书从初学者的角度出发，以介绍加实例的方式向读者循序渐进地讲解 AutoCAD 在建筑设计领域的运用。

1．通读理论内容

理论是用于指导实践的，实践是检验理论的唯一真理。所以在阅读教程的时候，实例前面的理论内容有必要读一读。

在具备了一些基础知识后，再学习后面的实例绘图就不会那么吃力，也不会丧失学习兴趣，反而会带着在通读理论内容时所产生的疑问兴趣盎然地往下学习。

2．充分理解小实例的绘制方法

这些小实例一般都是针对 AutoCAD 中常用的绘图命令和编辑命令来进行讲解的。每个相应的命令会列举一个实例，通过图形的绘制或者编辑，使读者明白该命令的使用方法和技巧，且所绘制的图形一般都是在实际绘图中会经常用到的图形。

小实例可以为读者打下绘图基础，读者不应该将其忽视。有些读者就直接跳过小实例的学习，直接学习大实例的绘制。这是不可取的学习方法。俗话说，千里之行始于足下，不为自己打下坚实的基础，又怎么能理解大实例复杂图形的绘图原理呢？

3．反复练习大实例的绘制

在绘制成套图纸的时候，就需要用到在绘制小实例中所学到的方法了。其实，成套图纸的绘制方法就是各个小实例绘图方法的综合。只有掌握了图形的绘制与编辑方法以及软件环境的设置与修改等知识，在绘制成套图纸时才能得心应手。希望读者反复练习成套图纸的具体绘制，达到熟能生巧的目的。

4．阅读“专家精讲”内容

书中每章内容介绍完成之后，都会独辟一节，以概括在本章出现的要点和值得注意的地方。在学习完一章之后，读读这些内容，可以达到巩固学习内容的作用。

还可以将每章的“专家精讲”内容整理出来，供平时翻阅，温故而知新。

AutoCAD 在建筑设计中的应用

建筑设计中的专业绘图软件运用较为频繁的有天正和 AutoCAD 两类，天正是专业的建筑绘图软件，但是 AutoCAD 与其相比也毫不逊色。

- 基于建筑设计图的绘制，AutoCAD 为用户提供了良好的环境。
- 各类建筑图形的绘制都可以通过 AutoCAD 的各相关命令来执行，包括绘制、编辑图形，也可将图形创建成块，以便后续绘图工作的调用。
- 不同的图形可以为其设置不同的颜色、线型，方便在计算机上查看以及进行打印输出。
- AutoCAD 专门开发了一个“快速选择”命令，可以根据图形的特定属性来选择指定的图形。
- 绘制建筑图纸时，可以把平面图、立面图、剖面图、详图等图形以独立的图形文档进行保存，也可以将其置于同一个文档中进行保存，以方便对照查看。
- 在对不同的图形进行打印输出的时候，可以在布局空间中对各图形的打印输出进行相应的设置。

AutoCAD 的实际运用

本书以目前最为热门的三个行业（建筑、装饰装潢、园林景观）为例，分别介绍建筑设计制图、室内设计制图、园林设计制图的应用技巧。

具体包括以下内容。

- 在规划建筑总平面图时，建筑区内道路与外围道路之间怎么衔接？建筑区域与周边的自然环境怎么融合水域以及其他建筑群体关系的处理等。
- 在绘制各层建筑平面图时，标准层与中间层的差别。
- 在对建筑立面进行规划设计时，门窗与装饰物之间的关系，包括所使用的装饰材料，以及装饰材料与门窗和原建筑物构件之间的关系处理。
- 了解建筑剖面图和详图的识读方法及技巧。
- 在浇灌楼板或者构造柱时，具体材料的使用和分布。
- 在对居室进行装饰装潢时，天花板、墙面、地面是重要的改造区域，学会通读图纸，可以对居室的改造了然于心。
- 园林景观中各类布景的详细情况，包括布景的范围、使用材料、尺寸等。

当然，本书所罗列的知识点并不单单包括以上所列举的这些，还有很多常用的知识点等待读者去学习、去了解，并最终将其运用到实际的工作中去。

使用 AutoCAD 的帮助文档

在使用 AutoCAD 绘制图形的过程中，总会出现一些问题，但是这些问题的解决方案在书上又找不到，要怎么办呢？

针对此情况，AutoCAD 专门为用户设置了帮助文档，以帮助一些遇到问题的用户寻求解答的办法。

打开 AutoCAD 绘图软件，按【F1】键，就可以打开 AutoCAD 自带的帮助文档，如下图所示。在该文档中用户可以寻求多方面问题的解决方法，包括 AutoCAD 入门、辅助功能、文件管理、绘图与编辑、图块操作、打印、VBA 等。

单击“连接”选项组下的各选项，可以联机打开 AutoCAD 的专门网站，在此可以搜索更多关于 AutoCAD 的知识。

图 【帮助】窗口

目　录

第1篇　建筑设计基础

第 2 篇 AutoCAD 基础

第 5 篇 园林景观绘制

第 1 篇　建筑设计基础

第 1 篇主要讲解建筑设计方面的基本理论和有关制图的相关标准。

第 1 章 建筑设计基本理论

建筑设计是指建筑物在建造之前，设计者按照建设任务，把施工过程和使用过程中所存在的或可能发生的问题，事先做好通盘的设想，拟定好解决这些问题的方法、方案，用图纸和文件的形式表达出来。作为备料、施工组织工作和各工种在制作、建造工作中互相配合、协作的共同依据。便于整个工程得以在预定的投资限额范围内，按照周密考虑的预定方案，统一步调，顺利进行，并使建成的建筑物充分满足使用者和社会所期望的各种要求。

本章主要介绍建筑设计的基本理论知识以及建筑制图的内容和编排顺序，为读者在学习建筑设计制图之前对建筑设计有一个基本了解，方便后续章节的学习。

1.1 建筑设计的基本理论

建筑活动是人类特有的活动之一，从远古时代至今，人类的建筑设计活动创造了许许多多的奇迹。比如古埃及的金字塔、狮身人面像，古罗马的斗兽场，中国的万里长城等；众多的建筑奇迹彰显了人类的智慧与勤劳。而建筑设计发展至今，除遵循早期的建筑传统外，还延伸了建筑的很多功能，除基本的使用功能外，也具有美化环境的功能以及反映当地的风土人情及建筑师本身的设计理念等。

下面主要介绍建筑设计的基本理论知识，包括建筑设计的发展史、建筑设计的科学范畴、工作核心等。

1.1.1　建筑设计的发展史

在古代，建筑技术和社会分工比较单纯，建筑设计和建筑施工并没有明确的界限，施工的组织者和指挥者往往也是设计者。在欧洲，由于以石料作为建筑物的主要材料，这两种工作通常由石匠的首脑承担；在中国，由于建筑以木结构为主，这两种工作通常由木匠的首脑承担。他们根据建筑物主人的要求，按照师徒相传的成规，加上自己的创造性，营造建筑并积累了建筑文化。

在近代，建筑设计和建筑施工分离开来，各自成为专门学科。在西方，是从文艺复兴时期开始萌芽，到产业革命时期才逐渐成熟；在中国，则是在清代后期在外来的影响下逐步形成的。

随着社会的发展和科学技术的进步，建筑所包含的内容、所要解决的问题越来越复杂，涉及的相关学科越来越多，材料上、技术上的变化越来越迅速，单纯依靠师徒相传、经验积累的方式，已不能适应这种客观现实；加上建筑物往往要在短时期内竣工使用，难以由匠师一身二任，客观上需要更为细致的社会分工，这就促使建筑设计逐渐形成专业，成为一门独立的分支学科。

图 1-1 所示为古埃及的金字塔，图 1-2 所示为中国明代长城。

图 1-1　古埃及的金字塔

图 1-2　中国明代长城

1.1.2　建筑设计的科学范畴

广义的建筑设计是指设计一个建筑物或建筑群所要做的全部工作。由于科学技术的发展，在建筑上利用各种科学技术的成果越来越广泛深入，设计工作常涉及建筑学、结构学以及给水、排水，供暖、空气调节、电气、燃气、消防、防火、自动化控制管理、建筑声学、建筑光学、建筑热工学、工程估算和园林绿化等方面的知识，需要各种科学技术人员的密切协作。

但通常所说的建筑设计，是指“建筑学”范围内的工作。它所要解决的问题包括建筑物内部各种使用功能和使用空间的合理安排，建筑物与周围环境、各种外部条件的协调配合，内部和外表的艺术效果，各个细部的构造方式，建筑与结构、各种设备等相关技术的综合协调，以及如何以更少的材料、更少的劳动力、更少的投资、更少的时间来实现上述各种要求。其最终目的是使建筑物做到适用、经济、坚固、美观。

以建筑学作为专业，擅长建筑设计的专家称为建筑师。建筑师除了精通建筑学专业、做好本专业工作外，还要善于综合各种有关专业提出的要求，合理解决设计与各个技术工种之间的矛盾。

图 1-3 所示为澳大利亚的悉尼歌剧院，图 1-4 所示为中国北京鸟巢体育馆。这两个近代和现代的代表性建筑，都是结合了建筑声学、建筑光学、建筑热工学等多方面的知识设计并建造而成的，远不是古代单靠人力就可以完成的建筑。

图 1-3　澳大利亚的悉尼歌剧院

图 1-4　中国北京鸟巢体育馆

1.1.3　建筑设计的规定

以下对建筑设计的一些基本规定做一个概述：

1．符合国家标准

建筑设计应符合国家现行各类建筑设计标准规范的要求及相关防火、防水、节能、隔声、抗震及安全防范等标准规范的要求，满足适用、经济、美观的设计原则；同时应符合建筑工业化及绿色建筑的要求。

2．标准化的建筑形式

装配整体式的建筑设计，应做到基本单元、连接构造、构件、配件及设备管线的标准化与系列化，采用少规格、多组合的原则，组合多样化的建筑形式。

3．功能的多样化

装配整体式的建筑设计，所选用的各类预制构配件的规格与类型、室内装修系统与设备管线系统等都应符合建造标准和建造功能的需求，并适应建筑主要功能空间的灵活可变性。

4．抗震性

对有抗震设计要求的装配整体式建筑，其建筑的体型、平面布置及构造应符合抗震设计的原则。

5．建造方式

装配整体式建筑宜采用土建与装修、设备一体化设计。同时将室内装修与设备安装的施工组织计划与主体结构施工计划有效结合，做到同步设计、同步施工，以缩短施工周期。

6．完整的施工图纸

装配整体式建筑的施工图设计文件应完整，预制构件的加工图纸应全面、准确地反映预制构件的规格、类型、加工尺寸、连接形式、预埋设备管线种类与定位尺寸。

1.1.4　建筑设计的发展趋势

今后建筑设计的发展趋势主要有以下几个方面：

1．智能建筑

今后的建筑科技将围绕保护环境、省资源、降低能耗而展开。建筑智能技术的发展要为生态、节能、太阳能等在各种类型现代建筑中应用提供技术支持，实现生态建筑与智能建筑相结合。建筑智能技术是以建筑为平台，兼备建筑设备、办公自动化及通信网络系统，集结构、系统、服务、管理及它们之间的最优组合，向人们提供一个安全、高效、舒适、便利的建筑环境。

2．绿色、节能建筑

绿色、节能建筑是指在建筑的全寿命周期内，最大限度地节约资源（节能、节地、节水、节材）、保护环境和减少污染，为人们提供健康、适用和高效的使用空间；与自然和谐共生的建筑，也称为生态建筑。绿色、节能建筑的设计将向环保型材料和绿色设计两方面发展。

3．环保型建筑

环保型建筑要求所采用的建筑材料耐久性好、易于维护管理、不散发或很少散发有害物质；同时也兼顾其他方面的特性，如艺术效果的特性，同时要求节约资源，并合理利用资源。

而绿色设计主要包括让绿化走进建筑和使用节能清洁型能源两方面的内容。

1.1.5　民用建筑构造的研究对象和任务

民用建筑构造是指民用建筑中构件与配件的组成及相互结合的方式、方法。

民用建筑构造的主要研究对象是民用建筑（房屋）的构造组成、各组成部分的构造原理和构造方法。

构造原理研究各组成部分的要求及满足这些要求的理论；而构造方法则研究在构造原理指导下，用建筑材料和制品构成构件和配件及构配件之间的连接方法。

民用建筑构造的任务包括以下两方面。

➢ 掌握房屋构造的基本理论，了解房屋各组成部分的要求，并弄清各不同构造的理论基础，为建造房屋构造提供理论基础；
➢ 能够根据房屋的使用要求和材料供应情况及施工技术条件，选择合理的构造方案，对房屋进行构造设计，并能着手绘制和熟练地识读工程图。

民用建筑一般由基础、墙或柱、楼地层、楼梯、屋顶、门窗等主要部分组成，图 1-5 所示为一幢住宅的构造组成。

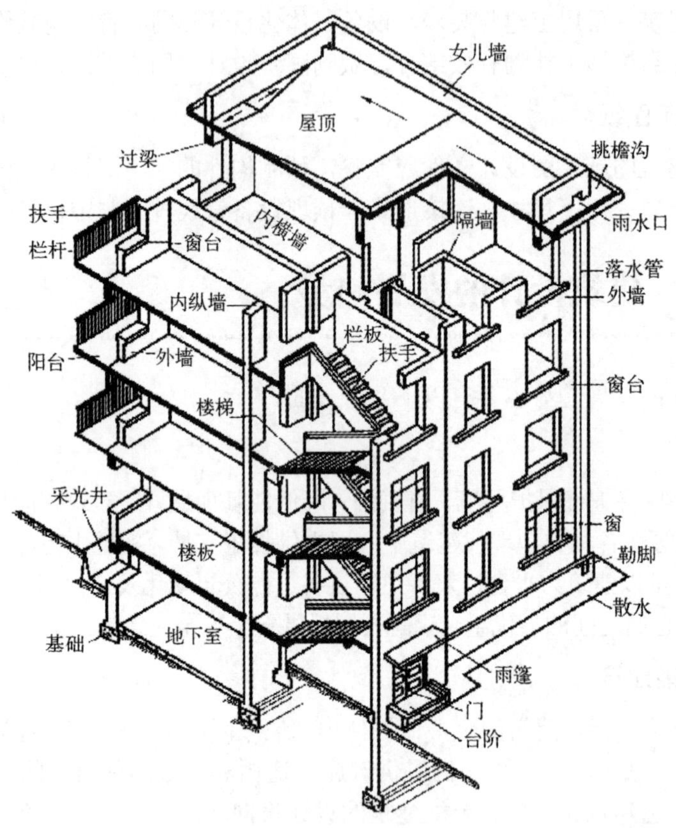

图 1-5　住宅的基本组成示意图

基础是房屋最下面的部分，它承受房屋的全部荷载，并把这些荷载传给下面的土层，即地基。

墙或柱是房屋的垂直承重构件，它承受楼地层和屋顶传给它的荷载，并把这些荷载传给基础，墙起到抵御风雪、承重、围护以及分隔建筑空间的作用。

楼梯是房屋建筑中联系上下层的垂直交通设施，也是火灾等灾害发生时的紧急疏散要道。

门是建筑物的出入口，它的作用是供人们通行，并兼有围护、分隔的作用。

窗的主要作用是采光、通风、观察、眺望。

此外，房屋还有台阶、散水、雨篷、雨水管、明沟、通风道、烟道、阳台、勒脚等配件和设施，在房屋建造中应根据使用要求分别进行设置。

1.2 建筑制图的基本知识

建筑制图是为建筑设计服务的，因此，在建筑设计的不同阶段，要绘制不同内容的设计

图。在建筑设计的方案设计阶段和初步设计阶段绘制初步设计图，在技术设计阶段绘制技术设计图，在施工图设计阶段绘制施工图。

下面介绍建筑制图的基本知识，包括建筑制图的要求、规范以及编排标准。

1.2.1 建筑制图概述

房屋建筑施工图是将建筑物的平面布置、外型轮廓、尺寸大小、结构构造和材料做法等内容，按照“国标”的规定，用正投影法详细准确地画出图样。它是用以组织、指导建筑施工、进行经济核算、工程监理、完成整个房屋建造的一套图样，所以又称为房屋施工图。

1．房屋设计的程序

房屋设计一般分为初步设计和施工图设计两个阶段。

1）初步设计阶段：初步设计是根据有关设计原始资料，拟定工程建设事实的初步方案，阐明工程在拟定的时间、地点以及投资数额内在技术上的可能性和经济上的合理性，并编制项目的总概算。

2）施工图设计阶段：施工图设计是根据批准的初步设计文件，对工程建设方案进一步具体化、明确化，通过详细的计算和设计，绘制出正确、完整的用于指导施工的图样，并编制施工图预算。

2．房屋建筑施工图的特点

房屋施工图在图示方法上具有以下特点。

1）施工图中的各图样主要是根据正投影法绘制的，所绘制的图样都应符合正投影的投影规律。

2）施工图应根据形体的大小采用不同的比例来绘制。如房屋的形体较大，一般用较小的比例来绘制。但房屋的内部各部分构造较复杂，在小比例的平、立、剖面图中无法表达清楚，可用较大的比例来绘制。

3）由于房屋建筑工程图的构配件和材料种类繁多，为作图简便起见，“国标”规定了一系列图例符号和代号来代表建构件、卫生设备、建筑材料等。

4）施工图中的尺寸除标高和总平面图以米为单位外，一般施工图中必须以毫米为单位，在尺寸数字后面不必标注尺寸单位。

1.2.2 建筑制图的要求及规范

房屋建筑工程施工图的绘制应遵守《房屋建筑制图统一标准》（GB/T 50001 — 2010）及《建筑制图标准》GB/T 50104 — 2010 等有关国标的规定。以下介绍国标中的主要内容。

1．定位轴线

定位轴线是确定建筑物或构筑物主要承重构件在平面图位置的重要依据。在施工图中，凡是承重的墙、柱子、大梁、屋架等主要承重构件，都要画出定位轴来确定其位置。对于非承重的隔墙、次要构件等，其位置可用附加定位轴线（分轴线）来确定，也可用注明其与附

近定位轴线相关尺寸的方法来确定。“国标”对绘制定位轴线的具体规定如下。

1）定位轴线应用细点画线来绘制。

2）定位轴线应编号，编号应注写在轴线端部的圆内。圆应用细实线绘制，直径为 8mm～10mm。定位轴线圆的圆形应在定位轴线的延长线或延长线的折线上。

3）平面图上定位轴线的编号宜标注在图样的下方或左侧。横向编号应用阿拉伯数字，从左至右顺序编写；竖向编号应用大写拉丁字母，从下至上顺序编写，如图 1-6 所示。

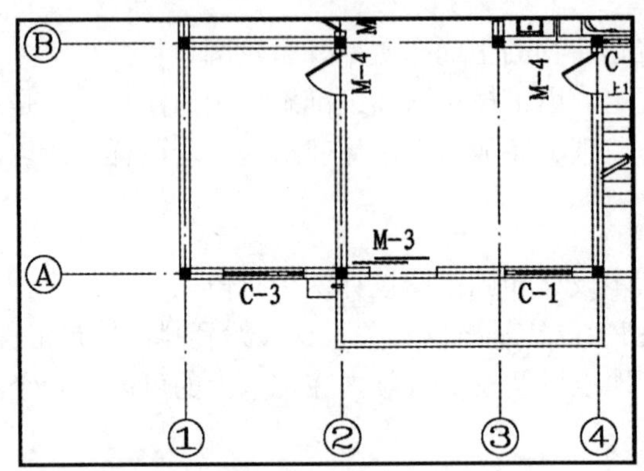

图 1-6　编写顺序

4）拉丁字母作为轴线号时，应全部采用大写字母，不应用同一字母的大小写来区分轴号。拉丁字母的 I、O、Z 不得用做轴线编号。如字母数量不够使用，可增用双字母或单字母加数字注脚，如 $\mathbf{A}_A$、$\mathbf{B}_A$…$\mathbf{Y}_A$ 或 $\mathbf{A}_1$、$\mathbf{B}_1$…$\mathbf{Y}_1$。

5）附加定位轴线的编号应以分数形式表示，并应符合下列规定。

a．两根轴线间的附加轴线应以分母表示前一轴线的编号，分子表示附加轴线的编号。编号宜用阿拉伯数字顺序编写，如：

(1/2)表示 2 号轴线之后附加的第一根轴线；

(3/C)表示 C 号轴线之后附加的第三根轴线。

b．1 号轴线和 A 号轴线之前的附加轴线的分母应以 01 或 0A 表示，如：

(1/01)表示 1 号轴线之前附加的第一根轴线；

(3/0A)表示 A 号轴线之前附加的第三根轴线。

6）一个详图适用于几根轴线时，应同时标注各个有关轴线的编号，如图 1-7 所示。

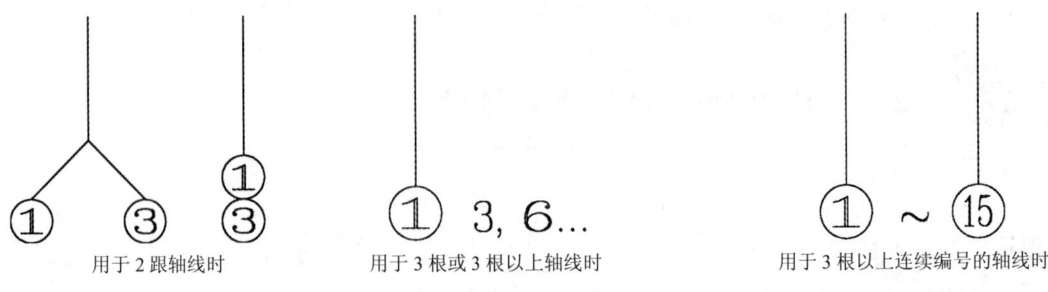

图 1-7　详图的轴线编号

7）通用详图中的定位轴线应只画圆，不注写轴线编号。

8）圆形与弧形平面图中的定位轴线，其径向轴线应以角度进行定位，其编号宜用阿拉伯数字表示，从左下角或-90°（若径向轴线很密，角度间隔很小）开始，按逆时针顺序编号；其环向轴线宜用大写拉丁字母表示，从外向内顺序编写，如图1-8和图1-9所示。

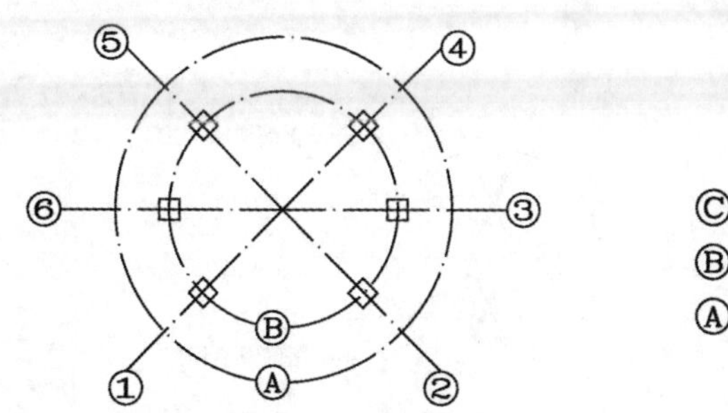

图1-8　圆形平面定位轴线的编号

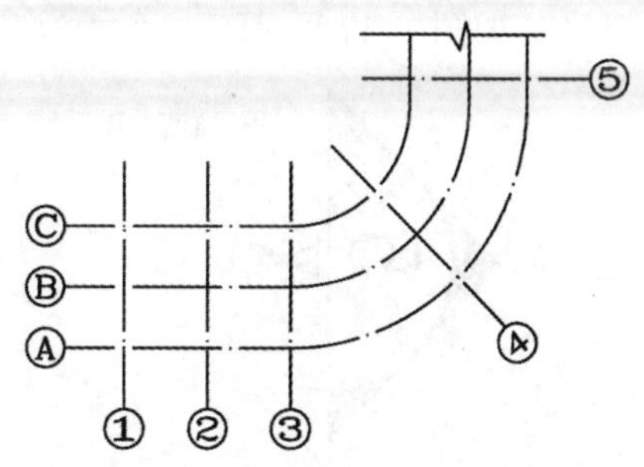

图1-9　弧形平面定位轴线的编号

2．索引符号和详图符号

索引符号根据用途的不同可分为立面索引符号、剖切索引符号、详图索引符号等。

以下是国标中对索引符号的使用规定：

1）由于房屋建筑室内装饰装修制图在使用索引符号时，有的圆内注字较多，故本条规定索引符号中圆的直径为8mm～10mm。

2）由于在立面图索引符号中需表示出具体的方向，故索引符号需附三角形箭头表示。

3）当立面、剖面图的图纸量较少时，对应的索引符号可以仅标注图样编号，不注索引图所在页次。

4）立面索引符号采用三角形箭头转动，数字、字母保持垂直方向不变的形式，是遵循了《建筑制图标准》GB/T 50104中内视索引符号的规定。

5）剖切符号采用三角形箭头与数字、字母同方向转动的形式，是遵循了《房屋建筑制图统一标准》GB/T 50001中剖视的剖切符号的规定。

6）表示室内立面在平面上的位置及立面图所在的图纸编号，应在平面图上使用立面索引符号，如图1-10所示。

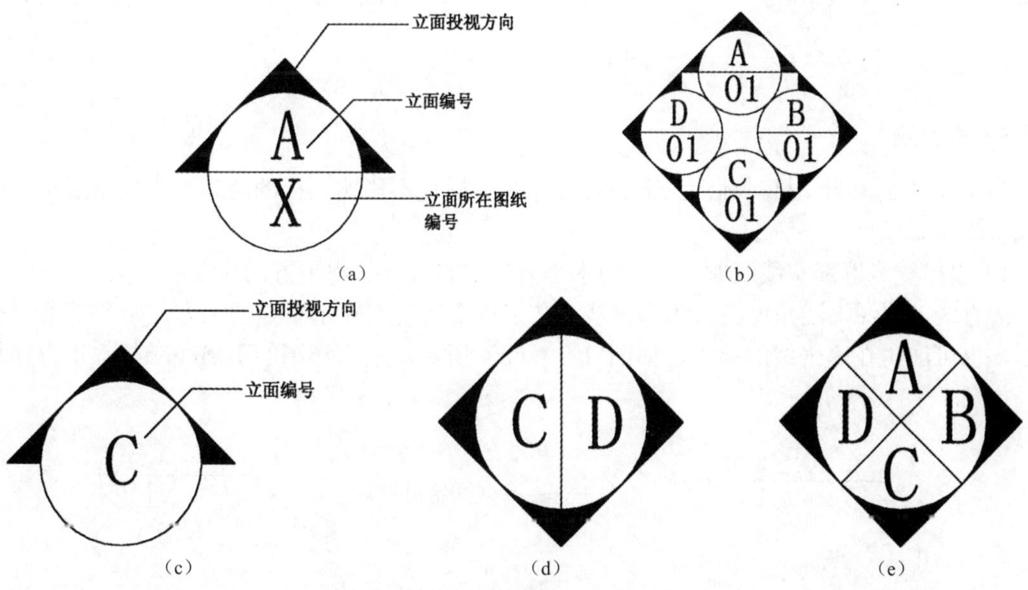

图1-10　立面索引符号

7）表示剖切面在界面上的位置或图样所在图纸编号，应在被索引的界面或图样上使用剖切索引符号，如图 1-11 所示。

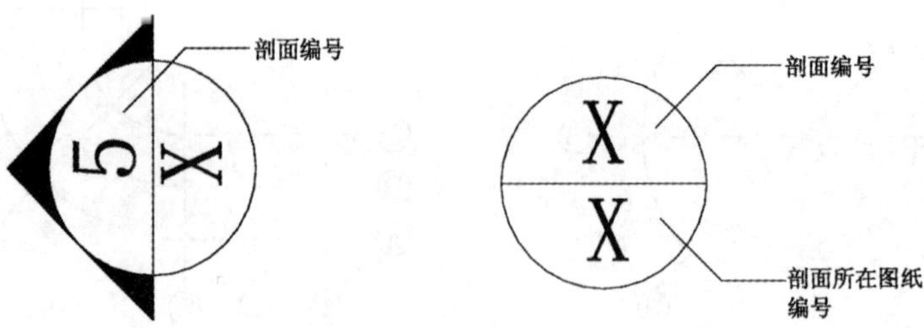

图 1-11　剖切索引符号

8）表示局部放大图样在原图上的位置及本图样所在的页码，应在被索引图样上使用详图索引符号，如图 1-12 所示。

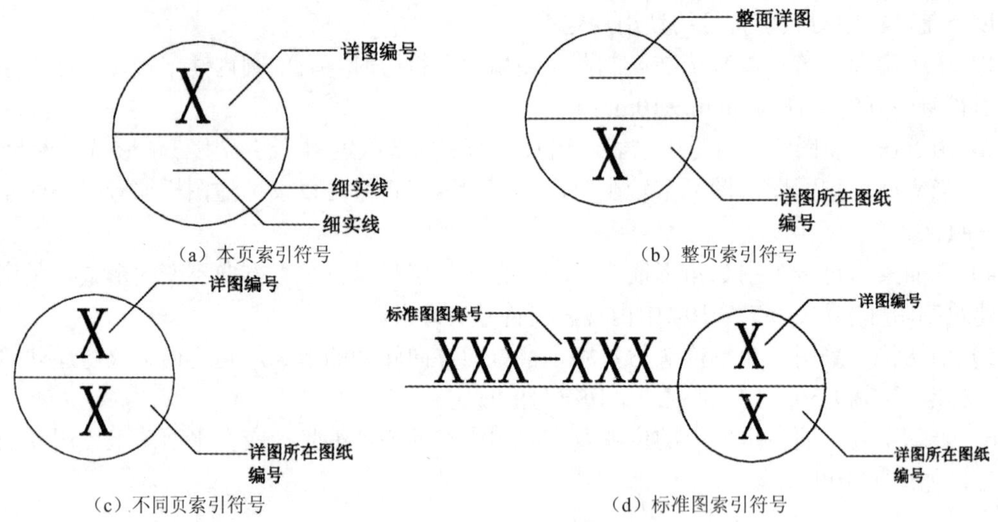

图 1-12　详图索引符号

3．引出线

为了使文字说明、材料标注、索引符号标注等标注不影响图样的清晰，应采用引出线的形式来绘制。

1）引出线应以细实线绘制，宜采用水平方向的直线，与水平方向成 30°、45°、60°、90° 的直线，或经上述角度再折为水平线。文字说明宜注写在水平线的上方，如图 1-13（a）所示，也可注写在水平线的端部，如图 1-13（b）所示。索引详图的引出线应与水平直径相接，如图 1-13（c）所示。

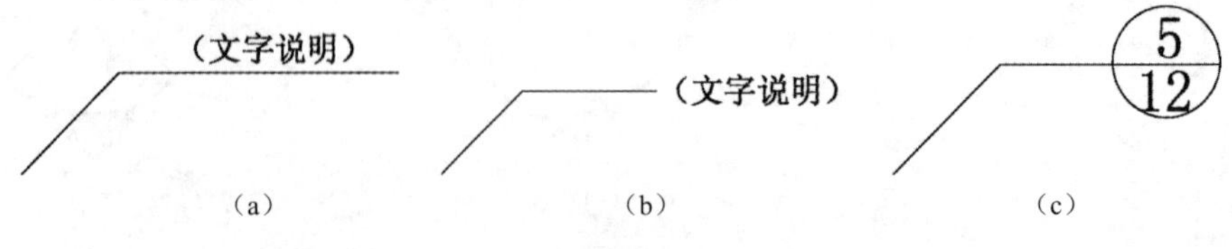

图 1-13　引出线

2）同时引出的几个相同部分的引出线，宜相互平行，也可画成集中于一点的放射线，如图 1-14 所示。

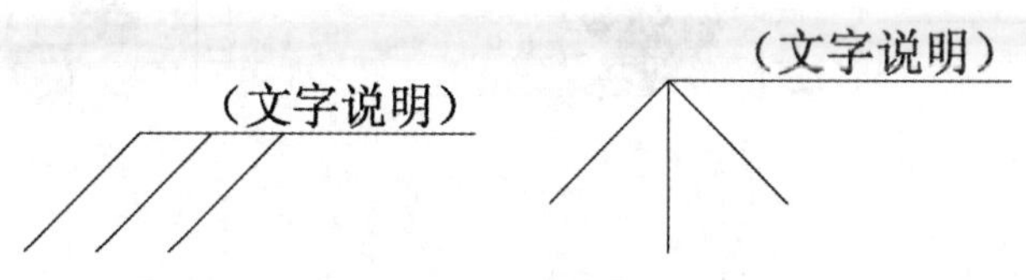

图 1-14　共同引出线

3）多层构造或多个部位共用引出线，应通过被引出的各层或各个部位，并用圆点示意对应位置。文字说明宜注写在水平线的上方，或注写在水平线的下方，或注写在水平线的端部，说明的顺序应由上至下，并与被说明的层次对应一致；如层次为横向排序，则由上至下的说明顺序应与由左至右的层次对应一致，如图 1-15 所示。

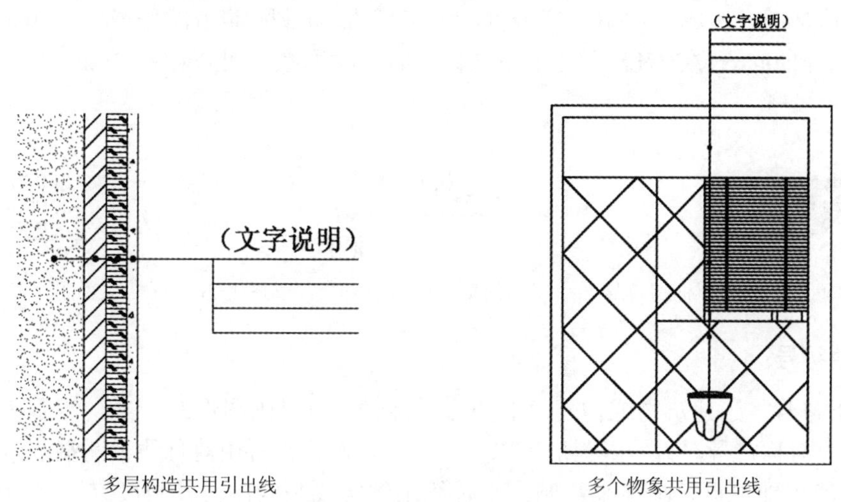

图 1-15　多层引出线

4．标高

建筑物各部分或者各个位置的高度主要用标高来表示。《房屋建筑制图统一标准》中规定了其标注方法。

1）在设计空间中应标注标高，标高符号可以采用直角等腰三角形，如图 1-16（a）所示；也可采用涂黑的三角形或 90° 对顶角的圆，如图 1-16（b）、图 1-16（c）所示；标注顶棚标高时也可采用 CH 符号表示，如图 1-16（d）所示。

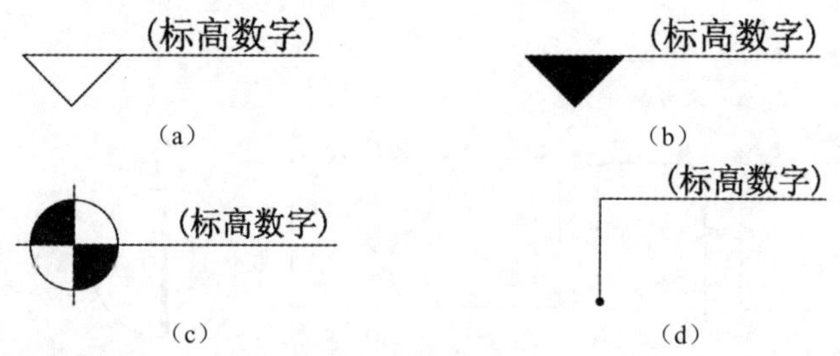

图 1-16　各种标高符号

2）标高符号的具体绘制方法如图 1-17 所示。

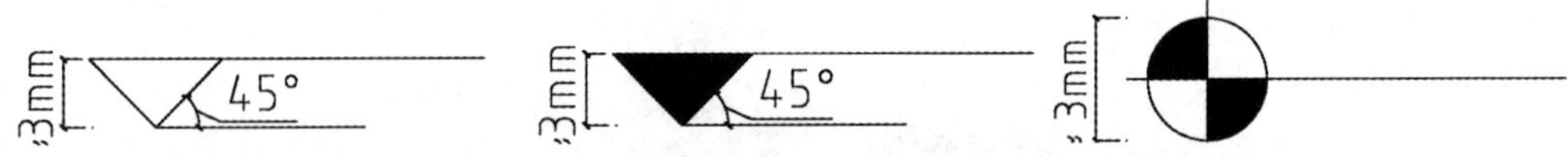

图 1-17　标高的绘制方法

3）总平面图室外地坪标高符号，宜采用涂黑的三角形来表示，具体画法如图 1-18 所示。

4）标高符号的尖端应指至被标注高度的位置。尖端宜向下，也可向上。标高数字应注写在标高符号的上侧或下侧，如图 1-19 所示。

5）标高符号应以米为单位，注写到小数点后的第三位。在总平面图中，可注写到小数点后第二位。

6）零点标高应注写成±0.000，正数标高不注“＋”，负数标高应注“－”，如 3.000、-0.600。

7）在图样的同一位置需表示几个不同标高时，标高数字可按如图 1-20 所示的形式来注写。

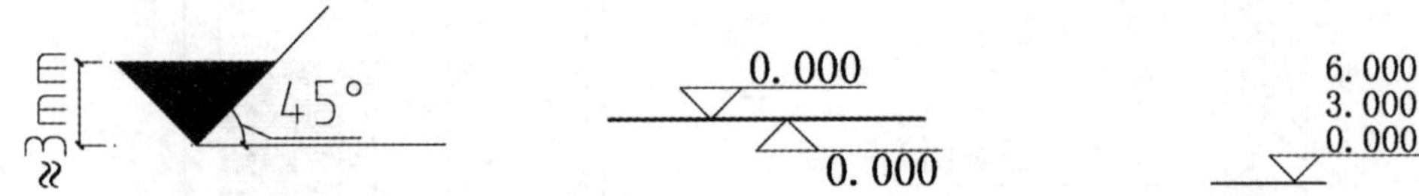

图 1-18　总平面图室外地坪标高符号　　图 1-19　标高的指向　　图 1-20　同一位置注写多个标高数字

5. 其他符号

1）对称符号：当建筑物或构配件的图形对称时，可只画图形的一半，然后在图形的对称中心处画上对称符号，另一半图形可以省略不画。对称符号由对称线和两端的两对平行线组成。对称线用细单点长画线来绘制；平行线用细实线来绘制，其长度宜为 6~10mm，每对间距宜为 2~3mm；对称线垂直平分两对平行线，对称线两端超出平行线宜为 2~3mm，如图 1-21 所示。

2）连接符号：连接符号是用来表示构件图形的一部分与另一部分的相接关系。连接符号应以折断线表示连接编号，两个连接的图样必须用相同的字母编号，如图 1-22 所示。

3）指北针：指北针是用来指明建筑物朝向的。其形状如图 1-23 所示，圆的直径宜为 24mm，用细实线来绘制；指北针尾部的宽度宜为 3mm，指北针头部应注写“北”、“N”字。需用较大的直径绘制指北针时，指北针尾部宽度宜为直径的 1/8。

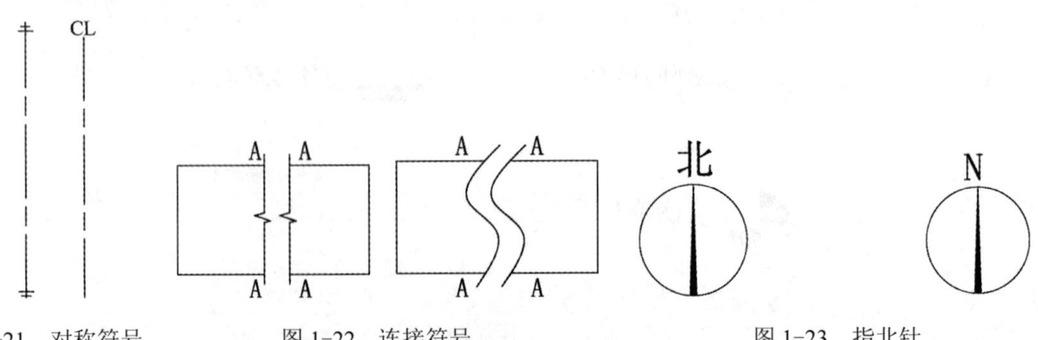

图 1-21　对称符号　　图 1-22　连接符号　　图 1-23　指北针

1.2.3　建筑制图的内容及编排顺序

一套完整的房屋建筑工程施工图，根据其专业内容或作用的不同，一般分为以下 3 部分。

- 建筑施工图（简称建施）：建筑施工图主要表明建筑物的总体布局、外部造型、内部布置、细部构造、内外装饰等情况。它包括首页（设计说明）、总平面图、立面图、剖面图和详图等。图 1-24 所示为建筑施工总平面图的绘制结果，图 1-25 所示为绘制完成的建筑平面图。

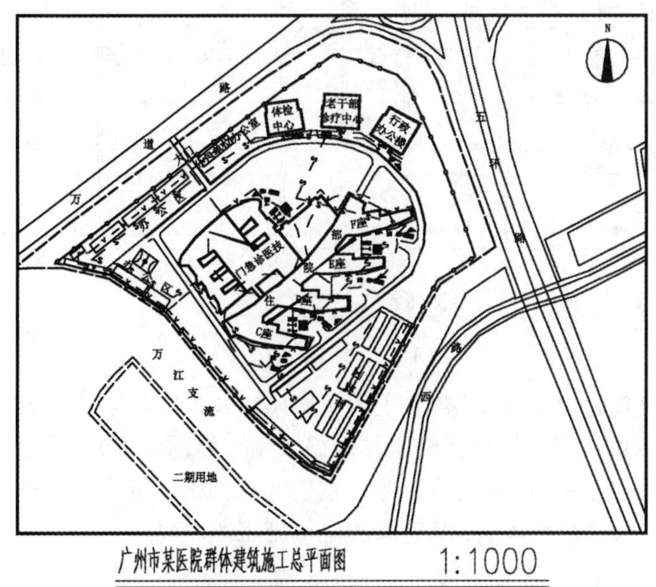

图 1-24　总平面图

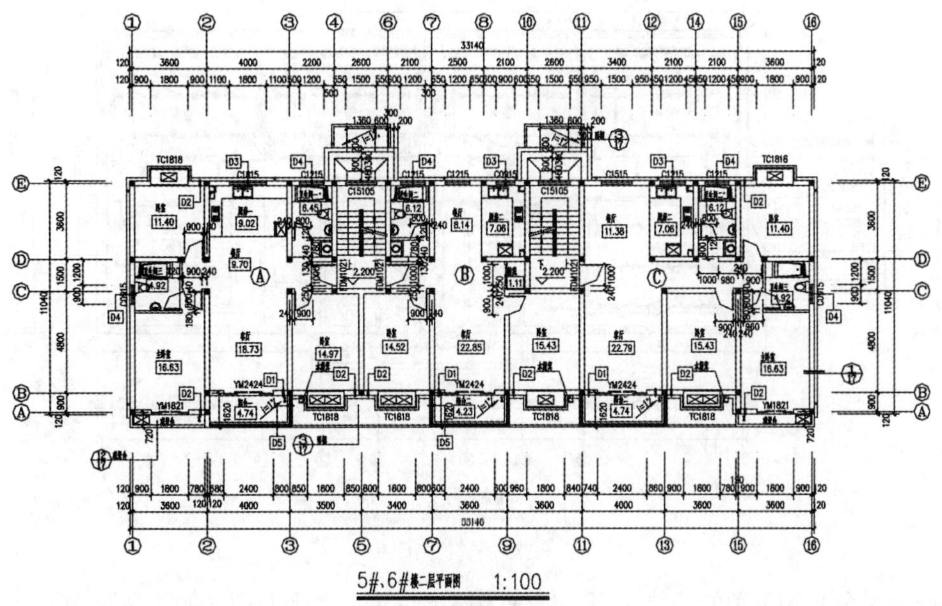

5#、6#楼二层平面图　1:100

图 1-25　建筑平面图

● 结构施工图（简称结施）：结构施工图主要标明建筑物各承重构件的布置、形状尺寸、所用材料及构造做法等内容。它包括首页（设计说明）、基础平面图、基础详图、结构平面布置图、钢筋混凝土构件详图、节点构造详图等。图 1-26 所示为绘制完成的顶梁布置图。

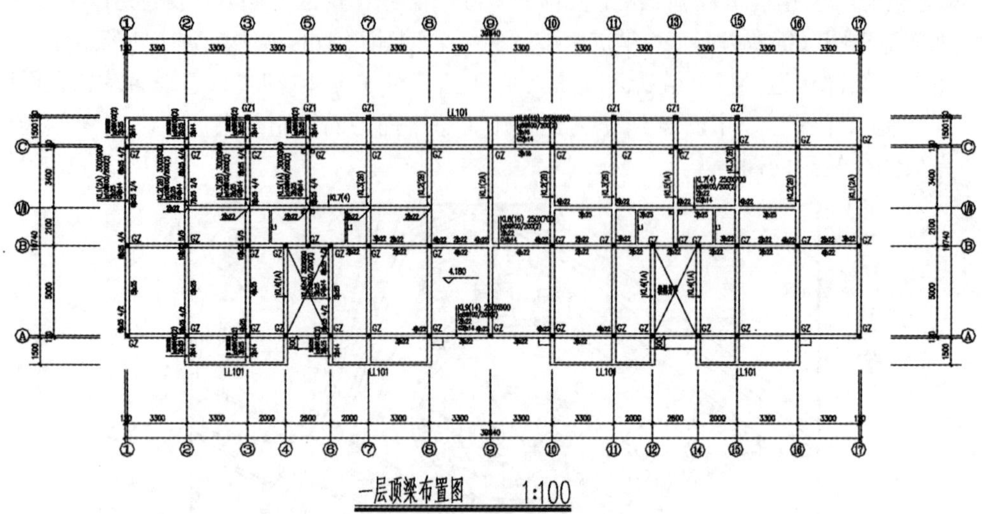

图 1-26 结构施工图

● 设备施工图（简称设施）：设备施工图是标明建筑工程各专业设备、管道及埋线的布置和安装要求的图样。它包括给水排水施工图（简称水施）、采暖通风施工图（简称暖施）、电气施工图（简称电施）等。它们一般都是由首页图、平面图、系统图、详图等组成。图 1-27 所示为绘制完成的电气施工图。

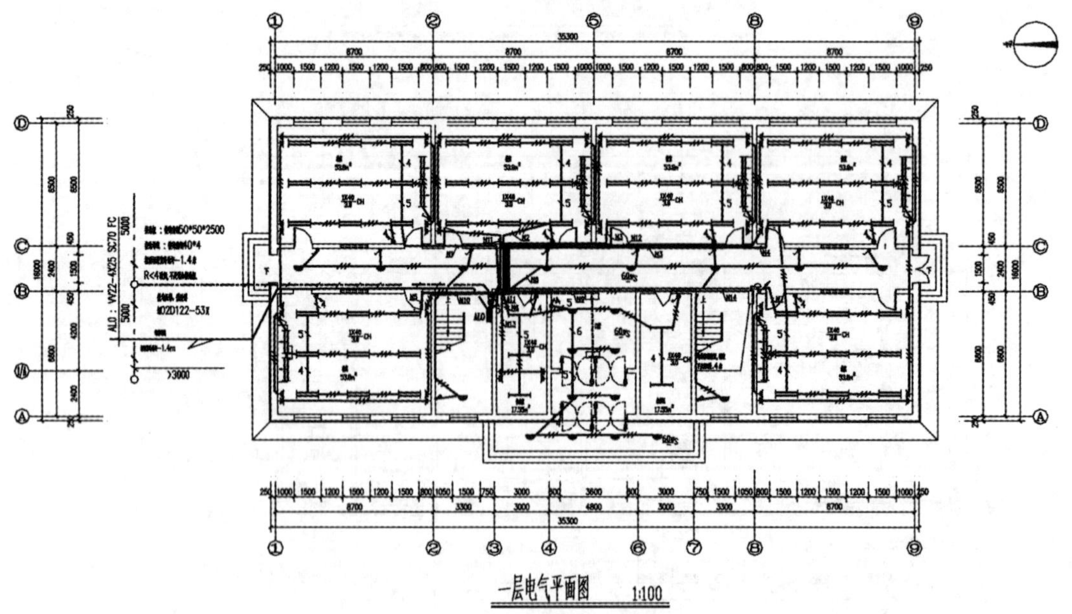

图 1-27 电气施工图

一栋房屋全套施工图的编排顺序一般应为图纸目录、总平面图（施工总说明）、建筑施工图、结构施工图、给水排水施工图、采暖通风施工图、电气施工图等。

第 2 章 建筑制图入门

建筑施工图是房屋建筑工程施工图设计的首要环节，是建筑工程施工图中最基本的一个图样，也是其他各专业施工图设计的依据。它包括首页图（设计说明）、总平面图、平面图、立面图、剖面图、详图、建筑结构图等，本章将对各类建筑施工图的概念及其基本组成进行简单介绍。

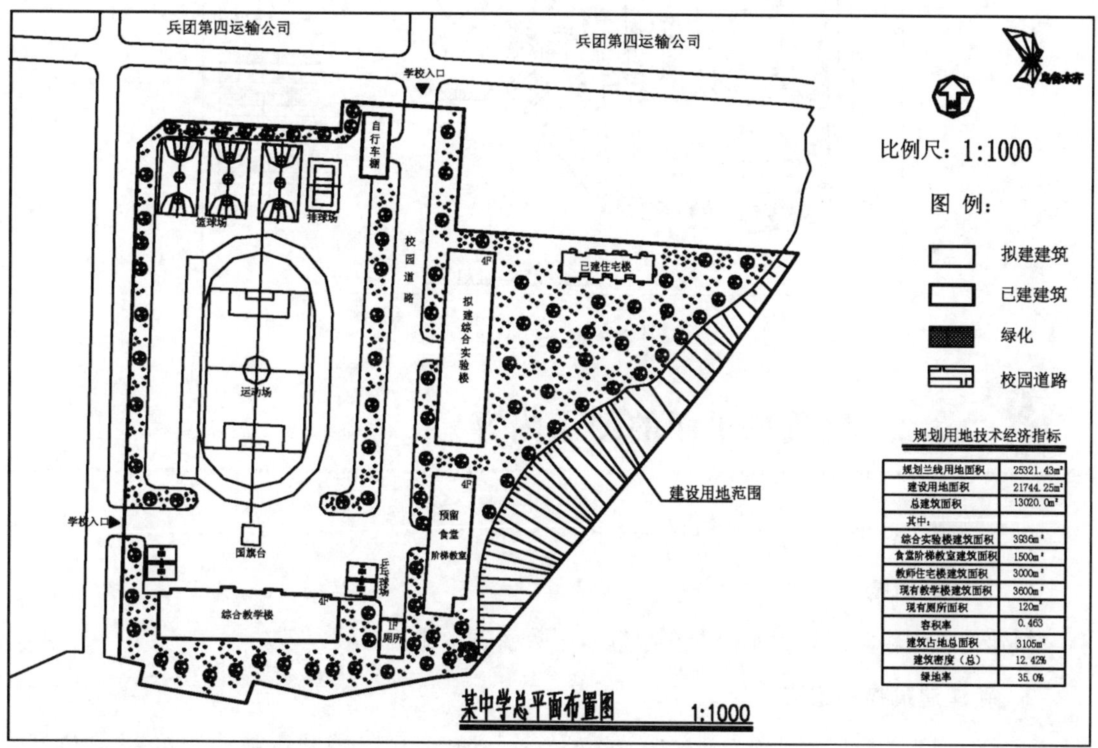

2.1 建筑总平面图绘制入门

下面介绍建筑总平面图的概念、图示内容以及识读步骤。

2.1.1 建筑总平面图的概念

总平面图是新建房屋在基地范围内的总体布置图，是新建房屋范围内的水平投影。它反映新建房屋的平面形状、位置、标高、朝向及其与周围原有的建筑及道路、河流、地形等的关系。它是新建房屋定位、施工放线、土石方施工、现场布置的依据。图 2-1 所示为绘制完成的某中学总平面布置图。

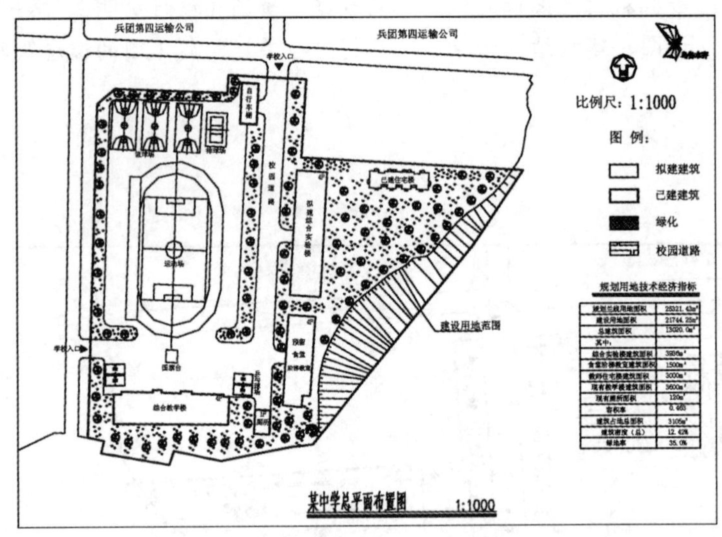

图 2-1　某中学总平面布置图

2.1.2 建筑总平面的图示内容

以下是建筑总平面图中常出现的基本图示内容：

1．新建建筑物

拟建房屋用粗实线框表示，并在线框内用数字表示建筑层数。

2．新建建筑物的定位

总平面图的主要任务是确定新建建筑物的位置，通常利用原有建筑物、道路等来定位。

3．新建建筑物的室内外标高

我国把青岛市外的黄海海平面作为零点所测定的高度尺寸称为绝对标高。在总平面图中，用绝对标高表示高度数值，单位为 m。

4．相邻有关建筑、拆除建筑的位置或范围

原有建筑用细实线框表示，并在线框内用数字表示建筑层数。拟建建筑物用虚线表示。拆除建筑物用细实线表示，并在其细实线上打叉。

5．附近的地形地物

附近的地形地物主要指等高线、道路、水沟、河流、池塘、土坡等图形。

6．指北针和风向频率玫瑰图

指北针是用来指明建筑物朝向的，应绘制在房屋建筑室内装饰装修设计整套图纸的第一张平面图上，并应位于明显位置。

“风向玫瑰图”是一个给定地点在一段时间内的风向分布图，通过它可以得知当地的主导风向。

7．绿化规划、管道布置

在建筑平面图中要标明建筑物周围绿化带的大致位置，为布置绿化植物提供参考。区域内给水、排污管道的铺设要表达清楚，保障管道布置工程顺利进行。

8．道路（或铁路）和明沟等的起点、变坡点、转折点、终点的标高与坡向箭头

此外，对进出建筑区或者建筑区内的交通管道的宽度、转弯弧度参数也要标示清楚；对于含坡道的道路，上坡和下坡的方向要使用箭头来表示，且坡道的坡度、标高等参数也要进行标注。

以上内容并不是在所有总平面图上都是必须的，可根据具体情况加以选择。

2.1.3 建筑总平面图的识读步骤

下面为读者介绍总平面图的识读步骤。

1）了解图名、比例以及文字说明。

2）熟悉总平面图的各种比例。由于总平面图的绘制比例较小，许多物体不可能按照原状绘出，因而采用了图例符号表示。

3）了解新建房屋的平面位置、标高、层数以及外围尺寸等。新建房屋平面位置在总平面图上的标定方法有两种：对小型工程项目，一般根据邻近原有永久性建筑物的位置为依据，引出相对位置；对于大型的公共建筑，往往用城市规划网的测量坐标来确定建筑物的转折点位置。

4）了解新建房屋的朝向和主要风向。总平面图上一般均画有指北针或风向频率玫瑰图，以指明建筑物的朝向和该地区常年风向频率。风向频率玫瑰图是根据当地风向资料，将全年中不同风向的次数同一比例画在一个十六方位线上，然后将各点用实线连成一个似玫瑰的多边形，即风向玫瑰图。如图 2-1 所示的右上角即为风向玫瑰图。

5）了解绿化、美化的要求和布置情况以及周围的环境，表 2-1 所示为通用的总平面图图例。

6）了解道路交通路线布置情况。

表 2-1　总平面图图例

名　称	图　例	说　明	名　称	图　例	说　明
新建建筑物		1. 需要时可用▲表示出入口，可在图形内右上角用点或数字表示层数 2. 建筑物外形（一般以±0.00高度处的外墙定位轴线或外墙面线为准）用粗实线表示，需要时，地面以上的建筑用中粗实线表示，地面以下的建筑用细虚线表示	新建道路	R8 50.00	“R8”表示道路转弯半径为 8m；“50.00”为路面中线控制点标高；“5”表示5%，为纵向坡度；“45.00”表示变坡点间距离
原有建筑物		用细实线表示	原有道路		
计划扩建的预留地或建筑物		用中粗实线表示	计划扩建的道路		
拆除建筑物		用细实线表示	拆除道路		
坐标	X 105.00 Y 425.00	表示测量坐标	桥梁		1. 上图表示铁路桥，下图表示公路桥 2. 用于旱桥时应注明
	A 105.00 B 425.00	表示建筑坐标			
围墙及大门		上图表示实体性质的围墙，下图表示通透性质的围墙，仅表示围墙时不画大门	护坡		1. 边坡较长时，可在一端或两端局部表示 2. 下边线为虚线时表示填方
			填挖边坡		
台阶		箭头指向表示向下	挡土墙		被挡的土在“凸出”的一侧

2.2 建筑平面图绘制入门

以下对建筑平面图的内容、分类以及画法识读等知识进行介绍。

2.2.1 建筑平面图的内容

用一个假想水平剖切平面沿房屋略高于窗台的部位剖切，移去上面部分，做剩余部分的正投影而得到的水平投影图，称为建筑平面图，简称平面图。

建筑平面图的实质是房屋各层的水平剖面图。一般来说，房屋有几层，就应画出几个平面图，并在图形的下方注出相应的图名、比例等。沿房屋底层洞口剖切所得到的平面图称为底层平面图，最上面一层平面图称为顶层平面图。中间各层如果平面布置相同，可只画一个平面图表示，称为标准层平面图。

2.2.2 建筑平面图的分类

建筑施工图一般包括以下几种平面图。

1．地下室平面图

表示房屋地下室的平面形状、各房间的平面布置及楼梯布置等情况。图 2-2 所示为绘制完成的地下室平面图。

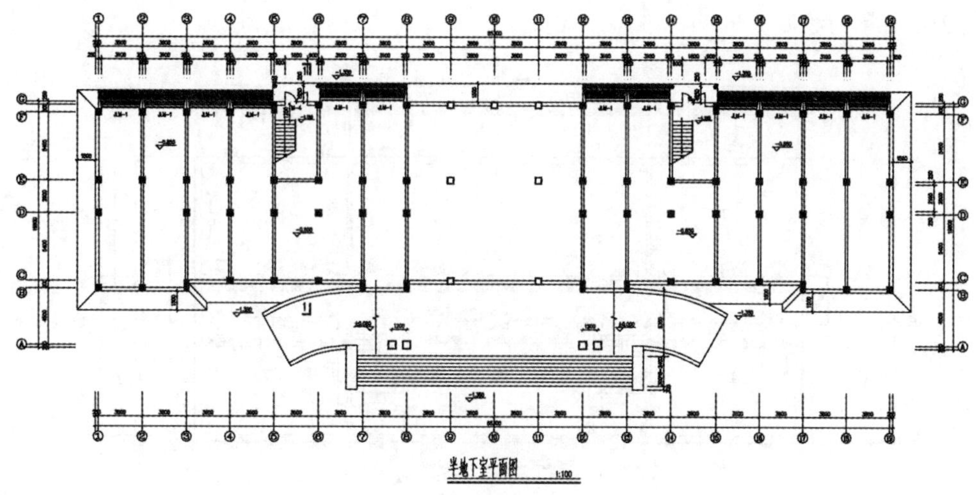

图 2-2　地下室平面图

2．底层（首层）平面图

表示房屋建筑底层的布置情况。在底层平面图上还需反映室外可见的台阶、散水、花台、花池等。此外，还应标注剖切符号及指北针。图 2-3 所示为绘制完成的一层平面图。

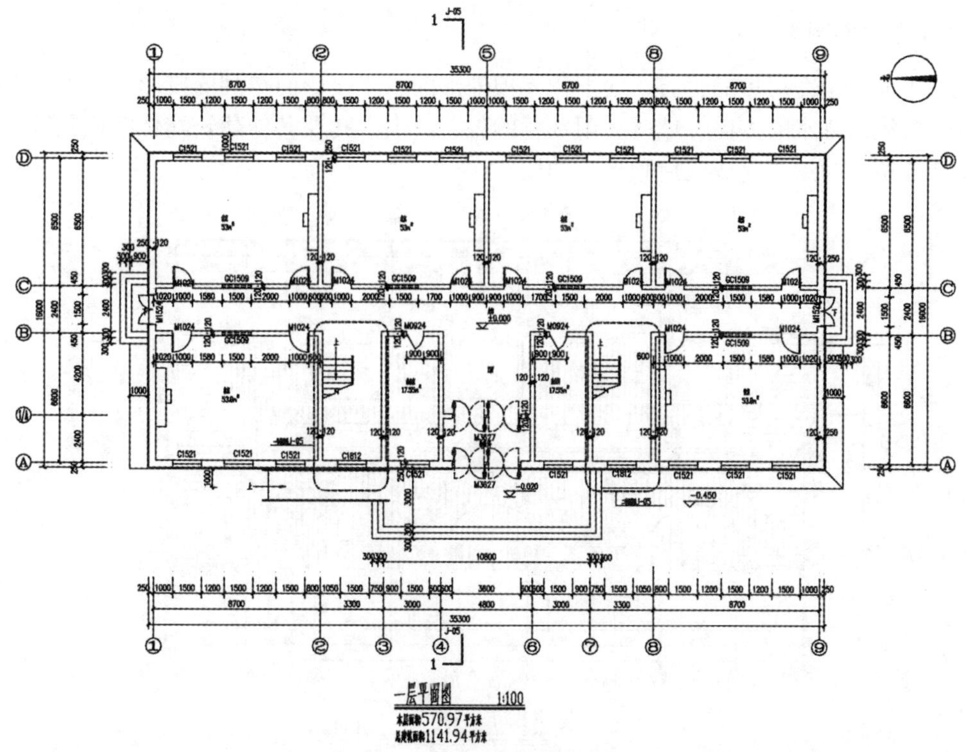

图 2-3　一层平面图

3．楼层平面图

表示房屋建筑中间各层及最上一层的布置情况，楼层平面图还需画出本层室外阳台和下一层的雨篷、遮阳板等。

图 2-4 所示为绘制完成的标准层平面图。

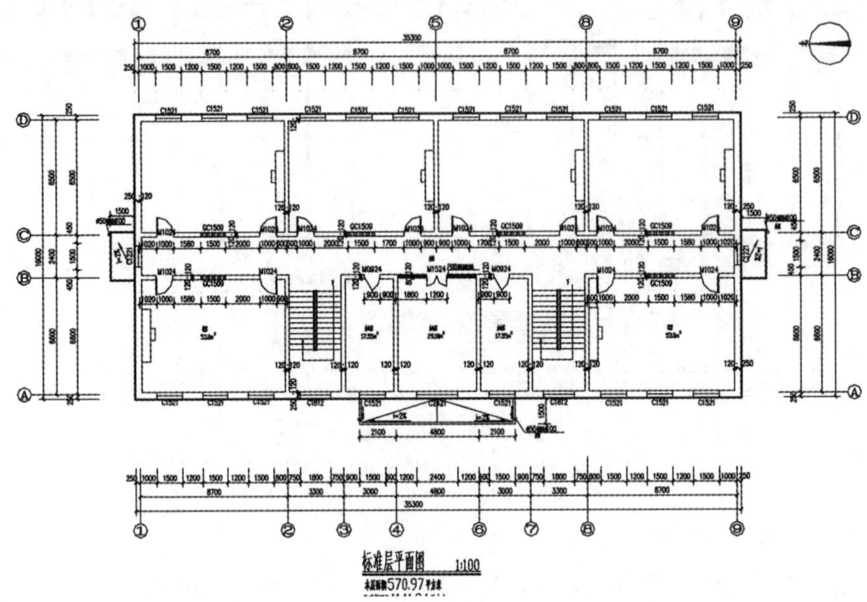

图 2-4　标准层平面图

4．屋顶平面图

屋顶平面图是在房屋的上方，向下作屋顶外形的水平投影而得到的投影图。用它表示屋顶情况，如屋面排水的方向、坡度、雨水管的位置、上人孔及其他建筑配件的位置等。

图 2-5 所示为绘制完成的屋顶层平面图。

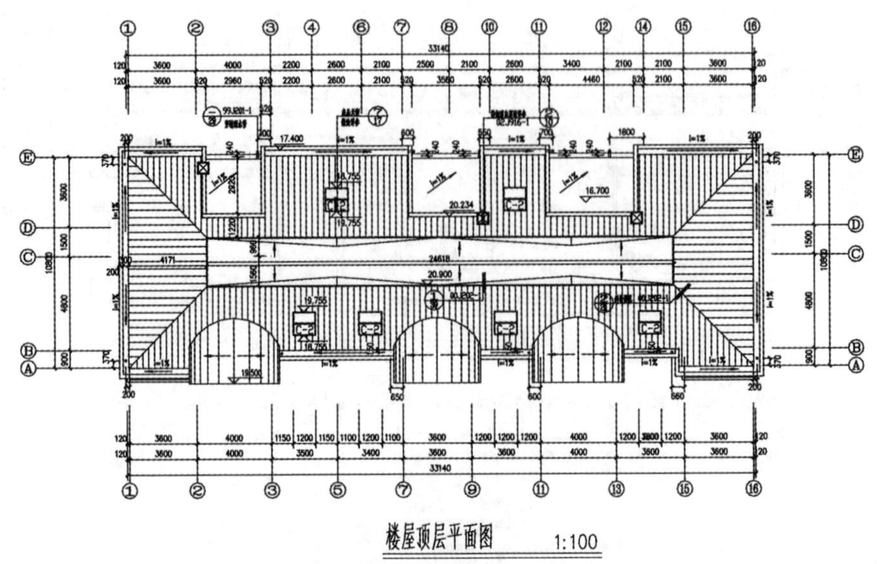

图 2-5　屋顶层平面图

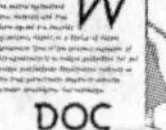

2.2.3 建筑平面图的规定画法

平面图常用1∶100、1∶50的比例来绘制，由于比例较小，所以门窗及细部构配件等均应按规定图例绘制。表2-2所示为建筑构件及配件图例表。

表2-2 常用构件及配件图例（摘录）

序号	名称	图例	备注
1	墙体		1. 上图为外墙，下图为内墙 2. 外墙细线表示有保温层或有幕墙 3. 应加注文字、涂色或图案填充表示各种材料的墙体 4. 在各层平面图中防火墙宜着重以特殊图案填充表示
2	隔断		1. 加注文字、涂色或图案填充表示各种材料的轻质隔断 2. 适用于到顶与不到顶隔断
3	玻璃幕墙		幕墙龙骨是否表示由项目设计决定
4	楼梯	下 下 上 上	1. 上图为顶层楼梯平面，中图为中间层楼梯平面，下图为底层楼梯平面 2. 需设置靠墙扶手或中间扶手时，应在图中标示
5	坡道	下	长坡道
		下 下 下	上图为两侧垂直的门口坡道，中图为有挡墙的门口坡道，下图为两侧找坡的门口坡道

续表

序　号	名　称	图　例	备　注
6	台 阶	下	
7	平面高差		用于高差小的地面或楼面交接处，并应与门的开启方向协调
8	检查口		左图为可见检查口，右图为不可见检查口
9	孔 洞		阴影部分可填充灰度或涂色代替
10	坑 槽		

平面图中的线型应粗细分明，凡是被剖切到的墙、柱断面轮廓线用粗实线画出，没有剖切到的可见轮廓线，如窗台、梯段、卫生设备、家具陈设等用中实线或细实线画出。尺寸线、尺寸界线、索引符号、标高符号等用细实线画出，轴线用细单点长线画出。平面图比例若小于等于 1∶100 时，可画简化的材料图例（如砖墙涂红、钢筋混凝土涂黑等）。

2.2.4 建筑平面图的识读

以下对平面图的图示内容和识读步骤进行讲解。

1）了解图名、比例以及文字说明。

2）了解平面图的总长、总宽的尺寸以及内部房间的功能关系、布置方式等。

3）了解纵横定位轴线及其编号；主要房间的开间、进深；墙（柱）的平面布置。相邻定位轴线之间的距离，横向的称为开间，纵向的称为进深。从定位轴线可以看出墙（柱）的布置情况。

4）了解平面图各部分的尺寸。平面图尺寸以毫米为单位，但标高以米为单位。平面图的尺寸标注包括外部尺寸和内部尺寸。

5）外部尺寸。建筑平面图的下方及侧向一般标注三道尺寸。最外一道是外包尺寸，表示房屋外轮廓的总尺寸，即从一端的外墙边到另一端的外墙总长和总宽的尺寸；中间一道是轴线间的尺寸，表示各房间的开间和进深的大小；最里面的一道尺寸是细部尺寸，表示门窗洞口和窗间墙等水平方向的定形和定位尺寸。

6）底层平面图还应标注室外台阶、花台、散水等尺寸。

7）内部尺寸。内部尺寸应注明内墙门窗洞口的宽度、墙体的厚度、设备的大小和定位尺寸。内部尺寸应就近标注。

8）另外，建筑平面图中的标高，除特殊说明外，通常采用相对标高，并将底层室内主要房间地面定为±0.000。

9）了解门窗的布置、数量、型号。建筑平面图中，只能反映出门窗位置和宽度的尺寸，而门窗的高度尺寸、窗的开启形式和构造等情况是无法表达出来的。为了便于识读，在图中采用专门的代号标注门窗，其中门的代号为 M，窗的代号为 C，代号后面用数字表示它们的编号，如 M—1、M—2…C—1、C—2 等。一般每个工程的门窗规格、型号、数量都由门窗表说明，表 2-3 所示为绘制完成的某建筑物的门窗表。

表 2-3　门窗表

统 一 编 号	洞口尺寸（长×高）/mm×mm	数量/个	材　料	部　位	备　注
M—1	2700×3000	2	塑钢	一层	现场定做
M—2	1000×2700	4	塑钢	一层	现场定做
M—3	900×2700	10	塑钢	一、二层	现场定做
M—4	750×2400	4	塑钢	一、二层	现场定做
M—5	750×2400	2	塑钢	一层	现场定做
M—6	1800×2600	2	塑钢	二层	现场定做
M—7	2200×2000	2	塑钢	二层	现场定做
C—1	2100×1800	2	塑钢	一层	现场定做
C—2	1500×1800	2	塑钢	一层	现场定做
C—3	1200×1500	2	塑钢	一层	现场定做
C—4	900×1600	4	塑钢	二层	现场定做
C—5	2100×2000	2	塑钢	二层	现场定做
C—6	1200×700	2	塑钢	二层	现场定做

10）了解房屋室内设备配备的情况。

11）了解房屋外部的设施，如散水、雨水管、台阶等的位置及尺寸。

12）了解房屋的朝向以及剖面图的剖切位置、索引符号等。底层平面图中需画出指北针，以表明建筑物的朝向。在底层平面图中，还应画上剖面图的剖切位置（其他平面图可以省略不画），以便与剖面图对照查阅。剖切符号通常画在有楼梯间的位置，并剖切到梯段、楼地面、墙身等结构。

13）识读屋顶平面图的时候，应了解屋面外的天窗、水箱、屋面出入口、铁爬梯、女儿墙及屋面变形缝等设施和屋面排水方向、坡度、檐沟、泛水、雨水下水口等位置、尺寸及构造等情况。

2.3 建筑立面图绘制入门

下面讲解立面图的形成以及其图示内容、立面图的命名方式、绘制方法等知识要点。

2.3.1 建筑立面图的概念及内容

在与房屋立面平行的投影面上所作的正投影图，称为建筑立面图，简称立面图。立面图主要反映房屋的外貌、各部分配件的形状和相互关系以及立面装修做法等。它是建筑及装饰施工的重要图样。

图 2-6 所示为绘制完成的建筑立面图。

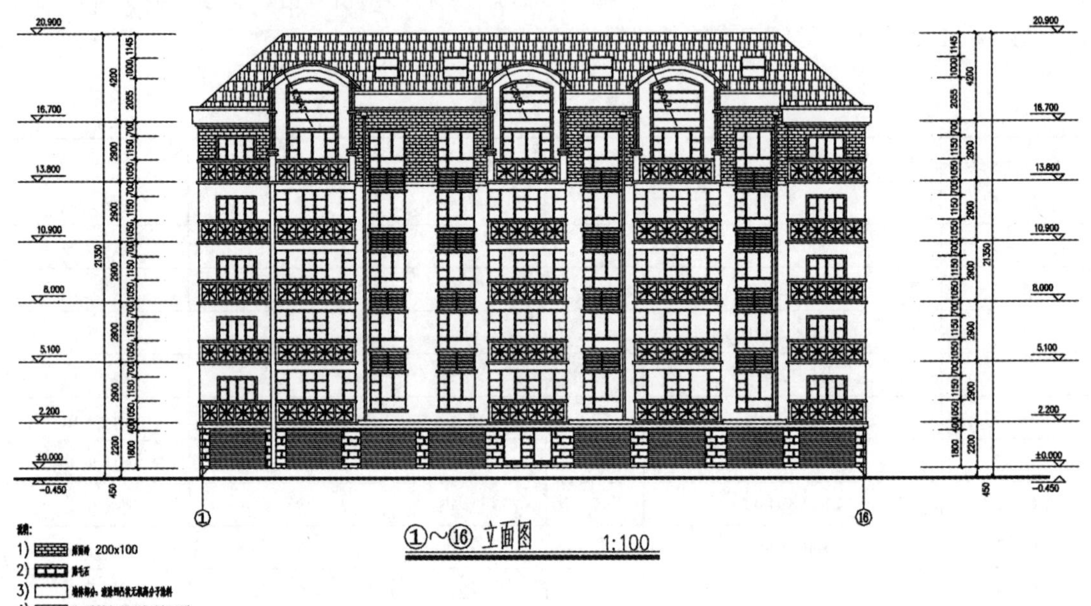

图 2-6　建筑立面图

建筑立面图的图示内容主要包括如下几部分。

- 建筑物某侧立面的立面形式、外貌和大小。
- 门窗及各种墙面线脚、台阶、雨篷、阳台等构配件的位置、立面形状。
- 外墙面上装修做法、材料、装饰图线、色调等。
- 标高及必须标注的局部尺寸。
- 详图索引符号、立面图两端定位轴线和编号。
- 图名和比例。建筑立面图的比例应和平面图相同。根据《建筑制图标准》规定：立面图常用的比例有 1∶50、1∶100 和 1∶200。

2.3.2 建筑立面图的命名方式

根据建筑物外形的复杂程度，所需绘制的立面图的数量也不相同。建筑立面图一般由三种命名方式。

1. 按照房屋的朝向来命名

比如南立面图、北立面图、东立面图、西立面图。

2．按立面图中首尾轴线编号来命名

如①～⑪立面图、⑪～①立面图、Ⓐ～Ⓔ立面图、Ⓔ～Ⓐ立面图。

3．按房屋立面的主次（房屋出入口所在的墙面为正面）来命名

如正立面图、背立面图、左侧立面图、右侧立面图。

三种命名方式各有其自身的特点，在绘图的过程中应根据实际情况灵活选用，其中以轴线编号的命名方式作为常用。

2.3.3　建筑立面图的规定画法

立面图一般应按投影关系，画在平面图上方与平面图轴线对齐，以便识读。立面图所采用的比例一般和平面图相同。由于比例较小，所以门窗、阳台、栏杆以及墙面复杂的装修可按照图例绘制。为简化作图，对立面图上的同一类型的门窗可详细地画出一个作为代表，其余均用简单图例来表示。此外，在立面图的两端应画出定位轴线符号及编号。

为使立面图外形清晰、层次感强，立面图应采用多种线型绘制。一般立面图的外轮廓用粗实线表示；门窗洞口、檐口、阳台、雨篷、台阶、花池等凸出部分的轮廓用中实线表示；门窗扇及其分格线、花格、雨水管、有关文字说明的引出线及标高等均用细实线表示；室外地坪线用加粗实线来表示。

2.3.4　建筑立面图的识读

以下为读者讲解建筑立面图的识读步骤：

1）了解图名及比例。

2）了解立面图和平面图的对应关系。

3）了解房屋室外体形和外貌特征。

4）了解房屋各部分的高度尺寸及标高数值。立面图上一般应在内外地坪、阳台、檐口、门、窗、台阶等处标注标高，并宜沿高度方向注写某些部位的高度尺寸。

5）了解门窗的形式、位置及数量。

6）了解房屋外墙面的装修做法。

2.4　建筑详图入门

下面介绍建筑详图的概念、图示内容、规定画法以及识读步骤。

2.4.1　建筑详图的概念

建筑平面图、立面图、剖面图通常采用 1∶100 等比较小的比例绘制，对房屋的一些细

部（也称节点）的详细构造，如形状、层次、尺寸、材料和做法等无法完全表达清楚。因此，为了满足施工的需要，必须要分别将这些内容用较大的比例详细画出图样，这种图样称为建筑详图，简称详图。

 2.4.2 建筑详图的图示内容

详图要求图示的内容详尽、清楚，尺寸标注齐全，文字说明详尽。一般应表达出构配件的详细构造；所用的各种材料及其规格，各部分的构造连接方法以及相对位置关系；各部分、各细部的详细尺寸；有关施工要求、构造层次及制作方法说明等。与此同时，建筑详图必须加注图名（或详图符号），详图符号应与被索引的图样上的索引符号相对应，在详图符号的右下侧注写比例。对于套用标准图或通用图的建筑构配件和节点，只需注明所套用图集的名称、型号、页次，可不必另画详图。

图 2-7 所示为绘制完成的某住宅楼墙身大样图。

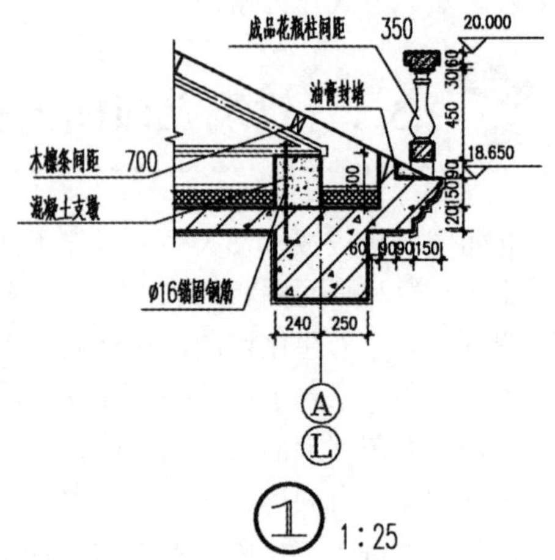

图 2-7 某住宅楼墙身详图

 2.4.3 建筑详图的规定画法

以下以常见的墙身详图为例，介绍建筑详图的规定画法。

墙身详图实质上是建筑剖面图中外墙身部分的局部放大图。它主要反映墙身各部位的详细构造、材料做法及详细构造、材料做法及详细尺寸，如檐口、圈梁、墙厚、雨篷、阳台、防潮层、室内外地面、散水等，同时要注明各部位的标高和详图索引符号。墙身详图与平面图配合是砌墙、室内外装修、门窗安装、编制施工预算以及材料估算的重要依据。

墙身详图一般采用 1∶20 的比例绘制，如果多层房屋中楼层各节点相同，可只画出底层、中间层来表示。为节省图幅，画墙身详图可从门窗中间折断，化为几个节点详图的组合。

墙身详图的线型与剖面图一样，但由于比例较大，所有内外墙应用细实线画出粉刷线以及标注材料图例。墙身详图上所标注的尺寸和标高与建筑剖面图相同，但应标出构造做法的详细尺寸。

 2.4.4 建筑详图的识读

以下以常见的墙身详图为例，介绍建筑详图的识读方法。

1）了解图名、比例。

2）了解墙体的厚度以及所属定位轴线。

3）了解屋面、楼面、地面的构造层次和做法。

4）了解各部位的标高、高度方向的尺寸和墙身细部尺寸。墙身详图应标注室内外地面、各层楼面、屋面、露台、窗台、圈梁或过梁以及檐口等处的标高。同时，还应标注窗台、檐口等部位的高度尺寸以及细部尺寸。在详图中，应画出抹灰及装饰构造线，并画出相应的材料图例。

5）了解各层梁（过梁或圈梁）、板、窗台的位置及其与墙身的关系。

6）了解檐口的构造做法。

2.5 建筑结构图入门

下面介绍建筑结构图的一些基本知识，包括建筑结构图的概述、图示特点等有关知识。

2.5.1 建筑结构图的内容

一套完整的建筑工程图包括建筑施工图、结构施工图和设备施工图。结构施工图主要表达各承重构件的平面布置、构件大小、所用材料、配筋以及施工要求。结构施工图是构件制作、安装、编制施工图预算、编制施工进度和指导施工的重要依据。结构施工图质量的好坏直接影响房屋的安全性。

结构施工图一般由结构设计说明、基础平面图、基础详图、结构平面布置图、钢筋混凝土构件详图、节点构造详图及其他一些图样所组成。

2.5.2 结构施工图的图示特点

以下从三个方面叙述结构施工图的图示特点。

1．结构编号

为了图示方便，结构施工图中构件的名称一般用代号表示，代号后应用阿拉伯数字标注该构件的型号或编号，也可为构件的顺序号。构件的顺序号采用不带角标的阿拉伯数字连续编排。常用构件代号是用各构件名称的汉语拼音第一个字母表示的。《建筑结构制图标准》（GB/T 50105—2010）规定的常用构件代号如表2-4所示。

表2-4　常用构件代号

序　号	名　称	代　号	序　号	名　称	代　号
1	板	B	9	挡雨板或檐口板	YB
2	屋面板	WB	10	吊车安全走道板	DDB
3	空心板	KB	11	墙板	QB
4	槽形板	CB	12	天沟板	TGB
5	折板	ZB	13	梁	L
6	密肋板	MB	14	屋面梁	WL
7	楼梯板	TB	15	吊车梁	DL
8	盖板或沟盖板	GB	16	圈梁	QL

续表

序　号	名　称	代　号	序　号	名　称	代　号
17	过梁	GL	36	柱间支撑	ZC
18	连系梁	LL	37	垂直支撑	CC
19	基础梁	JL	38	水平支撑	SC
20	楼梯梁	TL	39	梯	T
21	框架梁	KL	40	雨篷	YP
22	框支梁	KZL	41	阳台	YT
23	屋面框架梁	WKL	42	梁垫	LD
24	檩条	LT	43	预埋件	M-
25	屋架	WJ	44	天窗端壁	TD
26	托架	TJ	45	钢筋网	W
27	天窗架	CJ	46	单轨吊车架	DDL
28	框架	KJ	47	轨道连接	DGL
29	刚架	GJ	48	车挡	CD
30	支架	ZJ	49	柱	Z
31	承台	CT	50	框架柱	KZ
32	设备基础	SJ	51	构造柱	GZ
33	桩	ZH	52	钢筋骨架	G
34	挡土墙	DQ	53	基础	J
35	地沟	DG	54	暗柱	AZ

注：1. 关于预制钢筋混凝土构件、现浇钢筋混凝土构件、木构件和钢构件，读者可参考《房屋建筑室内装饰装修制图标准》一书。在绘图中，当需要区别上述构件的材料种类时，可在构件代号前加注材料材号，并在图样中加以说明。

2. 预应力钢筋混凝土构件的代号，应在构件代号前加注“Y-”，如 Y-DL 表示预应力钢筋混凝土吊车梁。

2. 图线

结构施工图的图线宽度以及线型比例按表 2-5 的规定选用。根据图样复杂程度与比例大小，先选用适当基本线宽 b，再选用相应的线宽组。在同一张图纸中，相同比例的各图样应选用相同的线宽组。

表 2-5　图线

名　称		线　型	线　宽	一般用途
实线	粗	━━━━━━	b	螺栓、主钢筋线、结构剖面图的单线结构构件、钢木支撑及系杆线，图名下横线、剖切线
	中	──────	0.5b	结构平面图，即详图中剖到或可见的墙身轮廓线，基础轮廓线、钢、木结构轮廓线及箍筋、板筋线
	细	──────	0.25b	可见的钢筋混凝土构件的轮廓线、尺寸线、标注引出线，标高符号、索引符号
虚线	粗	━ ━ ━ ━	b	不可见的钢筋、螺栓线，结构平面图中的不可见的单线结构构件线及钢、木支撑线
	中	─ ─ ─ ─	0.5b	结构平面图中的不可见构件、墙身轮廓线及钢木构件轮廓线
	细	- - - -	0.25b	基础平面图中的管沟轮廓线、不可见的钢筋混凝土构件轮廓线

续表

名　称		线　型	线　宽	一 般 用 途
单点长画线	粗		b	柱间支撑、垂直支撑、设备基础轴线图中的中心线
	细		0.25b	定位轴线、对称线、中心线
双点长画线	粗		b	预应力钢筋
	细		0.25b	原有结构轮廓线
折断线			0.25b	断开界线
波浪线			0.25b	断开界线

3．比例

根据结构施工图图样的用途、被绘物体的复杂程度，应选用表 2-6 的常用比例，特殊情况下也可选用可用比例。

表 2-6　比例

图　　名	常 用 比 例	可 用 比 例
结构平面图、基础平面图	1:50、1:100、1:150、1:200	1:60
圈梁平面图、总图中管沟、地下设施等	1:200、1:500	1:300
详　图	1:10、1:20	1:5、1:25、1:4

2.5.3　钢筋混凝土的基本知识

钢筋混凝土是由水泥、石子、沙子和水按一定的比例配合，浇注入模，经养护硬化后得到的一种人造石材。混凝土的抗压强度较高，但抗拉强度较低，容易受拉产生裂缝。钢筋的抗压和抗拉强度都很高。为了提高混凝土构件的抗拉能力，常在混凝土构件的受拉区内配置一定数量的钢筋，两种材料黏结成一个整体，共同承受外力。这种配有钢筋的混凝土，称为钢筋混凝土。用钢筋混凝土制成的构件，称为钢筋混凝土构件。它们有工地现浇的，也有工厂预制的，分别称为现浇钢筋混凝土构件和预制钢筋混凝土构件。

1．钢筋的作用和分类

在钢筋混凝土构件中所配置的钢筋，按作用不同可分为以下几种，如图 2-8、图 2-9 所示。

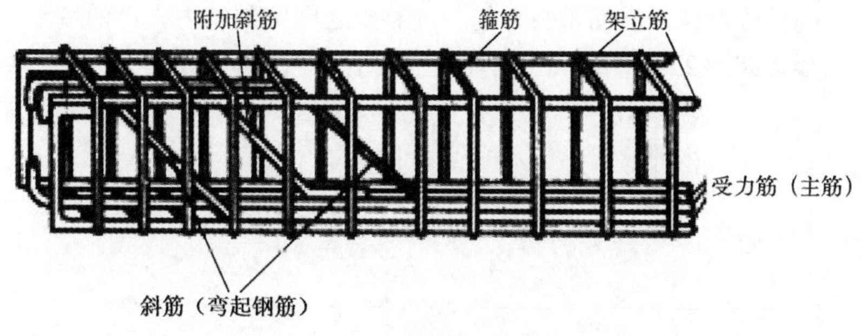

图 2-8　梁的配筋示意图

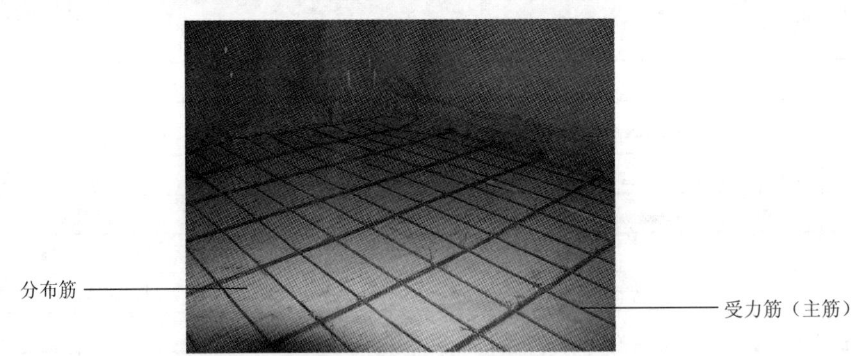

图 2-9　楼板的配筋示意图

- 受力筋（主筋）——主要用于承受构件中的拉力或压力，配置在梁、板、柱等承重构件中。
- 箍筋——主要用于固定受力钢筋的位置，并承受剪力，一般用于梁或柱中。
- 架立筋——主要用于固定箍筋的位置，形成构件的钢筋骨架。
- 分布筋——主要用于外力均匀地分布在受力筋上，并固定受力筋的位置，一般用于钢筋混凝土板中。
- 构造筋——因构件的构造要求和施工安装需要配置的钢筋。架立筋和分布筋也属于构造筋。

2．常用钢筋的种类、混凝土等级

钢筋混凝土构件所使用的钢筋种类很多，按其强度和品种分为不同的等级，不同种类和级别的钢筋在结构施工图中用不同的代号表示，常用钢筋种类及符号如表 2-7 所示。混凝土根据其抗压强度不同，分为不同的等级，有代号 C15、C20、C60 等几种。

表 2-7　常用钢筋种类

种　　类		符　号	d（mm）
热轧钢筋	HPB235（Q235）	Φ	8～20
	HRB235（20MnSi）	Φ	6～50
	HRB400（20MnSiV　20MnSiNb　20MnTi）	Φ	6～50
	RRB400（K20MnSi）	Φ	8～40

3．钢筋的弯钩

如果受力钢筋为光圆钢筋，为了增强钢筋与混凝土之间的黏结力，避免钢筋在受力时滑动，应将钢筋两端做成弯钩。表面带纹钢筋与混凝土之间的黏结力强，两端不必做成弯钩。钢筋端部弯钩的形式如图 2-10 所示。

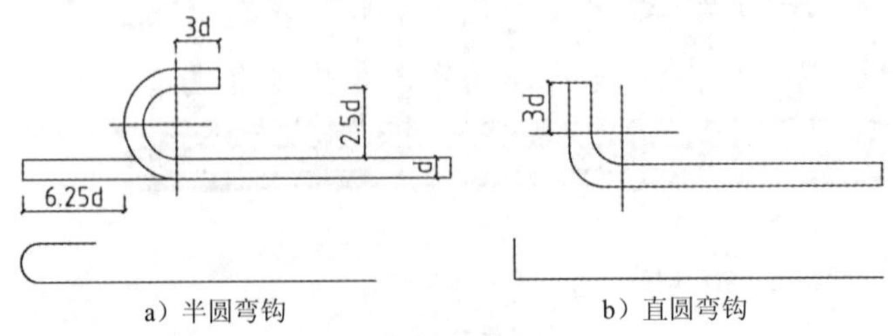

a）半圆弯钩　　b）直圆弯钩

图 2-10　钢筋弯钩

4．钢筋的表示方法

构件中的钢筋有直的、弯的、带钩的、不带钩的等，这些都需要在图中表达清楚。钢筋的　般表示方法如表 2 8 所示。

表 2-8　钢筋的一般表示方法

序　　号	名　　称	图　　例	说　　明
1	钢筋横断面		
2	无弯钩的钢筋端部		下图表示长、短钢筋投影重叠时，短钢筋的端部用 45° 斜画线表示
3	带半圆形弯钩的钢筋端部		
4	带直钩的钢筋端部		
5	无弯钩的钢筋搭接		
6	带半圆形弯钩的钢筋搭接		
7	带直钩的钢筋搭接		
8	一片钢筋网平面图	W-1	
9	一行相同的钢筋网平面图	3W-1	

5．钢筋的标注

钢筋的直径、根数或相邻钢筋中心距一般采用引出线的方式标注，其标注形式及含义如图 2-11、图 2-12 所示。

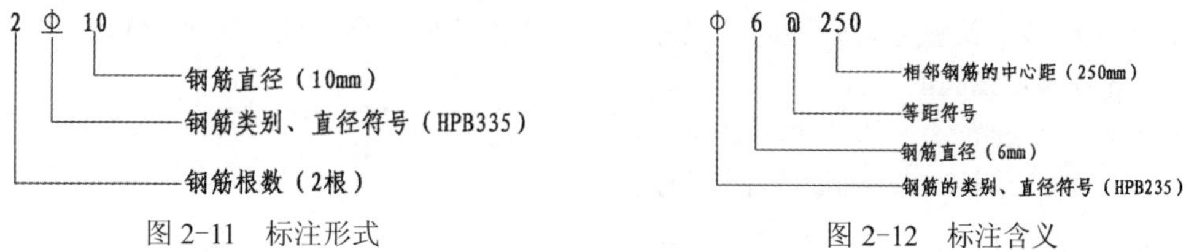

图 2-11　标注形式　　　图 2-12　标注含义

2.5.4　基础施工图

基础施工图是表示建筑物在相对标高±0.000 以下基础部分的平面布置和详细构造的图样。它是施工时在地基上放线、确定基础结构的位置、开挖基坑和砌筑基础的依据。基础施工图一般包括基础平面图、基础详图以及文字说明部分。

1．基础平面图

1）基础平面图的概念

基础平面图是用一个假想的水平剖切平面沿房屋底层室内地面附近将整栋房屋剖开，移

去剖切平面以上的房屋和基础四周的土层，向下做正投影所得到的水平剖面图。图 2-13 所示为绘制完成的基础平面图。

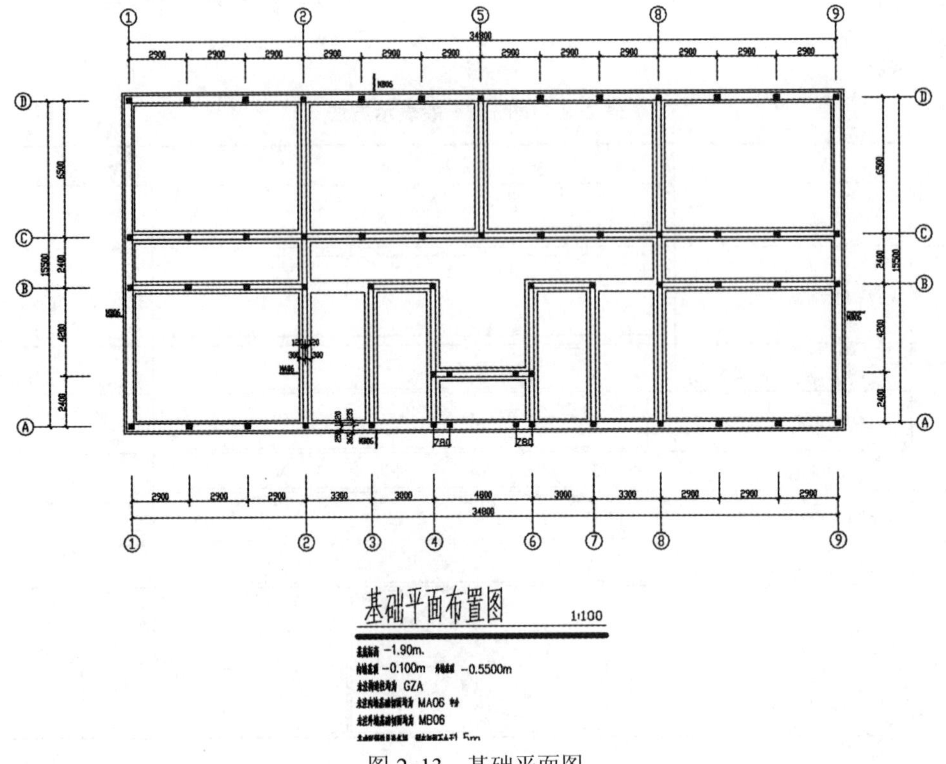

图 2-13　基础平面图

2）基础平面图的图示内容

基础平面图主要表示基础墙、柱、垫层、留洞及构件布置等平面关系。包括以下内容：

a．图名和比例。常用比例为 1∶100 或 1∶200，与建筑平面图相同。

b．定位轴线及其编号、轴线间的尺寸。基础平面图应标出与建筑平面图相一致的定位轴线及其编号和轴线间的尺寸。

c．基础的平面布置、基础底面宽度。

d．基础墙（或柱）、基础梁的布置和代号。

e．基础的编号、基础断面的剖切位置及其编号。

f．管沟的位置及宽度，管沟墙及沟盖板的布置。

g．施工说明等。通过文字说明基础的材料等级、地基承载力及施工注意事项等情况。

3）基础平面图的识图要点

识读基础平面图时，要用其他有关的图样相配合，特别是首层平面图和楼梯图，因为基础平面图中的某些尺寸、平面形状、构造等情况已经在这些图中表达清楚了。阅读基础平面图应从以下几点入手：

a．阅读施工说明，了解相关材料、施工要求。

b．与建筑平面图对照阅读轴线网，两者必须一致。

c．了解墙厚、基础宽、预留洞的位置和尺寸。

d．注意剖切符号。基础截面形状、尺寸不同时，均标以不同的剖切符号，根据剖切符号查阅基础平面图。

2．基础详图

1）基础详图的概念

基础详图是用铅垂剖切平面沿垂直于定位轴线方向切开基础所得到的断面图。它主要反映了基础各部分的形状、大小、材料及基础的深埋等情况。为了表明基础的具体构造，不同断面、不同做法的基础都应画出详图。基础详图的比例一般较大，常用 1∶20、1∶25、1∶30 等。图 2-14 所示为构造柱的基础详图绘制结果。

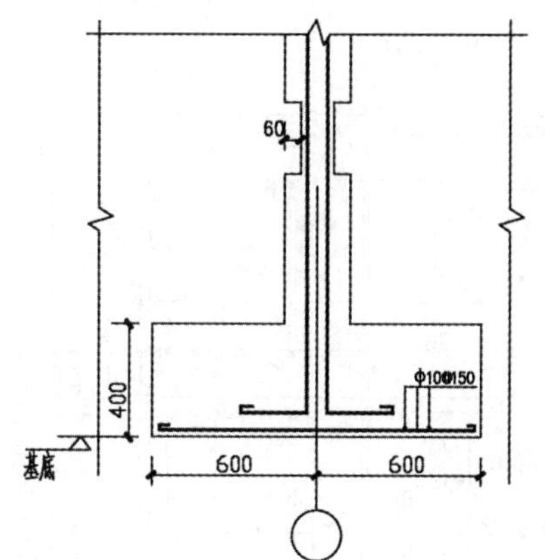

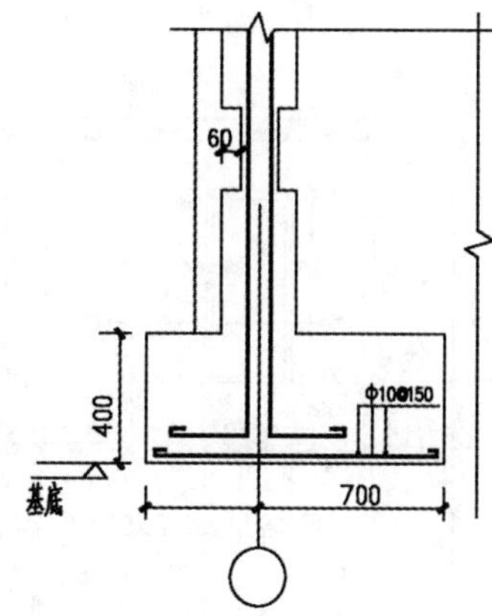

图 2-14　构造柱基础详图

2）基础详图的图示内容

基础详图主要包括以下内容：

a．图名和比例。

b．基础的详细尺寸。基础的宽、高、垫层的厚度等。

c．室内外地面标高及基础底面标高。

d．基础梁的位置和尺寸。

e．基础、垫层的材料、强度等级和配筋情况等。

f．防潮层的做法和位置。

g．施工说明等。

3）基础详图的识图要点

阅读基础详图应从以下几方面入手：

a．根据基础平面图中的图名或详图代号、基础的编号、剖切符号，查阅基础详图。

b．了解基础断面形状、大小、材料以及配筋等情况。

c．根据基础的室内外标高及基底标高计算出基础的高度及深埋深度。

d．了解基础梁的尺寸及配筋情况。

e．了解基础墙防潮层和垫层的位置和做法。

2.5.5　结构平面布置图

用平面图的形式表示房屋上部各承重结构或构件的布置图样，称为结构平面布置图。结构平面布置图是表示建筑物室外地面以上各层承重构件布置的图样。它是施工时布置和安放各层承重构架的依据。以下以常见的楼层结构平面图为例，简单介绍结构平面图的相关知识。

1．楼层结构平面布置图的概念

楼层结构平面布置图是用一假想的水平剖切平面在所要表明的结构层没有抹灰时的表面处水平剖开，向下作正投影而得到的水平投影图。它主要用来表示房屋每层的梁、柱、板、墙等承重构件的平面位置，说明各构件在房屋中的位置以及它们之间的构造关系。图 2-15 所示为绘制完成的楼层结构平面图。

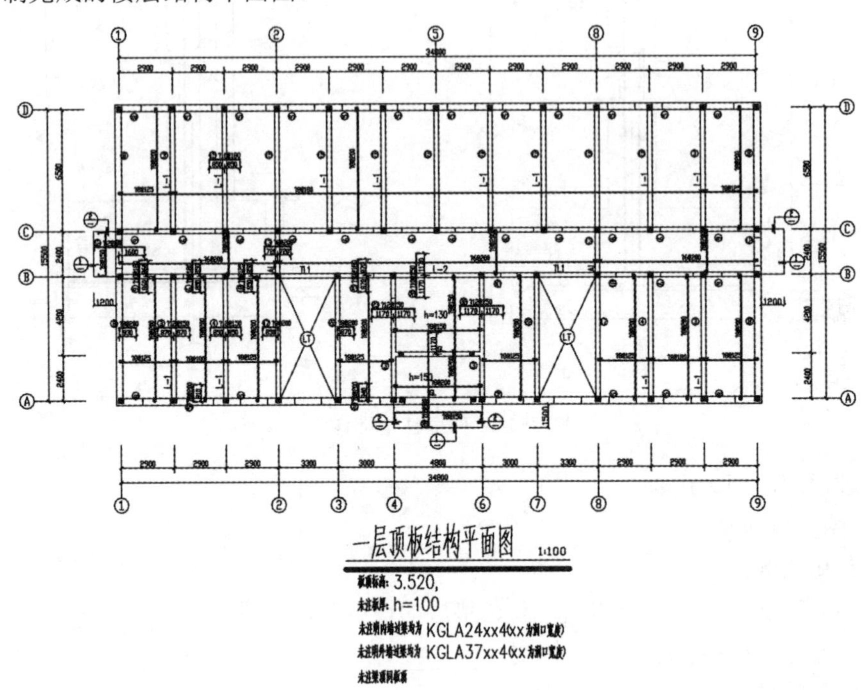

图 2-15　楼层结构平面图

2．楼层结构平面布置图的图示内容

楼层结构平面图主要表示以下内容：

1）图名和比例。常用比例为 1∶100、1∶200，与建筑平面图相同。

2）定位轴线及其编号。

3）柱、梁、墙的布置情况、编号。

4）现浇板的布置、配筋情况、厚度、标高、编号及预留孔洞大小和位置。

5）预制板的位置、数量、编号、型号及索引图集号等。

6）墙体厚度、构造柱与圈梁、过梁的位置及编号。

7）详图索引符号及有关剖切符号。

8）预制构件标准图集编号、材料要求等。

3．楼层结构平面布置图的识图要点

阅读楼层结构平面布置图时，要注意以下几点：

1）了解轴线间尺寸、建筑总长和总宽尺寸。

2）了解定位轴线及其编号是否与建筑平面图一致。

3）了解结构层中楼板的平面位置和组合情况。在楼层结构平面布置图中，板的布置通常用对角线（细实线）来表示板的布置范围。

4）了解现浇板的厚度、标高及支撑在墙上的长度。

5）了解现浇板中钢筋的布置及钢筋编号、长度、直径、级别和数量等。

6）了解各节点详图的剖切位置。

7）了解楼层结构平面布置图上梁、板的标高，注意圈梁、过梁和构造柱等布置情况。

2.5.6　结构详图

建筑物各承重构件的形状、大小、材料、构造和连接情况等需要分别画出各承重构件的结构详图来表达。

钢筋混凝土构件详图一般包括模板图、配筋图、预埋件图、钢筋表及必要的文字说明。

钢筋混凝土梁、柱的结构详图以配筋图为主，主要包括配筋立面图、断面图和钢筋详图。

以下以配筋图为例，介绍结构详图的相关知识点。

1．配筋图的概念

假设钢筋混凝土为一透明体，内部钢筋可见，将此梁向投影面作投射，所得到的投影图称为配筋立面图。

钢筋的形状在配筋图中一般已表达清楚，如果在配筋比较复杂，钢筋重叠无法看清楚时，应在配筋图外另加钢筋详图。钢筋详图应按照钢筋在立面图中的位置由上而下用同一比例排列在配筋图的下方，并与相应的钢筋对齐。梁柱的可见轮廓线用细实线表示，不可见轮廓线用细虚线表示，断面图不画材料符号。钢筋的立面图用粗实线表示，钢筋的断面用小黑点表示。

图 2-16 所示为绘制完成的阁楼配筋平面图。

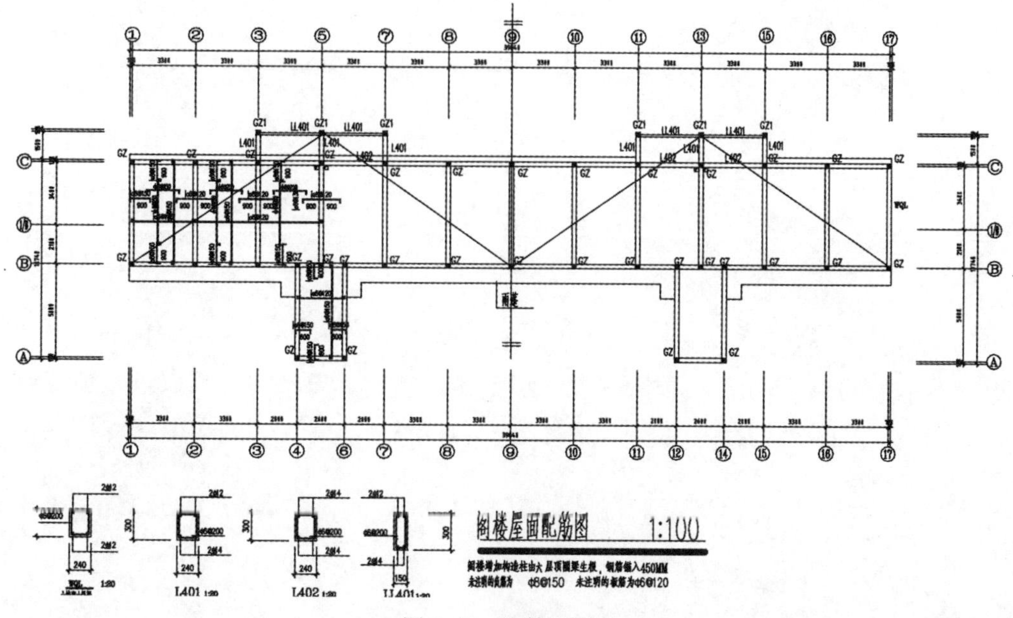

图 2-16　配筋平面图

2．配筋图的图示内容

配筋图的图示内容主要包括以下内容：

1）图名和比例。由于梁、柱的长度远大于其断面高度和宽度，故立面图与断面图应采用不同比例来绘制。

2）梁、柱的长度及截面尺寸、梁底标高和配筋情况。

3）断面图的剖切位置、数量。

4）钢筋详图及配筋表。

3．配筋图的识图要点

阅读钢筋混凝土梁、柱结构详图时，应从以下几点入手：

1）读图时先看图名，再看立面图和断面图，然后看配筋详图和钢筋表。

2）从立面图中的剖切位置线了解断面图的剖切位置。通过断面图，了解梁、柱断面形状、钢筋布置和变化的情况。

3）从钢筋详图中了解每种钢筋的编号、根数、直径、各段设计长度以及弯起角度。另外，从钢筋表中也可以了解构件的名称、数量、钢筋规格、简图、长度、重量等。

4）了解预埋件的位置、形状以及大小。

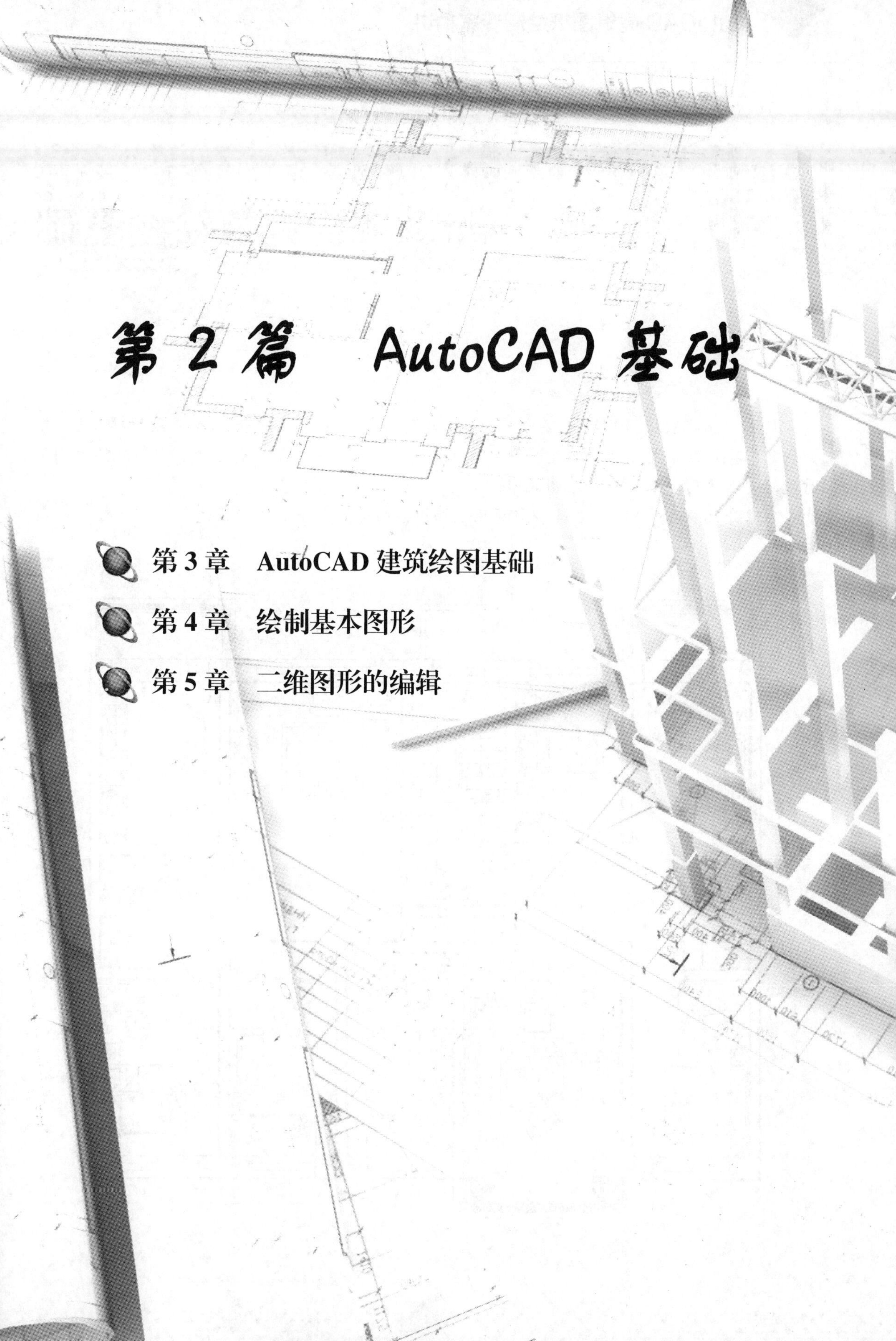

第 2 篇　AutoCAD 基础

第 3 章 AutoCAD 建筑绘图基础

使用 AutoCAD 绘制图形，要首先对 AutoCAD 软件的绘图功能有一个大致了解，比如绘图的基本操作、绘图环境的设置、各类型样式的设置及为图形绘制标注等，以便在绘制图形时能够灵活运用，以此提高绘图效率。

本章介绍 AutoCAD 的建筑绘图的基础知识，将分 4 个小节进行讲述。

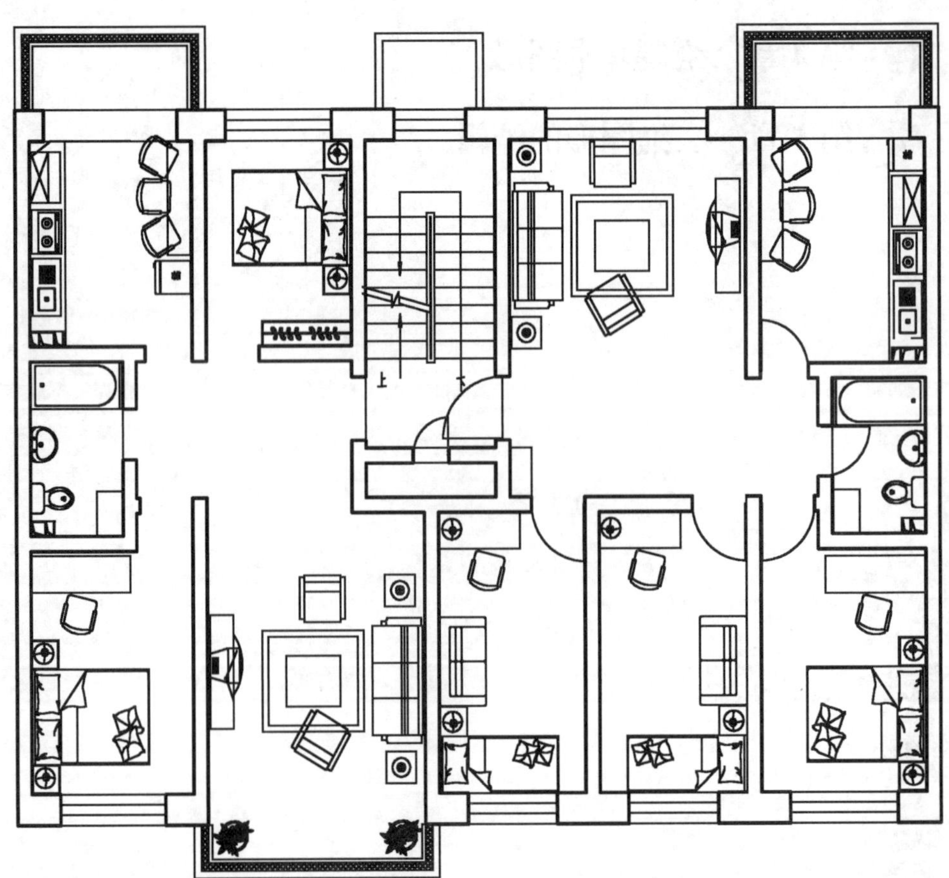

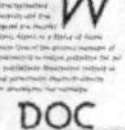

3.1 AutoCAD 基本操作

AutoCAD 的基本操作包括创建新图形、保存图形以及对当前视图进行操作等。掌握这些 AutoCAD 的基本操作，可以为后续的绘图工作埋下基础，从而更好地适应高频度的绘图工作。

3.1.1　创建新图形

打开 AutoCAD 绘图软件后，可以在绘图区创建新图形；也可以再另外创建新的图形文件，在此基础上绘制图形，而原有的图形文件不必关闭。

在 AutoCAD 中创建新图形的方式有以下几种。

- 标题栏：单击标题栏上的【新建】按钮。
- 菜单栏：执行【文件】|【新建】命令。
- 组合键：按【Ctrl+N】组合键。
- 软件图标：单击 AutoCAD 软件界面左上方的图标按钮。

【课堂举例 3-1】 创建新图形

Step 01 打开 AutoCAD 2014 绘图软件。

Step 02 执行【文件】|【新建】命令，如图 3-1 所示。

Step 03 弹出【选择样板】对话框，在对话框中选择图形样板，结果如图 3-2 所示。

Step 05 重复调用 L【直线】命令，绘制水平直线；调用 O【偏移】命令，偏移直线，选择图形样板后，在对话框中单击【打开】按钮，即可创建新的图形文件，并在此基础上绘制图形。

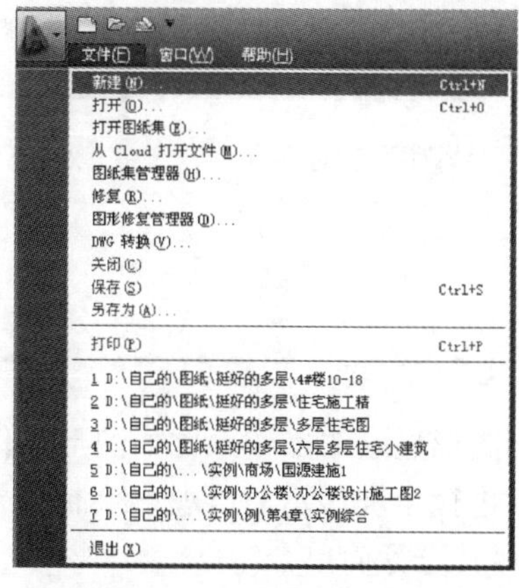

图 3-1　执行命令

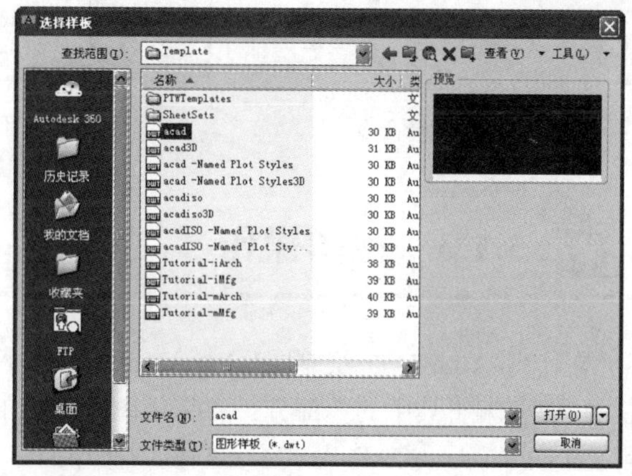

图 3-2　【选择样板】对话框

3.1.2　保存图形

在 AutoCAD 绘图软件中，可以对已经编辑完成或者尚未编辑完成待下次再编辑的图形

进行保存。

在 AutoCAD 中保存图形的方式有以下几种。

- 标题栏：单击标题栏上的【保存】按钮
- 菜单栏：执行【文件】|【保存】命令。
- 组合键：按【Ctrl+S】组合键。
- 软件图标：单击 AutoCAD 软件界面左上方的图标按钮。
- 单击关闭软件按钮：单击 AutoCAD 软件界面右上方的图标按钮。

【课堂举例 3-2】 保存图形

Step 01 单击 AutoCAD 软件界面左上方的图标按钮，在弹出的下拉菜单中选择【保存】选项，如图 3-3 所示。

Step 02 弹出【图形另存为】对话框，如图 3-4 所示。

Step 03 在对话框中单击【保存】按钮，即可将图形保存在所指定的文件路径中。

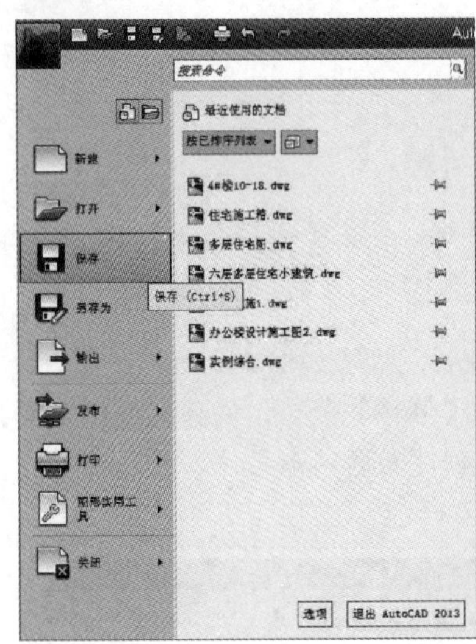

图 3-3　选择命令

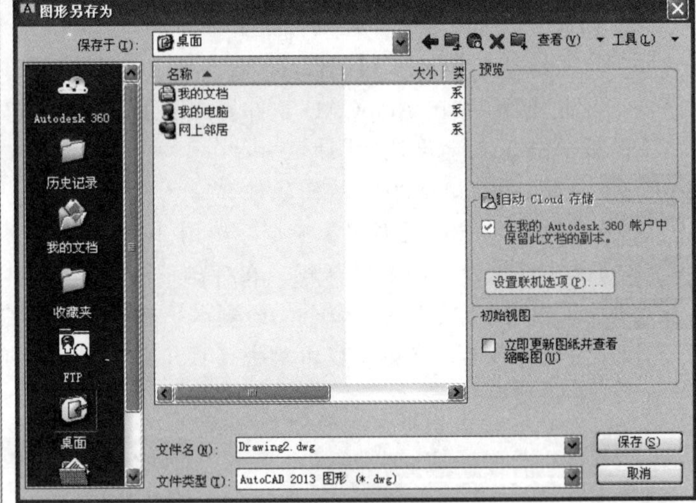

图 3-4　【图形另存为】对话框

3.1.3　视图操作

在使用 AutoCAD 绘制图形时，有时候需要执行一些对图形显示的操作，比如图形文件过大，而要编辑其中的一部分；要将绘图区域内的所有图形进行全屏显示，以观察绘制效果等。鉴于此，AutoCAD 提供了一些视图操作的命令，本节对其进行简单介绍。

1. 重生成命令

重生成命令可以重新生成整个图形。

执行【视图】|【重生成】命令，即可将位于绘图区内的图形执行重生成操作。图 3-5 与图 3-6 所示为执行命令前和执行命令后的对比。

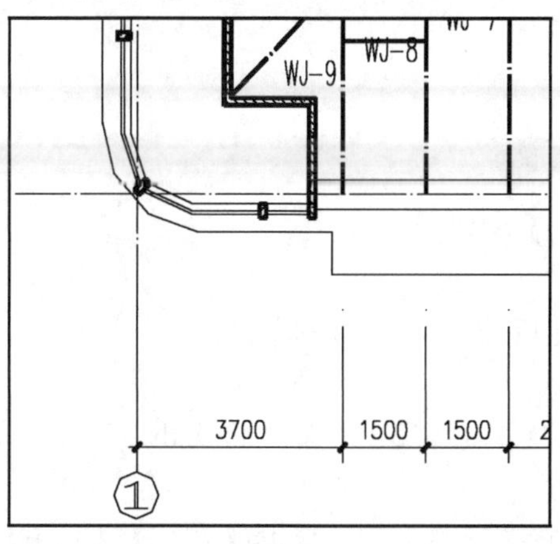

图 3-5　执行命令前

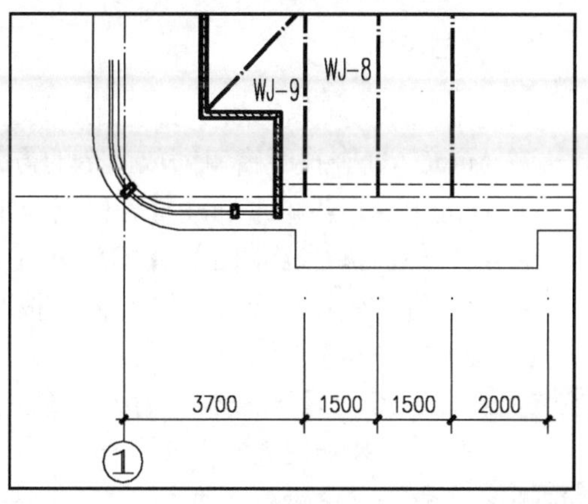

图 3-6　执行命令后

2．实时缩放

实时缩放命令可以放大或缩小显示当前视口中图形对象的外观尺寸。

在 AutoCAD 中执行实时缩放命令的方式有以下 3 种。

- 标准工具栏：单击标准工具栏上的【实时缩放】按钮。
- 菜单栏：执行【视图】|【缩放】|【实时缩放】命令。
- 命令行：在命令行中输入 Z 并按回车键。

【课堂举例 3-3】 实时缩放图形

Step 01 按【Ctrl+O】组合键，打开本书配套光盘提供的“第 3 章\3.1.3 实时缩放.dwg”素材文件，结果如图 3-7 所示。

Step 02 执行【视图】|【缩放】|【实时缩放】命令，当光标变成放大镜时，按住鼠标左键不放，向前推动鼠标即可将图形放大，向后推动鼠标即可将图形缩小。

Step 03 图 3-8 所示为执行命令后向前推动鼠标将图形放大的结果。

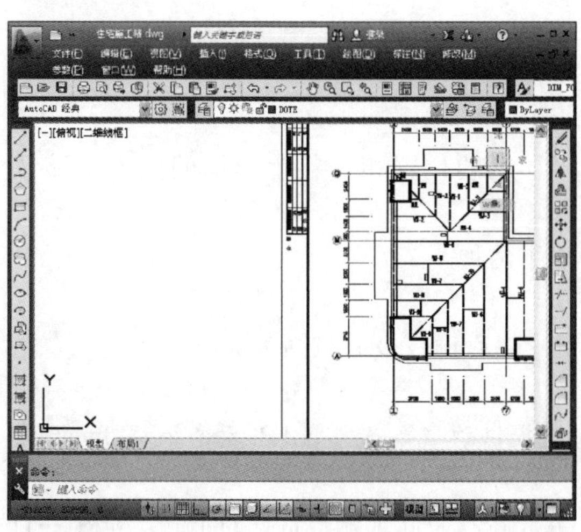
图 3-7　打开素材

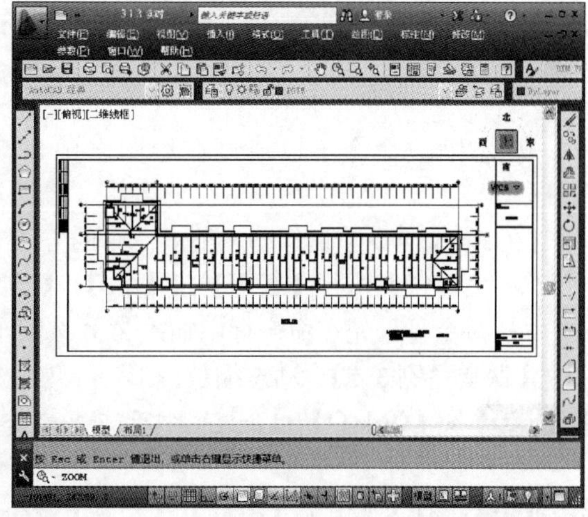
图 3-8　实时缩放

3. 窗口缩放

窗口缩放命令可以缩放以显示由矩形窗口指定的区域。

在 AutoCAD 中执行窗口缩放命令的方式有以下 3 种。

- 标准工具栏：单击标准工具栏上的【窗口缩放】按钮。
- 菜单栏：执行【视图】|【缩放】|【窗口】命令。
- 命令行：先在命令行中输入 Z 并按回车键，然后输入 W 并按回车键。

【课堂举例 3-4】 窗口缩放图形

Step 01 按【Ctrl+O】组合键，打开配套光盘提供的“第 3 章\3.1.3 窗口缩放.dwg”素材文件，结果如图 3-9 所示。

Step 02 在命令行中输入 Z 并按回车键，根据命令后的显示输入 W，选择【窗口】选项并按回车键；在绘图区中分别指定矩形的两个角点以指定图形的显示区域，松开鼠标左键，则选择的图形就在指定的窗口中显示，结果如图 3-10 所示。

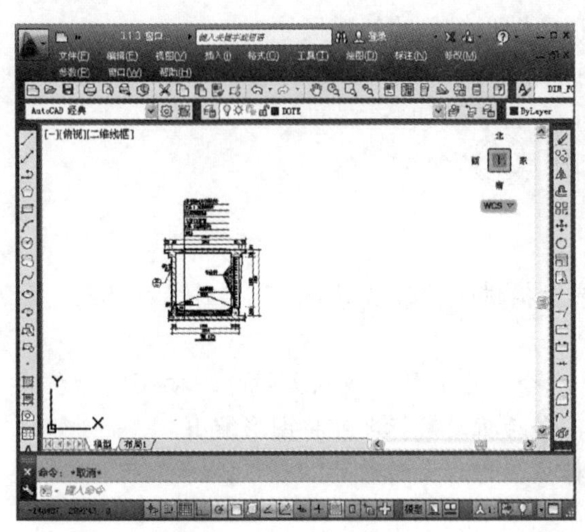

图 3-9 打开素材

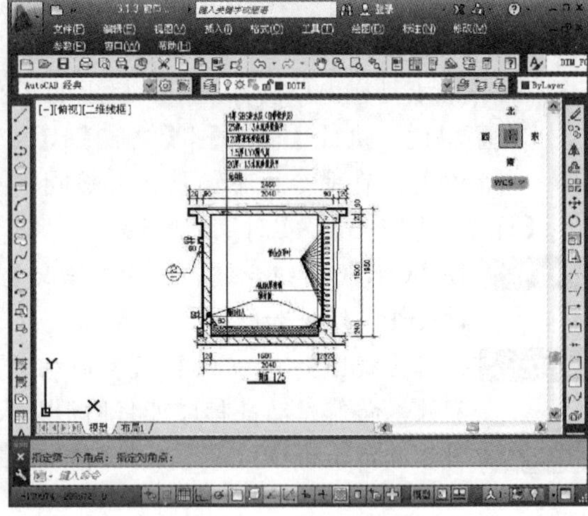

图 3-10 窗口缩放

4. 动态缩放

动态缩放命令可以通过在绘图区中移动矩形框的位置和调整矩形框的大小来缩放图形。

在 AutoCAD 中执行动态缩放命令的方式有以下两种。

- 菜单栏：执行【视图】|【缩放】|【动态】命令。
- 命令行：先在命令行中输入 Z 并按回车键，然后输入 D 并按回车键。

【课堂举例 3-5】 动态缩放图形

Step 01 按【Ctrl+O】组合键，打开本书配套光盘提供的“第 3 章\3.1.3 动态缩放.dwg”素材文件。

Step 02 执行【视图】|【缩放】|【动态】命令，在绘图区中指定矩形窗口的角点，如图 3-11 所示。

Step 03 将鼠标置于矩形框内，按回车键，即可将图形放大显示，结果如图 3-12 所示。

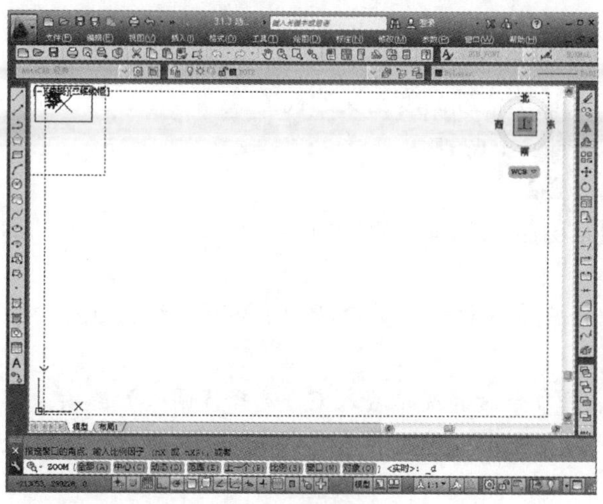

图 3-11　指定角点

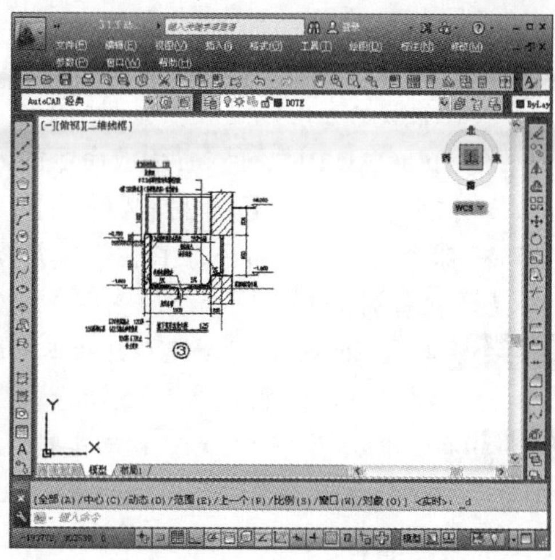

图 3-12　动态缩放

5. 比例缩放

比例缩放命令可以使用比例因子进行缩放，以更改视图比例。

在 AutoCAD 中执行比例缩放命令的方式有以下两种。

- 菜单栏：执行【视图】|【缩放】|【比例】命令。
- 命令行：先在命令行中输入 Z 并按回车键，然后输入 S 并按回车键。

【课堂举例 3-6】 比例缩放图形

Step 01 按【Ctrl+O】组合键，打开本书配套光盘提供的“第 3 章\3.1.3 比例缩放.dwg”素材文件，结果如图 3-13 所示。

Step 02 在命令行中输入 Z 并按回车键，根据命令后的提示输入 S，选择【比例】选项；输入比例因子 2X，并按回车键，即可将视图放大两倍显示，结果如图 3-14 所示。

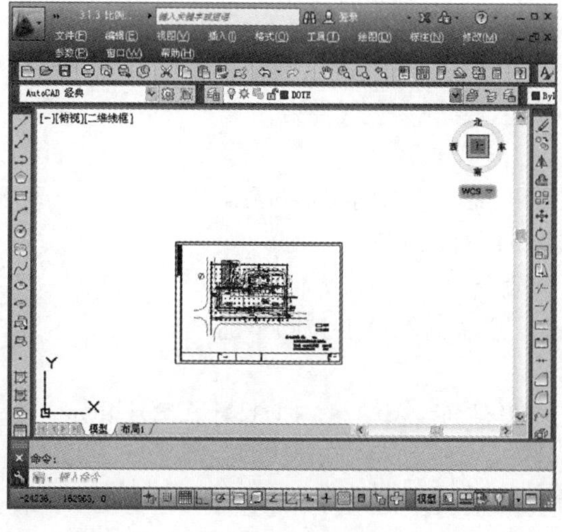

图 3-13　打开素材

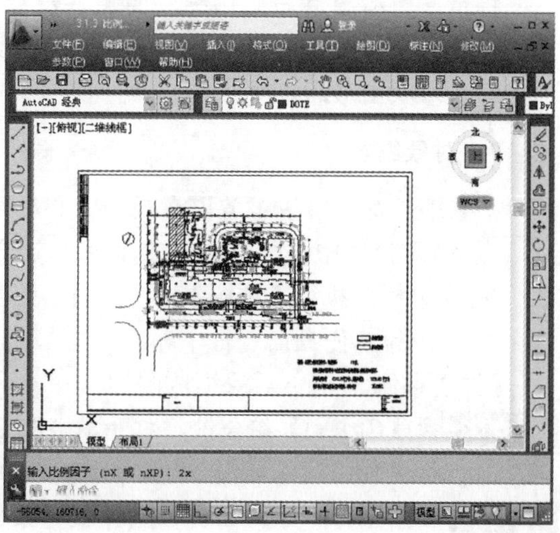

图 3-14　比例缩放

6．圆心缩放

圆心缩放命令可以缩放以显示由中心点及比例值或高度定义的视图。

在 AutoCAD 中执行圆心缩放命令的方式有以下两种。

➢ 菜单栏：执行【视图】|【缩放】|【圆心】命令。

➢ 命令行：先在命令行中输入 Z 并按回车键，然后输入 C 并按回车键。

【课堂举例 3-7】 圆心缩放图形

Step 01 按【Ctrl+O】组合键，打开本书配套光盘提供的"第 3 章\3.1.3 圆心缩放.dwg"素材文件，结果如图 3-15 所示。

Step 02 在命令行中输入 Z 并按回车键，根据命令后的提示输入 C，选择【圆心】选项；在图形中指定要缩放区域的中心点，输入比例因子 5X，并按回车键，即可将视图放大显示，结果如图 3-16 所示。

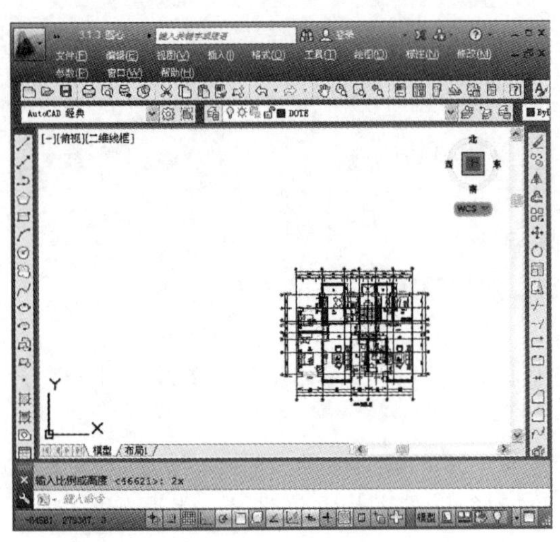

图 3-15　打开素材

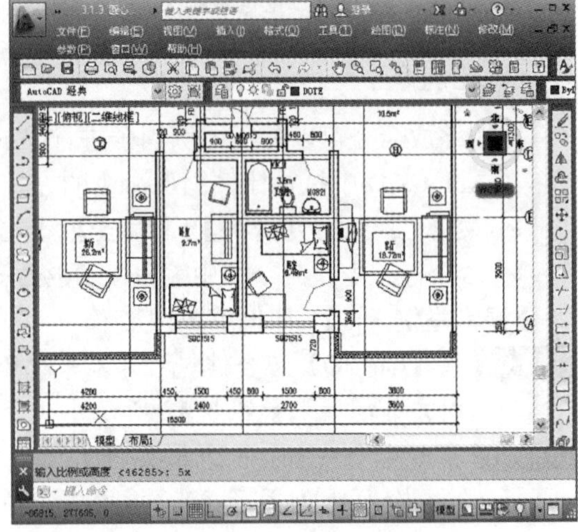

图 3-16　圆心缩放

提示：圆心缩放与比例缩放的操作和结果大致相同，都是将视图进行放大或者缩小显示。另外，在圆心缩放命令中有一个高度选项，该选项一般用于三维视图，可以指定高度比例因子来缩放图形的高度。

7．对象缩放

对象缩放命令可以缩放以在视图中心尽可能大的显示所选的图形对象。

在 AutoCAD 中执行对象缩放命令的方式有以下两种。

➢ 菜单栏：执行【视图】|【缩放】|【对象】命令。

➢ 命令行：先在命令行中输入 Z 并按回车键，然后输入 O 并按回车键。

【课堂举例 3-8】 对象缩放图形

Step 01 按【Ctrl+O】组合键，打开本书配套光盘提供的"第 3 章\3.1.3 对象缩放.dwg"素材文件，结果如图 3-17 所示。

Step 02 在命令行中输入 Z 并按回车键，根据命令后的提示输入 O，选择【对象】选项；在图形中指定要缩放的图形对象并按回车键，即可将所选的图形最大化显示，结果如图 3-18 所示。

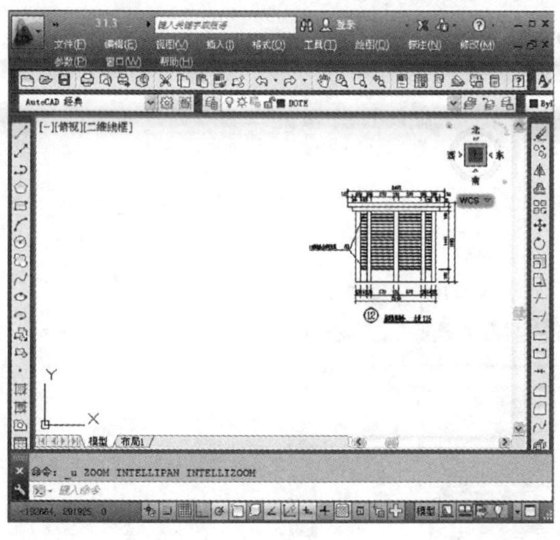

图 3-17　打开素材

图 3-18　对象缩放

8．全部缩放

全部缩放命令可以缩放以显示所有可见对象和视觉辅助工具。

在 AutoCAD 中执行全部缩放命令的方式有以下两种。

- 菜单栏：执行【视图】|【缩放】|【全部】命令。
- 命令行：先在命令行中输入 Z 按回车键，然后输入 A 并按回车键。

【课堂举例 3-9】 全部缩放图形

Step 01 按【Ctrl+O】组合键，打开本书配套光盘提供的“第 3 章\3.1.3 全部缩放.dwg”素材文件，结果如图 3-19 所示。

Step 02 在命令行中输入 Z 按回车键，根据命令后的提示输入 A，选择【全部】选项并按回车键，即可将位于绘图区内的图形最大化显示，结果如图 3-20 所示。

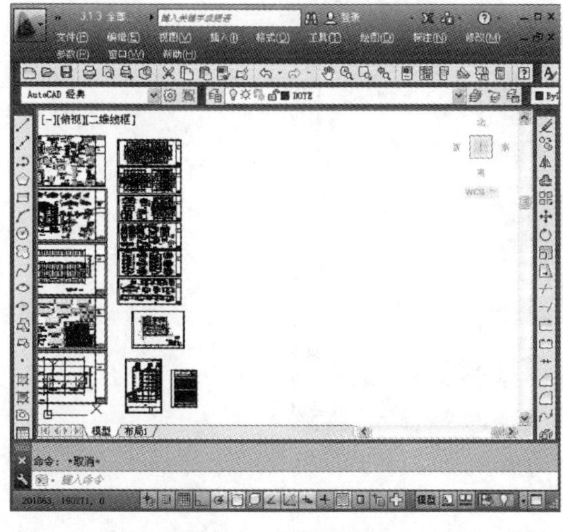

图 3-19　打开素材

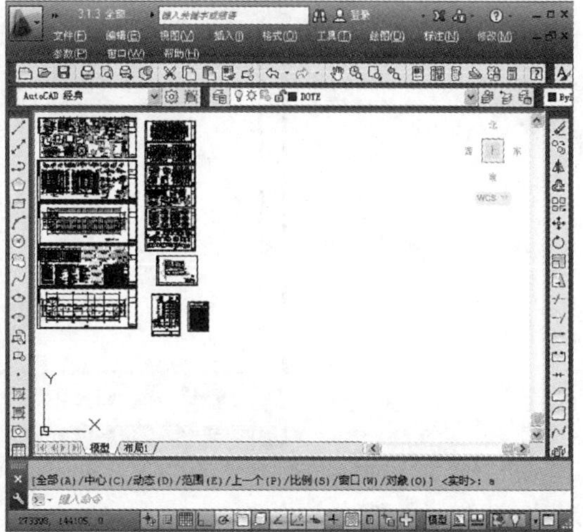

图 3-20　全部缩放

9．范围缩放

范围缩放命令以显示所有对象的最大范围。

在 AutoCAD 中执行范围缩放命令的方式有以下两种。

➢ 菜单栏：执行【视图】|【缩放】|【范围】命令。

➢ 命令行：先在命令行中输入 Z 并按回车键，然后输入 E 并按回车键。

【课堂举例 3-10】 范围缩放图形

Step 01 按【Ctrl+O】组合键，打开本书配套光盘提供的“第 3 章\3.1.3 范围缩放.dwg”素材文件，结果如图 3-21 所示。

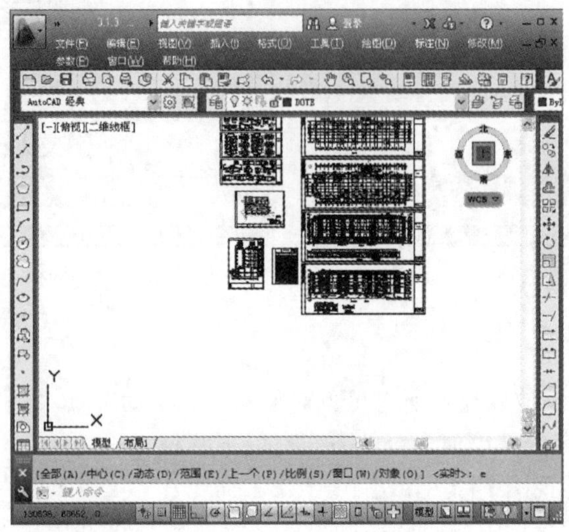

图 3-21 打开素材

Step 02 在命令行中输入 Z 并按回车键，根据命令后的提示输入 E，选择【范围】选项并按回车键，即可显示位于绘图区内图形的最大范围，结果如图 3-22 所示。

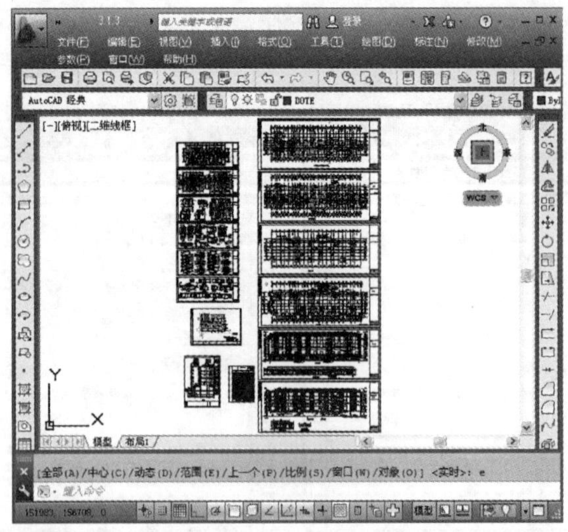

图 3-22 范围缩放

10．实时平移

实时平移命令可以在当前视口中平移视图。

在 AutoCAD 中执行实时平移命令的方式有以下两种。

➢ 菜单栏：执行【视图】|【平移】|【实时】命令。

➢ 命令行：在命令行中输入 P 并按回车键。

【课堂举例 3-11】 实时平移图形

Step 01 按【Ctrl+O】组合键，打开本书配套光盘提供的“第 3 章\3.1.3 实时平移.dwg”素材文件，结果如图 3-23 所示。

Step 02 在命令行中输入 P 并按回车键，在光标呈手掌显示的时候，按住鼠标左键不放，在绘图区中移动视图，即可将视图进行平移操作，结果如图 3-24 所示。

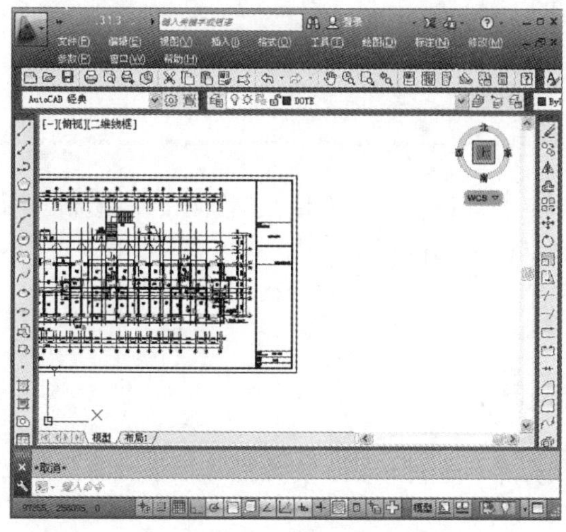

图 3-23　打开素材　　　　图 3-24　实时平移

11．点平移

点平移命令可以将视图移动指定的距离。

【课堂举例 3-12】 点平移图形

Step 01 按【Ctrl+O】组合键，打开本书配套光盘提供的“第 3 章\3.1.3 点平移.dwg”素材文件，结果如图 3-25 所示。

Step 02 执行【视图】|【平移】|【点】命令，在绘图区中分别指定基点和位移，即可将视图移动指定的距离，结果如图 3-26 所示。

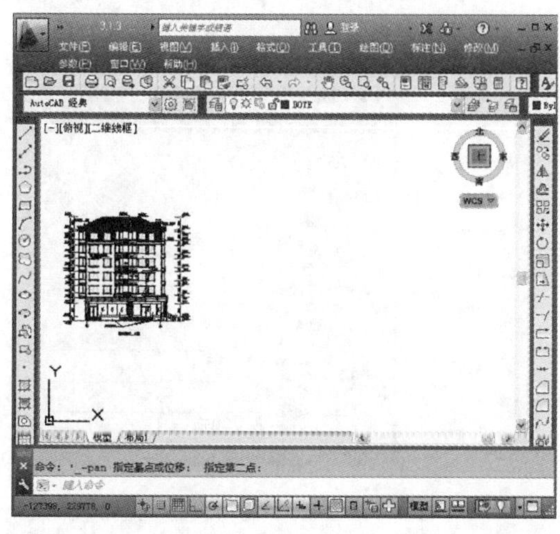

图 3-25　打开素材

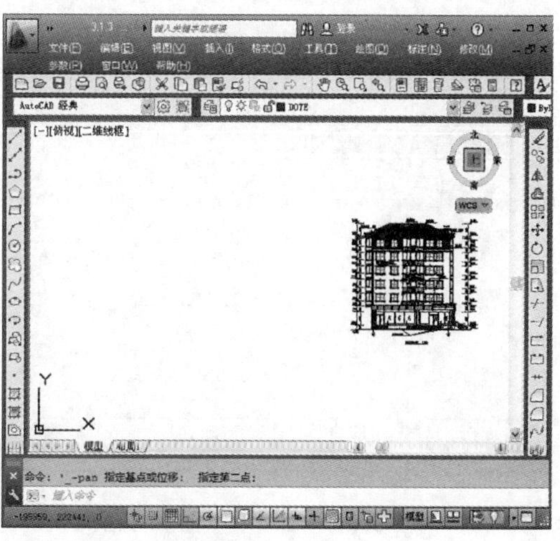

图 3-26　点平移

3.2 设置绘图环境

在使用 AutoCAD 进行绘图之前，要首先对绘图的工作环境进行设置，以保证所绘制图形的标准性和准确性。设置绘图环境主要包括设置系统单位、设置图形界限、设置绘图比例等方面，下面介绍在 AutoCAD 中设置绘图环境的方法。

3.2.1 设置系统单位

在使用 AutoCAD 绘制图形时，要对系统单位进行设置，以便使在该绘图区内绘制的图形都统一以设置的单位来显示，方便绘制图形和打印输出图形。

在 AutoCAD 中设置系统单位的方式有以下两种。

- 菜单栏：执行【格式】|【单位】命令。
- 命令行：在命令行中输入 UNITS 并按回车键。

【课堂举例 3-13】 设置系统单位

Step 01 执行【格式】|【单位】命令，弹出【图形单位】对话框，在该对话框中对图形单位的各项参数进行设置，结果如图 3-27 所示。

Step 02 在【图形单位】对话框中单击【方向】按钮，弹出【方向控制】对话框，在该对话框中可以对基准角度参数进行设置，一般保持默认即可，也可根据需要对其进行设置，结果如图 3-28 所示。

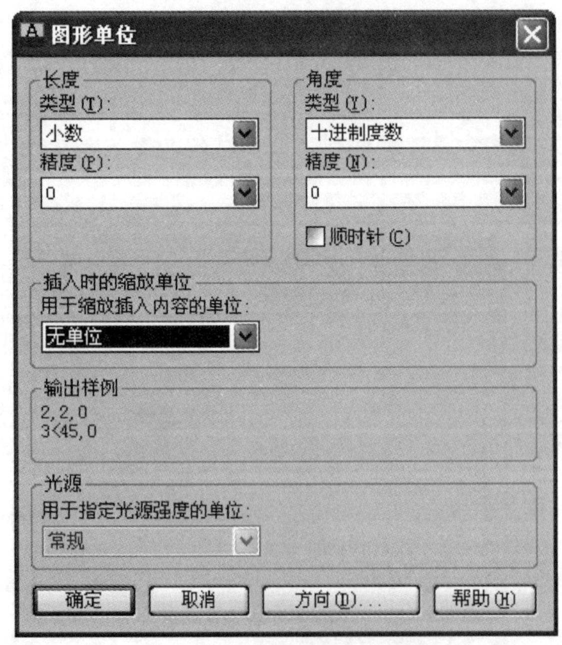

图 3-27 【图形单位】对话框

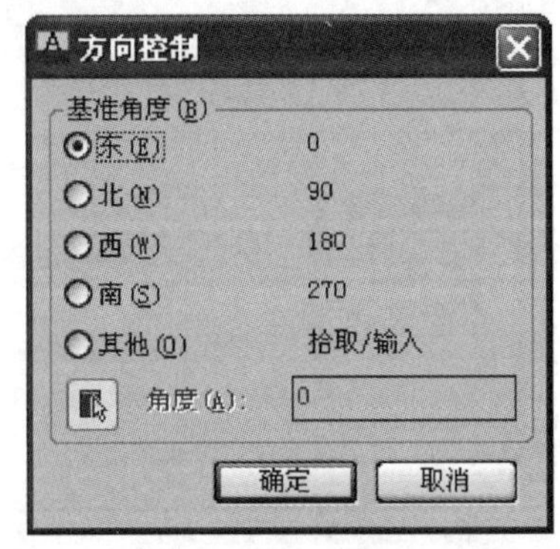

图 3-28 【方向控制】对话框

3.2.2 设置图形界限

图形界限命令可以设置和控制当前模型和布局选项卡中栅格的显示范围。

在 AutoCAD 中执行图形界限命令的方式有以下两种。

- 菜单栏：执行【格式】|【图形界限】命令。
- 命令行：在命令行中输入 LIMITS 并按回车键。

【课堂举例 3-14】 设置图形界限

Step 01 执行【格式】|【图形界限】命令，命令后提示如下。

```
命令: LIMITS↙
重新设置模型空间界限:
指定左下角点或 [开(ON)/关(OFF)] <0.0000,0.0000>:
//按回车键默认坐标原点为图形界限的左下角点。假如输入 ON 并确认，则绘图时图形不能超出图形界限，若超出系统不予绘出，输入 OFF 则准予超出图形界限。
指定右上角点 <12.0000,9.0000>: 42000,297000
                    //输入图形界限右上角点并按回车键，即可完成图形界限的设置。
```

Step 02 图形界限设置完成后，如没有开启栅格显示，则需按下【F7】键，启动栅格显示，即可看到图形界限的设置效果，结果如图 3-29 所示。

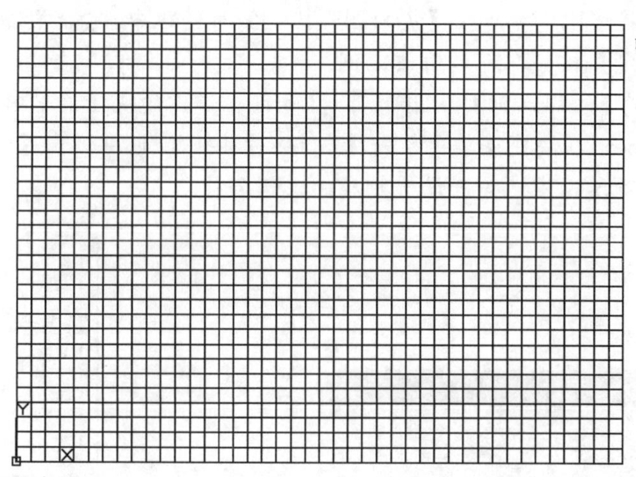

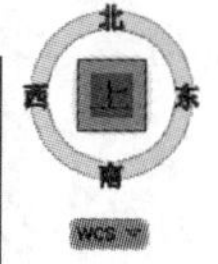

图 3-29 设置结果

3.2.3 设置绘图比例

在 AutoCAD 中可以设置布局视口、页面布局和打印输出的绘图比例。

设置绘图比例的方式有以下两种。

- 菜单栏：执行【格式】|【比例缩放列表】命令。

➢ 状态栏：单击状态栏上的【注释比例】按钮 1:1 。

【课堂举例 3-15】 设置绘图比例

Step 01 执行【格式】|【比例缩放列表】命令，弹出【编辑图形比例】对话框；在对话框中选择所需要的绘图比例，单击【确定】按钮即可调用该图形比例，如图 3-30 所示。

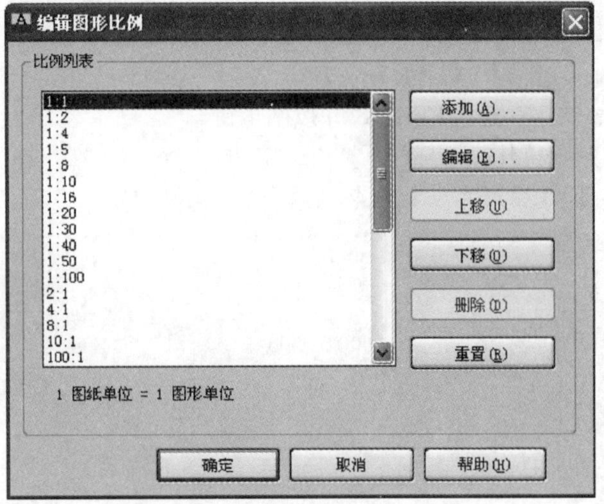

图 3-30 【编辑图形比例】对话框

Step 02 若【编辑图形比例】对话框中没有所需要的图形比例，可以在对话框中单击【添加】按钮；在弹出的【添加比例】对话框中自定义比例名称，如图 3-31 所示；单击【确定】按钮即可将该比例添加至【编辑图形比例】对话框中，然后选择新增的比例名称，单击【确定】按钮即可调用该比例。

Step 03 单击状态栏上的【注释比例】按钮 1:1 ，也可在弹出的快捷菜单中选择绘图比例，如图 3-32 所示；在快捷菜单中单击【自定义】按钮，也可弹出【编辑图形比例】对话框，并在对话框中选择并设置相应的比例名称。

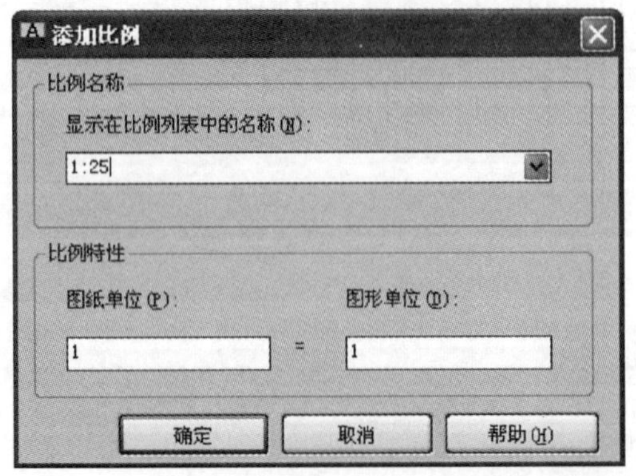

图 3-31 【添加比例】对话框

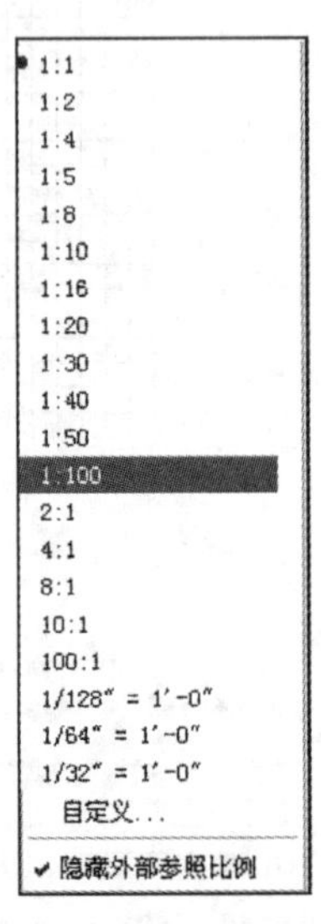

图 3-32 快捷菜单

3.2.4　设置线型与线宽

AutoCAD 提供了设置图形线型和线宽的命令，可以控制图形绘制时的显示情况和打印输出时的情况。

设置线型和线宽参数的方式有以下两种。

- 特性工具栏：单击特性工具栏上的【线型控制】栏以及【线宽控制】栏。
- 菜单栏：执行【格式】|【线宽】命令；执行【格式】|【线型】命令

【课堂举例 3-16】 设置线型和线宽

Step 01 按【Ctrl+O】组合键，打开本书配套光盘提供的“第 3 章\3.2.4 设置线型与线宽.dwg”素材文件，结果如图 3-33 所示。

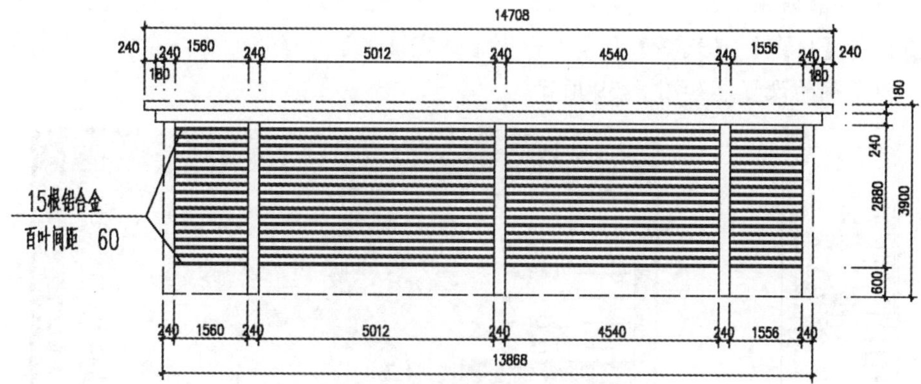

图 3-33　打开素材

Step 02 设置线型。选择要更改线型的轮廓线，单击【线型控制】栏，在弹出的下拉列表中可以选择线型以进行更改，如图 3-34 所示。

Step 03 图形轮廓线线型的更改结果如图 3-35 所示。

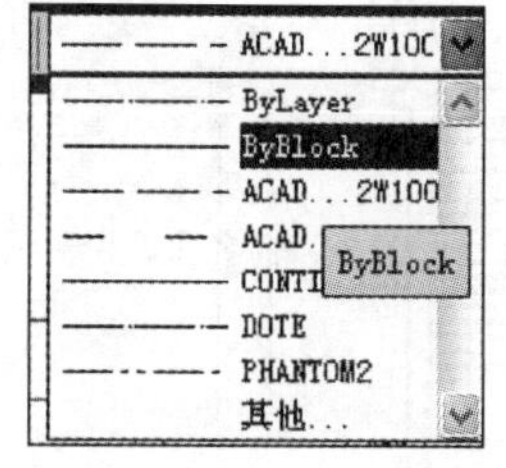

图 3-34　选择线型

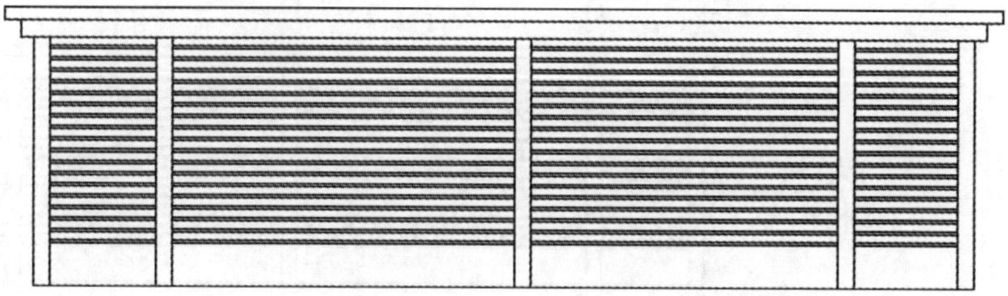

图 3-35　修改结果

Step 04 若在【线型控制】栏的下拉列表中没有所需要的线型，则可以选择【其他】选项，弹出【线型管理器】对话框，如图 3-36 所示，可在该对话框中选择线型。

Step 05 在【线型管理器】对话框中单击【加载】按钮，弹出【加载或重载线型】对话框，如图 3-37 所示；可在其中选择线型，单击【确定】按钮即可将线型加载。

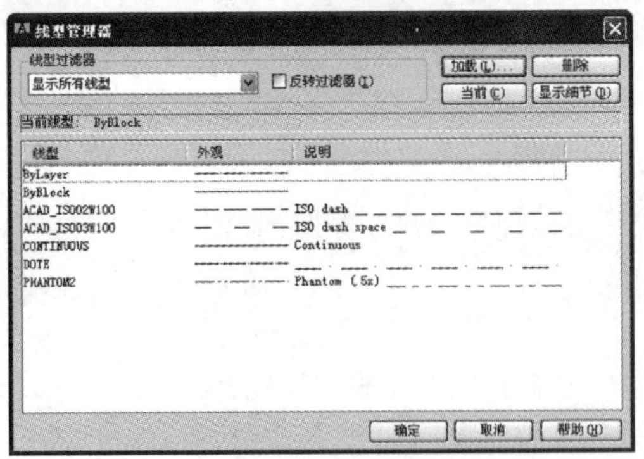

图 3-36 【线型管理器】对话框

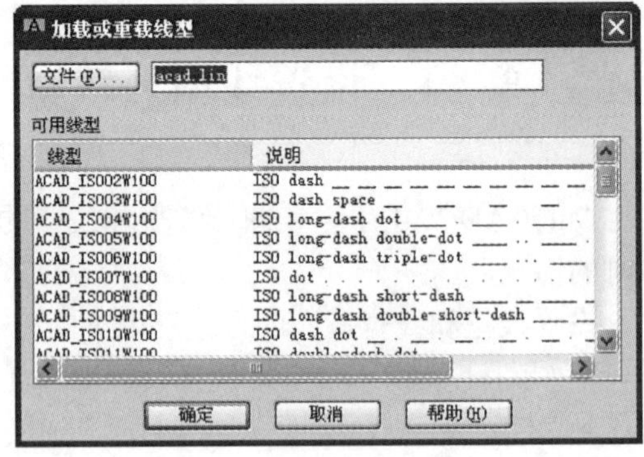

图 3-37 【添加比例】对话框

Step 06 设置线宽。单击【线宽控制】栏，在弹出的下拉列表中可以选择线宽的类型，如图 3-38 所示。

Step 07 执行【格式】|【线宽】命令，弹出【线宽设置】对话框，可以在其中对线宽进行更为精确的设置，如图 3-39 所示。

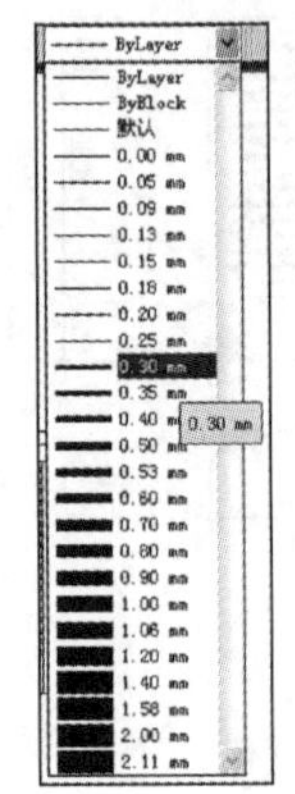

图 3-38 选择线宽

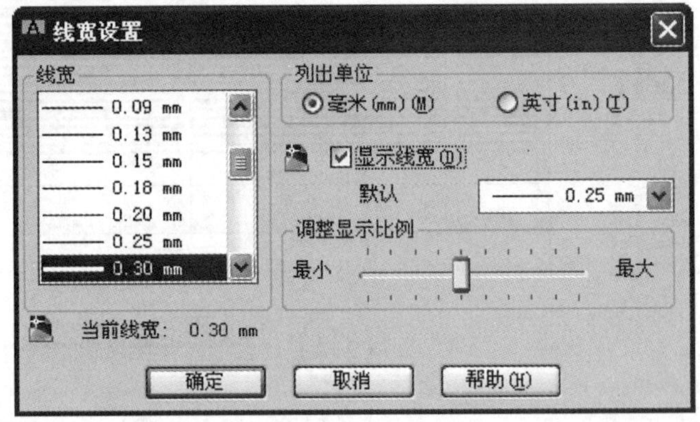

图 3-39 【线宽设置】对话框

Step 08 选择图形的外轮廓线，将轮廓线的线宽设置为 0.3mm，结果如图 3-40 所示。

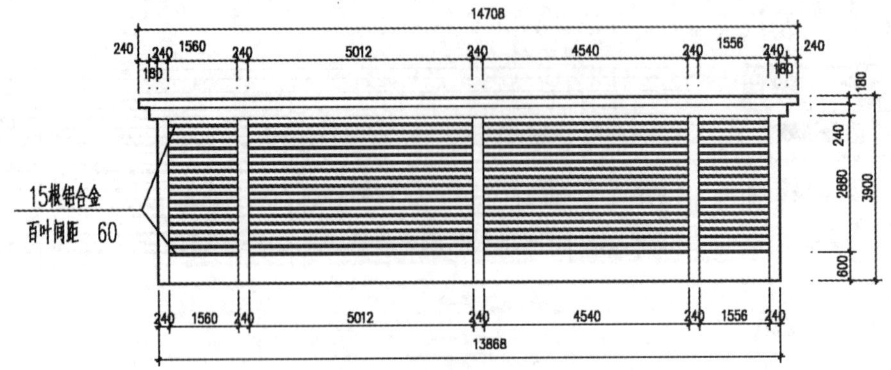

图 3-40 更改线宽

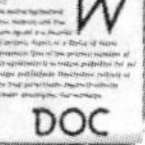

3.2.5　设置图层

每个图层都具有自己的属性，比如颜色、线宽、线型等，在该图层上绘制的图形就继承了该图层上的属性，以与位于其他图层上的图形进行区别。

设置图层属性的方式有以下 3 种。

- 菜单栏：执行【格式】|【图层】命令。
- 命令后：在命令后中输入 LAYER 并按回车键。
- 标准工具栏：单击标准工具栏上的【图层特性管理器】按钮。

【课堂举例 3-17】　设置图层

Step 01 执行【格式】|【图层】命令，弹出【图层特性管理器】对话框，如图 3-41 所示。

Step 02 创建“ZX_轴线”图层。在【图层特性管理器】对话框中单击【新建图层】按钮，新建名称为“ZX_轴线”的图层，结果如图 3-42 所示。

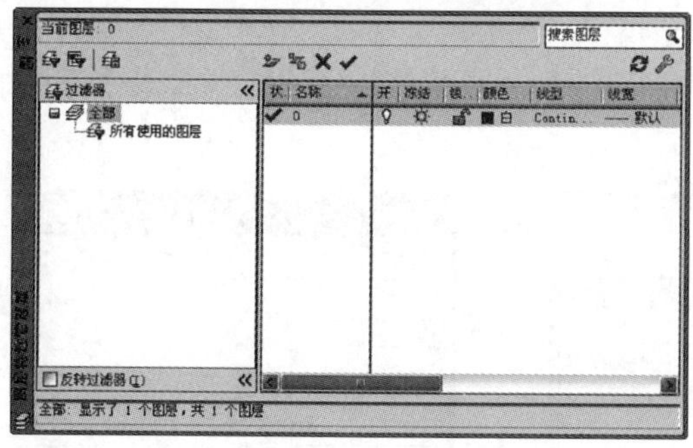

图 3-41　【图层特性管理器】对话框

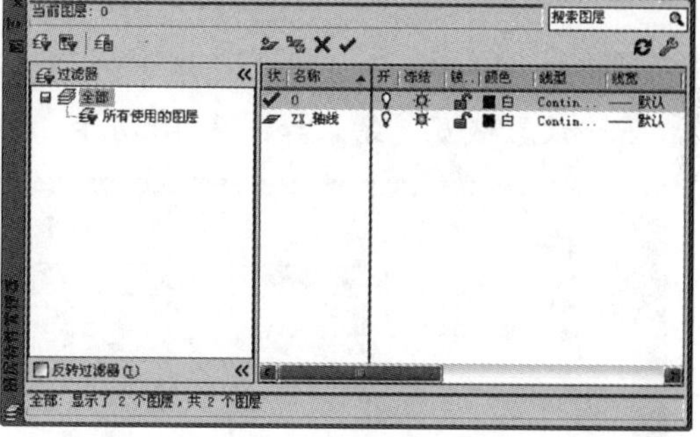

图 3-42　新建图层

Step 03 修改颜色。单击颜色选项的下的■ 白按钮，弹出【选择颜色】对话框，在对话框中选择轴线的颜色类型，结果如图 3-43 所示。

Step 04 修改线型。单击线型选项下的Contin...按钮，弹出【选择线型】对话框，如图 3-44 所示。

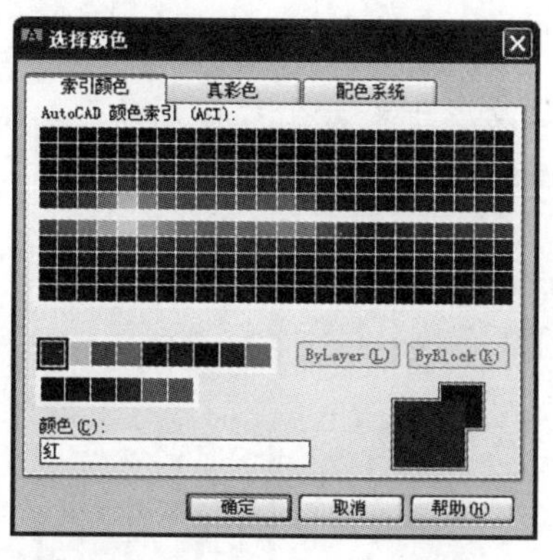

图 3-43　【选择颜色】对话框

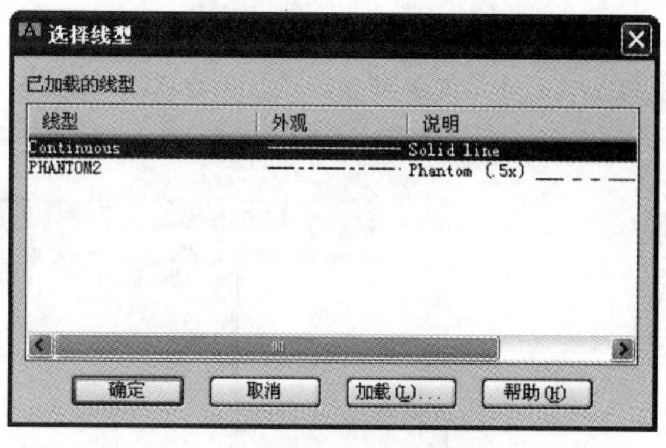

图 3-44　【选择线型】对话框

Step 05 在【选择线型】对话框中可以选择轴线的线型，也可以单击【加载】按钮，在弹出的【加载或重载线型】对话框中选择线型，结果如图 3-45 所示。

Step 06 单击【确定】按钮，关闭【加载或重载线型】对话框，在【选择线型】对话框中选

中在【加载或重载线型】对话框中所设定的线型，单击【确定】按钮，即可更改线型，结果如图 3-46 所示。

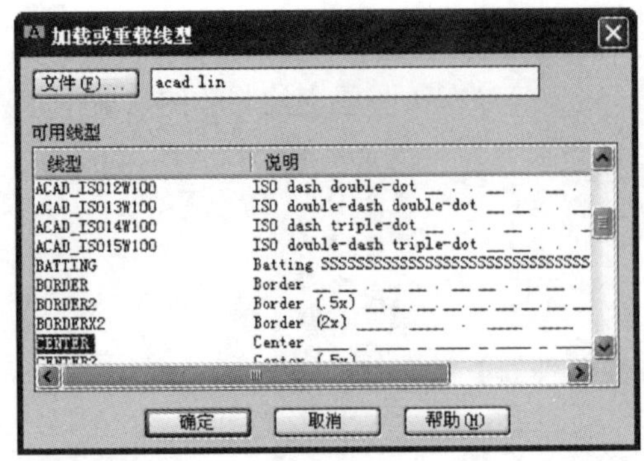

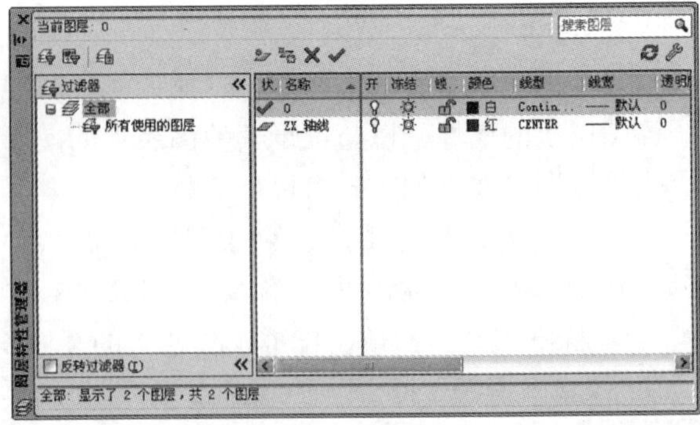

图 3-45　【加载或重载线型】对话框

图 3-46　更改线型

Step 07 创建“QT_墙体”图层。在【图层特性管理器】对话框中单击【新建图层】按钮，新建名称为“ZX_轴线”的图层，结果如图 3-47 所示。

Step 08 修改线宽。单击线宽选项下的—— 默认按钮，弹出【线宽】对话框，在该对话框中设置线宽，结果如图 3-48 所示。

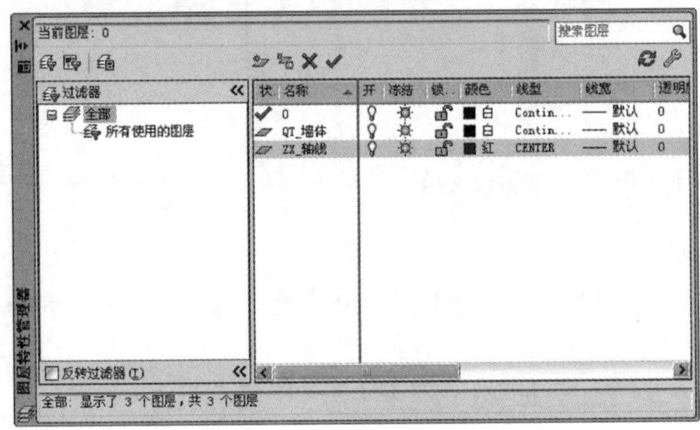

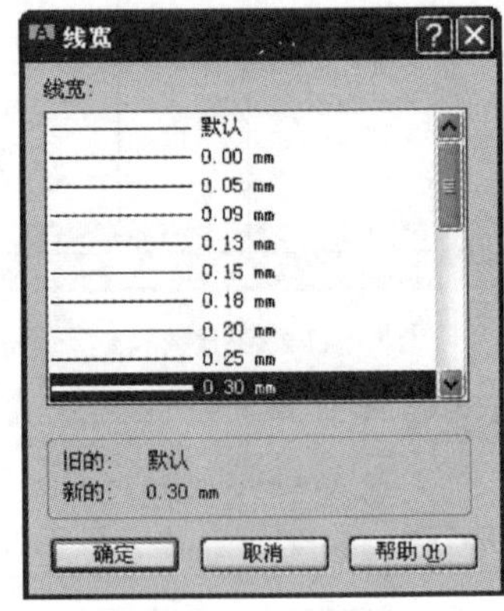

图 3-47　新建图层

图 3-48　【线宽】对话框

Step 09 单击【确定】按钮，关闭对话框，完成线宽的更改，结果如图 3-49 所示。

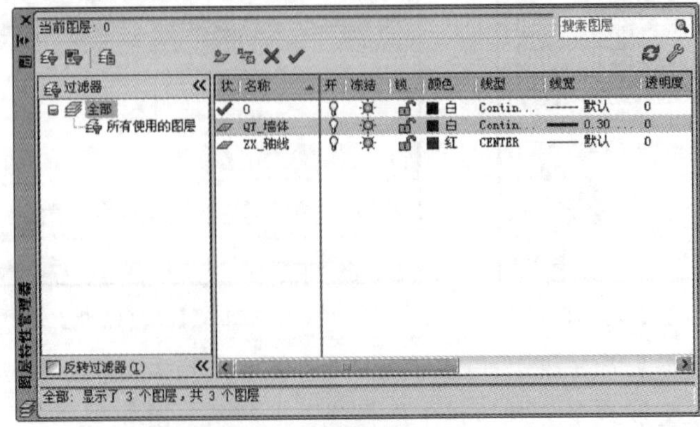

图 3-49　更改线宽

Step 10 重复操作，设置其他图层，并根据实际需要修改其图层属性，结果如图 3-50 所示。

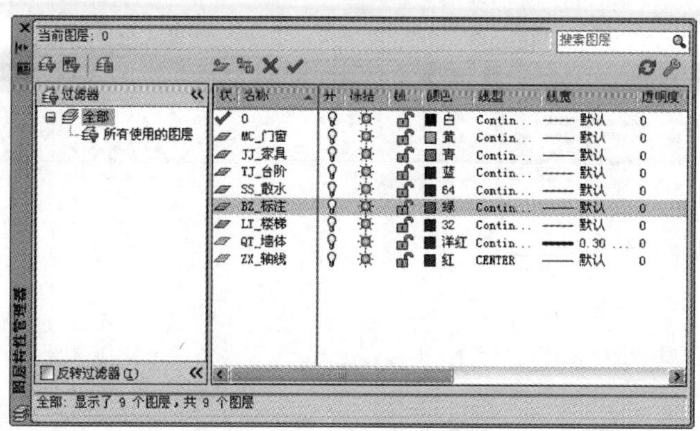

图 3-50　创建图层

3.2.6　设置工作空间

AutoCAD 为用户提供了 4 个工作空间，分别是草图与注释空间、三维基础空间、三维建模空间以及经典工作空间。这 4 个不同类型的空间供用户在绘制不同图形时选择，通常情况下，草图与注释空间与经典工作空间是最为常用的绘制和编辑二维图形的空间，而三维建模空间和三维基础空间则常用于创建并编辑三维图形。

转换工作空间的方式有以下 3 种。

- 标题栏：单击标题栏上的工作空间按钮 AutoCAD 经典。
- 标准工具栏：单击标准工具栏上的工作空间按钮 AutoCAD 经典。
- 状态栏：单击状态栏上的【切换工作空间】按钮。

【课堂举例 3-18】 转换工作空间

Step 01 单击标题栏上的工作空间按钮 AutoCAD 经典，在其下拉列表中选择待转换的工作空间名称，如“三维基础”空间，如图 3-51 所示。

Step 02 选择工作空间名称后，系统即将当前的工作空间转换成所指定的工作空间，结果如图 3-52 所示。

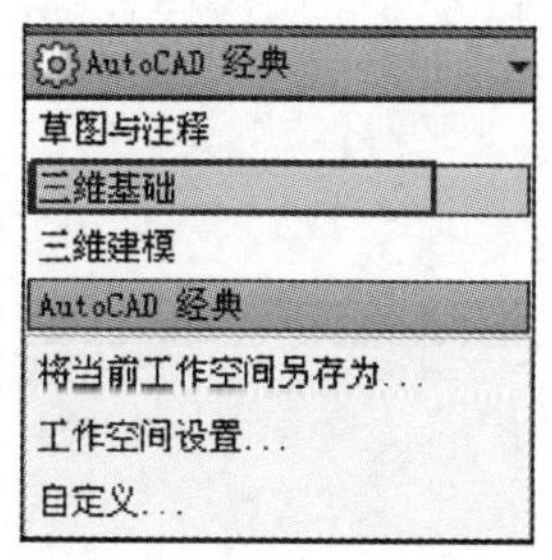

图 3-51　选择工作空间

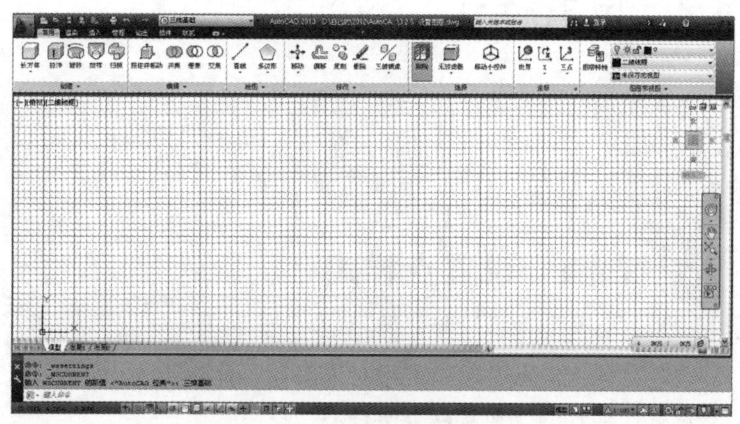

图 3-52　三维基础工作空间

Step 03 同理，按照同样的操作，可以在 4 个工作空间之间切换，图 3-53、图 3-54 所示分别为“草图与注释”工作空间、“三维建模”工作空间。

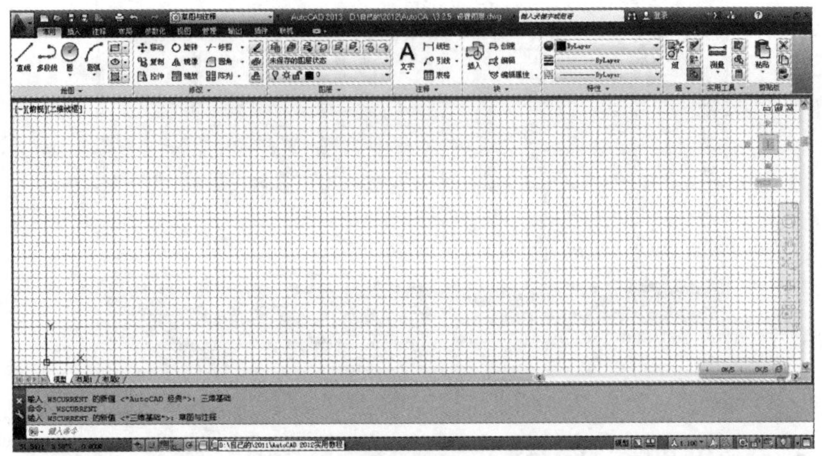

图 3-53　草图与注释工作空间

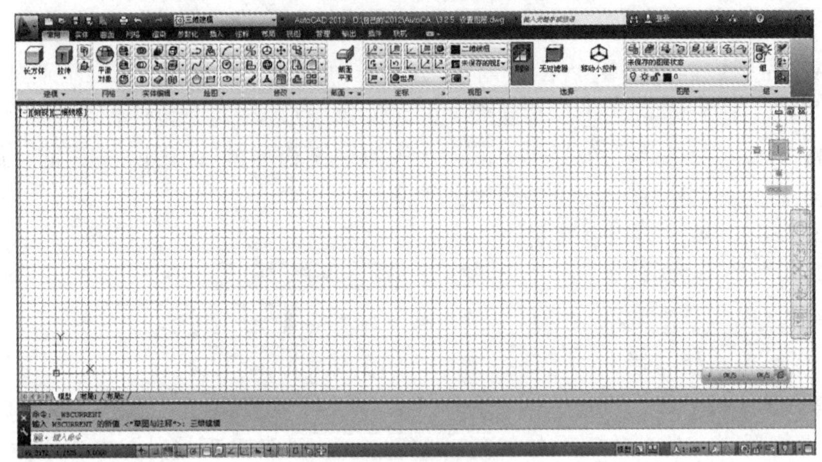

图 3-54　三维建模工作空间

3.2　设置样式

在为图形绘制各类标注之前，要为这些标注各自设置一个统一的样式，以便统一显示效果。在 AutoCAD 中常用到的样式包括点样式、文字样式、标注样式以及多重引线样式等，本小节介绍在 AutoCAD 中设置样式的方法。

 3.3.1　设置点样式

设置点样式命令可以指定点对象的显示样式和大小。

设置点样式的方式有以下两种。

- 命令行：在命令行中输入 DDPTYPE 并按回车键。

➢ 菜单栏：执行【格式】|【点样式】命令。

【课堂举例 3-19】 设置点样式

Step 01 执行【格式】|【点样式】命令，弹出【点样式】对话框，选择点的显示样式和设置点的大小参数，结果如图 3-55 所示。

Step 02 图 3-56 所示为创建点样式的结果。

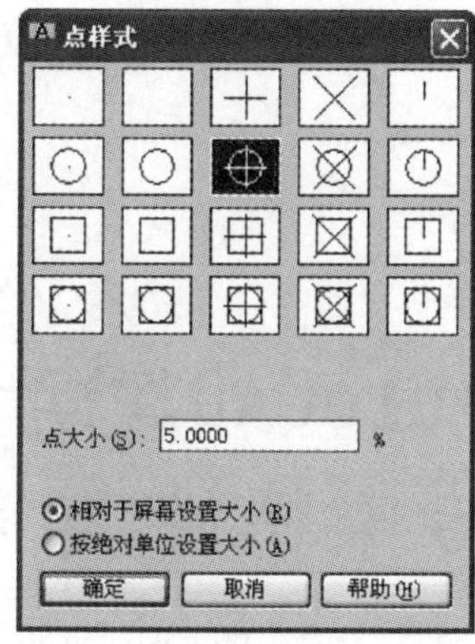

图 3-55 【点样式】对话框

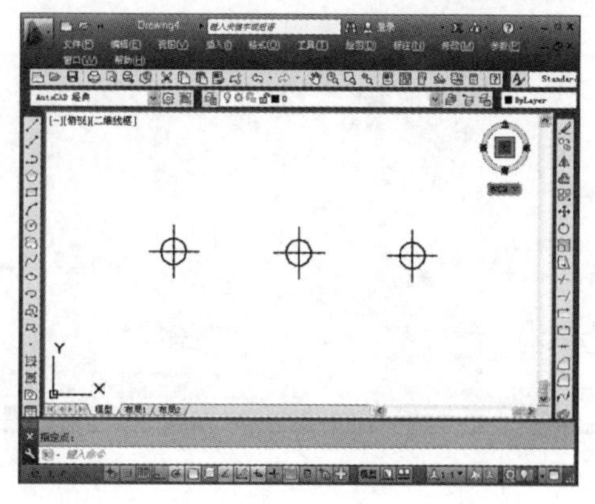

图 3-56 创建结果

3.3.2 设置文字样式

使用文字样式命令可以创建、指定或修改文字样式。

设置文字样式的方式有以下 3 种。

➢ 命令行：在命令行中输入 STYLE 并按回车键。

➢ 样式工具栏：单击样式工具栏上的【文字样式】按钮。

➢ 菜单栏：执行【格式】|【文字样式】命令。

【课堂举例 3-20】 设置文字样式

Step 01 在命令行中输入 STYLE 并按回车键，弹出【文字样式】对话框，如图 3-57 所示。

Step 02 在对话框中单击【新建】按钮，在弹出的【新建文字样式】对话框中设置样式名称，结果如图 3-58 所示。

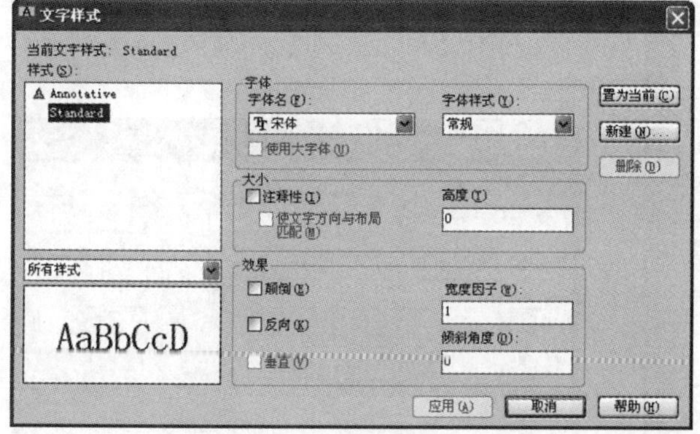

图 3-57 【文字样式】对话框

图 3-58 【新建文字样式】对话框

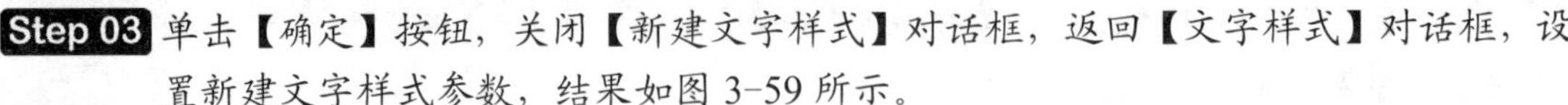

Step 03 单击【确定】按钮，关闭【新建文字样式】对话框，返回【文字样式】对话框，设置新建文字样式参数，结果如图 3-59 所示。

Step 04 单击【确定】按钮，关闭【文字样式】对话框，创建文字样式的结果如图 3-60 所示。

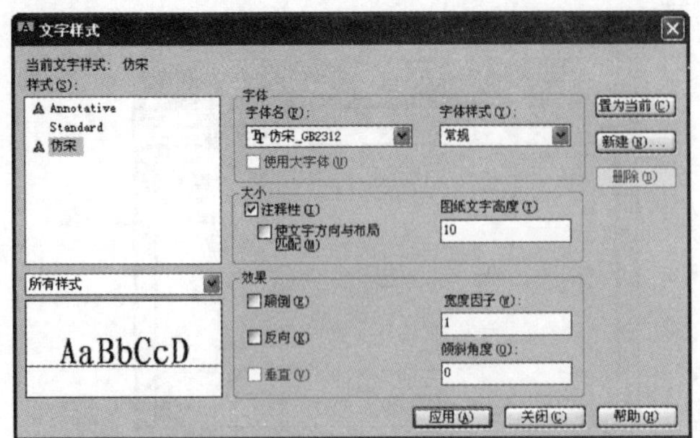

图 3-59 设置参数

AutoCAD建筑设计
专家精讲

图 3-60 创建结果

 3.3.3 设置标注样式

使用标注样式命令可以设置和创建标注样式，为图形对象绘制尺寸标注。

设置标注样式的方式有以下 3 种。

- 命令行：在命令行中输入 DIMSTYLE 并按回车键。
- 样式工具栏：单击样式工具栏上的【标注样式】按钮。
- 菜单栏：执行【格式】|【标注样式】命令。

【课堂举例 3-21】 设置标注样式

Step 01 在命令行中输入 DIMSTYLE 并按回车键，打开【标注样式管理器】对话框，设置参数如图 3-61 所示。

Step 02 在对话框中单击【新建】按钮，弹出【创建新标注样式】对话框，设置新样式名称，结果如图 3-62 所示。

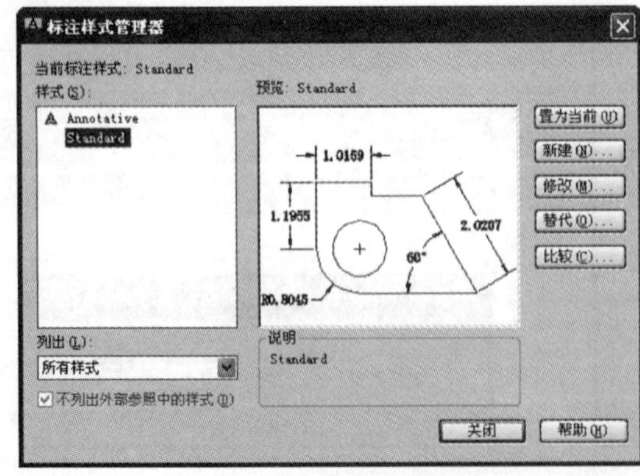

图 3-61 设置参数

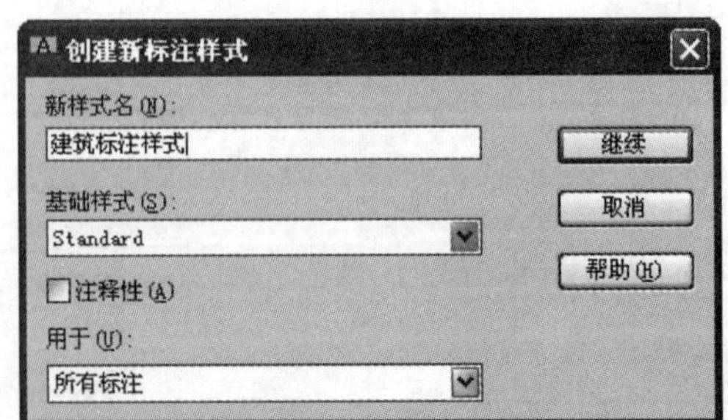

图 3-62 【创建新标注样式】对话框

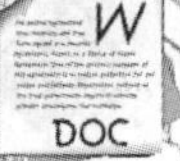

Step 03 在对话框中单击【继续】按钮，弹出【新建标注样式：建筑标注样式】对话框，选择【线】选项卡，设置参数如图 3-63 所示。

Step 04 选择【符号和箭头】选项卡，设置符号和箭头参数，结果如图 3-64 所示。

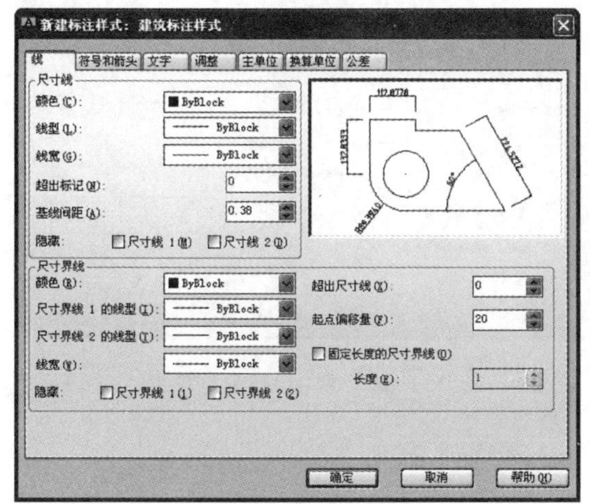

图 3-63 【线】选项卡

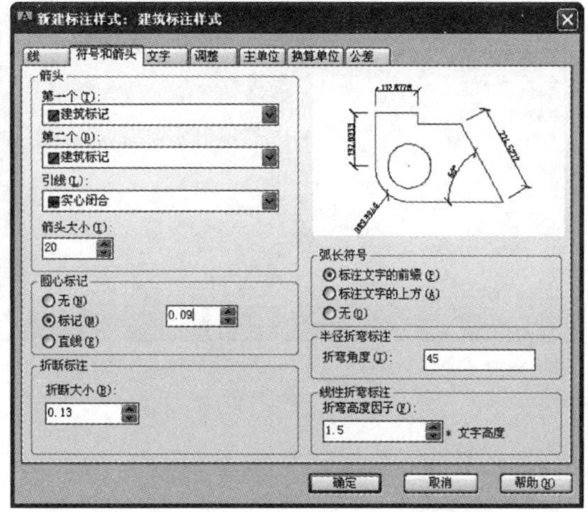

图 3-64 【符号和箭头】选项卡

Step 05 选择【文字】选项卡，单击【文字外观】选项组下的“文字样式”选项后面的按钮 [...]，如图 3-65 所示。

Step 06 在弹出的【文字样式】对话框中新建名称为【标注样式】的文字格式，并设置该样式的参数；参数设置完成后，在对话框中单击【应用】按钮，结果如图 3-66 所示。

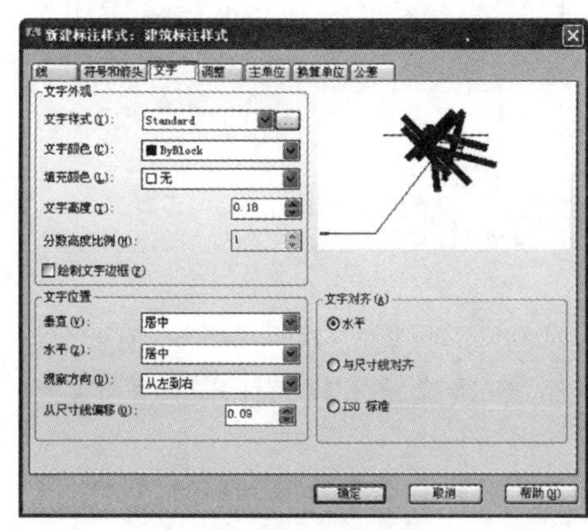

图 3-65 【文字】选项卡

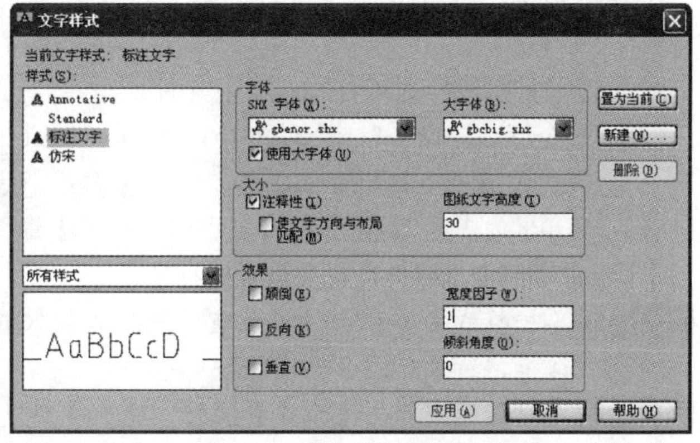

图 3-66 【文字样式】对话框

Step 07 单击【确定】按钮，关闭【文字样式】对话框，返回【新建标注样式：建筑标注样式】对话框，设置文字样式参数，结果如图 3-67 所示。

Step 08 选择【主单位】选项卡，设置标注的精度参数，结果如图 3-68 所示。

Step 09 单击【确定】按钮，关闭【新建标注样式：建筑标注样式】对话框，返回【标注样式管理器】对话框，将所创建的标注样式置为当前，并单击【关闭】按钮关闭对话框，标注样式的创建结果如图 3-69 所示。

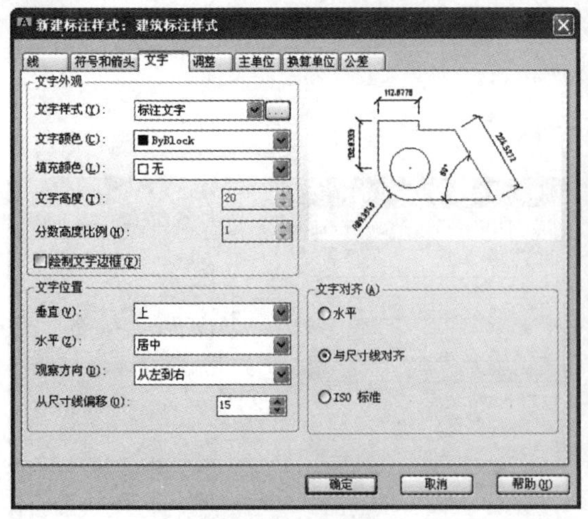

图 3-67　设置参数

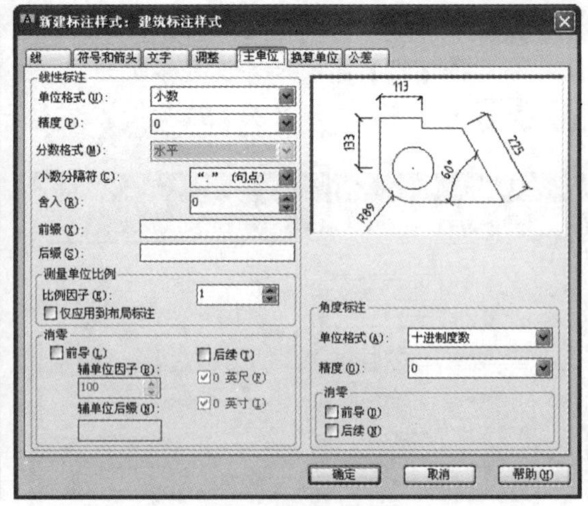

图 3-68　【主单位】选项卡

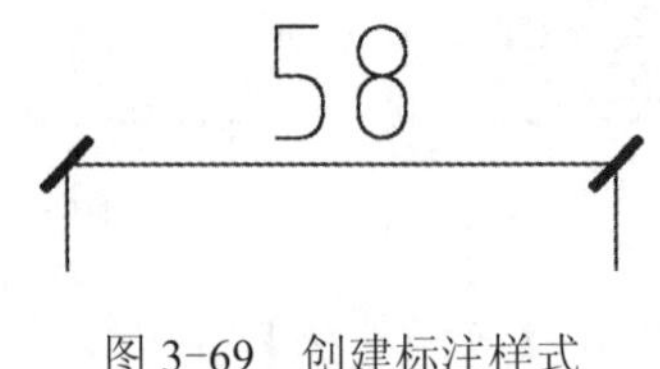

图 3-69　创建标注样式

 3.3.4　设置多重引线样式

使用多重引线样式命令可以创建并修改多重引线样式，为图形绘制并编辑多重引线标注。

设置多重引线样式的方式有以下几种。

- 命令行：在命令行中输入 MLEADERSTYLE 并按回车键。
- 样式工具栏：单击样式工具栏上的【多重引线样式】按钮。
- 菜单栏：执行【格式】|【多重引线样式】命令。

【课堂举例 3-22】　设置多重引线样式

Step 01 单击样式工具栏上的【多重引线样式】按钮，弹出【多重引线样式管理器】对话框，结果如图 3-70 所示。

Step 02 在对话框中单击【新建】按钮，弹出【创建新多重引线样式】对话框，在其中设置新样式名称，结果如图 3-71 所示。

Step 03 单击【继续】按钮，弹出【修改多重引线样式：圆点标注】对话框，选择【引线格式】选项卡，设置参数如图 3-72 所示。

Step 04 选择【引线结构】选项卡，设置参数如图 3-73 所示。

Step 05 选择【内容】选项卡，设置参数如图 3-74 所示。

Step 06 单击【确定】按钮，关闭对话框，返回【多重引线样式管理器】对话框，将所创建的多重引线标注置为当前，单击【关闭】按钮，关闭对话框；创建多重引线的结果如图 3-75 所示。

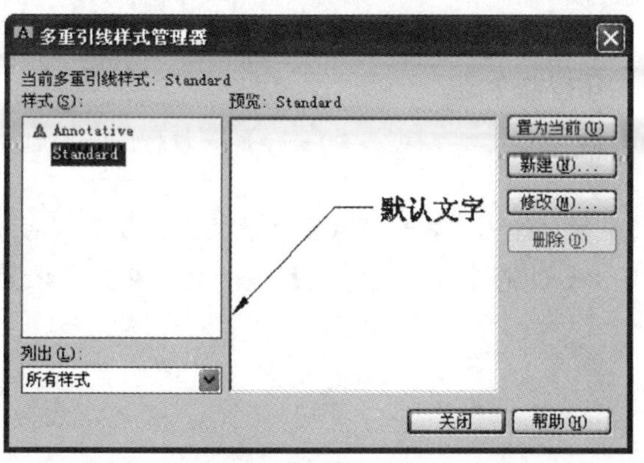

图 3-70　【多重引线样式管理器】对话框

图 3-71　【创建新多重引线样式】对话框

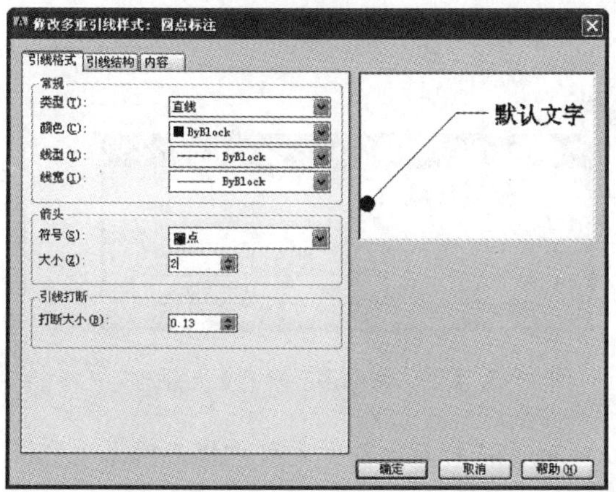

图 3-72　【引线格式】选项卡

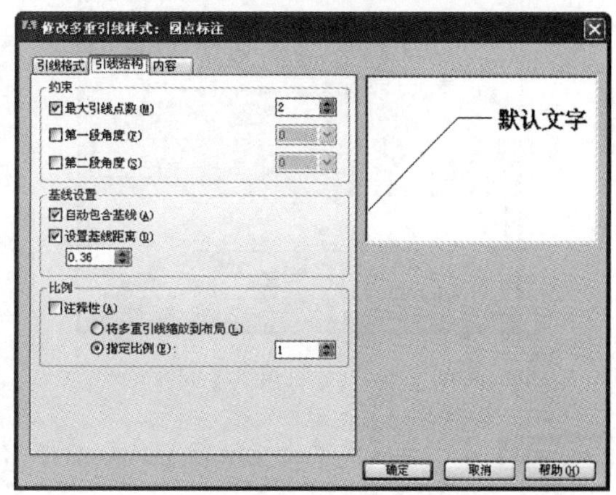

图 3-73　【引线结构】选项卡

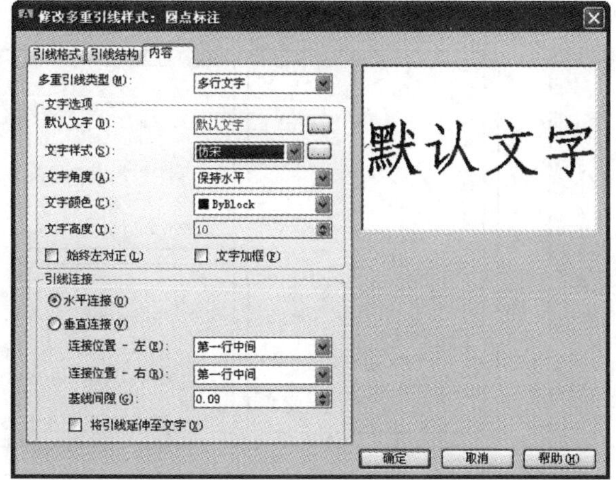

图 3-74　【内容】选项卡

AutoCAD制图精讲

图 3-75　创建多重引线

3.3.5　设置多线样式

调用多线样式命令可以创建并管理多线样式。

设置多线样式的方式有以下两种。

➢ 命令行：在命令行中输入 MLSTYLE 并按回车键。

➢ 菜单栏：执行【格式】|【多线样式】命令。

【课堂举例 3-23】 设置多线样式

Step 01 在命令行中输入 MLSTYLE 并按回车键，弹出【多线样式】对话框，如图 3-76 所示。

Step 02 在对话框中单击【新建】按钮，弹出【创建新的多线样式】对话框，在其中设置新样式名称，结果如图 3-77 所示。

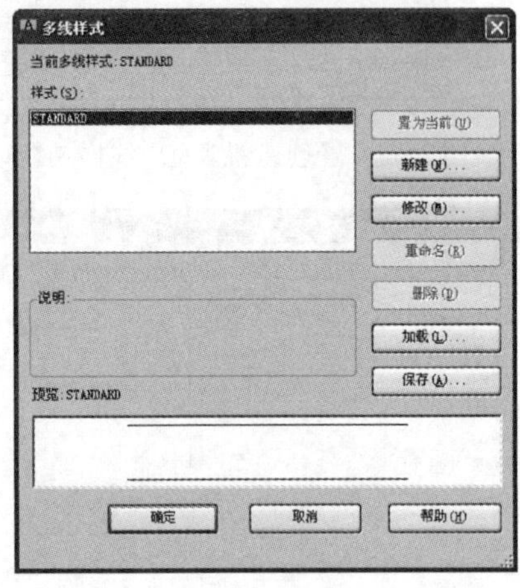

图 3-76 【多线样式】对话框

图 3-77 【创建新的多线样式】对话框

Step 03 在对话框中单击【继续】按钮，弹出【新建多线样式：外墙】对话框，设置参数如图 3-78 所示。

Step 04 单击【确定】按钮，关闭对话框，在【多线样式】对话框中将所设置的多线样式置为当前，单击【确定】按钮，关闭对话框；创建多线样式的结果如图 3-79 所示。

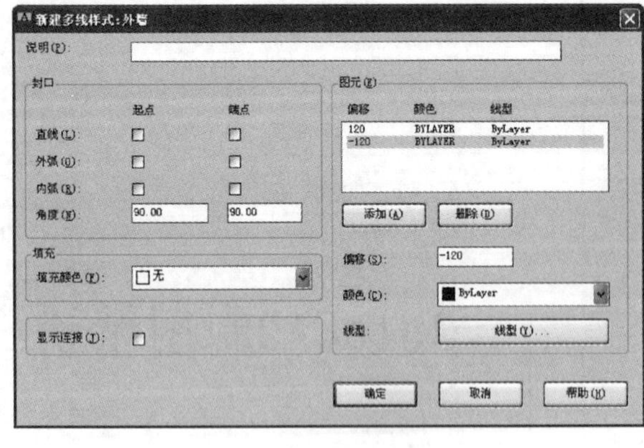

图 3-78 设置参数

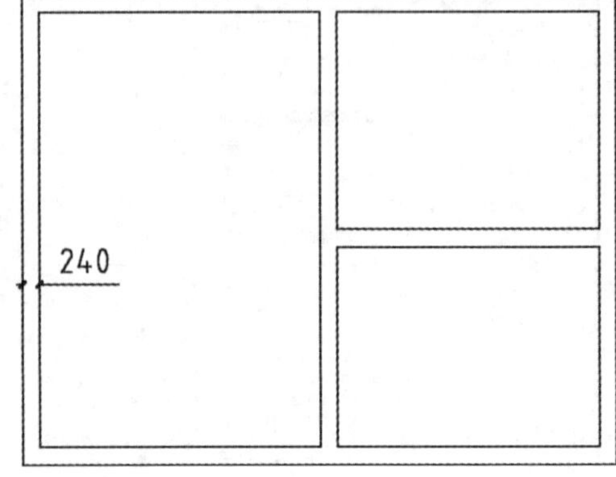

图 3-79 创建多线样式结果

3.3.6 设置表格样式

表格样式命令可以创建、修改并指定表格样式。此命令还可以指定当前的表格样式以确

定所有新表格的外观，表格样式包括背景颜色、页边距、字体、边界和其他表格特征的设置。

设置表格样式的方式有以下 3 种。

- 命令行：在命令行中输入 TABLESTYLE 并按回车键。
- 样式工具栏：单击样式工具栏上的【表格样式】按钮。
- 菜单栏：执行【格式】|【表格样式】命令。

【课堂举例 3-24】　设置表格样式

Step 01 单击样式工具栏上的【表格样式】按钮，弹出【表格样式】对话框，结果如图 3-80 所示。

Step 02 在对话框中单击【新建】按钮，弹出【创建新的表格样式】对话框，设置新的表格样式名称，结果如图 3-81 所示。

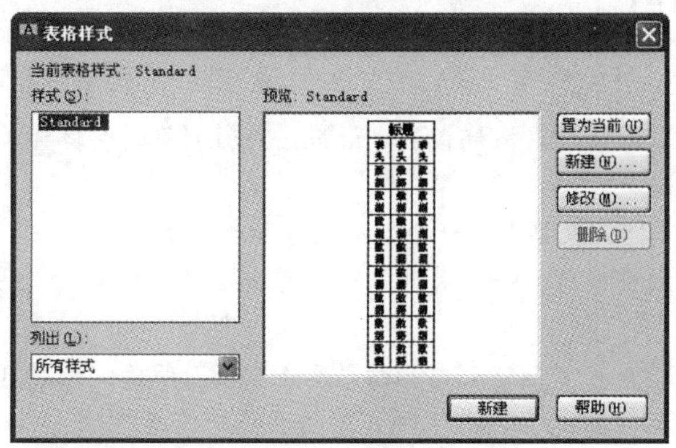

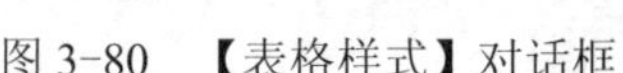
图 3-80　【表格样式】对话框

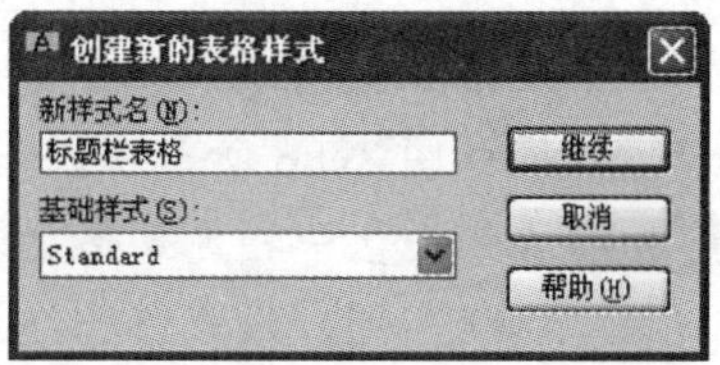

图 3-81　【创建新的表格样式】对话框

Step 03 在对话框中单击【继续】按钮，弹出【新建表格样式：标题栏表格】对话框，在【单元样式】选项组下的“常规”选项卡中设置参数，结果如图 3-82 所示。

Step 04 选择【文字】选项卡，单击“文字样式”选项后的按钮；弹出【文字样式】对话框，在其中更改“仿宋”文字样式的文字高度，结果如图 3-83 所示。

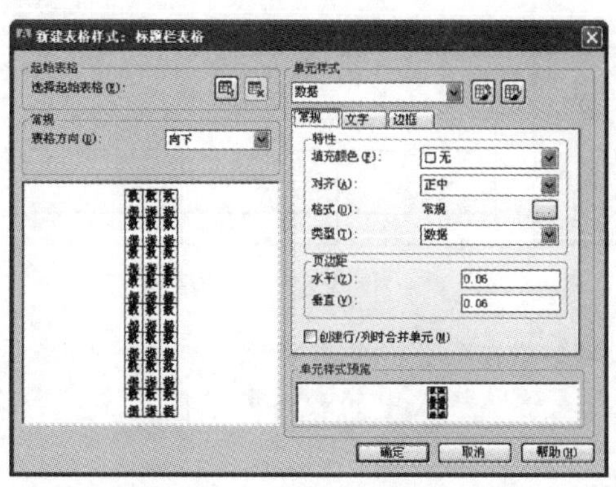

图 3-82 【新建表格样式：标题栏表格】对话框

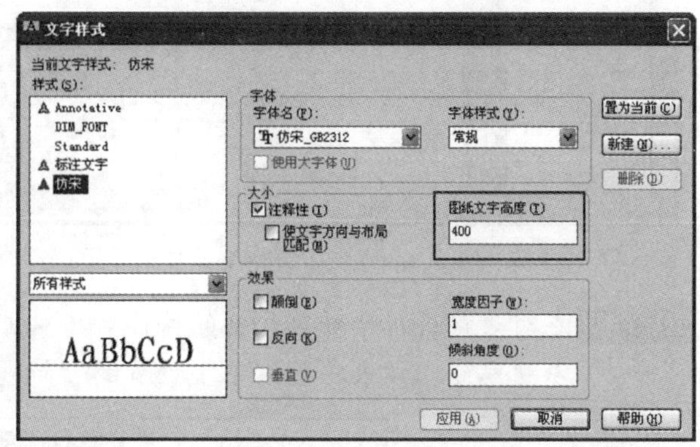

图 3-83 【文字样式】对话框

Step 05 关闭【文字样式】对话框，返回【新建表格样式：标题栏表格】对话框；选择“文字”选项卡，将文字样式更改为“仿宋”文字样式，结果如图 3-84 所示。

Step 06 选择【边框】选项卡，单击【特性】选项组中的按钮，将边框属性应用至后续的

新绘表格中，如图 3-85 所示。

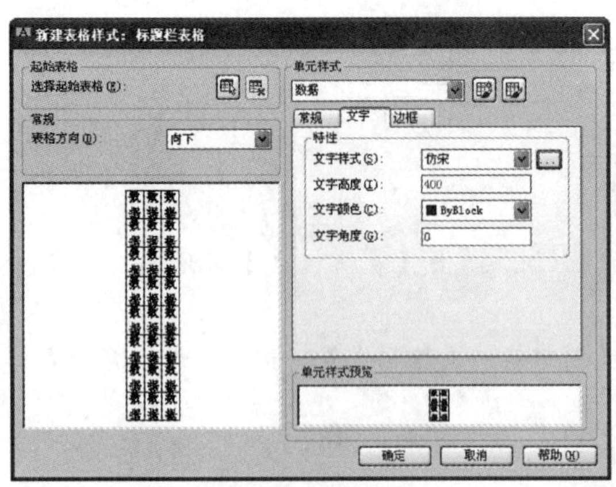

图 3-84　设置参数

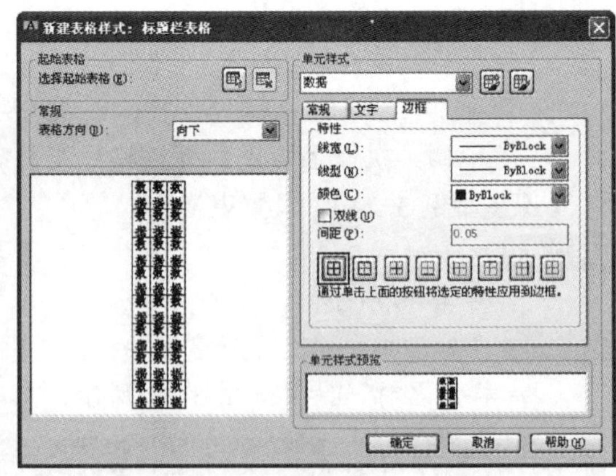

图 3-85　“边框”选项卡

Step 07 单击【确定】按钮，关闭对话框，返回【表格样式】对话框，将所创建的表格样式置为当前，单击【关闭】按钮，关闭对话框。

Step 08 在命令行中输入 TABLE，弹出【插入表格】对话框，在【表格样式】选项组中即可看到已创建完毕并置为当前的表格样式；并在对话框中设置新建表格的参数，结果如图 3-86 所示。

Step 09 在绘图区中指定表格插入的两个对角点，创建表格的结果如图 3-87 所示；此时可以观察到，该表格已继承了设置的“标题栏表格”样式中的表格外轮廓特性。

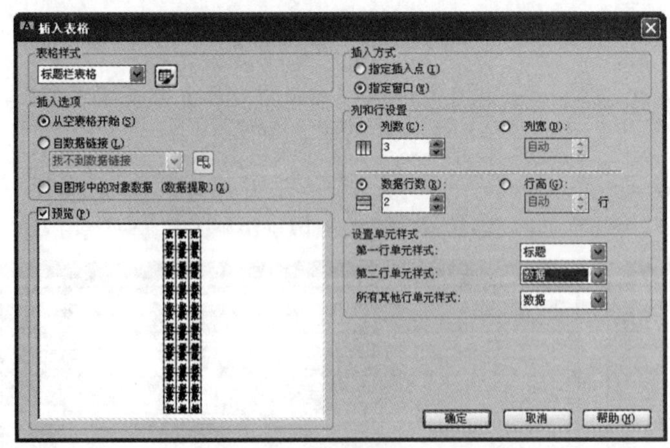

图 3-86 【插入表格】对话框

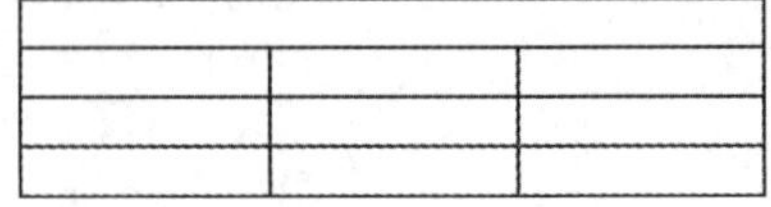

图 3-87　创建表格

Step 10 在对表格进行合并单元格的操作后，双击表格输入文字，如图 3-88 所示；此时可以观察到，该表格已继承了设置的“标题栏表格”样式中的表格文字特性。

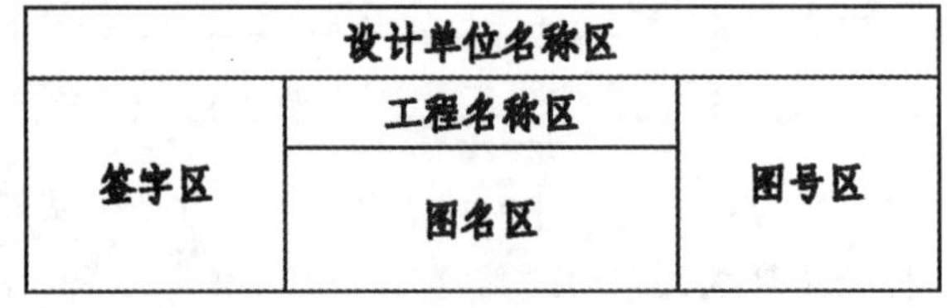

图 3-88　输入文字

3.4 绘制图形标注

绘制完成的图形要为其绘制各种类型的标注，以完善其完整性，保证其实用性。AutoCAD中的图形标注包括文字标注、多重引线标注、尺寸标注等，下面为读者讲解在 AutoCAD 中绘制各类型标注的方法。

3.4.1 绘制文字标注

调用文字标注命令可以为图形创建多种文字标注，包括单行文字标注、多行文字标注以及段落文字标注等。

绘制文字标注的方式有以下 3 种。

- 命令行：在命令行中输入 MTEXT 并按回车键。
- 绘图工具栏：单击绘图工具栏上的【多行文字】按钮A。
- 菜单栏：执行【绘图】|【文字】|【多行文字】命令。

【课堂举例 3-25】 绘制文字标注

Step 01 按【Ctrl+O】组合键，打开本书配套光盘提供的“第 3 章\3.4.1 绘制文字标注.dwg”素材文件，结果如图 3-89 所示。

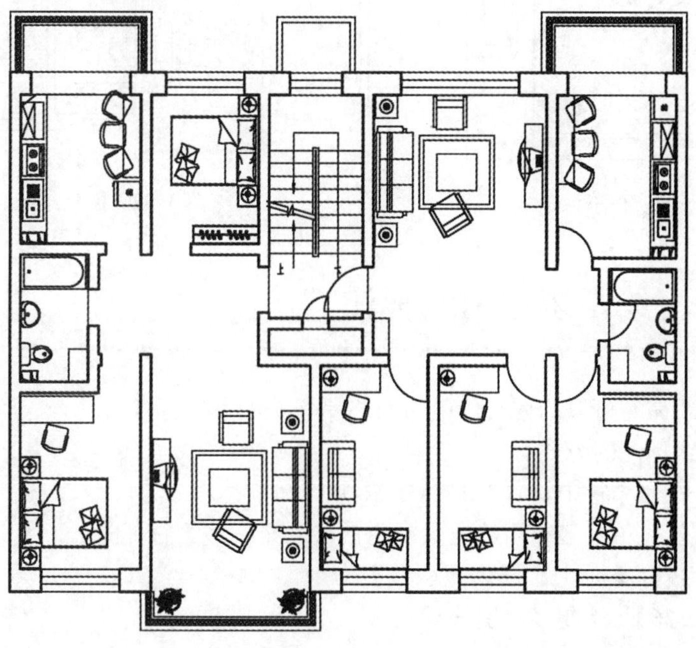

图 3-89 打开素材

Step 02 单击绘图工具栏上的【多行文字】按钮A，在绘图区中指定文字标注的对角点；在弹出的在位文字编辑器中输入文字，结果如图 3-90 所示。

Step 03 在【文字格式】对话框中单击【确定】按钮，关闭对话框，即可完成文字标注的创建，结果如图 3-91 所示。

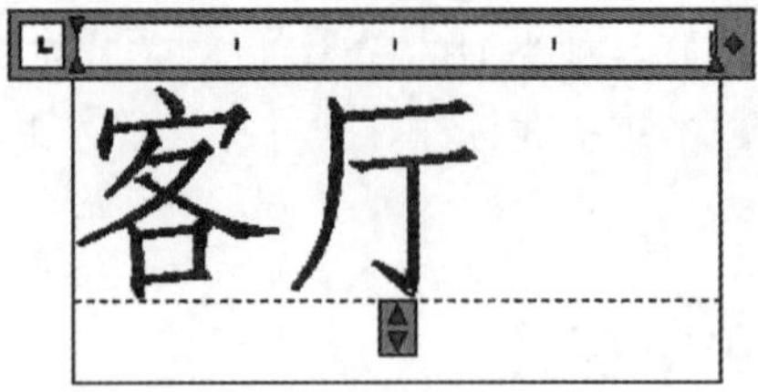

图 3-90　输入文字

Step 04 重复操作，为图形绘制文字标注，结果如图 3-92 所示。

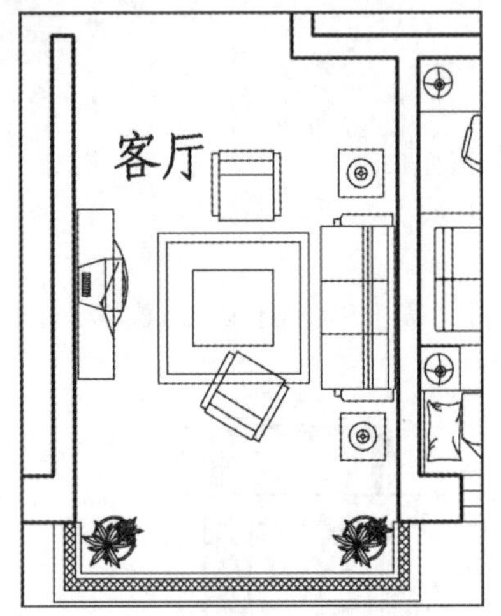

图 3-91　文字标注

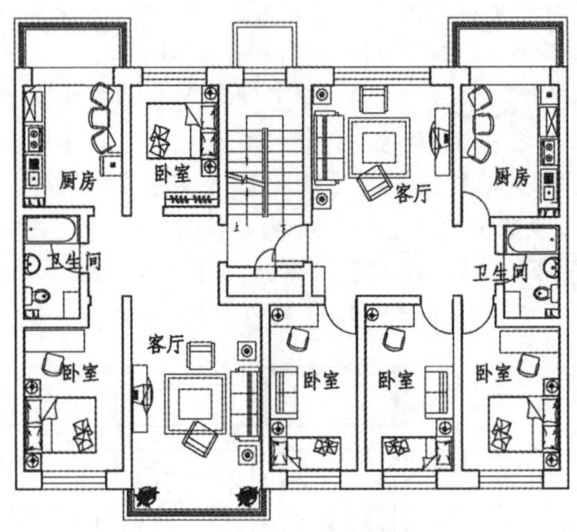

图 3-92　创建结果

3.4.2　绘制多重引线标注

调用多重引线命令可以为图形绘制带有指示箭头的文字标注。

绘制多重引线标注的方式有以下 3 种。

- 命令行：在命令行中输入 MLEADER 并按回车键。
- 绘图工具栏：单击多重引线工具栏上的【多重引线】按钮。
- 菜单栏：执行【标注】|【多重引线】命令。

【课堂举例 3-26】　绘制多重引线标注

Step 01 按【Ctrl+O】组合键，打开本书配套光盘提供的“第 3 章\3.4.2 绘制多重引线标注.dwg”素材文件，结果如图 3-93 所示。

Step 02 在命令行中输入 MLEADER 并按回车键，根据命令行的提示指定引线箭头的位置、引线基线的位置；在弹出的在位文字编辑器中输入文字，单击【文字格式】对话框中的【确定】按钮，关闭对话框，即可完成多重引线标注的创建，结果如图 3-94 所示。

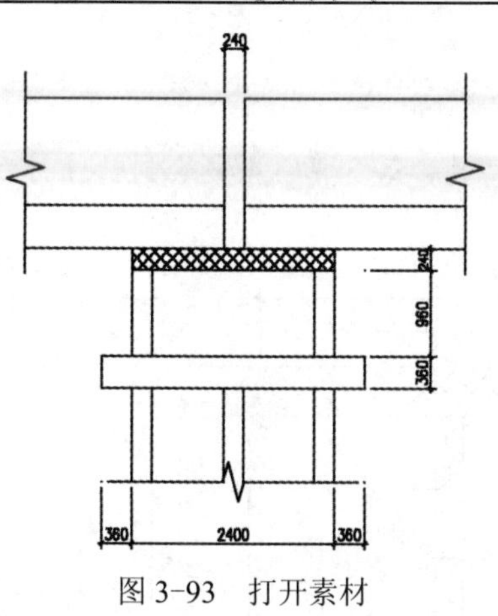

图 3-93　打开素材

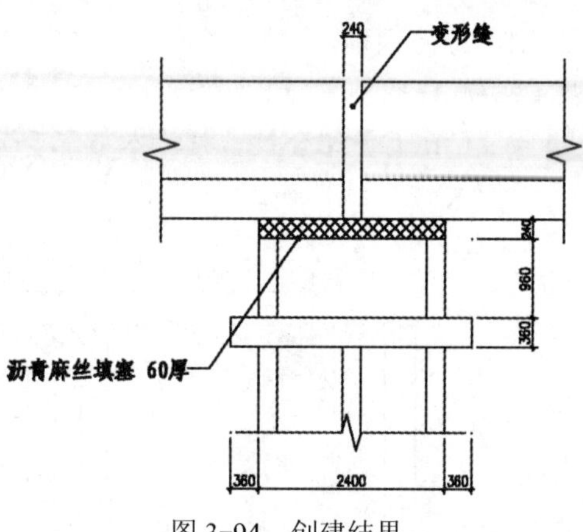

图 3-94　创建结果

3.4.3　绘制尺寸标注

绘制完成的图形要为其绘制尺寸标注，以便明确表示图形的各细部尺寸，为施工提供依据。下面以常用的线性标注为例，介绍为图形绘制尺寸标注的方法。

绘制尺寸标注的方式有以下 3 种。

- 命令行：在命令行中输入 DIMLINEAR 并按回车键。
- 绘图工具栏：单击标注工具栏上的【线性标注】按钮。
- 菜单栏：执行【标注】|【线性】命令。

【课堂举例 3-27】 绘制尺寸标注

Step 01 按【Ctrl+O】组合键，打开本书配套光盘提供的“第 3 章\3.4.3 绘制尺寸标注.dwg”素材文件，结果如图 3-95 所示。

Step 02 单击标注工具栏上的【线性标注】按钮，根据命令行的提示，分别指定第一个尺寸界线原点、第二条尺寸界线原点、尺寸线位置，为图形绘制尺寸标注的结果如图 3-96 所示。

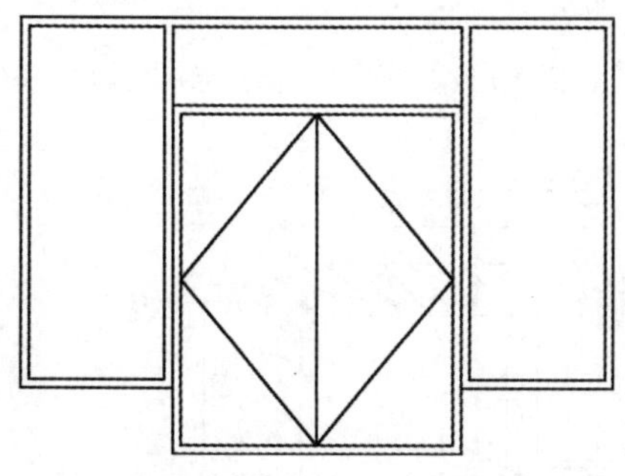

图 3-95　打开素材

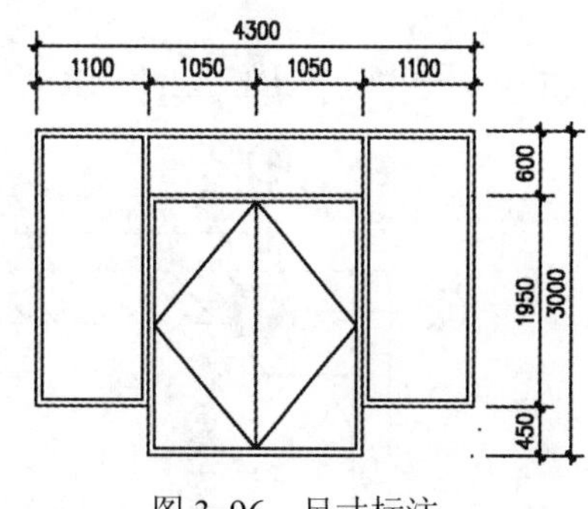

图 3-96　尺寸标注

3.4.4　绘制轴号标注

绘制建筑图形时要为轴线绘制轴号标注，以便在建筑平面图、立面图、剖面图、详图之间创建联系，方便识别。

【课堂举例 3-28】 绘制轴号标注

Step 01 按【Ctrl+O】组合键，打开本书配套光盘提供的“第 3 章\3.4.4 绘制轴号标注.dwg”素材文件，结果如图 3-97 所示。

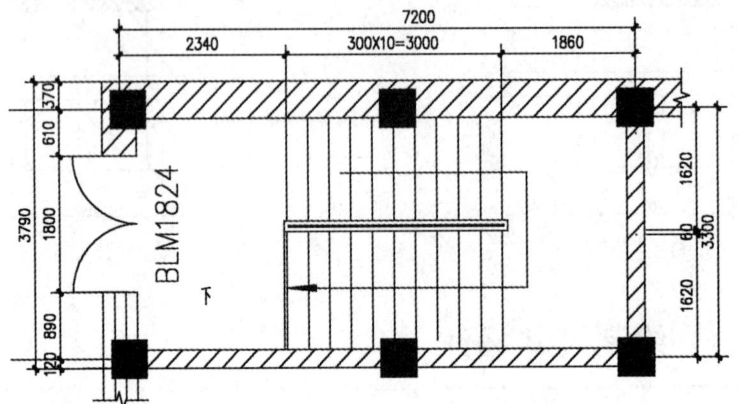

图 3-97 打开素材

Step 02 调用 C【圆形】命令，绘制半径为 200 的圆形，结果如图 3-98 所示。

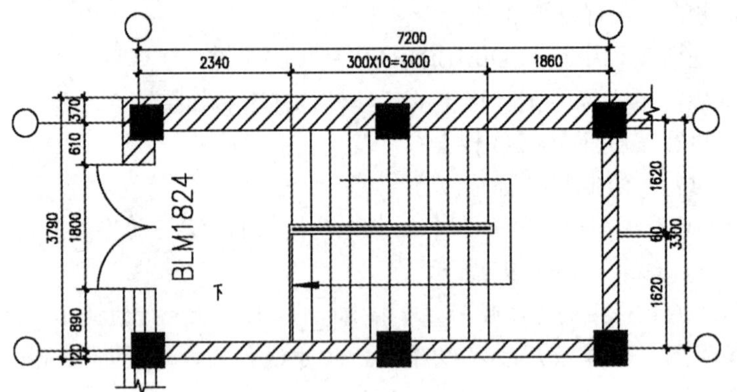

图 3-98 绘制圆形

Step 03 在命令行中输入 DIMLINEAR 并按回车键，在圆内绘制轴号标注，结果如图 3-99 所示。

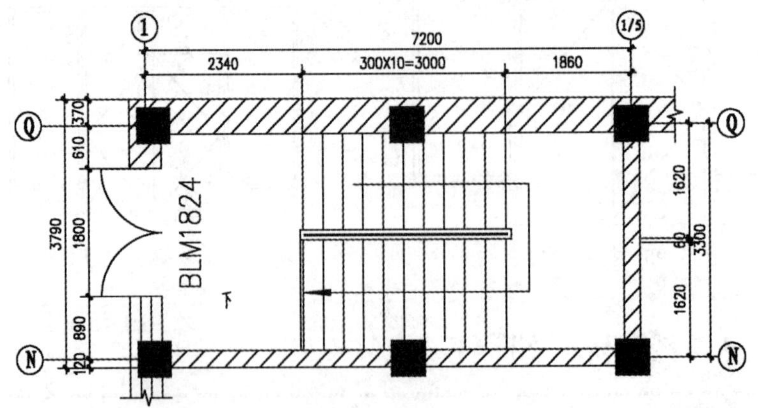

图 3-99 轴号标注

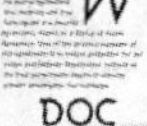

3.4.5　绘制标高标注

标高标注标识建筑物某一部位相对于基准面（标高的零点）的竖向高度，是竖向定位的依据。

【课堂举例 3-29】 绘制标高标注

Step 01 调用 L【直线】命令，绘制直线；调用 TR【修剪】命令，修剪直线，结果如图 3-100 所示。

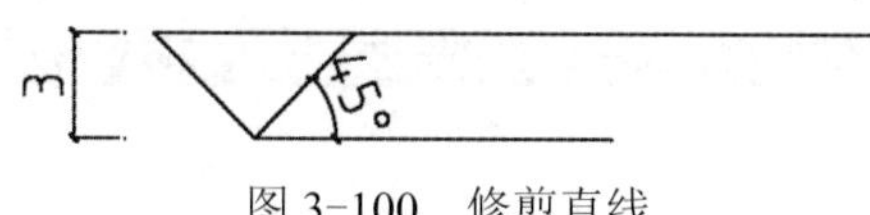

图 3-100　修剪直线

Step 02 执行【绘图】|【块】|【定义属性】命令，打开【属性定义】对话框，设置参数如图 3-101 所示。

Step 03 在对话框中单击【确定】按钮，将文字放置在前面绘制的图形上，结果如图 3-102 所示。

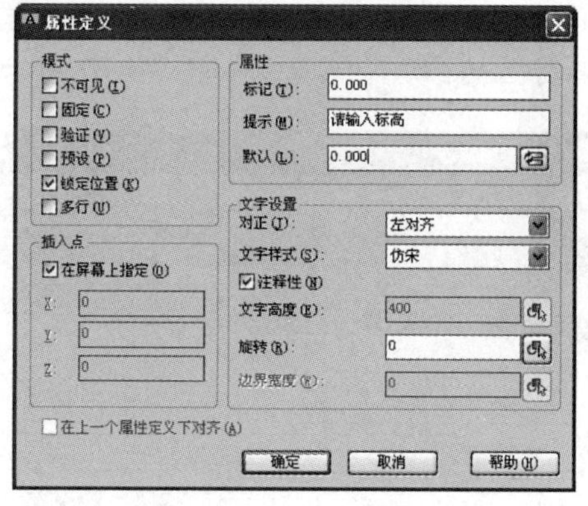

图 3-101　【属性定义】对话框

0. 000

图 3-102　放置结果

Step 04 执行【绘图】|【块】|【块定义】命令，弹出【块定义】对话框，如图 3-103 所示，在对话框中为绘制完成的标高图块创建名称，单击【确定】按钮，即可完成图块的创建。

Step 05 稍后系统会弹出的【编辑属性】对话框，如图 3-104 所示，单击【确定】按钮，关闭对话框即可。

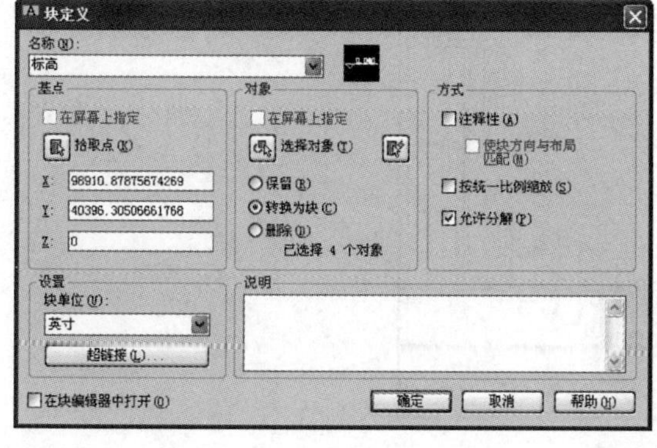

图 3-103 【块定义】对话框

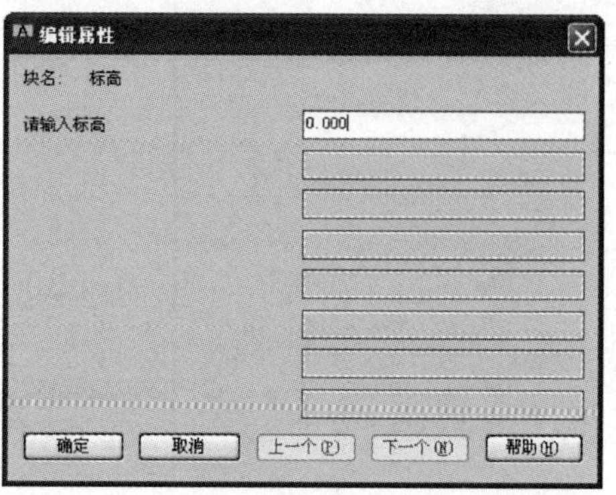

图 3-104 【编辑属性】对话框

Step 06 按【Ctrl+O】组合键，打开本书配套光盘提供的“第 3 章\3.4.5 绘制标高标注.dwg”素材文件，结果如图 3-105 所示。

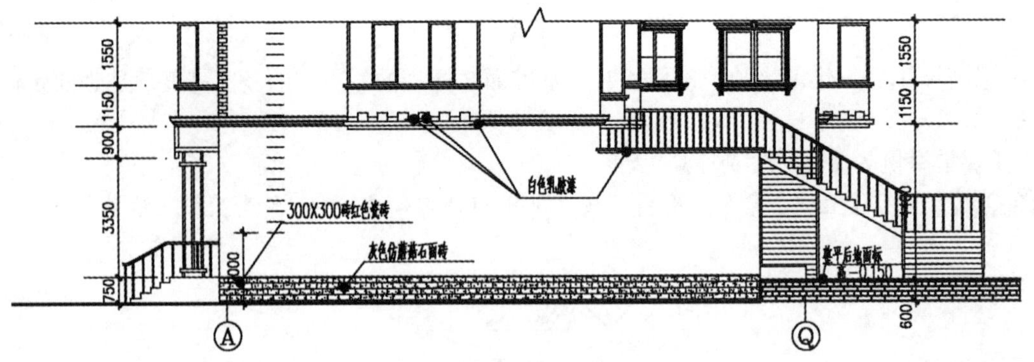

图 3-105　打开素材

Step 07 调用 I【插入】命令，在弹出的【插入】对话框中选择“标高”图块；根据命令后的提示指定标高点和输入标高参数，绘制标高标注的结果如图 3-106 所示。

Step 08 调用 CO【复制】命令，移动复制标高标注；双击标高标注，弹出【增强属性编辑器】对话框，在对话框中可以更改标高标注的参数值，结果如图 3-107 所示。

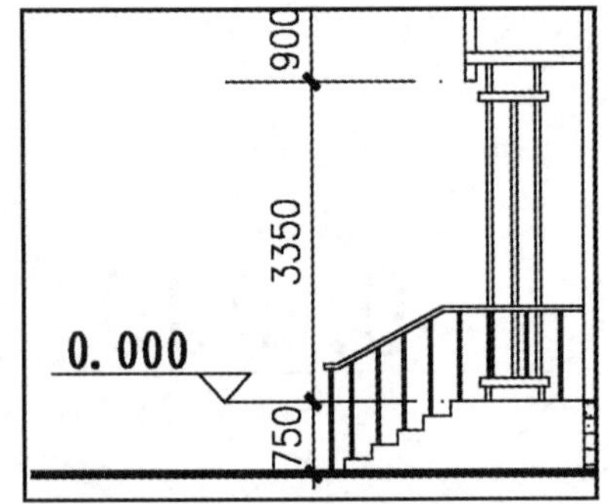

图 3-106　标高标注

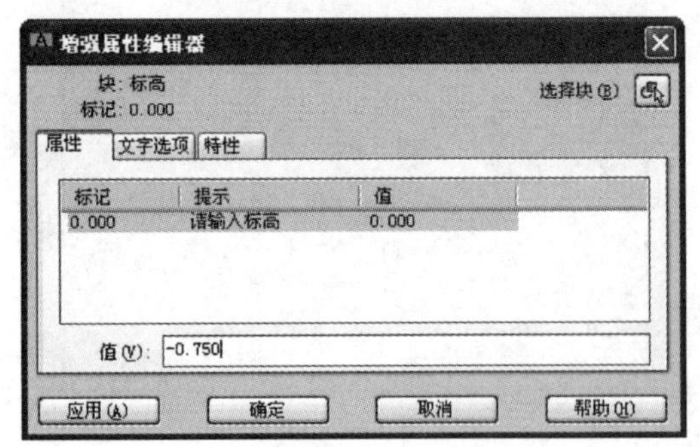

图 3-107　【增强属性编辑器】对话框

Step 09 在对话框中单击【确定】按钮，即可完成标高标注的修改，结果如图 3-108 所示。

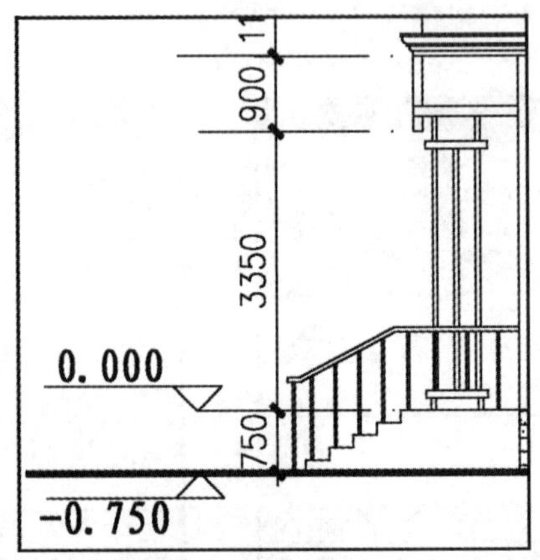

图 3-108　标注结果

Step 10 重复操作，为图形绘制标高标注，结果如图 3-109 所示。

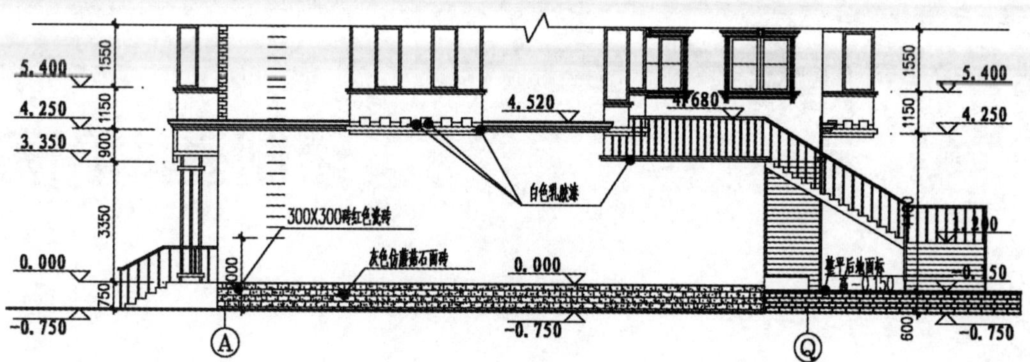

图 3-109　绘制结果

第 4 章 绘制基本图形

在 AutoCAD 中，基本图形的绘制包括点对象、直线对象、多边形对象以及曲线对象的绘制。这些基本的图形对象是组成各类复杂图形的基础，在使用 AutoCAD 绘制各类施工图和结构图之前，有必要了解这类基本图形的绘制。

本章分 4 个小节，分别介绍点对象、直线对象、多边形对象以及曲线对象的绘制方法与命令的调用方法。

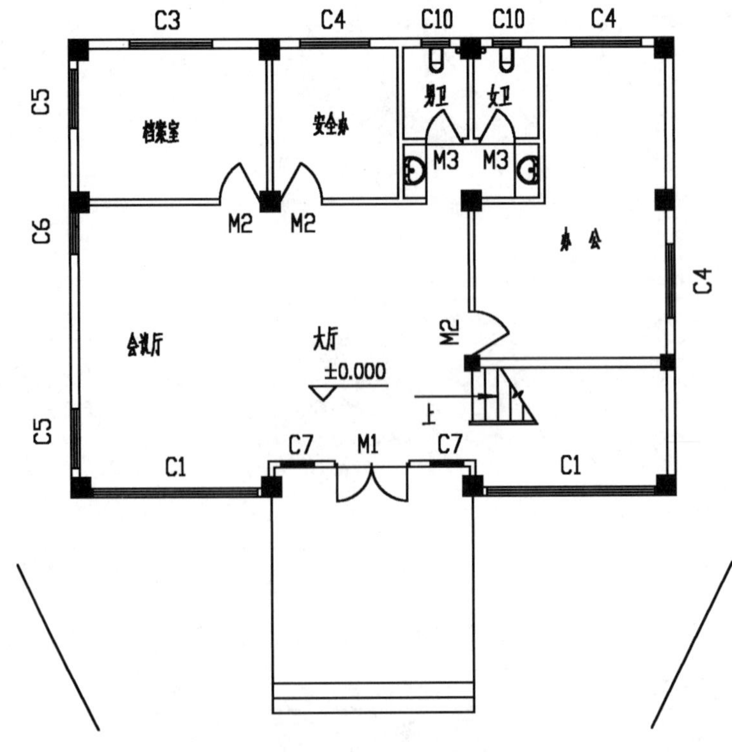

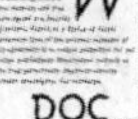

4.1 绘制点对象

AutoCAD 中的点对象是指定数等分点对象和定距等分点对象，这两种类型的点对象命令可以根据所指定的等分数目和等分距离来绘制相应的点对象。

下面介绍绘制定数等分点对象和定距等分点对象的方法。

4.1.1　绘制定数等分点

调用定数等分点命令，可以根据所指定的等分点数目在图形上创建相应的点对象。

调用定数等分点命令的方式有以下两种。

- 命令行：在命令行中输入 DIVIDE 并按回车键。
- 菜单栏：执行【绘图】|【点】|【定数等分】命令。

【课堂举例 4-1】 绘制定数等分点

Step 01 按【Ctrl+O】组合键，打开本书配套光盘提供的“第 4 章\4.1.1 绘制定数等分点.dwg”素材文件，结果如图 4-1 所示。

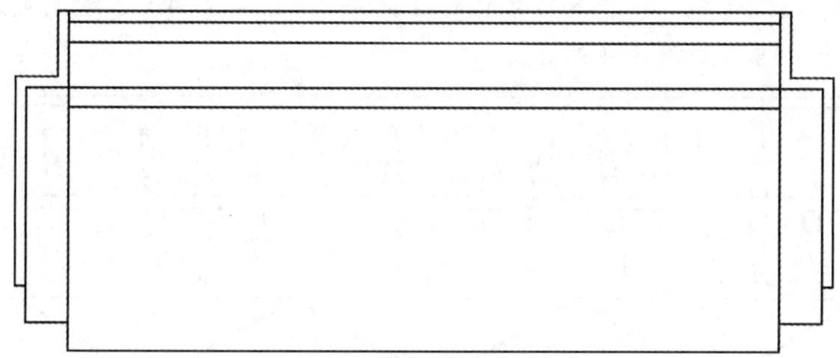

图 4-1　打开素材

Step 02 执行【绘图】|【点】|【定数等分】命令，根据命令后的提示选择需要进行等分的对象；输入等分数目为 3，按回车键即可完成操作，结果如图 4-2 所示。

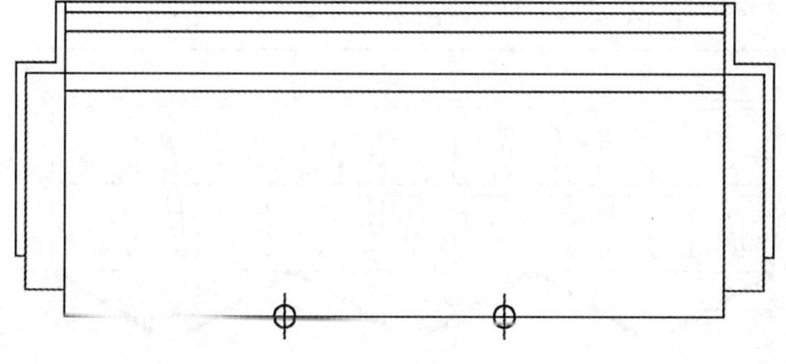

图 4-2　等分结果

Step 03 调用 L【直线】命令，根据等分点绘制直线，结果如图 4-3 所示。

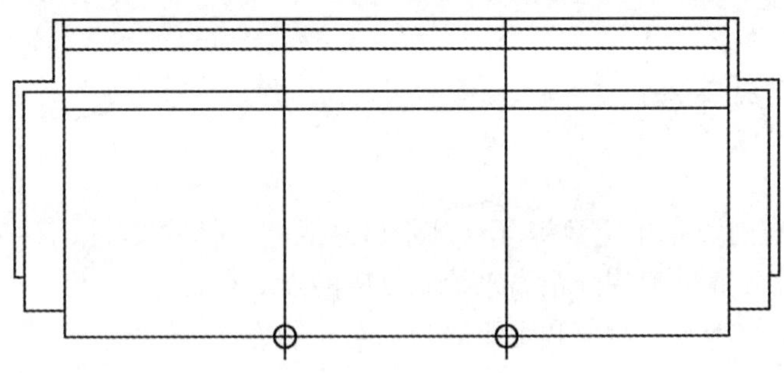

图 4-3　绘制直线

4.1.2　绘制定距等分点

调用定距等分点命令，可以通过指定点之间的距离来创建等分点。

调用定距等分点命令的方式有以下两种。

- 命令行：在命令行中输入 MEASURE 并按回车键。
- 菜单栏：执行【绘图】|【点】|【定距等分】命令。

【课堂举例 4-2】 绘制定距等分点

Step 01 按【Ctrl+O】组合键，打开本书配套光盘提供的“第 4 章\4.1.2 绘制定距等分点.dwg”素材文件，结果如图 4-4 所示。

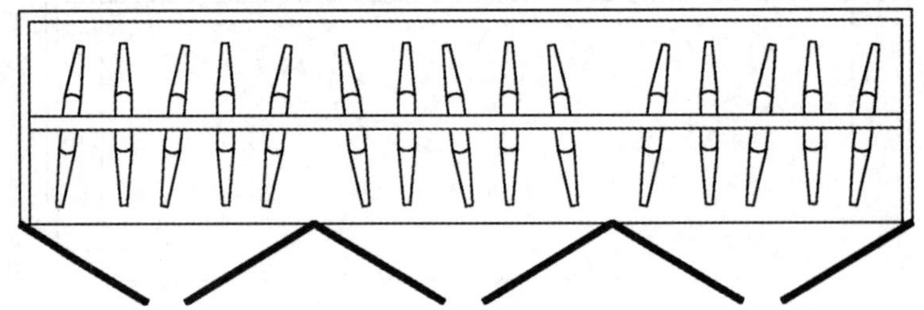

图 4-4　打开素材

Step 02 在命令行中输入 MEASURE 并按回车键，根据命令行的提示，指定需等分的线段长度为 900，按回车键即可完成操作，结果如图 4-5 所示。

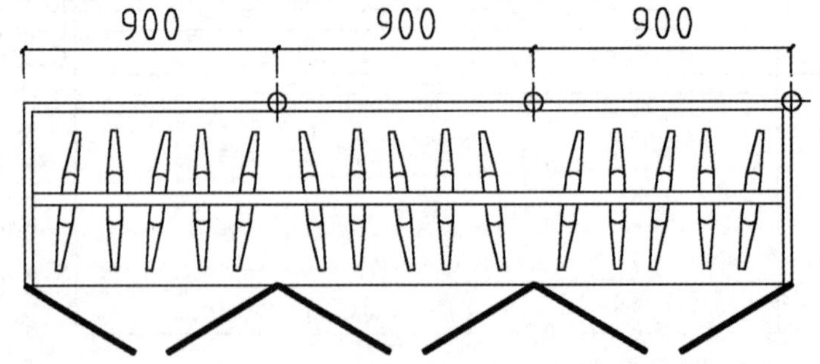

图 4-5　等分结果

Step 03 调用 L【直线】命令，根据等分点绘制直线，结果如图 4-6 所示。

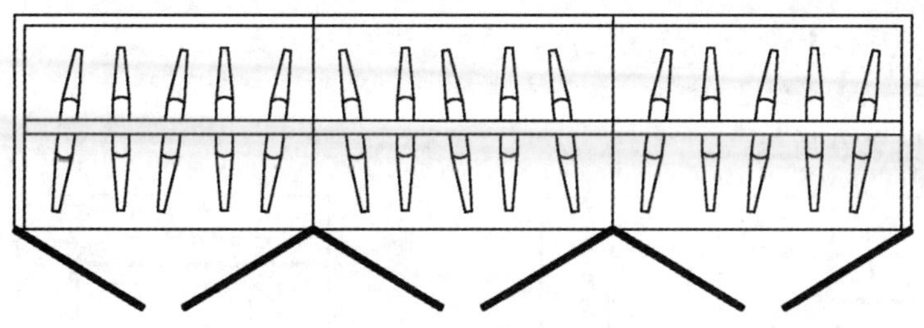

图 4-6　绘制直线

4.2 绘制直线对象

直线对象是指调用直线段命令绘制的图形对象，比如直线对象、多线对象以及多段线图形对象等；直线对象组成了多种常见图形，本节分三个小节介绍直线对象的绘制。

4.2.1　绘制直线

直线是 AutoCAD 中最常用的绘图命令之一，可以组成多种常用图形。调用直线命令，可以创建一系列连续的直线线段，并且这些直线线段都是单独的并且可以进行编辑修改的图形对象。

调用直线命令的方式有以下两种。

- 命令行：在命令行中输入 LINE/L 并按回车键。
- 工具栏：单击绘图工具栏上【直线】按钮。
- 菜单栏：执行【绘图】|【直线】命令。

【课堂举例 4-3】 绘制直线对象

Step 01 按【Ctrl+O】组合键，打开本书配套光盘提供的“第 4 章\4.2.1 绘制直线.dwg”素材文件，结果如图 4-7 所示。

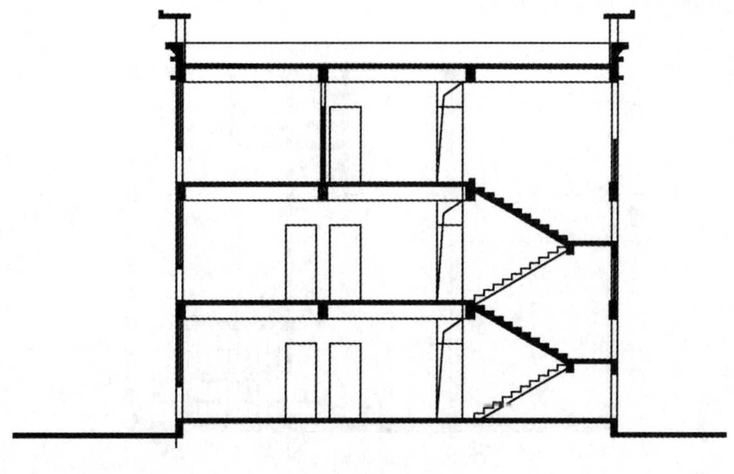

图 4-7　打开素材

Step 02 调用 L【直线】命令，绘制直线，结果如图 4-8 所示。

Step 03 重复调用 L【直线】命令，在竖直直线之间绘制连接直线，完成楼梯扶手的绘制，结果如图 4-9 所示。

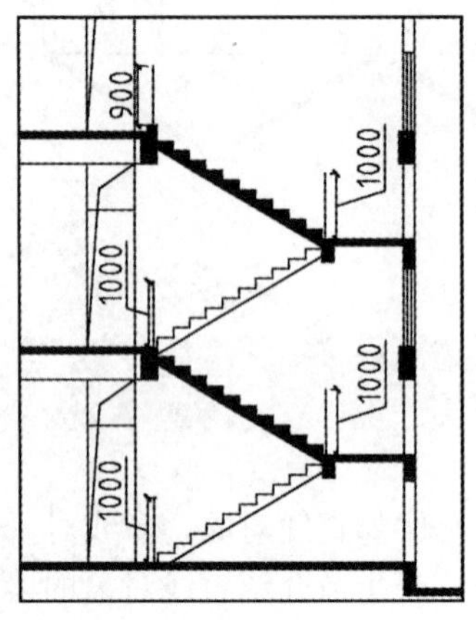

图 4-8 绘制直线

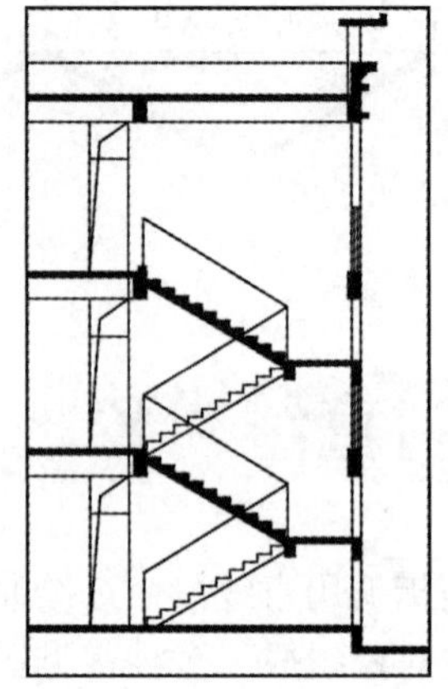

图 4-9 绘制结果

4.2.2 绘制多线

调用多线命令，可以创建平行的双线图形。在 AutoCAD 中，多线多用来表示墙体图形，并因其方便操作而得到广泛应用。

调用多线命令的方式有以下 3 种。

- 命令行：在命令行中输入 MLINE 并按回车键。
- 工具栏：单击绘图工具栏上的多线按钮。
- 菜单栏：执行【绘图】|【多线】命令。

【课堂举例 4-4】 绘制多线

Step 01 按【Ctrl+O】组合键，打开本书配套光盘提供的“第 4 章\4.2.2 绘制多线.dwg”素材文件，结果如图 4-10 所示。

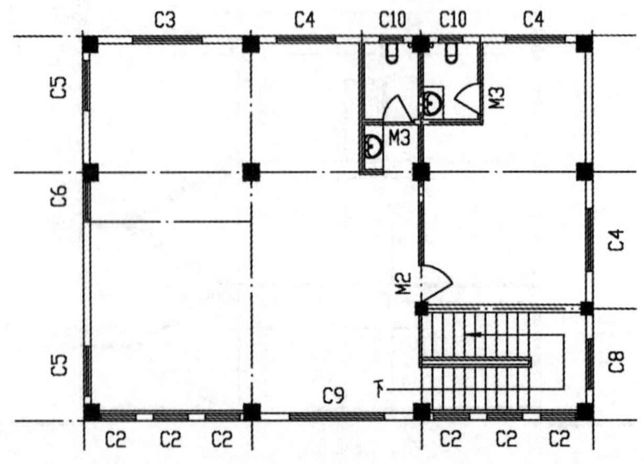

图 4-10 打开素材

Step 02 在命令行中输入 MLINE 并按回车键，命令后提示如下。

```
命令: MLINE↙
当前设置: 对正 = 无，比例 = 240.00，样式 = STANDARD
指定起点或 [对正(J)/比例(S)/样式(ST)]:  S                //输入 S，选择“比例”选项。
输入多线比例 <240.00>:  120
当前设置: 对正 = 无，比例 = 120.00，样式 = STANDARD
指定起点或 [对正(J)/比例(S)/样式(ST)]:  J                //输入 J，选择“对正”选项
输入对正类型 [上(T)/无(Z)/下(B)] <无>:  Z                //输入 Z，选择“无”选项
当前设置: 对正 = 无，比例 = 120.00，样式 = STANDARD
指定起点或 [对正(J)/比例(S)/样式(ST)]:                    //指定多线的起点
指定下一点:
指定下一点或 [放弃(U)]:
指定下一点或 [闭合(C)/放弃(U)]:    //指定多线的下一点，按“Esc”键退出绘制，结果如图 4-11 所示
```

Step 03 双击绘制完成的多线图形，弹出【多线编辑工具】对话框，在对话框中选择相应的编辑工具，即可对墙体图形进行编辑修改，结果如图 4-12 所示。

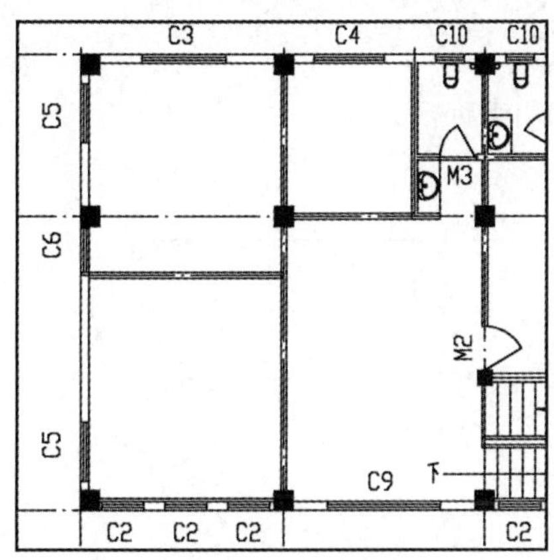

图 4-11　绘制多线

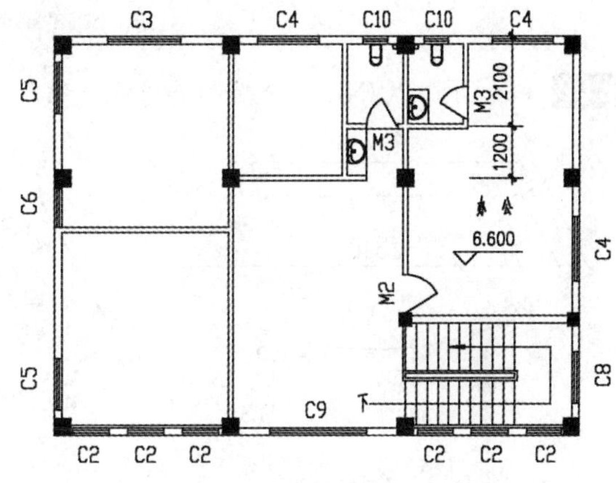

图 4-12　编辑结果

4.2.3　绘制多段线

调用多段线命令可以绘制首尾相连的线段序列，且创建完成的图形为一个整体。在 AutoCAD 中，大多使用多段线命令来绘制物体的外轮廓。

调用多段线命令的方式有以下 3 种。

- 命令行：在命令行中输入 PLINE 并按回车键。
- 工具栏：单击绘图工具栏上的多段线按钮。
- 菜单栏：执行【绘图】|【多段线】命令。

【课堂举例 4-5】 绘制多段线

Step 01 在命令行中输入 PLINE 并按回车键，命令后提示如下。

```
命令: PLINE↙
指定起点:                                              //指定多段线的起点
当前线宽为 0
指定下一点或 [圆弧(A)/半宽(H)/长度(L)/放弃(U)/宽度(W)]: 643
指定下一点或 [圆弧(A)/闭合(C)/半宽(H)/长度(L)/放弃(U)/宽度(W)]: A
                                                       //输入 A，选择“圆弧”选项
指定圆弧的端点或
[角度(A)/圆心(CE)/闭合(CL)/方向(D)/半宽(H)/直线(L)/半径(R)/第二个点(S)/放弃(U)/宽度(W)]: R
                                                       //输入 R，选择“半径”选项
指定圆弧的半径: 2252
指定圆弧的端点或 [角度(A)]: 2518
指定圆弧的端点或
[角度(A)/圆心(CE)/闭合(CL)/方向(D)/半宽(H)/直线(L)/半径(R)/第二个点(S)/放弃(U)/宽度(W)]: L
                                                       //输入 L，选择“直线”选项
指定下一点或 [圆弧(A)/闭合(C)/半宽(H)/长度(L)/放弃(U)/宽度(W)]: 643
指定下一点或 [圆弧(A)/闭合(C)/半宽(H)/长度(L)/放弃(U)/宽度(W)]: C
                    //输入 C，选择“闭合”选项，绘制多段线的结果如图 4-13 所示
```

Step 02 重复调用 PLINE 命令绘制多段线，结果如图 4-14 所示。

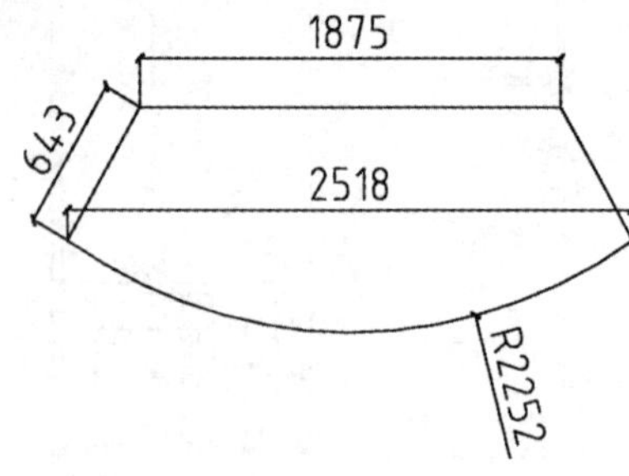

图 4-13　绘制多段线

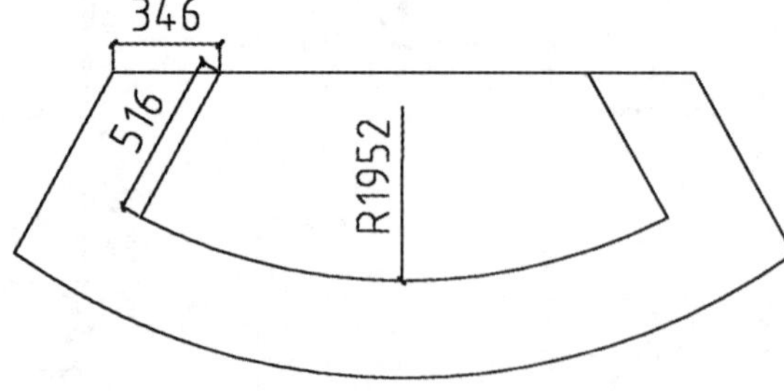

图 4-14　绘制结果

Step 03 按【Ctrl+O】组合键，打开本书配套光盘提供的“第 4 章\4.2.3 绘制多段线.dwg”素材文件，将其中的座椅图形复制并粘贴至当前图形中，结果如图 4-15 所示。

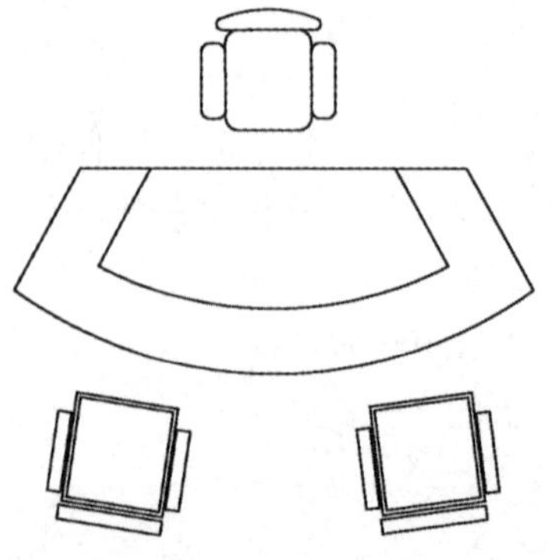

图 4-15　插入图块

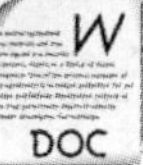

4.3 绘制多边形对象

多边形对象主要指矩形对象和正多边形对象的绘制，多边形对象主要用于物体外轮廓线的绘制。在调用该类命令的时候，可以根据实际需要指定多边形的边数、长宽尺寸以及半径尺寸等参数。

本节分两个小节介绍矩形对象以及多边形对象的绘制。

4.3.1　绘制矩形

调用矩形命令可以从指定的矩形参数创建矩形多段线。矩形是 AutoCAD 中经常用到的二维图形之一，是绘制很多二维图形的基础。

调用矩形命令的方式有以下 3 种。

- 命令行：在命令行中输入 RECTANG 并按回车键。
- 工具栏：单击绘图工具栏上的矩形按钮。
- 菜单栏：执行【绘图】|【矩形】命令。

【课堂举例 4-6】 绘制矩形

Step 01 按【Ctrl+O】组合键，打开本书配套光盘提供的“第 4 章\4.3.1 绘制矩形.dwg”素材文件，结果如图 4-16 所示。

Step 02 在命令行中输入 RECTANG 并按回车键，绘制尺寸为 1 000 × 600 的矩形，结果如图 4-17 所示。

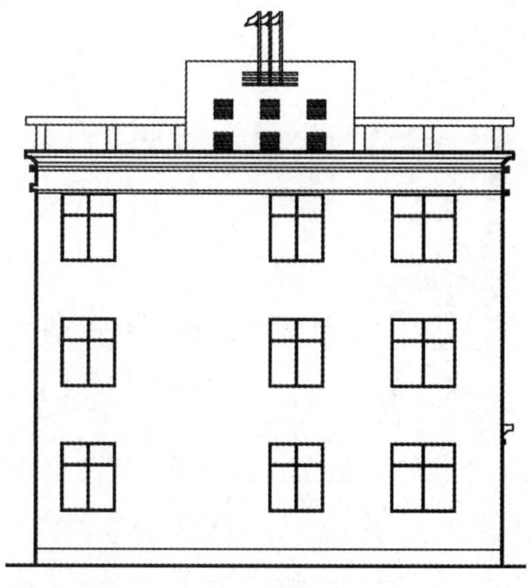

图 4-16　打开素材

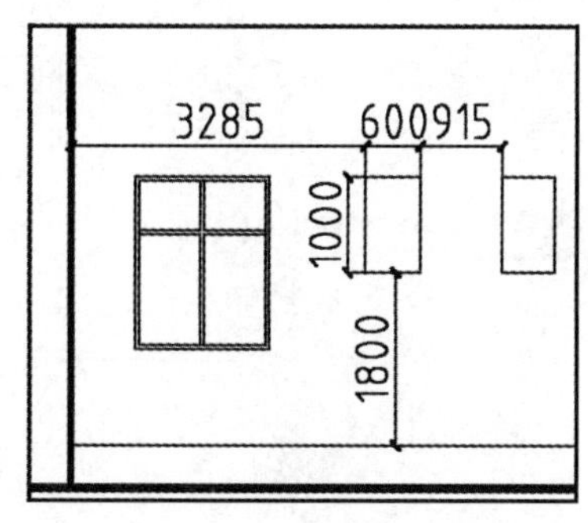

图 4-17　绘制矩形

Step 03 重复操作，继续绘制尺寸为 1000 × 600 的矩形，结果如图 4-18 所示。

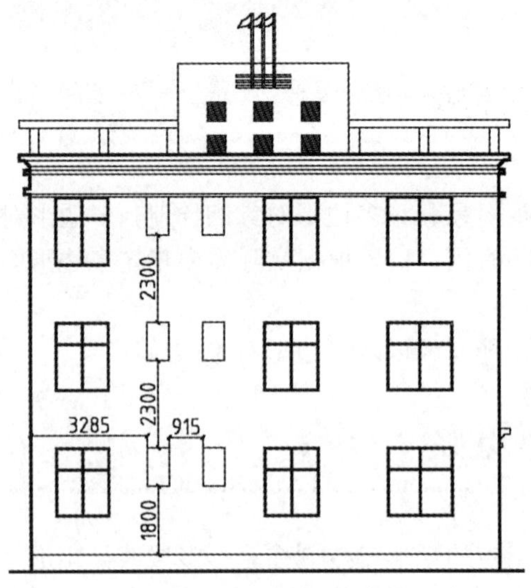

图 4-18　绘制结果

 4.3.2　绘制正多边形

调用正多边形命令可以指定多边形的各种参数，包含边数，显示了内接和外切选项间的差别。

调用正多边命令的方式有以下 3 种。

- 命令行：在命令行中输入 POLYGON 并按回车键。
- 工具栏：单击绘图工具栏上的正多边形按钮。
- 菜单栏：执行【绘图】|【正多边形】命令。

【课堂举例 4-7】 绘制正多边形

Step 01 单击绘图工具栏上的正多边形按钮，命令行提示如下。

```
命令: _POLYGON ↙
输入侧面数 <4>: 6
指定正多边形的中心点或 [边(E)]:                //在绘图区中指定正多边形的中心点
输入选项 [内接于圆(I)/外切于圆(C)] <I>:        //按回车键默认为"内接于圆"选项
指定圆的半径: 1500                             //指定圆的半径值，绘制正多边形的结果如图 4-19 所示
```

Step 02 调用 C【圆形】命令，以正多边形的中心为圆心绘制半径为 64 的圆；调用 L【直线】命令，绘制直线，遮阳伞平面图的绘制结果如图 4-20 所示。

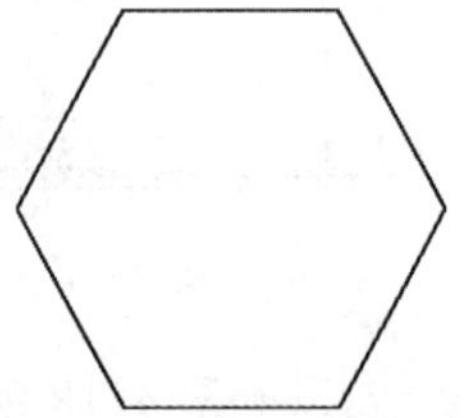
图 4-19　绘制正多边形

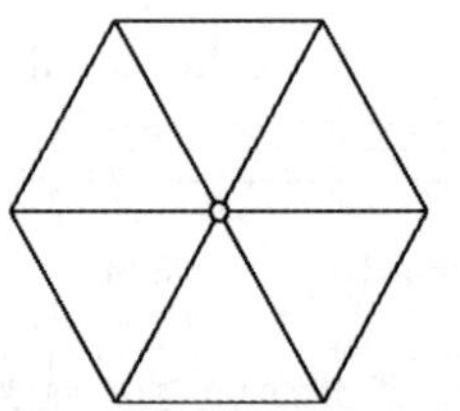
图 4-20　绘制结果

4.4 绘制曲线对象

曲线对象主要是指圆弧、圆以及样条曲线、椭圆等图形对象的绘制。在绘制曲线对象时，可以通过指定半径或者半轴长度等参数来定义曲线图形。本节分五个小节介绍在 AutoCAD 中曲线对象的绘制方法与技巧。

4.4.1　绘制圆弧

调用圆弧命令可以在绘图区中指定三点创建圆弧；圆弧命令在创建弧形对象时尤为常用，是较常见和较常用的绘制二维图形的命令之一。

调用圆弧命令的方式有以下 3 种。

- 命令行：在命令行中输入 ARC 并按回车键。
- 工具栏：单击绘图工具栏上的圆弧按钮。
- 菜单栏：执行【绘图】|【圆弧】命令。

【课堂距离 4-8】 绘制圆弧

Step 01 按【Ctrl+O】组合键，打开本书配套光盘提供的“第 4 章\4.4.1 绘制圆弧.dwg”素材文件，结果如图 4-21 所示。

Step 02 执行【绘图】|【圆弧】|【起点、端点、半径】命令，在绘图区中分别指定圆弧的起点、端点和半径，绘制如图 4-22 所示的圆弧。

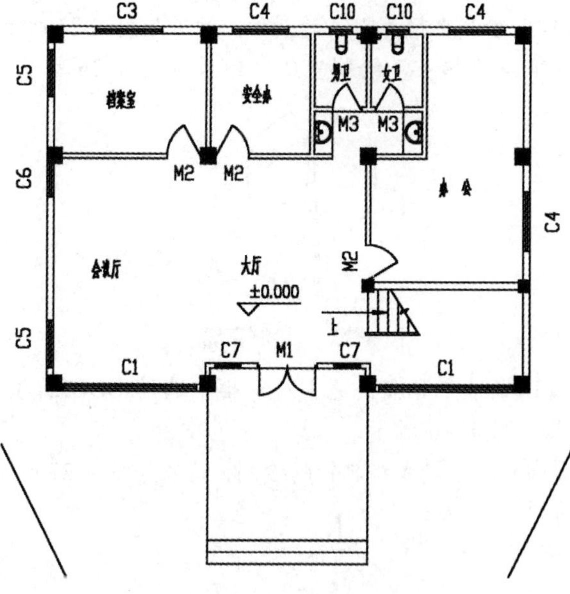

图 4-21　打开素材

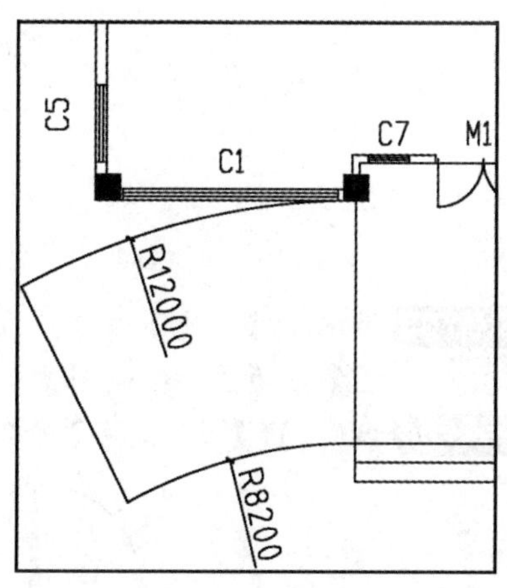

图 4-22　绘制圆弧

Step 03 重复执行【绘图】|【圆弧】|【起点、端点、半径】命令，绘制圆弧，完成坡道图形的绘制，结果如图 4-23 所示。

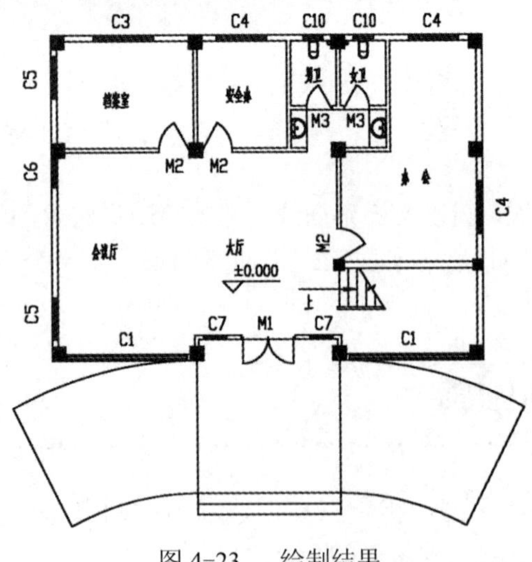

图 4-23　绘制结果

 4.4.2　绘制圆

调用圆命令可以指定圆心和半径值创建圆。

调用圆命令的方式有以下 3 种。

- 命令行：在命令行中输入 CIRCLE 并按回车键。
- 工具栏：单击绘图工具栏上的圆按钮。
- 菜单栏：执行【绘图】|【圆】命令。

【课堂举例 4-9】 绘制圆形

Step 01 在命令行中输入 CIRCLE 并按回车键，绘制半径为 170 的圆形，结果如图 4-24 所示。

Step 02 调用 L【直线】命令，以圆形的象限点为起点，绘制直线，结果如图 4-25 所示。

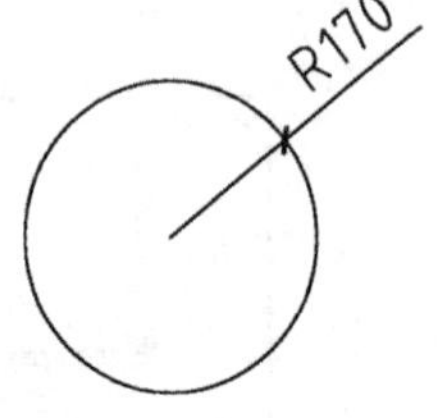

图 4-24　绘制圆形

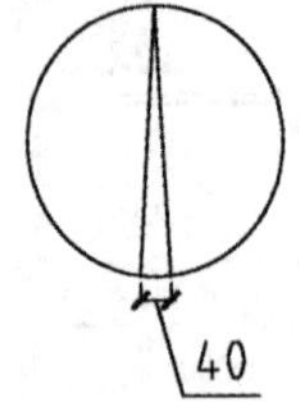

图 4-25　绘制直线

Step 03 调用 H【填充】命令，在弹出的【图案填充和渐变色】对话框中选择 SOLID 填充图案，为图形绘制图案填充，结果如图 4-26 所示。

Step 04 调用 MT【多行文字】命令，绘制文字标注，完成指北针的绘制，结果如图 4-27 所示。

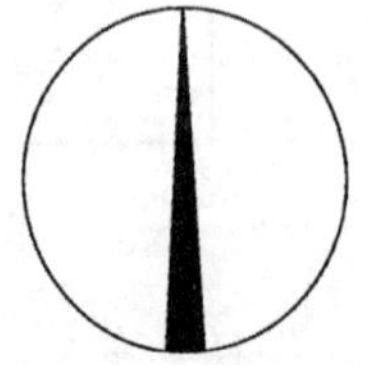

图 4-26　图案填充

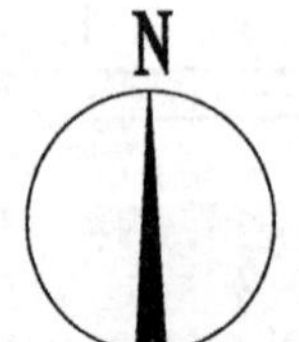

图 4-27　绘制指北针

4.4.3　绘制样条曲线

调用样条曲线命令可以创建通过或接近指定点的平滑曲线。

调用样条曲线命令的方式有以下 3 种。

➢ 命令行：在命令行中输入 SPLINE 并按回车键。

➢ 工具栏：单击绘图工具栏上的样条曲线按钮。

➢ 菜单栏：执行【绘图】|【样条曲线】命令。

【课堂举例 4-10】 绘制样条曲线

Step 01 按【Ctrl+O】组合键，打开本书配套光盘提供的“第 4 章\4.4.3 绘制样条曲线.dwg”素材文件，结果如图 4-28 所示。

Step 02 单击绘图工具栏上的样条曲线按钮，根据素材文件中的辅助点绘制样条曲线，完成浴缸外轮廓线的绘制，结果如图 4-29 所示。

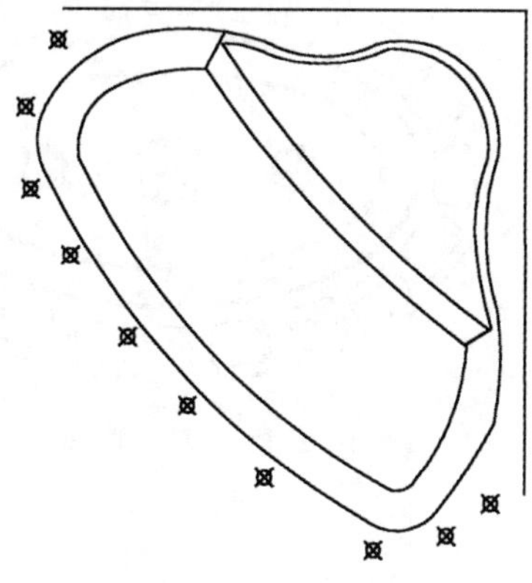

图 4-28　打开素材

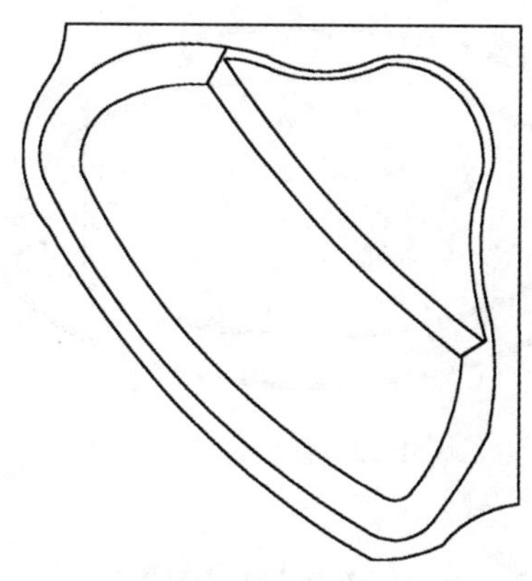

图 4-29　绘制结果

4.4.4　绘制椭圆

调用椭圆命令可以指定椭圆的两个轴端点和半轴长度参数来创建椭圆。

调用椭圆命令的方式有以下 3 种。

➢ 命令行：在命令行中输入 ELLIPSE 并按回车键。

➢ 工具栏：单击绘图工具栏上的椭圆按钮。

➢ 菜单栏：执行【绘图】|【椭圆】命令。

【课堂举例 4-11】 绘制椭圆

Step 01 在命令行中输入 ELLIPSE 并按回车键，命令行提示如下。

```
命令: ELLIPSE↙
指定椭圆的轴端点或 [圆弧(A)/中心点(C)]:        //指定椭圆的起点
指定轴的另一个端点: 6442                        //输入另一个端点参数
指定另一条半轴长度或 [旋转(R)]: 1400            //指定半轴长度，绘制椭圆的结果如图 4-30 所示
```

Step 02 调用 O【平移】命令，往外偏移椭圆，结果如图 4-31 所示。

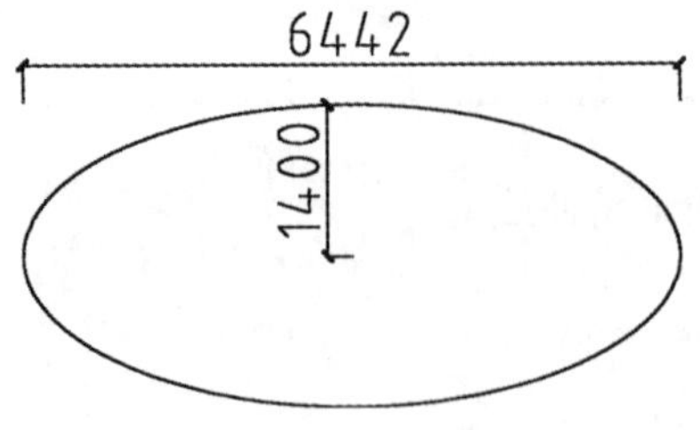

图 4-30　绘制椭圆

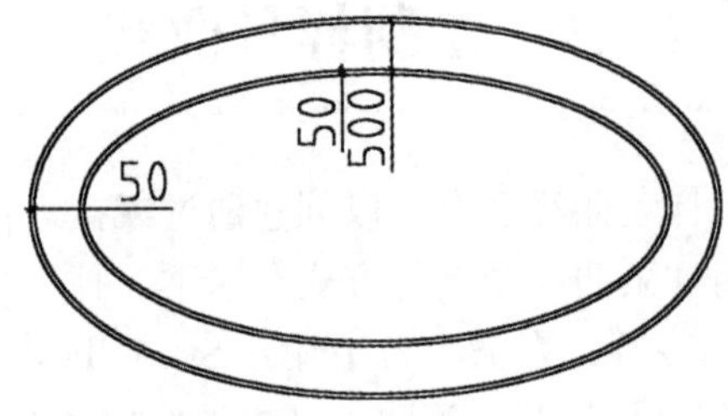

图 4-31　偏移椭圆

Step 03 调用 L【直线】命令，绘制直线；调用 TR【修剪】命令，修剪椭圆，结果如图 4-32 所示。

Step 04 按【Ctrl+O】组合键，打开本书配套光盘提供的“第 4 章\4.4.4 绘制椭圆.dwg”素材文件，将其中的椅子等图块复制并粘贴至当前图形中，结果如图 4-33 所示。

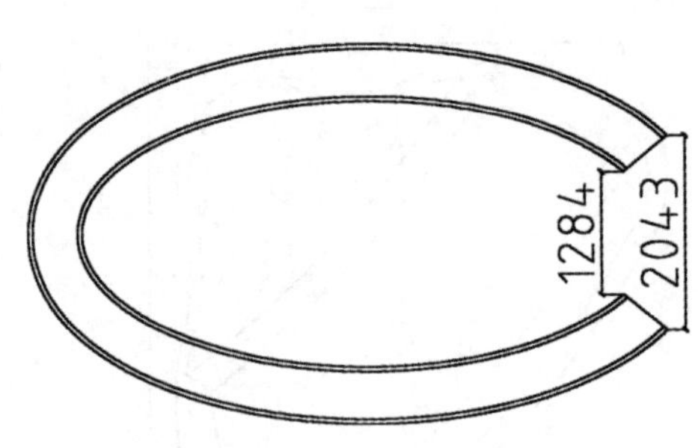

图 4-32　修剪椭圆

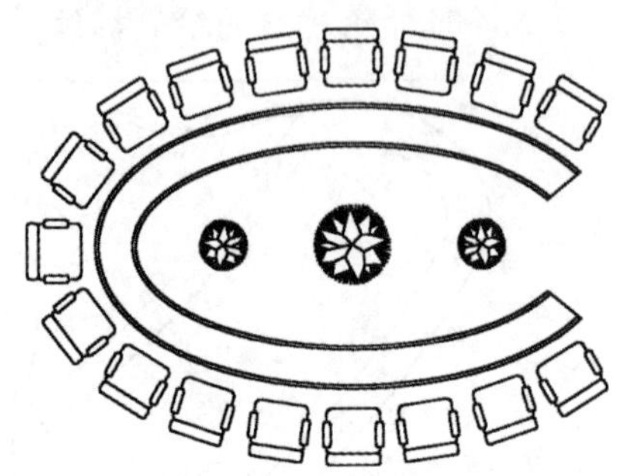

图 4-33　插入图块

4.4.5 绘制椭圆弧

调用椭圆弧命令可以指定两条轴及椭圆弧的起点和终点的角度来创建椭圆弧。

调用椭圆弧命令的方式有以下 3 种。

- 命令行：在命令行中输入 ELLIPSE 并按回车键。
- 工具栏：单击绘图工具栏上的椭圆弧按钮。
- 菜单栏：执行【绘图】|【椭圆】|【圆弧】命令。

【课堂举例 4-12】 绘制椭圆弧

Step 01 按【Ctrl+O】组合键，打开本书配套光盘提供的“第 4 章\4.4.5 绘制椭圆弧.dwg”素材文件，结果如图 4-34 所示。

Step 02 单击绘图工具栏上的椭圆弧按钮，命令行提示如下。

```
命令: _ELLIPSE↙
指定椭圆的轴端点或 [圆弧(A)/中心点(C)]: _a
指定椭圆弧的轴端点或 [中心点(C)]:                //单击指定 A 点
指定轴的另一个端点:                              //单击指定 B 点
```

```
指定另一条半轴长度或 [旋转(R)]:                //单击指定 C 点
指定起点角度或 [参数(P)]:                     //单击指定 D 点
指定端点角度或 [参数(P)/包含角度(I)]:          //单击指定 E 点，绘制椭圆弧的结果如图 4-35 所示
```

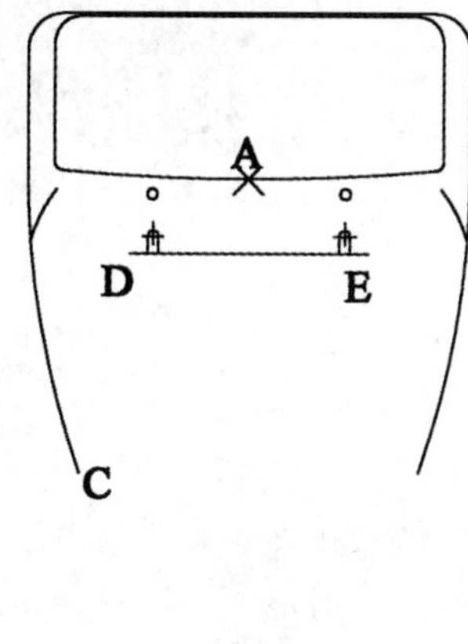

图 4-34　打开素材

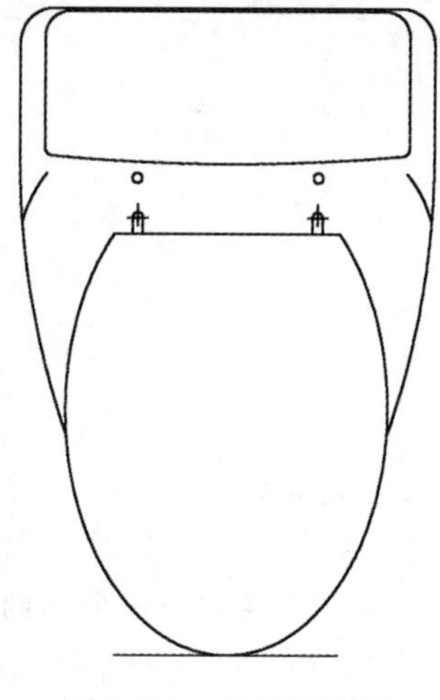
图 4-35　绘制椭圆弧

Step 03 调用 O【偏移】命令，设置偏移距离为 15，向内偏移椭圆弧；调用 EX【延伸】命令，延伸所偏移的椭圆弧，完成马桶盖的绘制结果如图 4-36 所示。

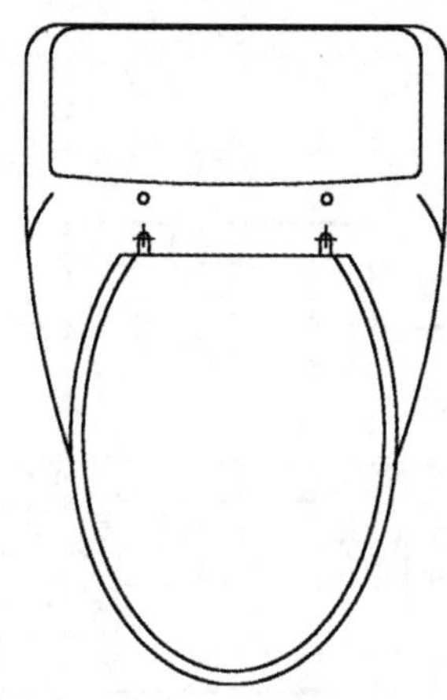
图 4-36　绘制结果

第 5 章 二维图形的编辑

二维图形在绘制完成后，需要对其进行编辑修改，以便在更多类型的图形中符合使用要求。简单的二维图形经过编辑修改后，可以得到复杂的二维图形，所以在 AutoCAD 中对二维图形的编辑修改命令是经常会使用到的。

本章分 5 个小节，分别向读者介绍选择对象的方法、移动和旋转对象的方法、复制对象、修整对象以及倒角和圆角对象的方法与技巧。

5.1 选择对象的方法

在对图形进行编辑修改之前，首先要对图形进行选取。根据所使用的编辑命令，可以使用不同的选择对象的方法。本节分 7 个小节分别介绍在 AutoCAD 中常用的选取对象的方法。

5.1.1 直接选取

直接选取是 AutoCAD 中最为简单和常用的选择对象的方法，只要将光标置于图形对象上，单击鼠标左键，即可将所指定的图形选中。

【课堂举例 5-1】 直接选取对象

Step 01 按【Ctrl+O】组合键，打开本书配套光盘提供的"第 5 章\5.1.1 直接选取.dwg"素材文件，结果如图 5-1 所示。

Step 02 将光标置于待选择的图形对象上，如图 5-2 所示。

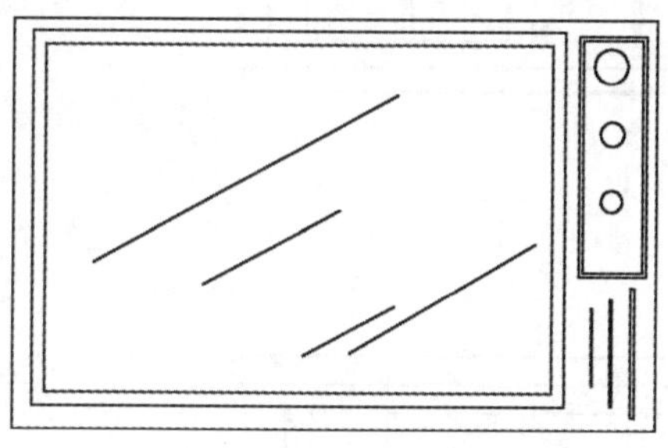

图 5-1　打开素材

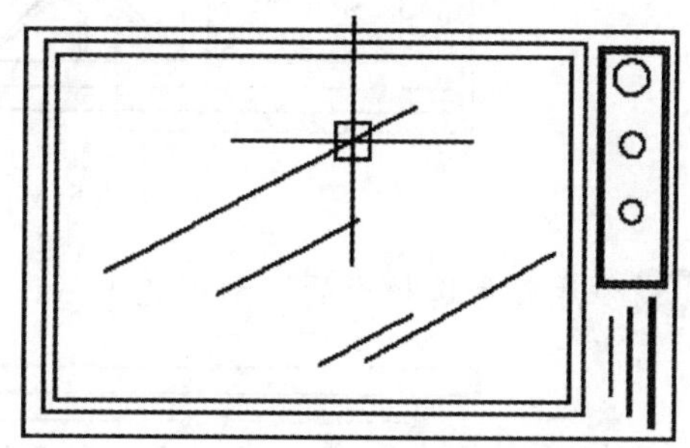

图 5-2　将光标置于对象上

Step 03 单击鼠标左键，图形对象即被选中，结果如图 5-3 所示。

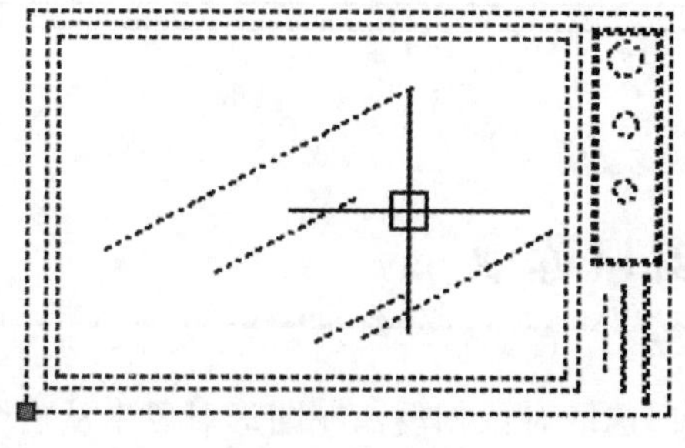

图 5-3　直接选取

5.1.2 窗口选取

窗口选取对象的方法是，按住鼠标左键不放，在图形对象上从左至右拉出矩形选择框，则位于该矩形框内的图形被选中。

【课堂举例 5-2】 窗口选取对象

Step 01 按【Ctrl+O】组合键，打开本书配套光盘提供的“第 5 章\5.1.2 窗口选取.dwg”素材文件，结果如图 5-4 所示。

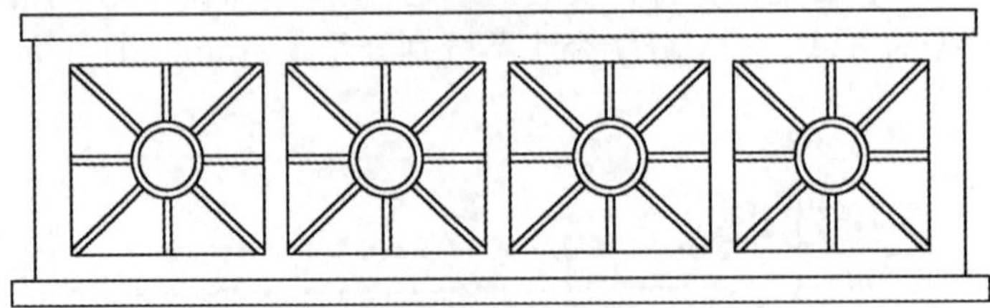

图 5-4 打开素材

Step 02 在图形上从左至右拉出矩形选择框，如图 5-5 所示。

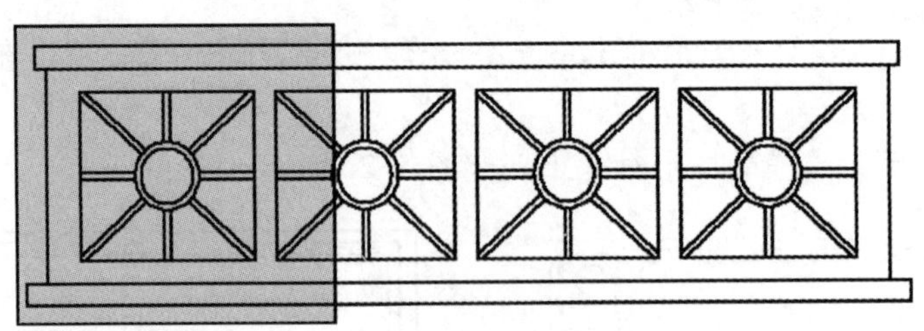

图 5-5 拉出选择框

Step 03 位于矩形选框内的图形被选中，结果如图 5-6 所示。

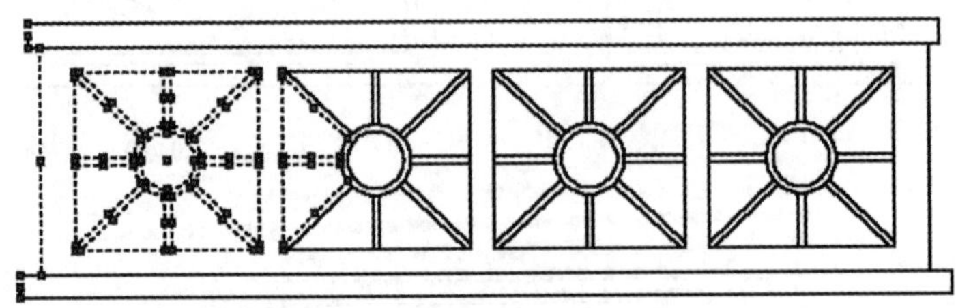

图 5-6 窗口选取

5.1.3 交叉窗口选取

交叉窗口选取对象与窗口选取对象相反，在图形对象上从右至左拉出矩形选择框，则无论是全部位于还是部分位于该选择框内的图形被选中。

【课堂举例 5-3】 交叉窗口选取对象

Step 01 按【Ctrl+O】组合键，打开本书配套光盘提供的“第 5 章\5.1.3 交叉窗口选取.dwg”素材文件，结果如图 5-7 所示。

Step 02 从图形对象的右上角至左下角拉出矩形选择框，如图 5-8 所示。

Step 03 释放鼠标，则位于及与选择框交界的图形被选中，结果如图 5-9 所示。

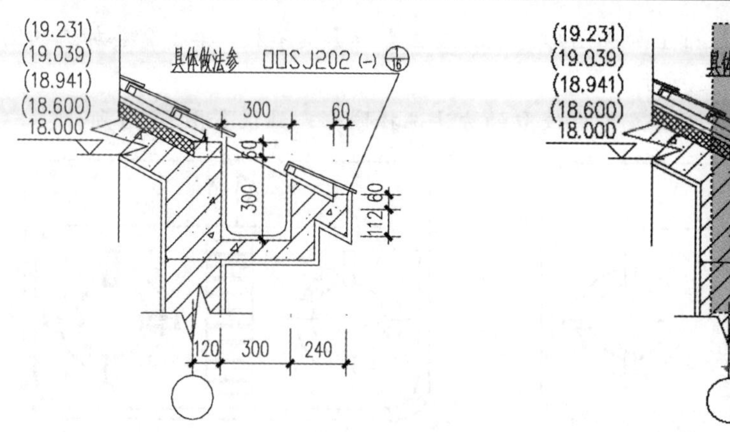

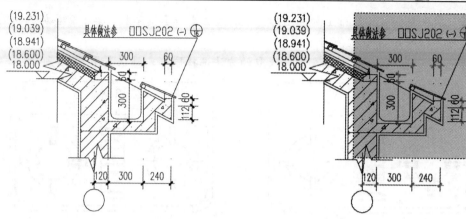

图 5-7　打开素材　　　　图 5-8　拉出选择框

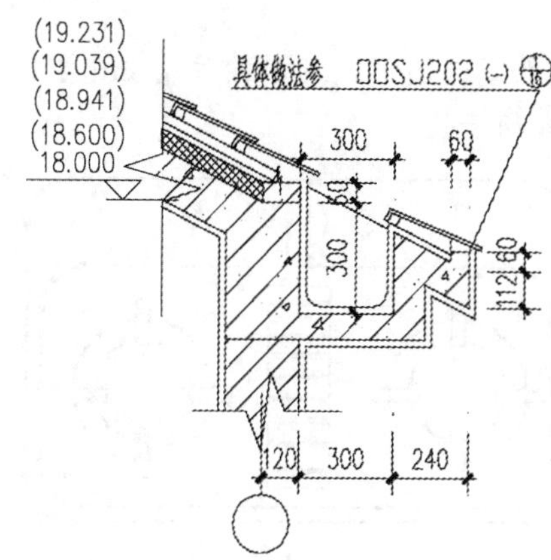

图 5-9　交叉窗口选取

5.1.4　加选和减选对象

在选择对象时，不可避免地会多选或少选了对象；此时，可以在不撤销当前选择命令的情况下加选或减选对象。

【课堂举例 5-4】 加选和减选对象

Step 01 按【Ctrl+O】组合键，打开本书配套光盘提供的“第 5 章\5.1.4 加选和减选对象.dwg”素材文件，结果如图 5-10 所示。

Step 02 使用窗口选取的方法选取图形，结果如图 5-11 所示。

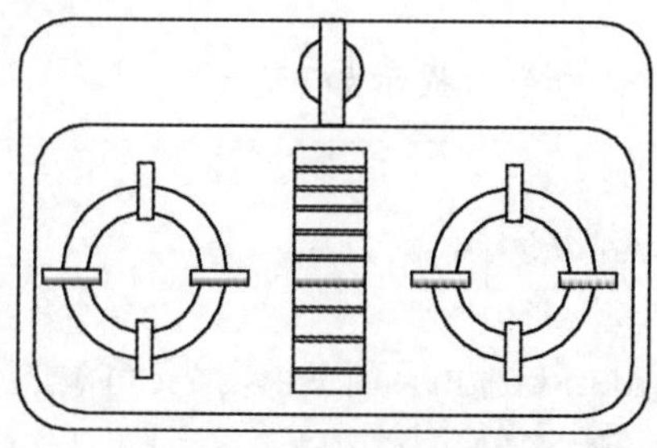

图 5-10　打开素材

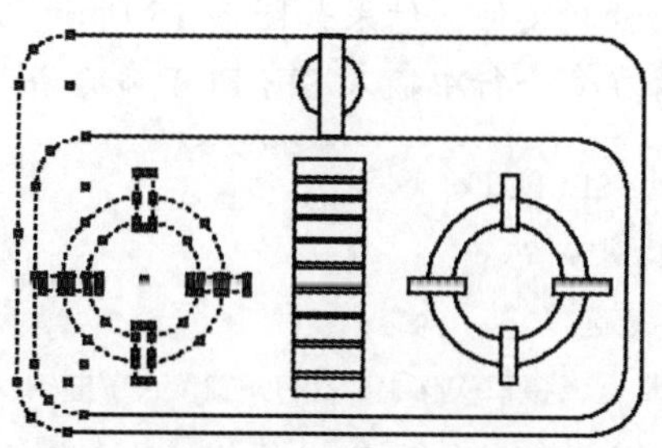

图 5-11　窗口选取

Step 03 此时如果要在此基础上加选图形，可以按住【Alt】键不放，单击需要加选的图形即可，结果如图 5-12 所示。

Step 04 撤销当前选择，使用交叉窗口选取的方法选择图形，结果如图 5-13 所示。

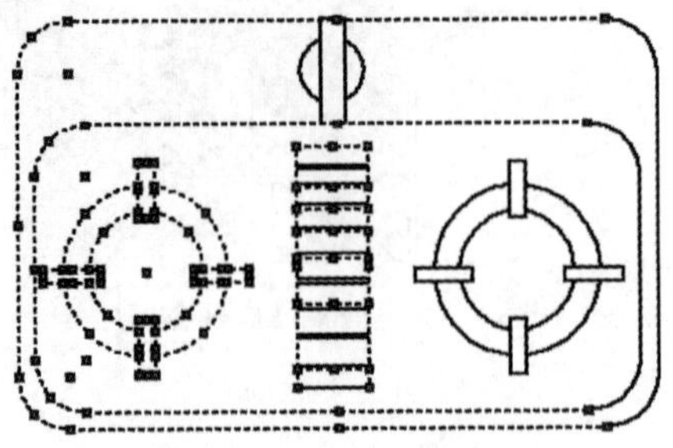

图 5-12　加选图形

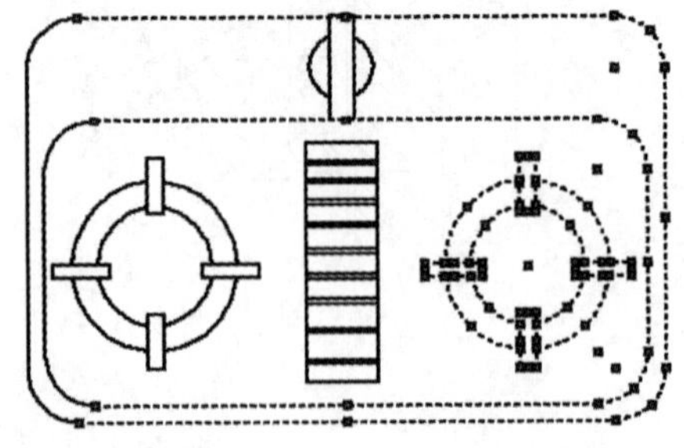

图 5-13　交叉窗口选取

Step 05 此时如果要在此基础上减选图形，可以按住【Shift】键不放，单击需要减选的图形即可，结果如图 5-14 所示。

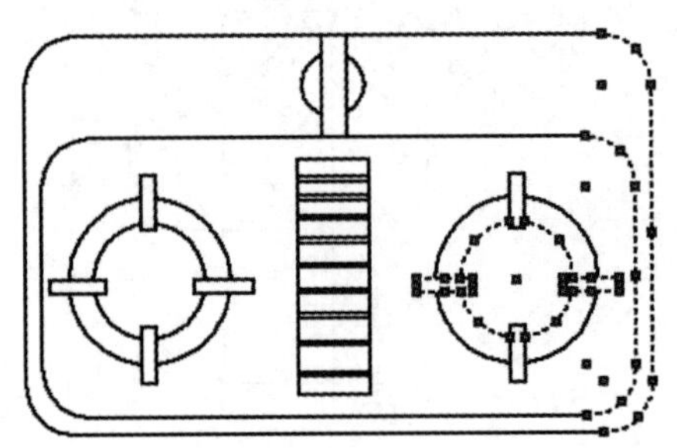

图 5-14　减选图形

5.1.5　不规则窗口选取

不规则窗口选取包括圈围和圈交两种方式，可在图形对象上以指定若干点的方式定义不规则形状的区域来选择对象。

圈围选取是多边形窗口选择完全包含在内的对象，而圈交选取的多边形可以选择包含在内或相交的对象，相当于窗口选取和交叉窗口选取的区别。

【课堂举例 5-5】　不规则窗口选取对象

Step 01 按【Ctrl+O】组合键，打开本书配套光盘提供的“第 5 章\5.1.5 不规则窗口选取.dwg”素材文件，结果如图 5-15 所示。

Step 02 在命令行中输入 SELECT 命令并按回车键，命令行提示如下。

```
命令: SELECT↙
选择对象: ?                                  //在命令行中输入?
*无效选择*
需要点或窗口(W)/上一个(L)/窗交(C)/框(BOX)/全部(ALL)/栏选(F)/圈围(WP)/圈交(CP)/编组(G)/添加(A)/删除(R)/多个(M)/前一个(P)/放弃(U)/自动(AU)/单个(SI)/子对象(SU)/对象(O)
```

```
选择对象: WP                                    //在命令行中输入 WP，选择“圈围”选项
第一圈围点:
指定直线的端点或 [放弃(U)]:
指定直线的端点或 [放弃(U)]:
指定直线的端点或 [放弃(U)]:
指定直线的端点或 [放弃(U)]:
指定直线的端点或 [放弃(U)]:  找到 12 个          //在绘图区中指定圈围点，如图 5-16 所示
```

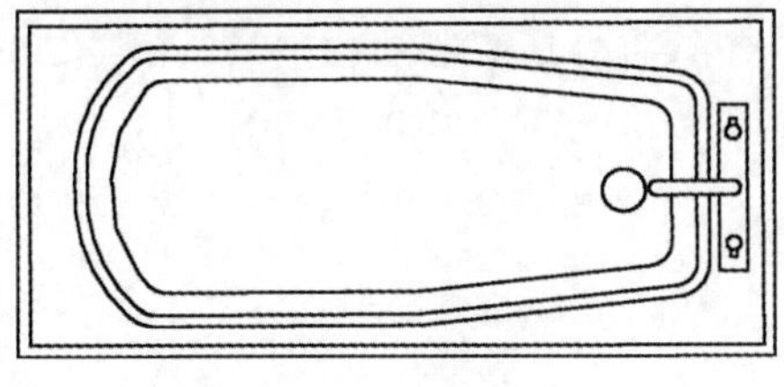

图 5-15　打开素材

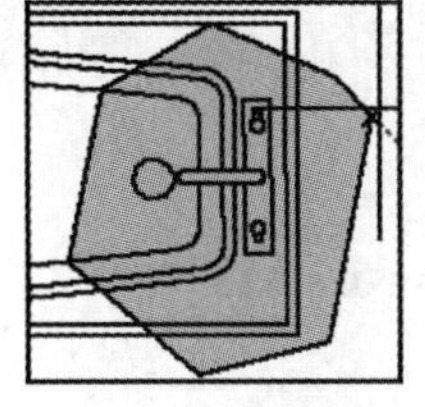

图 5-16　指定圈围点

Step 03 按回车键完成选择，圈围的选取结果如图 5-17 所示。

Step 04 重复调用 SELECT 命令，在命令行中输入 CP，选择【圈交】选项，在绘图区中指定圈交区域，结果如图 5-18 所示。

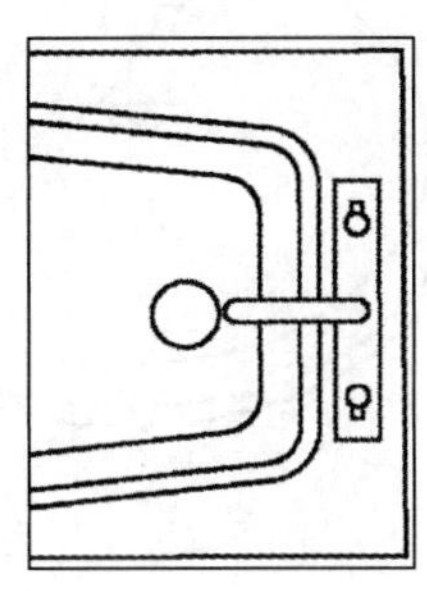

图 5-17　圈围选取

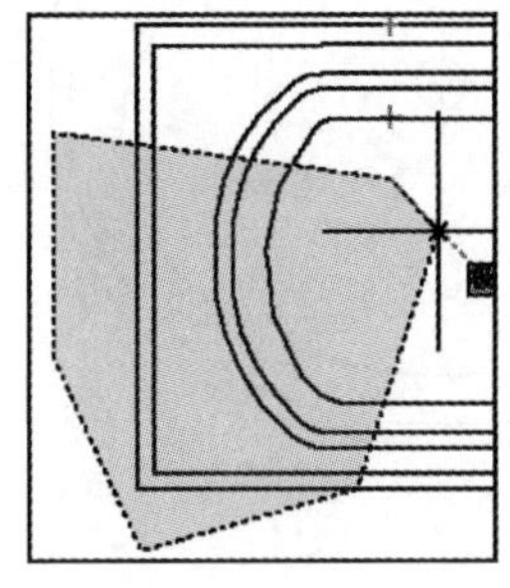

图 5-18　指定圈交范围

Step 05 按回车键结束选择，圈交的选取结果如图 5-19 所示。

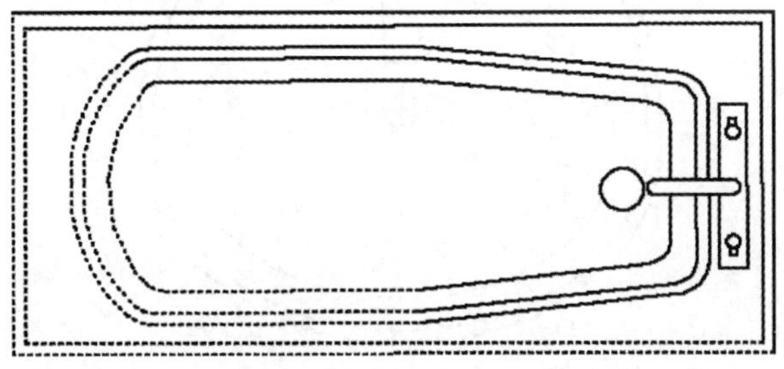

图 5-19　圈交选取

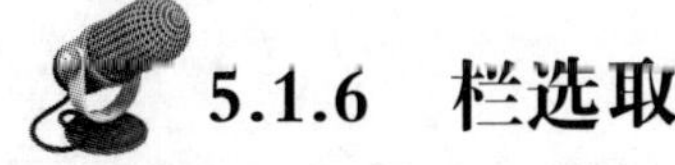

5.1.6　栏选取

栏选取的方法是在图形对象上绘制一段或多段直线，所有与其相交的对象均被选中。

【课堂举例 5-6】 栏选取对象

Step 01 按【Ctrl+O】组合键，打开本书配套光盘提供的“第 5 章\5.1.6 栏选取.dwg”素材文件，结果如图 5-20 所示。

Step 02 在命令行中输入 SELECT 命令并按回车键，命令行提示如下。

```
命令: SELECT↙
选择对象: ?                                    //在命令行中输入?
*无效选择*
需要点或窗口(W)/上一个(L)/窗交(C)/框(BOX)/全部(ALL)/栏选(F)/圈围(WP)/圈交(CP)/编组(G)/添加(A)/删除(R)/多个(M)/前一个(P)/放弃(U)/自动(AU)/单个(SI)/子对象(SU)/对象(O)
选择对象: F                                    //在命令行中输入 F，选择“栏选”选项
指定第一个栏选点:
指定下一个栏选点或 [放弃(U)]:
……
指定下一个栏选点或 [放弃(U)]:    找到 6 个        //在图形上指定选取范围，结果如图 5-21 所示
```

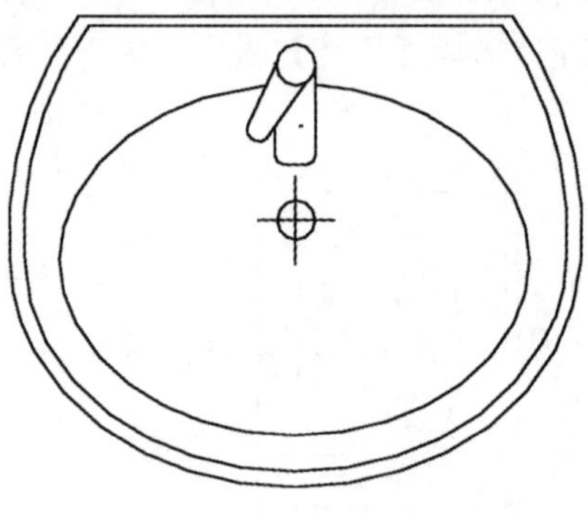

图 5-20　打开素材

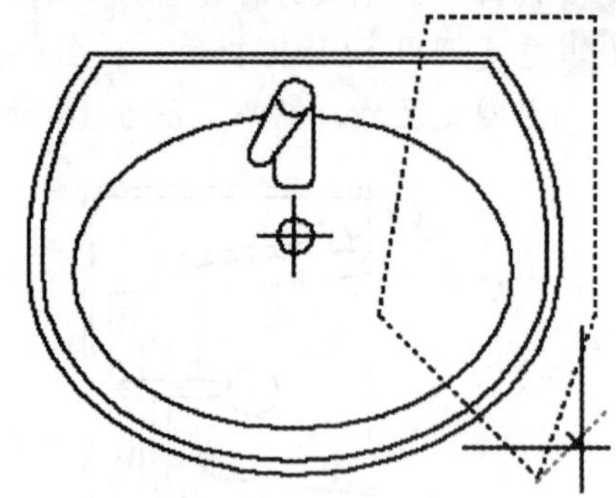

图 5-21　指定圈围点

Step 03 按回车键结束选取操作，栏选对象的结果如图 5-22 所示。

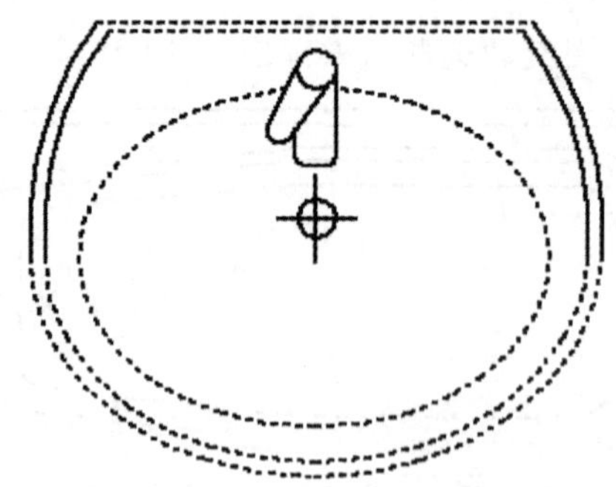

图 5-22　栏选对象

 5.1.7　快速选择

AutoCAD 以对话框的形式来快速选取相同类型的对象。用户只需在对话框中定义所需选

取对象的属性，比如名称、颜色等，即可按照所定义的条件来选取对象。

【课堂举例 5-7】 快速选择对象

Step 01 按【Ctrl+O】组合键，打开本书配套光盘提供的“第 5 章\5.1.7 快速选择.dwg”素材文件，结果如图 5-23 所示。

Step 02 执行【工具】|【快速选择】命令，弹出【快速选择】对话框；在对话框中设置所选对象的属性，结果如图 5-24 所示

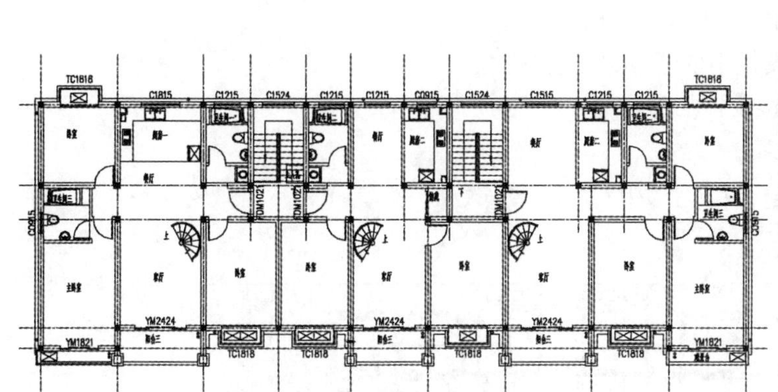

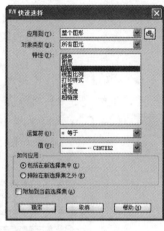

图 5-23　打开素材

图 5-24　【快速选择】对话框

Step 03 在对话框中单击【确定】按钮，即可完成快速选取的操作；图 5-25 所示为以轴线的线型为选取条件的选择轴线的结果。

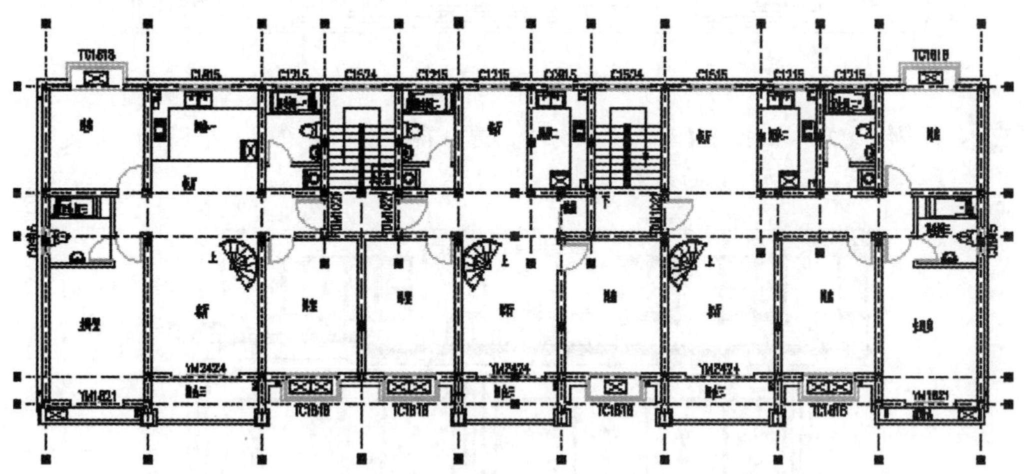

图 5-25　快速选择

5.2 移动和旋转对象

对图形进行编辑修改不单指对其本身图形样式的修改，还包括对其所处位置的修改。在 AutoCAD 中，对图形的位置进行编辑修改的命令主要有移动和旋转，这两类命令是对图形位

置进行更改的最常用的命令。

本节分两个小节，介绍移动和旋转命令的使用方法和技巧。

5.2.1 移动对象

调用移动命令可在绘图区中将指定对象移动指定距离。

调用移动命令的方式有以下 3 种。

- 命令行：在命令行中输入 MOVE 并按回车键。
- 工具栏：单击修改工具栏中的【移动】按钮。
- 菜单栏：执行【修改】|【移动】命令。

【课堂举例 5-8】 移动对象

Step 01 按【Ctrl+O】组合键，打开本书配套光盘提供的“第 5 章\5.2.1 移动对象.dwg”素材文件，结果如图 5-26 所示。

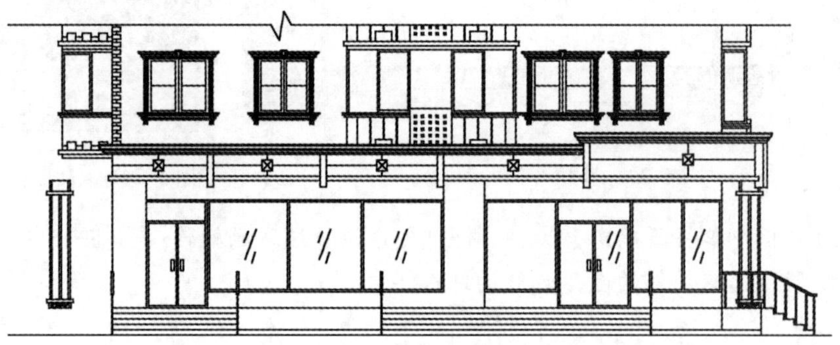

图 5-26 打开素材

Step 02 单击修改工具栏中的【移动】按钮，选择待移动的对象，在绘图区中指定基点和第二个点，移动对象的结果如图 5-27 所示。

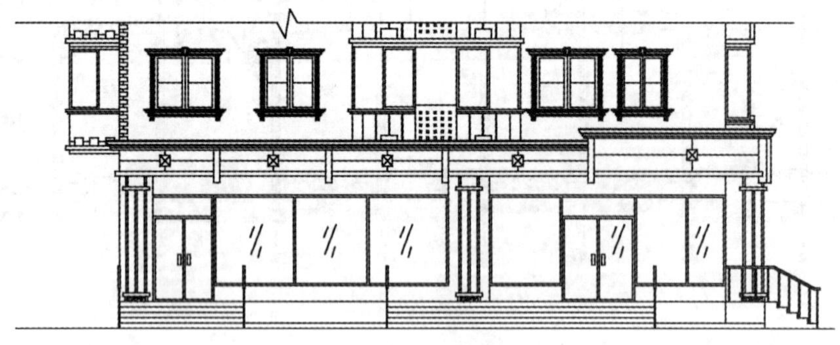

图 5-27 移动对象

5.2.2 旋转对象

旋转命令可以围绕基点将指定的对象旋转到一个绝对的角度。

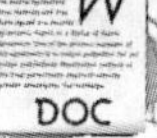

调用旋转命令的方式有以下 3 种。

- 命令行：在命令行中输入 ROTATE 并按回车键。
- 工具栏：单击修改工具栏中的【旋转】按钮。
- 菜单栏：执行【修改】|【旋转】命令。

【课堂举例 5-9】 旋转对象

Step 01 按【Ctrl+O】组合键，打开本书配套光盘提供的“第 5 章\5.2.2 旋转对象.dwg”素材文件，结果如图 5-28 所示。

Step 02 在命令行中输入 ROTATE 并按回车键，选择坐便器图形，指定旋转基点，输入旋转角度为-90°；调用 M【移动】命令，将图形移动到合适的区域，结果如图 5-29 所示。

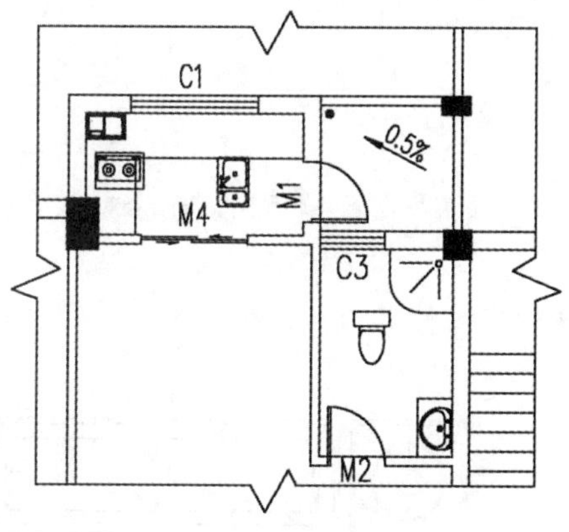

图 5-28　打开素材

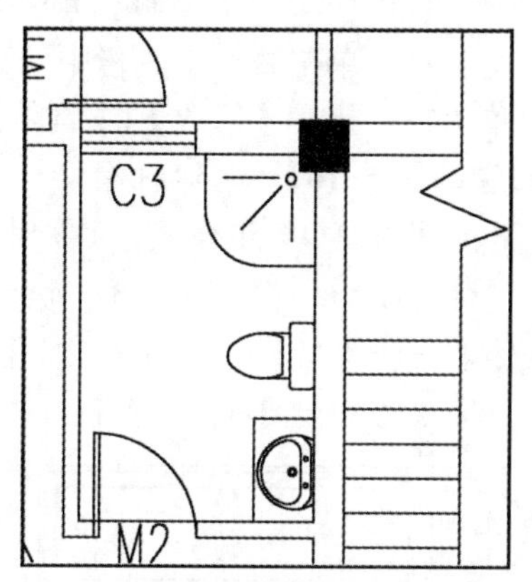

图 5-29　旋转结果

Step 03 重复调用 ROTATE 命令并按回车键，选择洗菜盆图形，指定旋转基点，输入旋转角度为-90°；调用 M【移动】命令，将图形移动到合适的区域，结果如图 5-30 所示。

Step 04 按回车键，再次调用 ROTATE 命令，选择煤气灶图形，指定旋转基点，输入旋转角度为-90°；调用 M【移动】命令，将图形移动到合适的区域，结果如图 5-31 所示。

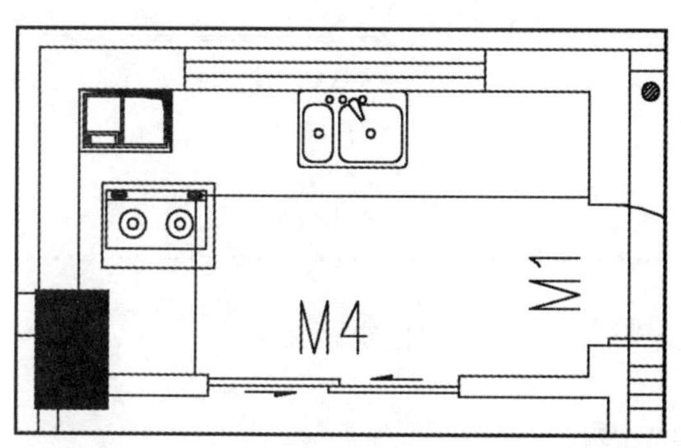

图 5-30　旋转图形

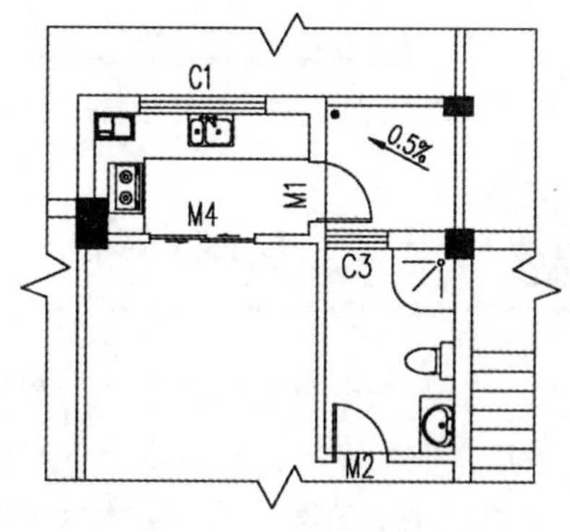

图 5-31　操作结果

5.3 复制对象

在绘制图纸时，可能会遇到多个相同参数图形的绘制。此时，只需要绘制其中的一个图

形，即可调用复制对象的命令对图形进行移动复制。复制对象命令不单可以移动复制所选的图形对象，还有保持图形对象本身比例不变的特点，因而得到广泛使用。

本节分 5 个小节介绍复制对象命令的使用方法。

5.3.1 删除对象

调用删除命令可以将指定的对象删除。

调用删除命令的方式有以下 3 种。

- 命令行：在命令行中输入 ERASE 并按回车键。
- 工具栏：单击修改工具栏中的【删除】按钮。
- 菜单栏：执行【修改】|【删除】命令。

【课堂举例 5-10】 删除对象

Step 01 按【Ctrl+O】组合键，打开本书配套光盘提供的“第 5 章\5.3.1 删除对象.dwg”素材文件，结果如图 5-32 所示。

Step 02 单击修改工具栏中的【删除】按钮，选择右边的床头柜，按回车键，即可将其删除，结果如图 5-33 所示。

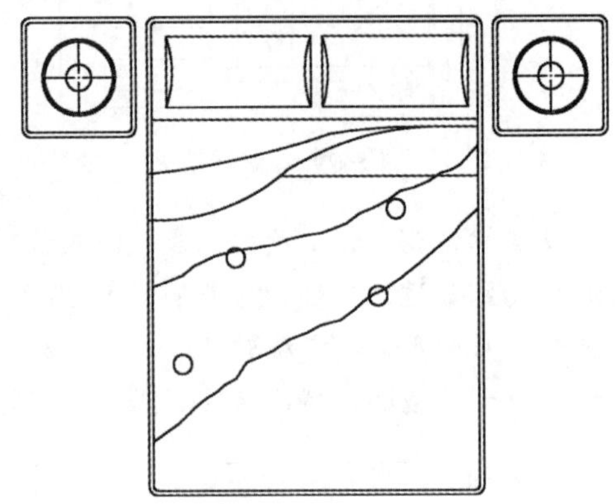

图 5-32 打开素材

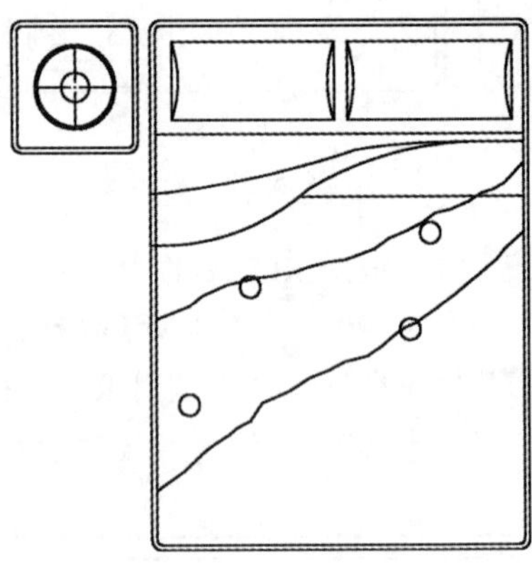

图 5-33 删除结果

5.3.2 复制对象

调用复制命令可以将选定的对象移动复制到指定方向上的指定距离处。

调用复制命令的方式有以下 3 种。

- 命令行：在命令行中输入 COPY 并按回车键。
- 工具栏：单击修改工具栏中的【复制】按钮。
- 菜单栏：执行【修改】|【复制】命令。

【课堂举例 5-11】 复制对象

Step 01 按【Ctrl+O】组合键，打开本书配套光盘提供的“第 5 章\5.3.2 复制对象.dwg”素材文件，结果如图 5-34 所示。

Step 02 在命令行中输入 COPY 并按回车键，选择门及阳台图形，向下移动复制，结果如

图 5-35 所示。

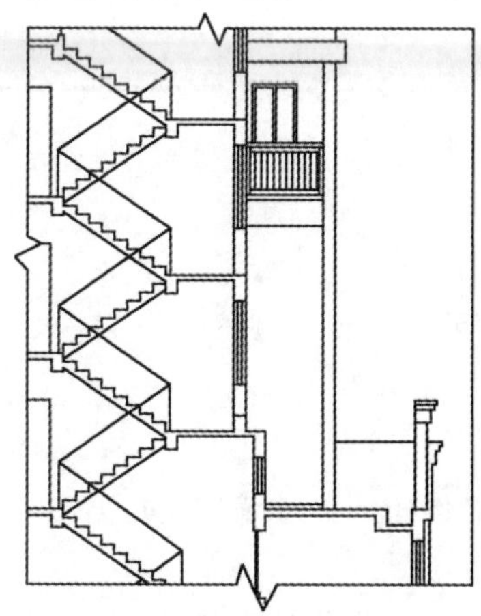

图 5-34　打开素材

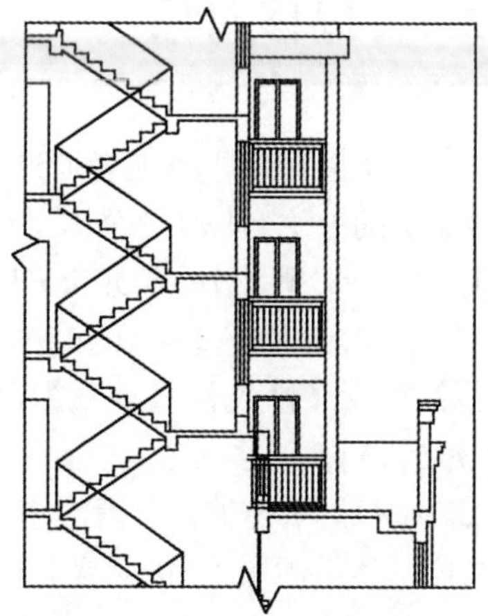

图 5-35　复制结果

5.3.3　镜像对象

调用镜像命令可以创建所选对象的副本。

调用镜像命令的方式有以下 3 种。

- 命令行：在命令行中输入 MIRROR 并按回车键。
- 工具栏：单击修改工具栏中的【镜像】按钮。
- 菜单栏：执行【修改】|【镜像】命令。

【课堂举例 5-12】 镜像对象

Step 01 按【Ctrl+O】组合键，打开本书配套光盘提供的“第 5 章\5.3.3 镜像对象.dwg”素材文件，结果如图 5-36 所示。

Step 02 执行【修改】|【镜像】命令，选择镜像对象，分别指定镜像的第一点和第二点；根据命令行的提示输入 N，选择【不删除源对象】选项，结果如图 5-37 所示。

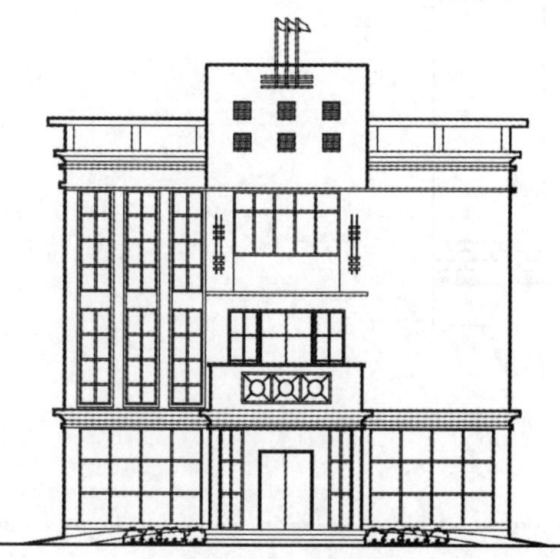

图 5-36　打开素材

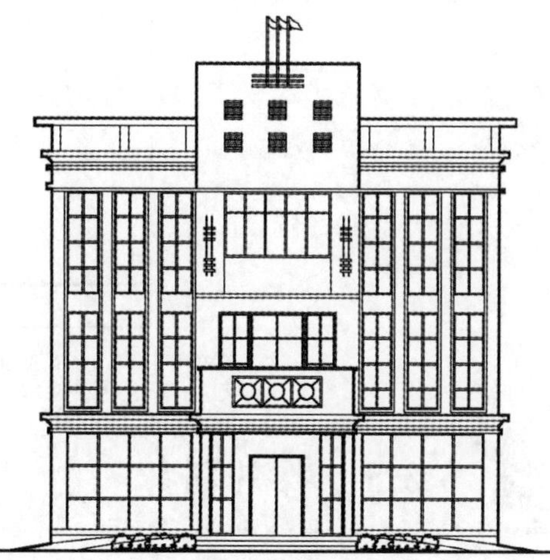

图 5-37　镜像结果

5.3.4 偏移对象

调用偏移命令可以指定距离或者通过一个点偏移对象。

调用偏移命令的方式有以下 3 种。

- 命令行：在命令行中输入 OFFSET 并按回车键。
- 工具栏：单击修改工具栏中的【偏移】按钮。
- 菜单栏：执行【修改】|【偏移】命令。

【课堂举例 5-13】 偏移对象

Step 01 按【Ctrl+O】组合键，打开本书配套光盘提供的“第 5 章\5.3.4 偏移对象.dwg”素材文件，结果如图 5-38 所示。

Step 02 在命令行中输入 OFFSET 并按回车键，选择垂直直线向上偏移，选择水平直线向右偏移，结果如图 5-39 所示。

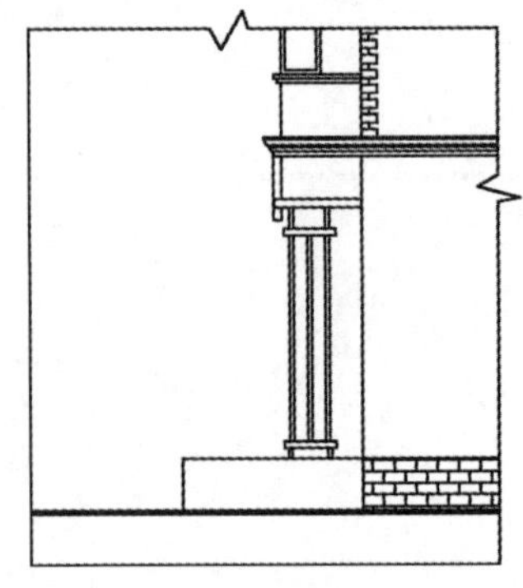

图 5-38 打开素材

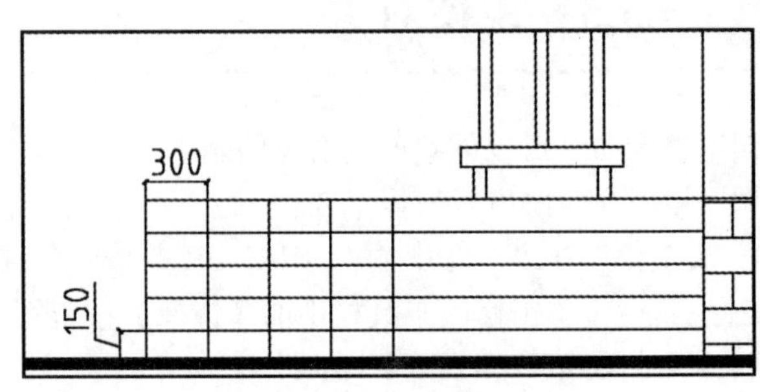

图 5-39 偏移结果

Step 03 调用 TR【修剪】命令，修剪多余线段，结果如图 5-40 所示。

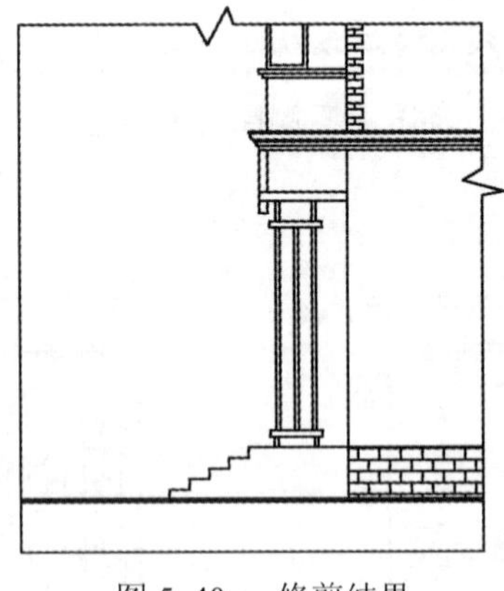

图 5-40 修剪结果

5.3.5 阵列对象

AutoCAD 为用户提供了 3 种图形的阵列方式，分别是矩形阵列、极轴阵列和路径阵列。

在对不同的图形进行复制时，可以根据实际情况选取不同的阵列方式，下面介绍这几种阵列方式的运用。

1．矩形阵列

调用矩形阵列命令可以按任意行、列和层级组合分布对象副本。

调用矩形阵列命令的方式有以下 3 种。

- 命令行：在命令行中输入 ARRAYRECT 并按回车键。
- 工具栏：单击修改工具栏中的【矩形阵列】按钮。
- 菜单栏：执行【修改】|【阵列】|【矩形阵列】命令。

【课堂举例 5-14】 矩形阵列对象

Step 01 按【Ctrl+O】组合键，打开本书配套光盘提供的“第 5 章\5.3.5 矩形阵列对象.dwg”素材文件，结果如图 5-41 所示。

Step 02 单击修改工具栏中的【矩形阵列】按钮，命令行提示如下。

```
命令: ARRAYRECT↙
选择对象: 指定对角点: 找到 1 个
选择对象: 找到 1 个，总计 2 个          //选择楼梯踏步轮廓线 A、B

选择对象:  输入阵列类型 [矩形(R)/路径(PA)/极轴(PO)] <路径>: R
                                        //输入 R，选择“矩形”阵列
类型 = 矩形   关联 = 是
选择夹点以编辑阵列或 [关联(AS)/基点(B)/计数(COU)/间距(S)/列数(COL)/行数(R)/层数(L)/退出(X)] <退出>: COU
                                        //输入 COU，选择“计数”选项
输入列数或 [表达式(E)] <4>: 11
输入行数或 [表达式(E)] <3>: 1
择夹点以编辑阵列或 [关联(AS)/基点(B)/计数(COU)/间距(S)/列数(COL)/行数(R)/层数(L)/退出(X)] <退出>: S
                                        //输入 S，选择“间距”选项
指定列之间的距离或 [单位单元(U)] <1>: 540
指定行之间的距离 <7110>:
选择夹点以编辑阵列或 [关联(AS)/基点(B)/计数(COU)/间距(S)/列数(COL)/行数(R)/层数(L)/退出(X)] <退出>:
                                        //按“Enter”键退出绘制，矩形阵列的结果如图 5-42 所示
```

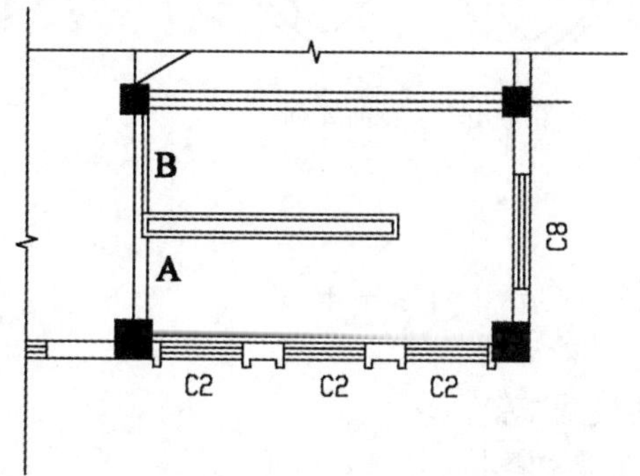

图 5-41　打开素材

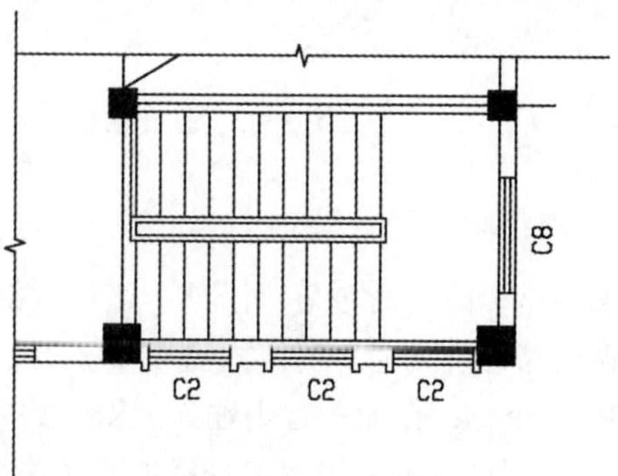

图 5-42　矩形阵列

2．极轴阵列

极轴阵列命令可以绕某个中心点或旋转轴形成的环形图案平均分布对象副本。

调用极轴阵列命令的方式有以下 3 种。

- 命令行：在命令行中输入 ARRAYPOLAR 并按回车键。
- 工具栏：单击修改工具栏中的【极轴阵列】按钮。
- 菜单栏：执行【修改】|【阵列】|【环形阵列】命令。

【课堂举例 5-15】 极轴阵列对象

Step 01 按【Ctrl+O】组合键，打开本书配套光盘提供的“第 5 章\5.3.5 极轴阵列对象.dwg”素材文件，结果如图 5-43 所示。

Step 02 执行【修改】|【阵列】|【环形阵列】命令，命令行提示如下。

```
命令: ARRAYPOLAR↙
选择对象: 找到 1 个                                    //选择座椅
选择对象: 输入阵列类型 [矩形(R)/路径(PA)/极轴(PO)] <路径>: PO
                                                       //输入 PO，选择“极轴”阵列
类型 = 极轴  关联 = 是
指定阵列的中心点或 [基点(B)/旋转轴(A)]:               //指定圆桌的圆心为阵列的中心点
选择夹点以编辑阵列或 [关联(AS)/基点(B)/项目(I)/项目间角度(A)/填充角度(F)/行(ROW)/层(L)/旋转项目(ROT)/退出(X)] <退出>: I
                                                       //输入 I，选择“项目”选项
输入阵列中的项目数或 [表达式(E)] <6>: 4
选择夹点以编辑阵列或 [关联(AS)/基点(B)/项目(I)/项目间角度(A)/填充角度(F)/行(ROW)/层(L)/旋转项目(ROT)/退出(X)] <退出>: *取消*
                          //按“Enter”键退出绘制，极轴阵列的结果如图 5-44 所示
```

图 5-43　打开素材

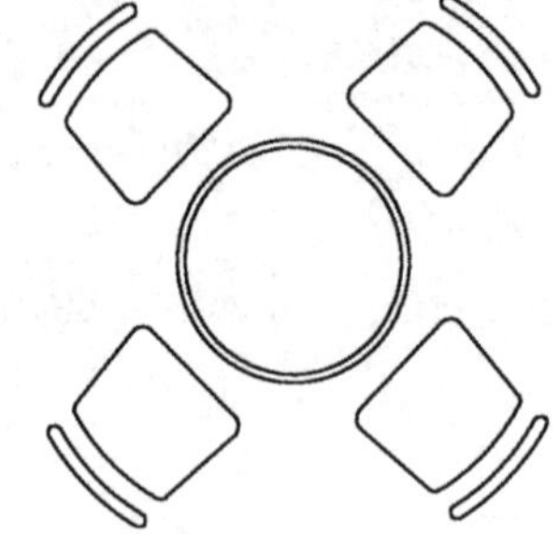

图 5-44　极轴阵列

3．路径阵列

调用路径阵列命令可以沿整个路径或部分路径平均分布对象副本。

调用路径阵列命令的方式有以下 3 种。

- 命令行：在命令行中输入 ARRAYPATH 并按回车键。
- 工具栏：单击修改工具栏中的【路径阵列】按钮。
- 菜单栏：执行【修改】|【阵列】|【路径阵列】命令。

【课堂举例 5-16】 路径阵列对象

Step 01 按【Ctrl+O】组合键，打开本书配套光盘提供的"第 5 章\5.3.5 路径阵列对象.dwg"素材文件，结果如图 5-45 所示。

Step 02 在命令行中输入 ARRAYPATH 并按回车键，命令行提示如下。

```
命令: ARRAYPATH↙
选择对象: 找到 1 个                                  //选择圆形
选择对象:
类型 = 路径   关联 = 是
选择路径曲线:                                        //选择曲线
选择夹点以编辑阵列或 [关联(AS)/方法(M)/基点(B)/切向(T)/项目(I)/行(R)/层(L)/对齐项目(A)/Z 方向(Z)/退出(X)] <退出>:        //按"Esc"键退出绘制，路径阵列的结果如图 5-46 所示
```

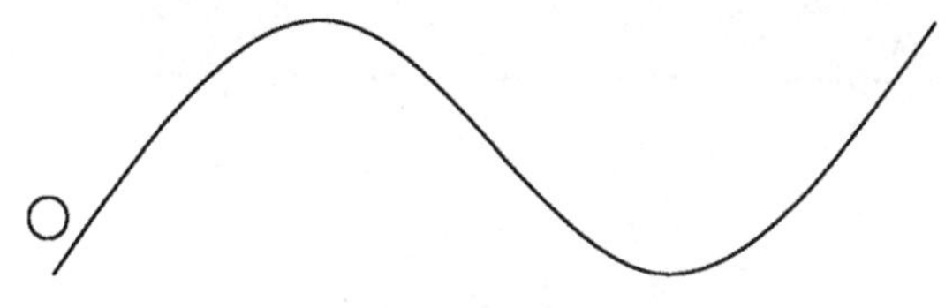

图 5-45　打开素材

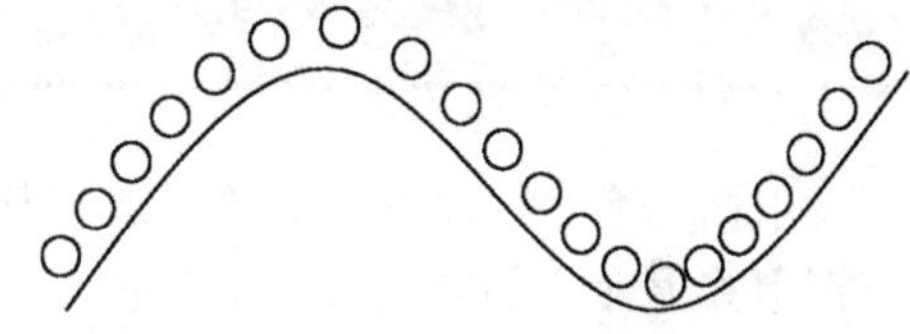

图 5-46　路径阵列

5.4 修整对象

图形对象有时候为契合图纸的需要而必须对其进行修整。在 AutoCAD 中，对图形进行修整的命令主要有缩放对象命令和修剪对象命令。这两类命令可以对图形显示大小进行更改以及修整图形对象本身以适应其他图形。

本节分两个小节介绍缩放命令和修剪命令的使用技巧。

5.4.1　缩放对象

调用缩放命令可以放大或缩小选定对象，缩放后保持对象的比例不变。

调用缩放命令的方式有以下 3 种。

- 命令行：在命令行中输入 SCALE 并按回车键。
- 工具栏：单击修改工具栏中的【缩放】按钮。
- 菜单栏：执行【修改】|【缩放】命令。

【课堂举例 5-17】 缩放对象

Step 01 按【Ctrl+O】组合键，打开本书配套光盘提供的"第 5 章\5.4.1 缩放对象.dwg"素材文件，结果如图 5-47 所示。

Step 02 在命令行中输入 SCALE 并按回车键，指定缩放基点，输入比例因子为 2，按回车键即可完成操作，结果如图 5-48 所示。

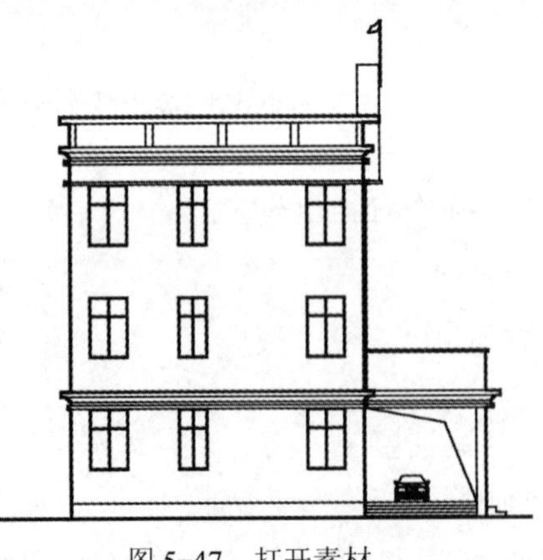
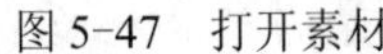

图 5-47　打开素材

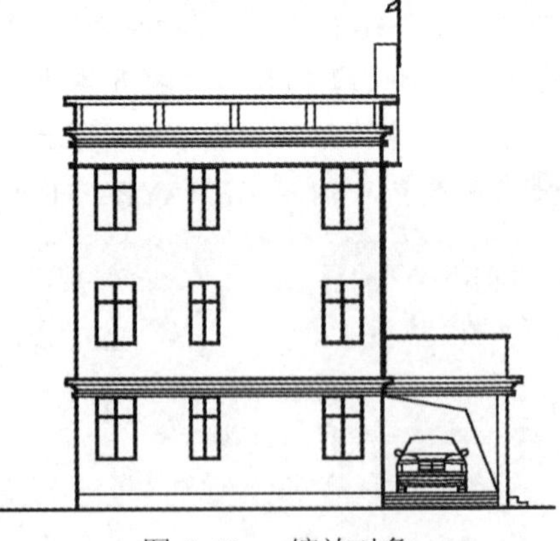

图 5-48　缩放对象

5.4.2　修剪对象

调用修剪命令可以修剪对象以适应其他对象。

调用修剪命令的方式有以下 3 种。

- 命令行：在命令行中输入 TRIM 并按回车键。
- 工具栏：单击修改工具栏中的【修剪】按钮。
- 菜单栏：执行【修改】|【修剪】命令。

【课堂举例 5-18】 修剪对象

Step 01 按【Ctrl+O】组合键，打开本书配套光盘提供的“第 5 章\5.4.2 修剪对象.dwg”素材文件，结果如图 5-49 所示。

Step 02 在命令行中输入 TRIM 并按回车键，根据命令行的提示，选择要修剪的对象，单击左键即可修剪对象，结果如图 5-50 所示。

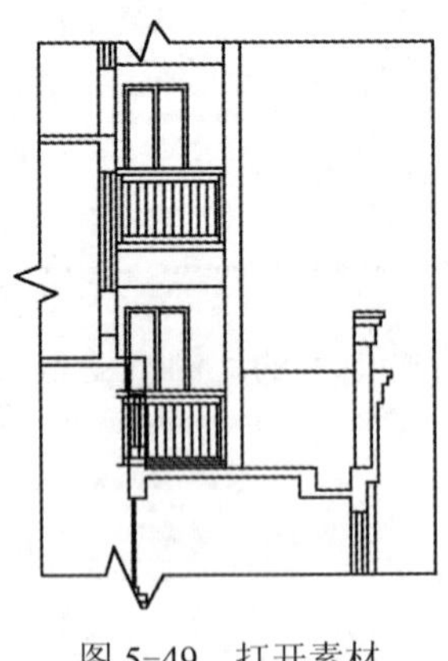

图 5-49　打开素材

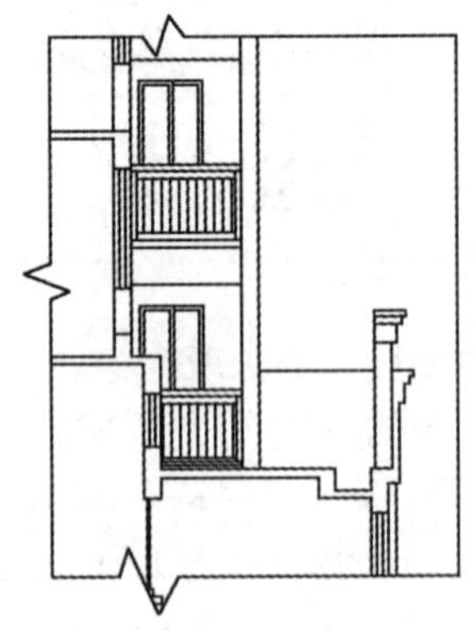

图 5-50　修剪对象

5.5 倒角和圆角对象

在对二维图形进行编辑修改时，有时候可能会遇到需要对图形边角进行修整的情况。因

此，AutoCAD 为用户提供了倒角和圆角命令，可以根据需要选择相应的命令来对图形进行倒角和圆角操作。

本节分两个小节介绍倒角和圆角命令的使用方法。

5.5.1　倒角对象

调用倒角命令可以按照用户选择对象的次序应用指定的距离和角度。

调用倒角命令的方式有以下 3 种。

- 命令行：在命令行中输入 CHAMFER 并按回车键。
- 工具栏：单击修改工具栏中的【倒角】按钮。
- 菜单栏：执行【修改】|【倒角】命令。

【课堂举例 5-19】 倒角对象

Step 01 按【Ctrl+O】组合键，打开本书配套光盘提供的“第 5 章\5.5.1 倒角对象.dwg”素材文件，结果如图 5-51 所示。

Step 02 在命令行中输入 CHAMFER 并按回车键，命令行提示如下。

```
命令: CHAMFER↙
(“修剪”模式) 当前倒角距离 1 =500，距离 2 = 500
选择第一条直线或 [放弃(U)/多段线(P)/距离(D)/角度(A)/修剪(T)/方式(E)/多个(M)]:  D
                                                    //输入 D，选择“距离”选项
指定第一个倒角距离 <500>: 483
指定第二个倒角距离 <500>: 483
选择第一条直线或 [放弃(U)/多段线(P)/距离(D)/角度(A)/修剪(T)/方式(E)/多个(M)]:
选择第二条直线，或按住 Shift 键选择直线以应用角点或 [距离(D)/角度(A)/方法(M)]:
                                                    //分别指定独立淋浴房的上方和右方的外轮廓线，倒角操
作的结果如图 5-52 所示
```

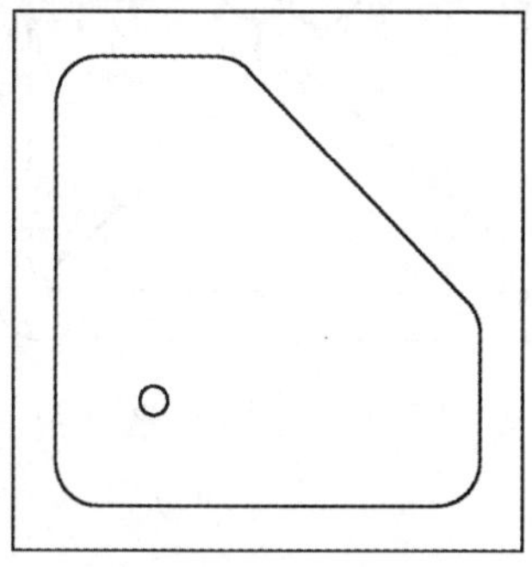

图 5-51　打开素材

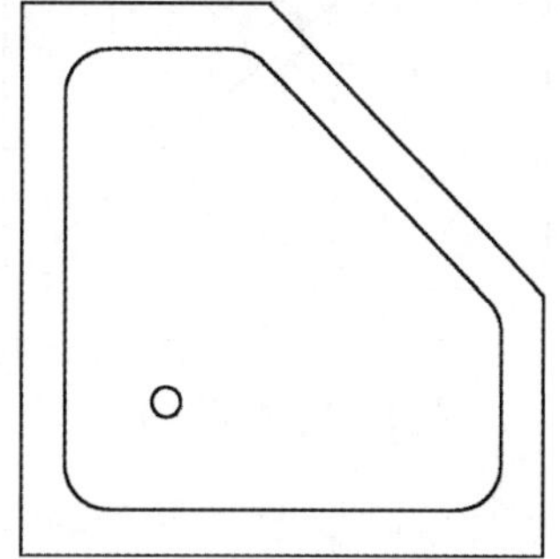

图 5-52　倒角对象

5.5.2　圆角对象

调用圆角命令可以指定半径值对图形进行圆角操作。

调用圆角命令的方式有以下 3 种。

- ➢ 命令行：在命令行中输入 FILLET 并按回车键。
- ➢ 工具栏：单击修改工具栏中的【圆角】按钮。
- ➢ 菜单栏：执行【修改】|【圆角】命令。

【课堂举例 5-20】 圆角对象

Step 01 按【Ctrl+O】组合键，打开本书配套光盘提供的“第 5 章\5.5.2 圆角对象.dwg”素材文件，结果如图 5-53 所示。

Step 02 单击修改工具栏中的【圆角】按钮，命令行提示如下。

```
命令: FILLET↙
当前设置: 模式 = 修剪，半径 =0
选择第一个对象或 [放弃(U)/多段线(P)/半径(R)/修剪(T)/多个(M)]: R
                                        //输入 R，选择“半径”选项
指定圆角半径 <0>: 50
选择第一个对象或 [放弃(U)/多段线(P)/半径(R)/修剪(T)/多个(M)]: M
                                        //输入 M，选择“多个”选项
选择第一个对象或 [放弃(U)/多段线(P)/半径(R)/修剪(T)/多个(M)]:
选择第二个对象，或按住 Shift 键选择对象以应用角点或 [半径(R)]:
选择第一个对象或 [放弃(U)/多段线(P)/半径(R)/修剪(T)/多个(M)]:
选择第二个对象，或按住 Shift 键选择对象以应用角点或 [半径(R)]:
选择第一个对象或 [放弃(U)/多段线(P)/半径(R)/修剪(T)/多个(M)]:
//分别选择需要进行圆角处理的线段，按“Esc”键退出命令，圆角操作的结果如图 5-54 所示
```

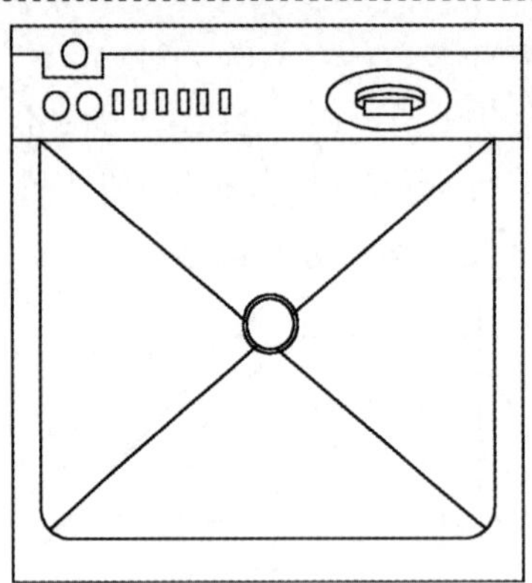

图 5-53 打开素材

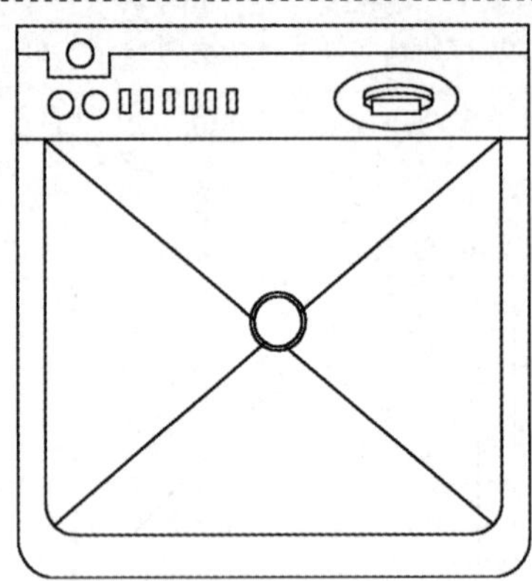

图 5-54 圆角对象

第 3 篇　建筑施工图绘制

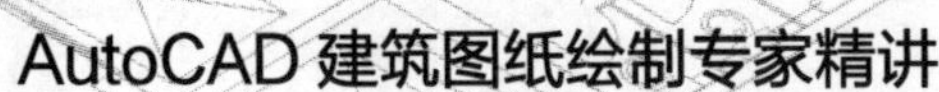

第 6 章

绘制建筑总平面图

建筑总平面图主要表达某个特定区域内建筑物、交通路线以及绿化、美化的布置情况。在绘制建筑总平面图时，需要对该区域内的建筑物分布情况、周围的交通路线情况、景观设计方案、标高标注等基本情况标示清楚，以明确表示该建筑群的具体建造情况。

本章为读者讲解建筑总平面图的绘制方法和技巧，包括房屋轮廓、道路交通及管线布置以及绿化、美化等总平面中主要图形的绘制。

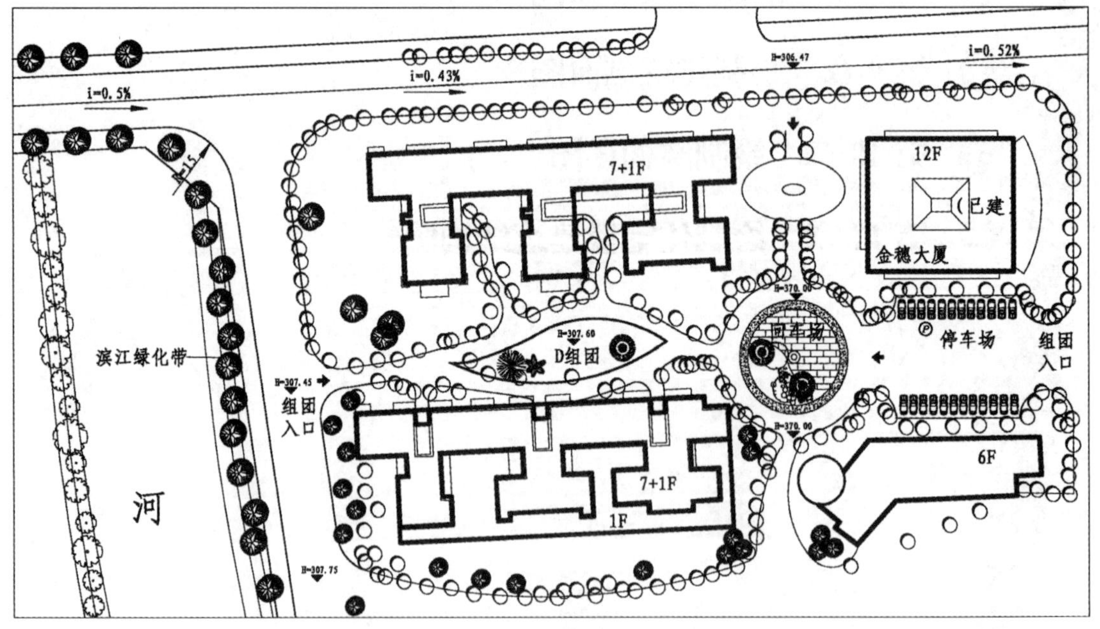

6.1 绘制总平面图外围轮廓及房屋轮廓

在绘制建筑总平面图之前，首先要绘制总平图的外轮廓，以确定总平面图的绘制范围和表现区域。在总平面图中，房屋建筑的位置是很重要的一个信息，所以有必要在总平面图上标示房屋的数量和位置。

下面介绍总平面图外轮廓的绘制和房屋外轮廓的绘制方法。

Step 01 绘制总平面图的外轮廓。调用 REC【矩形】命令，绘制矩形，结果如图 6-1 所示。

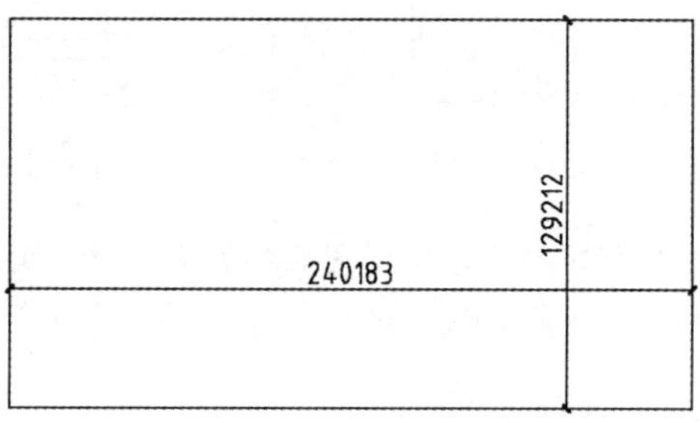

图 6-1　绘制矩形

Step 02 绘制房屋外轮廓。调用 REC【矩形】命令，绘制矩形，结果如图 6-2 所示。

Step 03 调用 O【偏移】命令，设置偏移距离为 500，向内偏移矩形，结果如图 6-3 所示。

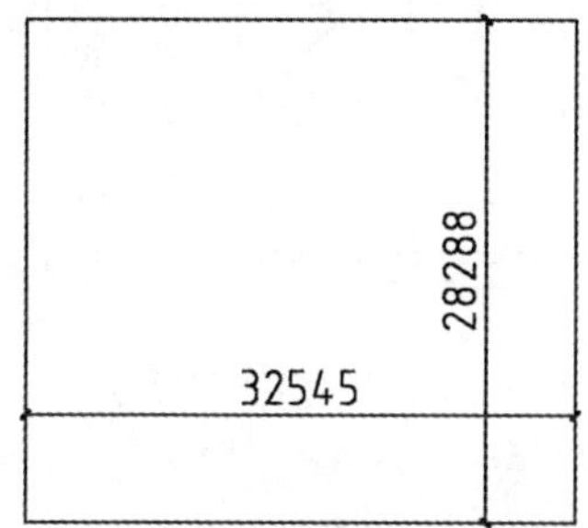

图 6-2　绘制结果

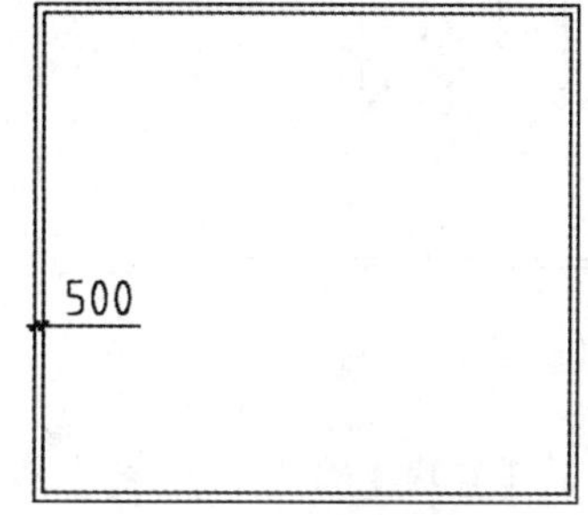

图 6-3　偏移矩形

Step 04 调用 X【分解】命令，分解矩形；调用 O【偏移】命令，向内偏移矩形边；调用 F【圆角】命令，设置圆角半径为 0，对矩形边进行圆角处理，结果如图 6-4 所示。

Step 05 调用 REC【矩形】命令，绘制矩形，结果如图 6-5 所示。

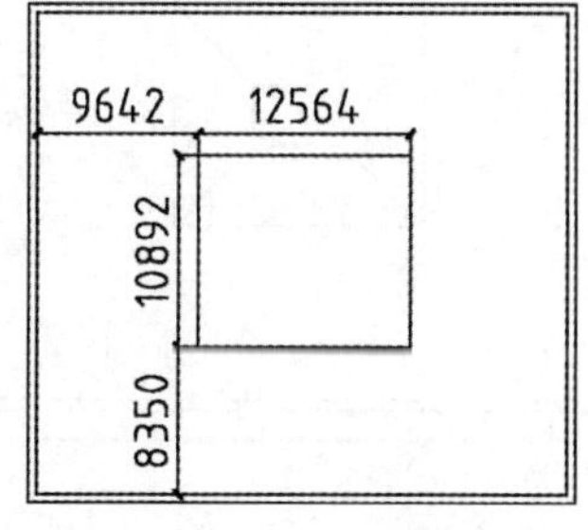

图 6-4　圆角处理

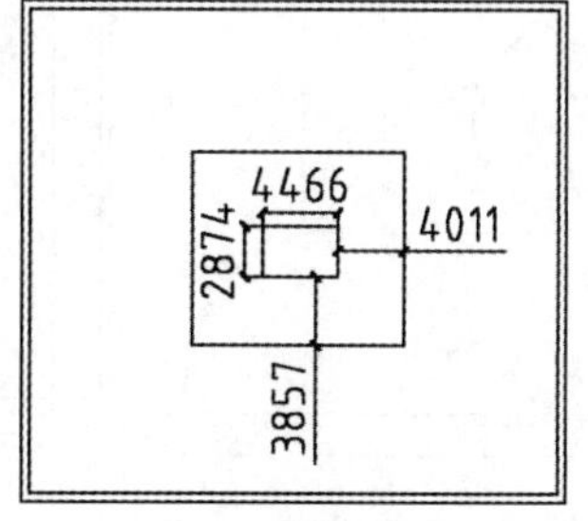

图 6-5　绘制矩形

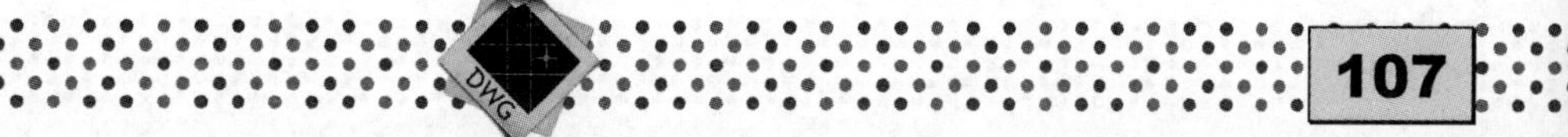

Step 06 调用 L【直线】命令，绘制对角线，结果如图 6-6 所示。

Step 07 调用 REC【矩形】命令，绘制矩形，结果如图 6-7 所示。

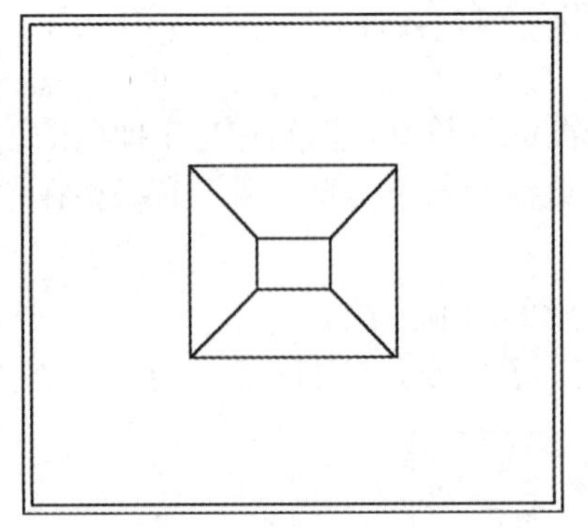

图 6-6　绘制对角线

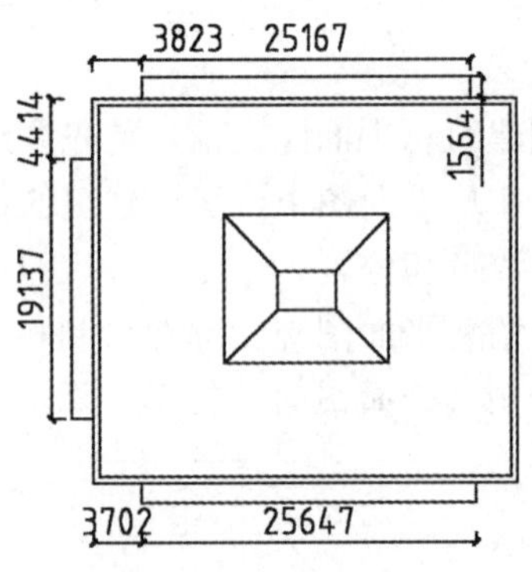

图 6-7　绘制矩形

Step 08 绘制建筑物入口雨篷造型。调用 REC【矩形】命令，绘制矩形，结果如图 6-8 所示。

Step 09 调用 X【分解】命令，分解矩形；调用 O【偏移】命令，向内偏移矩形边，结果如图 6-9 所示。

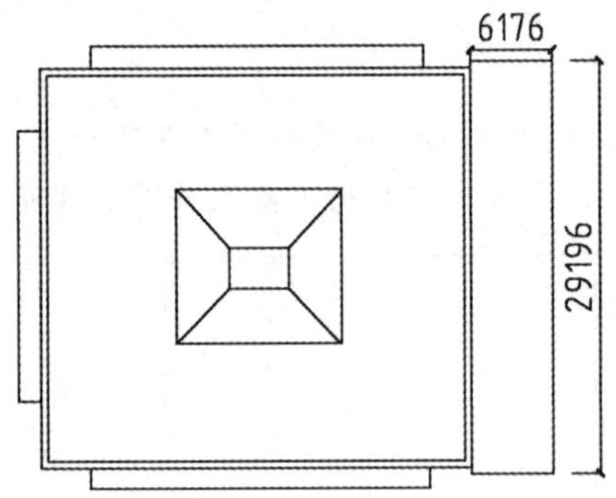

图 6-8　绘制矩形

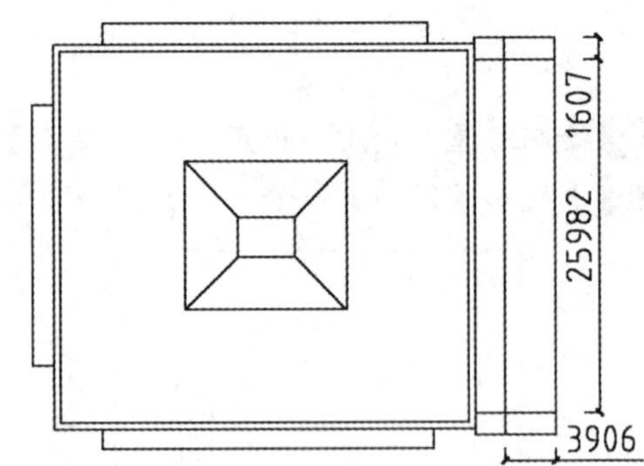

图 6-9　偏移矩形边

Step 10 调用 L【直线】命令，绘制直线，结果如图 6-10 所示。

Step 11 调用 A【圆弧】命令，以 a、b、c 分别为圆弧的起点、第二个点和端点，绘制圆弧，结果如图 6-11 所示。

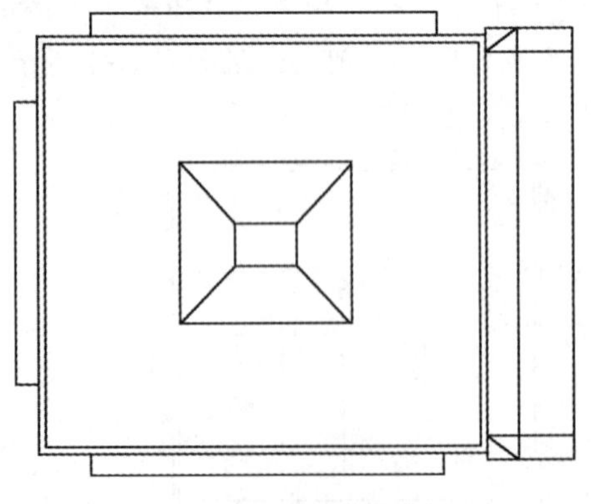

图 6-10　绘制直线

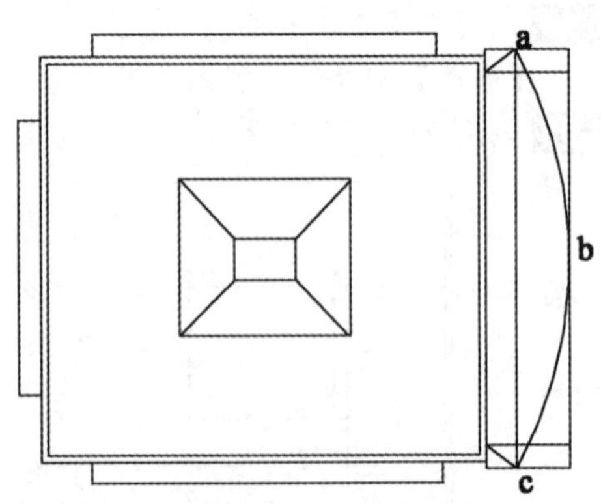

图 6-11　绘制圆弧

Step 12 调用 E【删除】命令，删除多余线段，结果如图 6-12 所示。

Step 13 将建筑物的外轮廓线的线宽更改为 0.3mm，结果如图 6-13 所示。

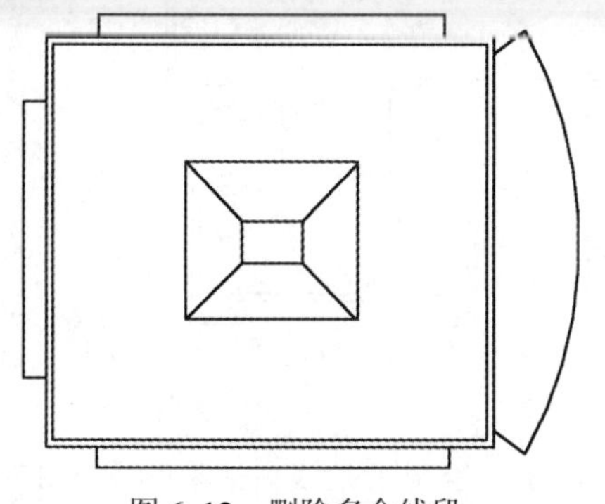

图 6-12　删除多余线段

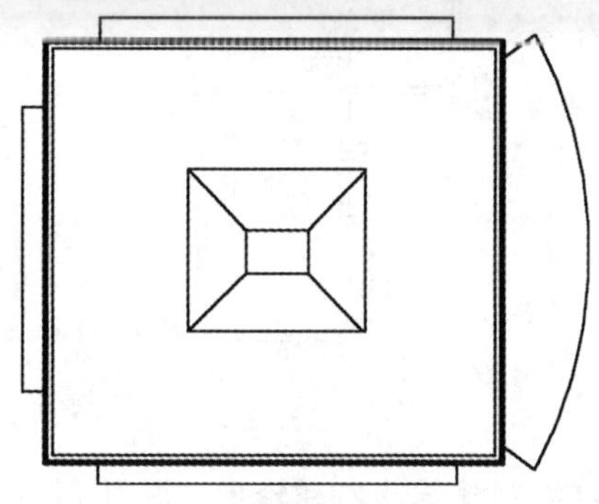

图 6-13　修改线宽

Step 14 调用 M【移动】命令，将绘制完成的建筑物外轮廓移至总平面图轮廓中，结果如图 6-14 所示。

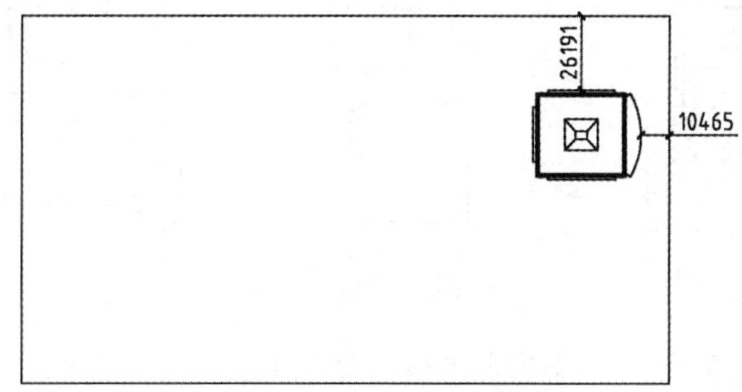

图 6-14　移动图形

6.2 绘制和插入新建建筑物

在建筑总平面图上，要对已有建筑物和新建建筑物进行表达。上一节已经介绍了绘制已有建筑物外轮廓的方法，本节介绍绘制新建建筑物轮廓的方法，由于新建建筑物较多，所以除采取绘制的方法外，我们还可以采用插入图块的方法来定义新建建筑物的位置。

Step 01 绘制新建建筑物外轮廓。调用 PL【多段线】命令，绘制建筑物外轮廓线，结果如图 6-15 所示。

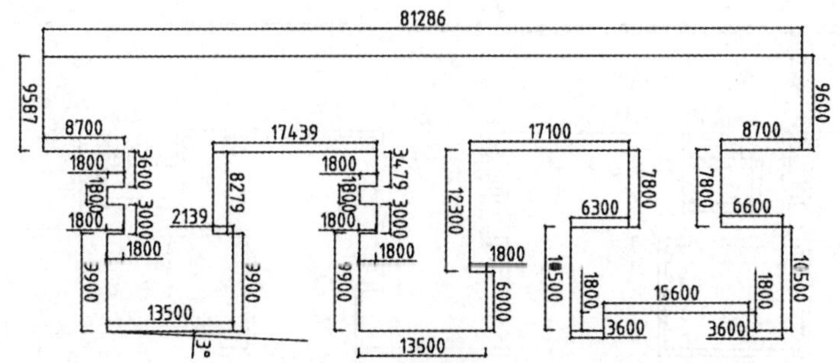

图 6-15　绘制多段线

Step 02 调用 O【偏移】命令，设置偏移距离为 600，向内偏移多段线，结果如图 6-16 所示。

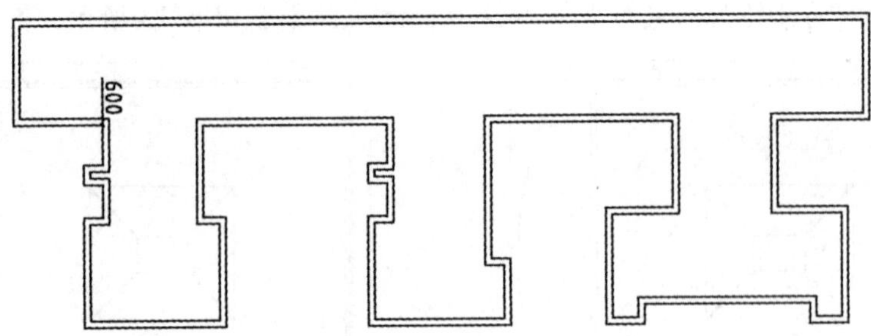

图 6-16　偏移多段线

Step 03 绘制建筑物内部轮廓。调用 PL【多段线】命令，绘制多段线，结果如图 6-17 所示。

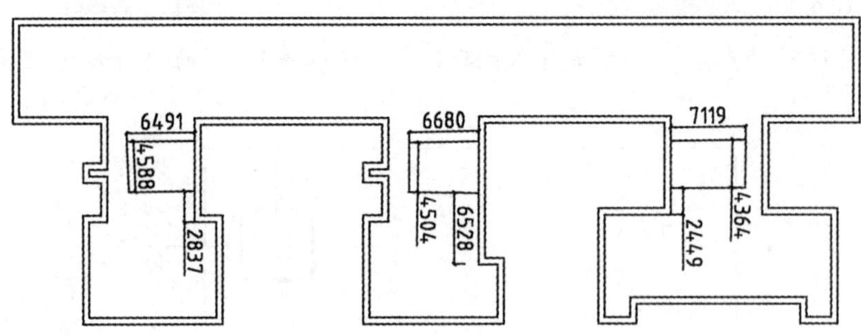

图 6-17　绘制多段线

Step 04 调用 TR【修剪】命令，修剪多段线，结果如图 6-18 所示。

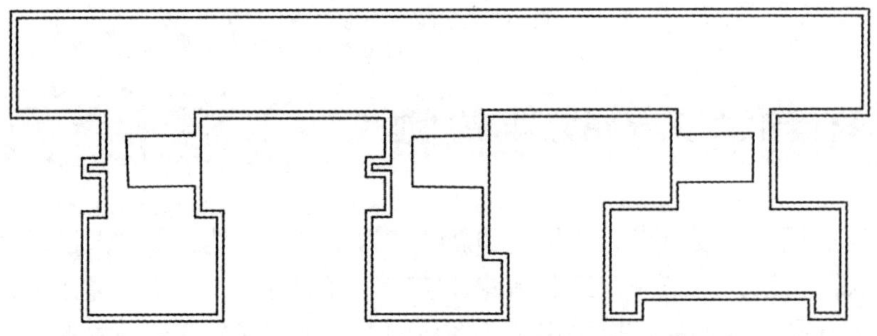

图 6-18　修剪多段线

Step 05 调用 O【偏移】命令，向内偏移多段线，结果如图 6-19 所示。

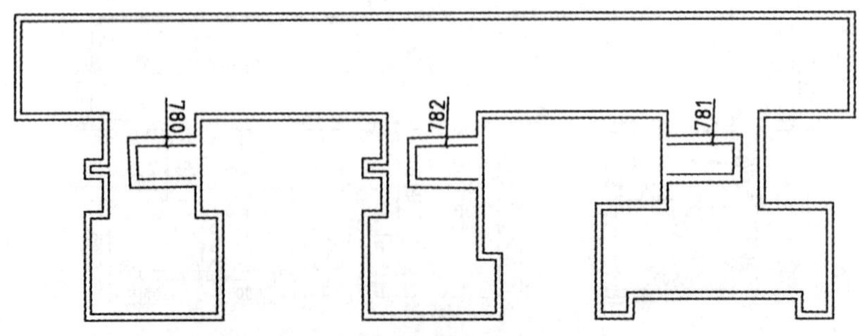

图 6-19　偏移多段线

Step 06 调用 EX【延伸】命令，选择建筑物外轮廓为延伸对象，按回车键，选择偏移得到的多段线为被延伸对象，即可完成对多段线的编辑修改，结果如图 6-20 所示。

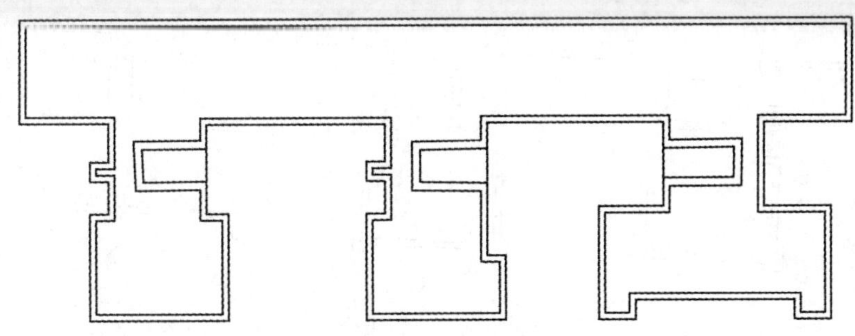

图 6-20 延伸多段线

Step 07 绘制建筑物外部造型轮廓。调用 PL【多段线】命令，绘制多段线，结果如图 6-21 所示。

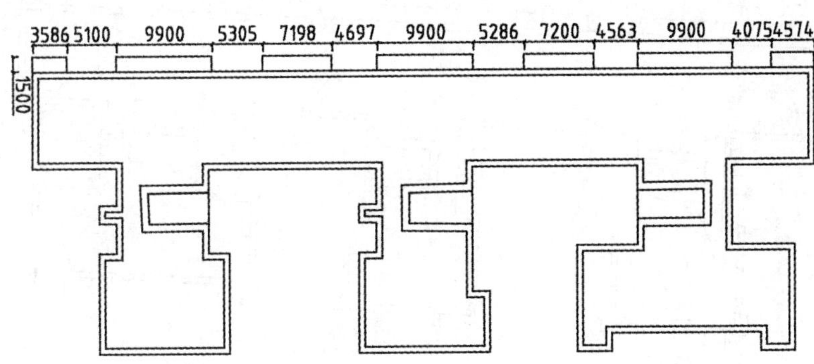

图 6-21 绘制多段线

Step 08 绘制建筑物外部造型轮廓。调用 PL【多段线】命令，绘制多段线，结果如图 6-22 所示。

Step 09 调用 TR【修剪】命令，修剪多段线，结果如图 6-23 所示。

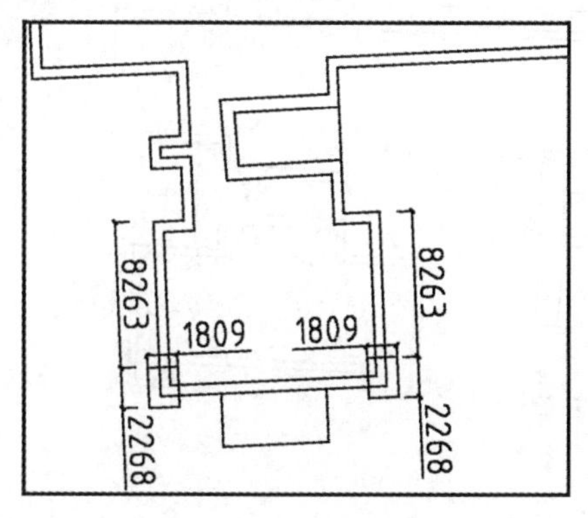

图 6-22 绘制多段线

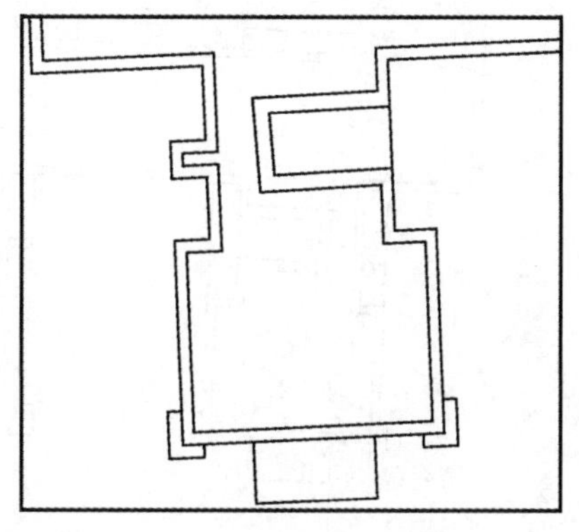

图 6-23 修剪多段线

Step 10 重复调用 PL【多段线】命令、TR【修剪】命令，绘制建筑物外部造型轮廓线，结果如图 6-24 所示。

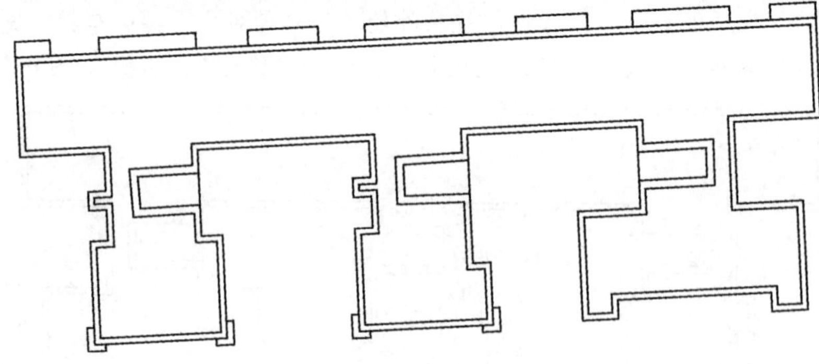

图 6-24　绘制结果

Step 11 绘制建筑物外部造型轮廓。调用 PL【多段线】命令，绘制多段线，结果如图 6-25 所示。

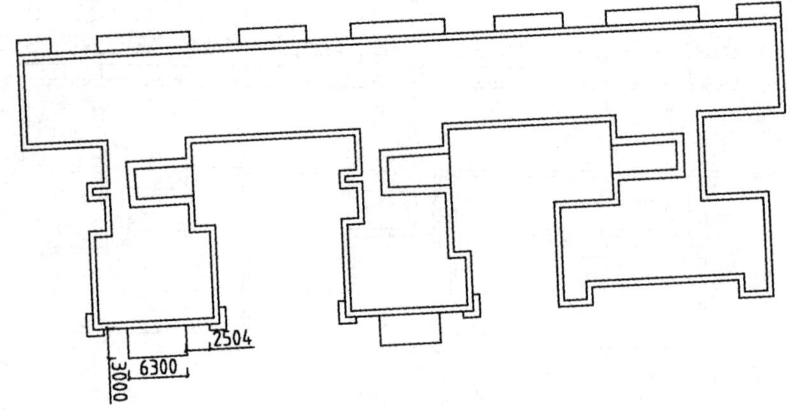

图 6-25　绘制多段线

Step 12 调用 L【直线】命令，绘制直线，结果如图 6-26 所示。

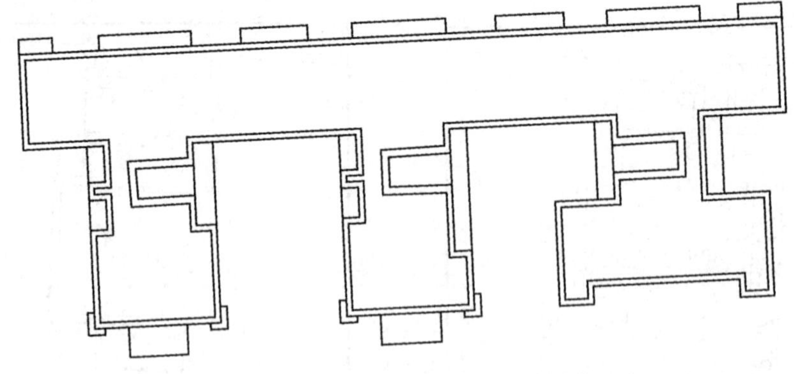

图 6-26　绘制直线

Step 13 将建筑物的外轮廓线的线宽更改为 0.3mm，结果如图 6-27 所示。

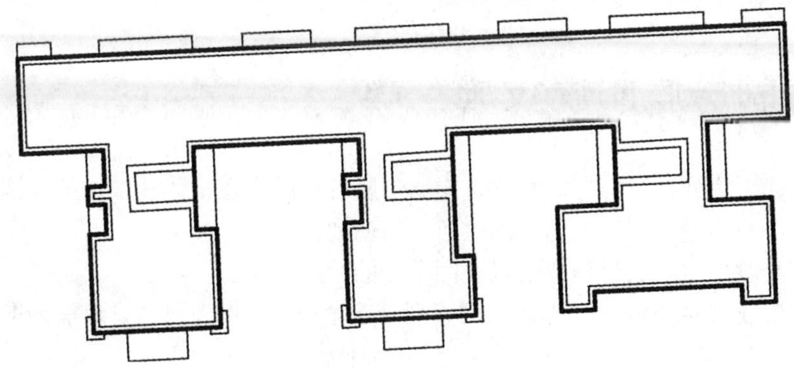

图 6-27 更改线宽

Step 14 调用 M【移动】命令，将绘制完成的建筑物外轮廓移至总平面图轮廓中，结果如图 6-28 所示。

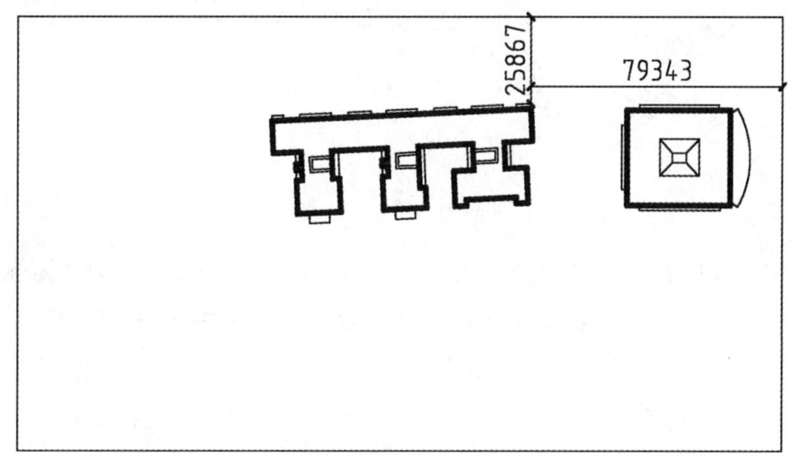

图 6-28 移动图形

Step 15 按【Ctrl+O】组合键，打开本书配套光盘提供的“第 6 章\家具图例.dwg”文件，将其中的新建建筑物外轮廓图形复制并粘贴到当前图形中，结果如图 6-29 所示。

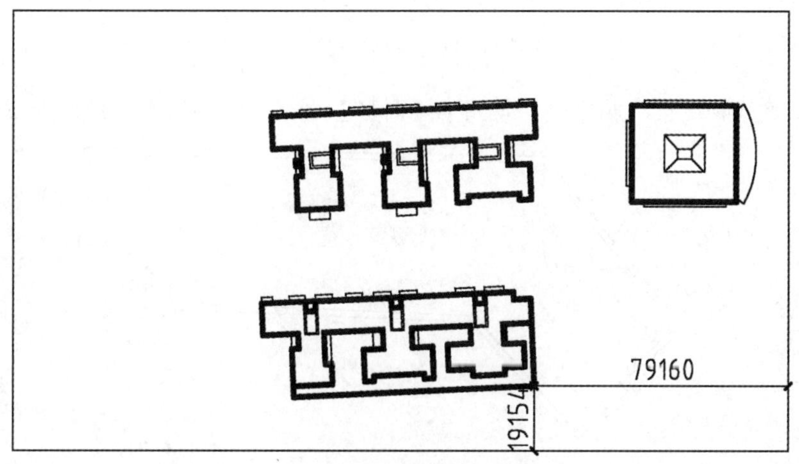

图 6-29 插入图块

6.3 绘制房屋附属设施

除了主体建筑物外，还会有一些建筑物的附属设施围绕在主体建筑物的周围，以便弥补主体建筑物本身的不足，并为人们提供生活上的便利。

下面介绍绘制房屋附属设施建筑以及回车场的绘制方法。

Step 01 绘制附属设施外轮廓。调用 PL【多段线】命令，绘制多段线，结果如图 6-30 所示。

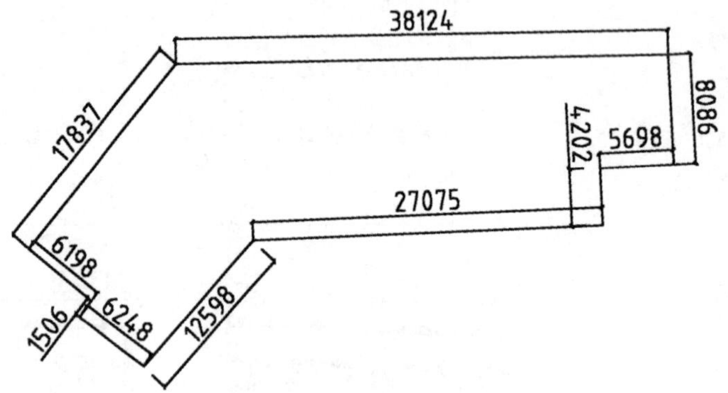

图 6-30 绘制多段线

Step 02 调用 O【偏移】命令，设置偏移距离为 500，向内偏移多段线，结果如图 6-31 所示。

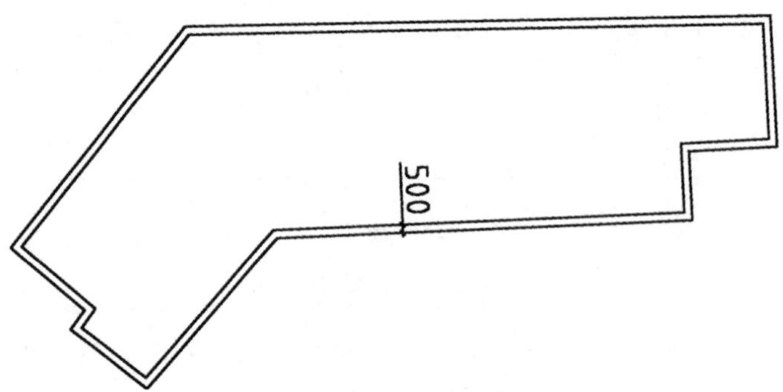

图 6-31 偏移多段线

Step 03 绘制建筑物造型外轮廓线。调用 C【圆形】命令，绘制圆形，结果如图 6-32 所示。

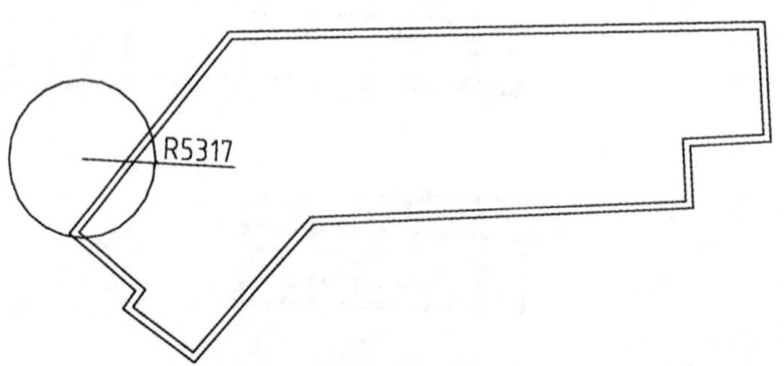

图 6-32 绘制圆形

Step 04 调用 TR【修剪】命令，修剪多段线，结果如图 6-33 所示。

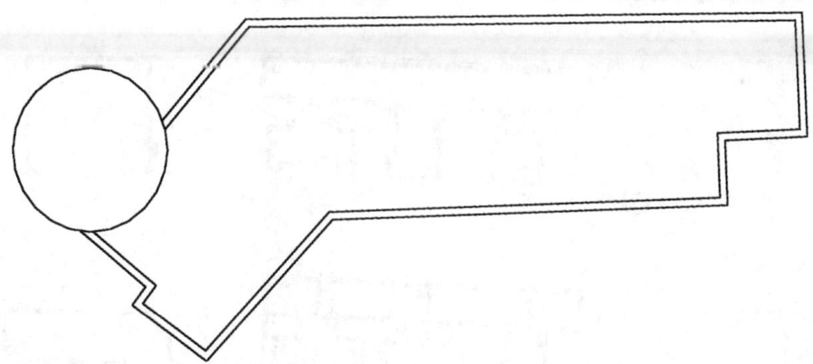

图 6-33　修剪多段线

Step 05 调用 O【偏移】命令，设置偏移距离分别为 220、70，向内偏移圆形，结果如图 6-34 所示。

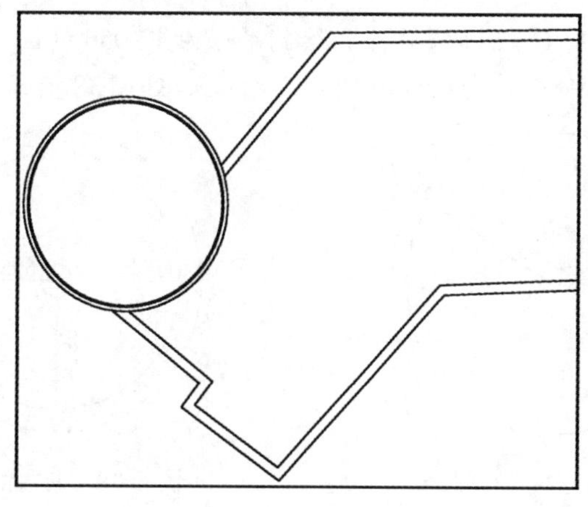

图 6-34　偏移圆形

Step 06 将建筑物的外轮廓线的线宽更改为 0.3mm，结果如图 6-35 所示。

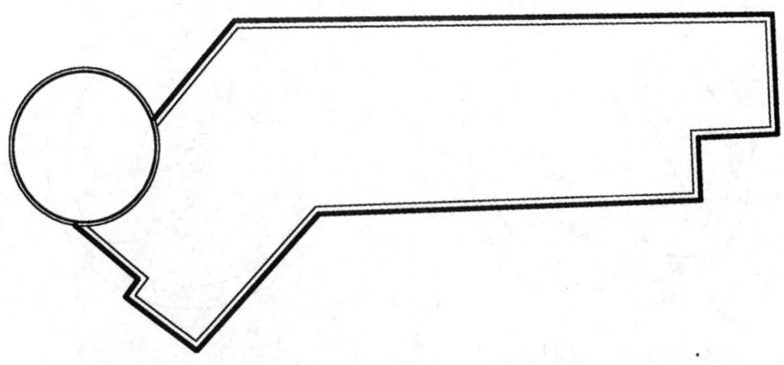

图 6-35　更改线型

Step 07 调用 M【移动】命令，将绘制完成的建筑物外轮廓移至总平面图轮廓中，结果如图 6-36 所示。

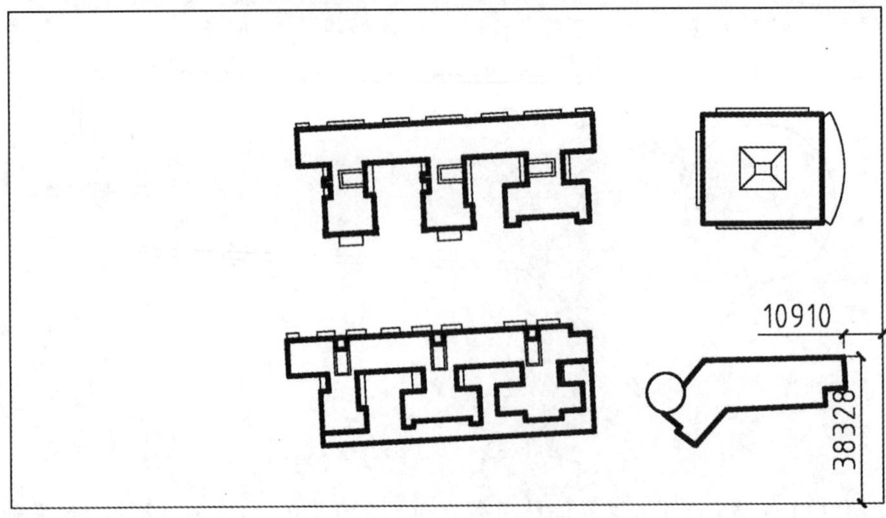

图 6-36 移动结果

Step 08 绘制回车场。调用 C【圆形】命令，绘制半径为 12 056 的圆形，结果如图 6-37 所示。

Step 09 调用 O【偏移】命令，向内偏移圆形，结果如图 6-38 所示。

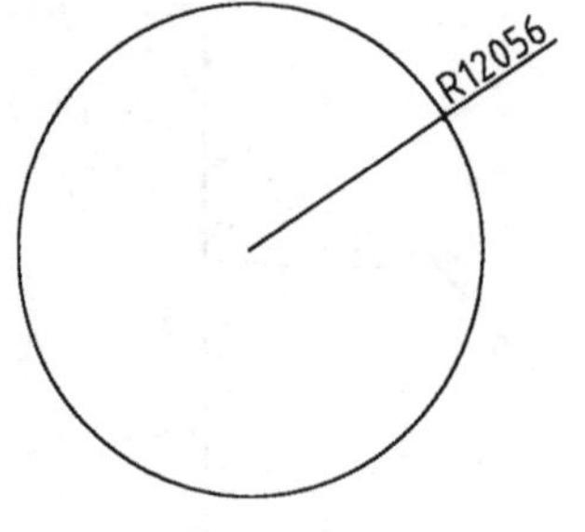

图 6-37 绘制圆形

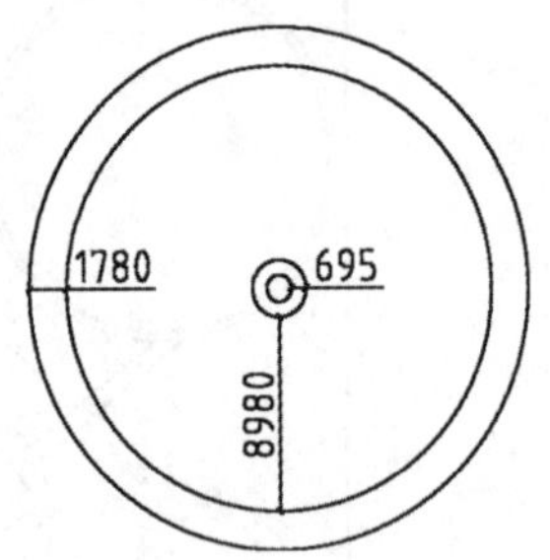

图 6-38 向内偏移圆形

Step 10 绘制回车场地面填充轮廓线。调用 C【圆形】命令，绘制圆形，结果如图 6-39 所示。

Step 11 调用 TR【修剪】命令，修剪圆形，结果如图 6-40 所示。

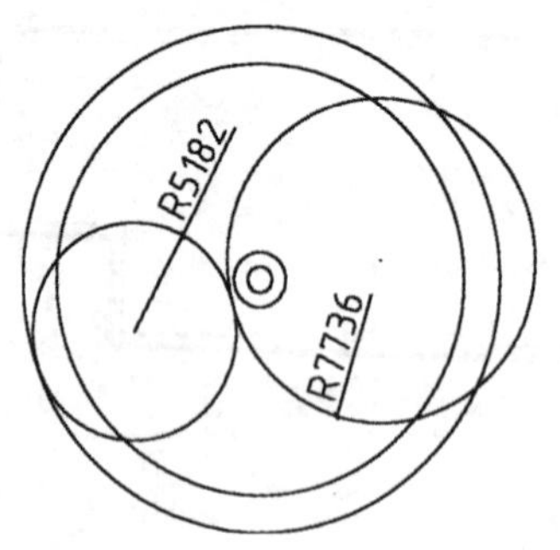

图 6-39 绘制结果

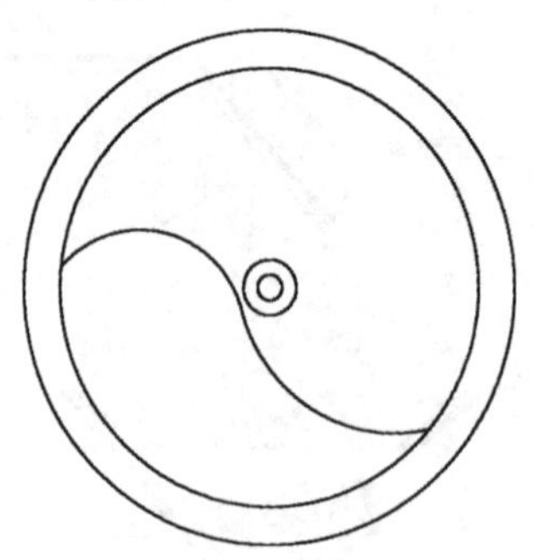

图 6-40 修剪圆形

Step 12 填充地面图案。调用 H【图案填充】命令，弹出【图案填充和渐变色】对话框，设置参数如图 6-41 所示。

Step 13 在绘图区中拾取填充区域，按回车键返回对话框；单击【确定】按钮，关闭对话框，即可完成图案填充，结果如图 6-42 所示。

图 6-41　设置参数

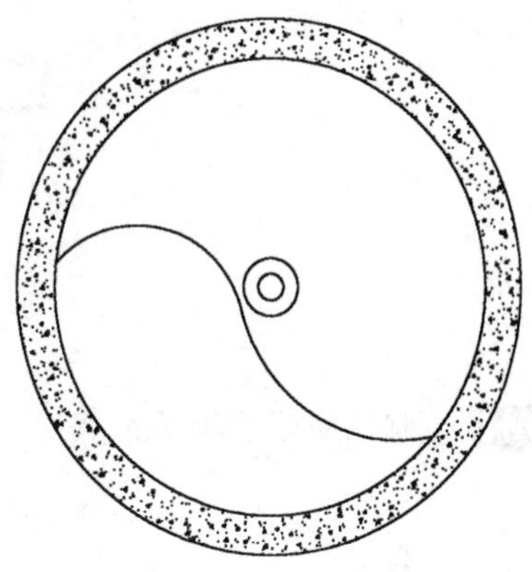

图 6-42　图案填充

Step 14 填充地面图案。调用 H【图案填充】命令，弹出【图案填充和渐变色】对话框，设置参数如图 6-43 所示。

Step 15 在绘图区中拾取填充区域，按回车键返回对话框；单击【确定】按钮，关闭对话框，即可完成图案填充，结果如图 6-44 所示。

图 6-43　设置参数

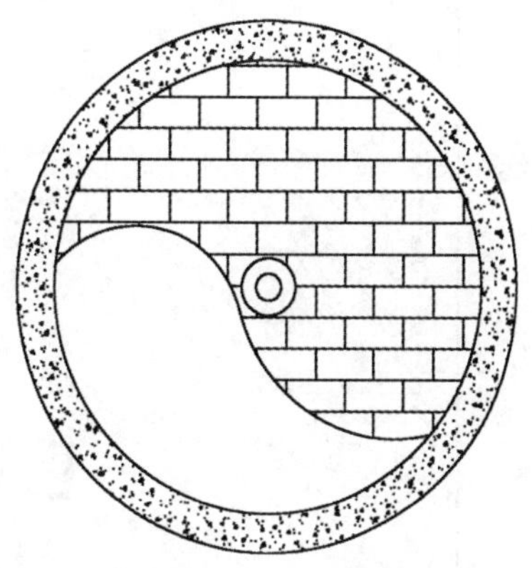

图 6-44　图案结果

Step 16 调用 M【移动】命令，将绘制完成的回车场图形移至总平面图轮廓中，结果如图 6-45 所示。

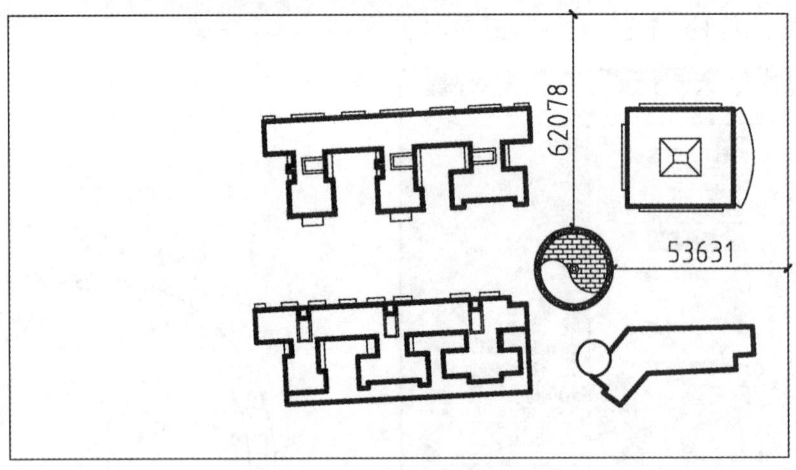

图 6-45　移动图形

Step 17 绘制地面铺装轮廓。调用 EL【椭圆】命令，绘制椭圆，结果如图 6-46 所示。

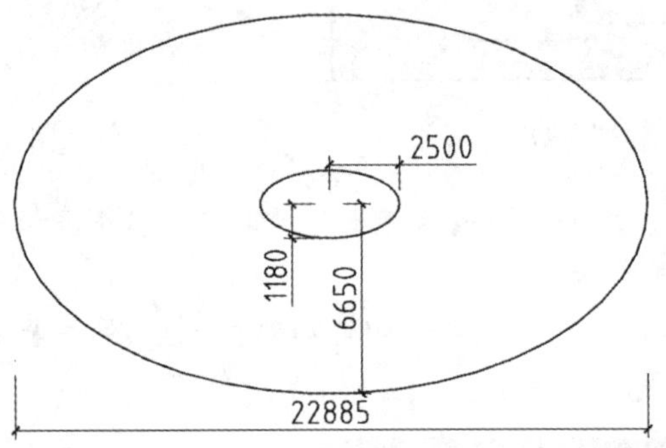

图 6-46　绘制结果

Step 18 调用 M【移动】命令，将绘制完成的回车场图形移至总平面图轮廓中，结果如图 6-47 所示。

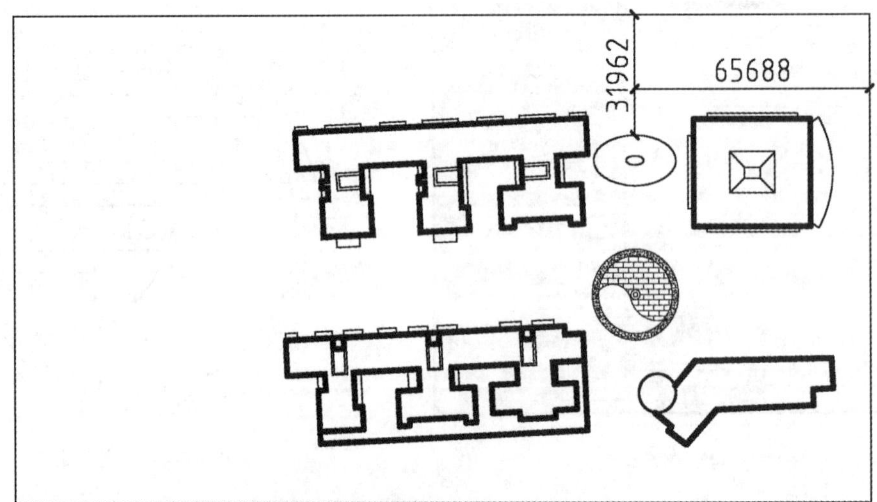

图 6-47　移动图形

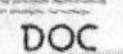

6.4 绘制道路交通及管线布置

在总平面图中需要对房屋建筑周围的交通及管线的布置情况进行表达，包括建筑群内部的交通路线以及与建筑物相邻的主干道路的布置情况等。

下面介绍总平面图上的道路交通及管线布置的绘制方法。

Step 01 绘制道路轮廓线。调用 X【分解】命令，分解建筑物轮廓线；调用 O【偏移】命令，偏移建筑物轮廓线，结果如图 6-48 所示。

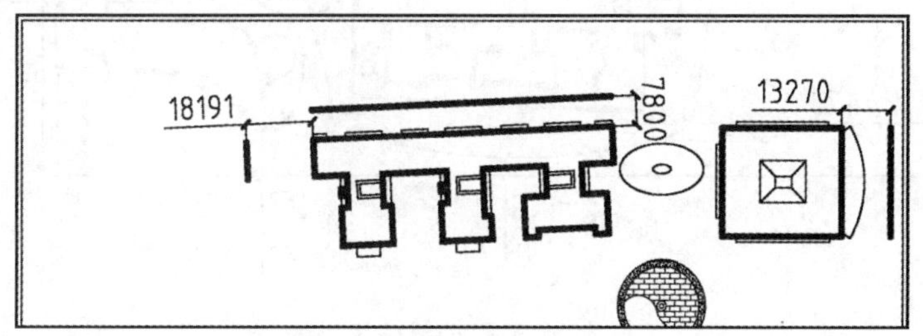

图 6-48　偏移建筑物轮廓线

Step 02 调用 F【圆角】命令，根据命令行的提示输入 R，分别设置圆角半径，对偏移得到的建筑物外轮廓线进行圆角处理，结果如图 6-49 所示。

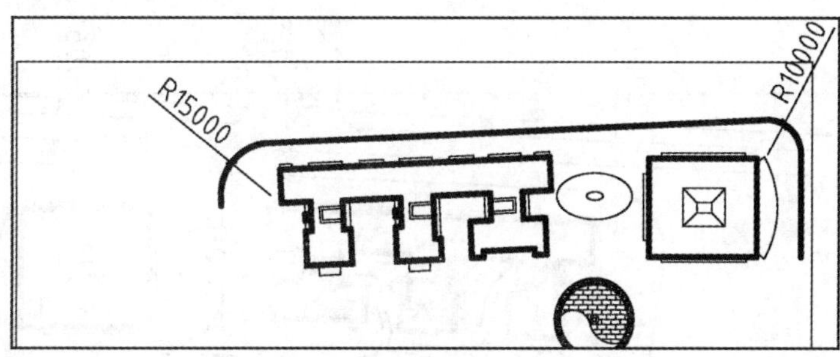

图 6-49　圆角处理

Step 03 调用 SPL【样条曲线】命令，继续绘制交通路线，将线型进行适当的调整，结果如图 6-50 所示。

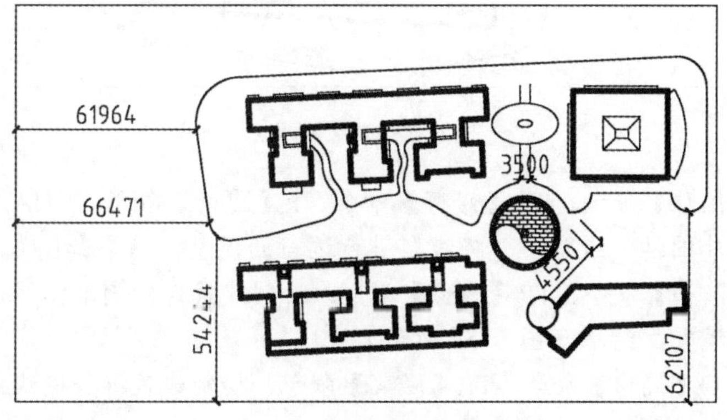

图 6-50　绘制结果

Step 04 重复调用 SPL【样条曲线】命令，绘制交通路线，并适当地调整线型宽度，结果如图 6-51 所示。

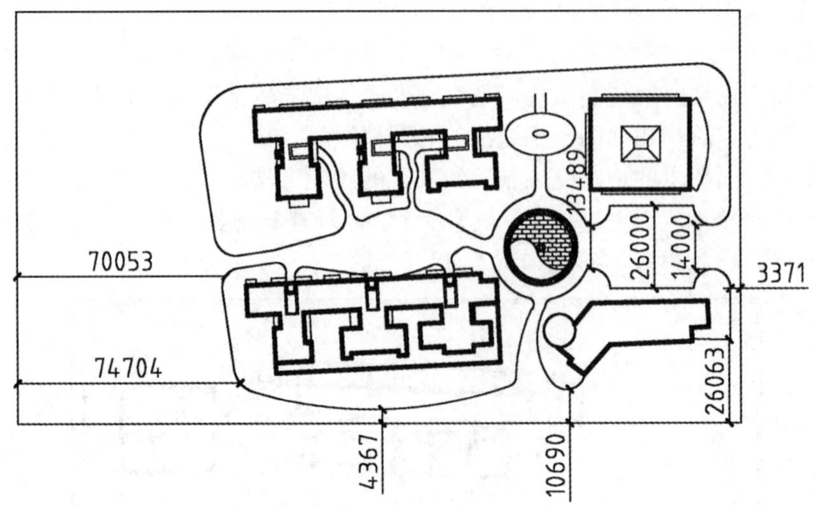

图 6-51 调整结果

Step 05 调用 O【偏移】命令、TR【修剪】命令、F【圆角】命令，绘制建筑群外围主干道，并将线型进行适当的调整，结果如图 6-52 所示。

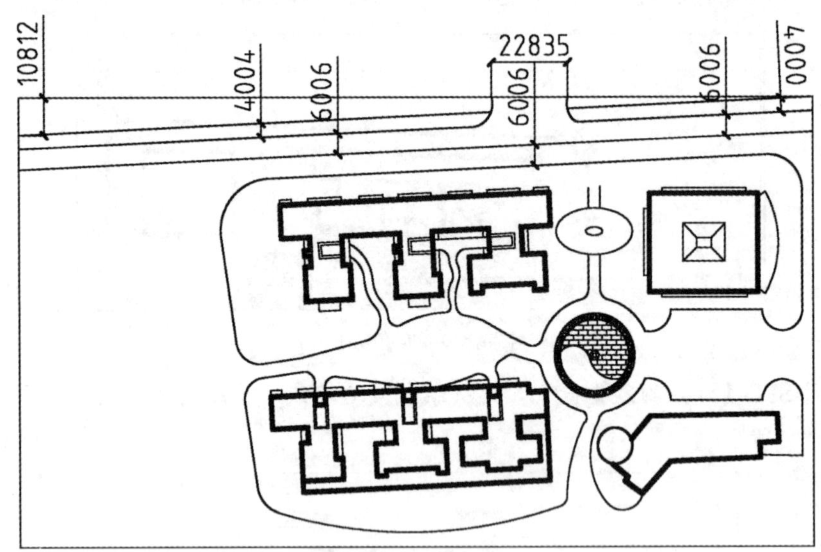

图 6-52 绘制结果

Step 06 调用 O【偏移】命令、TR【修剪】命令、F【圆角】命令、CHA【倒角】命令，绘制建筑群外围沿江道路，并将线型进行适当的调整，结果如图 6-53 所示。

Step 07 调用 O【偏移】命令、TR【修剪】命令，绘制建筑群外围滨江绿化带，并将线型进行适当的调整，结果如图 6-54 所示。

Step 08 重复调用 O【偏移】命令、TR【修剪】命令，绘制建筑群外围滨江绿化带，并将线型进行适当的调整，结果如图 6-55 所示。

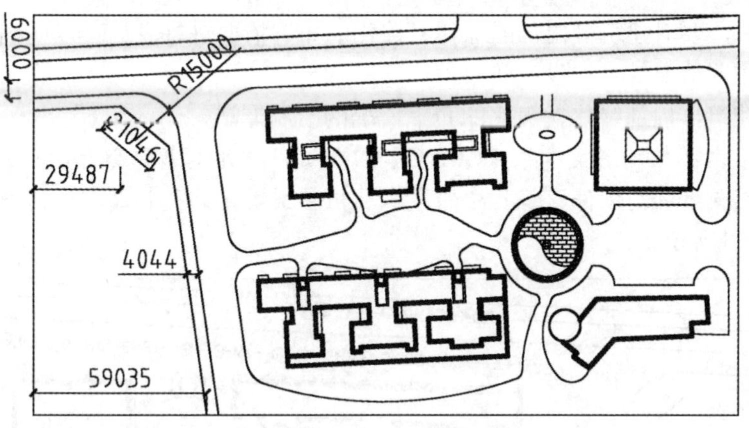

图 6-53　绘制沿江道路

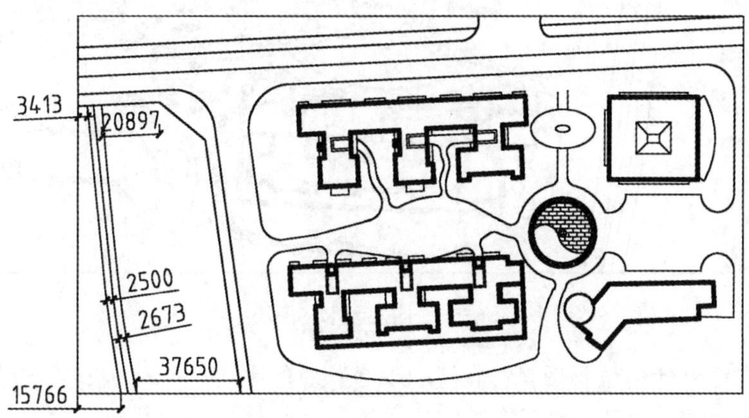

图 6-54　绘制滨江绿化带

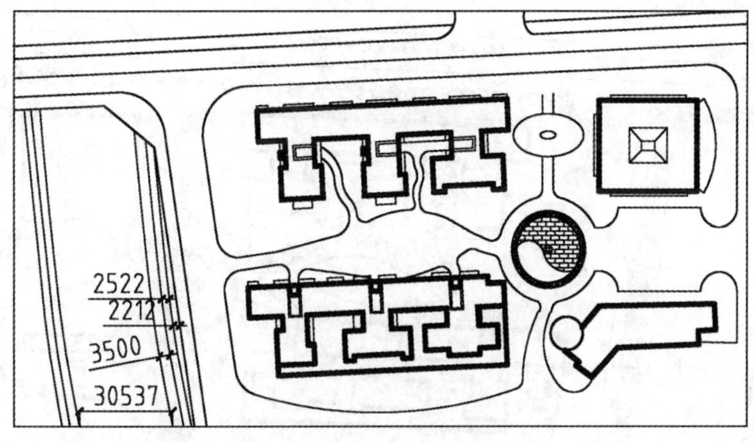

图 6-55　绘制绿化带

6.5 绘制绿化、美化的布置情况

建筑群中的景观设计是调节建筑群内部空气质量、美化环境的重要举措。因此，在绘制

建筑总平面图时，要对建筑群内部的绿化、美化的布置情况进行表达；以明确表示建筑群内的植物种类、布置情况等景观设计效果。

下面介绍建筑群内部绿化、美化的布置情况的绘制方法。

Step 01 插入灌木丛植物图案。按【Ctrl+O】组合键，打开本书配套光盘提供的“第 6 章\家具图例.dwg”文件，将其中的灌木丛植物图案复制并粘贴到当前图形中，结果如图 6-56 所示。

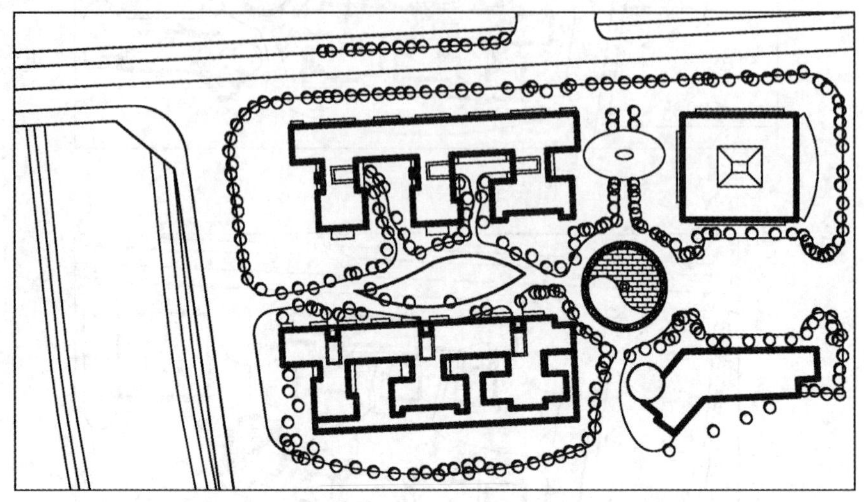

图 6-56　插入灌木丛图块

Step 02 插入常绿针叶树植物图案。按【Ctrl+O】组合键，打开本书配套光盘提供的“第 6 章\家具图例.dwg”文件，将其中的常绿针叶树植物图案复制并粘贴到当前图形中，结果如图 6-57 所示。

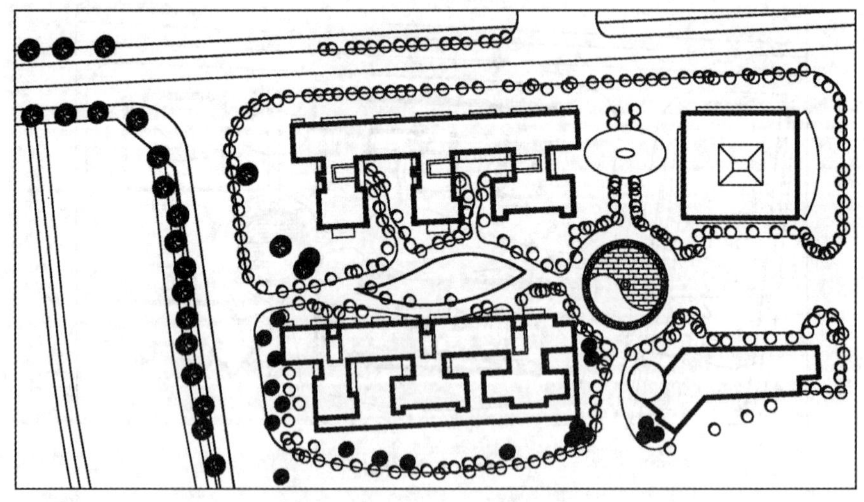

图 6-57　插入常绿针叶树图块

Step 03 插入其他种类的植物图案。按【Ctrl+O】组合键，打开本书配套光盘提供的“第 6 章\家具图例.dwg”文件，将其他种类的图案复制并粘贴到当前图形中，结果如图 6-58 所示。

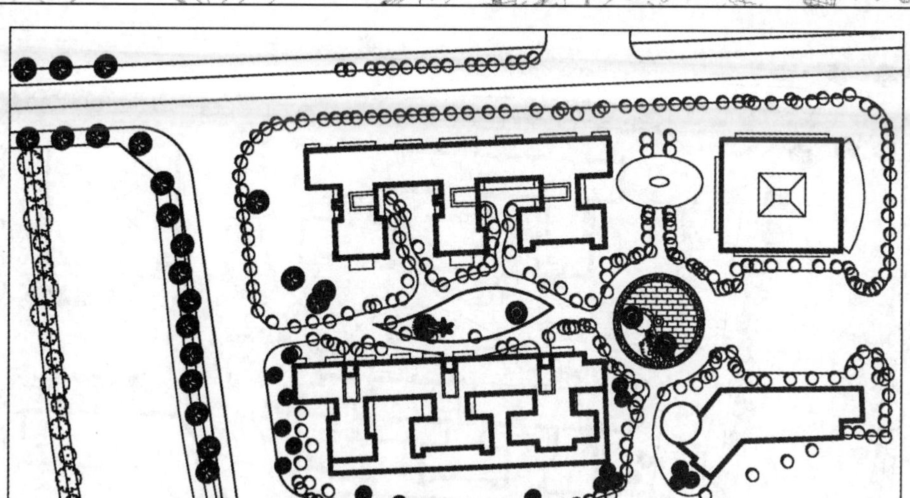

图 6-58　插入其他图块

Step 04 插入汽车图块。按【Ctrl+O】组合键，打开本书配套光盘提供的“第 6 章\家具图例.dwg”文件，将其中的汽车图块复制并粘贴到当前图形中，结果如图 6-59 所示。

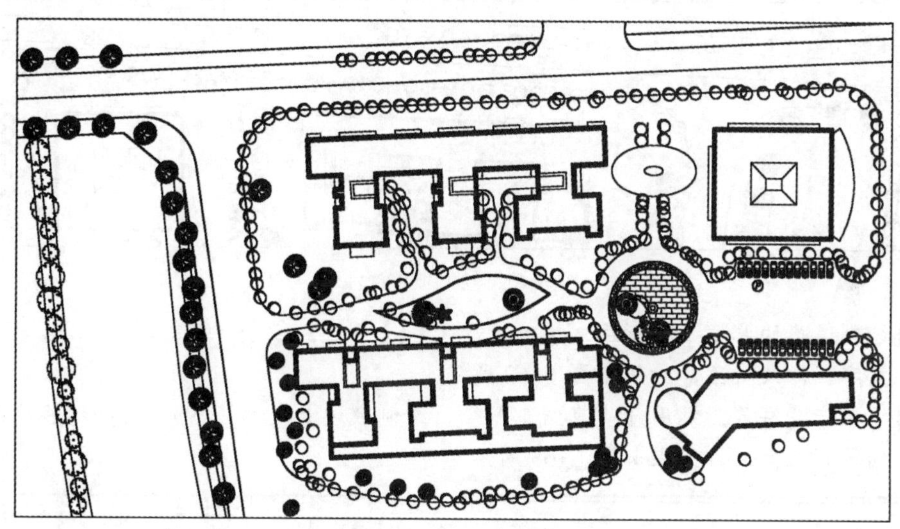

图 6-59　插入汽车图块

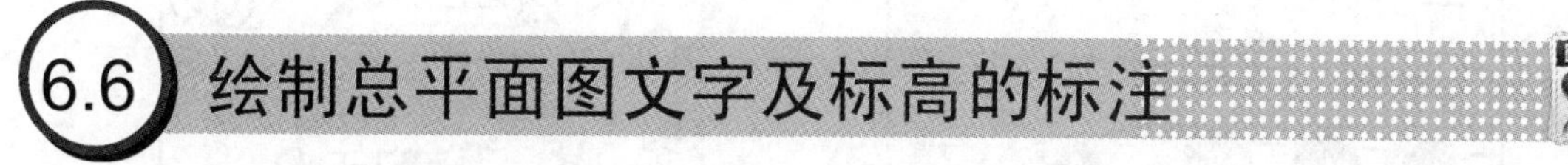

6.6 绘制总平面图文字及标高的标注

将总平面图上的图形绘制完成之后，需要为总平面图绘制文字及尺寸标注，以明确表示总平面图上所绘制的图形以及总平面图上各主要区域的标高。

下面介绍总平面图文字和尺寸标注的方法。

Step 01 绘制箭头。调用 PL【多段线】命令，绘制箭头，结果如图 6-60 所示。

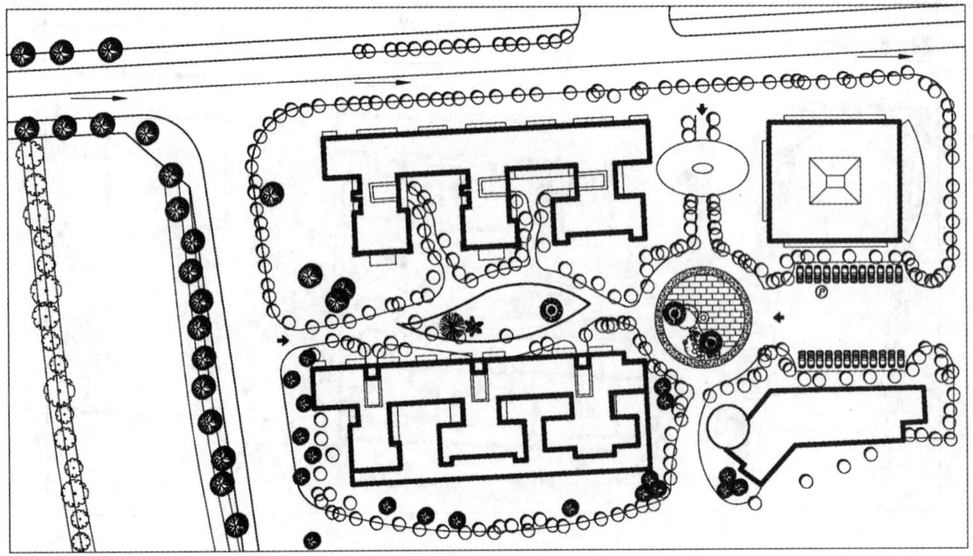

图 6-60　绘制箭头

Step 02 绘制坡道标注。调用 MT【多行文字】命令，为道路绘制坡道标注，结果如图 6-61 所示。

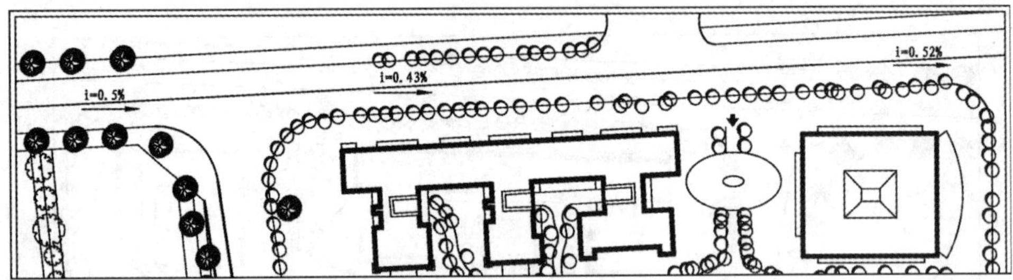

图 6-61　绘制坡道标注

Step 03 绘制道路的弯度半径标注。执行【标注】|【半径】命令，绘制半径标注；双击标注文字，修改标注，结果如图 6-62 所示。

Step 04 绘制标高符号。调用 L【直线】命令，绘制底边长度为 2599，另两边长度为 1838 的等腰三角形，结果如图 6-63 所示。

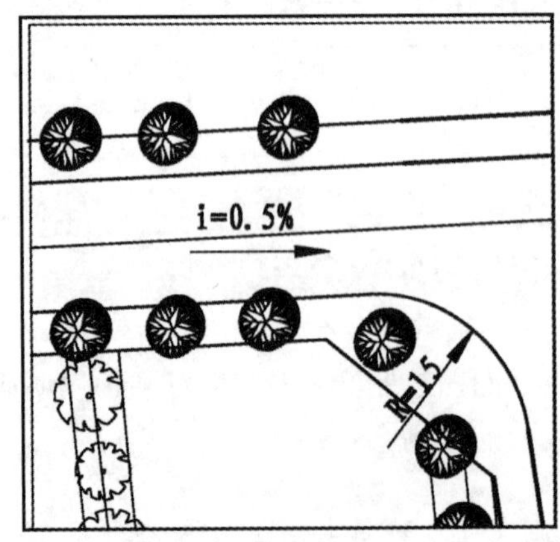

图 6-62　修改结果

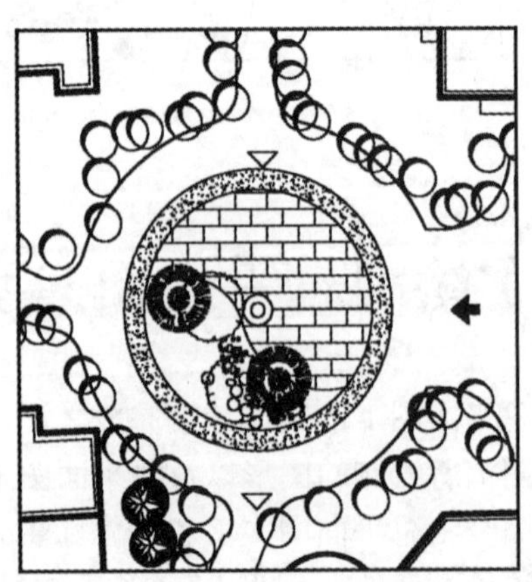

图 6-63　绘制三角形

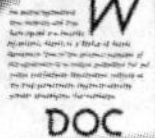

Step 05 填充三角形图案。调用 H【图案填充】命令，弹出【图案填充和渐变色】对话框，设置参数如图 6-64 所示。

Step 06 在绘图区中拾取填充区域，按回车键返回对话框；单击【确定】按钮，关闭对话框，即可完成图案填充，结果如图 6-65 所示。

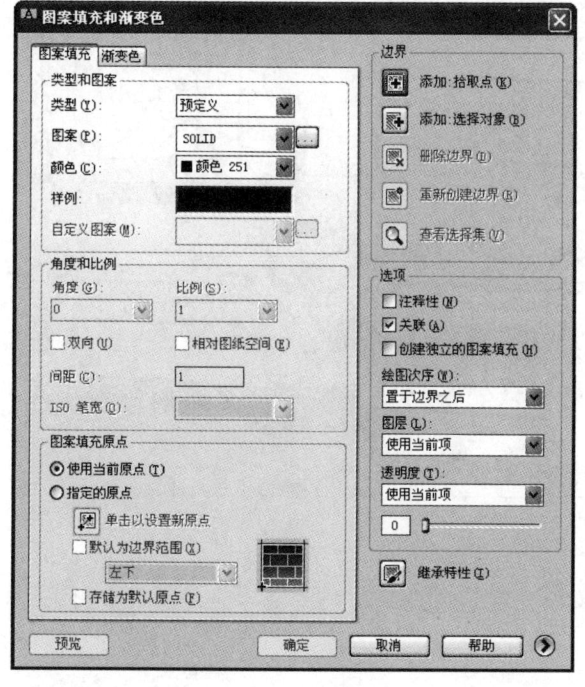

图 6-64　设置参数

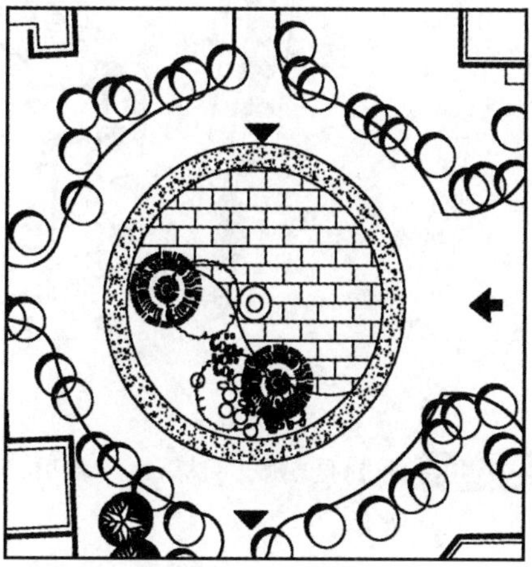

图 6-65　图案填充

Step 07 绘制地面的高度标注。调用 MT【多行文字】命令，绘制高度标注，结果如图 6-66 所示。

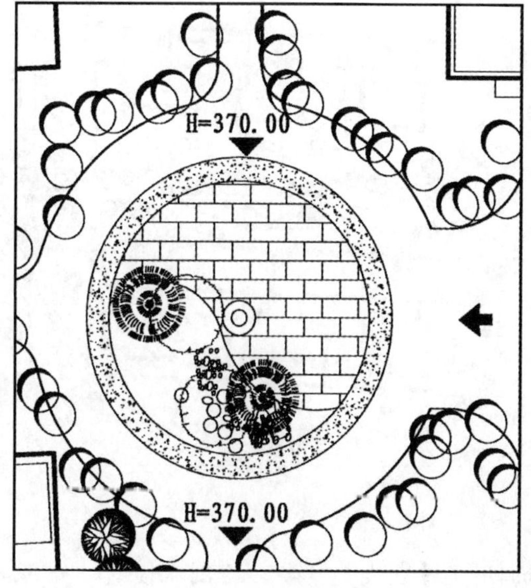

图 6-66　绘制结果

Step 08 重复上述操作，继续为总平面图绘制标高标注，结果如图 6-67 所示。

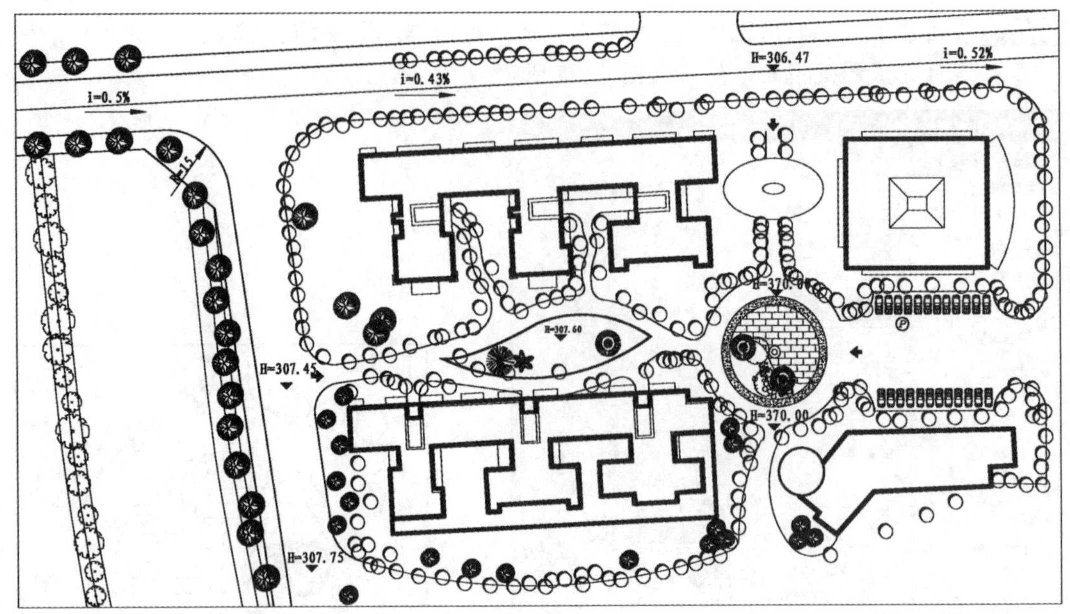

图 6-67　标高标注

Step 09 绘制区域文字标注。调用 MT【多行文字】命令，绘制文字标注，结果如图 6-68 所示。

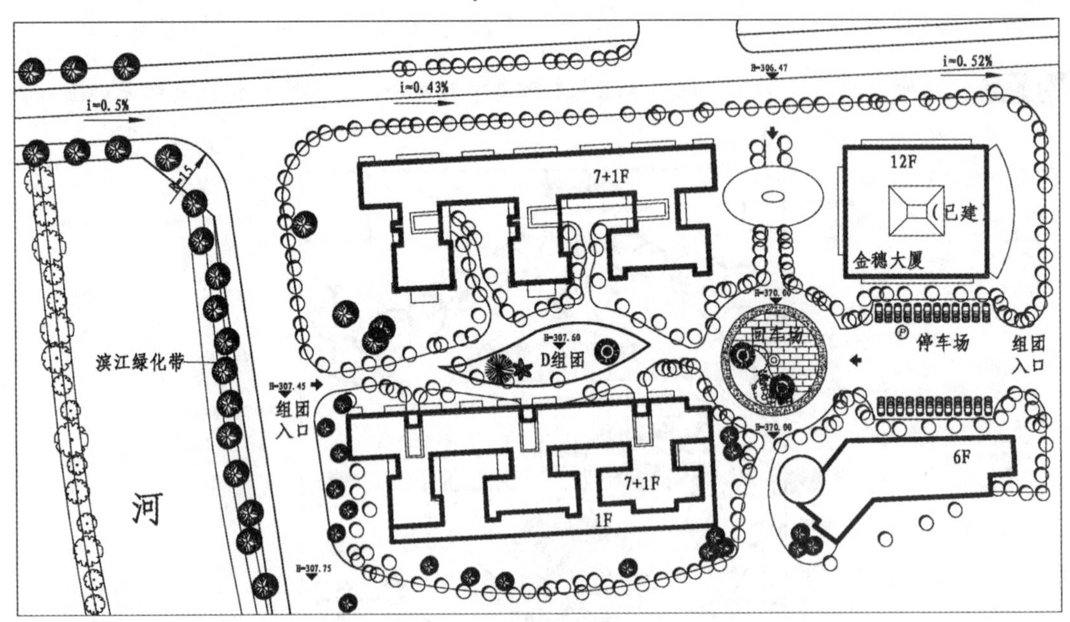

图 6-68　文字标注

Step 10 绘制图名标注。调用 L【直线】命令，绘制双横线，并将下面的直线的线宽设置为 0.3mm；调用 MT【多行文字】命令，绘制图名和比例，结果如图 6-69 所示。

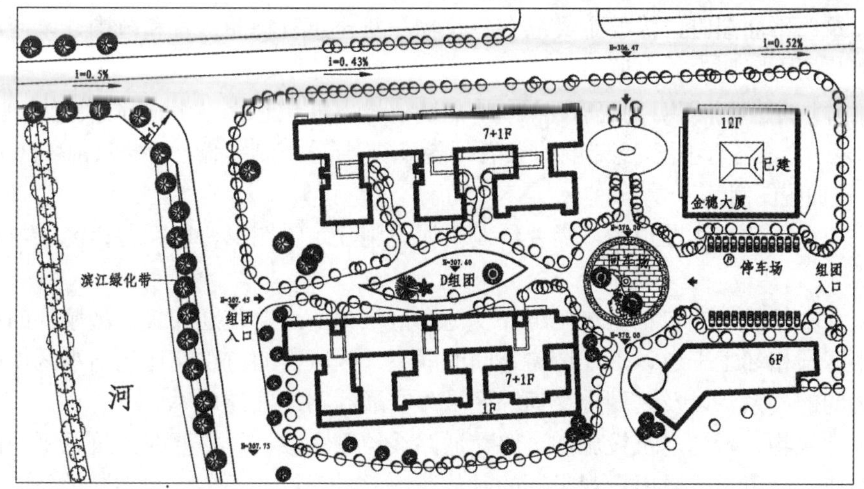

小区总平面图　1:500

图 6-69　图名标注

Step 11 插入指北针图案。按【Ctrl+O】组合键，打开本书配套光盘提供的“第 6 章\家具图例.dwg”文件，将其中的指北针图案复制并粘贴到当前图形中，结果如图 6-70 所示。

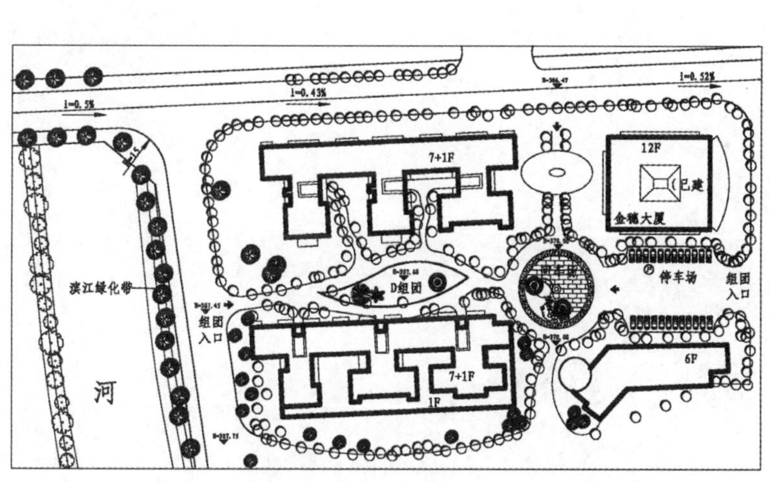

小区总平面图　1:500

图 6-70　插入指北针

6.7 专家精讲

本章主要以某小区总平面图的一部分为例，介绍绘制总平面图的一般方法和技巧。

绘制建筑总平面图时，需要定义已有建筑物和新建建筑物的位置和范围，以便识别建筑物的轮廓和与周围附属设施的联系。

总平面图上的建筑物又分为已有建筑物、新建建筑物和拟建建筑物。不同类型的建筑物在总平面图上的表示方法各有不同，绘制标准读者可参阅《房屋建筑制图统一标准》GB/T 50001—2010中的建筑总平面图图例。

绘制完成主体建筑物图形后，需要绘制附属设施建筑物图形，以完善该区域内建筑群的绘制结果。

道路交通和管线布置包括区域内道路交通和区域外的道路交通布置。区域外的道路交通路线包括小区与相邻主干道、沿江道路之间的联系，区域内的道路交通包括小区内的人行道和车行道之间的关系，以及区域内交通和区域外交通线路之间的联系。

在主体建筑物、附属建筑设施和道路交通路线绘制完成后，需要在建筑总平面图上增添绿化植物图块，以表示区域内景观设计的具体情况。景观设计是指使用不同类型的植物，以一定的环境设计原则布置于建筑区域内。

总平面图上的图形绘制完成后，要为图形绘制文字标注和标高标注，以表达该区域内建筑、道路、绿化等的布置情况和区域的高度情况。

第 7 章　绘制建筑平面图

建筑平面图主要反映房屋的平面形状、大小和房间的相互关系、内部布置、墙的位置、厚度和材料、门窗的位置以及其他建筑构配件的位置和大小等。它是施工放线、砌墙、安装门窗、室内装修和编制预算的重要依据。

本章以人们生活中常见的住宅建筑和办公楼建筑为例，向读者讲解绘制住宅楼、办公楼建筑平面图的绘制方法和主要的图示内容。

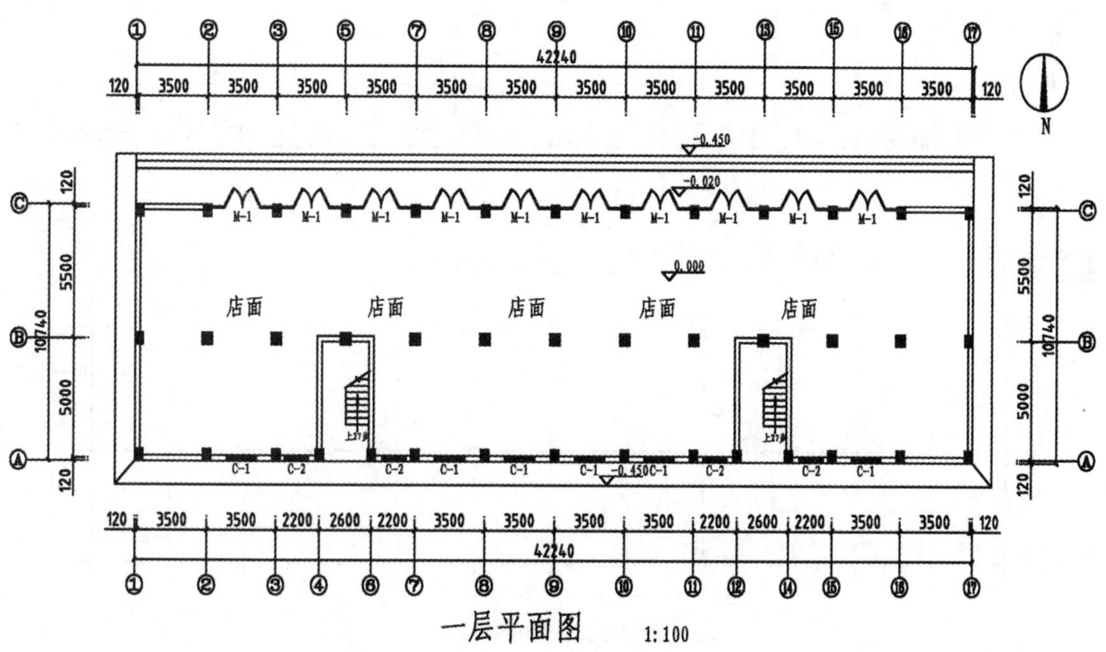

一层平面图　1:100

7.1 绘制住宅楼建筑平面图

整栋建筑物的平面图可分为地下室平面图、底层平面图、标准层平面图以及屋面层平面图。下面分别介绍住宅楼的一层平面图、标准层平面图以及屋面层平面图的绘制方法。

7.1.1 绘制一层平面图

一层是建筑物与地面相接的区域，是人们进出建筑物的主要区域。有些住宅建筑的底层为架空层，用来作仓库或者车库等；本例选用的住宅楼建筑底层为商铺，即俗称的底商。作为商铺的底层之间是没有墙体分隔的，要到后期才砌隔墙来划分各商铺的面积大小。值得注意的是，作为商铺之间的隔墙是可以拆除的，不影响整栋建筑物的承重结构。

Step 01 绘制轴网。调用 L【直线】命令，绘制水平直线和垂直直线；调用 O【偏移】命令，偏移直线，结果如图 7-1 所示。

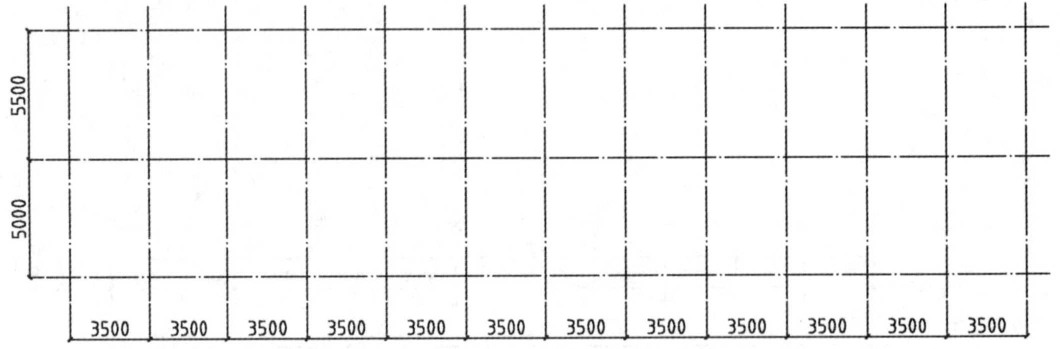

图 7-1　偏移直线

Step 02 调用 TR【修剪】命令，修剪轴线，结果如图 7-2 所示。

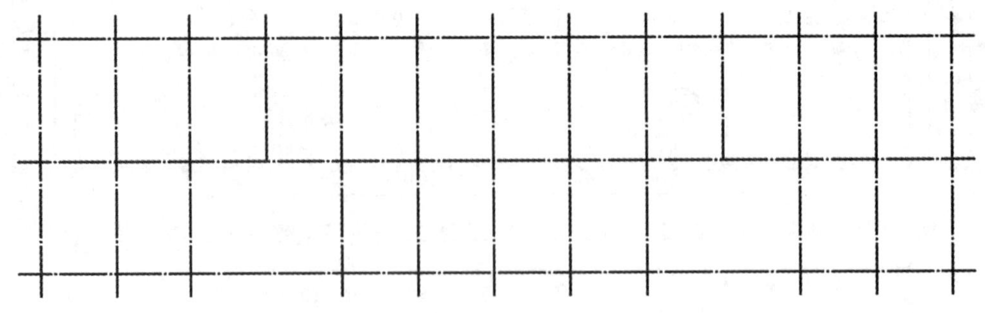

图 7-2　修剪轴线

Step 03 调用 O【偏移】命令，偏移轴线；调用 TR【修剪】命令，修剪轴线，结果如图 7-3 所示。

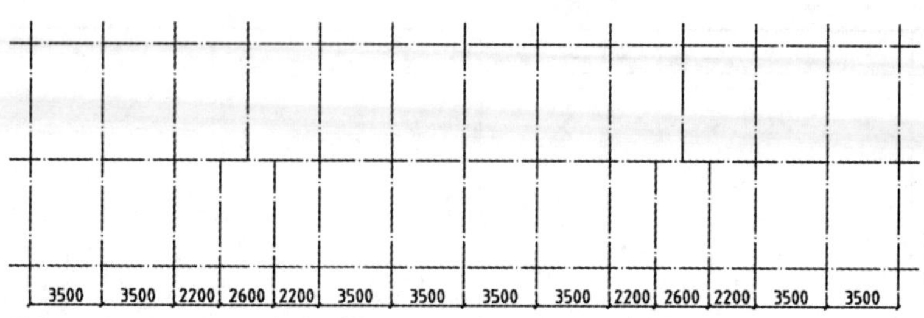

图 7-3　绘制结果

Step 04 绘制墙体。调用 ML【多线】命令，命令行提示如下。

```
命令: MLINE↙
当前设置: 对正 = 无，比例 = 1.00，样式 = STANDARD
指定起点或 [对正(J)/比例(S)/样式(ST)]:   ST                //输入 ST，选择“样式”选项
输入多线样式名或 [?]:   外墙
当前设置: 对正 = 无，比例 = 1.00，样式 = 外墙
指定起点或 [对正(J)/比例(S)/样式(ST)]:          //指定多线的起点
指定下一点:
指定下一点或 [放弃(U)]:
指定下一点或 [闭合(C)/放弃(U)]:                  //按回车键退出绘制，绘制墙体的结果如图 7-4 所示
```

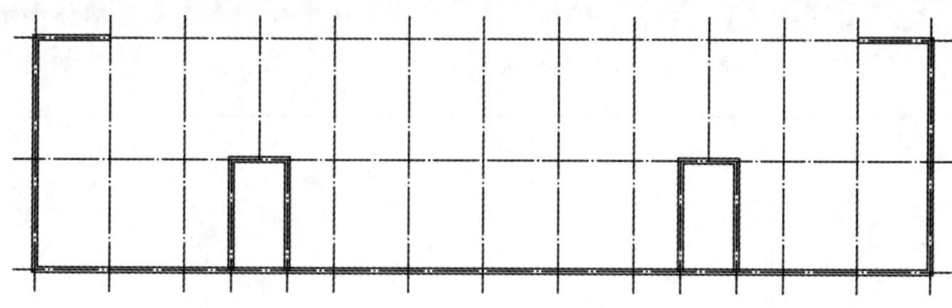

图 7-4　绘制墙体

Step 05 绘制墙体。调用 ML【多线】命令，命令行提示如下。

```
命令: MLINE↙
当前设置: 对正 = 无，比例 = 1.00，样式 = 外墙
指定起点或 [对正(J)/比例(S)/样式(ST)]:   ST                //输入 ST，选择“样式”选项
输入多线样式名或 [?]:   STANDARD
当前设置: 对正 = 无，比例 = 1.00，样式 = STANDARD
指定起点或 [对正(J)/比例(S)/样式(ST)]:   S                 //输入 S，选择“比例”选项
输入多线比例<1.00>:   70
当前设置: 对正 = 无，比例 = 70.00，样式 = STANDARD
指定起点或 [对正(J)/比例(S)/样式(ST)]:                     //指定多线的起点
指定下一点:
指定下一点或 [放弃(U)]:                    //按回车键退出绘制，绘制墙体的结果如图 7-5 所示
```

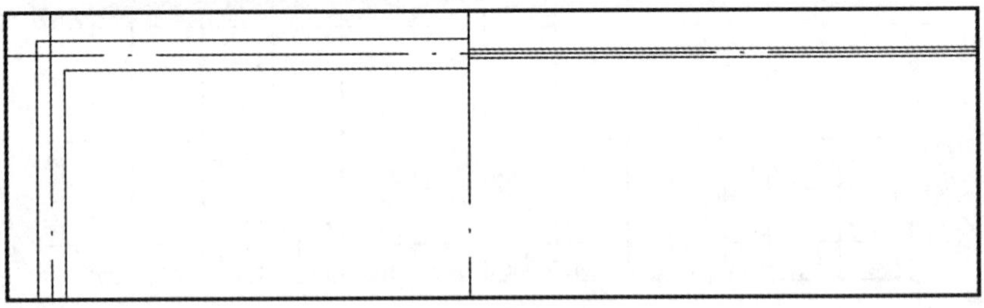

图 7-5　绘制结果

Step 06 如图 7-6 所示分别是宽度为 240 和 70 的墙体的绘制结果。

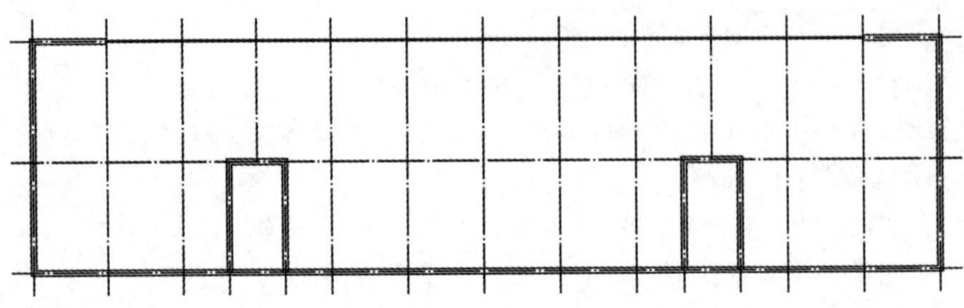

图 7-6　完成绘制

Step 07 编辑墙体。双击绘制完成的墙体，弹出【多线编辑工具】对话框；在其中选择“角点结合”工具和“T 形打开”编辑工具，在绘图区中分别单击垂直墙体和水平墙体，完成对墙体的编辑修改；调用 L【直线】命令，绘制闭合直线，结果如图 7-7 所示。

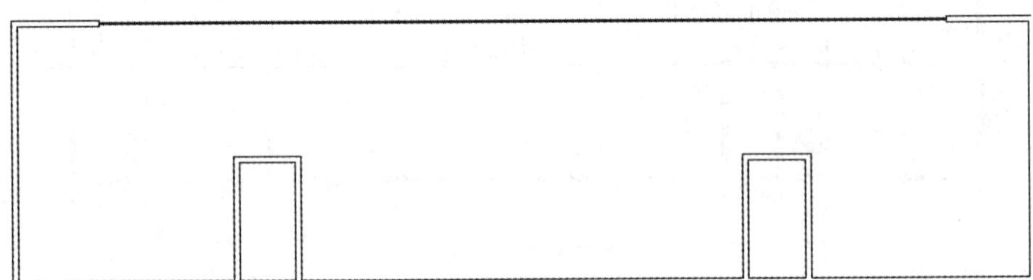

图 7-7　编辑墙体

Step 08 绘制标准柱。调用 REC【矩形】命令，绘制尺寸为 500 × 400 的矩形；调用 CO【复制】命令，移动复制矩形，结果如图 7-8 所示。

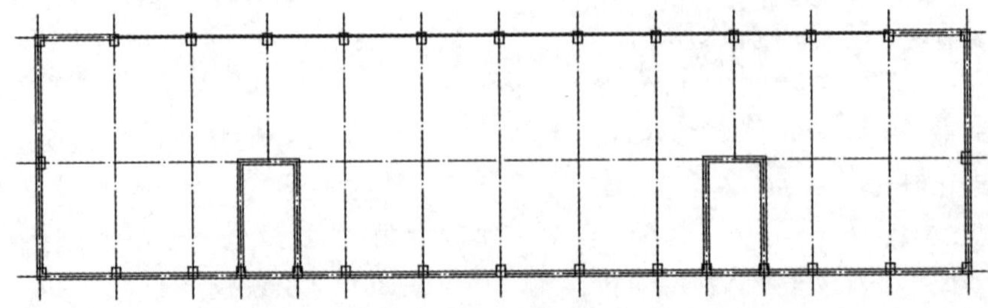

图 7-8　绘制矩形

Step 09 绘制标准柱。调用 REC【矩形】命令，绘制尺寸为 500 × 500 的矩形；调用 CO【复制】命令，移动复制矩形，结果如图 7-9 所示。

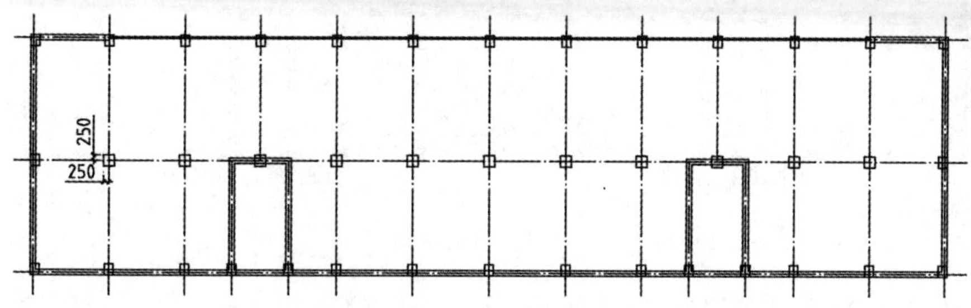

图 7-9　绘制结果

Step 10 填充标准柱图案。调用 H【图案填充】命令，弹出【图案填充和渐变色】对话框，设置参数如图 7-10 所示。

Step 11 在绘图区中拾取标准柱的外轮廓图形，按回车键，返回【图案填充和渐变色】对话框，单击【确定】按钮，关闭对话框，完成图案填充，结果如图 7-11 所示。

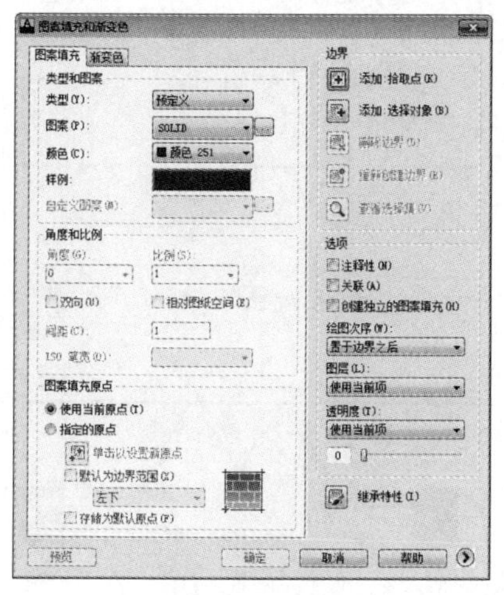

图 7-10 设置参数

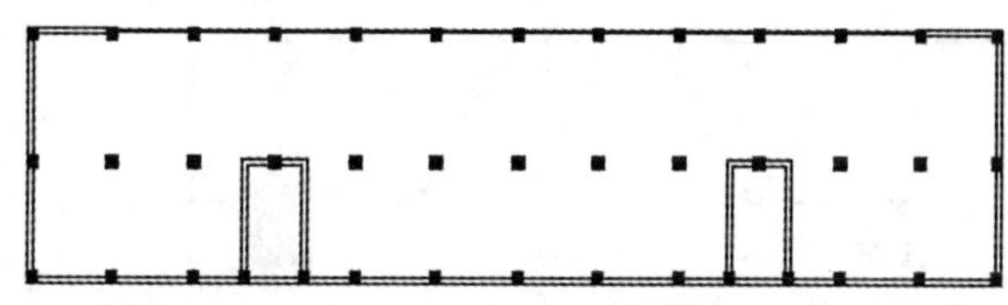

图 7-11　图案填充

Step 12 绘制门洞。调用 L【直线】命令，绘制直线；调用 TR【修剪】命令，修剪墙线，结果如图 7-12 所示。

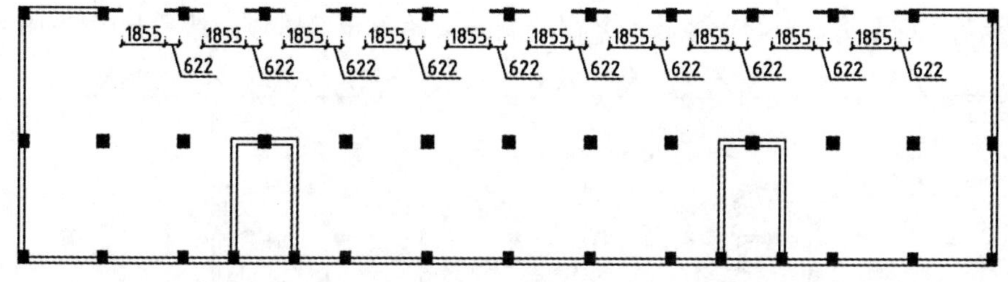

图 7-12　绘制门洞

Step 13 绘制窗洞。调用 L【直线】命令，绘制直线；调用 TR【修剪】命令，修剪墙线，结果如图 7-13 所示。

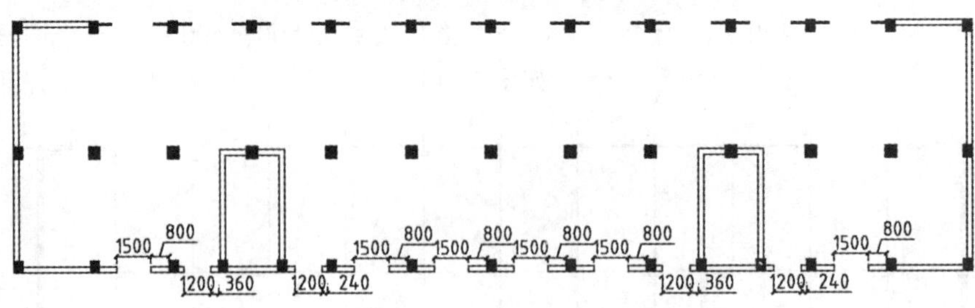

图 7-13 绘制窗洞

Step 14 绘制双扇平开门。调用 REC【矩形】命令，绘制尺寸为 927×40 的矩形，结果如图 7-14 所示。

Step 15 调用 RO【旋转】命令，设置旋转角度为-30°，对所绘制的矩形进行角度旋转操作，结果如图 7-15 所示。

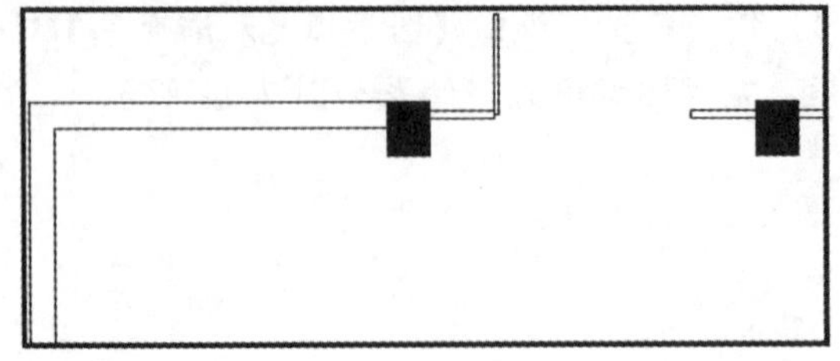

图 7-14 绘制矩形

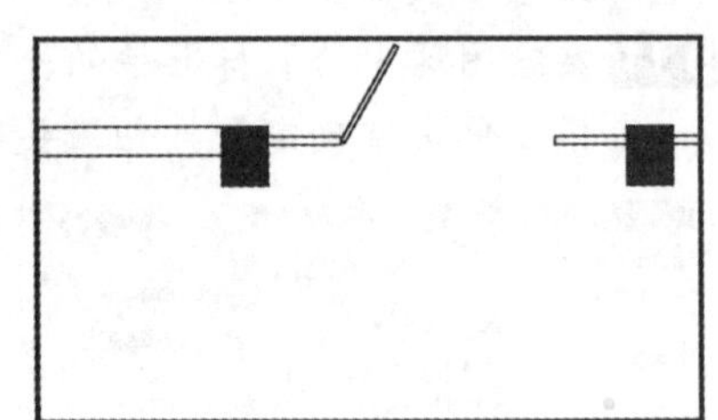

图 7-15 旋转矩形

Step 16 调用 CO【复制】命令，移动复制旋转处理后的矩形，结果如图 7-16 所示。

Step 17 调用 A【圆弧】命令，绘制圆弧，结果如图 7-17 所示。

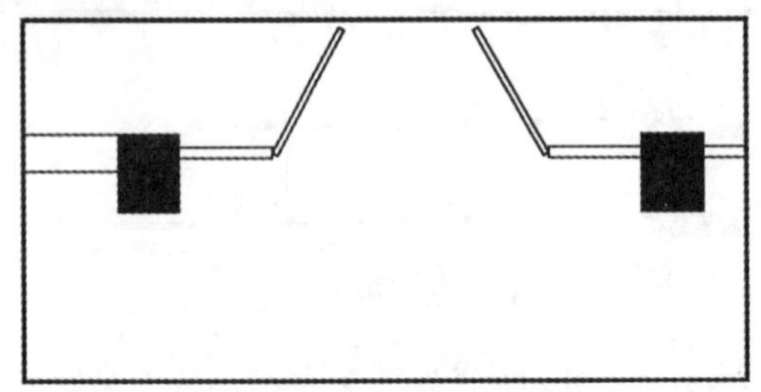

图 7-16 复制矩形

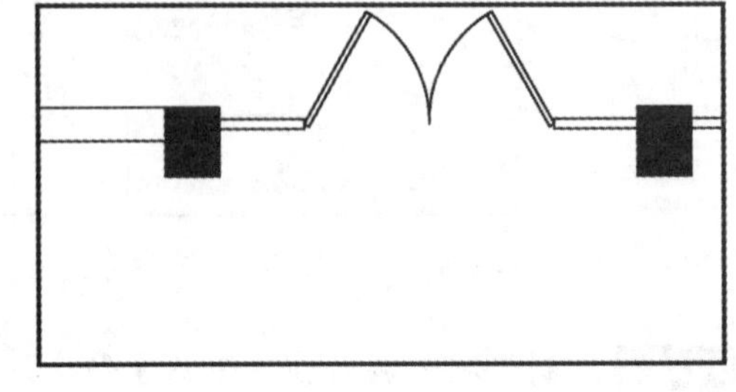

图 7-17 绘制圆弧

Step 18 调用 CO【复制】命令，移动复制绘制完成的平开门图形，结果如图 7-18 所示。

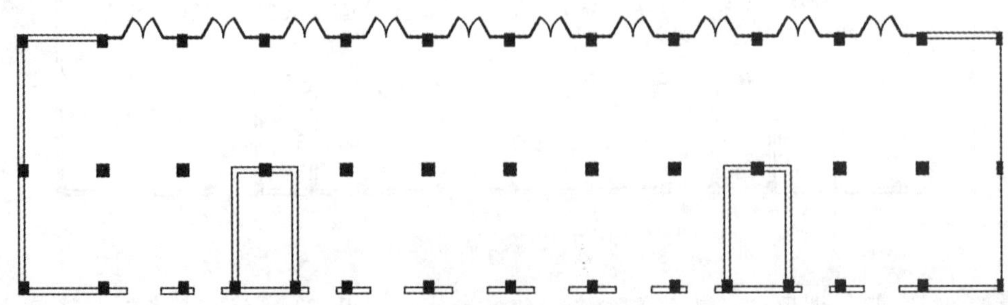

图 7-18 移动复制

Step 19 绘制窗户图形。调用 L【直线】命令，在窗洞处绘制直线；调用 O【偏移】命令，设置偏移距离为 80，偏移直线，完成窗户平面图形的绘制，结果如图 7-19 所示。

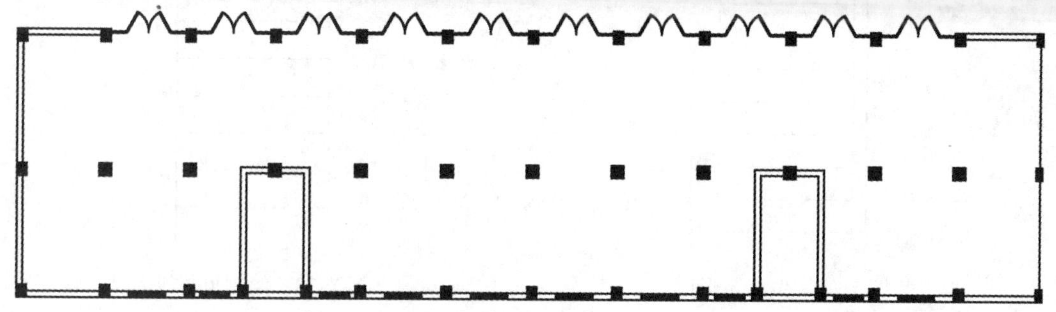

图 7-19　绘制窗户

Step 20 绘制门窗标注。调用 MT【多行文字】命令，在门窗图形附近指定文字的插入区域，在弹出的在位文字编辑器中输入文字，单击【文字格式】对话框中的【确定】按钮，完成文字标注的绘制，结果如图 7-20 所示。

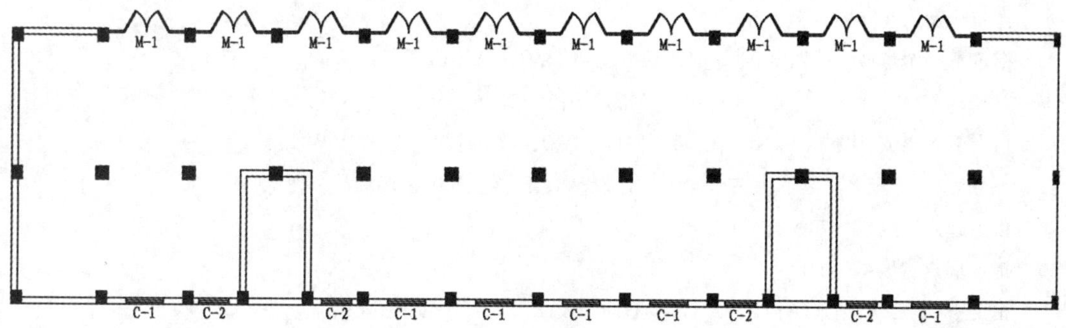

图 7-20　绘制窗户标注

Step 21 绘制楼梯。调用 TR【修剪】命令，修剪多余墙体图形，结果如图 7-21 所示。

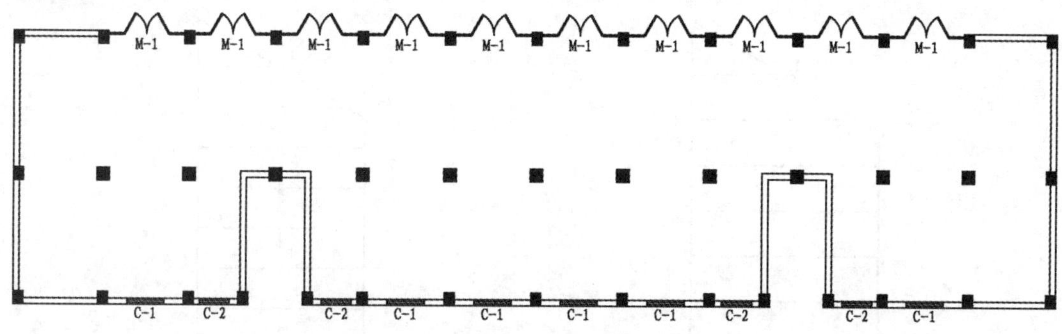

图 7-21　删除多余墙体

Step 22 调用 REC【矩形】命令，绘制尺寸为 2 212 × 1 150 的矩形；调用 X【分解】命令，分解矩形；调用 O【偏移】命令，偏移矩形边，结果如图 7-22 所示。

Step 23 绘制楼梯的剖切步数。调用 PL【多段线】命令，绘制折断线，结果如图 7-23 所示。

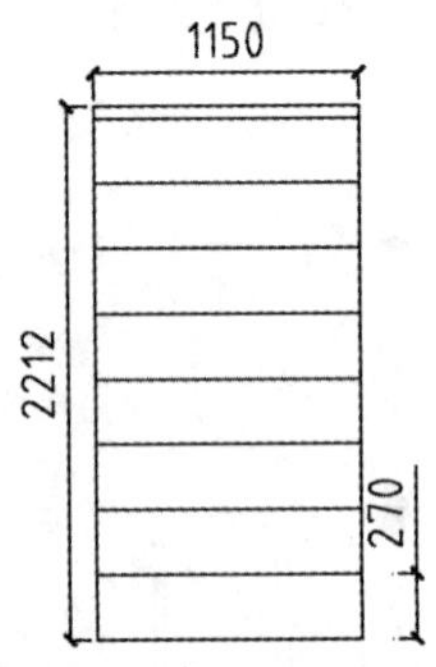

图 7-22 偏移矩形边

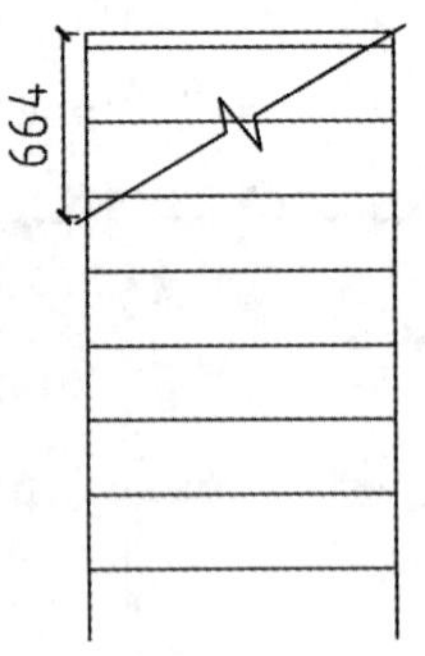

图 7-23 绘制折断线

Step 24 调用 TR【修剪】命令，修剪线段，结果如图 7-24 所示。

Step 25 绘制指示箭头。调用 PL【多段线】命令，命令行提示如下。

```
命令: PLINE↙
指定起点:                                   //指定多段线的起点
当前线宽为 0
指定下一个点或 [圆弧(A)/半宽(H)/长度(L)/放弃(U)/宽度(W)]:
                                            //指定多段线的下一个点
指定下一点或 [圆弧(A)/闭合(C)/半宽(H)/长度(L)/放弃(U)/宽度(W)]: W
                                            //输入 W，选择“宽度”选项
指定起点宽度<0>: 70
指定端点宽度<70>: 0
指定下一点或 [圆弧(A)/闭合(C)/半宽(H)/长度(L)/放弃(U)/宽度(W)]:
                                            //指定箭头的起点
指定下一点或 [圆弧(A)/闭合(C)/半宽(H)/长度(L)/放弃(U)/宽度(W)]:
                                            //指定箭头的终点，绘制结果如图 7-25 所示
```

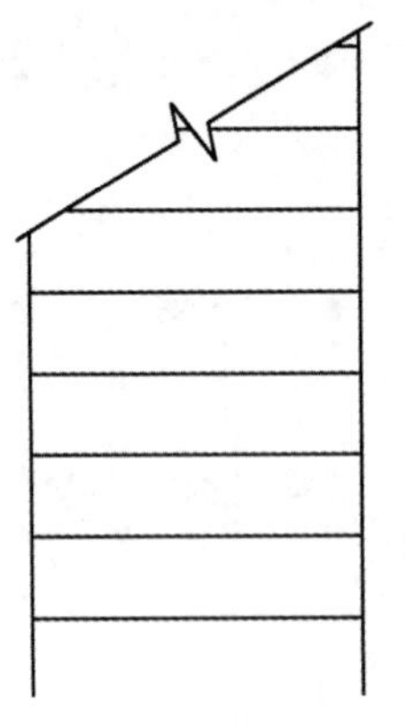

图 7-24 修剪线段

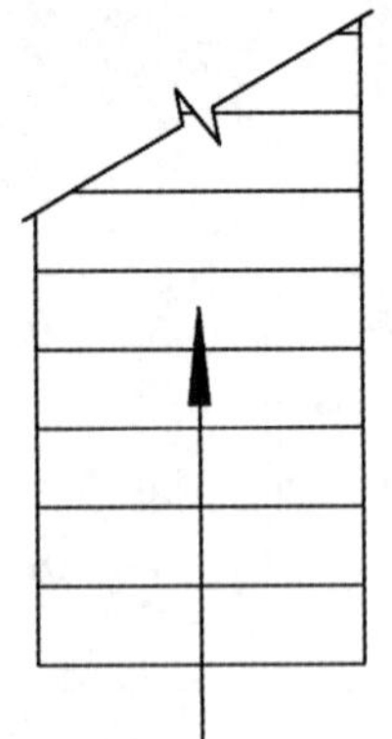

图 7-25 绘制箭头

Step 26 绘制上楼方向文字标注。调用 MT【多行文字】命令，绘制文字标注，结果如图 7-26 所示。

Step 27 调用 M【移动】命令，将绘制完成的楼梯图形移至平面图中，结果如图 7-27 所示。

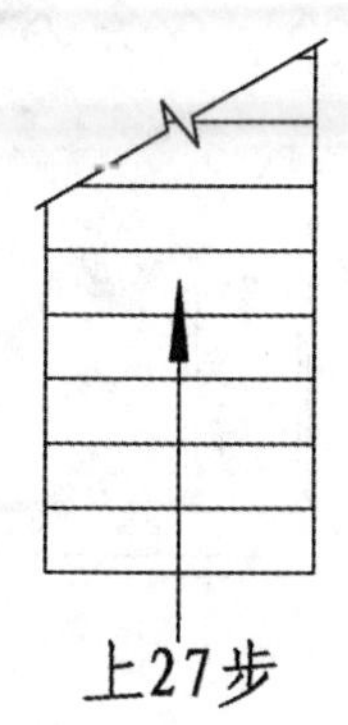

图 7-26　文字标注

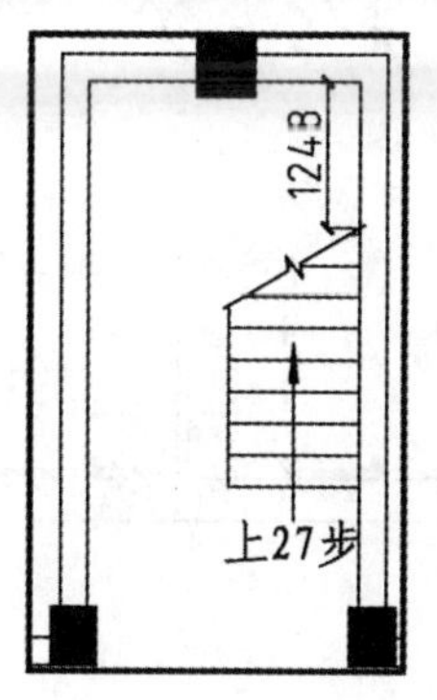

图 7-27　移动图形

Step 28 调用 CO【复制】命令，移动复制楼梯图形至楼梯间处，结果如图 7-28 所示。

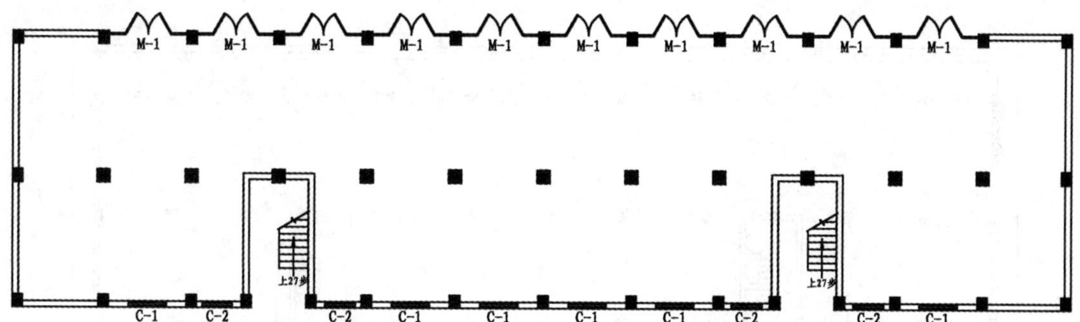

图 7-28　移动复制

Step 29 绘制散水。调用 L【直线】命令，绘制直线；调用 O【偏移】命令，偏移直线；调用 TR【修剪】命令，修剪直线，结果如图 7-29 所示。

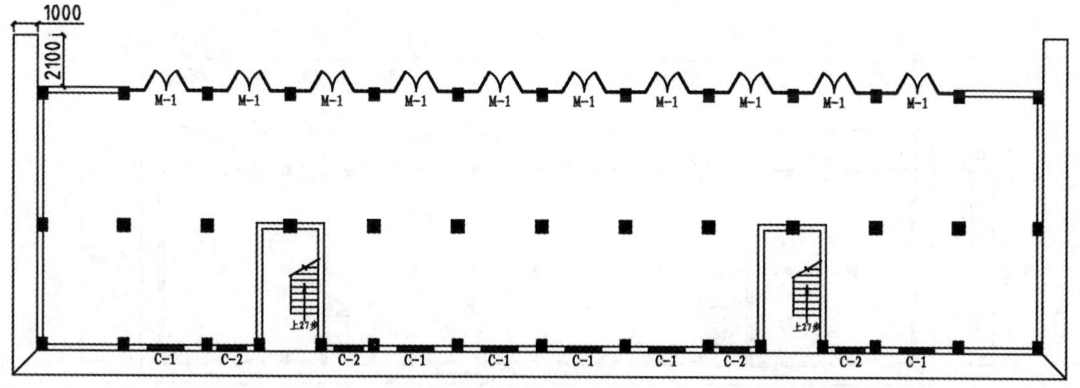

图 7-29　绘制散水

Step 30 绘制台阶。调用 L【直线】命令，绘制直线；调用 O【偏移】命令，设置偏移距离为 300，偏移直线，结果如图 7-30 所示。

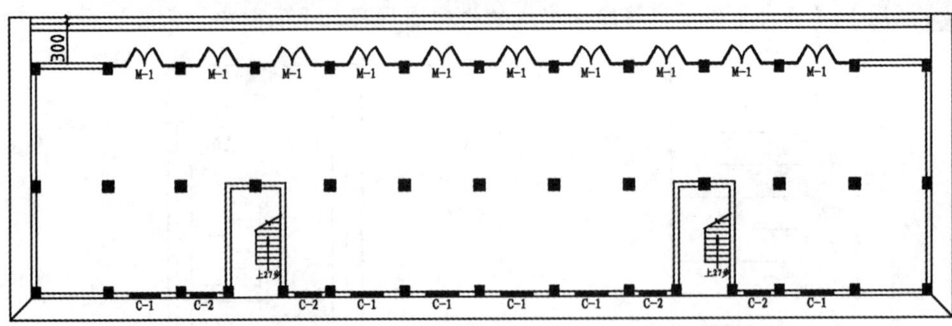

图 7-30　绘制台阶

Step 31 标高标注。调用 I【插入】命令，在弹出的【插入】对话框中选择“标高”图块；单击【确定】按钮，根据命令行的提示指定标高标注的插入点和标高值，创建标高标注的结果如图 7-31 所示。

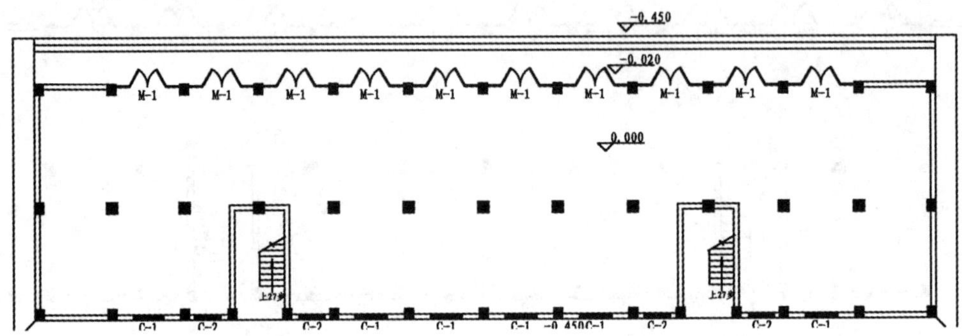

图 7-31　标高标注

Step 32 尺寸标注。调用 DLI【线性标注】命令，为平面图绘制尺寸标注，结果如图 7-32 所示。

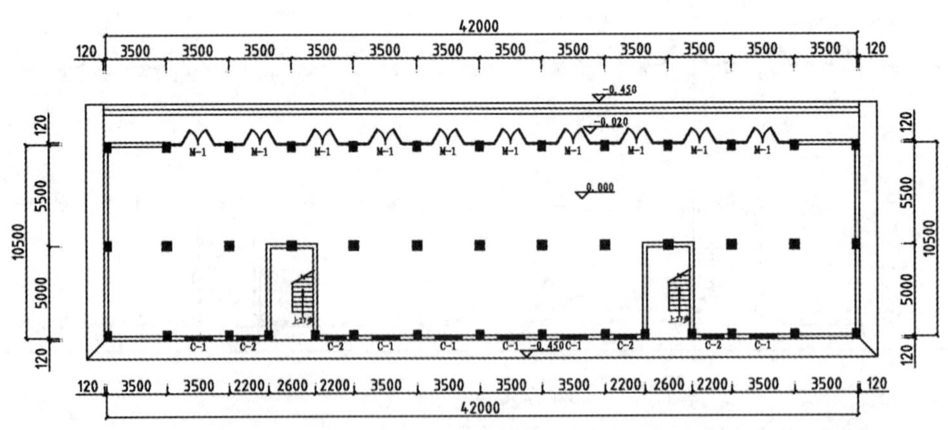

图 7-32　尺寸标注

Step 33 轴号标注。调用 C【圆形】命令，绘制半径为 400 的圆形；调用 MT【多行文字】命令，在圆圈内绘制轴号标注，结果如图 7-33 所示。

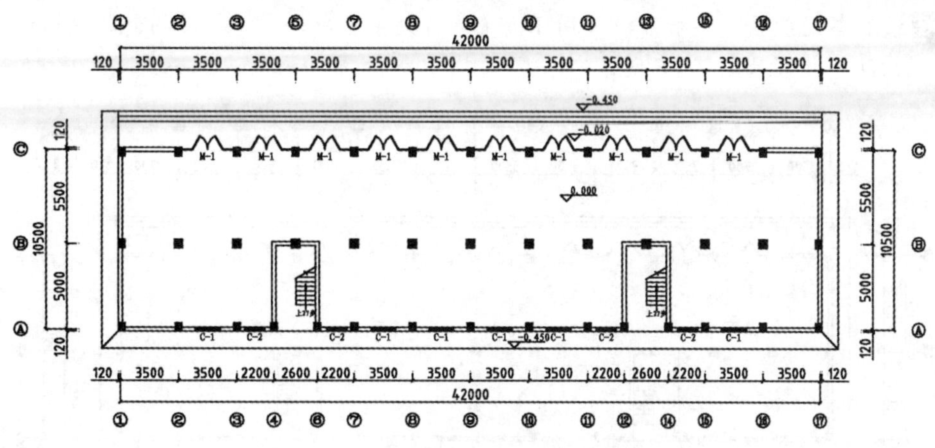

图 7-33　轴号标注

Step 34 调用 L【直线】命令，绘制直线，结果如图 7-34 所示。

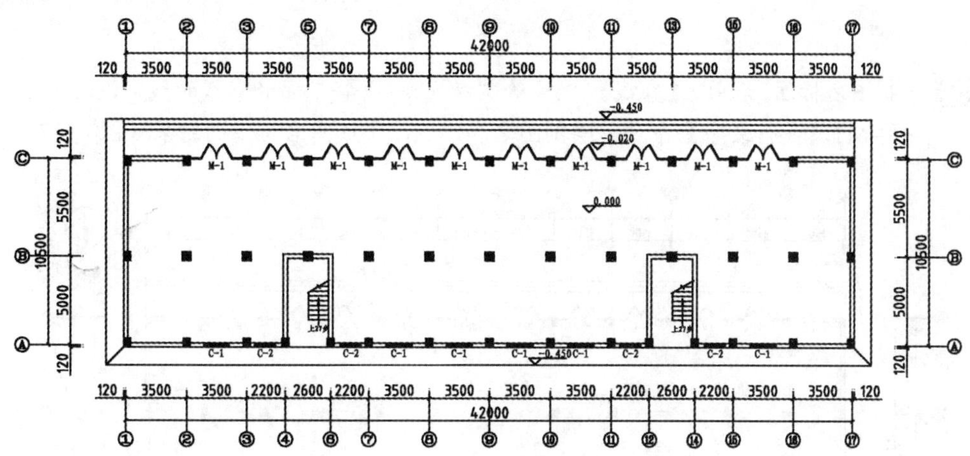

图 7-34　绘制直线

Step 35 绘制指北针。按【Ctrl+O】组合键，打开第 4 章绘制的“指北针”图形，将其置于平面图的右上角，结果如图 7-35 所示。

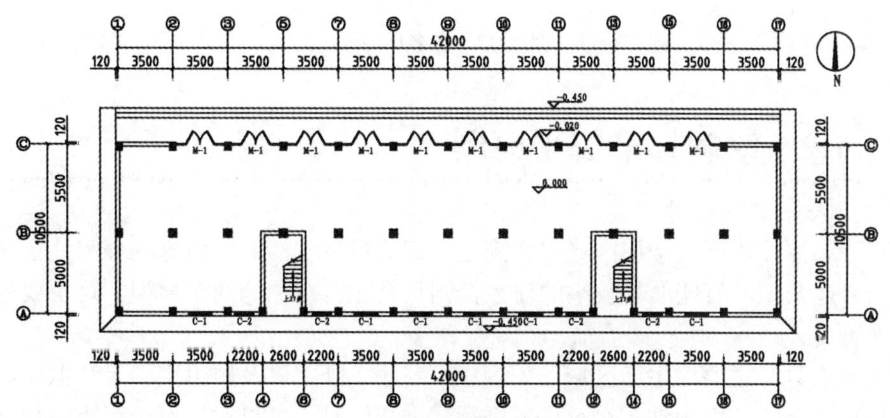

图 7-35　绘制指北针

Step 36 绘制各功能区文字标注。调用 MT【多行文字】命令，为平面图的各区域绘制文字标注，结果如图 7-36 所示。

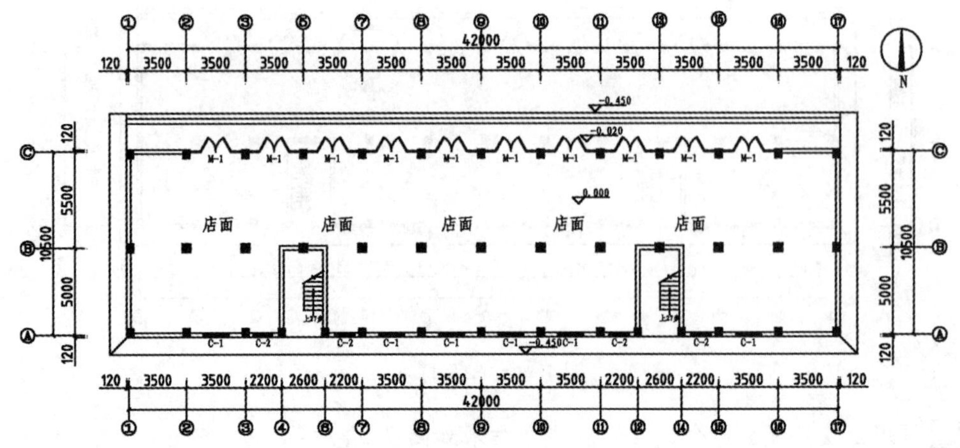

图 7-36　文字标注

Step 37 绘制图名标注。调用 L【直线】命令，绘制双横线，并将下面的直线的线宽设置为 0.3mm；调用 MT【多行文字】命令，绘制图名和比例，完成图名标注的结果如图 7-37 所示。

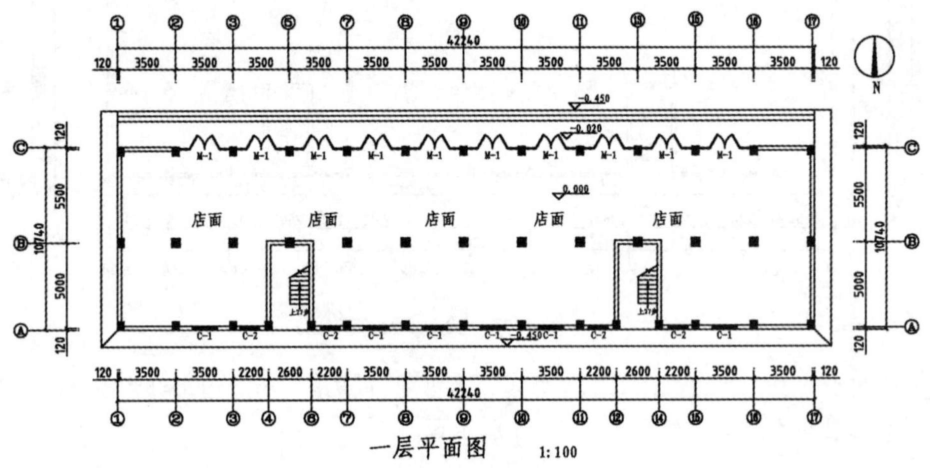

图 7-37　图名标注

7.1.2　绘制标准层平面图

底层以上，屋面以下的楼层区域主要满足人们的日常生活。一般每层分为几个对称的户型，有些有 4 个户型，有些面积较小的住宅楼则只有左右对称的两个户型，这主要视住宅楼的面积大小而定。

户型一般会划分主要的生活区域，如客厅、餐厅、卧室以及厨卫空间等；但这只是建筑设计对房屋所进行的基本规划，在对房屋进行装饰装修时，可以对居室进行重新规划；比如拆建墙体等，只要不对屋内的承重建筑构件进行改动，是可以对房屋进行一定的改动的。

Step 01 调用一层平面图。调用 CO【复制】命令，移动复制一层平面图至一旁；调用 E【删除】命令，删除平面图上多余的图形，结果如图 7-38 所示。

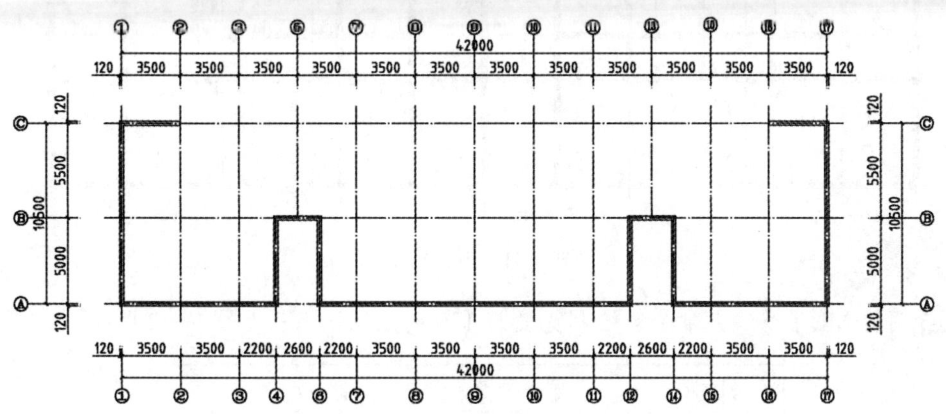

图 7-38　整理图形

Step 02 绘制墙体。调用 O【偏移】命令，偏移轴线，调用 ML【多线】命令，绘制宽度为 240 的外墙体，结果如图 7-39 所示。

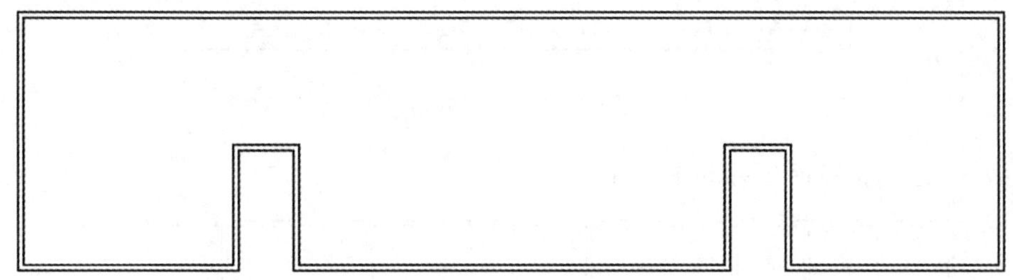

图 7-39　绘制墙体

Step 03 绘制墙体。调用 ML【多线】命令，绘制宽度为 240 的内墙体，结果如图 7-40 所示。

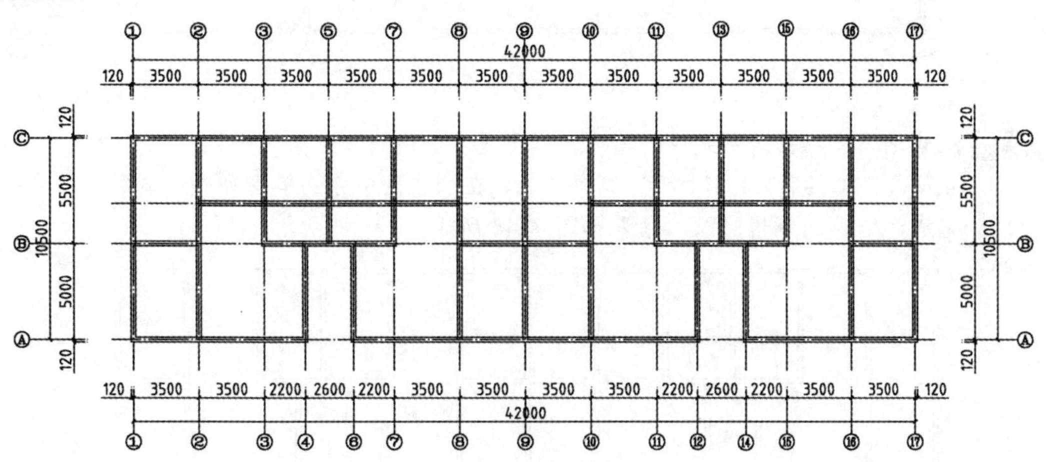

图 7-40　绘制结果

Step 04 绘制隔墙。调用 O【偏移】命令，偏移轴线，结果如图 7-41 所示。

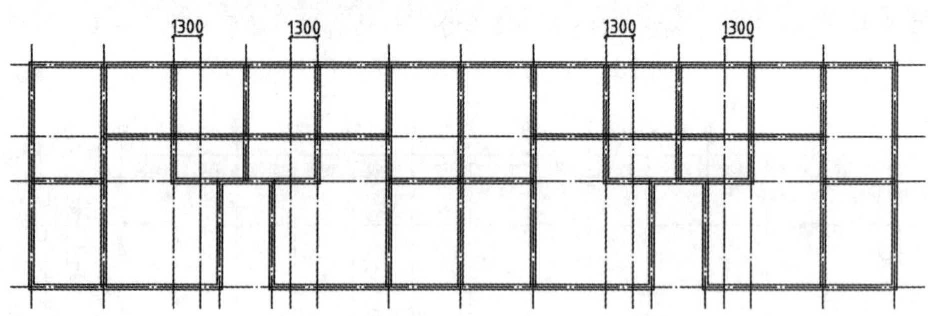

图 7-41　偏移轴线

Step 05 调用 ML【多线】命令，绘制宽度为 120 的隔墙，结果如图 7-42 所示。

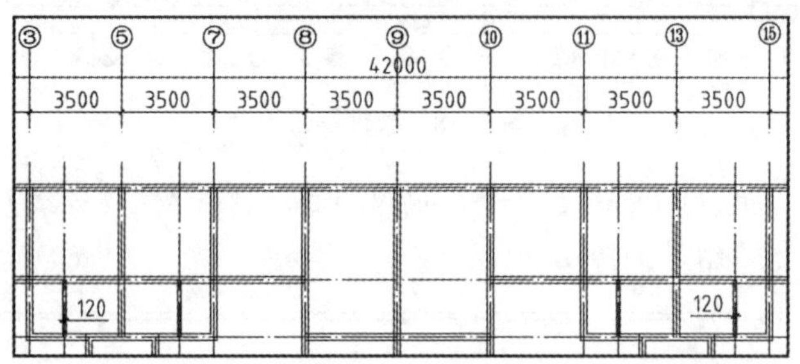

图 7-42　绘制隔墙

Step 06 墙体绘制完成的结果如图 7-43 所示。

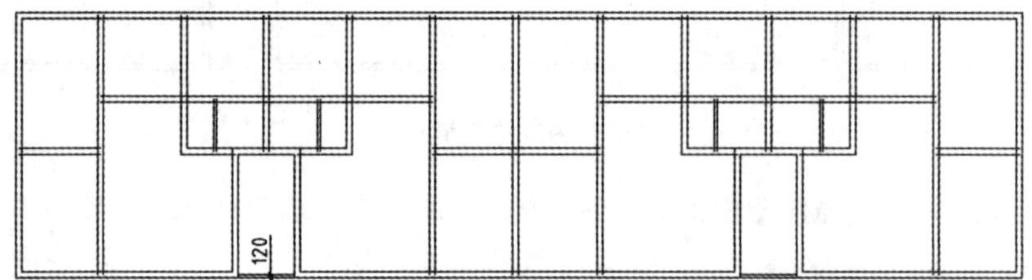

图 7-43　绘制结果

Step 07 编辑墙体。双击绘制完成的墙体，弹出【多线编辑工具】对话框；在其中选择“角点结合”工具和“T 形打开”编辑工具，在绘图区中分别单击垂直墙体和水平墙体，完成对墙体的编辑修改，结果如图 7-44 所示。

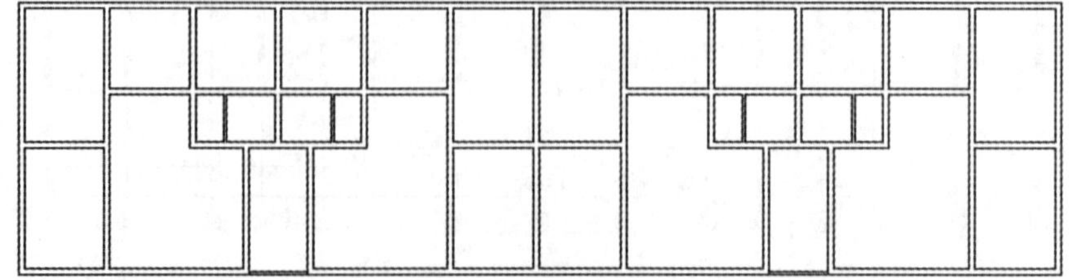

图 7-44　编辑墙体

Step 08 绘制标准柱。调用 REC【矩形】命令，绘制尺寸为 240 × 240 的矩形；调用 CO【复制】命令，移动复制矩形；调用 H【图案填充】命令，在弹出【图案填充和渐变色】对话框中选择 SOLID 图案，为标准柱填充图案，绘制结果如图 7-45 所示。

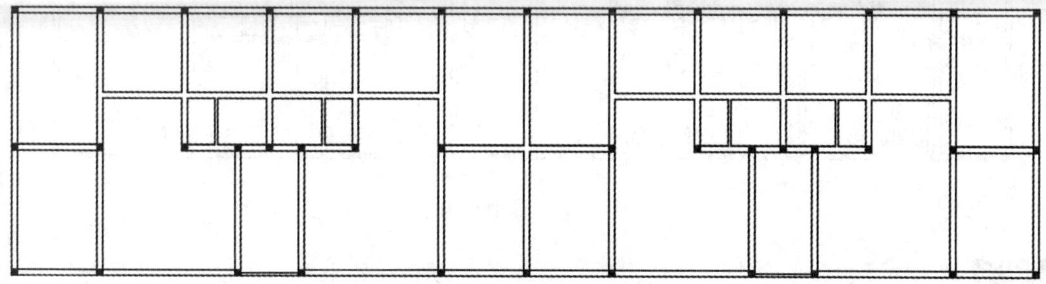

图 7-45 绘制标准柱

Step 09 绘制窗洞。调用【直线】命令，绘制直线；调用 TR【修剪】命令，修剪墙体，绘制结果如图 7-46 所示。

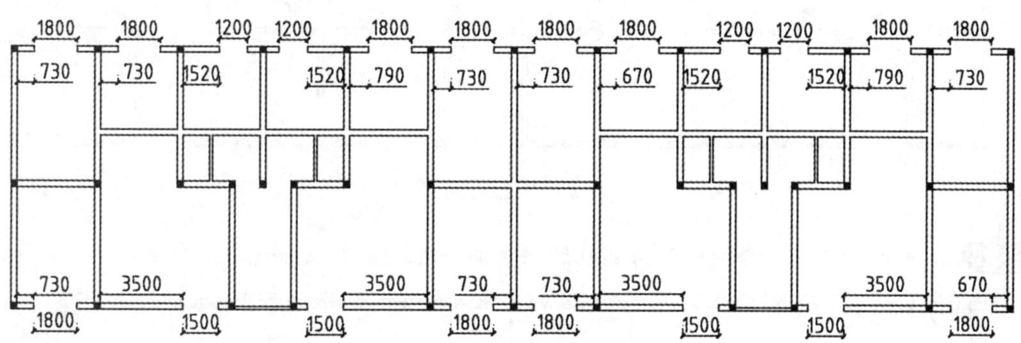

图 7-46 绘制窗洞

Step 10 绘制窗户图形。调用 L【直线】命令，在窗洞处绘制直线；调用 O【偏移】命令，设置偏移距离为 100，偏移直线，完成窗户平面图形的绘制，结果如图 7-47 所示。

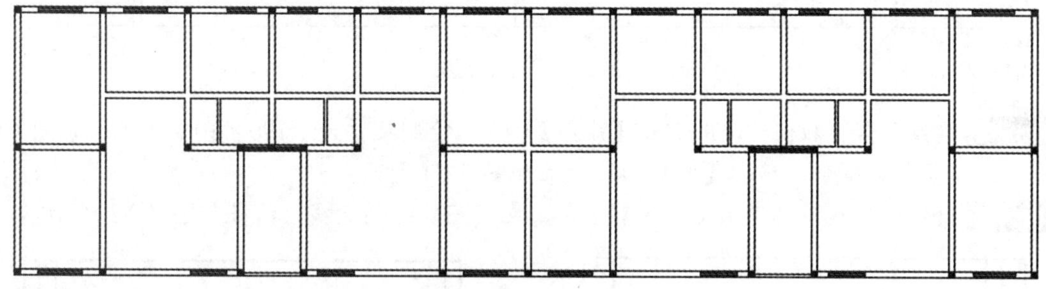

图 7-47 绘制窗户

Step 11 绘制门洞。调用【直线】命令，绘制直线；调用 TR【修剪】命令，修剪墙体，绘制结果如图 7-48 所示。

Step 12 绘制平开门。调用 REC【矩形】命令，绘制尺寸为 900×40 的矩形；调用 RO【旋转】命令，设置旋转角度为-30°，对所绘制的矩形进行角度旋转操作。

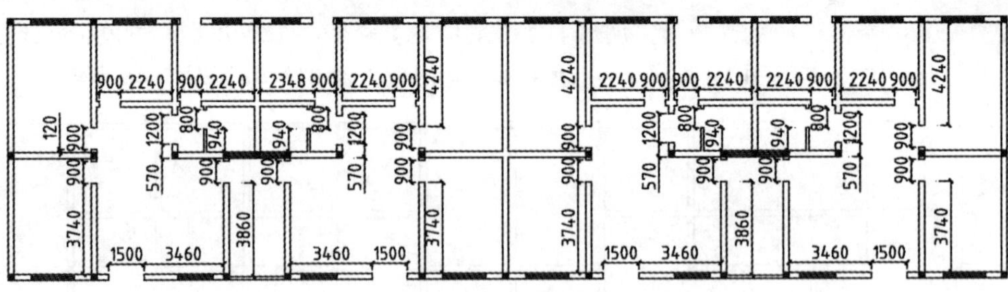

图 7-48　绘制门洞

Step 13 调用 A【圆弧】命令，绘制圆弧，完成宽度为 900 的平开门的绘制，结果如图 7-49 所示。

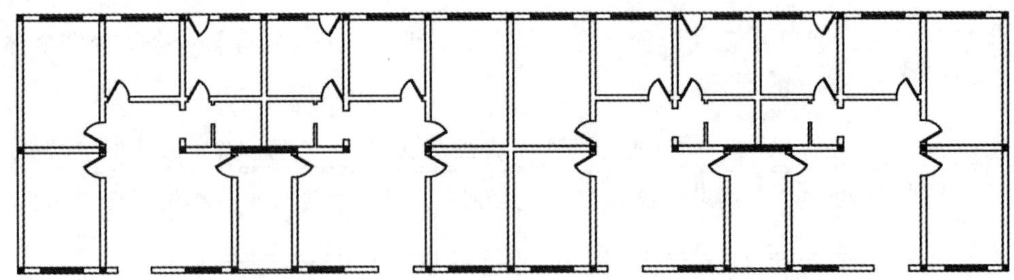

图 7-49　绘制平开门

Step 14 沿用上述方法，绘制宽度为 800 的卫生间平开门，结果如图 7-50 所示。

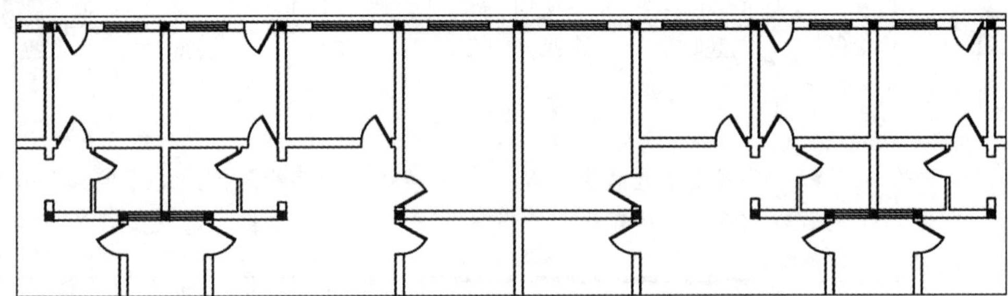

图 7-50　绘制结果

Step 15 绘制阳台推拉门。调用 REC【矩形】命令，绘制尺寸为 1 190 × 30 的矩形；调用 CO【复制】命令，移动复制矩形，结果如图 7-51 所示。

Step 16 绘制门口线。调用 L【直线】命令，在门洞处绘制直线，结果如图 7-52 所示。

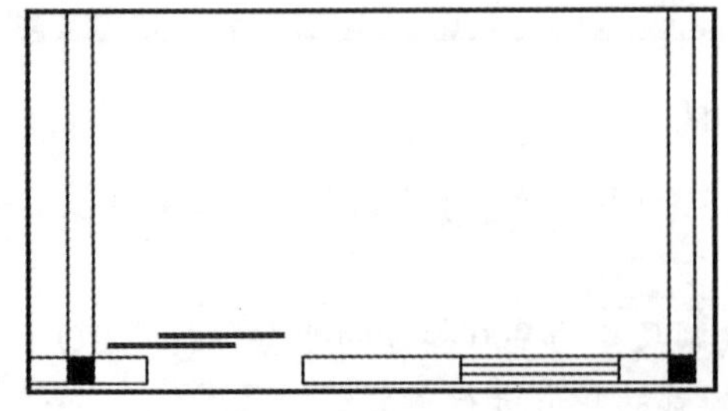

图 7-51　移动复制

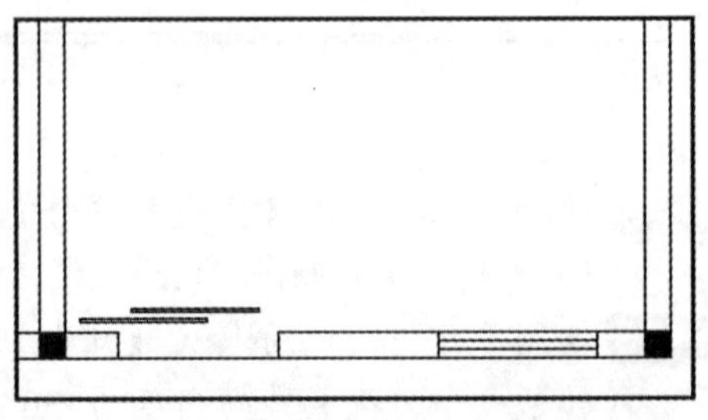

图 7-52　绘制直线

Step 17 调用 CO【复制】命令，移动复制绘制完成的推拉门及门口线图形，结果如图 7-53 所示。

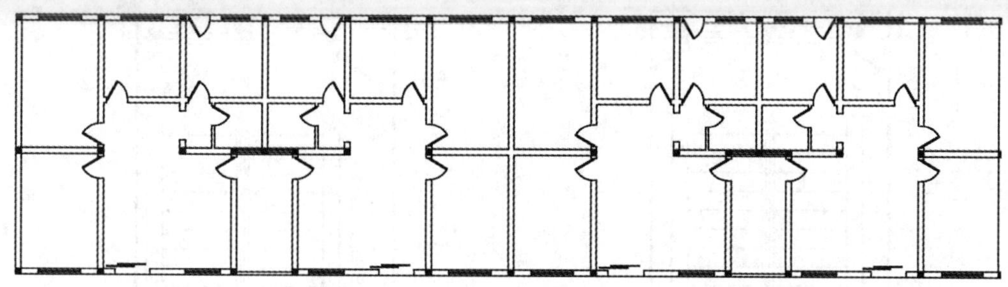

图 7-53　移动复制

Step 18 绘制门窗标注。调用 MT【多行文字】命令，在门窗图形附近指定文字的插入区域，在弹出的在位文字编辑器中输入文字，单击【文字格式】对话框中的【确定】按钮，完成文字标注的绘制，结果如图 7-54 所示。

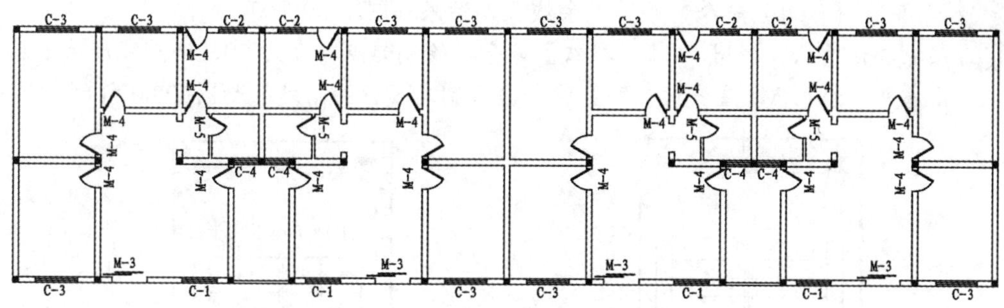

图 7-54　门窗标注

Step 19 绘制楼梯图形。调用 O【偏移】命令，偏移墙线，结果如图 7-55 所示。

Step 20 绘制扶手。调用 REC【矩形】命令，绘制尺寸为 2 280 × 180 的矩形；调用 O【偏移】命令，设置偏移距离为 60，向内偏移矩形，结果如图 7-56 所示。

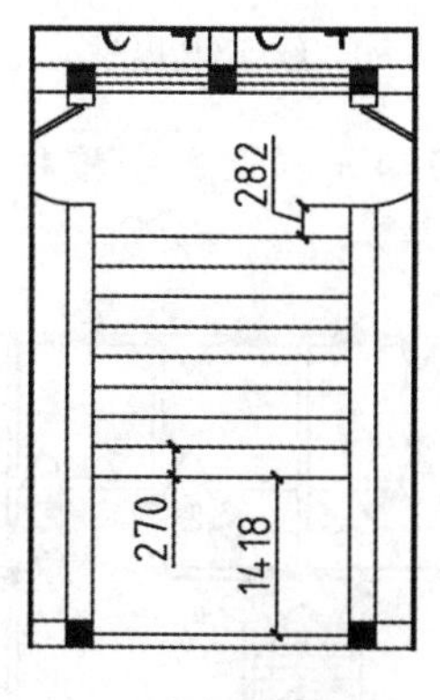

图 7-55　偏移墙线

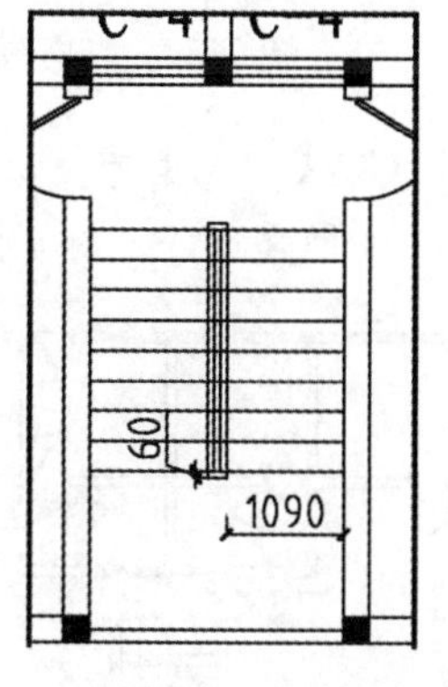

图 7-56　偏移矩形

Step 21 调用 TR【修剪】命令，修剪多余线段，结果如图 7-57 所示。

Step 22 绘制楼梯的剖切步数。调用 PL【多段线】命令，绘制折断线；调用 X【分解】命令，分解多段线；调用 O【偏移】命令，设置偏移距离为 115，偏移多段线，结果如图 7-58 所示。

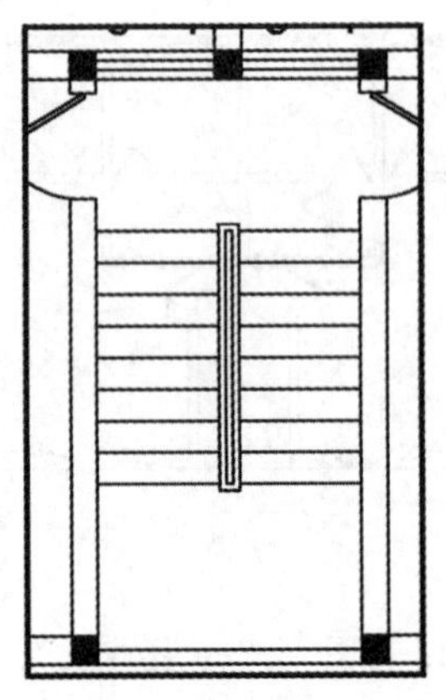

图 7-57　修剪线段

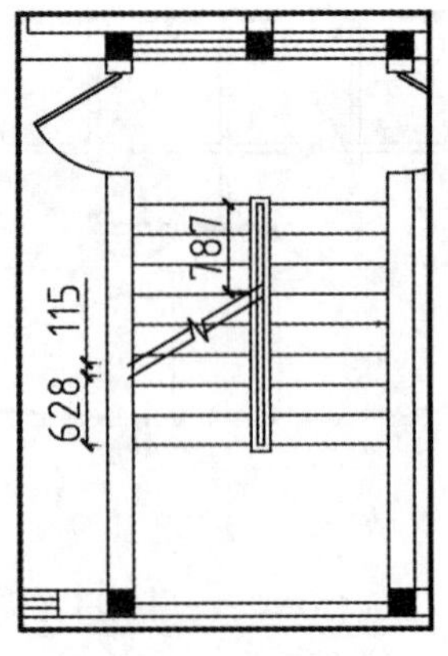

图 7-58　偏移结果

Step 23 调用 TR【修剪】命令，修剪多余线段，结果如图 7-59 所示。

Step 24 绘制指示箭头。调用 PL【多段线】命令，绘制起点宽度为 70，终点宽度为 0 的指示箭头；调用 MT【多行文字】命令，绘制文字标注，结果如图 7-60 所示。

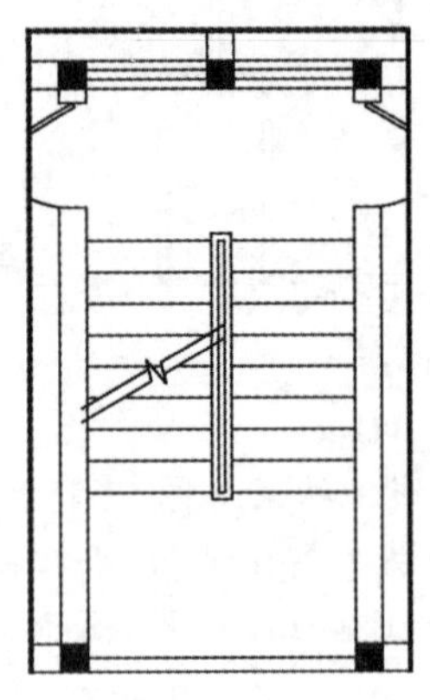

图 7-59　修剪线段

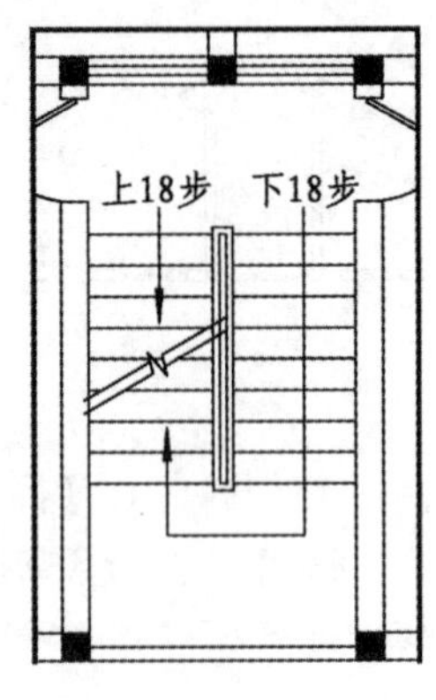

图 7-60　绘制结果

Step 25 调用 CO【复制】命令，将绘制完成的楼梯图形移动复制至另一楼梯间，结果如图 7-61 所示。

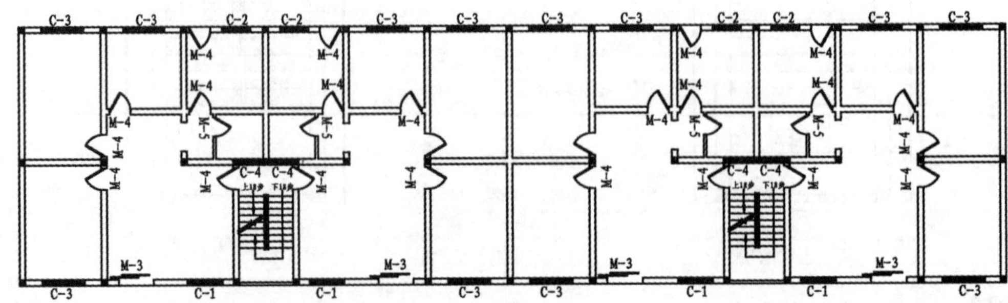

图 7-61　移动复制

Step 26 绘制客厅阳台。调用 PL【多段线】命令，绘制多段线，结果如图 7-62 所示。

Step 27 调用 O【偏移】命令，设置偏移距离为 120，向内偏移多段线，结果如图 7-63 所示。

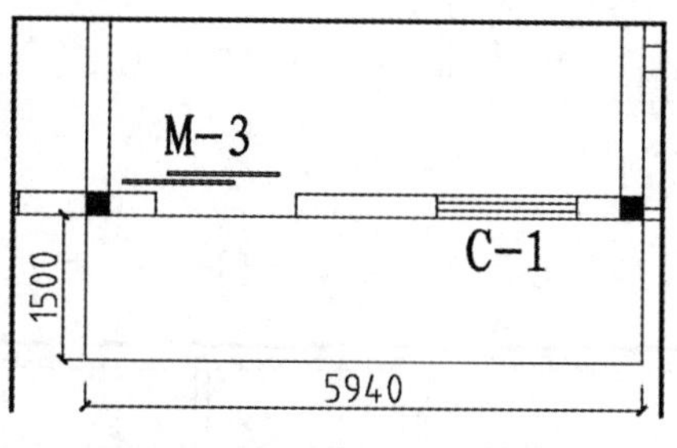

图 7-62　绘制多段线

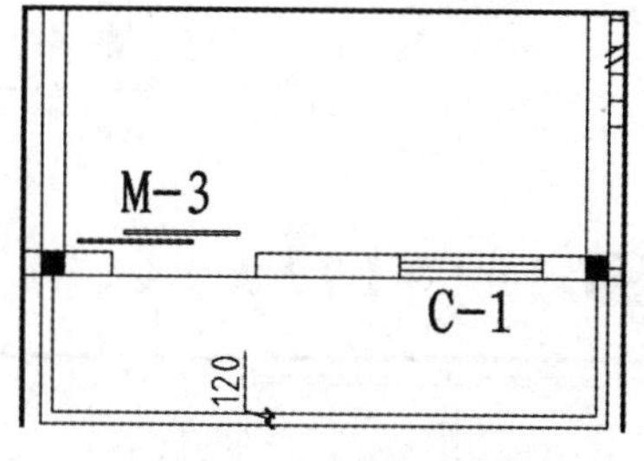

图 7-63　偏移多段线

Step 28 调用 CO【复制】命令，移动复制绘制完成的阳台图形，结果如图 7-64 所示。

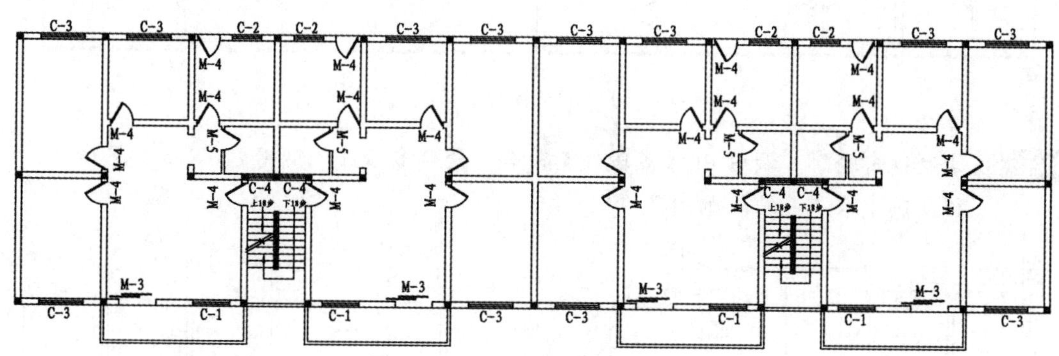

图 7-64　复制结果

Step 29 绘制厨房阳台。调用 PL【多段线】命令，绘制多段线；调用 O【偏移】命令，设置偏移距离为 120，向内偏移多段线，结果如图 7-65 所示。

Step 30 调用 L【直线】命令，绘制直线；调用 O【偏移】命令，偏移直线，结果如图 7-66 所示。

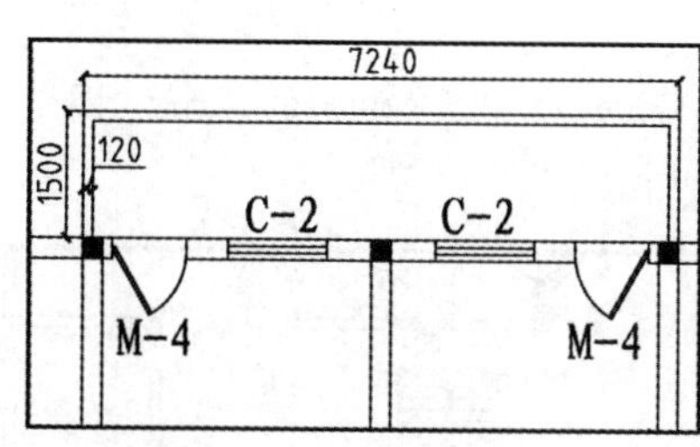

图 7-65　偏移多段线

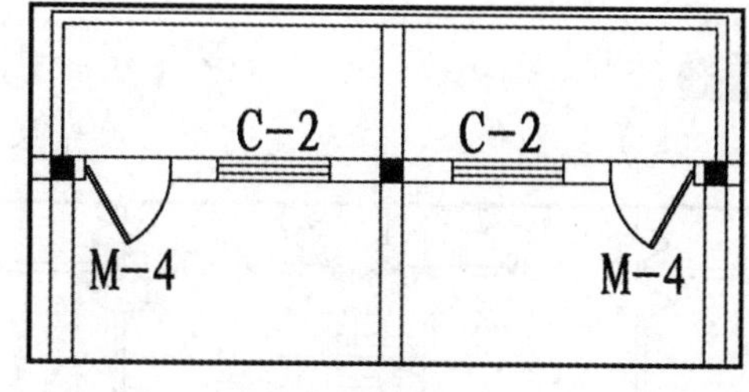

图 7-66　偏移直线

Step 31 绘制标准柱图形。调用 CO【复制】命令，移动复制已绘制完成的标准柱图形至阳台图形中，绘制结果如图 7-67 所示。

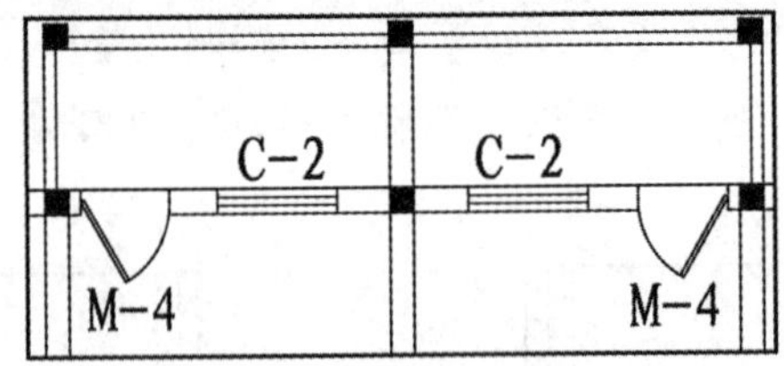

图 7-67　移动复制

Step 32 调用 CO【复制】命令，移动复制绘制完成的阳台图形，结果如图 7-68 所示。

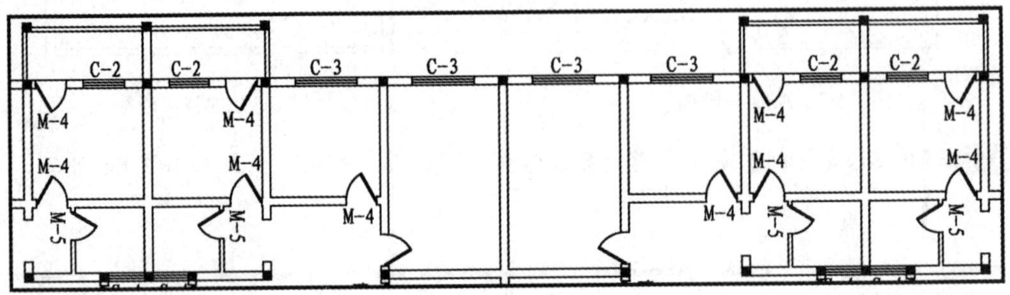

图 7-68　复制结果

Step 33 绘制飘窗轮廓。调用 PL【多段线】命令，绘制多段线；调用 CO【复制】命令，移动复制多段线，结果如图 7-69 所示。

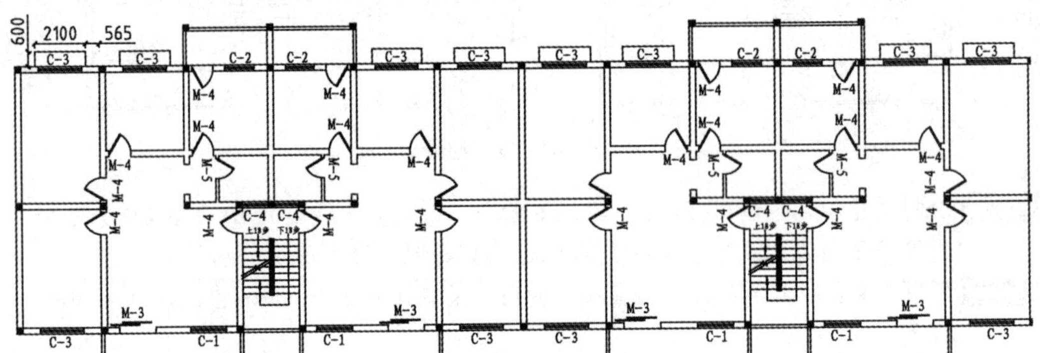

图 7-69　移动复制

Step 34 绘制空调机板。调用 REC【矩形】命令，绘制尺寸为 395 × 645 的矩形；调用 CO【复制】命令，移动复制矩形，结果如图 7-70 所示。

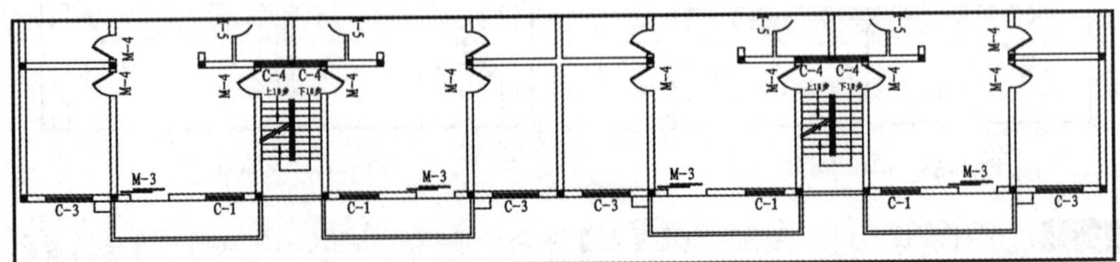

图 7-70　复制矩形

Step 35 绘制通风管道。调用 REC【矩形】命令，绘制尺寸为 240×222 的矩形，结果如图 7-71 所示。

Step 36 调用 PL【多段线】命令，绘制折断线；调用 H【图案填充】命令，在弹出的【图案填充和渐变色】对话框中国选择 SOLID 图案，对图形进行图案填充，结果如图 7-72 所示。

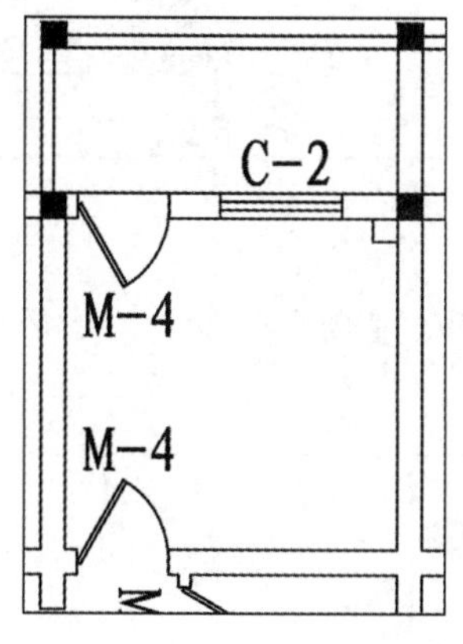

图 7-71 绘制矩形

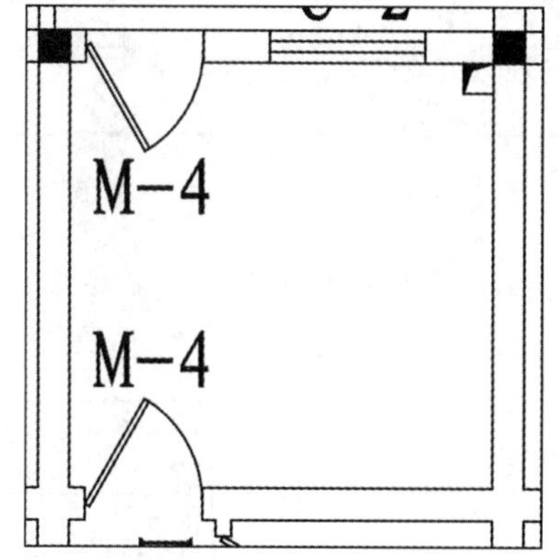

图 7-72 绘制结果

Step 37 调用 CO【复制】命令，移动复制绘制完成的通风管道图形至厨房和卫生间区域中，结果如图 7-73 所示。

Step 38 绘制橱柜。调用 O【偏移】命令，偏移墙线；调用 F【圆角】命令，设置圆角半径为 0，对所偏移的墙线进行圆角处理，结果如图 7-74 所示。

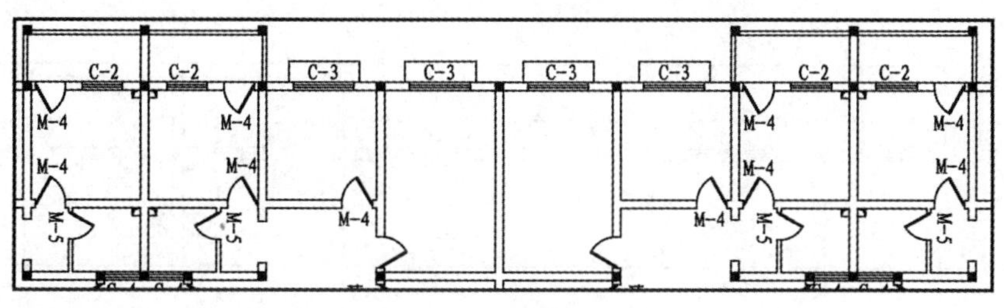

图 7-73 复制结果

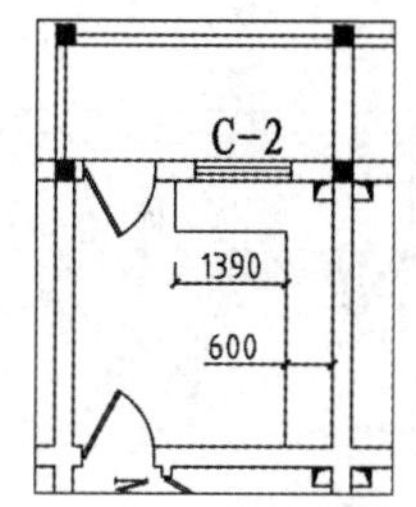

图 7-74 圆角处理

Step 39 调用 CO【复制】命令，移动复制绘制完成的橱柜图形，结果如图 7-75 所示。

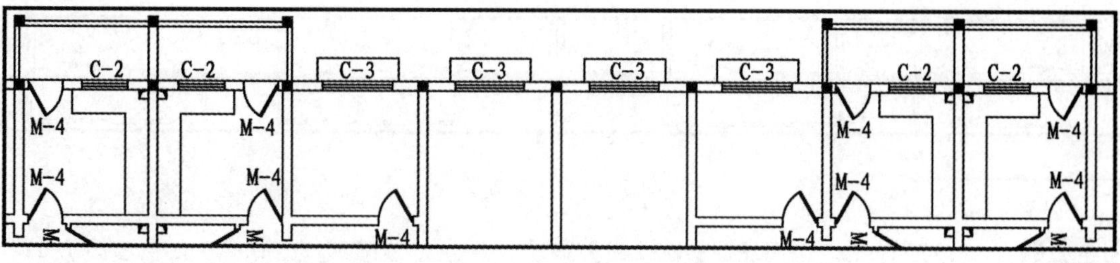

图 7-75 移动复制

Step 40 插入图块。按【Ctrl+O】组合键，打开本书配套光盘提供的“第 7 章\家具图例.dwg”文件，将其中的厨具和洁具图形移动复制到平面图中，结果如图 7-76 所示。

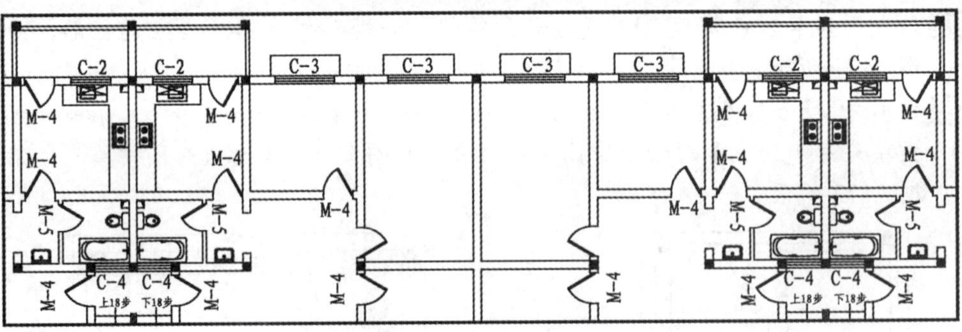

图 7-76　插入图块

Step 41 绘制水管。调用 L【直线】命令，绘制直线；调用 C【圆形】命令，绘制半径为 33 的圆形，结果如图 7-77 所示。

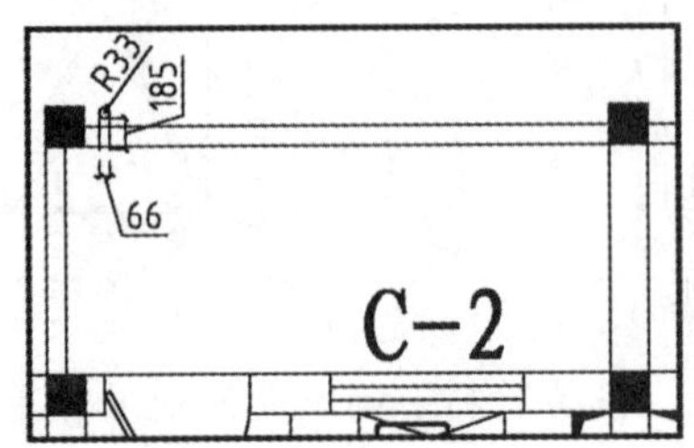

图 7-77　绘制水管

Step 42 调用 CO【复制】命令，移动复制绘制完成的水管图形至厨房的阳台处，结果如图 7-78 所示。

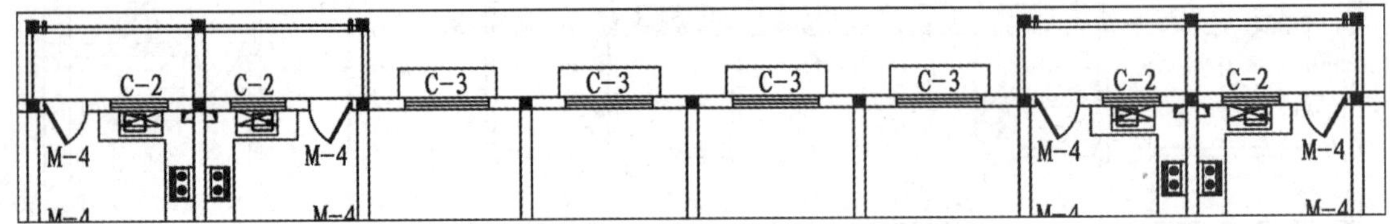

图 7-78　移动复制

Step 43 调用 RO【旋转】命令，将水管图形进行角度的翻转；调用 CO【复制】命令，移动复制绘制完成的水管图形至客厅的阳台处，结果如图 7-79 所示。

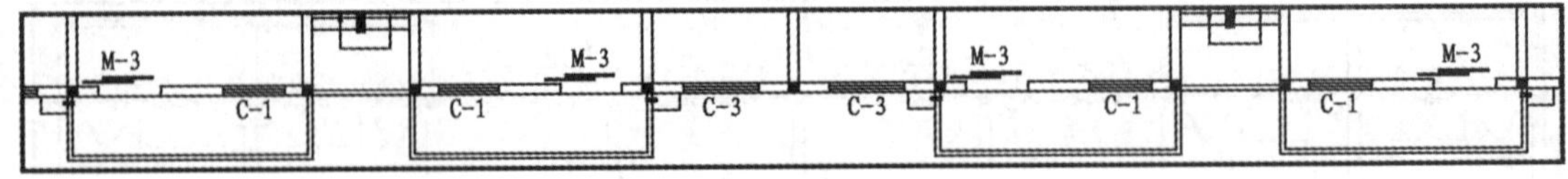

图 7-79　复制结果

Step 44 绘制坡度标注。调用 PL【多段线】命令，绘制起点宽度为 60，终点宽度为 0 的指示箭头，结果如图 7-80 所示。

Step 45 调用 MT【多行文字】命令，在指示箭头上绘制坡度标注，结果如图 7-81 所示。

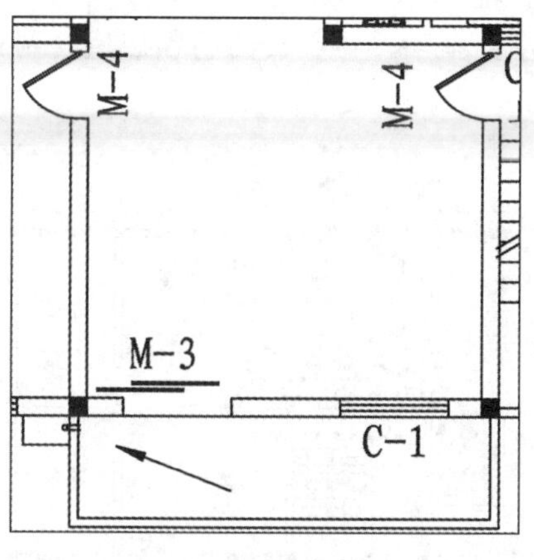

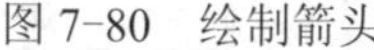

图 7-80 绘制箭头

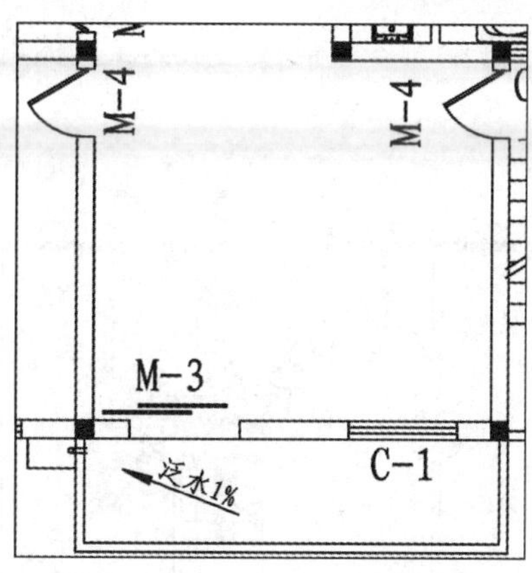

图 7-81 文字标注

Step 46 调用 ML【镜像】命令，镜像复制绘制完成的坡度标注至厨房及客厅的阳台处，结果如图 7-82 所示。

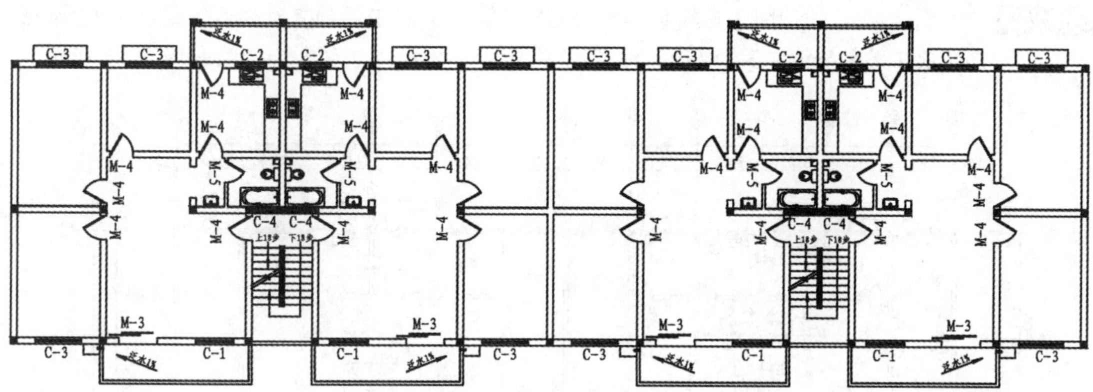

图 7-82 移动复制

Step 47 标高标注。调用 I【插入】命令，在弹出的【插入】对话框中选择“标高”图块；单击【确定】按钮，根据命令行的提示指定标高标注的插入点和标高值，创建标高标注的结果如图 7-83 所示。

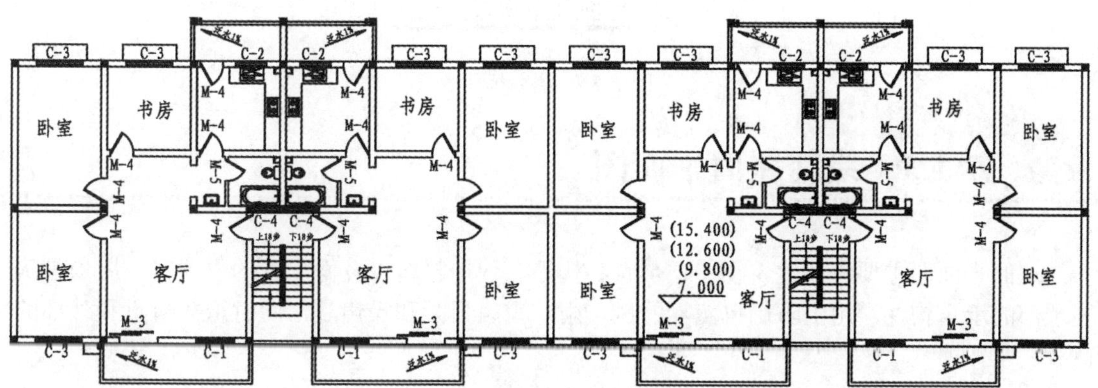

图 7-83 标高标注

Step 48 绘制各功能区文字标注。调用 MT【多行文字】命令，为平面图的各区域绘制文字标注，结果如图 7-84 所示。

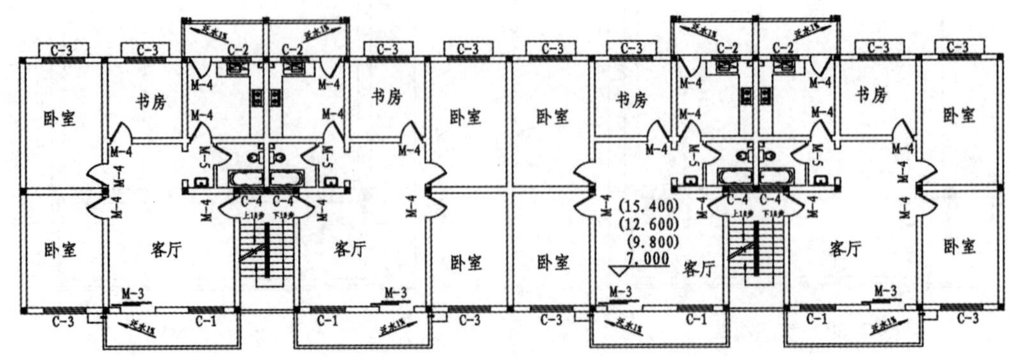

图 7-84　文字标注

Step 49 绘制图名标注。调用 L【直线】命令，绘制双横线，并将下面的直线的线宽设置为 0.3mm；调用 MT【多行文字】命令，绘制图名和比例，完成图名标注的结果如图 7-85 所示。

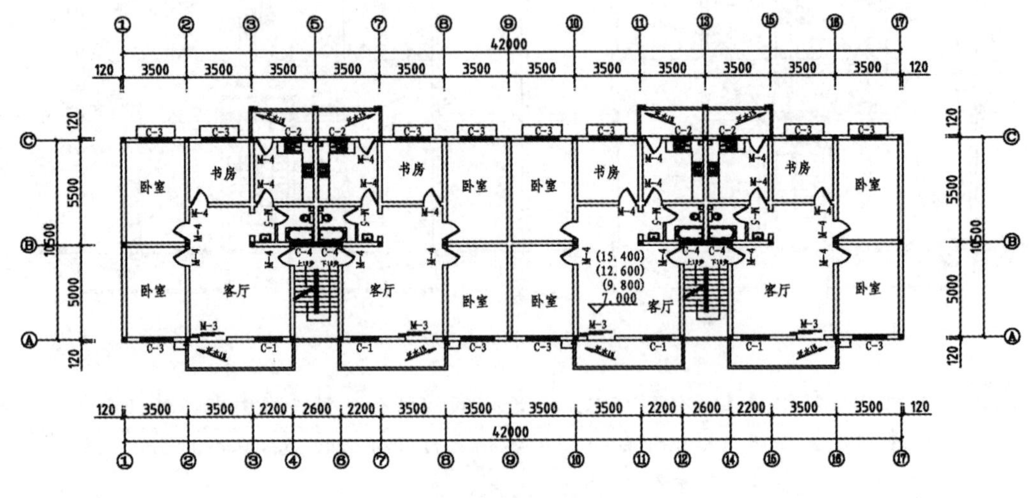

图 7-85　图名标注

7.1.3　绘制屋面平面图

屋面平面图主要表达建筑物屋顶形状、构造、使用材料以及雨水管的位置等。屋顶是房屋顶部的承重构件，用于防御自然界的风、雨、雪、日晒和噪声等，同时承载自重和外部的荷载。

同时屋顶还兼顾美观功能，体现建筑物整体的外立面装饰效果。

Step 01 调用标准层平面图。调用 CO【复制】命令，移动复制一份标准层平面图至一旁；调用 E【删除】命令，删除平面图上多余的图形，结果如图 7-86 所示。

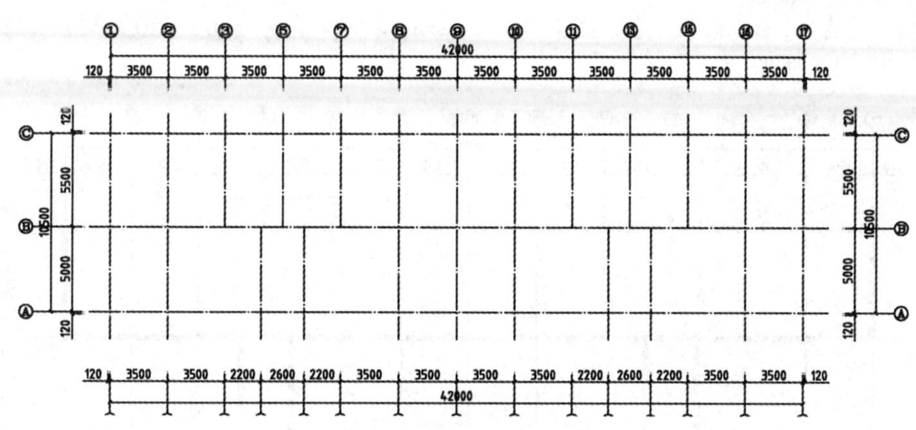

图 7-86　整理图形

Step 02 绘制墙体。调用 ML【多线】命令，绘制宽度为 240 的墙体，结果如图 7-87 所示。

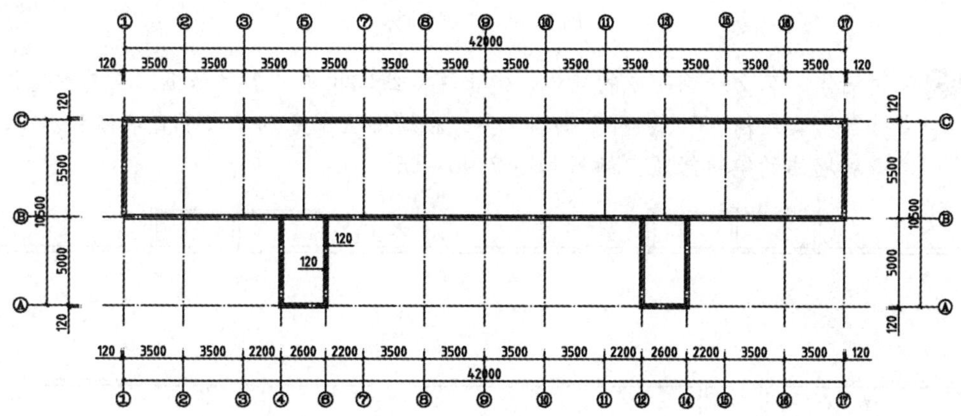

图 7-87　绘制墙体

Step 03 绘制标准柱。调用 CO【复制】命令，从标准层平面图中复制尺寸为 240 × 240 的标准柱至屋面图中，结果如图 7-88 所示。

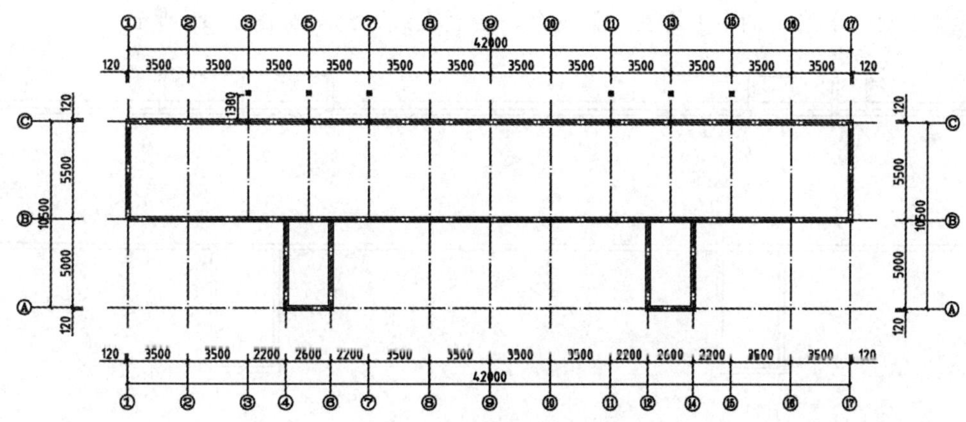

图 7-88　绘制标准柱

Step 04 绘制墙体。调用 ML【多线】命令，分别绘制宽度为 240、120 的墙体，结果如图 7-89 所示。

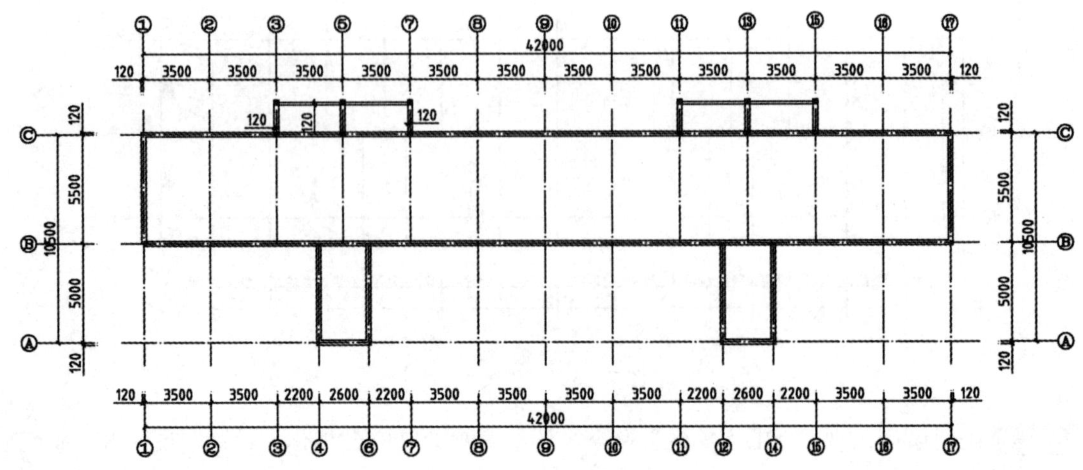

图 7-89　绘制墙体

Step 05 编辑墙体。双击绘制完成的墙体，弹出【多线编辑工具】对话框；在其中选择“角点结合”工具和“T 形打开”编辑工具，在绘图区中分别单击垂直墙体和水平墙体，完成对墙体的编辑修改，结果如图 7-90 所示。

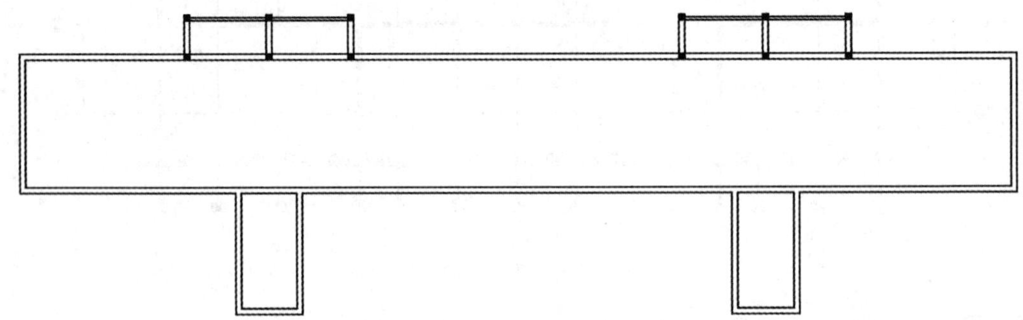

图 7-90　编辑墙体

Step 06 绘制雨水沟。调用 L【直线】命令，绘制直线，结果如图 7-91 所示。

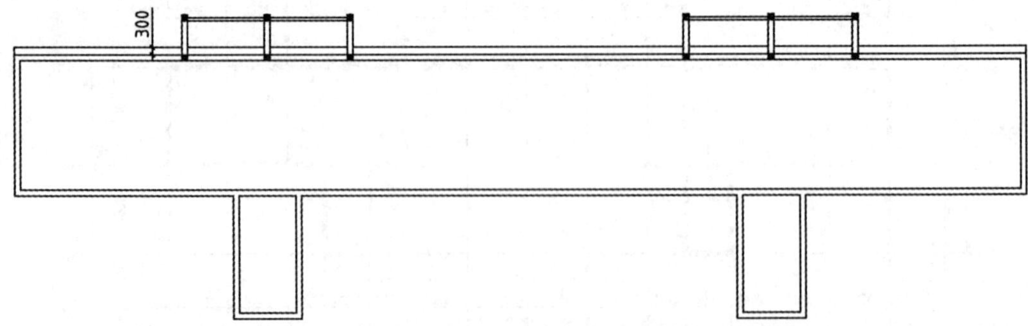

图 7-91　绘制雨水沟

Step 07 绘制雨篷。调用 L【直线】命令，绘制直线；调用 TR【修剪】命令，修剪线段，结果如图 7-92 所示。

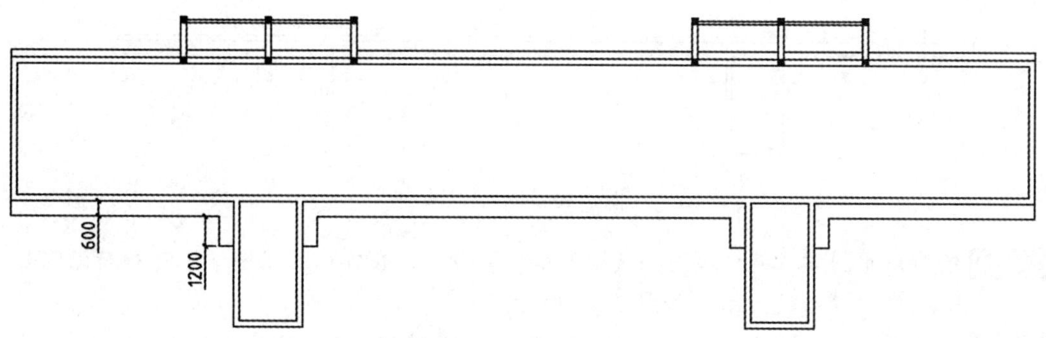

图 7-92　绘制雨篷

Step 08 绘制雨水管。调用 L【直线】命令，绘制直线；调用 C【圆形】命令，绘制半径为 50 的圆形，结果如图 7-93 所示。

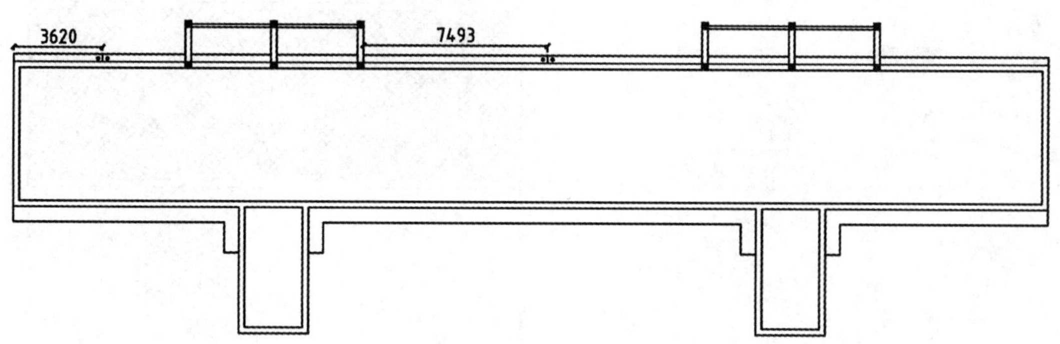

图 7-93　绘制雨水管

Step 09 绘制坡度标注。调用 PL【多段线】命令，绘制起点宽度为 60，终点宽度为 0 的指示箭头；调用 MT【多行文字】命令，在指示箭头上绘制坡度标注，结果如图 7-94 所示。

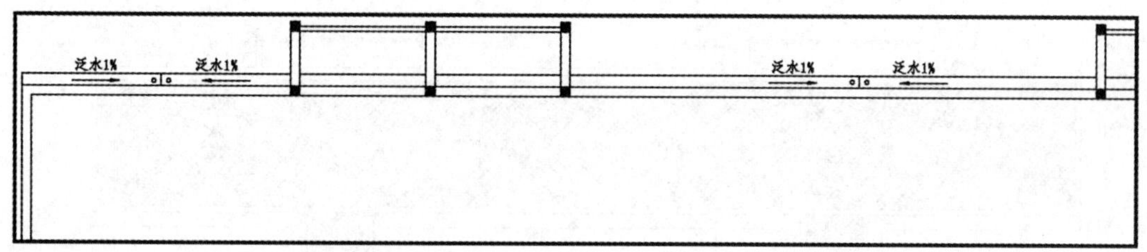

图 7-94　绘制坡度标注

Step 10 标高标注。调用 I【插入】命令，在弹出的【插入】对话框中选择"标高"图块；单击【确定】按钮，根据命令行的提示指定标高标注的插入点和标高值，创建标高标注的结果如图 7-95 所示。

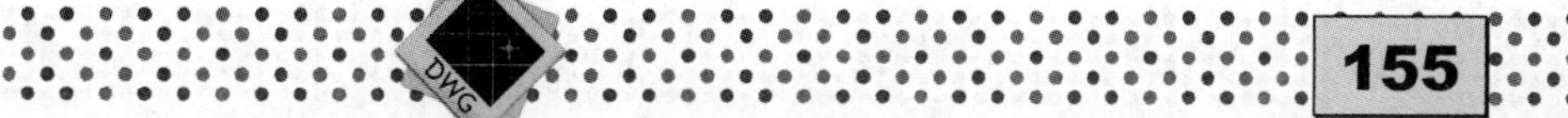

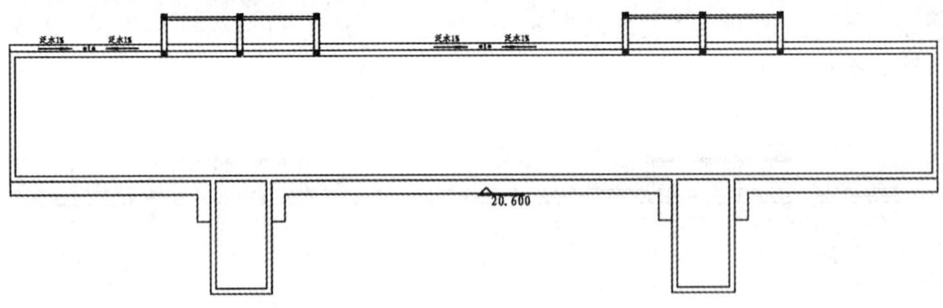

图 7-95　标高标注

Step 11 绘制屋面图案填充。调用 H【图案填充】命令，在弹出的【图案填充和渐变色】对话框中设置参数，结果如图 7-96 所示。

Step 12 在绘图区中拾取填充区域，按回车键，返回【图案填充和渐变色】对话框，单击【确定】按钮，关闭对话框，即可完成图案填充的操作，结果如图 7-97 所示。

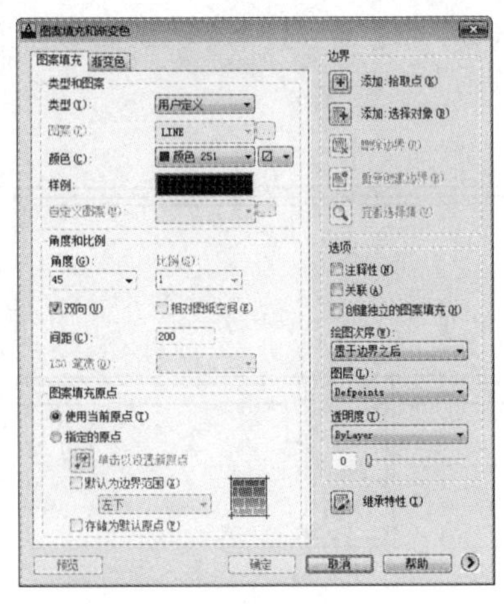

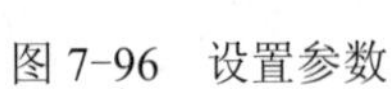
图 7-96　设置参数

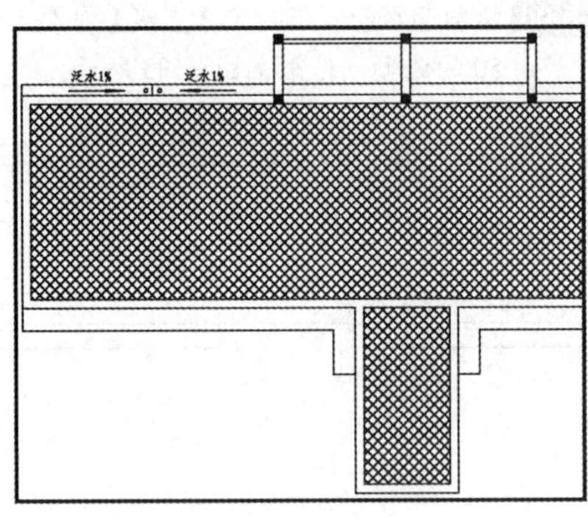

图 7-97　图案填充

Step 13 绘制文字标注。调用 MLD【多重引线】命令，在绘图区中指定引线箭头、引线基线的位置；在弹出的在位文字编辑器中输入文字标注，单击【文字格式】对话框中的【确定】按钮，关闭对话框，即可完成多重引线标注的创建，结果如图 7-98 所示。

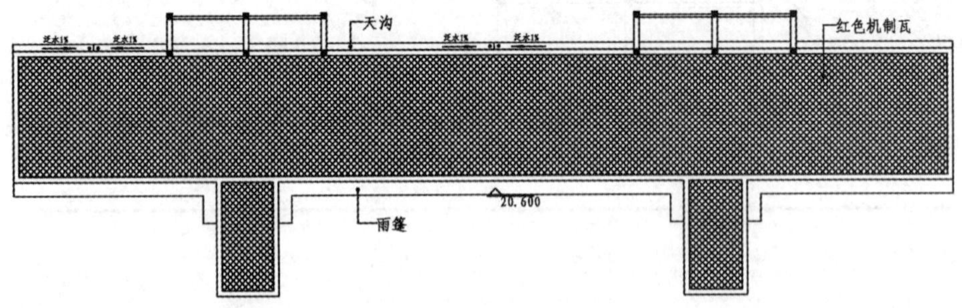

图 7-98　文字标注

Step 14 绘制图名标注。调用 L【直线】命令，绘制双横线，并将下面的直线的线宽设置为 0.3mm；调用 MT【多行文字】命令，绘制图名和比例，完成图名标注的结果如图 7-99 所示。

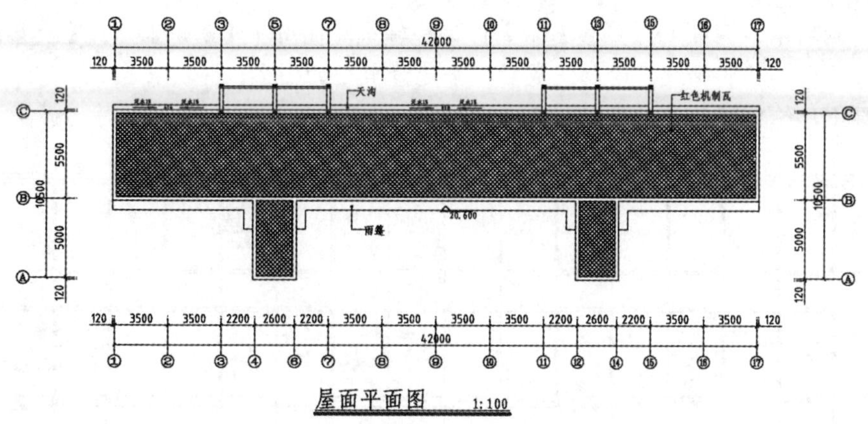

图 7-99 图名标注

7.2 绘制办公楼建筑平面图

本节以公共建筑中常见的办公楼建筑为例，介绍公共建筑施工图的绘制方法，主要包括办公楼的一层平面图、四层平面图、局部六层平面图以及屋顶平面图的画法。旨在通过各不同楼层的平面布置，向读者介绍不同类型平面图的绘制技巧。

7.2.1 绘制一层平面图

办公楼的一层主要有基本的建筑构件，比如散水、台阶、坡道、楼梯等。一层中除了主要的办公区域外，还有用于人流集散的大厅区域、盥洗区域等。其中，楼梯、台阶、坡道图形在绘制过程中可以调用镜像命令来进行绘制，既可保证图形的准确率，也可提供工作效率，节省时间。

Step 01 绘制轴网。调用 L【直线】命令，绘制水平直线和垂直直线；调用 O【偏移】命令，偏移直线，结果如图 7-100 所示。

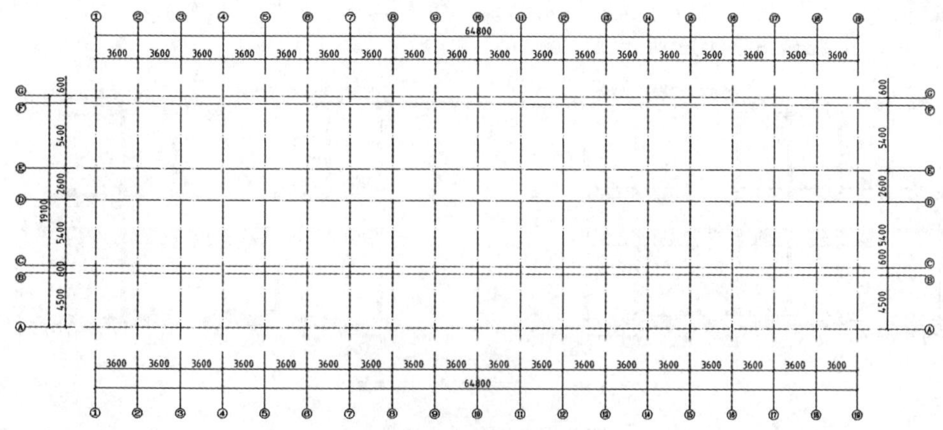

图 7-100 绘制轴网

Step 02 绘制墙体。调用 O【偏移】命令，偏移轴线；调用 F【圆角】、TR【修剪】命令，修剪所偏移的轴线；绘制完成后，全选修剪后的图形，将其转换至“QT_墙体”图层上，绘制墙体的结果如图 7-101 所示。

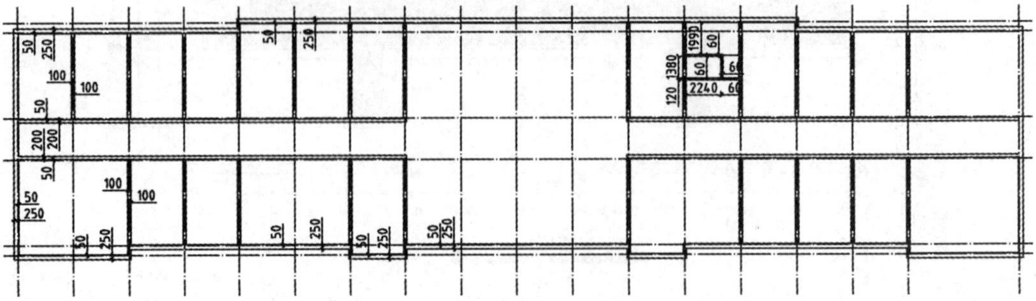

图 7-101 绘制墙体

Step 03 绘制标准柱。调用 REC【矩形】命令，分别绘制尺寸为 500×500、900×400、600×600 的矩形；调用 CO【复制】命令，移动复制矩形。

Step 04 填充标准柱图案。调用 H【图案填充】命令，弹出【图案填充和渐变色】对话框；在对话框中选择 SOLID 图案，拾取标准柱的外轮廓为填充区域，绘制图案填充的结果如图 7-102 所示。

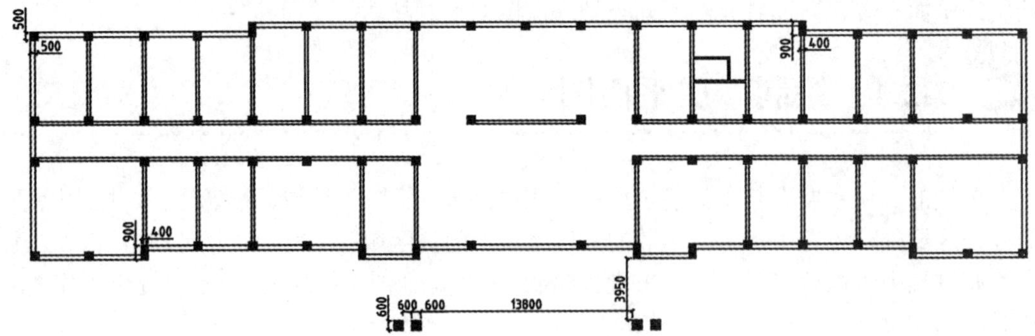

图 7-102 绘制标准柱

Step 05 绘制门窗洞口。调用 L【直线】命令，绘制直线；调用 TR【修剪】命令，修剪墙线，结果如图 7-103 所示。

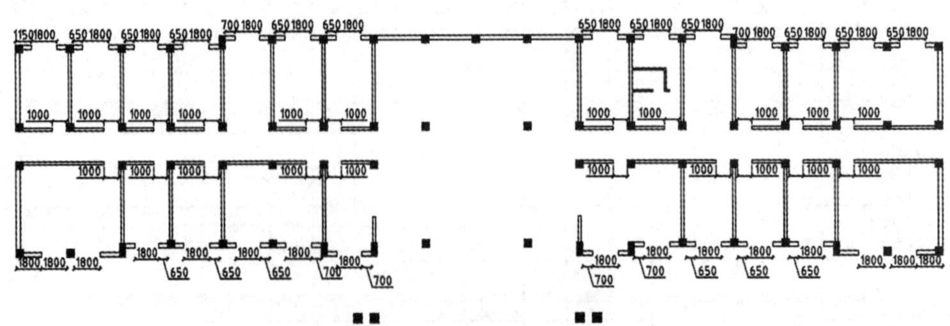

图 7-103 绘制门窗洞口

Step 06 绘制平开门和窗户图形。调用 REC【矩形】命令，绘制矩形；调用 A【圆弧】命令，绘制圆弧，即可完成平开门的绘制。调用 L【直线】命令，绘制直线；调用 O【偏移】命令，偏移直线，即可完成窗户平面图形的绘制，绘制结果如图 7-104 所示。

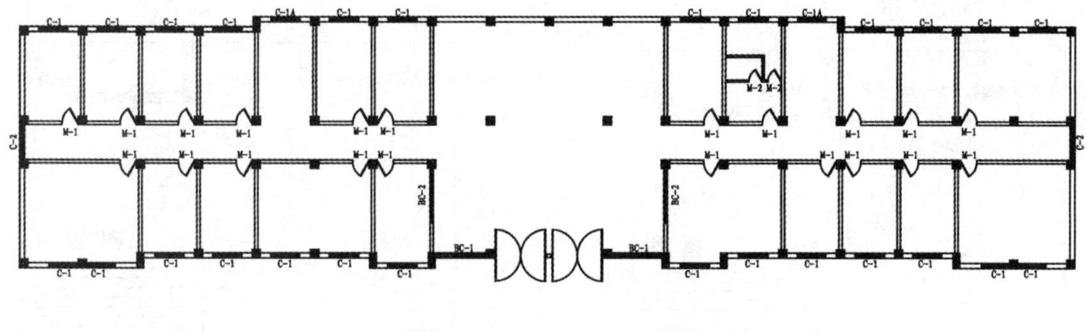

图 7-104　绘制门窗图形

Step 07 绘制台阶。调用 REC【矩形】命令，绘制尺寸为 3 527 × 899 的矩形，结果如图 7-105 所示。

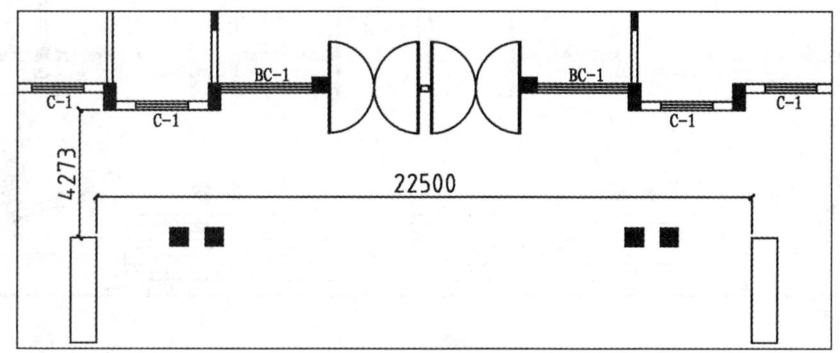

图 7-105　绘制矩形

Step 08 调用 L【直线】命令，绘制直线；调用 O【偏移】命令，偏移直线，绘制结果如图 7-106 所示。

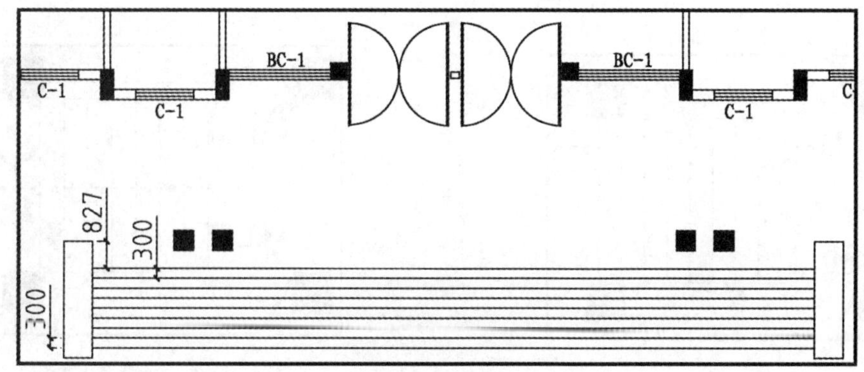

图 7-106　偏移直线

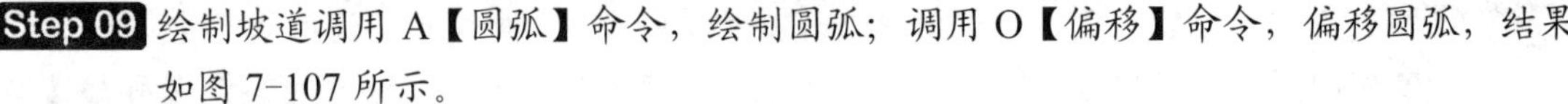

Step 09 绘制坡道调用 A【圆弧】命令，绘制圆弧；调用 O【偏移】命令，偏移圆弧，结果如图 7-107 所示。

Step 10 调用 O【偏移】命令，往外偏移圆弧；调用 L【直线】命令，绘制直线，结果如图 7-108 所示。

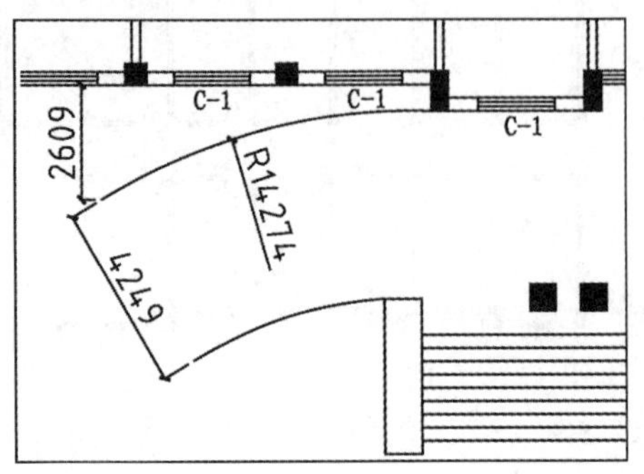

图 7-107　偏移圆弧

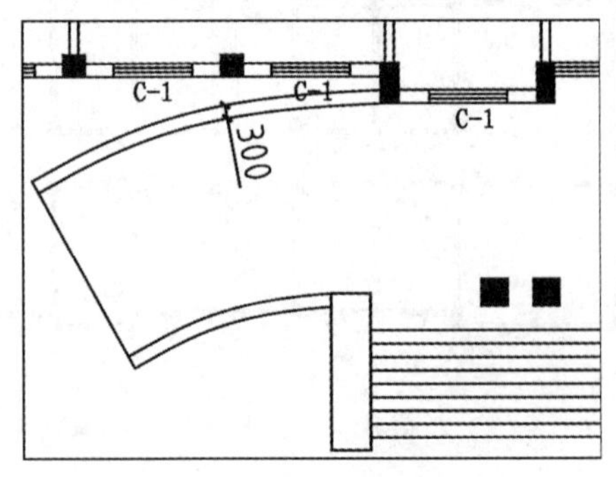

图 7-108　绘制直线

Step 11 调用 MI【镜像】命令，镜像复制绘制完成的坡道图形，结果如图 7-109 所示。

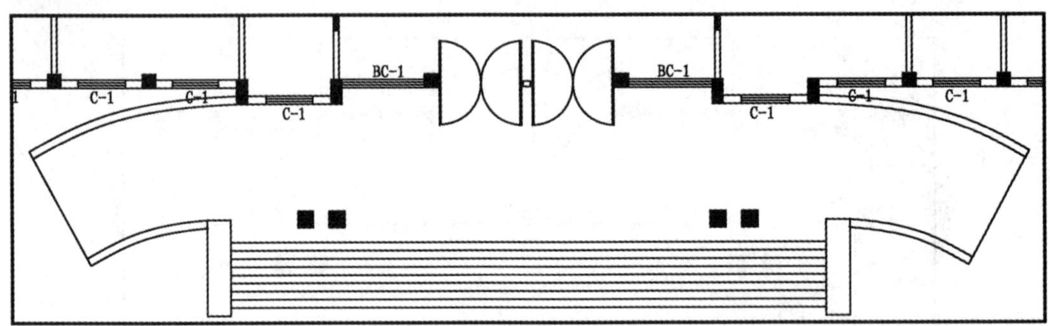

图 7-109　镜像复制

Step 12 绘制室内台阶。调用 L【直线】命令，绘制直线；调用 O【偏移】命令，偏移直线，结果如图 7-110 所示。

Step 13 绘制指示箭头。调用 PL【多段线】命令，绘制起点宽度为 60，终点宽度为 0 的箭头，绘制结果如图 7-111 所示。

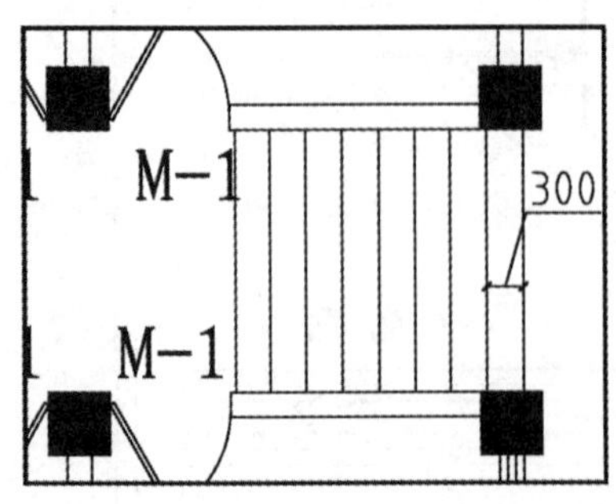

图 7-110　偏移直线

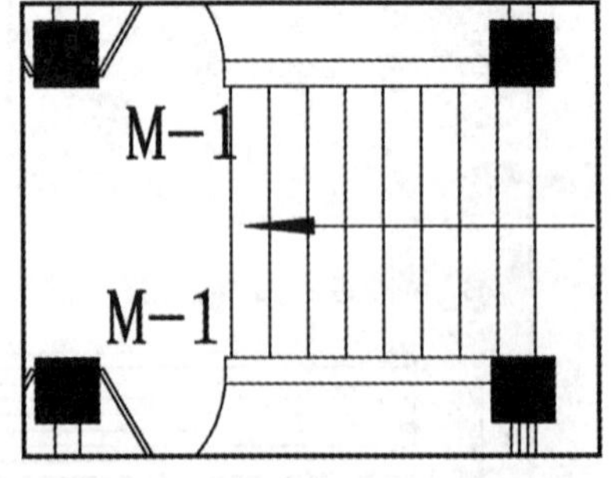

图 7-111　绘制结果

Step 14 调用 MI【镜像】命令，镜像复制绘制完成的台阶图形，结果如图 7-112 所示。

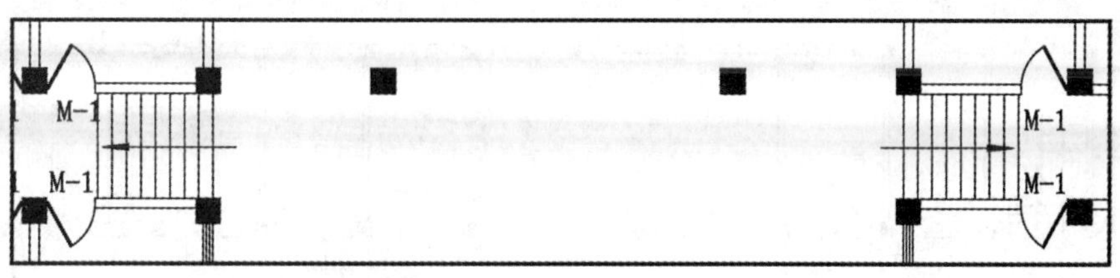

图 7-112 镜像复制

Step 15 绘制楼梯。调用 L【直线】命令，绘制直线；调用 O【偏移】命令，偏移直线，结果如图 7-113 所示。

Step 16 绘制扶手。调用 REC【矩形】命令，绘制矩形；调用 O【偏移】命令，设置偏移距离为 60，向内偏移矩形；调用 TR【修剪】命令，修剪矩形内的多余线段，结果如图 7-114 所示。

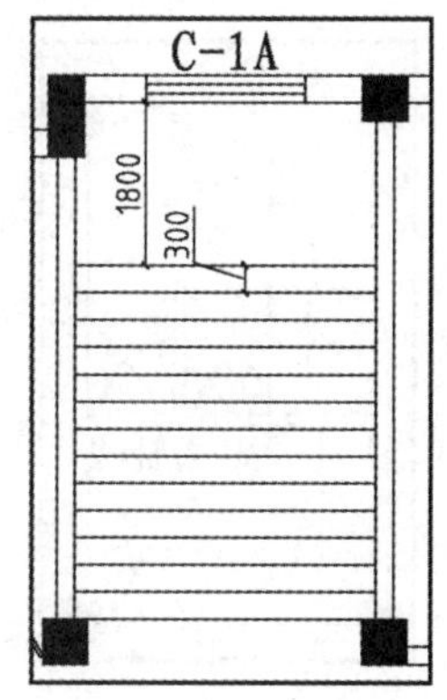

图 7-113 偏移直线

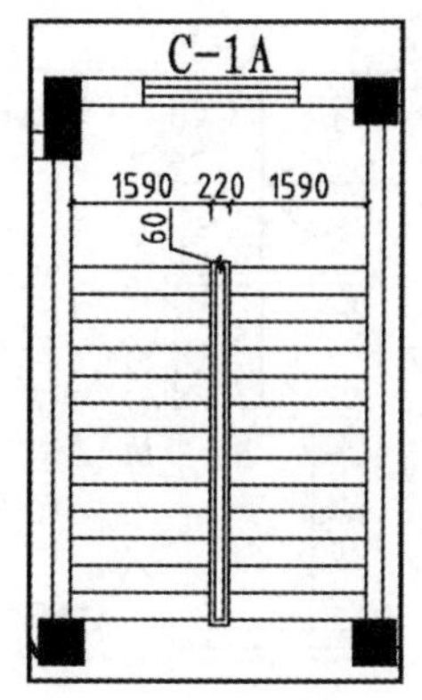

图 7-114 绘制扶手

Step 17 绘制楼梯的剖切步数。调用 PL【多段线】命令，绘制折断线；调用 TR【修剪】命令，修剪线段，结果如图 7-115 所示。

Step 18 绘制指示箭头。调用 PL【多段线】命令，绘制起点宽度为 60，终点宽度为 0 的箭头；调用 MT【多行文字】命令，绘制上楼方向的文字标注，结果如图 7-116 所示。

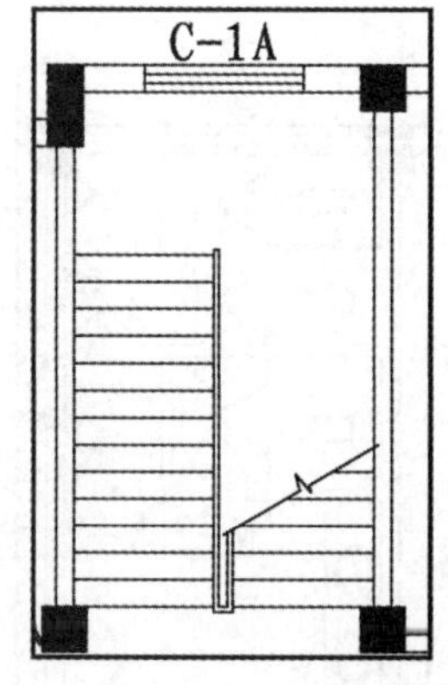

图 7-115 绘制楼梯的剖切步数

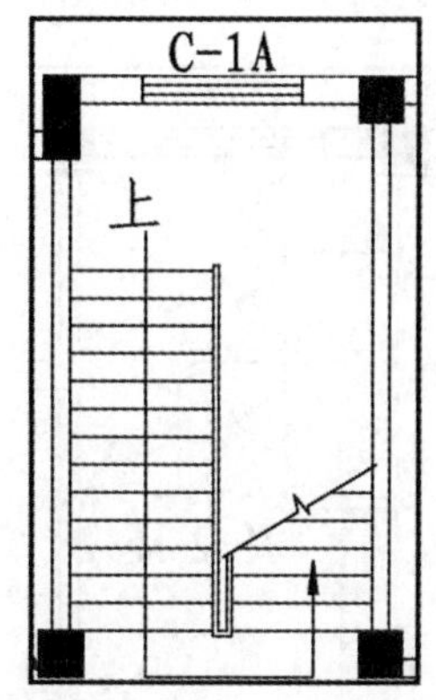

图 7-116 绘制结果

Step 19 调用 MI【镜像】命令，镜像复制绘制完成的楼梯图形，结果如图 7-117 所示。

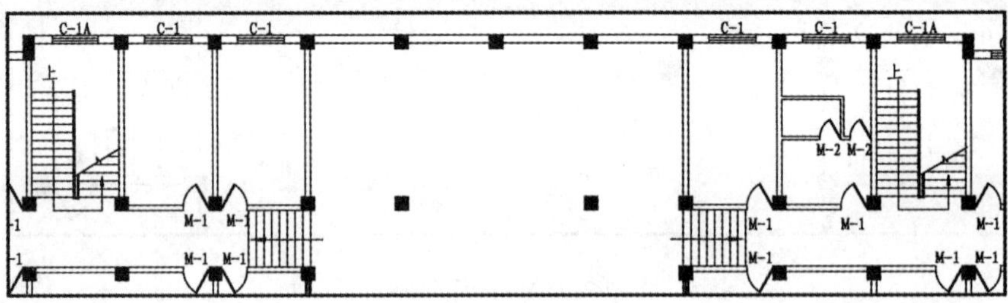

图 7-117 镜像复制

Step 20 绘制卫生间隔断及洗手台图形。调用 O【偏移】命令，偏移墙线；调用 TR【修剪】命令，修剪墙线，结果如图 7-118 所示。

Step 21 绘制门洞。调用 L【直线】命令，绘制直线；调用 TR【修剪】命令，修剪线段，结果如图 7-119 所示。

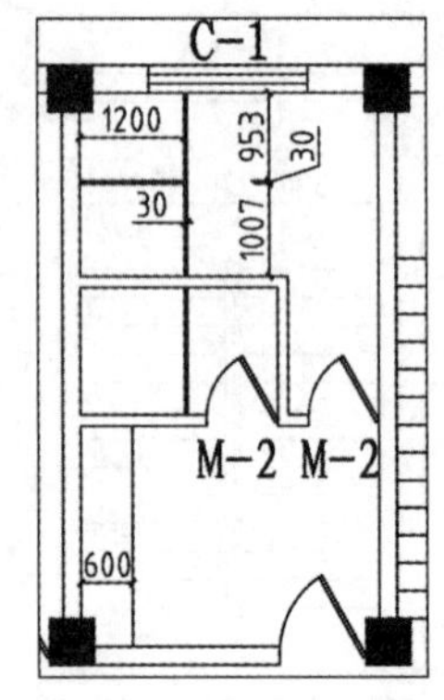

图 7-118 偏移并修剪墙线

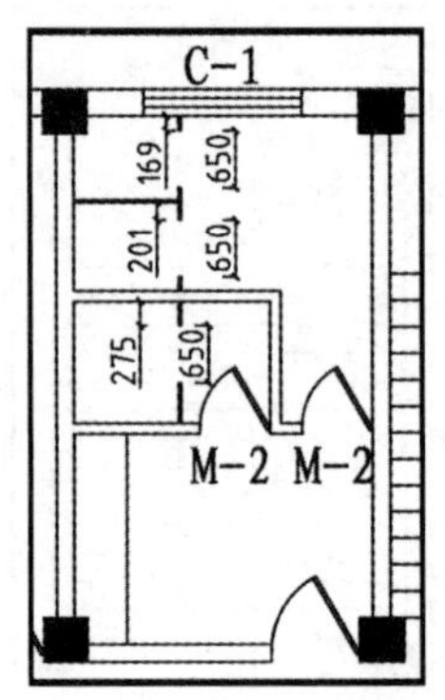

图 7-119 绘制门洞

Step 22 绘制平开门。调用 REC【矩形】命令，绘制尺寸 650 × 30 的矩形；调用 RO【旋转】命令，设置旋转角度为-30°，将矩形进行角度的翻转；调用 A【圆弧】命令，绘制圆弧，完成平开门图形的绘制，结果如图 7-120 所示。

Step 23 插入图块。按【Ctrl+O】组合键，打开本书配套光盘提供的“第 7 章\家具图例.dwg”文件，将其中的洁具图形移动复制到平面图中，结果如图 7-121 所示。

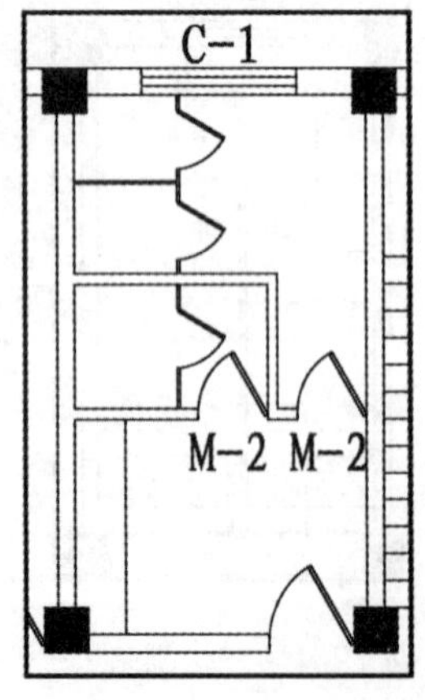

图 7-120 绘制平开门

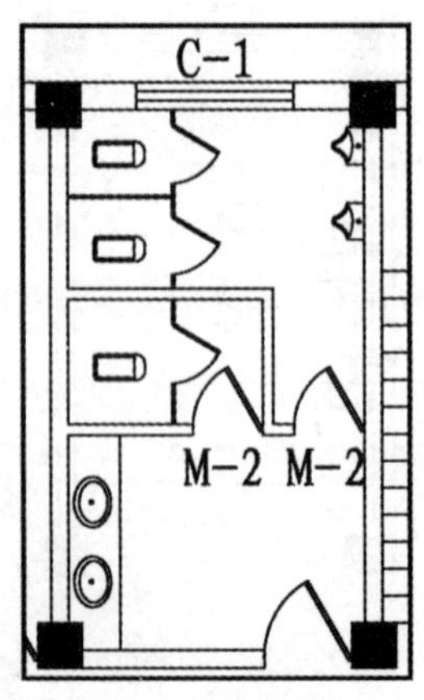

图 7-121 插入图块

Step 24 绘制散水。调用 PL【多段线】命令，沿建筑物外墙绘制多段线；调用 O【偏移】命令，设置偏移距离为 1 500，向外偏移多段线；调用 L【直线】命令，绘制直线，结果如图 7-122 所示。

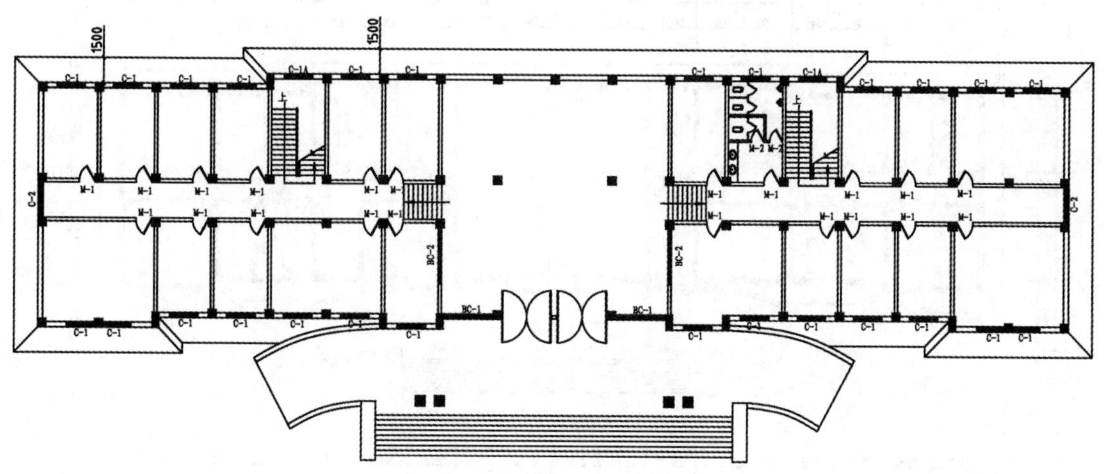

图 7-122 绘制散水

Step 25 标高标注。调用 I【插入】命令，在弹出的【插入】对话框中选择“标高”图块；单击【确定】按钮，根据命令行的提示指定标高标注的插入点和标高值，创建标高标注的结果如图 7-123 所示。

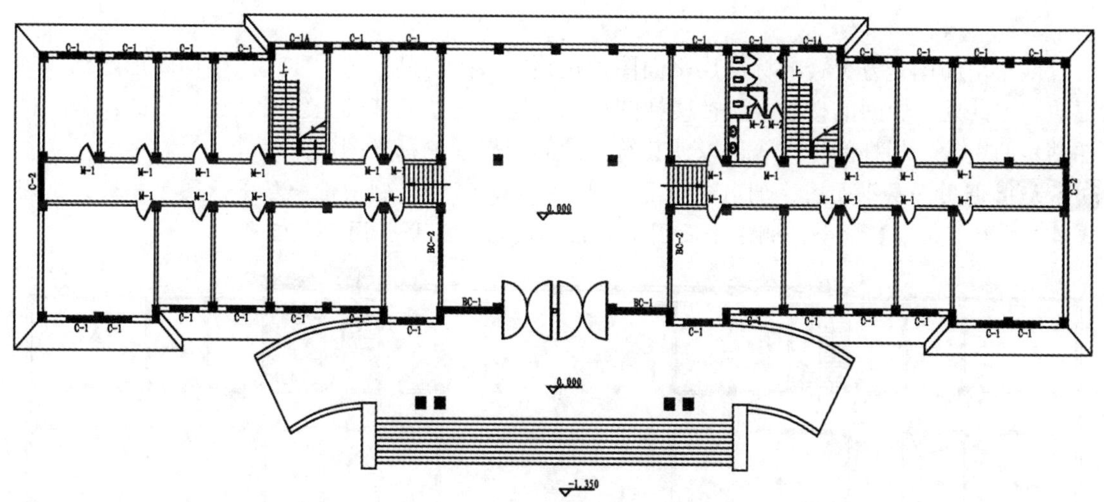

图 7-123 标高标注

Step 26 绘制各功能区文字标注。调用 MT【多行文字】命令，为平面图的各区域绘制文字标注。

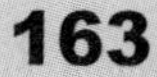

Step 27 绘制图名标注。调用 L【直线】命令，绘制双横线，并将下面的直线的线宽设置为 0.3mm；调用 MT【多行文字】命令，绘制图名和比例，完成图名标注的结果如图 7-124 所示。

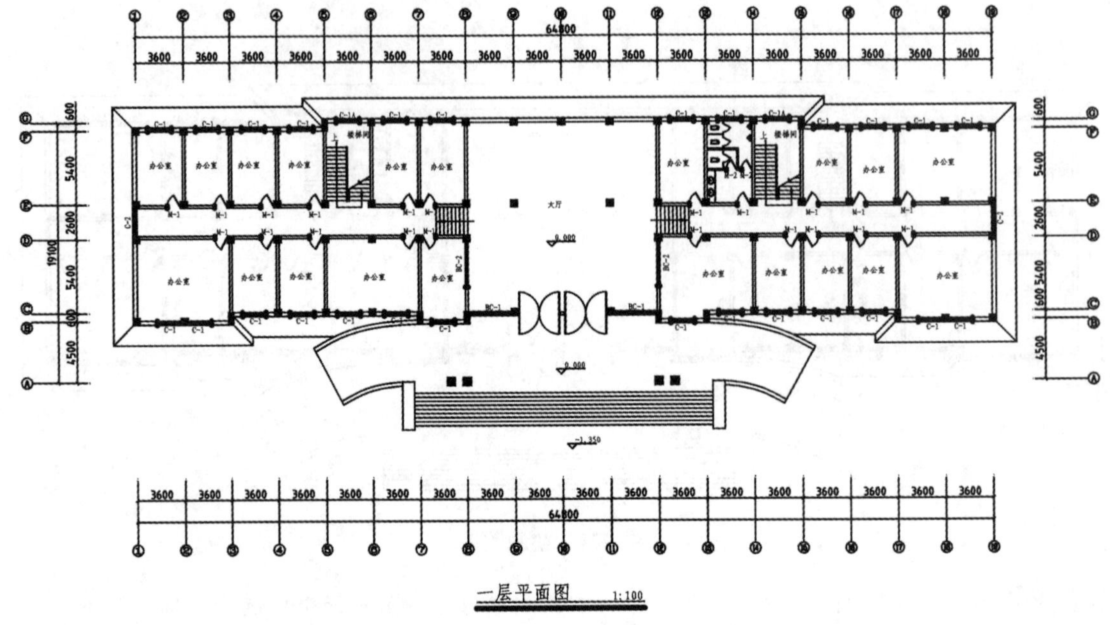

图 7-124 图名标注

7.2.2 绘制四层平面图

四层平面图是办公楼的标准层平面图，在绘制该图的过程中，要注意楼梯图形及墙体的更改。因其处于中间的楼层，所在楼梯图形在一层平面图的基础上要对其进行更改；包括楼梯踏步的更改、栏杆的更改等，以使其符合中间层楼梯的标准图例。

Step 01 调用一层平面图。调用 CO【复制】命令，移动复制一份一层平面图至一旁；调用 E【删除】命令，删除平面图上多余的图形，结果如图 7-125 所示。

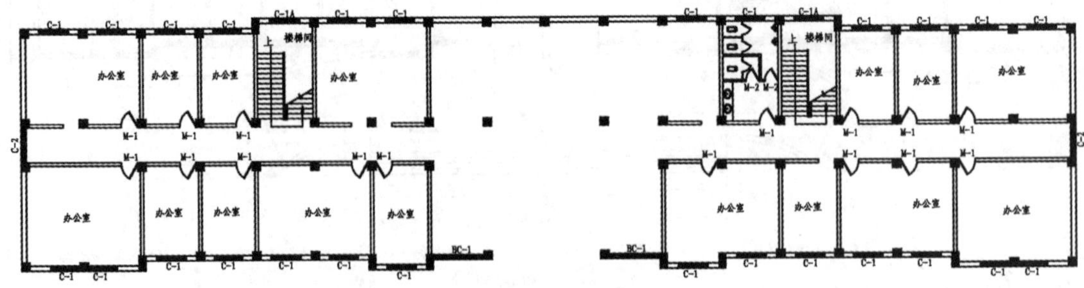

图 7-125 整理图形

Step 02 绘制墙体。调用 L【直线】命令，绘制直线；调用 TR【修剪】命令，修剪直线，结果如图 7-126 所示。

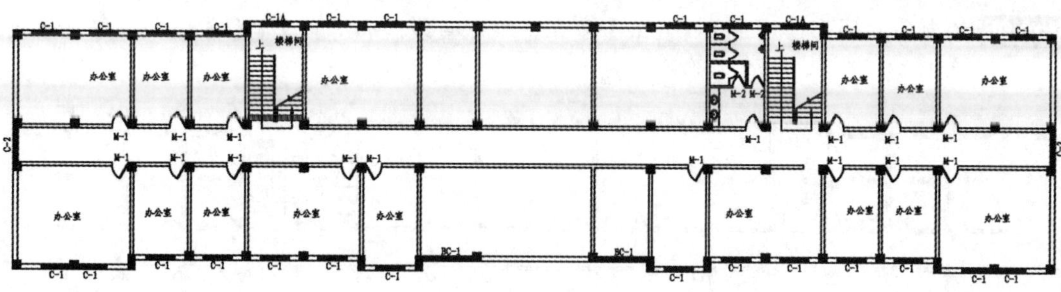

图 7-126　绘制墙体

Step 03 绘制门洞。调用【直线】命令，绘制直线；调用 TR【修剪】命令，修剪墙体，绘制结果如图 7-127 所示。

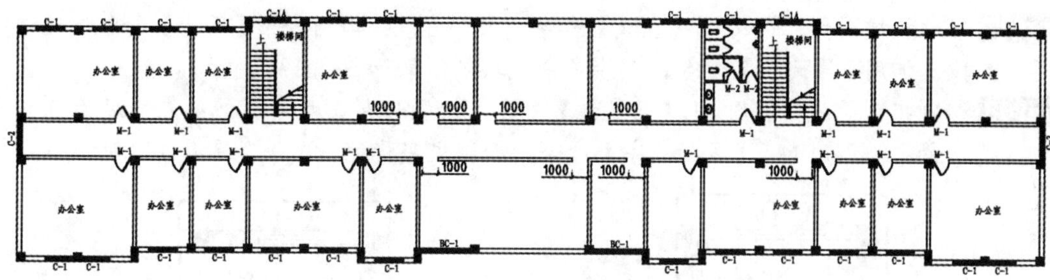

图 7-127　绘制门洞

Step 04 绘制平开门。调用 CO【复制】命令，移动复制平开门图形，结果如图 7-128 所示。

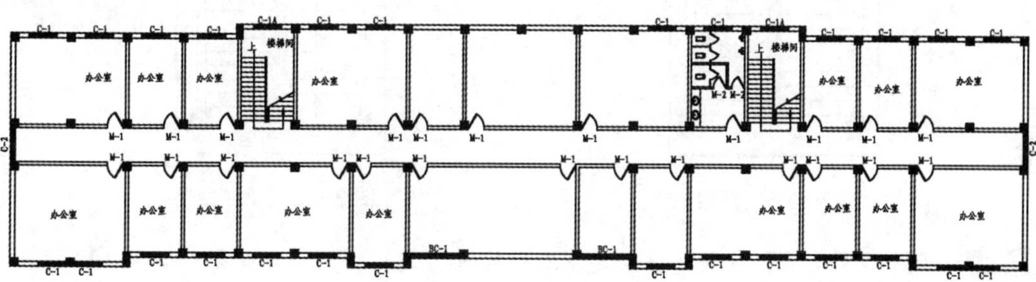

图 7-128　绘制平开门

Step 05 绘制窗洞。调用【直线】命令，绘制直线；调用 TR【修剪】命令，修剪墙体，绘制结果如图 7-129 所示。

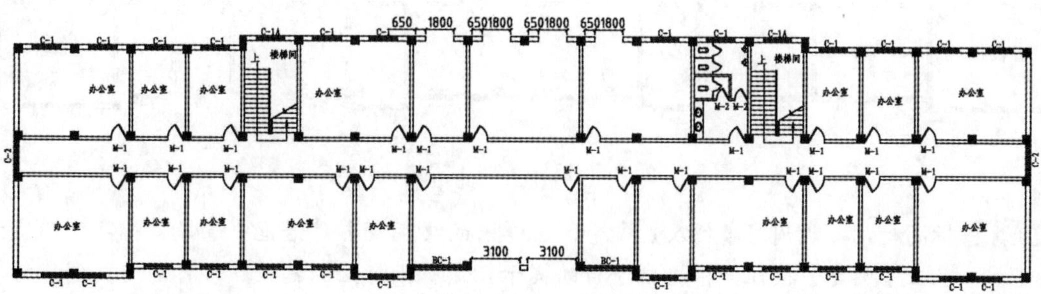

图 7-129　绘制窗洞

Step 06 绘制窗户图形。调用 L【直线】命令，绘制直线；调用 O【偏移】命令，偏移直线；调用 MT【多行文字】命令，绘制窗户名称的文字标注，结果如图 7-130 所示。

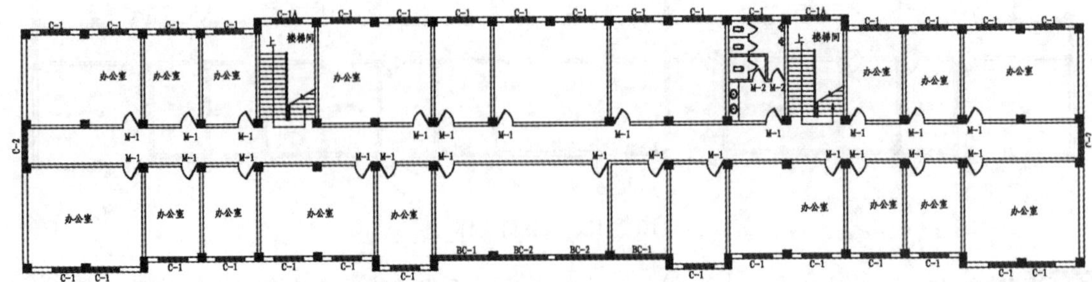

图 7-130　绘制窗户

Step 07 修改楼梯图形。调用 L【直线】命令，绘制直线；调用 EX【延伸】命令，延伸线段；调用 E【删除】命令，删除多余线段，结果如图 7-131 所示。

Step 08 绘制指示箭头。调用 PL【多段线】命令，绘制起点宽度为 70，终点宽度为 0 的指示箭头；调用 MT【多行文字】命令，绘制文字标注，结果如图 7-132 所示。

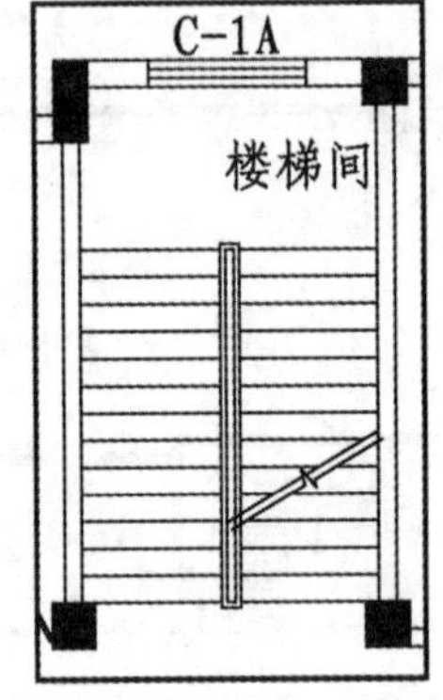

图 7-131　修改结果

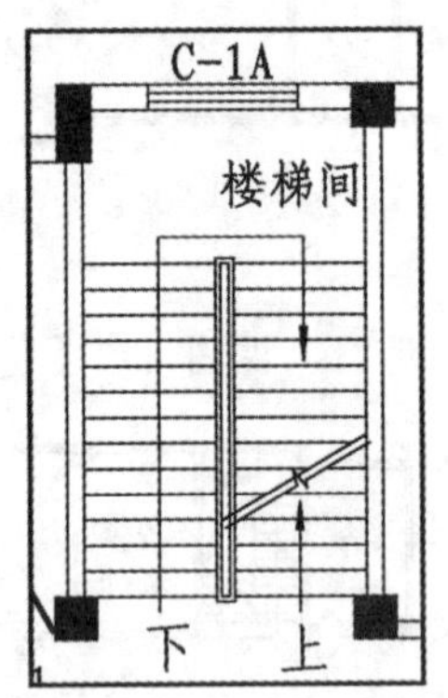

图 7-132　绘制结果

Step 09 调用 CO【复制】命令，移动复制编辑修改后的楼梯图形，结果如图 7-133 所示。

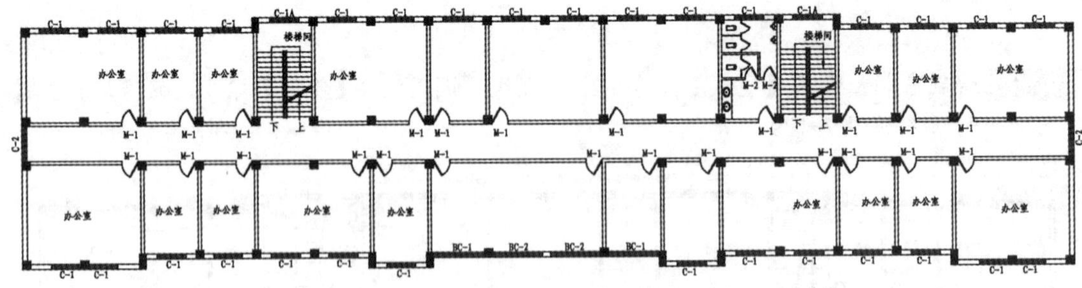

图 7-133　移动复制

Step 10 标高标注。调用 I【插入】命令，在弹出的【插入】对话框中选择“标高”图块；单击【确定】按钮，根据命令行的提示指定标高标注的插入点和标高值，创建标高标注的结果如图 7-134 所示。

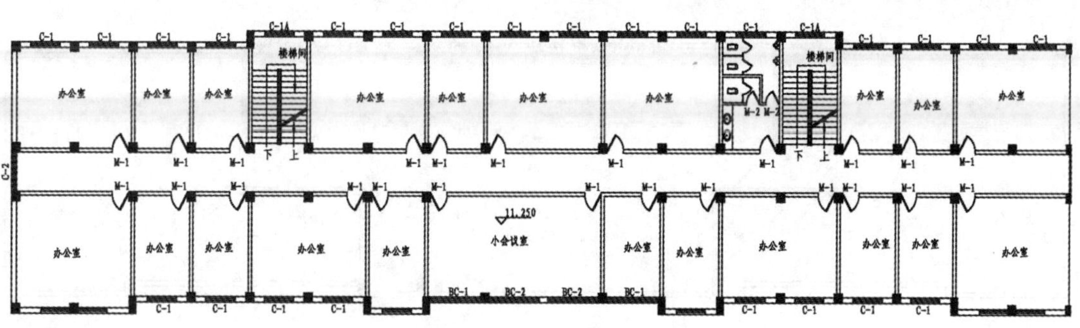

图 7-134 标高标注

Step 11 绘制各功能区文字标注。调用 MT【多行文字】命令，为平面图的各区域绘制文字标注。

Step 12 绘制图名标注。调用 L【直线】命令，绘制双横线，并将下面的直线的线宽设置为 0.3mm；调用 MT【多行文字】命令，绘制图名和比例，完成图名标注的结果如图 7-135 所示。

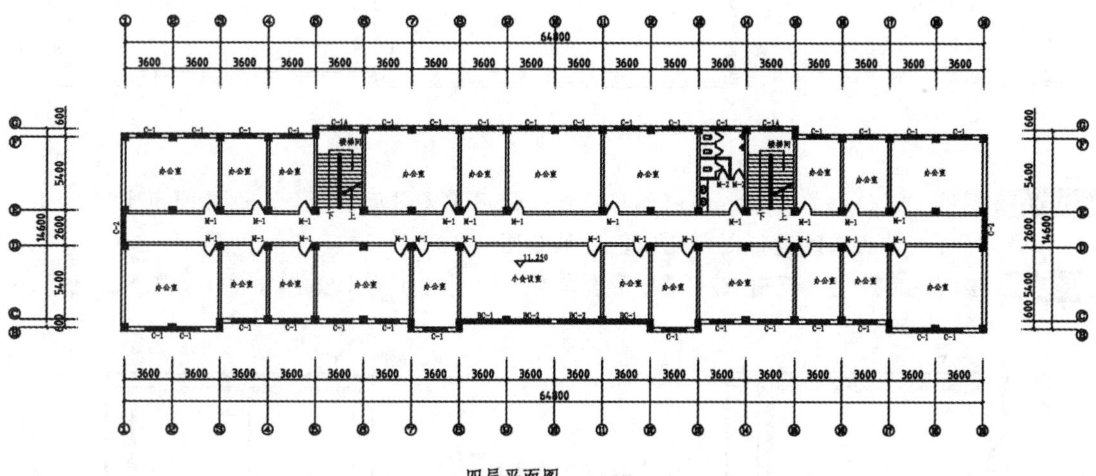

图 7-135 图名标注

7.2.3 绘制局部六层平面图

六层位于标准层以上，屋顶平面图以下，是介于两者之间的楼层。绘制该层平面图时，要将楼梯平面图进行更改，使其符合顶层楼梯标准图例。

此外，屋顶造型在该层中已经得到局部体现，其位于楼层的左右两边。雨水坡道、下水管等图形在该层平面图中也有了明确表示，读者在绘制该层平面图时，要搞清楚水管的半径大小、位置以及坡道的方向和坡度参数等。

Step 01 调用四层平面图。调用 CO【复制】命令，移动复制一份四层平面图至一旁；调用 E【删除】命令，删除平面图上的多余图形，结果如图 7-136 所示。

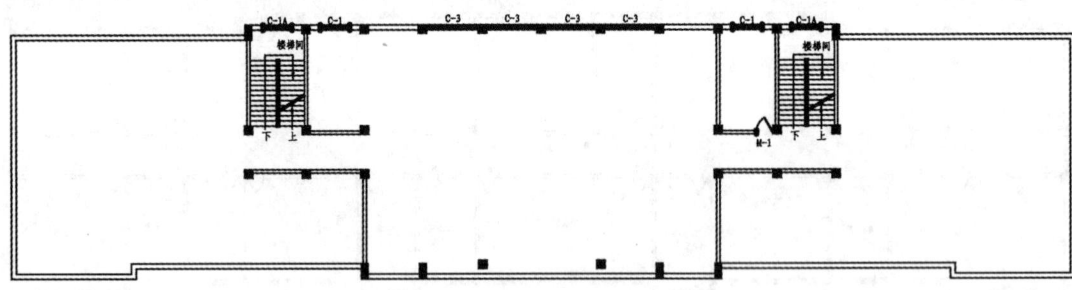

图 7-136 整理图形

Step 02 绘制屋顶。调用 O【偏移】命令，偏移墙线，结果如图 7-137 所示。

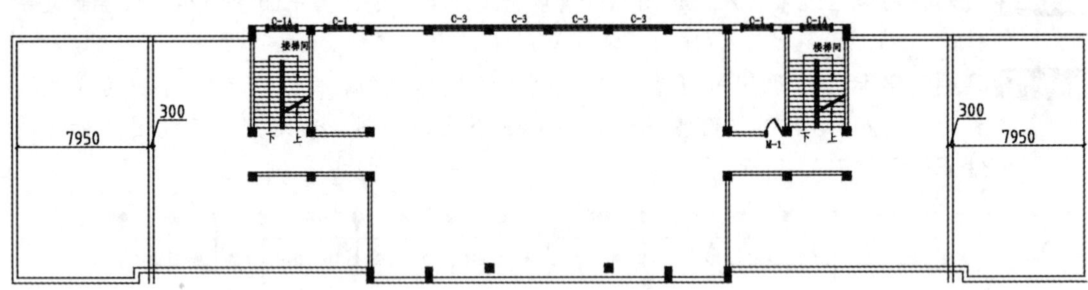

图 7-137 偏移墙线

Step 03 调用 O【偏移】命令，向内偏移墙线；调用 F【圆角】命令，设置圆角半径为 0，对所偏移的墙线进行圆角处理，结果如图 7-138 所示。

Step 04 绘制屋顶造型。调用 REC【矩形】命令，绘制尺寸为 1 800×1 800 的矩形，结果如图 7-139 所示。

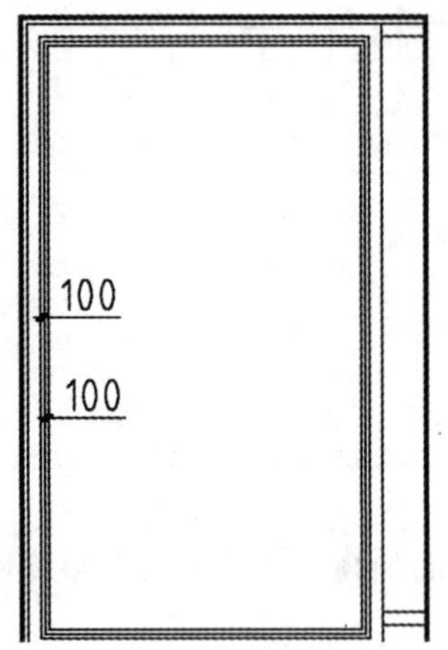

图 7-138 圆角处理

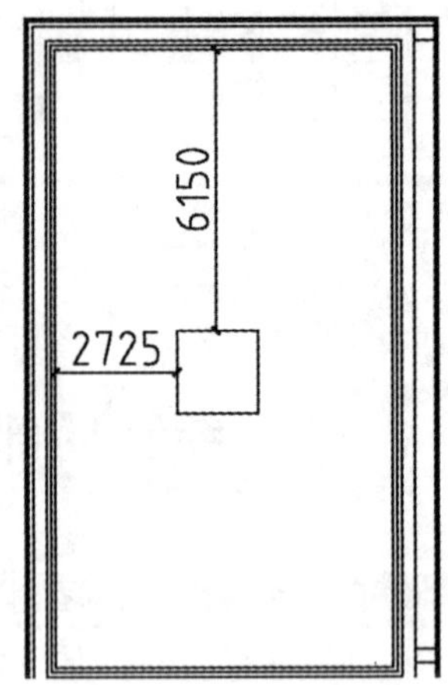

图 7-139 绘制矩形

Step 05 调用 O【偏移】命令，设置偏移距离为 375，向内偏移矩形，结果如图 7-140 所示。

Step 06 调用 C【圆形】命令，绘制半径为 121 的圆形；调用 L【直线】命令，绘制对角线，结果如图 7-141 所示。

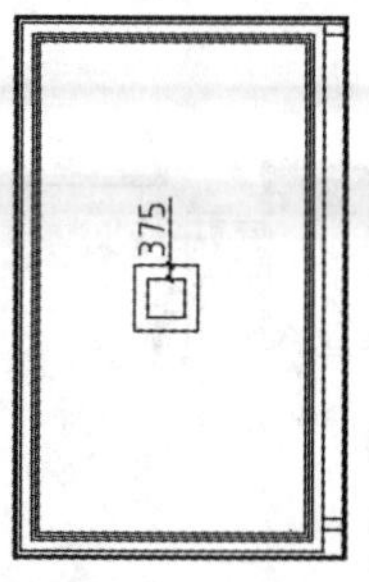

图 7-140　偏移矩形

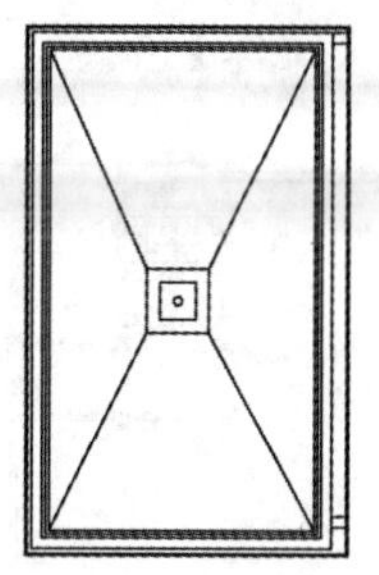

图 7-141　绘制结果

Step 07 填充屋顶图案。调用 H【图案填充】命令，在弹出的【图案填充和渐变色】对话框中设置参数，结果如图 7-142 所示。

Step 08 在绘图区中拾取填充区域，按回车键，返回【图案填充和渐变色】对话框；单击【确定】按钮，关闭对话框，完成图案填充的结果如图 7-143 所示。

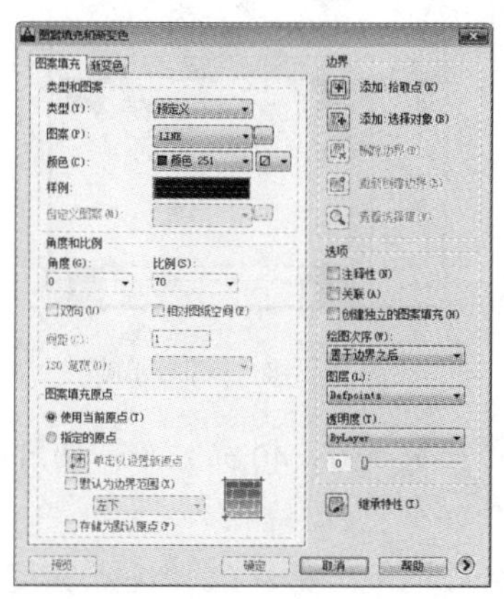

图 7-142　设置参数 1

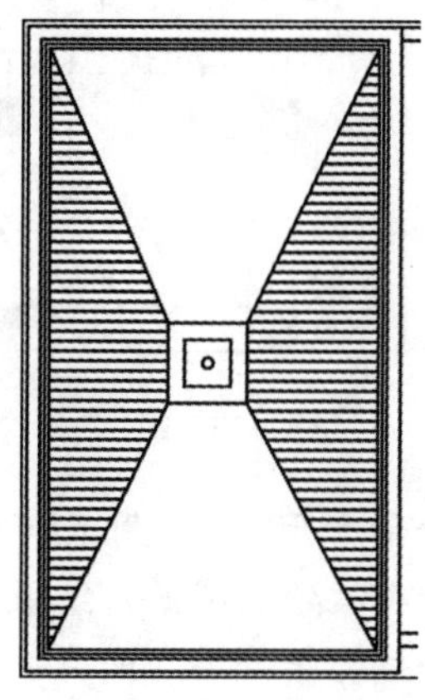

图 7-143　图案填充 1

Step 09 调用 H【图案填充】命令，在弹出的【图案填充和渐变色】对话框中设置参数，结果如图 7-144 所示。

Step 10 在绘图区中拾取填充区域，按回车键，返回【图案填充和渐变色】对话框；单击【确定】按钮，关闭对话框，完成图案填充的结果如图 7-145 所示。

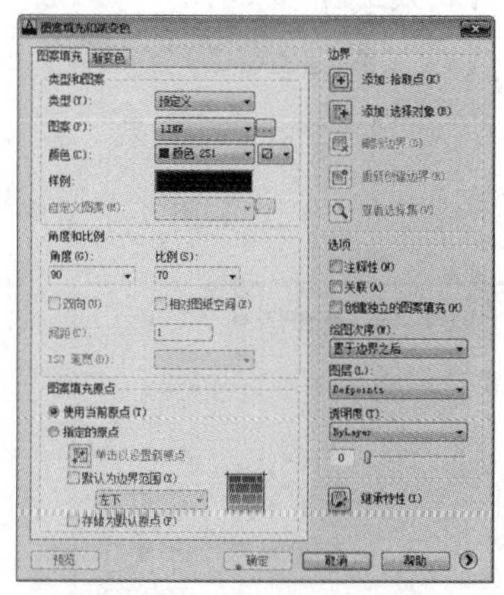

图 7-144　设置参数 2

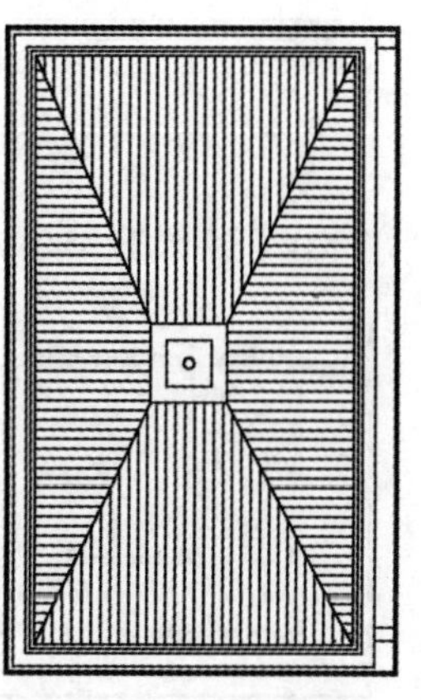

图 7-145　图案填充 2

Step 11 调用 MI【镜像】命令，镜像复制绘制完成的图形，结果如图 7-146 所示。

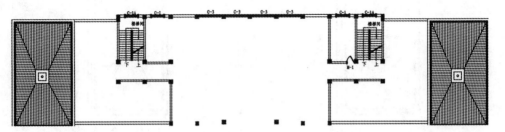

图 7-146　镜像复制

Step 12 绘制台阶。调用 L【直线】命令，绘制直线；调用 O【偏移】命令，偏移直线；调用 TR【修剪】命令，修剪直线，结果如图 7-147 所示。

Step 13 绘制门洞。调用 L【直线】命令，绘制直线，结果如图 7-148 所示。

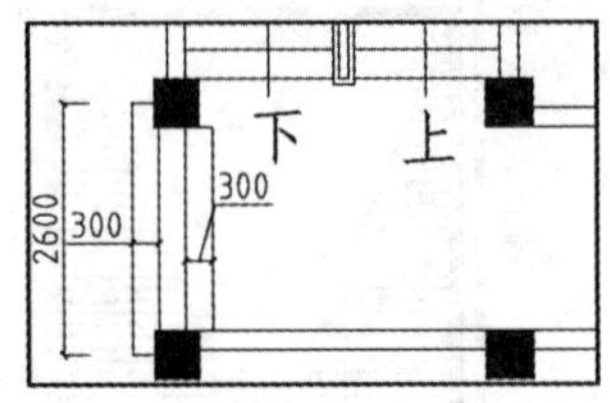

图 7-147　绘制台阶

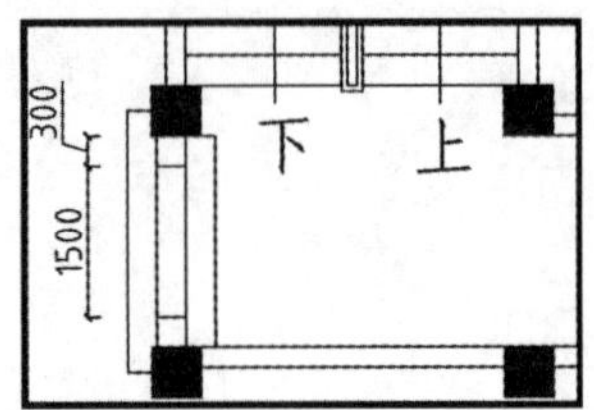

图 7-148　绘制门洞

Step 14 绘制平开门。调用 REC【矩形】命令，绘制尺寸为 750 × 40 的矩形；调用 A【圆弧】命令，绘制圆弧，结果如图 7-149 所示。

Step 15 绘制指示箭头。调用 PL【多段线】命令，绘制起点宽度为 70，终点宽度为 0 的指示箭头；调用 MT【多行文字】命令，绘制文字标注，结果如图 7-150 所示。

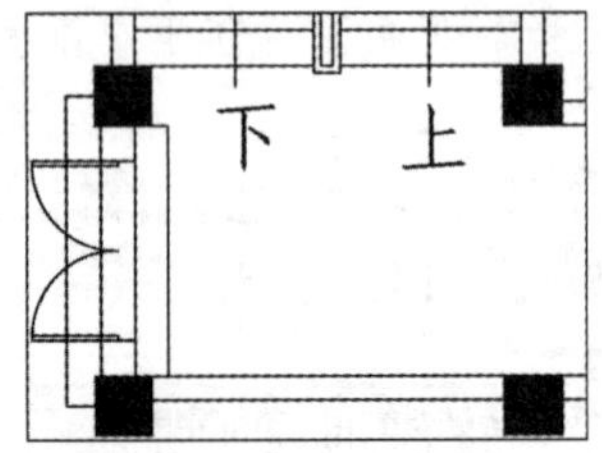

图 7-149　绘制平开门

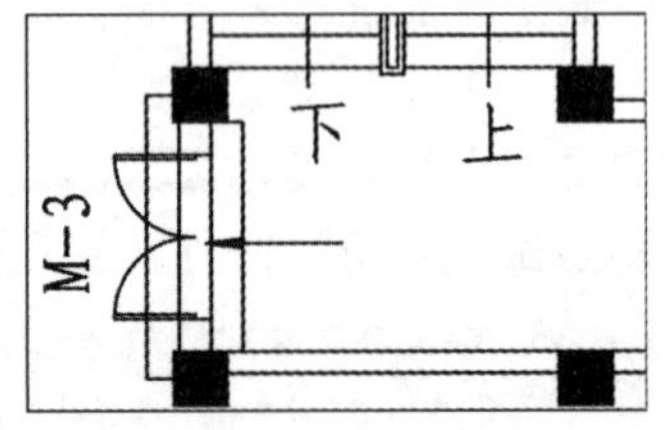

图 7-150　绘制结果

Step 16 调用 MI【镜像】命令，镜像复制所绘制完成的图形，结果如图 7-151 所示。

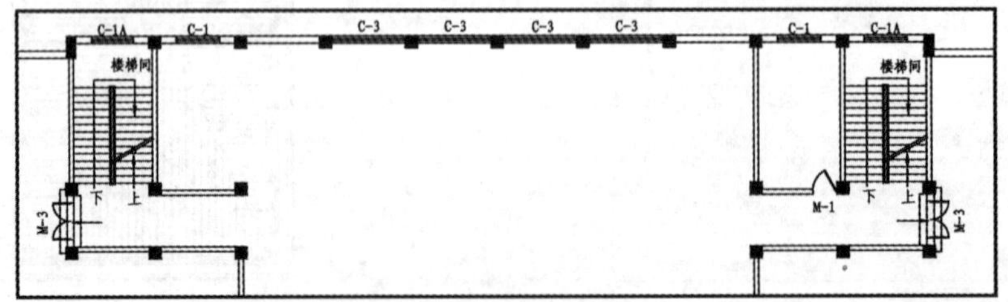

图 7-151　镜像复制

Step 17 绘制平开门。调用 REC【矩形】命令，绘制尺寸为 1 050 × 40 的矩形；调用 A【圆弧】命令，绘制圆弧；调用 MT【多行文字】命令，绘制文字标注，结果如图 7-152 所示。

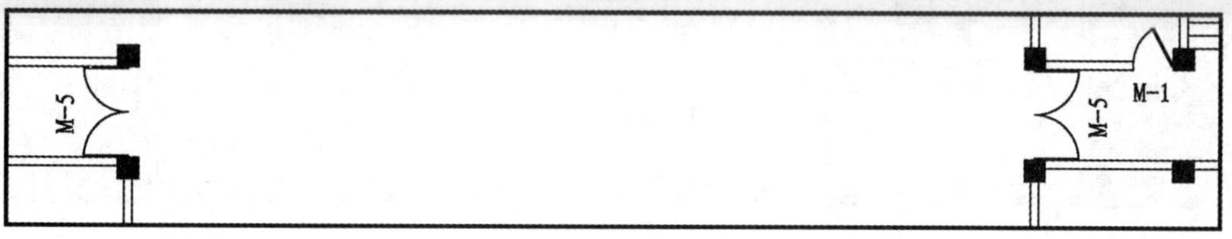

图 7-152　绘制平开门

Step 18 绘制落水管。调用 REC【矩形】命令，绘制尺寸为 364 × 320 的矩形；调用 C【圆形】命令，在矩形内绘制半径为 100 的圆形，结果如图 7-153 所示。

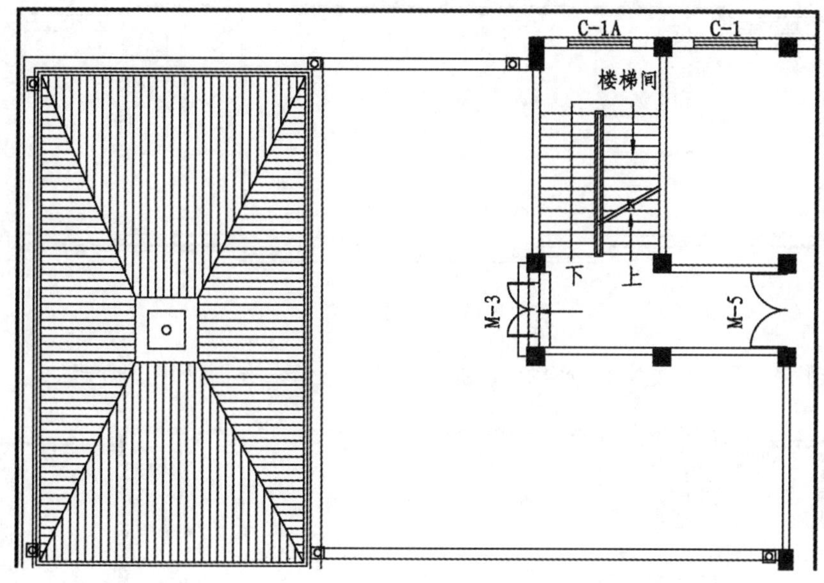

图 7-153　绘制落水管

Step 19 绘制排水沟。调用 L【直线】命令，绘制直线；调用 O【偏移】命令，偏移直线，结果如图 7-154 所示。

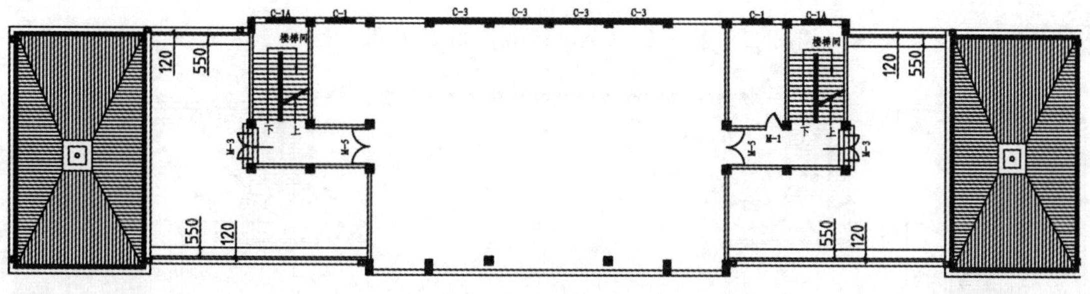

图 7-154　偏移直线

Step 20 调用 L【直线】命令，绘制直线，结果如图 7-155 所示。

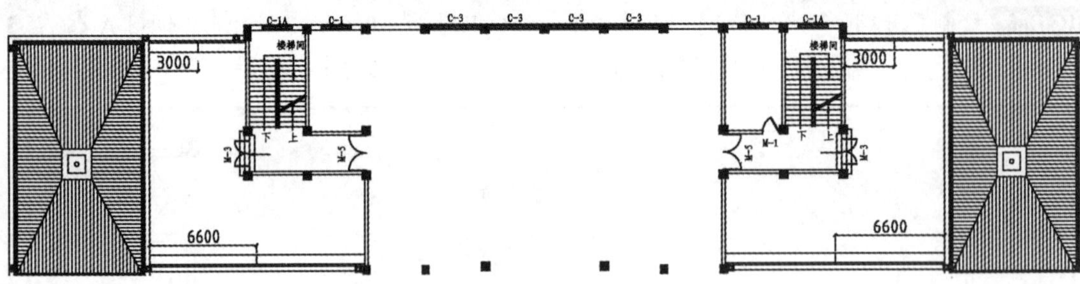

图 7-155　绘制直线

Step 21 绘制坡度标注。调用 PL【多段线】命令，绘制起点宽度为 70，终点宽度为 0 的指示箭头，结果如图 7-156 所示。

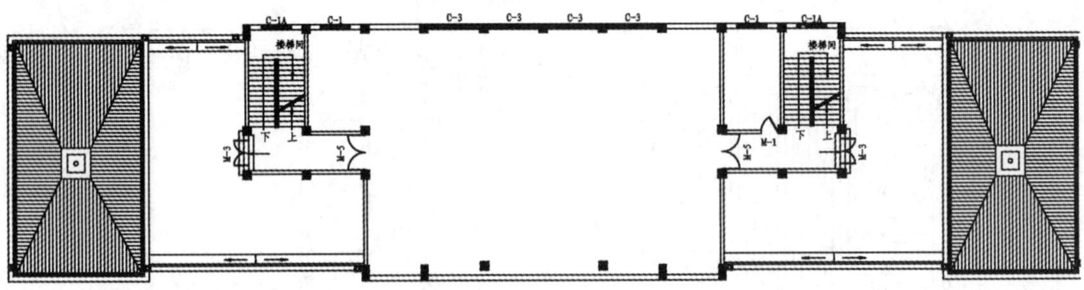

图 7-156　绘制指示箭头

Step 22 调用 MT【多行文字】命令，绘制文字标注，结果如图 7-157 所示。

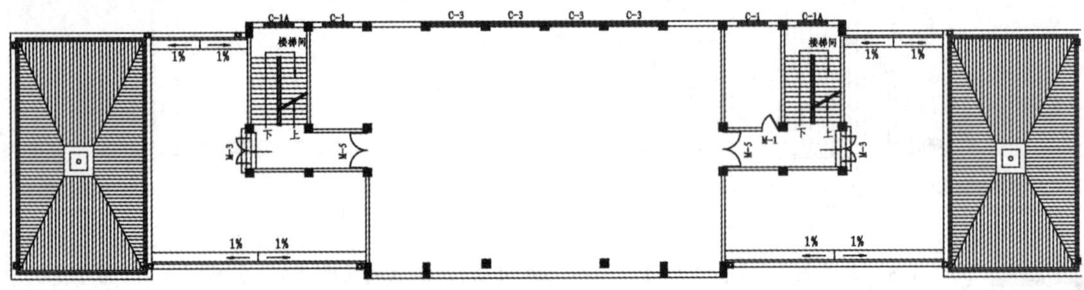

图 7-157　文字标注

Step 23 绘制屋脊线。调用 L【直线】命令，绘制直线，结果如图 7-158 所示。

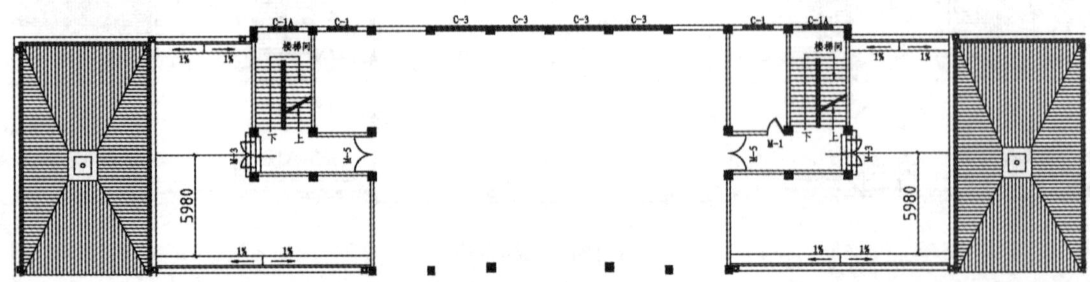

图 7-158　绘制直线

Step 24 绘制坡度标注。调用 PL【多段线】命令、MT【多行文字】命令，绘制指示箭头和文字标注，结果如图 7-159 所示。

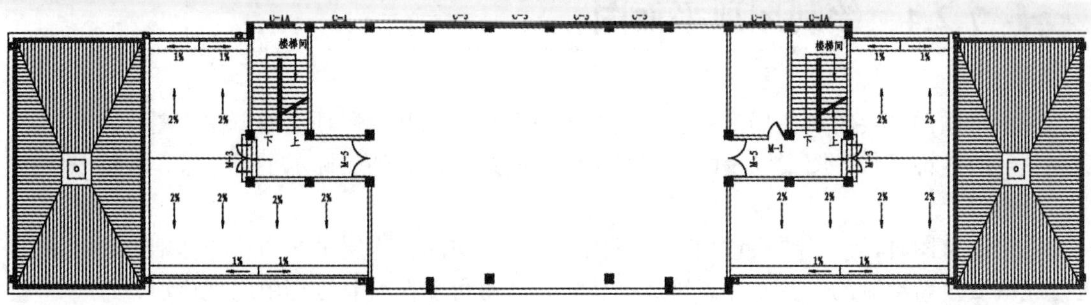

图 7-159　坡度标注

Step 25 绘制顶面造型。调用 PL【多段线】命令，绘制多段线，结果如图 7-160 所示。

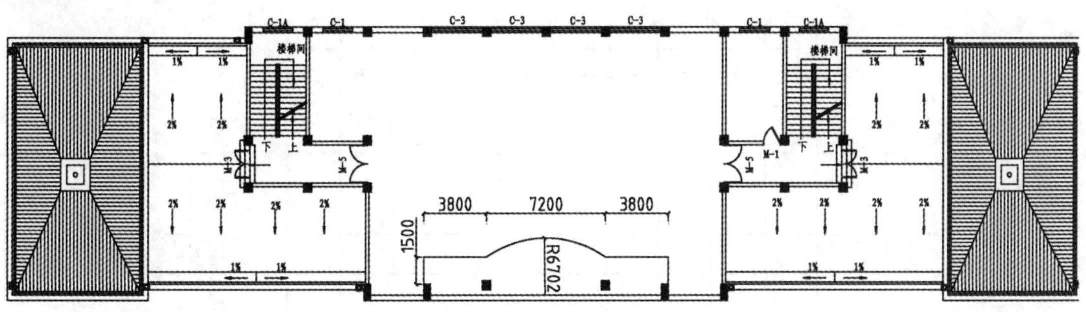

图 7-160　绘制多段线

Step 26 绘制图名标注。调用 L【直线】命令，绘制双横线，并将下面的直线的线宽设置为 0.3mm；调用 MT【多行文字】命令，绘制图名和比例，完成图名标注的结果如图 7-161 所示。

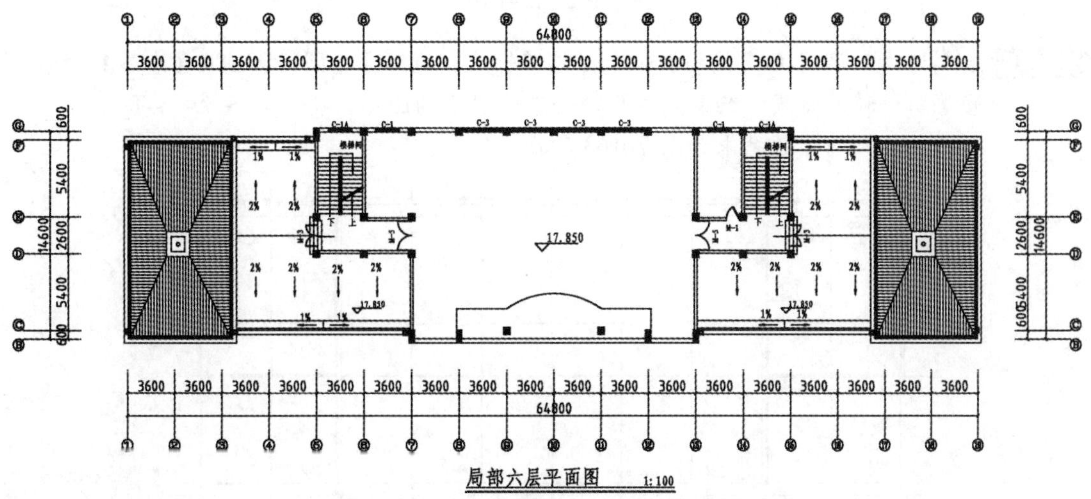

图 7-161　图名标注

7.2.4 绘制屋顶平面图

屋顶平面图主要绘制在局部六层平面图上没有体现的其余屋顶造型。在该图上主要表达房屋顶部的装饰形状、图案以及两边相对称的顶面造型；另外还标示了雨水管、坡度方向等主要信息。

在绘制该图时，读者要注意轴线的变化。该图是在局部六层平面图上的基础上，对轴线进行删减后重新绘制的。若不注意轴线的变化，就有可能在绘制过程中出现错误。

Step 01 修剪轴网。调用 CO【复制】命令，从局部六层平面图中移动复制一份轴网图形至一旁；调用 TR【修剪】、E【删除】命令，修剪轴网并删除多余的尺寸和轴号标注，结果如图 7-162 所示。

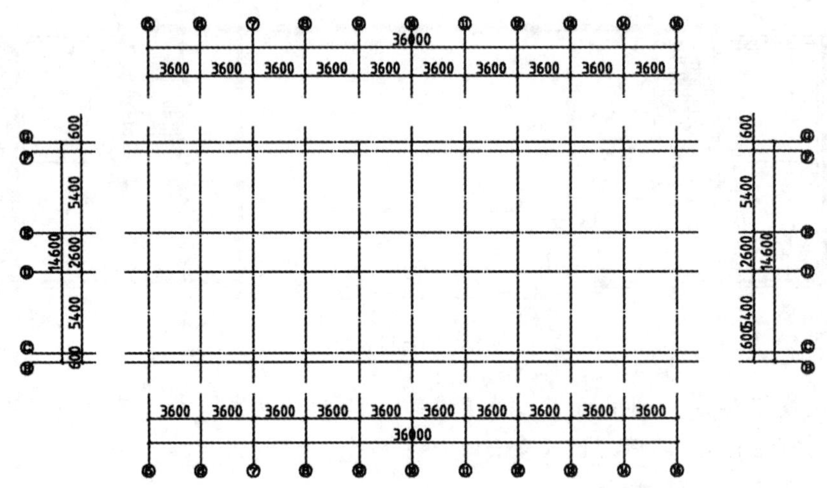

图 7-162 修剪轴网

Step 02 绘制墙体。调用 O【偏移】命令，偏移轴线；调用 F【圆角】、TR【修剪】命令，修剪所偏移的轴线；绘制完成后，全选修剪后的图形，将其转换至“QT_墙体”图层上，绘制墙体的结果如图 7-163 所示。

图 7-163 绘制墙体

Step 03 绘制屋顶。调用 REC【矩形】命令，绘制尺寸为 15 311 × 15 700 的矩形；调用 TR【修剪】命令，修剪多余的墙体图形，结果如图 7-164 所示。

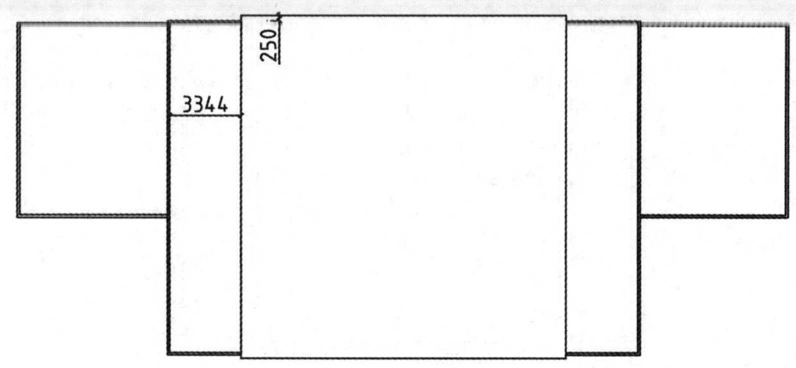

图 7-164　绘制结果

Step 04 调用 O【偏移】命令，向内偏移矩形，结果如图 7-165 所示。

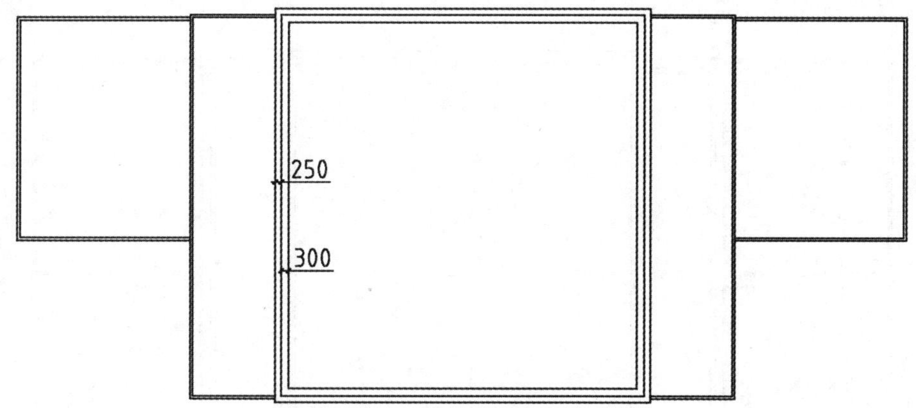

图 7-165　偏移矩形

Step 05 调用 O【偏移】命令，向内偏移墙线；调用 F【圆角】命令，设置圆角半径为 0，对所偏移的线段进行圆角处理，结果如图 7-166 所示。

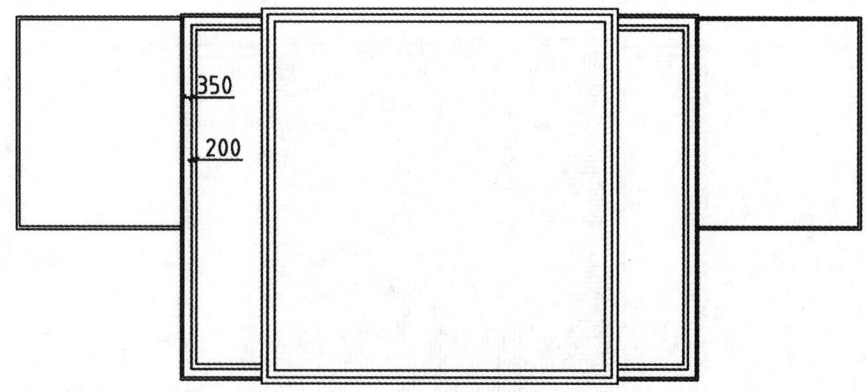

图 7-166　圆角处理

Step 06 绘制顶部造型。调用 REC【矩形】命令，绘制尺寸为 2 686 × 2 714 的矩形；调用 O【偏移】命令，向内偏移矩形，结果如图 7-167 所示。

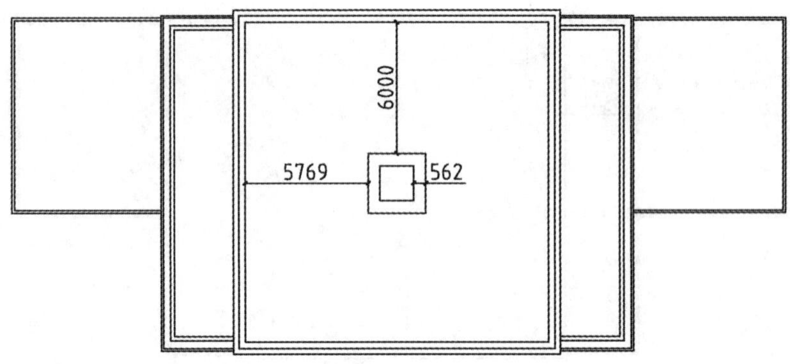

图 7-167　偏移矩形

Step 07 调用 C【圆形】命令，绘制半径为 181 的圆形；调用 L【直线】命令，绘制对角线，结果如图 7-168 所示。

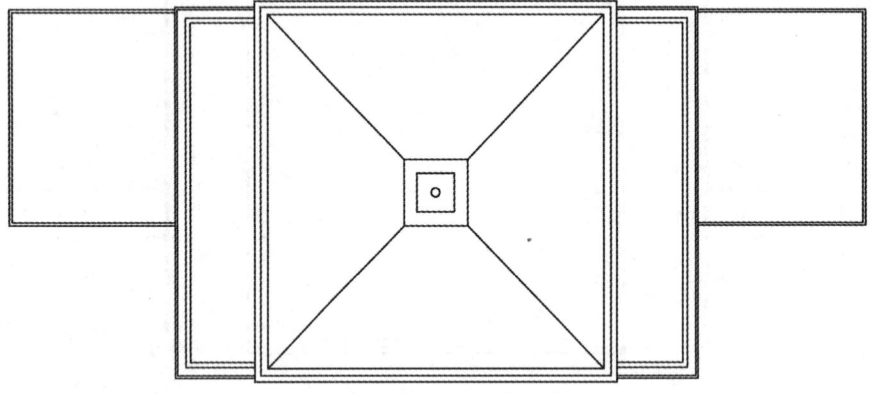

图 7-168　绘制结果

Step 08 填充屋面图案。沿用局部六层平面图中屋面图案的填充参数，为屋顶进行图案填充，结果如图 7-169 所示。

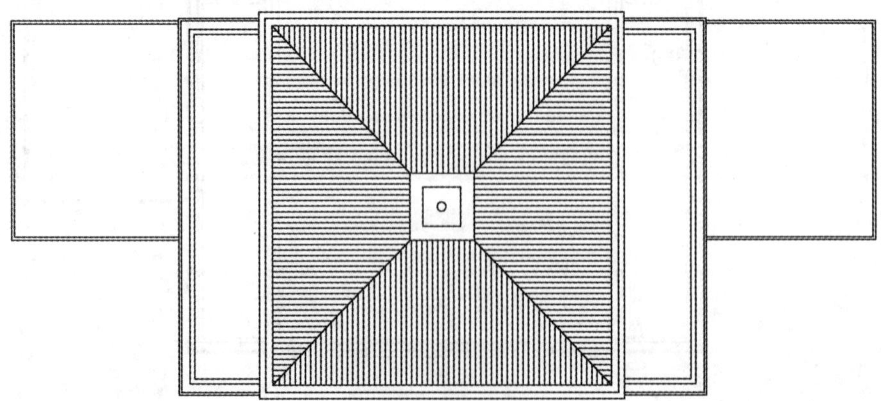

图 7-169　图案填充

Step 09 绘制屋脊线。调用 L【直线】命令，绘制直线，结果如图 7-170 所示。

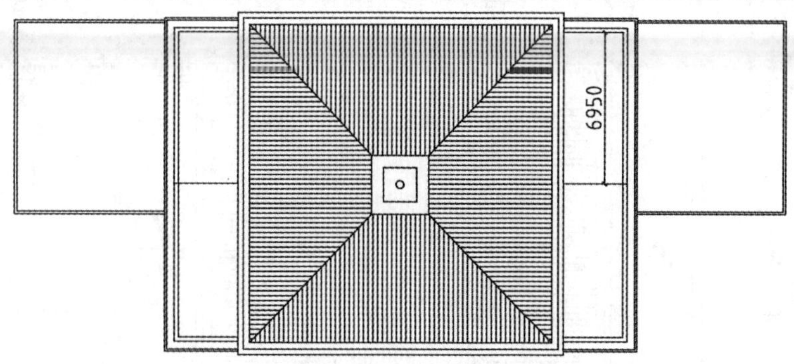

图 7-170　绘制屋脊线

Step 10 绘制雨水管。调用 C【圆形】命令，绘制半径为 100 的圆形，结果如图 7-171 所示。

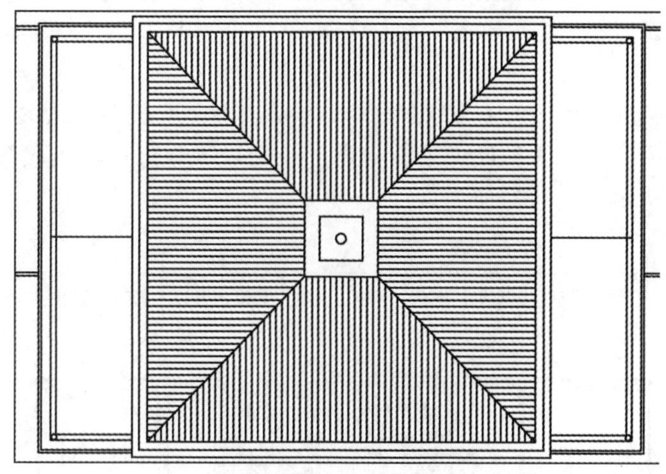

图 7-171　绘制雨水管

Step 11 绘制落水管。调用 REC【矩形】命令，绘制尺寸为 364 × 320 的矩形；调用 C【圆形】命令，在矩形内绘制半径为 100 的圆形，结果如图 7-172 所示。

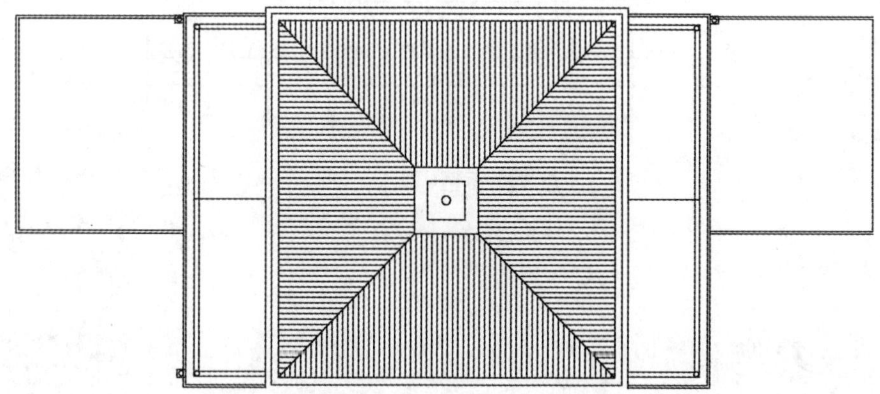

图 7-172　绘制落水管

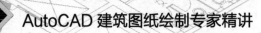

Step 12 绘制屋面图的标注。调用 I【插入】命令、PL【多段线】命令、MT【多行文字】命令，为屋面图分别绘制标高标注、坡度标注，绘制结果如图 7-173 所示。

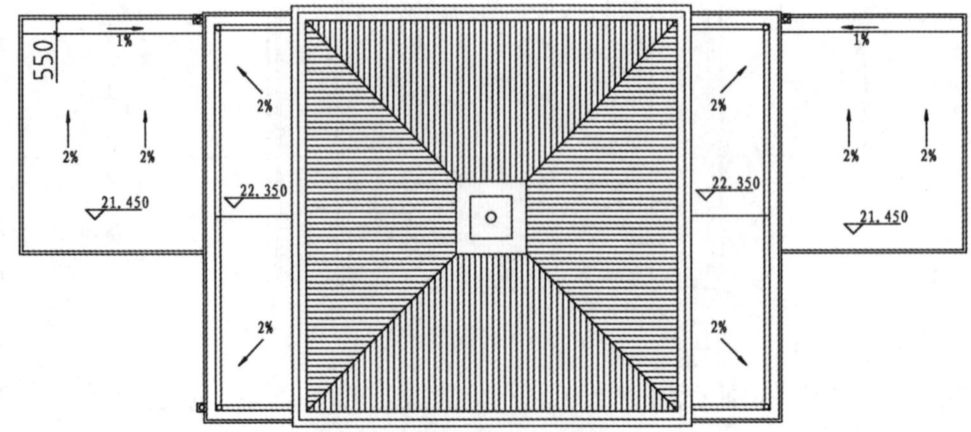

图 7-173 绘制结果

Step 13 绘制图名标注。调用 L【直线】命令，绘制双横线，并将下面的直线的线宽设置为 0.3mm；调用 MT【多行文字】命令，绘制图名和比例，完成图名标注的结果如图 7-174 所示。

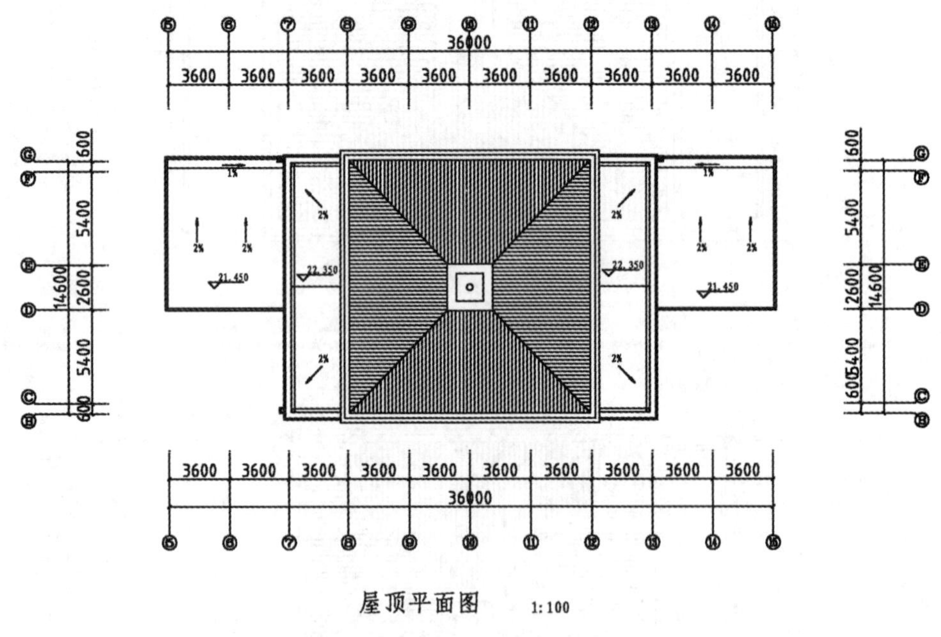

图 7-174 图名标注

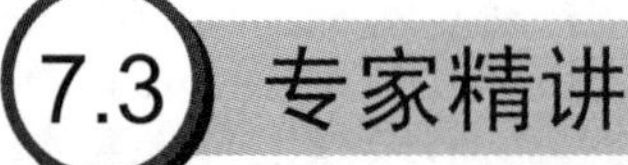

7.3 专家精讲

本章主要介绍了建筑平面图的绘制方法。分别以人们常见的公共建筑和居住建筑类型为

例，讲解了使用 AutoCAD 绘图软件绘制建筑平面图的方法。

本章 7.1 节以住宅楼为例，介绍住宅楼建筑平面图的绘制。首先从一层建筑平面图开始，介绍底层建筑平面图的绘制步骤。从绘制轴网、墙体图形，到绘制标准柱、门窗图形；循序渐进地讲解绘制底层建筑平面图中主要建筑构件的方法。

建筑物中每个楼层的功能都是不同的，因而在绘制各层建筑平面图时，要根据每个楼层的实际情况，分别介绍绘制各楼层建筑图形的方法。

比如，在一层平面图中，散水、台阶、坡道等图形通常是必备的；而在二层平面图中，雨篷、阳台等图形则会出现的比较频繁；在屋顶平面图中，则需要绘制屋顶造型及雨水管等图形。

每栋建筑物都有其自身的建筑外形，这不仅是每栋建筑物相互区别的方式，也是人们辨别建筑物的方法；所以在绘制建筑物的外立面图时，外立面图上的建筑构件，比如门窗图形、装饰物图形等，都应能诠释建筑物的风格。

本章以住宅楼的一层平面图、标准层平面图、屋顶平面图为例，介绍绘制住宅建筑平面图中各个不同楼层的表示方法。

本章 7.2 节以办公楼建筑平面图为例，介绍办公楼一层、四层、局部六层以及屋顶平面图的绘制方法。在绘制过程中，要注意与住宅楼平面图相比较；从而知晓居住建筑和公共建筑的不同之处。

最典型的不同之处是，居住建筑以户型为单位，将楼层划分为各个不同规格的套间，人们在此空间内进行生活、生产活动。而公共建筑的内部活动空间较大，可以同时提供多人在此工作的空间。此外，由于需求不同，所以居住建筑和公共建筑内的门窗、层高等这些重要的建筑构件参数也不同。

比如，一般居住建筑的层高为 2.850m，别墅可达到 3.0m 或 4.0m；而在公共建筑中，层高多数会比居住建筑高，有的大厅层高甚至达到 10 余米。

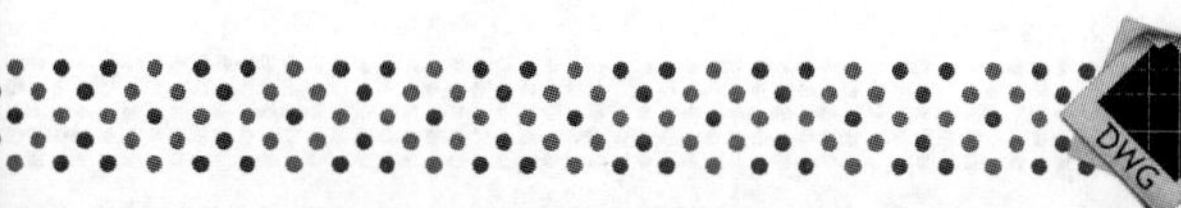

第 8 章 绘制建筑立面图

在与建筑物立面平行的铅垂投影面上所做的投影图称为建筑立面图，简称立面图。

其中，反映主要出入口或比较显著地反映房屋外貌特征的那一面立面图，称为正立面图。其余的立面图相应称为背立面图、侧立面图。

通常也可按建筑物的朝向来命名，如南北立面图、东西立面图。若建筑物各立面的结构有差异，都应绘出对应立面的立面图。

本章以住宅楼和办公楼建筑类型为例，介绍绘制住宅楼立面图和办公楼立面图的方法和技巧。

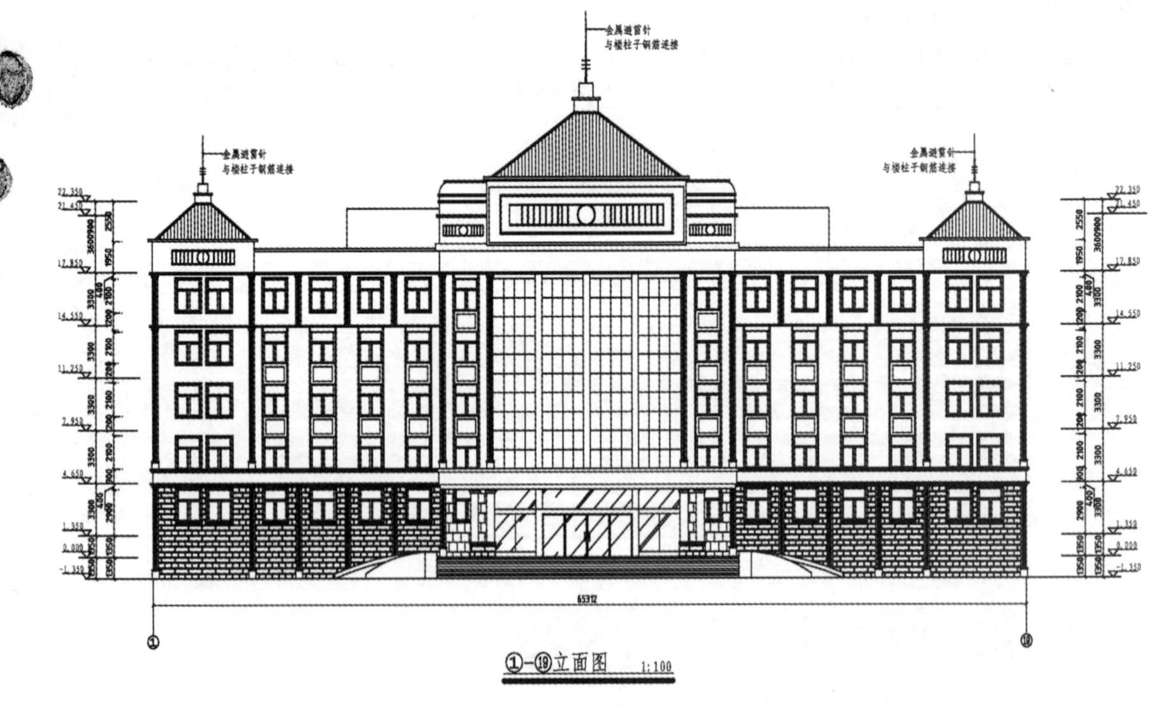

①-⑲立面图 1:100

8.1 绘制住宅楼立面图

绘制住宅楼立面图主要包括辅助线的绘制、门窗图形、阳台图形以及其余立面图形的绘制。下面向读者讲解各类立面图形的绘制方法。

8.1.1 绘制辅助线

立面图主要反映建筑物的立面效果，为确保绘制图形的准确性，我们可以从平面图上来绘制辅助线，通过辅助线来确定立面图的外轮廓。

Step 01 调用 CO【复制】命令，移动复制一份住宅一楼平面图至一旁；调用 E【删除】命令，删除平面图上的多余图形；调用 L【直线】命令，绘制辅助线，结果如图 8-1 所示。

Step 02 调用 L【直线】命令，绘制直线；调用 TR【修剪】命令，修剪直线，结果如图 8-2 所示。

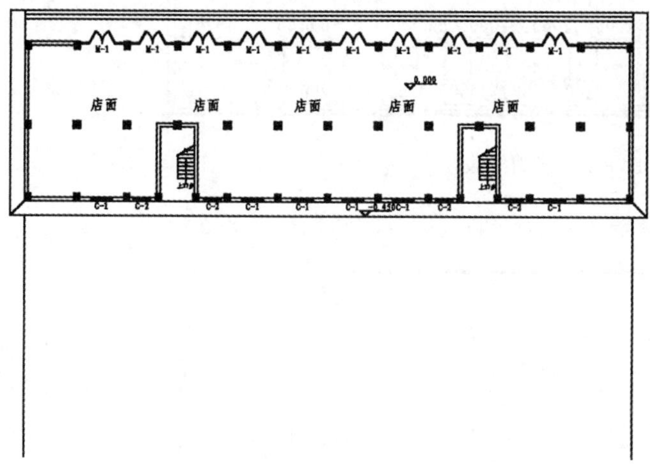

图 8-1　绘制辅助线

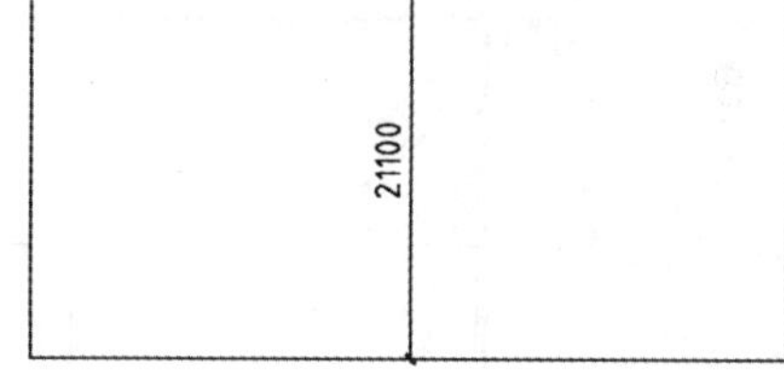

图 8-2　修剪直线

8.1.2 绘制立面门窗图形

门窗是建筑物不可缺少的建筑构件之一，承载了建筑物中通风和采光等的重要功能。绘制立面门窗图形主要分两个步骤，分别是门窗套和门窗图形的绘制。本书所选用的住宅楼立面图上的门窗实例都是规则的矩形，因此在绘制的过程中比较简单，只需按照尺寸绘制矩形，并对其进行偏移、修剪，即可得到门窗图形。

Step 01 绘制门窗轮廓线。调用 L【直线】命令，绘制直线，结果如图 8-3 所示。

Step 02 调用 O【偏移】命令，偏移直线，结果如图 8-4 所示。

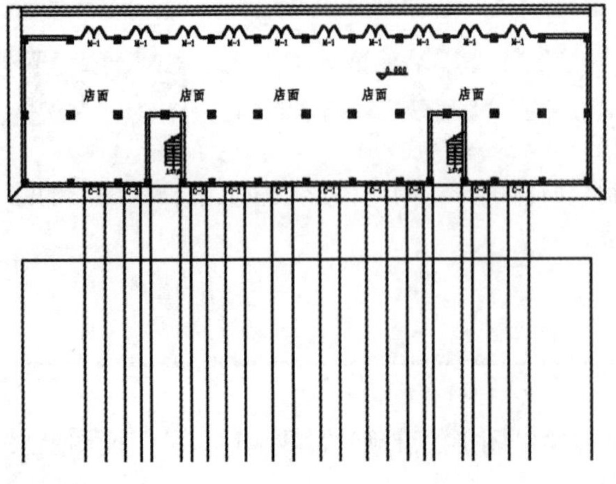

图 8-3　绘制直线

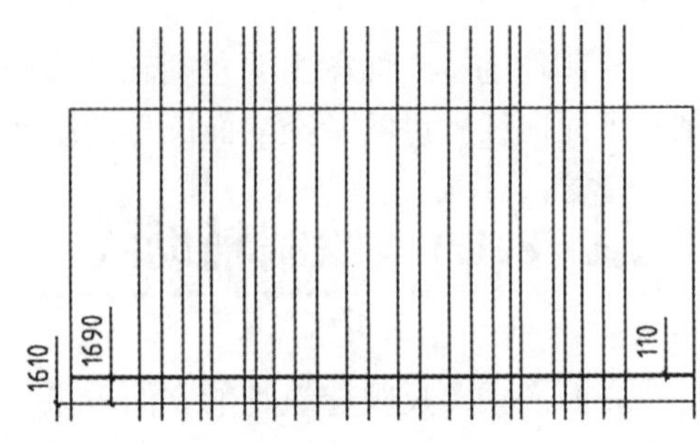

图 8-4　偏移直线

Step 03 调用 TR【修剪】命令，修剪线段，绘制门窗轮廓线的结果如图 8-5 所示。

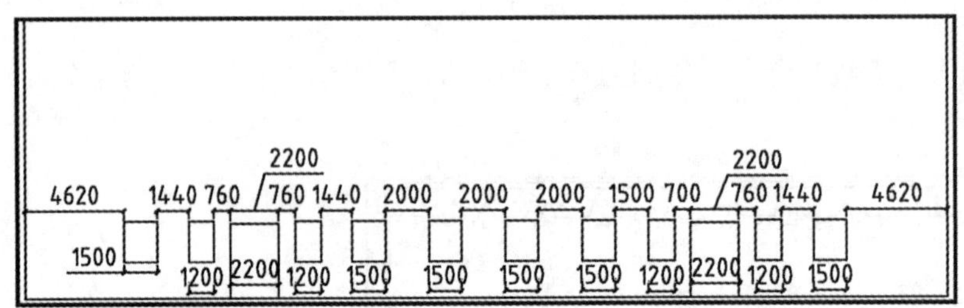

图 8-5　修剪线段

Step 04 调用门窗轮廓线。调用 O【偏移】命令，偏移直线，结果如图 8-6 所示。

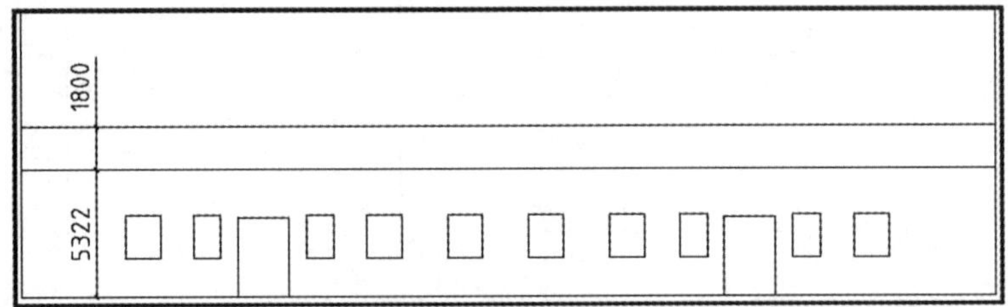

图 8-6　偏移直线

Step 05 调用 O【偏移】命令，偏移直线，结果如图 8-7 所示。

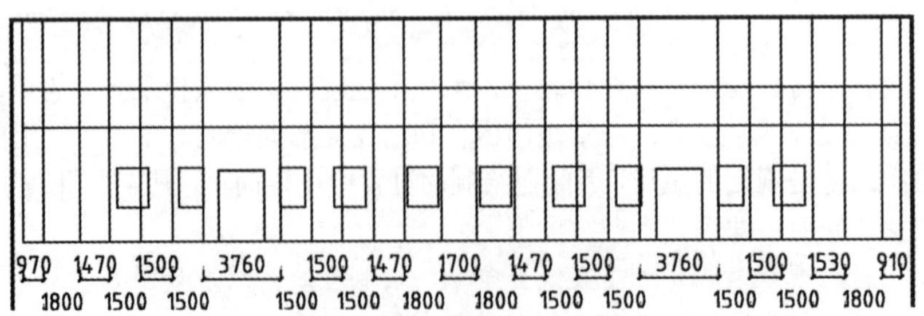

图 8-7　偏移结果

Step 06 调用 TR【修剪】命令，修剪线段，绘制门窗轮廓线的结果如图 8-8 所示。

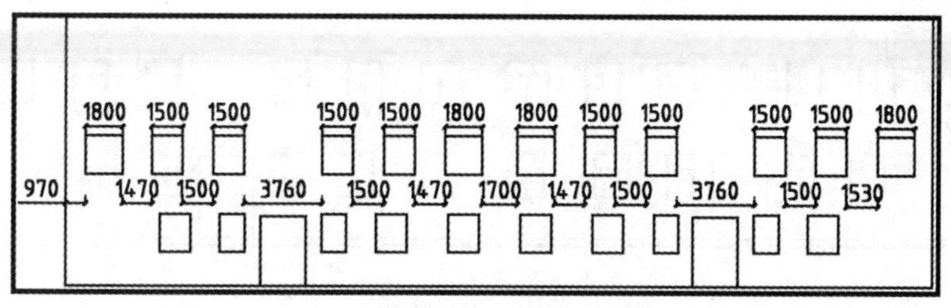

图 8-8　修剪线段

Step 07 绘制窗套。调用 O【偏移】命令，设置偏移距离为 100，向内偏移轮廓线；调用 F【圆角】命令，设置圆角半径为 0，对所偏移的线段进行圆角处理，结果如图 8-9 所示。

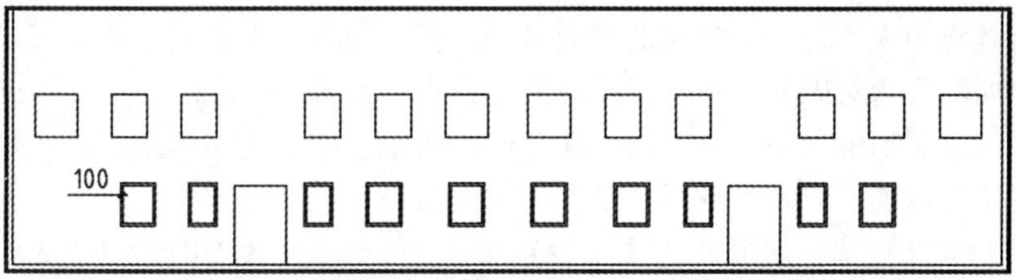

图 8-9　绘制窗套

Step 08 绘制窗户玻璃。调用 O【偏移】命令，设置偏移距离为 500，向下偏移窗套轮廓线，结果如图 8-10 所示。

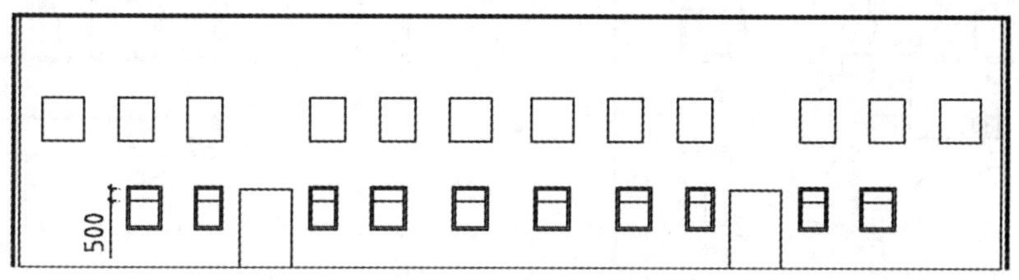

图 8-10　偏移线段

Step 09 调用 L【直线】命令，取偏移得到的直线的中点为起点绘制直线，结果如图 8-11 所示。

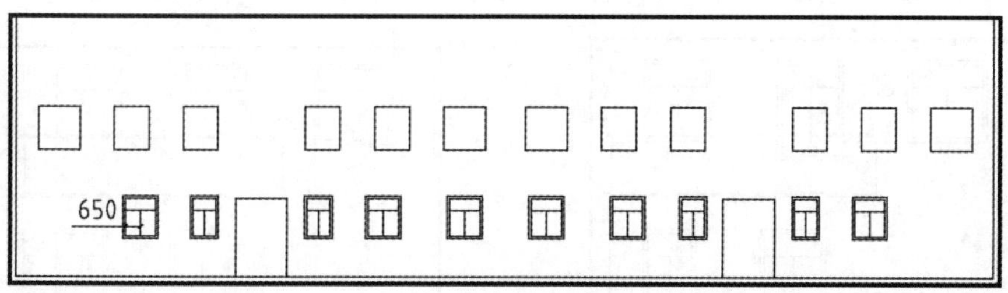

图 8-11　绘制直线

Step 10 沿用相同的方法，绘制其他窗户图形，结果如图 8-12 所示。

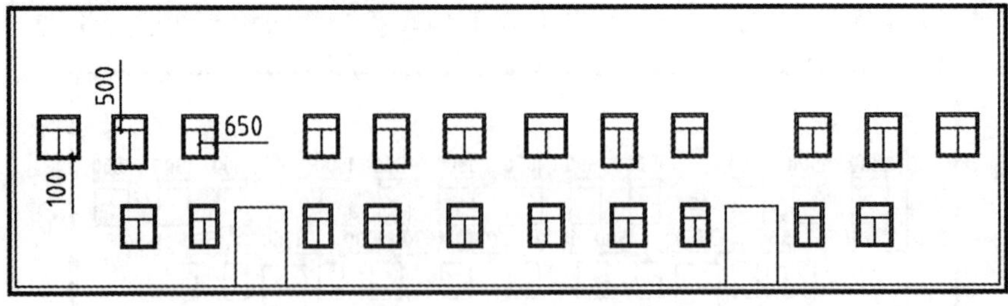

图 8-12　绘制结果

8.1.3　绘制立面阳台图形

阳台是建筑物中人们与外界接触的重要区域，在立面图上主要表示其形状、尺寸等重要信息。本例中的阳台为规则的矩形；在绘制的过程中，读者要注意区分阳台推拉门与旁边的窗户，不要与门窗图形混淆；此外，还要注意门窗与阳台图形之间遮掩效果，要将被阳台遮住的门窗图形进行修剪，以真实地再现阳台的立面效果。

Step 01 绘制阳台外轮廓。调用 REC【矩形】命令，绘制尺寸为 6 210 × 1 383 的矩形，结果如图 8-13 所示。

Step 02 调用 X【分解】命令，分解矩形；调用 O【偏移】命令，偏移矩形边，结果如图 8-14 所示。

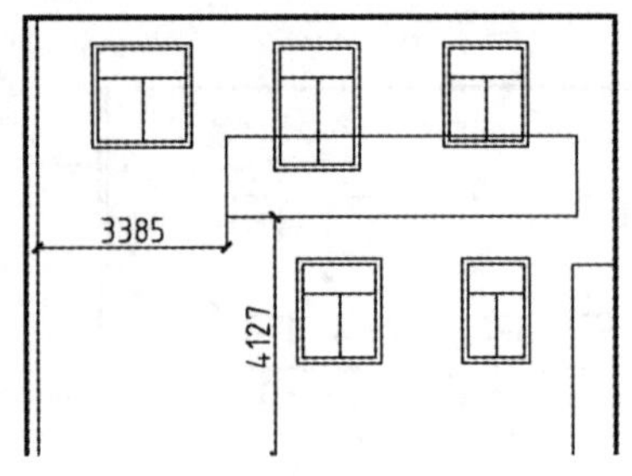

图 8-13　绘制矩形

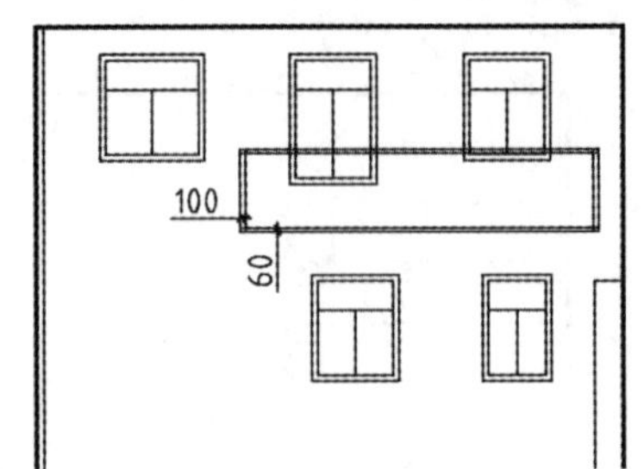

图 8-14　偏移矩形边

Step 03 调用 TR【修剪】命令，修剪所偏移的线段，结果如图 8-15 所示。

Step 04 调用 TR【修剪】命令，修剪窗户图形，结果如图 8-16 所示。

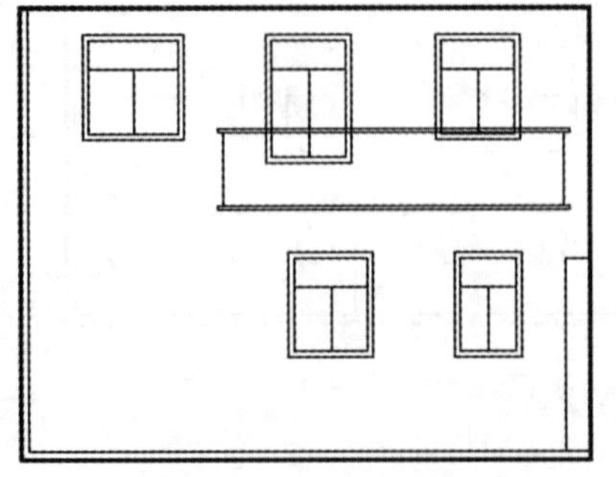

图 8-15　修剪线段

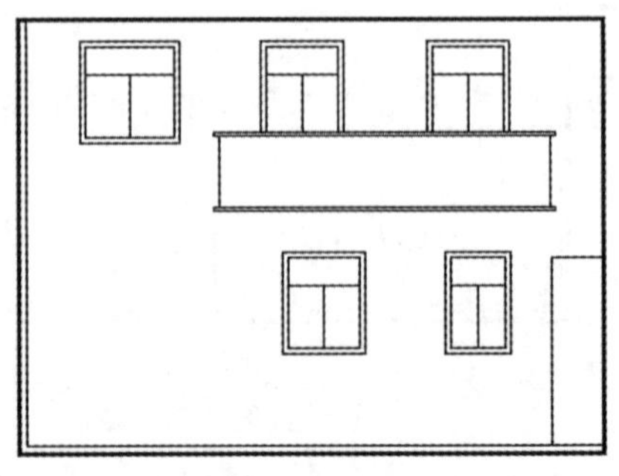

图 8-16　修剪窗户图形

Step 05 调用 CO【复制】命令，移动复制阳台图形；调用 TR【修剪】命令，修剪多余线段，结果如图 8-17 所示。

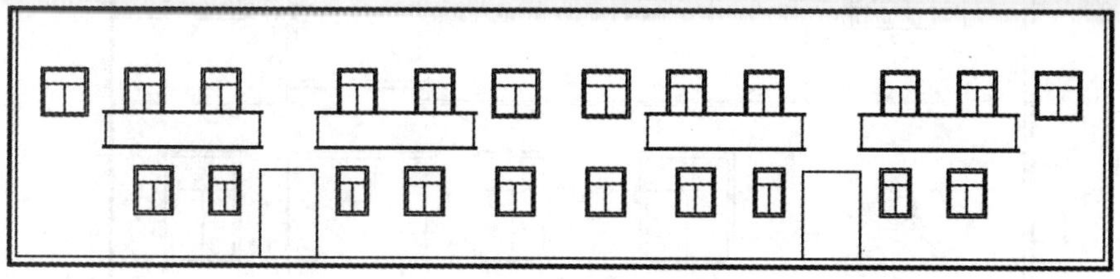

图 8-17　绘制结果

8.1.4　绘制其他立面图形

立面图上的其他立面图形主要指立面装饰图形，包括各特定区域的装饰。绘制立面装饰图形要注意其连续性和规律性。调用填充命令来绘制，可以达到独特的装饰效果。

Step 01 绘制楼梯间入户门上方装饰。调用 REC【矩形】命令，绘制尺寸为 2 491 × 98 的矩形，结果如图 8-18 所示。

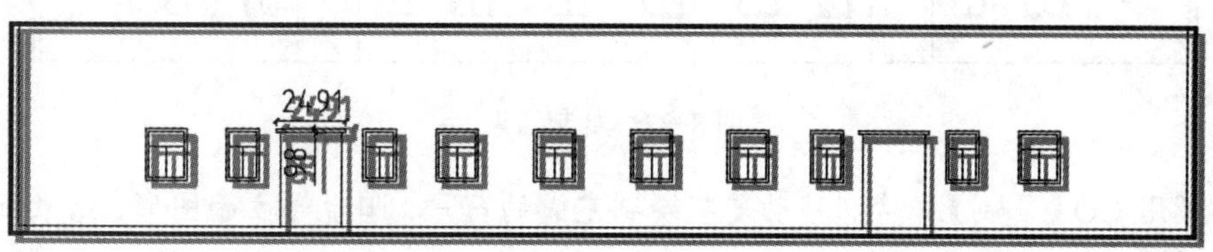

图 8-18　绘制矩形

Step 02 绘制楼梯间外立面装饰。调用 REC【矩形】命令，绘制尺寸为 1 840 × 2 387 的矩形，结果如图 8-19 所示。

Step 03 调用 X【分解】命令，分解矩形；调用 O【偏移】命令，偏移矩形边，结果如图 8-20 所示。

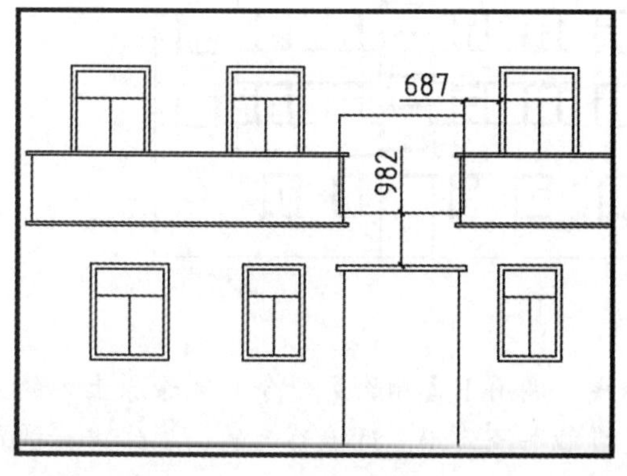

图 8-19　绘制矩形

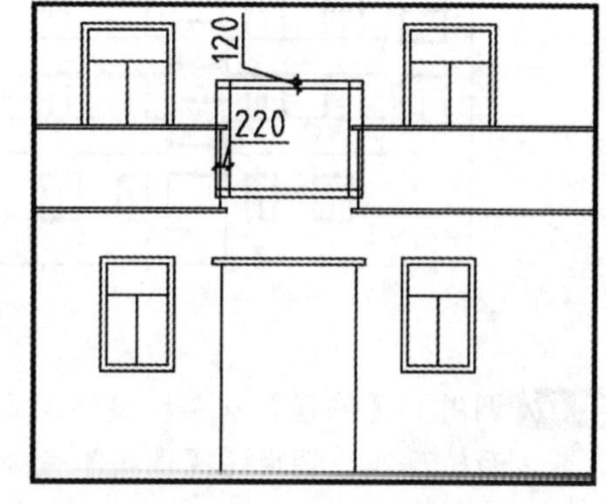

图 8-20　偏移矩形边

Step 04 调用 TR【修剪】命令，修剪矩形边，结果如图 8-21 所示。

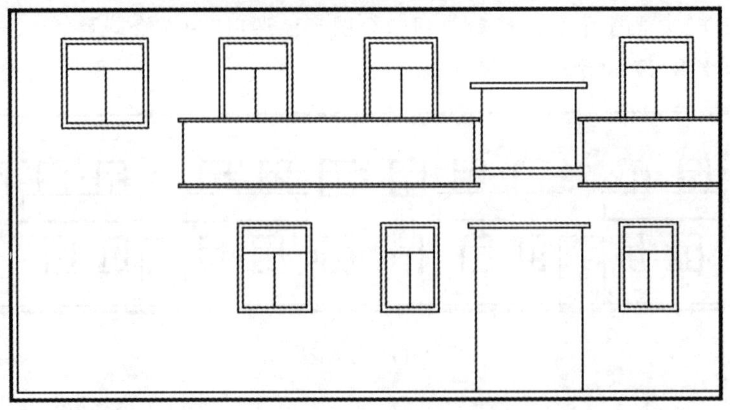

图 8-21　修剪矩形边

Step 05 调用 CO【复制】命令，移动复制绘制完成的图形；调用 TR【修剪】命令，修剪多余线段，结果如图 8-22 所示。

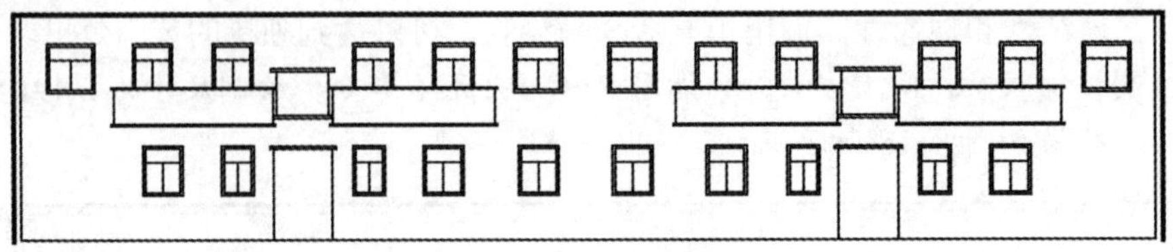

图 8-22　复制结果

Step 06 调用 CO【复制】命令，移动复制绘制完成的窗户、阳台等立面图形，结果如图 8-23 所示。

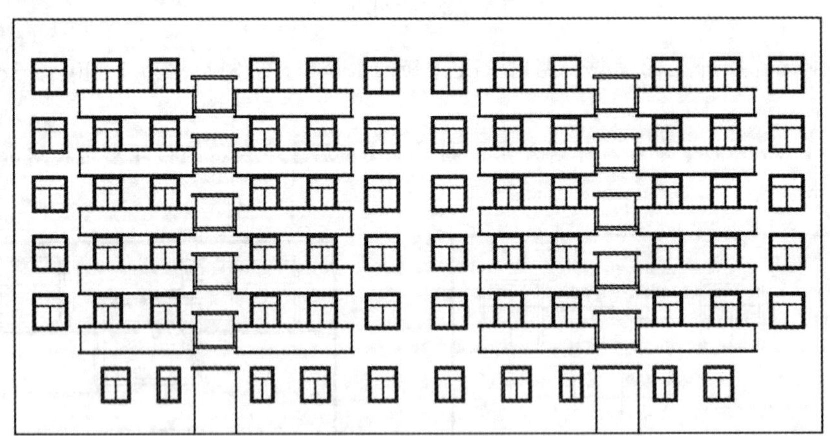

图 8-23　移动复制

Step 07 调用 O【偏移】命令，偏移立面外轮廓线；调用 E【删除】命令，删除原上方的立面轮廓线；调用 F【圆角】命令，设置圆角半径为 0，对偏移后的轮廓线进行圆角处理，结果如图 8-24 所示。

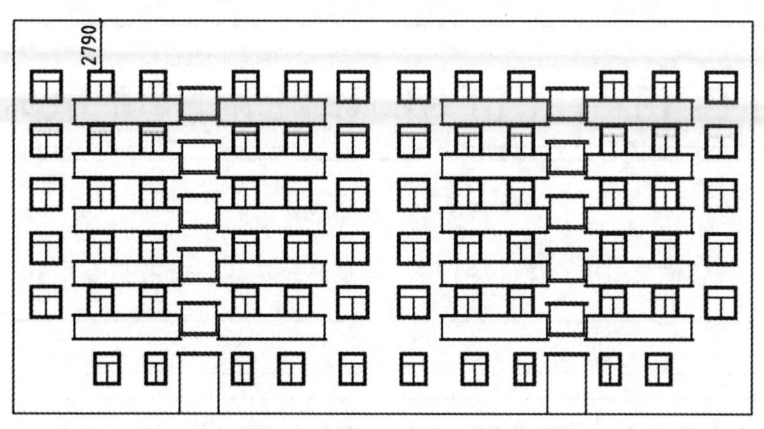

图 8-24　绘制结果

Step 08 绘制六层窗户上方造型。调用 REC【矩形】命令，绘制尺寸为 6 210 × 60 的矩形，结果如图 8-25 所示。

Step 09 调用 CO【复制】命令，移动复制绘制完成的矩形，结果如图 8-26 所示。

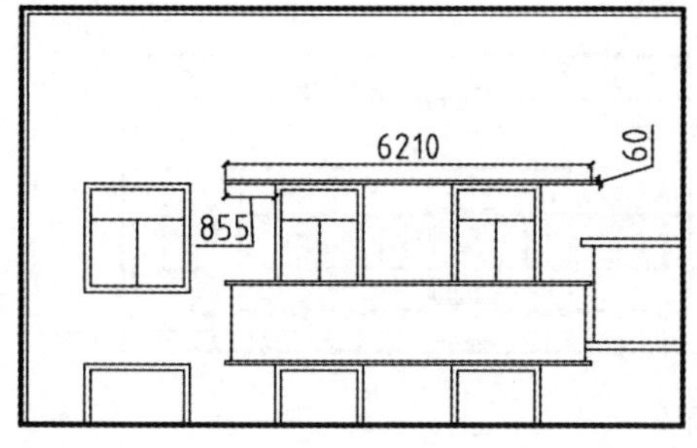

图 8-25　绘制矩形

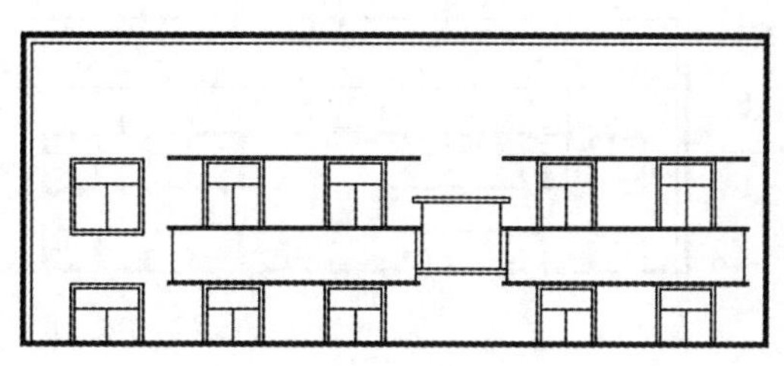

图 8-26　移动复制

Step 10 编辑楼梯间外立面装饰图形。调用 M【移动】命令，往上移动矩形，结果如图 8-27 所示。

Step 11 调用 EX【延伸】命令，延伸线段，结果如图 8-28 所示。

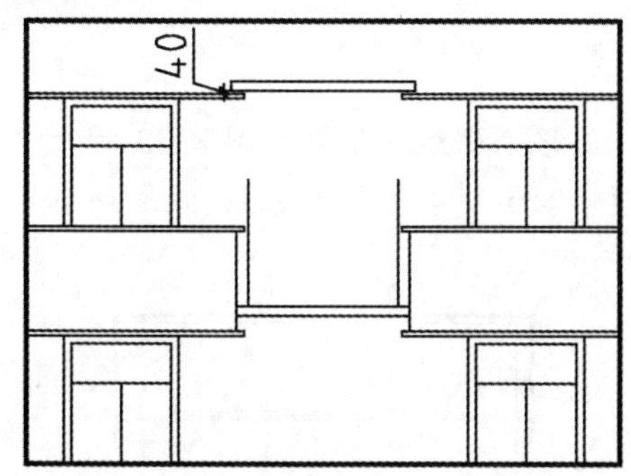

图 8-27　移动矩形

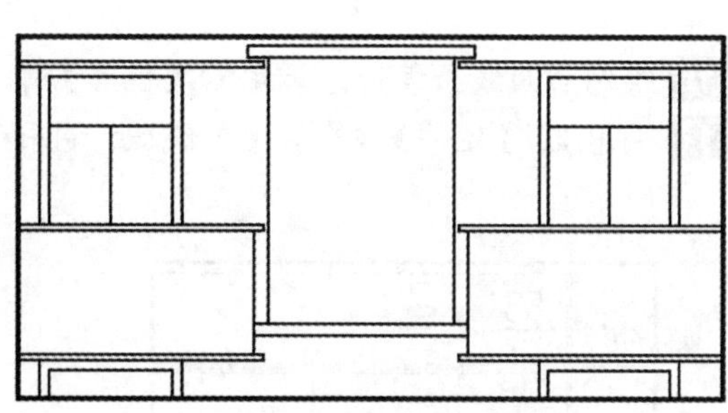

图 8-28　延伸线段

Step 12 调用 CO【复制】命令、M【移动】命令、EX【延伸】命令，绘制上述图形，结果如图 8-29 所示。

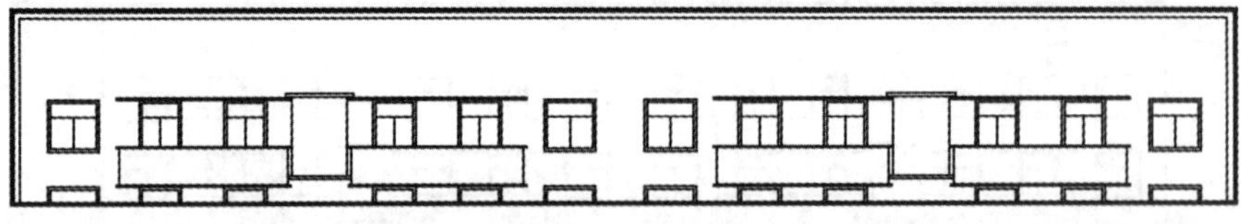

图 8-29　绘制结果

Step 13 绘制立面装饰。调用 O【偏移】命令，偏移轮廓线，结果如图 8-30 所示。

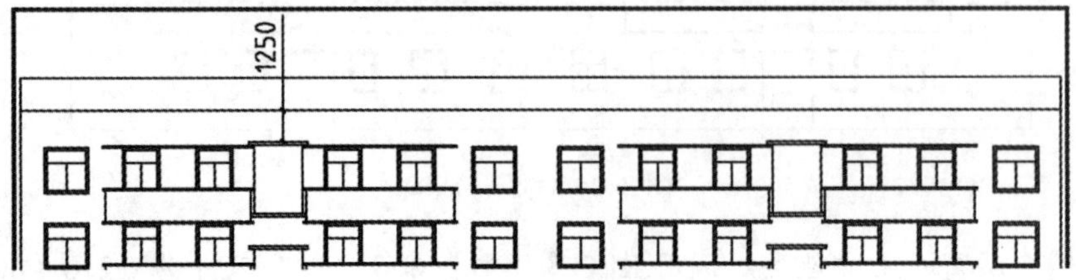

图 8-30　偏移轮廓线

Step 14 调用 EX【延伸】命令，延伸线段，结果如图 8-31 所示。

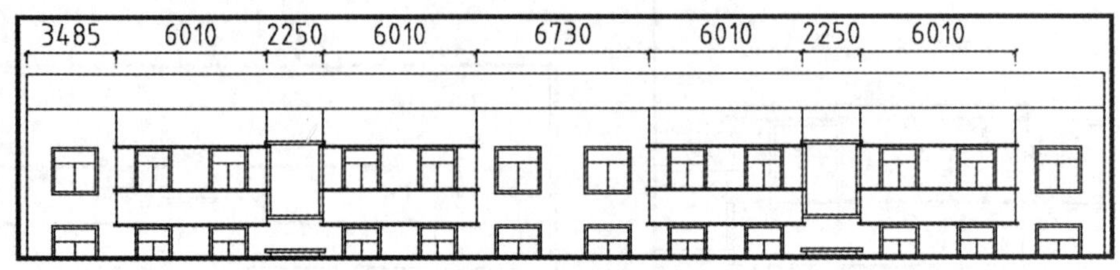

图 8-31　延伸线段

Step 15 调用 TR【修剪】命令，修剪线段，结果如图 8-32 所示。

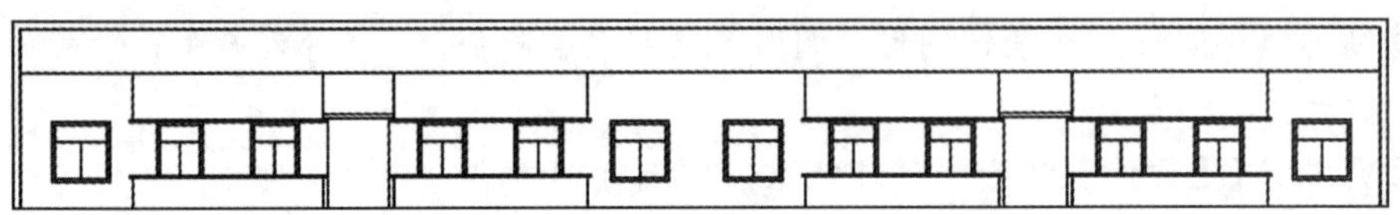

图 8-32　修剪线段

Step 16 绘制立面线条装饰。调用 O【偏移】命令，偏移轮廓线，结果如图 8-33 所示。

Step 17 调用 EX【延伸】命令，延伸线段；调用 TR【修剪】命令，修剪线段，结果如图 8-34 所示。

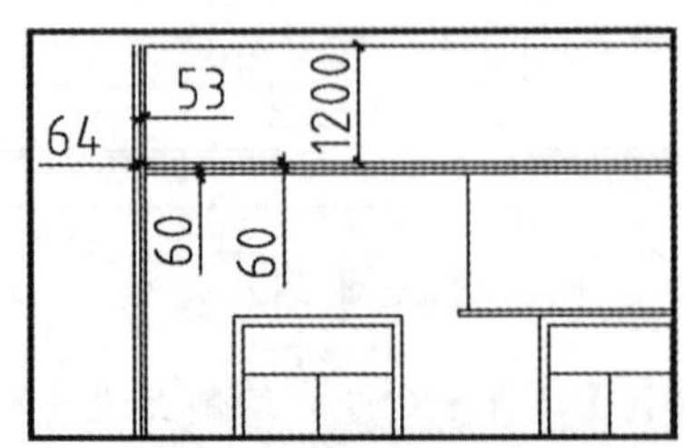

图 8-33　偏移轮廓线

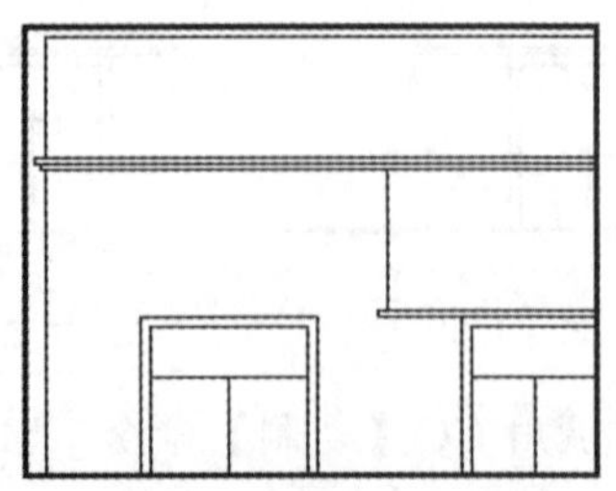

图 8-34　延伸并修剪线段

Step 18 绘制阁楼窗户。调用 REC【矩形】命令，绘制尺寸为 600 × 900 的矩形，结果如图 8-35 所示。

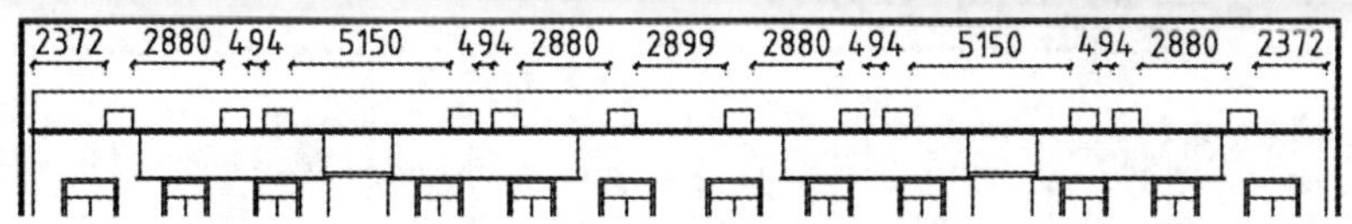

图 8-35　绘制矩形

Step 19 绘制立面装饰。调用 L【直线】命令，绘制直线，结果如图 8-36 所示。

Step 20 调用 O【偏移】命令，偏移直线，结果如图 8-37 所示。

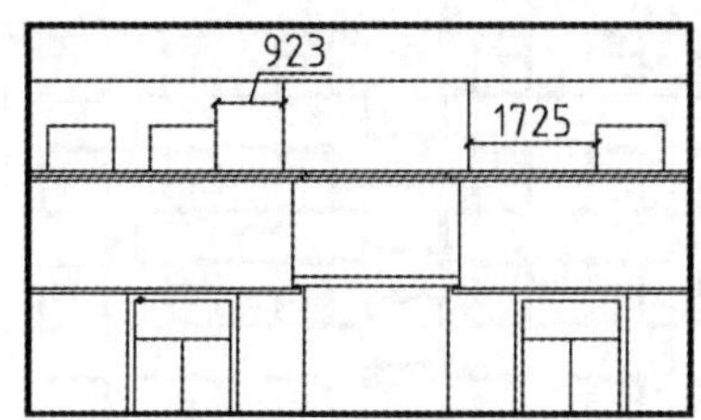

图 8-36　绘制直线

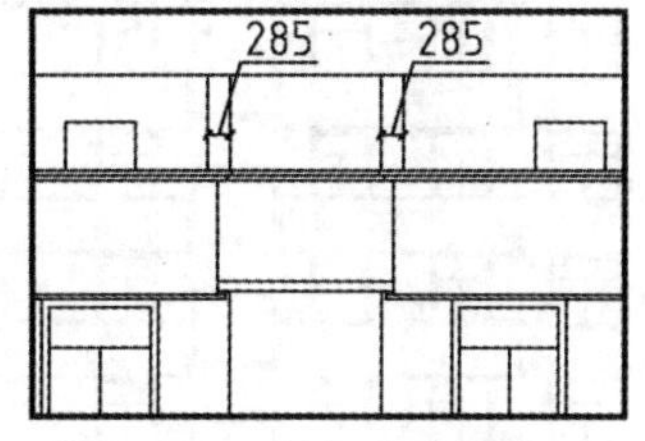

图 8-37　偏移直线

Step 21 填充立面装饰图案。调用 H【图案填充】命令，在弹出的【图案填充和渐变色】对话框中设置参数，结果如图 8-38 所示。

Step 22 在绘图区中拾取填充区域，按回车键，返回【图案填充和渐变色】对话框，单击【确定】按钮，关闭对话框，即可完成图案填充的操作，结果如图 8-39 所示。

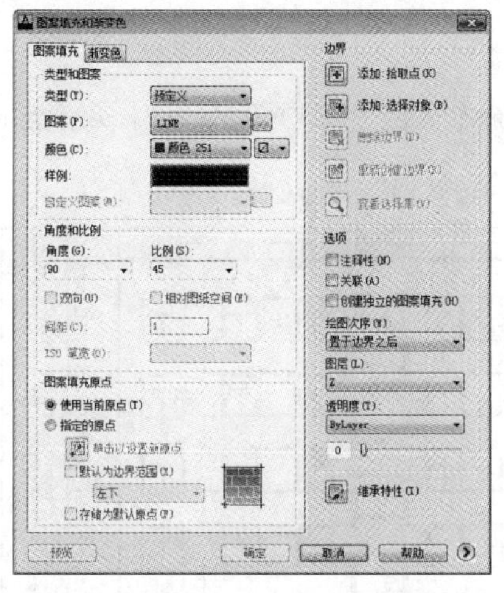

图 8-38　设置参数

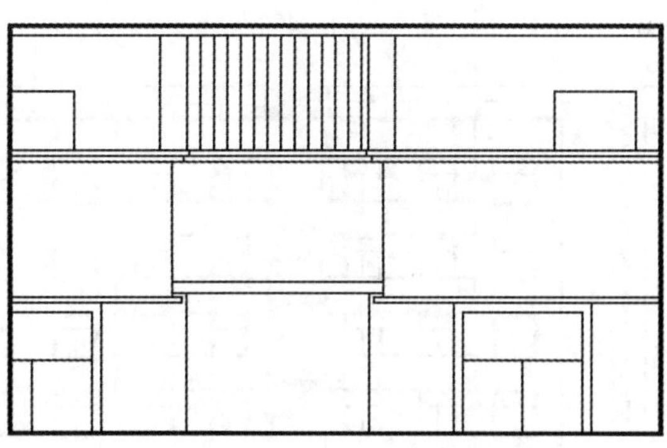

图 8-39　图案填充

Step 23 重复操作，绘制另一立面装饰图案，结果如图 8-40 所示。

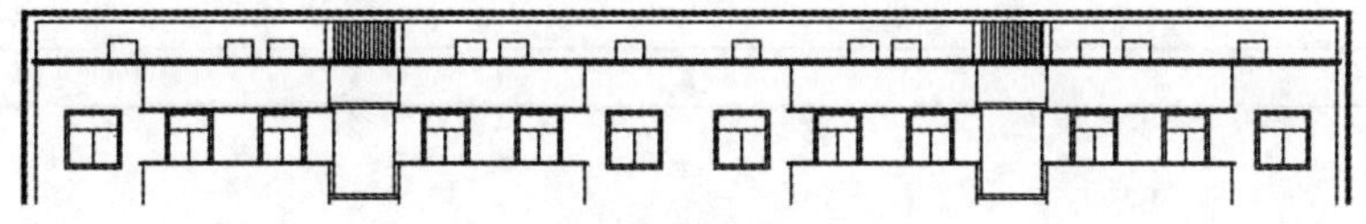

图 8-40　绘制结果

8.1.5 绘制立面图标注

在立面图上要绘制标注，如立面图形的尺寸标注、标高标注等；轴号标注有助于帮助读图人员了解该立面主要表达的是平面图上的哪个区域；图名标注则表明该图的名称。

Step 01 尺寸标注。调用 DLI【线性标注】命令，在立面图中分别指定尺寸界线的原点和尺寸线的位置，绘制尺寸标注的结果如图 8-41 所示。

图 8-41　尺寸标注

Step 02 轴号标注。调用 CO【复制】命令，从一层平面布置图中移动复制轴号标注至立面图中，结果如图 8-42 所示。

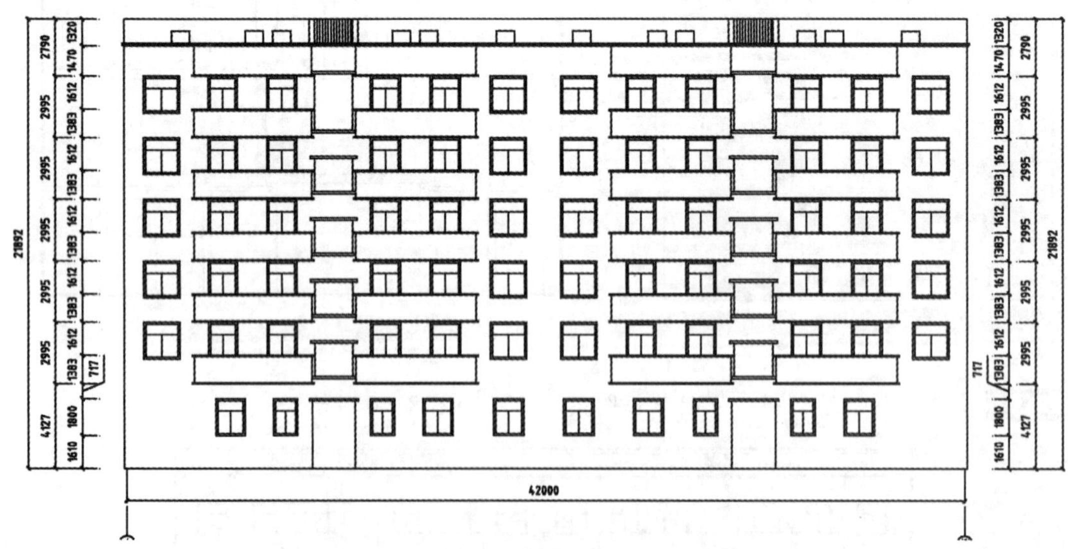

图 8-42　轴号标注

Step 03 材料标注。调用 MLD【多重引线标注】命令，根据命令行的提示绘制材料标注，结果如图 8-43 所示。

图 8-43　材料标注

Step 04 标高标注。调用 I【插入】命令，在弹出的【插入】对话框中选择“标高”图块；单击【确定】按钮，根据命令行的提示指定标高标注的插入点和标高值，创建标高标注的结果如图 8-44 所示。

图 8-44　标高标注

Step 05 绘制图名标注。调用 L【直线】命令，绘制双横线，并将下面的直线的线宽设置为 0.3mm；调用 MT【多行文字】命令，绘制图名和比例，完成图名标注的结果如图 8-45 所示。

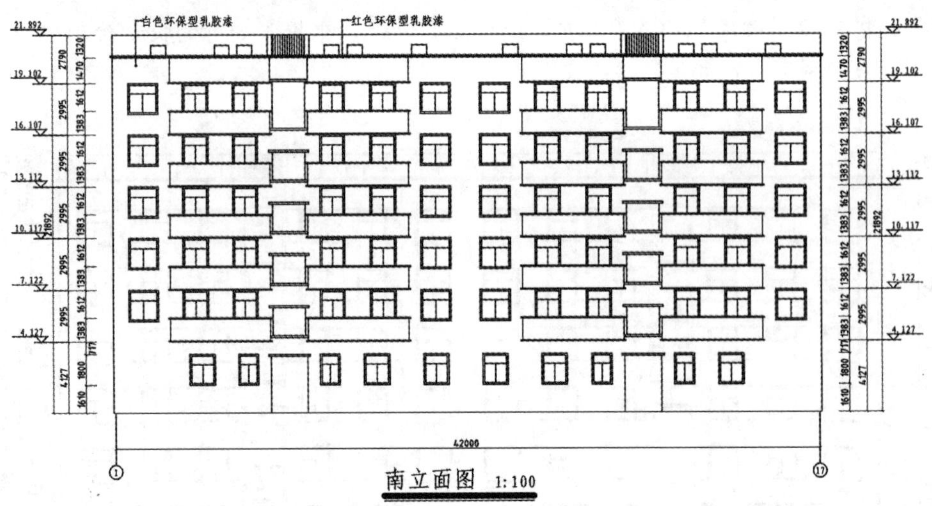

图 8-45 图名标注

8.2 绘制办公楼立面图

在本书选用办公楼实例中，立面装饰为欧式风格，所以办公楼外立面的主要装饰元素为罗马柱。下面介绍罗马柱立面图形、立面门窗图形、玻璃幕墙图形以及立面坡道等图形的绘制方法。

8.2.1 绘制罗马柱立面图形

罗马柱是欧式风格中的必备元素，可用于建筑物的内部装饰和外立面装饰。本例采用高度不一的罗马柱图形进行装饰，在美化建筑物外立面的同时，也彰显了执法行业的庄严肃穆。

罗马柱图形由底座、柱身、柱头组成，在绘制这些图形时，可以调用矩形命令、直线命令以及偏移等命令来进行绘制。

Step 01 绘制立面轮廓。调用 REC【矩形】命令，绘制矩形，结果如图 8-46 所示。

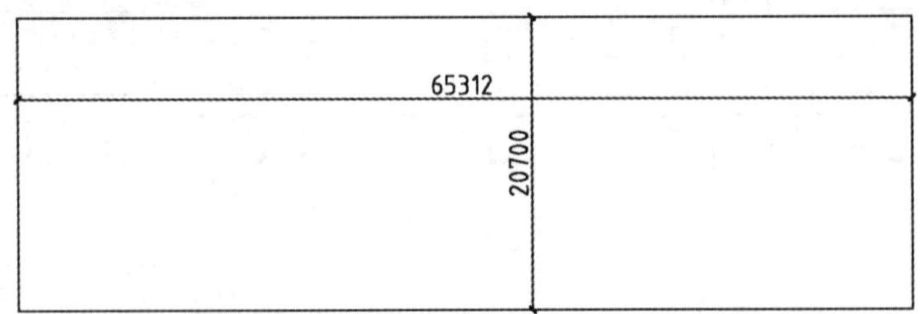

图 8-46 绘制矩形

Step 02 绘制罗马柱轮廓线。调用 X【分解】命令，分解矩形；调用 O【偏移】命令，偏移矩形边，结果如图 8-47 所示。

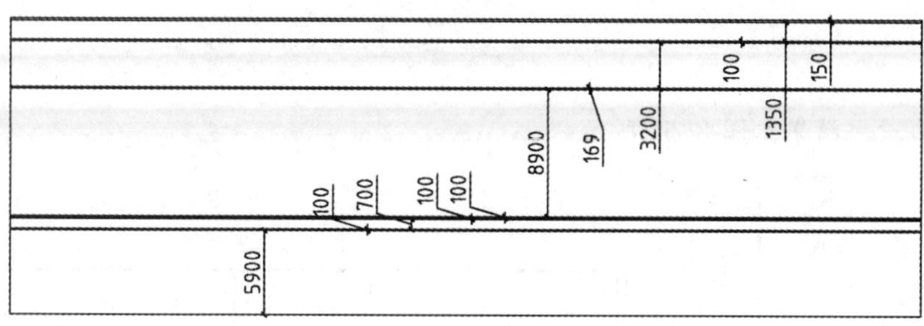

图 8-47　偏移矩形边

Step 03 调用 O【偏移】命令，偏移矩形边，结果如图 8-48 所示。

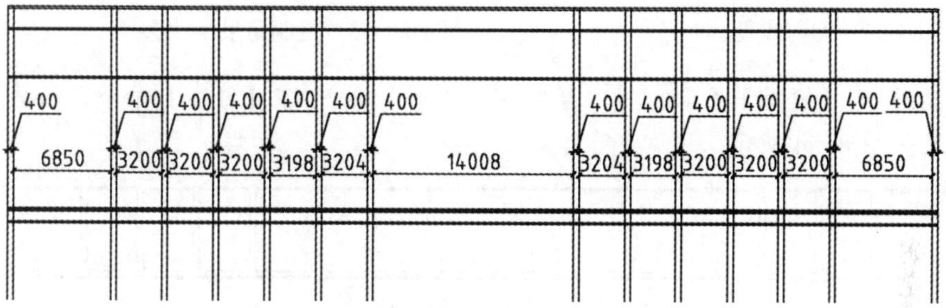

图 8-48　偏移结果

Step 04 调用 TR【修剪】命令，修剪矩形边，结果如图 8-49 所示。

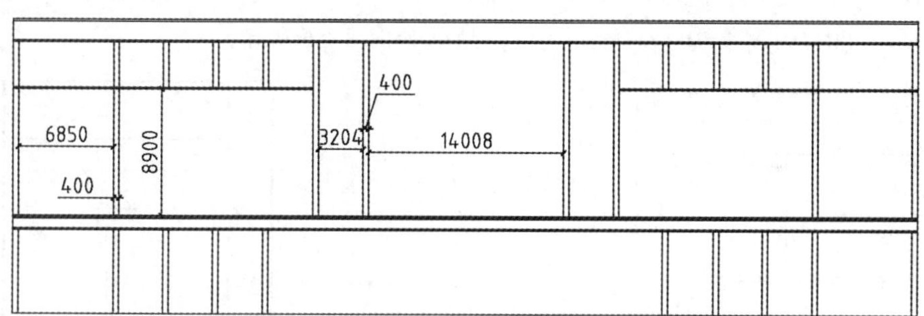

图 8-49　修剪矩形边

Step 05 绘制罗马柱底座。调用 O【偏移】命令，偏移矩形边，结果如图 8-50 所示。

Step 06 调用 EX【延伸】命令，延伸线段，结果如图 8-51 所示。

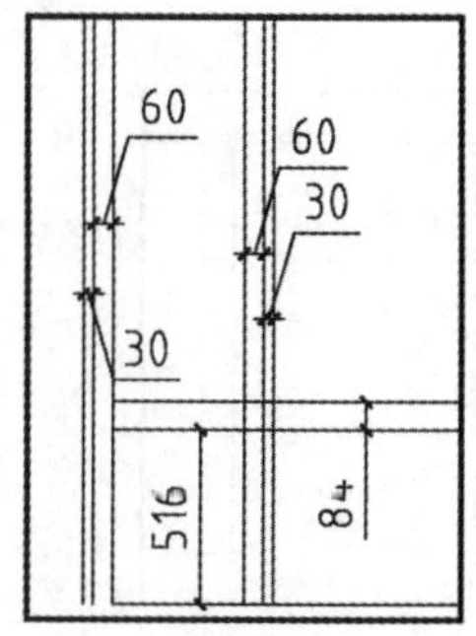

图 8-50　偏移矩形边

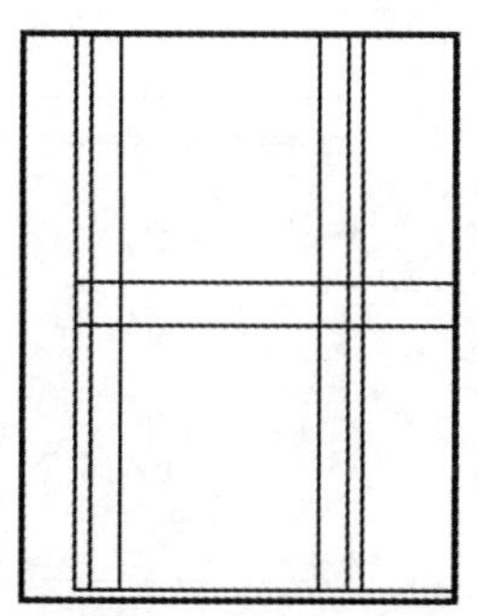

图 8-51　延伸线段

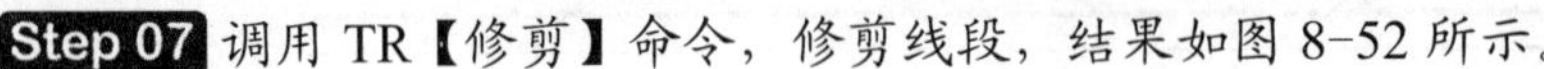

Step 07 调用 TR【修剪】命令，修剪线段，结果如图 8-52 所示。

Step 08 调用 CO【复制】命令，移动复制绘制完成的底座图形；调用 TR【修剪】命令，修剪线段，结果如图 8-53 所示。

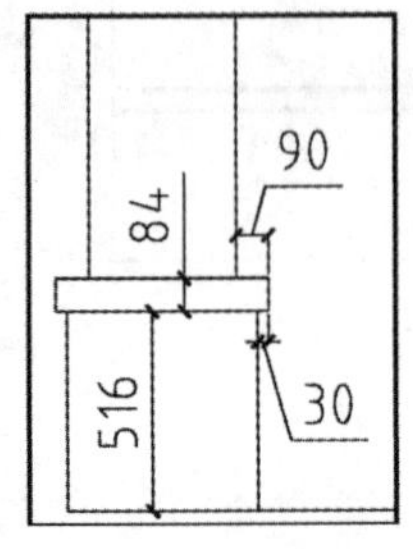

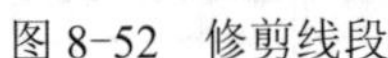

图 8-52 修剪线段

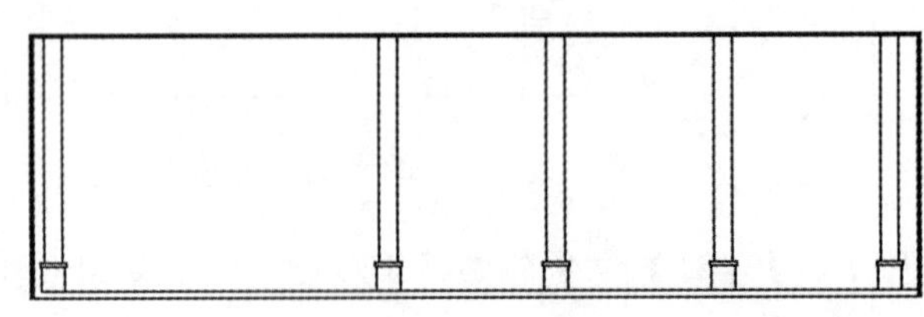

图 8-53 复制结果

Step 09 调用 MI【镜像】命令，镜像复制底座图形；调用 TR【修剪】命令，修剪线段，结果如图 8-54 所示。

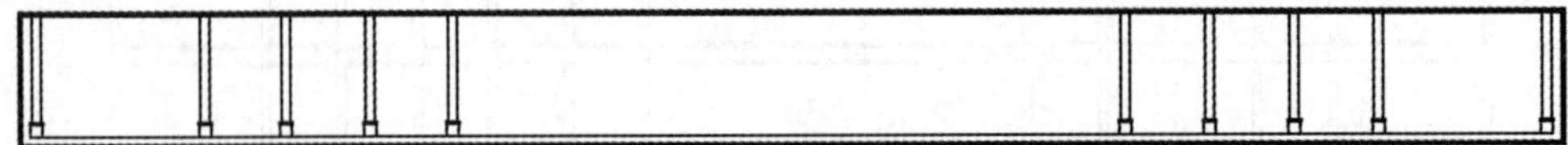

图 8-54 绘制结果

Step 10 绘制罗马柱柱头。调用 REC【矩形】命令，分别绘制尺寸为 520×120、460×60 的矩形，结果如图 8-55 所示。

Step 11 调用 TR【修剪】命令，修剪线段，结果如图 8-56 所示。

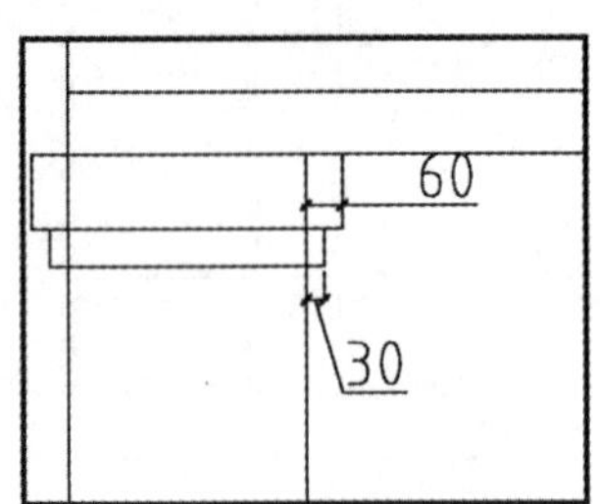

图 8-55 绘制矩形

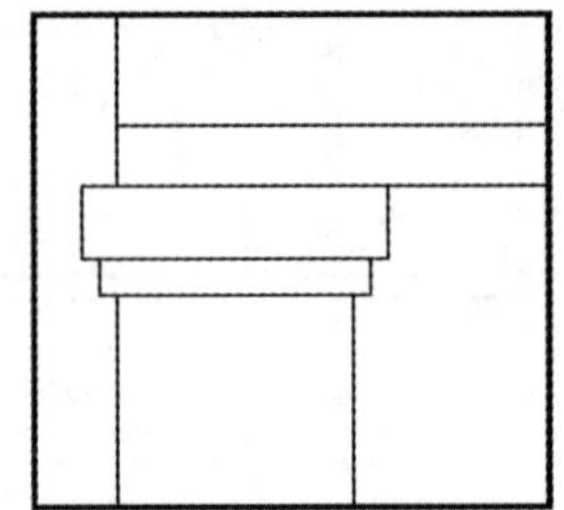

图 8-56 修剪线段

Step 12 调用 CO【复制】命令，移动复制绘制完成的柱头图形；调用 TR【修剪】命令，修剪线段，结果如图 8-57 所示。

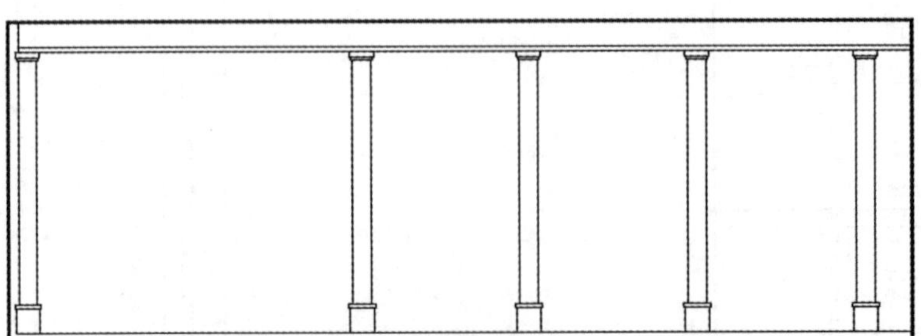

图 8-57 移动复制

Step 13 调用 MI【镜像】命令，镜像复制柱头图形；调用 TR【修剪】命令，修剪线段，结果如图 8-58 所示。

图 8-58　绘制结果

Step 14 绘制罗马柱底座。调用 O【偏移】命令，偏移矩形边，结果如图 8-59 所示。

Step 15 调用 EX【延伸】命令，延伸线段；调用 TR【修剪】命令，修剪线段，结果如图 8-60 所示。

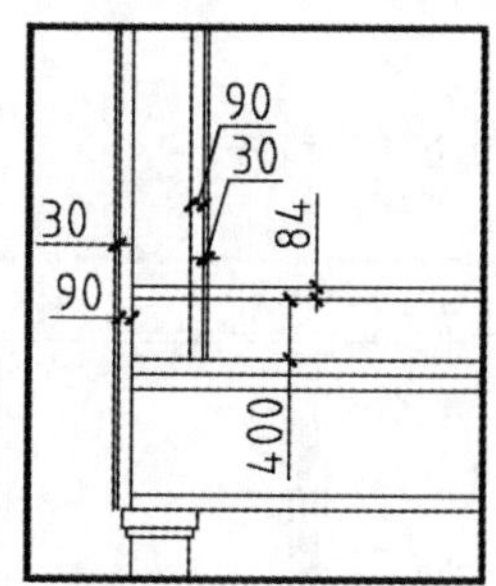

图 8-59　偏移矩形边

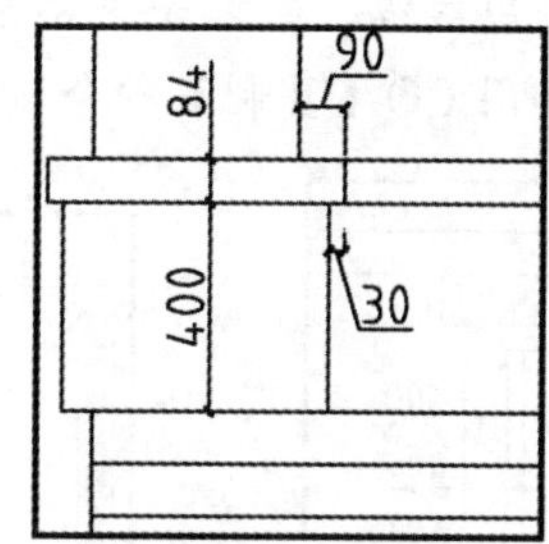

图 8-60　修剪线段

Step 16 调用 CO【复制】命令，移动复制绘制完成的柱头图形；调用 TR【修剪】命令，修剪线段，结果如图 8-61 所示。

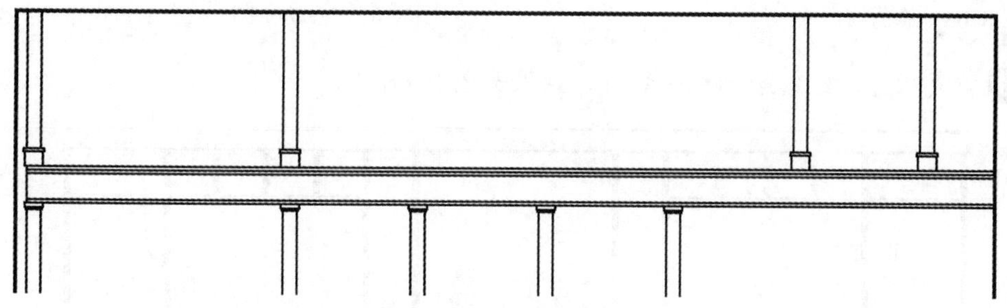

图 8-61　修剪线段

Step 17 调用 MI【镜像】命令，镜像复制底座图形；调用 TR【修剪】命令，修剪线段，结果如图 8-62 所示。

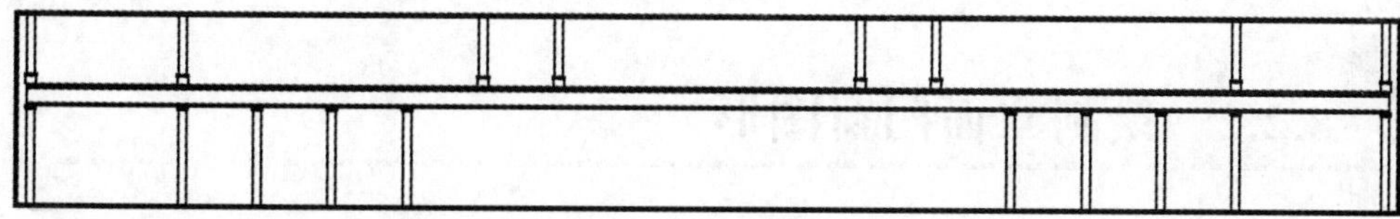

图 8-62　镜像复制

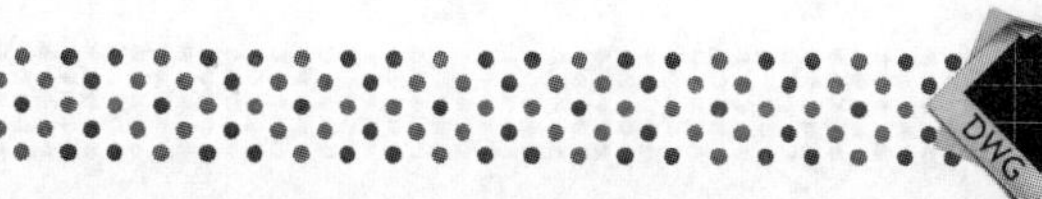

Step 18 重复调用 CO【复制】命令、TR【修剪】命令，移动复制罗马柱的底座以及柱头图形，结果如图 8-63 所示。

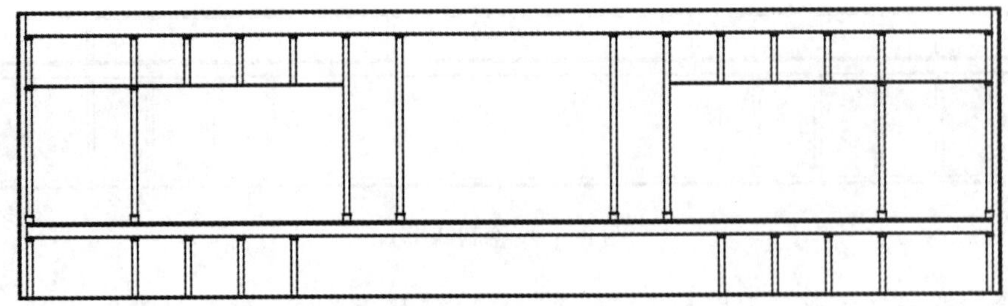

图 8-63 绘制结果

Step 19 绘制柱面装饰。调用 O【偏移】命令，偏移罗马柱轮廓线；调用 TR【修剪】命令，修剪线段，结果如图 8-64 所示。

Step 20 调用 CO【复制】命令，移动复制柱面装饰，结果如图 8-65 所示。

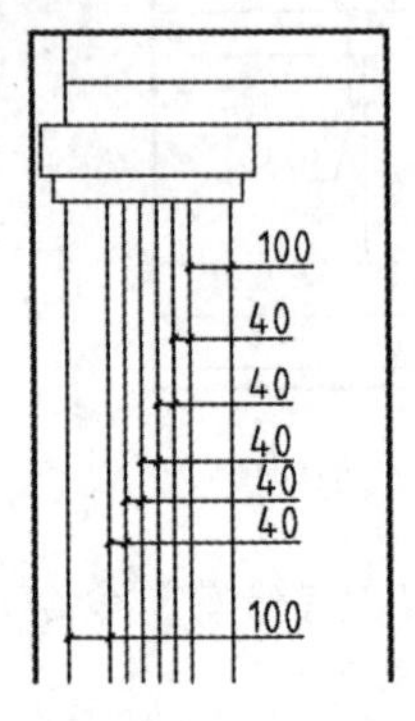

图 8-64 修剪线段

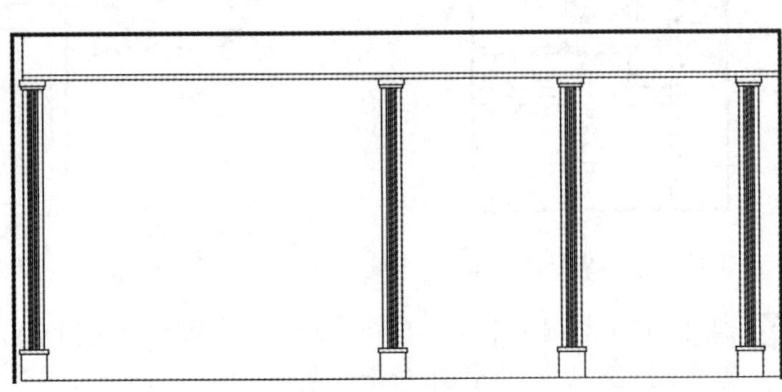

图 8-65 移动复制

Step 21 重复操作，继续绘制柱面装饰，结果如图 8-66 所示

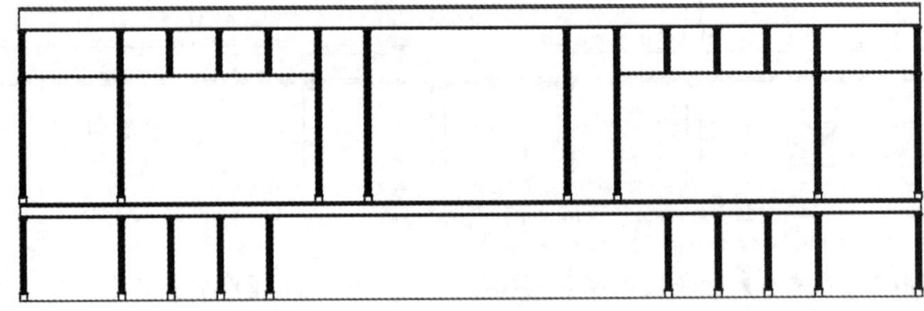

图 8-66 绘制结果

8.2.2 绘制立面门窗图形

门窗图形是立面图上不可或缺的图形之一。门窗的形状、排列对于建筑物的外观效果起到很大的作用，常规的门窗形状多为矩形。本例中的以门窗和玻璃幕墙相结合的装饰手法，

体现了建筑物装饰中的统一中求变化的设计方法，达到既充分发挥建筑构件本身的功能又满足了装饰效果。

Step 01 绘制立面窗轮廓。调用 REC【矩形】命令，绘制尺寸为 2 200 × 2 000 的矩形，结果如图 8-67 所示。

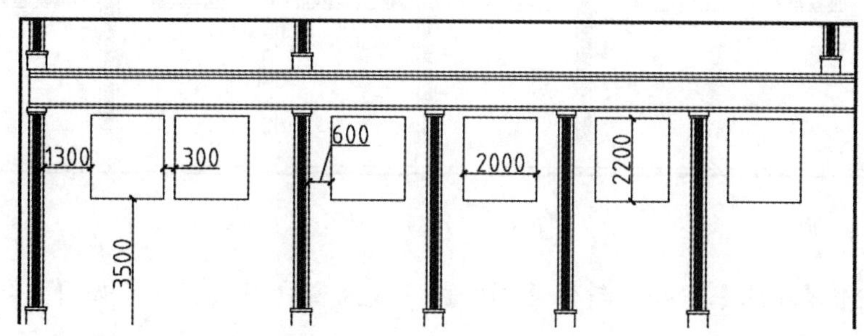

图 8-67　绘制立面窗轮廓

Step 02 绘制窗套。调用 O【偏移】命令，设置偏移距离为 100，向内偏移矩形，结果如图 8-68 所示。

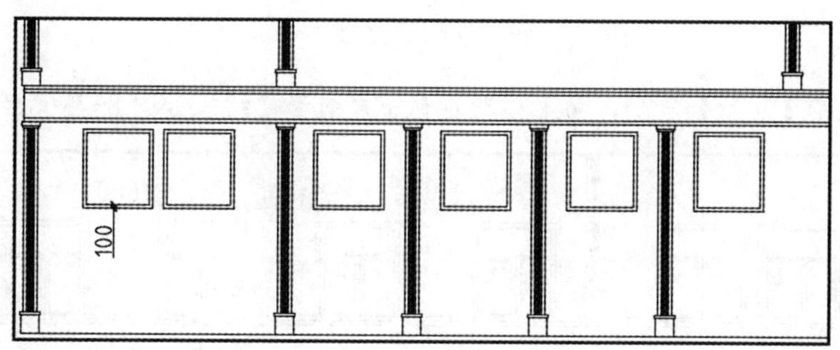

图 8-68　偏移矩形

Step 03 调用 X【分解】命令，分解偏移得到的矩形；调用 O【偏移】命令，偏移矩形边；调用 L【直线】命令，绘制直线，结果如图 8-69 所示。

Step 04 调用 O【偏移】命令，偏移矩形边，结果如图 8-70 所示。

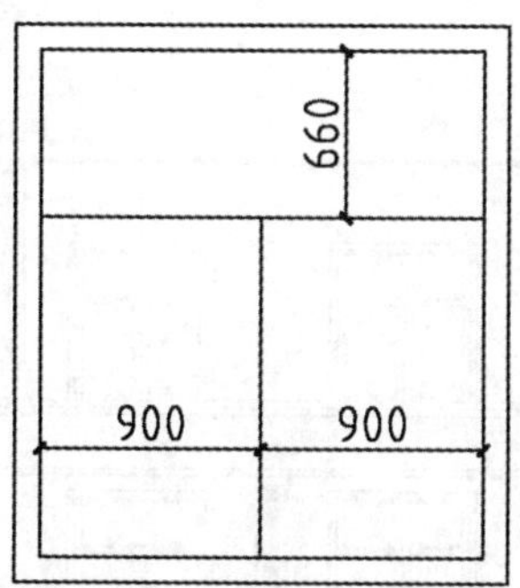

图 8-69　偏移矩形边

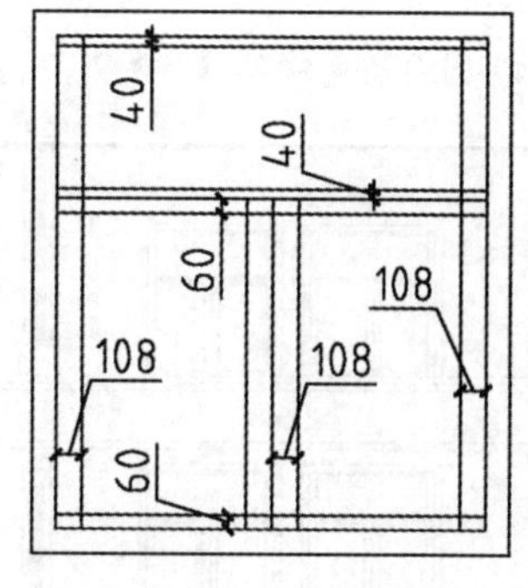

图 8-70　偏移结果

Step 05 调用 F【圆角】命令，设置圆角半径为 0，对所偏移的矩形边进行圆角处理，结果如图 8-71 所示。

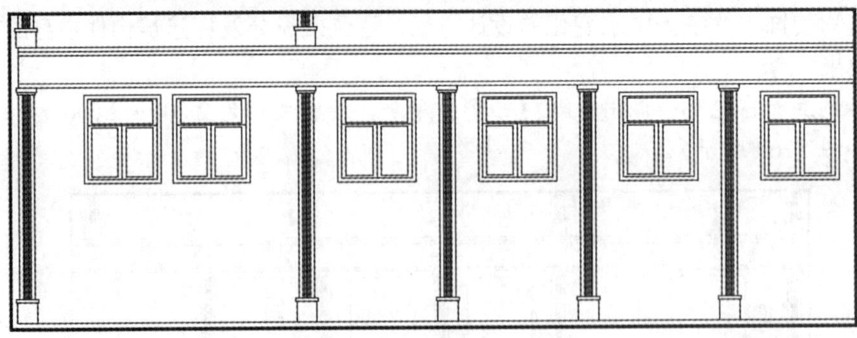

图 8-71　圆角处理

Step 06 调用 MI【镜像】命令，镜像复制绘制完成的窗户图形，结果如图 8-72 所示。

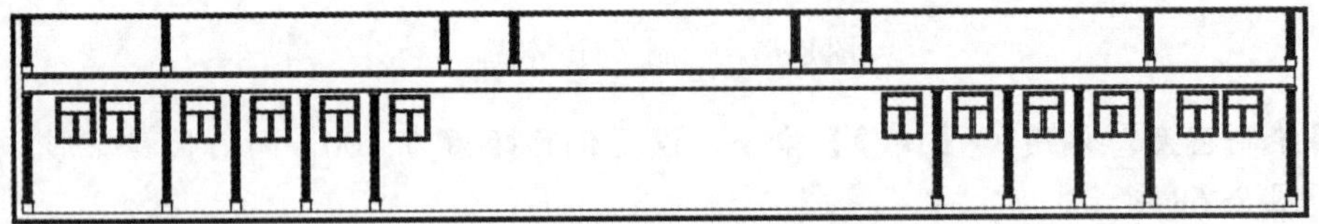

图 8-72　镜像复制

Step 07 调用 CO【复制】命令，向上移动复制窗户图形，结果如图 8-73 所示。

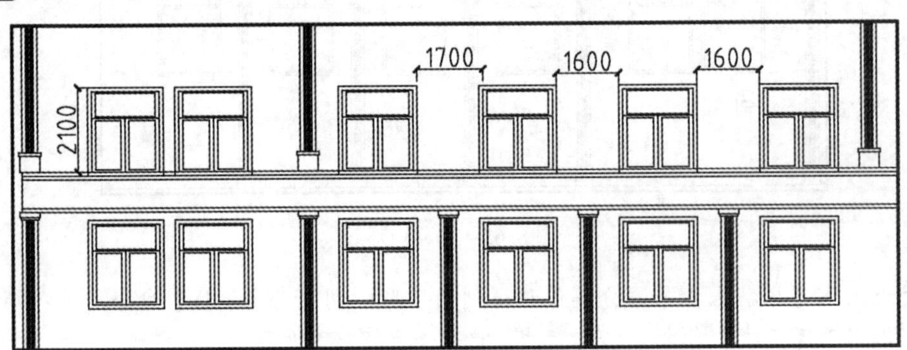

图 8-73　移动复制

Step 08 调用 TR【修剪】命令，修剪线段，结果如图 8-74 所示。

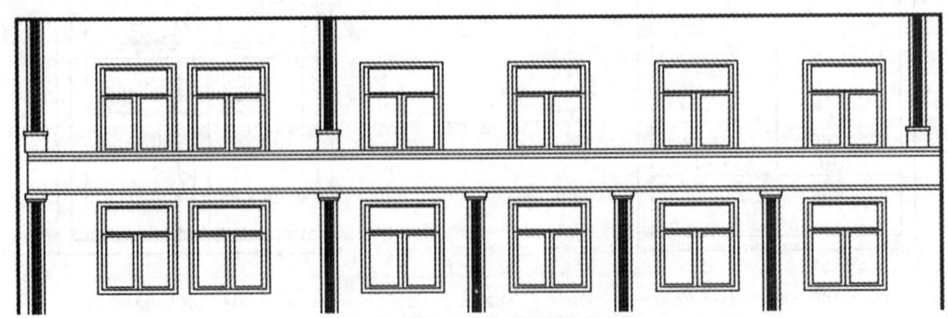

图 8-74　修剪线段

Step 09 调用 CO【复制】命令，向上移动复制窗户图形，结果如图 8-75 所示。

Step 10 绘制立面装饰。调用 O【偏移】命令，偏移线段；调用 TR【修剪】命令，修剪线段，结果如图 8-76 所示。

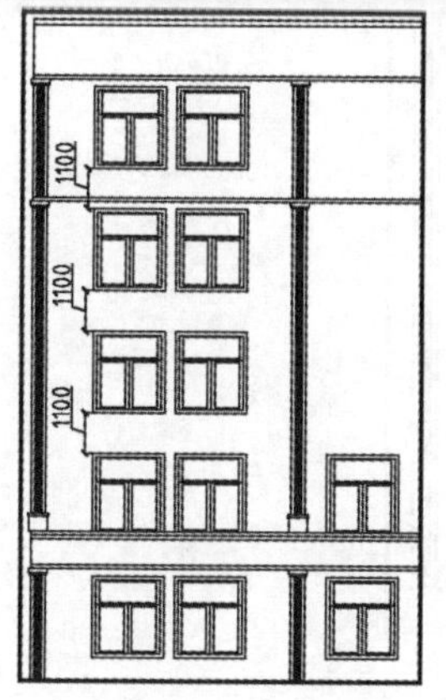

图 8-75　移动复制

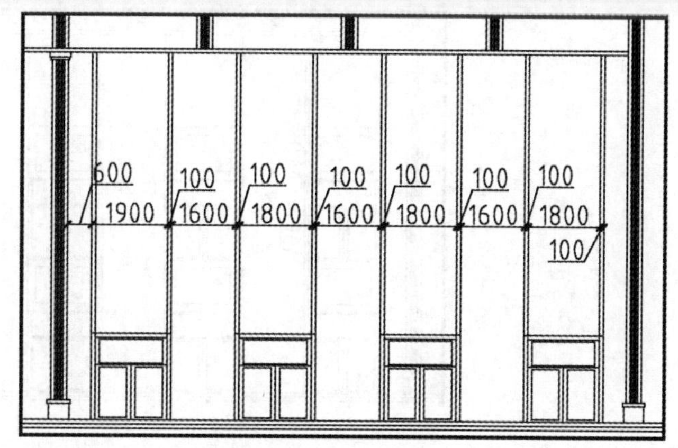

图 8-76　偏移并修剪线段

Step 11 调用 TR【修剪】命令，修剪线段，结果如图 8-77 所示。

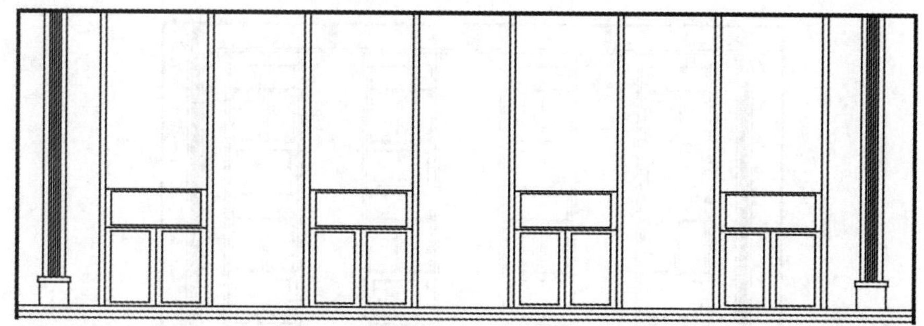

图 8-77　修剪线段

Step 12 绘制立面装饰。调用 O【偏移】命令，偏移线段；调用 TR【修剪】命令，修剪线段，结果如图 8-78 所示。

Step 13 重复操作，绘制相同的立面装饰造型，结果如图 8-79 所示。

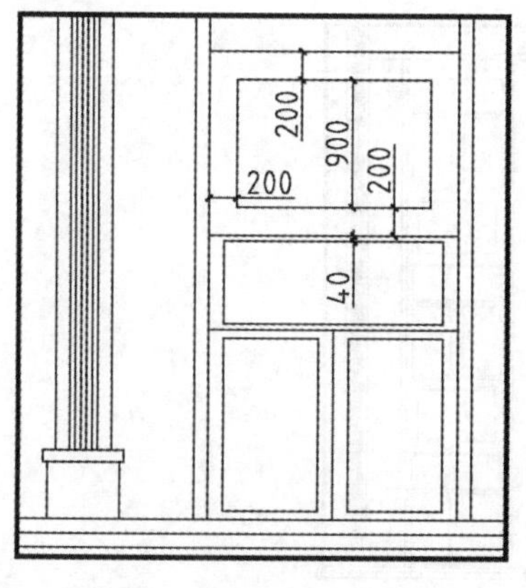

图 8-78　偏移并修剪线段

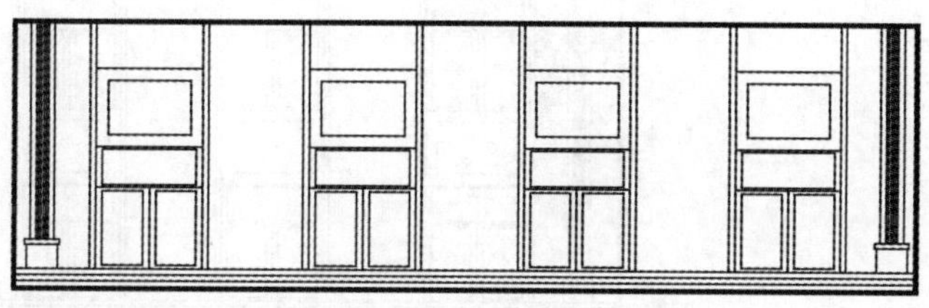

图 8-79　绘制结果

Step 14 调用 CO【复制】命令，向上移动复制窗户图形；调用 E【删除】命令，删除多余线段，结果如图 8-80 所示。

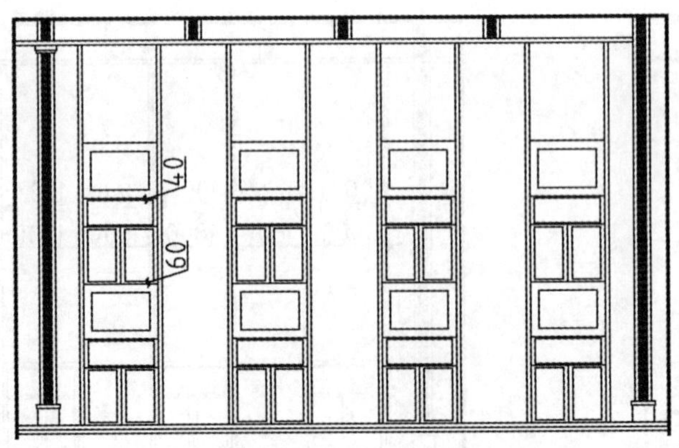

图 8-80 复制结果

Step 15 重复调用 CO【复制】命令、E【删除】命令，复制图形并修剪对象，结果如图 8-81 所示。

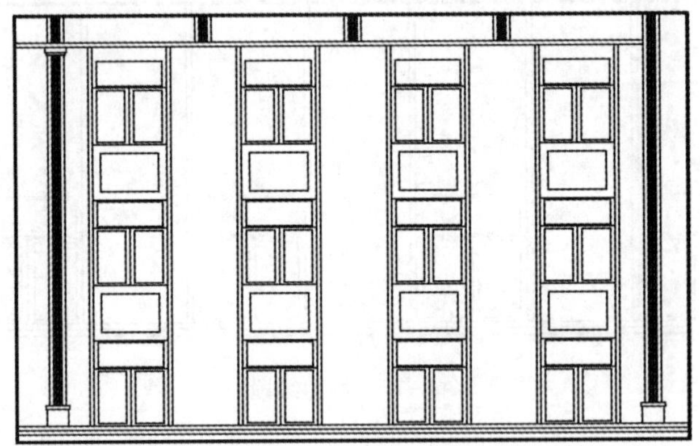

图 8-81 绘制结果

Step 16 调用 L【直线】命令，绘制直线，结果如图 8-82 所示。

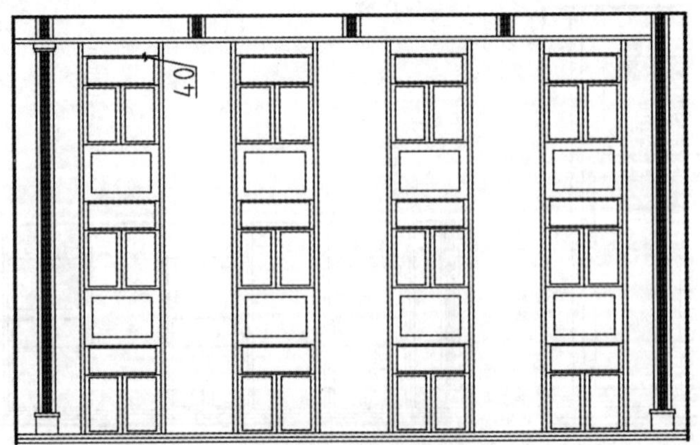

图 8-82 绘制直线

Step 17 调用 MI【镜像】命令，镜像复制绘制完成的窗户图形，结果如图 8-83 所示。

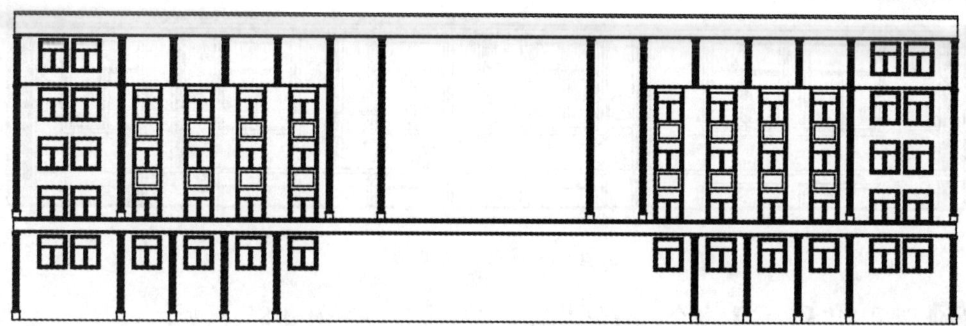

图 8-83　镜像复制

Step 18 绘制立面装饰。调用 O【偏移】命令，偏移线段；调用 TR【修剪】命令，修剪线段，结果如图 8-84 所示。

Step 19 调用 CO【复制】命令，移动复制立面窗图形；调用 TR【修剪】命令，修剪多余线段，结果如图 8-85 所示。

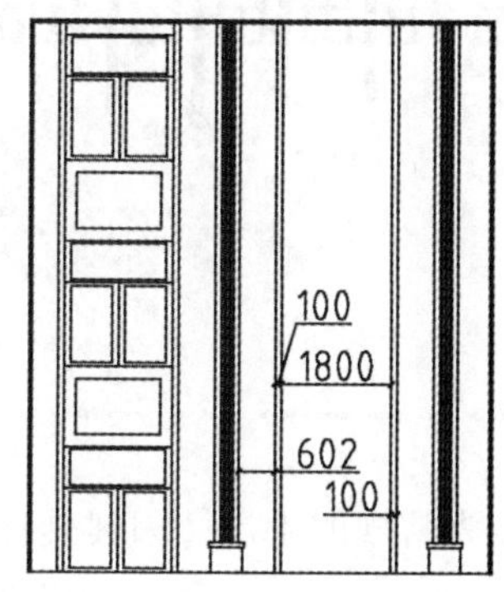

图 8-84　偏移并修剪线段

图 8-85　复制结果

Step 20 调用 MI【镜像】命令，镜像复制绘制完成的窗户图形，结果如图 8-86 所示。

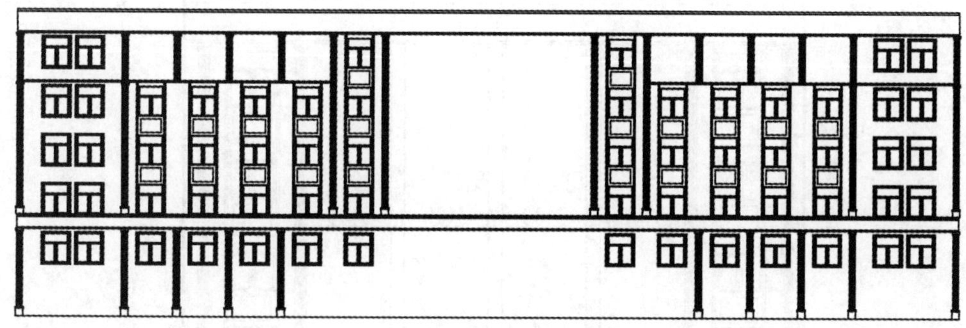

图 8-86　镜像复制

Step 21 调用 CO【复制】命令，移动复制立面窗户图形，结果如图 8-87 所示。

图 8-87　移动复制

Step 22 调用 MI【镜像】命令，镜像复制窗户图形，结果如图 8-88 所示。

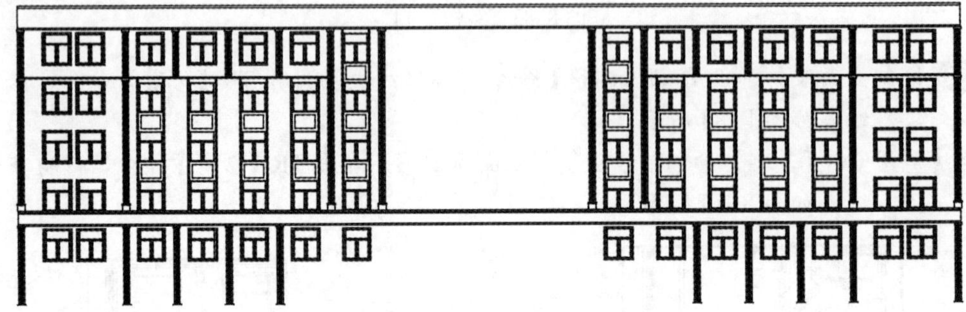

图 8-88　镜像复制

8.2.3　绘制玻璃幕墙及入户大门

在较大型的公共建筑中，使用玻璃幕墙进行装饰是较为常规的手法。因其具有良好的采光功能，同时兼具易清洗的便捷。

在绘制玻璃幕墙和入户玻璃门的过程中，主要用到直线命令和偏移命令、修剪命令等。

Step 01 绘制玻璃幕墙。调用 O【偏移】命令，偏移线段；调用 TR【修剪】命令，修剪线段，结果如图 8-89 所示。

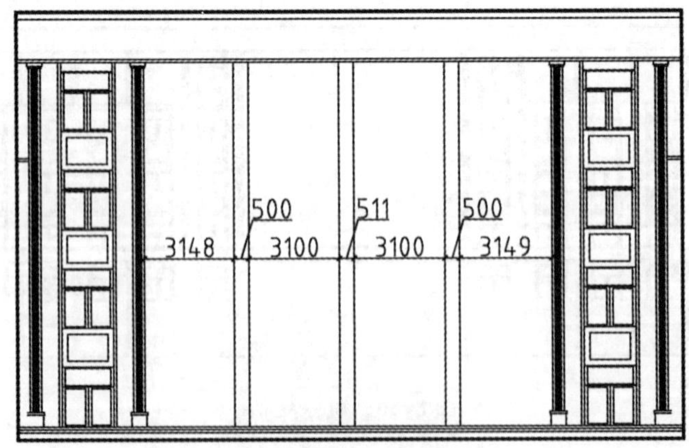

图 8-89　偏移并修剪线段

Step 02 调用 O【偏移】命令、TR【修剪】命令，偏移并修剪线段，结果如图 8-90 所示。

Step 03 调用 O【偏移】命令，偏移线段；调用 TR【修剪】命令，修剪线段，结果如图 8-91 所示。

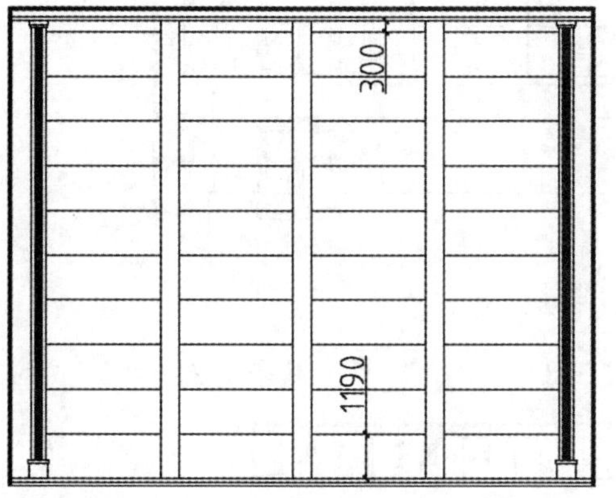

图 8-90　偏移并修剪线段

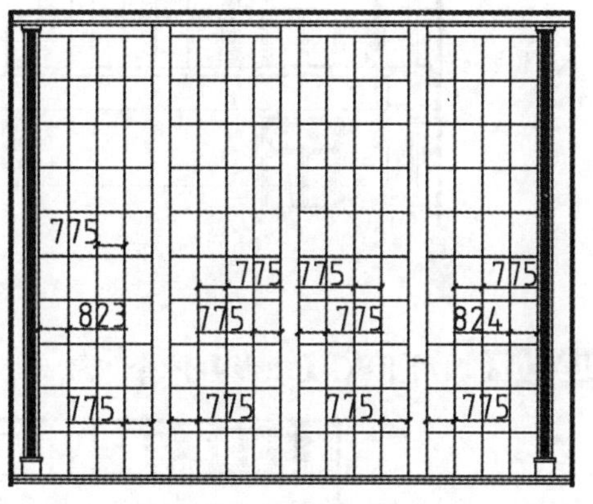

图 8-91　绘制结果

Step 04 绘制立面线条装饰。调用 O【偏移】命令、TR【修剪】命令，偏移并修剪线段，结果如图 8-92 所示。

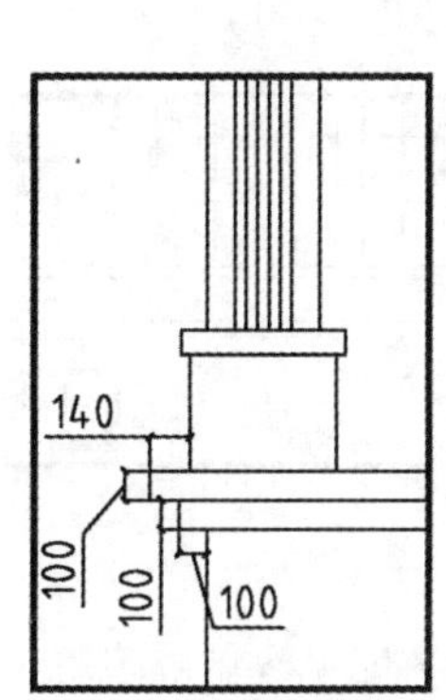

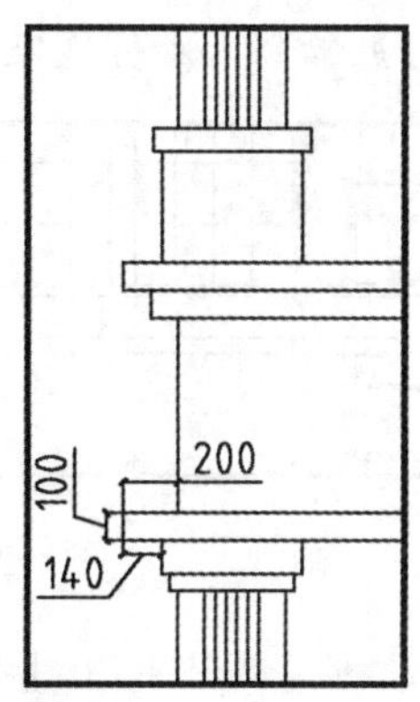

图 8-92　偏移并修剪线段

Step 05 重复操作，继续绘制立面装饰，绘制结果如图 8-93 所示。

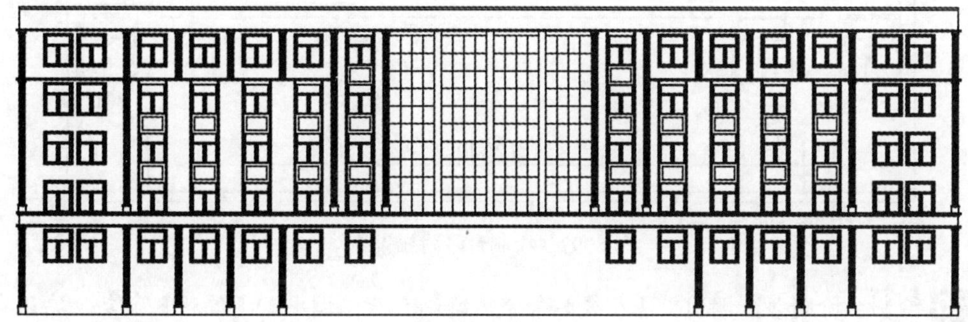

图 8-93　绘制结果

Step 06 绘制入户门门头装饰。调用 REC【矩形】命令，绘制矩形；调用 TR【修剪】命令，修剪线段，结果如图 8-94 所示。

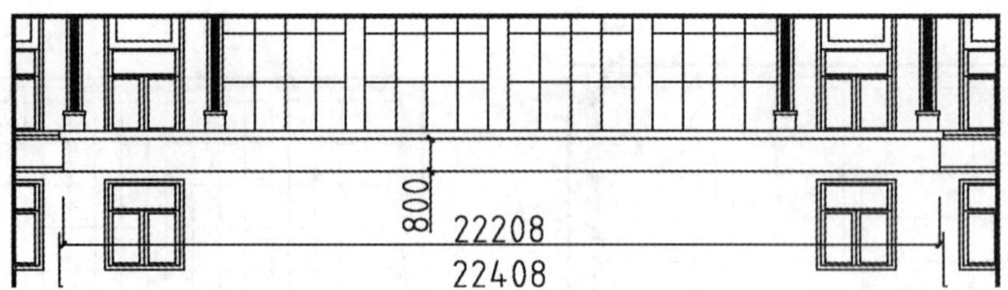

图 8-94　修剪线段

Step 07 调用 REC【矩形】命令，绘制尺寸为 22 008 × 300 的矩形，结果如图 8-95 所示。

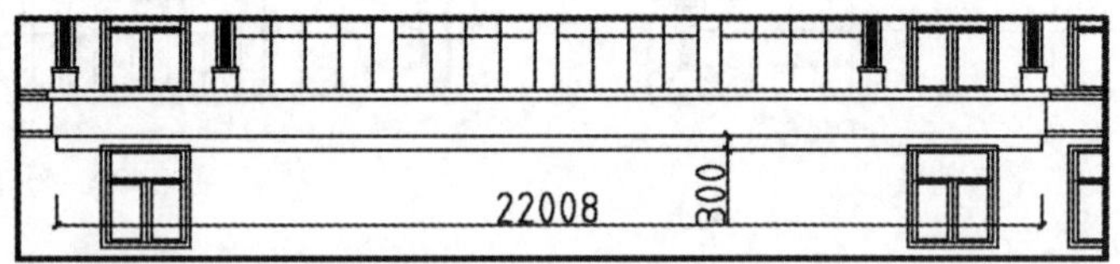

图 8-95　绘制矩形

Step 08 调用 TR【修剪】命令，修剪线段，结果如图 8-96 所示。

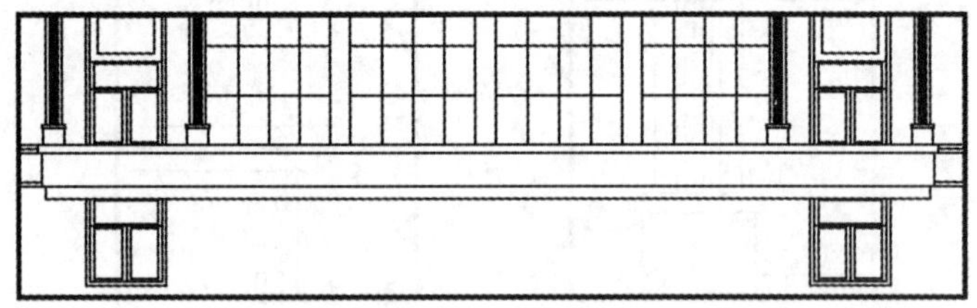

图 8-96　修剪线段

Step 09 绘制台阶附属设施。调用 REC【矩形】命令，绘制尺寸为 900 × 1 620 的矩形；调用 CO【复制】命令，移动复制矩形，结果如图 8-97 所示。

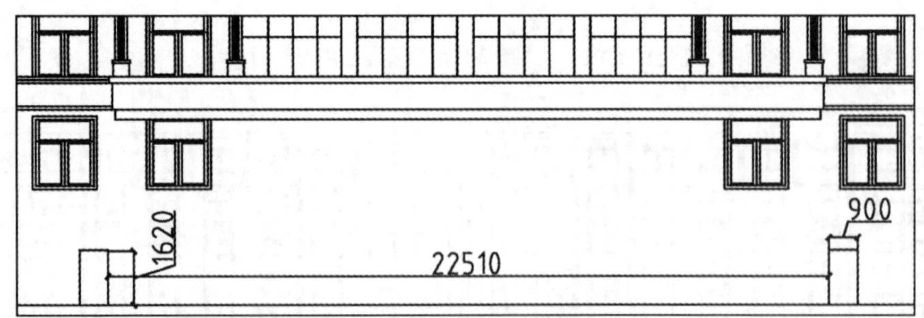

图 8-97　绘制台阶附属设施

Step 10 绘制台阶踏步。调用 L【直线】命令，绘制直线；调用 O【偏移】命令，偏移直线，结果如图 8-98 所示。

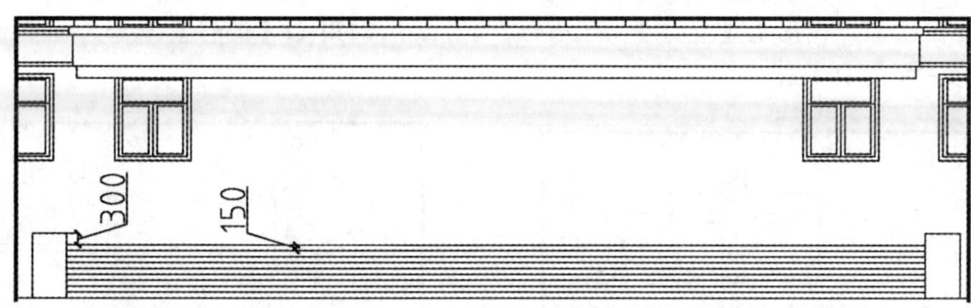

图 8-98　绘制台阶踏步

Step 11 绘制罗马柱底座。调用 REC【矩形】命令，分别绘制尺寸为 580 × 84、516 × 520 的矩形，结果如图 8-99 所示。

Step 12 绘制柱子。调用 L【直线】命令，绘制直线；调用 O【偏移】命令，偏移直线，结果如图 8-100 所示。

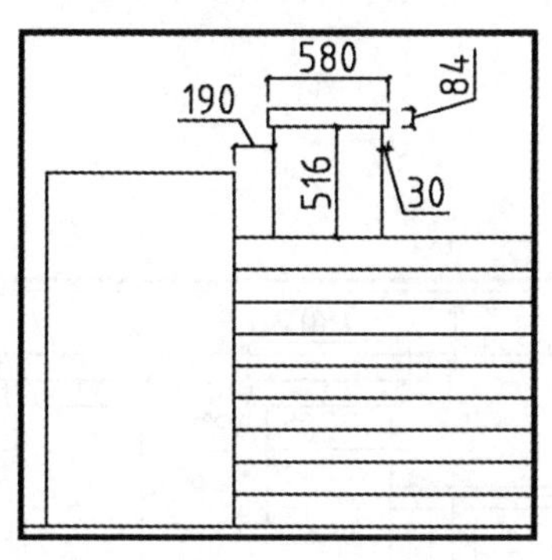

图 8-99　绘制矩形

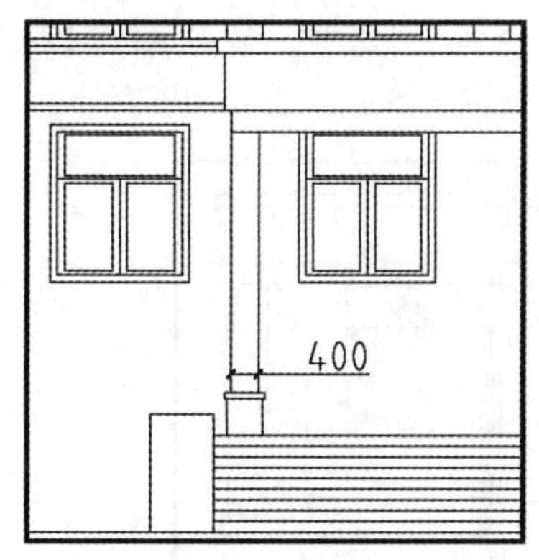

图 8-100　偏移直线

Step 13 调用 CO【复制】命令，移动复制柱身装饰；调用 TR【修剪】命令，修剪多余线段，结果如图 8-101 所示。

Step 14 调用 MI【镜像】命令，镜像复制绘制完成的罗马柱图形，结果如图 8-102 所示。

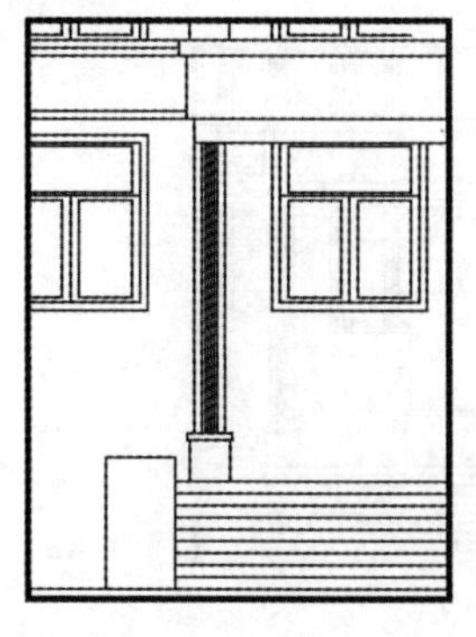

图 8-101　修剪线段

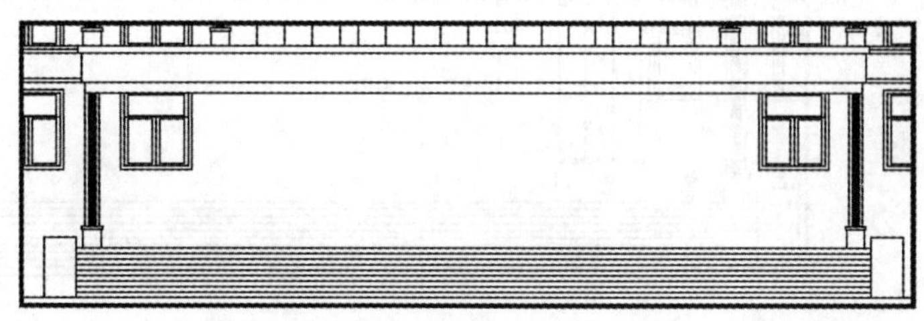

图 8-102　镜像复制

Step 15 绘制罗马柱底座。调用 REC【矩形】命令，分别绘制尺寸为 1 980 × 84、816 × 1 920 的矩形，结果如图 8-103 所示。

Step 16 绘制柱子。调用 L【直线】命令，绘制直线；调用 O【偏移】命令，偏移直线，结果如图 8-104 所示。

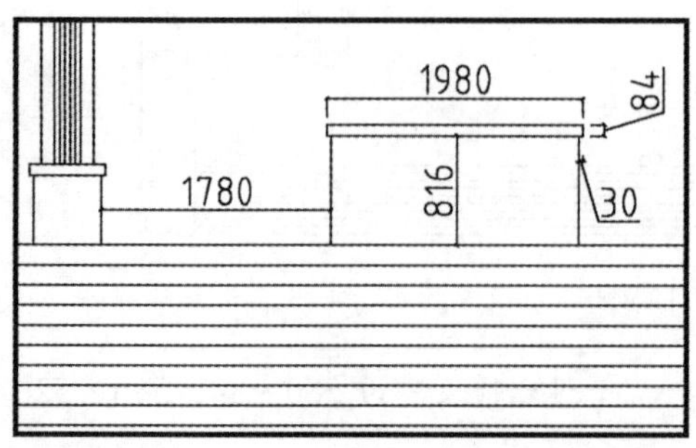

图 8-103　绘制矩形

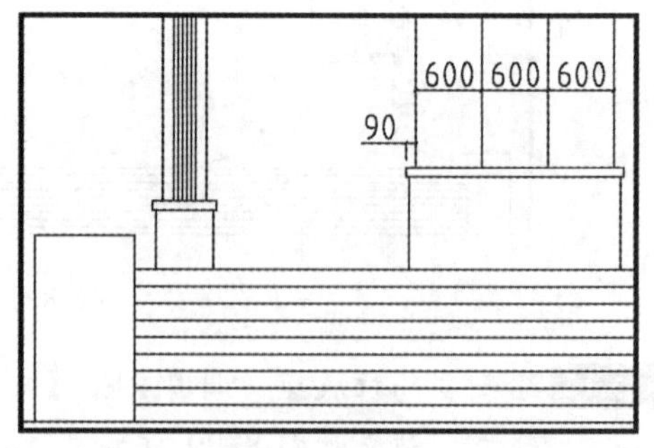

图 8-104　偏移直线

Step 17 调用 TR【修剪】命令，修剪多余线段，结果如图 8-105 所示。

Step 18 绘制柱头装饰。调用 REC【矩形】命令，分别绘制尺寸为 780 × 120、720 × 120 的矩形，结果如图 8-106 所示。

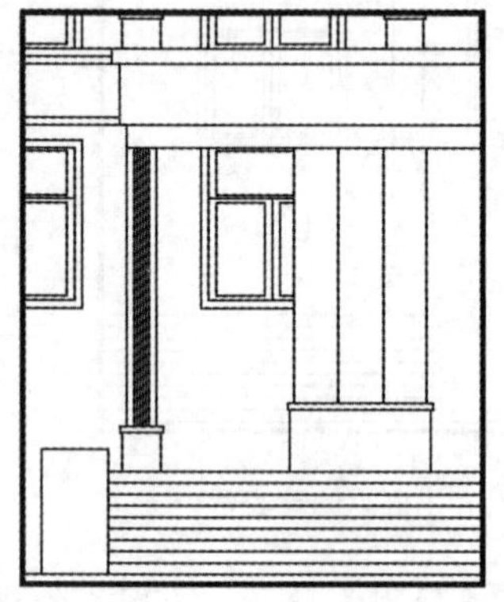

图 8-105　修剪线段

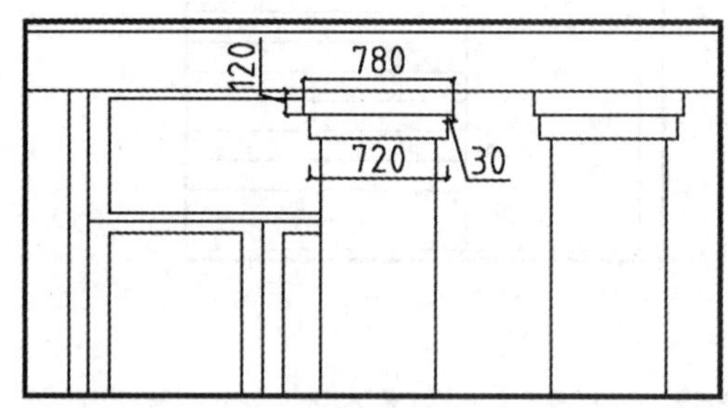

图 8-106　绘制矩形

Step 19 调用 MI【镜像】命令，镜像复制图形，结果如图 8-107 所示。

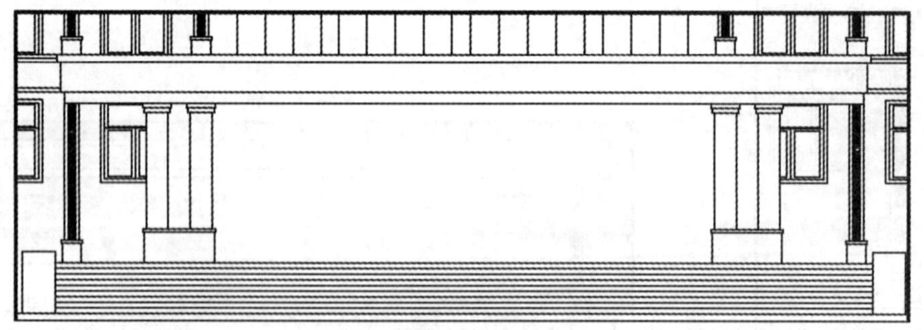

图 8-107　镜像复制

Step 20 绘制入户玻璃门。调用 O【偏移】命令，偏移线段；调用 TR【修剪】命令，修剪线段，结果如图 8-108 所示。

Step 21 调用 O【偏移】命令、TR【修剪】命令，偏移并修剪线段，结果如图 8-109 所示。

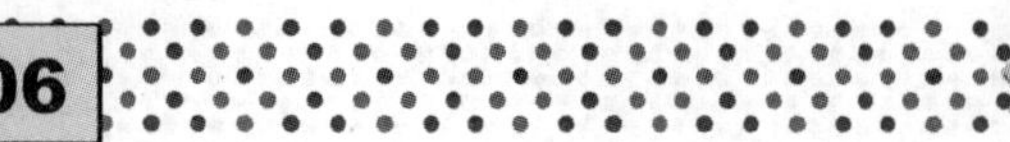

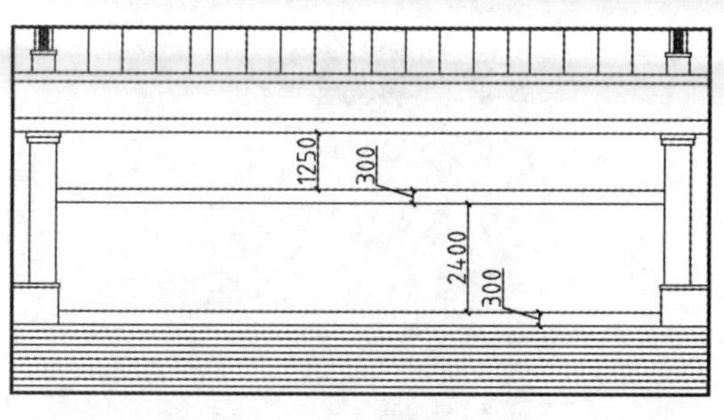

图 8-108　偏移并修剪线段

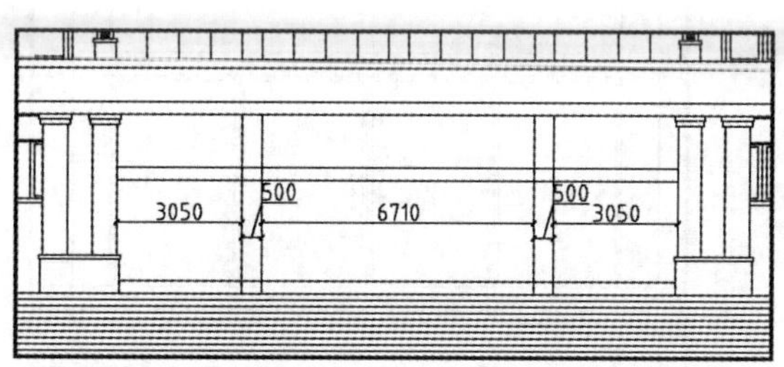

图 8-109　偏移并修剪线段

Step 22 调用 TR【修剪】命令，修剪线段，结果如图 8-110 所示。

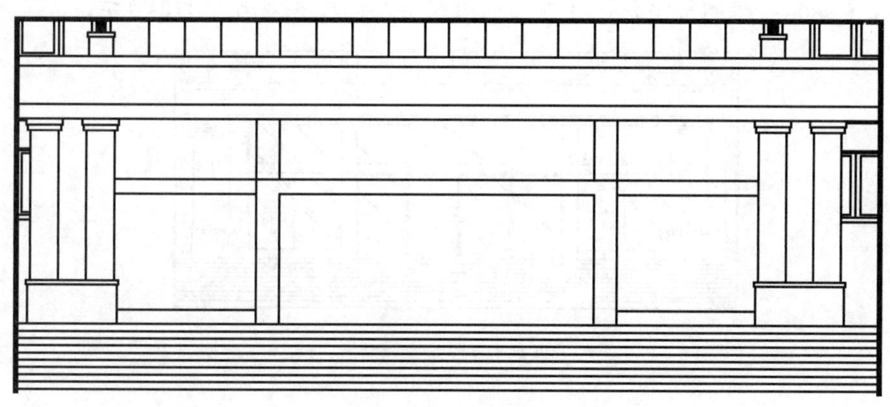

图 8-110　修剪线段

Step 23 调用 L【直线】命令，绘制直线，结果如图 8-111 所示。

Step 24 调用 O【偏移】命令，偏移线段；调用 F【圆角】命令，设置圆角半径为 0，对所偏移的线段进行圆角处理，结果如图 8-112 所示。

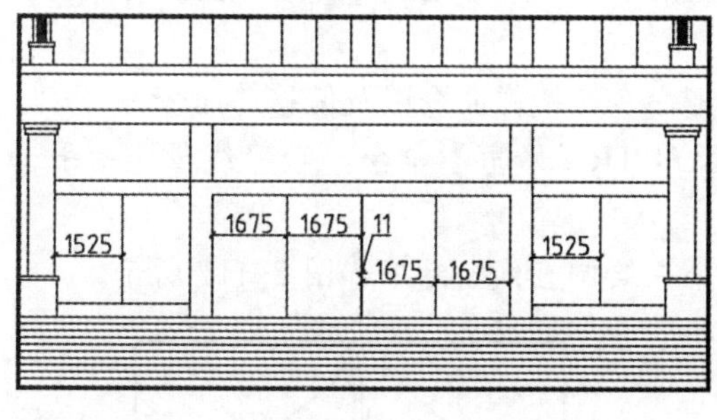

图 8-111　绘制直线

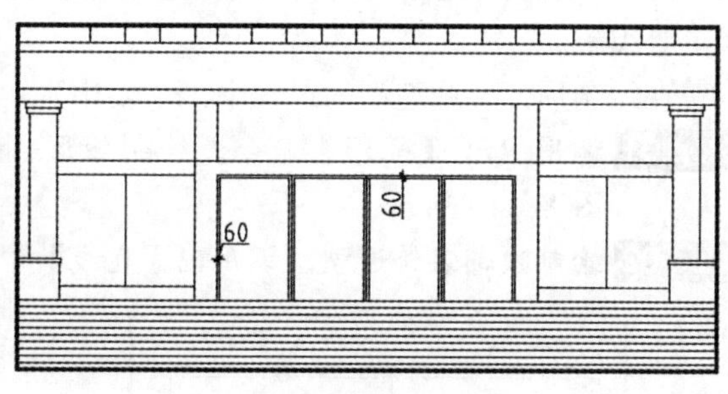

图 8-112　绘制结果

Step 25 绘制门把手。调用 REC【矩形】命令，绘制尺寸为 537×30 的矩形，结果如图 8-113 所示。

Step 26 填充玻璃门图案。调用 H【图案填充】命令，弹出【图案填充和渐变色】对话框，设置参数如图 8-114 所示。

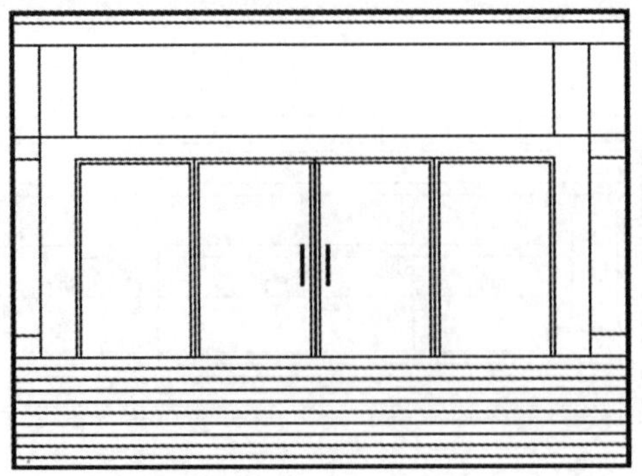
图 8-113　绘制矩形

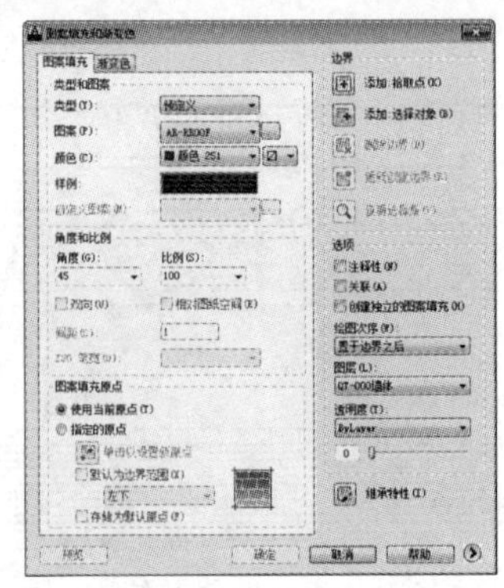
图 8-114　设置参数

Step 27 在绘图区中拾取填充区域，按回车键，返回【图案填充和渐变色】对话框，单击【确定】按钮，关闭对话框，即可完成图案填充，结果如图 8-115 所示。

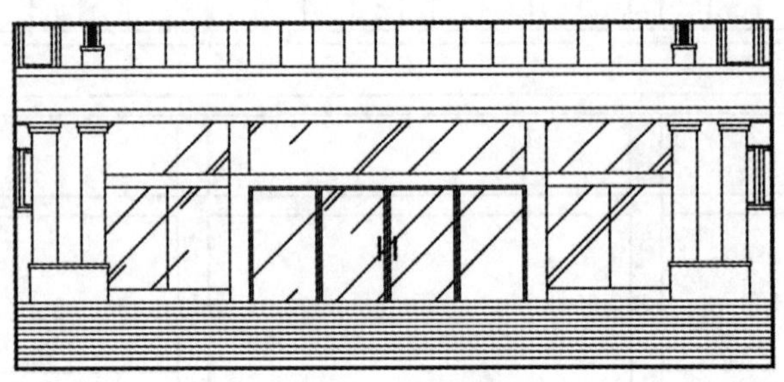
图 8-115　图案填充

8.2.4　绘制立面装饰图形

立面装饰图形主要指顶部的装饰造型。在该建筑物中设计制作了两小一大的顶部装饰造型，两个小的装饰造型呈对称式排列。在装饰造型的顶端安放了避雷针，用以提高建筑物的避雷等级。

在绘制顶部装饰造型的过程中，主要用到矩形命令、镜像命令以及偏移等命令。

Step 01 调用 REC【矩形】命令，绘制矩形；调用 TR【修剪】命令，修剪线段，结果如图 8-116 所示。

Step 02 绘制顶部装饰造型。调用 L【直线】命令，绘制直线，结果如图 8-117 所示。

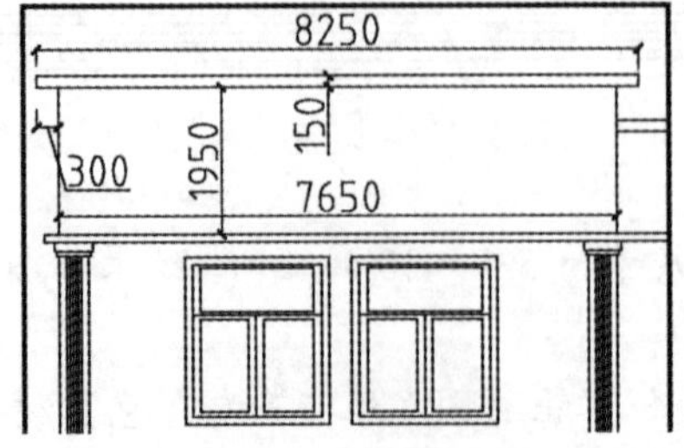

图 8-116　修剪线段

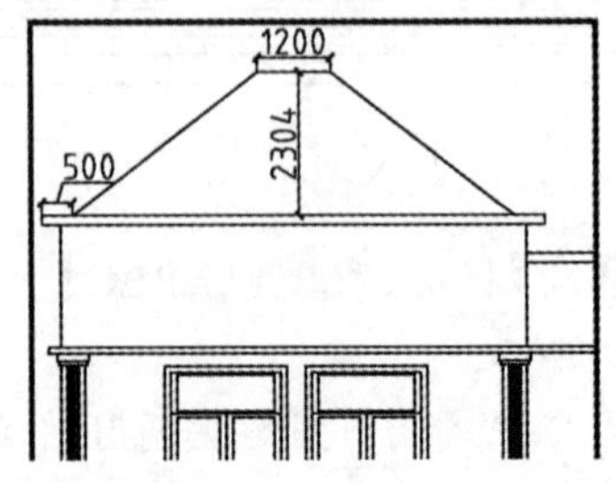

图 8-117　绘制直线

Step 03 调用 O【偏移】命令，偏移线段；调用 F【圆角】命令，对所偏移的线段进行圆角处理，结果如图 8-118 所示。

Step 04 调用 REC【矩形】命令，绘制矩形，结果如图 8-119 所示。

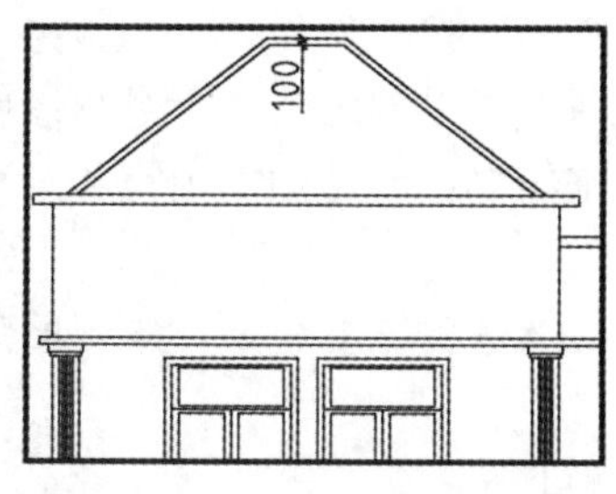

图 8-118　圆角处理

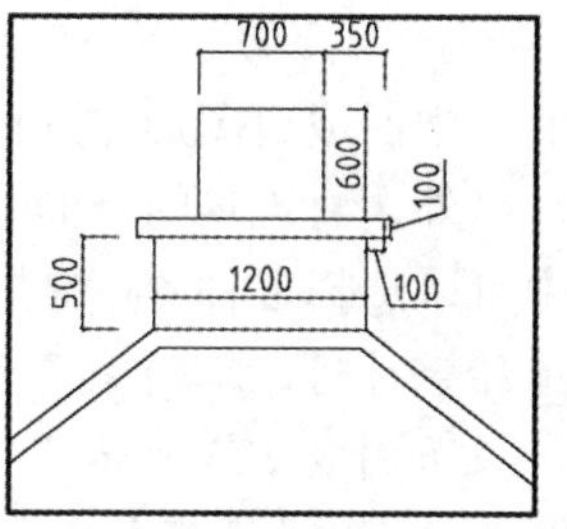

图 8-119　绘制矩形

Step 05 调用 MI【镜像】命令，镜像复制绘制完成的顶部造型；调用 TR【修剪】命令，修剪多余线段，结果如图 8-120 所示。

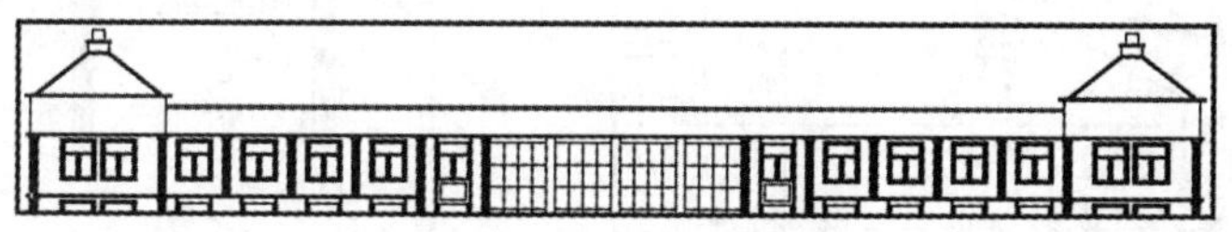

图 8-120　绘制结果

Step 06 绘制顶部造型。调用 REC【矩形】命令，绘制矩形；调用 TR【修剪】命令，修剪线段，结果如图 8-121 所示。

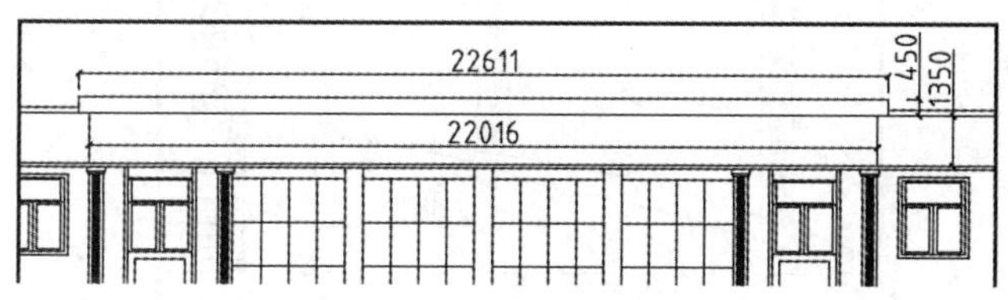

图 8-121　绘制顶部造型

Step 07 插入图块。按【Ctrl+O】组合键，打开本书配套光盘提供的“第 8 章\家具图例.dwg”文件，将其中的装饰图形复制并粘贴至立面图中，结果如图 8-122 所示。

图 8-122　插入图块

8.2.5 绘制坡道及填充立面装饰图案

平面图中的坡道图形在立面图上也要有所体现，坡道图形可以调用圆弧命令和修剪命令来绘制。另外，建筑物的立面装饰图案可以调用填充命令来绘制；在【图案填充和渐变色】对话框中可以选择多种图案来对立面图进行图案填充。

Step 01 绘制坡道。调用 L【直线】命令，绘制直线；调用 A【圆弧】命令，绘制圆弧，结果如图 8-123 所示。

Step 02 调用 TR【修剪】命令，修剪线段，结果如图 8-124 所示。

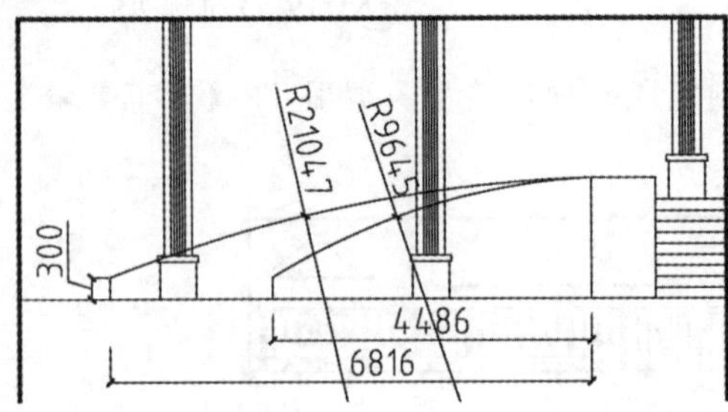

图 8-123 绘制结果

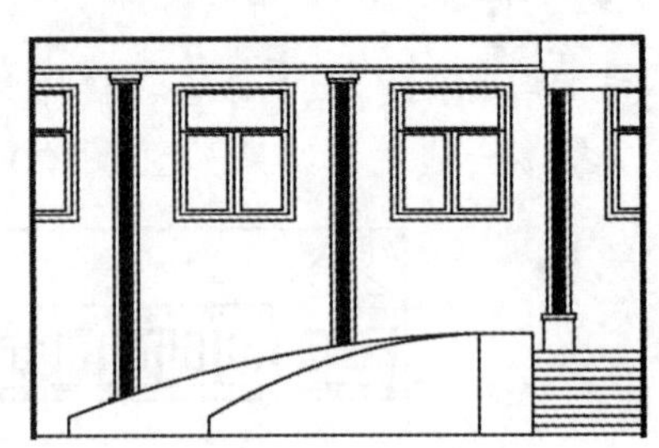

图 8-124 修剪线段

Step 03 调用 A【圆弧】命令，绘制圆弧，结果如图 8-125 所示。

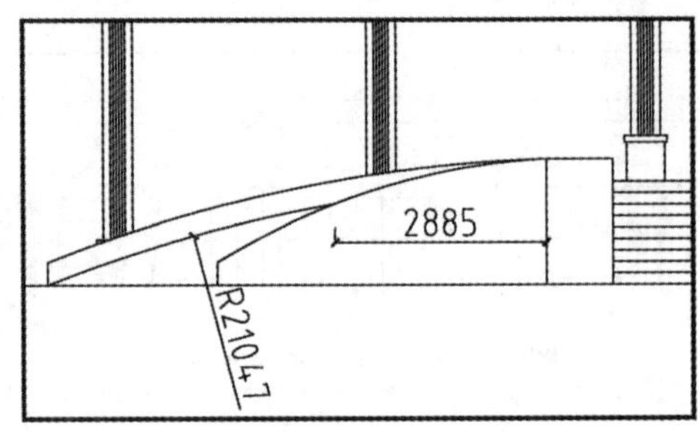

图 8-125 绘制圆弧

Step 04 调用 MI【镜像】命令，镜像复制绘制完成的坡道图形；调用 TR【修剪】命令，修剪线段，结果如图 8-126 所示。

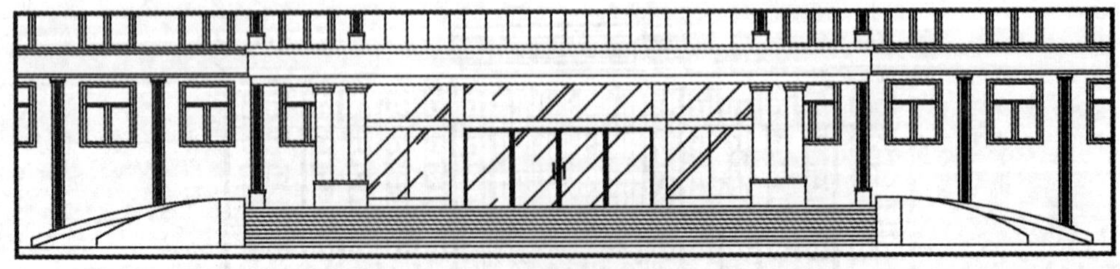

图 8-126 绘制结果

Step 05 填充顶部造型图案。调用 H【图案填充】命令，弹出【图案填充和渐变色】对话框，设置参数如图 8-127 所示。

Step 06 在绘图区中拾取填充区域，按回车键，返回【图案填充和渐变色】对话框，单击【确定】按钮，关闭对话框，即可完成图案填充，结果如图 8-128 所示。

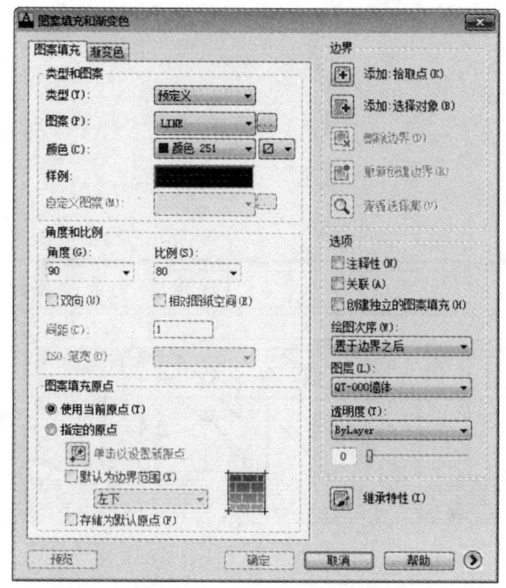

图 8-127　设置参数

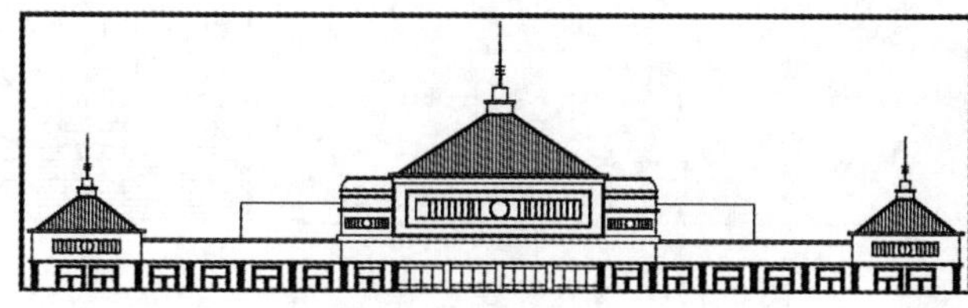

图 8-128　图案填充

Step 07 填充墙面装饰图案。调用 H【图案填充】命令，弹出【图案填充和渐变色】对话框，设置参数如图 8-129 所示。

Step 08 在绘图区中拾取填充区域，按回车键，返回【图案填充和渐变色】对话框，单击【确定】按钮，关闭对话框，即可完成图案填充，结果如图 8-130 所示。

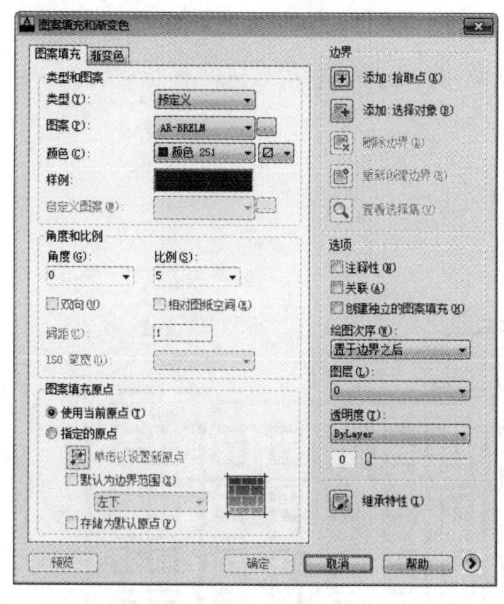

图 8-129　设置参数

图 8-130　图案填充

Step 09 填充墙面装饰图案。调用 H【图案填充】命令，弹出【图案填充和渐变色】对话框，设置参数如图 8-131 所示。

Step 10 在绘图区中拾取填充区域，按回车键，返回【图案填充和渐变色】对话框，单击【确定】按钮，关闭对话框，即可完成图案填充，结果如图 8-132 所示。

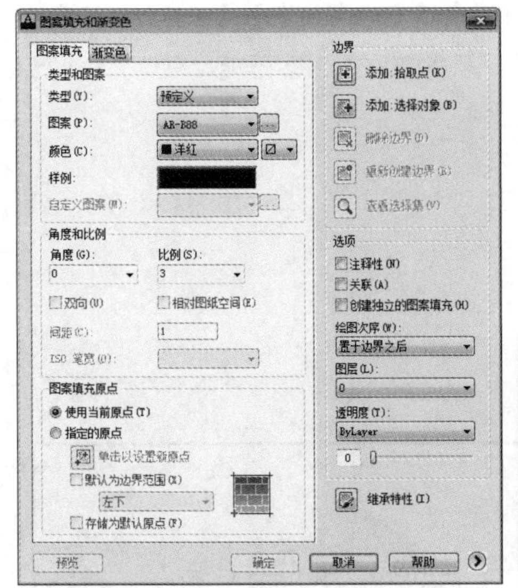

图 8-131　设置参数

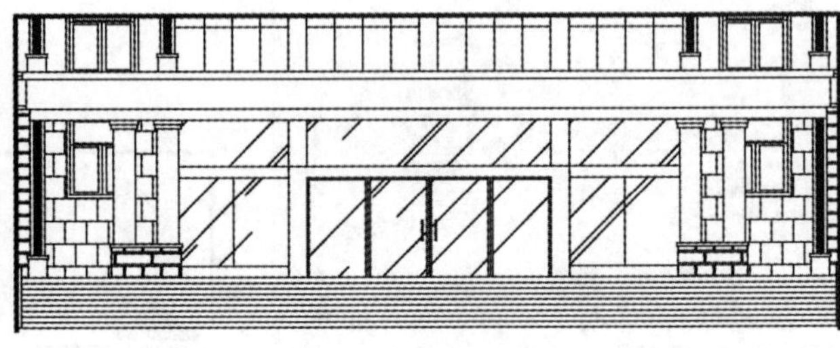

图 8-132　图案填充

8.2.6　绘制立面图标注

立面图标注主要包括材料标注、尺寸标注、轴号标注以及标高标注等类型。为立面图绘制图形标注是绘制立面图的最后一步，也是很关键的一步。在制作预算表和施工的过程中，立面图中的标注都是赖以参考的重要数据。

Step 01 材料标注。调用 MLD【多重引线】命令，根据命令行的提示绘制材料标注，结果如图 8-133 所示。

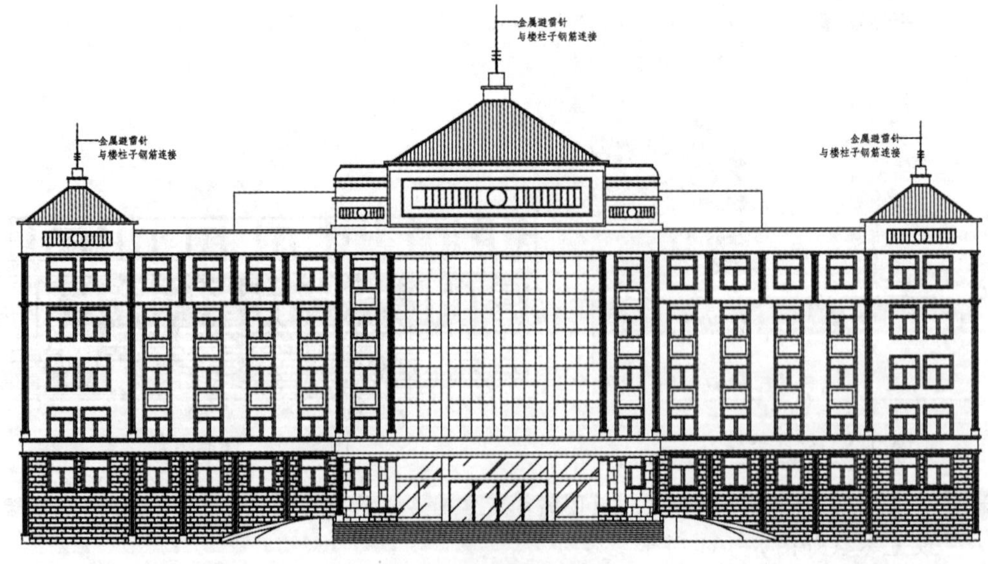

图 8-133　材料标注

Step 02 尺寸标注。调用 DLI【线性标注】命令，在立面图中分别指定尺寸界线的原点和尺寸线的位置，绘制尺寸标注的结果如图 8-134 所示。

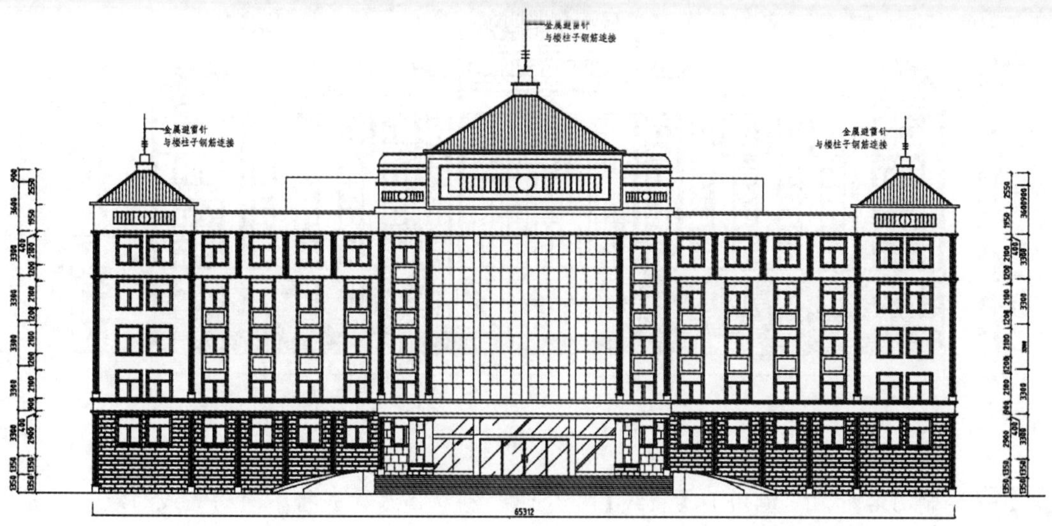

图 8-134　尺寸标注

Step 03 轴号标注。调用 CO【复制】命令，从办公楼一层平面布置图中移动复制轴号标注至立面图中，结果如图 8-135 所示。

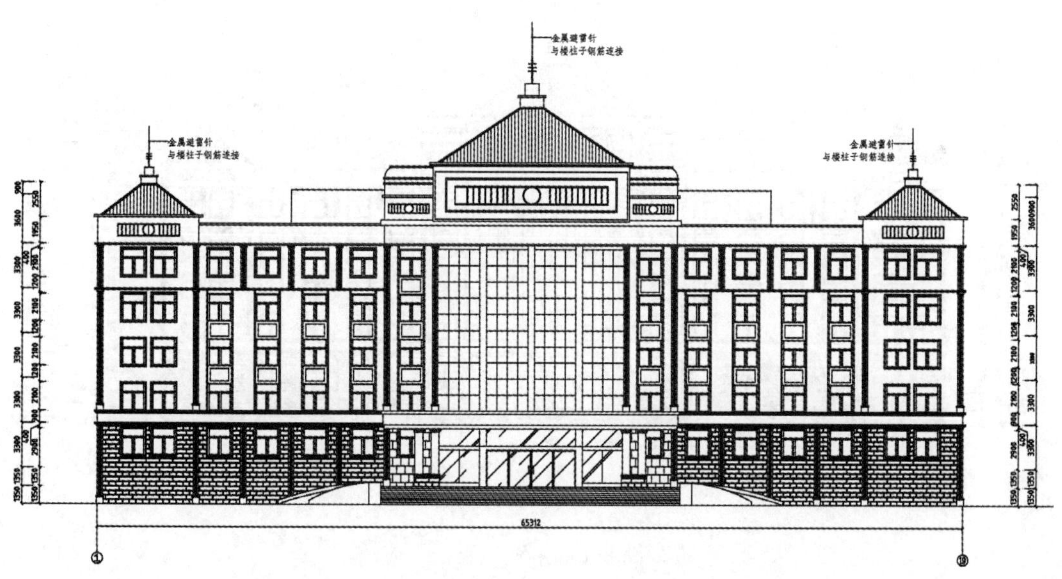

图 8-135　轴号标注

Step 04 标高标注。调用 I【插入】命令，在弹出的【插入】对话框中选择“标高”图块；单击【确定】按钮，根据命令行的提示指定标高标注的插入点和标高值，创建标高标注的结果如图 8-136 所示。

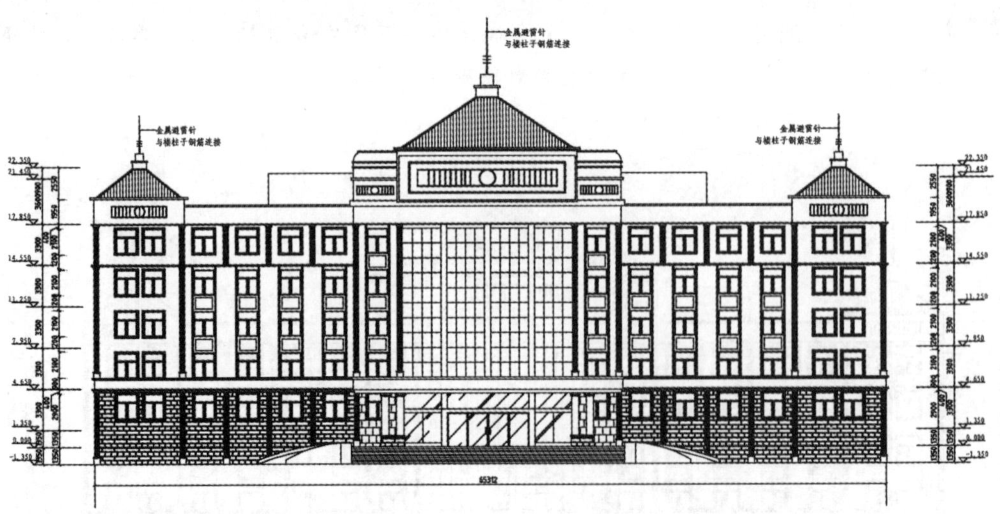

图 8-136　标高标注

Step 05 绘制图名标注。调用 L【直线】命令，绘制双横线，并将下面的直线的线宽设置为 0.3mm；调用 MT【多行文字】命令，绘制图名和比例。

Step 06 调用 CO【复制】命令，移动复制立面图标注中的轴号标注；调用 SC【缩放】命令，指定缩放因子为 1.5，放大复制得到的轴号标注，并将其置于双横线上，完成图名标注的结果如图 8-137 所示。

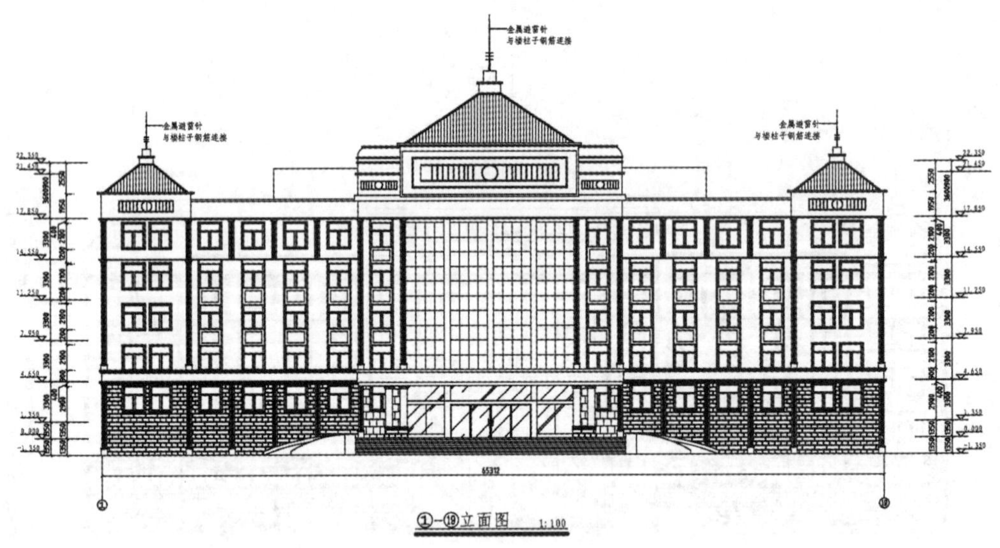

图 8-137　图名标注

8.3 专家精讲

本章主要介绍了建筑立面图的绘制方法。以住宅楼和办公楼的建筑立面图为例，介绍两种常见类型的建筑物的立面图的绘制方法和技巧。

8.1 节以住宅楼建筑立面图为例，分别介绍绘制建筑立面图的步骤。在绘制立面图之前，首先要绘制辅助线。而辅助线则是指从平面图中绘制的引出线。根据平面图上的尺寸所绘制的辅助线，可以保证立面轮廓的准确性，进而提高内部的立面建筑构件的准确性。

门窗图形是建筑物的主要构件，所以在立面图上也要明确表达其尺寸、样式等信息。由于在建筑物外立面中，有些门窗之间的规格、样式是相同的；所以在遇到相同信息的门窗图形时，可以先绘制一个该样式的门窗，然后再调用复制方法，移动复制该门窗即可完成绘制。但是在移动复制的过程中，要注意门窗之间的间隔尺寸，不要出现错误，否则会影响立面图的准确性。

阳台是居住建筑不可或缺的建筑构件，提供人们生活和休憩的场所，所以在绘制居住建筑立面图时，有必要绘制阳台图形，而且立面图上表现阳台的样式及尺寸等信息。

8.2 节以办公楼建筑立面图为例，介绍绘制公共建筑立面图的方法。公共建筑与居住建筑一样，都具有自己的装饰风格，所以在绘制时，要体现该建筑的装饰风格。

本例选用的办公楼立面图是以欧式风格的装饰为主。所以在墙体的外立面设计并安放了欧式风格的主要代表元素——罗马柱。罗马柱装饰建筑物起源于古罗马的神庙装饰，后来随着文艺复兴运动的兴起，该区域的文化逐渐传到欧洲各个国家；再经过欧洲一些建筑学家的演变，到今天的以罗马柱为装饰元素的欧式风格。

公共建筑中使用玻璃材质的大门是非常常见的，因为玻璃大门可以为底层提供采光和通风功能，并且满足人流量大的需求，因而在公共建筑中被广泛使用。

在建筑中设置坡道体现了人文关怀，因为坡道可以为残疾人的出入提供便利，也可为运送大宗货物的人员提供方便，因而大型的建筑物多设置坡道这一建筑构件。

第 9 章 绘制建筑剖面图

假想用一个或一个以上的垂直于外墙轴线的铅垂剖切平面将房屋剖开，移去靠近观察者的部分，对剩余部分所做的正投影图，称为建筑剖面图，简称剖面图。它主要反映房屋内部垂直方向的高度、分层情况，楼地面和屋顶的构造以及各部分构配件在垂直方向的相互关系。建筑剖面图与建筑平面图、立面图相配合，是建筑施工图的重要图样。

本章介绍住宅楼剖面图及办公楼剖面图的绘制步骤和绘制技巧。

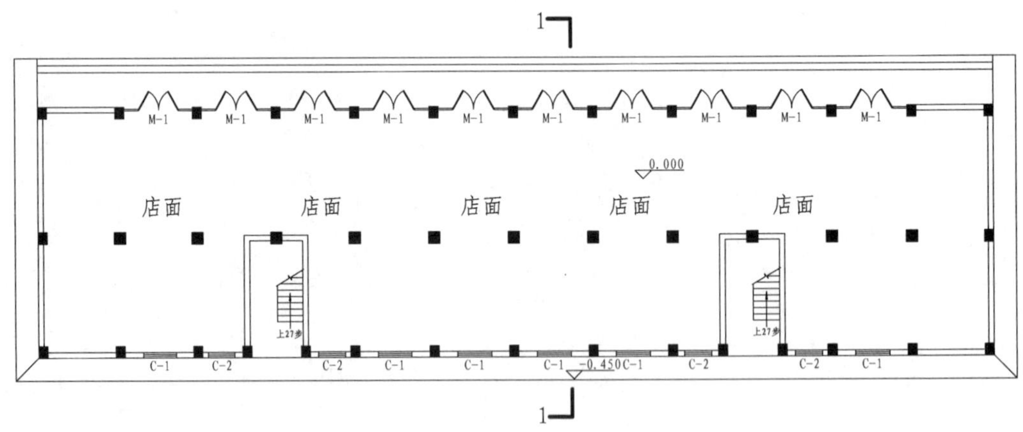

9.1 绘制住宅楼剖面图

在绘制剖面图之前，首先要在平面图上添加剖切符号，添加了剖切符号的区域即为图形的剖切区域，是剖面图主要表达的内容。剖切区域的选择应根据房屋的复杂程度或设计深度，在平面图上选择能反映全貌、构造特征以及有代表性的部位进行剖切。

9.1.1 绘制剖面墙体、楼板

墙体和楼板是建筑物中的主要承重构件，因而也是剖面图中的主要图形。在绘制剖面楼板时，主要根据楼板的厚度和层高参数来进行绘制；在绘制墙体时，主要根据墙体的宽度和开间参数来进行绘制。

在绘制楼板和墙体图形的过程中，主要调用偏移命令和修剪命令来绘制。

Step 01 插入剖切符号。按【Ctrl+O】组合键，打开本书配套光盘提供的“第 9 章\家具图例.dwg”文件，将其中的剖切符号复制并粘贴至住宅楼一层平面图中，结果如图 9-1 所示。

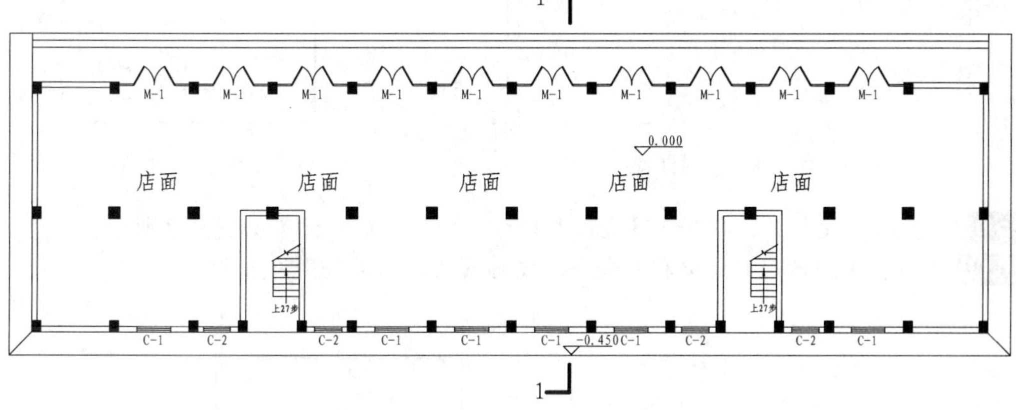

图 9-1　插入剖切符号

Step 02 绘制剖面轮廓线。调用 CO【复制】命令，移动复制一份住宅楼一层平面图至一旁；调用 L【直线】命令，绘制辅助线，结果如图 9-2 所示。

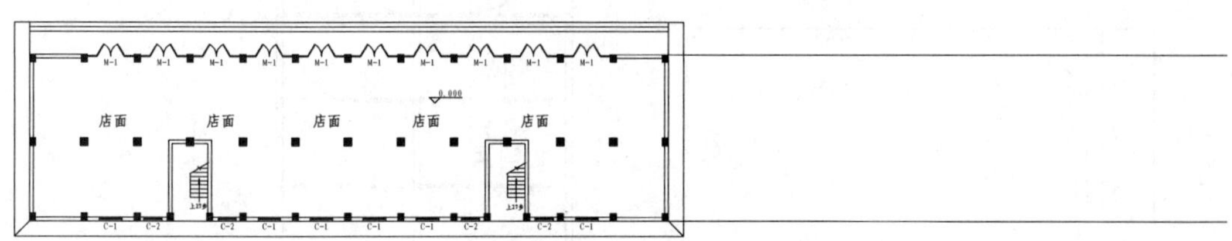

图 9 2　绘制辅助线

Step 03 调用 RO【旋转】命令，设置旋转角度为 90°，对轮廓线进行角度的翻转；调用 L【直线】命令，绘制直线，结果如图 9-3 所示。

Step 04 绘制墙体。调用 O【偏移】命令，偏移轮廓线，结果如图 9-4 所示。

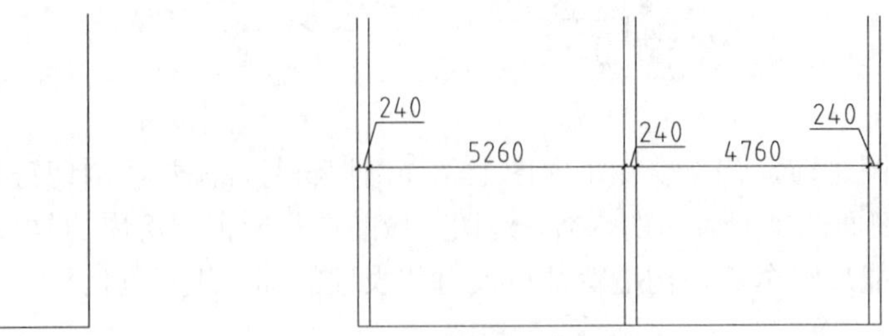

图 9-3　绘制直线　　　　图 9-4　偏移轮廓线

Step 05 绘制台阶平台轮廓线。调用 L【直线】命令，绘制长度为 1500 的直线，结果如图 9-5 所示。

Step 06 绘制台阶。调用 L【直线】命令，绘制直线；调用 TR【修剪】命令，修剪直线，结果如图 9-6 所示。

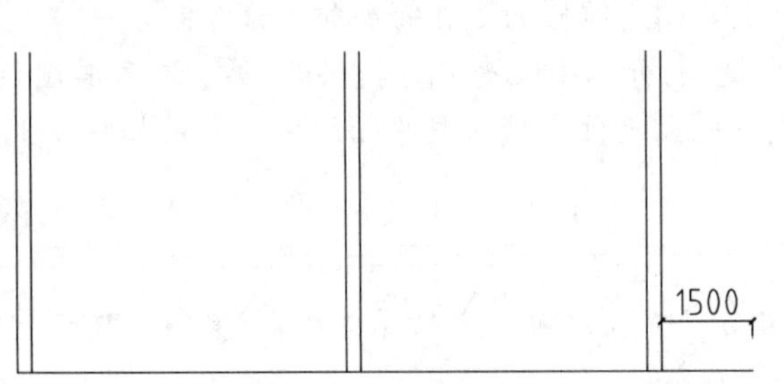

图 9-5　绘制直线

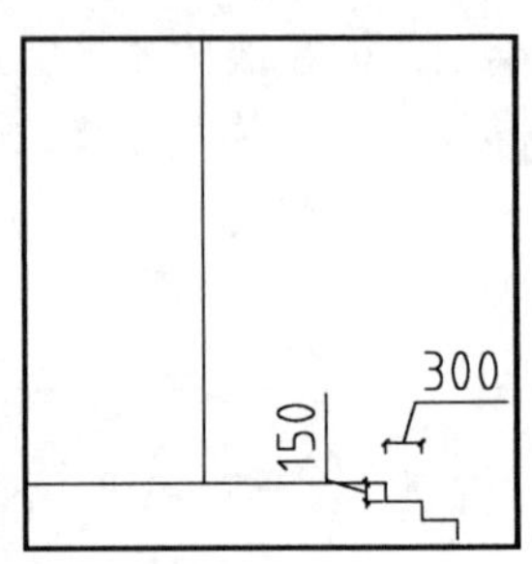

图 9-6　绘制台阶

Step 07 绘制室外地坪线。调用 L【直线】命令，绘制直线，结果如图 9-7 所示。

Step 08 绘制楼板。调用 O【偏移】命令，偏移线段，结果如图 9-8 所示。

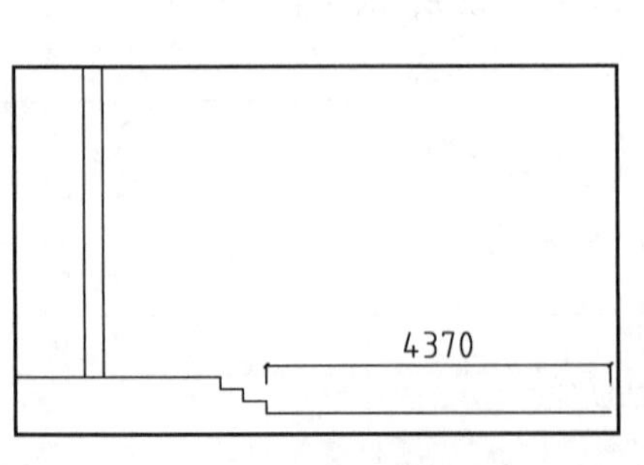

图 9-7　绘制直线

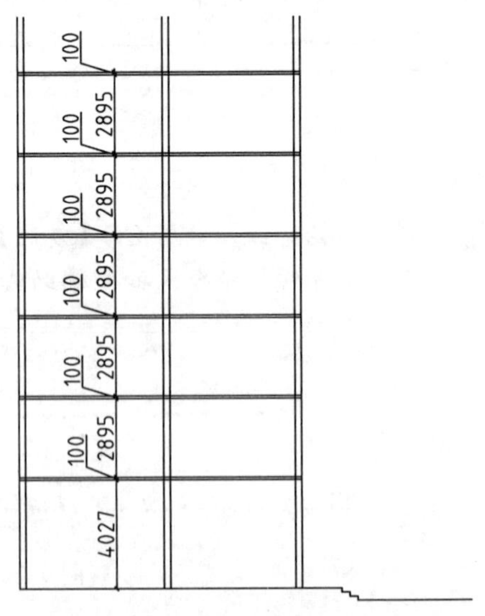

图 9-8　偏移线段

9.1.2　绘制剖面窗、梁

绘制剖面窗时，要先确定窗的高度和窗离地的高度，才能进行绘制。绘制剖面梁时，要确定梁的离地高度及本身的宽度。

绘制剖面窗和梁图形，主要调用直线命令、偏移命令和修剪等命令。

Step 01 绘制剖面窗。调用 L【直线】命令，绘制直线，结果如图 9-9 所示。

Step 02 调用 O【偏移】命令，设置偏移距离为 80，选择左右两边的剖面墙线向内偏移；调用 TR【修剪】命令，修剪多余的线段，结果如图 9-10 所示。

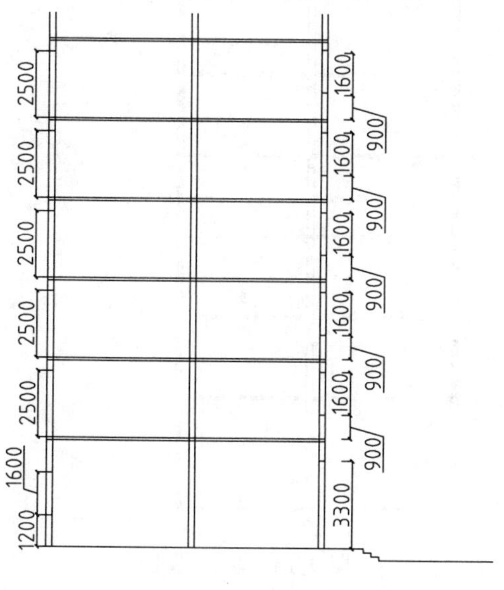

图 9-9　绘制直线

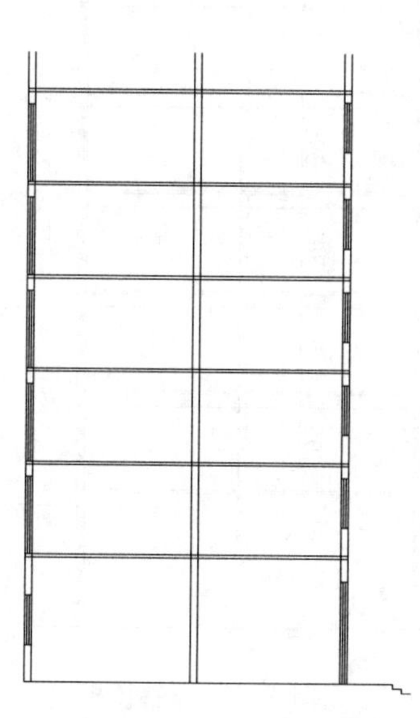

图 9-10　绘制结果

Step 03 绘制剖面梁。调用 O【偏移】命令，偏移楼板线，结果如图 9-11 所示。

Step 04 调用 TR【修剪】命令，修剪线段，结果如图 9-12 所示。

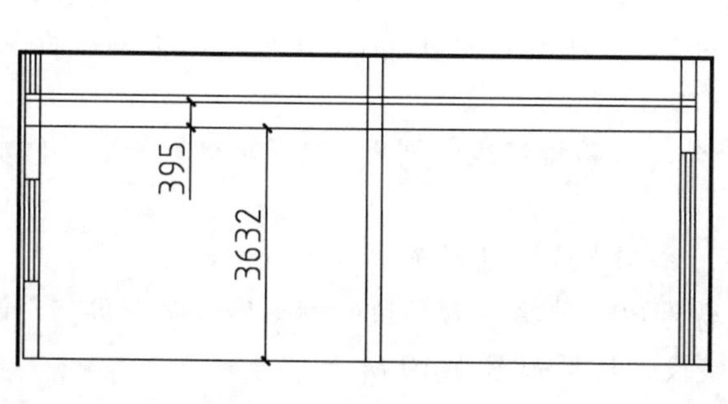

图 9-11　偏移楼板线

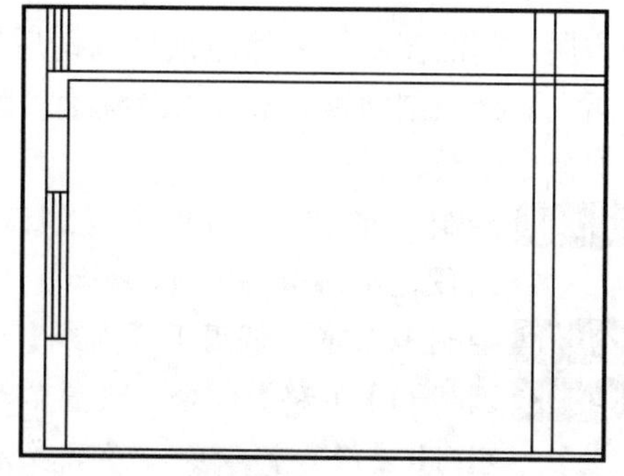

图 9-12　修剪线段

Step 05 绘制剖面梁。调用 O【偏移】命令，偏移楼板线，结果如图 9-13 所示。

Step 06 调用 TR【修剪】命令，修剪线段，结果如图 9-14 所示。

Step 07 绘制剖面梁。调用 O【偏移】命令，偏移楼板线，结果如图 9-15 所示。

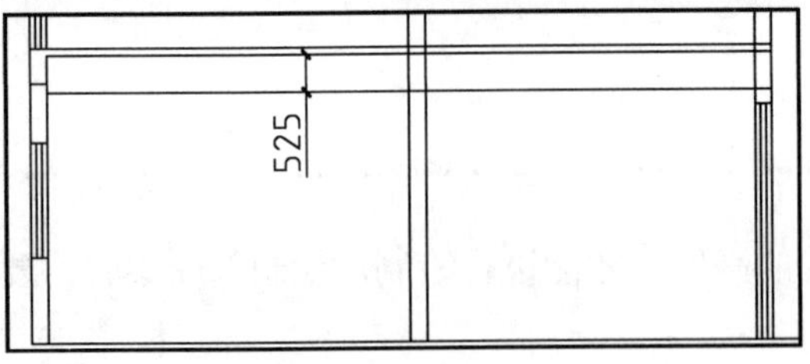

图 9-13　偏移楼板线

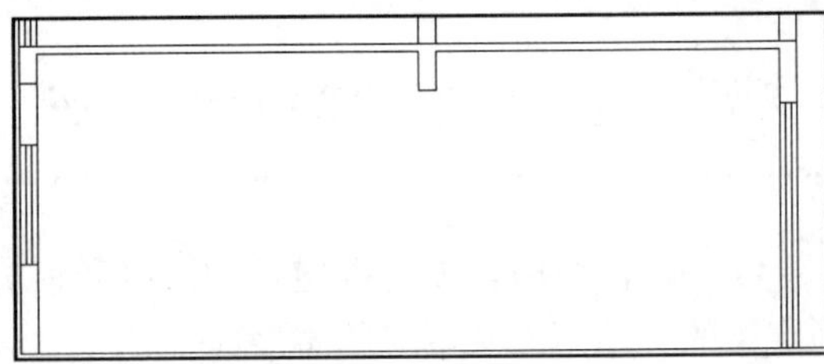

图 9-14　修剪线段

Step 08 调用 TR【修剪】命令，修剪线段，结果如图 9-16 所示。

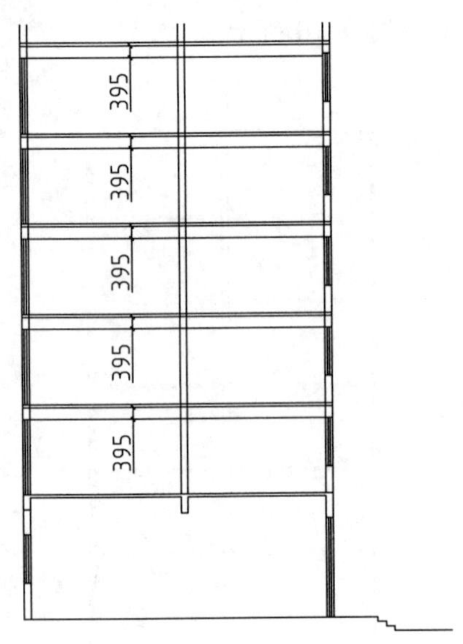

图 9-15　偏移楼板线

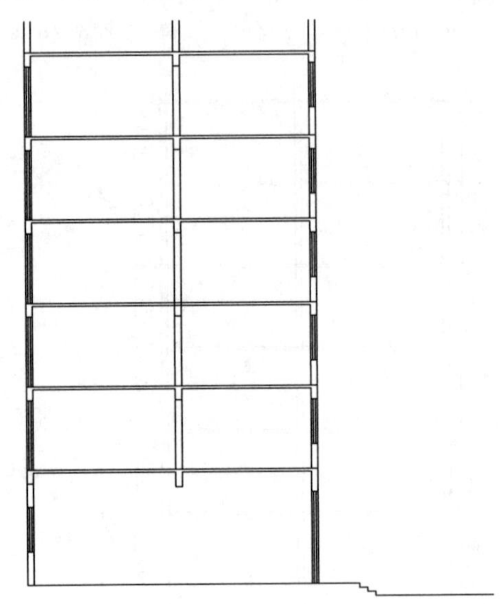

图 9-16　修剪线段

 9.1.3　绘制屋顶

屋顶剖面图主要表达屋顶被剖切后的具体形状和尺寸以及墙体、梁的剖面图形的绘制。下面主要介绍剖面窗、檐口以及圈梁等图形的绘制。在绘制的过程中，主要使用了偏移命令、修剪命令以及直线等命令。

Step 01 绘制顶部造型。调用 O【偏移】命令，偏移楼板线；调用 TR【修剪】命令，修剪线段，结果如图 9-17 所示。

Step 02 绘制剖面窗。调用 L【直线】命令，绘制直线，结果如图 9-18 所示。

Step 03 调用 O【偏移】命令，设置偏移距离为 80，选择左右两边的剖面墙线向内偏移；调用 TR【修剪】命令，修剪多余的线段，结果如图 9-19 所示。

Step 04 绘制檐口。调用 L【直线】命令，绘制直线；调用 TR【修剪】命令，修剪多余的线段，结果如图 9-20 所示。

Step 05 调用 L【直线】命令，绘制直线；调用 TR【修剪】命令，修剪多余的线段，结果如图 9-21 所示。

Step 06 绘制圈梁。调用 REC【矩形】命令，绘制尺寸为 538×300 的矩形，结果如图 9-22

所示。

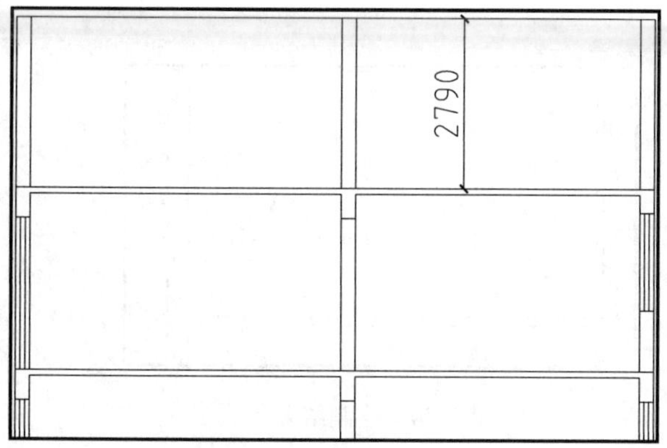

图 9-17　绘制顶部造型

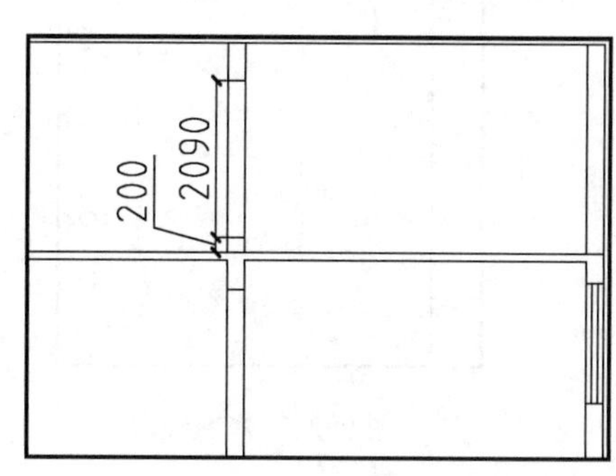

图 9-18　绘制直线

图 9-19　偏移并修剪线段

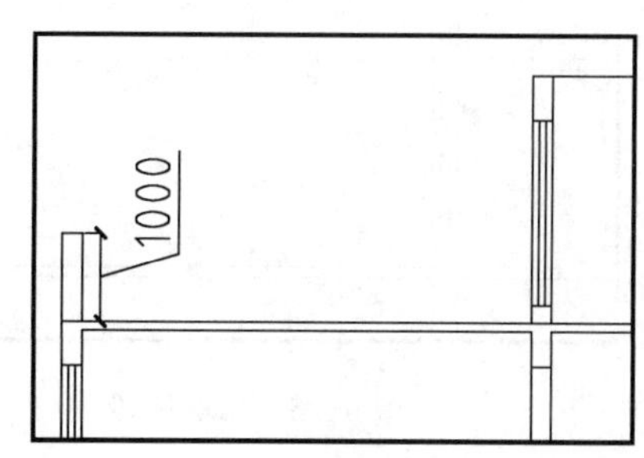

图 9-20　修剪线段

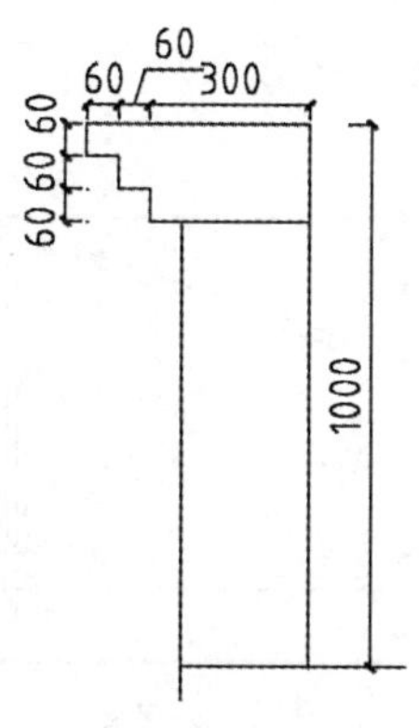

图 9-21　修剪线段

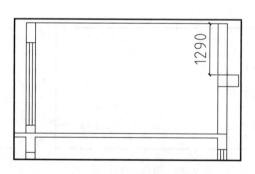

图 9-22　绘制矩形

Step 07 调用 TR【修剪】命令，修剪多余的线段，结果如图 9-23 所示。

Step 08 绘制剖面窗。调用 L【直线】命令，绘制直线；调用 O【偏移】命令，偏移墙线；调用 TR【修剪】命令，修剪多余的线段，结果如图 9-24 所示。

Step 09 绘制剖面屋顶。调用 REC【矩形】命令，绘制矩形；调用 TR【修剪】命令，修剪线段，结果如图 9-25 所示。

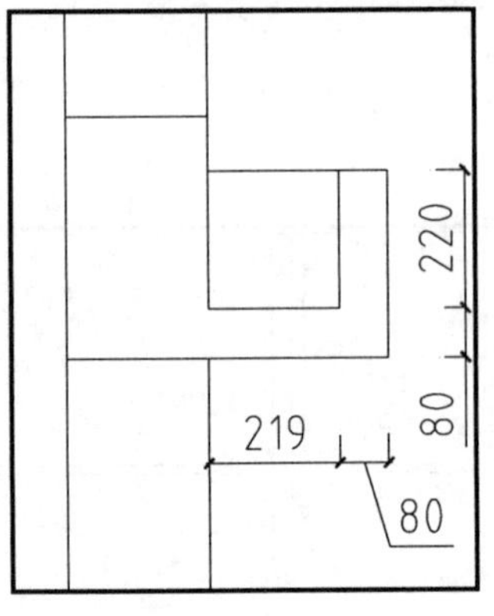

图 9-23　修剪线段

图 9-24　绘制结果

Step 10 调用 L【直线】命令，绘制直线，结果如图 9-26 所示。

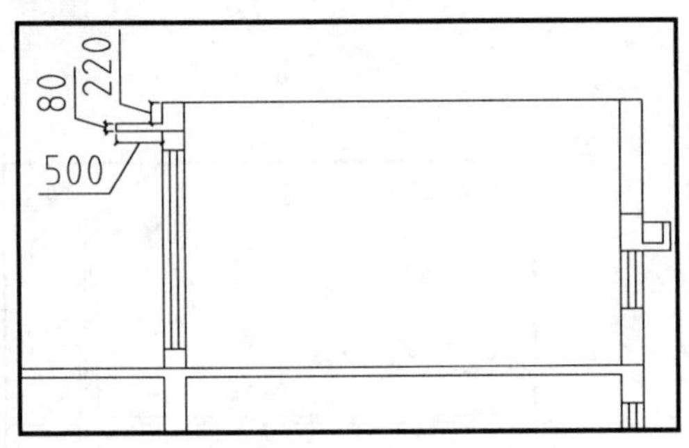

图 9-25　修剪线段

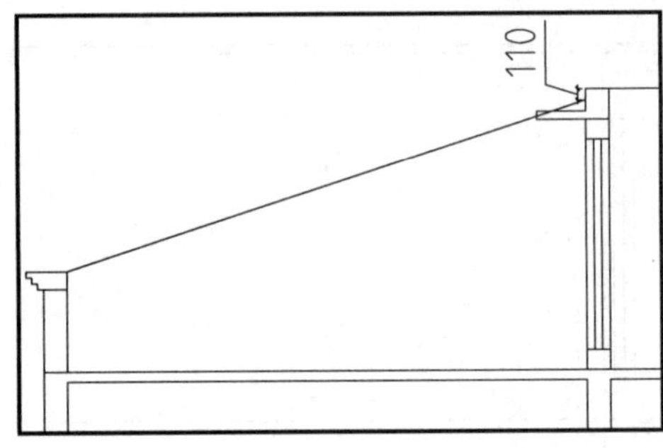

图 9-26　绘制直线

Step 11 调用 O【偏移】命令，设置偏移距离为 89，选择直线向上偏移，结果如图 9-27 所示。

Step 12 调用 EX【延伸】命令，延伸直线；调用 TR【修剪】命令，修剪直线，结果如图 9-28 所示。

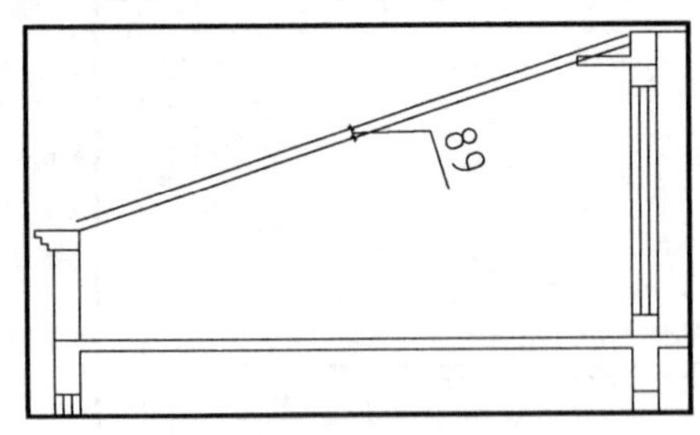

图 9-27　偏移直线

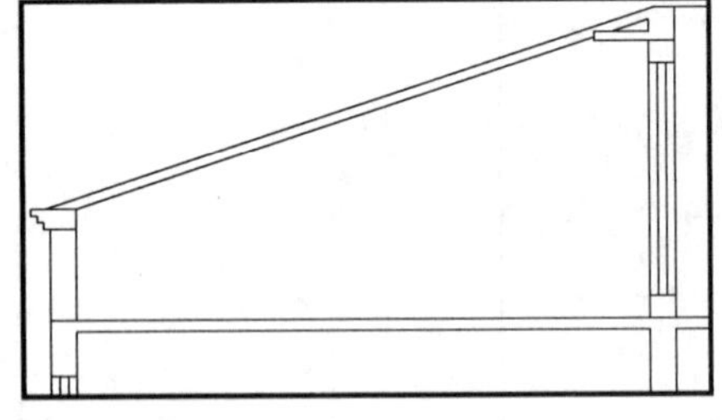

图 9-28　延伸并修剪直线

Step 13 调用 L【直线】命令，绘制直线；调用 O【偏移】命令，偏移线段；调用 TR【修剪】命令，修剪直线，结果如图 9-29 所示。

Step 14 调用 O【偏移】命令，偏移线段；调用 TR【修剪】命令，修剪线段，结果如图 9-30 所示。

Step 15 屋顶绘制完成后剖面图如图 9-31 所示。

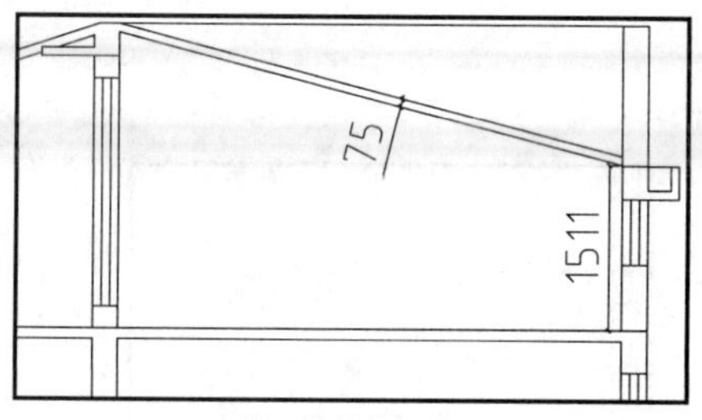

图 9-29　偏移并修剪线段

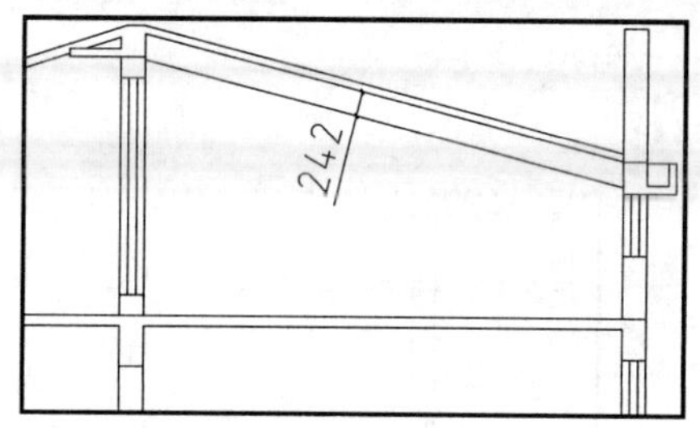

图 9-30　修剪线段

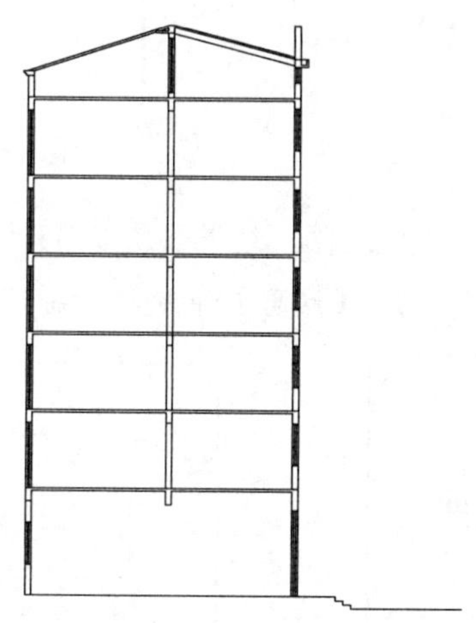

图 9-31　绘制结果

9.1.4　绘制剖面阳台

阳台的剖面图形主要指绘制其楼板及栏杆图形。阳台楼板图形主要调用了偏移命令与延伸命令以及修剪命令，将阳台的楼板图形与房屋内楼板图形相连接。由于阳台的尺寸和形状都相同，所以在绘制完成一个阳台图形后，可以调用复制命令，对其进行移动复制即可完成阳台图形的绘制。

Step 01 绘制剖面阳台。调用 O【偏移】命令，偏移墙线；调用 EX【延伸】命令，延伸楼板线，结果如图 9-32 所示。

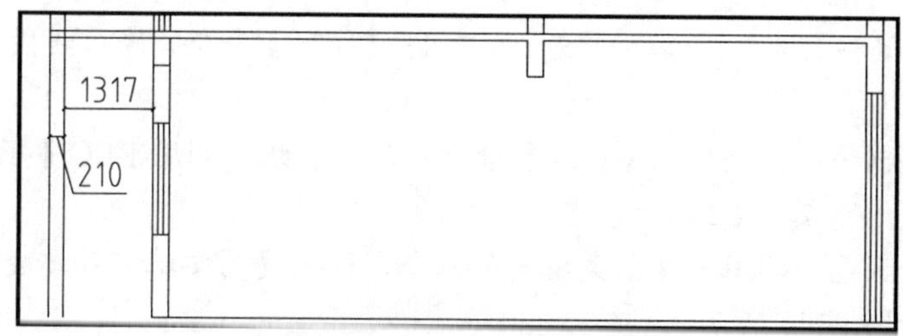

图 9-32　偏移并延伸楼板线

Step 02 调用 O【偏移】命令，偏移线段；调用 TR【修剪】命令，修剪线段，结果如图 9-33

所示。

Step 03 调用 O【偏移】命令，偏移线段，结果如图 9-34 所示。

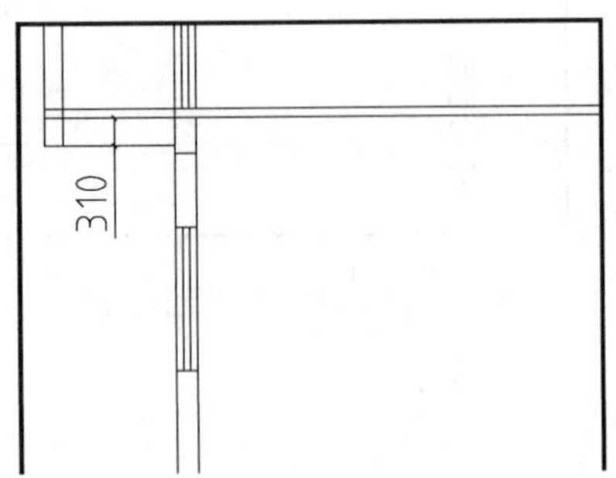

图 9-33 偏移并修剪线段

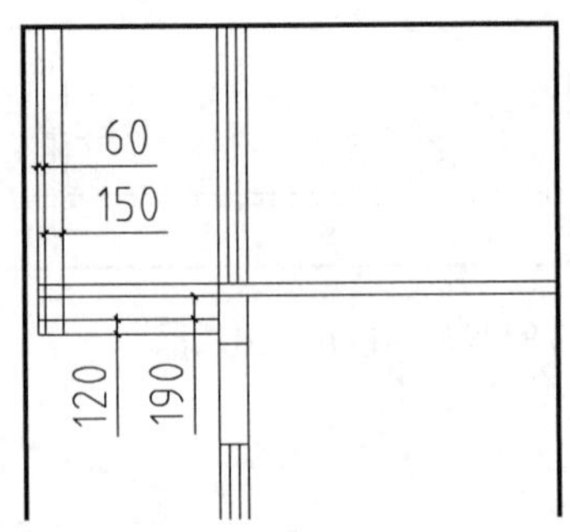

图 9-34 偏移线段

Step 04 调用 TR【修剪】命令，修剪线段，结果如图 9-35 所示。

Step 05 重复调用 O【偏移】命令、TR【修剪】命令，绘制阳台图形，结果如图 9-36 所示。

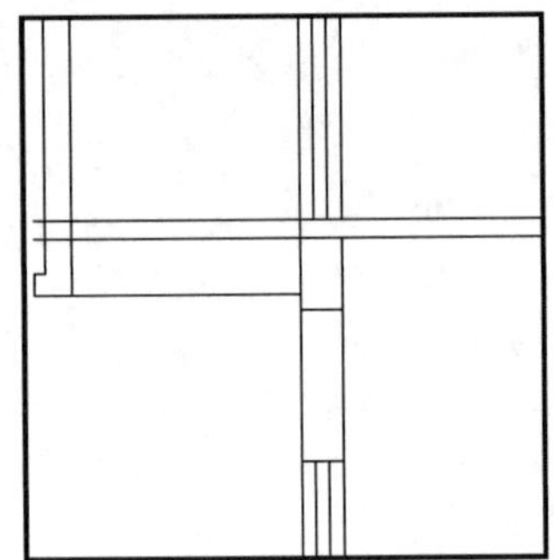

图 9-35 修剪线段

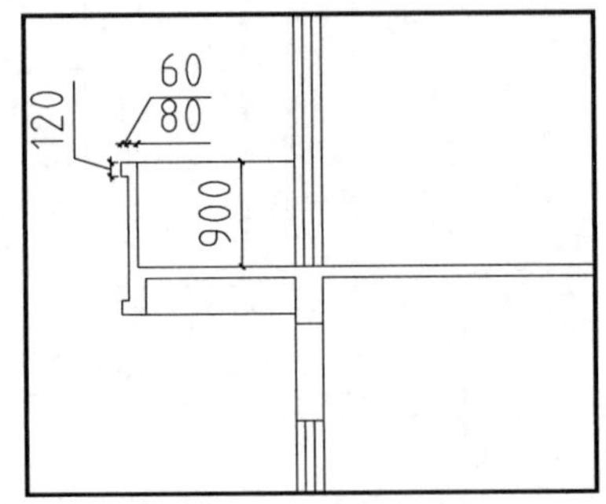

图 9-36 绘制结果

Step 06 调用 CO【复制】命令，移动复制阳台图形；调用 EX【延伸】命令、TR【修剪】命令，延伸并修剪线段，结果如图 9-37 所示。

Step 07 调用 MI【镜像】命令，镜像复制阳台图形至剖面图的右边；调用 EX【延伸】命令、TR【修剪】命令，调整阳台的宽度尺寸，结果如图 9-38 所示。

Step 08 绘制其他剖面图形。调用 L【直线】命令，绘制直线，结果如图 9-39 所示。

Step 09 调用 O【偏移】命令，设置偏移距离为 240，偏移直线；调用 TR【修剪】命令，修剪直线，结果如图 9-40 所示。

Step 10 调用 O【偏移】命令，偏移线段；调用 TR【修剪】命令，修剪线段，结果如图 9-41 所示。

Step 11 绘制阁楼剖面门。调用 L【直线】命令，绘制直线；调用 REC【矩形】命令，绘制矩形，结果如图 9-42 所示。

Step 12 填充剖面颜色。调用 H【图案填充】命令，弹出【图案填充和渐变色】对话框，设置参数如图 9-43 所示。

Step 13 在对话框中单击添加：拾取点按钮，在绘图区中拾取剖面楼板、剖断梁等图形；按回车键，返回对话框，单击【确定】按钮，关闭对话框，图案填充的结果如图 9-44 所示。

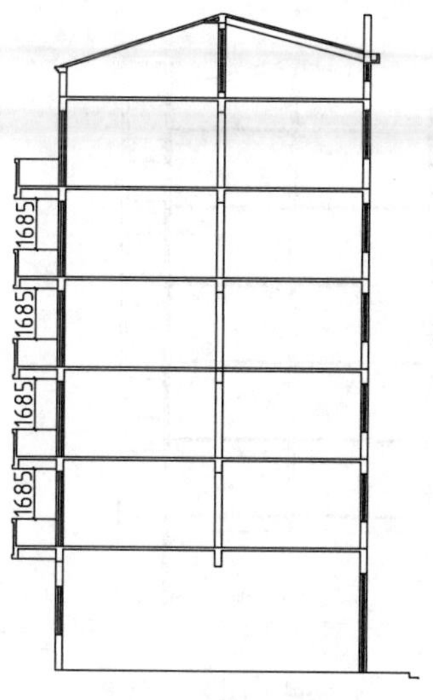

图 9-37 编辑结果

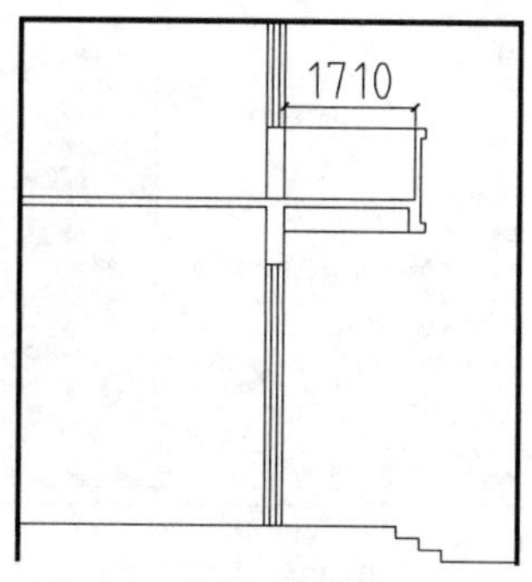

图 9-38 绘制结果

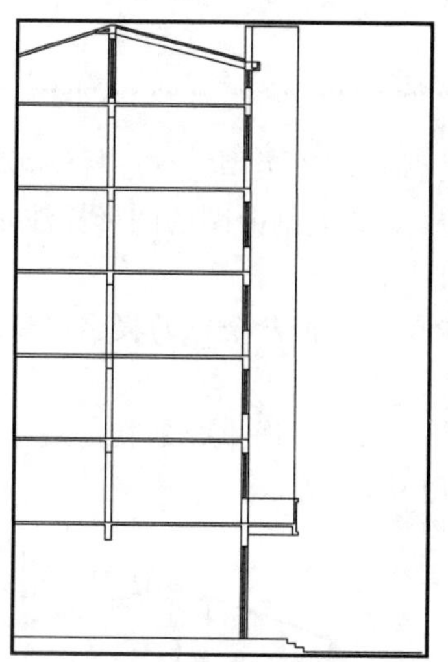

图 9-39 绘制直线

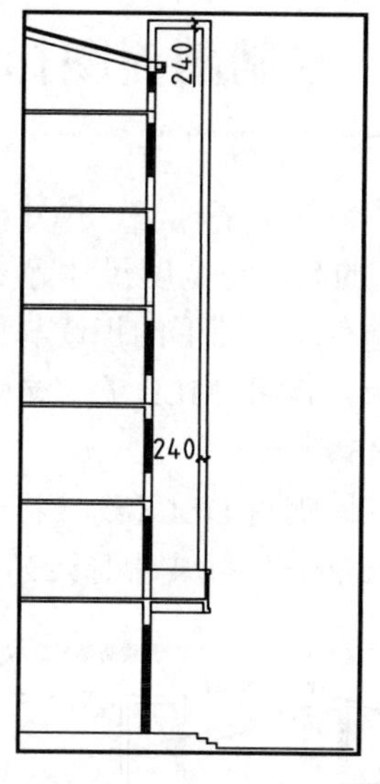

图 9-40 偏移并修剪直线

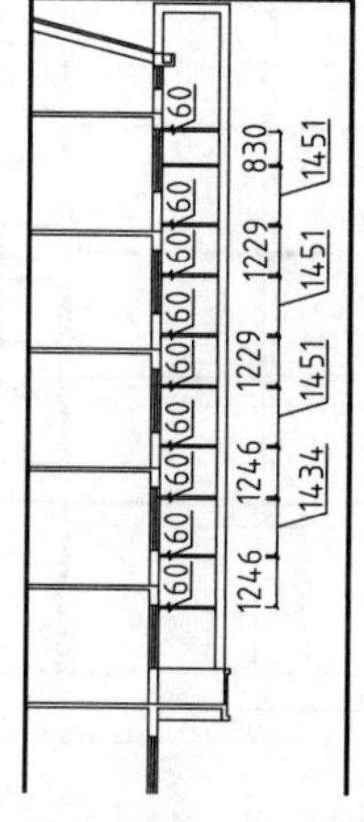

图 9-41 修剪线段

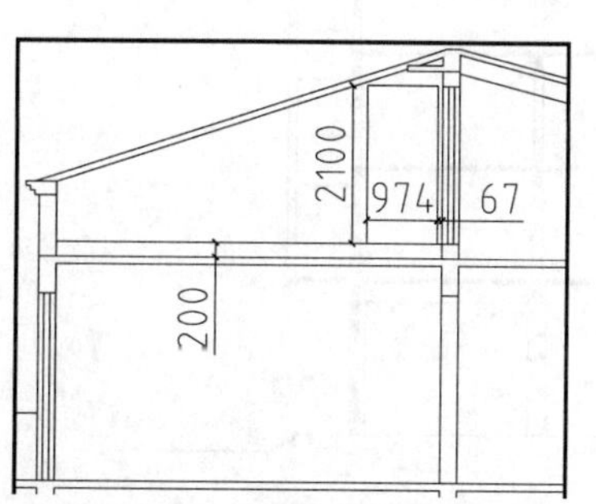

图 9-42 绘制阁楼剖面门

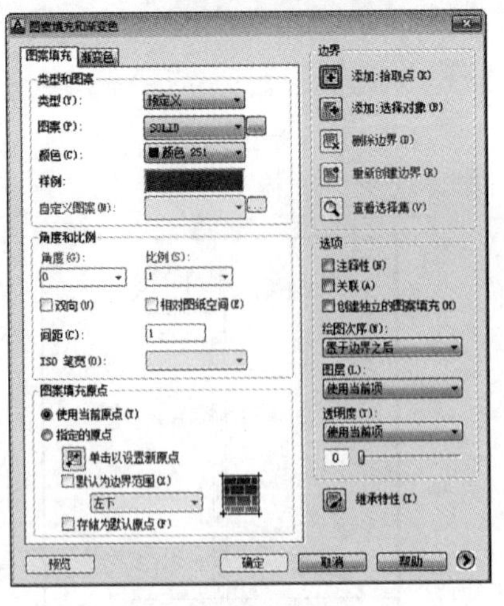

图 9-43　设置参数

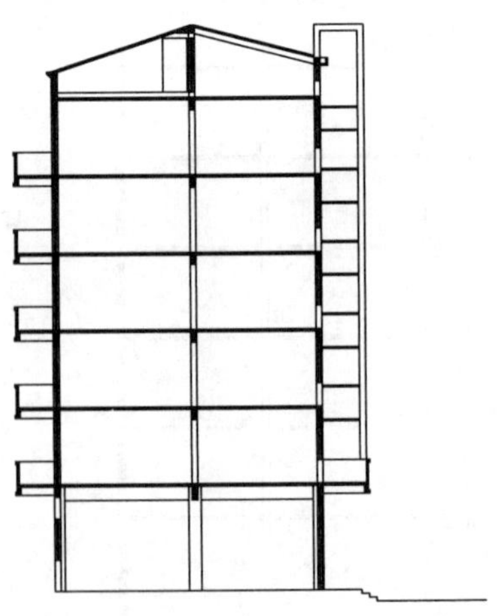

图 9-44　图案填充

9.1.5　绘制剖面图标注

剖面图的标注包括文字标注、尺寸标注、标高标注等类型。这些标注可以表达建筑物的使用材料、各部位的高度与宽度尺寸等多种信息。总之，剖面图的图形标注是很重要的信息，越是详细的标注越有助于图形的识读与施工的进行。

Step 01 文字标注。调用 MLD【多重引线】命令，根据命令行的提示绘制文字标注，结果如图 9-45 所示。

Step 02 尺寸标注。调用 DLI【线性标注】命令，在立面图中分别指定尺寸界线的原点和尺寸线的位置，绘制尺寸标注的结果如图 9-46 所示。

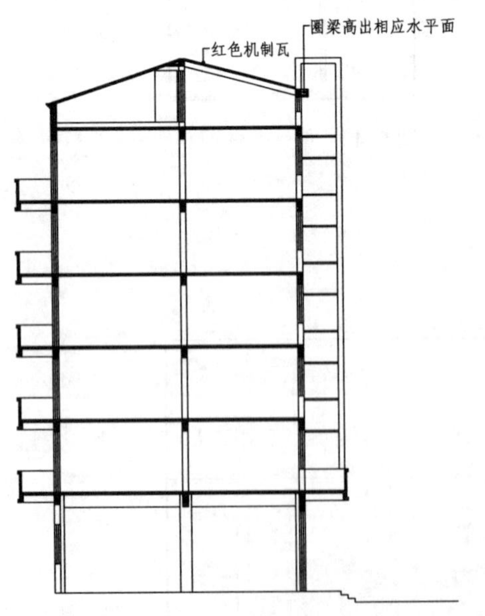

图 9-45　文字标注

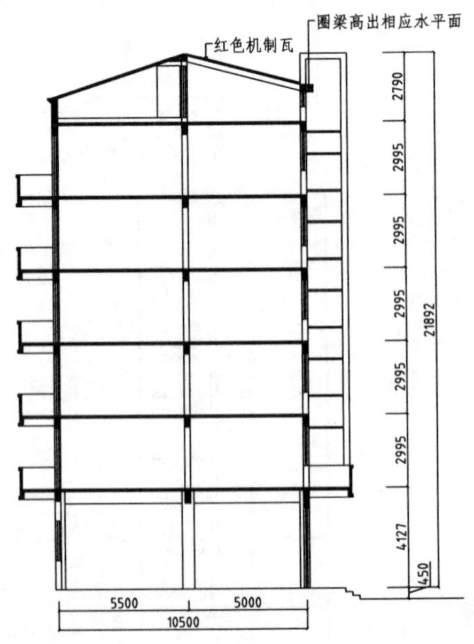

图 9-46　尺寸标注

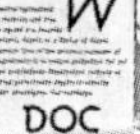

Step 03 轴号标注。调用 CO【复制】命令，从住宅楼一层平面图中移动复制轴号标注；调用 L【直线】命令，绘制直线，结果如图 9-47 所示。

Step 04 标高标注。调用 I【插入】命令，在弹出的【插入】对话框中选择“标高”图块；单击【确定】按钮，根据命令行的提示指定标高标注的插入点和标高值，创建标高标注的结果如图 9-48 所示。

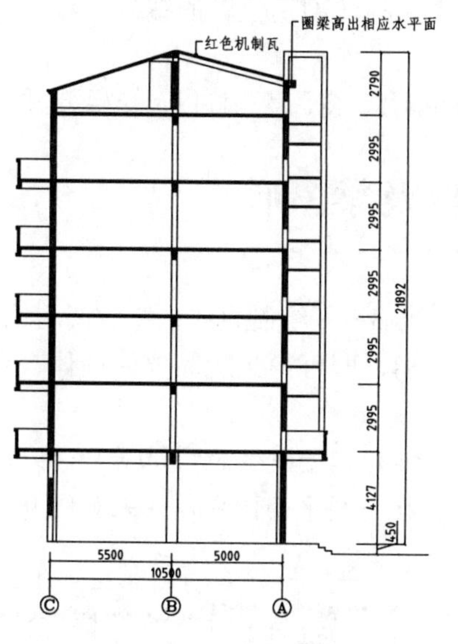

图 9-47　轴号标注

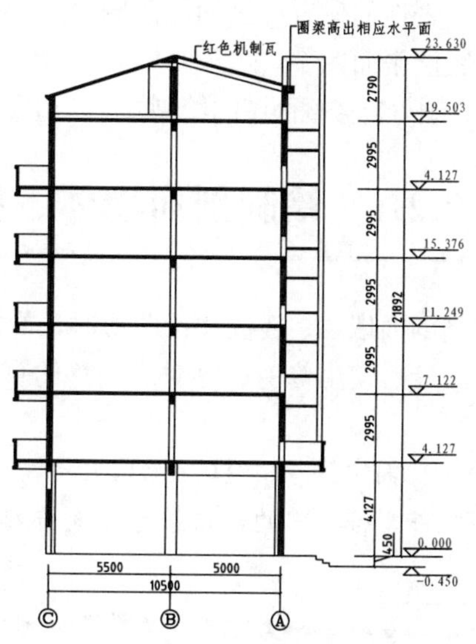

图 9-48　标高标注

Step 05 绘制图名标注。调用 L【直线】命令，绘制双横线，并将下面的直线的线宽设置为 0.3mm；调用 MT【多行文字】命令，绘制图名和比例，完成图名标注的结果如图 9-49 所示。

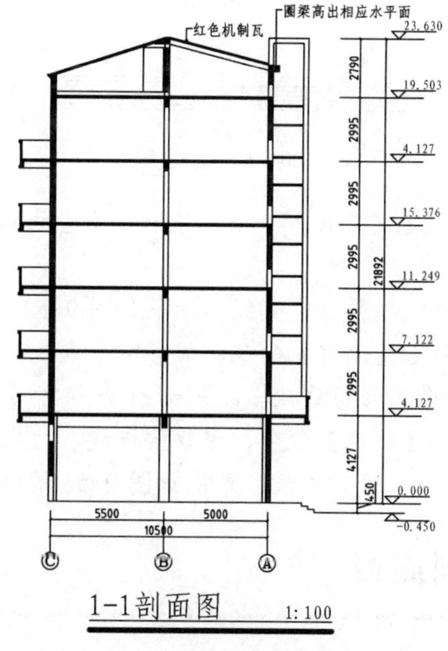

图 9-49　图名标注

9.2 绘制办公楼剖面图

在办公楼平面图上确定剖切位置时，要注意一般剖切面应通过门窗洞口、楼梯间等结构复杂或有代表性的位置。剖面图的图名应与平面图上所标注剖切位置的编号一致，剖切符号多标注在底层平面图中。

下面介绍办公楼剖面图的绘制方法，主要包括剖面墙体、窗、罗马柱以及楼梯等图形的绘制。

9.2.1 绘制剖面墙体、楼板以及梁图形

在绘制剖面墙体、楼板和梁图形时，首先调用直线命令，绘制直线；然后调用偏移命令，偏移直线，最后使用修剪命令对所偏移的直线进行修剪，即可得到所需要的墙体、楼板等图形。

Step 01 插入剖切符号。按【Ctrl+O】组合键，打开本书配套光盘提供的“第 9 章\家具图例.dwg”文件，将其中的剖切符号复制并粘贴至办公楼一层平面图中，结果如图 9-50 所示。

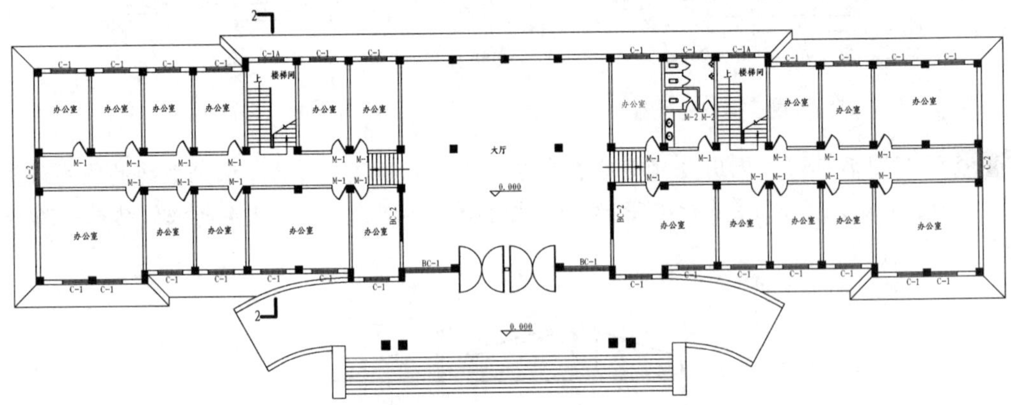

图 9-50 插入剖切符号

Step 02 绘制剖面墙体。调用 L【直线】命令，绘制水平直线和垂直直线，结果如图 9-51 所示。

Step 03 调用 O【偏移】命令，偏移垂直直线，结果如图 9-52 所示。

Step 04 绘制剖面楼板。调用 O【偏移】命令，偏移水平直线，结果如图 9-53 所示。

Step 05 调用 TR【修剪】命令，修剪线段，结果如图 9-54 所示。

Step 06 绘制剖断梁。调用 O【偏移】命令，偏移楼板线，结果如图 9-55 所示。

Step 07 调用 TR【修剪】命令，修剪线段，结果如图 9-56 所示。

9.2.2 绘制剖面窗

本例中的窗户有窗台，所以在绘制剖面窗时，要将窗台的被剖切面绘制出来。确定窗户

的高度后，即可调用直线命令、偏移命令以及修剪命令来绘制。窗台要确定其厚度以及凸出墙体的厚度，才能调用相应的命令对其进行绘制编辑。

图 9-51 绘制直线

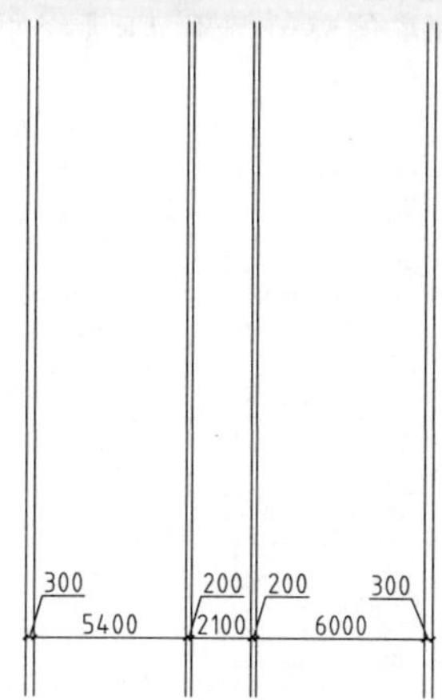

图 9-52 偏移垂直直线

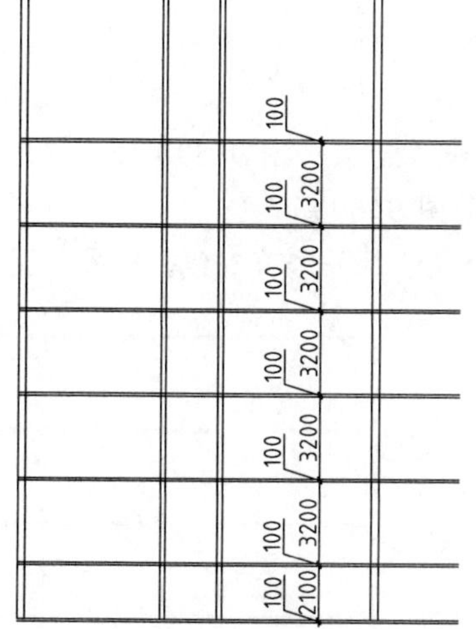

图 9-53 偏移直线

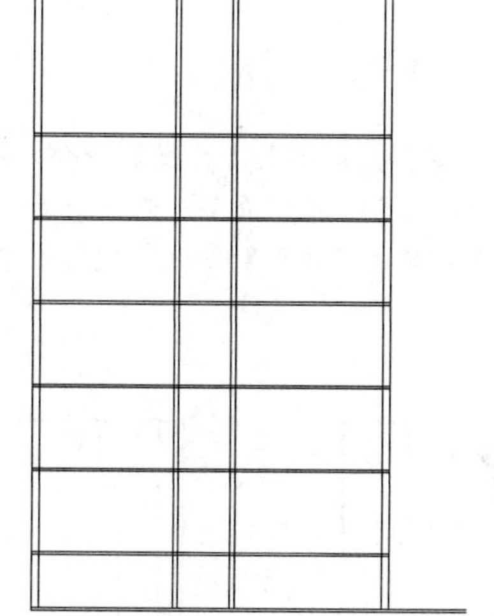

图 9-54 修剪线段

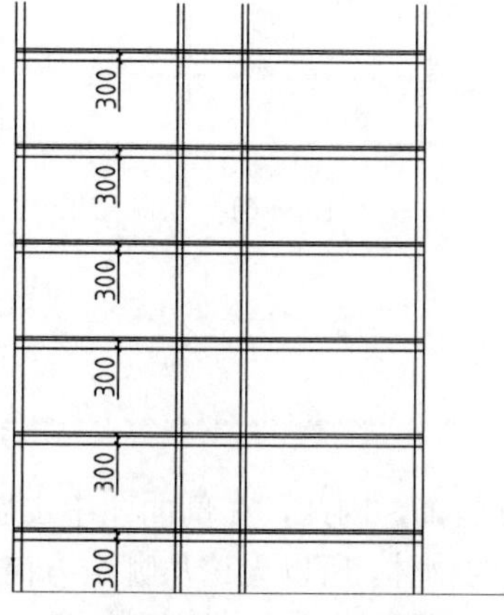

图 9-55 偏移楼板线

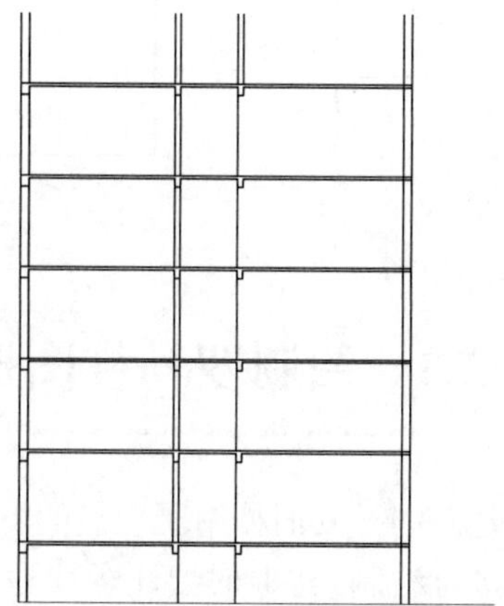

图 9-56 修剪线段

Step 01 绘制剖面窗。调用 L【直线】命令，绘制直线，结果如图 9-57 所示。

Step 02 调用 O【偏移】命令，设置偏移距离为 105，选择左边的剖面墙线向右偏移，选择右边的剖面墙线向左偏移；调用 TR【修剪】命令，修剪多余的线段，结果如图 9-58 所示。

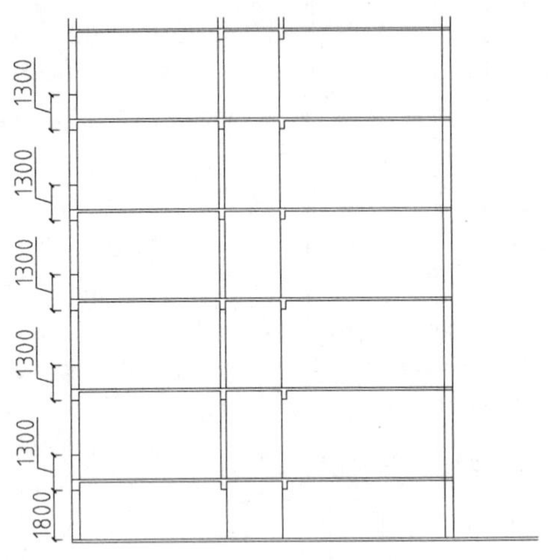

图 9-57 绘制直线

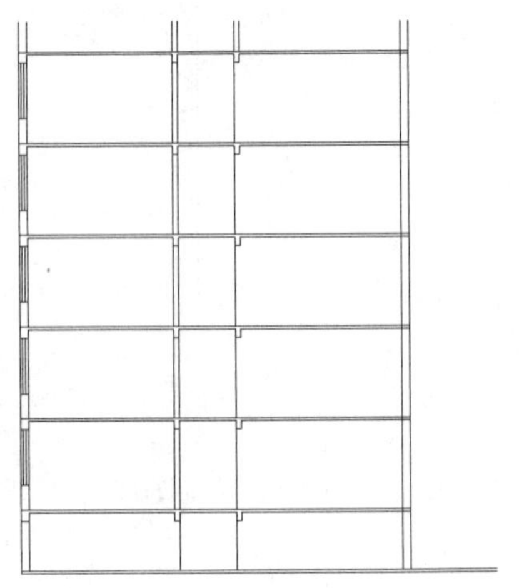

图 9-58 绘制结果

Step 03 绘制窗台。调用 L【直线】命令，绘制直线，结果如图 9-59 所示。

Step 04 调用 TR【修剪】命令，修剪直线，结果如图 9-60 所示。

Step 05 重复调用 L【直线】命令、TR【修剪】命令，绘制并修剪直线，结果如图 9-61 所示。

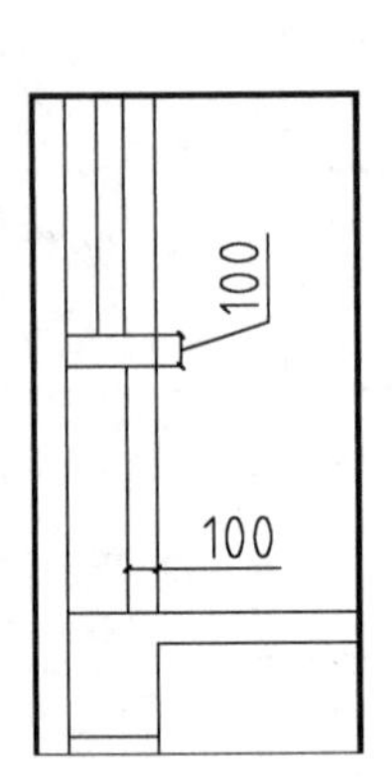

图 9-59 绘制直线

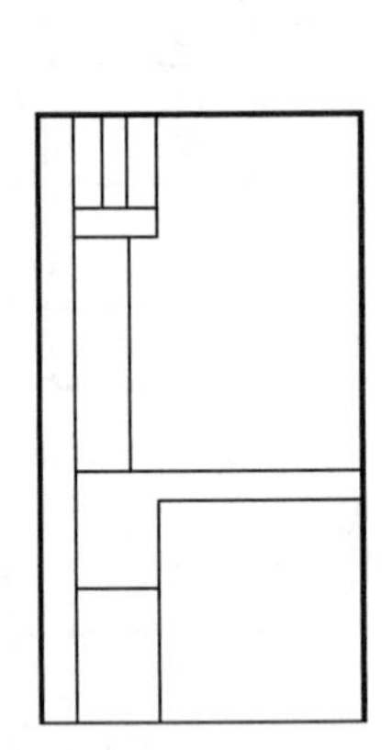

图 9-60 修剪直线

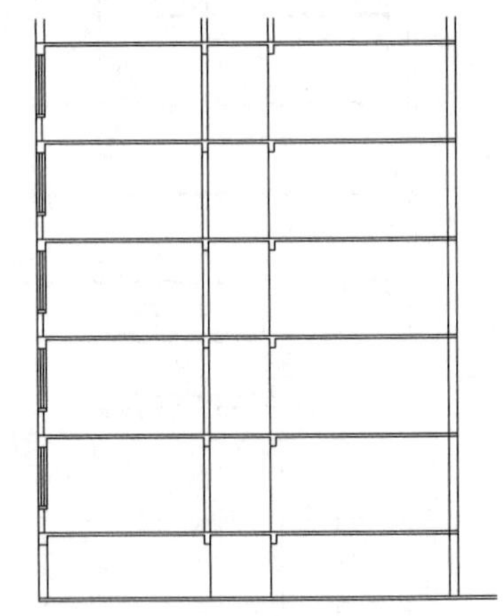

图 9-61 绘制结果

9.2.3 绘制罗马柱图形

本例中建筑的外立面使用了大量的罗马柱来进行装饰，因此，在剖面图中也要对罗马柱的剖面图形进行绘制。绘制时要注意罗马柱为圆柱形的物体，所以无论从哪个方向进行剖切，都要将其柱头、柱身以及底座图形绘制完整，并参考立面图的尺寸来进行绘制。

Step 01 绘制剖面梁。调用 O【偏移】命令，偏移楼板线，结果如图 9-62 所示。

Step 02 调用 EX【延伸】命令，延伸线段，结果如图 9-63 所示。

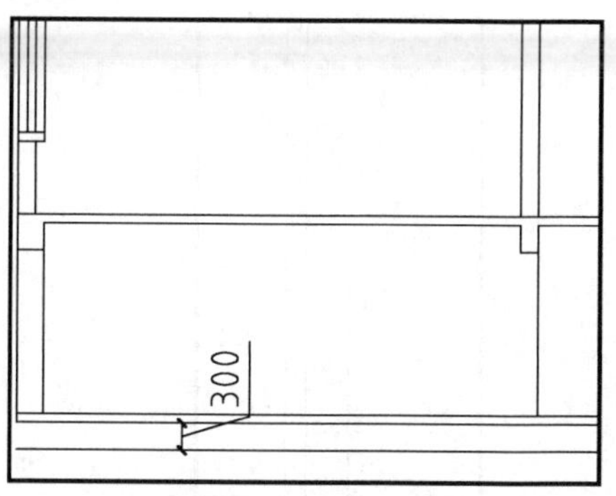

图 9-62 偏移楼板线

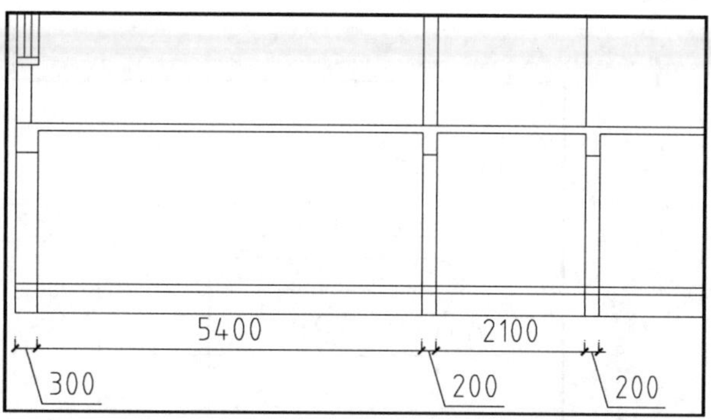

图 9-63 延伸线段

Step 03 调用 TR【修剪】命令，修剪多余线段，结果如图 9-64 所示。

Step 04 绘制罗马柱剖面图形。调用 L【直线】命令，绘制直线，结果如图 9-65 所示。

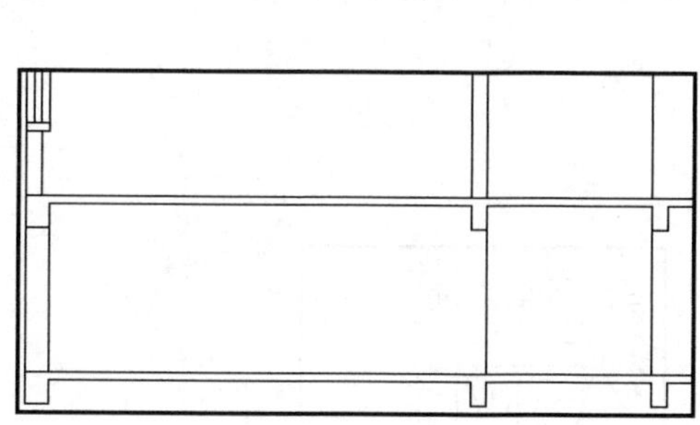

图 9-64 修剪线段

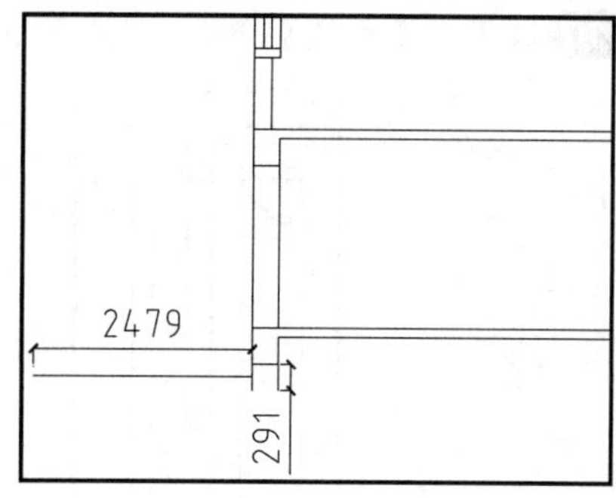

图 9-65 绘制直线

Step 05 绘制罗马柱柱头剖面图形。调用 L【直线】命令，绘制直线；调用 O【偏移】命令，偏移直线；调用 TR【修剪】命令，修剪直线，结果如图 9-66 所示。

Step 06 重复调用 L【直线】命令、O【偏移】命令、TR【修剪】命令，绘制如图 9-67 所示的图形。

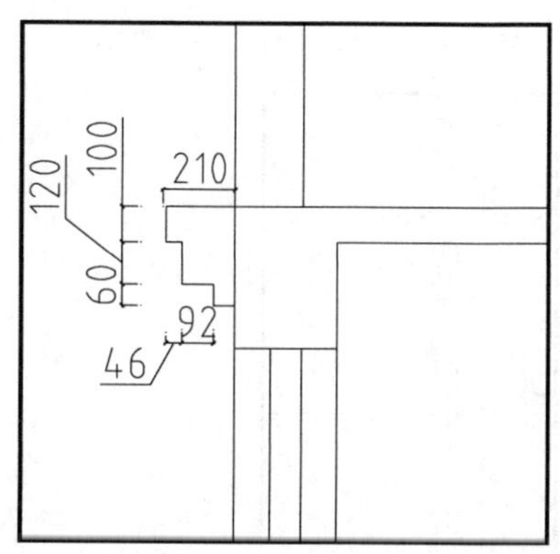

图 9-66 偏移并修剪直线

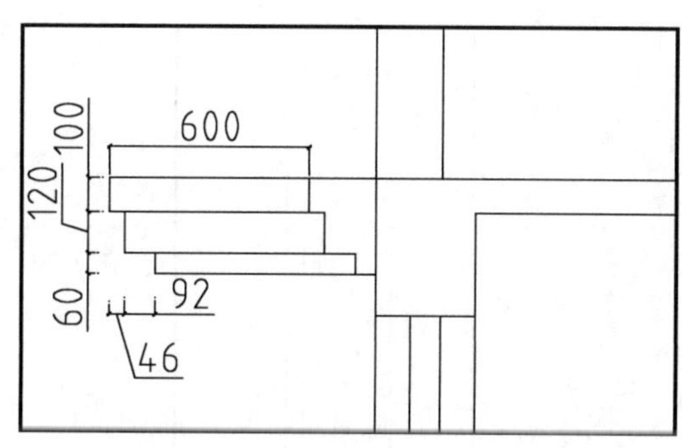

图 9-67 绘制结果

Step 07 绘制罗马柱底座。调用 REC【矩形】命令，绘制矩形，结果如图 9-68 所示。

Step 08 调用 L【直线】命令，绘制直线，结果如图 9-69 所示。

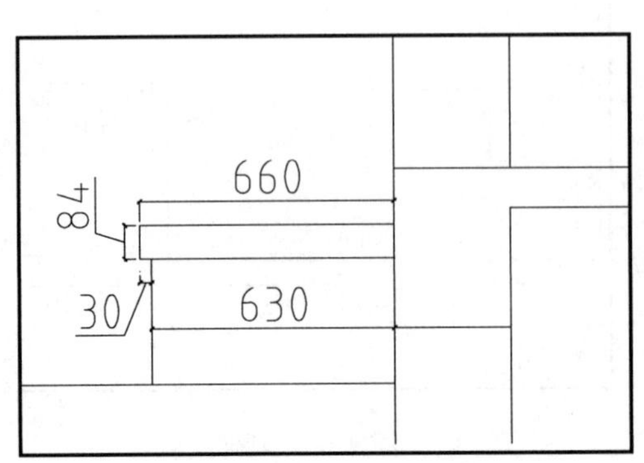

图 9-68　绘制矩形

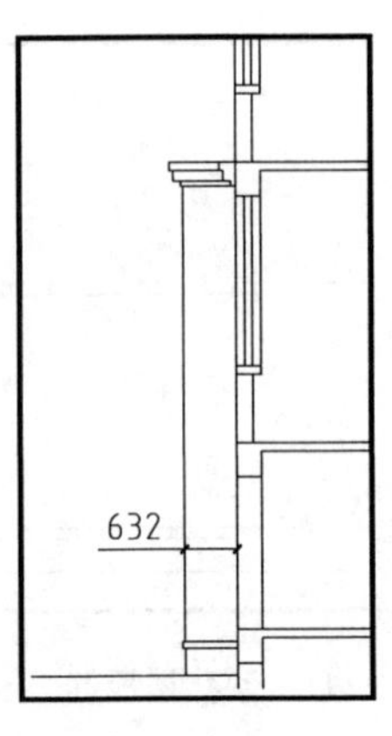

图 9-69　绘制直线

Step 09 绘制外立面窗套装饰图形。调用 L【直线】命令，绘制直线，结果如图 9-70 所示。

Step 10 调用 L【直线】命令、TR【修剪】命令，绘制如图 9-71 所示的图形。

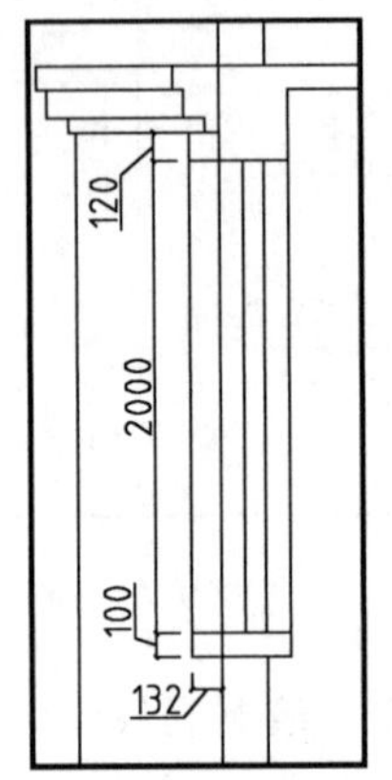

图 9-70　绘制直线

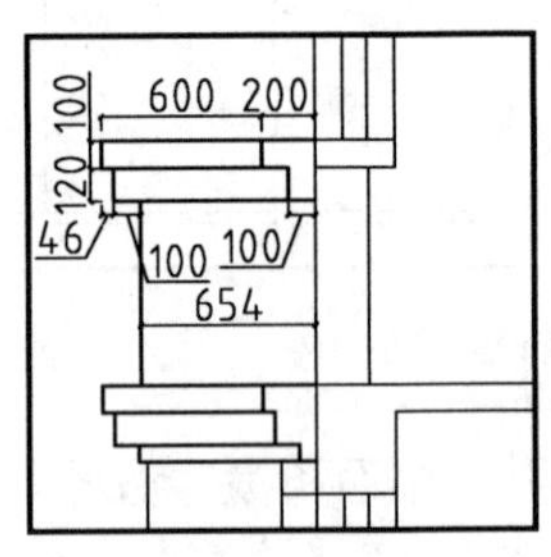

图 9-71　绘制结果

Step 11 绘制外立面窗套装饰图形。调用 L【直线】命令，绘制直线，结果如图 9-72 所示。

Step 12 重复调用 L【直线】命令，绘制外立面窗套装饰图形，结果如图 9-73 所示。

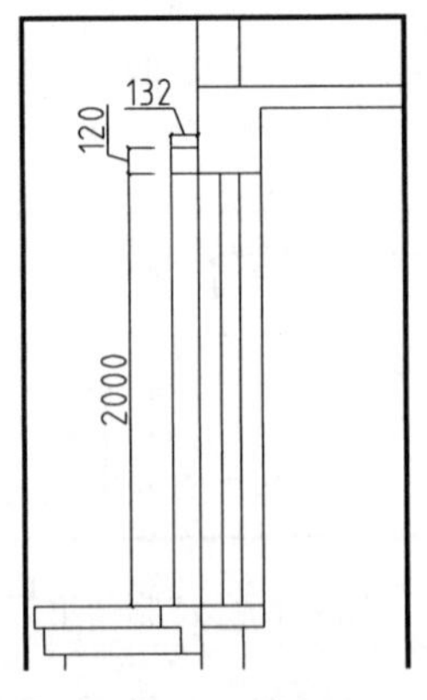

图 9-72　绘制直线

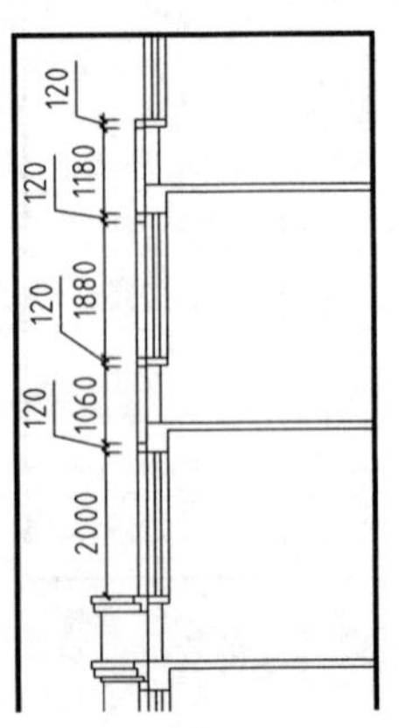

图 9-73　绘制结果

Step 13 绘制罗马柱底座。调用 REC【矩形】命令，绘制矩形，结果如图 9-74 所示。

Step 14 调用 CO【复制】命令，移动复制罗马柱柱头图形；调用 L【直线】命令，绘制直线，结果如图 9-75 所示。

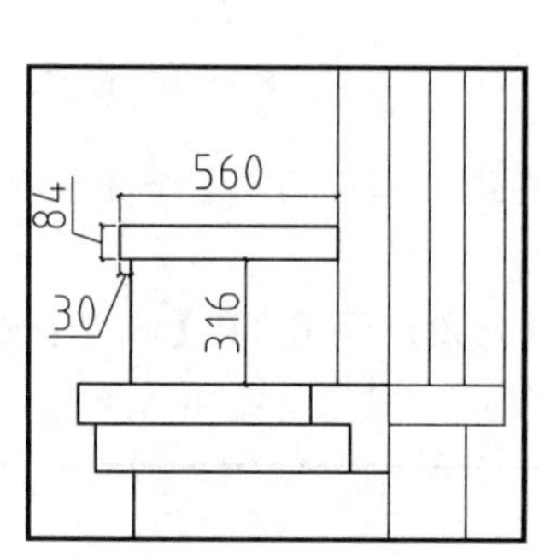

图 9-74　绘制矩形

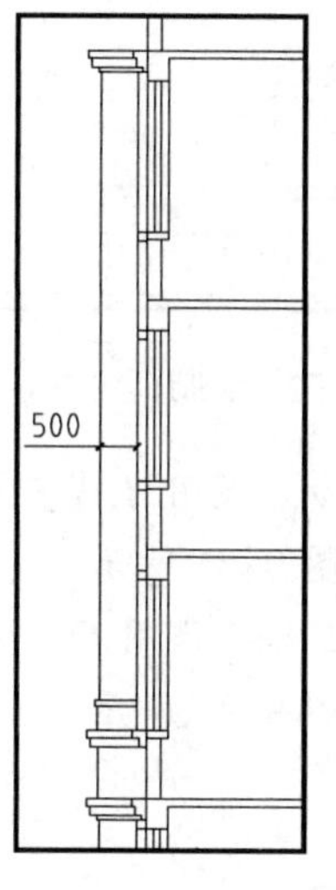

图 9-75　绘制结果

Step 15 调用 CO【复制】命令，向上移动复制罗马柱柱头图形，结果如图 9-76 所示。

Step 16 绘制外立面窗套装饰图形。调用 L【直线】命令，绘制直线，结果如图 9-77 所示。

Step 17 调用 L【直线】命令，绘制直线，结果如图 9-78 所示。

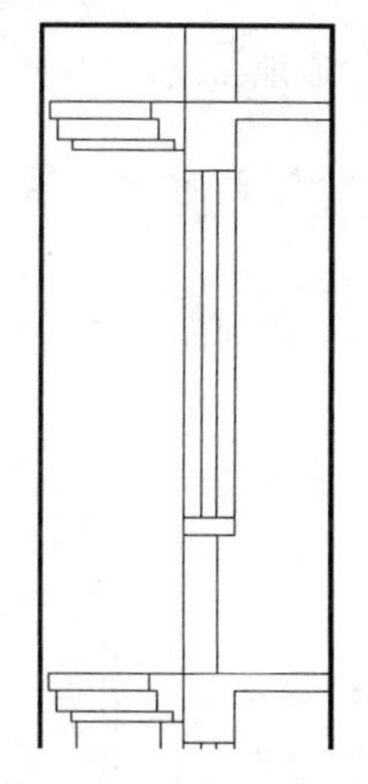

图 9-76　移动复制

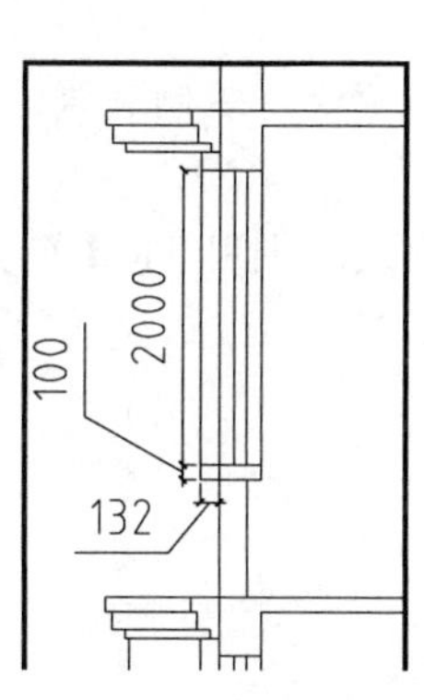

图 9-77　绘制直线

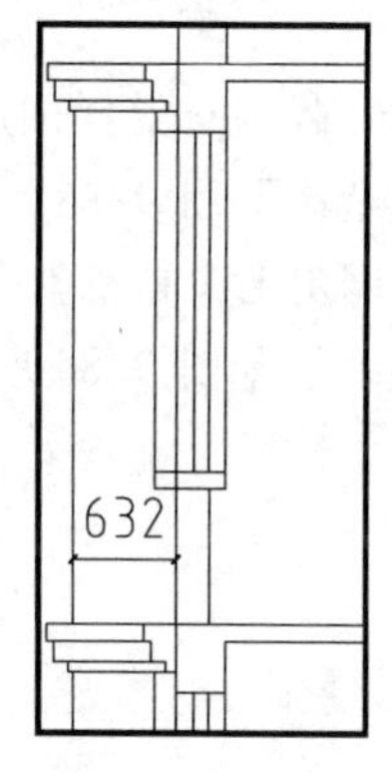

图 9-78　绘制直线

9.2.4　绘制楼梯图形

楼梯的剖面图形要将其踏步、休息平台以及梁绘制完整。绘制完成后，要对剖切面进行图案填充。因为每层楼梯的踏步宽度与高度参数都是一致的，所以在绘制完成其中一层的楼梯图形后，可以调用复制命令，移动复制楼梯图形，再根据层高参数进行修剪即可。

Step 01 绘制楼梯轮廓。调用 L【直线】命令，绘制直线，结果如图 9-79 所示。

Step 02 调用 TR【修剪】命令，修剪线段，结果如图 9-80 所示。

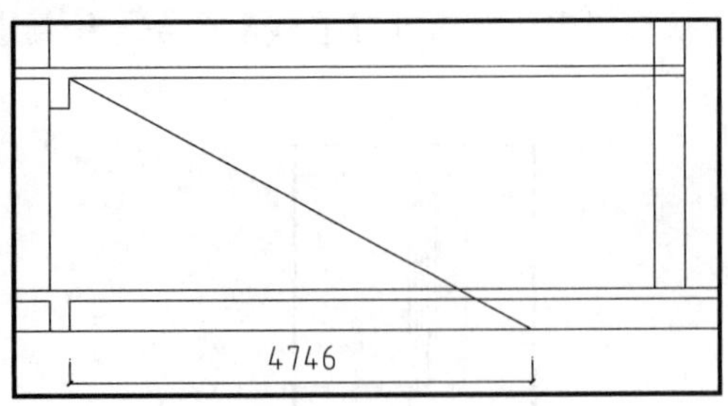

图 9-79　绘制直线

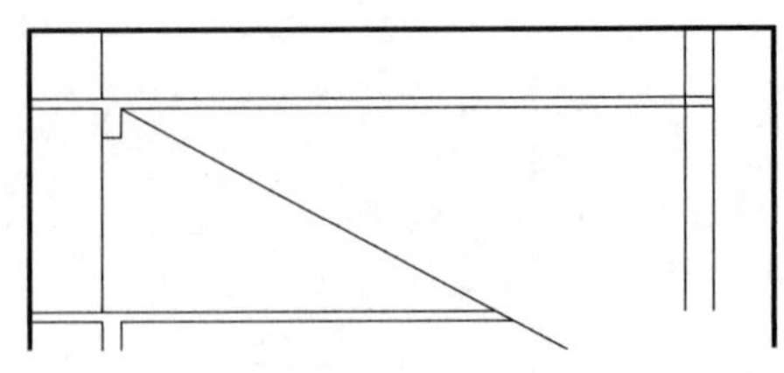

图 9-80　修剪线段

Step 03 绘制踏步。调用 L【直线】命令，绘制直线；调用 TR【修剪】命令，修剪线段，结果如图 9-81 所示。

Step 04 绘制地面线。调用 O【偏移】命令，偏移线段；调用 TR【修剪】命令，修剪线段，结果如图 9-82 所示。

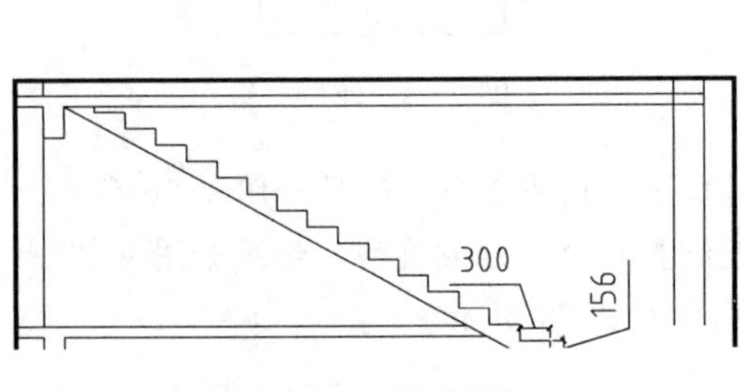

图 9-81　绘制结果

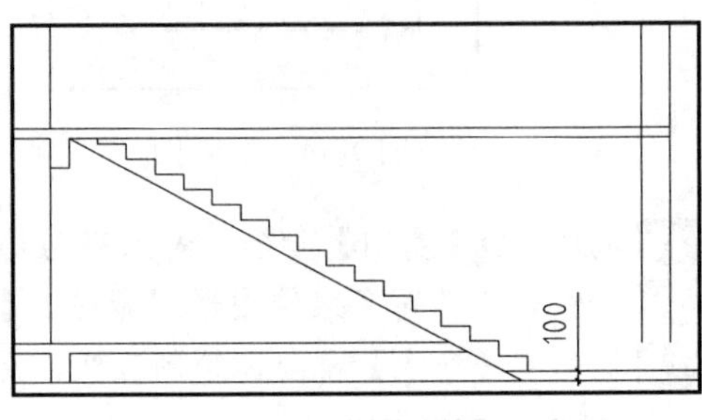

图 9-82　绘制地面线

Step 05 绘制剖断梁。调用 L【直线】命令，绘制直线；调用 TR【修剪】命令，修剪线段，结果如图 9-83 所示。

Step 06 调用 L【直线】命令，绘制直线；调用 TR【修剪】命令，修剪剖面图上的楼板线，结果如图 9-84 所示。

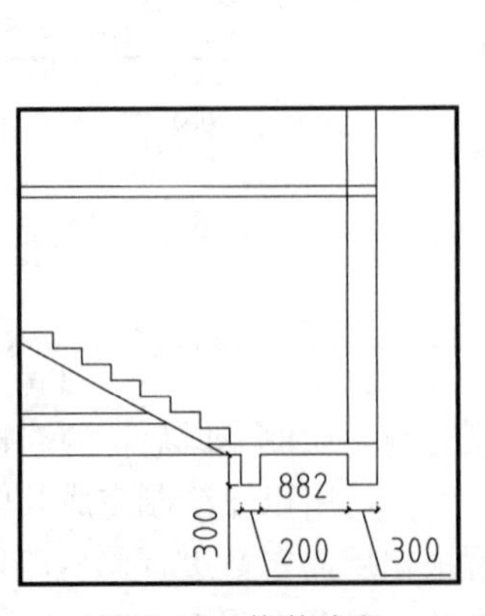

图 9-83　修剪线段

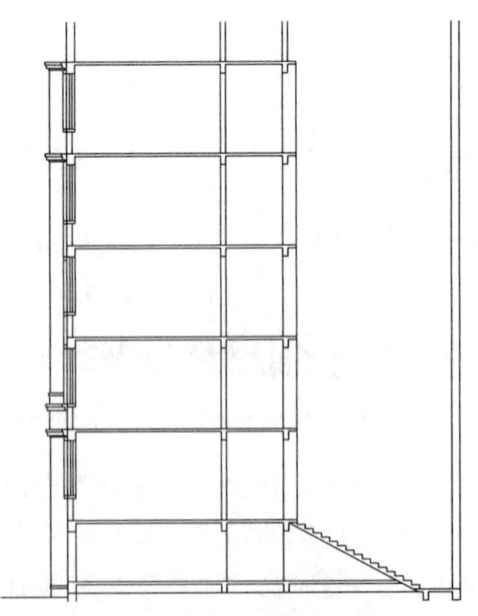

图 9-84　修剪楼板线

Step 07 绘制楼梯休息平台。调用 REC【矩形】命令，绘制矩形，结果如图 9-85 所示。

Step 08 绘制剖面梁。调用 L【直线】命令，绘制直线；调用 TR【修剪】命令，修剪线段，结果如图 9-86 所示。

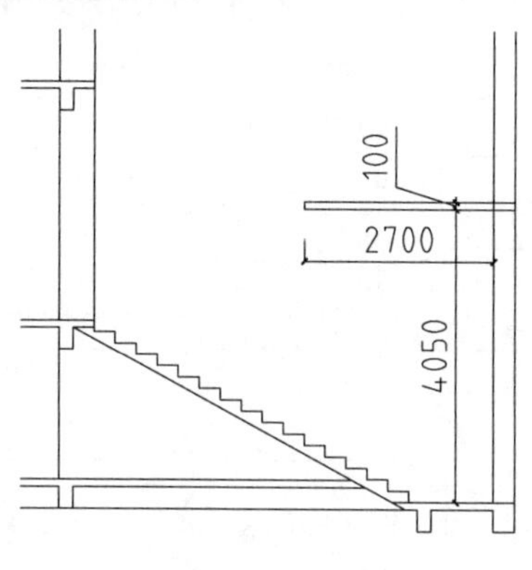

图 9-85　绘制矩形

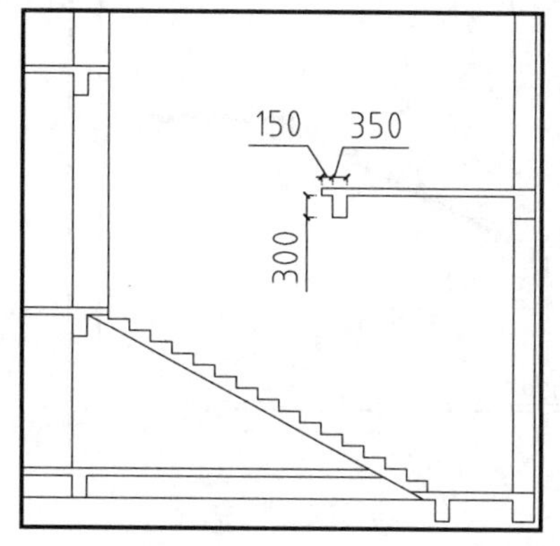

图 9-86　绘制剖面梁

Step 09 绘制踏步。调用 L【直线】命令，绘制宽度为 300、高度为 150 的踏步，结果如图 9-87 所示。

Step 10 填充楼梯剖面颜色。调用 H【图案填充】命令，弹出【图案填充和渐变色】对话框，设置参数如图 9-88 所示。

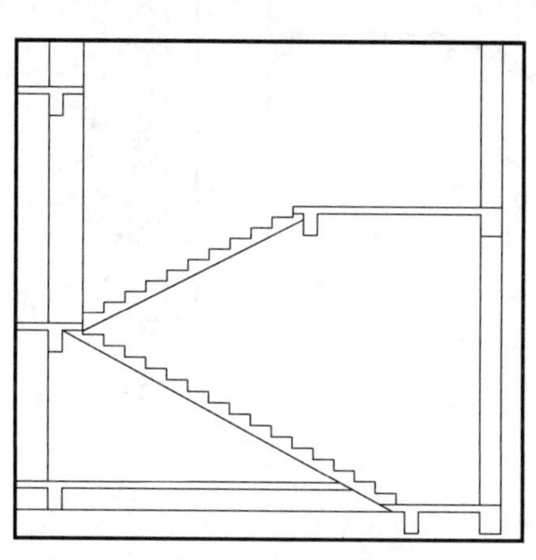

图 9-87　绘制踏步

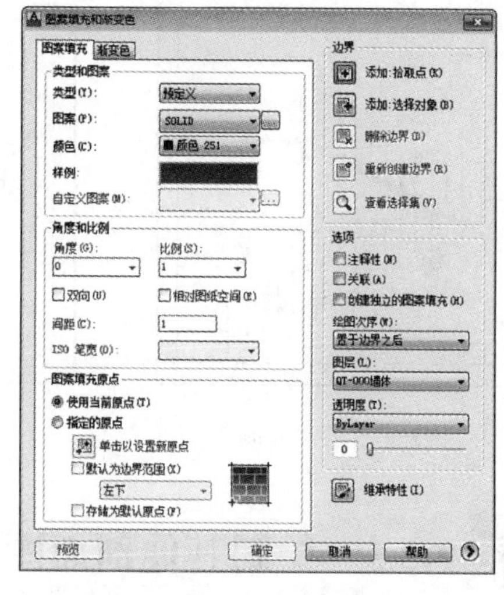

图 9-88　设置参数

Step 11 在对话框中单击添加：拾取点按钮，在绘图区中拾取楼梯的剖切部分；按回车键，返回对话框，单击【确定】按钮，关闭对话框，图案填充的结果如图 9-89 所示。

Step 12 绘制扶手。调用 L【直线】命令，绘制直线，结果如图 9-90 所示。

Step 13 调用 CO【复制】命令，移动复制上一步绘制的直线图形，结果如图 9-91 所示。

Step 14 调用 L【直线】命令，绘制直线；调用 TR【修剪】命令，修剪直线，结果如图 9-92 所示。

Step 15 调用 CO【复制】命令，移动复制绘制完成的楼梯图形，结果如图 9-93 所示。

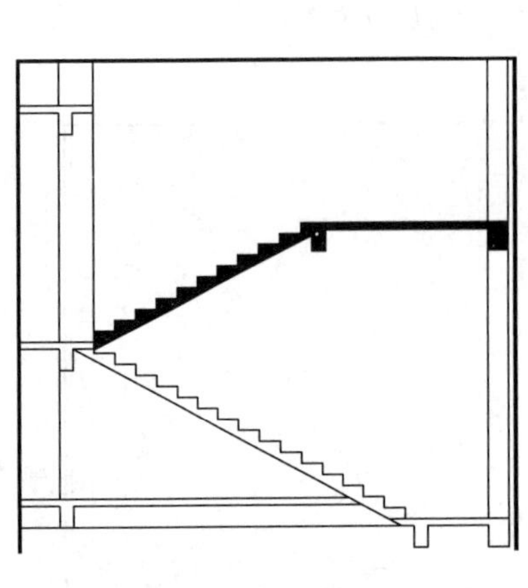

图 9-89　图案填充

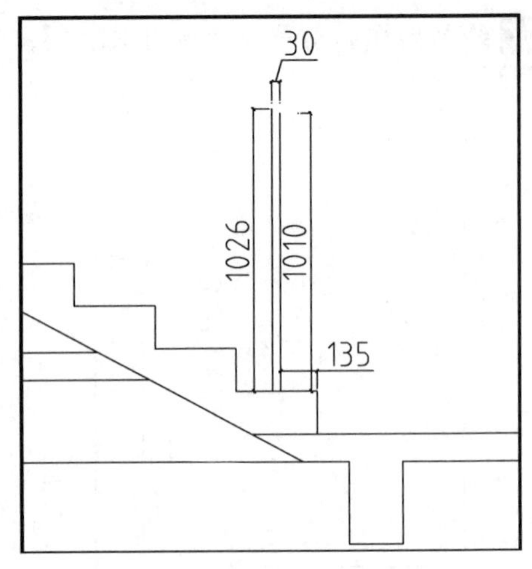

图 9-90　绘制直线

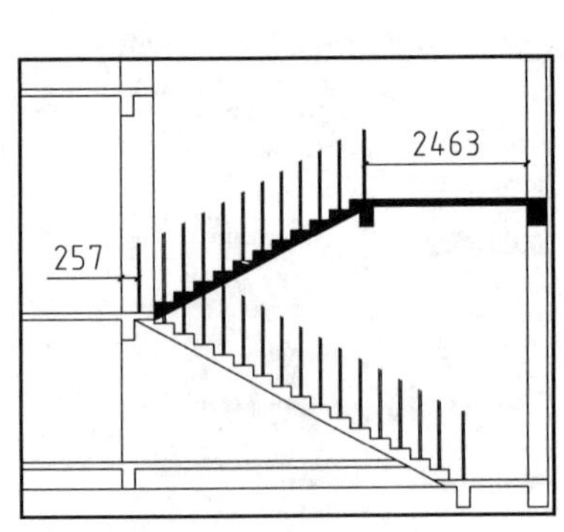

图 9-91　移动复制

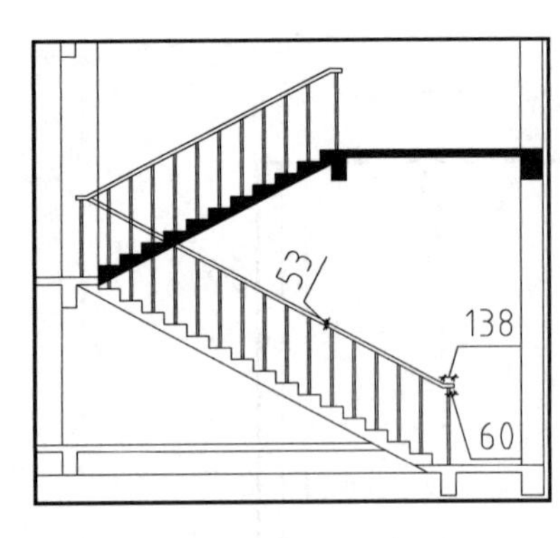

图 9-92　修剪直线

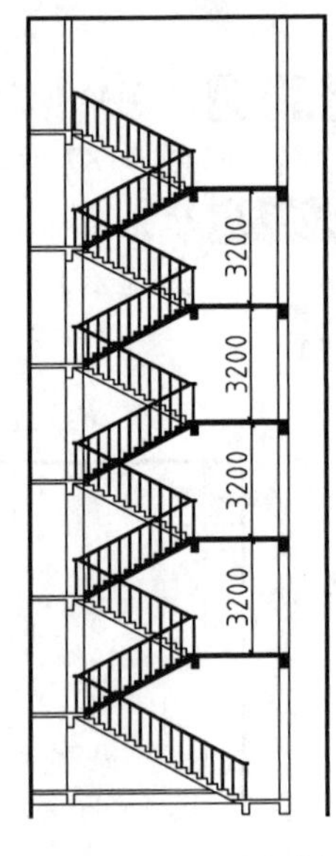

图 9-93　移动复制

 9.2.5　绘制其他剖面图形

剖面图的主要图形绘制完成后，要对其他次要的剖面表现图形进行绘制，比如入户大门、坡道等图形。在绘制这些图形时，主要参照该图形在平面图以及立面图上的位置、尺寸，调用矩形命令、直线命令以及偏移等命令来进行绘制。

Step 01 绘制入户大门。调用 REC【矩形】命令，绘制矩形，结果如图 9-94 所示。

Step 02 绘制梁。调用 L【直线】命令，绘制直线；调用 O【偏移】命令，偏移直线，结果如图 9-95 所示。

Step 03 调用 REC【矩形】命令，绘制矩形，结果如图 9-96 所示。

Step 04 绘制柱子。调用 L【直线】，绘制直线；调用 O【偏移】命令，偏移直线，结果如

图 9-97 所示。

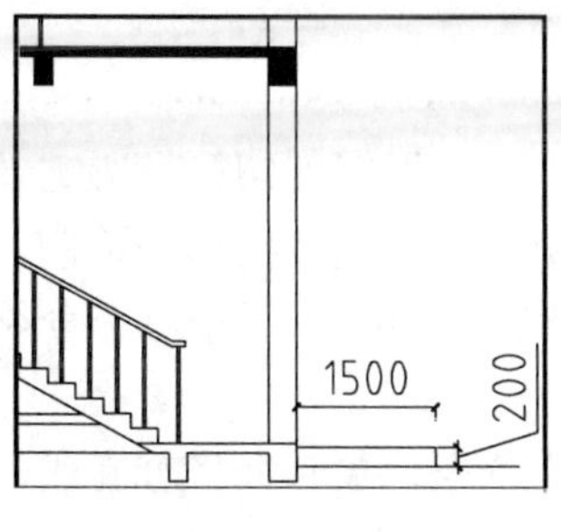

图 9-94　绘制矩形

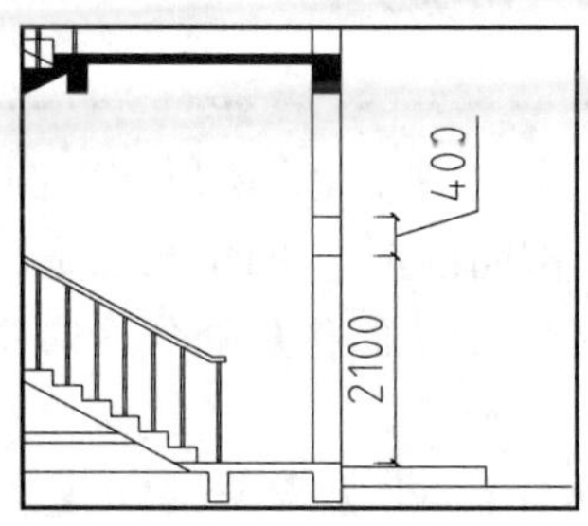

图 9-95　偏移直线

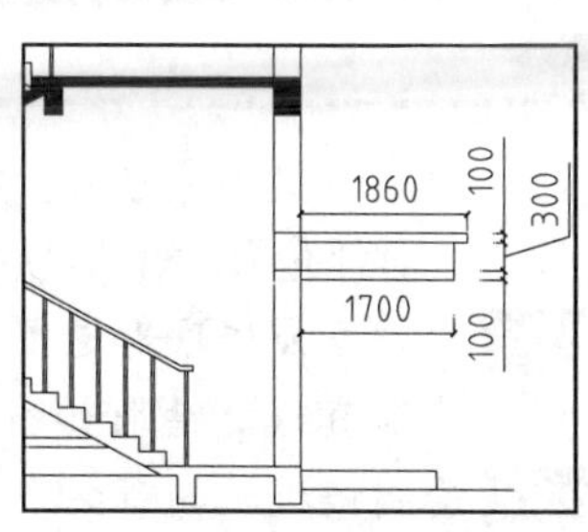

图 9-96　绘制矩形

Step 05 绘制坡道。调用 L【直线】命令，绘制直线，结果如图 9-98 所示。

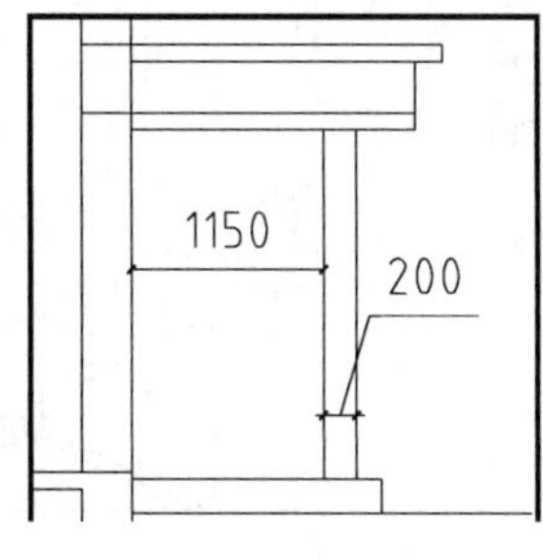

图 9-97　绘制柱子

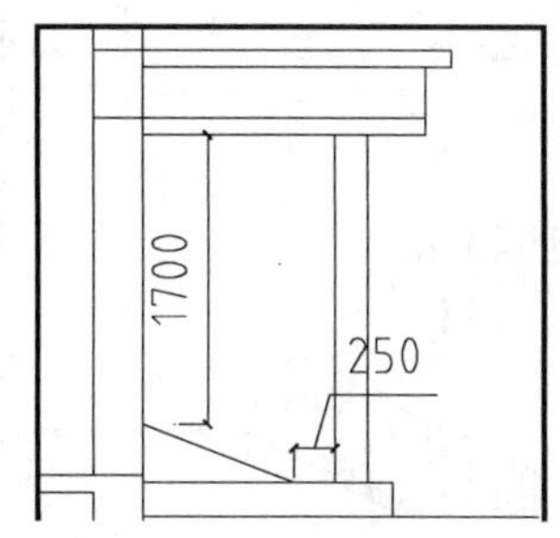

图 9-98　绘制直线

Step 06 调用 PL【多段线】命令，绘制多段线，结果如图 9-99 所示。

Step 07 绘制剖面窗。调用 L【直线】命令，绘制直线，结果如图 9-100 所示。

Step 08 调用 O【偏移】命令，设置偏移距离为 105，选择左边的剖面墙线向右偏移，选择右边的剖面墙线向左偏移；调用 TR【修剪】命令，修剪多余的线段，结果如图 9-101 所示。

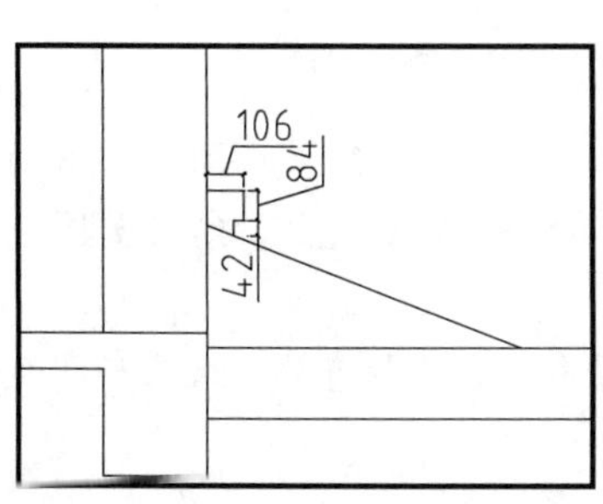

图 9-99　绘制多段线

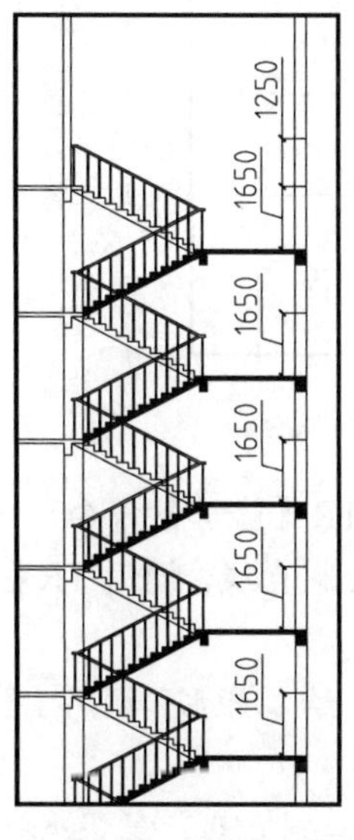

图 9-100　绘制直线

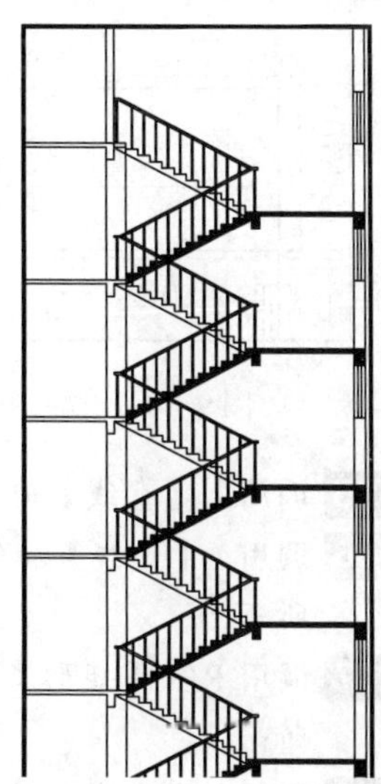

图 9-101　绘制结果

9.2.6 绘制房屋顶部造型

在立面图中绘制了办公楼的 3 个造型顶面，所以在剖面图中也要根据剖切符号所定义的剖切位置，对该位置上的屋顶绘制剖面图形。下面介绍顶部造型楼板、梁等图形的绘制。

Step 01 绘制办公楼顶部造型。调用 O【偏移】命令，偏移直线；调用 TR【修剪】命令，修剪直线，结果如图 9-102 所示。

Step 02 绘制楼板、剖断梁。调用 O【偏移】命令、TR【修剪】命令，偏移并修剪直线，结果如图 9-103 所示。

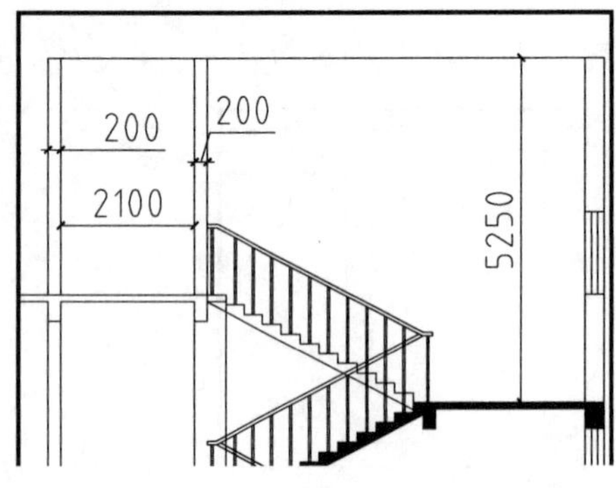

图 9-102 绘制办公楼顶部造型

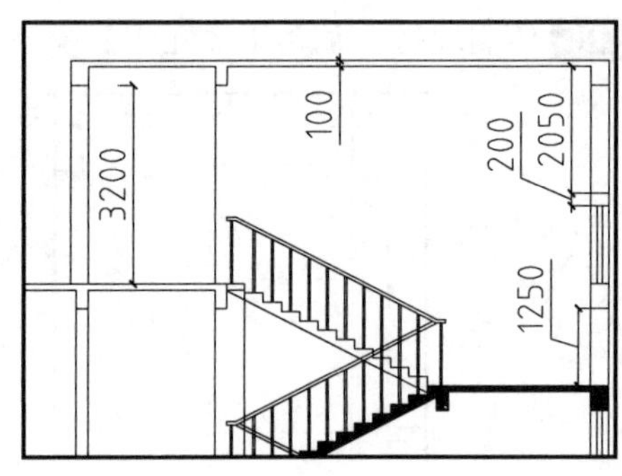

图 9-103 偏移并修剪直线

Step 03 调用 O【偏移】命令，偏移直线；调用 TR【修剪】命令，修剪直线，结果如图 9-104 所示。

Step 04 调用 L【直线】命令，绘制直线；调用 TR【修剪】命令，修剪直线，结果如图 9-105 所示。

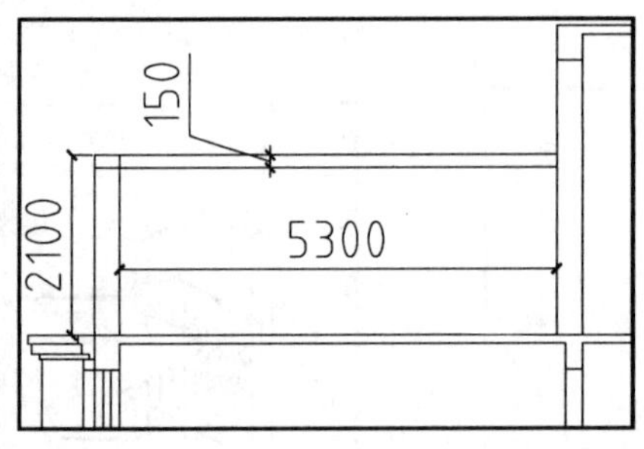

图 9-104 偏移并修剪直线

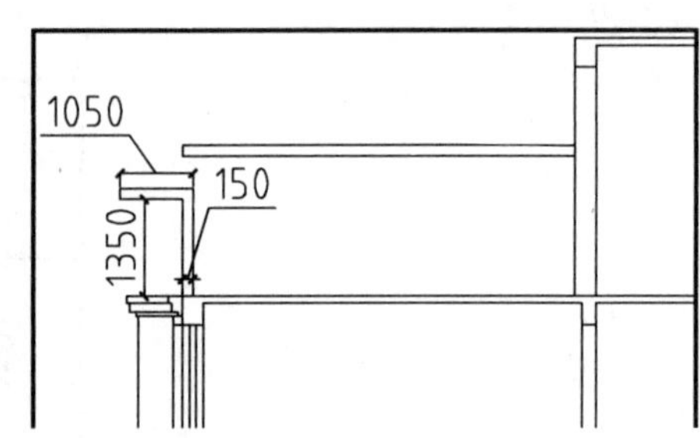

图 9-105 修剪直线

Step 05 调用 L【直线】命令、TR【修剪】命令，绘制并修剪直线，结果如图 9-106 所示。

Step 06 调用 L【直线】命令，绘制直线；调用 TR【修剪】命令，修剪直线，结果如图 9-107 所示。

Step 07 调用 REC【矩形】命令，绘制矩形；调用 L【直线】命令，绘制直线，结果如图 9-108 所示。

Step 08 调用 L【直线】命令，绘制直线，结果如图 9-109 所示。

Step 09 调用 L【直线】命令，绘制屋顶轮廓线，结果如图 9-110 所示。

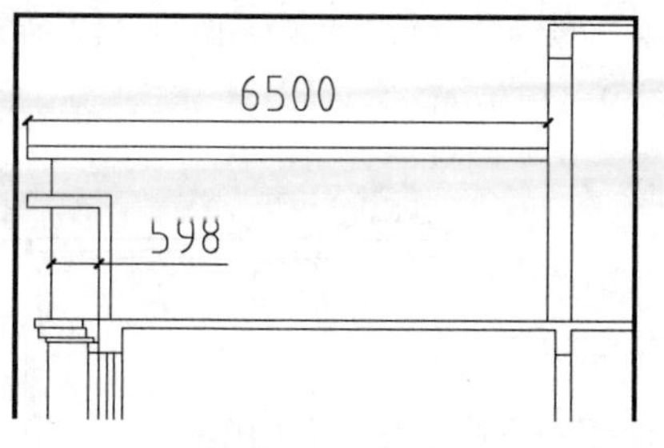

图 9-106　修剪直线

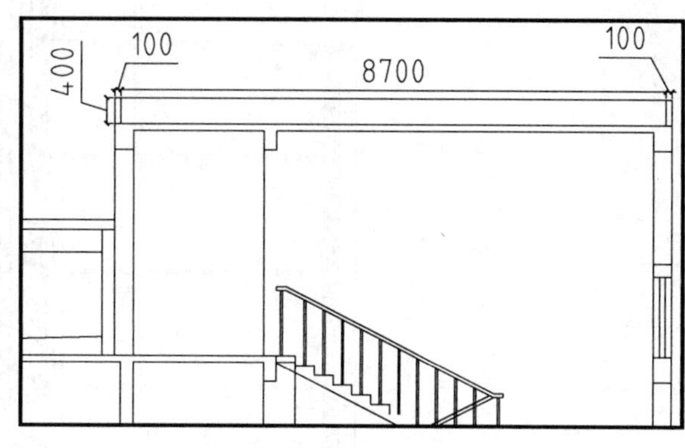

图 9-107　修剪结果

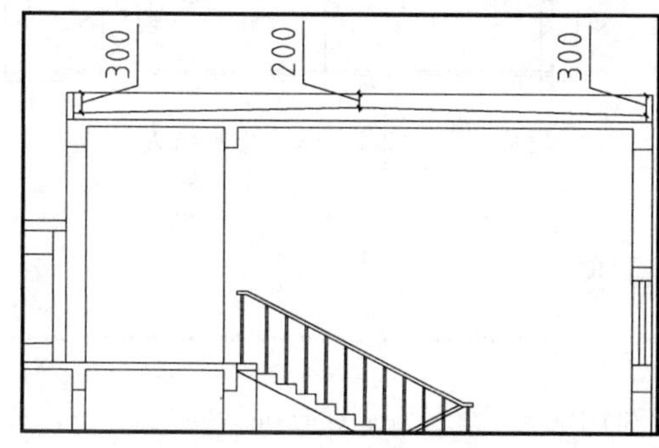

图 9-108　绘制结果

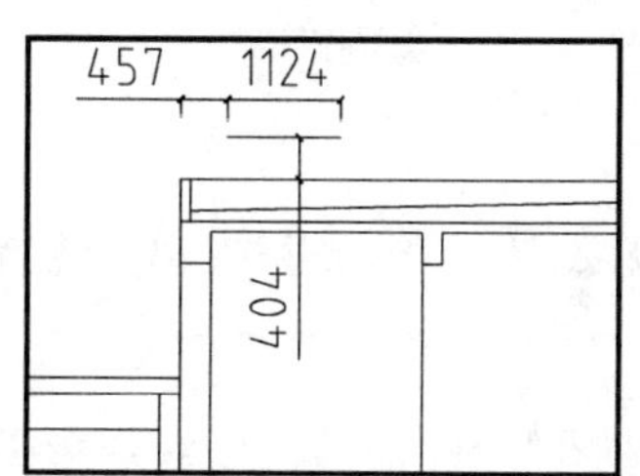

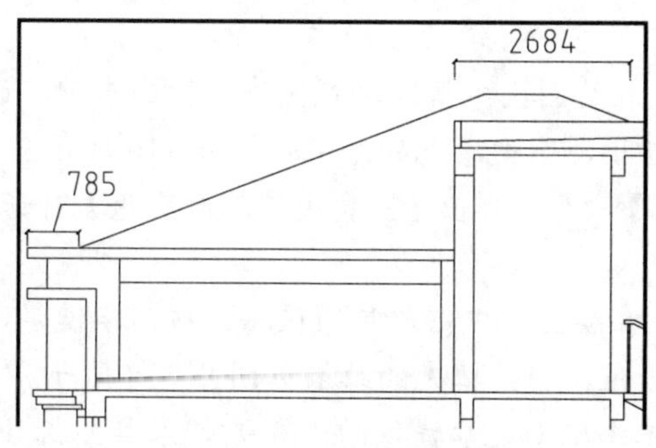

图 9-109　绘制直线

Step 10 调用 O【偏移】命令，偏移直线；调用 EZ【延伸】命令，延伸直线；调用 F【圆角】命令，设置圆角半径为 0，对直线进行圆角处理，结果如图 9-111 所示。

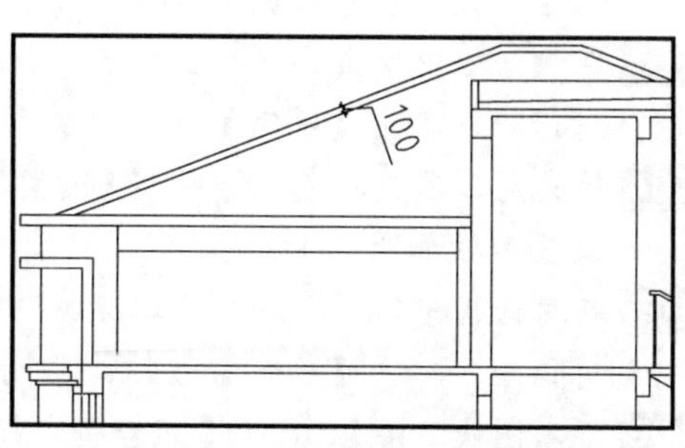

图 9-110　绘制轮廓线

图 9-111　编辑结果

Step 11 绘制避雷针底座。调用 REC【矩形】命令，绘制矩形，结果如图 9-112 所示。

Step 12 剖面图的基本图形绘制完成后的结果如图 9-113 所示。

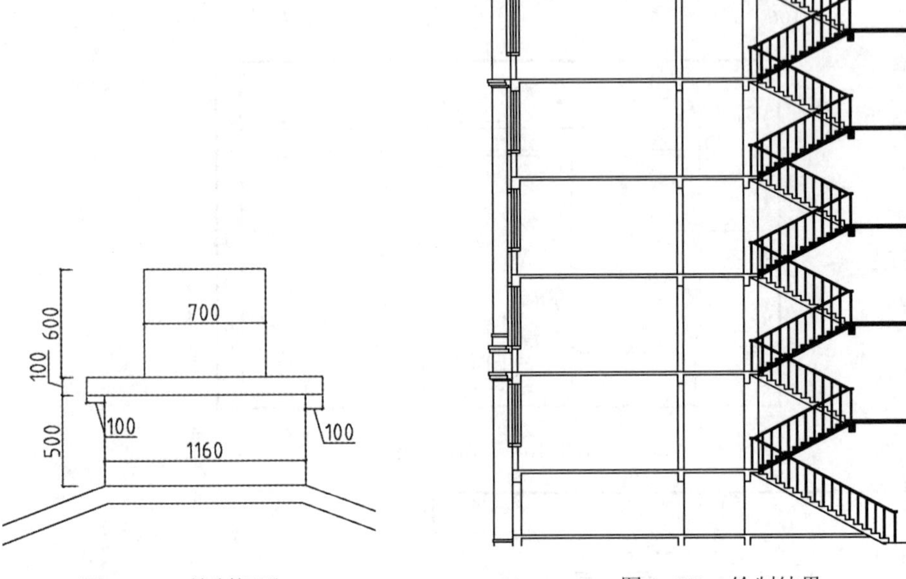

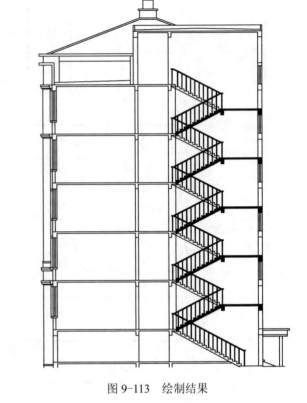

图 9-112　绘制矩形

图 9-113　绘制结果

9.2.7　绘制剖面填充图案

剖面图形绘制完成后，要对图形中被剖切的楼板、梁等图形进行图案填充，以明确表示其被剖切的情况。调用图案填充命令是使用 AutoCAD 软件绘制图案填充的快捷方法。

Step 01 填充剖面图案。调用 H【图案填充】命令，在弹出的【图案填充和渐变色】对话框中选择 SOLID 图案，对剖面图被剖切到的部分进行图案填充，结果如图 9-114 所示。

Step 02 填充房屋顶部填充颜色。调用 H【图案填充】命令，弹出【图案填充和渐变色】对话框，设置参数如图 9-115 所示。

Step 03 在对话框中单击添加：拾取点按钮，在绘图区中拾取填充区域；按回车键，返回对话框，单击【确定】按钮，关闭对话框，图案填充的结果如图 9-116 所示。

Step 04 填充屋顶填充颜色。调用 H【图案填充】命令，弹出【图案填充和渐变色】对话框，设置参数如图 9-117 所示。

Step 05 在对话框中单击添加：拾取点按钮，在绘图区中拾取屋顶区域；按回车键，返回对话框，单击【确定】按钮，关闭对话框，图案填充的结果如图 9-118 所示。

Step 06 插入图块。按【Ctrl+O】组合键，打开本书配套光盘提供的“第 9 章\家具图例.dwg”文件，将其中的剖切图块复制并粘贴至办公楼剖面图中，结果如图 9-119 所示。

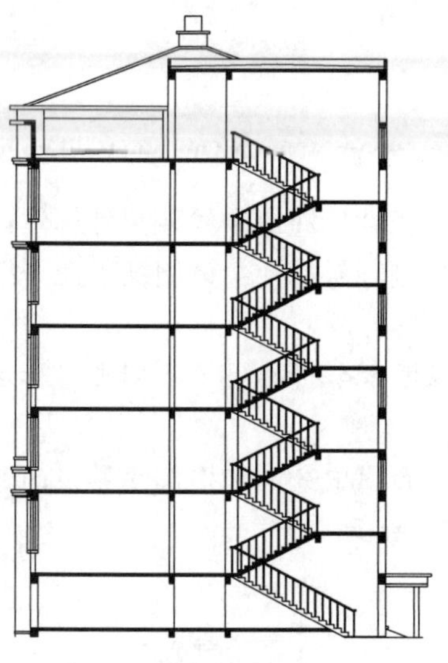

图 9-114　图案填充

图 9-115　设置参数

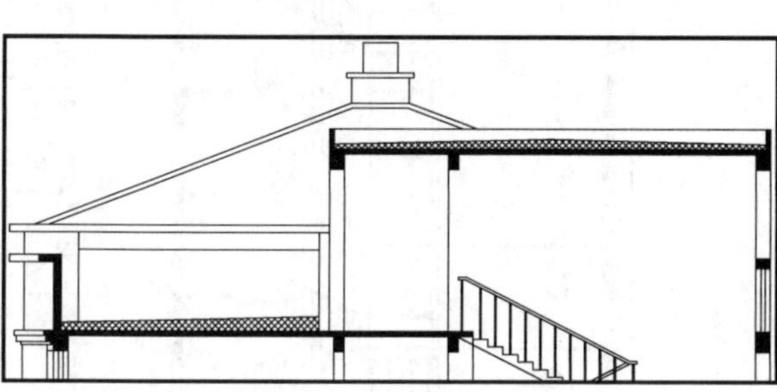

图 9-116　图案填充

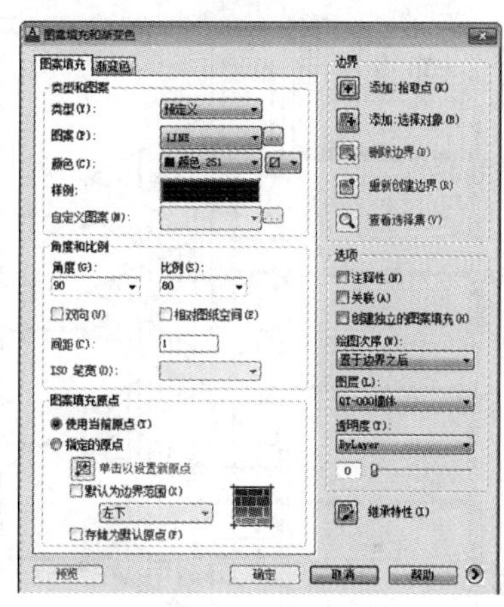

图 9-117　设置参数

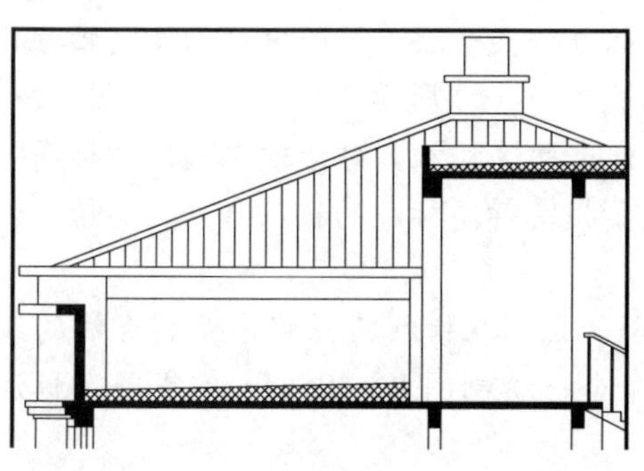

图 9-118　填充结果

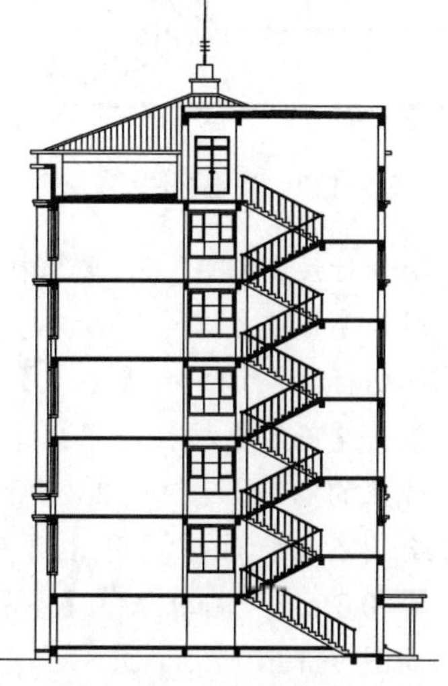

图 9-119　插入图块

9.2.8 绘制剖面图标注

剖面图绘制完成后要对其进行图形标注，主要调用线性标注命令绘制尺寸标注；调用多重引线命令绘制文字标注；调用复制命令从平面图上复制轴号标注；调用插入命令绘制标高标注；调用多行文字命令和直线命令绘制图名标注。

Step 01 文字标注。调用 MLD【多重引线】命令，根据命令行的提示绘制文字标注，结果如图 9-120 所示。

Step 02 尺寸标注。调用 DLI【线性标注】命令，在立面图中分别指定尺寸界线的原点和尺寸线的位置，绘制尺寸标注的结果如图 9-121 所示。

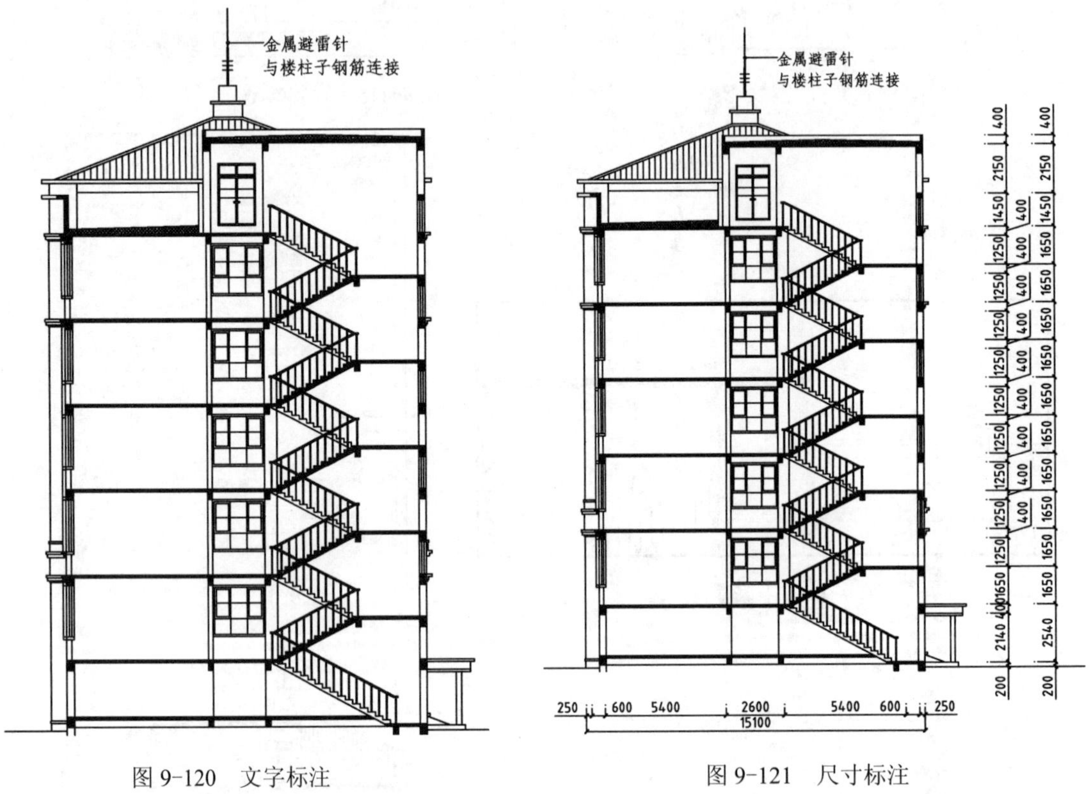

图 9-120　文字标注　　　　图 9-121　尺寸标注

Step 03 轴号标注。调用 CO【复制】命令，从办公楼一层平面图中移动复制轴号标注；调用 L【直线】命令，绘制直线，结果如图 9-122 所示。

Step 04 标高标注。调用 I【插入】命令，在弹出的【插入】对话框中选择“标高”图块；单击【确定】按钮，根据命令行的提示指定标高标注的插入点和标高值，创建标高标注的结果如图 9-123 所示。

Step 05 绘制图名标注。调用 L【直线】命令，绘制双横线，并将下面的直线的线宽设置为 0.3mm；调用 MT【多行文字】命令，绘制图名和比例，完成图名标注的结果如图 9-124 所示。

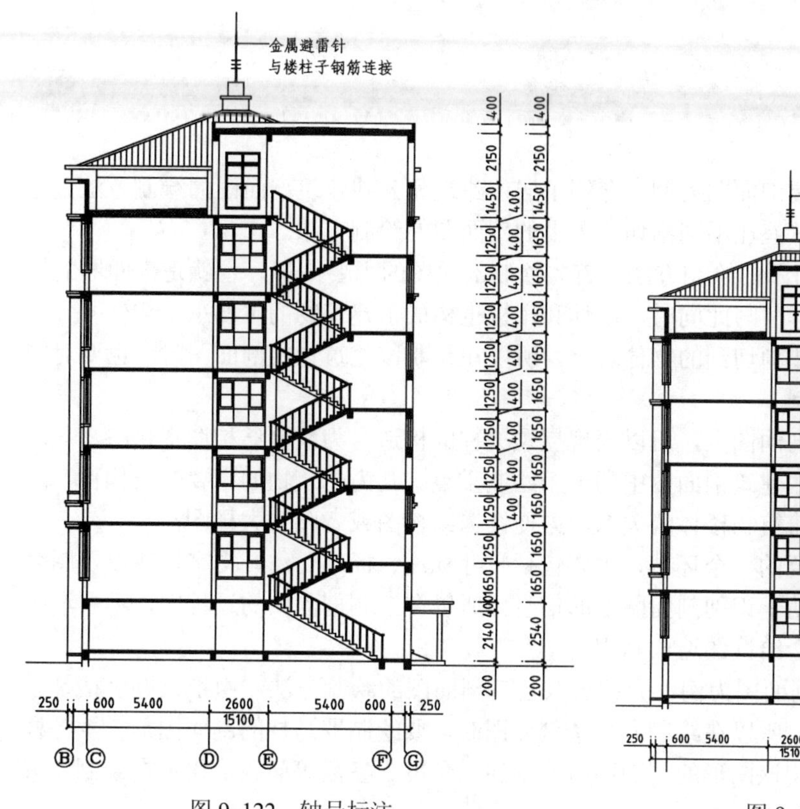

图 9-122　轴号标注

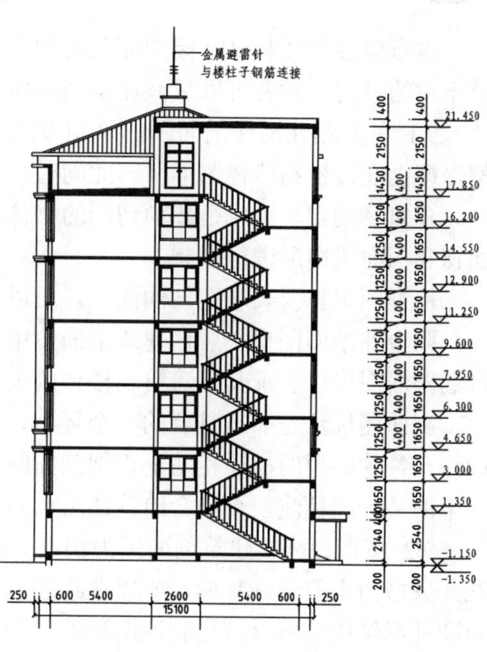

图 9-123　标高标注

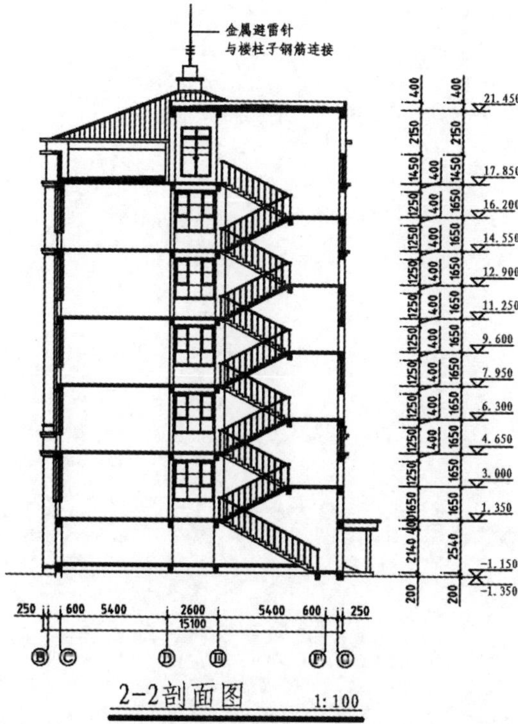

图 9-124　图名标注

9.3 专家精讲

本章以住宅楼和办公楼剖面图为例，介绍了居住建筑和公共建筑剖面图的绘制方法。通过本章的学习，读者可以掌握在不同剖切位置上的剖面图的绘制方法。

9.1 节介绍住宅楼剖面图的绘制方法。首先绘制剖面图的主要图形，也就是剖面图的框架，即剖面楼板和墙体图形，与此同时，墙体和楼板也构成了建筑物的主要承重构件。

建筑物的窗、梁也是被剖切到的物体之一，所以在绘制该建筑物的剖面图时，也要对剖面窗和剖面梁图形进行绘制。

屋顶图形也要表现在剖面图上，可以表现屋顶梁柱的构造，为绘制结构图提供参考。

阳台的剖面图也是居住建筑剖面图中的一个绘制重点。其为建筑物的主要建筑构件，阳台的剖面图可以表示其与建筑物楼体的关系，方便读懂结构图或者阳台大样图。

剖面图标注是非常重要的一个环节，主要包括尺寸标注、标高标注、文字标注以及图名标注。各种类型的标注有助于识别剖面图上的信息，所以在绘制剖面图的过程中，不要漏画其中的某一类标注，否则会给读图造成障碍。

9.2 节以办公楼建筑剖面图为例，介绍公共建筑剖面图的绘制方法。由于该办公楼是以欧式风格为主要装饰基调，所以在绘制办公楼剖面图时，要绘制罗马柱的剖面图形。罗马柱为圆柱形结构，所以在绘制该图形的剖面图时，要注意角度、参数等问题，避免在绘制完成后造成读图上的困难。

第 10 章 绘制结构详图

结构详图是建筑细部的施工图，是对建筑平面、立面、剖面图等基本图样的深化和补充，是建筑工程细部施工、建筑构配件的制作及编制预算的依据。

本章以阳台栏板大样图、卫生间放大平面图以及办公楼屋顶平面图为例，向读者介绍结构详图的绘制方法。

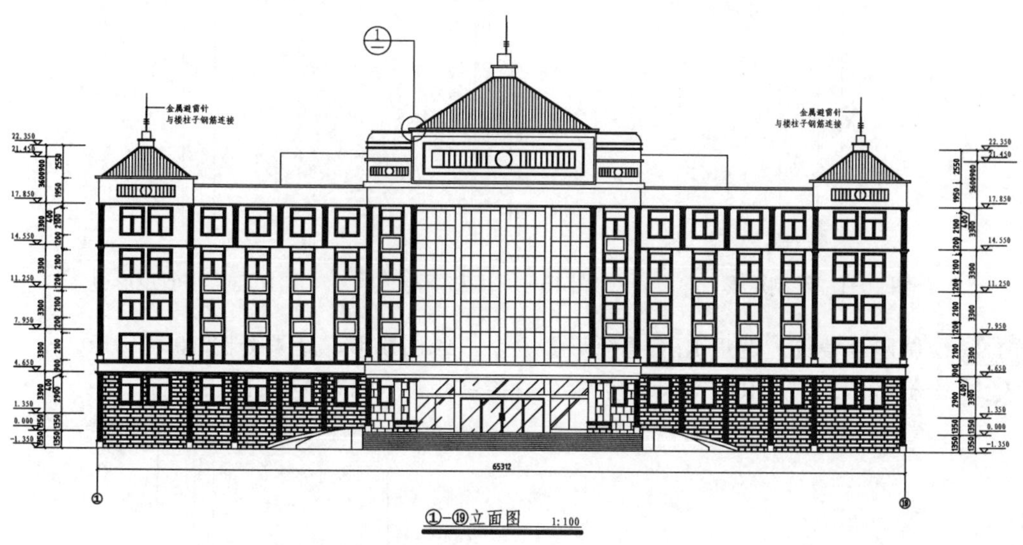

10.1 绘制阳台栏板大样图

阳台栏板大样图主要表达阳台栏板的做法，包括使用材料、尺寸等重要的施工信息。在绘制该图形时，要首先绘制图形的外轮廓线，然后对其进行图案填充，最后绘制文字标注和尺寸标注，即可完成该大样图的绘制。

10.1.1 绘制阳台轮廓

绘制阳台轮廓是绘制阳台栏板大样图的第一步。调用常规的图形绘制和编辑命令，比如矩形、修剪和偏移等命令，分别绘制阳台栏杆、楼板、墙体以及水泥砂浆粉刷层等图形。下面介绍阳台外轮廓的绘制方法。

Step 01 绘制阳台栏杆。调用 REC【矩形】命令，绘制矩形，结果如图 10-1 所示。

Step 02 调用 X【分解】命令，分解矩形；调用 O【偏移】命令，偏移矩形边，结果如图 10-2 所示。

Step 03 调用 TR【修剪】命令，修剪矩形边，结果如图 10-3 所示。

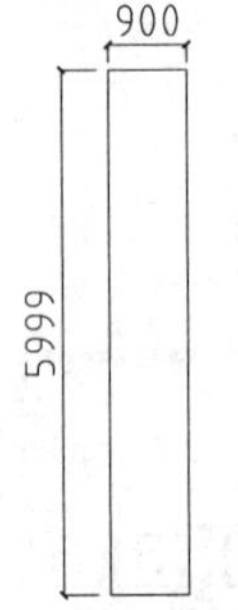

图 10-1 绘制矩形

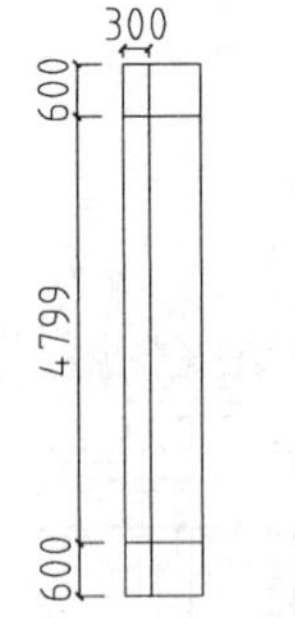

图 10-2 偏移矩形边

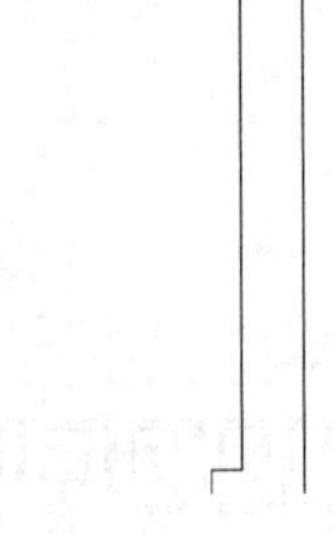
图 10-3 修剪矩形边

Step 04 绘制阳台楼板。调用 REC【矩形】命令，绘制矩形，结果如图 10-4 所示。

Step 05 绘制墙体。调用 REC【矩形】命令，绘制矩形，结果如图 10-5 所示。

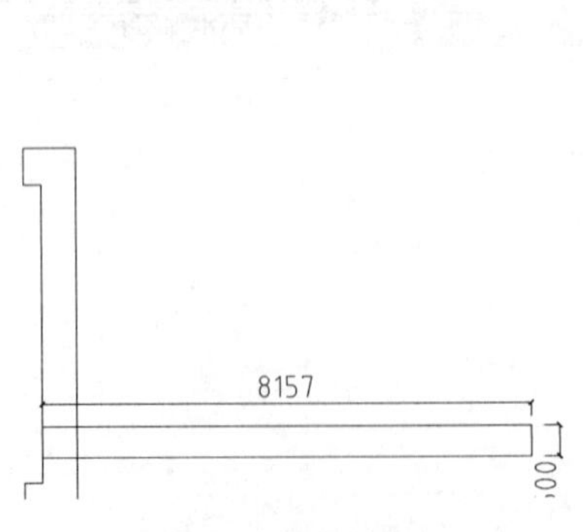

图 10-4 绘制阳台楼板

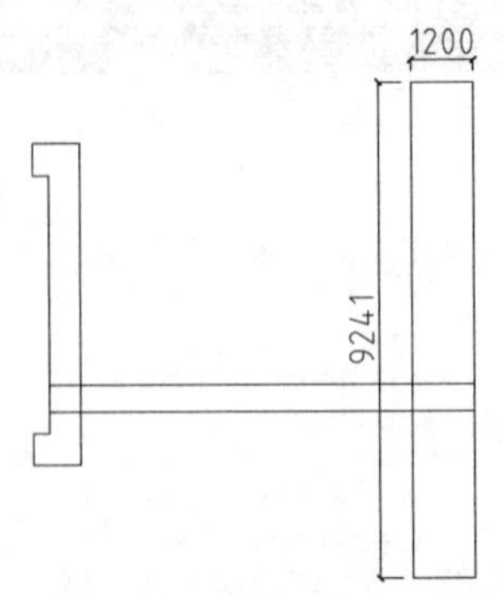

图 10-5 绘制矩形

Step 06 调用 X【分解】命令，分解矩形；调用 PL【多段线】命令，绘制折断线，结果如

图 10-6 所示。

Step 07 调用 TR【修剪】命令，修剪矩形边，结果如图 10-7 所示。

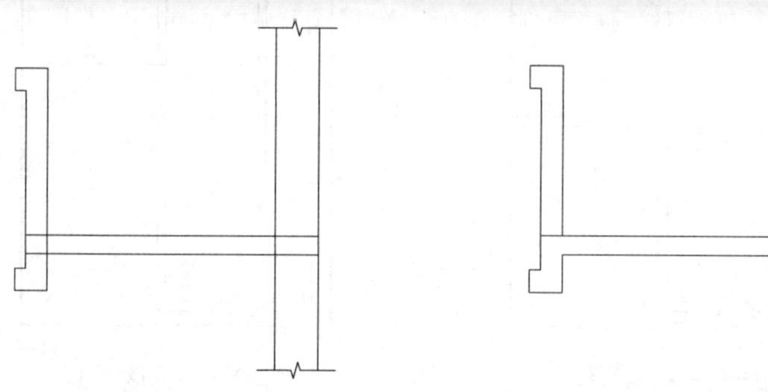

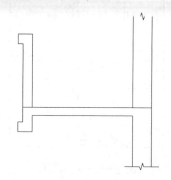

图 10-6 绘制折断线 图 10-7 修剪矩形边

Step 08 绘制水泥砂浆粉刷层。调用 O【偏移】命令，设置偏移距离为 50，选择矩形边向外偏移，结果如图 10-8 所示。

Step 09 调用 F【圆角】命令，设置圆角半径为 0，对所偏移的线段进行圆角处理，结果如图 10-9 所示。

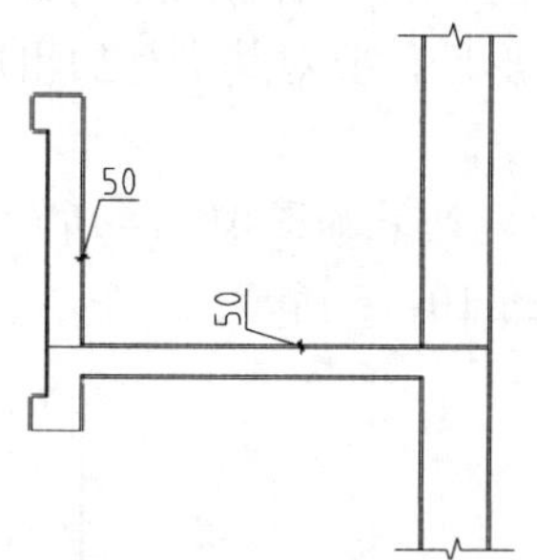

图 10-8 偏移矩形边

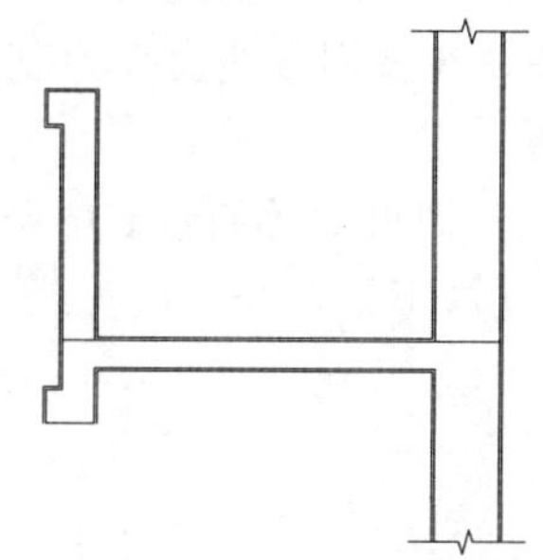

图 10-9 圆角处理

Step 10 调用 O【偏移】命令，偏移矩形边，结果如图 10-10 所示。

Step 11 调用 F【圆角】命令，设置圆角半径为 0，对所偏移的线段进行圆角处理；调用 EX【延伸】命令，延伸线段，结果如图 10-11 所示。

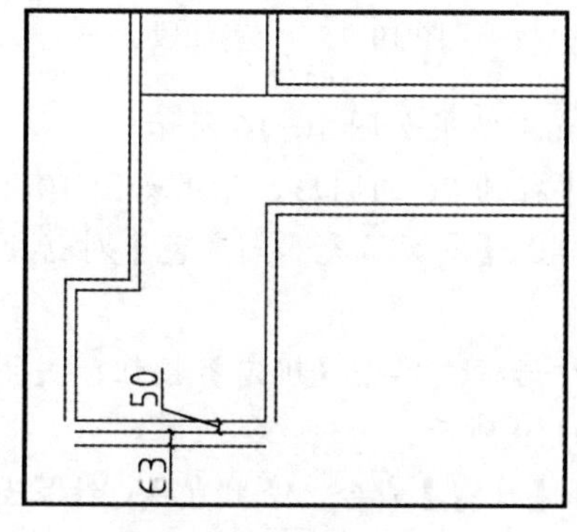

图 10-10 偏移矩形边

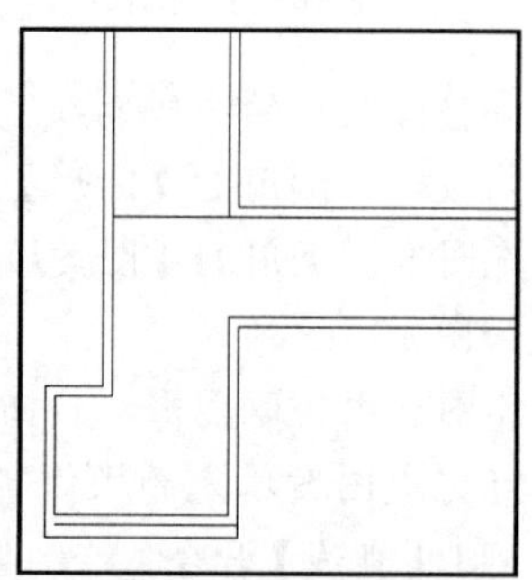

图 10-11 编辑结果

Step 12 调用 L【直线】命令，绘制直线，结果如图 10-12 所示。

Step 13 调用 E【删除】命令，删除多余线段，结果如图 10-13 所示。

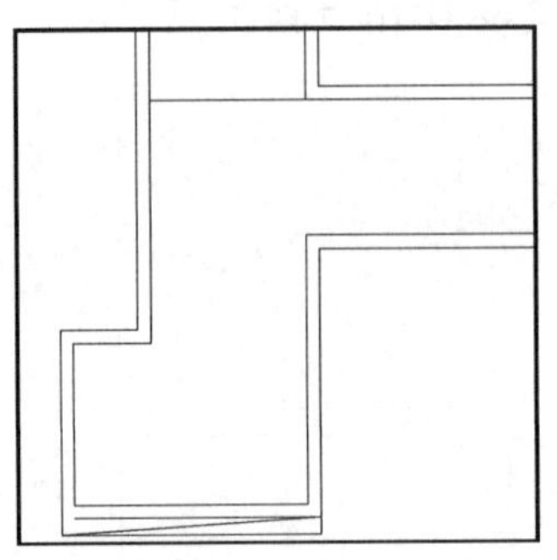

图 10-12　绘制直线

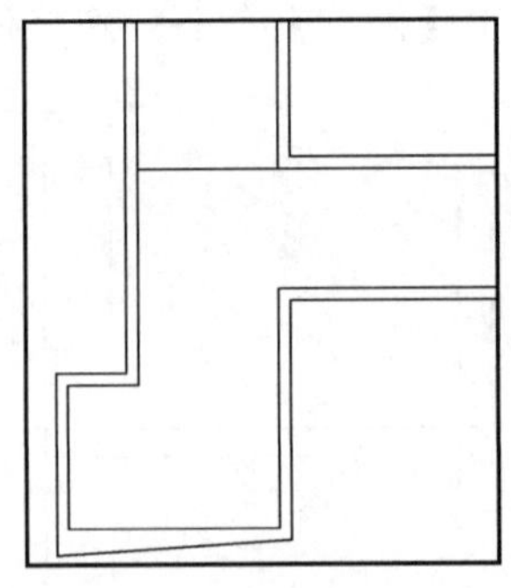

图 10-13　删除线段

10.1.2　绘制板筋及图案填充

房屋基础内需使用钢筋才能赋予其承重能力，阳台基础内也不例外。绘制完成阳台的外轮廓后，就要绘制钢筋图形，以完成该建筑承重构件的绘制。钢筋图形根据剖切方向的不同而具有不同的形态，在调用直线命令绘制完成钢筋图形后，要对其进行加粗操作，以更直观地表达钢筋的形状。

Step 01 绘制板筋。调用 O【偏移】命令，偏移线段，结果如图 10-14 所示。

Step 02 调用 TR【修剪】命令，修剪线段，结果如图 10-15 所示。

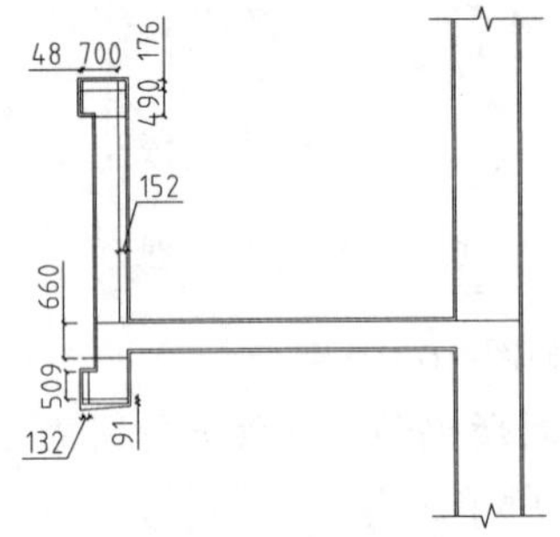

图 10-14　偏移线段

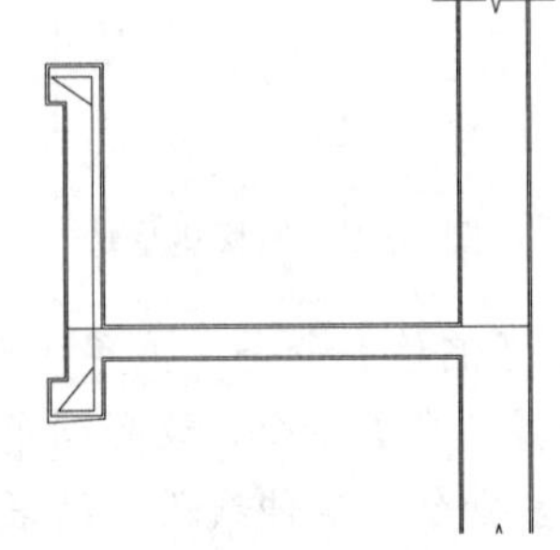

图 10-15　修剪线段

Step 03 将偏移修改后的线段的线宽设置为 0.3mm，结果如图 10-16 所示。

Step 04 绘制板筋。调用 C【圆形】命令，绘制半径为 25 的圆形，结果如图 10-17 所示。

Step 05 填充图案。调用 H【图案填充】命令，弹出【图案填充和渐变色】对话框，设置参数如图 10-18 所示。

Step 06 在绘图区中拾取圆形，按回车键，返回对话框；单击【确定】按钮，关闭对话框，即可完成图案填充的操作，结果如图 10-19 所示。

Step 07 调用 L【直线】命令，绘制直线；调用 TR【修剪】命令，修剪直线，结果如图 10-20 所示。

Step 08 填充混凝土图案。调用 H【图案填充】命令，弹出【图案填充和渐变色】对话框，设置参数如图 10-21 所示。

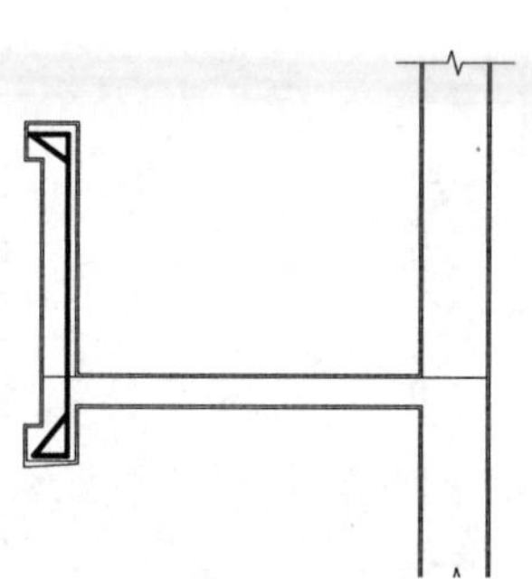

图 10-16　更改线宽

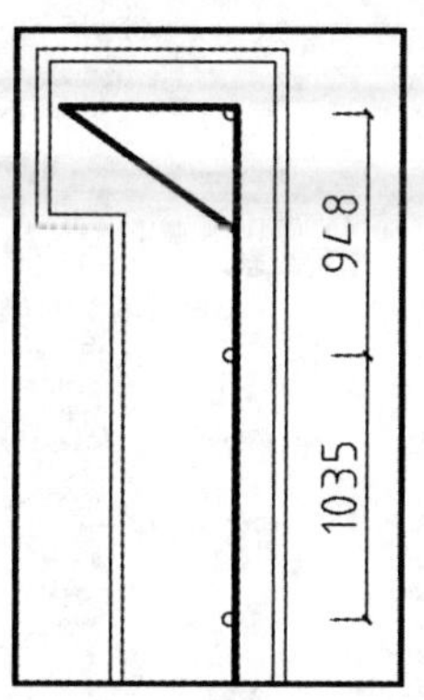

图 10-17　绘制圆形

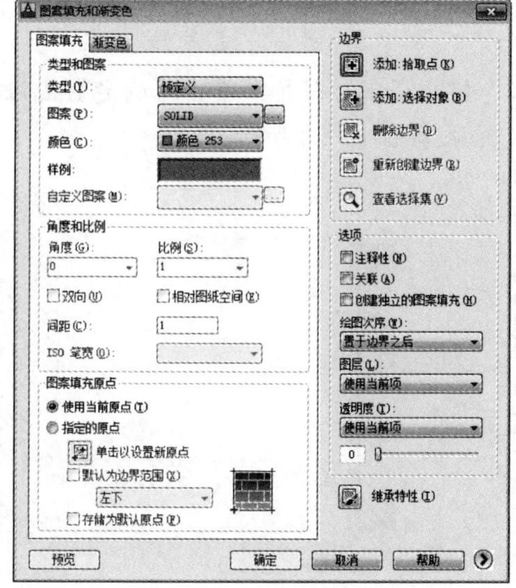

图 10-18　设置参数

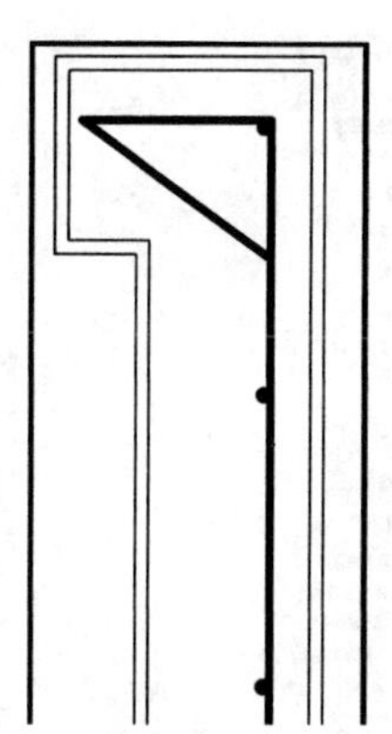

图 10-19　图案填充

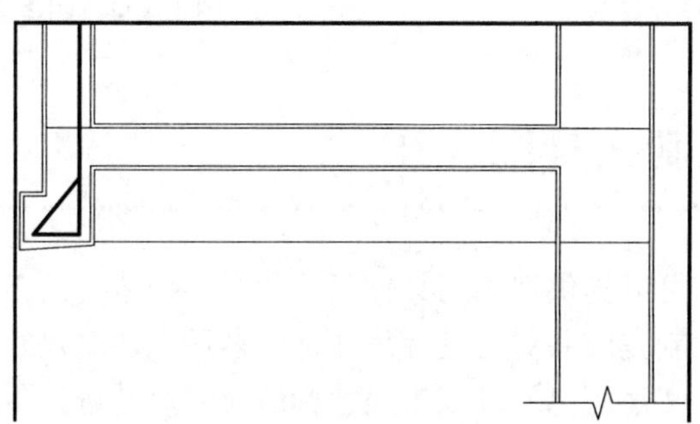

图 10-20　修剪直线

Step 09 在绘图区中拾取填充区域，按回车键，返回对话框；单击【确定】按钮，关闭对话框，即可完成图案填充的操作，结果如图 10-22 所示。

Step 10 填充水泥图案。调用 H【图案填充】命令，弹出【图案填充和渐变色】对话框，设置参数如图 10-23 所示。

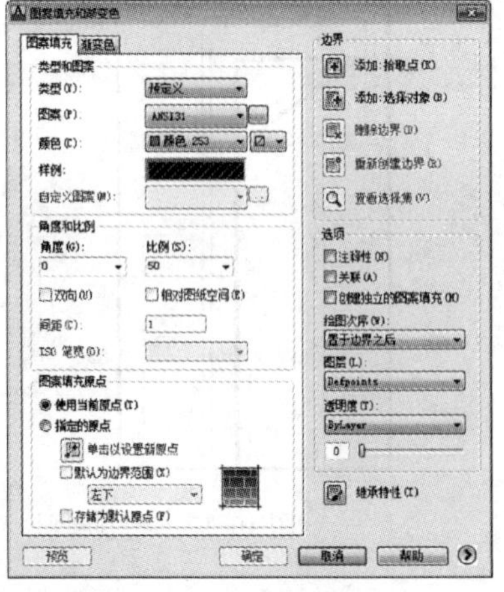

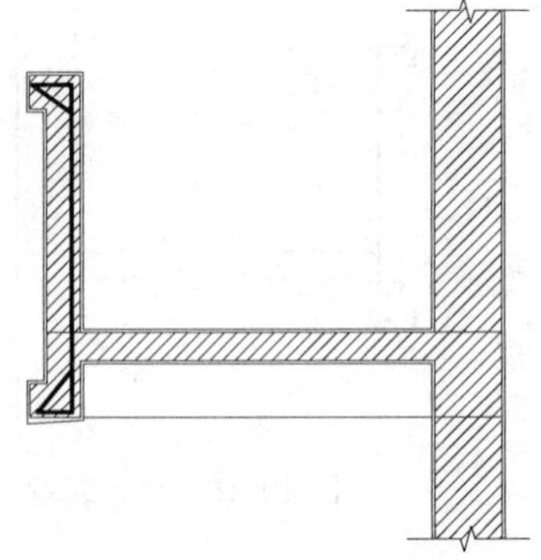

图 10-21　设置参数　　　　图 10-22　图案填充

Step 11 在绘图区中拾取填充区域，按回车键，返回对话框；单击【确定】按钮，关闭对话框，即可完成图案填充的操作，结果如图 10-24 所示。

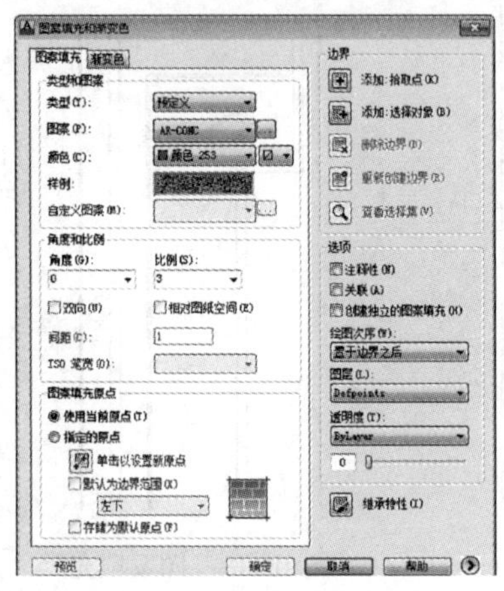

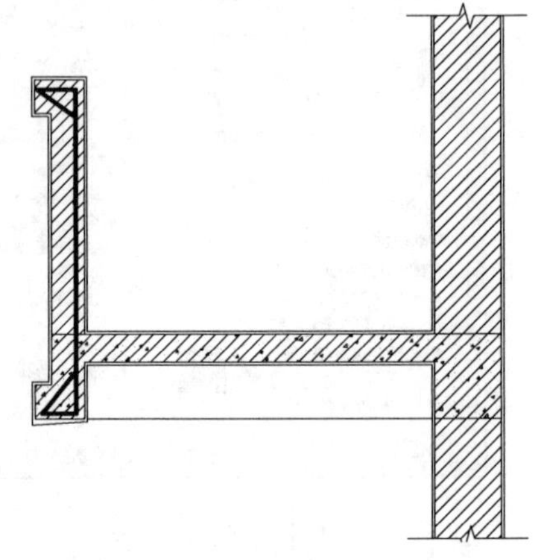

图 10-23　设置参数　　　　图 10-24　图案填充

10.1.3　绘制大样图标注

为大样图绘制标注，可以提供细部的具体尺寸和材料构造。由于绘制大样图时采用了较大的比例，所以在图形绘制完成并对其进行尺寸标注之后，要对尺寸标注文字进行更改，以符合实际情况。改动标注文字可以通过双击尺寸标注文字对其进行更改。

Step 01 绘制尺寸标注。调用 DLI【线性标注】命令，根据命令行的提示绘制尺寸标注，结果如图 10-25 所示。

Step 02 因为剖面图是按照一定的比例来绘制的，所以要对绘图比例进行更改，以符合实际使用尺寸；双击尺寸标注文字，在弹出的在位文字编辑器对话框中输入尺寸标注文字；在【文字格式】对话框中单击【确定】按钮，即可完成尺寸标注的修改，结果如图 10-26 所示。

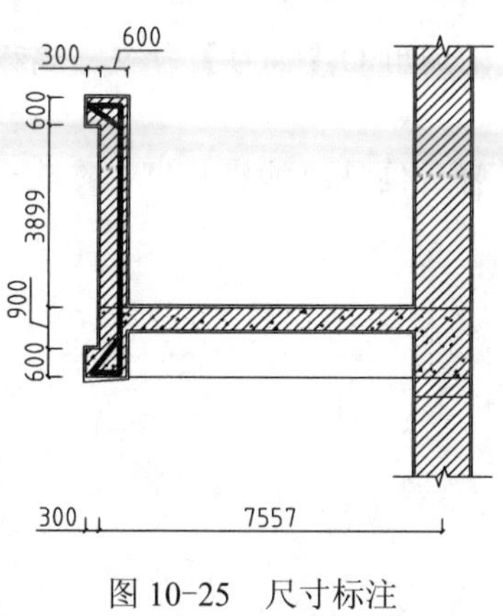

图 10-25 尺寸标注

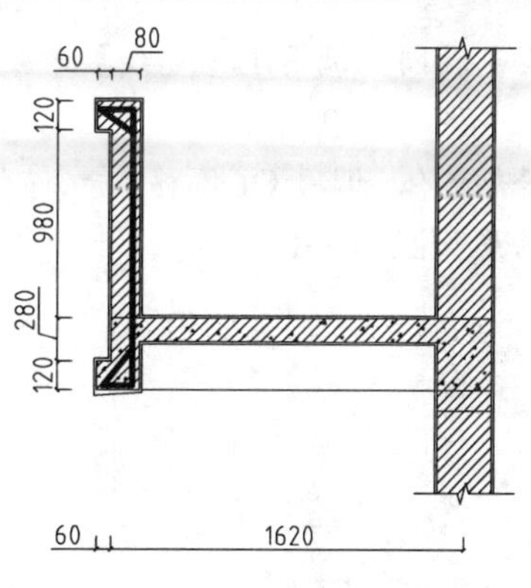

图 10-26 更改尺寸

Step 03 绘制材料标注。调用 MLD【多重引线】命令，根据命令行的提示绘制所重引线标注，结果如图 10-27 所示。

Step 04 绘制图名标注。调用 L【直线】命令，绘制双横线，并将下面的直线的线宽设置为 0.3mm；调用 MT【多行文字】命令，绘制图名和比例，完成图名标注的结果如图 10-28 所示。

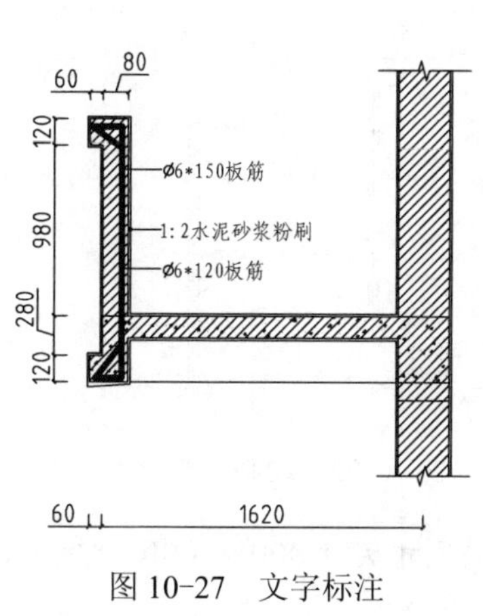

图 10-27 文字标注

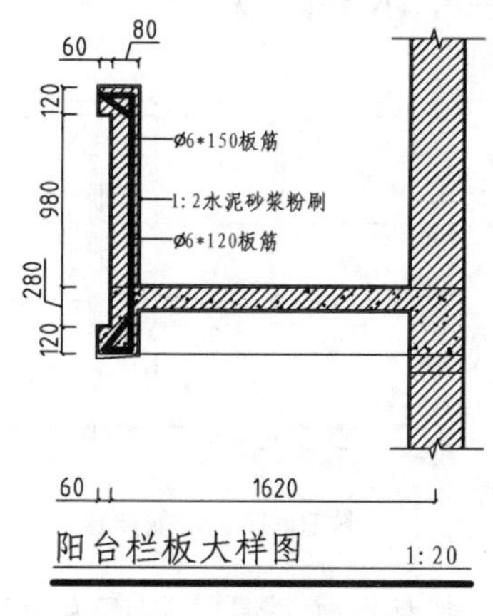

图 10-28 图名标注

10.2 绘制卫生间放大平面图

办公楼平面图中的卫生间平面图，因为图形的比例等原因，所以对卫生间的一些重要的细部尺寸以及地面铺装等信息没有表达，所以绘制卫生间放大平面图，可以将卫生间内的主要信息进行表达，比如洁具间的尺寸、地面瓷砖的规格以及洗手台面的材质等尺寸。

10.2.1 绘制墙体、门窗图形

绘制卫生间的墙体、门窗图形是绘制卫生间放大平面图的第一步。绘制步骤与绘制建筑平面图的步骤类似，都是首先绘制轴网、墙体、柱子，然后是绘制门窗洞口、门窗图形。

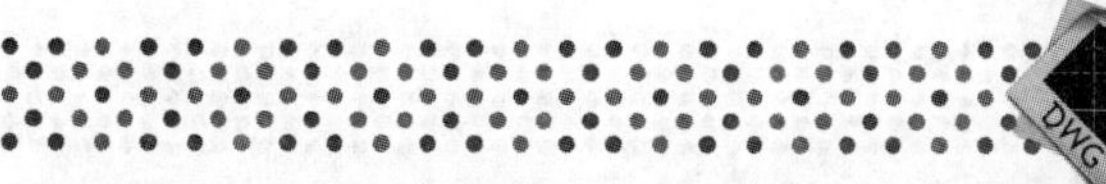

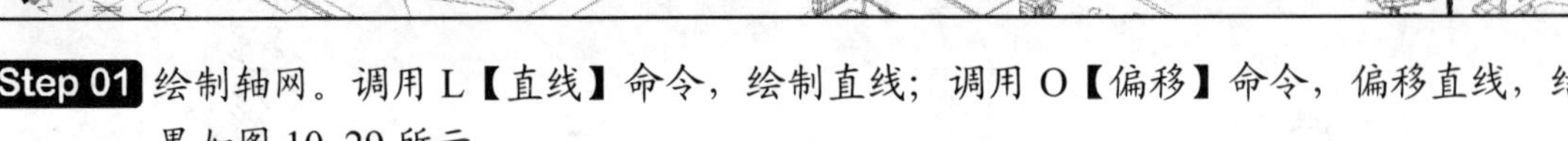

Step 01 绘制轴网。调用 L【直线】命令，绘制直线；调用 O【偏移】命令，偏移直线，结果如图 10-29 所示。

Step 02 绘制墙体。调用 O【偏移】命令，偏移轴线，并将所偏移的轴线的线型更改为 Bylayer，结果如图 10-30 所示。

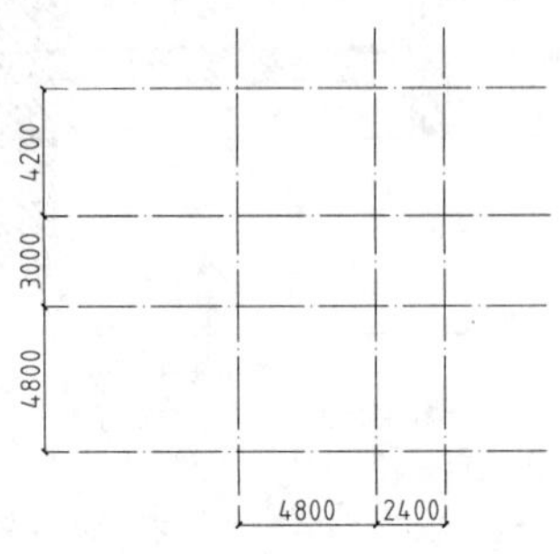

图 10-29　偏移直线

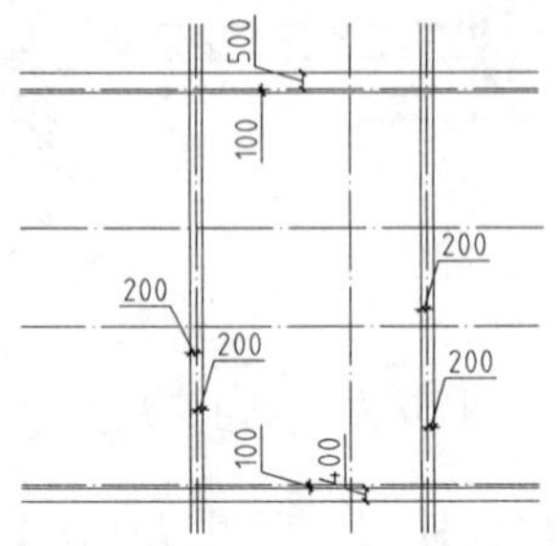

图 10-30　偏移轴线

Step 03 调用 TR【修剪】命令，修剪线段，结果如图 10-31 所示。

Step 04 绘制隔墙。调用 O【偏移】命令，偏移轴线，并将所偏移的轴线的线型更改为 Bylayer；调用 TR【修剪】命令，修剪线段，结果如图 10-32 所示。

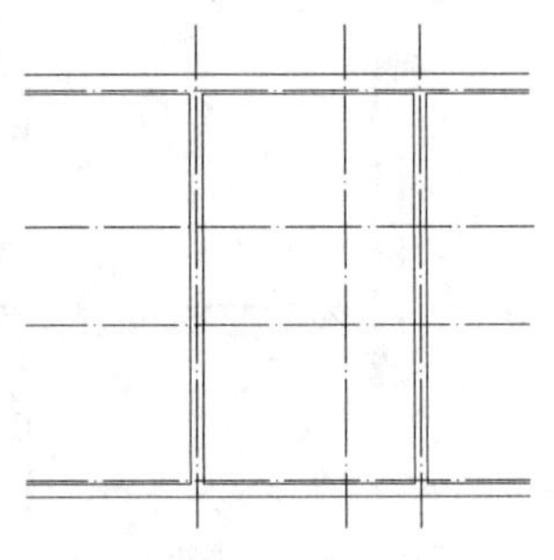

图 10-31　修剪线段

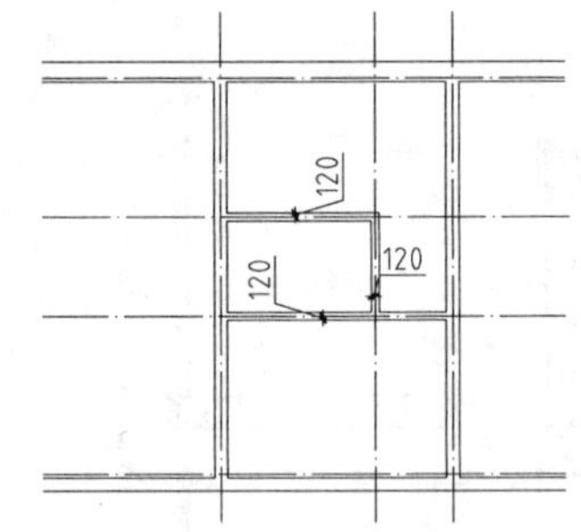

图 10-32　绘制隔墙

Step 05 绘制标准柱。调用 REC【矩形】命令，绘制尺寸为 1 000×1 000 的矩形，结果如图 10-33 所示。

Step 06 调用 H【图案填充】命令，在【图案填充和渐变色】对话框中选择 SOLID 图案，为矩形绘制图案填充，结果结果如图 10-34 所示。

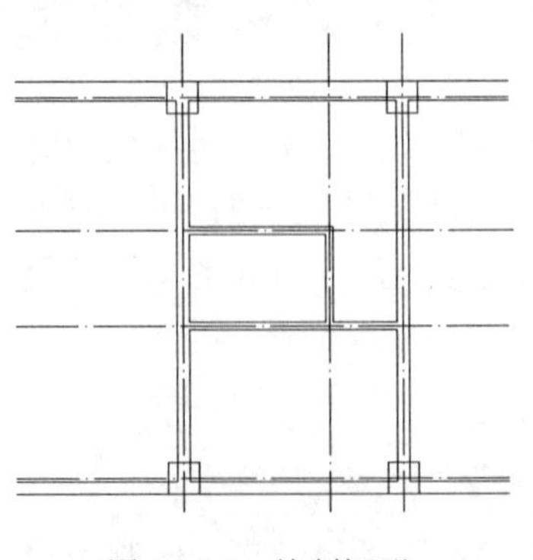

图 10-33　绘制矩形

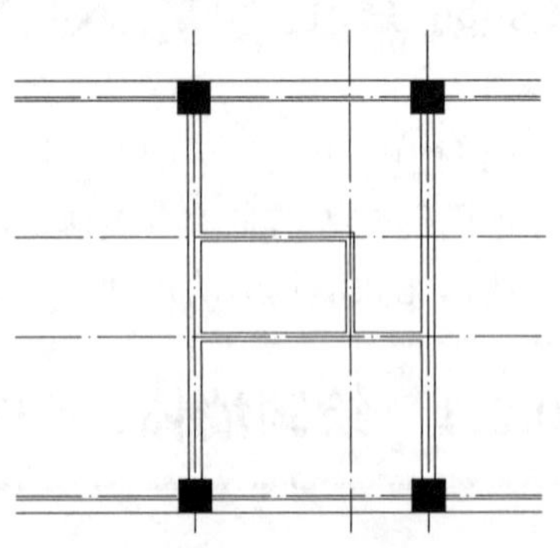

图 10-34　图案填充

Step 07 调用 PL【多段线】命令，绘制折断线；调用 TR【修剪】命令，修剪线段，结果如图 10-35 所示。

Step 08 绘制门窗洞口。调用 L【直线】命令，绘制直线；调用 TR【修剪】命令，修剪线段，结果如图 10-36 所示。

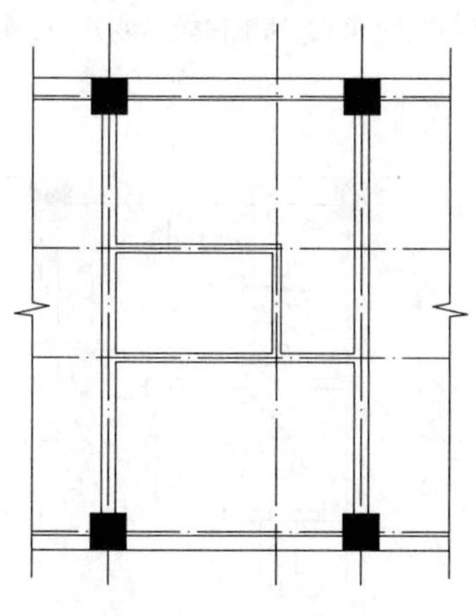

图 10-35　修剪线段

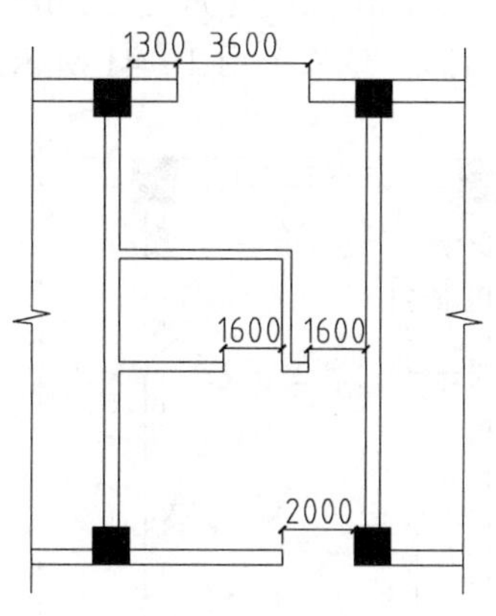

图 10-36　绘制门窗洞口

Step 09 绘制窗户图形。调用 L【直线】命令，绘制直线；调用 O【偏移】命令，偏移直线，结果如图 10-37 所示。

Step 10 绘制平开门。调用 REC【矩形】命令，分别绘制尺寸为 1 600×80、2 000×80 的矩形；调用 RO【旋转】命令，设置旋转角度为 30°，对矩形进行角度的翻转；调用 A【圆弧】命令，绘制圆弧，结果如图 10-38 所示。

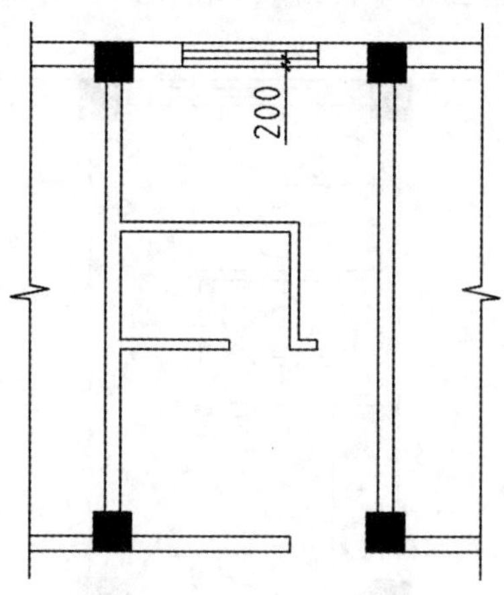

图 10-37　偏移窗户图形

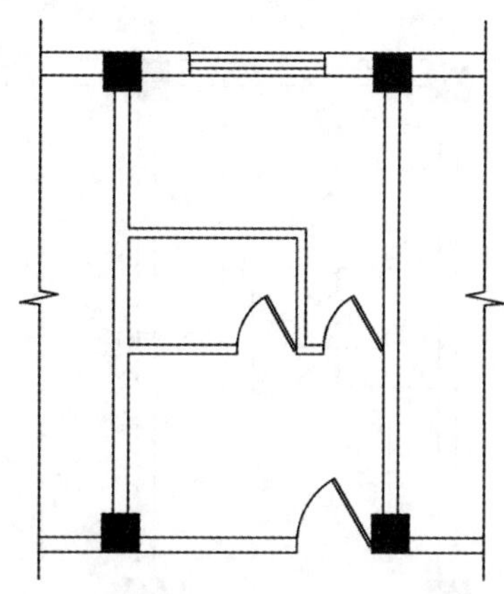

图 10-38　绘制平开门

10.2.2　绘制隔断及图案填充

绘制隔断图形主要调用偏移命令、直线命令与修剪命令，首先绘制隔断，然后绘制门洞和门图形。卫生间内使用了两种不同规格的瓷砖进行铺贴，所以在调用图案填充命令时，要对图案的比例进行更改。

Step 01 绘制隔断。调用 O【偏移】命令，偏移墙线，结果如图 10-39 所示。

Step 02 绘制门洞。调用 L【直线】命令，绘制直线；调用 TR【修剪】命令，修剪直线，结果如图 10-40 所示。

Step 03 绘制隔断门。调用 REC【矩形】命令，绘制尺寸为 1 300×60 的矩形；调用 RO【旋转】命令，设置旋转角度为-30°，对矩形进行角度的翻转；调用 A【圆弧】命令，绘制圆弧，结果如图 10-41 所示。

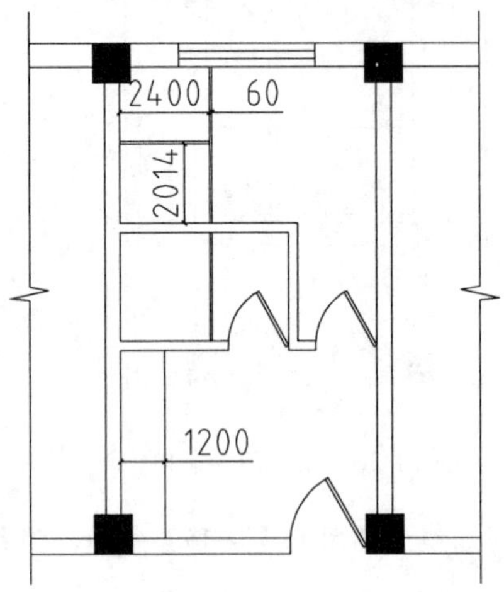

图 10-39　偏移墙线

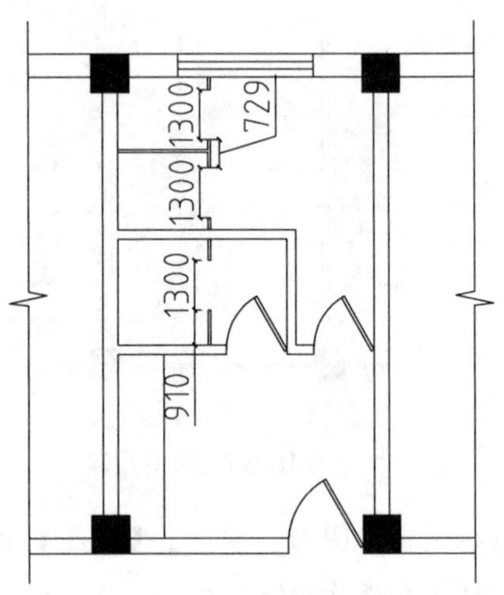

图 10-40　修剪直线

Step 04 插入图块。按【Ctrl+O】组合键，打开本书配套光盘提供的"第 10 章\家具图例.dwg"文件，将其中的洁具图形复制并粘贴至当前图形中，结果如图 10-42 所示。

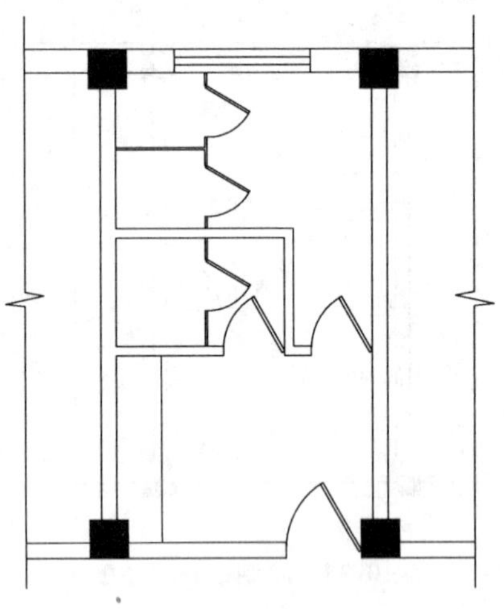

图 10-41　绘制隔断门

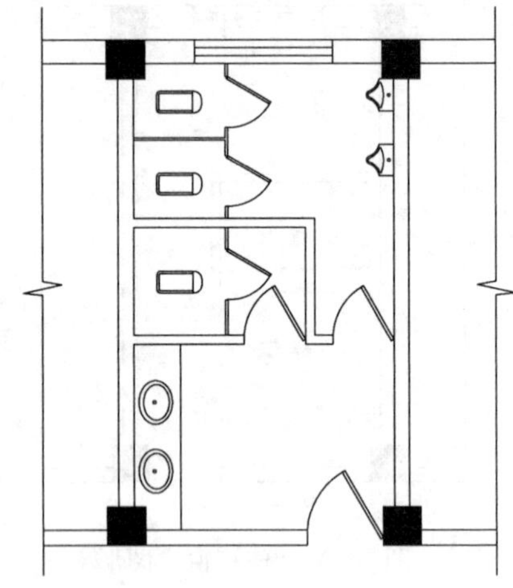

图 10-42　插入图块

Step 05 绘制门口线。调用 L【直线】命令，绘制直线，结果如图 10-43 所示。

Step 06 填充地面图案。调用 H【图案填充】命令，弹出【图案填充和渐变色】对话框，设置参数如图 10-44 所示。

Step 07 在绘图区中拾取填充区域，按回车键，返回对话框；单击【确定】按钮，关闭对话框，即可完成图案填充的操作，结果如图 10-45 所示。

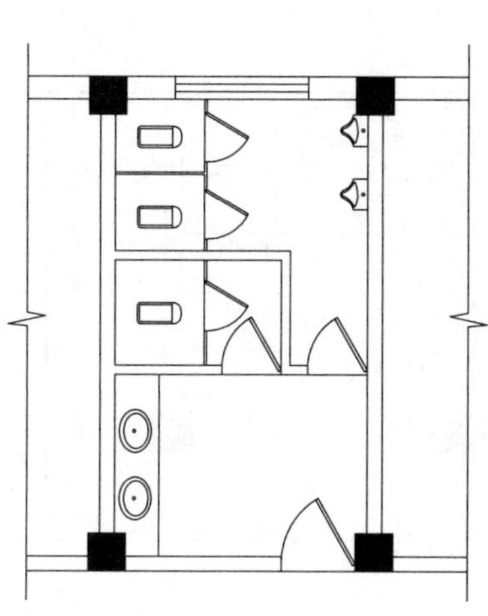

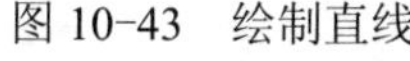

图 10-43　绘制直线

图 10-44　设置参数

Step 08 填充隔断地面图案。调用 H【图案填充】命令，弹出【图案填充和渐变色】对话框，设置参数如图 10-46 所示。

Step 09 在绘图区中拾取填充区域，按回车键，返回对话框；单击【确定】按钮，关闭对话框，即可完成图案填充的操作，结果如图 10-47 所示。

图 10-45　图案填充　　图 10-46　设置参数　　图 10-47　图案填充

Step 10 填充洗手台台面图案。调用 H【图案填充】命令，弹出【图案填充和渐变色】对话框，设置参数如图 10-48 所示。

Step 11 在绘图区中拾取填充区域，按回车键，返回对话框；单击【确定】按钮，关闭对话框，即可完成图案填充的操作，结果如图 10-49 所示。

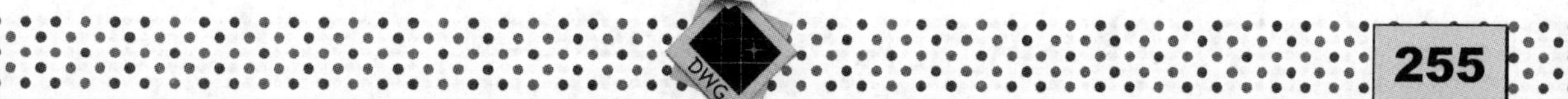

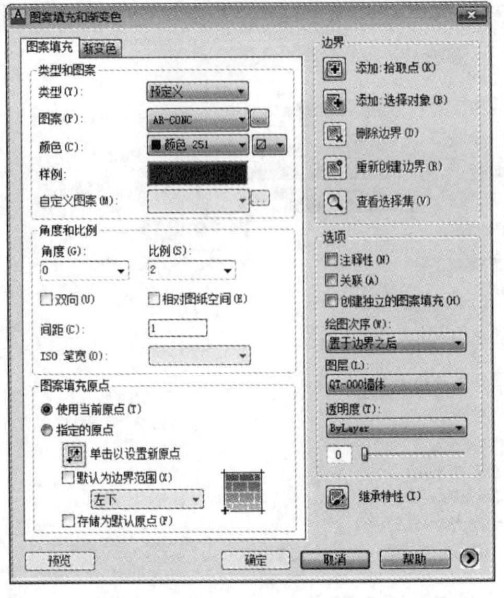

图 10-48　设置参数

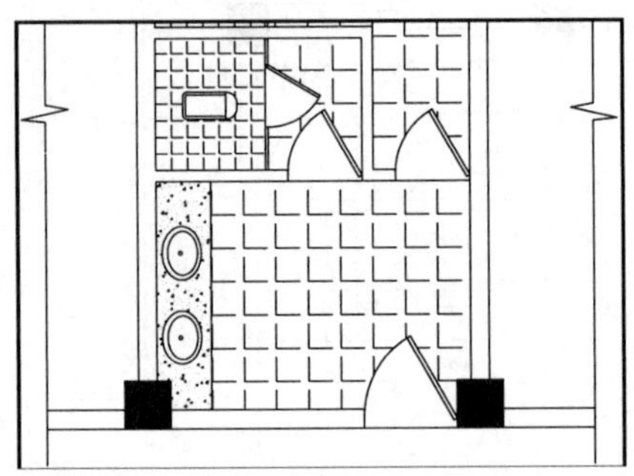

图 10-49　图案填充

 10.2.3　绘制图形标注

图形标注主要包括材料标注、尺寸标注、轴号标注和图名标注。这些类型不一的标注可以完善大样图，并表达在平面图中没有表达的信息，成为施工中的重要图样。

Step 01 绘制材料标注。调用 MLD【多重引线】命令，根据命令行的提示绘制所重引线标注，结果如图 10-50 所示。

Step 02 绘制尺寸标注。调用 DLI【线性标注】命令，根据命令行的提示绘制尺寸标注，结果如图 10-51 所示。

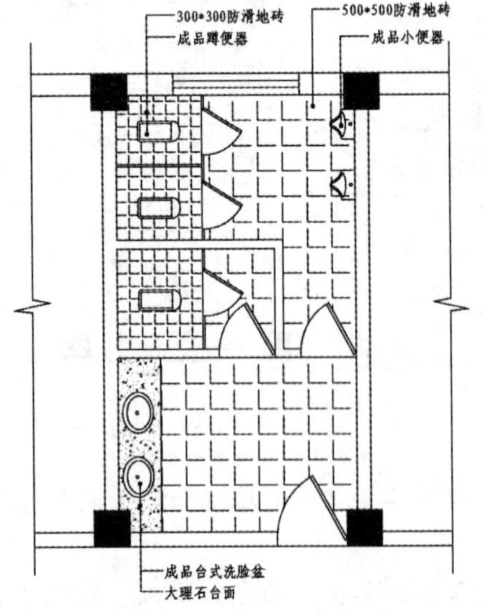

图 10-50　文字标注

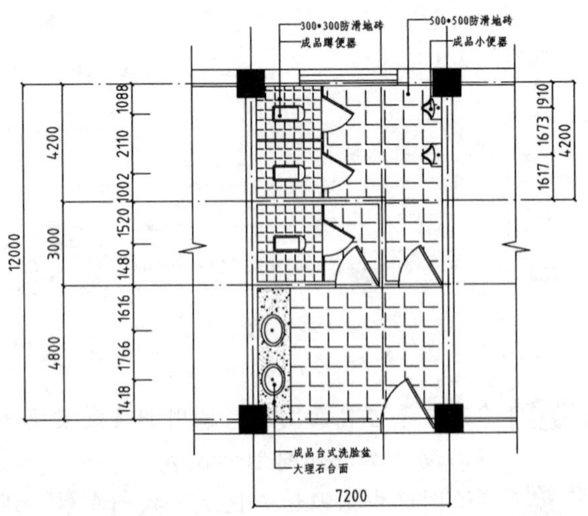

图 10-51　尺寸标注

Step 03 因为剖面图是按照一定的比例来绘制的，所以要对绘图比例进行更改，以符合实际使用尺寸；双击尺寸标注文字，在弹出的在位文字编辑器对话框中输入尺寸标注文字；在【文字格式】对话框中单击【确定】按钮，即可完成尺寸标注的修改，结果如图 10-52 所示。

Step 04 轴号标注。调用 CO【复制】命令，从办公楼一层平面图中移动复制轴号标注；调用 L【直线】命令，绘制直线，结果如图 10-53 所示。

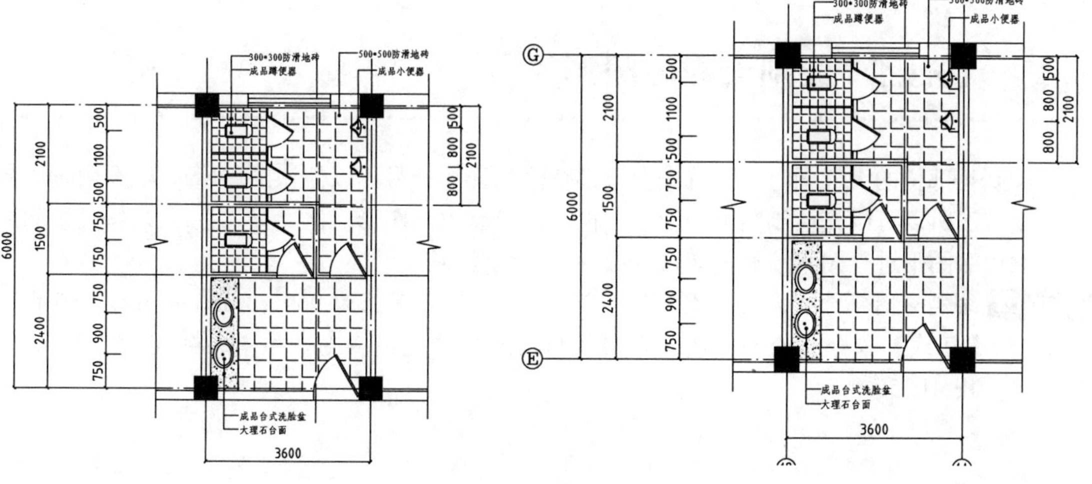

图 10-52　修改结果　　　图 10-53　轴号标注

Step 05 绘制图名标注。调用 L【直线】命令，绘制双横线，并将下面的直线的线宽设置为 0.3mm；调用 MT【多行文字】命令，绘制图名和比例，完成图名标注的结果如图 10-54 所示。

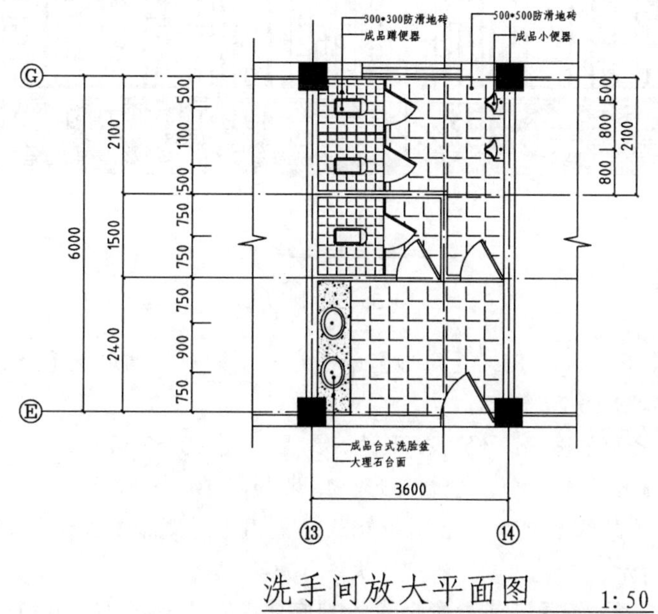

图 10-54　图名标注

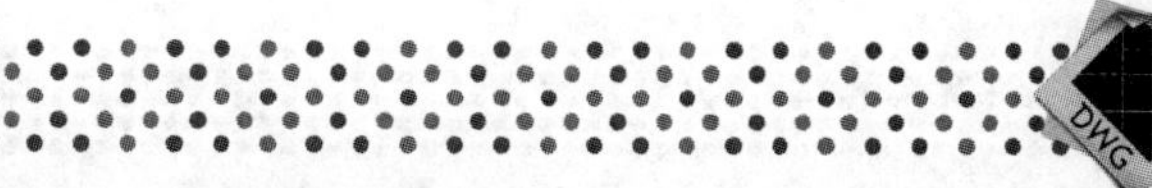

10.3 绘制办公楼屋顶节点图

屋顶节点图主要表达屋顶框架梁和框架柱的构造，以及屋顶的使用材料、具体尺寸和天沟的尺寸等。本节以办公楼屋顶节点图为例，介绍绘制该类大样图的一般方法和图形的表示技巧。

10.3.1 绘制大样图图形

绘制某部位的大样图时，要首先在该部位添加详图符号，以便识图。屋顶大样图的构造并不复杂，所以可以先绘制图形的轮廓，再详细绘制内部图形，比如梁、柱以及排水沟等图形；然后对图形进行图案填充，即可完成该图形的绘制。

Step 01 绘制详图符号。调用 C【圆形】命令，分别绘制半径为 969、1 086 的圆形；调用 L【直线】命令，绘制直线；调用 MT【多行文字】命令，绘制文字标注，结果如图 10-55 所示。

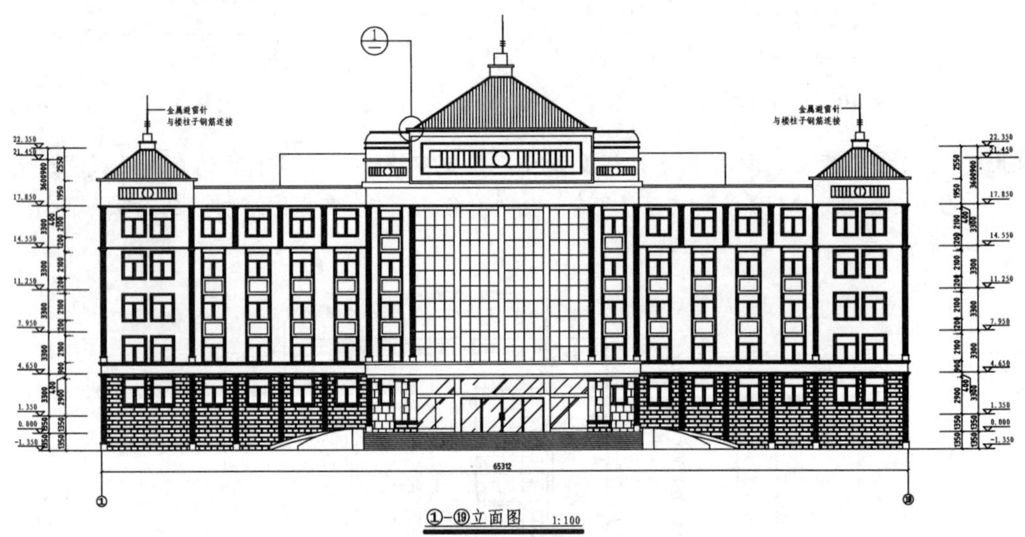

图 10-55　绘制结果

Step 02 绘制大样图形。调用 REC【矩形】命令，绘制矩形；调用 X【分解】命令，分解矩形，结果如图 10-56 所示。

Step 03 调用 TR【修剪】命令，修剪矩形边，结果如图 10-57 所示。

Step 04 调用 REC【矩形】命令，绘制矩形，结果如图 10-58 所示。

Step 05 调用 PL【多段线】命令，绘制折断线；调用 E【删除】命令，删除线段，结果如图 10-59 所示。

Step 06 绘制屋顶。调用 L【直线】命令，绘制直线，结果如图 10-60 所示。

Step 07 调用 O【偏移】命令，偏移直线，结果如图 10-61 所示。

Step 08 调用 EX【延伸】命令，延伸线段，结果如图 10-62 所示。

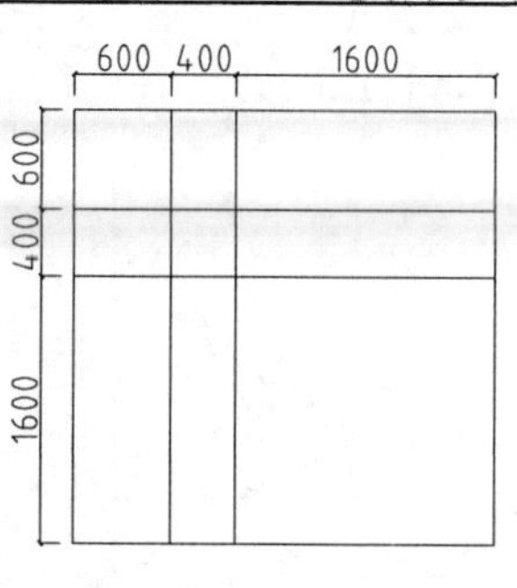

图 10-56　分解矩形

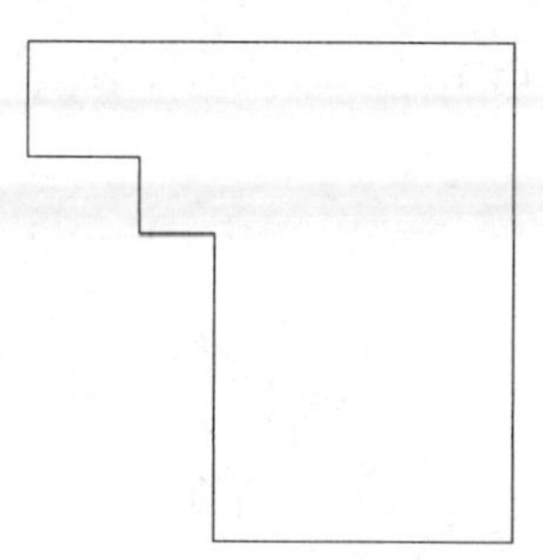

图 10-57　修剪矩形边

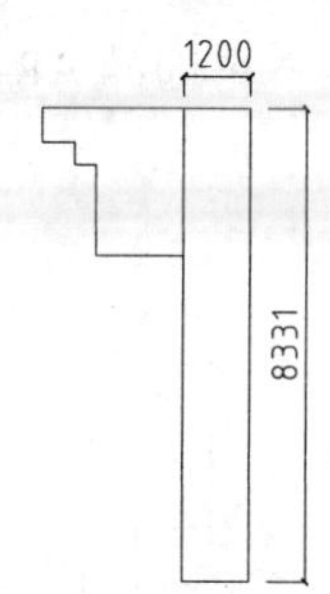

图 10-58　绘制矩形

Step 09 调用 TR【修剪】命令，修剪线段，结果如图 10-63 所示。

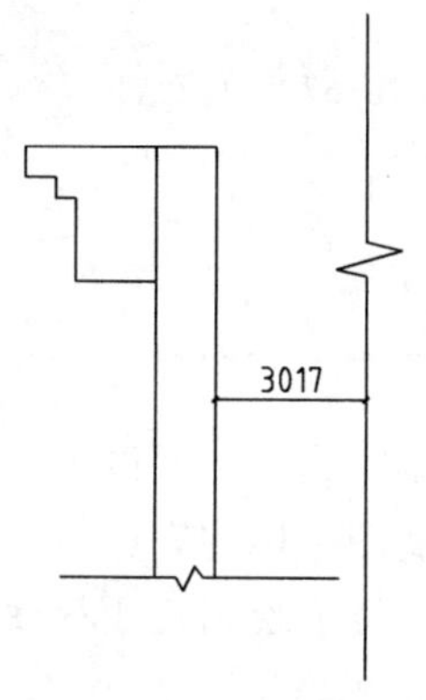

图 10-59　绘制结果

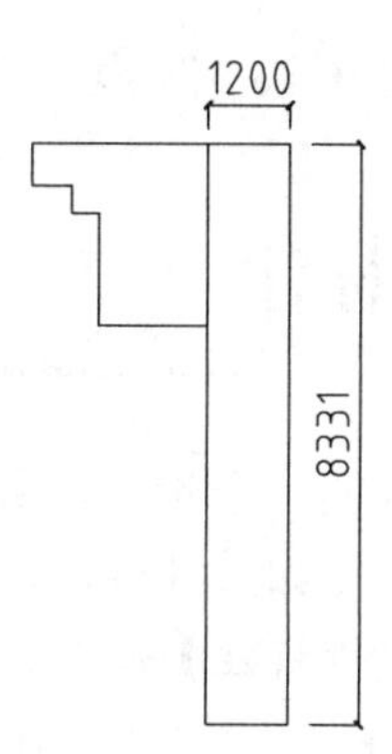

图 10-60　绘制直线

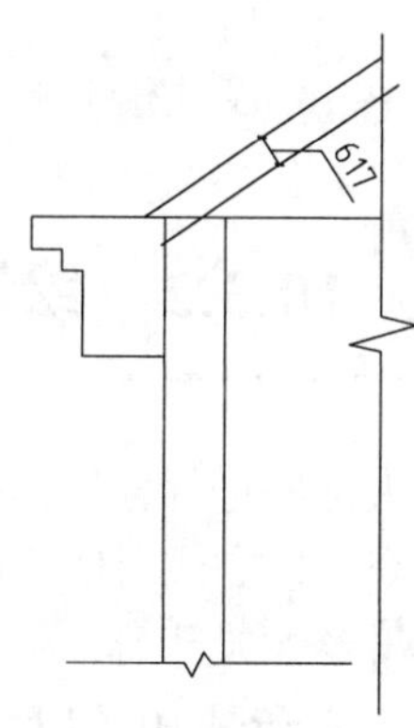

图 10-61　偏移直线

Step 10 绘制框架梁、柱图形。调用 O【偏移】命令，绘制直线；调用 TR【修剪】命令，修剪直线，结果如图 10-64 所示。

Step 11 绘制排水沟。调用 REC【矩形】命令，绘制尺寸为 400×400 的矩形，结果如图 10-65 所示。

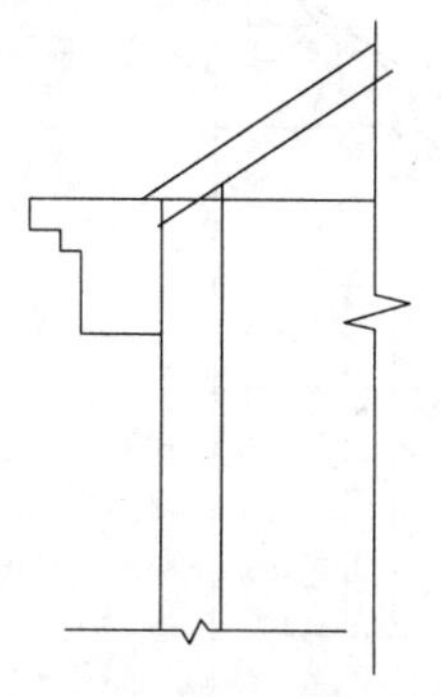

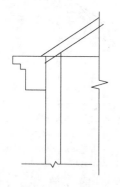

图 10-62　延伸线段

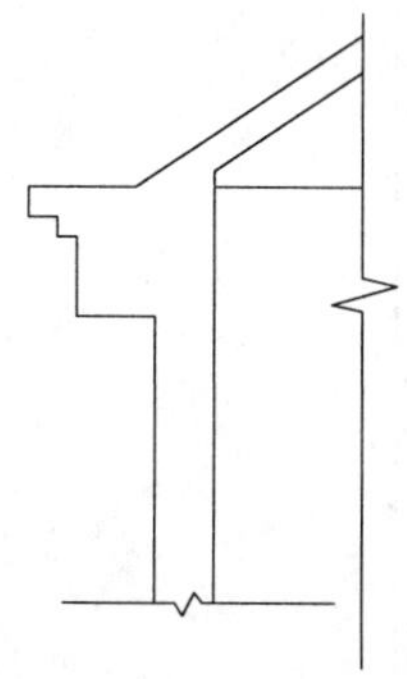

图 10-63　修剪线段

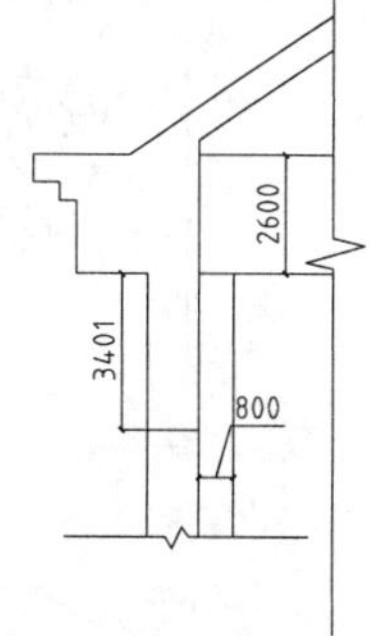

图 10-64　绘制框架梁、柱图形

Step 12 绘制水泥图案填充。调用 H【图案填充】命令，在【图案填充和渐变色】对话框中选择 ANSI31 图案，设置填充角度为 0°，填充比例为 100，为大样图绘制图案填充，结果如图 10-66 所示。

Step 13 绘制混凝土图案填充。调用 H【图案填充】命令，在【图案填充和渐变色】对话框

中选择 AR—CONC 图案，设置填充角度为 0°，填充比例为 5，为大样图绘制图案填充，结果如图 10-67 所示。

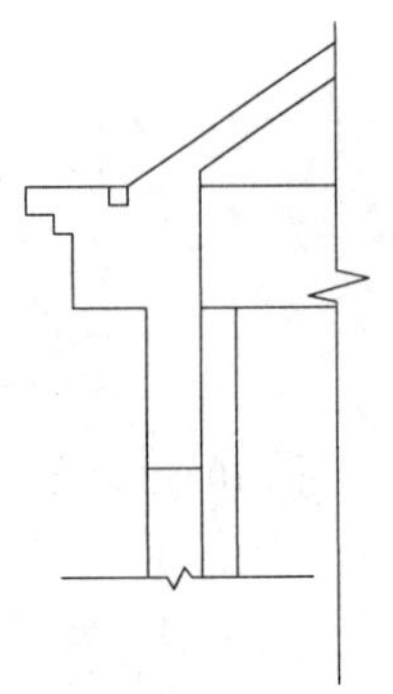

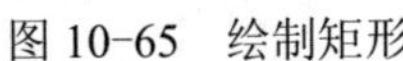

图 10-65 绘制矩形

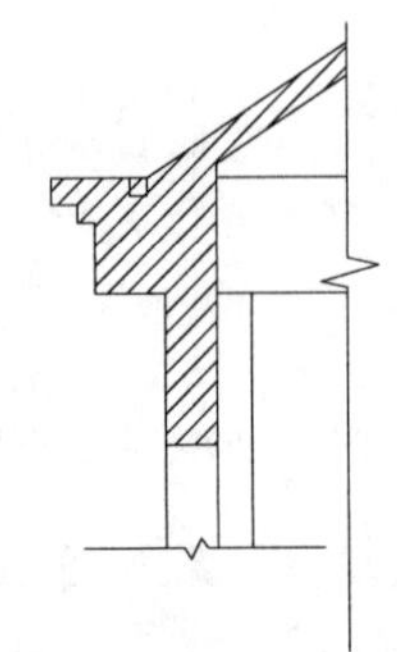

图 10-66 图案填充

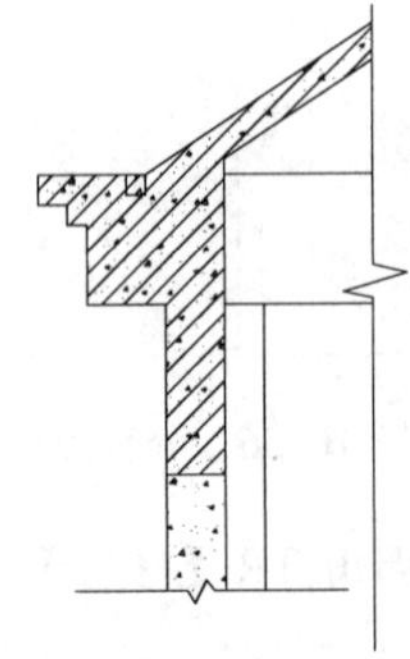

图 10-67 填充结果

10.3.2 绘制大样图标注

对大样图进行标注同样是不可缺少的一个步骤，所以在图形绘制完成后，要调用相应的标注命令，以完成对图形的各类标注，比如尺寸标注、材料标注以及图名标注等。

Step 01 绘制尺寸标注。调用 DLI【线性标注】命令，根据命令行的提示绘制尺寸标注，结果如图 10-68 所示。

Step 02 因为剖面图是按照一定的比例来绘制的，所以要对绘图比例进行更改，以符合实际使用尺寸；双击尺寸标注文字，在弹出的在位文字编辑器对话框中输入尺寸标注文字；在【文字格式】对话框中单击【确定】按钮，即可完成尺寸标注的修改，结果如图 10-69 所示。

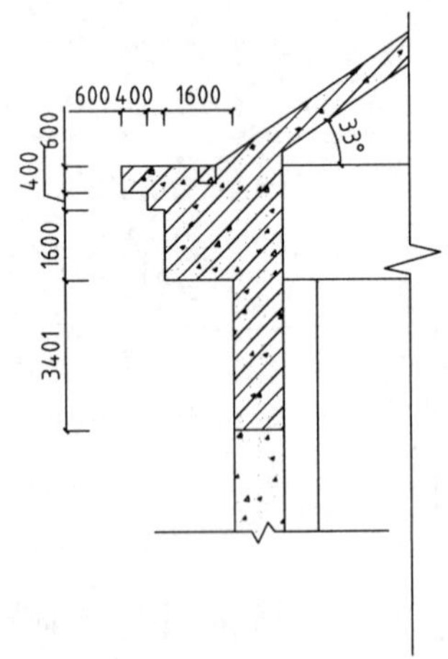

图 10-68 尺寸标注

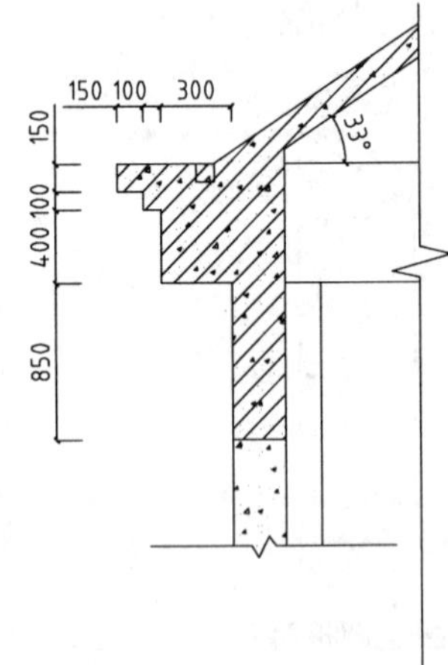

图 10-69 修改结果

Step 03 绘制材料标注。调用 MLD【多重引线】命令，根据命令行的提示绘制所重引线标注，结果如图 10-70 所示。

Step 04 绘制图名标注。调用 L【直线】命令，绘制双横线，并将下面的直线的线宽设置为 0.3mm；调用 MT【多行文字】命令，绘制图名和比例，完成图名标注的结果如图 10-71 所示。

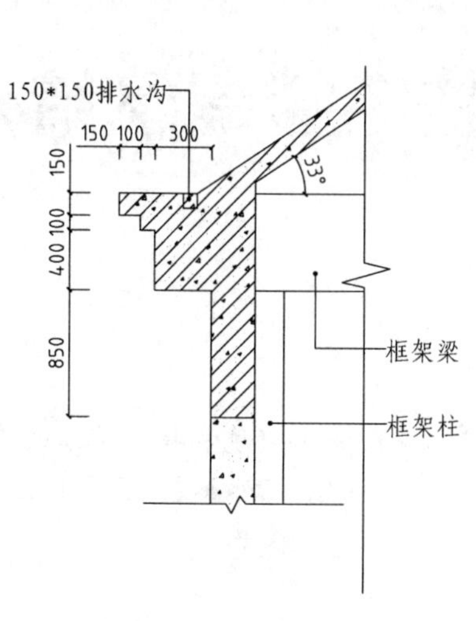

图 10-70 文字标注

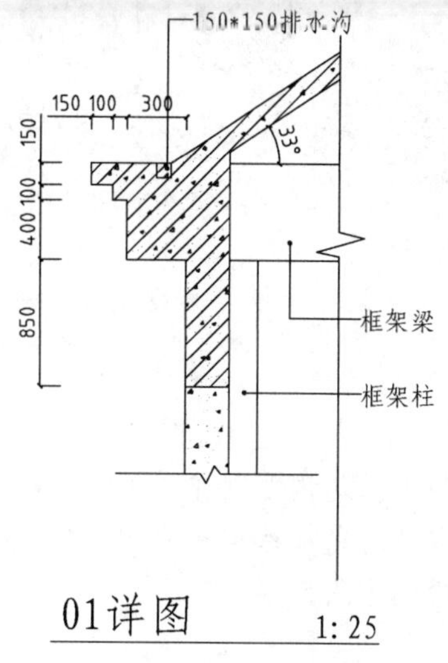

图 10-71 图名标注

10.4 专家精讲

本章以阳台栏板大样图、卫生间放大平面图、办公楼屋顶节点图为例，介绍了居住建筑和公共建筑结构详图的绘制方法。

阳台是居住建筑的重要建筑构件，因而很有必要为其独立绘制大样图，以明确表示其构造做法、使用材料以及规格尺寸等。在绘制某个部位的结构详图时，要尽量表示该部位在平面图和立面图以及剖面图上没有表达出来的信息，只有这样，才能算是绘制了完整的详图。

卫生间是各个建筑类型中不可缺少的盥洗空间，所以在绘制各类型建筑物施工图时，卫生间也成了重点。在绘制办公楼建筑平面图时，由于图形的比例问题，没有将卫生间的信息表达清楚，所以需要绘制卫生间的放大平面图来详细表达卫生间的装饰装修信息。

当建筑物的屋顶构造相当繁杂或者是在立面图、剖面图中没有将屋顶的构造表达清楚时，就需要为屋顶绘制节点图。屋顶节点图主要表达屋顶的构造，包括使用的材料、施工工艺以及尺寸信息等。

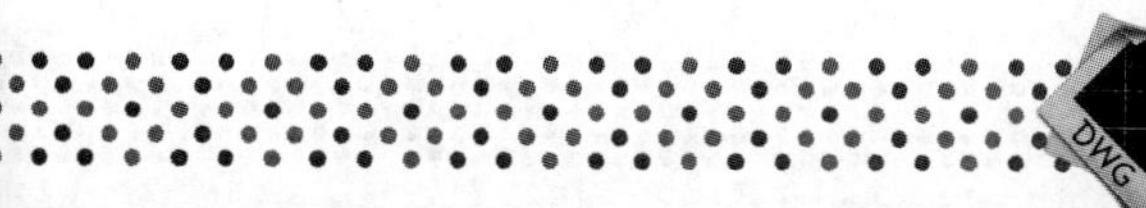

第 11 章 绘制住宅楼建筑结构图

结构施工图是构件制作、安装、编制施工图预算、编制施工进度和指导施工的重要依据。本章选择常见的建筑结构图为例，介绍绘制住宅楼基础平面图、基础梁平面图以及楼层结构配筋图的绘制方法。

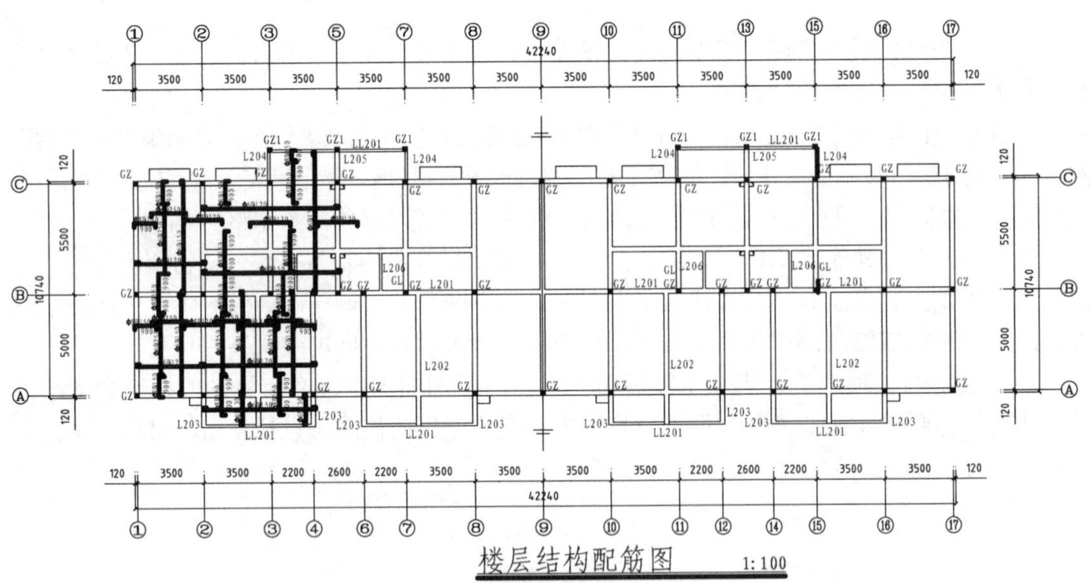

楼层结构配筋图 1:100
未注明的板厚为100mm
未注明的负筋为Φ8@120
未注明的板筋为Φ6@120

11.1 绘制基础平面图

基础施工图是表示建筑物在相对标高±0.000 以下基础部分的平面布置和详细构造图样。是施工时在地基上放线、确定基础结构的位置、开挖基坑和砌筑基础的依据。基础施工图包括基础平面图、基础详图和文字说明 3 部分。下面以基础施工图中最重要的基础平面图为例，介绍绘制基础施工图的方法。

11.1.1　绘制结构图图形

结构图的图形主要包括单柱独立基础图形及圈梁图形。单柱的独立基础图形可以调用矩形命令来绘制，由于图中使用相同尺寸的矩形来表示单柱独立基础图形，所以调用复制命令即可完成该图形的绘制。而圈梁图形则可以通过偏移墙线和修剪墙线来得到。

Step 01 调用住宅楼一层平面图。调用 CO【复制】命令，移动复制住宅楼一层平面图至一旁；调用 E【删除】命令，删除平面图上的多余图形，结果如图 11-1 所示。

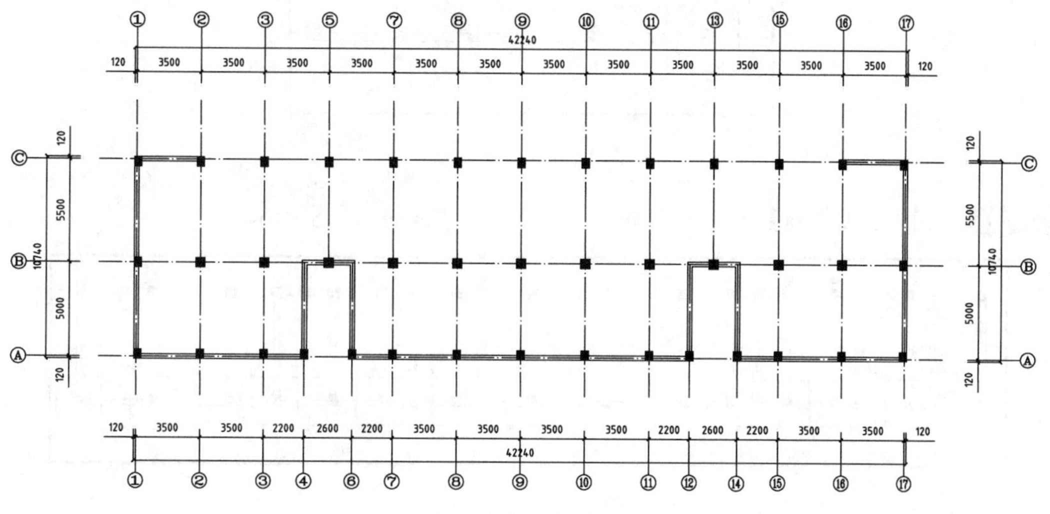

图 11-1　整理图形

Step 02 绘制墙体。调用 L【直线】命令，绘制直线；调用 O【偏移】命令，偏移直线，结果如图 11-2 所示。

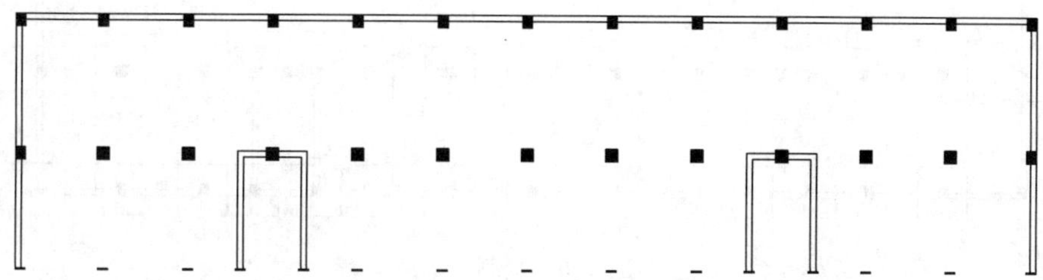

图 11-2　绘制墙体

Step 03 复制柱子。调用 CO【复制】命令，移动复制标准柱图形，结果如图 11-3 所示。

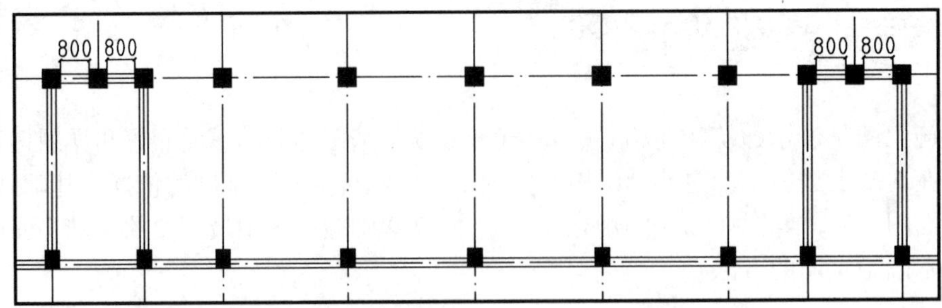

图 11-3　复制柱子

Step 04 绘制单柱独立基础图形。调用 REC【矩形】命令，绘制尺寸为 2 121×2 121 的矩形，结果如图 11-4 所示。

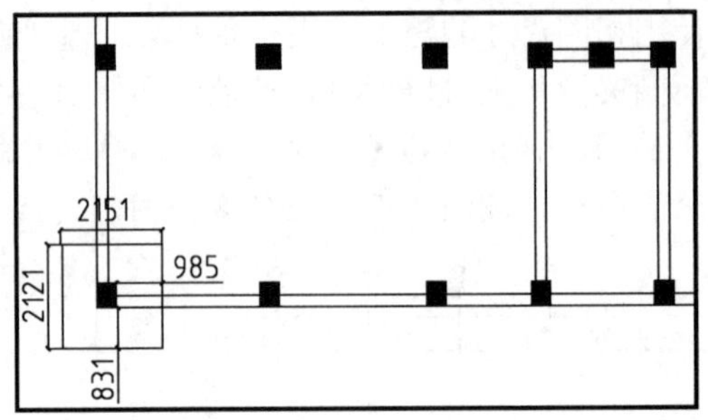

图 11-4　绘制矩形

Step 05 调用 CO【复制】命令，移动复制矩形，结果如图 11-5 所示。

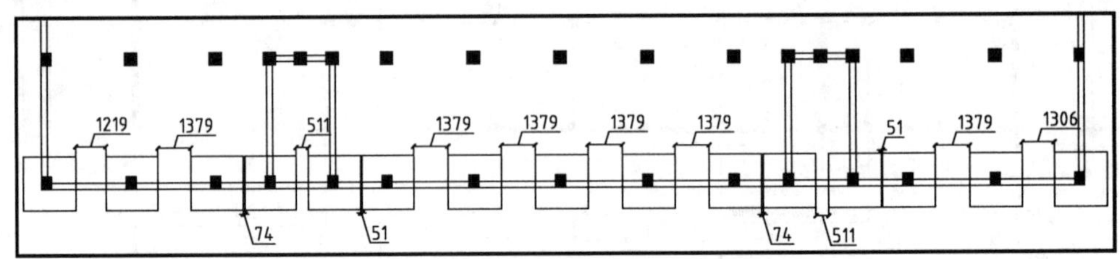

图 11-5　复制矩形

Step 06 重复调用 CO【复制】命令，向上移动复制矩形，结果如图 11-6 所示。

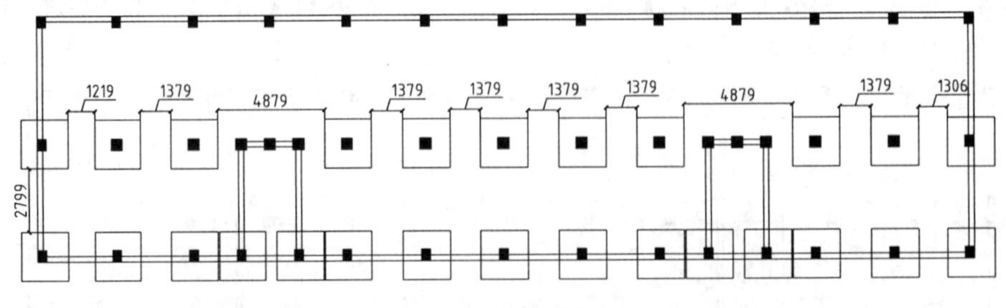

图 11-6　复制结果

Step 07 调用 CO【复制】命令，移动复制矩形，结果如图 11-7 所示。

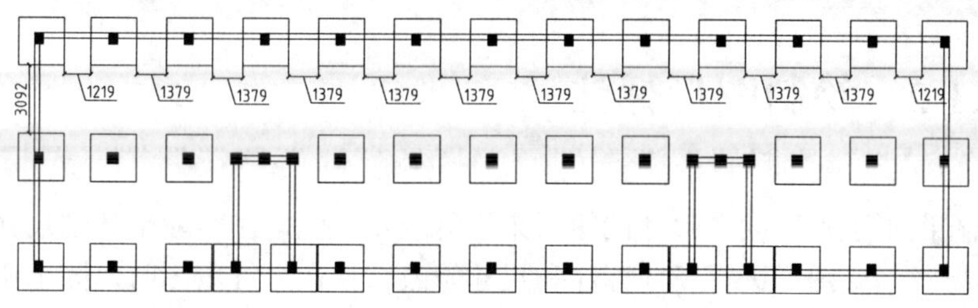

图 11-7　复制矩形

Step 08 绘制单柱独立图形。调用 REC【矩形】命令，绘制尺寸为 2 121×4 578 的矩形，结果如图 11-8 所示。

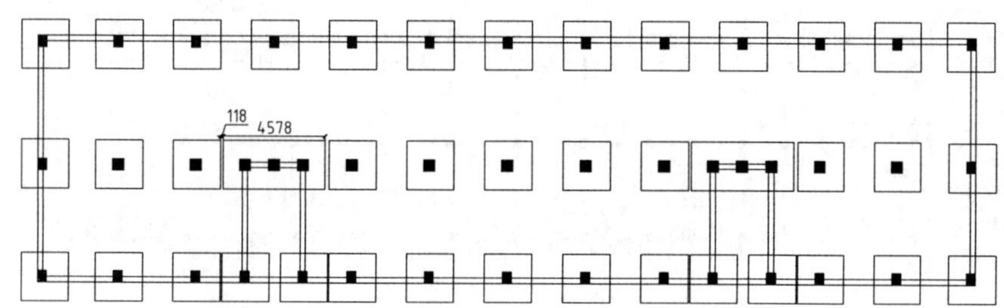

图 11-8　绘制矩形

Step 09 绘制圈梁。调用 O【偏移】命令，设置偏移距离为 330，选择墙线分别向两边偏移，结果如图 11-9 所示。

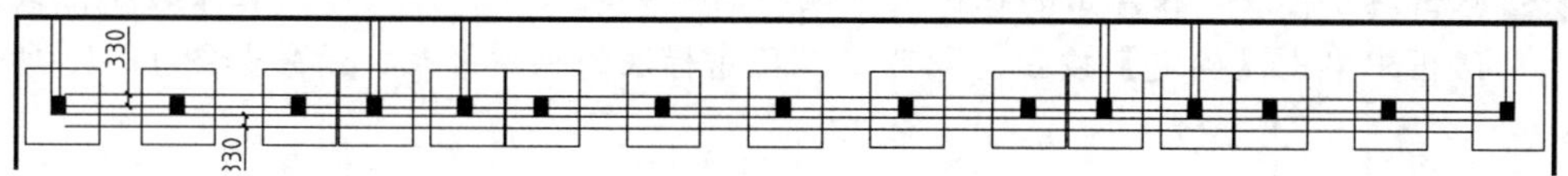

图 11-9　偏移墙线

Step 10 调用 TR【修剪】命令，修剪线段，结果如图 11-10 所示。

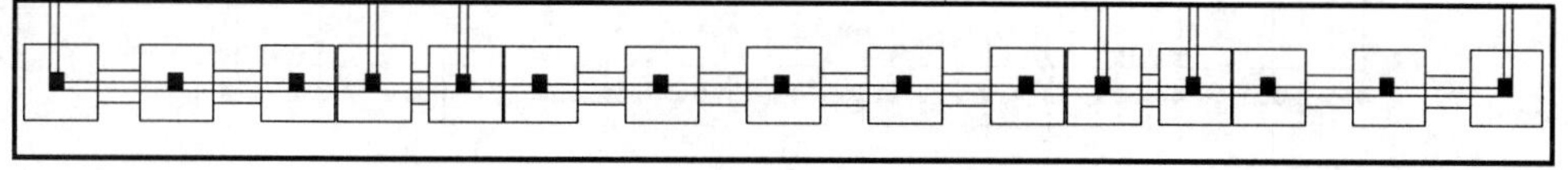

图 11-10　修剪线段

Step 11 调用 O【偏移】命令，偏移墙线；调用 TR【修剪】命令，修剪墙线，结果如图 11-11 所示

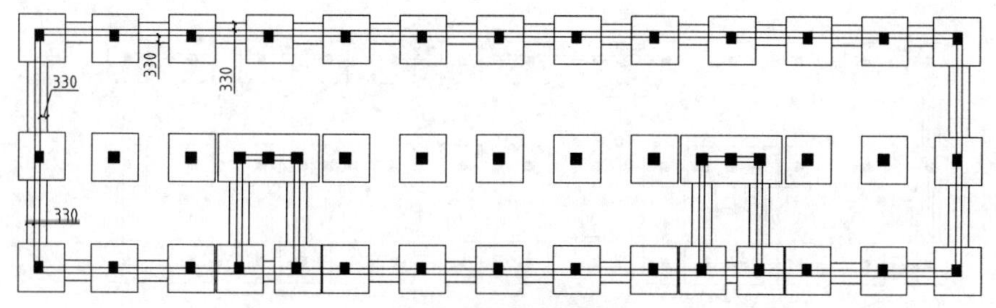

图 11-11　绘制结果

11.1.2 绘制图形标注

单柱基础在图形上使用同一尺寸的矩形来进行表示，但是在实际中基础尺寸不可能是一样的。所以需要对基础图形进行尺寸标注和尺寸修改，使在最终出图时，图上所标注的尺寸与实际施工相吻合。

Step 01 标注单柱基础尺寸。调用 DLI【线性标注】命令，根据命令行的提示绘制尺寸标注，结果如图 11-12 所示。

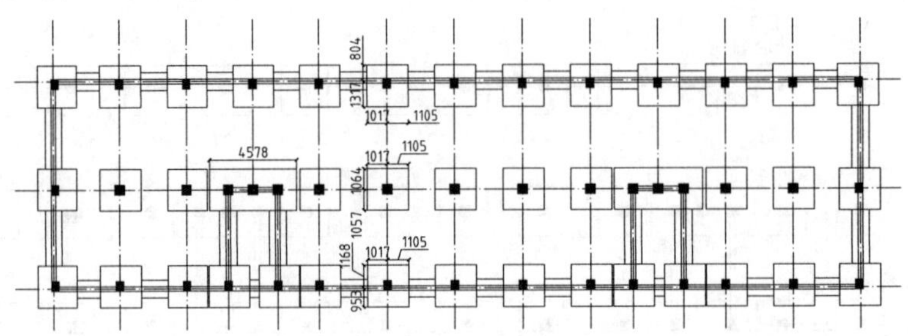

图 11-12　尺寸标注

Step 02 由于单柱的基础图形是按照一定的比例来绘制的，所以在尺寸标注绘制完成后，需要对尺寸标注进行编辑修改，以符合实际施工尺寸。

Step 03 双击尺寸标注，在弹出的在位文字编辑器中更改尺寸标注文字；在【文字格式】对话框中单击【确定】按钮，即可完成尺寸标注的编辑修改，结果如图 11-13 所示。

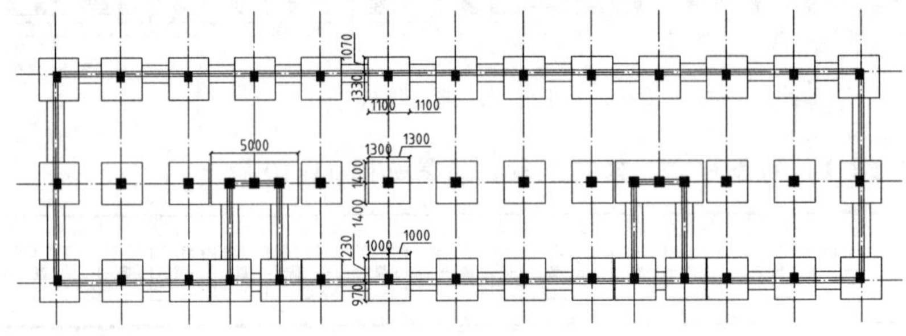

图 11-13　编辑修改

Step 04 文字标注。调用 MLD【多重引线】命令，根据命令行的提示，为单柱的基础绘制文字标注，结果如图 11-14 所示。

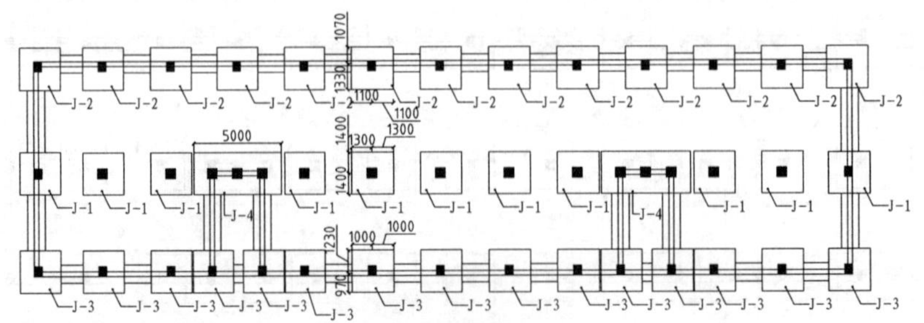

图 11-14　标注结果

Step 05 文字标注。调用 MT【多行文字】命令，根据命令行的提示，为基础圈梁绘制文字标注，结果如图 11-15 所示。

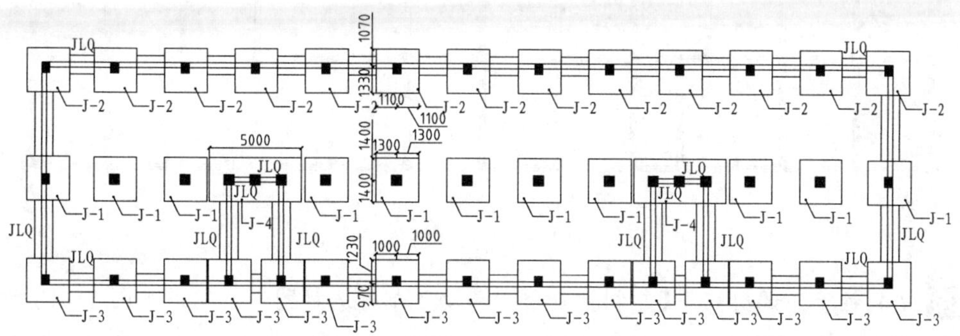

图 11-15 文字标注

Step 06 绘制图名标注。调用 L【直线】命令，绘制双横线，并将下面的直线的线宽设置为 0.3mm；调用 MT【多行文字】命令，绘制注释文字、图名和比例，完成图名标注的结果如图 11-16 所示。

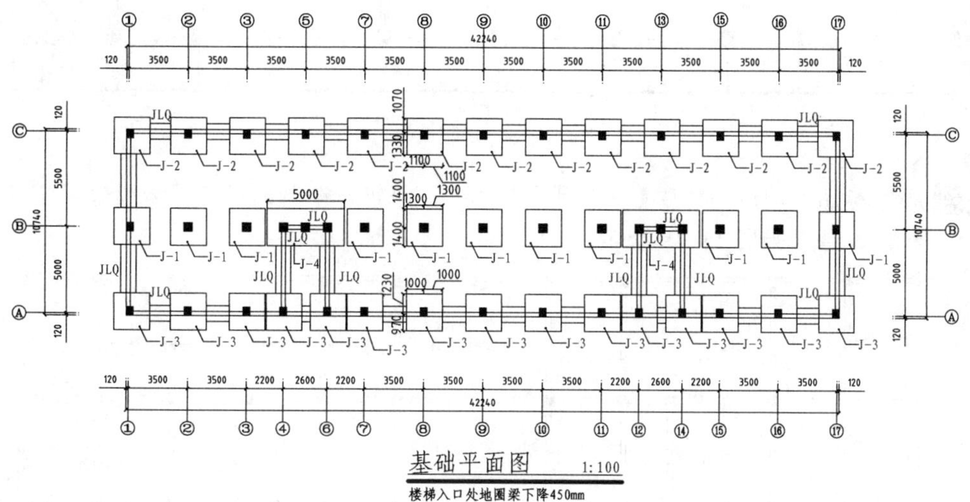

图 11-16 图名标注

11.2 绘制基础梁平面布置图

基础梁平面图并不需要绘制过多的图形，而只需要对图形进行文字标注。比如标注框架梁图形，需要调用多重引线命令，在梁的位置上进行标注。此外，钢筋的标注有其特定的标注标准，读者可参考本书第 2 章《建筑制图概述》中所提供的标准。

Step 01 调用住宅楼一层平面图。调用 CO【复制】命令，移动复制住宅楼一层平面图至一旁；调用 E【删除】命令，删除平面图上的多余图形。

Step 02 绘制墙体。调用 L【直线】命令，绘制直线；调用 O【偏移】命令，偏移直线，结果如图 11-17 所示。

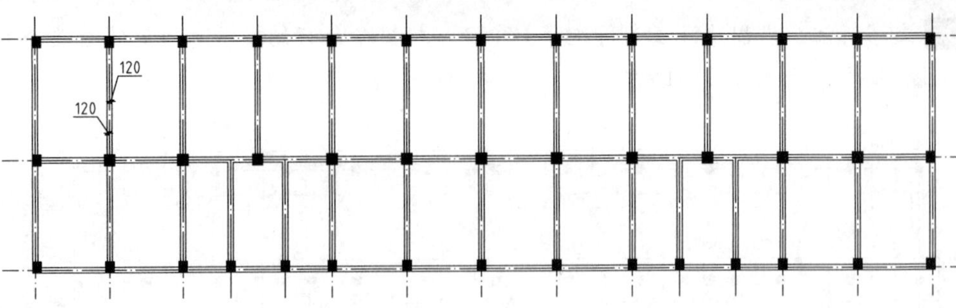

图 11-17　绘制墙体

Step 03 复制柱子。调用 CO【复制】命令，移动复制标准柱图形，结果如图 11-18 所示。

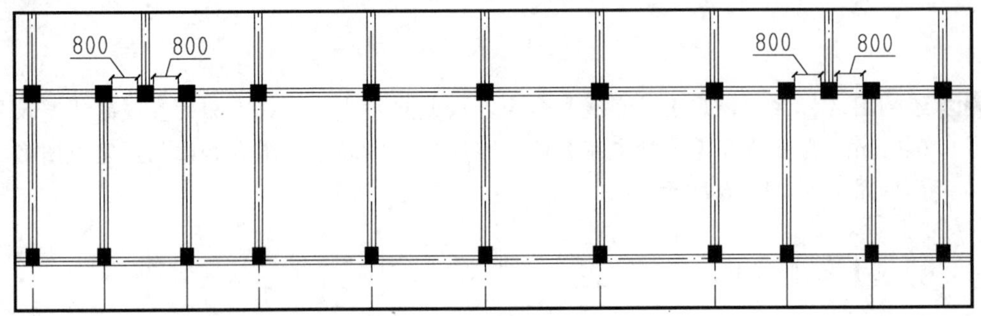

图 11-18　复制结果

Step 04 文字标注。调用 MLD【多重引线】命令，根据命令行的提示，为框架梁绘制文字标注，结果如图 11-19 所示。

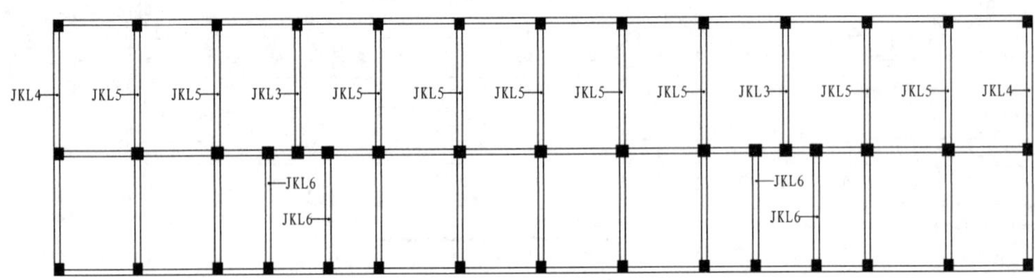

图 11-19　文字标注

Step 05 绘制钢筋标注。调用 MT【多行文字】命令，根据命令行的提示，绘制钢筋标注，结果如图 11-20 所示。

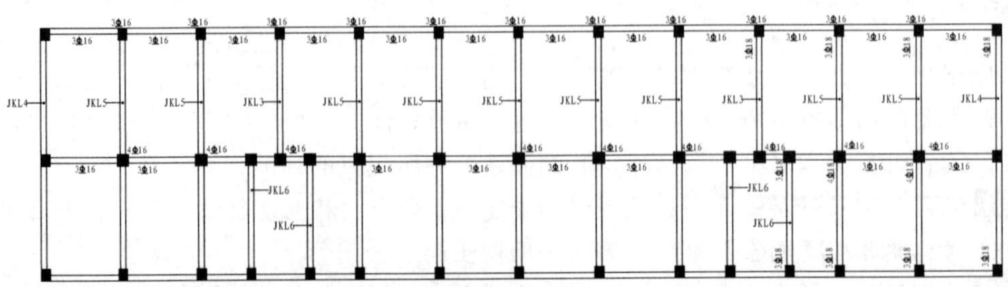

图 11-20　钢筋标注

Step 06 绘制钢筋标注。调用 MT【多行文字】命令，根据命令行的提示，绘制钢筋标注，结果如图 11-21 所示。

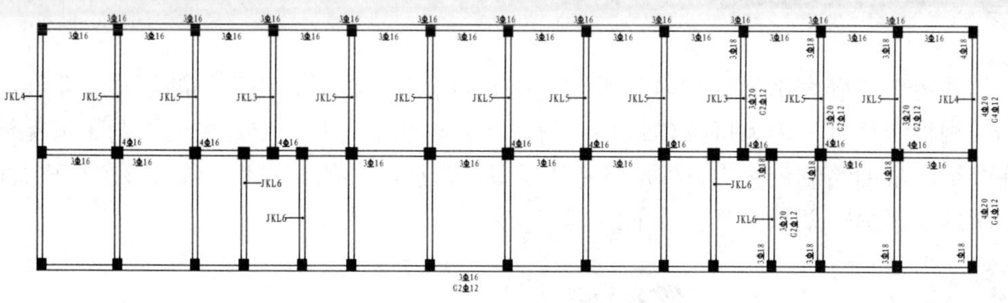

图 11-21　标注结果

Step 07 绘制钢筋标注。调用 MT【多行文字】命令，根据命令行的提示，绘制钢筋标注；调用 L【直线】命令，绘制直线，结果如图 11-22 所示。

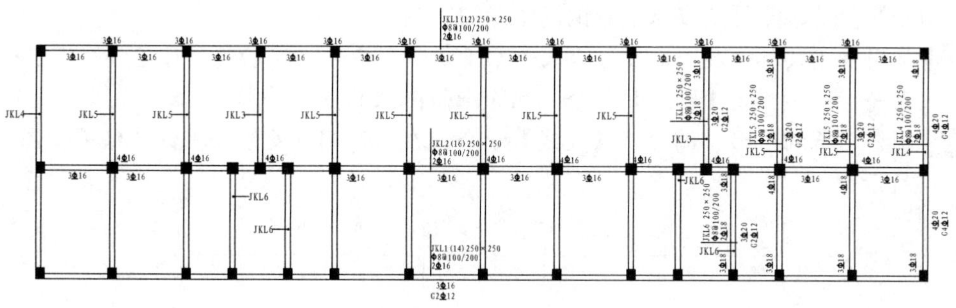

图 11-22　绘制结果

Step 08 绘制图名标注。调用 L【直线】命令，绘制双横线，并将下面的直线的线宽设置为 0.3mm；调用 MT【多行文字】命令，绘制注释文字、图名和比例，完成图名标注的结果如图 11-23 所示。

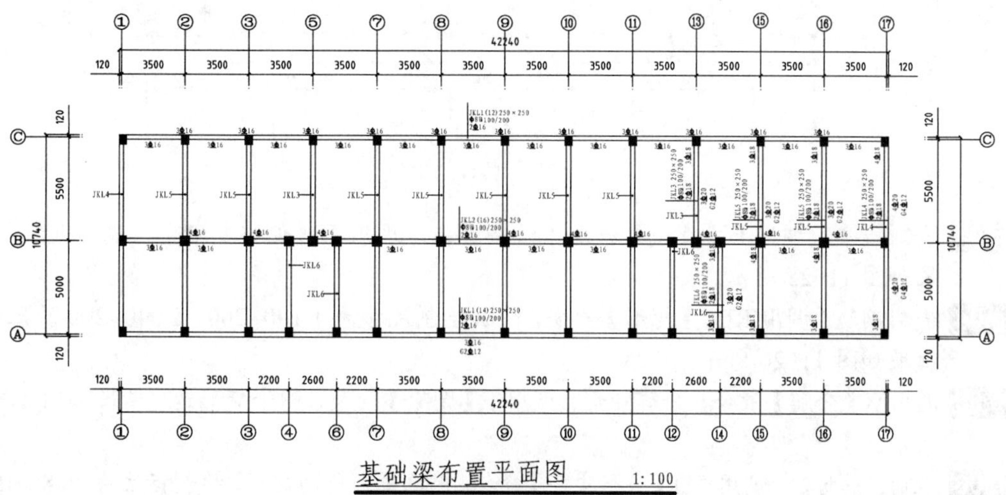

图 11-23　图名标注

11.3 绘制楼层结构配筋图

配筋图可以明确表示建筑物内部所使用钢筋的情况，包括使用钢筋的墙体、梁柱部位以及钢筋的规格等信息。因为每栋建筑物中的钢筋分布都是有其一定规则的，为了避免混淆，所以在介绍图形的绘制过程中，在介绍完某一型号钢筋图形的绘制后，就将该图形进行隐藏，以便清晰地显示另一型号钢筋图形的绘制。

11.3.1 绘制钢筋图形

钢筋图形主要模拟现实中的钢筋样式来进行绘制。首先可以先调用矩形命令来绘制矩形，然后对矩形进行分解和修剪，即可得到钢筋图形的雏形；然后对图形的线型进行加粗，并标注钢筋的型号，即可完成该型号钢筋图形的绘制。

Step 01 调用住宅楼标准层平面图。调用 CO【复制】命令，移动复制住宅楼标准层平面图至一旁；调用 E【删除】命令，删除平面图上的多余图形。

Step 02 闭合门窗洞图形。调用 L【直线】命令，在门窗洞口处绘制直线，结果如图 11-24 所示。

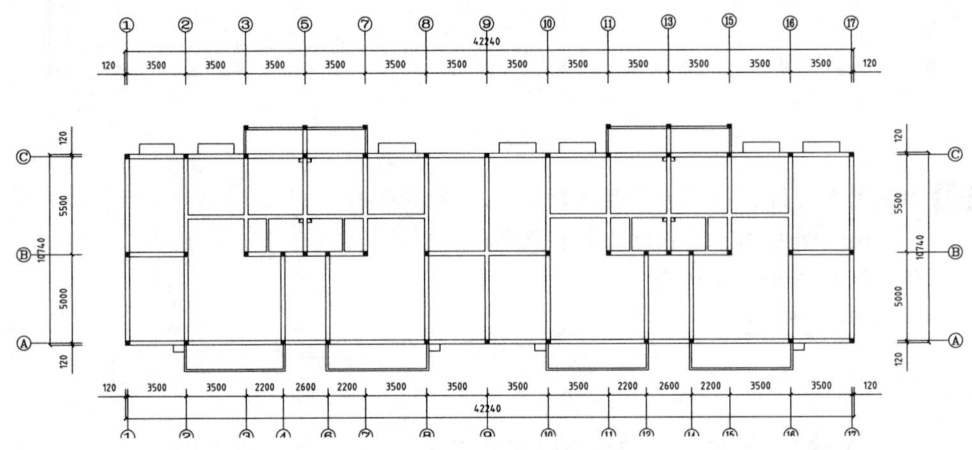

图 11-24 整理结果

Step 03 绘制墙体。调用 L【直线】命令，绘制直线；调用 O【偏移】命令，偏移直线，结果如图 11-25 所示。

Step 04 绘制钢筋。调用 REC【矩形】命令，分别绘制尺寸为 1 100×200、2 040×200 的矩形，结果如图 11-26 所示。

Step 05 调用 X【分解】命令，分解矩形；调用 E【删除】命令，删除矩形边，结果如图 11-27 所示。

Step 06 绘制钢筋标注。调用 MT【多行文字】命令，根据命令行的提示，绘制标注为“Φ8@150”的钢筋标注文字；调用 RO【旋转】命令，旋转标注文字，结果如图 11-28 所示。

Step 07 将钢筋图形的线型宽度设置为 0.3mm，结果如图 11-29 所示。

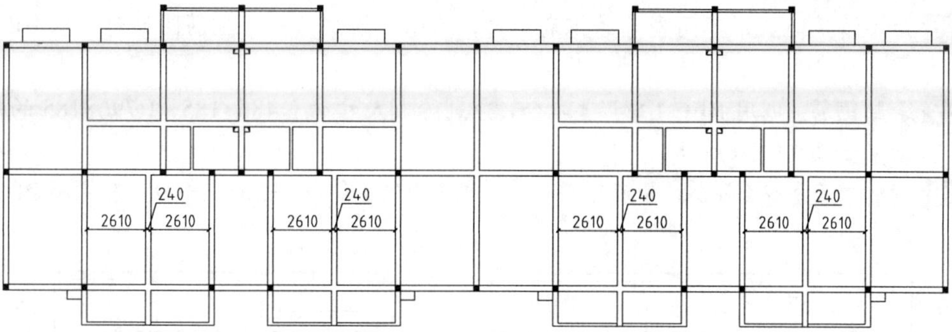

图 11-25　绘制墙体

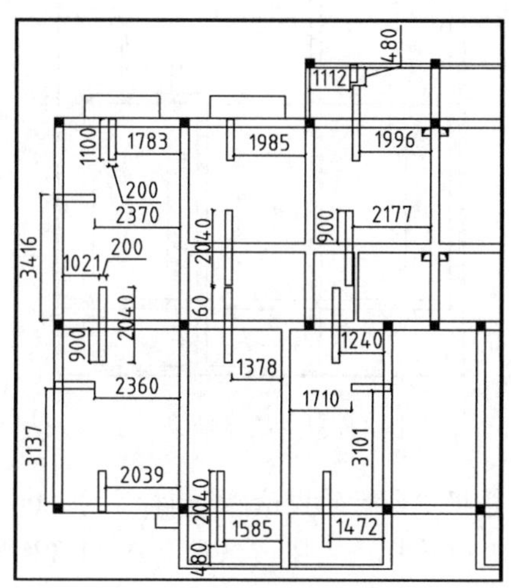

图 11-26　绘制矩形

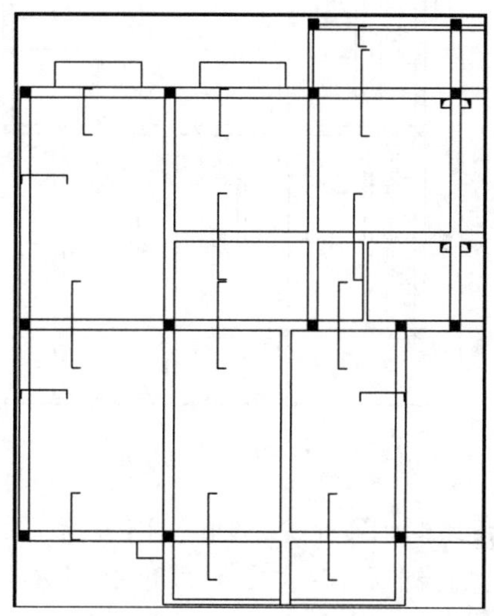

图 11-27　绘制结果

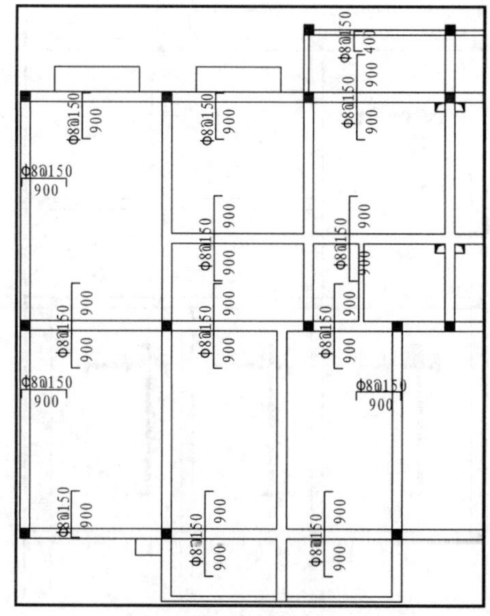

图 11-28　标注结果

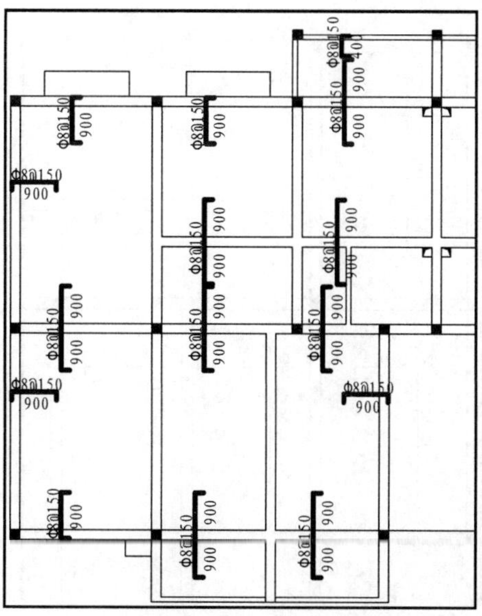

图 11-29　更改线型

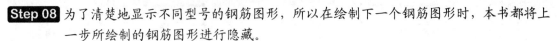

Step 08 为了清楚地显示不同型号的钢筋图形，所以在绘制下一个钢筋图形时，本书都将上一步所绘制的钢筋图形进行隐藏。

Step 09 绘制钢筋。调用 REC【矩形】命令，分别绘制尺寸为 3 486×185、1 796×185 的矩形，结果如图 11-30 所示。

Step 10 调用 X【分解】命令，分解矩形；调用 E【删除】命令，删除矩形边，结果如图 11-31 所示。

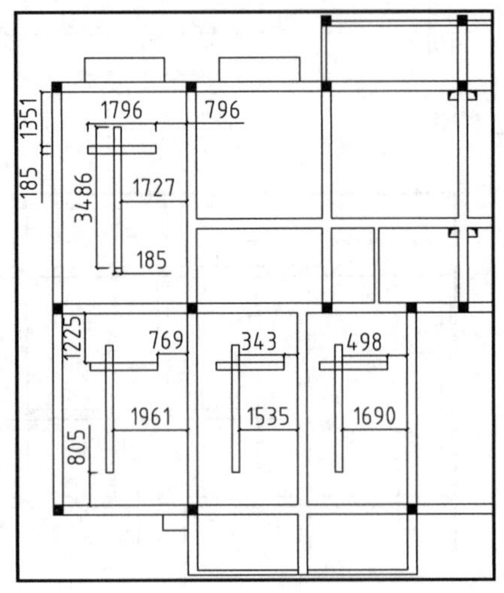

图 11-30　绘制矩形

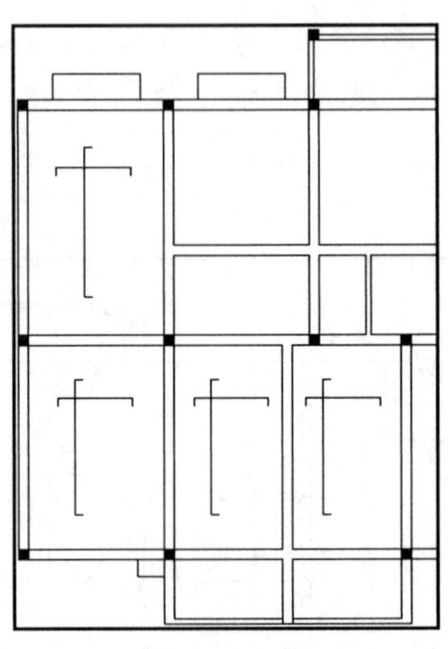

图 11-31　绘制结果

Step 11 绘制钢筋标注。调用 MT【多行文字】命令，根据命令行的提示，绘制标注为“Φ6@250”的钢筋标注文字；调用 RO【旋转】命令，旋转标注文字，结果如图 11-32 所示。

Step 12 将钢筋图形的线型宽度设置为 0.3mm，结果如图 11-33 所示。

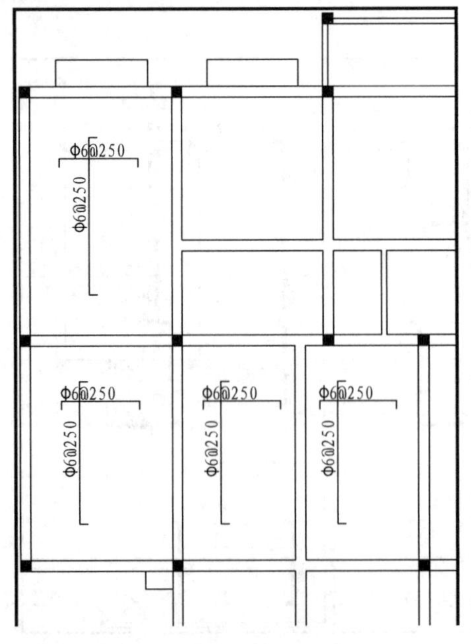

图 11-32　标注结果

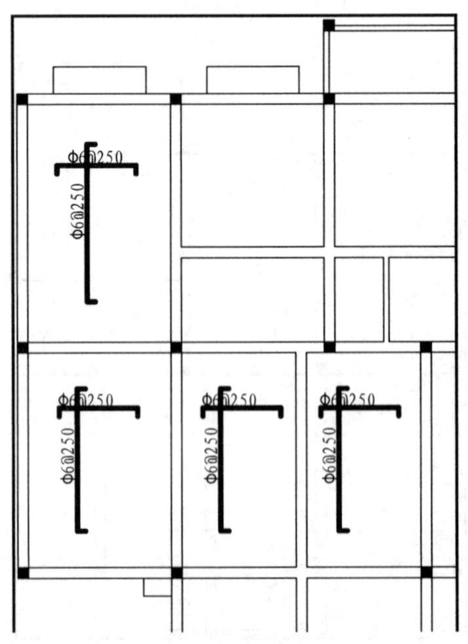

图 11-33　更改线型

Step 13 绘制钢筋。调用 REC【矩形】命令，分别绘制尺寸为 3 620×100、7 044×100、3 501×100、5 969×100 的矩形，结果如图 11-34 所示。

Step 14 调用 X【分解】命令，分解矩形；调用 O【偏移】命令，设置偏移距离为 150，选择矩形的左方边和右方边分别向内偏移；调用 TR【修剪】命令，修剪线段，结果如图 11-35 所示。

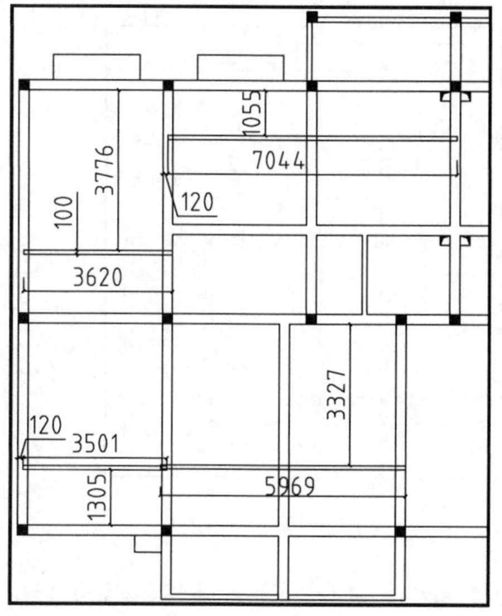

图 11-34 绘制矩形

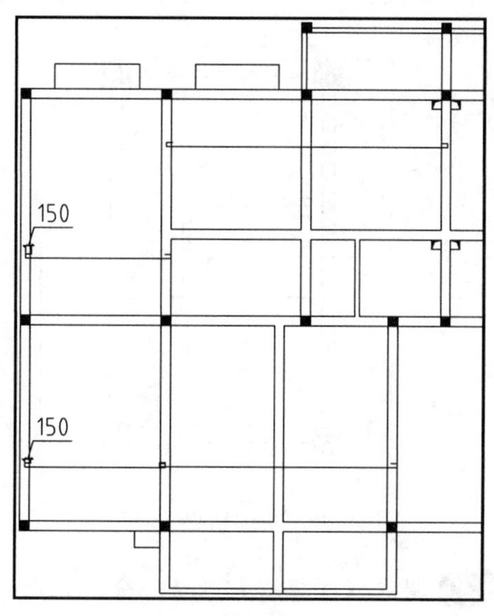

图 11-35 绘制结果

Step 15 绘制钢筋标注。调用 MT【多行文字】命令，根据命令行的提示，绘制标注为“Φ6@120”的钢筋标注文字；将钢筋图形的线型宽度设置为 0.3mm，结果如图 11-36 所示。

Step 16 绘制钢筋。调用 REC【矩形】命令，绘制尺寸为 2 040×200 的矩形，结果如图 11-37 所示。

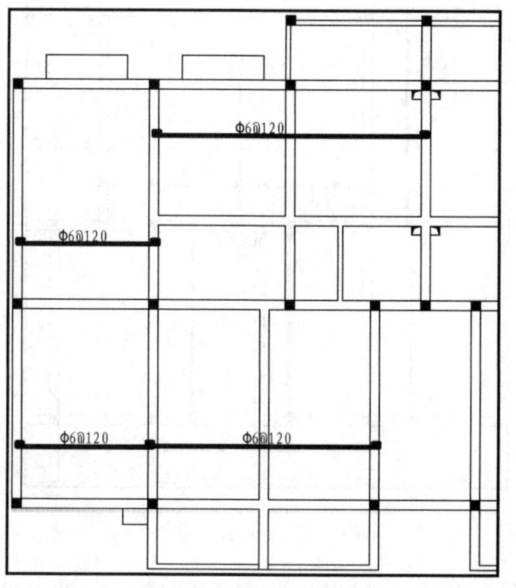

图 11-36 标注结果

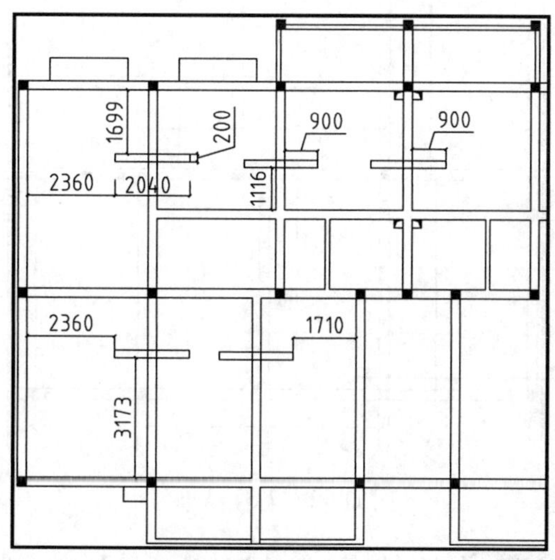

图 11-37 绘制矩形

Step 17 调用 X【分解】命令，分解矩形；调用 E【删除】命令，删除矩形边。

Step 18 绘制钢筋标注。调用 MT【多行文字】命令，根据命令行的提示，绘制标注为“Φ8@120”的钢筋标注文字；将钢筋图形的线型宽度设置为 0.3mm，结果如图 11-38 所示。

Step 19 绘制钢筋。调用 REC【矩形】命令，分别绘制尺寸为 5 603×100、7 120×100、5 017×100、5 120×100、5 820×100 的矩形，结果如图 11-39 所示。

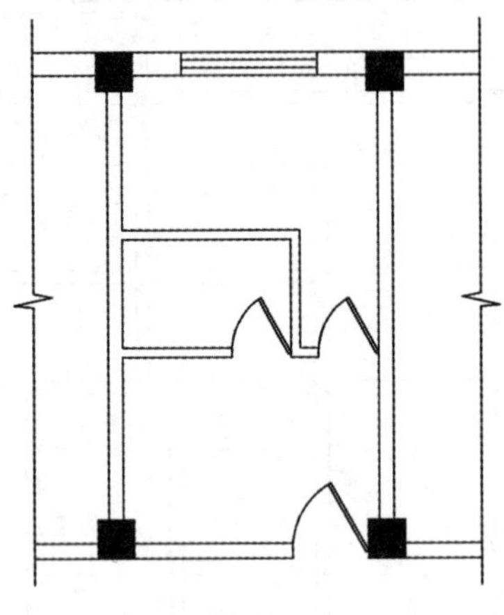

图 11-38　标注结果

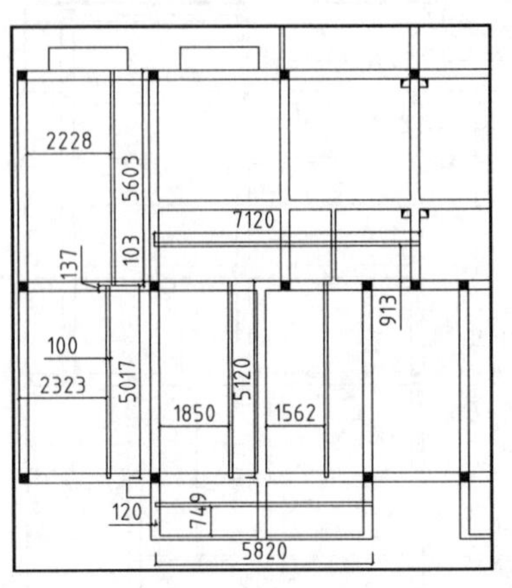

图 11-39　绘制矩形

Step 20 调用 X【分解】命令，分解矩形；调用 O【偏移】命令，设置偏移距离为 150，选择矩形的左方边和右方边分别向内偏移；调用 TR【修剪】命令，修剪线段，结果如图 11-40 所示。

Step 21 绘制钢筋标注。调用 MT【多行文字】命令，根据命令行的提示，绘制标注为“Φ6@150”的钢筋标注文字；将钢筋图形的线型宽度设置为 0.3mm，结果如图 11-41 所示。

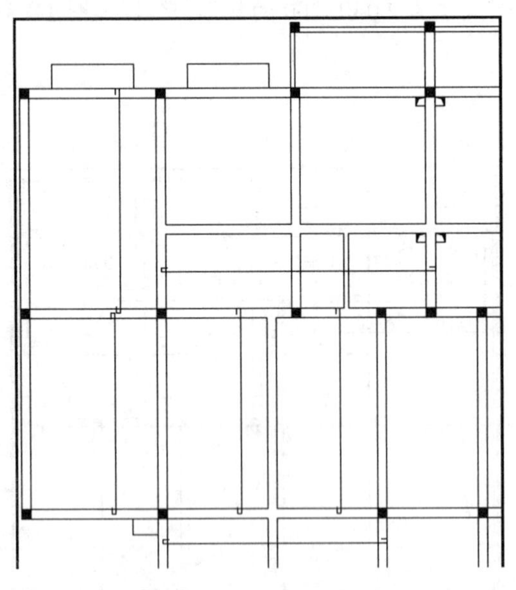

图 11-40　标注结果

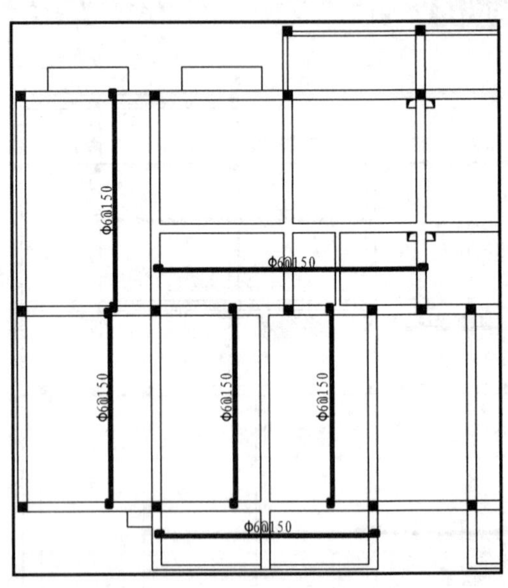

图 11-41　标注结果

Step 22 绘制钢筋。调用 REC【矩形】命令，分别绘制尺寸为 7 000×100、1 620×100、1 500×100 的矩形，结果如图 11-42 所示。

Step 23 调用 X【分解】命令，分解矩形；调用 O【偏移】命令，设置偏移距离为 150，选择矩形的左方边和右方边分别向内偏移；调用 TR【修剪】命令，修剪线段，结果如图 11-43 所示。

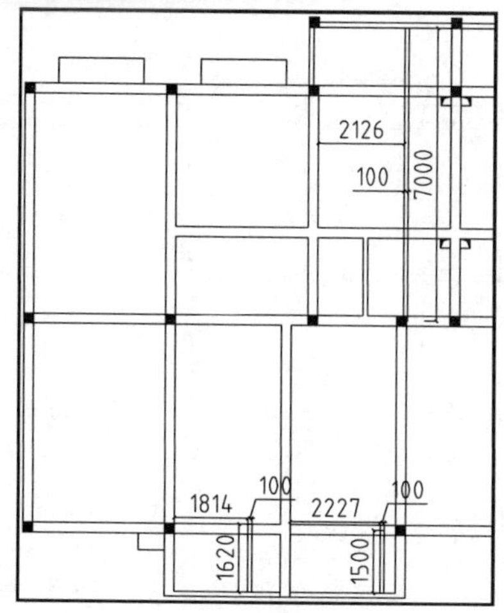

图 11-42　绘制矩形

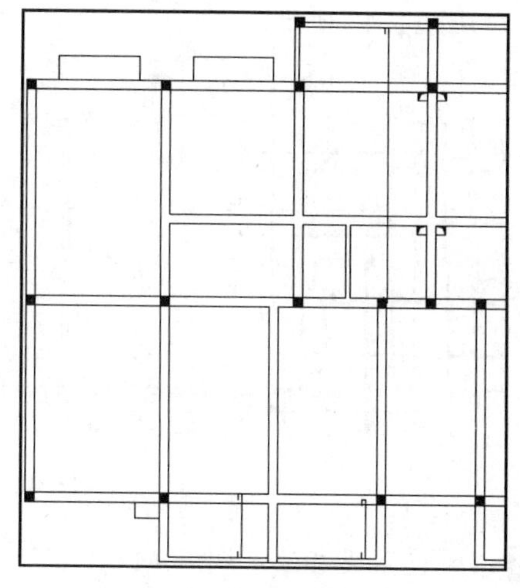

图 11-43　绘制结果

Step 24 绘制钢筋标注。调用 MT【多行文字】命令，根据命令行的提示，绘制标注为“Φ6@130”的钢筋标注文字；将钢筋图形的线型宽度设置为 0.3mm，结果如图 11-44 所示。

Step 25 钢筋图形绘制完成的结果如图 11-45 所示。

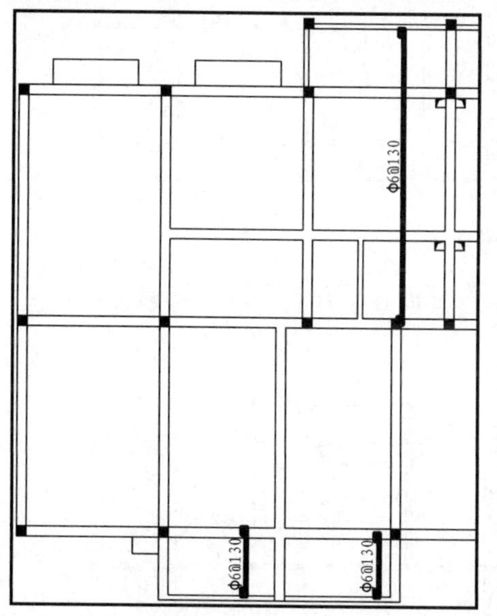

图 11-44　标注结果

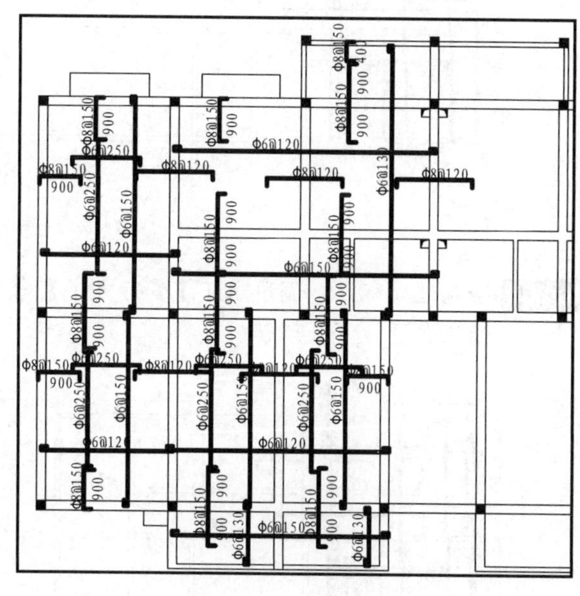

图 11-45　绘制结果

11.3.2　绘制图形标注

因为房屋建筑是对称式的构造，所以在绘制完左边的钢筋图形后，可以在房屋的中部绘制对称符号，以表示右边的钢筋图形与左边的相同。各种梁柱的标注可以调用多行文字来标注。

Step 01 绘制梁标注。调用 MT【多行文字】命令，根据命令行的提示，绘制梁标注，结果如图 11-46 所示。

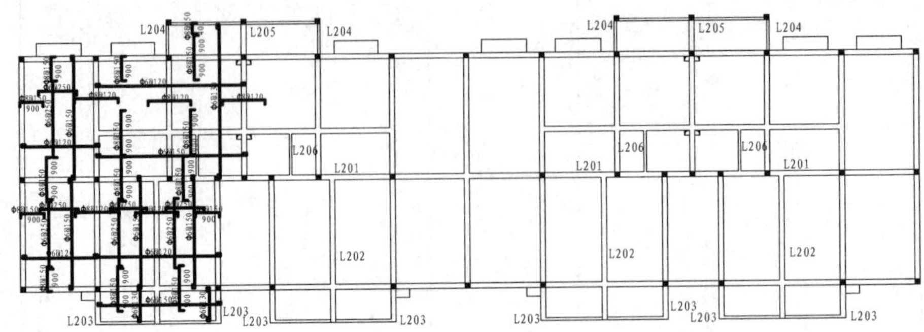

图 11-46　绘制梁标注

Step 02 绘制连系梁标注。调用 MT【多行文字】命令，根据命令行的提示，绘制连系梁标注，结果如图 11-47 所示。

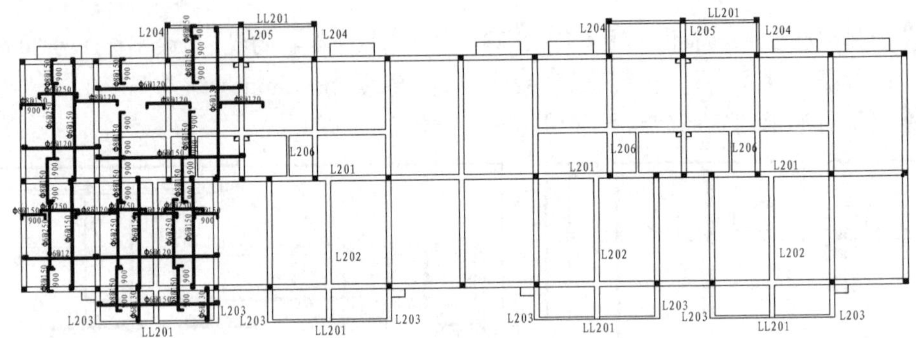

图 11-47　绘制连系梁标注

Step 03 绘制过梁标注。调用 MT【多行文字】命令，根据命令行的提示，绘制过梁标注，结果如图 11-48 所示。

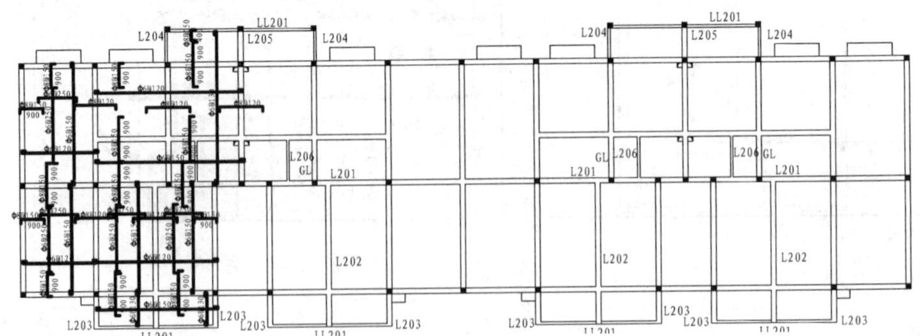

图 11-48　绘制过梁标注

Step 04 绘制构造柱标注。调用 MT【多行文字】命令，根据命令行的提示，绘制构造柱标注，结果如图 11-49 所示。

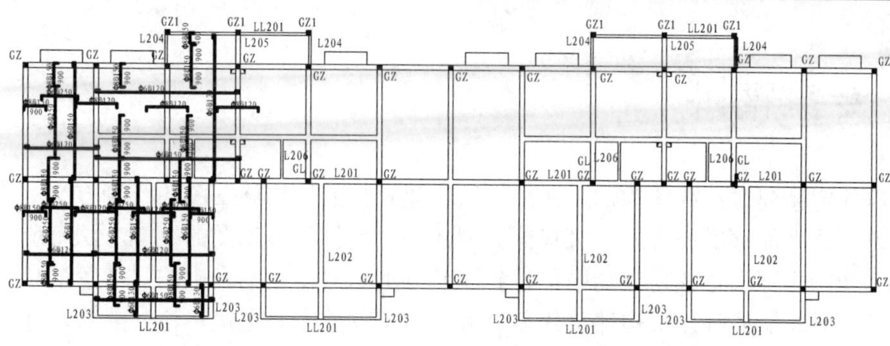

图 11-49　绘制构造柱标注

Step 05 绘制对称符号。调用 L【直线】命令，绘制直线；调用 O【偏移】命令，偏移直线；调用 TR【修剪】命令，修剪直线，结果如图 11-50 所示。

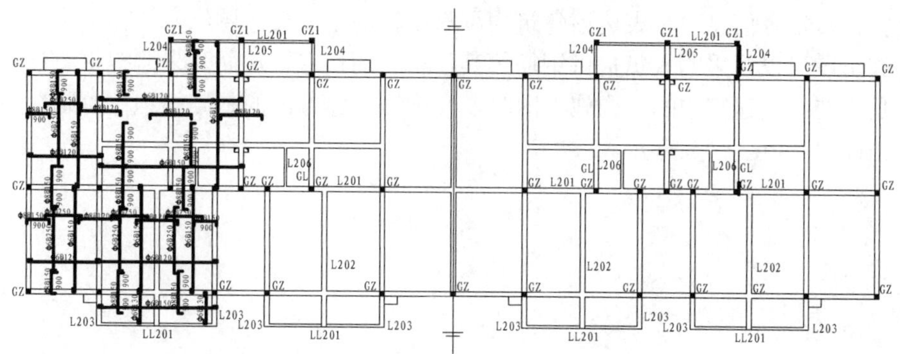

图 11-50　绘制对称符号

Step 06 绘制图名标注。调用 L【直线】命令，绘制双横线，并将下面的直线的线宽设置为 0.3mm；调用 MT【多行文字】命令，绘制注释文字、图名和比例，完成图名标注的结果如图 11-51 所示。

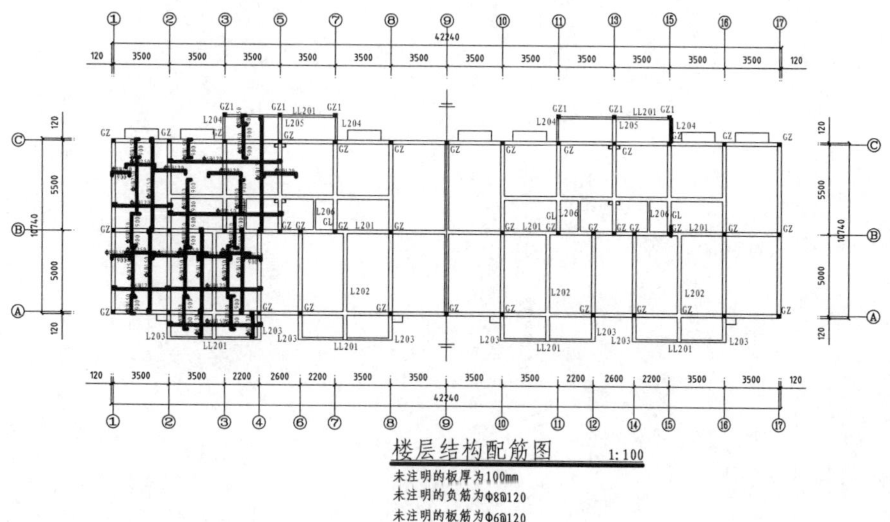

图 11-51　绘制图名标注

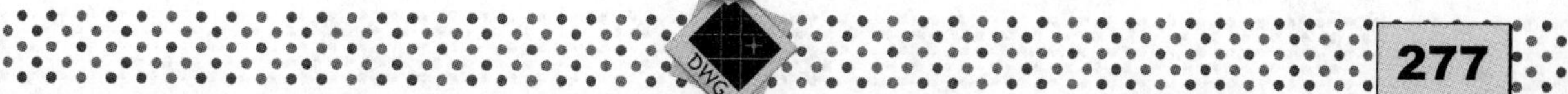

11.4 专家精讲

本章以住宅楼建筑结构图为例，介绍了居住建筑物的结构施工图的绘制方法，希望通过本章的学习，读者能够触类旁通，对其他类型建筑物的结构施工图的绘制方法有所了解。

基础平面图主要表达该建筑物中单柱独立基础的信息，包括基础的尺寸等信息。在建筑物中，柱子、梁、墙体等建筑构件负载和分解了建筑物的主要重量，使其能够屹立不倒。所以，为建筑物绘制结构施工图是非常重要的。

基础梁平面图主要表达该建筑物中承重梁的情况，包括梁的位置、种类、规格等信息，为早期构造建筑物的承重结构提供参考。

楼层配筋图主要表达该楼层楼板的钢筋使用情况，从该图中可以读到钢筋的使用位置、钢筋的材料、规格等信息，是表达该建筑物承重结构的主要信息图纸。

结构施工图可以为采购人员提供钢筋等其他材料的信息，从而为采购提供方便。同时值得注意的是，在绘制建筑物的结构施工图时，要读懂土建方面的基础知识；否则在对结构施工图进行识读时，就会一头雾水。

第 4 篇　室内装潢绘制

第 12 章 绘制室内装潢设计平面布置图

装饰工程施工图是按照装饰方案确定的空间尺度、构造做法、材料选用、施工工艺等，并遵照建设及装饰设计规范所规定的要求编制的用于装饰施工生产的技术文件。

本章以室内装潢设计平面布置图为例，介绍绘制室内设计制图中的原始结构图和平面布置图的绘制方法。

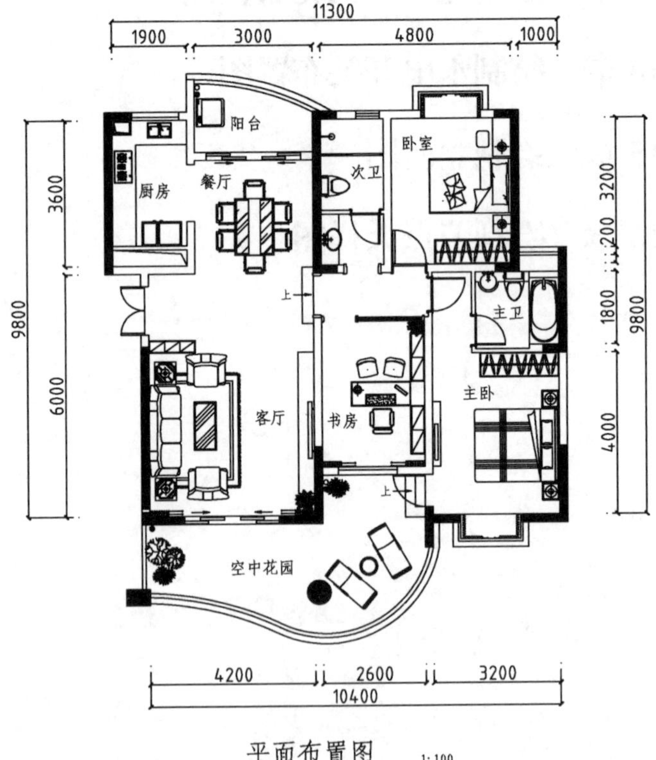

平面布置图 1:100

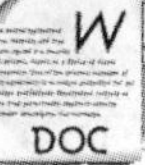

12.1 绘制原始结构图

原始结构图是房屋建筑在图纸上的表达结果，包括居室开间、进深的细部尺寸和总尺寸，以及墙体的宽度、门窗洞口的尺寸等。原始结构图是进行平面布置图、立面布置图绘制的基础。下面介绍原始结构图的绘制方法，包括轴网的绘制、墙体、门窗图形的绘制等。

12.1.1　绘制轴网

轴网可以定位墙体、门窗等主要建筑构件的位置。绘制轴网，可以调用直线命令绘制直线，再调用偏移命令偏移直线，即可完成轴网的绘制。

Step 01 将“ZX_轴线”图层置为当前图层。

Step 02 绘制轴线。调用 L【直线】命令，绘制水平轴线和垂直轴线，结果如图 12-1 所示。

Step 03 调用 O【偏移】命令，分别在水平方向和垂直方向上偏移所绘制的轴线，结果如图 12-2 所示。

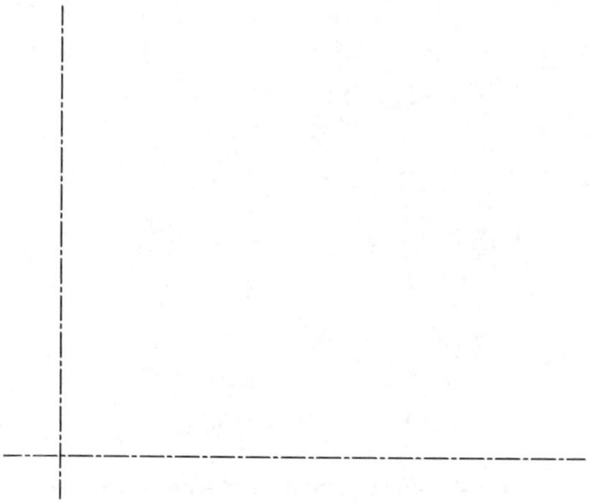

图 12-1　绘制轴线

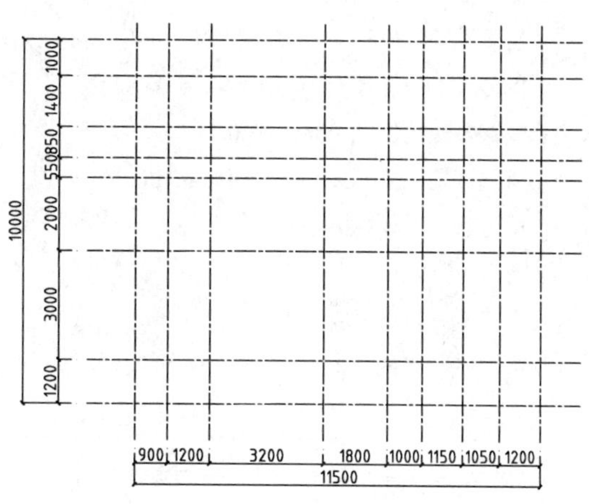

图 12-2　偏移轴线

12.1.2　绘制墙体

作为房屋承重构件的墙体图形，可以调用多线命令来进行绘制。多线命令可以根据需要来设置比例、对齐点等，绘制完成的多线图形是一个整体，可以对其进行编辑修改。

Step 01 将“QT_墙体”图层置为当前图层。

Step 02 绘制墙体。调用 ML【多线】命令，命令行提示如下。

```
命令: MLINE↙
当前设置: 对正 = 无，比例 = 200.00，样式 = 外墙
```

```
指定起点或 [对正(J)/比例(S)/样式(ST)]:  S                //输入 S，选择“比例”选项
输入多线比例<200.00>:  1
当前设置: 对正 = 无，比例 = 1.00，样式 = 外墙
指定起点或 [对正(J)/比例(S)/样式(ST)]:  J             //输入 J，选择“对正”选项
输入对正类型 [上(T)/无(Z)/下(B)] <无>:  Z             //输入 Z，选择“无”选项
当前设置: 对正 = 无，比例 = 1.00，样式 = 外墙
指定起点或 [对正(J)/比例(S)/样式(ST)]:                //指定多线的起点
指定下一点:
指定下一点或 [放弃(U)]:
指定下一点或 [闭合(C)/放弃(U)]:                      //指定多线的最后一点，按“Esc”键退出
                                                    绘制，完成墙体的绘制结果如图 12-3 所示
```

Step 03 绘制隔墙。调用 ML【多线】命令，命令行提示如下。

```
命令: MLINE↙
当前设置: 对正 = 无，比例 = 1.00，样式 = 外墙
指定起点或 [对正(J)/比例(S)/样式(ST)]:  ST            //输入 ST，选择“样式”选项
输入多线样式名或 [?]:  STANDARD                      //输入样式名
当前设置: 对正 = 无，比例 = 1.00，样式 = STANDARD
指定起点或 [对正(J)/比例(S)/样式(ST)]:  S             //输入 S，选择“比例”选项
输入多线比例<1.00>:  100
当前设置: 对正 = 无，比例 = 100.00，样式 = STANDARD
指定起点或 [对正(J)/比例(S)/样式(ST)]:                //指定多线的起点
指定下一点:
指定下一点或 [放弃(U)]:
指定下一点或 [闭合(C)/放弃(U)]:                      //指定多线的最后一点，按 Esc 键退出绘
                                                    制，完成隔墙的绘制结果如图 12-4 所示
```

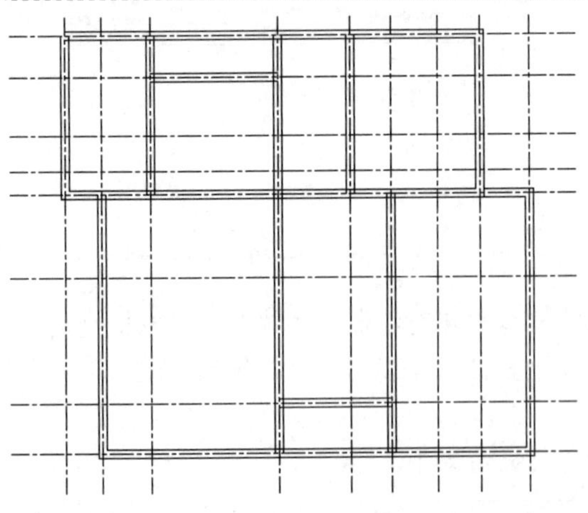

图 12-3　绘制墙体

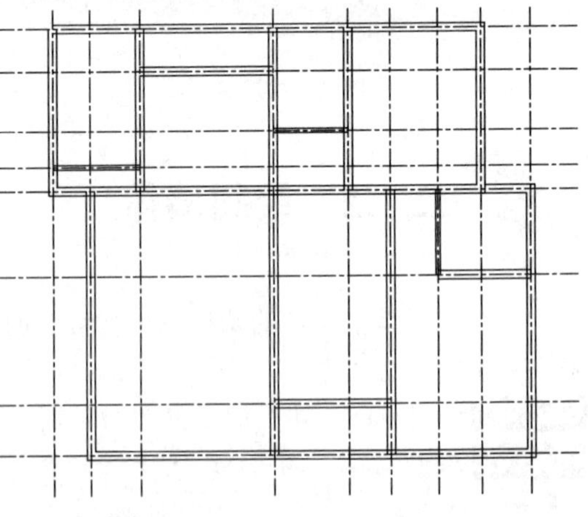

图 12-4　绘制隔墙

Step 04 将“ZX_轴线”图层关闭，墙体的显示结果如图 12-5 所示。

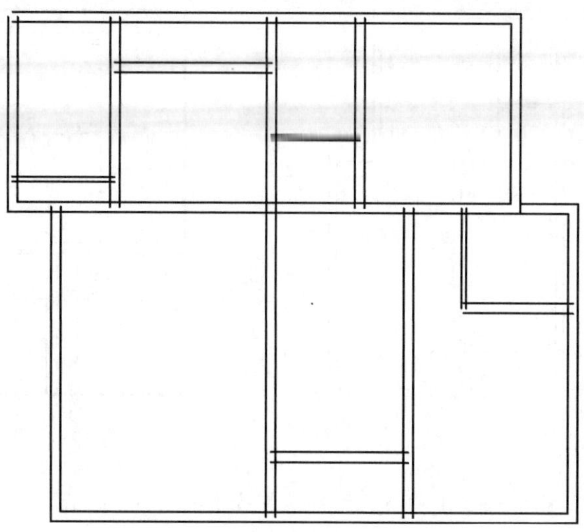

图 12-5　关闭图层

12.1.3　编辑墙体

调用多线命令绘制墙体，可以在保持墙体为一个整体的情况下对其进行编辑操作。双击墙体图形，在弹出的【多线编辑工具】对话框中选择相应的编辑工具即可完成修改。

Step 01 双击绘制完成的多线墙体，系统弹出【多线编辑工具】对话框，结果如图 12-6 所示。

Step 02 在【多线编辑工具】对话框中单击【角点结合】按钮，在绘图区中分别选择垂直墙体和水平墙体，对墙体进行“角点结合”编辑后的结果如图 12-7 所示。

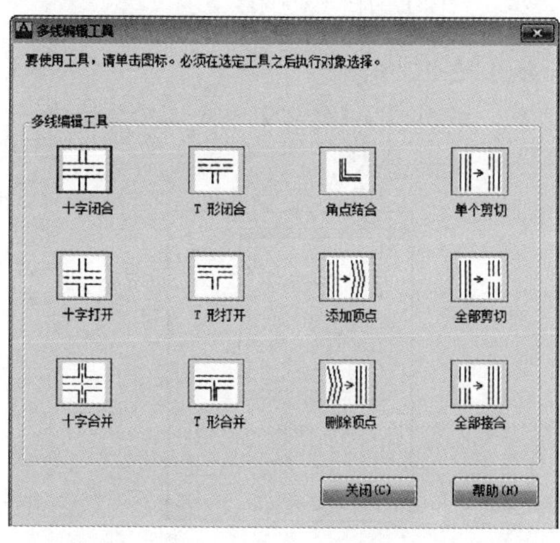

图 12-6 【多线编辑工具】对话框

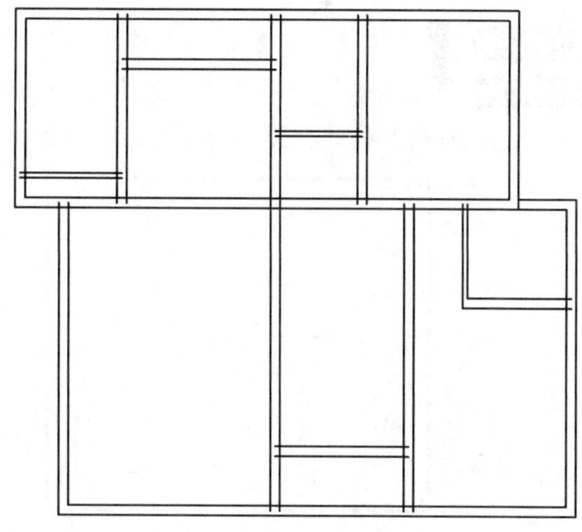

图 12-7　角点结合

Step 03 在【多线编辑工具】对话框中单击【T 形打开】按钮，在绘图区中分别选择垂直墙体和水平墙体，对墙体进行“T 形打开”编辑后的结果如图 12-8 所示。

Step 04 修剪墙体。调用 L【直线】命令，绘制直线，结果如图 12-9 所示。

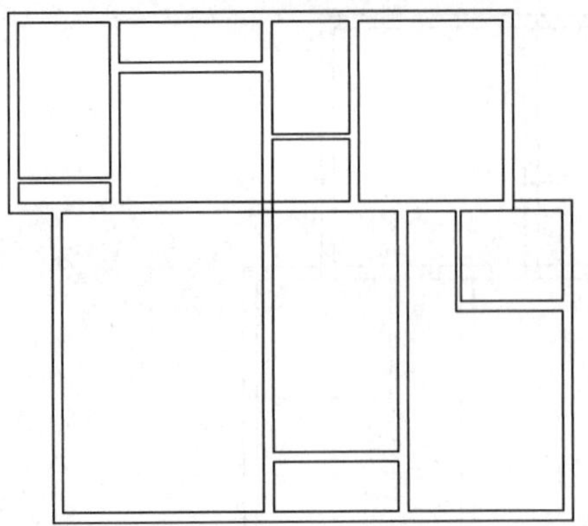

图 12-8　T 形打开

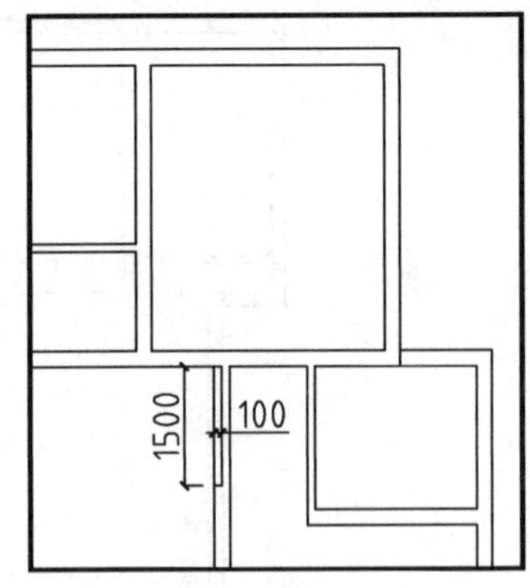

图 12-9　绘制直线

Step 05 调用 TR【修剪】命令，修剪墙体，结果如图 12-10 所示。

Step 06 修剪墙体。调用 L【直线】命令，绘制直线，结果如图 12-11 所示。

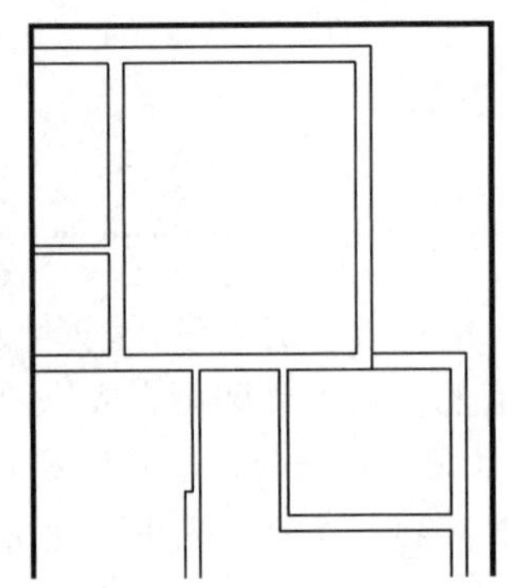

图 12-10　修剪墙体

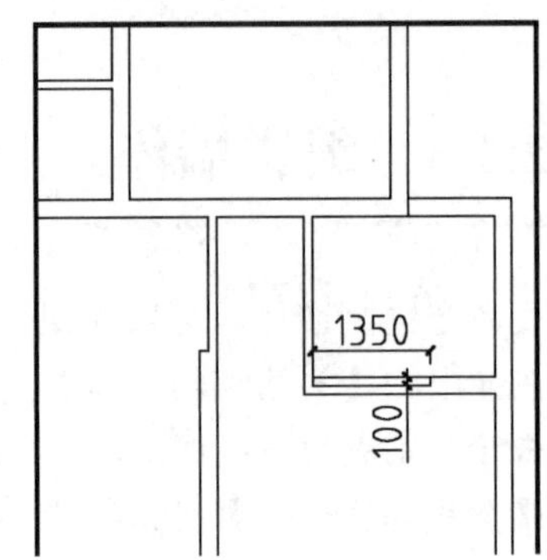

图 12-11　绘制直线

Step 07 调用 TR【修剪】命令，修剪墙体，结果如图 12-12 所示。

Step 08 修剪墙体。调用 L【直线】命令，绘制直线；调用 TR【修剪】命令，修剪墙体，结果如图 12-13 所示。

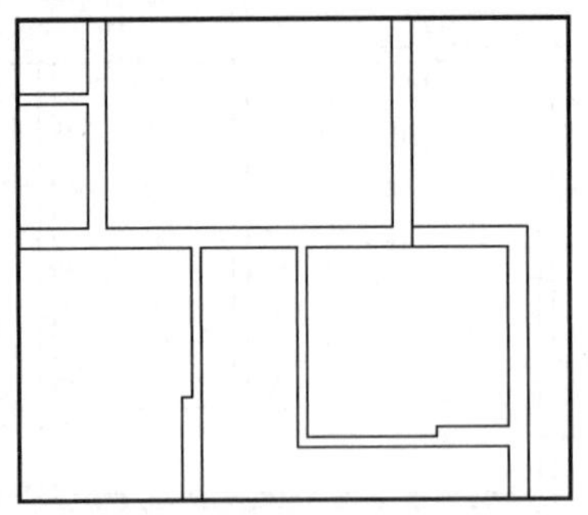

图 12-12　修剪墙体

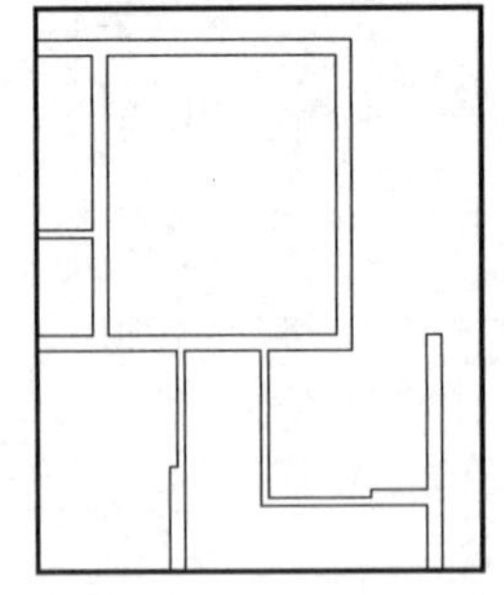

图 12-13　编辑结果

Step 09 绘制新墙体。调用 L【直线】命令，绘制直线；调用 E【删除】命令，删除直线，结果如图 12-14 所示。

Step 10 墙体编辑修改后的最终结果如图 12-15 所示。

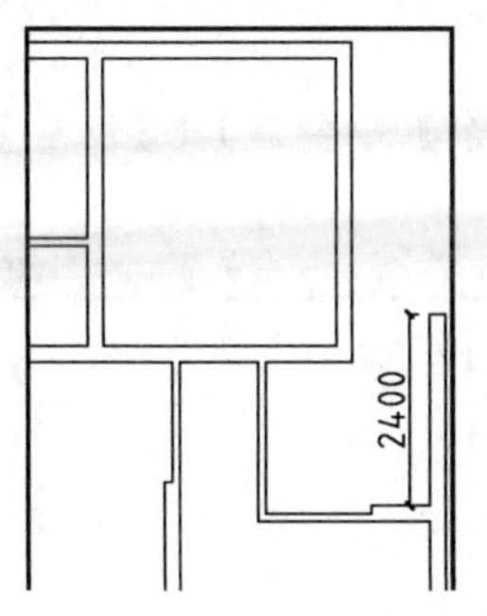

图 12-14　绘制新墙体

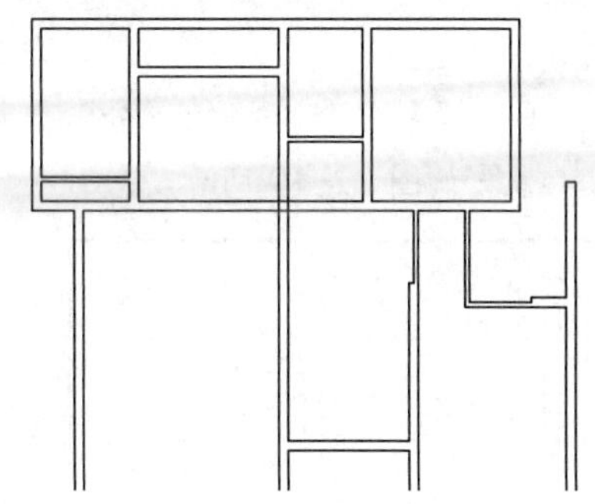

图 12-15　最终结果

12.1.4　绘制门窗洞口

在绘制门窗图形之前，首先要确定门窗所在的位置和尺寸，即门窗洞口。绘制门窗洞口可以先调用直线命令绘制直线，来确定门窗位置；然后调用修剪命令修剪墙线，即可完成门窗洞口的绘制。

Step 01 调用 L【直线】命令，绘制门口线和窗口线，结果如图 12-16 所示。

Step 02 调用 TR【修剪】命令，修剪墙线，结果如图 12-17 所示。

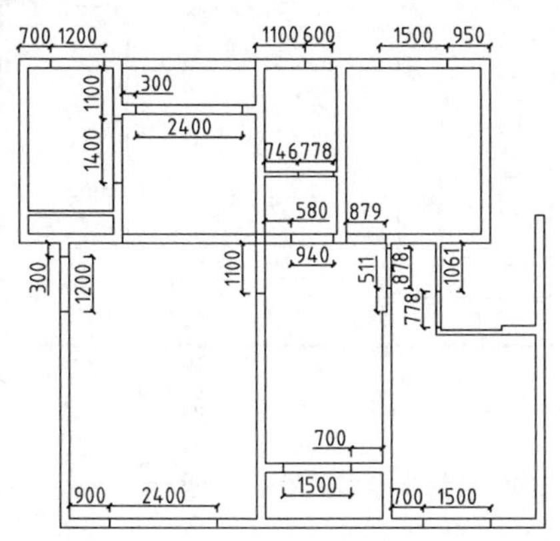

图 12-16　绘制直线

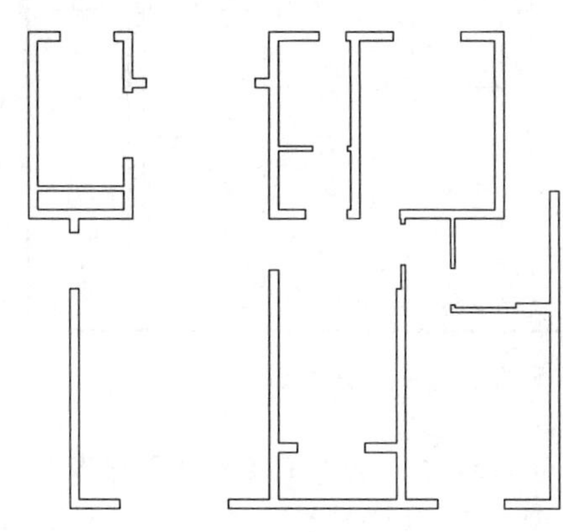

图 12-17　修剪墙线

提示

假如被选中的墙体不能使用 TR【修剪】命令进行修剪，可先调用 X【分解】命令，将墙体进行分解，再调用 TR【修剪】命令，即可对墙体进行修剪。

12.1.5　绘制阳台

阳台是房屋重要的建筑构件之一，提供人们在室外活动的场所。本例中的弧形阳台可以调用圆弧命令来进行绘制，辅以修剪、偏移等命令来编辑修改。

Step 01 绘制新墙体。调用 REC【矩形】命令，绘制尺寸为 800×200 的矩形，结果如图 12-18

所示。

Step 02 调用 X【分解】命令，将矩形分解；调用 E【删除】命令、TR【修剪】命令，修剪墙体，结果如图 12-19 所示。

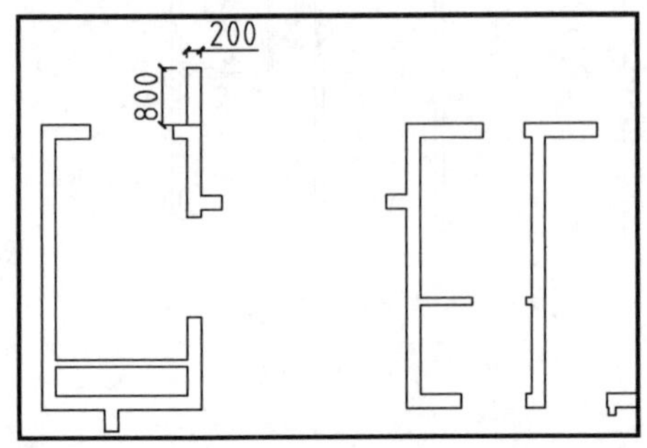

图 12-18　绘制矩形

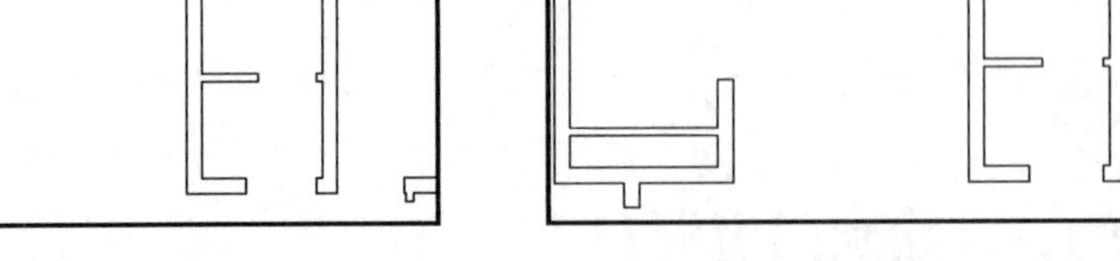

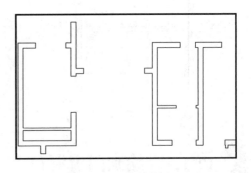

图 12-19　绘制结果

Step 03 绘制阳台轮廓。执行【绘图】|【圆弧】|【起点、端点、半径】命令，绘制半径为 6 800 的圆弧，结果如图 12-20 所示。

Step 04 调用 O【偏移】命令，偏移圆弧，结果如图 12-21 所示。

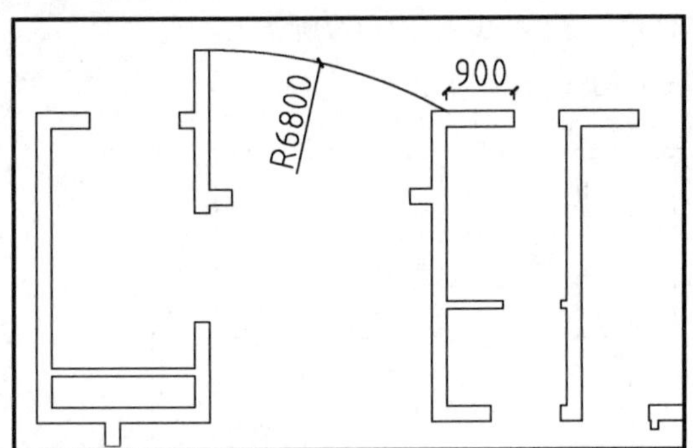

图 12-20　绘制圆弧

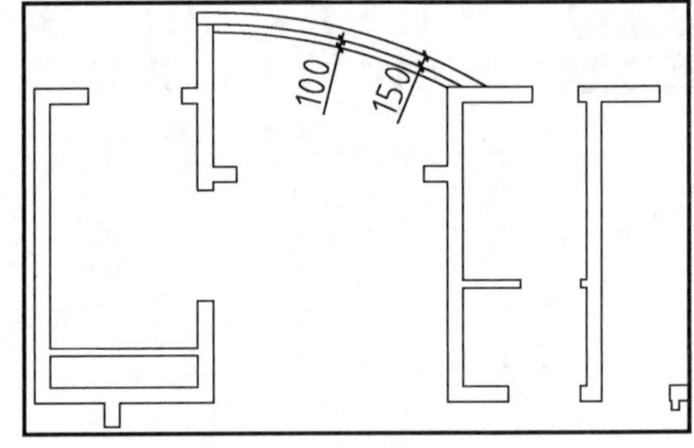

图 12-21　偏移圆弧

Step 05 修剪墙体。调用 L【直线】命令，绘制直线，结果如图 12-22 所示。

Step 06 调用 TR【修剪】命令，修剪墙体，结果如图 12-23 所示。

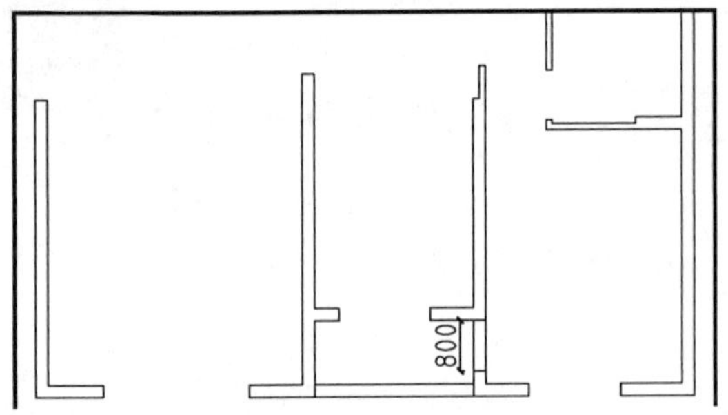

图 12-22　绘制直线

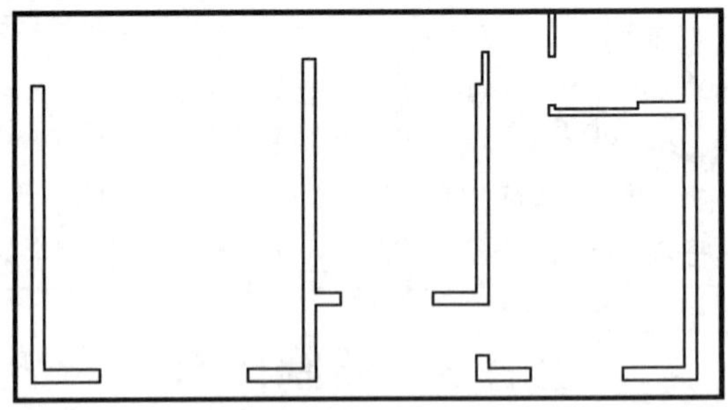

图 12-23　修剪墙体

Step 07 绘制新墙体。调用 REC【矩形】命令，绘制尺寸为 600×200 的矩形，结果如图 12-24 所示。

Step 08 调用 X【分解】命令，将矩形分解；调用 E【删除】命令、TR【修剪】命令，修剪墙体，结果如图 12-25 所示。

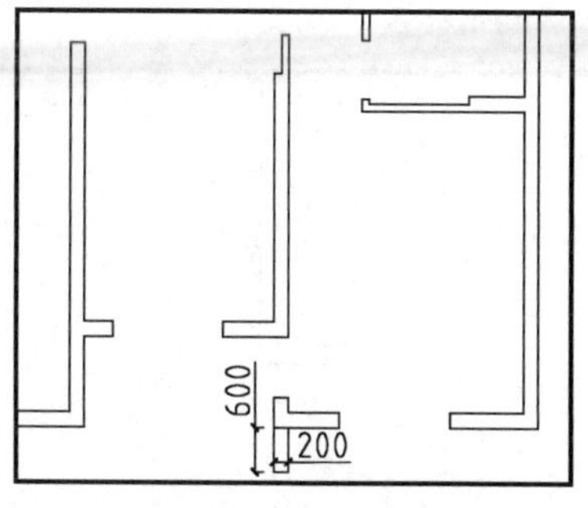

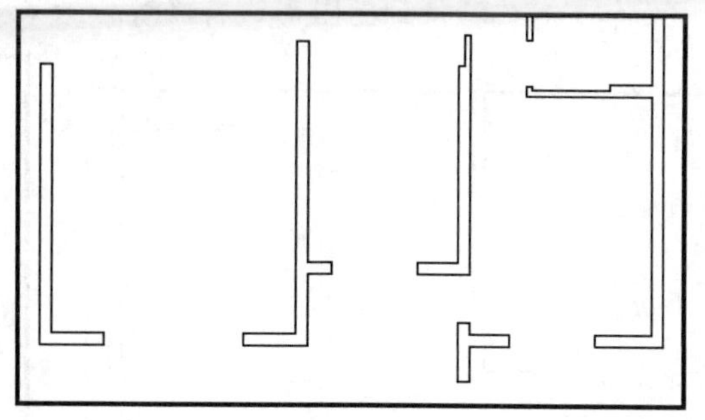

图 12-24　绘制矩形　　　　图 12-25　绘制结果

Step 09 绘制阳台轮廓及标准柱。调用 L【直线】命令，绘制直线；调用 O【偏移】命令，偏移直线；调用 REC【矩形】命令，绘制尺寸为 600×400 的矩形，结果如图 12-26 所示。

Step 10 绘制辅助线。调用 L【直线】命令，绘制直线，结果如图 12-27 所示。

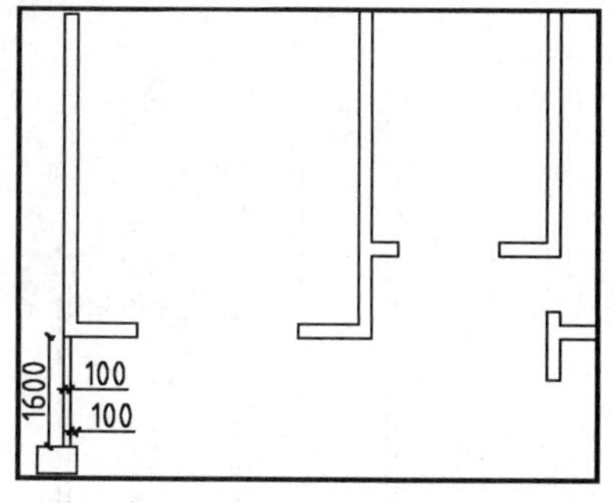

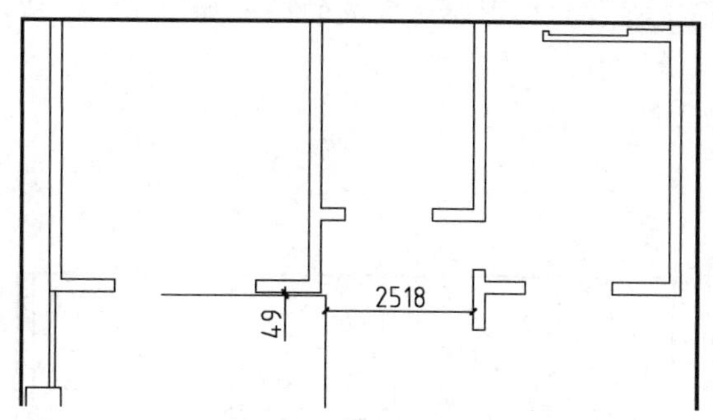

图 12-26　绘制结果　　　　图 12-27　绘制直线

Step 11 绘制阳台外轮廓。调用 C【圆形】命令，以辅助线的交点为圆心，绘制半径为 2 774 的圆形，结果如图 12-28 所示。

Step 12 绘制阳台轮廓。执行【绘图】|【圆弧】|【起点、端点、半径】命令，绘制半径为 8 452 的圆弧，结果如图 12-29 所示。

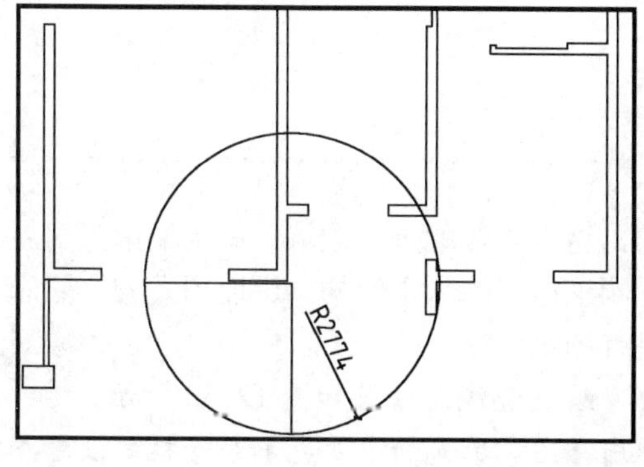

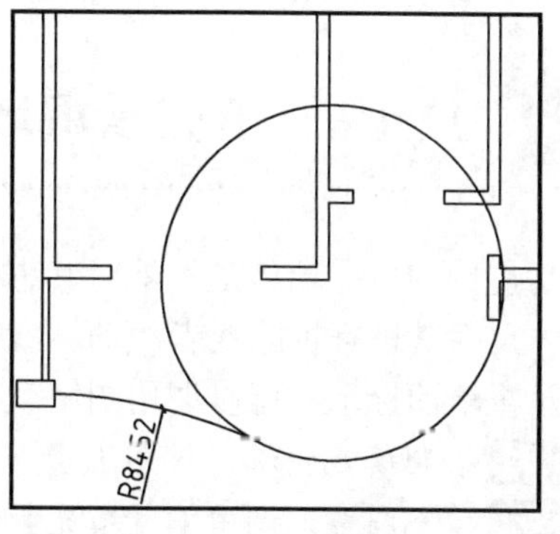

图 12-28　绘制圆形　　　　图 12-29　绘制圆弧

Step 13 调用 TR【修剪】命令，修剪图形，结果如图 12-30 所示。

Step 14 调用 O【偏移】命令，偏移修剪得到的圆弧；调用 TR【修剪】命令、F【圆角】命令，对偏移得到的图形进行修剪，结果如图 12-31 所示。

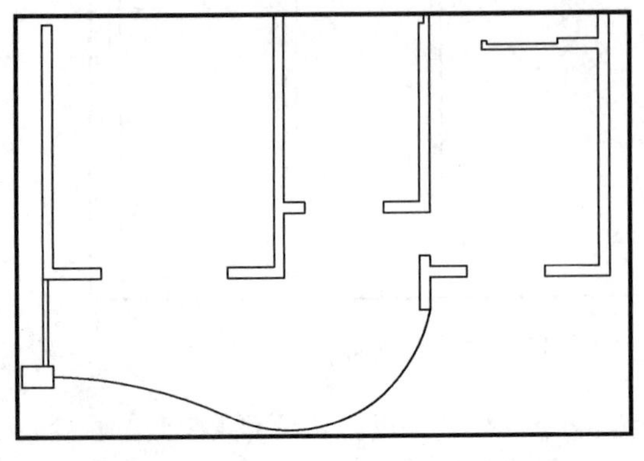

图 12-30　修剪图形

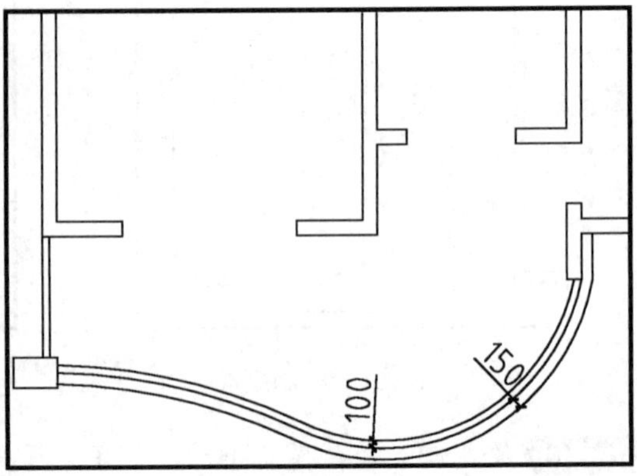

图 12-31　绘制结果

Step 15 绘制圆柱。调用 C【圆形】命令，绘制半径为 300 的圆形，结果如图 12-32 所示。

Step 16 阳台图形绘制完成的结果如图 12-33 所示。

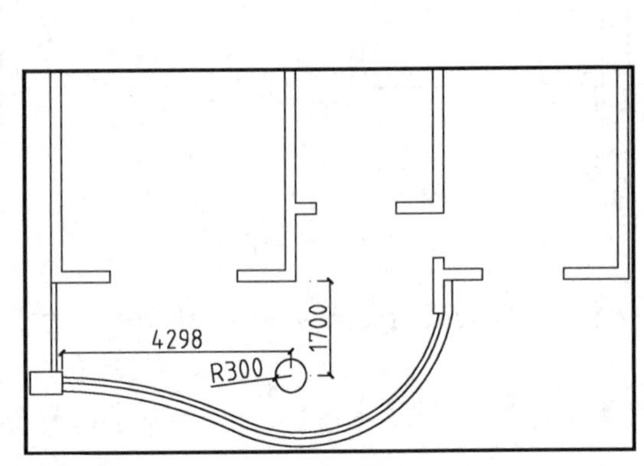

图 12-32　绘制圆形

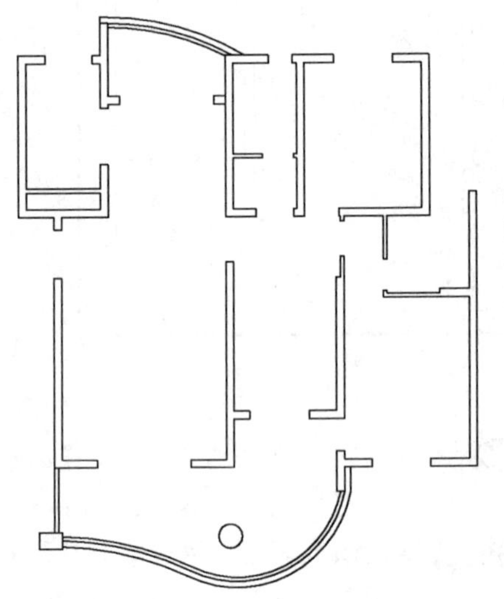

图 12-33　绘制结果

 12.1.6　填充承重墙

房屋中的有些墙体是不能对其进行拆除的，这类墙体就是承重墙。承重墙承载房屋的重量，一旦对其进行拆除或者改动，就有可能影响该房屋的承重结构，进而引发安全隐患。对图中承重墙的标示，可以调用图案填充命令进行图案填充。

Step 01 绘制填充轮廓。调用 L【直线】命令，绘制直线，结果如图 12-34 所示。

Step 02 填充图案。调用 H【填充】命令，弹出【图案填充和渐变色】对话框，设置参数如图 12-35 所示。

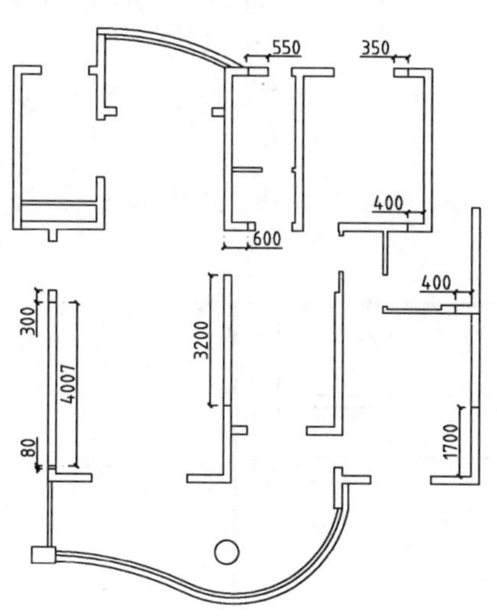

图 12-34　绘制直线

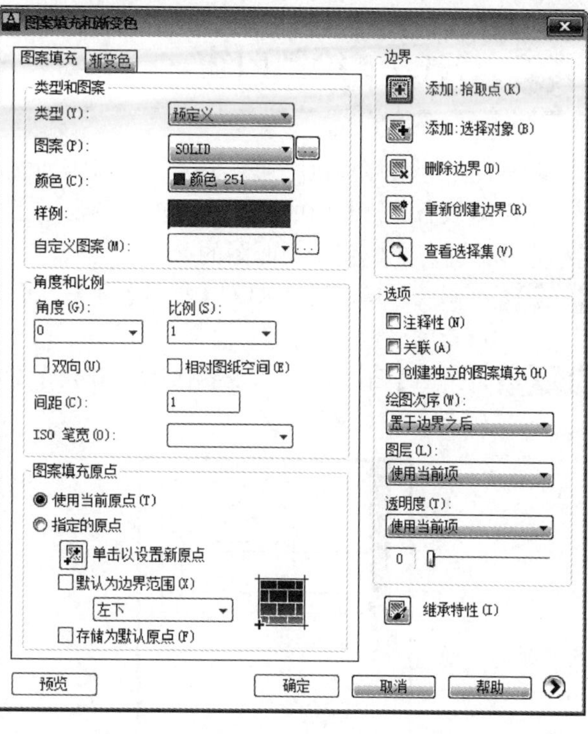

图 12-35　设置参数

Step 03 在绘图区中拾取填充区域，绘制填充图案的结果如图 12-36 所示。

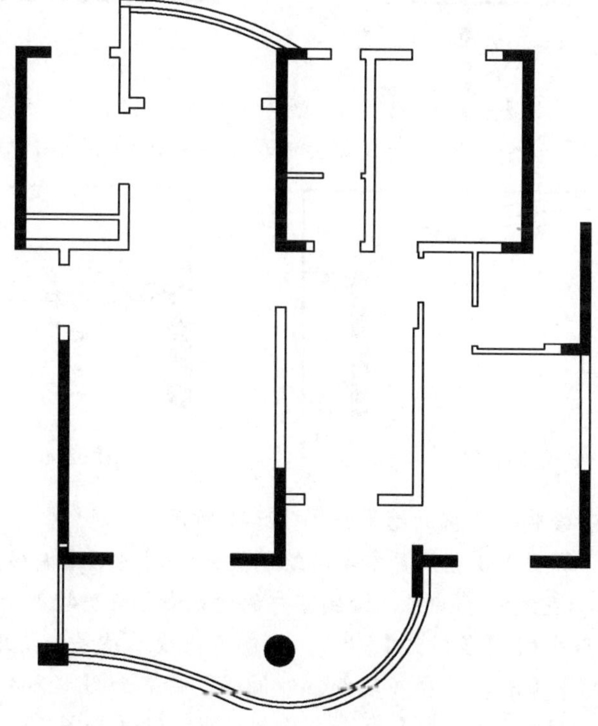

图 12-36　填充结果

12.1.7 绘制门窗

门窗图形为房屋提供交通、采光、通风等功能。门图形的绘制可以调用矩形命令绘制矩形，调用圆弧命令绘制门的开启线。窗户图形则主要调用直线命令绘制直线，调用偏移命令偏移直线，即可完成窗户平面图的绘制。

Step 01 绘制入户门。调用 REC【矩形】命令，绘制尺寸为 600×40 的矩形，结果如图 12-37 所示。

Step 02 调用 A【圆弧】命令，绘制圆弧；调用 L【直线】命令，绘制门口线，结果如图 12-38 所示。

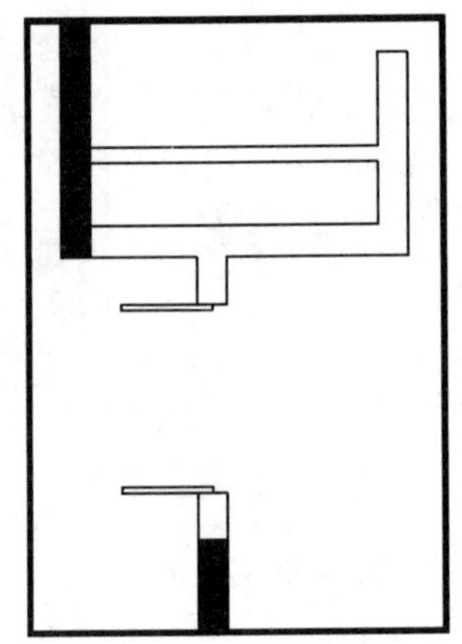

图 12-37 绘制矩形

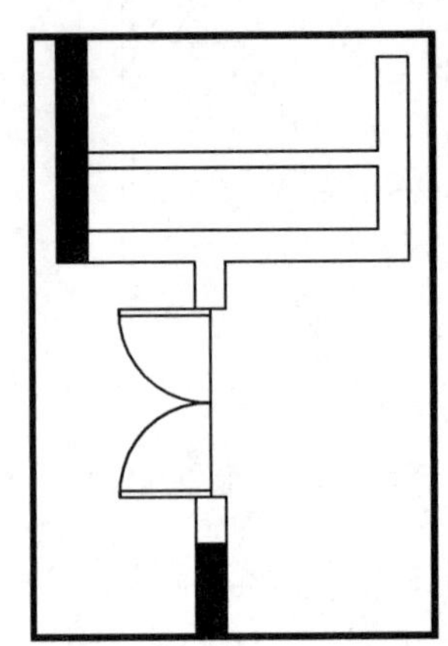

图 12-38 绘制结果

Step 03 绘制窗户。调用 L【直线】命令，在窗洞处绘制连接直线，结果如图 12-39 所示。

Step 04 调用 O【偏移】命令，选择直线向上偏移，结果如图 12-40 所示。

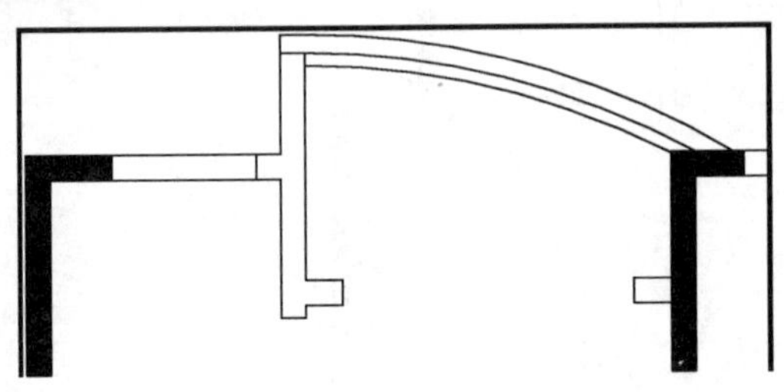

图 12-39 绘制直线

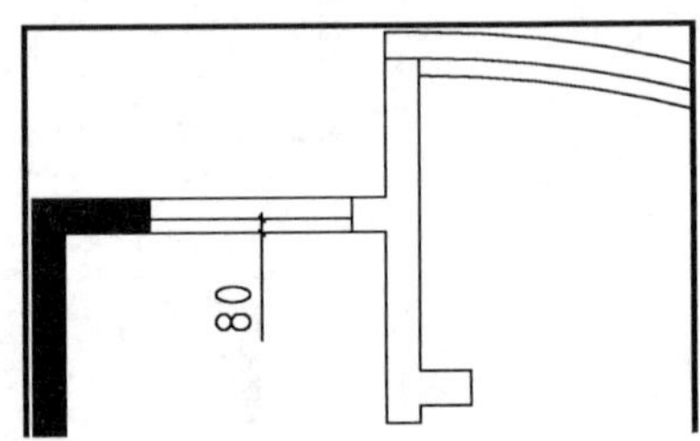

图 12-40 偏移直线

Step 05 沿用此种方法绘制平开窗的结果如图 12-41 所示。

Step 06 绘制平开窗。调用 L【直线】命令，绘制直线；调用 O【偏移】命令，设置偏移距离为 67，选择直线向下偏移，绘制窗户的结果如图 12-42 所示。

Step 07 绘制飘窗。调用 PL【多段线】命令，绘制多段线，结果如图 12-43 所示。

Step 08 调用 O【偏移】命令，选择多段线往外偏移，结果如图 12-44 所示。

Step 09 绘制窗口线。调用 L【直线】命令，绘制直线，结果如图 12-45 所示。

Step 10 沿用相同的方法和尺寸绘制另一飘窗图形，绘制结果如图 12-46 所示。

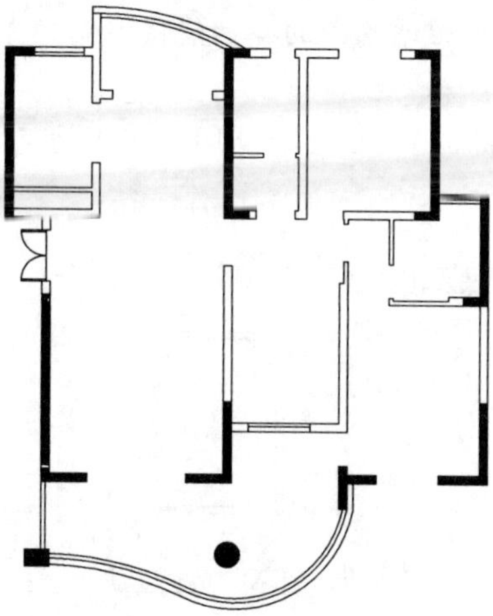

图 12-41　绘制结果

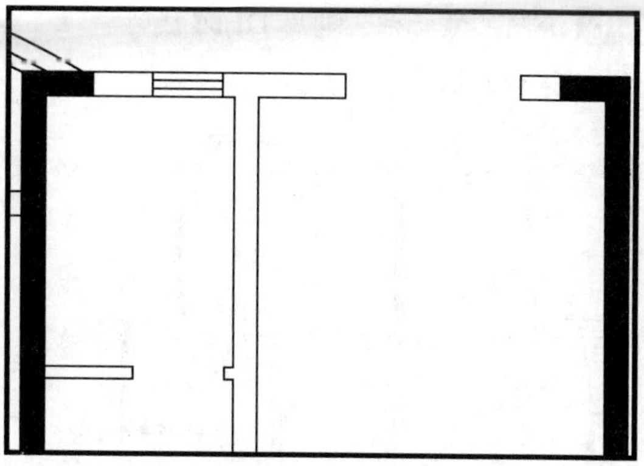

图 12-42　绘制平开窗

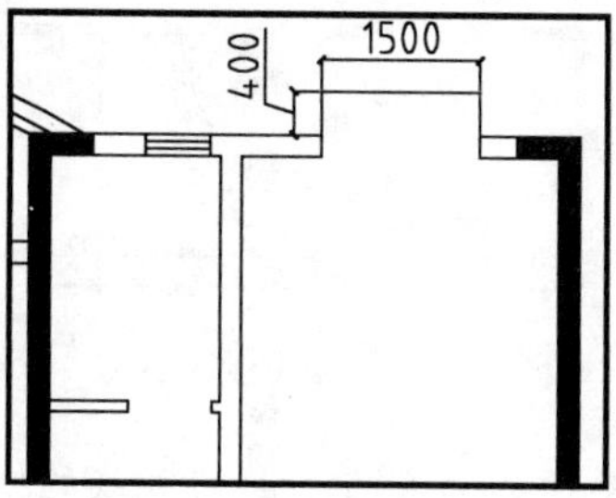

图 12-43　绘制多段线

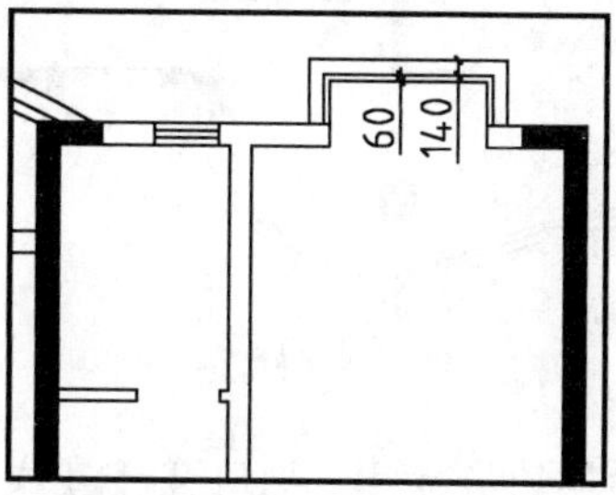

图 12-44　偏移多段线

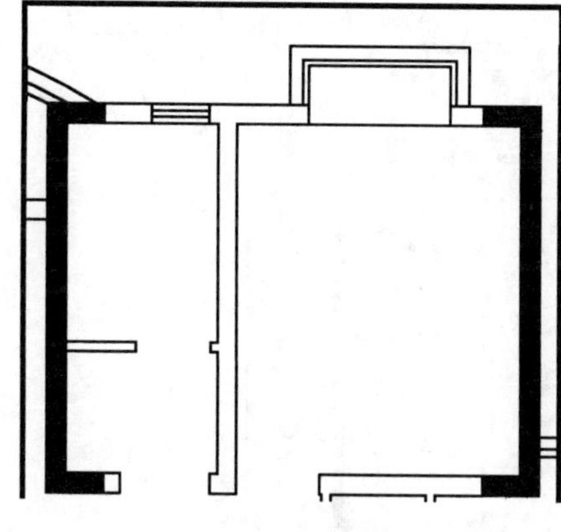

图 12-45　绘制直线

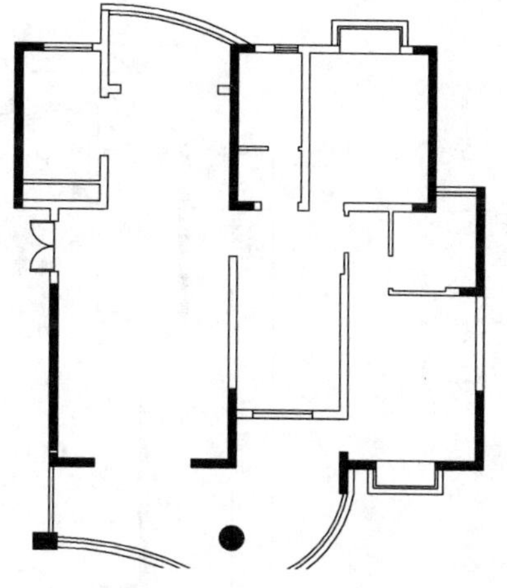

图 12-46　绘制结果

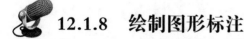

12.1.8　绘制图形标注

调用多行文字命令，可以为图形绘制各区域的文字标注；线性标注命令可以绘制开间和进深的尺寸；图名标注则可以为图形构建名称，从而与其他图形相区别。

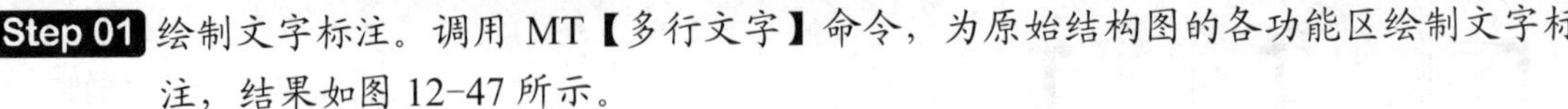

Step 01 绘制文字标注。调用 MT【多行文字】命令，为原始结构图的各功能区绘制文字标注，结果如图 12-47 所示。

Step 02 绘制尺寸标注。调用 DLI【线性标注】命令，为原始结构图绘制开间和进深的尺寸，结果如图 12-48 所示。

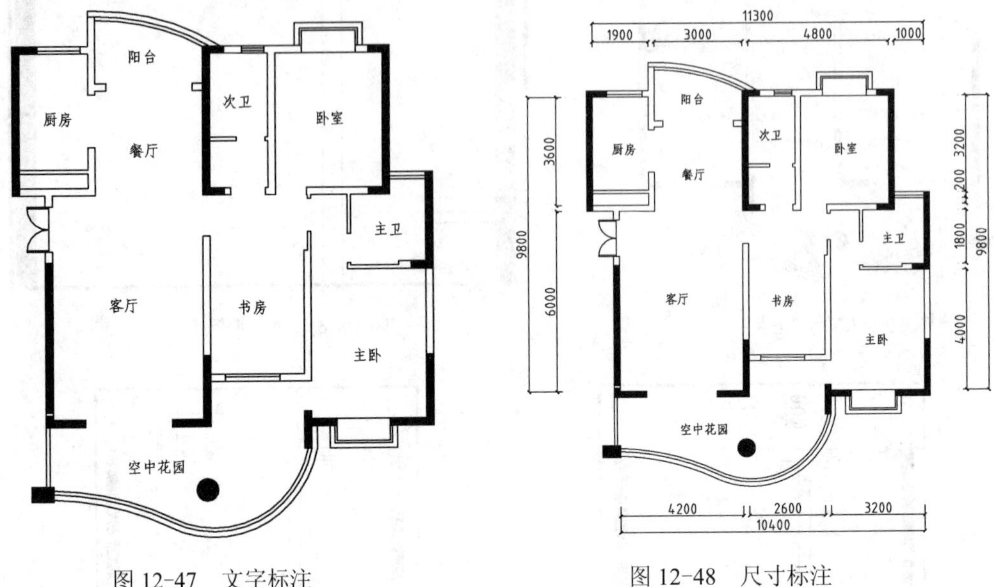

图 12-47　文字标注　　图 12-48　尺寸标注

Step 03 绘制图名标注。调用 L【直线】命令，绘制双横线，并将下面的直线的线宽设置为 0.3mm; 调用 MT【多行文字】命令，绘制图名和比例，完成图名标注的结果如图 12-49 所示。

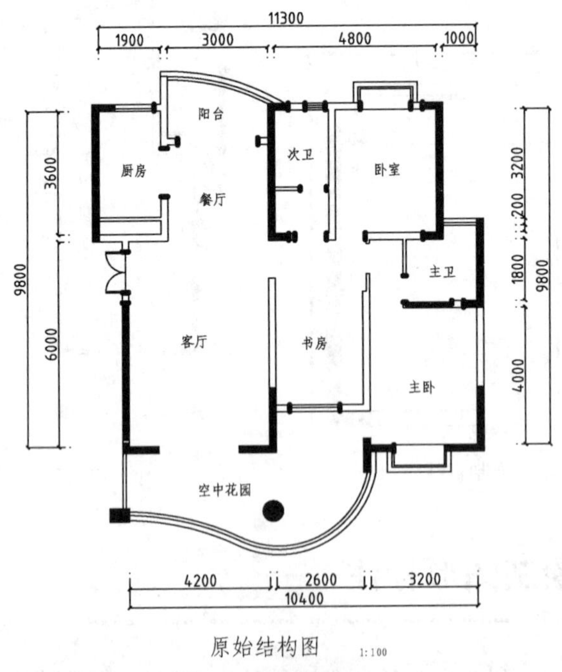

图 12-49　图名标注

12.2 绘制平面布置图

平面布置图是装饰施工图中的主要图样，是根据装饰设计原理、人体工程学以及用户的要求，画出的用于反映建筑平面布局、装饰空间及功能区域的划分、家具设备的布置、绿化以及陈设的布局等内容的图样，是确定装饰空间平面尺度及装饰形体定位的主要依据。

下面介绍室内装潢平面布置图的绘制方法和技巧。

12.2.1　绘制客厅平面布置图

客厅是家人休闲活动的场所，也是款待亲朋的场所。因此除了需要较大的空间外，还必须配备必要的家具，比如电视机、组合沙发、鞋柜等。本节介绍鞋柜、推拉门等图形的绘制方法，主要调用直线命令、复制命令以及矩形等命令。

Step 01 调用原始结构图。调用 CO【复制】命令，移动复制一份原始结构图至一旁。

Step 02 绘制门口线。调用 L【直线】命令，在客厅通往空中花园的门洞处绘制连接直线，结果如图 12-50 所示。

Step 03 绘制推拉门。调用 REC【矩形】命令，绘制尺寸为 600×60 的矩形，结果如图 12-51 所示。

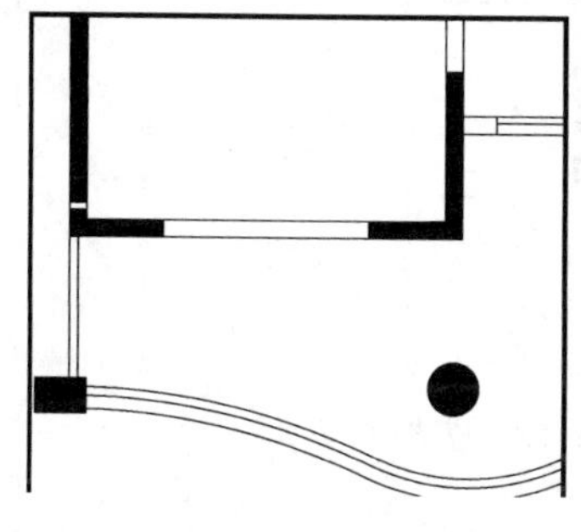

图 12-50　绘制直线

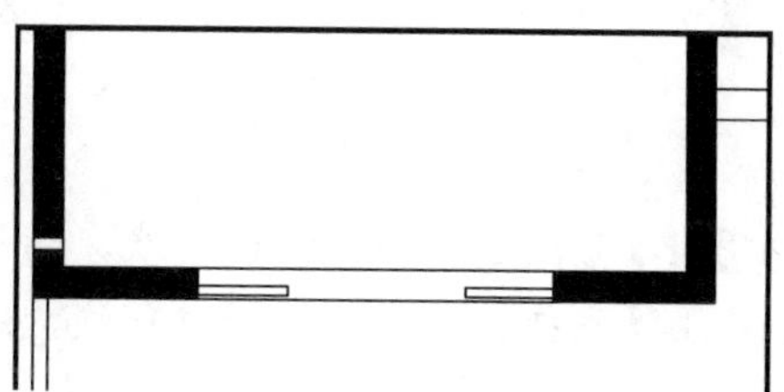

图 12-51　绘制矩形

Step 04 调用 CO【复制】命令，移动复制矩形，结果如图 12-52 所示。

Step 05 绘制指示箭头。调用 PL【多段线】命令，命令行提示如下。

```
命令: PLINE↙
指定起点:                                                    //指定多段线的起点
当前线宽为 0
指定下一个点或 [圆弧(A)/半宽(H)/长度(L)/放弃(U)/宽度(W)]: //指定多段线的下一个点
指定下一点或 [圆弧(A)/闭合(C)/半宽(H)/长度(L)/放弃(U)/宽度(W)]: w
                                                    //输入 W，选择“宽度”选项
指定起点宽度<0>: 50
指定端点宽度<50>: 0
指定下一点或 [圆弧(A)/闭合(C)/半宽(H)/长度(L)/放弃(U)/宽度(W)]:
```

//指定箭头的起点
指定下一点或 [圆弧(A)/闭合(C)/半宽(H)/长度(L)/放弃(U)/宽度(W)]:
//指定箭头的终点，绘制箭头的结果如图 12-53 所示

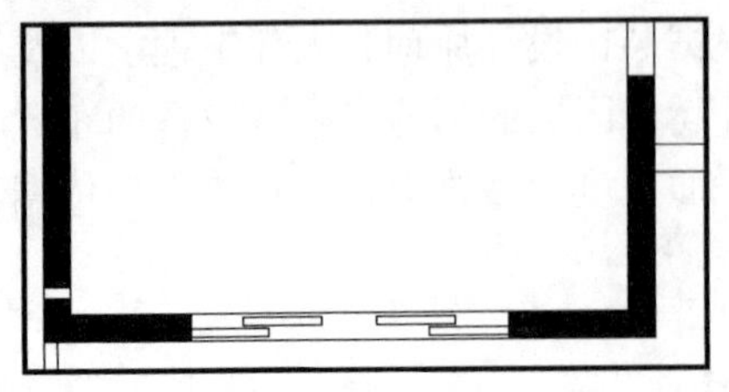
图 12-52　复制矩形

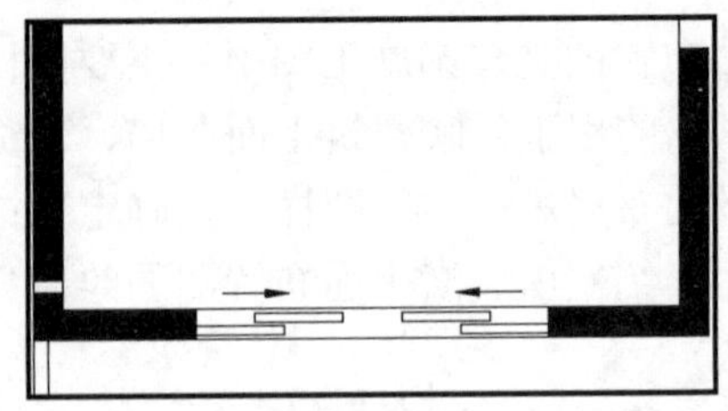
图 12-53　绘制箭头

Step 06 绘制鞋柜。调用 REC【矩形】命令，绘制尺寸为 1 200×300 的矩形，结果如图 12-54 所示。

Step 07 调用 O【偏移】命令，向内偏移矩形，结果如图 12-55 所示。

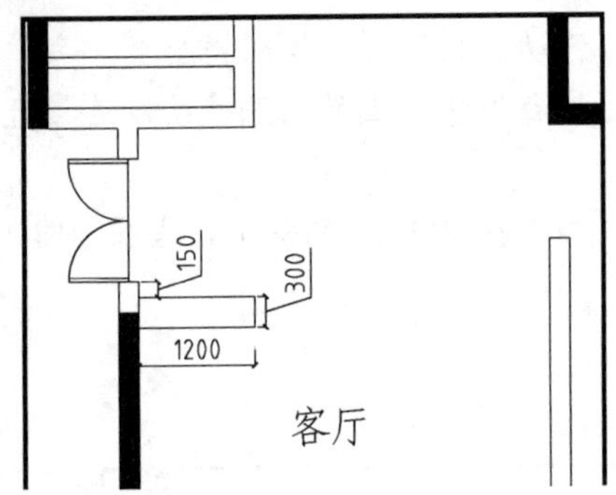

图 12-54　绘制矩形

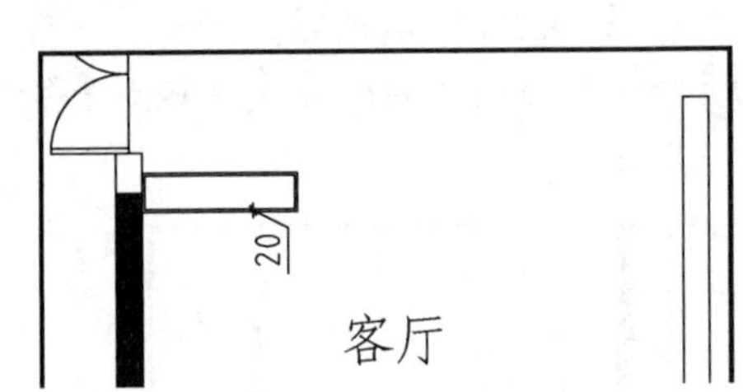

图 12-55　偏移矩形

Step 08 调用 L【直线】命令，绘制直线，结果如图 12-56 所示。

Step 09 调用 L【直线】命令，绘制对角线，结果如图 12-57 所示。

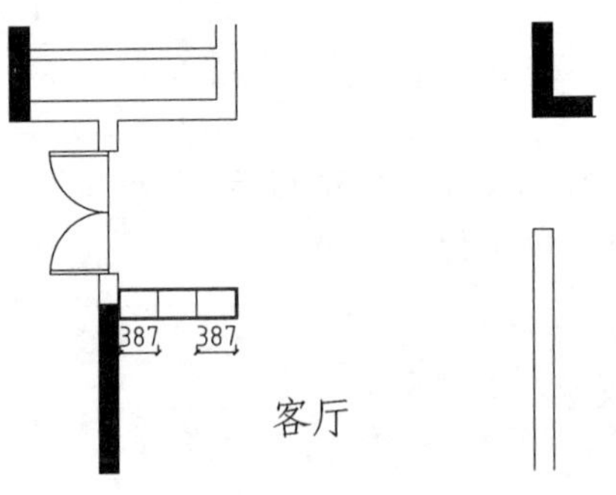

图 12-56　绘制直线

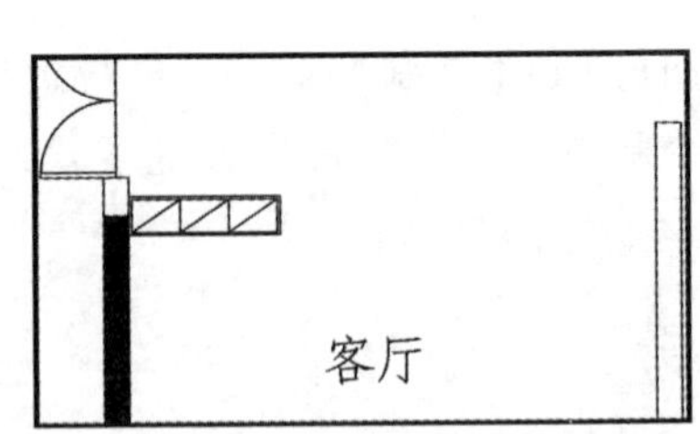

图 12-57　绘制对角线

Step 10 绘制电视柜。调用 REC【矩形】命令，绘制尺寸为 3 500×400 的矩形，结果如图 12-58 所示。

Step 11 插入图块。按【Ctrl+O】组合键，打开本书配套光盘提供的“第 12 章\家具图例.dwg”文件，将其中家具图形复制并粘贴至当前图形中，插入图块的结果如图 12-59 所示。

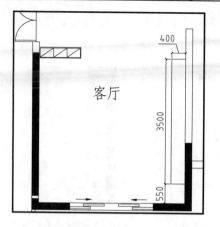

图 12-58　绘制矩形

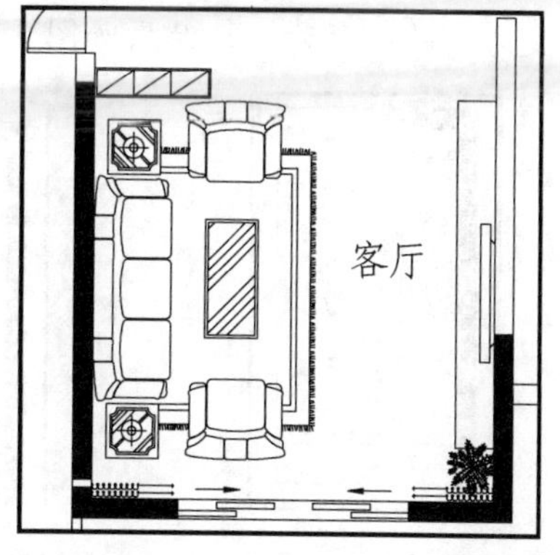

图 12-59　插入图块

12.2.2　绘制厨房、餐厅、生活阳台平面图

橱柜是重要的日常生活家具，一般台面为 600mm 宽，可以调用偏移命令和修剪命令来进行绘制。由餐厅通往阳台的推拉门可以调用矩形命令和复制命令来绘制，地漏和水管图形则可以调用圆形命令和填充命令来绘制。

Step 01 绘制烟道。调用 REC【矩形】命令，在厨房原始结构图的左上角绘制尺寸为 480×350 的矩形，结果如图 12-60 所示。

Step 02 调用 O【偏移】命令，设置偏移距离为 40，向内偏移矩形，结果如图 12-61 所示。

Step 03 调用 PL【多段线】命令，在偏移得到的矩形内绘制折断线，结果如图 12-62 所示。

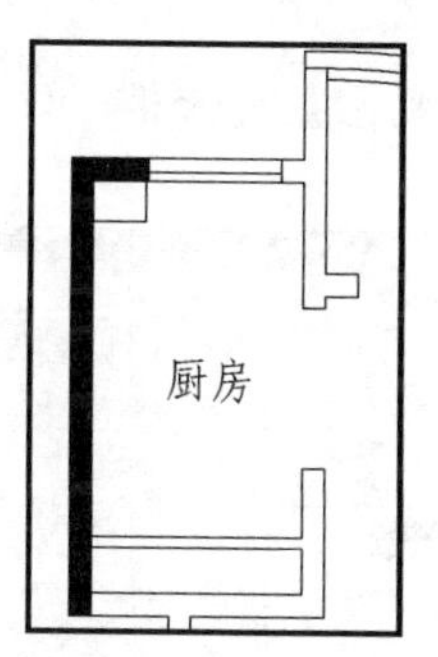

图 12-60　绘制矩形

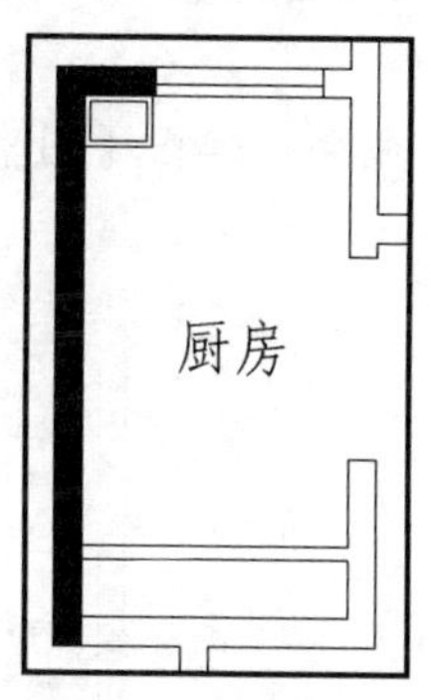

图 12-61　偏移矩形

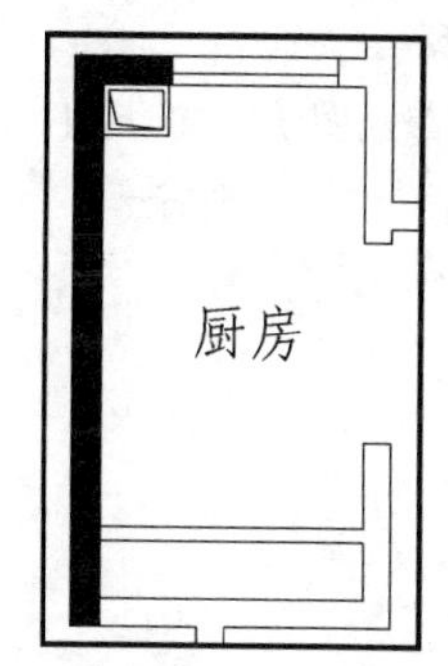

图 12-62　绘制折断线

Step 04 绘制橱柜台面。调用 O【偏移】命令，偏移墙线，结果如图 12-63 所示。

Step 05 修剪墙线。调用 F【圆角】命令，设置圆角半径为 0，对所偏移的墙线进行圆角处理，结果如图 12-64 所示。

Step 06 调用 PL【多段线】命令，在厨房的通风口处绘制折断线，结果如图 12-65 所示。

Step 07 绘制门口线。调用 L【直线】命令，在餐厅通往生活阳台的门洞处绘制直线，结果如图 12-66 所示。

Step 08 绘制推拉门。调用 REC【矩形】命令，绘制尺寸为 600×60 的矩形；调用 CO【复制】命令，移动复制矩形；调用 PL【多段线】命令，绘制起点宽度为 50，终点宽度为 0 的指示箭头，结果如图 12-67 所示。

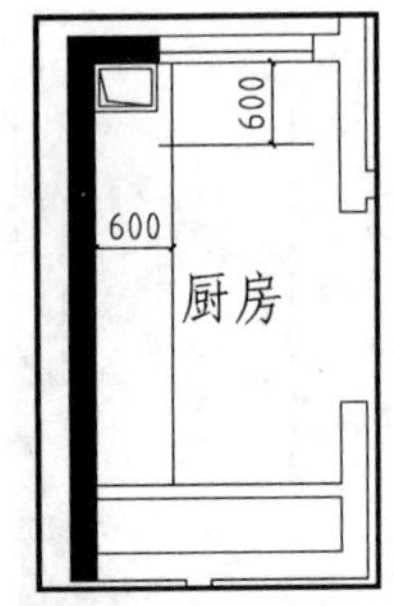

图 12-63　偏移墙线

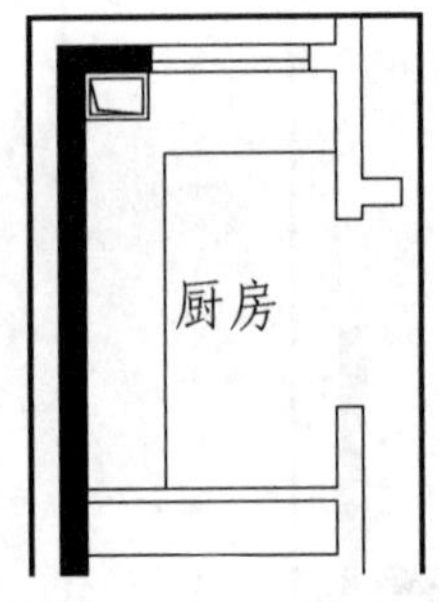

图 12-64　圆角处理

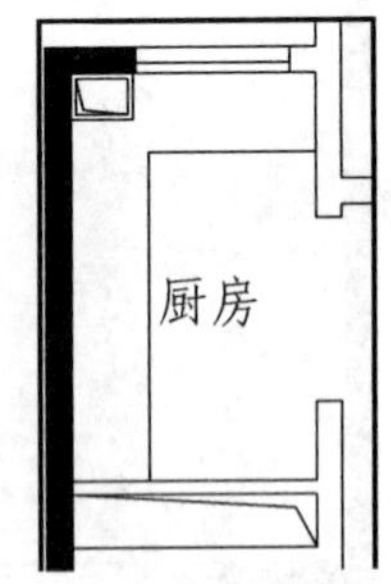

图 12-65　绘制折断线

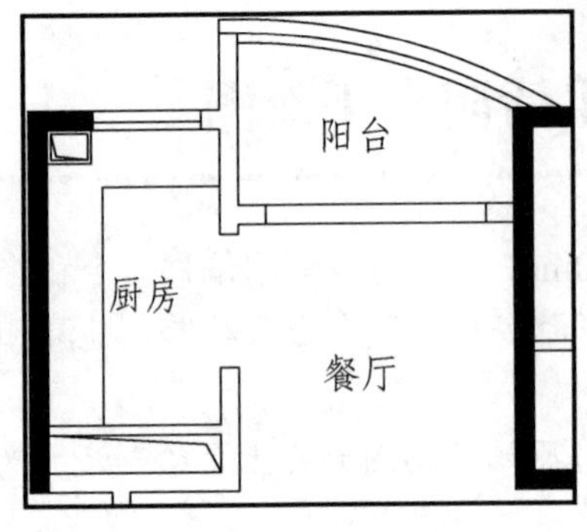

图 12-66　绘制直线

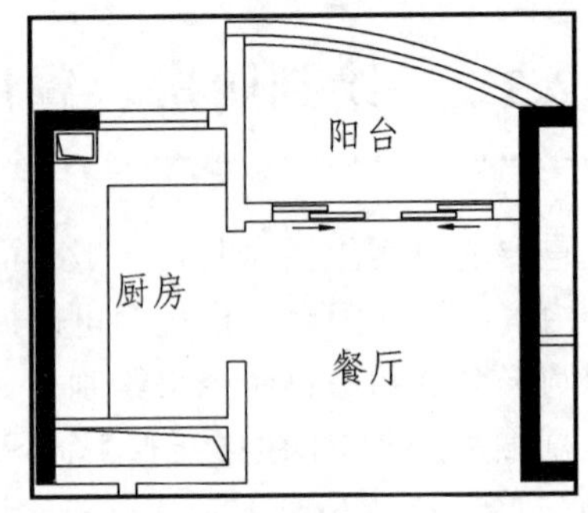

图 12-67　绘制结果

Step 09 绘制地漏和水管图形。调用 C【圆形】命令，绘制半径为 60 的圆形，结果如图 12-68 所示。

Step 10 填充图案。调用 H【填充】命令，弹出【图案填充和渐变色】对话框，设置参数如图 12-69 所示。

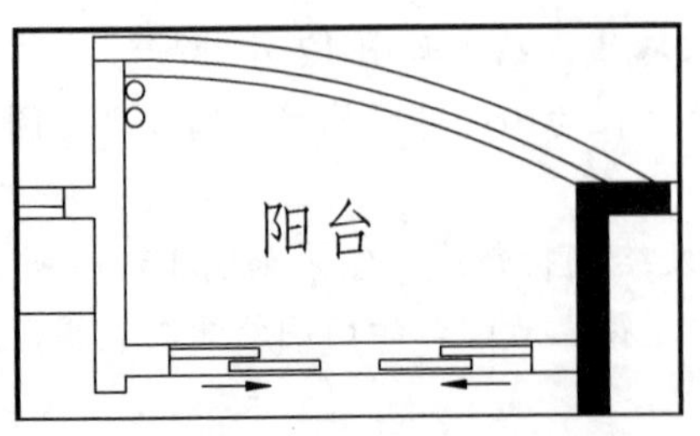

图 12-68　绘制圆形

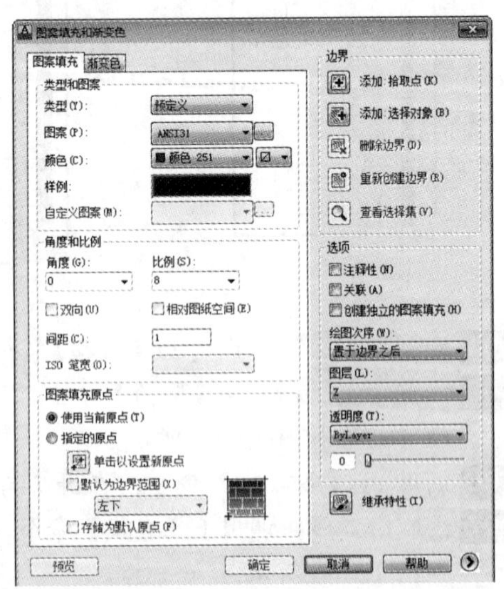

图 12-69　设置参数

Step 11 在绘图区中拾取填充区域，绘制地漏填充图案的结果如图 12-70 所示。

Step 12 插入图块。按【Ctrl+O】组合键，打开本书配套光盘提供的“第 10 章\家具图例.dwg”文件，将其中家具图形复制并粘贴至当前图形中，插入图块的结果如图 12-71 所示。

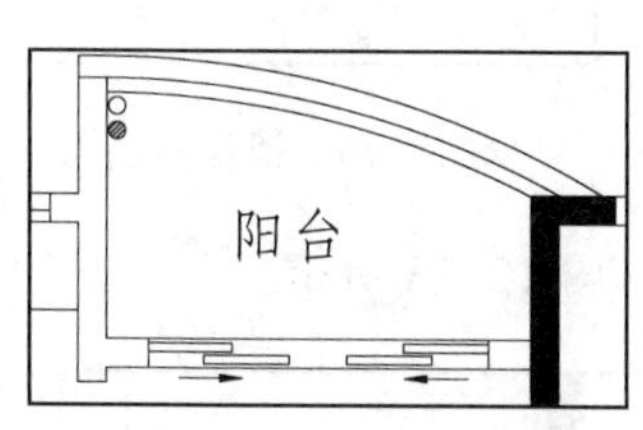

图 12-70　图案填充

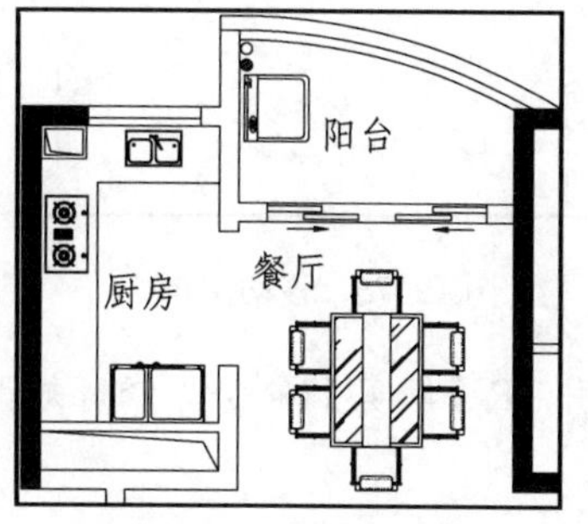

图 12-71　插入图块

12.2.3　绘制过道门套、台阶平面图

门套可以起到保护门及装饰的作用，门套的规格可以根据装饰风格和门的样式来进行选用。绘制门套图形主要调用矩形命令、分解命令以及修剪等命令，在整个居室内的门套图形大同小异，因此，可以将绘制完成的门套图形进行复制修改，即可得到其他门套图形。

Step 01 绘制门套。调用 REC【矩形】命令，绘制尺寸为 219×60 的矩形，结果如图 12-72 所示。

Step 02 调用 X【分解】命令，分解矩形；调用 O【偏移】命令，偏移矩形边，结果如图 12-73 所示。

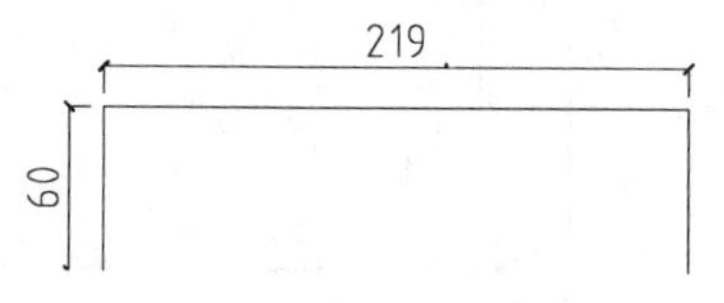

图 12-72　绘制矩形

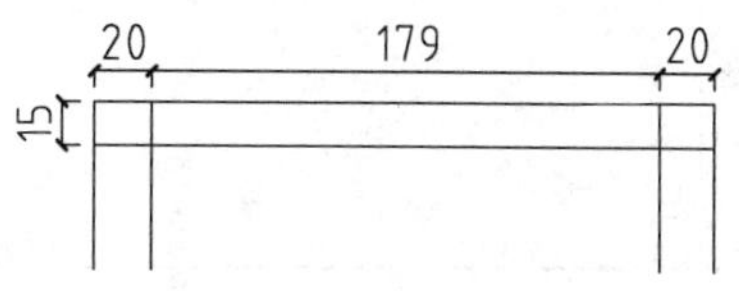

图 12-73　偏移矩形边

Step 03 调用 TR【修剪】命令，修剪矩形边，结果如图 12-74 所示。

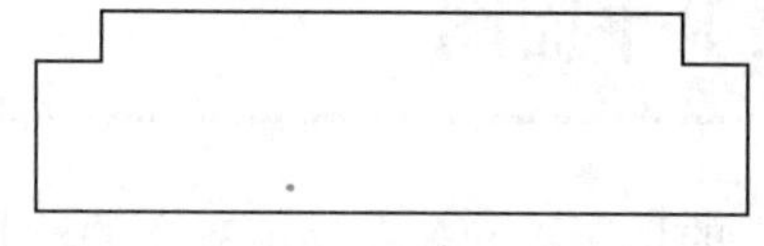

图 12-74　修剪矩形边

Step 04 调用 M【移动】命令，将绘制完成的门套图形移至过道门洞的墙体上，如图 12-75 所示。

Step 05 调用 MI【镜像】命令，镜像复制门套图形，结果如图 12-76 所示。

Step 06 绘制台阶。调用 REC【矩形】命令，绘制尺寸为 1 400×280 的矩形，结果如图 12-77 所示。

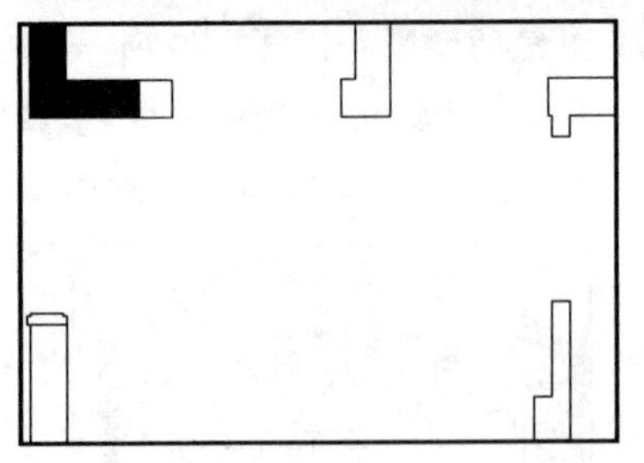

图 12-75　移动图形

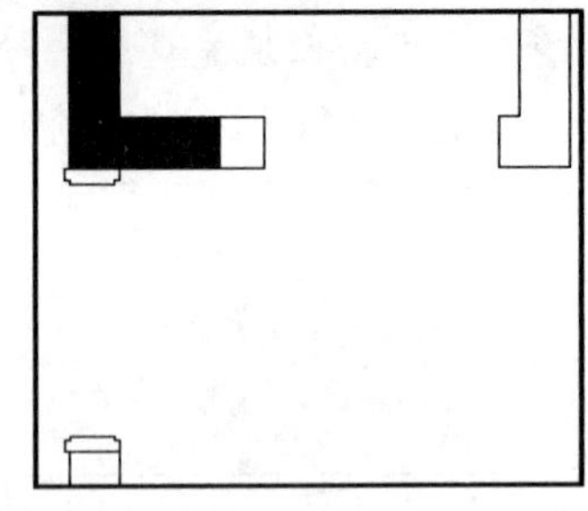

图 12-76　镜像复制

Step 07 调用 TR【修剪】命令，修剪矩形边，结果如图 12-78 所示。

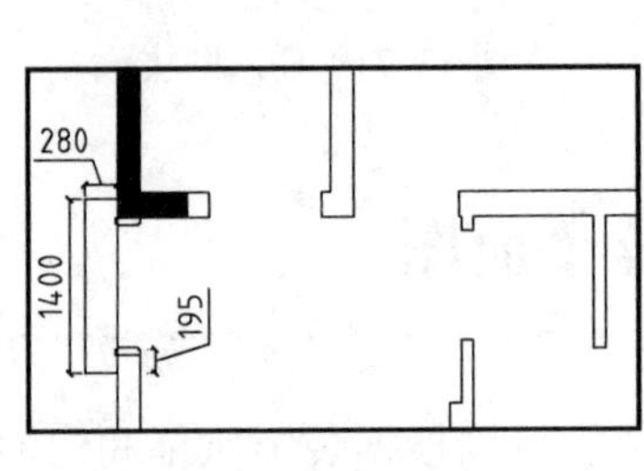

图 12-77　绘制矩形

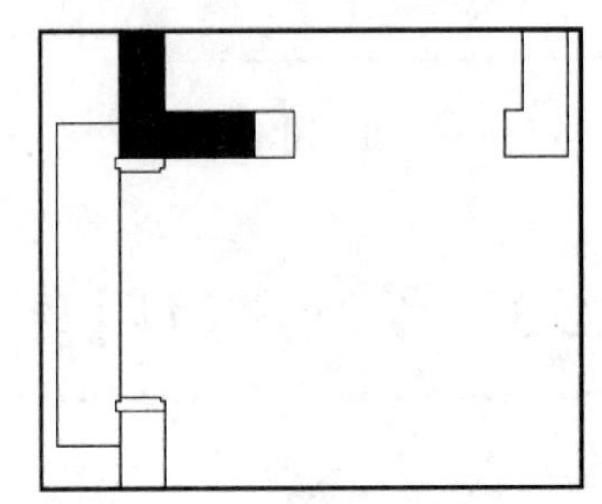

图 12-78　修剪矩形边

Step 08 绘制指示箭头。调用 PL【多段线】命令，绘制起点宽度为 50，终点宽度为 0 的箭头，结果如图 12-79 所示。

Step 09 文字标注。调用 MT【多行文字】命令，绘制文字标注，结果如图 12-80 所示。

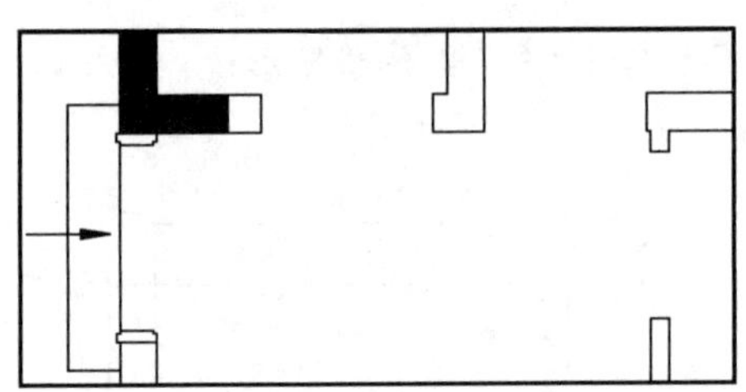

图 12-79　绘制指示箭头

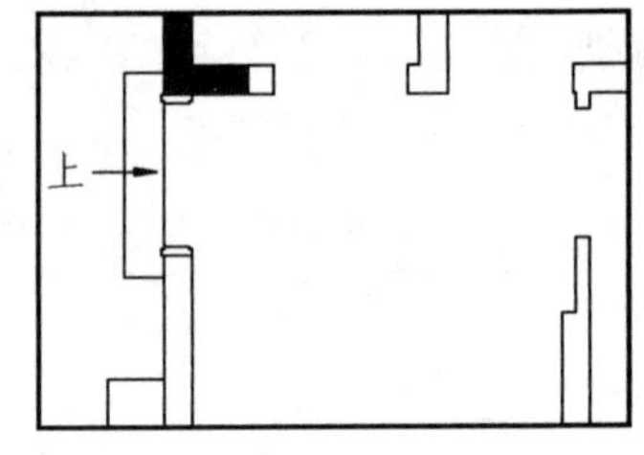

图 12-80　文字标注

12.2.4　绘制次卫平面图

次卫是提供家人及客人盥洗的场所，应配备功能齐全的洁具用品，比如马桶、洗手盆以及淋雨器等。在如厕区和淋浴区可以设置隔断，也可不设隔断，这主要视具体情况而定。绘制次卫平面图主要调用偏移命令、修剪命令以及移动等命令。

Step 01 绘制门套。调用 REC【矩形】命令，绘制矩形；调用 X【分解】命令，分解矩形；调用 O【偏移】命令，偏移矩形边，结果如图 12-81 所示。

Step 02 继续调用 O【偏移】命令，偏移矩形边，结果如图 12-82 所示。

Step 03 调用 TR【修剪】命令，修剪矩形边，结果如图 12-83 所示。

Step 04 调用 M【移动】命令，移动门套图形至门洞处，结果如图 12-84 所示。

图 12-81　偏移矩形边

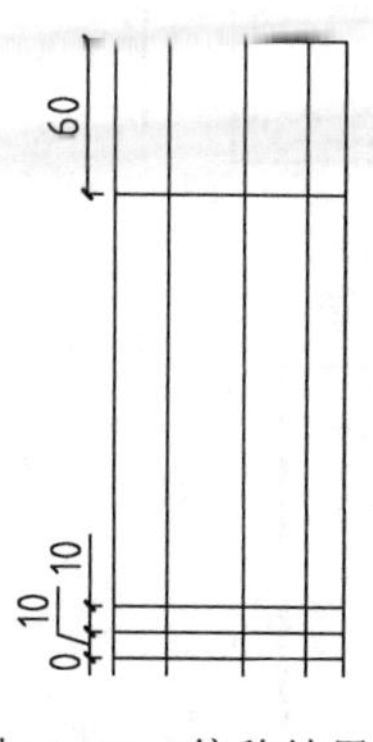

图 12-82　偏移结果

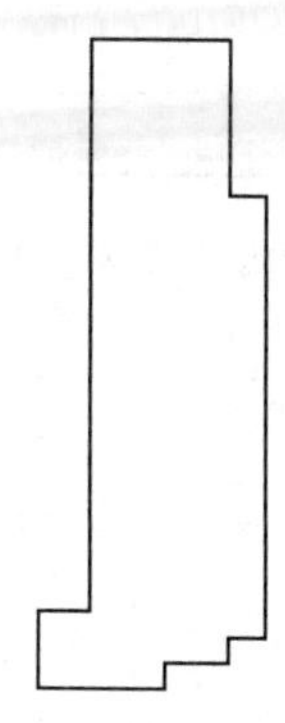
图 12-83　修剪矩形边

Step 05 绘制门套。调用 REC【矩形】命令，绘制矩形；调用 X【分解】命令，分解矩形；调用 O【偏移】命令，偏移矩形边，结果如图 12-85 所示。

Step 06 调用 TR【修剪】命令，修剪矩形边，结果如图 12-86 所示。

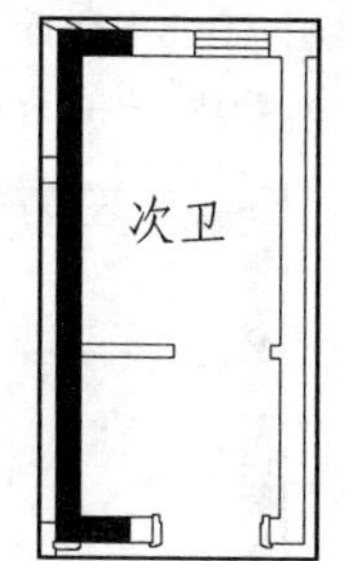

图 12-84　移动结果

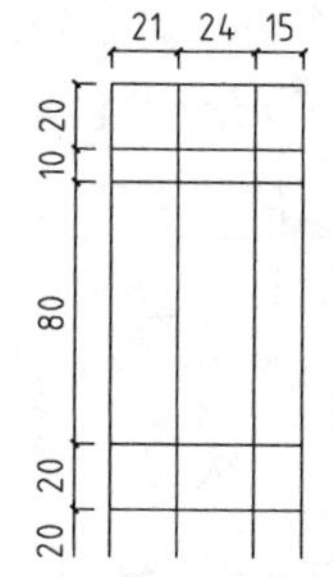

图 12-85　偏移矩形边

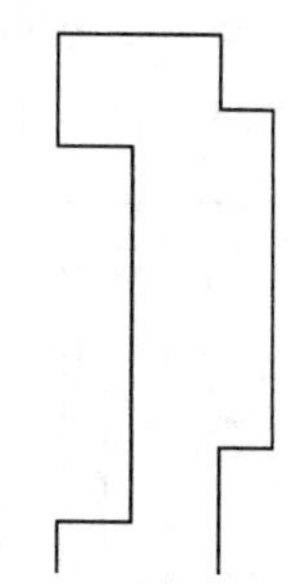
图 12-86　修剪矩形边

Step 07 调用 M【移动】命令，移动门套图形至门洞处，结果如图 12-87 所示。

Step 08 绘制平开门。调用 REC【矩形】命令，绘制尺寸为 730×40 的矩形，结果如图 12-88 所示。

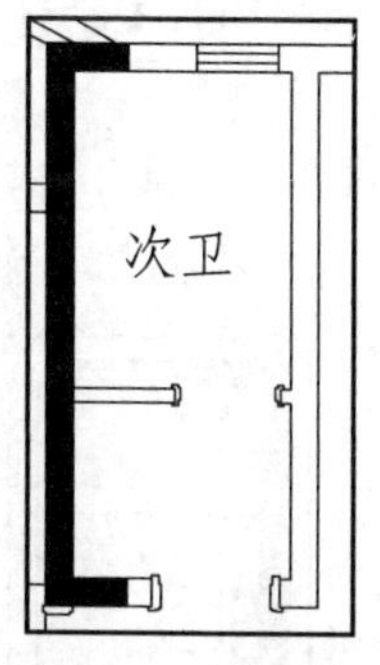

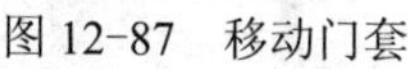
图 12-87　移动门套

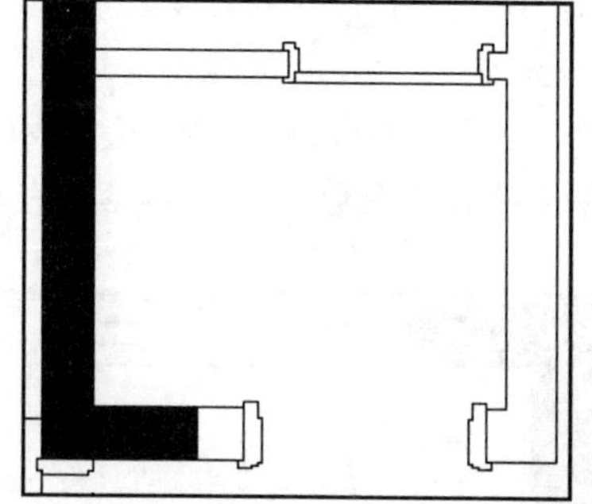
图 12-88　绘制矩形

Step 09 调用 O【偏移】命令，设置偏移距离为 3，向内偏移矩形，结果如图 12-89 所示。

Step 10 调用 E【删除】命令，删除尺寸为 730×40 的矩形，结果如图 12-90 所示。

Step 11 调用 REC【矩形】命令，绘制尺寸为 722×34 的矩形，结果如图 12-91 所示。

Step 12 调用 A【圆弧】命令，绘制圆弧，结果如图 12-92 所示。

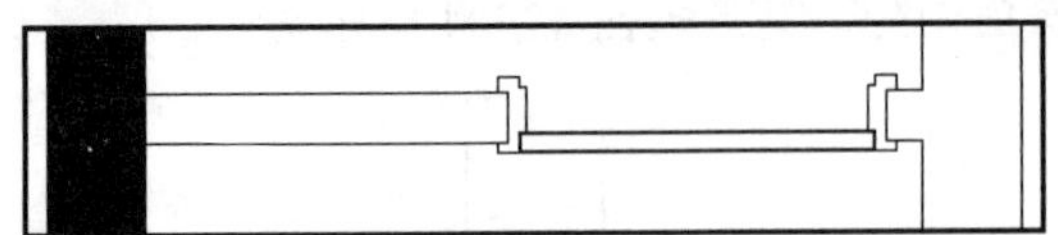

图 12-89 偏移矩形

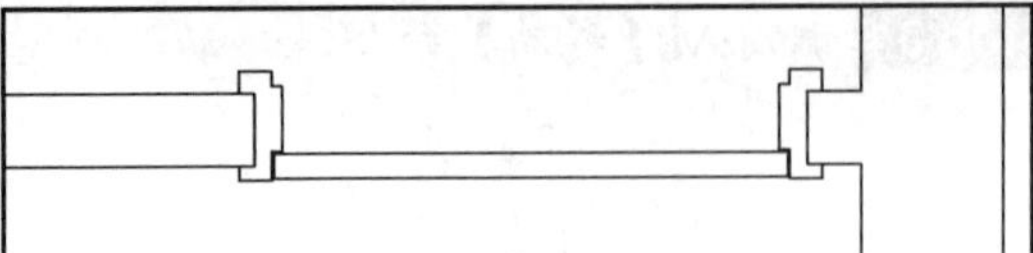

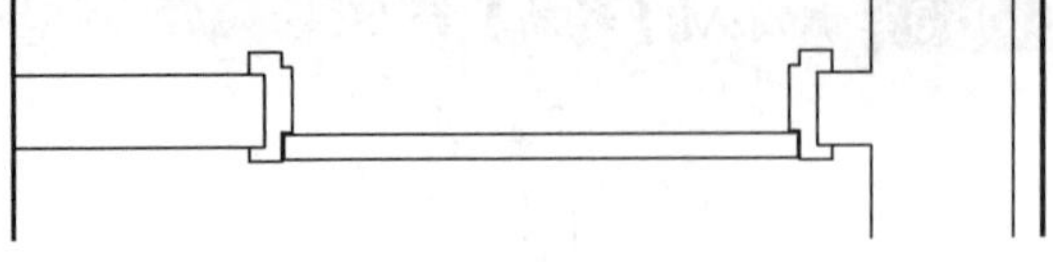

图 12-90 删除矩形

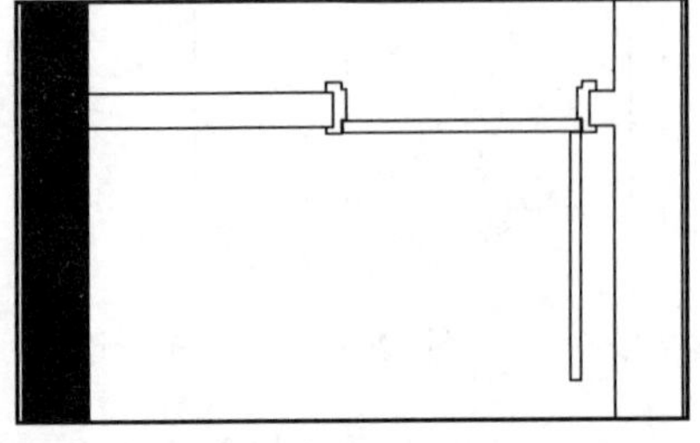

图 12-91 绘制矩形

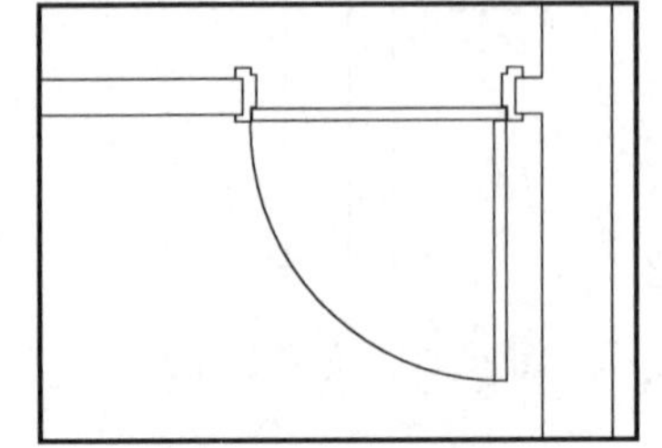

图 12-92 绘制圆弧

Step 13 绘制洗手台。调用 L【直线】命令，绘制直线，结果如图 12-93 所示。

Step 14 绘制淋浴间。调用 O【偏移】命令，偏移墙线，结果如图 12-94 所示。

Step 15 绘制门洞。调用 L【直线】命令，绘制直线，结果如图 12-95 所示。

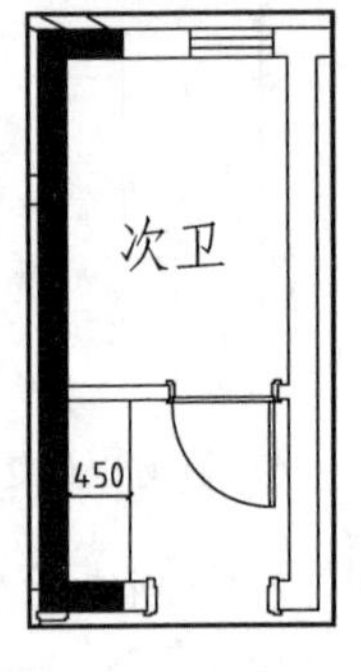

图 12-93 绘制直线

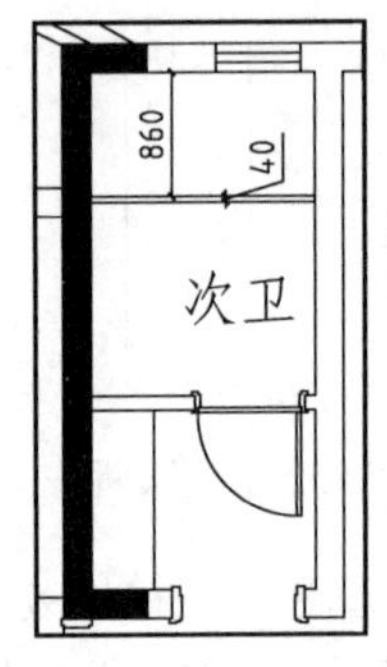

图 12-94 偏移墙线

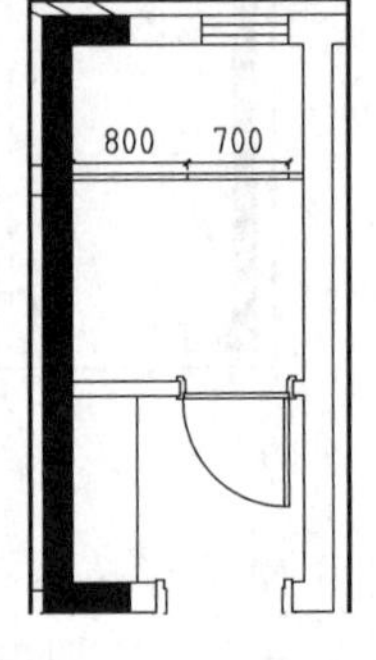

图 12-95 绘制直线

Step 16 绘制玻璃隔断。调用 O【偏移】命令，偏移直线；调用 TR【修剪】命令，修剪直线，结果如图 12-96 所示。

Step 17 插入图块。按【Ctrl+O】组合键，打开本书配套光盘提供的“第 10 章\家具图例.dwg”文件，将其中洁具图形复制并粘贴至当前图形中，插入图块的结果如图 12-97 所示。

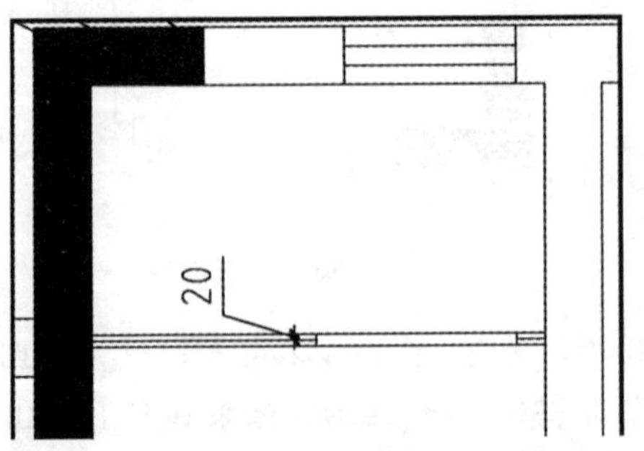

图 12-96 修剪直线

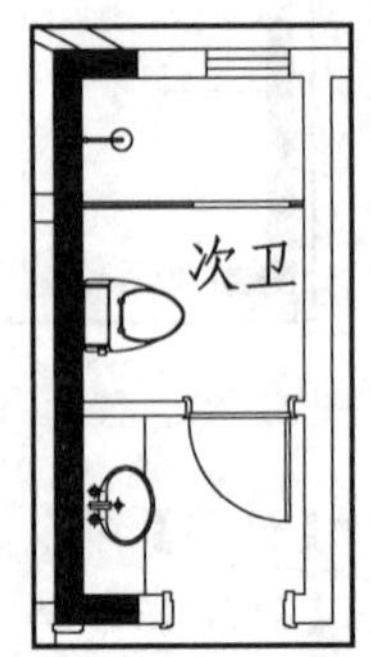

图 12-97 插入图块

12.2.5　绘制卧室平面布置图

本例卧室为儿童房间，所以除配备了基本的家具外，还必须为孩子提供写字桌，以供其学习功课。由于卧室的面积较小，所以在放置了一个床头柜之后，在靠窗边的位置放置了一张写字桌。绘制卧室平面图主要调用的命令有矩形命令、修剪命令以及删除等命令。

Step 01 绘制门套。调用 REC【矩形】命令，绘制矩形；调用 X【分解】命令，分解矩形；调用 O【偏移】命令，偏移矩形边，结果如图 12-98 所示。

Step 02 调用 TR【修剪】命令，修剪矩形边，结果如图 12-99 所示。

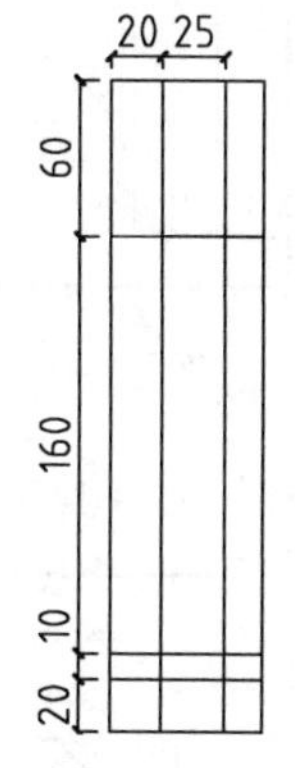

图 12-98　偏移矩形边

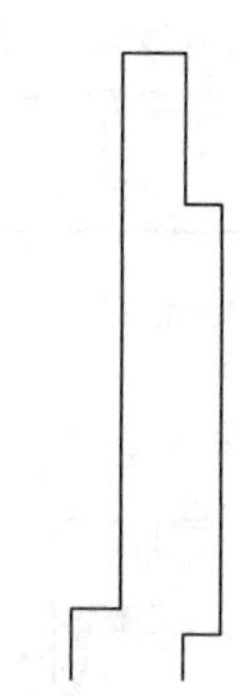

图 12-99　修剪矩形边

Step 03 调用 M【移动】命令，移动门套图形至门洞处，结果如图 12-100 所示。

Step 04 绘制平开门。调用 REC【矩形】命令，绘制尺寸为 830×60 的矩形，结果如图 12-101 所示。

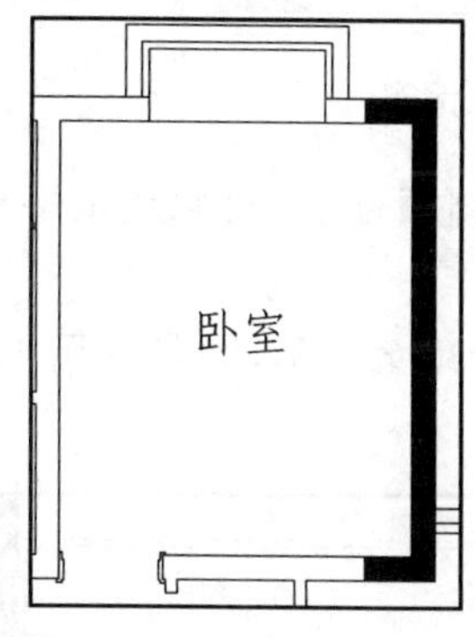

图 12-100　移动门套

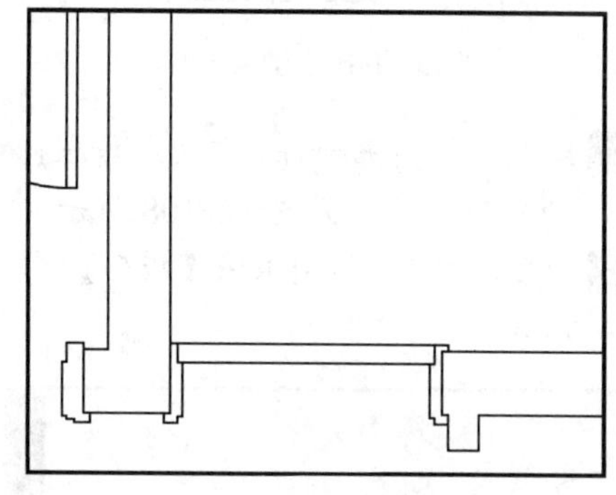

图 12-101　绘制矩形

Step 05 调用 O【偏移】命令，设置偏移距离为 5，向内偏移矩形，结果如图 12-102 所示。

Step 06 调用 E【删除】命令，删除尺寸为 830×60 的矩形，结果如图 12-103 所示。

Step 07 调用 REC【矩形】命令，绘制尺寸为 818×55 的矩形，结果如图 12-104 所示。

Step 08 调用 A【圆弧】命令，绘制圆弧，完成平开门的绘制，结果如图 12-105 所示。

Step 09 绘制衣柜。调用 REC【矩形】命令，绘制尺寸为 1 921×600 的矩形，结果如图 12-106 所示。

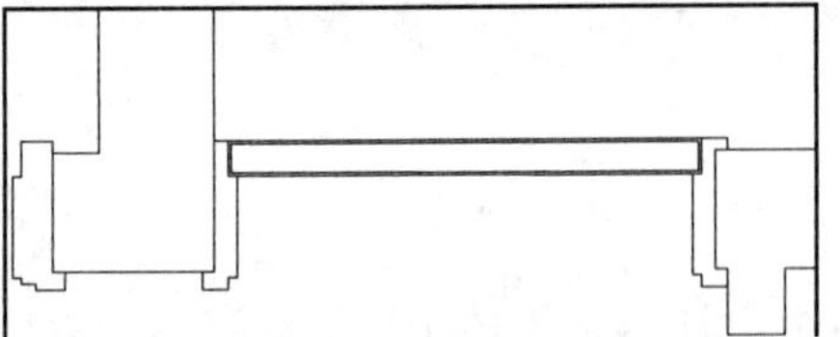

图 12-102　偏移矩形

图 12-103　删除矩形

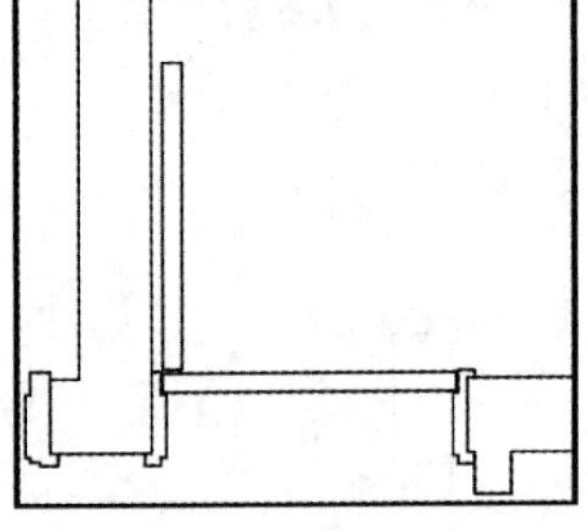

图 12-104　绘制矩形

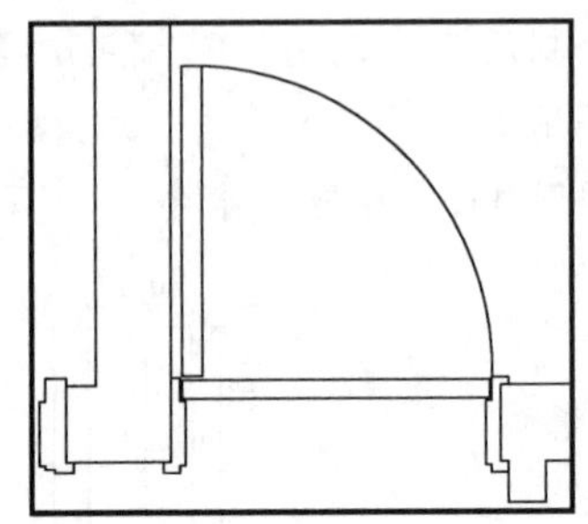

图 12-105　绘制圆弧

Step 10 调用 O【偏移】命令，向内偏移矩形，结果如图 12-107 所示。

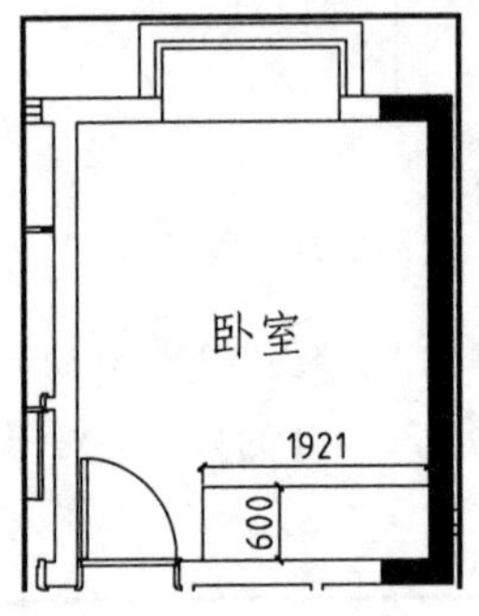

图 12-106　绘制矩形

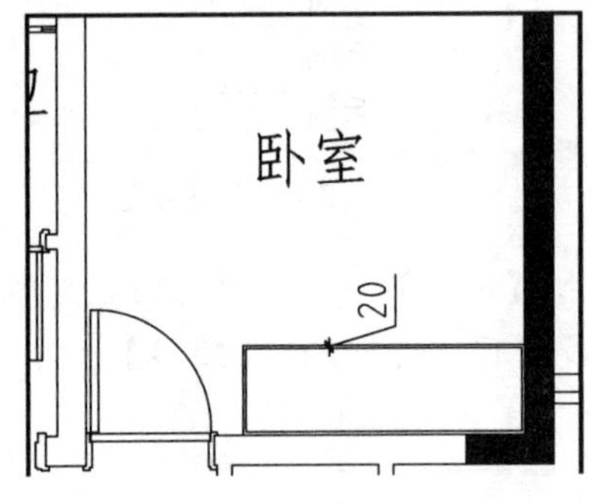

图 12-107　偏移矩形

Step 11 绘制衣柜内五金件（即固定挂衣杆构件）。调用 REC【矩形】命令，绘制尺寸为 80×20 的矩形，结果如图 12-108 所示。

Step 12 绘制挂衣杆。调用 REC【矩形】命令，绘制尺寸为 1 841×20 的矩形，结果如图 12-109 所示。

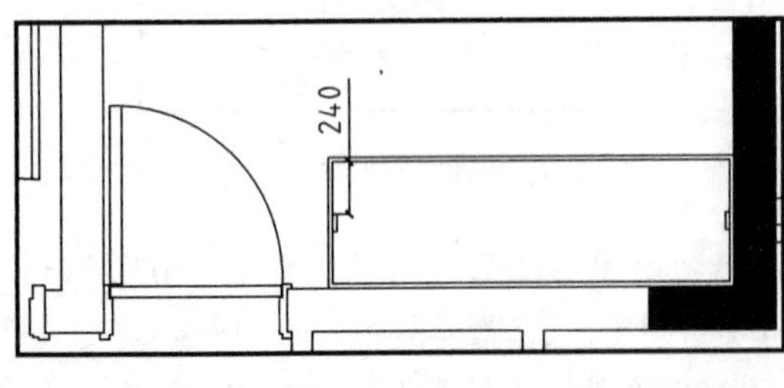

图 12-108　绘制结果

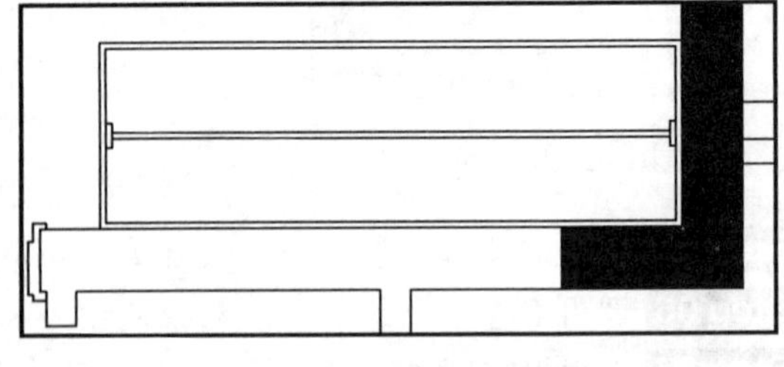

图 12-109　绘制矩形

Step 13 绘制书桌。调用 REC【矩形】命令，绘制尺寸为 950×450 的矩形，结果如图 12-110 所示。

Step 14 绘制台灯。调用 C【圆形】命令，绘制半径分别为 60、111、168 的圆形，结果如图 12-111 所示。

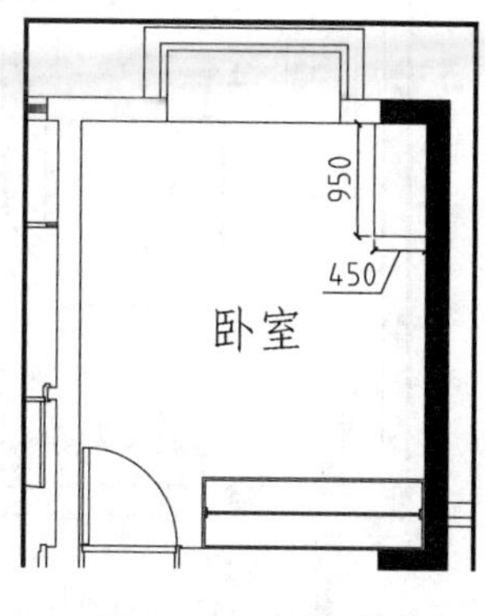

图 12-110　绘制矩形

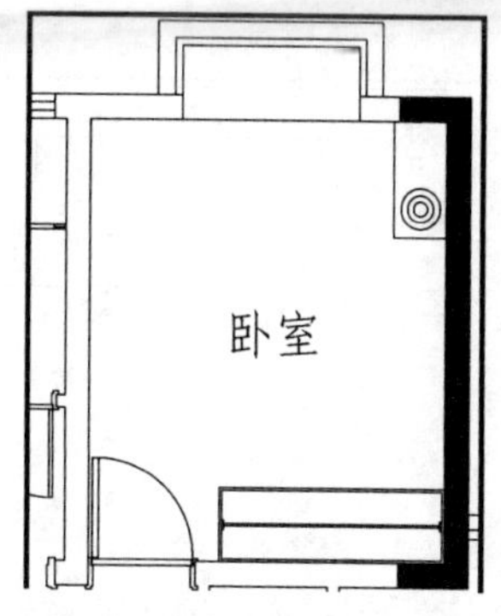

图 12-111　绘制圆形

Step 15 调用 L【直线】命令，过圆心绘制直线，结果如图 12-112 所示。

Step 16 调用 E【删除】命令，删除最外围的圆形，完成台灯平面图的绘制，结果如图 12-113 所示。

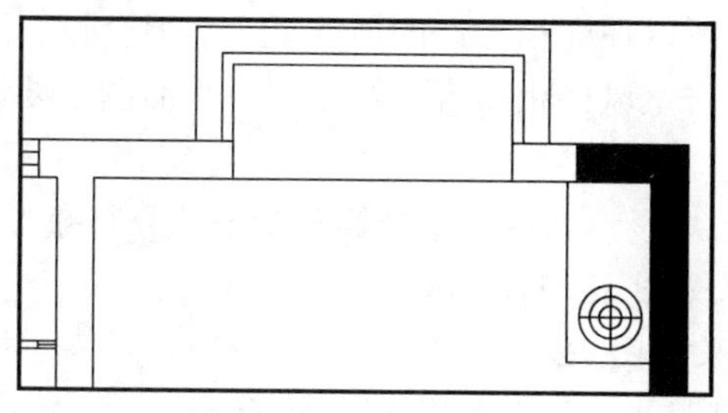
图 12-112　绘制直线

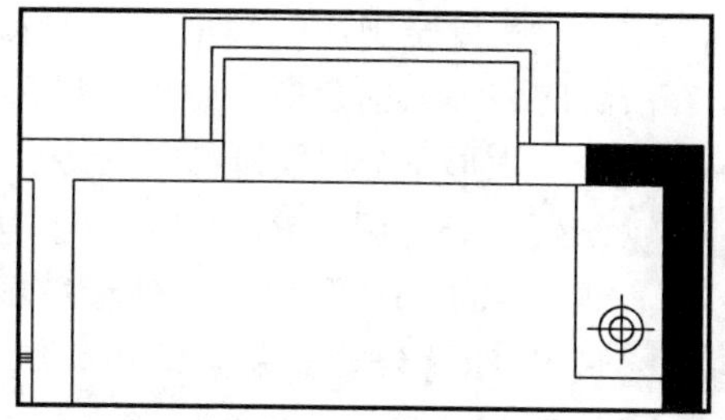
图 12-113　删除圆形

Step 17 绘制座椅。调用 REC【矩形】命令，命令行提示如下。

```
命令: RECTANG↙
指定第一个角点或 [倒角(C)/标高(E)/圆角(F)/厚度(T)/宽度(W)]: F
                                        //输入 F，选择“圆角”选项
指定矩形的圆角半径<0>: 60
指定第一个角点或 [倒角(C)/标高(E)/圆角(F)/厚度(T)/宽度(W)]: 60
指定另一个角点或 [面积(A)/尺寸(D)/旋转(R)]: D
                                        //输入 D，选择“尺寸”选项
指定矩形的长度<10>: 400
指定矩形的宽度<10>: 300
指定另一个角点或 [面积(A)/尺寸(D)/旋转(R)]:
                    //指定矩形的一点，绘制圆角矩形的结果如图 12-114 所示
```

Step 18 插入图块。按【Ctrl+O】组合键，打开本书配套光盘提供的“第 10 章\家具图例.dwg”文件，将其中家具图形复制并粘贴至当前图形中；调用 TR【修剪】命令，修剪多余线段，插入图块的结果如图 12-115 所示。

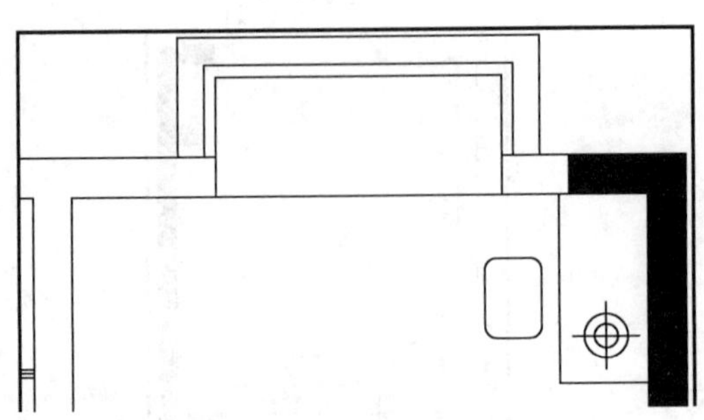

图 12-114　绘制结果

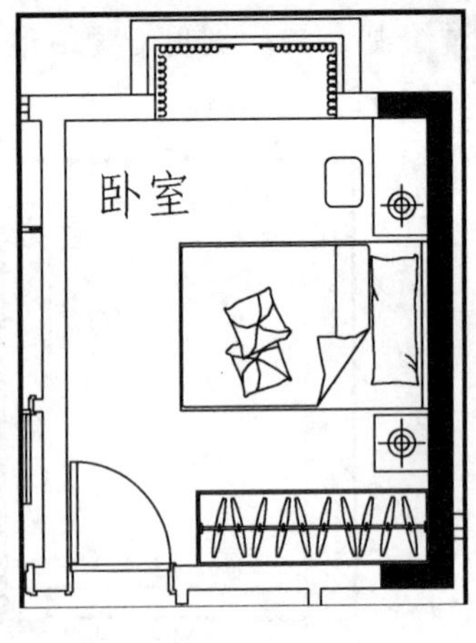

图 12-115　插入图块

12.2.6　绘制主卫平面图

主卫位于主卧室中，主要是供主人夫妇使用，所以在面积允许的情况下，一般会设置浴缸。在浴缸的装饰上也会多花心思，尽可能使之与居室风格相吻合。绘制主卫平面图主要调用偏移命令、矩形命令以及圆弧等命令。

Step 01 绘制门套。调用 REC【矩形】命令，绘制矩形；调用 X【分解】命令，分解矩形；调用 O【偏移】命令，偏移矩形边，结果如图 12-116 所示。

Step 02 调用 TR【修剪】命令，修剪矩形边，结果如图 12-117 所示。

Step 03 调用 M【移动】命令，移动门套图形至门洞处，结果如图 12-118 所示。

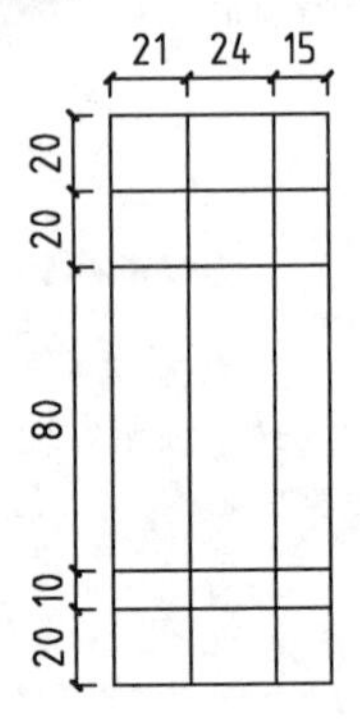

图 12-116　偏移矩形边

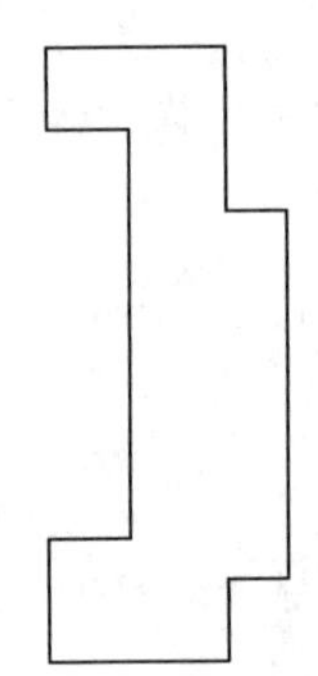

图 12-117　修剪矩形边

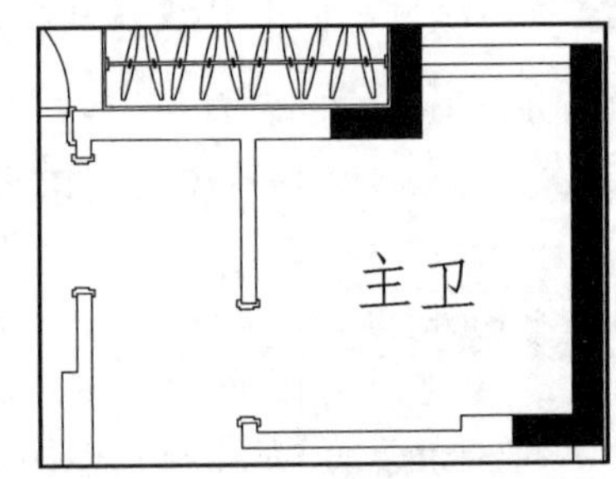

图 12-118　移动门套

Step 04 绘制平开门。调用 REC【矩形】命令，在主卧室门洞处绘制尺寸为 830×40 的矩形，在主卫门洞处绘制尺寸为 730×40 的矩形，结果如图 12-119 所示。

Step 05 调用 O【偏移】命令，设置偏移距离为 3，向内偏移矩形；调用 E【删除】命令，删除外围矩形；如图 12-120 所示分别为主卧室入口处以及主卫入口处矩形偏移及删除后的结果。

Step 06 调用 REC【矩形】命令，在主卧室门洞处绘制尺寸为 824×34 的矩形，在主卫门洞处绘制尺寸为 724×34 的矩形，结果如图 12-121 所示。

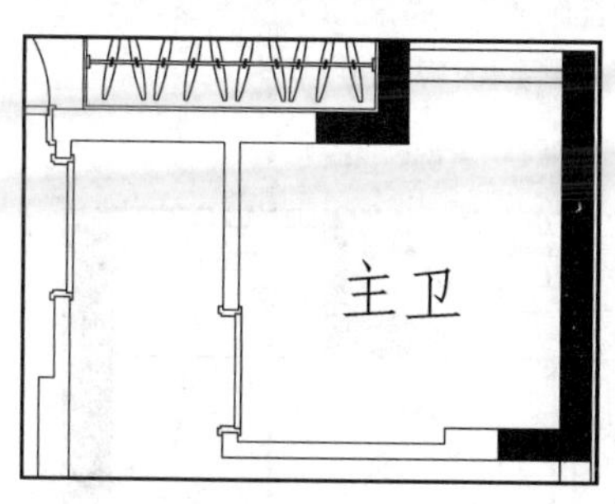

图 12-119　绘制矩形

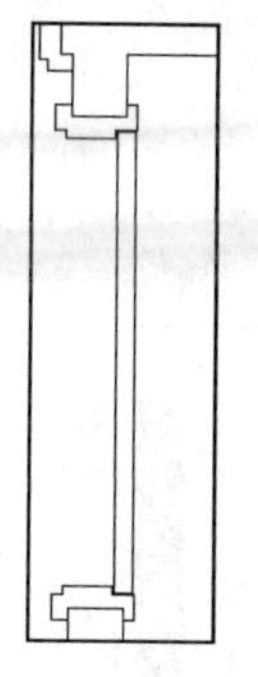

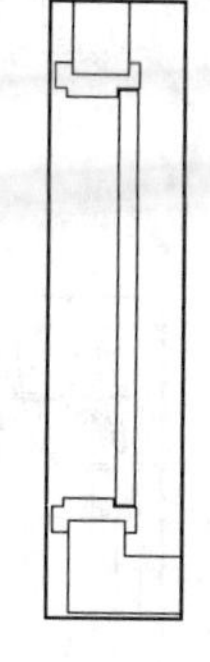

图 12-120　绘制结果

Step 07 调用 A【圆弧】命令，绘制圆弧，结果如图 12-122 所示。

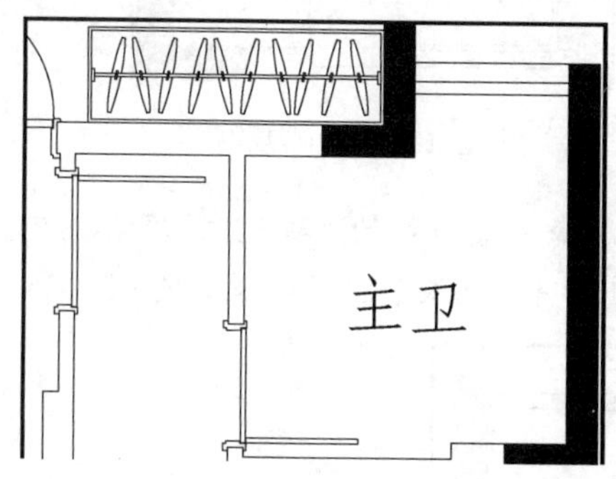

图 12-121　绘制矩形

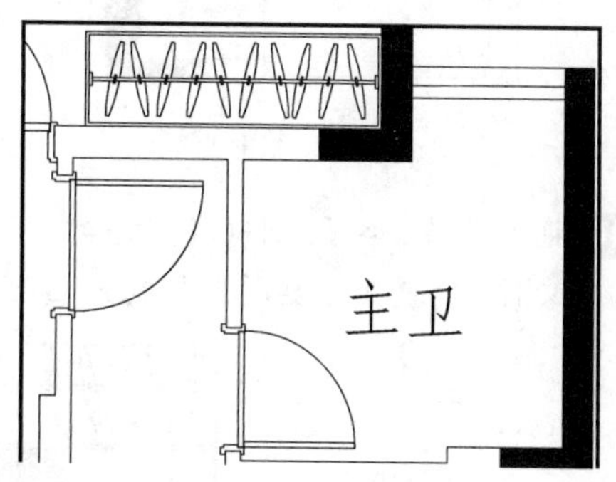

图 12-122　绘制圆弧

Step 08 绘制浴缸轮廓。调用 L【直线】命令，绘制直线，结果如图 12-123 所示。

Step 09 绘制洗手台轮廓。调用 PL【多段线】命令，命令行提示如下。

```
命令: PLINE↙
指定起点:                                    //指定多段线的起点
当前线宽为 0
指定下一个点或 [圆弧(A)/半宽(H)/长度(L)/放弃(U)/宽度(W)]: 250
                                             //输入下一个点的距离
指定下一点或 [圆弧(A)/闭合(C)/半宽(H)/长度(L)/放弃(U)/宽度(W)]: 75
指定下一点或 [圆弧(A)/闭合(C)/半宽(H)/长度(L)/放弃(U)/宽度(W)]: A
                                             //输入 A，选择“圆弧”选项
指定圆弧的端点或
[角度(A)/圆心(CE)/闭合(CL)/方向(D)/半宽(H)/直线(L)/半径(R)/第二个点(S)/放弃(U)/宽度(W)]: R
                                             //输入 R，选择“半径”选项
指定圆弧的半径: 250
指定圆弧的端点或 [角度(A)]: 500
指定圆弧的端点或
[角度(A)/圆心(CE)/闭合(CL)/方向(D)/半宽(H)/直线(L)/半径(R)/第二个点(S)/放弃(U)/宽度(W)]: L
                                             //输入 L，选择“直线”选项
指定下一点或 [圆弧(A)/闭合(C)/半宽(H)/长度(L)/放弃(U)/宽度(W)]: 775
```

指定下一点或 [圆弧(A)/闭合(C)/半宽(H)/长度(L)/放弃(U)/宽度(W)]: 250
指定下一点或 [圆弧(A)/闭合(C)/半宽(H)/长度(L)/放弃(U)/宽度(W)]: C
//输入 C，选择“闭合”选项，绘制结果如图 12-124 所示

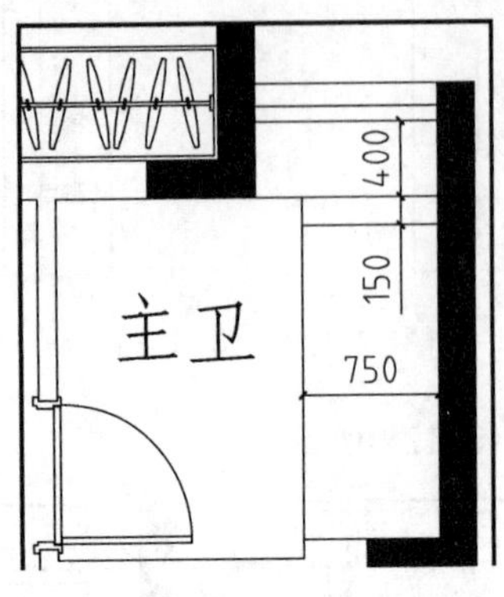

图 12-123　绘制直线

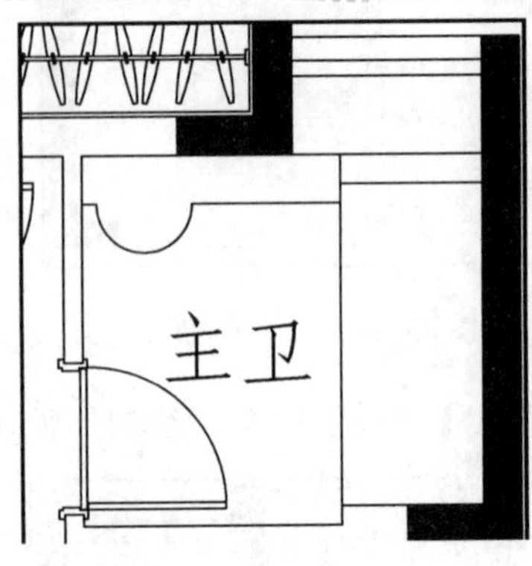

图 12-124　绘制结果

Step 10 插入图块。按【Ctrl+O】组合键，打开本书配套光盘提供的“第 12 章\家具图例.dwg”文件，将其中家具图形复制并粘贴至当前图形中，插入图块的结果如图 12-125 所示。

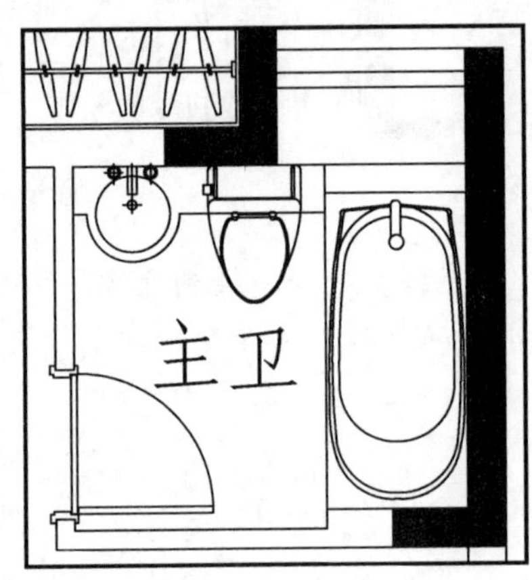

图 12-125　插入图块

 12.2.7　绘制主卧室平面图

主卧室是除了客厅之外另一个比较重要的场所，当然在装饰装修上也会比其他功能区域较繁杂。绘制主卧平面图主要调用矩形命令、偏移等命令、

Step 01 绘制衣柜。调用 REC【矩形】命令，绘制矩形；调用 O【偏移】命令，向内偏移矩形，结果如图 12-126 所示。

Step 02 绘制柜内构件。调用 REC【矩形】命令，绘制尺寸为 80×20 的矩形作为固定挂衣杆构件；绘制尺寸为 1 920×20 的矩形作为挂衣杆，结果如图 12-127 所示。

Step 03 绘制电视柜。调用 REC【矩形】命令，绘制尺寸为 1 600×200 的矩形，结果如图 12-128 所示。

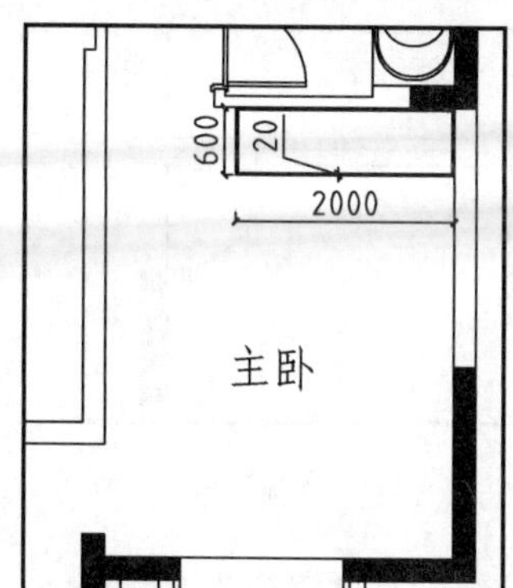

图 12-126　偏移矩形

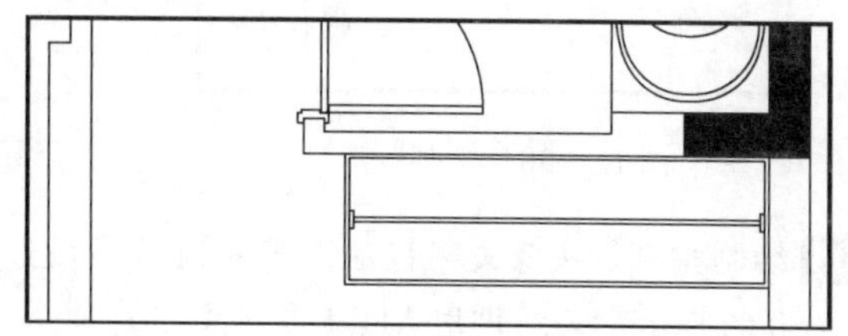

图 12-127　绘制结果

Step 04 插入图块。按【Ctrl+O】组合键，打开本书配套光盘提供的“第 10 章\家具图例.dwg”文件，将其中家具图形复制并粘贴至当前图形中；调用 TR【修剪】命令，修剪多余线段，插入图块的结果如图 12-129 所示。

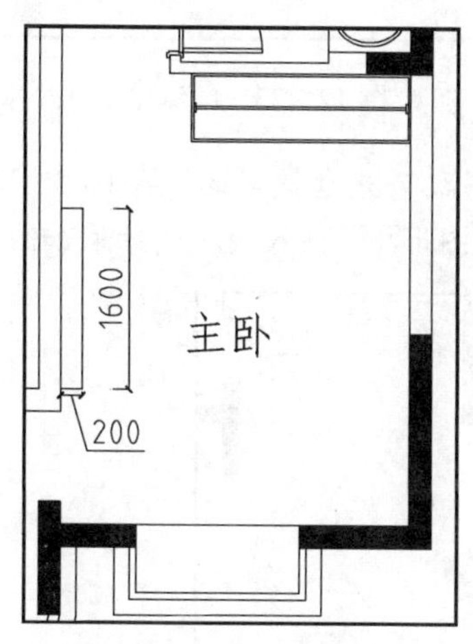

图 12-128　绘制矩形

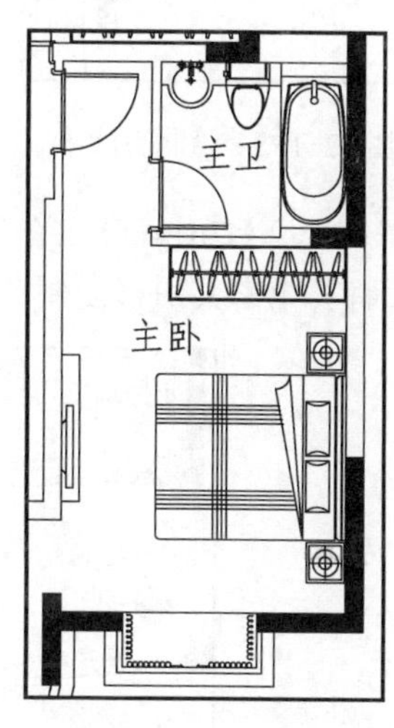

图 12-129　插入图块

12.2.8　绘制空中花园平面图

空中花园又称为景观阳台，在面积较为宽裕的阳台上种植花草、设置休闲躺椅等，不失为一个与大自然亲密接触的地方。绘制空中花园平面图主要调用矩形命令、圆弧命令以及直线等命令。

Step 01 绘制平开门。调用 REC【矩形】命令，绘制尺寸为 800×40 的矩形，结果如图 12-130 所示。

Step 02 调用 A【圆弧】命令，绘制圆弧；调用 L【直线】命令，绘制门口线，结果如图 12-131 所示。

Step 03 绘制台阶。调用 L【直线】命令，绘制直线，结果如图 12-132 所示。

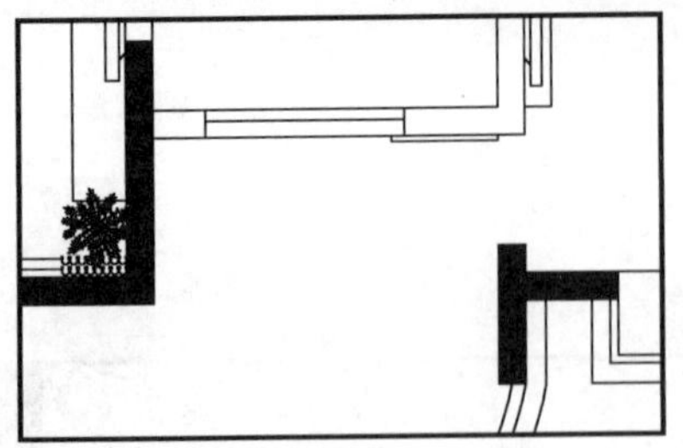

图 12-130　绘制矩形

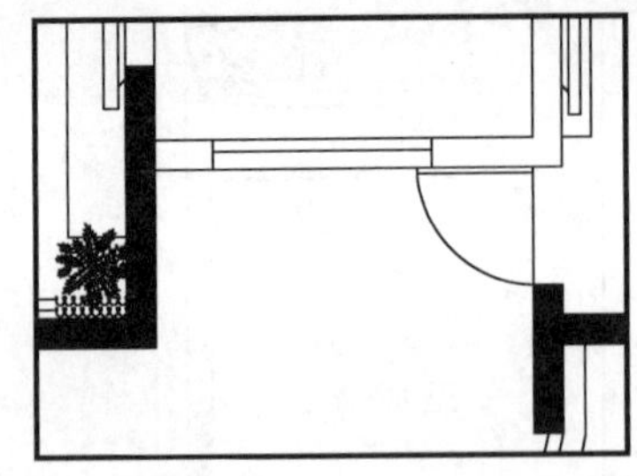

图 12-131　绘制结果

Step 04 绘制指示箭头及文字标注。调用 PL【多段线】命令，绘制起点宽度为 50，终点宽度为 0 的指示箭头；调用 MT【多行文字】命令，绘制文字标注，结果如图 12-133 所示。

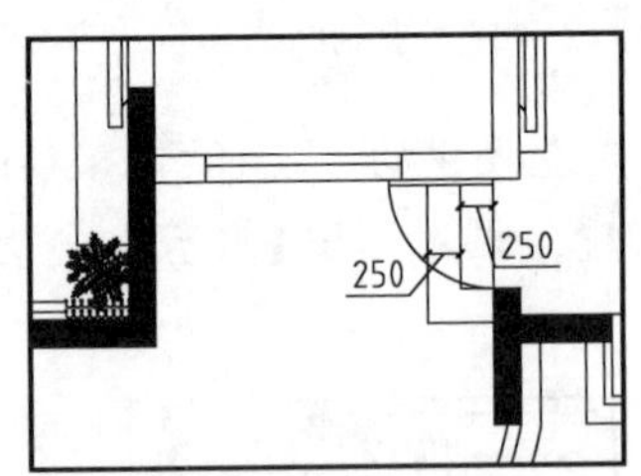

图 12-132　绘制直线

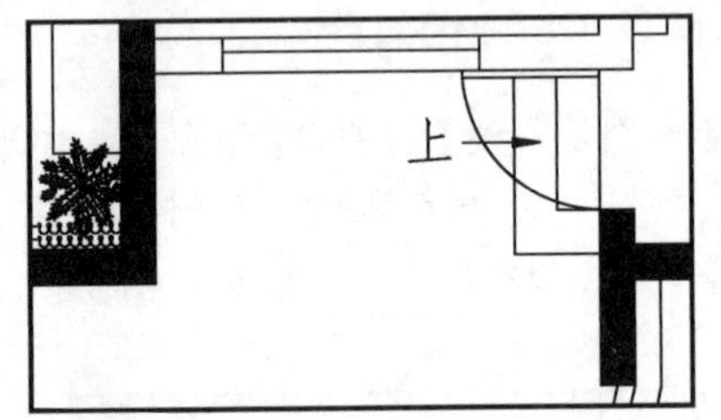

图 12-133　绘制结果

Step 05 插入图块。按【Ctrl+O】组合键，打开本书配套光盘提供的“第 10 章\家具图例.dwg”文件，将其中家具图形复制并粘贴至当前图形中，插入图块的结果如图 12-134 所示。

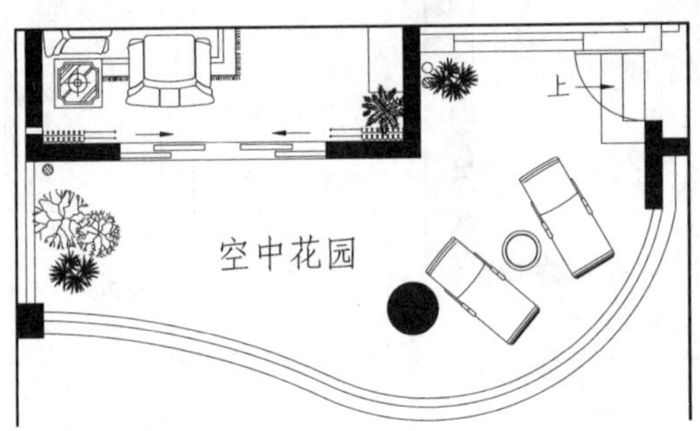

图 12-134　插入图块

 12.2.9　绘制书房平面图

书房是供办公和阅读的场所，兼具有些时候会见较重要的客人。因此，书房的环境要尽可能安静，灯光要柔和，这样才能为学习、工作提供一个良好的环境。绘制书房平面图主要调用直线命令、修剪命令以及圆角等命令。

Step 01 修改墙体。调用 L【直线】命令，绘制直线，结果如图 12-135 所示。

Step 02 调用 E【删除】命令、F【圆角】命令，修剪墙体图形，墙体的编辑结果如图 12-136 所示。

Step 03 绘制门套。调用 REC【矩形】命令，绘制矩形；调用 X【分解】命令，分解矩形；调用 O【偏移】命令，偏移矩形边，结果如图 12-137 所示。

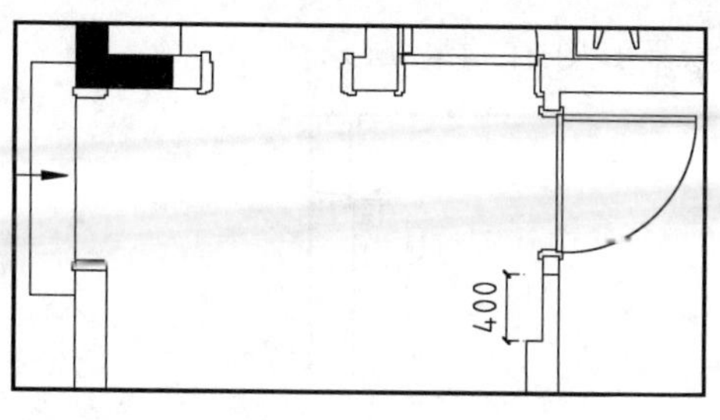

图 12-135　绘制直线

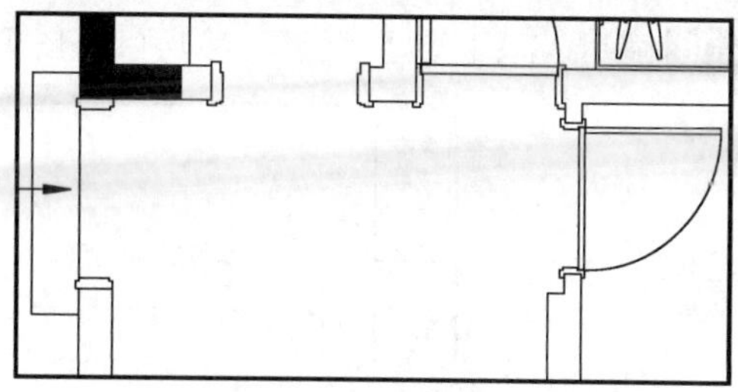

图 12-136　编辑结果

Step 04 调用 TR【修剪】命令，修剪矩形边，结果如图 12-138 所示。

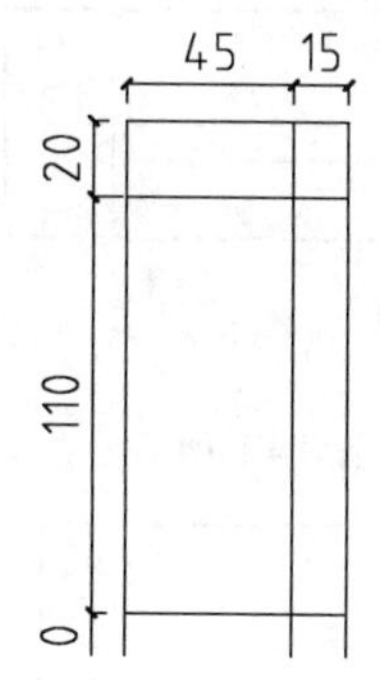

图 12-137　偏移矩形边

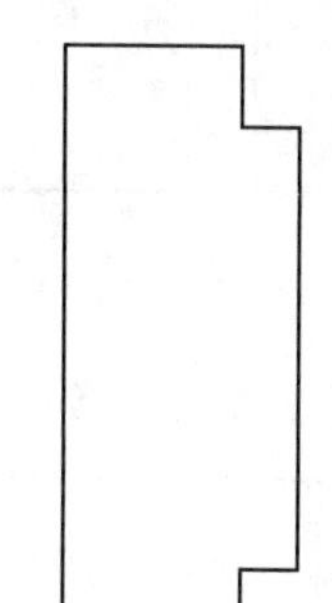

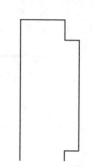

图 12-138　修剪矩形边

Step 05 调用 M【移动】命令，移动门套图形至门洞处，结果如图 12-139 所示。

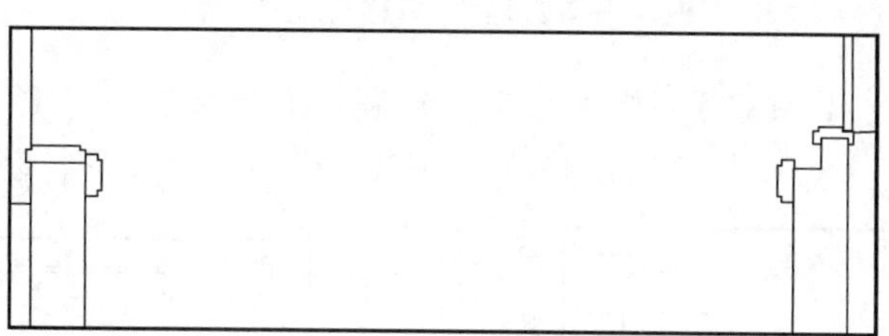

图 12-139　移动图形

Step 06 绘制门套。调用 REC【矩形】命令，绘制矩形；调用 X【分解】命令，分解矩形；调用 O【偏移】命令，偏移矩形边，结果如图 12-140 所示。

Step 07 调用 TR【修剪】命令，修剪矩形边，结果如图 12-141 所示。

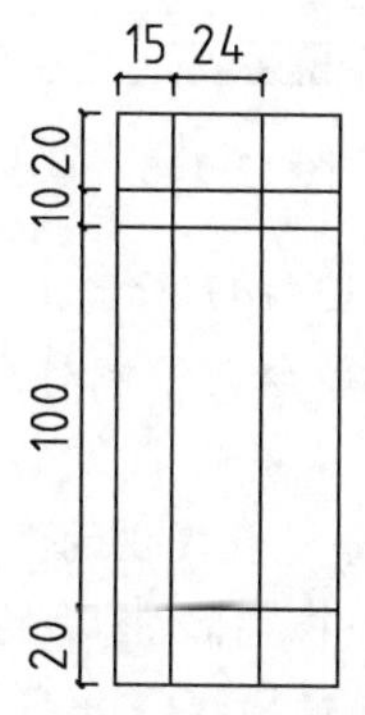

图 12-140　偏移矩形边

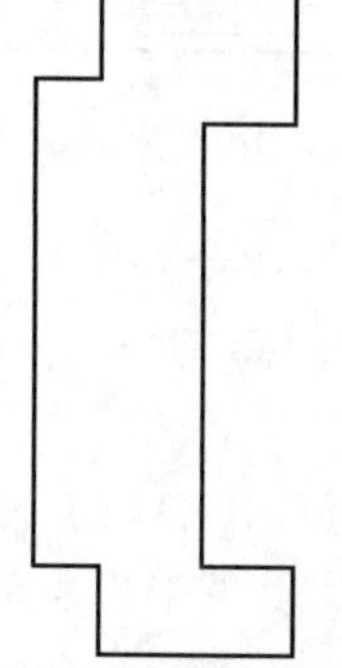

图 12-141　修剪矩形边

Step 08 调用 M【移动】命令，移动门套图形，结果如图 12-142 所示。

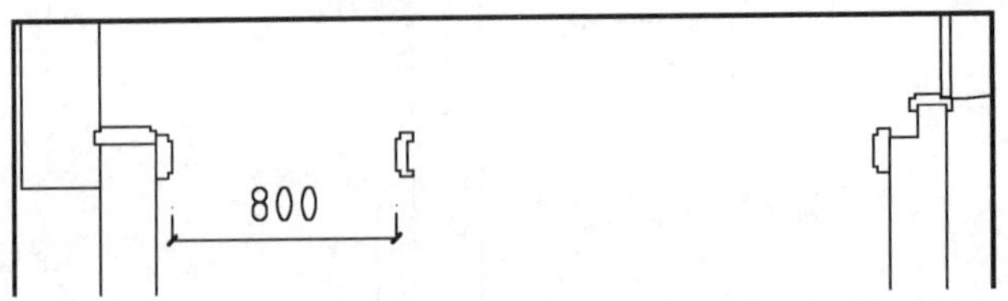

图 12-142　移动图形

Step 09 绘制玻璃隔断。调用 L【直线】命令，绘制直线，结果如图 12-143 所示。

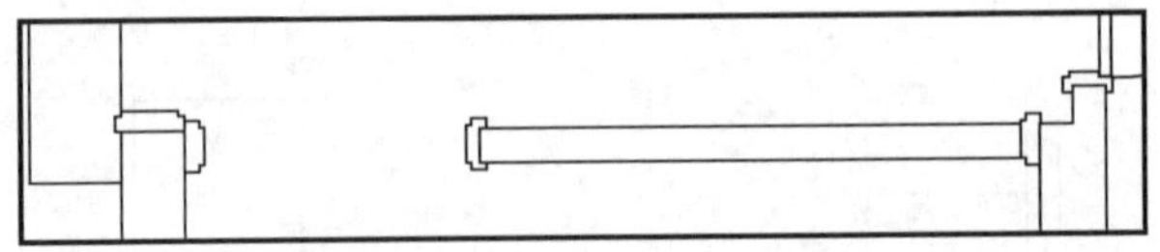

图 12-143　绘制直线

Step 10 调用 O【偏移】命令，偏移直线，结果如图 12-144 所示。

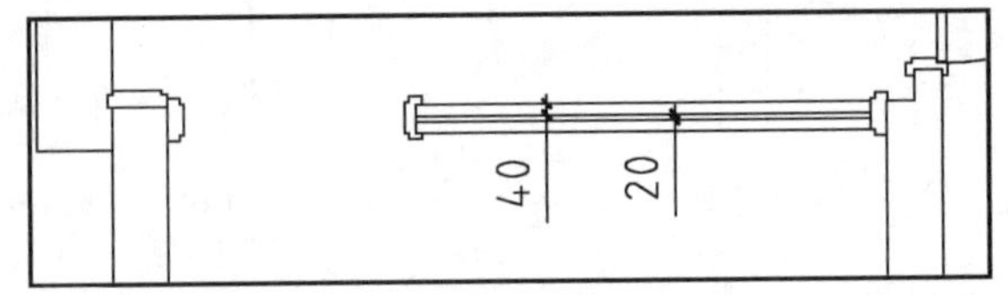

图 12-144　偏移直线

Step 11 绘制书柜。调用 REC【矩形】命令，绘制矩形，结果如图 12-145 所示。

Step 12 调用 O【偏移】命令，设置偏移距离为 20，向内偏移矩形，结果如图 12-146 所示。

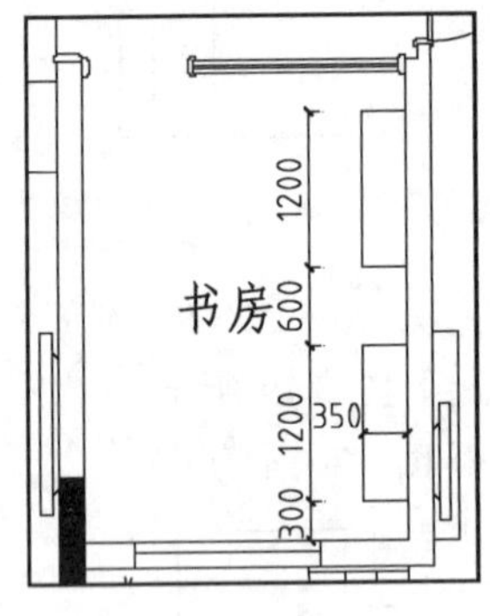

图 12-145　绘制矩形

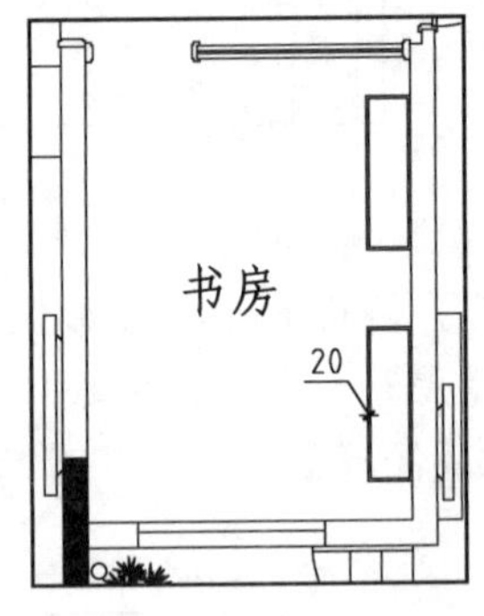

图 12-146　偏移矩形

Step 13 调用 L【直线】命令，绘制直线，结果如图 12-147 所示。

Step 14 按【F8】键关闭正交功能。调用 L【直线】命令，绘制对角线，结果如图 12-148 所示。

Step 15 插入图块。按【Ctrl+O】组合键，打开本书配套光盘提供的“第 10 章\家具图例.dwg”文件，将其中家具图形复制并粘贴至当前图形中，插入图块的结果如图 12-149 所示。

Step 16 绘制图名标注。调用 L【直线】命令，绘制双横线，并将下面的直线的线宽设置为 0.3mm；调用 MT【多行文字】命令，绘制图名和比例，完成图名标注的结果如图 12-150 所示。

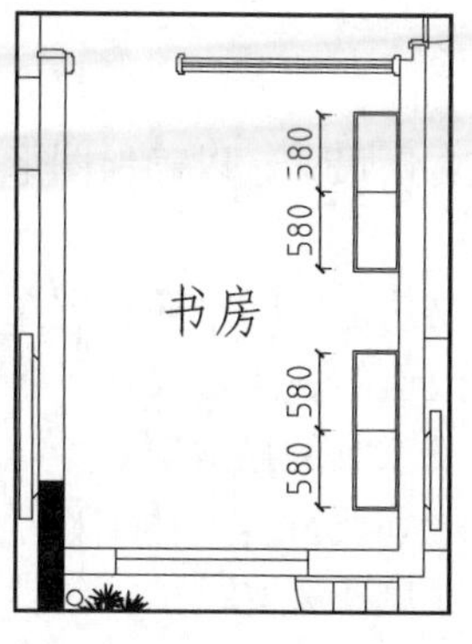

图 12-147　绘制直线

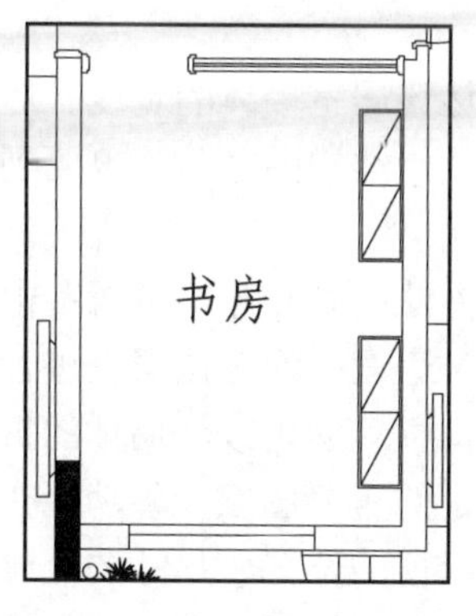

图 12-148　绘制对角线

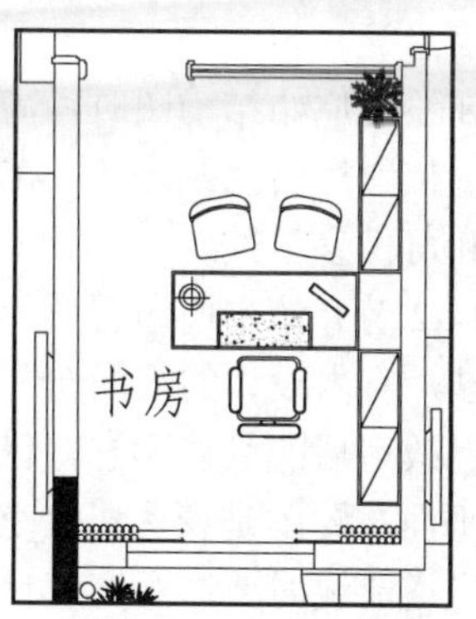

图 12-149　插入图块

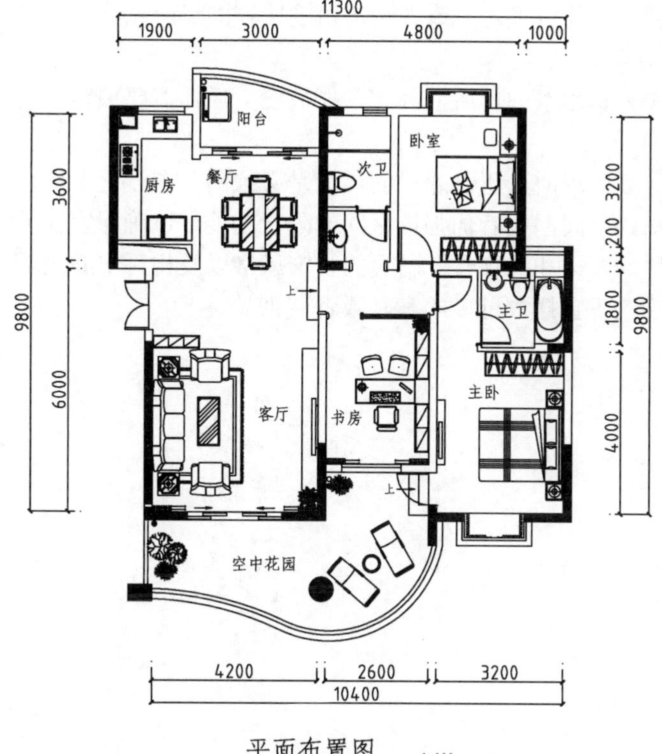

图 12-150　图名标注

12.3 专家精讲

本章以三居室样板房为例，介绍了室内装饰装潢施工图中原始结构图和平面布置图的绘制方法。

12.1 节讲解了原始结构图的绘制方法。原始结构图作为整套室内施工图的绘制基础和参

考，主要提供该居室的原始框架信息，包括开间、进深的尺寸、门窗洞口的尺寸以及承重结构的信息等。

在绘制原始结构图时，需要表达该居室墙体的宽度、居室的层高、门窗洞口的尺寸、承重墙的位置等信息。此外，在绘制原始结构图之前，也要到现场丈量尺寸，以确保图形的准确性和可供参考性。

12.2 节介绍平面布置图的绘制方法，主要介绍了居室中各主要功能空间平面布置图的绘制方法。室内设计的平面布置图是表达设计师对该居室进行设计改造的成果，表达了各功能空间经改造后的具体形态，包括门窗位置的更改、墙体的拆建以及家具的摆放等。

平面布置图是表达居室空间规划的重要图纸，各功能空间的规划要符合人体工程学。在设置走道流线时要注意宽度尺寸，门窗的位置、尺寸要兼顾居室通风、采光功能。

客厅的平面布置图要满足平时的休闲娱乐、会亲访友等功能，在摆放家具之后，空间不能过于拥挤，要预留活动空间。此外，客厅作为家中人员的主要聚散地，家具的选择也要注意，有尖角的家具要注意隐藏尖角，或者购买角度比较圆滑的家具，以确保家中老人或小孩的安全。

餐厅主要是家中人员用餐的场所，因此在摆放餐桌后，需要预留空间，为人员在用餐过程中的活动提供便利。

书房是学习、办公的场所，所以静谧的环境是必须的。在设置书房这一功能空间时，可以选择居室较为内部的空间，或者加强该空间的隔音功能，以确保室内的安静环境。

卧室是休憩的区域，柔和的灯光、温暖的装饰风格以及相对安静的环境都能为人们提供好的睡眠。因此，卧室不宜摆放过多的家具或者装饰品。

第 13 章 绘制地面、天花布置图

装饰施工图的图示原理与房屋建筑工程施工图的图示原理相同，是用正投影法绘制的用于指导施工的图样，制图应遵守《房屋建筑制图统一标准》（GB/T 50001—2010）的要求。装饰工程施工图反映的内容多，形式、尺度变化大，通常选用一定的比例，采用相应的图例符号和标注尺寸、标高等加以表达，必要时绘制透视图、轴测图等辅助表达，以便识读。

本章介绍室内装饰装潢地面、天花布置图的绘制方法以及技巧。

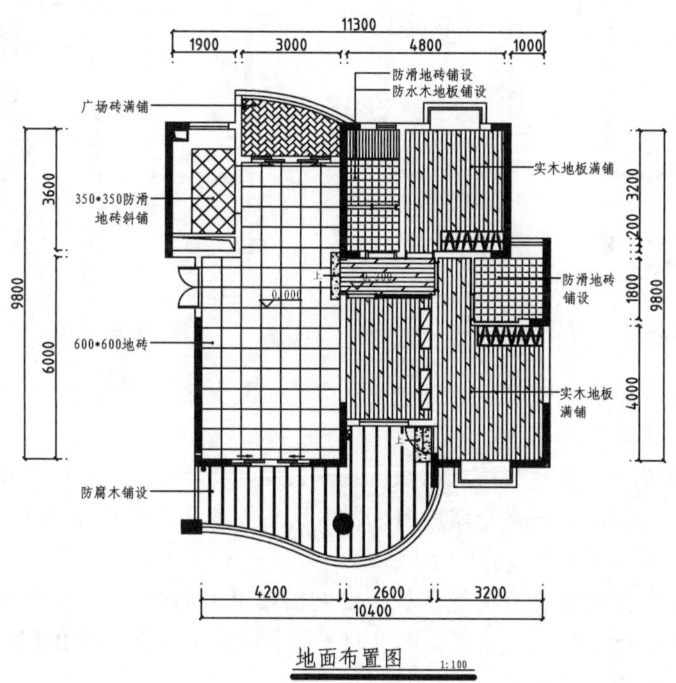

13.1 绘制地面布置图

地面平面图同布置图相似，所不同的是地面布置图不画活动家具及绿化等布置，只画出地面的装饰分格，标注地面材质、尺寸和颜色、地面标高等。

客、餐厅的地面铺装 600mm×600mm 的地砖，厨房地面铺装 350mm×350mm 的防滑瓷砖；生活阳台铺设了广场砖，景观阳台铺设了防腐木，可以抗击雨水的腐蚀，卧室、书房区域铺设了实木地板，卫生间则铺设了防滑地砖。

Step 01 调用平面布置图。调用 CO【复制】命令，移动复制一份平面布置图至一旁。

Step 02 整理图形。调用 E【删除】命令，删除平面布置图上的多余图形，结果如图 13-1 所示。

Step 03 绘制填充轮廓。调用 L【直线】命令，在门洞处绘制直线，结果如图 13-2 所示。

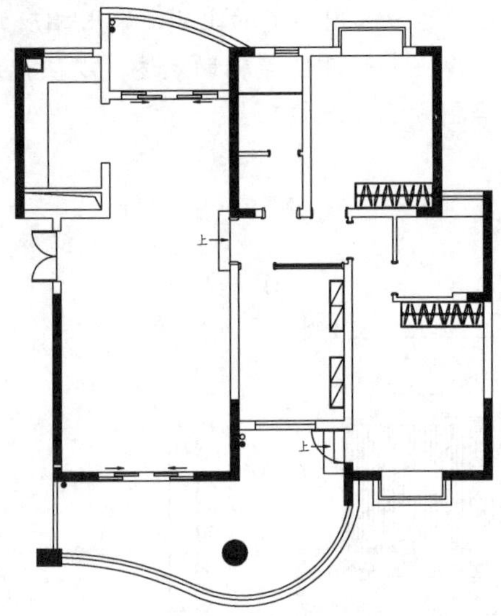

图 13-1　整理图形

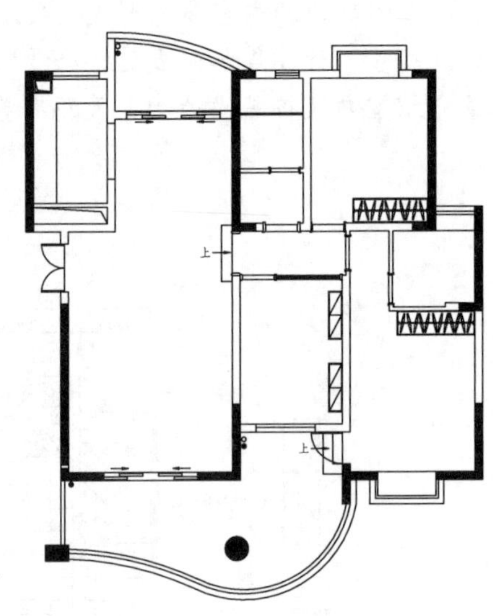

图 13-2　绘制直线

Step 04 绘制客厅地面填充图案。调用 H【图案填充】命令，弹出【图案填充和渐变色】对话框，设置参数如图 13-3 所示。

Step 05 在绘图区中拾取客厅为填充区域，绘制图案填充的结果如图 13-4 所示。

Step 06 绘制厨房地面填充图案。调用 H【图案填充】命令，弹出【图案填充和渐变色】对话框，设置参数如图 13-5 所示。

Step 07 在绘图区中拾取厨房为填充区域，绘制图案填充的结果如图 13-6 所示。

Step 08 绘制生活阳台地面填充图案。调用 H【图案填充】命令，弹出【图案填充和渐变色】对话框，设置参数如图 13-7 所示。

Step 09 在绘图区中拾取生活阳台为填充区域，绘制图案填充的结果如图 13-8 所示。

Step 10 绘制次卫淋浴间地面填充图案。调用 H【图案填充】命令，弹出【图案填充和渐变色】对话框，设置参数如图 13-9 所示。

Step 11 在绘图区中拾取次卫淋浴间为填充区域，绘制图案填充的结果如图 13-10 所示。

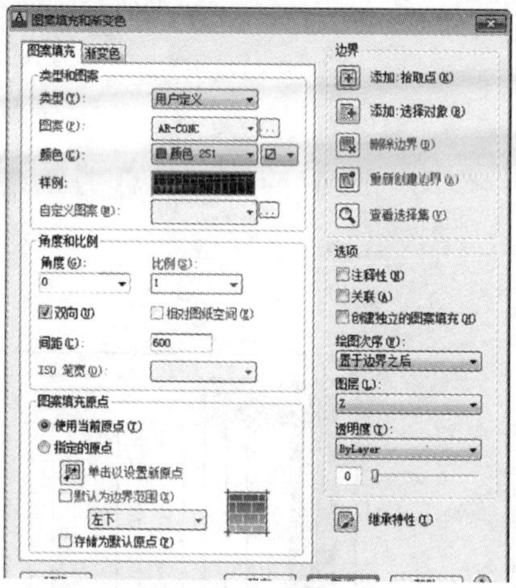

图 13-3　设置参数

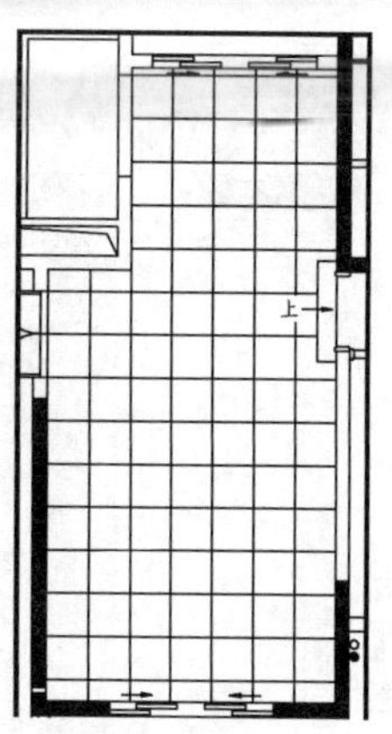

图 13-4　图案填充

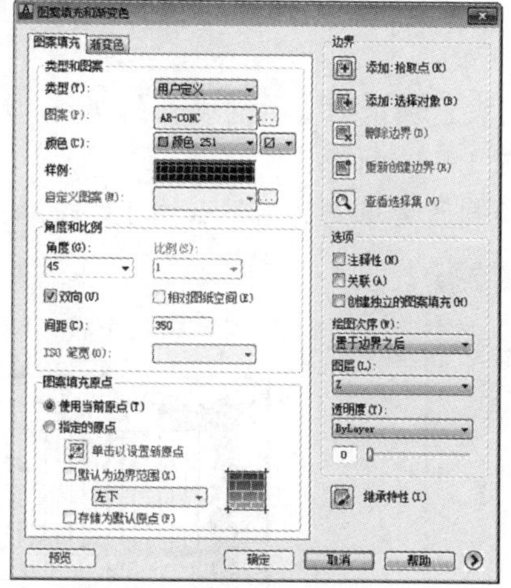

图 13-5　设置参数

图 13-6　填充结果

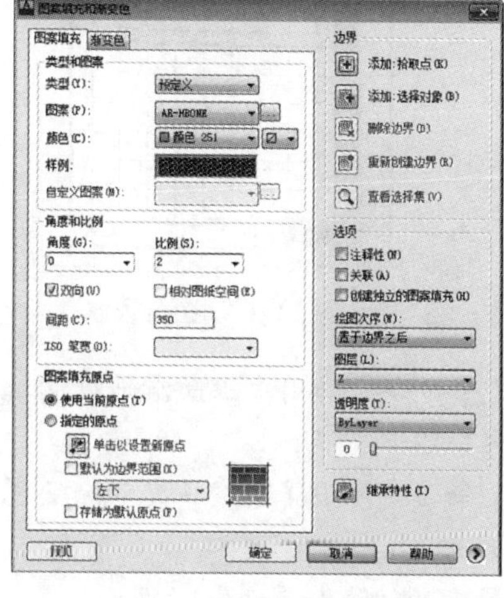

图 13-7　设置参数

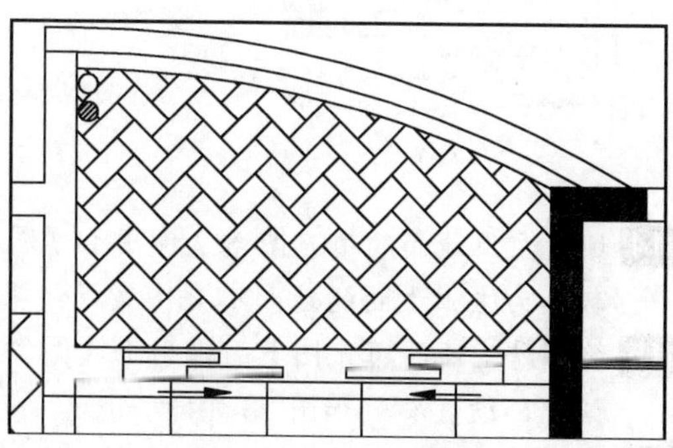

图 13-8　图案填充

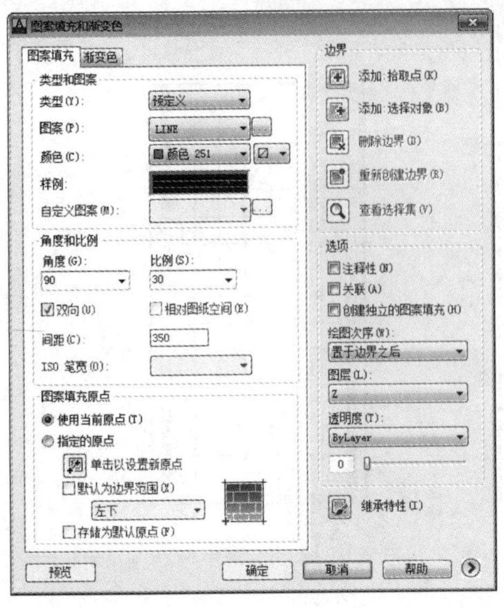

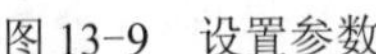

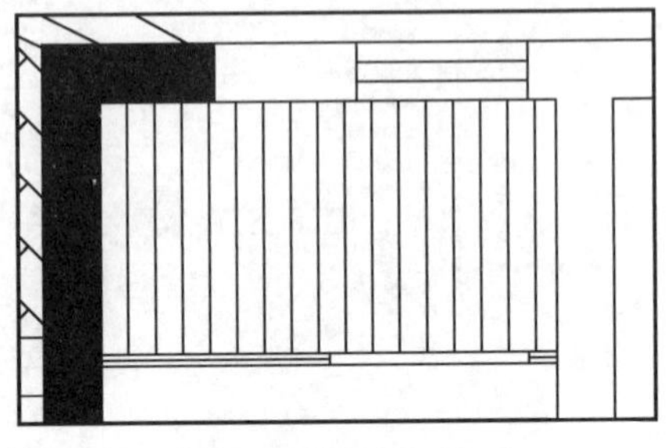

图 13-9　设置参数　　图 13-10　填充结果

Step 12 绘制次卫其他区域的防滑地砖填充图案。调用 H【图案填充】命令，弹出【图案填充和渐变色】对话框，设置参数如图 13-11 所示。

Step 13 在绘图区中拾取次卫为填充区域，绘制图案填充的结果如图 13-12 所示。

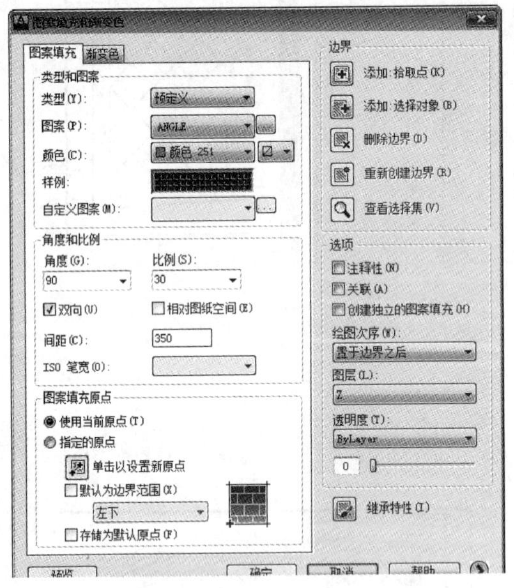

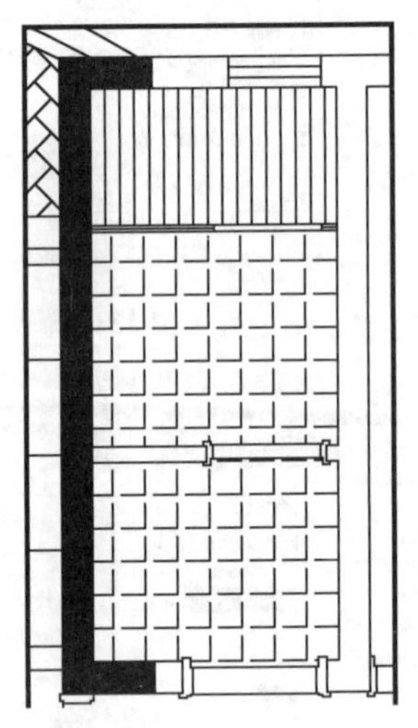

图 13-11　设置参数　　图 13-12　图案填充

Step 14 填充主卫地面的填充图案。调用 H【图案填充】命令，沿用次卫防滑地砖的填充参数，为主卫生间的地面填充图案，结果如图 13-13 所示。

Step 15 绘制卧室地面填充图案。调用 H【图案填充】命令，弹出【图案填充和渐变色】对话框，设置参数如图 13-14 所示。

Step 16 在绘图区中拾取卧室为填充区域，绘制图案填充的结果如图 13-15 所示。

Step 17 绘制主卧、书房地面填充图案。调用 H【图案填充】命令，沿用卧室地面填充图案的参数，为主卧和书房绘制地面填充图案，结果如图 13-16 所示。

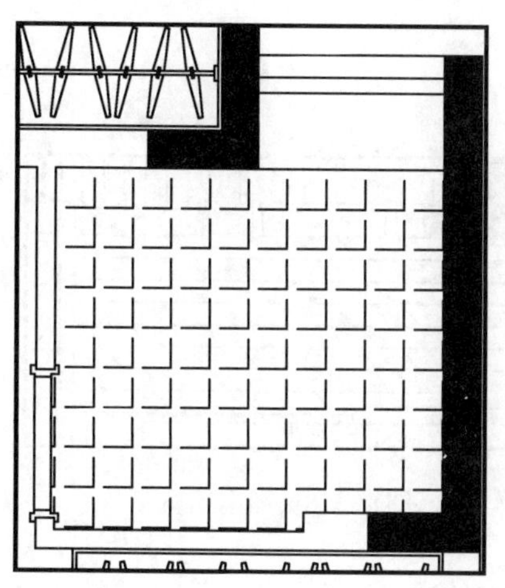

图 13-13　填充结果

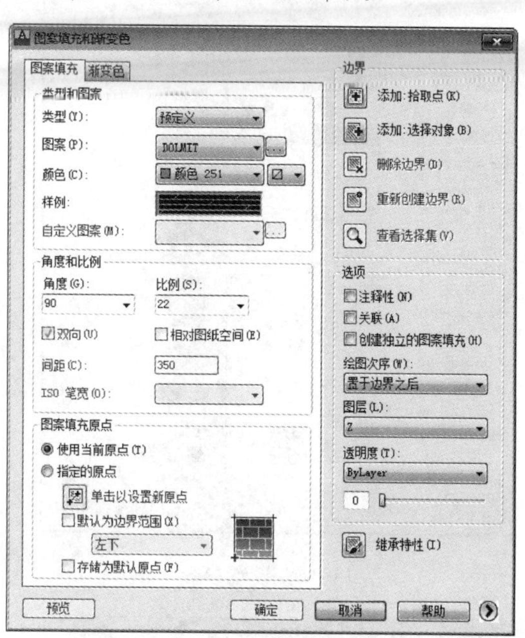

图 13-14　设置参数

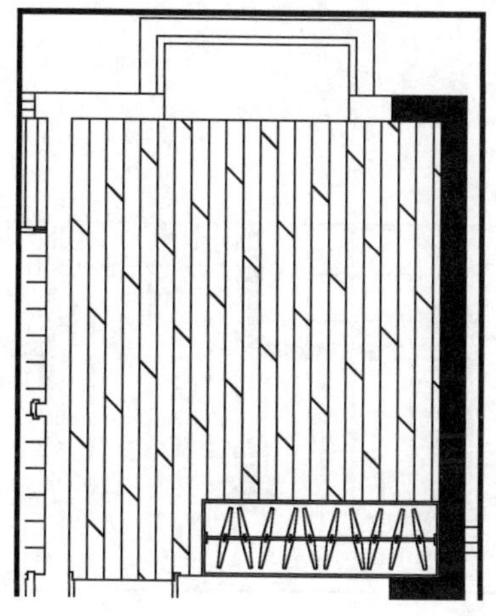

图 13-15　图案填充

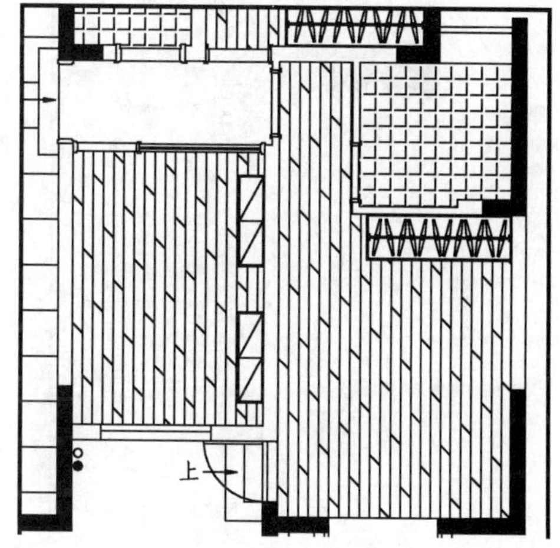

图 13-16　填充结果

Step 18 绘制过道填充图案。调用 H【图案填充】命令，弹出【图案填充和渐变色】对话框，设置参数如图 13-17 所示。

Step 19 在绘图区中拾取过道为填充区域，绘制图案填充的结果如图 13-18 所示。

Step 20 绘制空中花园填充图案。调用 H【图案填充】命令，弹出【图案填充和渐变色】对话框，设置参数如图 13-19 所示。

Step 21 在绘图区中拾取空中花园为填充区域，绘制图案填充的结果如图 13-20 所示。

Step 22 绘制台阶填充图案。调用 H【图案填充】命令，弹出【图案填充和渐变色】对话框，设置参数如图 13-21 所示。

Step 23 在绘图区中拾取台阶为填充区域，绘制图案填充的结果如图 13-22 所示。

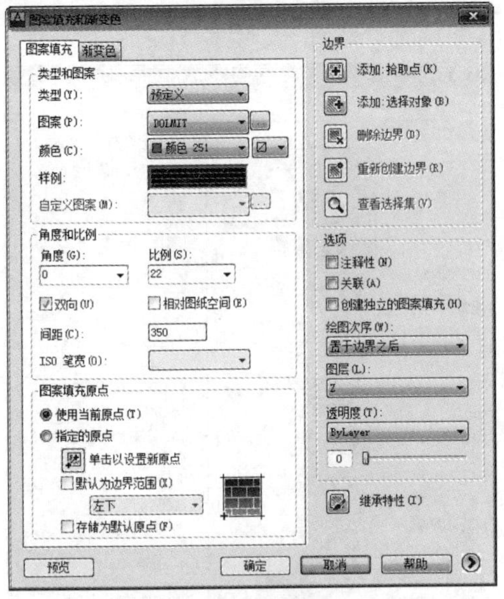

图 13-17　设置参数

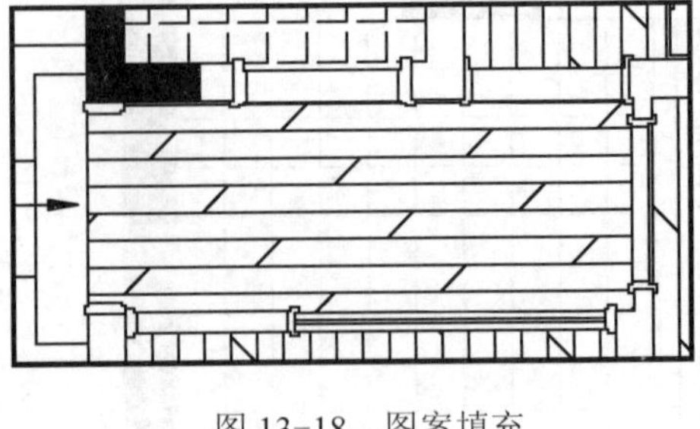

图 13-18　图案填充

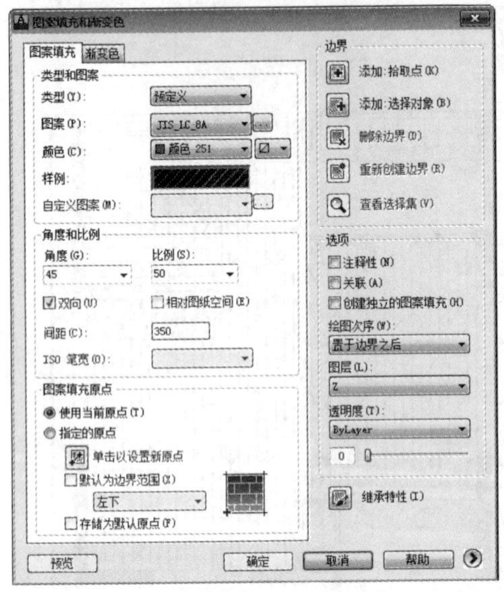

图 13-19　设置参数

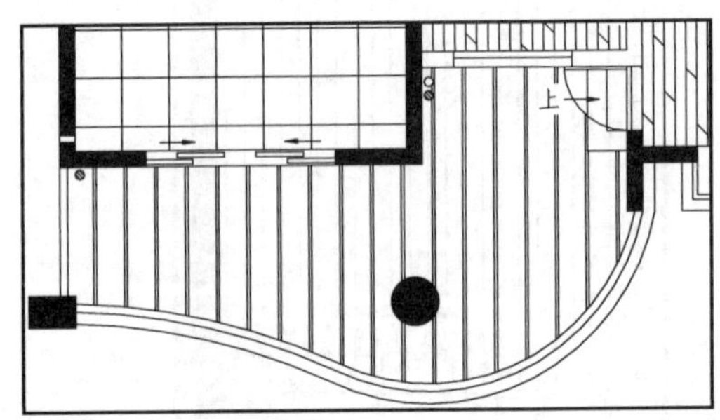

图 13-20　填充结果

Step 24 绘制其他台阶填充图案。调用 H【图案填充】命令，沿用上述台阶的图案填充参数，绘制其他台阶的地面填充图案，结果如图 13-23 所示。

Step 25 绘制材料标注。调用 MLD【多重引线】命令，指定引线箭头、引线基线的位置；在弹出的在位文字编辑器中输入文字标注，单击【文字格式】对话框中的【确定】按钮，完成地面填充图案的材料标注，结果如图 13-24 所示。

Step 26 重复调用 MLD【多重引线】命令，绘制地面填充图案的文字标注，结果如图 13-25 所示。

Step 27 标高标注。调用 I【插入】命令，在弹出的【插入】对话框中选择标高标注，如图 13-26 所示。

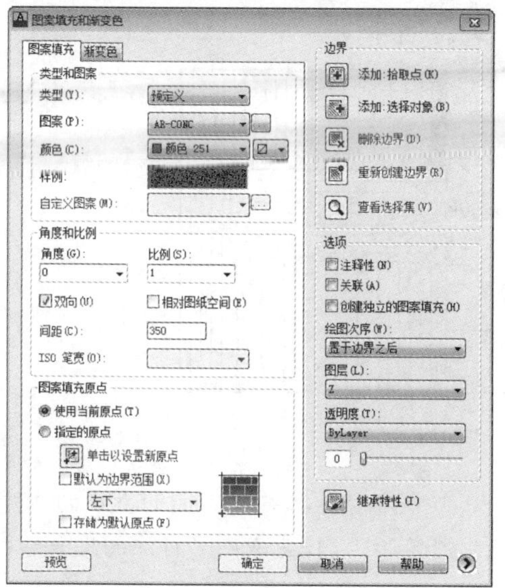

图 13-21　设置参数

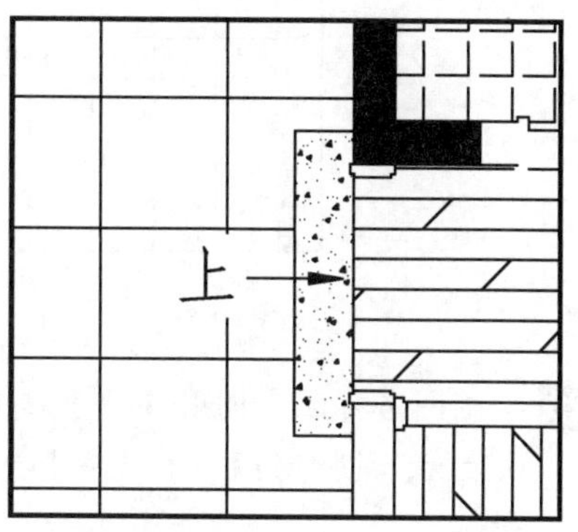

图 13-22　图案填充

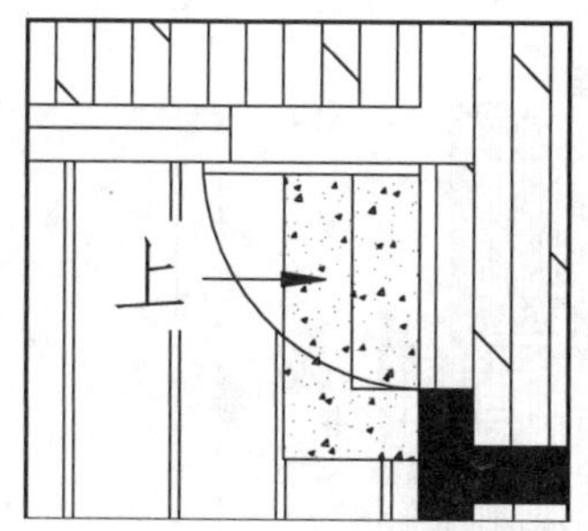

图 13-23　图案填充

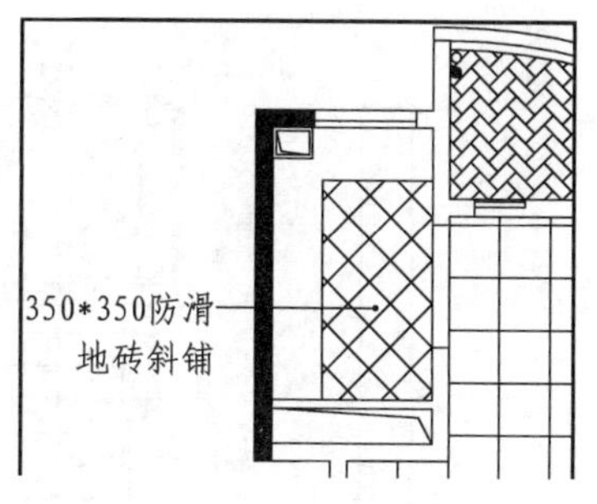

图 13-24　文字标注

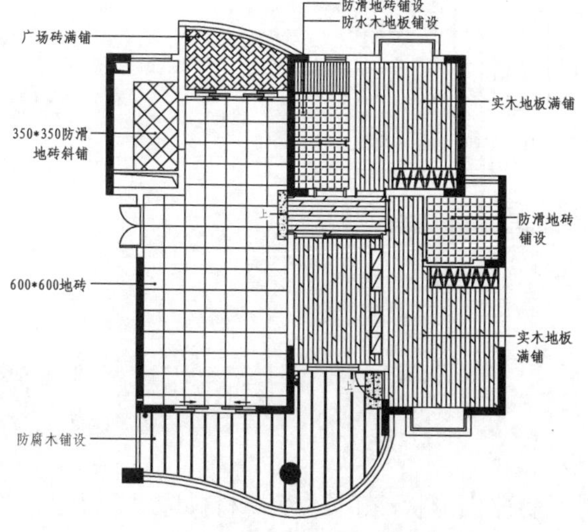

图 13-25　标注结果

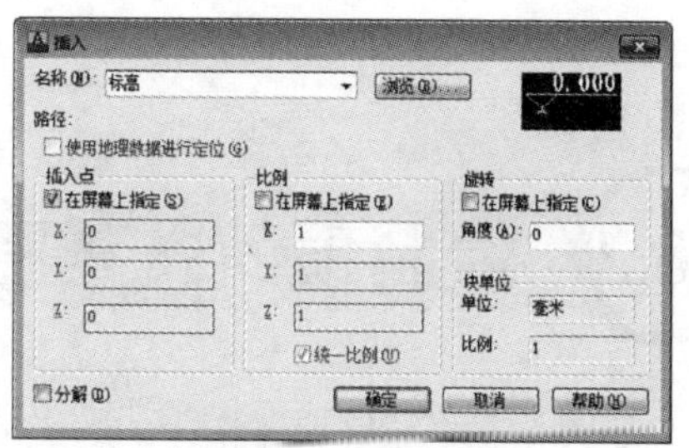

图 13-26 【插入】对话框

Step 28 单击【确定】按钮，并根据命令行的提示，在绘图区中点取标高标注的插入点以及指定标高值，标高标注的结果如图 13-27 所示。

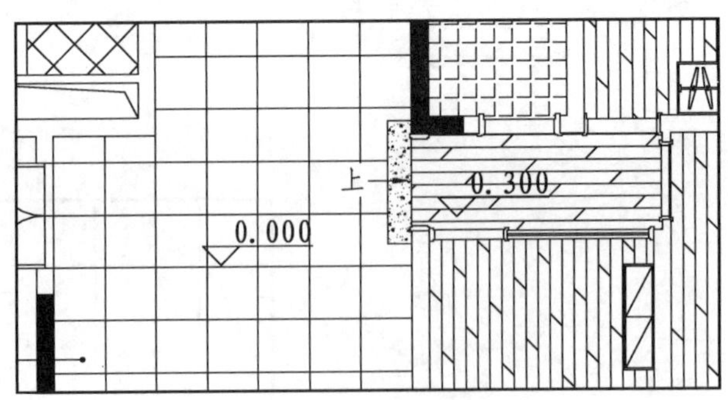

图 13-27　标高标注

Step 29 绘制图名标注。调用 L【直线】命令，绘制双横线，并将下面的直线的线宽设置为 0.3mm；调用 MT【多行文字】命令，绘制图名和比例，完成图名标注的结果如图 13-28 所示。

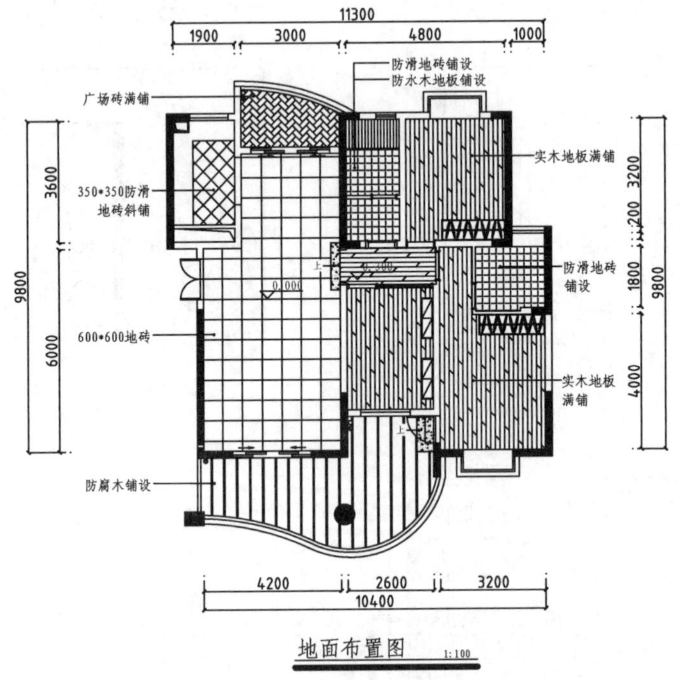

图 13-28　图名标注

13.2 绘制顶面布置图

顶棚平面图是以镜像投影法画出的反映顶棚平面形状、灯具位置、材料选用、尺寸标高及构造做法等内容的水平镜像投影图，是装饰施工图的主要图样之一。它假想以一个水平剖切平面沿顶棚下方门窗洞口位置进行剖切，移去下部分后对上面的墙体、顶棚所做的镜像投影图。

下面介绍室内装饰装修顶面布置图的绘制方法。

13.2.1　绘制客厅顶面图

客厅四周为石膏板吊顶，沿吊顶边缘设置了灯带，吊顶中间安装了射灯，在客厅顶面上方安装一盏吊灯，吊顶完成面的标高为 2.6000m。入口玄关顶面上方制作了灰镜饰面吊顶，吊顶完成面的标高为 2.650m。

Step 01 调用图形。调用 CO【复制】命令，移动复制一份平面布置图至一旁。

Step 02 整理图形。调用 E【删除】命令，删除平面布置图上多余的图形，整理结果如图 13-29 所示。

Step 03 绘制客厅顶面图轮廓。调用 L【直线】命令，绘制直线，结果如图 13-30 所示。

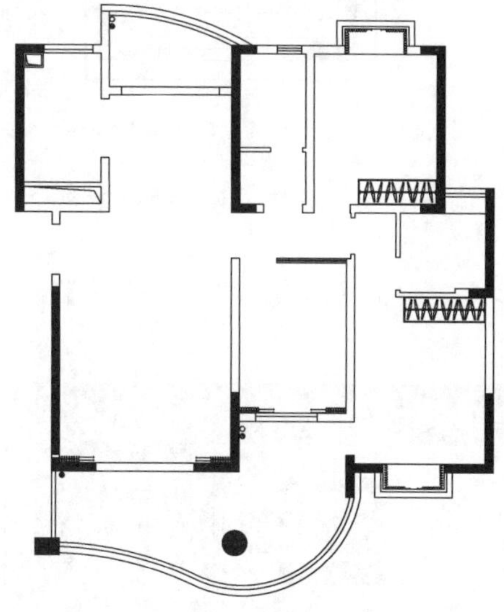

图 13-29　整理图形

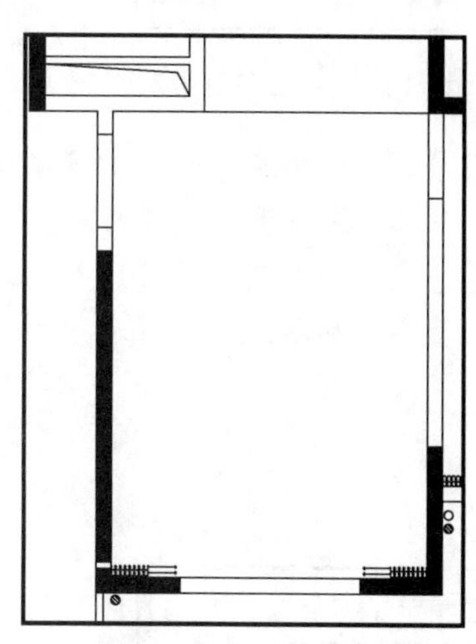

图 13-30　绘制直线

Step 04 绘制窗帘盒。调用 L【直线】命令，绘制直线，结果如图 13-31 所示。

Step 05 绘制石膏板吊顶。调用 REC【矩形】命令，绘制尺寸为 3 200×3 700 的矩形，结果如图 13-32 所示。

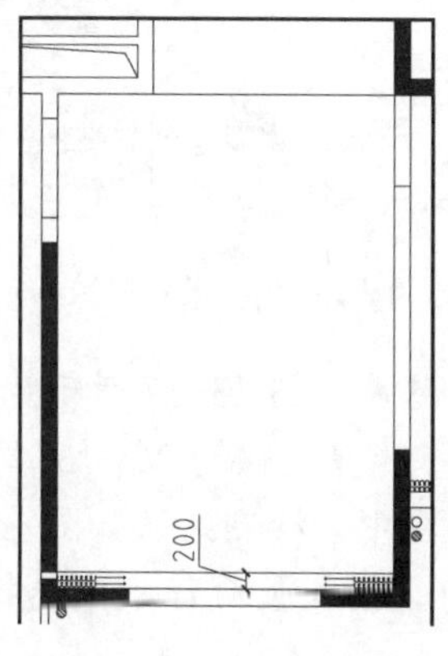

图 13-31　绘制直线

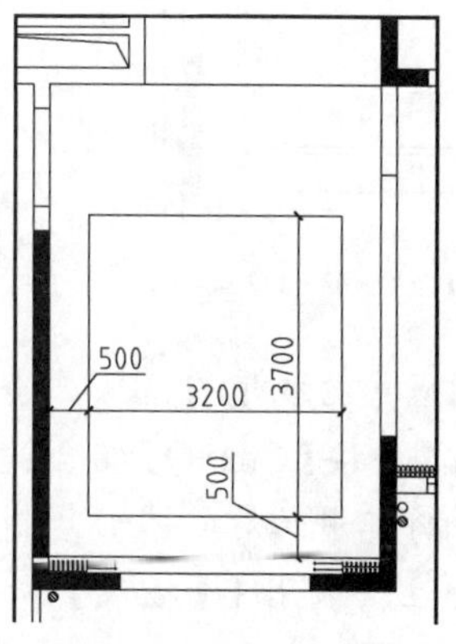

图 13-32　绘制矩形

Step 06 绘制灯带。调用 X【分解】命令，分解矩形；调用 O【偏移】命令，偏移矩形边，并将偏移得到的矩形边的线型设置为虚线，结果如图 13-33 所示。

Step 07 绘制入口玄关顶面图。调用 L【直线】命令，绘制直线，结果如图 13-34 所示。

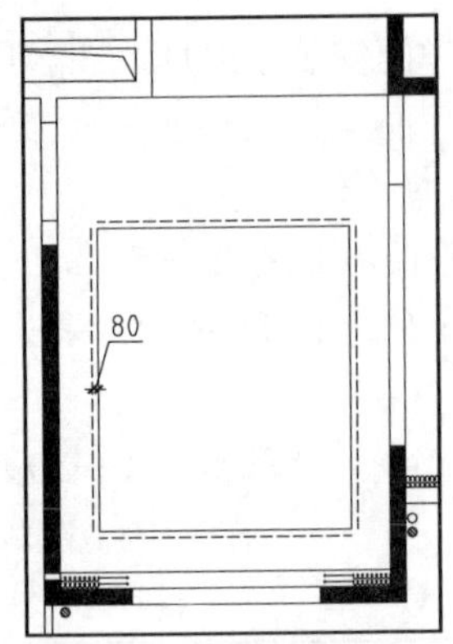

图 13-33 偏移灯带

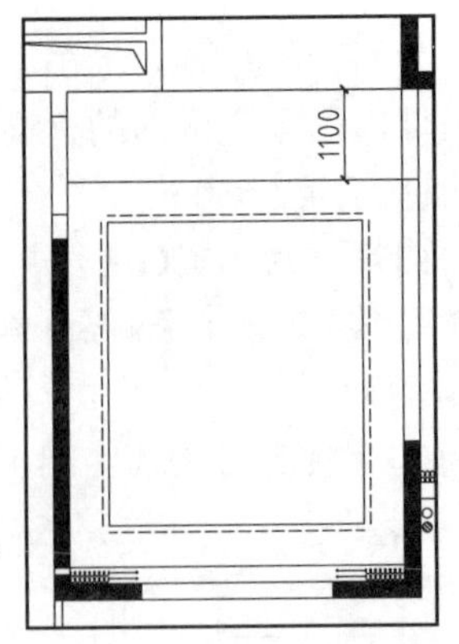

图 13-34 绘制直线

Step 08 绘制填充轮廓。调用 O【偏移】命令，偏移墙线；调用 TR【修剪】命令，修剪墙线，结果如图 13-35 所示。

Step 09 填充顶面图案。调用 H【图案填充】命令，弹出【图案填充和渐变色】对话框，设置参数如图 13-36 所示。

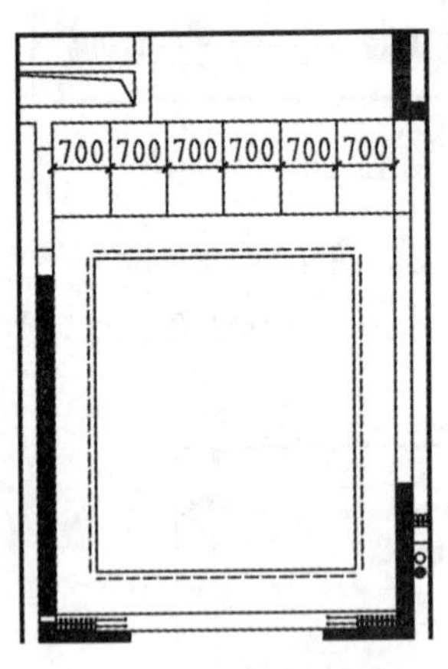

图 13-35 修剪墙线

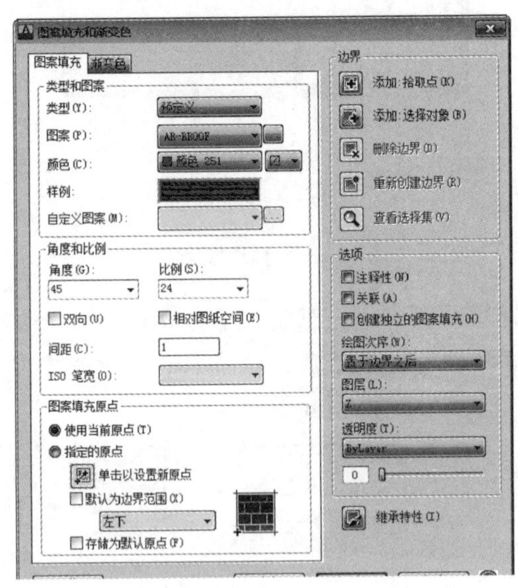

图 13-36 设置参数

Step 10 在绘图区中拾取填充区域，绘制填充图案，结果如图 13-37 所示。

Step 11 插入灯具。按【Ctrl+O】组合键，打开本书配套光盘提供的“第 13 章\家具图例.dwg”文件，将其中的灯具图形复制并粘贴至顶面图中，绘制结果如图 13-38 所示。

Step 12 标高标注。调用 I【插入】命令，在弹出的【插入】对话框中选择标高标注，如图 13-39 所示。

Step 13 单击【确定】按钮，并根据命令行的提示，在绘图区中点取标高标注的插入点以及指定标高值，标高标注的结果如图 13-40 所示。

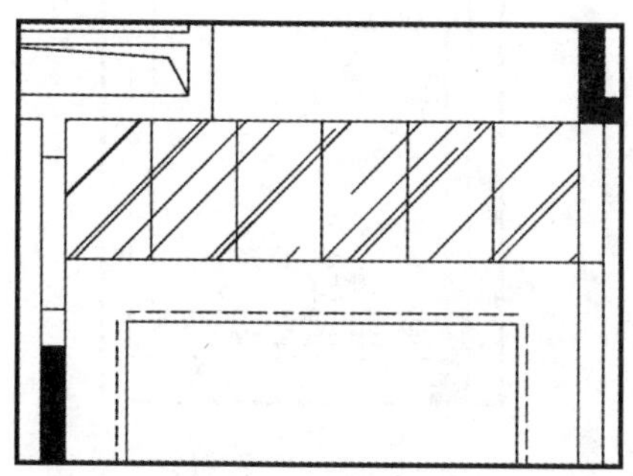

图 13-37 填充图案

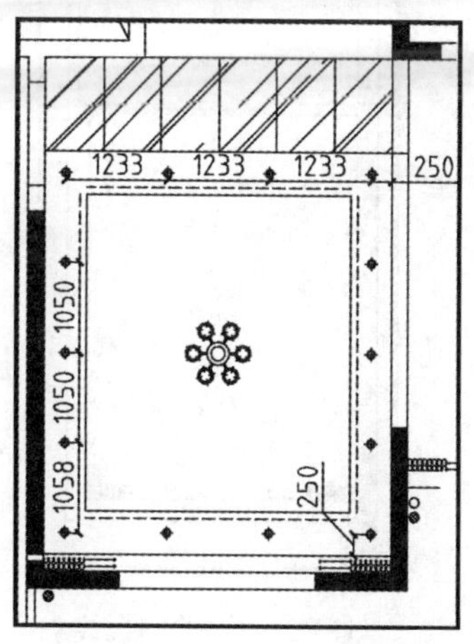

图 13-38 插入灯具

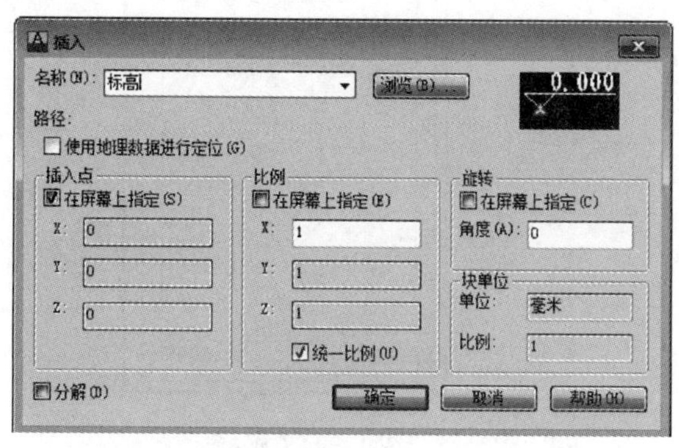

图 13-39 【插入】对话框

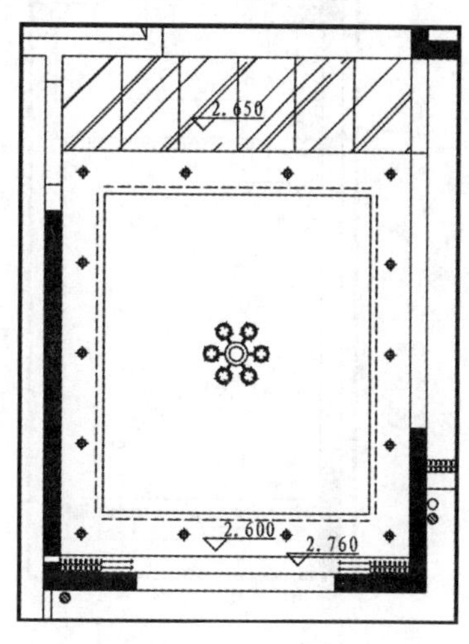

图 13-40 标高标注

13.2.2 绘制过道、书房顶面图

过道、书房顶面为石膏板吊平顶，安装了射灯，并预留了窗帘盒，吊顶完成面的标高为 2.600m。

Step 01 绘制顶面轮廓。调用 L【直线】命令，绘制直线，结果如图 13-41 所示。

Step 02 绘制窗帘盒。调用 O【偏移】命令，偏移墙线，结果如图 13-42 所示。

Step 03 插入灯具。按【Ctrl+O】组合键，打开本书配套光盘提供的“第 13 章\家具图例.dwg”文件，将其中的灯具图形复制并粘贴至顶面图中，绘制结果如图 13-43 所示.

Step 04 标高标注。调用 I【插入】命令，在弹出的【插入】对话框中选择标高标注；单击【确定】按钮，并根据命令行的提示，在绘图区中点取标高标注的插入点以及指定标高值，标高标注的结果如图 13-44 所示。

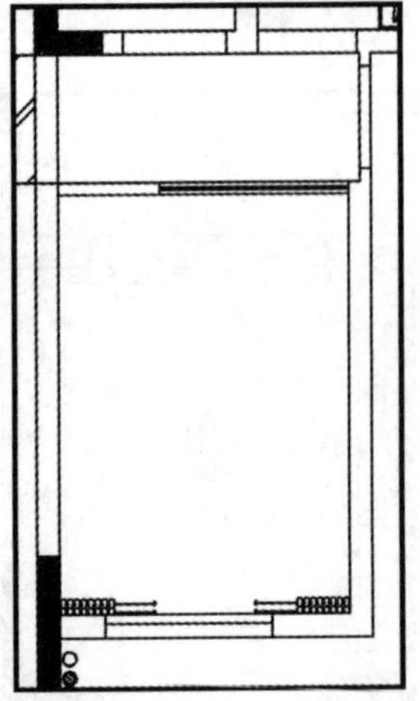

图 13-41　绘制直线

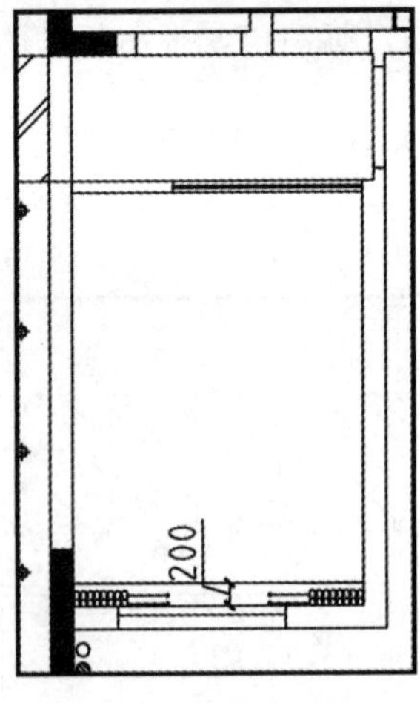

图 13-42　偏移墙线

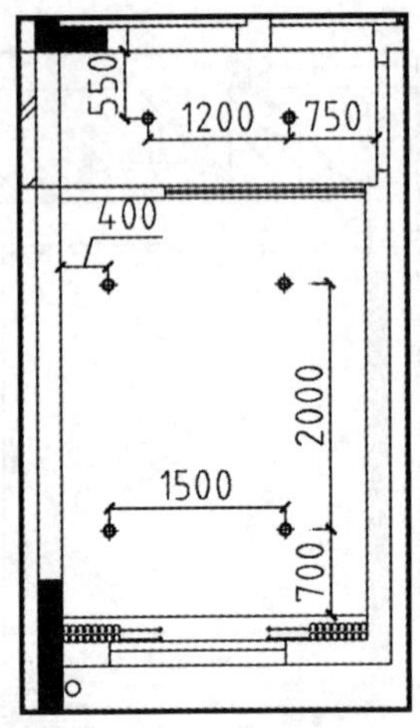

图 13-43　插入灯具

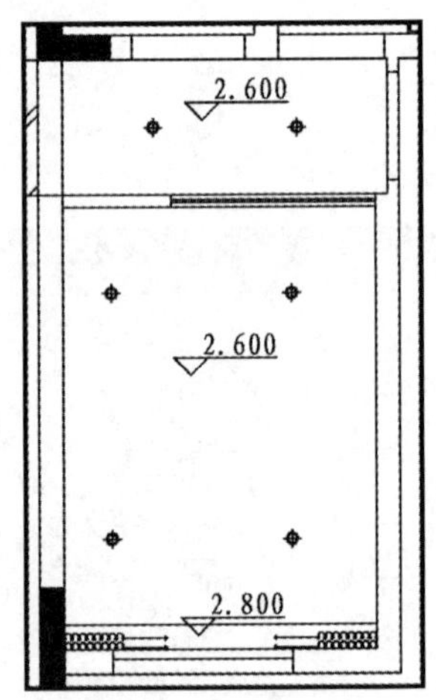

图 13-44　标高标注

13.2.3　绘制主卧、主卫顶面布置图

主卧、主卫顶面为石膏板吊平顶，并安装射灯。与主卧所不同的是，主卫使用的是防水石膏板吊顶，可以抵抗卫生间水汽的侵蚀。主卫吊顶的完成面标高为 2.400m，主卧的完成面标高为 2.600m。

Step 01 绘制顶面轮廓。调用 L【直线】命令，绘制直线，结果如图 13-45 所示。

Step 02 绘制排风口。调用 L【直线】命令，绘制直线；调用 O【偏移】命令，偏移直线，结果如图 13-46 所示。

Step 03 填充图案。调用 H【图案填充】命令，弹出【图案填充和渐变色】对话框，设置参数如图 13-47 所示。

Step 04 在绘图区中拾取填充区域，绘制图案填充的结果如图 13-48 所示。

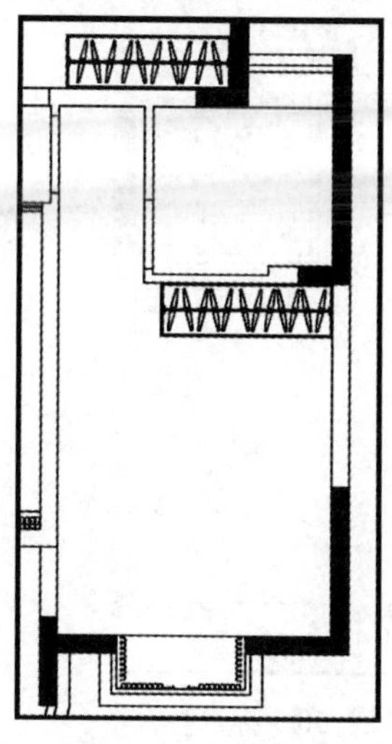

图 13-45　绘制直线

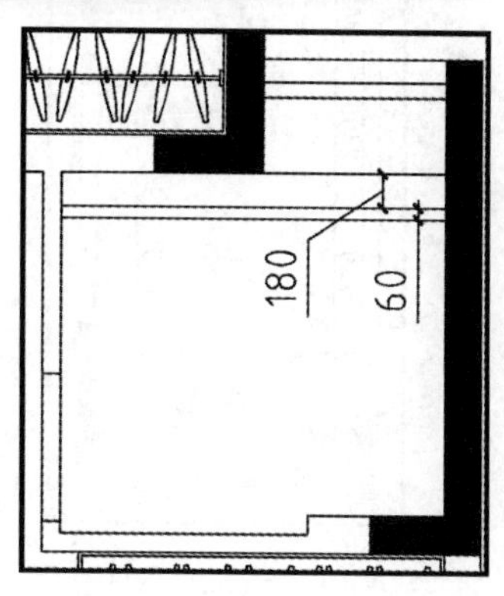

图 13-46　偏移直线

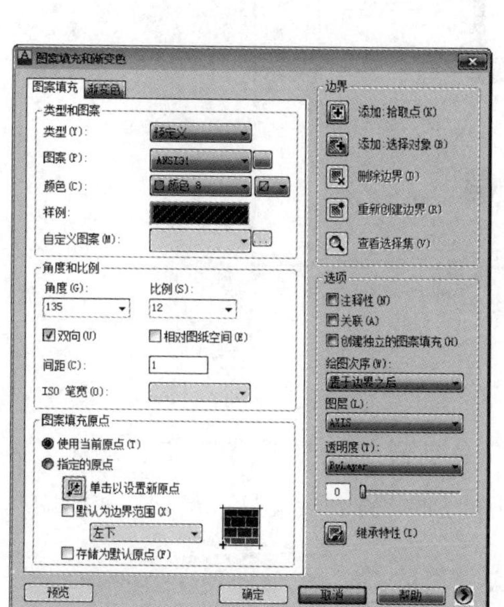

图 13-47　设置参数

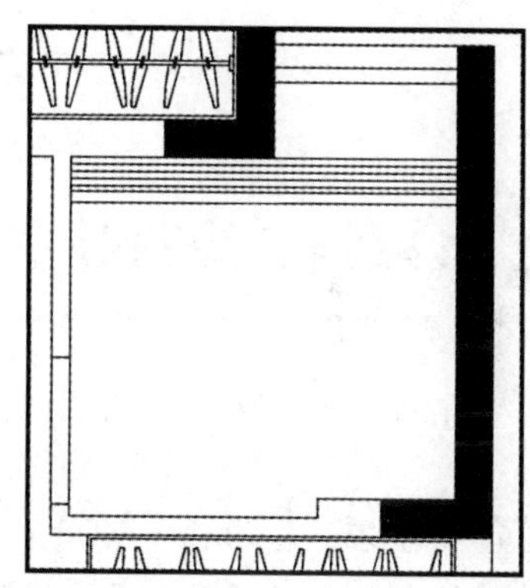

图 13-48　图案填充

Step 05 插入灯具。按【Ctrl+O】组合键，打开本书配套光盘提供的“第 13 章\家具图例.dwg”文件，将其中的灯具图形复制并粘贴至顶面图中，绘制结果如图 13-49 所示。

Step 06 标高标注。调用 I【插入】命令，在弹出的【插入】对话框中选择标高标注；单击【确定】按钮，并根据命令行的提示，在绘图区中点取标高标注的插入点以及指定标高值，标高标注的结果如图 13-50 所示。

Step 07 插入灯具。按【Ctrl+O】组合键，打开本书配套光盘提供的“第 13 章\家具图例 dwg”文件，将其中的灯具图形复制并粘贴至空中花园顶面图中，绘制结果如图 13-51 所示。

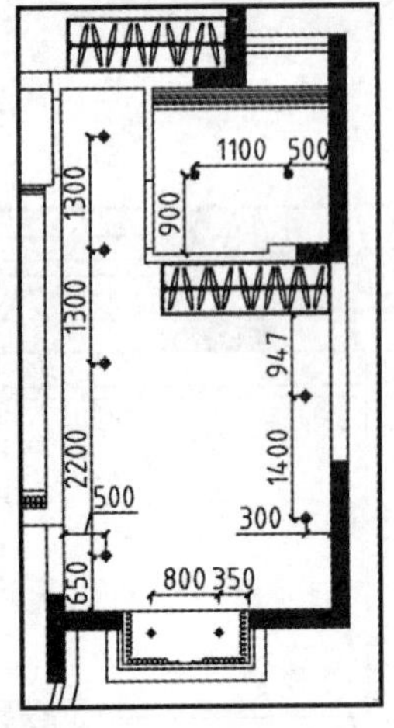

图 13-49　插入灯具

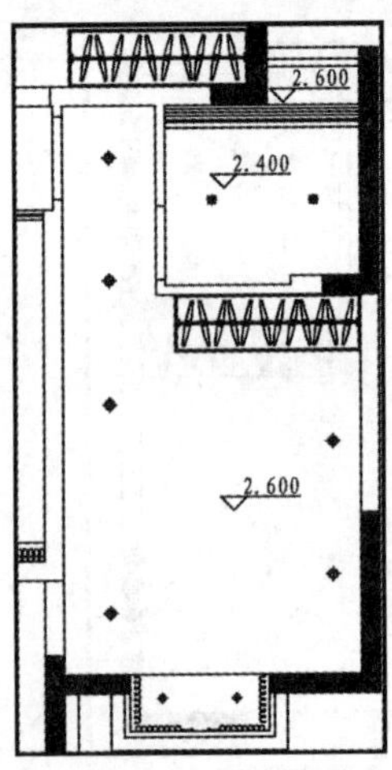

图 13-50　标高标注

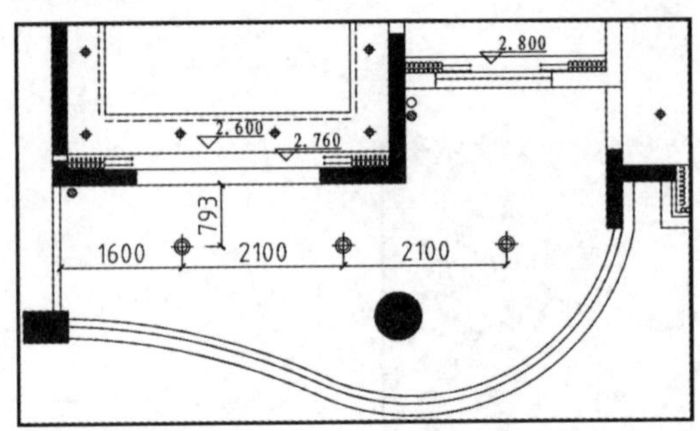

图 13-51　插入灯具

13.2.4　绘制卧室顶面图

卧室吊顶为局部石膏板吊顶，吊顶边缘制作灯带，并安装射灯，吊顶完成面的标高为 2.600m。

Step 01 绘制石膏板吊顶。调用 L【直线】命令，绘制直线，结果如图 13-52 所示。

Step 02 绘制灯带。调用 O【偏移】命令，偏移直线，并将偏移得到的直线线型设置为虚线，结果如图 13-53 所示。

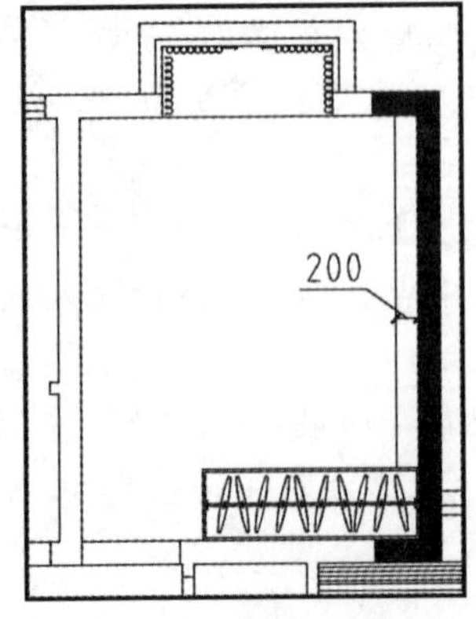

图 13-52　绘制直线

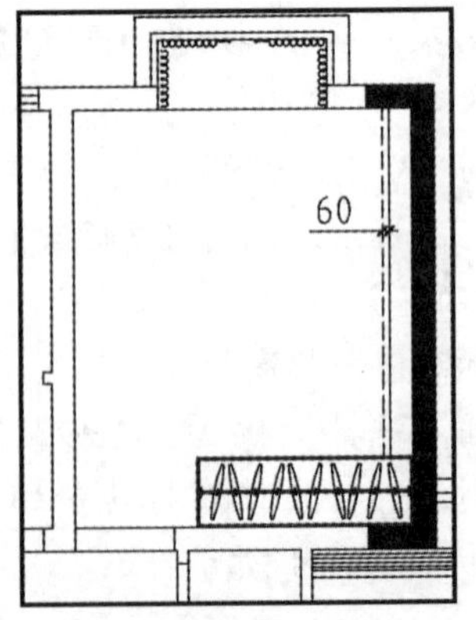

图 13-53　绘制灯带

Step 03 插入灯具。按【Ctrl+O】组合键，打开本书配套光盘提供的“第 13 章\家具图例.dwg”文件，将其中的灯具图形复制并粘贴至顶面图中，绘制结果如图 13-54 所示。

Step 04 标高标注。调用 I【插入】命令，在弹出的【插入】对话框中选择标高标注；单击【确定】按钮，并根据命令行的提示，在绘图区中点取标高标注的插入点以及指定标高值，标高标注的结果如图 13-55 所示。

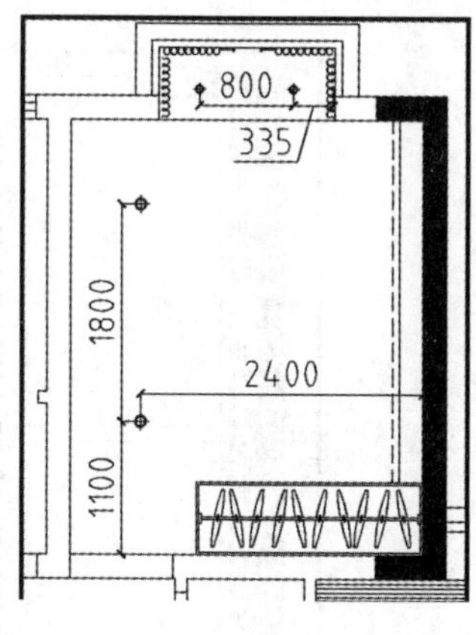

图 13-54　插入灯具

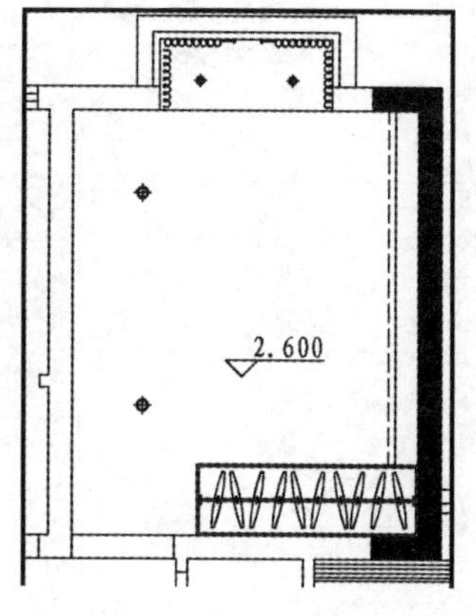

图 13-55　标高标注

13.2.5　绘制次卫顶面图

次卫顶面图为防水石膏板吊顶，可使顶面不受水蒸气的侵蚀；且在靠承重墙的一边安装了送风口，以便排除室内气体。次卫生间的吊顶完成面标高为 2.600m。

Step 01 绘制吊顶轮廓。调用 L【直线】命令，绘制直线，结果如图 13-56 所示。

Step 02 绘制排风口。调用 O【偏移】命令，偏移墙线，结果如图 13-57 所示。

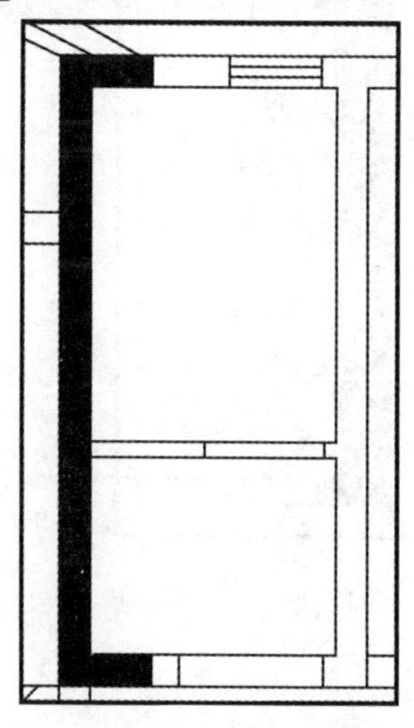

图 13-56　绘制直线

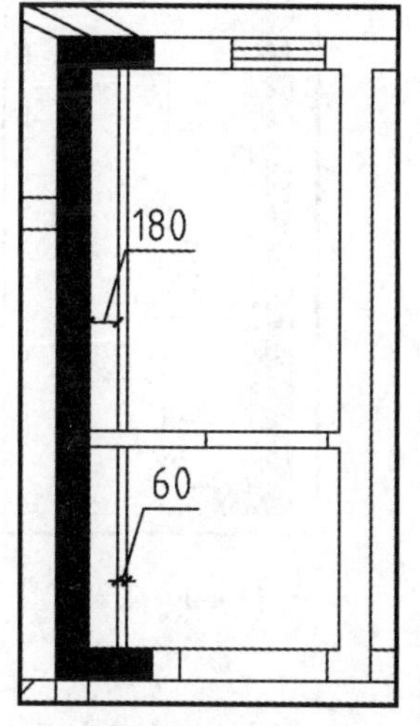

图 13-57　偏移墙线

Step 03 填充图案。调用 H【图案填充】命令，弹出【图案填充和渐变色】对话框，设置参数如图 13-58 所示。

Step 04 在绘图区中拾取填充区域，绘制图案填充的结果如图 13-59 所示。

图 13-58　设置参数

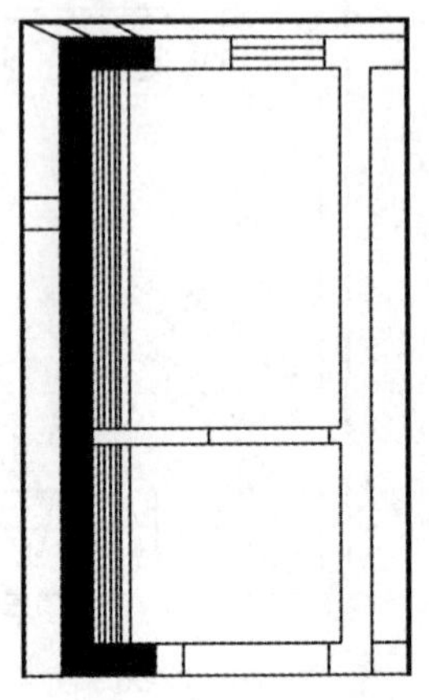

图 13-59　图案填充

Step 05 插入灯具。按【Ctrl+O】组合键，打开本书配套光盘提供的"第 13 章\家具图例.dwg"文件，将其中的灯具图形复制并粘贴至顶面图中，绘制结果如图 13-60 所示。

Step 06 标高标注。调用 I【插入】命令，在弹出的【插入】对话框中选择标高标注；单击【确定】按钮，并根据命令行的提示，在绘图区中点取标高标注的插入点以及指定标高值，标高标注的结果如图 13-61 所示。

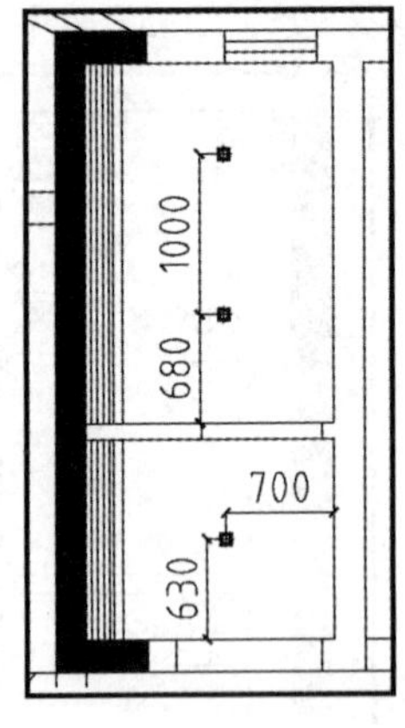

图 13-60　插入灯具

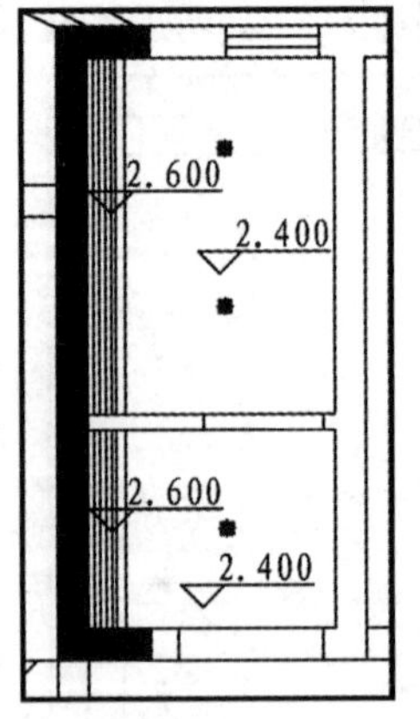

图 13-61　标高标注

13.2.6　绘制厨房、餐厅、生活阳台顶面图

餐厅的吊顶制作方式沿袭了客厅的装饰风格，同样是边缘吊顶并安装了灯带与射灯。厨

房为防水石膏板吊顶，主要为防止油烟的污染。生活阳台顶面不做造型，在原顶的基础上涂刷白色乳胶漆。

Step 01 绘制吊顶轮廓。调用 L【直线】命令，绘制直线，结果如图 13-62 所示。

Step 02 绘制石膏板吊顶。调用 REC【矩形】命令，绘制尺寸为 2 000 × 1 800 的矩形，结果如图 13-63 所示。

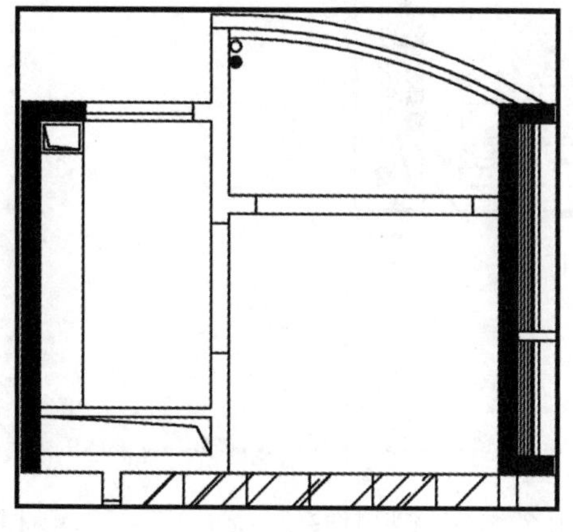
图 13-62　绘制直线

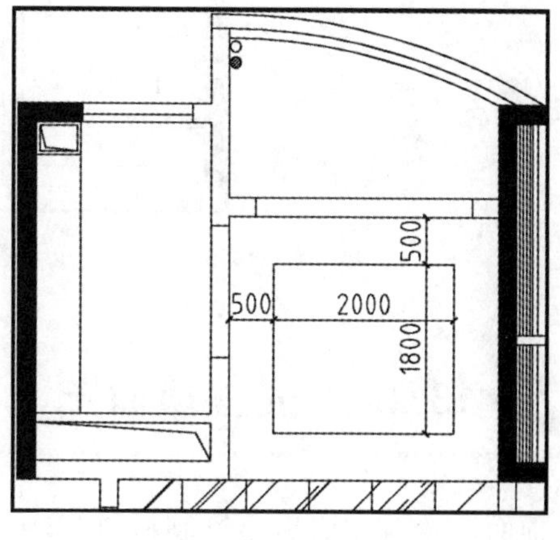

图 13-63　绘制矩形

Step 03 绘制灯带。调用 O【偏移】命令，设置偏移距离为 80，往外偏移矩形，并将偏移得到的矩形的线型设置为虚线，结果如图 13-64 所示。

Step 04 插入灯具。按【Ctrl+O】组合键，打开本书配套光盘提供的“第 13 章\家具图例.dwg”文件，将其中的灯具图形复制并粘贴至顶面图中，绘制结果如图 13-65 所示。

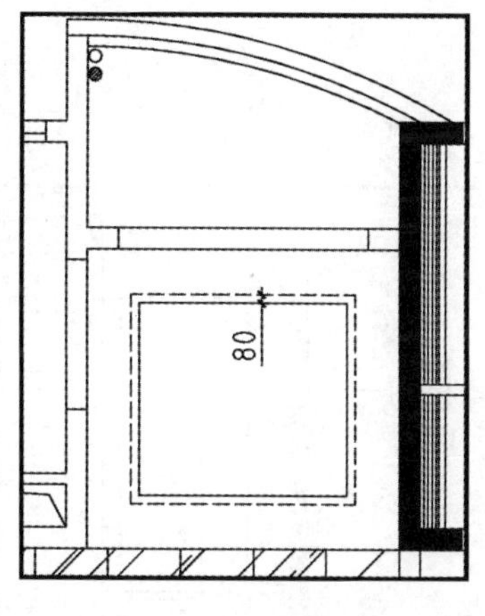

图 13-64　绘制灯带

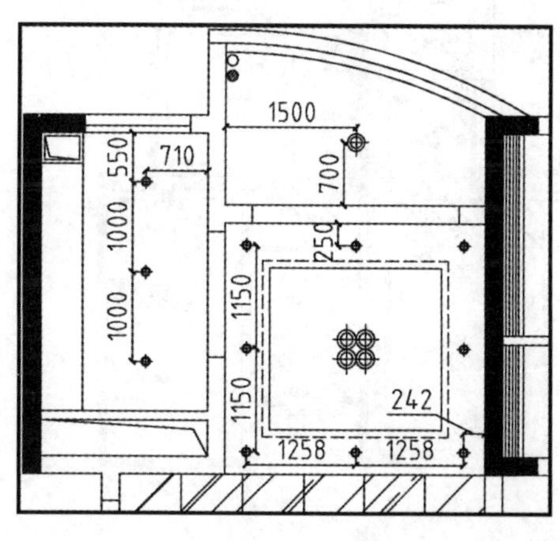

图 13-65　插入灯具

Step 05 标高标注。调用 I【插入】命令，在弹出的【插入】对话框中选择标高标注；单击【确定】按钮，并根据命令行的提示，在绘图区中点取标高标注的插入点以及指定标高值，标高标注的结果如图 13-66 所示。

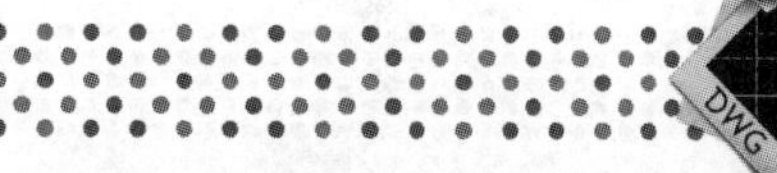

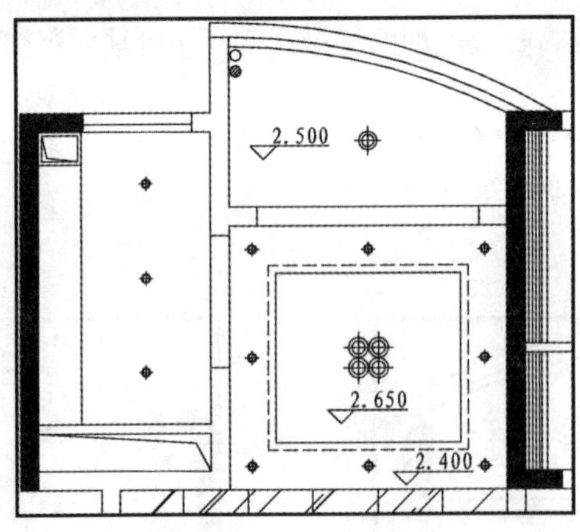

图 13-66　标高标注

13.2.7　完善顶面图

顶面图绘制完成后要绘制材料标注，以让人明了各区域吊顶的制作方法和使用材料。绘制材料标注主要调用多重引线命令，该命令可以绘制指示箭头与文字一体的文字标注。

Step 01 顶面图绘制完成的结果如图 13-67 所示。

Step 02 材料标注。调用 MLD【多重引线】命令，指定引线箭头、引线基线的位置；在弹出的在位文字编辑器中输入文字标注，单击【文字格式】对话框中的【确定】按钮，完成地面填充图案的材料标注，结果如图 13-68 所示。

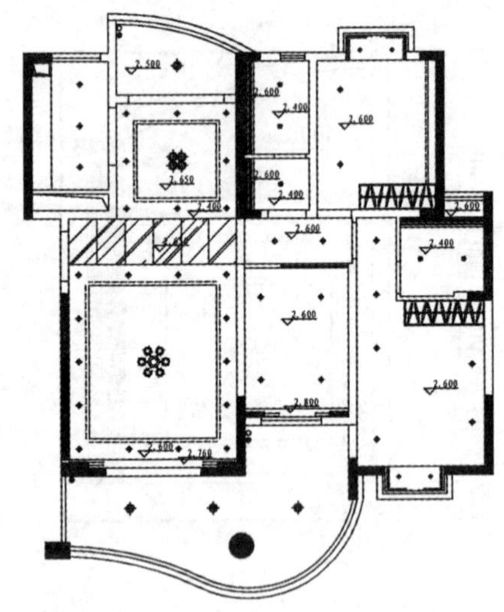

图 13-67　绘制结果

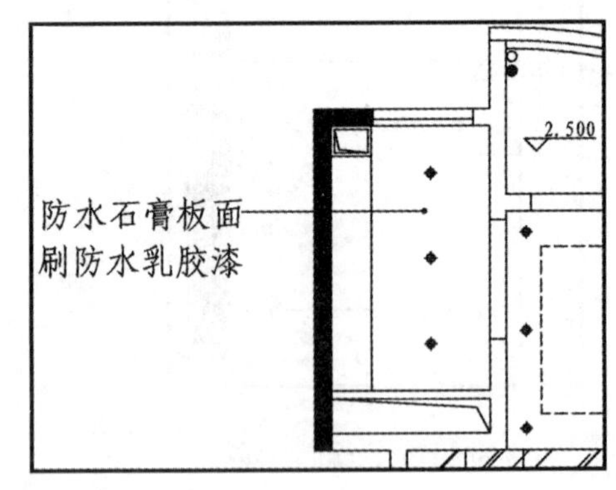

图 13-68　材料标注

Step 03 重复调用 MLD【多重引线】命令，继续为顶面图绘制文字标注，结果如图 13-69 所示。

Step 04 绘制图名标注。调用 L【直线】命令，绘制双横线，并将下面的直线的线宽设置为 0.3mm；调用 MT【多行文字】命令，绘制图名和比例，完成图名标注的结果如图 13-70 所示。

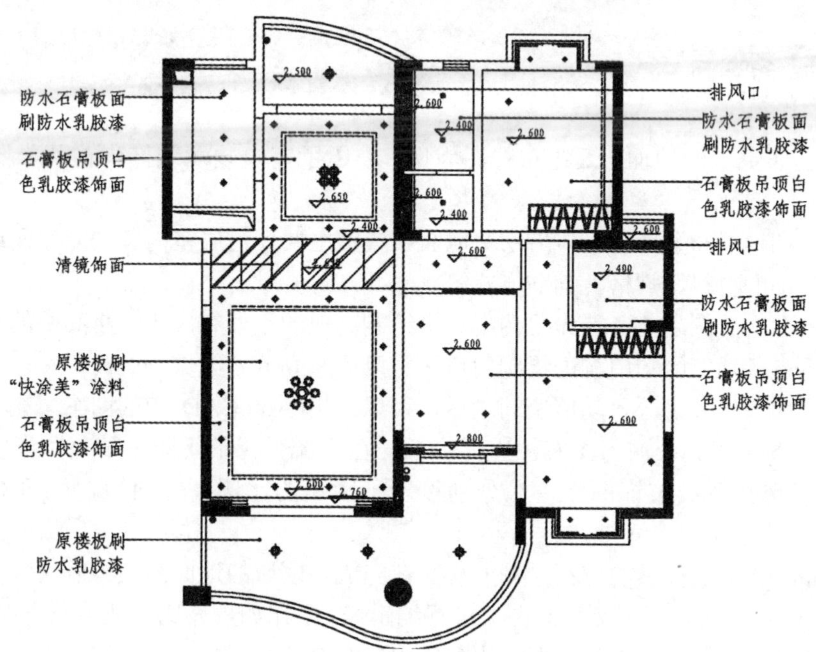

图 13-69　绘制结果

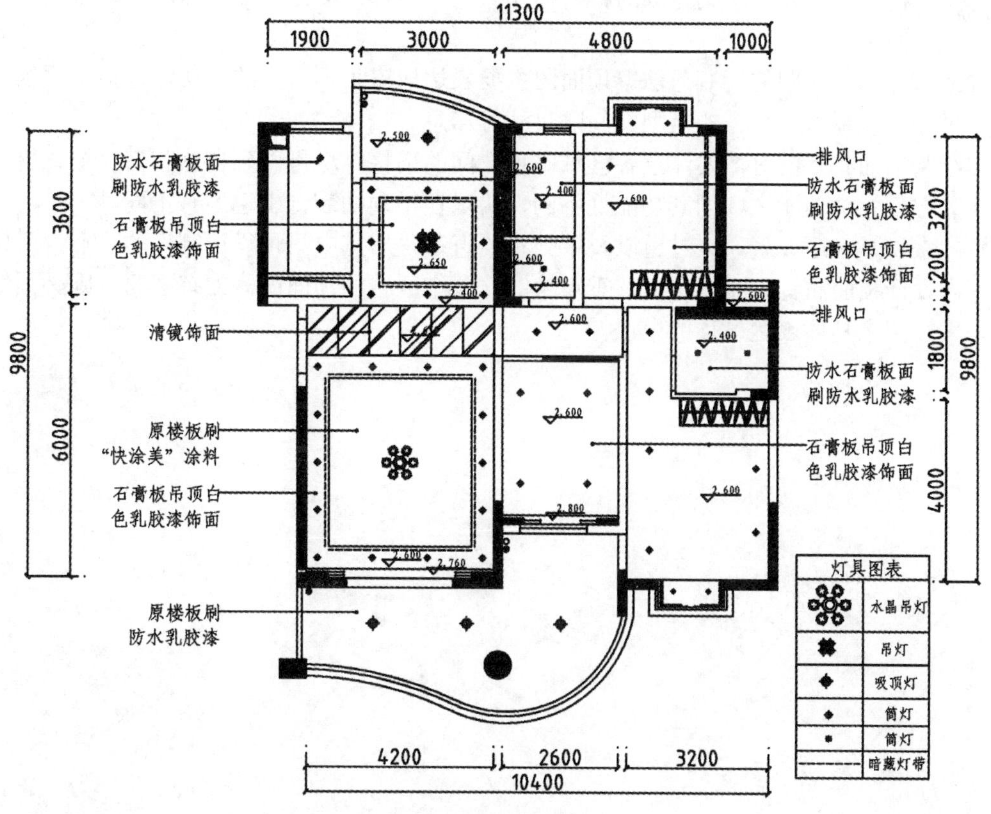

图 13-70　图名标注

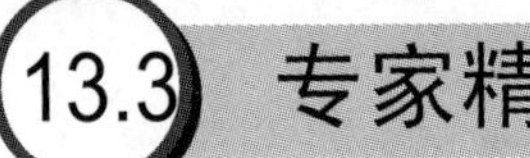

13.3 专家精讲

本章以三居室中的地面、天花布置图为例，介绍了室内装潢装修中这两类图形的绘制方法。

13.1 节介绍地面布置图的绘制方法。地面布置图主要表达居室内各功能空间地面的装饰效果，包括装饰的材料、规格、铺贴方式等。

在绘制地面布置图之前，首先要调用一份绘制完成的平面布置图，将其中的家具图形进行删除后，再在各功能区的门洞处绘制门口线，以此来划分各区域空间。

绘制完成门口线并划分各功能空间之后，可以调用 AutoCAD 中的图案填充命令来对各区域地面绘制图案填充。调用图案填充命令后，在系统弹出的【图案填充和渐变色】对话框中可以任意选择各类装饰图案，在分别设置了图案的比例、方向后，即可对该区域绘制图案填充。

基于 AutoCAD 所提供的便利绘制方法，在完成各区域的地面图案绘制后，各区域的图案填充为一个整体，可以根据需要对图案进行编辑修改，比如填充比例或填充方向的参数等。

在绘制完成各类图案填充后，要调用多重引线命令绘制材料标注，增加地面布置图的完整性。多重引线命令是 AutoCAD 中所提供的又一个便利的标注方式，该命令可以对话框的形式绘制材料标注，并且绘制完成的材料标注为一个整体，双击该文字标注，即可进行编辑修改，十分便利。

13.2 节介绍顶面图的绘制方法。顶面图主要表达居室吊顶造型的做法，包括吊顶的使用材料、尺寸、造型以及灯具的类型、间隔尺寸等信息。

在绘制顶面布置图时，要注意各区域吊顶之间的衔接，尽量做到自然和谐、节省材料并且美观大方。各个功能区域因其功能性不同，所以在吊顶的装饰上也各有不同。

总的来说，客厅、餐厅、过道以及主卧室一直都是居室中吊顶设计制作的重点。所以在绘制室内设计顶面布置图时，也应该重点绘制这几个区域的顶面图，如有必要，则必须绘制顶面的大样图来具体表达吊顶的做法。

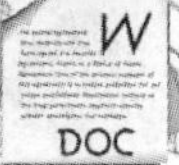

第 14 章 绘制水电开关布置图

设备工程通常是指安装在建筑物内的给水排水管道、采暖通风空调、电气照明管道以及相应的设施、装置。它们服务于建筑物，使建筑物能更好地发挥本身的功能，改善和提高使用者的生活质量或者生产者的生产环境。

设备施工图的图示特点是以平面图为依据，采用正投影法、轴测投影法，借助各种图例、符号、线型、线宽来反映设备施工图的内容。

本章介绍设备工程图中的电气施工图和给水排水施工图的绘制方法。

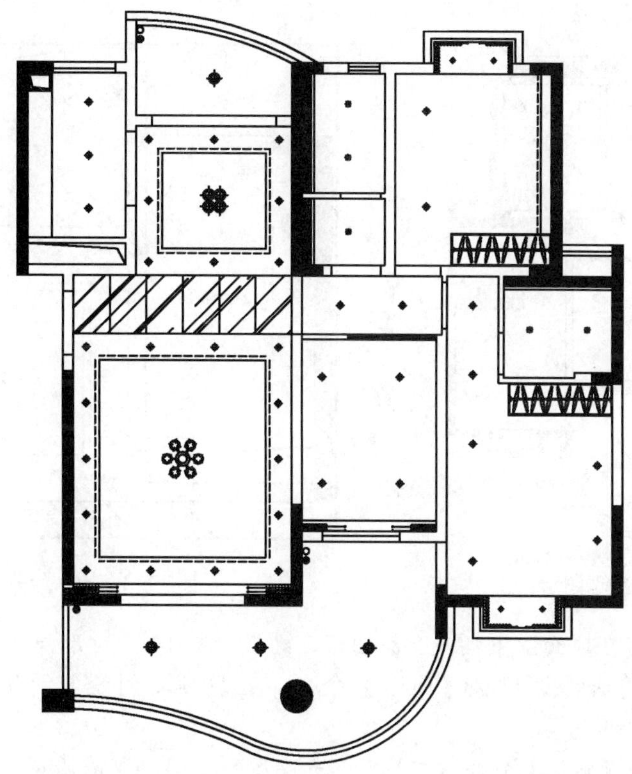

14.1 绘制开关插座布置图

开关插座布置图是表明室内装饰装修中的开关和插座在居室中的布置位置，包括开关的类型、插座的类型以及与灯具之间的连线等信息。下面介绍在室内装饰装修中开关平面布置图与插座平面布置图的绘制方法。

14.1.1 绘制开关布置图

绘制开关布置图，首先要将各类型的开关图形复制并粘贴至平面图中；然后调用圆弧命令，在开关与灯具之间绘制连线，即可完成开关布置图的绘制。

Step 01 调用顶面布置图。调用 CO【复制】命令，移动复制一份顶面布置图至一旁。

Step 02 整理图形。调用 E【删除】命令，删除顶面图上的多余图形，结果如图 14-1 所示。

Step 03 插入开关图形。插入灯具。按【Ctrl+O】组合键，打开本书配套光盘提供的“第 14 章\家具图例.dwg”文件，将其中的开关图例复制并粘贴至顶面图中，绘制结果如图 14-2 所示。

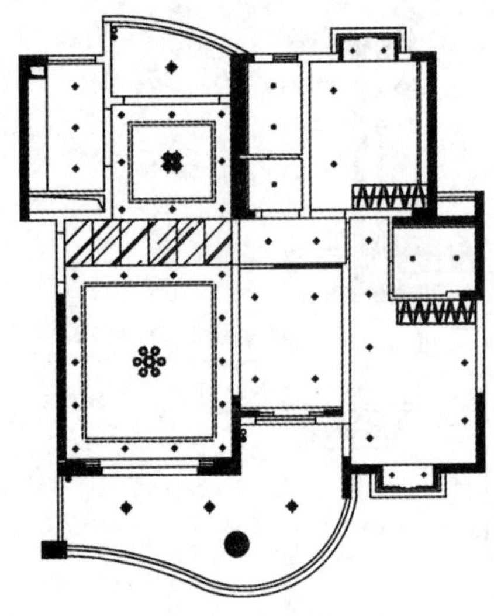

图 14-1 整理图形

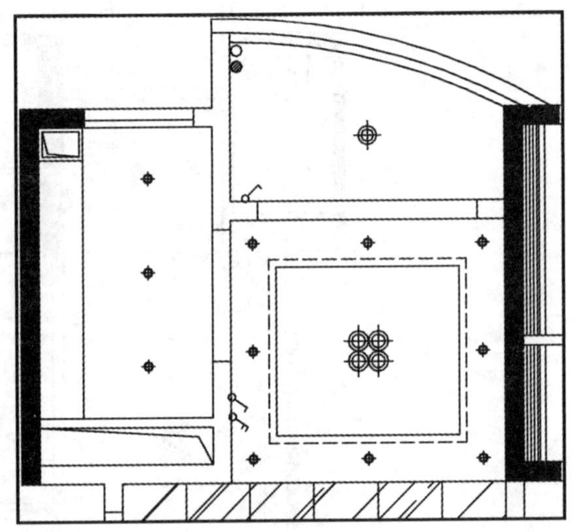

图 14-2 插入开关图形

Step 04 重复操作，在顶面图中插入开关图形，结果如图 14-3 所示。

Step 05 绘制灯具连线。调用 A【圆弧】命令，在灯具之间绘制圆弧，结果如图 14-4 所示。

Step 06 继续调用 A【圆弧】命令，在灯具和开关图形之间绘制圆弧，结果如图 14-5 所示。

Step 07 重复操作，调用 A【圆弧】命令绘制圆弧，完成开关布置图的绘制，结果如图 14-6 所示。

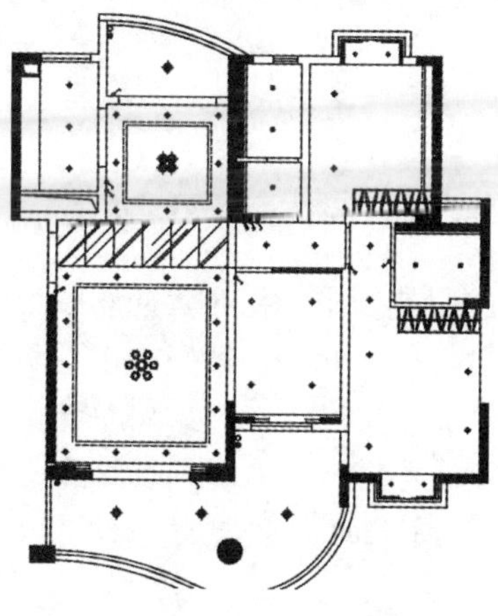

图 14-3 绘制结果

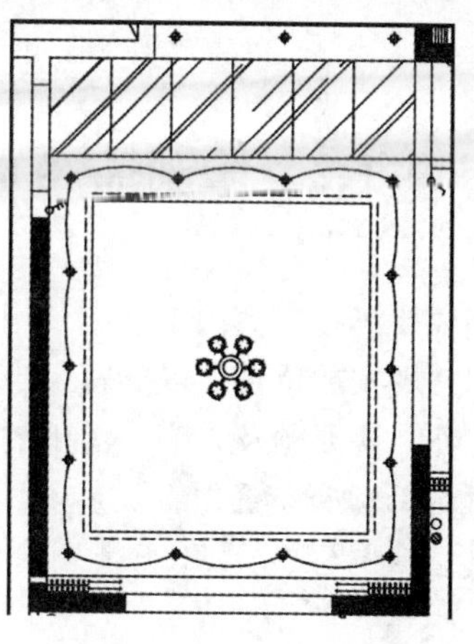

图 14-4 绘制圆弧

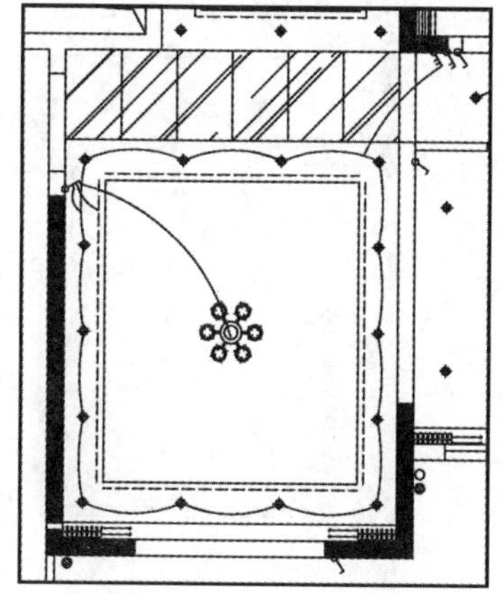

图 14-5 绘制结果

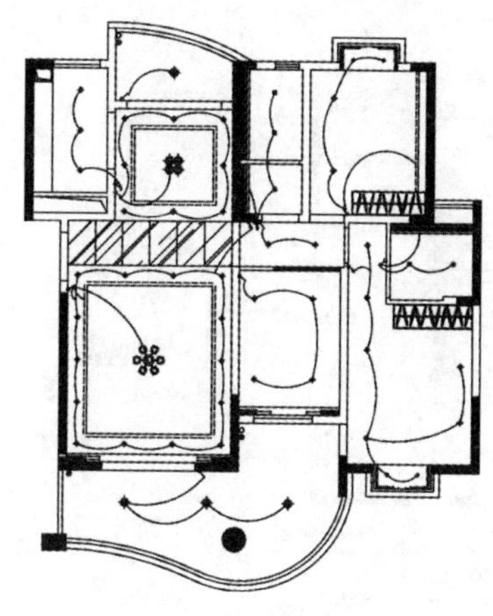

图 14-6 完成绘制

Step 08 绘制图名标注。调用 L【直线】命令，绘制双横线，并将下面的直线的线宽设置为 0.3mm；调用 MT【多行文字】命令，绘制图名和比例，完成图名标注的结果如图 14-7 所示。

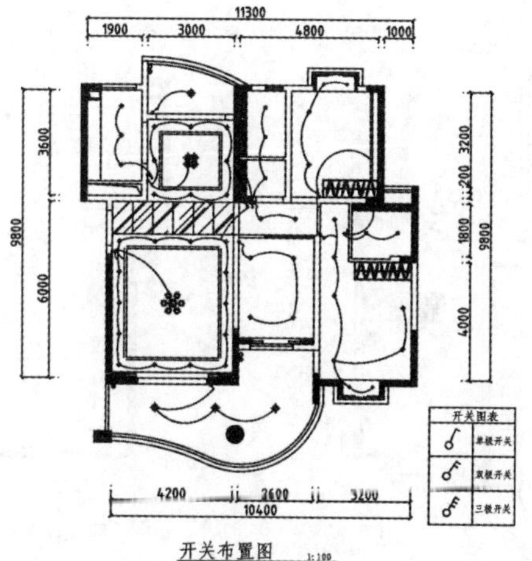

图 14-7 图名标注

14.1.2　绘制插座布置图

插座主要满足居室内电器的使用条件及平时人们的用电需求。在布置插座图形时，要考虑电器的常规安放位置，以插座与电器之间的距离最短为佳。此外，插座的设置除了满足电器的使用外，还要顾及人们生活中的用电。

Step 01 调用顶面布置图。调用 CO【复制】命令，移动复制一份平面布置图至一旁。

Step 02 整理图形。调用 E【删除】命令，删除平面图上的多余图形，结果如图 14-8 所示。

Step 03 插入插座图形。按【Ctrl+O】组合键，打开本书配套光盘提供的“第 14 章\家具图例.dwg”文件，将其中的插座图例复制并粘贴至客厅平面图中，绘制结果如图 14-9 所示。

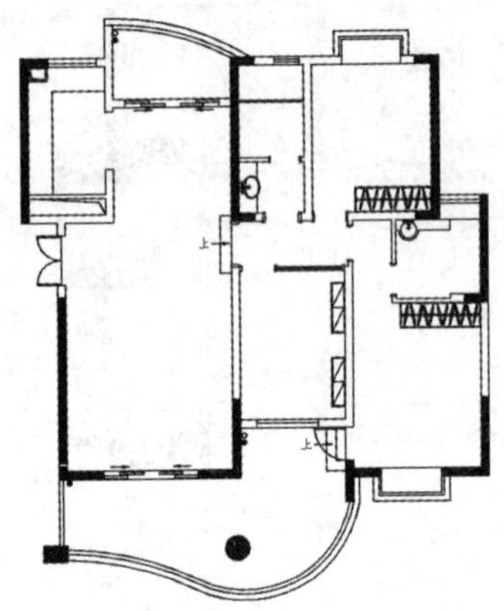

图 14-8　整理图形

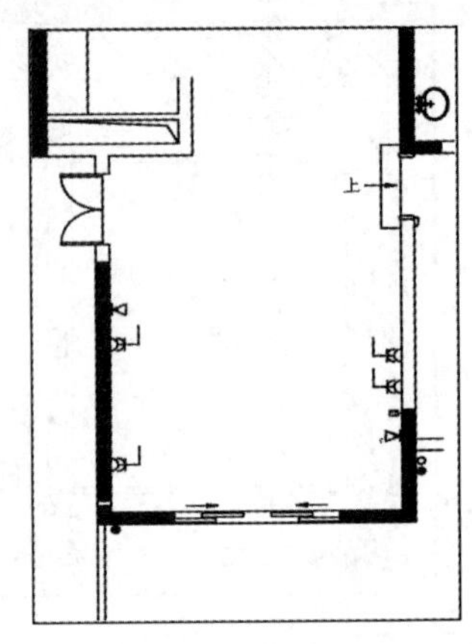

图 14-9　插入插座与灯具图形

Step 04 重复操作，在其余房间的平面图中插入插座图形，结果如图 14-10 所示。

Step 05 绘制强电电线走向。调用 L【直线】命令，绘制连接直线，结果如图 14-11 所示。

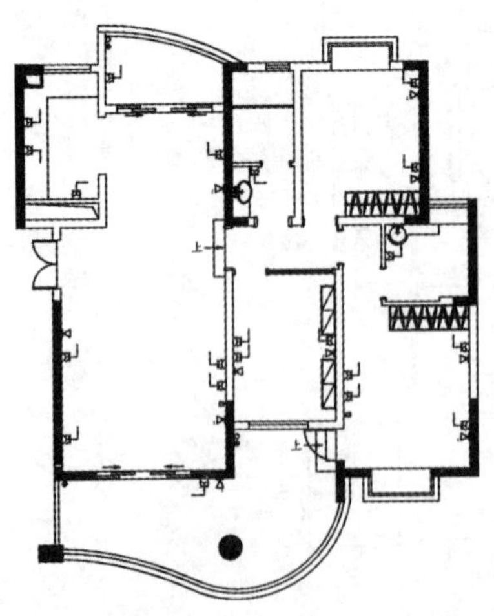

图 14-10　插入结果

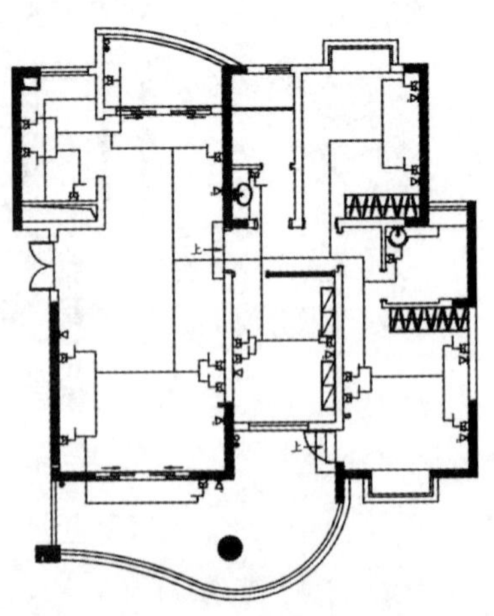

图 14-11　绘制直线

Step 06 绘制弱电电线走向。调用 L【直线】命令，绘制连接直线，并将直线的线型设置为虚线，结果如图 14-12 所示。

Step 07 绘制图名标注。调用 L【直线】命令，绘制双横线，并将下面的直线的线宽设置为 0.3mm，调用 MT【多行文字】命令，绘制图名和比例，完成图名标注的结果如图 14-13 所示。

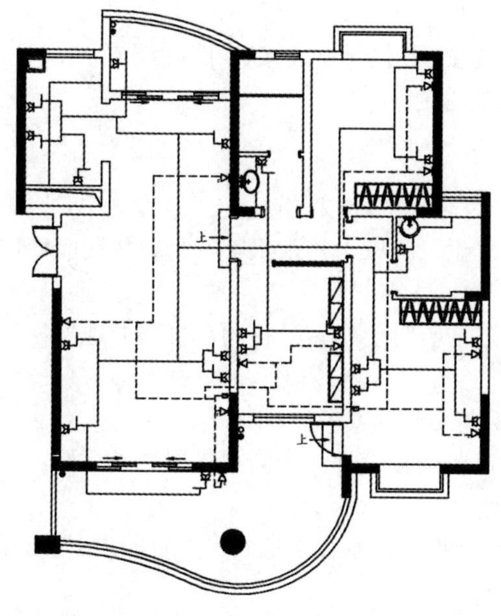

图 14-12　绘制结果

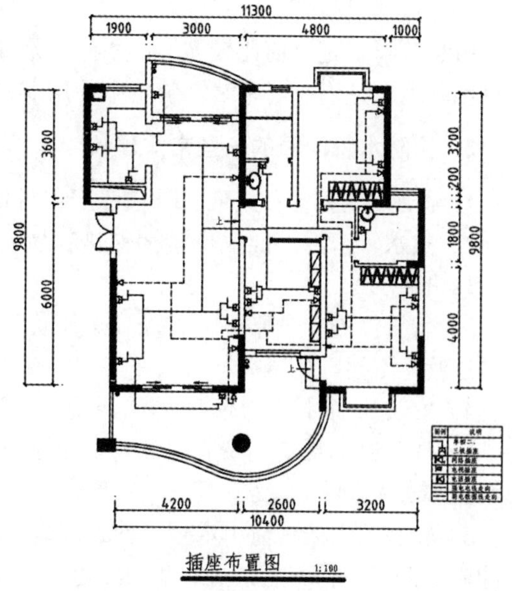

图 14-13　图名标注

14.2 绘制冷热水管走向图

室内给排水系统包括给水和排水两个方面。给水系统是指将水通过管道输送到建筑内各个配水装置。排水系统是指将建筑物内生产、生活的污水等通过管道排除。

下面介绍室内装饰装修中冷热水管走向图的绘制方法。

14.2.1 水路的基本常识

在对居室的水路进行改造时，为了防止在使用过程中出现问题，有些事项是值得注意的，下面就改造水路过程中一些应注意的事项进行简单介绍。

1．水管的选择

1）铝塑管材料

铝塑管材料曾经比较流行，施工较便利，但是铝塑管的弱点是用做热水管时容易渗漏。

2）镀锌管材料

在地产商将房子交付到业主手中时，大部分水管是镀锌管材质的。这种材质的水管不但不能暗埋且容易渗漏，还很容易腐蚀，造成水质中重金属超标。因此，这种水管基本上在水路改造时都直接更换掉。

3）铜管材料

铜管材料是比较传统的好水管，耐腐蚀。但是使用普通管件连接时间长了也会有渗漏的问题，如果采取焊接的工艺就会安全很多，但最好还是不要埋墙里，铜管价格非常高，现在已经很少使用了。

4）PPR 管材料

PPR 管材料是目前比较完美的水管，无毒、耐腐蚀、热熔无缝连接，可以用于冷热水管，也可以暗埋。是现在居室装饰装修中使用非常普遍的管道。

2．预防水管问题的一些常规建议

1）冷水管漏水。在施工过程中把密封材料四氟带（俗称生料带）缠足。

2）热水管密封。四氟带常期受热容易收缩及老化，所以，热水水管密封材料一般使用麻丝加铅油。

3）软管爆裂十分常见。首先要选用优质产品。安装时要将软管捋顺，打弯的地方尽量缓慢过渡，不要打死弯。

4）安装马桶时，在底座凹槽里填满油腻子，装好后周边再打一圈玻璃胶。

5）洗脸盆如果使用洗衣机软管做下水，就一定要把软管打一个圆圈，用绳子系好，形成水封，防止返味。

6）安装卫生洁具前用水管子使劲冲刷下水管道，最好把水管子插到下水管的“S”弯那里冲刷，把那里有可能堵塞的杂物冲走。

14.2.2　绘制住宅冷热水管走向图

下面介绍居室冷热水管走向图的绘制。首先复制一份平面布置图，将该图进行整理后，再在此基础上绘制冷水管和热水管的走线。

Step 01 调用平面布置图。调用 CO【复制】命令，移动复制一份平面布置图至一旁。

Step 02 整理图形。调用 E【删除】命令，删除平面布置图上多余的图形，结果如图 14-14 所示。

Step 03 绘制冷水管走向。调用 L【直线】命令，绘制直线，结果如图 14-15 所示。

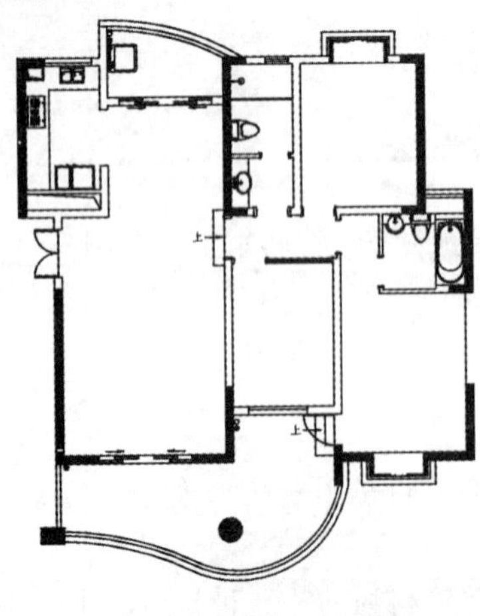

图 14-14　整理图形

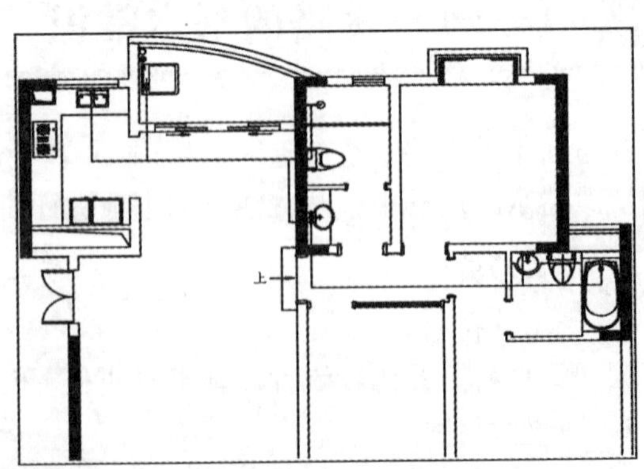

图 14-15　绘制直线

Step 04 绘制热水管走向。调用 L【直线】命令，绘制直线，并将直线的线型设置为虚线，结果如图 14-16 所示。

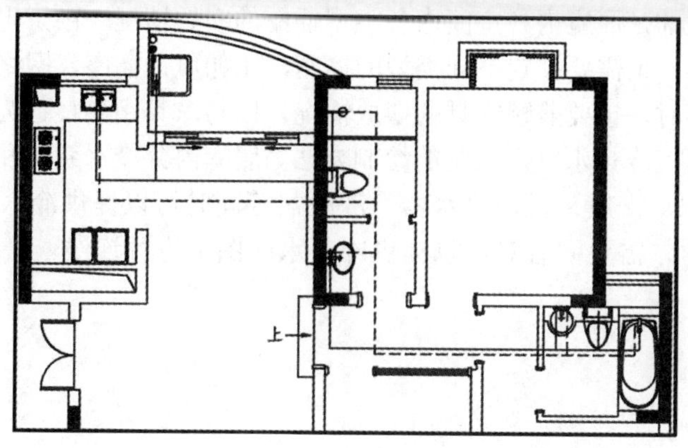

图 14-16 绘制结果

Step 05 绘制图名标注。调用 L【直线】命令，绘制双横线，并将下面的直线的线宽设置为 0.3mm；调用 MT【多行文字】命令，绘制图名和比例，完成图名标注的结果如图 14-17 所示。

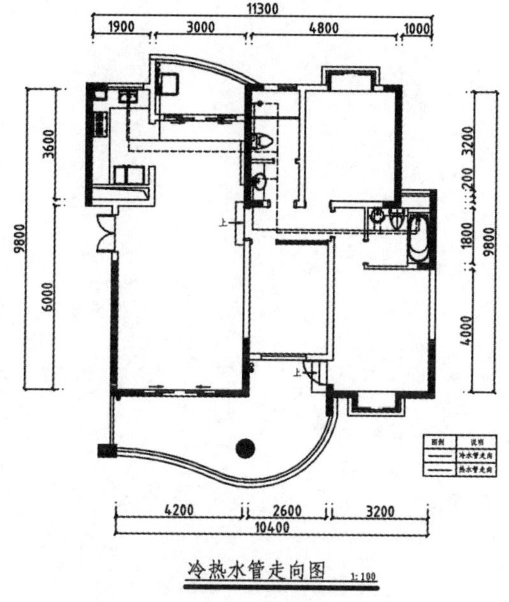

图 14-17 图名标注

14.3 专家精讲

本章介绍了室内装饰装潢施工图中水电开关布置图的绘制方法。

14.1 节分别介绍了开关布置图和插座布置图的绘制方法。

开关布置图主要表达室内各个类型开关的安放位置。在绘制开关布置图时，要考虑人们的使用习惯，比如一般入户大门，开关会安放在离右手较近的区域，以便人们在开门之后就可以伸手触动开关。

插座布置图表达的是居室内各空间内各类型插座的布置情况。由于电器多种多样，所以在绘制插座平面图时，也需要安置不同类型的插座，比如电话插座、网络插座、热水器插座等。在绘制插座图形时，也要兼顾家具的摆放情况，以与家具距离最近为佳。

14.2 节介绍了居室冷热水管走向图的绘制方法。居室内分冷水系统和热水系统，分别为人们提供热水和冷水。一般来说，热水器、洗脸盆等同时可以提供冷水和热水，所以在绘制冷热水管走向图时，需要同时对可以提供冷热水的图形进行连线。

第 15 章

绘制立面图

室内立面图是将房屋的室内墙面按内视投影符号的指向，向直立投影面所做的正投影图。它用于反映室内空间垂直方向的装饰设计形式、尺寸与做法、材料与色彩的选用等内容，室内立面图是装饰工程图中的主要图样之一，是确定墙面做法的主要依据。房屋室内立面图的名称应根据平面布置图中内视投影符号的编号或字母确定，如①立面图、Ⓐ立面图面。

室内立面图应包括投影方向可见的室内轮廓线和装饰构造、门窗、构配件、墙面做法、固定家具、灯具等内容以及必要的尺寸和标高，并需表达非固定家具、装饰构件等情况。室内立面图三维顶棚轮廓线，可根据情况只表达吊顶或同时表达吊顶及结构顶棚。

本章讲解室内装饰装修中立面图的绘制方法。

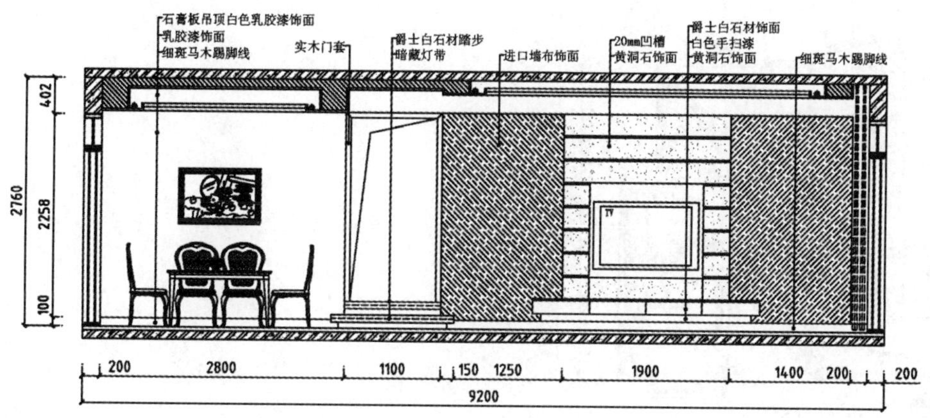

餐厅、电视背景墙B立面图　1:50

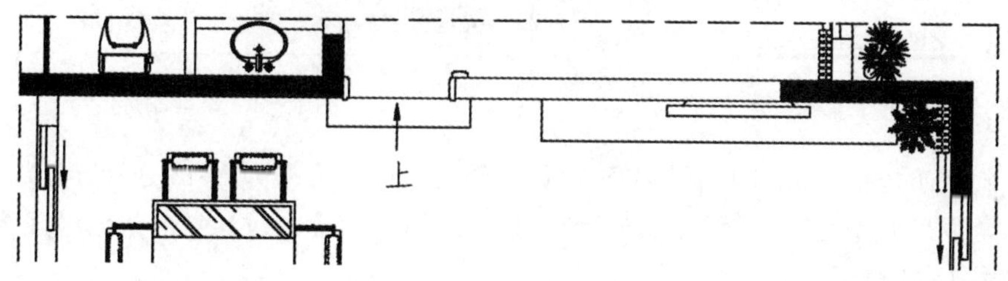

15.1 绘制餐厅、客厅电视背景墙 B 立面图

餐厅、客厅电视背景墙立面是居室中进行重点装饰以及体现居室风格的重要立面，因此，一般要为其独立绘制立面装饰图，以明确表达其立面做法以及各构件的尺寸。

本节以 6 个独立小节的方式，循序渐进地介绍立面图的绘制步骤及绘制技巧。

15.1.1 绘制立面外轮廓

外立面轮廓是指该立面在居室内的表现界限，通常由平面中绘制辅助线来确定立面轮廓。调用直线命令由平面图中引出辅助线，再经由修剪命令即可得到立面图轮廓。

Step 01 插入立面指向符号。按【Ctrl+O】组合键，打开本书配套光盘提供的“第 15 章\家具图例.dwg”文件，将其中的立面指向符号复制并粘贴至平面布置图中，结果如图 15-1 所示。

Step 02 整理图形。调用 CO【复制】命令，移动复制餐厅、客厅电视背景墙 B 立面图的平面部分至一旁；调用 RO【旋转】命令，旋转图形，结果如图 15-2 所示。

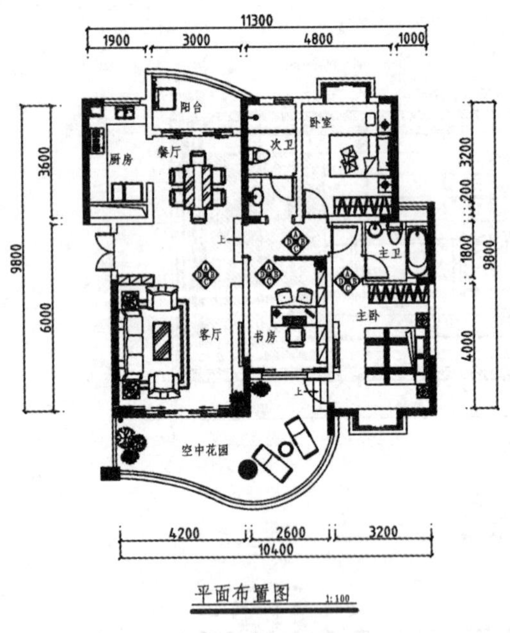

图 15-1 插入符号

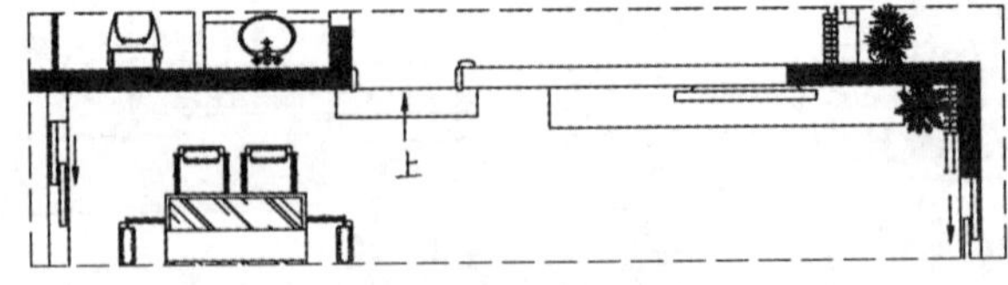

图 15-2 整理图形

Step 03 绘制立面轮廓。调用 L【直线】命令，绘制直线，结果如图 15-3 所示。

Step 04 重复调用 L【直线】命令，绘制水平直线；调用 O【偏移】命令，偏移直线，结果如图 15-4 所示。

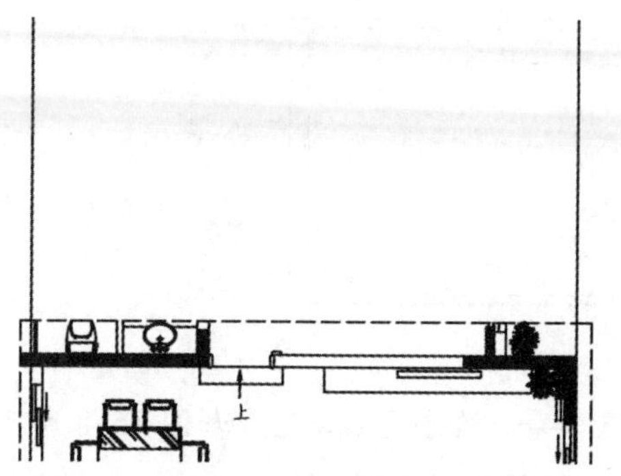

图 15-3 绘制直线

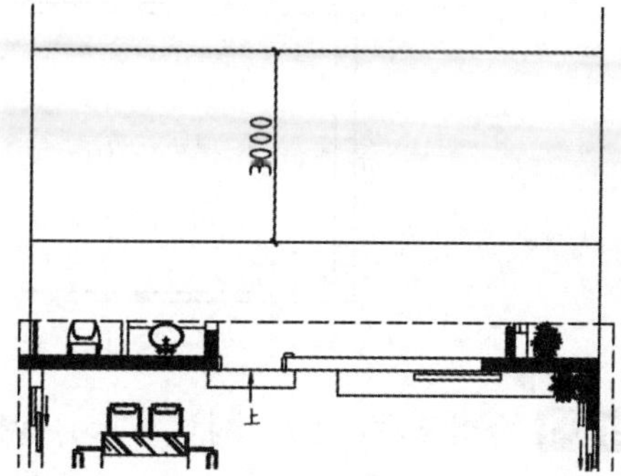

图 15-4 偏移直线

Step 05 调用 TR【修剪】命令，修剪直线，结果如图 15-5 所示。

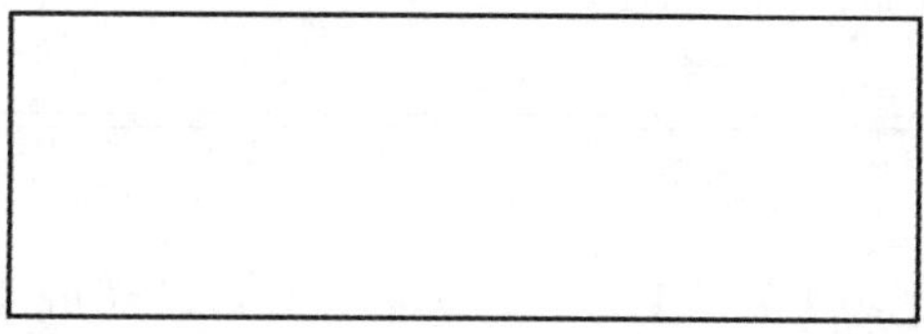

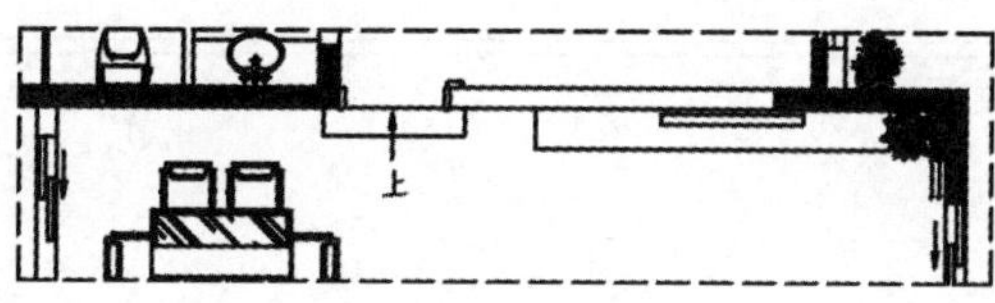

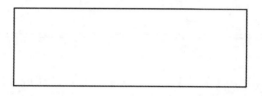

图 15-5 修剪直线

15.1.2 绘制立面墙体

在立面图中，要对该立面的墙体及楼板进行表示。在绘制墙体的过程中，可以兼画立面门洞，为后续的绘图工作提供便利。

Step 01 绘制墙体及楼板厚度。调用 O【偏移】命令，偏移立面轮廓线，结果如图 15-6 所示。

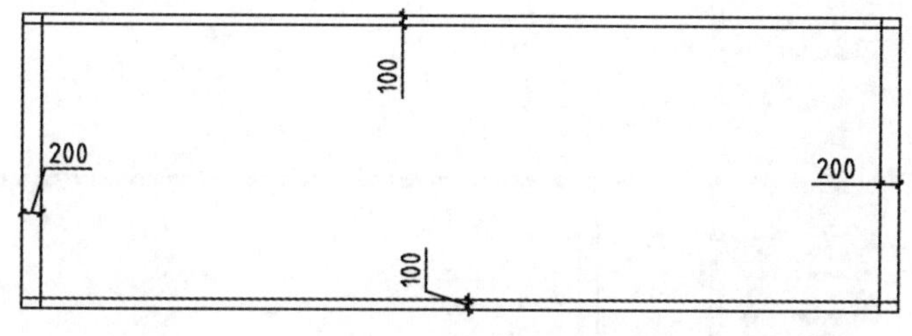

图 15-6 偏移轮廓线

Step 02 调用 TR【修剪】命令，修剪所偏移的线段，结果如图 15-7 所示。

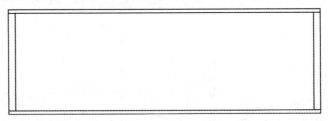

图 15-7　修剪线段

Step 03 绘制餐厅、客厅推拉门门洞。调用 L【直线】命令，绘制直线，结果如图 15-8 所示。

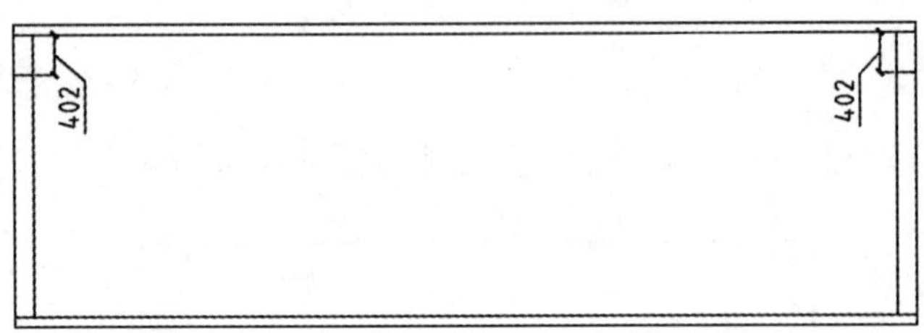

图 15-8　绘制直线

Step 04 绘制地板层。调用 O【偏移】命令，偏移楼板线；调用 TR【修剪】命令，修剪多余线段，结果如图 15-9 所示。

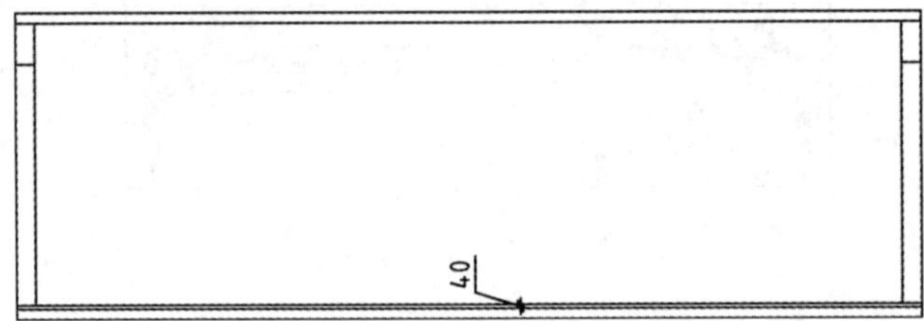

图 15-9　修剪直线

Step 05 填充墙体、楼板图案。调用 H【填充】命令，弹出【图案填充和渐变色】对话框，设置参数如图 15-10 所示。

Step 06 在绘图区中拾取墙体、楼板区域，按回车键，返回【图案填充和渐变色】对话框，单击【确定】按钮，即可完成图案填充的绘制，结果如图 15-11 所示。

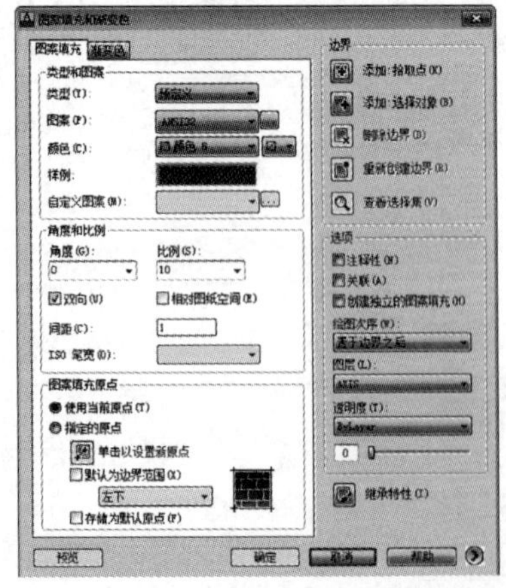

图 15-10　设置参数

图 15-11　填充结果

Step 07 填充墙体、楼板图案。调用 H【填充】命令，弹出【图案填充和渐变色】对话框，设置参数如图 15-12 所示。

Step 08 在绘图区中拾取墙体、楼板区域，按回车键，返回【图案填充和渐变色】对话框，单击【确定】按钮，即可完成图案填充的绘制，结果如图 15-13 所示。

图 15-12　设置参数

图 15-13　填充结果

15.1.3　绘制吊顶层

吊顶可根据需要只表示其轮廓或绘制其结构。下面介绍吊顶主要结构的绘制方法，并无涉及其内部材料的具体构造。因为在绘图后期，一般会另外出具顶面详图，以对吊顶的做法和尺寸进行详细的说明。

Step 01 绘制吊顶轮廓。调用 O【偏移】命令，偏移线段，结果如图 15-14 所示。

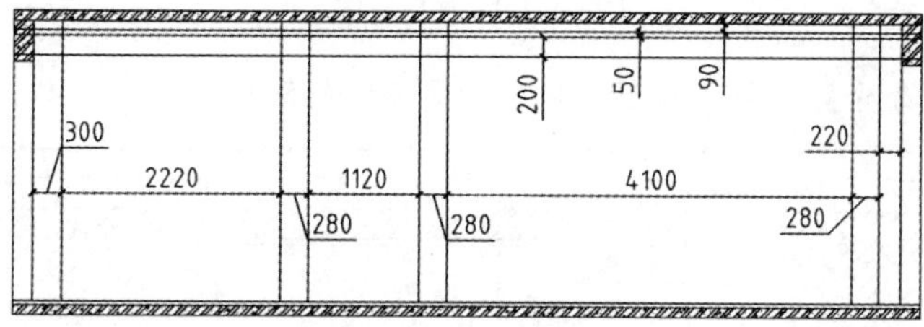

图 15-14　偏移线段

Step 02 调用 TR【修剪】命令，修剪线段，结果如图 15-15 所示。

图 15-15　修剪线段

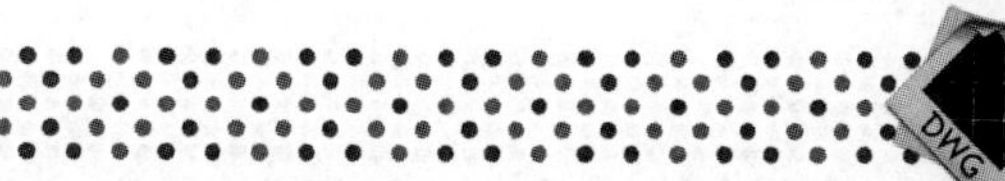

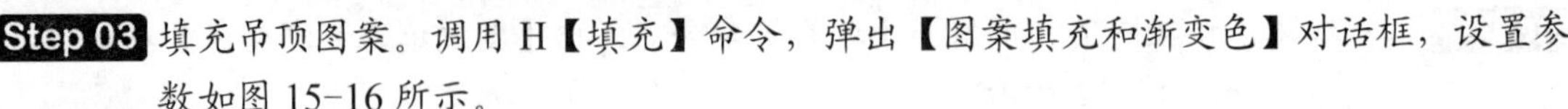

Step 03 填充吊顶图案。调用 H【填充】命令，弹出【图案填充和渐变色】对话框，设置参数如图 15-16 所示。

Step 04 在绘图区中拾取吊顶区域，按回车键，返回【图案填充和渐变色】对话框，单击【确定】按钮，即可完成图案填充的绘制，结果如图 15-17 所示。

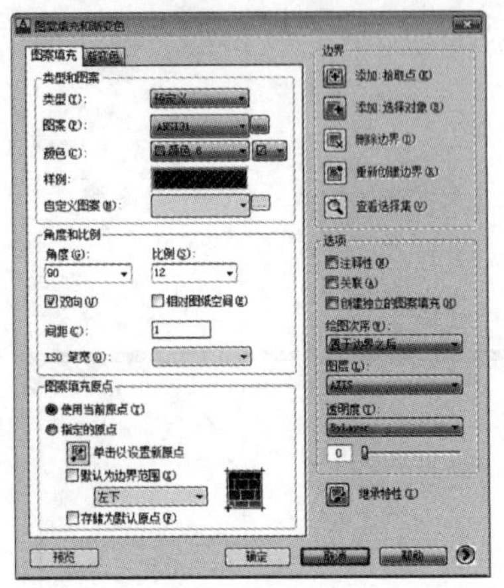

图 15-16 设置参数

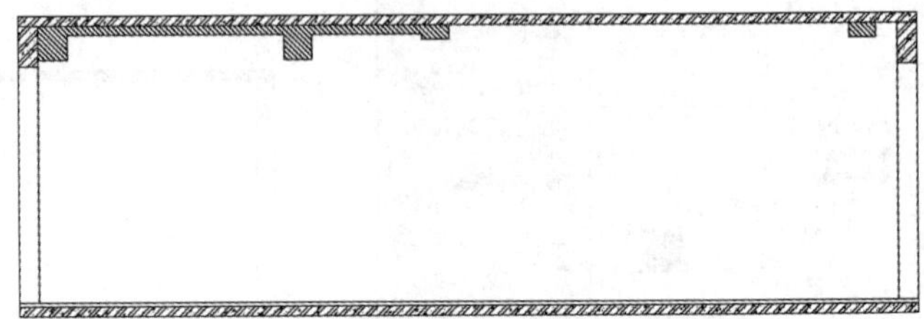

图 15-17 填充结果

Step 05 绘制石膏板封面。调用 O【偏移】命令，偏移线段，结果如图 15-18 所示。

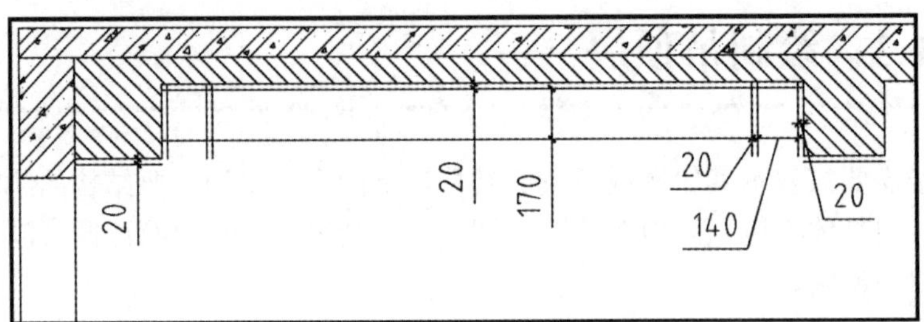

图 15-18 偏移线段

Step 06 调用 TR【修剪】命令，修剪线段，结果如图 15-19 所示。

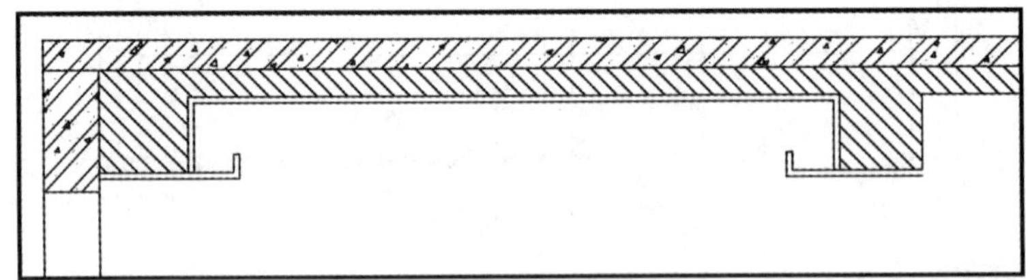

图 15-19 修剪线段

Step 07 绘制石膏板封面。调用 O【偏移】命令，偏移线段，结果如图 15-20 所示。

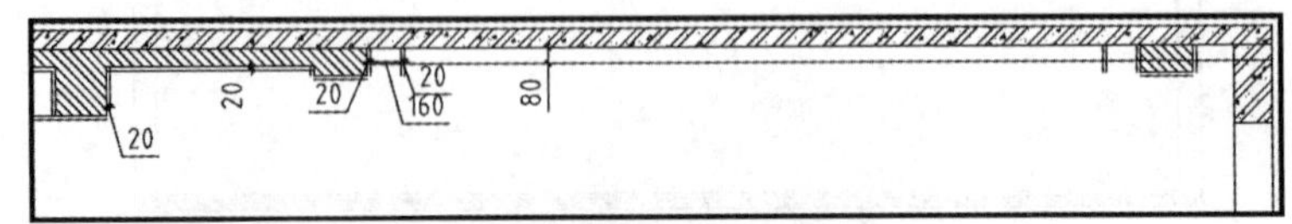

图 15-20 偏移线段

Step 08 调用 TR【修剪】命令，修剪线段，结果如图 15-21 所示。

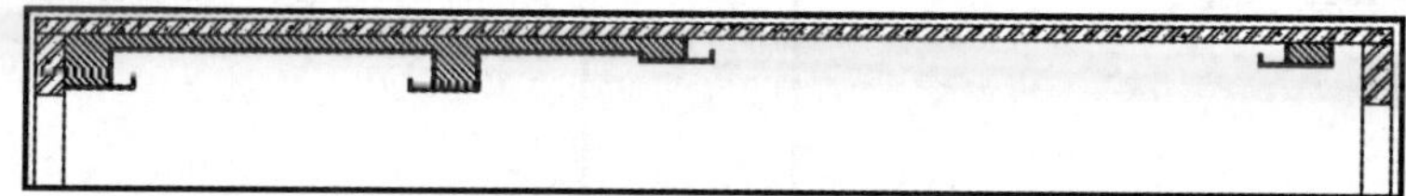

图 15-21　修剪线段

Step 09 绘制吊顶连线。调用 L【直线】命令，绘制直线；调用 O【偏移】命令，偏移直线，结果如图 15-22 所示。

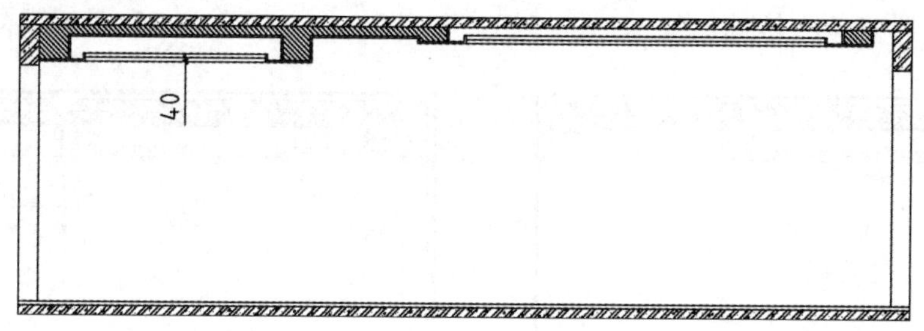

图 15-22　绘制吊顶连线

15.1.4　绘制台阶、门套图形

本例选用的实例是错层的三居室，所以在绘制立面图时，要对平面图上所绘制的台阶等图形以立面图形的方式进行表达。绘制图形时，要根据平面图已绘制完成的图形尺寸和样式来绘制，不要错画或漏画图形。

Step 01 绘制踢脚线。调用 O【偏移】命令，偏移线段；调用 TR【修剪】命令，修剪线段，结果如图 15-23 所示。

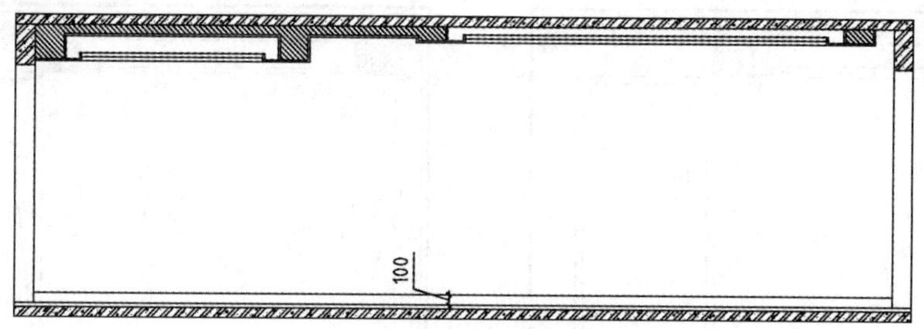

图 15-23　绘制踢脚线

Step 02 绘制台阶轮廓。调用 REC【矩形】命令，分别绘制尺寸为 1 100 × 150、1 400 × 80、1 420 × 70 的矩形，结果如图 15-24 所示。

Step 03 调用 TR【修剪】命令，修剪多余线段，结果如图 15-25 所示。

Step 04 绘制灯带。调用 X【分解】命令，分解矩形；调用 O【偏移】命令，偏移矩形边，并将偏移得到的线段的线型设置为虚线，结果如图 15-26 所示。

Step 05 绘制门套。调用 REC【矩形】命令，绘制尺寸为 2 100 × 1 100 的矩形，结果如图 15-27 所示。

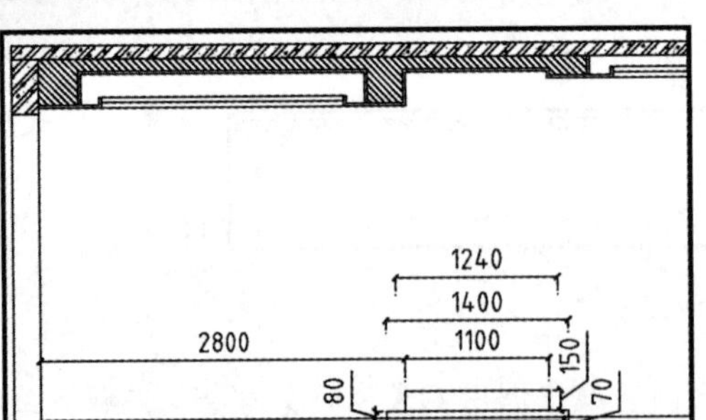

图 15-24　绘制矩形

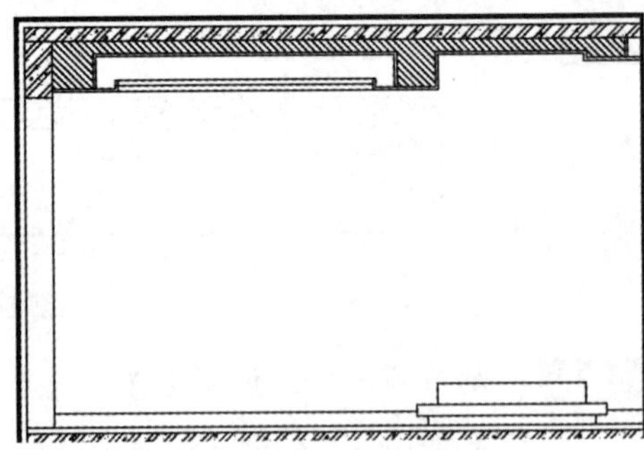

图 15-25　修剪线段

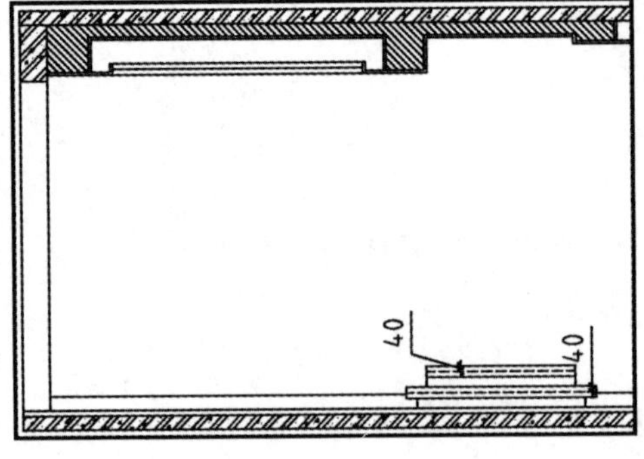

图 15-26　绘制灯带

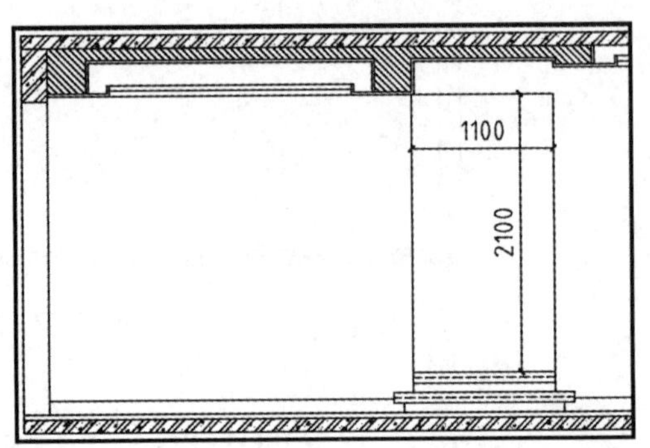

图 15-27　绘制矩形

Step 06 调用 X【分解】命令，分解矩形；调用 O【偏移】命令，设置偏移距离为 60，向内偏移矩形边；调用 F【圆角】命令，设置圆角半径为 0，对所偏移的矩形进行圆角处理，结果如图 15-28 所示。

Step 07 调用 L【直线】命令，绘制对角线；调用 PL【多段线】命令，绘制折断线，结果如图 15-29 所示。

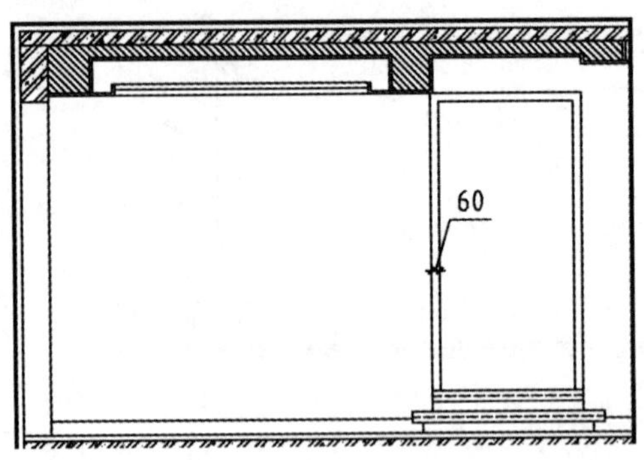

图 15-28　偏移并圆角处理

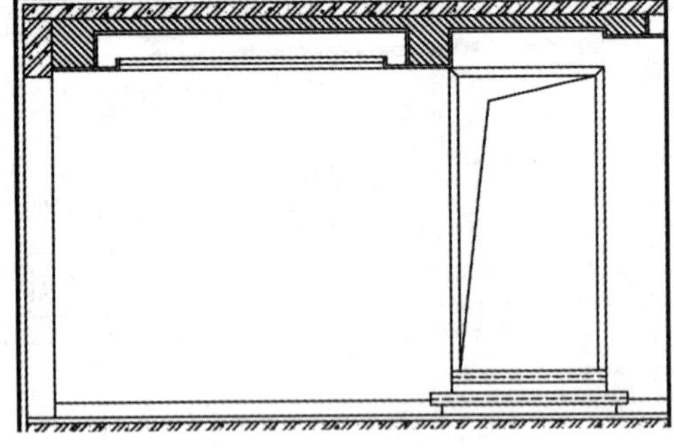

图 15-29　绘制结果

15.1.5　绘制电视背景墙

电视背景墙向来是居室装修中的重点，因其奠定整个居室的装饰基调，因而显得尤为重要。电视背景墙在绘制时要根据其装饰材料的特性以及兼顾美观的原则，合理规划各装饰图形的尺寸，以期在图形上能表达其装饰的初步效果。

Step 01 绘制背景墙轮廓。调用 REC【矩形】命令，绘制尺寸为 4 700×2 300 的矩形，结果如图 15-30 所示。

Step 02 绘制电视柜。调用 REC【矩形】命令，分别绘制尺寸为 2 600×170、2 400×80 的矩形，结果如图 15-31 所示。

图 15-30　绘制矩形

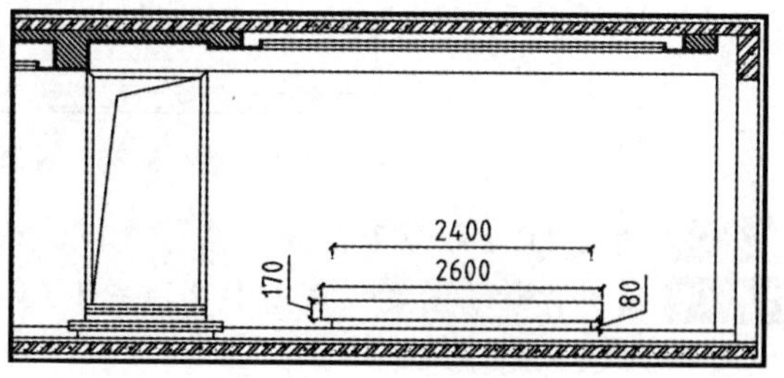

图 15-31　绘制结果

Step 03 绘制抽屉和台面。调用 L【直线】命令，绘制直线；调用 X【分解】命令，分解矩形；调用 O【偏移】命令，偏移矩形边，结果如图 15-32 所示。

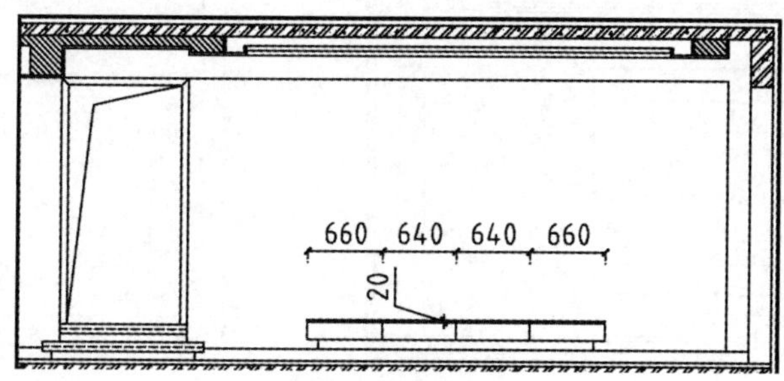

图 15-32　绘制结果

Step 04 绘制背景墙。调用 L【直线】命令，绘制直线，结果如图 15-33 所示。

Step 05 调用 O【偏移】命令，偏移线段；调用 TR【修剪】命令，修剪线段，结果如图 15-34 所示。

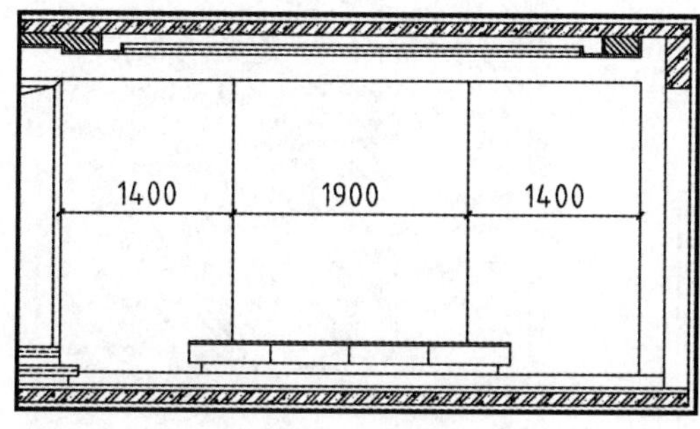

图 15-33　绘制直线

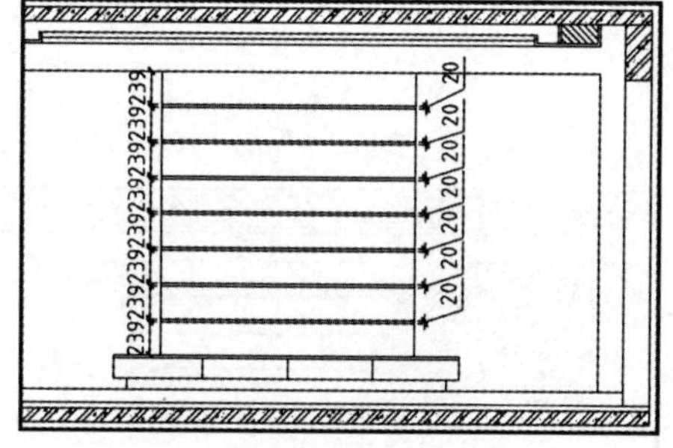

图 15-34　修剪线段

Step 06 调用 O【偏移】命令、TR【修剪】命令，偏移并修剪线段，结果如图 15-35 所示。

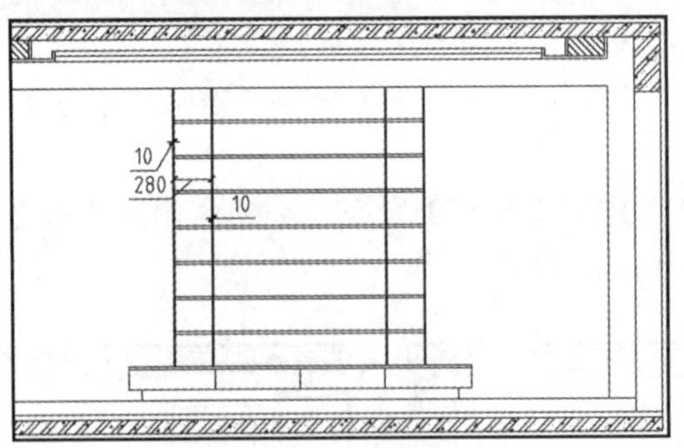

图 15-35　偏移并修剪线段

Step 07 调用 TR【修剪】命令，修剪线段，结果如图 15-36 所示。

Step 08 填充背景墙图案。调用 H【填充】命令，弹出【图案填充和渐变色】对话框，设置参数如图 15-37 所示。

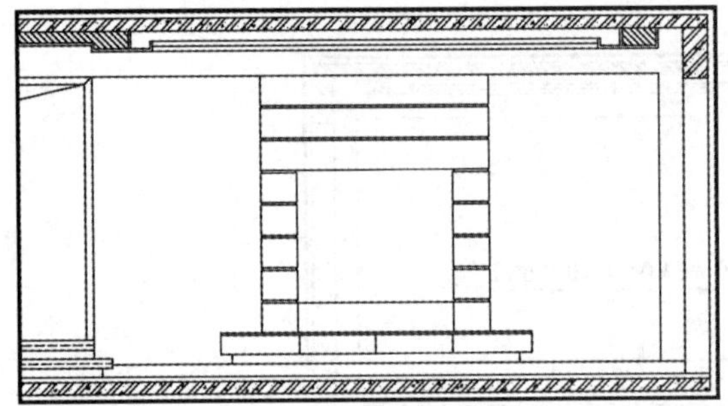

图 15-36　修剪线段

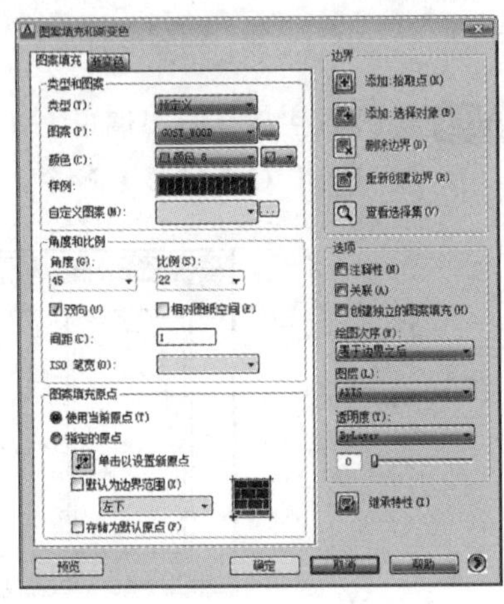

图 15-37　设置参数

Step 09 在绘图区中拾取背景墙区域，按回车键，返回【图案填充和渐变色】对话框，单击【确定】按钮，即可完成图案填充的绘制，结果如图 15-38 所示。

Step 10 填充背景墙图案。调用 H【填充】命令，弹出【图案填充和渐变色】对话框，设置参数如图 15-39 所示。

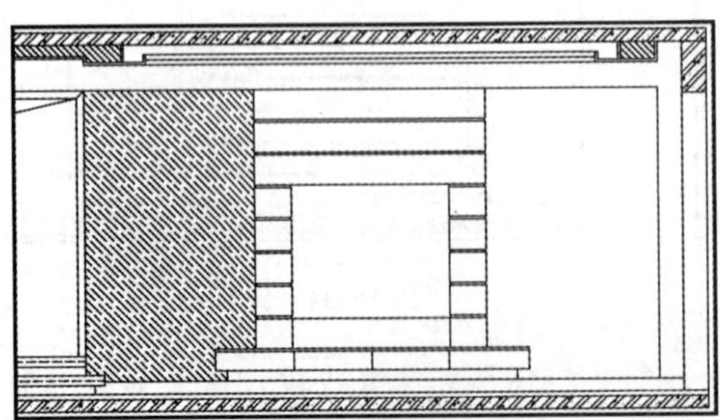

图 15-38　填充结果

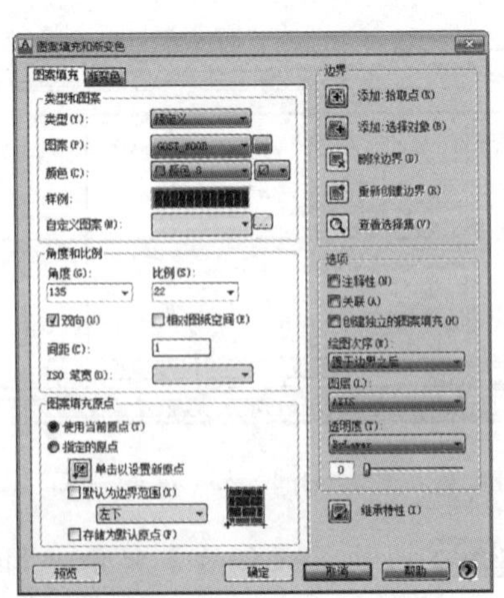

图 15-39　设置参数

Step 11 在绘图区中拾取背景墙区域，按回车键，返回【图案填充和渐变色】对话框，单击【确定】按钮，即可完成图案填充的绘制，结果如图 15-40 所示。

Step.12 填充背景墙图案。调用 H【填充】命令，弹出【图案填充和渐变色】对话框，设置参数如图 15-41 所示。

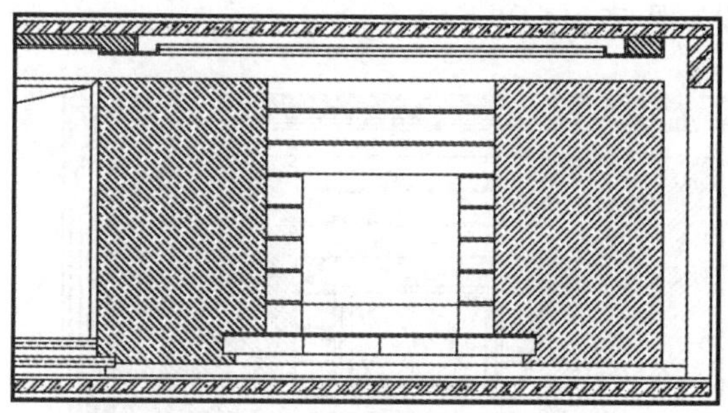

图 15-40　填充结果

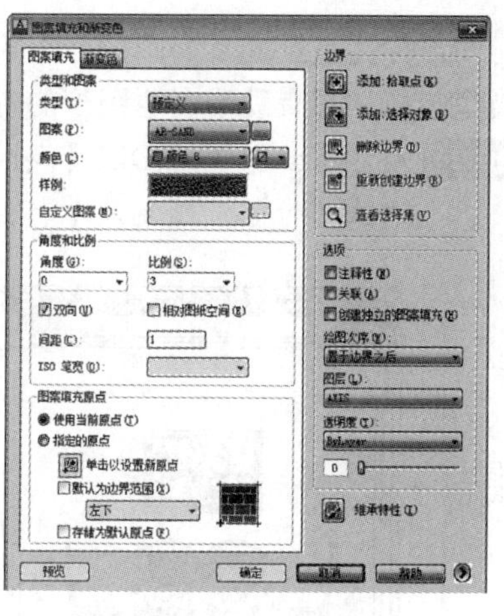

图 15-41　设置参数

Step 13 在绘图区中拾取背景墙区域，按回车键，返回【图案填充和渐变色】对话框，单击【确定】按钮，即可完成图案填充的绘制，结果如图 15-42 所示。

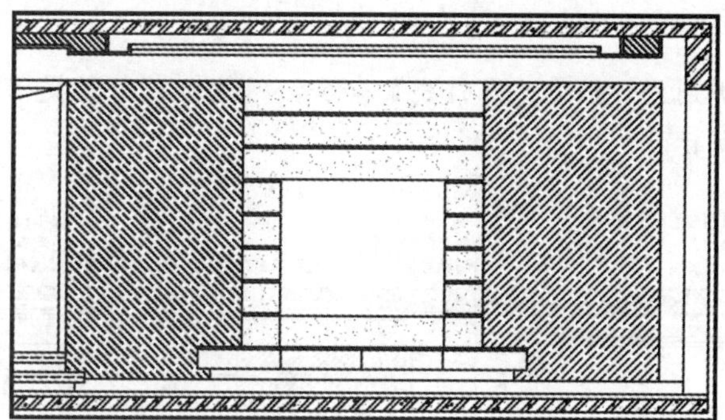

图 15-42　填充结果

Step 14 插入图块。按【Ctrl+O】组合键，打开本书配套光盘提供的“第 15 章\家具图例.dwg”文件，将其中的家具图形复制并粘贴至立面图中，结果如图 15-43 所示。

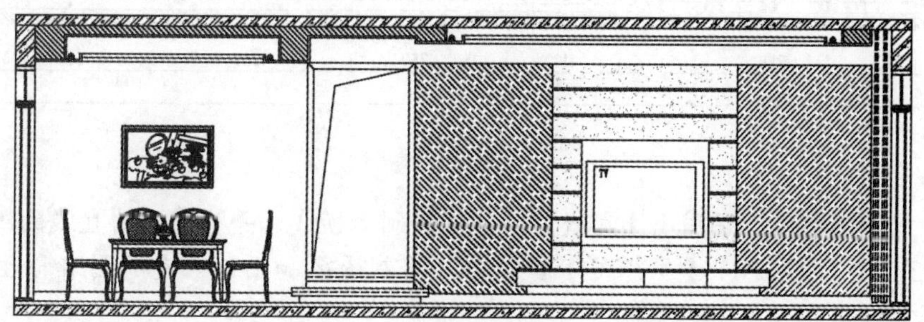

图 15-43　插入图块

15.1.6 绘制立面图标注

图形标注是绘制立面图的一个重要步骤，包括尺寸标注、材料标注以及图名标注。这几种类型的标注都有助于表达图形的各部分尺寸以及使用材料等信息。

Step 01 尺寸标注。调用 DLI【线性标注】命令，在立面图中分别指定尺寸界线的原点和尺寸线的位置，绘制尺寸标注的结果如图 15-44 所示。

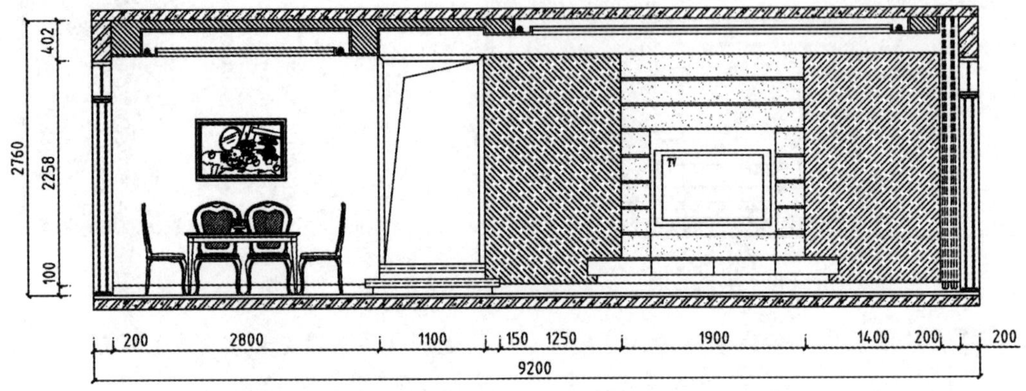

图 15-44　尺寸标注

Step 02 材料标注。调用 MLD【多重引线】命令，根据命令行的提示绘制材料标注，结果如图 15-45 所示。

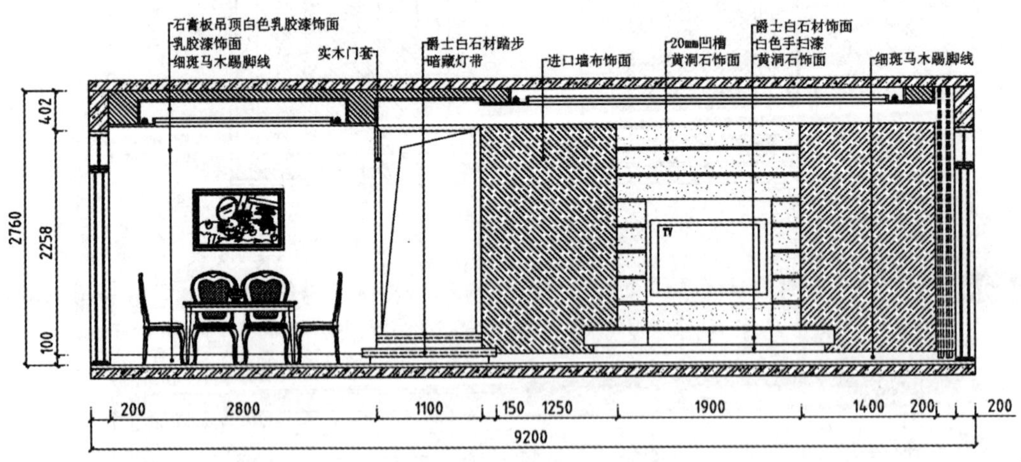

图 15-45　材料标注

Step 03 绘制图名标注。调用 L【直线】命令，绘制双横线，并将下面的直线的线宽设置为 0.3mm；调用 MT【多行文字】命令，绘制图名和比例，完成图名标注的结果如图 15-46 所示。

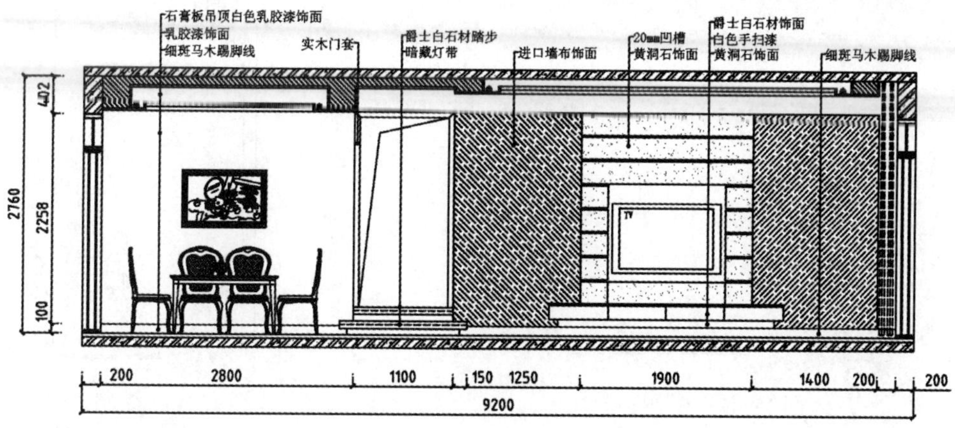

餐厅、电视背景墙B立面图 1:50

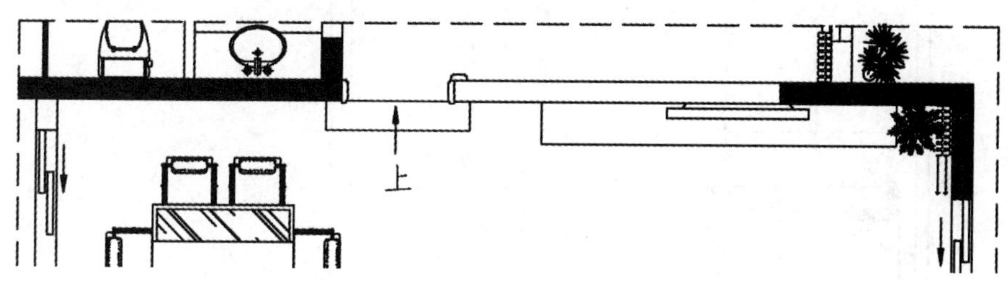

图 15-46 图名标注

15.2 绘制过道 A 立面图

过道 A 立面图主要表达次卫和卧室门所在的墙面，在绘制 A 立面图中的过程中，还表达了台阶的侧立面的做法以及灯带的绘制等信息。此外，在绘制过程中，不要漏画吊顶层以及踢脚线图形。

15.2.1 绘制立面轮廓

立面轮廓可以从平面图中绘制辅助线，并修剪得到。使用此方法绘制图形的好处是，可以确保图形的尺寸与平面图一致，从而在施工过程中对图形进行比对时可以减少误差。

Step 01 整理图形。调用 CO【复制】命令，移动复制过道 A 立面图的平面部分至一旁；调用 RO【旋转】命令，旋转图形，结果如图 15-47 所示。

Step 02 绘制立面轮廓。调用 L【直线】命令，绘制直线，结果如图 15-48 所示。

Step 03 重复调用 L【直线】命令，绘制水平直线；调用 O【偏移】命令，偏移直线，结果如图 15-49 所示。

Step 04 调用 TR【修剪】命令，修剪直线，结果如图 15-50 所示。

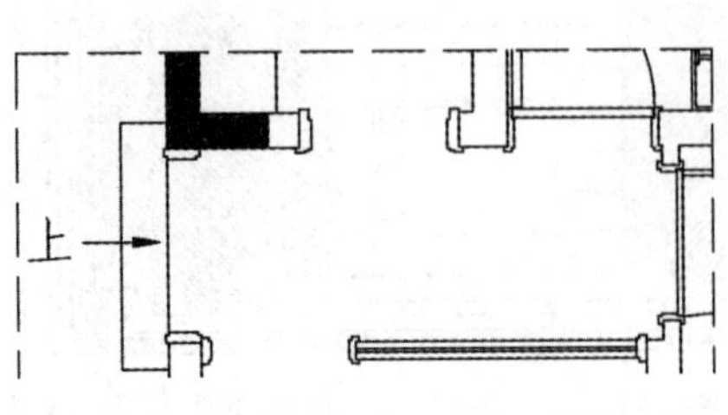

图 15-47 整理图形

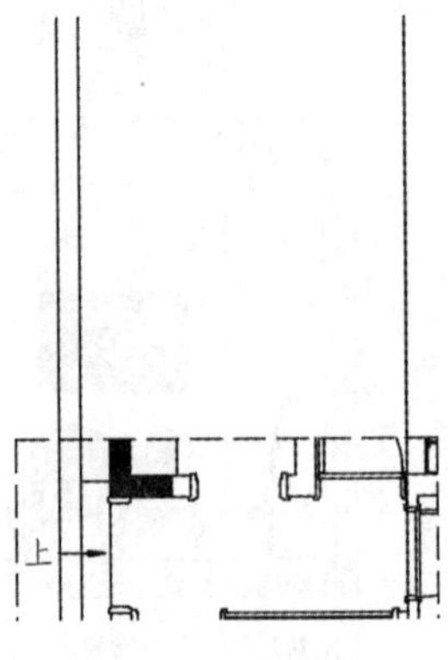

图 15-48 绘制直线

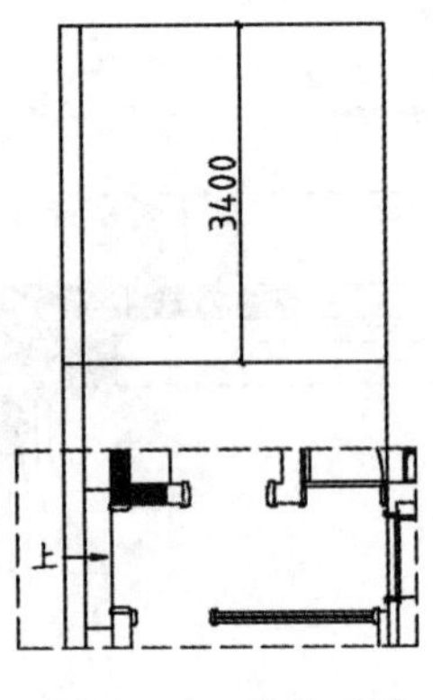

图 15-49 偏移直线

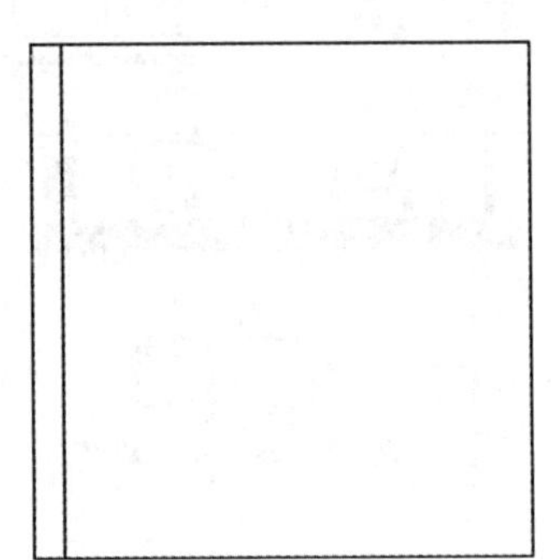

图 15-50 修剪直线

Step 05 调用 PL【多段线】命令，绘制折断线；调用 E【删除】命令，删除左向轮廓边；调用 O【偏移】命令，设置偏移距离为 100，选择右向轮廓边向右偏移，结果如图 15-51 所示。

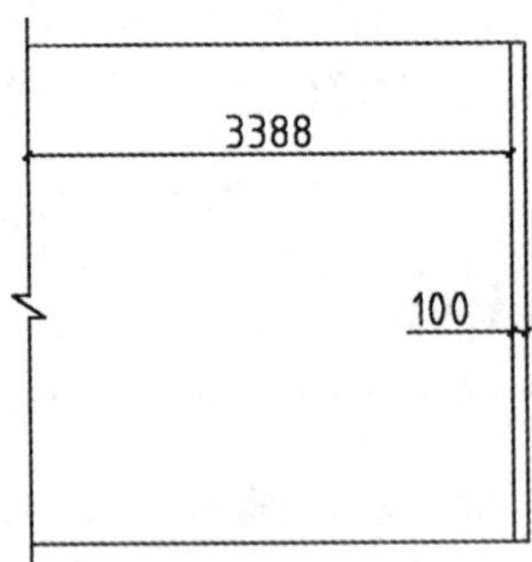

图 15-51 绘制结果

15.2.2 绘制立面墙体及台阶图形

立面墙体在绘制的过程中涉及墙体结构的做法，因此在墙体绘制完成时，可以对墙体进行图案填充，以与吊顶层和地板层相区分。

Step 01 绘制立面墙体。调用 O【偏移】命令，偏移线段；调用 TR【修剪】命令，修剪线段，结果如图 15-52 所示。

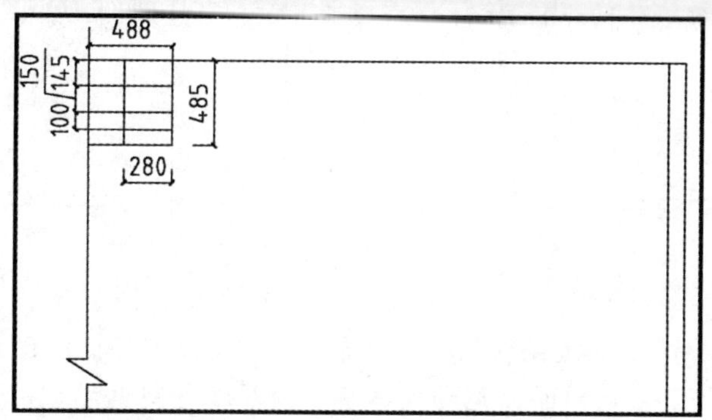

图 15-52　偏移并修剪线段

Step 02 调用 TR【修剪】命令，修剪线段，结果如图 15-53 所示。

Step 03 调用 O【偏移】命令，偏移线段，结果如图 15-54 所示。

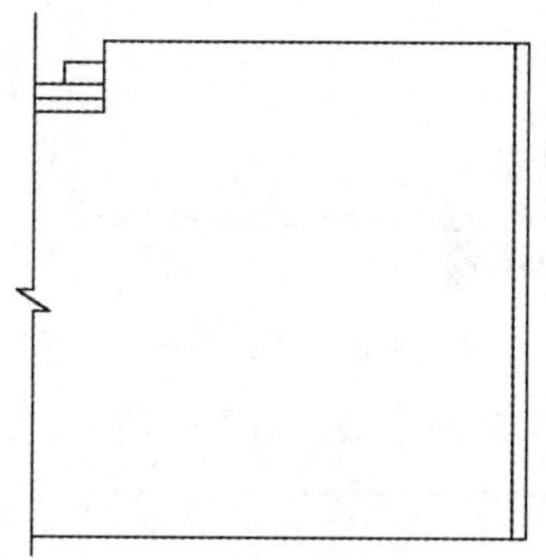

图 15-53　修剪线段

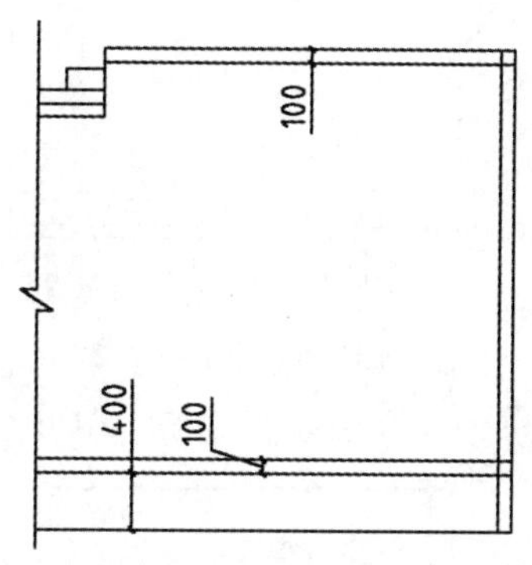

图 15-54　偏移线段

Step 04 调用 TR【修剪】命令，修剪线段，结果如图 15-55 所示。

Step 05 绘制台阶轮廓线。调用 O【偏移】命令，偏移线段，结果如图 15-56 所示。

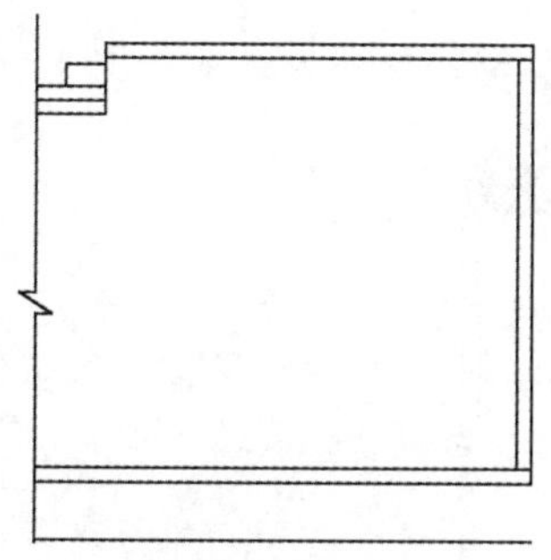

图 15-55　修剪线段

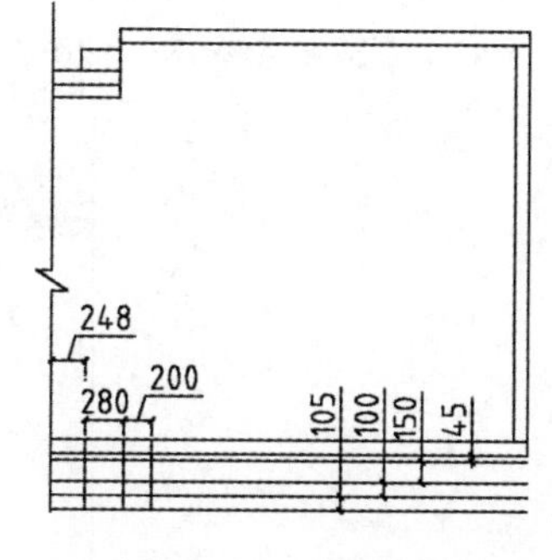

图 15-56　偏移线段

Step 06 调用 TR【修剪】命令，修剪线段，结果如图 15-57 所示。

Step 07 绘制假梁。调用 L【直线】命令，绘制直线，结果如图 15-58 所示。

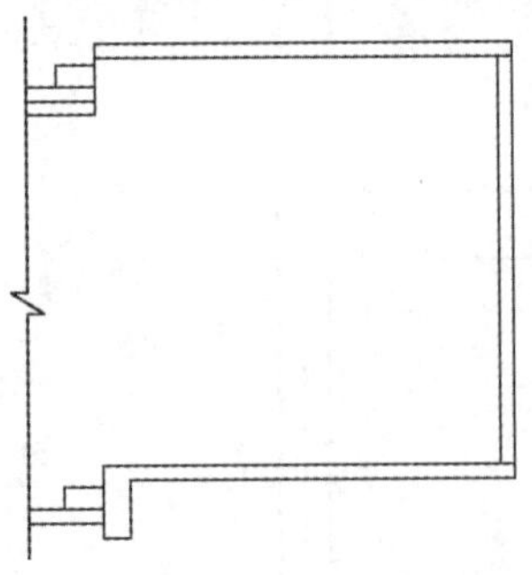
图 15-57　修剪线段

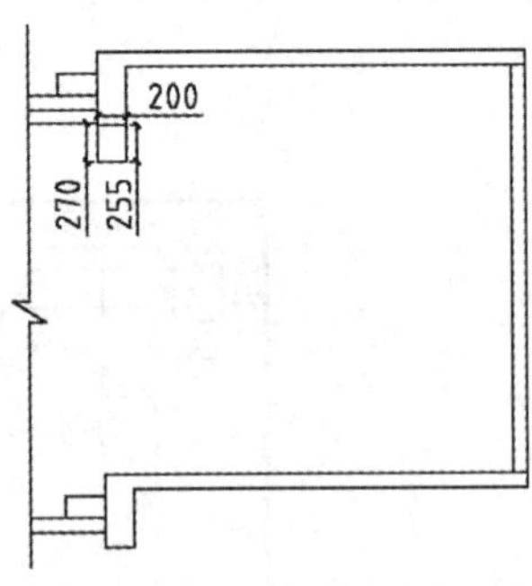

图 15-58　绘制直线

Step 08 绘制吊顶层。调用 O【偏移】命令，偏移直线，结果如图 15-59 所示。

Step 09 填充立面图案。沿用前面介绍的墙体及吊顶层填充图案参数，为过道 A 立面图绘制图案填充，结果如图 15-60 所示。

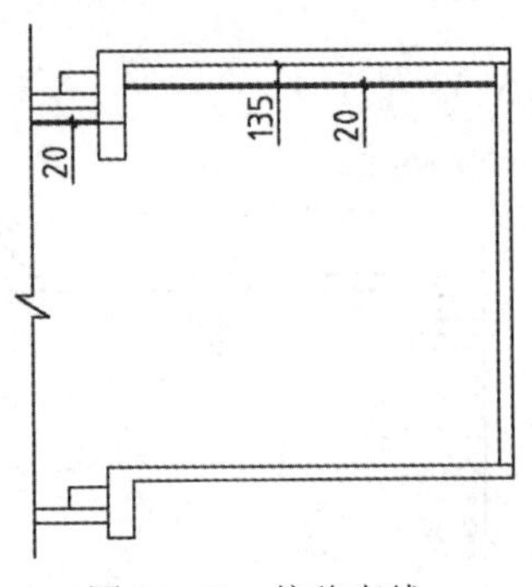

图 15-59　偏移直线

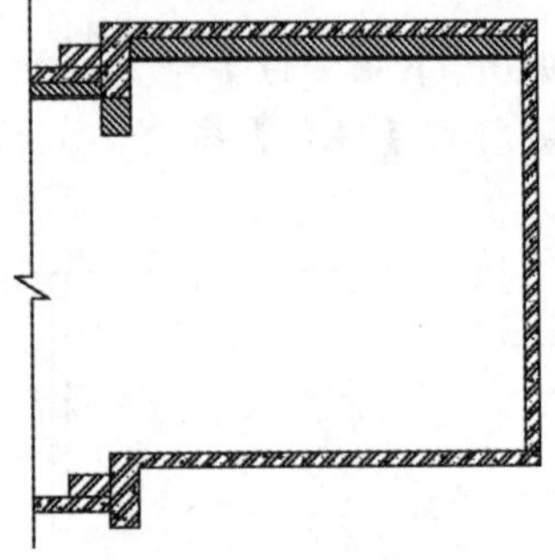
图 15-60　图案填充

Step 10 绘制台阶石材地面。调用 O【偏移】命令，偏移台阶轮廓线，结果如图 15-61 所示。

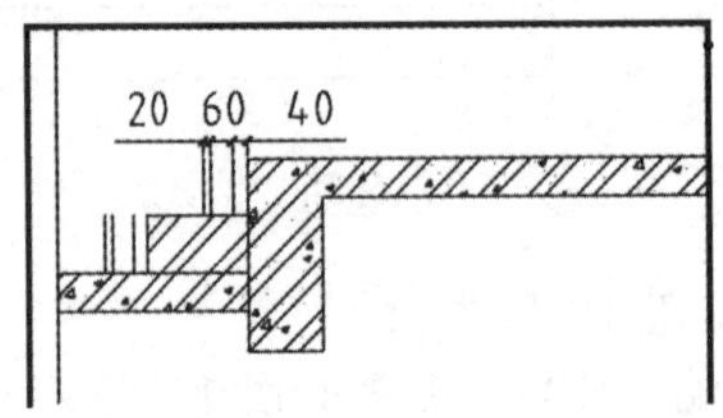

图 15-61　偏移台阶轮廓线

Step 11 调用 F【圆角】命令、TR【修剪】命令，修剪所偏移的线段，结果如图 15-62 所示。

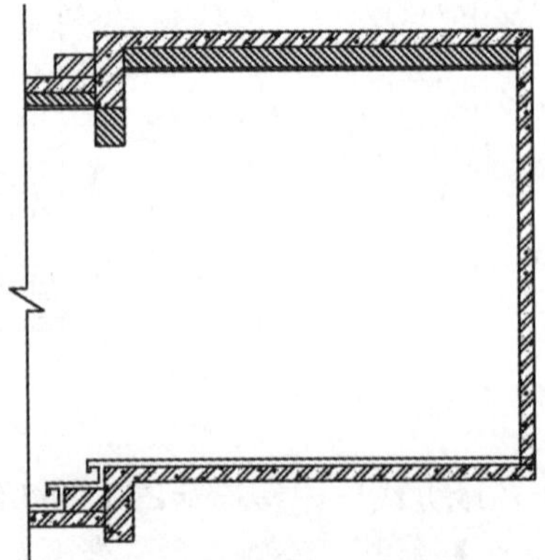
图 15-62　绘制结果

15.2.3　绘制其他立面图形

在墙体等主要立面构件绘制完成后，要对一些次要立面构件进行绘制，比如立面门套、踢脚线等，以增加立面图的完整性。

Step 01 绘制侧面门套。调用 L【直线】命令，绘制直线，结果如图 15-63 所示。

Step 02 调用 REC【矩形】命令，绘制尺寸为 60×20 的矩形，结果如图 15-64 所示。

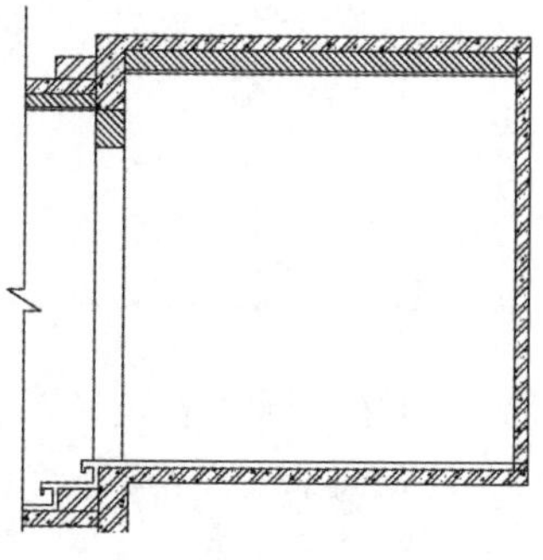

图 15-63　绘制直线

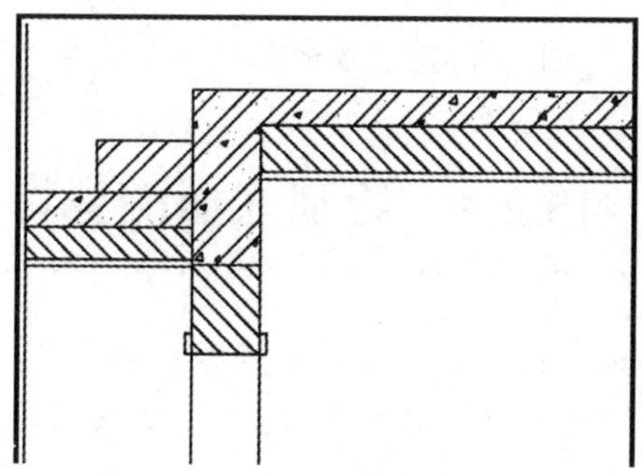

图 15-64　绘制矩形

Step 03 绘制立面门套。调用 REC【矩形】命令，绘制尺寸为 2 200×920 的矩形，结果如图 15-65 所示。

Step 04 调用 X【分解】命令，分解矩形；调用 O【偏移】命令，设置偏移距离为 60，向内偏移矩形边；调用 F【圆角】命令，设置圆角半径为 0，对所偏移的矩形边进行圆角处理，结果如图 15-66 所示。

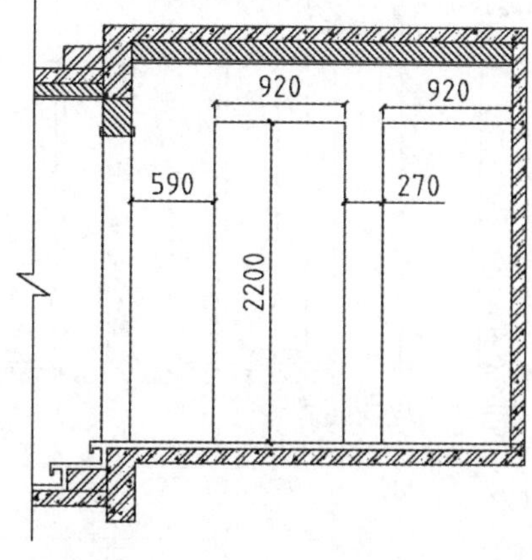

图 15-65　绘制矩形

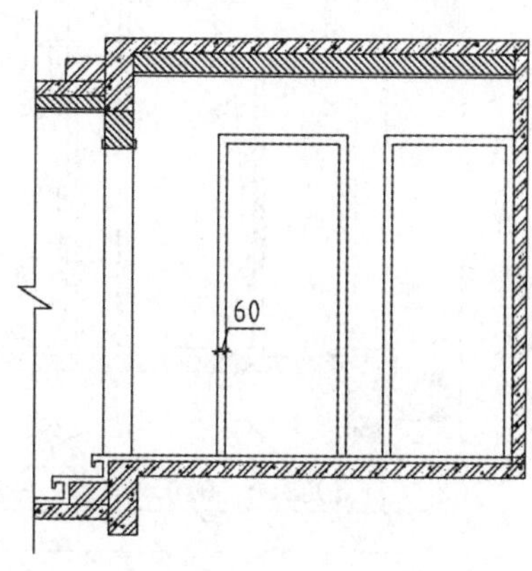

图 15-66　偏移并圆角处理

Step 05 调用 L【直线】命令，绘制对角线；调用 PL【多段线】命令，绘制折断线，结果如图 15-67 所示。

Step 06 绘制踢脚线。调用 O【偏移】命令，偏移线段；调用 TR【修剪】命令，修剪线段，结果如图 15-68 所示。

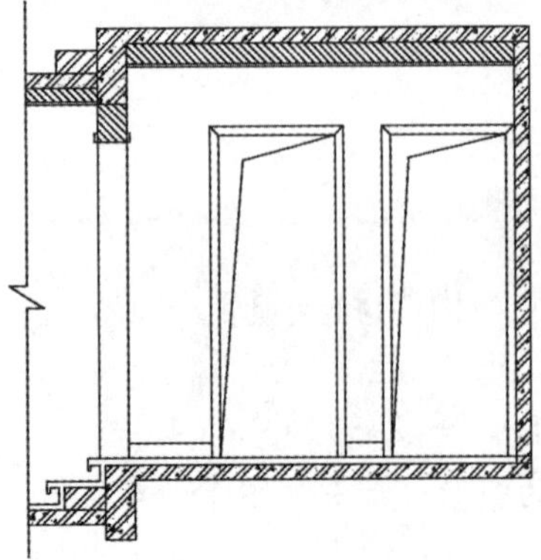
图 15-67　绘制结果

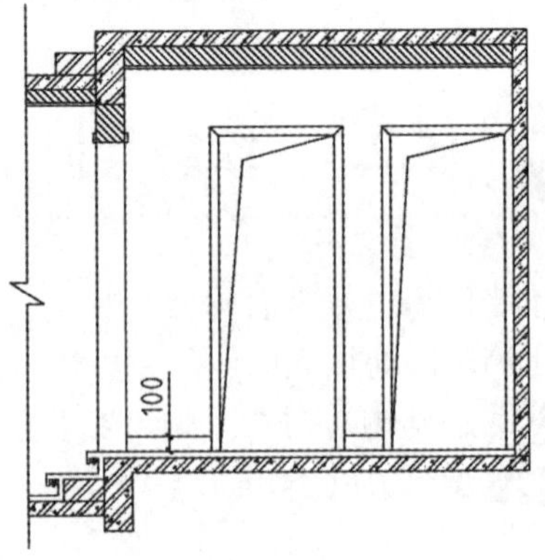

图 15-68　绘制踢脚线

15.2.4　绘制立面图标注

立面图上的构件绘制完成后，要为立面图绘制尺寸标注、材料标注以及图名标注。这些类型的标注可以明确表示位于该立面图上图形的做法、尺寸，以与其他立面图相区别。

Step 01 尺寸标注。调用 DLI【线性标注】命令，在立面图中分别指定尺寸界线的原点和尺寸线的位置，绘制尺寸标注的结果如图 15-69 所示。

Step 02 材料标注。调用 MLD【多重引线】命令，根据命令行的提示绘制材料标注，结果如图 15-70 所示。

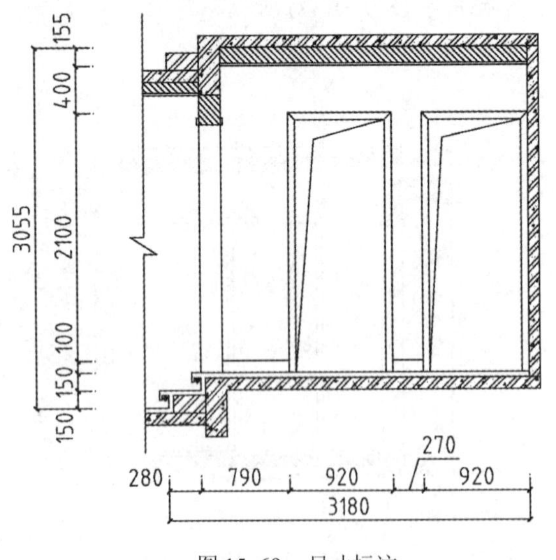

图 15-69　尺寸标注

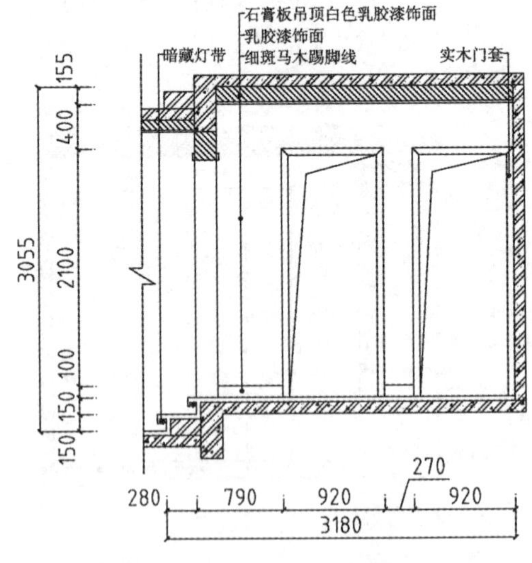

图 15-70　材料标注

Step 03 绘制图名标注。调用 L【直线】命令，绘制双横线，并将下面的直线的线宽设置为 0.3mm；调用 MT【多行文字】命令，绘制图名和比例，完成图名标注的结果如图 15-71 所示。

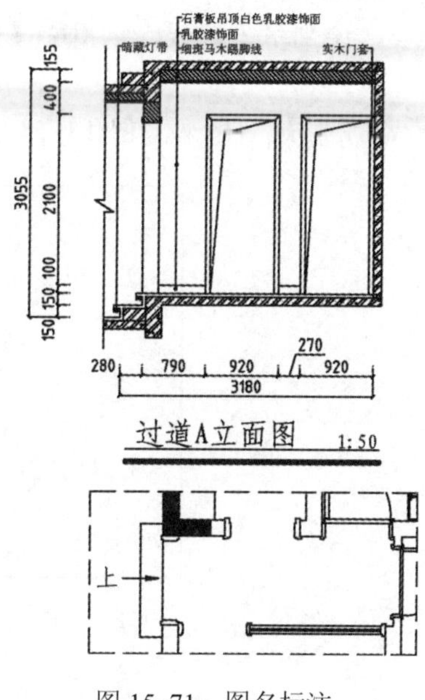

图 15-71　图名标注

15.3 绘制书房 C 立面图

书房 C 立面图主要表现书柜所在墙面以及书柜的做法、尺寸、使用材料等信息。以下分 4 个小节，由浅入深地讲解立面图的的绘制方法和表现方法。

15.3.1　绘制立面轮廓

立面轮廓表达立面图的外在轮廓，一般多以规则的矩形来表示。在绘制立面轮廓时，首先调用直线命令由平面图中引出辅助线，再根据层高参数绘制直线和偏移直线，然后调用修剪命令修剪线段，即可得到立面轮廓图形。

Step 01 整理图形。调用 CO【复制】命令，移动复制过道 A 立面图的平面部分至一旁；调用 RO【旋转】命令，旋转图形，结果如图 15-72 所示。

Step 02 绘制立面轮廓。调用 L【直线】命令，绘制直线，结果如图 15-73 所示。

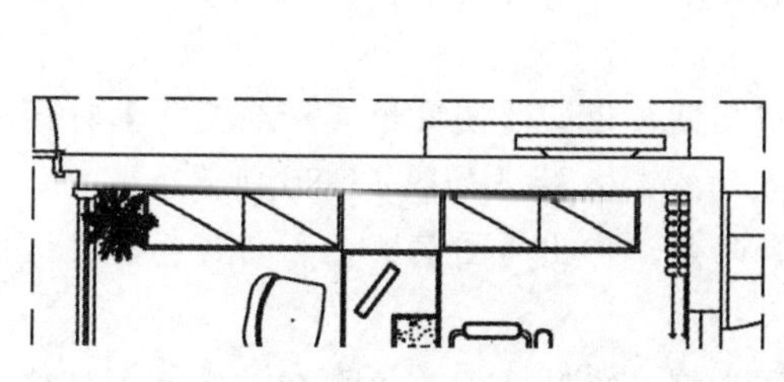

图 15-72　整理图形

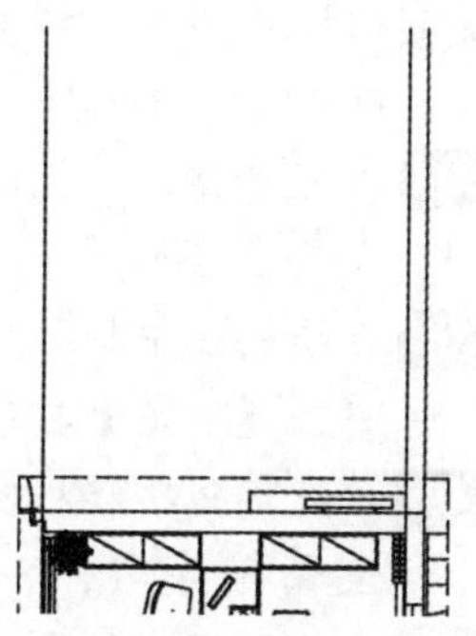

图 15-73　绘制直线

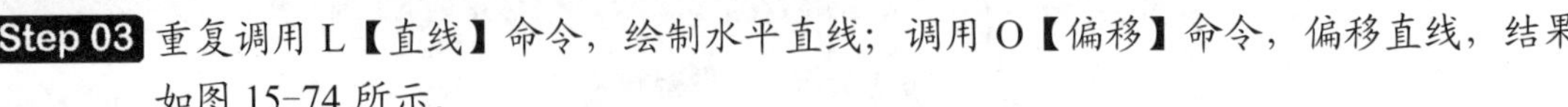

Step 03 重复调用 L【直线】命令，绘制水平直线；调用 O【偏移】命令，偏移直线，结果如图 15-74 所示。

Step 04 调用 TR【修剪】命令，修剪直线，结果如图 15-75 所示。

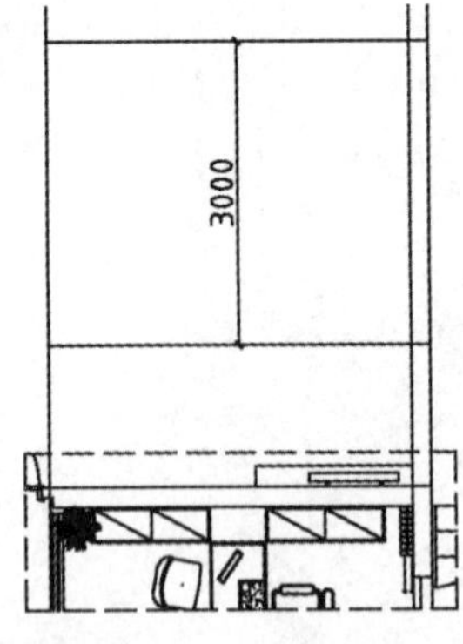

图 15-74 偏移直线

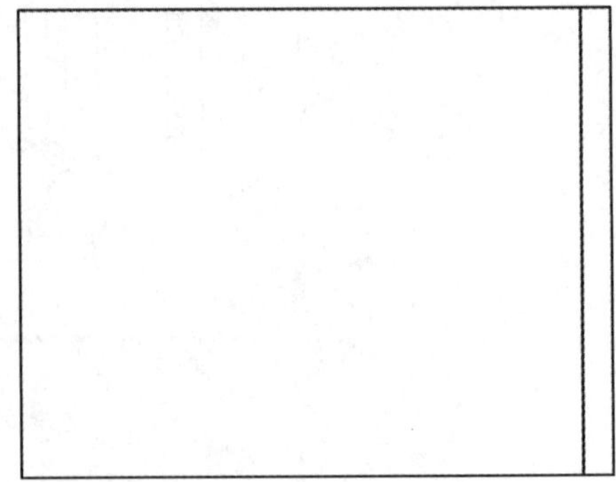

图 15-75 修剪直线

15.3.2 绘制立面墙体及吊顶层

墙体是居室的重要承重构件，因此在绘制立面图时，要对其进行表达。由于在顶面图中已经明确表示了该空间的设计并制作了吊顶，所以在绘制立面图时，也要对吊顶进行表达。

Step 01 绘制墙体。调用 O【偏移】命令，偏移轮廓线，结果如图 15-76 所示。

Step 02 调用 TR【修剪】、E【删除】命令，修剪并删除线段，结果如图 15-77 所示。

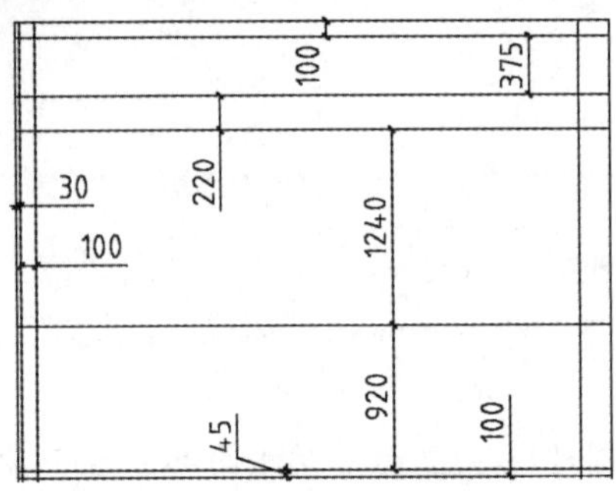

图 15-76 偏移轮廓线

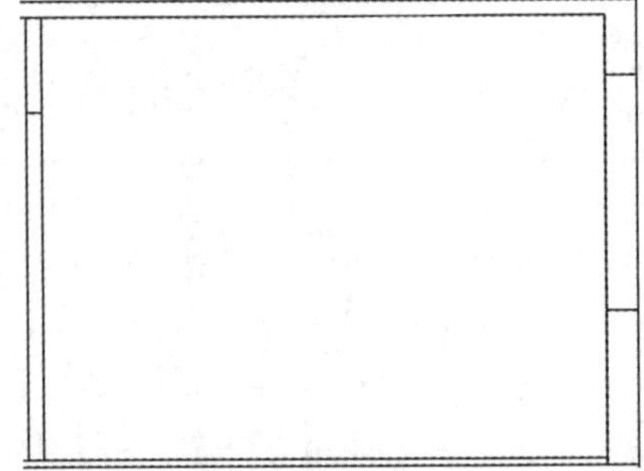

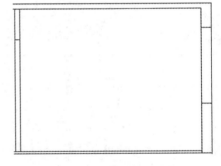

图 15-77 绘制结果

Step 03 绘制吊顶层。调用 O【偏移】命令，偏移线段；调用 TR【修剪】命令，修剪线段，结果如图 15-78 所示。

Step 04 填充墙体、楼板图案。调用 H【填充】命令，弹出【图案填充和渐变色】对话框，设置参数如图 15-79 所示。

Step 05 在绘图区中拾取墙体、楼板区域，按回车键，返回【图案填充和渐变色】对话框，单击【确定】按钮，即可完成图案填充的绘制，结果如图 15-80 所示。

Step 06 填充墙体、楼板图案。调用 H【填充】命令，弹出【图案填充和渐变色】对话框，设置参数如图 15-81 所示。

Step 07 在绘图区中拾取墙体、楼板区域，按回车键，返回【图案填充和渐变色】对话框，单击【确定】按钮，即可完成图案填充的绘制，结果如图 15-82 所示。

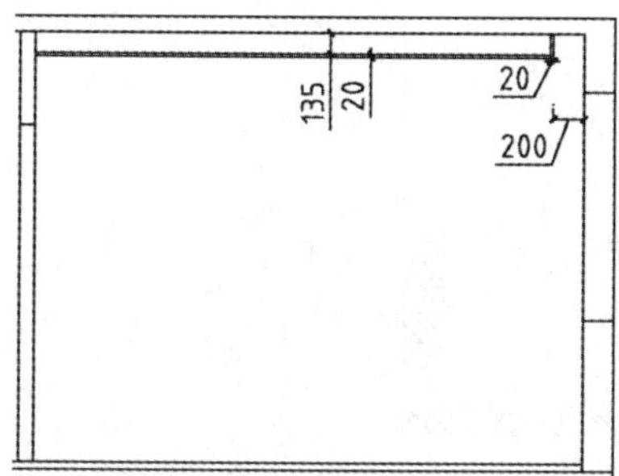

图 15-78　绘制吊顶层

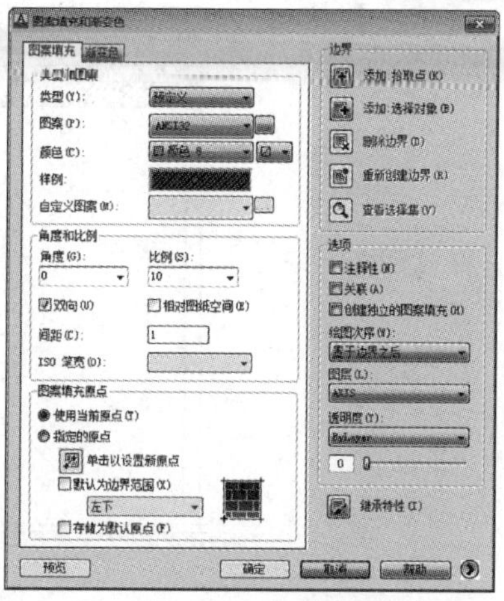

图 15-79　设置参数

图 15-80　填充图案

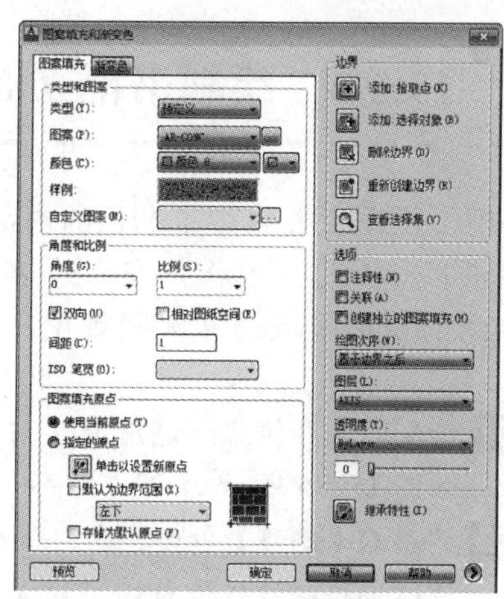

图 15-81　设置参数

Step 08 填充吊顶层图案。调用 H【填充】命令，弹出【图案填充和渐变色】对话框，设置参数如图 15-83 所示。

图 15-82　填充图案

图 15-83　设置参数

Step 09 在绘图区中拾取吊顶层区域，按回车键，返回【图案填充和渐变色】对话框，单击【确定】按钮，即可完成图案填充的绘制，结果如图 15-84 所示。

图 15-84 填充图案

15.3.3 绘制书柜立面图

书柜立面图主要表达了书柜的内部做法、各细部的尺寸以及使用材料等信息。该居室内的书柜呈对称式制作，左右两边为尺寸相等和样式相同的柜体与层板相结合的结构；中间的矩形区域设置木制雕花，在满足书柜的使用功能的同时也增添了书柜的装饰性。

Step 01 绘制书柜外轮廓。调用 REC【矩形】命令，绘制尺寸为 2960×2200 的矩形，结果如图 15-85 所示。

Step 02 调用 O【偏移】命令，向内偏移轮廓线；调用 F【圆角】命令，设置圆角半径为 0，对所偏移的线段进行圆角处理，结果如图 15-86 所示。

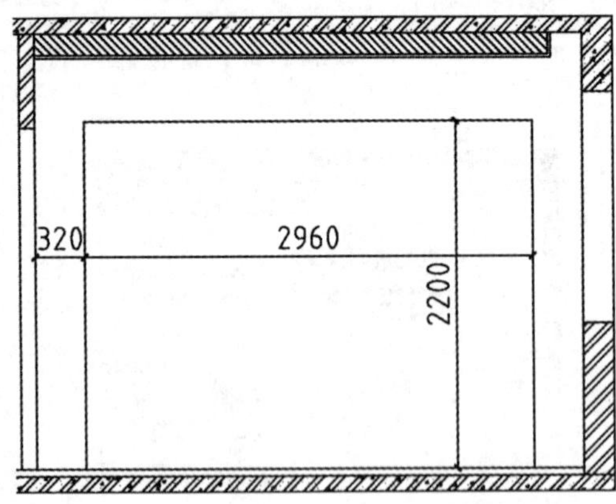

图 15-85 绘制矩形

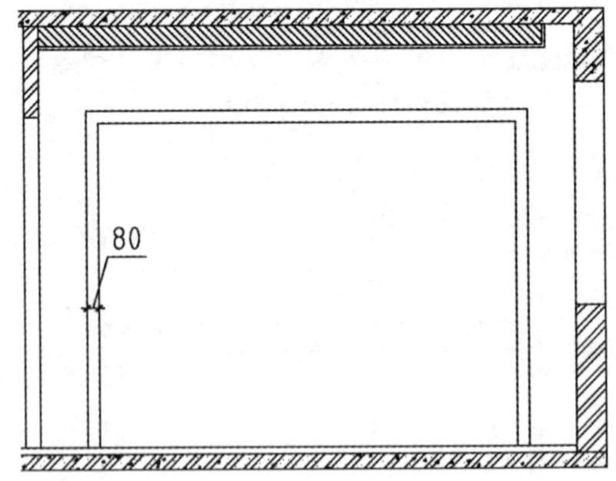

图 15-86 绘制结果

Step 03 绘制书柜隔板。调用 O【偏移】命令，偏移线段，结果如图 15-87 所示。

Step 04 绘制书柜层板。调用 O【偏移】命令，偏移线段；调用 TR【修剪】命令，修剪线段，结果如图 15-88 所示。

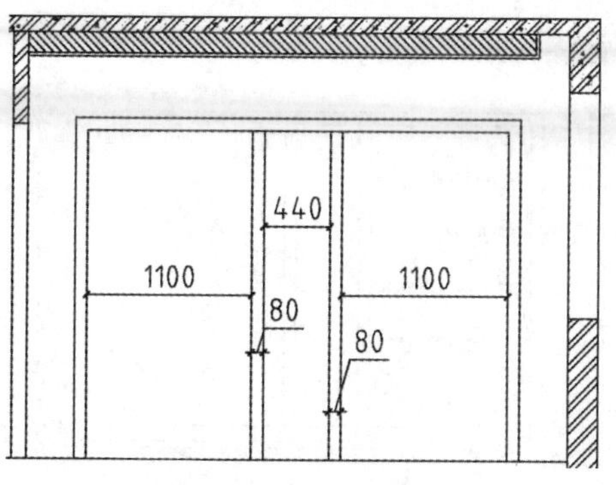

图 15-87　偏移线段

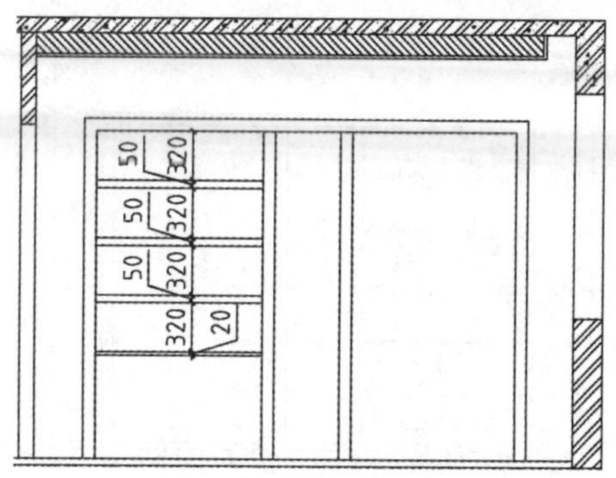

图 15-88　绘制书柜层板

Step 05 绘制灯带。调用 O【偏移】命令，偏移层板线，结果如图 15-89 所示。

Step 06 调用 PL【多段线】命令，绘制折断线，结果如图 15-90 所示。

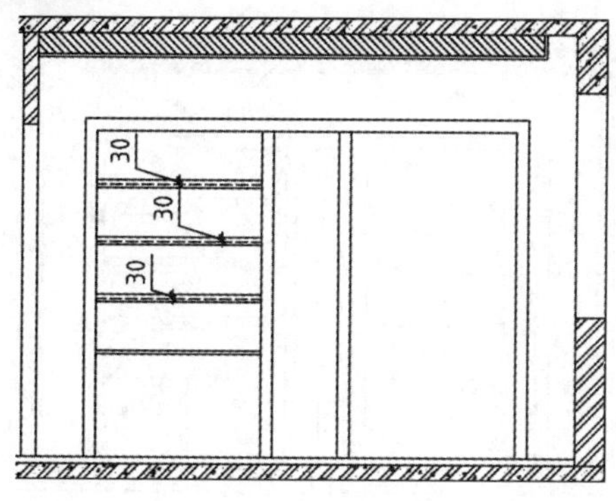

图 15-89　偏移层板线

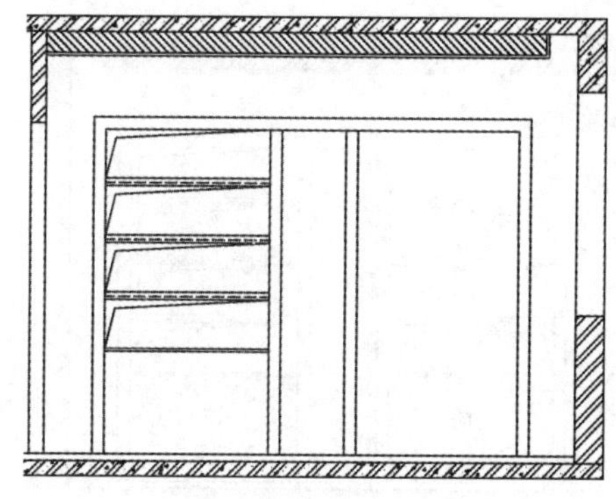

图 15-90　绘制折断线

Step 07 绘制踢脚线。调用 O【偏移】命令，偏移线段；调用 TR【修剪】命令，修剪线段，结果如图 15-91 所示。

Step 08 绘制柜门。调用 L【直线】命令，绘制直线，结果如图 15-92 所示。

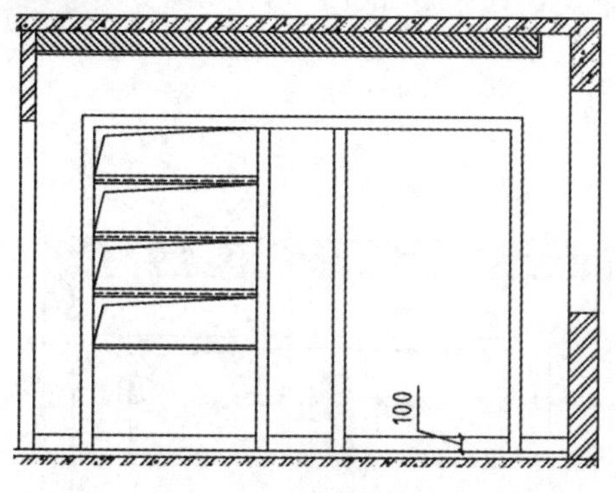

图 15-91　绘制踢脚线

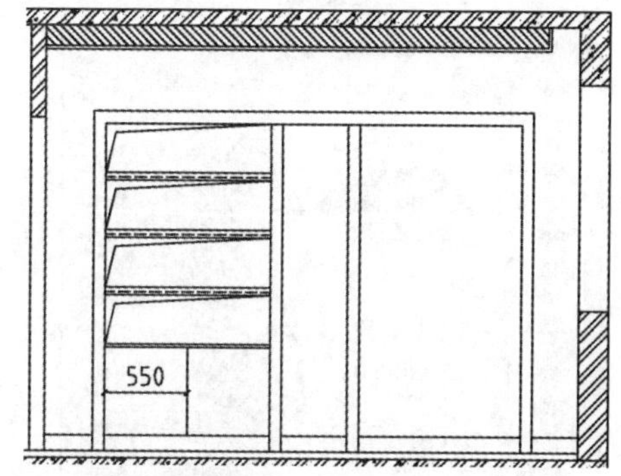

图 15-92　绘制直线

Step 09 调用 PL【多段线】命令，绘制对角线，并将对角线的线型设置为虚线，结果如图 15-93 所示。

Step 10 绘制柜门把手。调用 REC【矩形】命令，绘制尺寸为 119 × 21 的矩形，结果如图 15-94 所示。

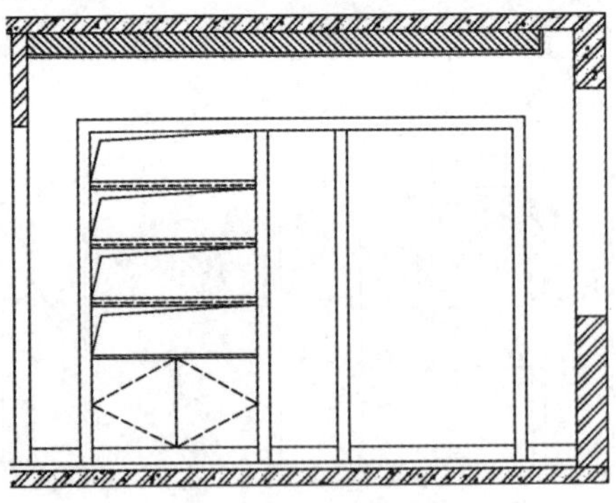

图 15-93　绘制对角线

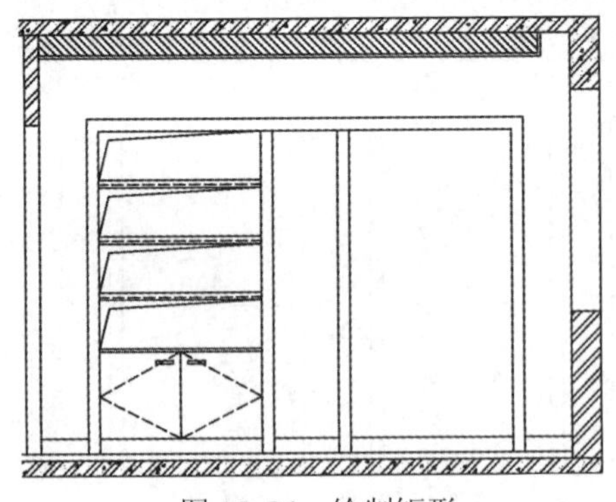

图 15-94　绘制矩形

Step 11 调用 MI【镜像】命令，镜像复制绘制完成的图形，结果如图 15-95 所示。

Step 12 绘制木雕装饰品轮廓。调用 REC【矩形】命令，绘制尺寸为 1200 × 200 的矩形，结果如图 15-96 所示。

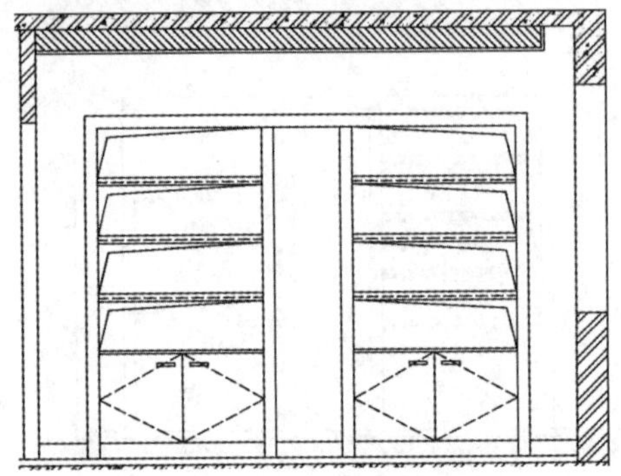

图 15-95　镜像复制

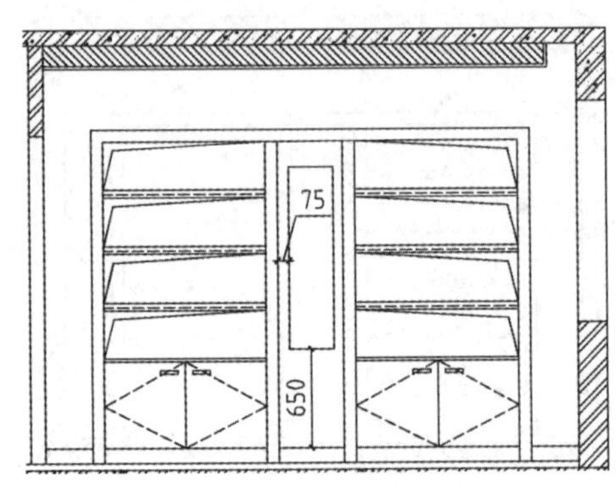

图 15-96　绘制矩形

Step 13 填充木雕装饰品图案。调用 H【填充】命令，弹出【图案填充和渐变色】对话框，设置参数如图 15-97 所示。

Step 14 在绘图区中拾取木雕装饰品区域，按回车键，返回【图案填充和渐变色】对话框，单击【确定】按钮，即可完成图案填充的绘制，结果如图 15-98 所示。

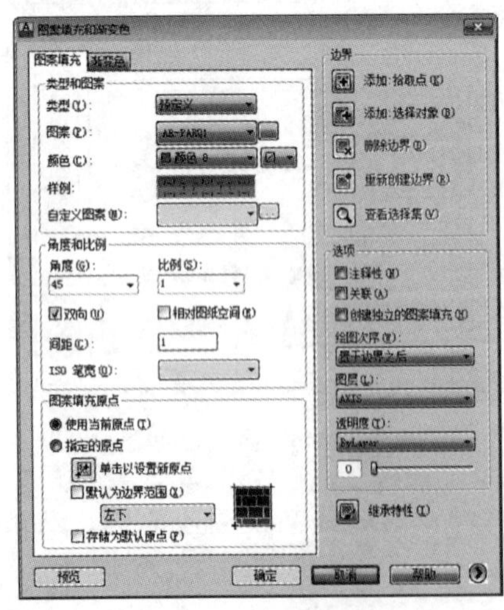

图 15-97　设置参数

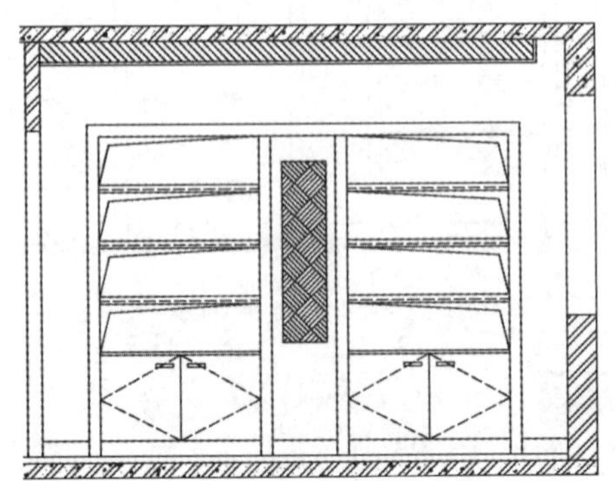

图 15-98　图案填充

15.3.4　绘制立面图标注

为立面图绘制标注是必不可少的步骤之一，因为缺少图形标注，识图人员就有可能在一头雾水的情况下读图，结果往往是得不到图形的准确信息而耽误了正常的施工流程。

Step 01 尺寸标注。调用 DLI【线性标注】命令，在立面图中分别指定尺寸界线的原点和尺寸线的位置，绘制尺寸标注的结果如图 15-99 所示。

Step 02 材料标注。调用 MLD【多重引线】命令，根据命令行的提示绘制材料标注，结果如图 15-100 所示。

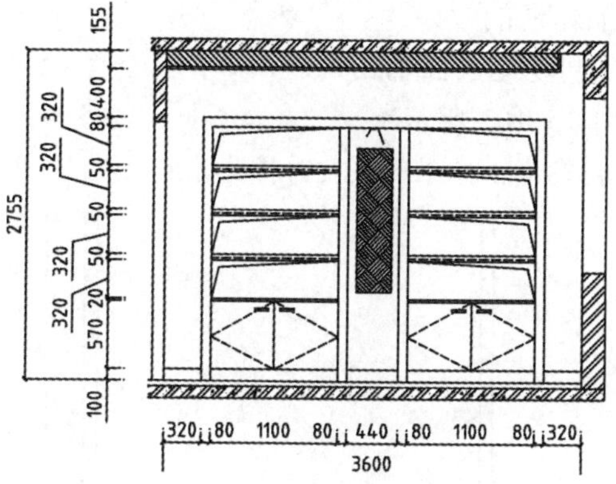

图 15-99　尺寸标注

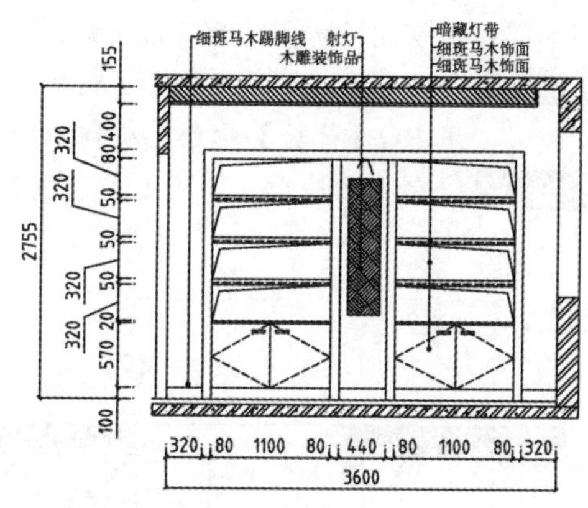

图 15-100　材料标注

Step 03 绘制图名标注。调用 L【直线】命令，绘制双横线，并将下面的直线的线宽设置为 0.3mm；调用 MT【多行文字】命令，绘制图名和比例，完成图名标注的结果如图 15-101 所示。

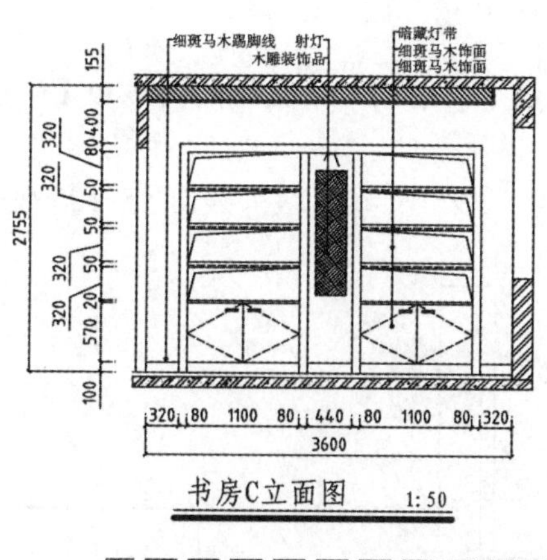

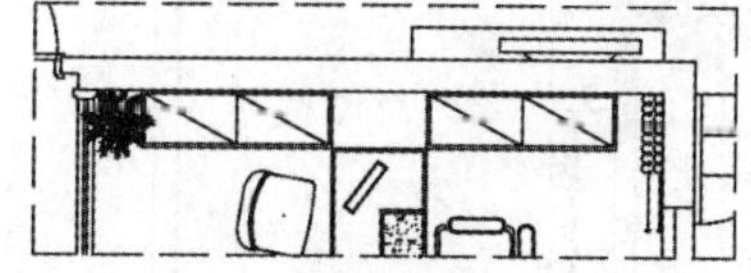

图 15-101　图名标注

15.4 绘制主卧室 B 立面图

主卧室背景墙是除了电视背景墙之外居室装饰装修中的又一个重点，因为主卧室是供主人夫妇使用的，因其私密性的缘故而谢绝参观，但是在保有其居室的装饰风格的基础上对其进行再装饰装修是很有必要的。以下分 5 个小节分别介绍主卧室背景墙的绘制方法。

15.4.1 绘制立面轮廓

立面轮廓是绘制立面图的第一个步骤，也是不可或缺的一个步骤，因为立面图上的所有图形都要在立面轮廓内绘制完成，以达到表现该立面做法的效果。

Step 01 整理图形。调用 CO【复制】命令，移动复制过道 A 立面图的平面部分至一旁；调用 RO【旋转】命令，旋转图形，结果如图 15-102 所示。

Step 02 绘制立面轮廓。调用 L【直线】命令，绘制直线，结果如图 15-103 所示。

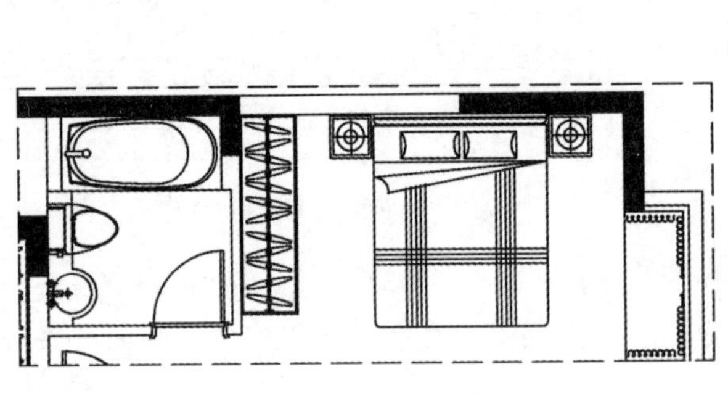

图 15-102 整理图形

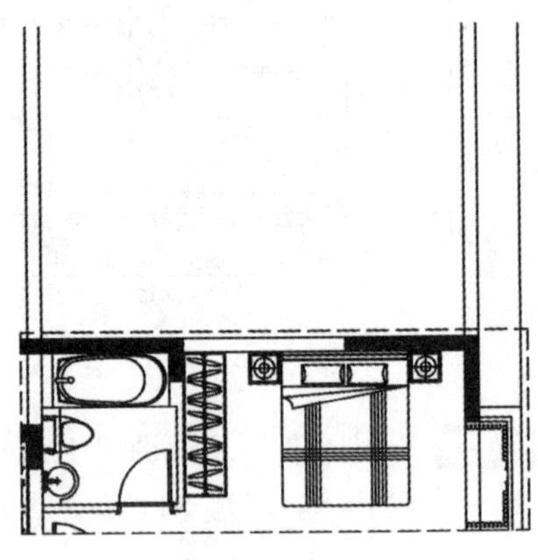

图 15-103 绘制直线

Step 03 重复调用 L【直线】命令，绘制水平直线；调用 O【偏移】命令，偏移直线，结果如图 15-104 所示。

Step 04 调用 TR【修剪】命令，修剪直线，结果如图 15-105 所示。

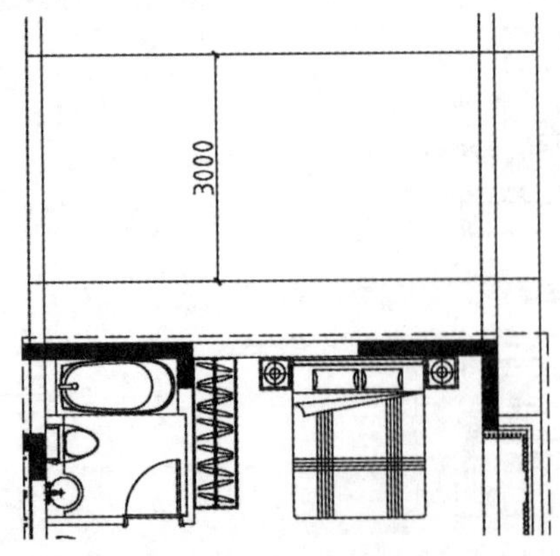

图 15-104 偏移直线

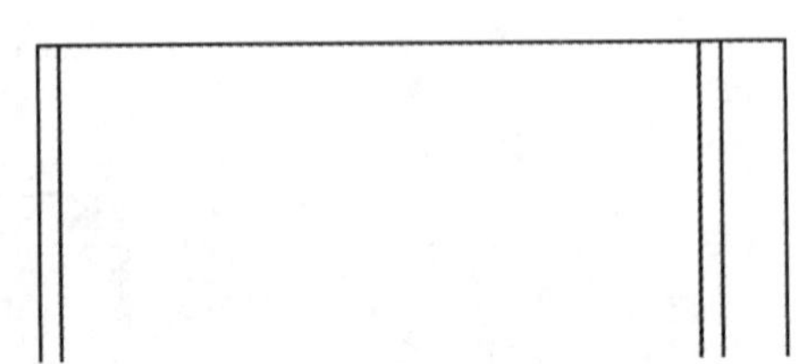

图 15-105 修剪直线

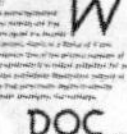

15.4.2　绘制立面墙体、吊顶层图形

墙体作为房屋的基本结构，在绘制立面图时，可以对其进行详细绘制，也可以绘制线段对其进行表示。在本例中，在绘制完成墙体后，还对其进行图案填充，更直观地表达墙体图形。

Step 01 绘制墙体。调用 O【偏移】命令，偏移立面轮廓线，结果如图 15-106 所示。

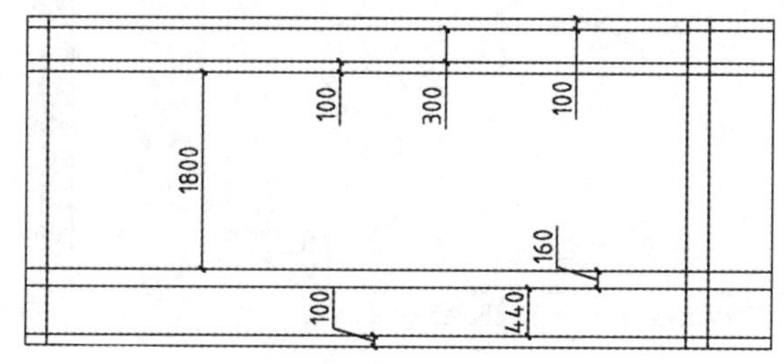

图 15-106　偏移轮廓线

Step 02 调用 TR【修剪】命令，修剪线段，结果如图 15-107 所示。

Step 03 绘制吊顶层。调用 O【偏移】命令，偏移线段，结果如图 15-108 所示。

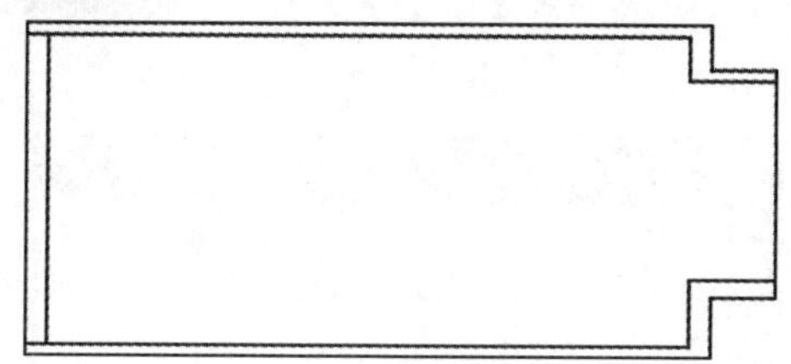

图 15-107　修剪线段

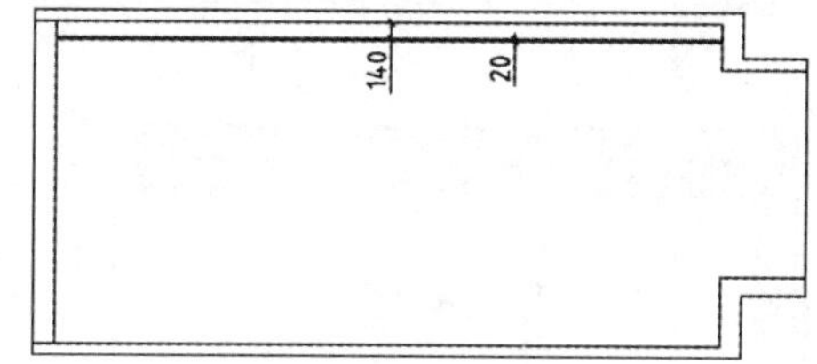

图 15-108　偏移线段

Step 04 填充墙体、吊顶层图案。沿用前面介绍的填充墙体和吊顶层的图案参数，为主卧室B 立面图绘制图案填充，填充结果如图 15-109 所示。

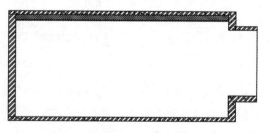

图 15-109　填充结果

15.4.3　绘制门套、衣柜图形

衣柜是卧室内不可缺少的家具之一，所以在绘制衣柜所在的立面图形时，要根据实际需

要对衣柜进行一定的表达，以期让人了解衣柜的一般构造，为后面的读懂衣柜详图打下基础。

Step 01 绘制地板层及踢脚线。调用 O【偏移】命令，偏移线段，结果如图 15-110 所示。

Step 02 绘制门套。调用 REC【矩形】命令，绘制尺寸为 2 200 × 820 的矩形；调用 X【分解】命令，分解矩形；调用 O【偏移】命令，设置偏移矩形为 60，向内偏移矩形边；调用 TR【修剪】命令，修剪矩形边，结果如图 15-111 所示。

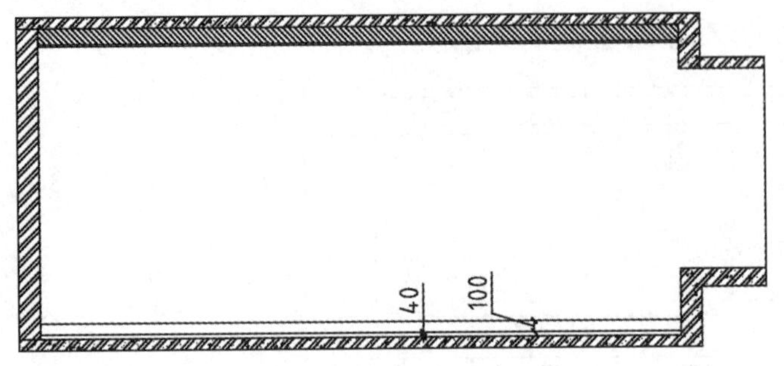

图 15-110　偏移线段

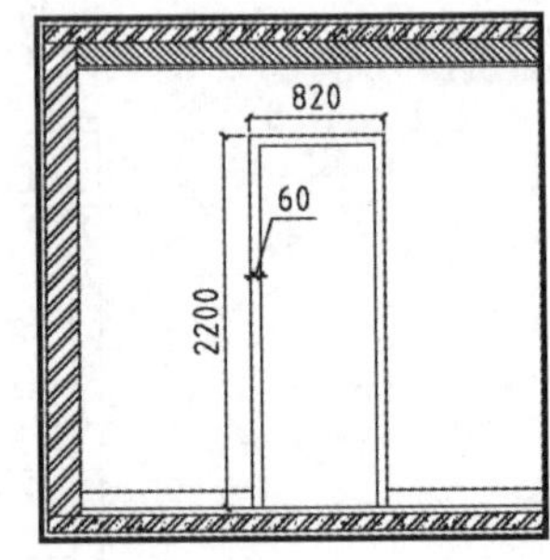

图 15-111　偏移并修剪线段

Step 03 调用 L【直线】命令，绘制对角线；调用 PL【多段线】命令，绘制折断线，结果如图 15-112 所示。

Step 04 绘制衣柜。调用 L【直线】命令，偏移直线；调用 TR【修剪】命令，修剪线段，结果如图 15-113 所示。

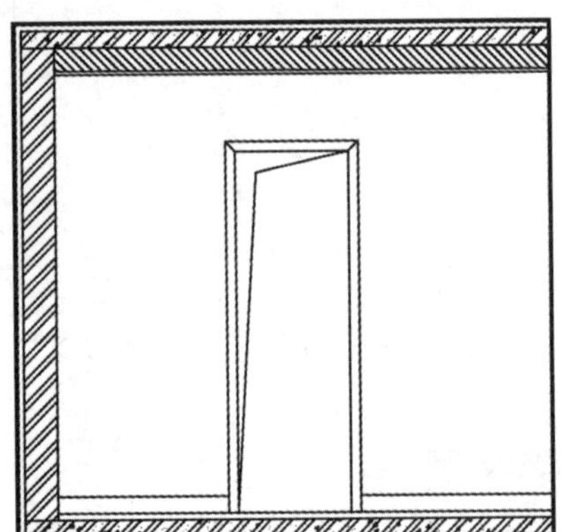

图 15-112　绘制结果

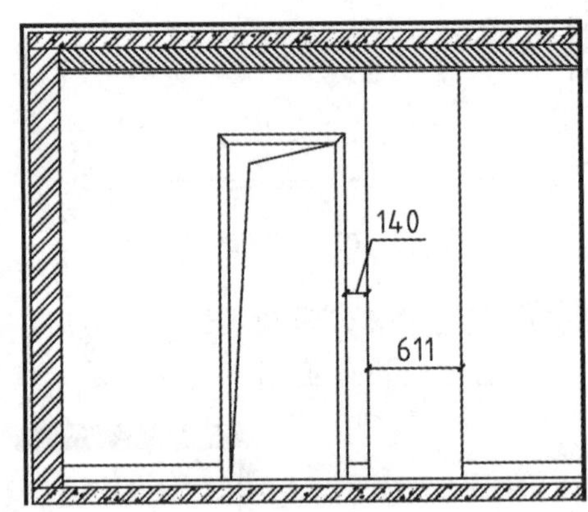

图 15-113　修剪线段

Step 05 绘制衣柜板材。调用 O【偏移】命令，偏移衣柜轮廓线，结果如图 15-114 所示。

Step 06 调用 TR【修剪】命令、F【圆角】命令，修剪所偏移的线段，结果如图 15-115 所示。

Step 07 绘制衣柜门。调用 REC【矩形】命令，绘制尺寸为 2 495 × 20 的矩形，结果如图 15-116 所示。

Step 08 绘制层板。调用 REC【矩形】命令，绘制尺寸为 537 × 20 的矩形，结果如图 15-117 所示。

Step 09 绘制抽屉。调用 REC【矩形】命令，分别绘制尺寸为 551 × 20、527 × 134 的矩形，结果如图 15-118 所示。

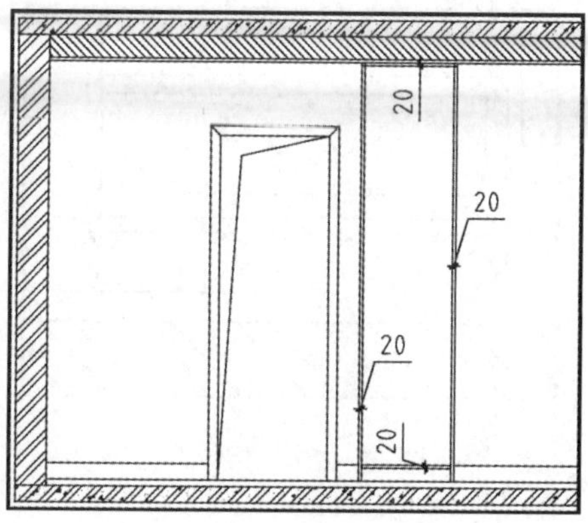

图 15-114　偏移轮廓线

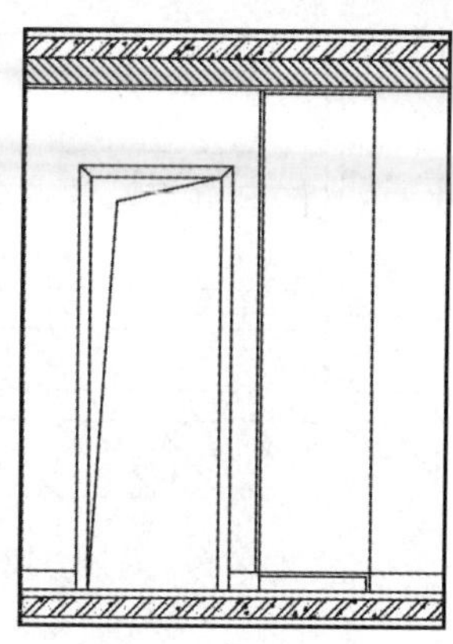

图 15-115　绘制结果

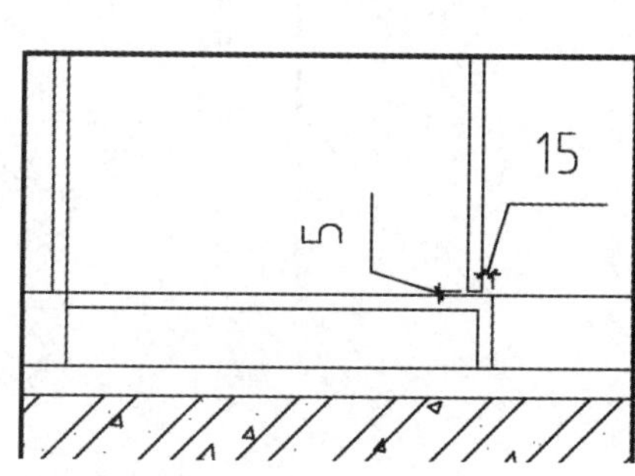

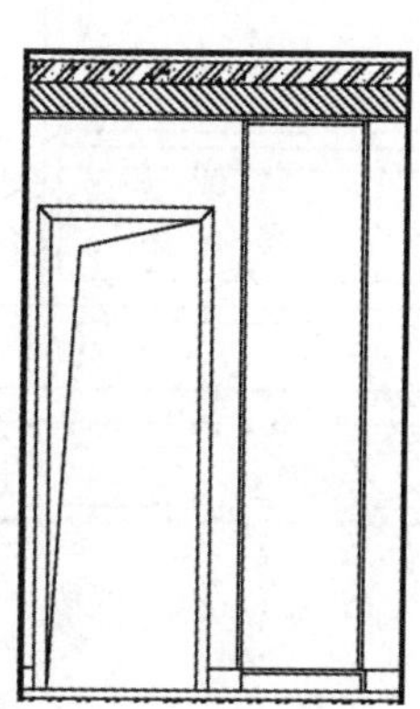

图 15-116　绘制矩形

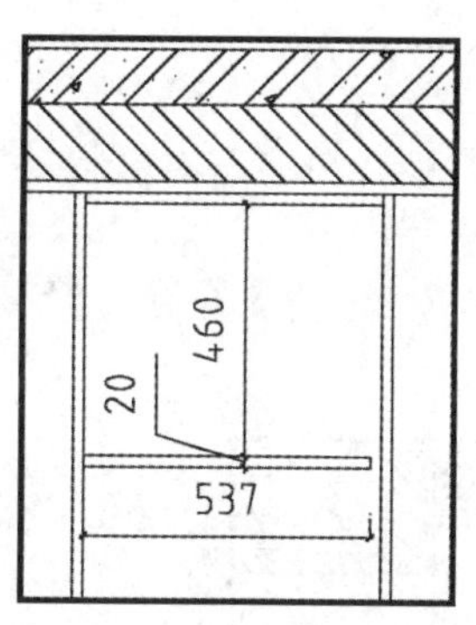

图 15-117　绘制矩形

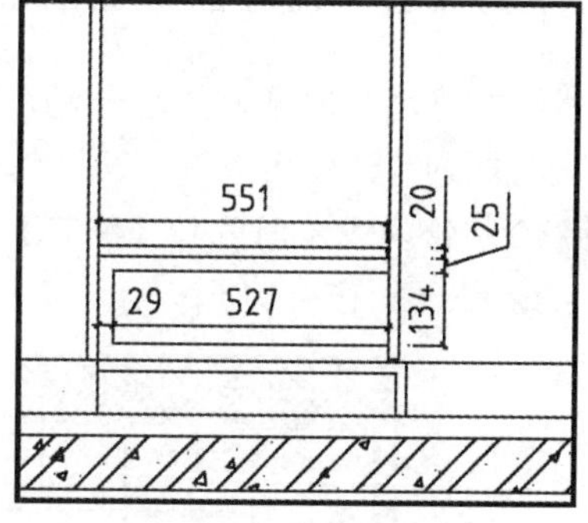

图 15-118　绘制结果

Step 10 绘制五厘背板。调用 O【偏移】命令，偏移线段；调用 TR【修剪】命令，修剪线段，结果如图 15-119 所示。

Step 11 绘制柜脚板材。调用 REC【矩形】命令，绘制尺寸为 80×43 的矩形；调用 L【直线】命令，在矩形内绘制对角线，结果如图 15-120 所示。

Step 12 绘制抽屉门板材。调用 L【直线】命令，绘制直线；调用 TR【修剪】命令，修剪线段，结果如图 15-121 所示。

Step 13 绘制挂衣杆侧面图。调用 C 圆形】命令，绘制半径为 15 的圆形，结果如图 15-122 所示。

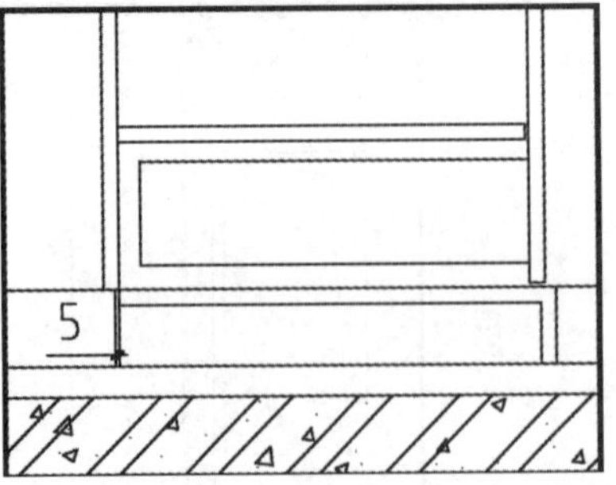

图 15-119　绘制五厘背板

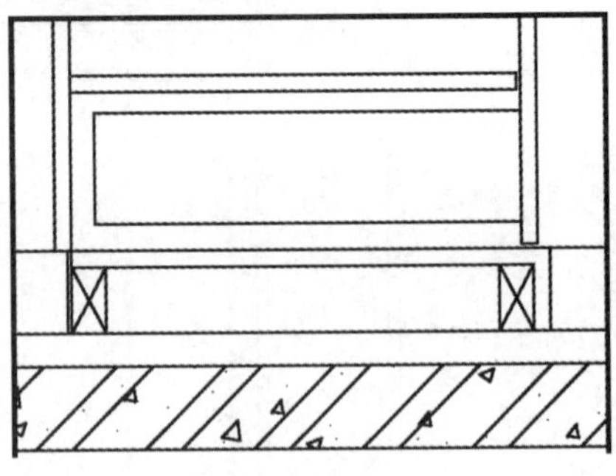
图 15-120　绘制结果

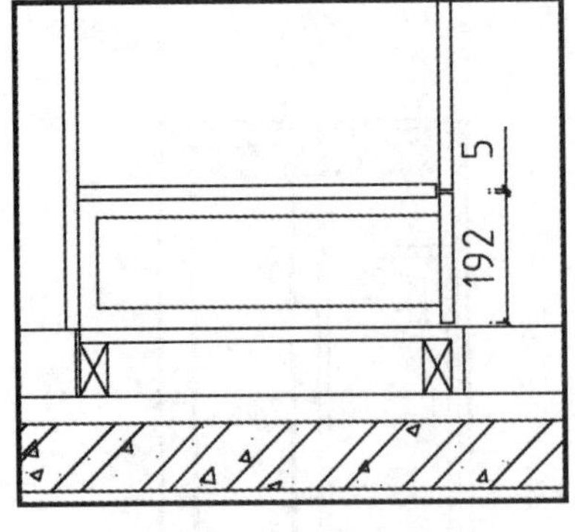

图 15-121　修剪线段

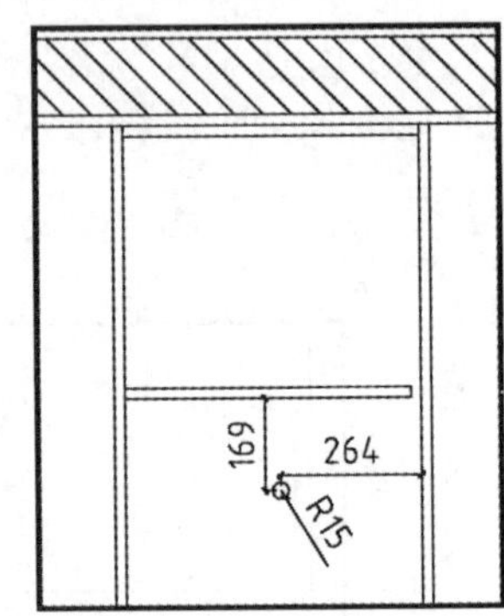

图 15-122　绘制圆形

15.4.4　绘制背景墙

卧室的背景墙与电视背景墙一起，共同为突出居室的整体装饰风格而努力。其材料的使用、尺寸的规划等，都可以体现出装饰的美观性、经济性甚至环保性。

Step 01 绘制轮廓线。调用 O【偏移】命令，偏移线段；调用 TR【修剪】命令，修剪线段，结果如图 15-123 所示。

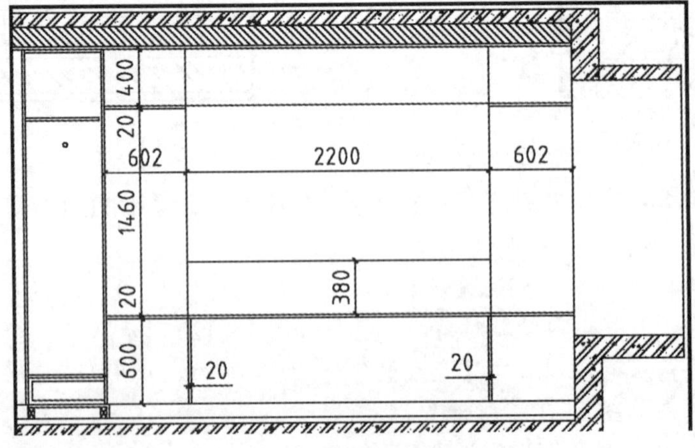

图 15-123　绘制轮廓线

Step 02 绘制窗台木制装饰物。调用 REC【矩形】命令，绘制尺寸为 441 × 80 的矩形，结果如图 15-124 所示。

Step 03 调用 X【分解】命令，分解矩形；调用 O【偏移】命令，偏移矩形边；调用 TR【修剪】命令，修剪矩形边，结果如图 15-125 所示。

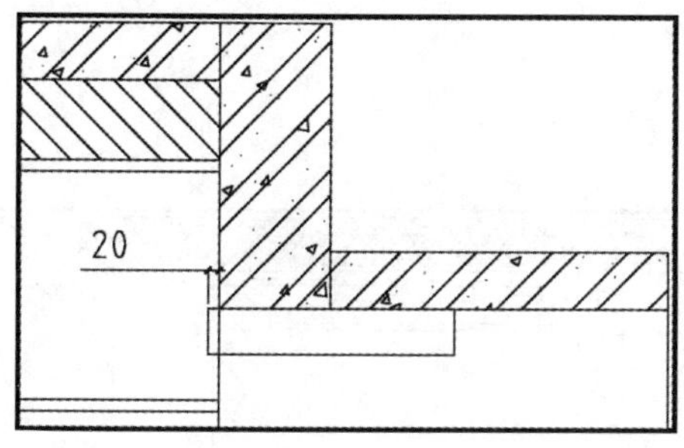

图 15-124　绘制矩形

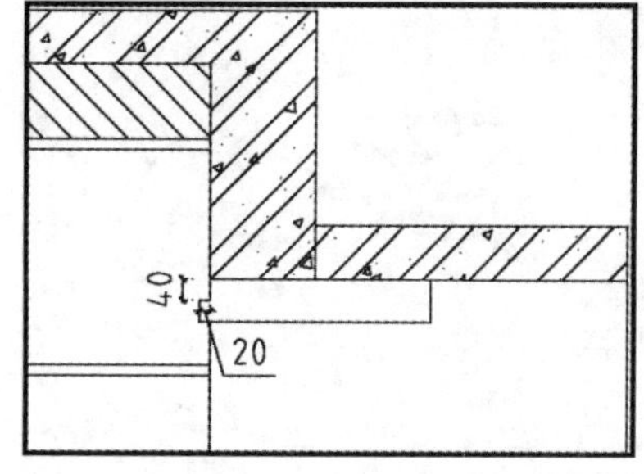

图 15-125　绘制结果

Step 04 绘制窗台石材。调用 REC【矩形】命令，绘制尺寸为 650 × 20 的矩形，结果如图 15-126 所示。

Step 05 倒角处理。调用 CHA【倒角】命令，根据命令行的提示输入 D，选择【距离】选项；设置第一个、第二个倒角距离均为 7，对矩形进行倒角处理，结果如图 15-127 所示。

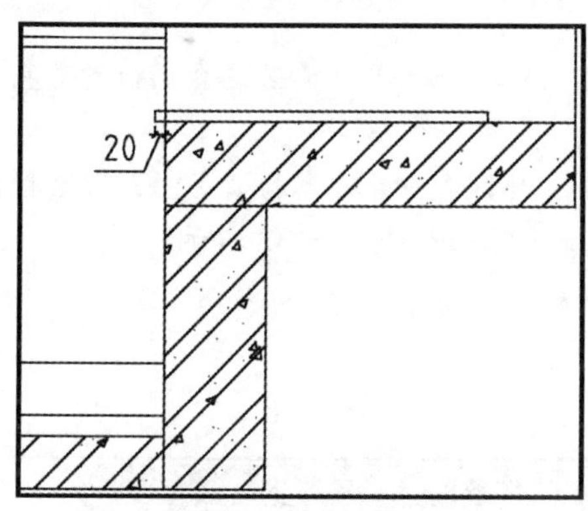

图 15-126　绘制矩形

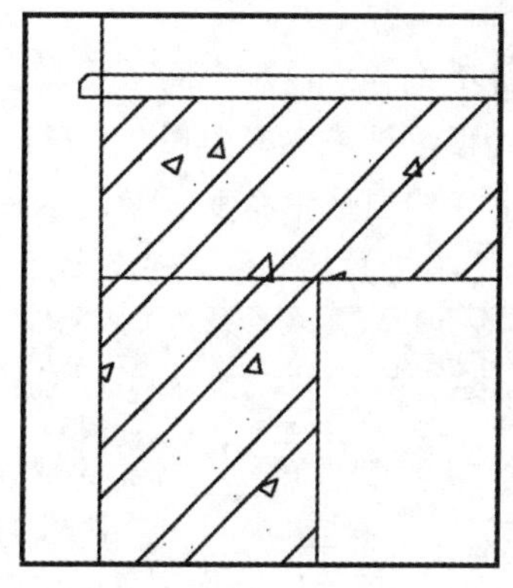

图 15-127　倒角处理

Step 06 调用 REC【矩形】命令，绘制尺寸为 20 × 20 的矩形，结果如图 15-128 所示。

Step 07 调用 X【分解】命令，分解矩形；调用 O【偏移】命令，偏移矩形边；调用 TR【修剪】命令，修剪矩形边，结果如图 15-129 所示。

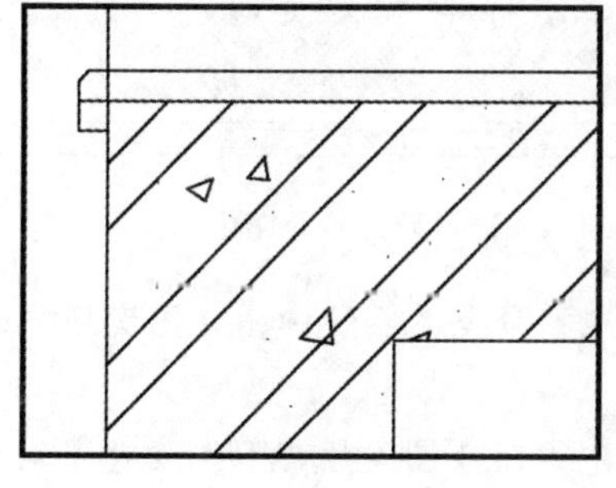

图 15-128　绘制矩形

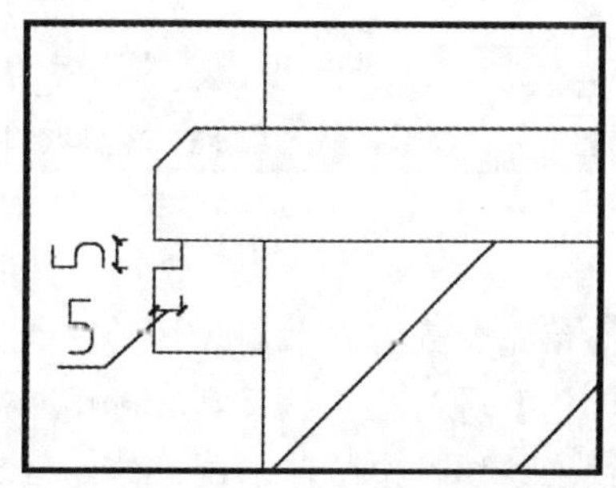

图 15-129　绘制结果

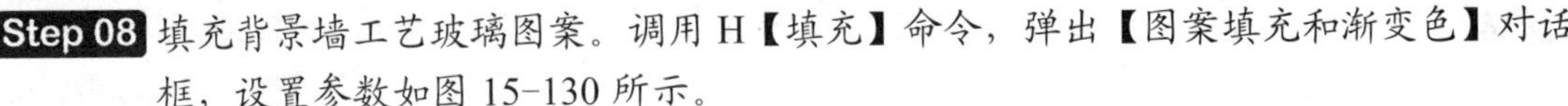

Step 08 填充背景墙工艺玻璃图案。调用 H【填充】命令，弹出【图案填充和渐变色】对话框，设置参数如图 15-130 所示。

Step 09 在绘图区中拾取背景墙区域，按回车键，返回【图案填充和渐变色】对话框，单击【确定】按钮，即可完成图案填充的绘制，结果如图 15-131 所示。

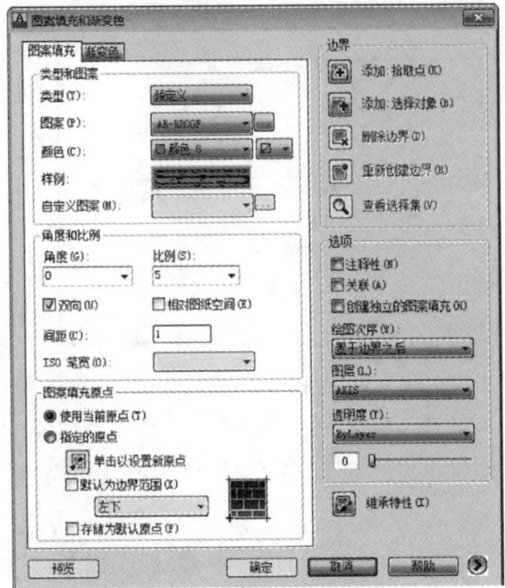

图 15-130　设置参数

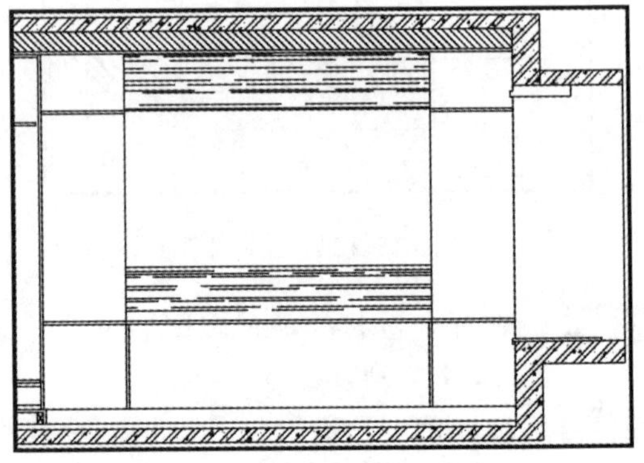

图 15-131　图案填充

Step 10 填充背景墙细斑马木图案。调用 H【填充】命令，弹出【图案填充和渐变色】对话框，设置参数如图 15-132 所示。

Step 11 在绘图区中拾取背景墙区域，按回车键，返回【图案填充和渐变色】对话框，单击【确定】按钮，即可完成图案填充的绘制，结果如图 15-133 所示。

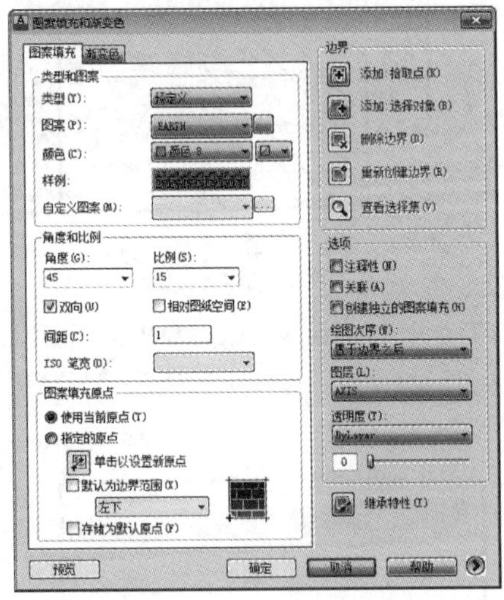

图 15-132　设置参数

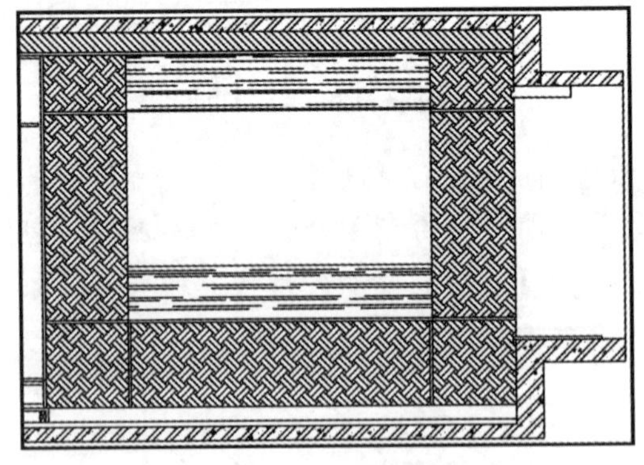

图 15-133　填充结果

Step 12 填充背景窗台木制装饰物图案。调用 H【填充】命令，系统弹出【图案填充和渐变色】对话框，设置参数如图 15-134 所示。

Step 13 在绘图区中拾取木制装饰物区域，按回车键，返回【图案填充和渐变色】对话框，单击【确定】按钮，即可完成图案填充的绘制，结果如图 15-135 所示。

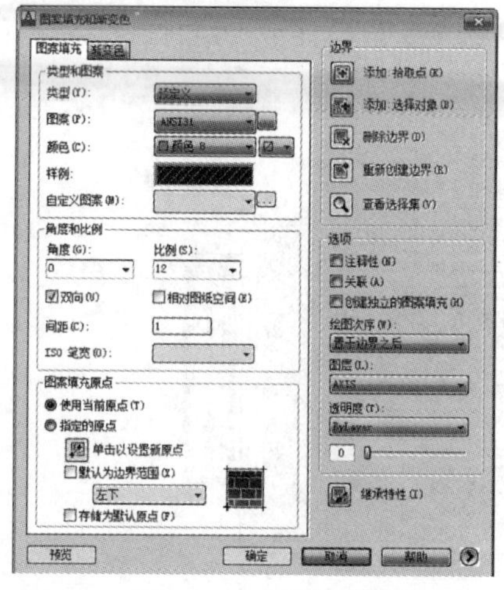

图 15-134　设置参数

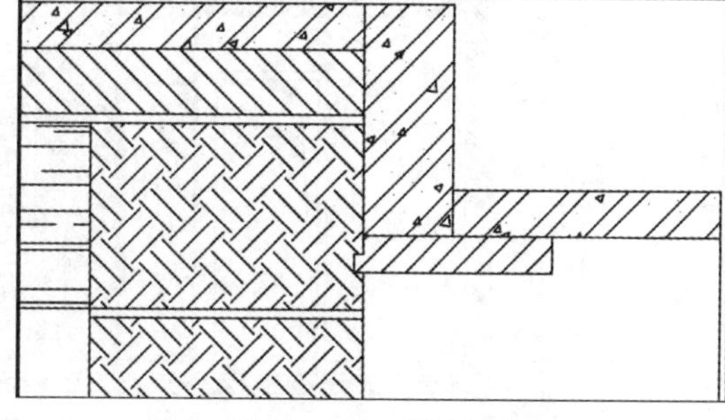

图 15-135　图案填充

Step 14 插入图块。按【Ctrl+O】组合键，打开本书配套光盘提供的“第 15 章\家具图例.dwg”文件，将其中的家具图形复制并粘贴至平面布置图中，结果如图 15-136 所示。

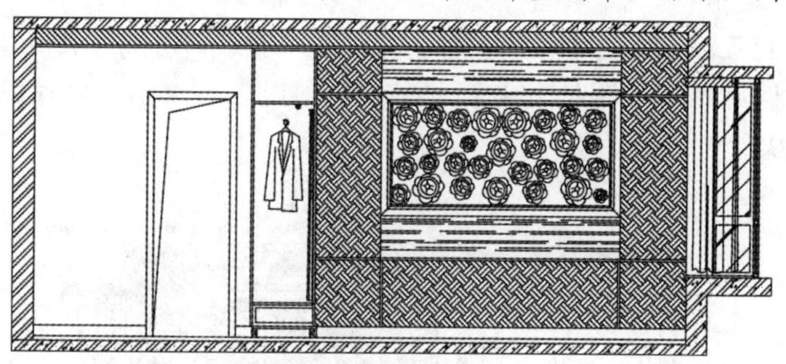

图 15-136　插入图块

15.4.5　绘制立面图标注

绘制完成立面图后，可以为其绘制尺寸标注、材料标注以及图名标注，不但为读图提供便利，也增加了图形的完整性。

Step 01 尺寸标注。调用 DLI【线性标注】命令，在立面图中分别指定尺寸界线的原点和尺寸线的位置，绘制尺寸标注的结果如图 15-137 所示。

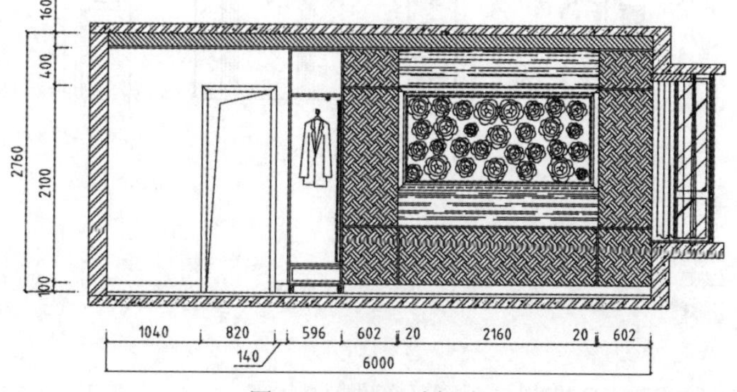

图 15-137　尺寸标注

Step 02 材料标注。调用 MLD【多重引线】命令，根据命令行的提示绘制材料标注，结果如图 15-138 所示。

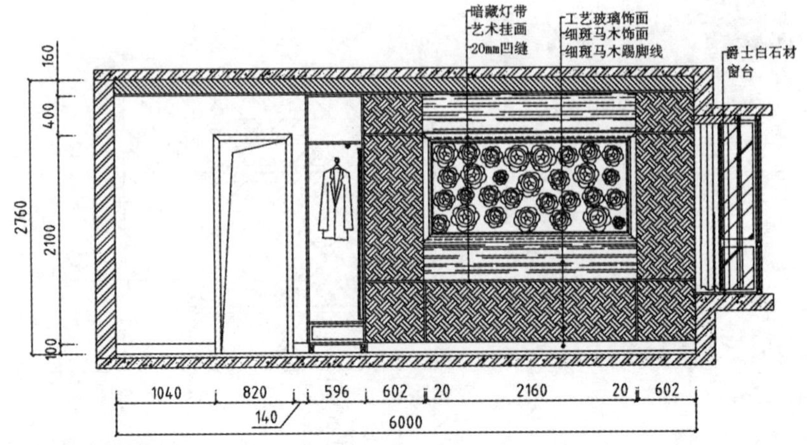

图 15-138　材料标注

Step 03 绘制图名标注。调用 L【直线】命令，绘制双横线，并将下面的直线的线宽设置为 0.3mm；调用 MT【多行文字】命令，绘制图名和比例，完成图名标注的结果如图 15-139 所示。

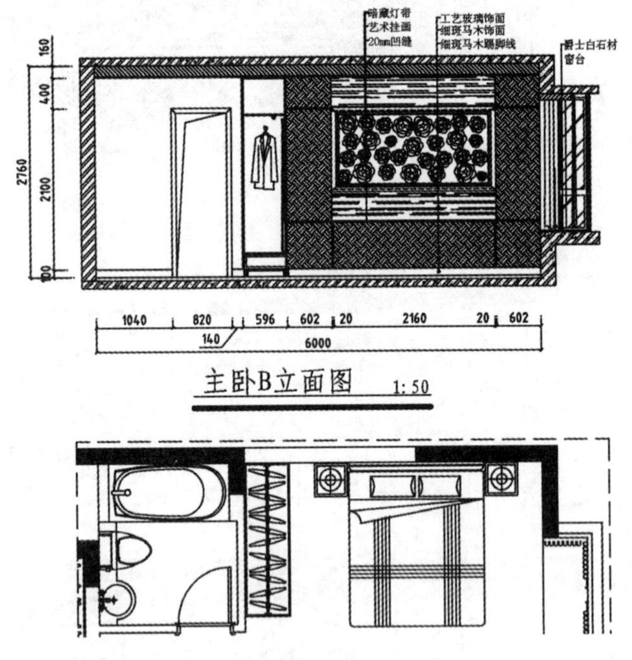

图 15-139　图名标注

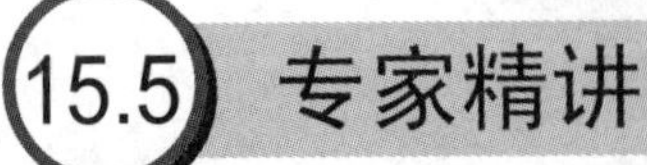

15.5 专家精讲

本章介绍了室内装潢施工图中立面图的绘制方法。

本章分 4 个小节，分别介绍了餐厅、客厅电视背景墙立面图、过道立面图、书房立面图以及主卧室立面图的绘制方法。

餐厅、客厅电视背景墙立面图向来是居室装修装饰的设计要点，所以需要另外出具图纸以表达其做法。在该立面图上，要表现该背景墙的制作材料、材料的规格以及与周边装饰物的关系等信息，立面图可以直观地初步表达背景墙的制作效果。

过道立面图除了表达位于该立面上的图形外，对位于该立面图范围内的墙体结构也要进行表达。本章中的过道立面图重点介绍了墙体结构的绘制以及台阶图形的绘制。台阶设置暗藏灯带，所以在绘制完成台阶图形后，还要对灯带进行表示，以完整表达位于该立面上的信息。

书房立面图主要表达了位于该立面上的书柜的制作方法以及书柜图形的绘制方法。书柜包括中间的装饰部分、左右两边的层板部分以及下面的柜体部分，在绘制的过程中，需要注意各结构空间的绘制要点。比如绘制层板时，要注意层板本身的厚度以及层板与层板之间的间隔，还有灯胆的安放尺寸。

主卧室立面图主要表达了双人床所在墙面背景墙的装饰效果。卧室背景墙与电视背景墙是居室立面装饰中的两个重点，是对居室风格的诠释和电视背景墙不足的补充。所以在绘制的过程中，要注意表达墙体和飘窗之间的关系；在绘制背景墙的图案时，要注意其装饰要点，比如图案是否对称、尺寸是否相同以及尺寸不相同时差别又是多大等信息。

第 16 章 绘制节点大样图

由于平面布置图、地面布置图、室内立面图、顶棚平面图等的比例一般比较小，很多装饰造型、构造做法、材料选用、细部尺寸等无法反映或者反映不清晰，满足不了装饰施工、制作需要，故需放大比例画出详细图样，形成装饰详图。装饰详图一般采用 1:1 或者 1:20 的比例来绘制。

本章以室内装饰装修中常用到的电视背景墙剖面图和书柜剖面图为例，介绍室内装饰详图的绘制方法。

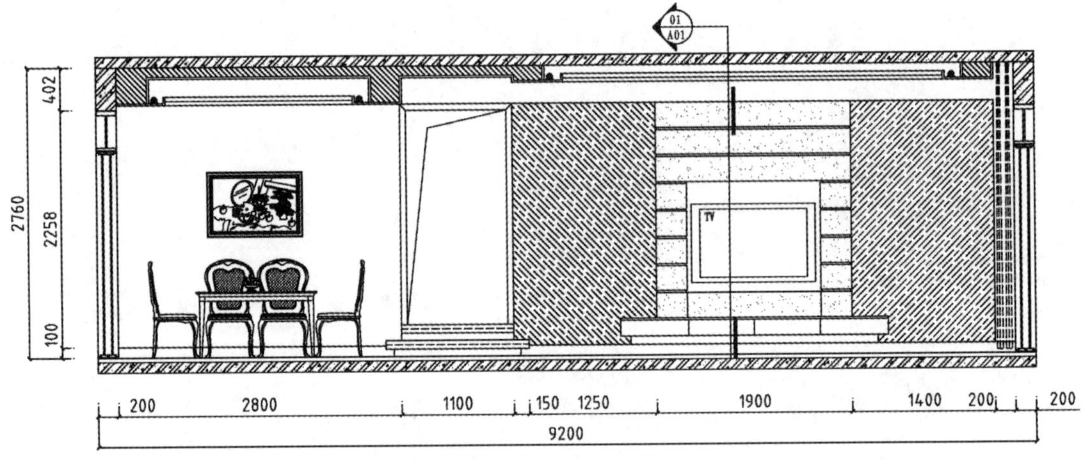

餐厅、电视背景墙B立面图 1:50

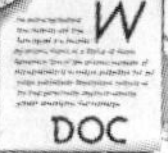

16.1 绘制电视背景墙剖面图

设计制作完成的背景墙可以体现居室的风格和气氛，但是这些风格和气氛的营造必须通过细部做法及相应的施工工艺才能实现，表现这些内容的重要技术文件就是装饰详图。因此，电视背景墙剖面图反映了其自身的内部构造和做法。读者通过本节的学习，可以对背景墙的制作方法有一定的认知。

16.1.1 绘制剖面轮廓线

在绘制剖面图时，首先要划定一个区域，以便在该区域内绘制剖面图形。所以在开始绘制电视背景墙剖面图之前，要先绘制剖面的轮廓线，然后才能在此基础上绘制剖面图形。

Step 01 插入剖切符号。按【Ctrl+O】组合键，打开本书配套光盘提供的“第 16 章并家具图例.dwg”文件，将其中的剖面剖切符号复制并粘贴至餐厅、电视背景墙 B 立面图中，并双击更改图号，结果如图 16-1 所示。

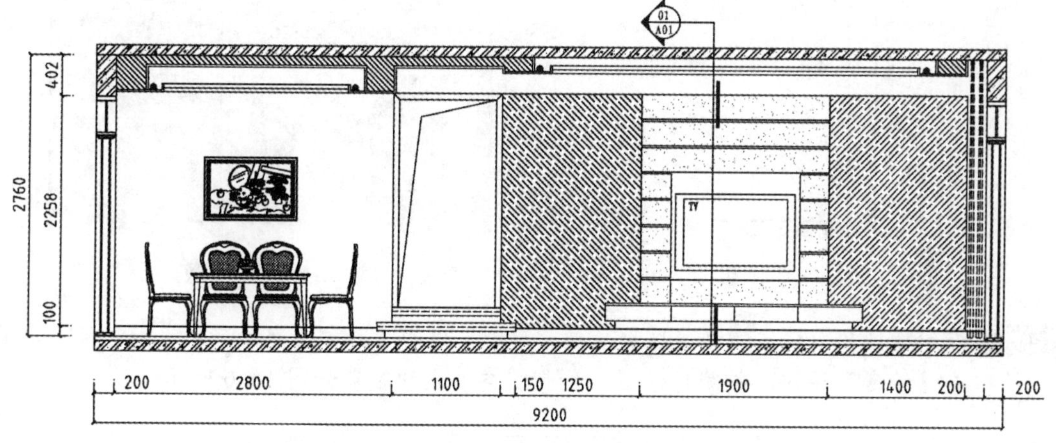

图 16-1　插入剖切符号

Step 02 绘制剖面轮廓。调用 REC【矩形】命令，绘制尺寸为 853 × 1 898 的矩形；调用 X【分解】命令，分解矩形；调用 O【偏移】命令，偏移矩形边，结果如图 16-2 所示。

Step 03 调用 PL【多段线】命令，绘制折断线；调用 CO【复制】命令，移动复制折断线，结果如图 16-3 所示。

Step 04 调用 TR【修剪】命令，修剪多余线段，结果如图 16-4 所示。

Step 05 填充墙体及楼板图案。调用 H【图案填充】命令，弹出【图案填充和渐变色】对话框，设置参数如图 16-5 所示。

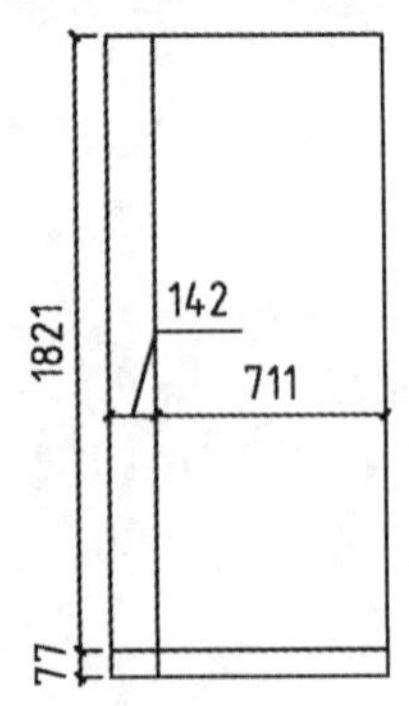

图 16-2　偏移矩形边

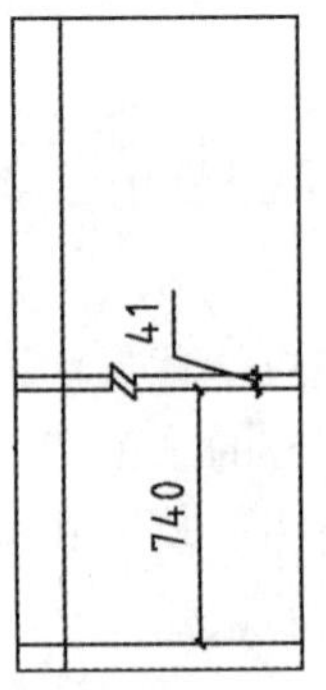

图 16-3　复制结果

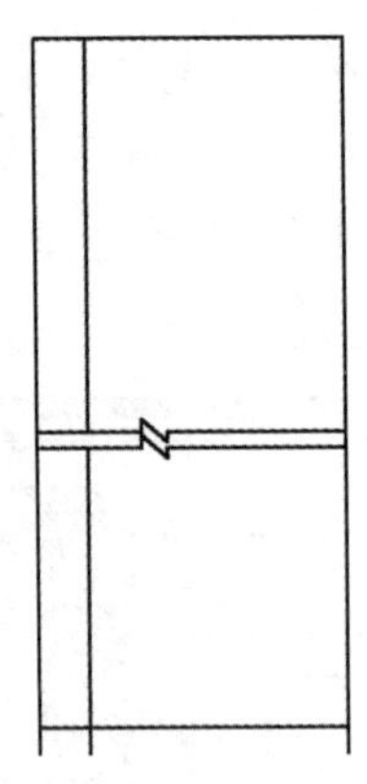

图 16-4　修剪线段

图 16-5　设置参数

Step 06 在绘图区拾取墙体及楼板区域，按回车键，返回【图案填充和渐变色】对话框，单击【确定】按钮，关闭对话框，绘制图案填充的结果如图 16-6 所示。

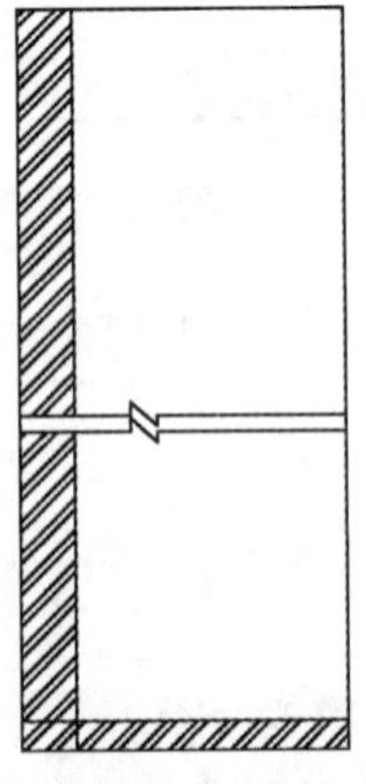

图 16-6　图案填充

16.1.2　绘制电视柜底座

电视柜底座由基础框架材料和外立面装饰材料构成。基础装饰材料主要是承载电视柜本身的载重以及自身的重量，但是单纯的基础材料并不具备任何装饰效果，所以在基础材料的外立面还必须使用装饰材料来进行美化。

Step 01 绘制底座外轮廓。调用 REC【矩形】命令，绘制尺寸为 278 × 180 的矩形，结果如图 16-7 所示。

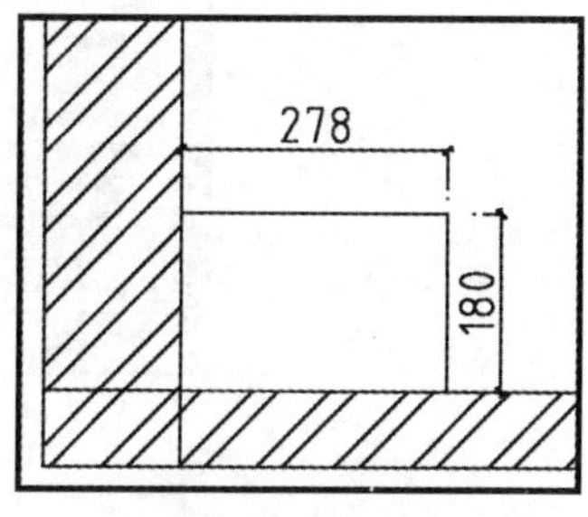

图 16-7　绘制矩形

Step 02 绘制底座基础。调用 X【分解】命令，分解矩形；调用 O【偏移】命令，设置偏移距离为 3，偏移矩形边，结果如图 16-8 所示。

Step 03 绘制基础中的角钢图形。调用 O【偏移】命令，偏移矩形边，结果如图 16-9 所示。

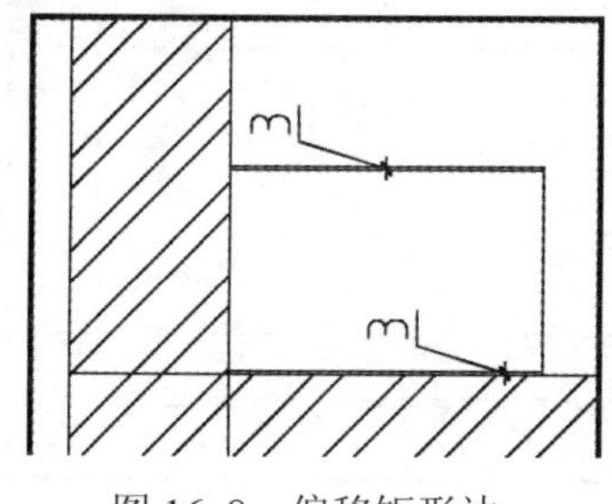

图 16-8　偏移矩形边

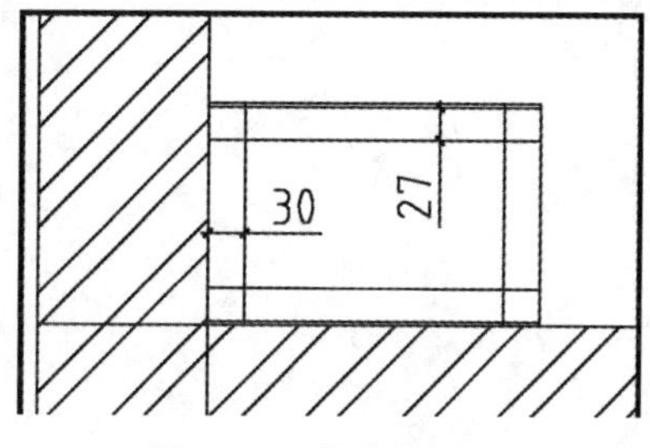

图 16-9　偏移结果

Step 04 调用 REC【矩形】命令，绘制尺寸为 30 × 30 的矩形；调用 X【分解】命令，分解矩形；调用 O【偏移】命令，设置偏移距离为 3，偏移矩形边，结果如图 16-10 所示。

Step 05 调用 F【圆角】命令，设置圆角半径为 2，对所偏移的线段进行圆角处理，结果如图 16-11 所示。

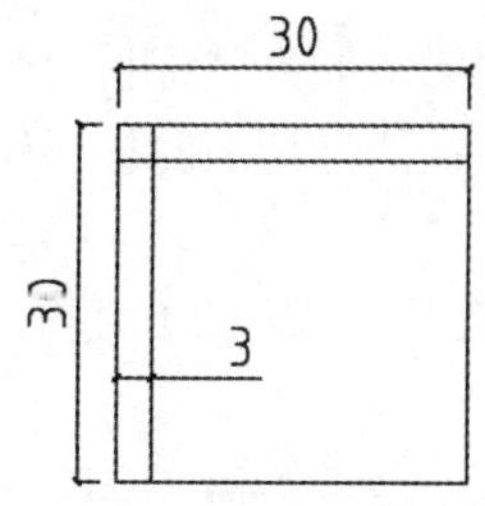

图 16-10　偏移矩形边

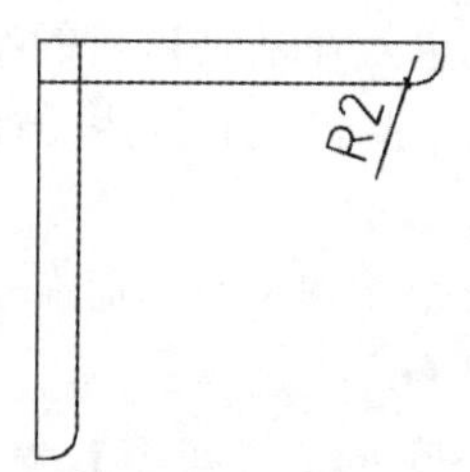

图 16-11　圆角处理

Step 06 调用 TR【修剪】命令，修剪线段，结果如图 16-12 所示。

Step 07 填充角钢图案。调用 H【图案填充】命令，弹出【图案填充和渐变色】对话框，设置参数如图 16-13 所示。

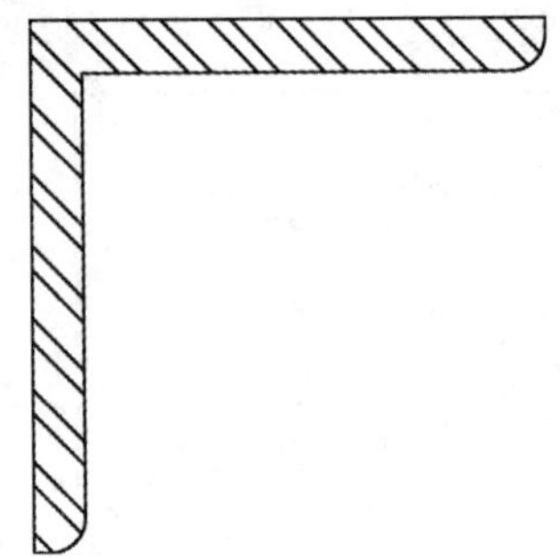

图 16-12 修剪线段

图 16-13 设置参数

Step 08 在绘图区拾取角钢区域，按回车键，返回【图案填充和渐变色】对话框，单击【确定】按钮，关闭对话框，绘制图案填充的结果如图 16-14 所示。

Step 09 调用 MI【镜像】命令，镜像复制角钢图形，结果如图 16-15 所示。

图 16-14 图案填充

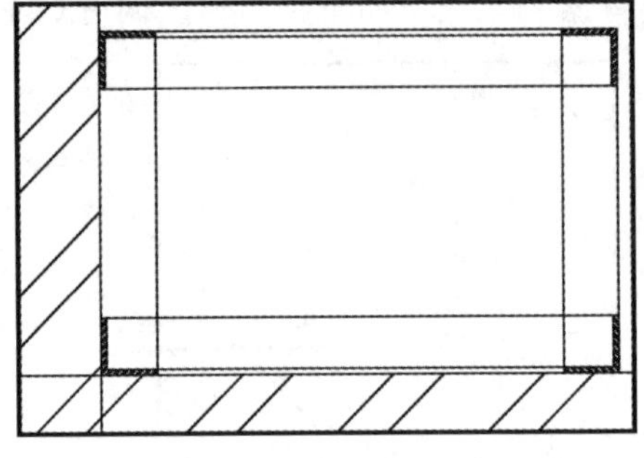

图 16-15 镜像复制

16.1.3 绘制踢脚线

踢脚线也是在基础材料的结构上增加装饰材料构成的。踢脚线的外装饰材料一般要与居室的风格相配套，或者选用一些灰色调的装饰材料，可以避免在清洁地面时被污染，从而影响装饰效果。

Step 01 绘制黄洞石材饰面。调用 REC【矩形】命令，绘制尺寸为 80×20 的矩形，结果如图 16-16 所示。

Step 02 调用 REC【矩形】命令，绘制尺寸为 50×20 的矩形，结果如图 16-17 所示。

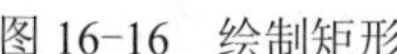

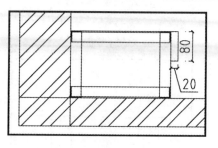

图 16-16　绘制矩形

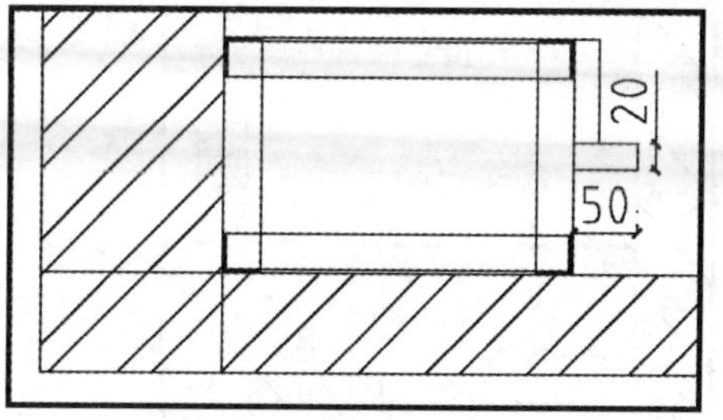

图 16-17　绘制结果

Step 03 调用 REC【矩形】命令，绘制尺寸为 100×20 的矩形，结果如图 16-18 所示。

Step 04 绘制踢脚线基架。调用 REC【矩形】命令，绘制尺寸为 38×68 的矩形，结果如图 16-19 所示。

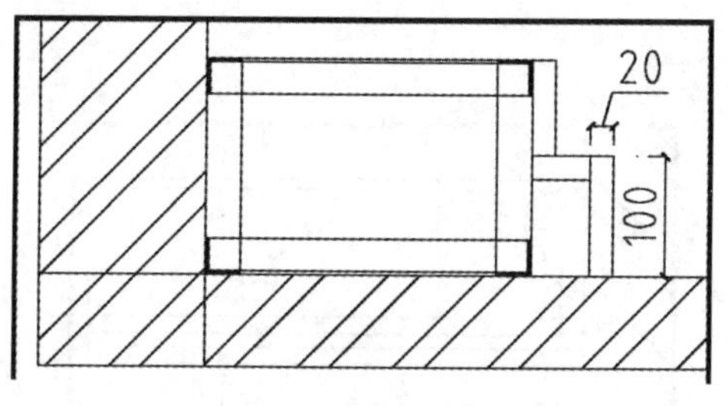

图 16-18　绘制矩形

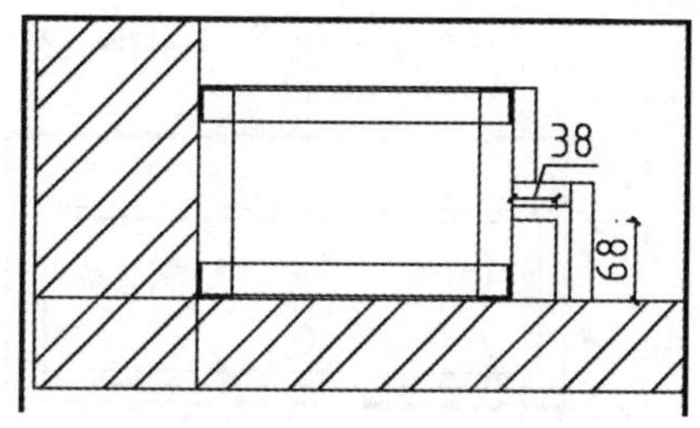

图 16-19　绘制结果

Step 05 调用 L【直线】命令，绘制对角线，结果如图 16-20 所示。

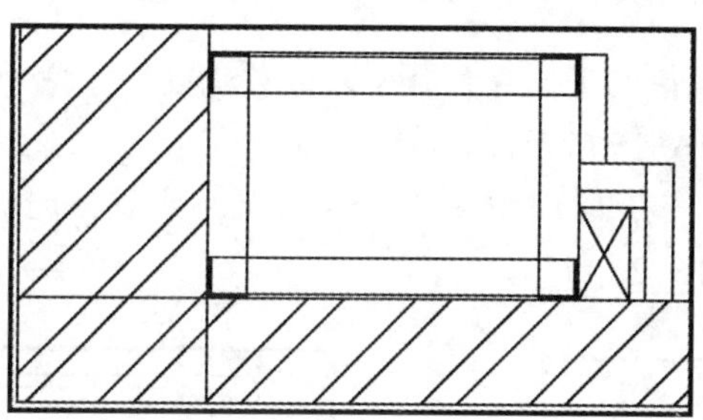

图 16-20　绘制对角线

16.1.4　绘制电视柜抽屉、台面

电视柜配以抽屉，在提供观赏效果的同时也配备了储存功能。抽屉由轨道、抽屉柜体等组成，柜体距离抽屉的柜身有一定的距离，这是为了防止在拖拉抽屉时与柜体发生摩擦，从而影响使用效果。

Step 01 绘制抽屉轮廓。调用 REC【矩形】命令，绘制尺寸为 380×138 的矩形，结果如图 16-21 所示。

Step 02 调用 X【分解】命令，分解矩形；调用 O【偏移】命令，偏移矩形边，结果如图 16-22 所示。

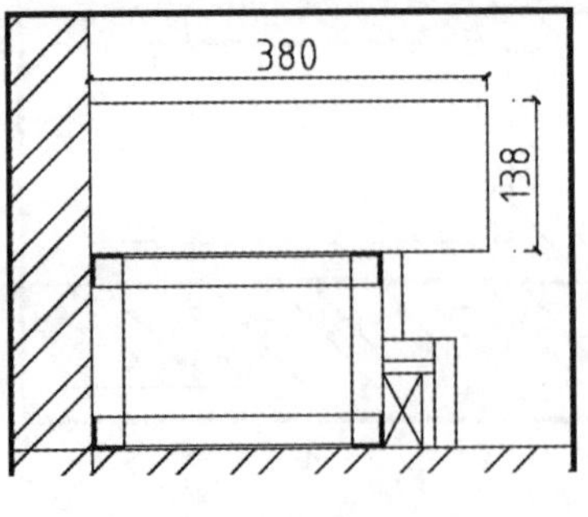

图 16-21　绘制矩形

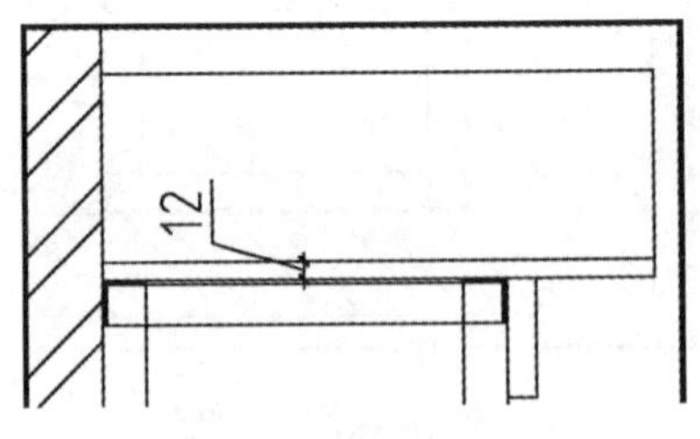

图 16-22　偏移矩形边

Step 03 重复调用 O【偏移】命令，偏移矩形边；调用 F【圆角】命令，设置圆角半径为 0，对所偏移的矩形边进行圆角处理，结果如图 16-23 所示。

Step 04 绘制抽屉柜体轮廓。调用 O【偏移】命令，偏移矩形边；调用 TR【修剪】命令，修剪矩形边，结果如图 16-24 所示。

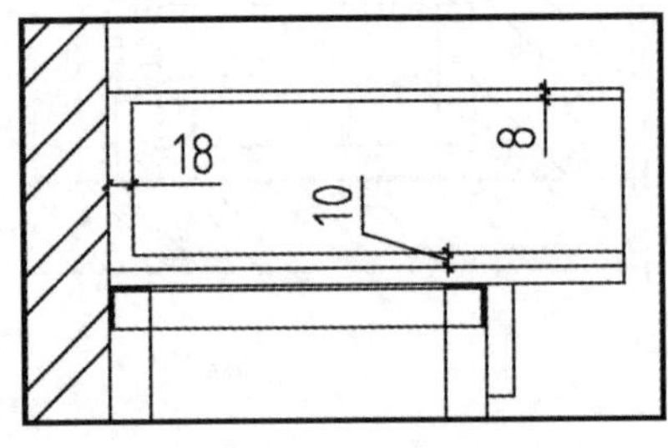

图 16-23　绘制结果

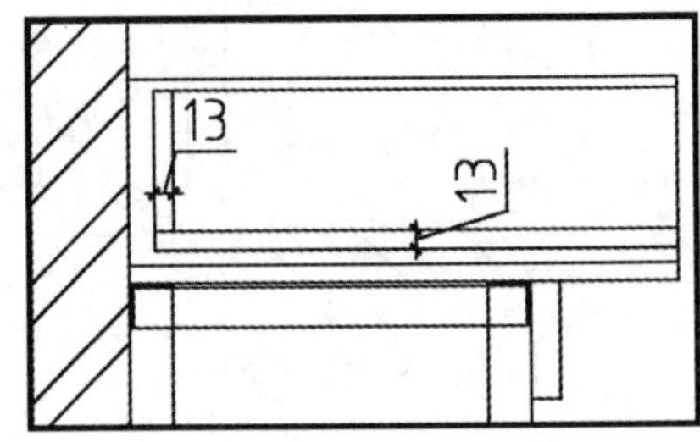

图 16-24　绘制抽屉柜体轮廓

Step 05 绘制抽屉轨道。调用 O【偏移】命令，偏移线段，并将所偏移的线段的线型设置为虚线，结果如图 16-25 所示。

Step 06 绘制板材封口线。调用 O【偏移】命令，偏移线段；调用 TR【修剪】命令，修剪线段，结果如图 16-26 所示。

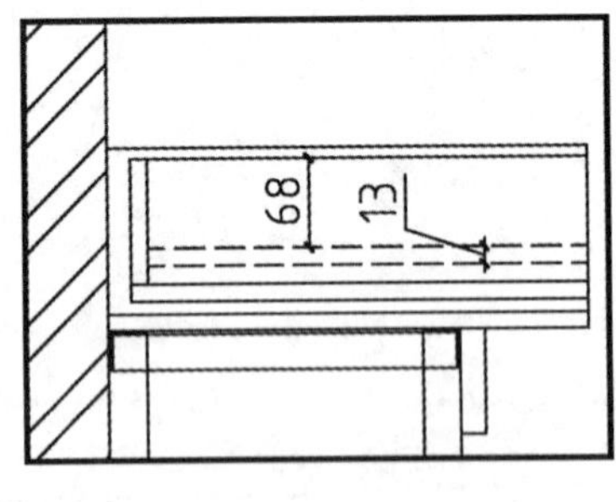

图 16-25　偏移线段

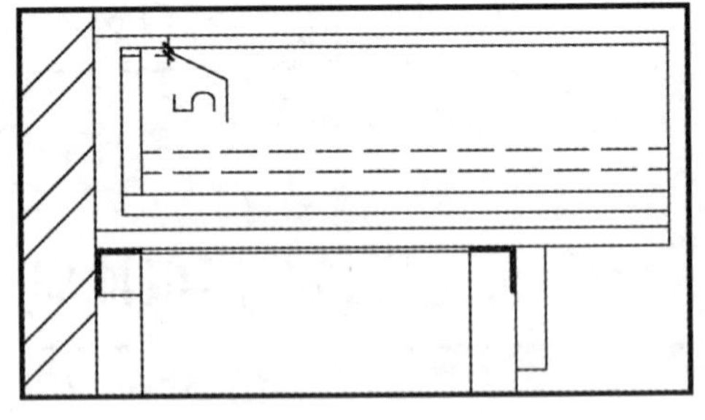

图 16-26　绘制板材封口线

Step 07 绘制石材台面基础板材。调用 L【直线】命令，绘制直线，结果如图 16-27 所示。

Step 08 绘制板材封口线。调用 O【偏移】命令，偏移线段；调用 TR【修剪】命令，修剪线段，结果如图 16-28 所示。

Step 09 绘制抽屉柜门。调用 REC【矩形】命令，绘制尺寸为 143×18 的矩形，结果如图 16-29 所示。

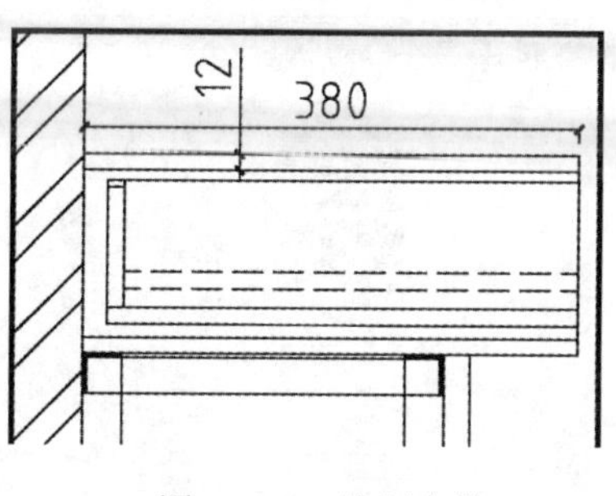

图 16-27　绘制直线

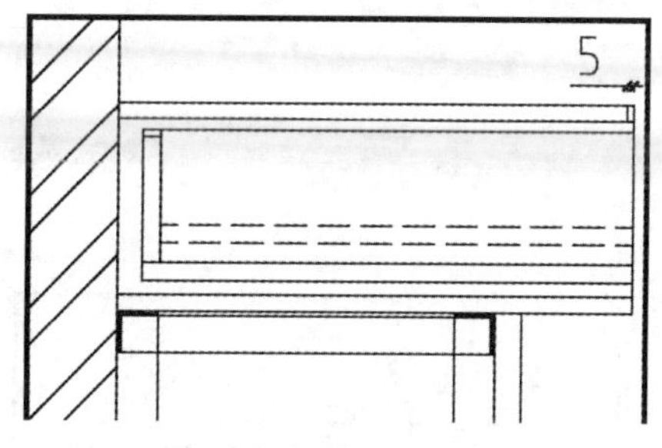

图 16-28　绘制板材封口线

Step 10 绘制柜门板材封口线。调用 X【分解】命令，分解矩形；调用 O【偏移】命令，偏移矩形边；调用 TR【修剪】命令，修剪矩形边，结果如图 16-30 所示。

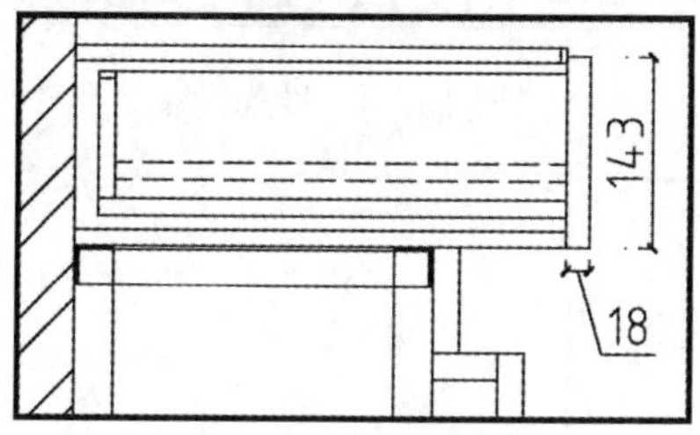

图 16-29　绘制矩形

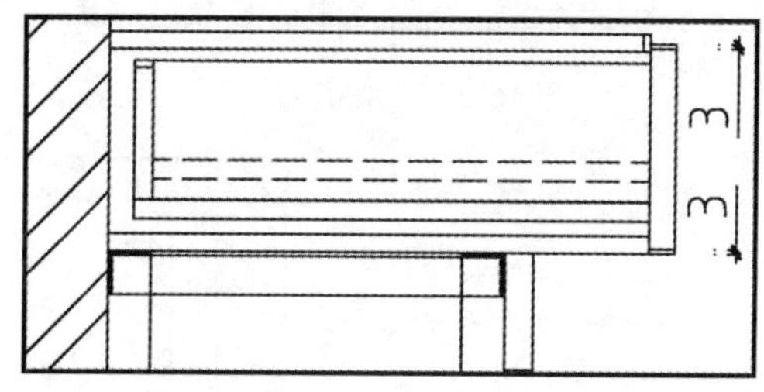

图 16-30　绘制柜门板材封口线

Step 11 绘制背景墙黄洞石石材饰面。调用 REC【矩形】命令，分别绘制尺寸为 40×20、259×20 的矩形，结果如图 16-31 所示。

Step 12 绘制电视柜石材台面。调用 REC【矩形】命令，绘制尺寸为 340×20 的矩形，结果如图 16-32 所示。

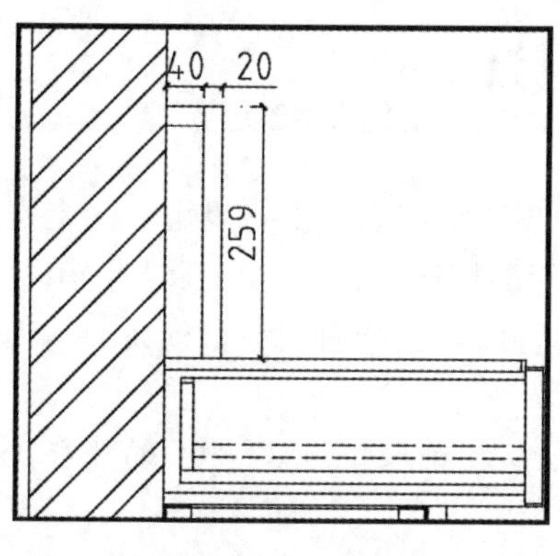

图 16-31　绘制矩形

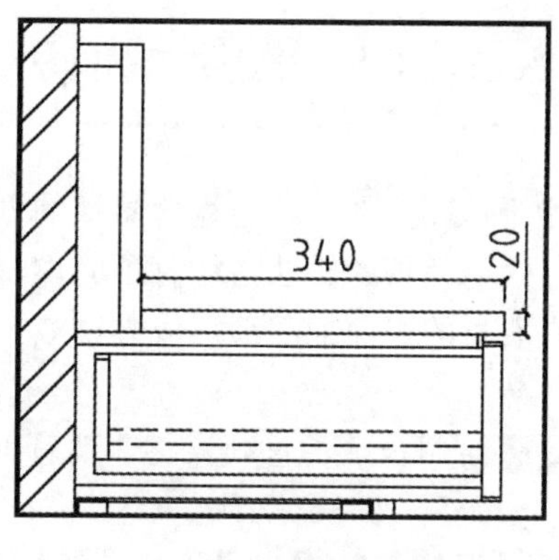

图 16-32　绘制结果

Step 13 绘制抽屉拉手。调用 REC【矩形】命令，绘制尺寸为 21×20 的矩形，结果如图 16-33 所示。

Step 14 填充石材图案。调用 H【图案填充】命令，弹出【图案填充和渐变色】对话框，设置参数如图 16-34 所示。

Step 15 在绘图区拾取石材区域，按回车键，返回【图案填充和渐变色】对话框，单击【确定】按钮，关闭对话框，绘制图案填充的结果如图 16-35 所示。

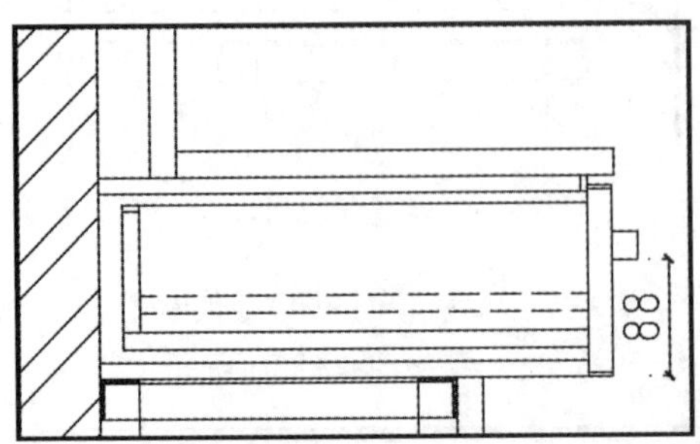

图 16-33　绘制矩形

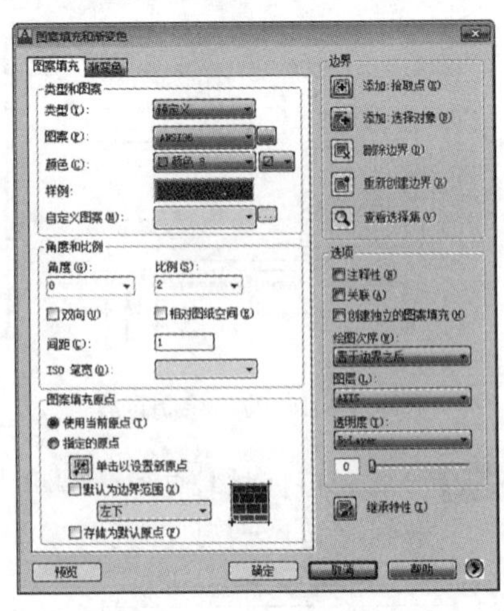

图 16-34　设置参数

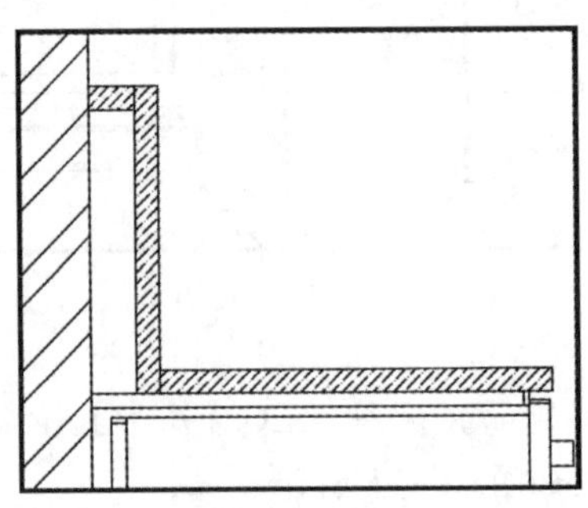

图 16-35　图案填充

16.1.5　绘制吊顶层及背景墙石材饰面

由于该图主要表达电视背景墙的做法，所以在对吊顶图形的表达上可以进行一定程度的忽略，因为吊顶的做法往往有顶面详图进行详细介绍。本例中电视背景墙主要是使用石材饰面，在石材的表面抽凹缝形成装饰效果，辅以进口墙布饰面，在严肃的石材饰面的基础上增添了趣味。

Step 01 绘制吊顶层基础板材。调用 REC【矩形】命令，绘制尺寸为 87×65 的矩形，结果如图 16-36 所示。

Step 02 调用 X【分解】命令，分解矩形；调用 O【偏移】命令，偏移矩形边，结果如图 16-37 所示。

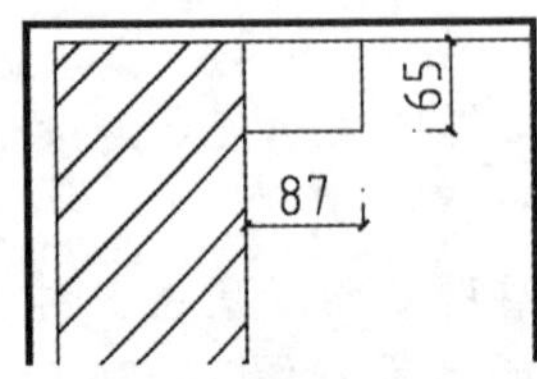

图 16-36　绘制矩形

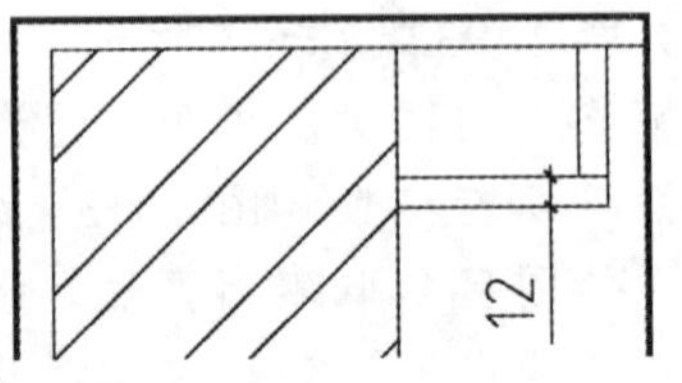

图 16-37　偏移矩形边

Step 03 绘制吊顶层封面板材。调用 O【偏移】命令，设置偏移距离为 3，往外偏移矩形边；调用 F【圆角】命令，设置圆角距离为 0，对矩形进行圆角处理，结果如图 16-38 所示。

Step 04 绘制背景墙石材基材。调用 REC【矩形】命令，绘制尺寸为 739 × 40 的矩形，结果如图 16-39 所示。

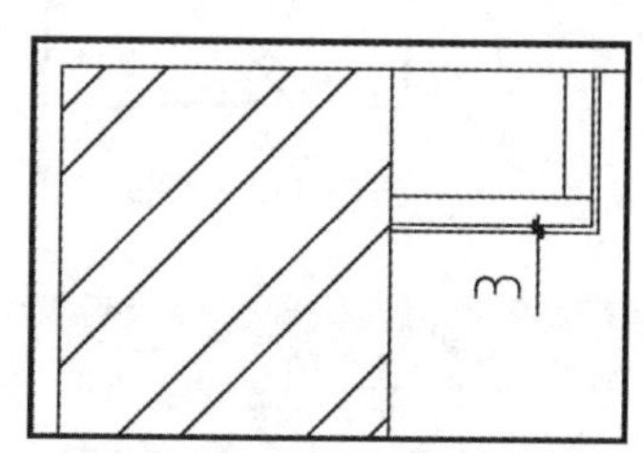

图 16-38 绘制吊顶层封面板材

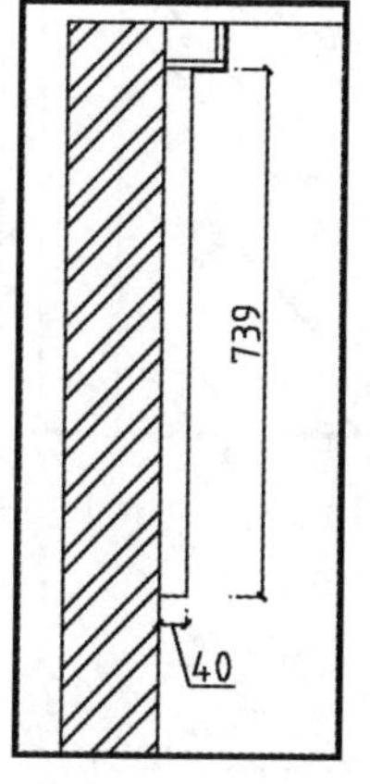

图 16-39 绘制矩形

Step 05 绘制背景墙石材轮廓。调用 REC【矩形】命令，绘制尺寸为 20 × 40 的矩形，结果如图 16-40 所示。

Step 06 调用 REC【矩形】命令，绘制尺寸为 20 × 262 的矩形，结果如图 16-41 所示。

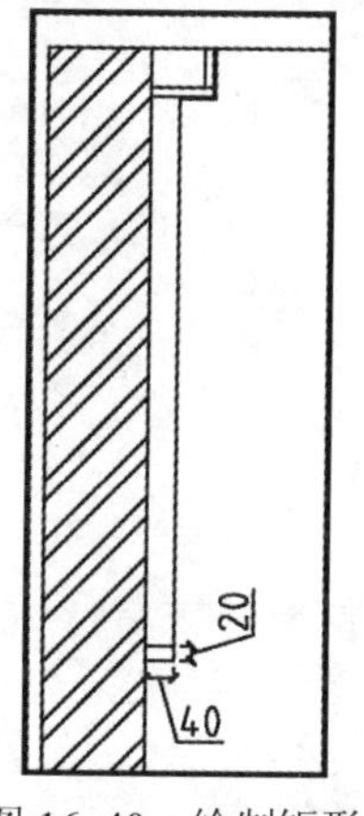

图 16-40 绘制矩形

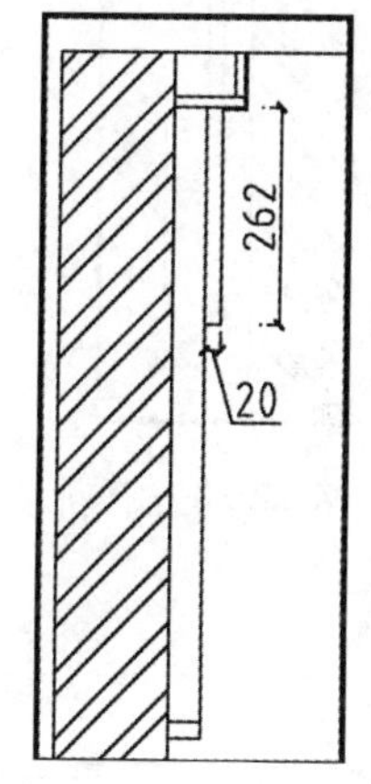

图 16-41 绘制结果

Step 07 绘制石材凹缝。调用 X【分解】命令，分解矩形；调用 O【偏移】命令，偏移矩形边；调用 TR【修剪】命令，修剪矩形边，结果如图 16-42 所示。

Step 08 重复前面介绍的方法，绘制另一有凹缝的石材轮廓，结果如图 16-43 所示。

Step 09 调用 REC【矩形】命令，绘制尺寸为 20 × 238 的矩形，结果如图 16-44 所示。

Step 10 填充石材基础板材图案。调用 H【图案填充】命令，弹出【图案填充和渐变色】对话框，设置参数如图 16-45 所示。

Step 11 在绘图区拾取石，材基础板材区域，按回车键，返回【图案填充和渐变色】对话框，单击【确定】按钮，关闭对话框，绘制图案填充的结果如图 16-46 所示。

Step 12 填充石材图案。调用 H【图案填充】命令，弹出【图案填充和渐变色】对话框，设置参数如图 16-47 所示。

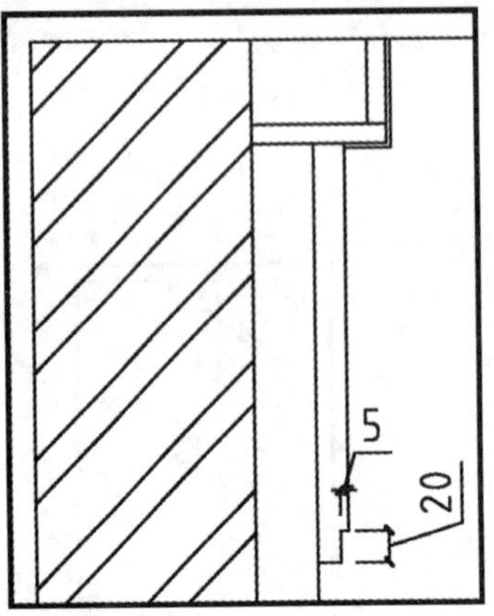

图 16-42　偏移并修剪矩形边

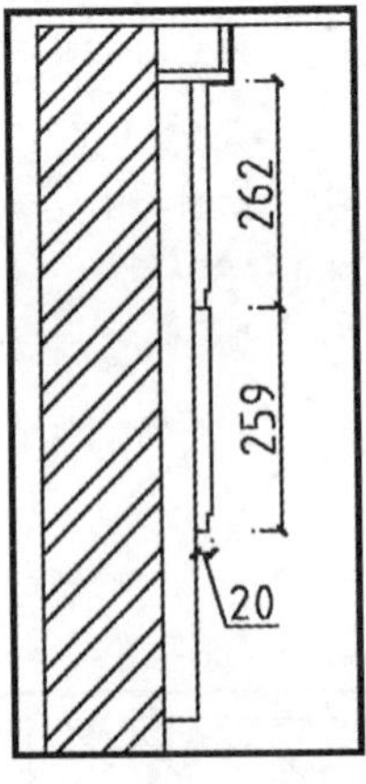

图 16-43　绘制结果

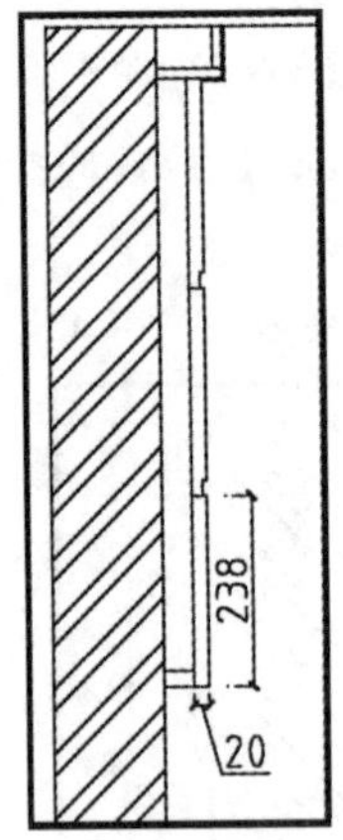

图 16-44　绘制矩形

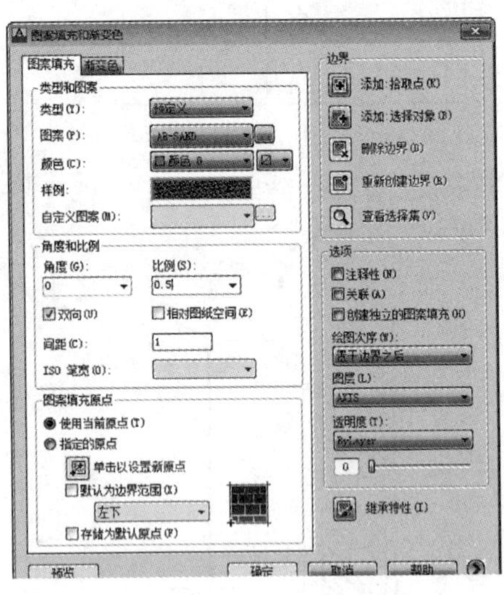

图 16-45　设置参数

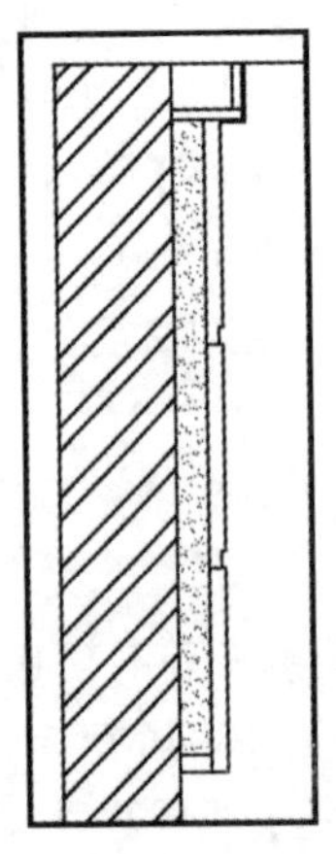

图 16-46　图案填充

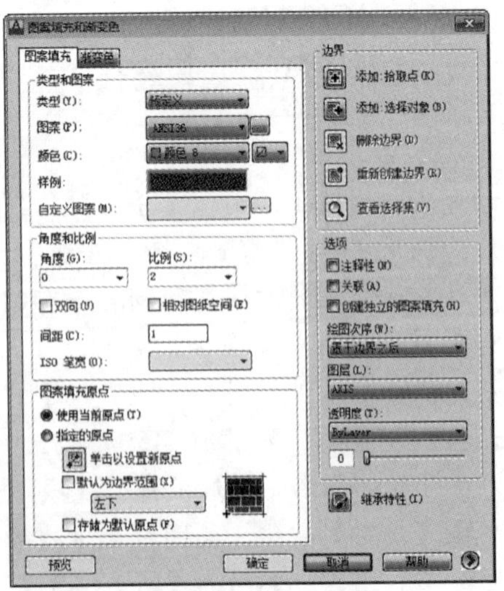

图 16-47　设置参数

Step 13 在绘图区拾取石材区域，按回车键，返回【图案填充和渐变色】对话框，单击【确定】按钮，关闭对话框，绘制图案填充的结果如图 16-48 所示。

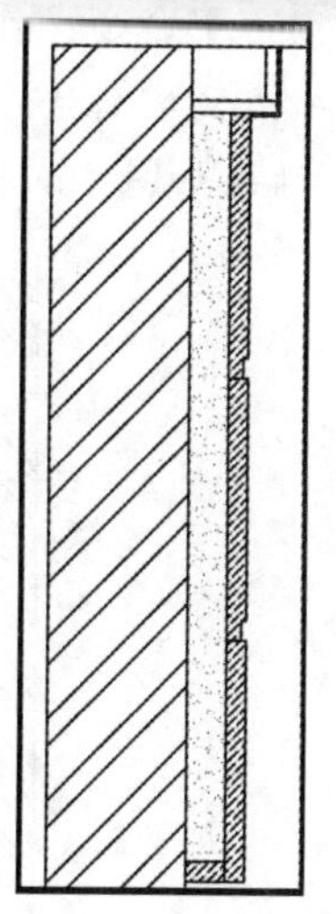

图 16-48 填充结果

16.1.6 绘制剖面图标注

剖面图的标注是绘制剖面图的重中之重，所以在绘制完成剖面图形后，要对其进行尺寸标注、材料标注以及做法标注等，为施工提供指导。

Step 01 尺寸标注。调用 DLI【线性标注】命令，为剖面图绘制尺寸标注，结果如图 16-49 所示。

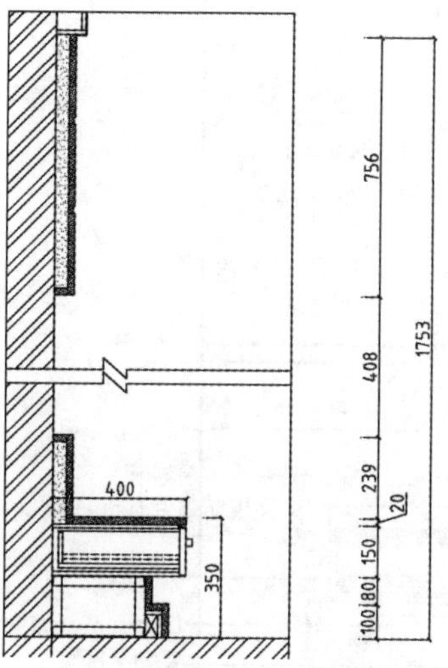

图 16-49 尺寸标注

Step 02 修改标注。由于剖面图将立面图的相同部分进行省略绘制，所以要将被省略部分的尺寸更改为与立面相同的尺寸，以与立面图相对应。双击尺寸标注，在弹出的在位

文字编辑器中选择标注文字进行更改，在【文字格式】对话框中单击【确定】按钮，完成尺寸标注的修改，结果如图 16-50 所示。

Step 03 材料标注。调用 MLD【多重引线】命令，在绘图区中指定引线箭头、引线基线的位置，弹出在位文字编辑器，输入文字标注；在【文字格式】对话框中单击【确定】按钮，完成材料标注的绘制，结果如图 16-51 所示。

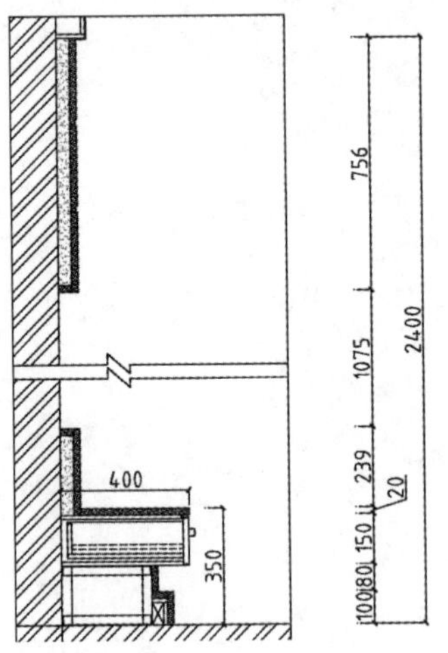

图 16-50 修改标注

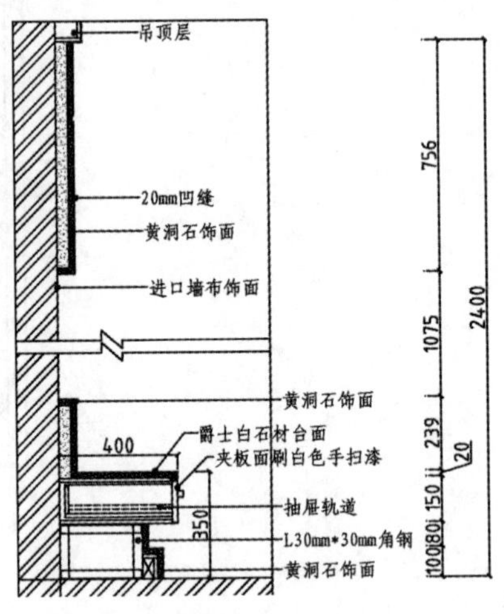

图 16-51 文字标注

Step 04 绘制图名标注。调用 L【直线】命令，绘制双横线，并将下面的直线的线宽设置为 0.3mm；调用 MT【多行文字】命令，绘制图名和比例，完成图名标注的结果如图 16-52 所示。

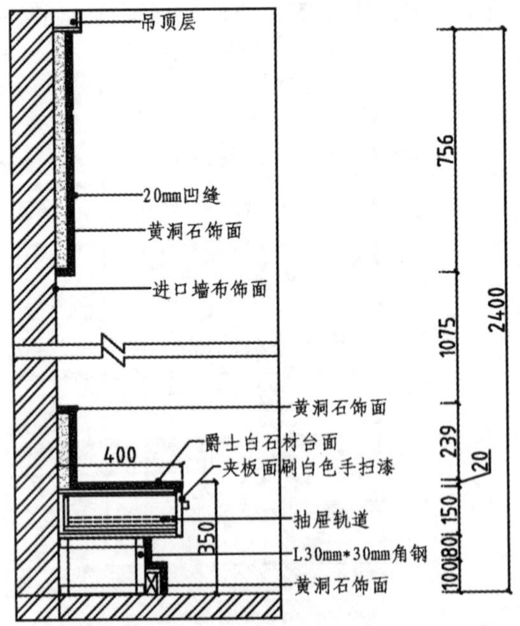

图 16-52 图名标注

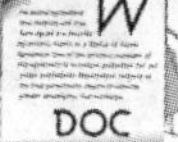

16.2 绘制书柜剖面图

目前，虽然市面上有很多质量上乘又外观精美的书柜，但是在进行居室装饰装修时，由于居室的面积不一，所以在市场上购买的书柜难免会出现不协调，不是体积过大就是过小。因此，根据居室风格和书房的面积现场制作书柜是一个可行的方法。因为自行选购的材料一般要比市面上成品书柜的材料质量要好，但是人工制作费用和材料的选购费用也是一笔不小的开支，所以还是有很多人选择购买成品的书柜来使用。

以下分 4 个小节，介绍现场制作书柜剖面图的绘制方法。

16.2.1 绘制剖面轮廓线

剖面轮廓线主要包括书柜所在墙面的墙体以及书柜所在地面的楼板等图形。在绘制完成的剖面轮廓中才能进行剖面图形的表达。

Step 01 插入剖切符号。按【Ctrl+O】组合键，打开本书配套光盘提供的“第 16 章\家具图例.dwg”文件，将其中的剖面剖切符号复制并粘贴至书房 C 立面图中，并双击更改图号，结果如图 16-53 所示。

Step 02 绘制剖面轮廓。调用 REC【矩形】命令，绘制尺寸为 616 × 2 369 的矩形；调用 X【分解】命令，分解矩形；调用 O【偏移】命令，偏移矩形边；调用 TR【修剪】命令，修剪多余线段，结果如图 16-54 所示。

Step 03 填充墙体和楼板图案。调用 H【图案填充】命令，在弹出的【图案填充和渐变色】对话框中选择名称为 ANSI32 的图案，角度为 0°，比例为 5，对剖面轮廓进行图案填充，结果如图 16-55 所示。

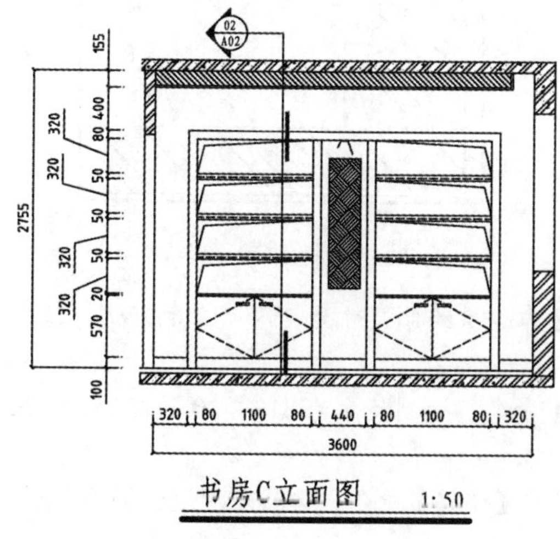

图 16-53　插入剖切符号

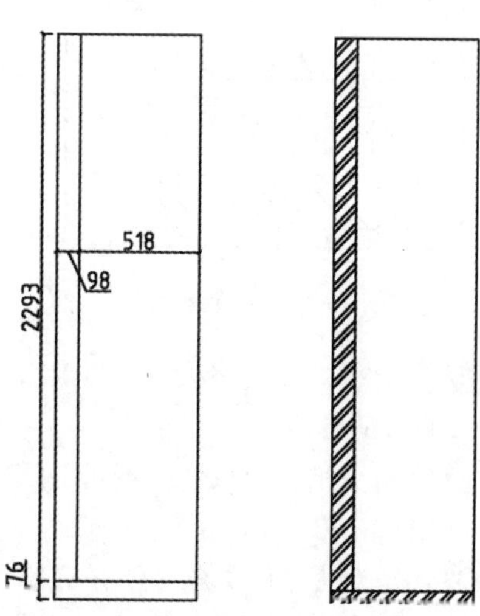

图 16-54　绘制剖面轮廓　图 16-55　图案填充

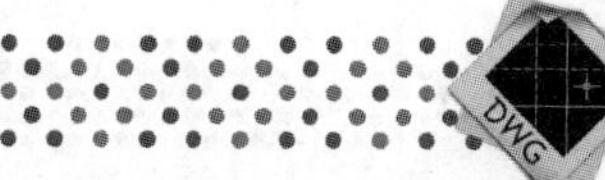

16.2.2 绘制有门柜子板材

使用木材制作的柜子，一般都是基材加面板。基材的质量有多种，有密度板、大芯板等，根据业主的要求来选购不同的基材；面板一般会选择性价比较高的装饰板材，因其要同时满足保护基材和美观性的双重要求。

Step 01 绘制书柜九厘背板。调用 O【偏移】命令，设置偏移距离为 9，偏移墙线，结果如图 16-56 所示。

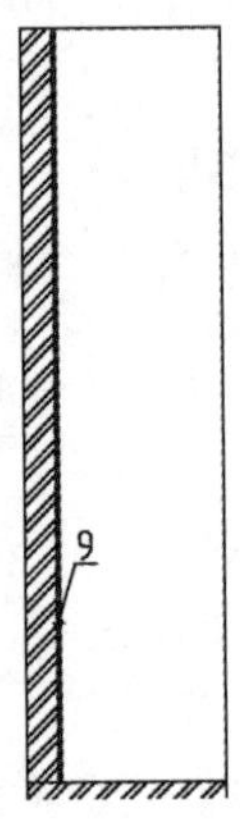

图 16-56 偏移墙线

Step 02 绘制柜脚。调用 REC【矩形】命令，绘制尺寸为 95 × 32 的矩形，结果如图 16-57 所示。

Step 03 调用 L【直线】命令，在矩形内绘制对角线，结果如图 16-58 所示。

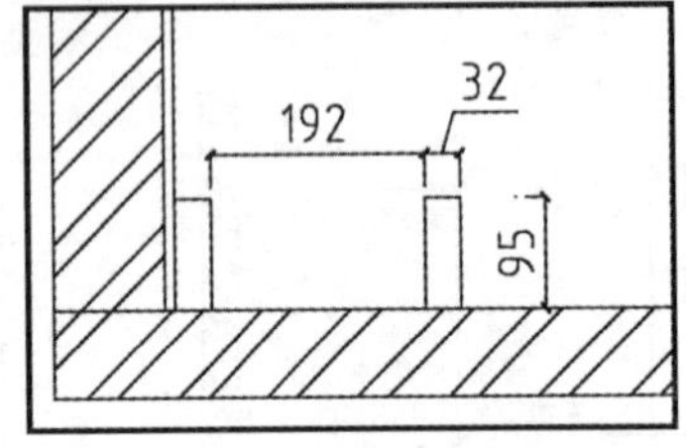

图 16-57 绘制矩形

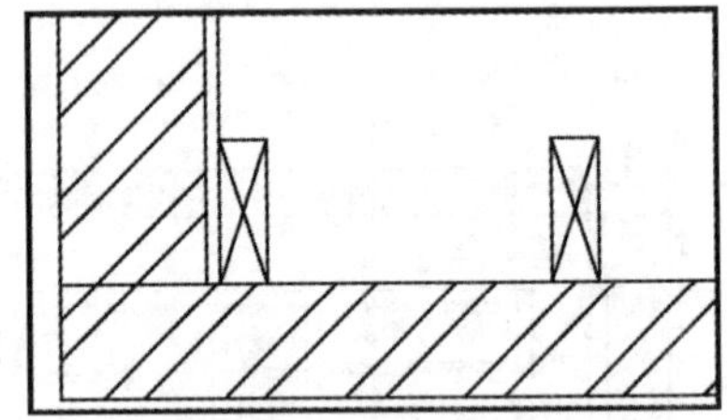

图 16-58 绘制对角线

Step 04 绘制书柜底层挡板。调用 REC【矩形】命令，绘制尺寸为 268 × 12 的矩形，结果如图 16-59 所示。

Step 05 绘制书柜台面板材。调用 REC【矩形】命令，绘制尺寸为 313 × 20 的矩形，结果如图 16-60 所示。

Step 06 调用 X【分解】命令，分解矩形；调用 O【偏移】命令，偏移矩形边；调用 TR【修剪】命令，修剪矩形边，结果如图 16-61 所示。

Step 07 绘制三厘夹板。调用 O【偏移】命令，偏移线段；调用 TR【修剪】命令，修剪线段，绘制结果如图 16-62 所示。

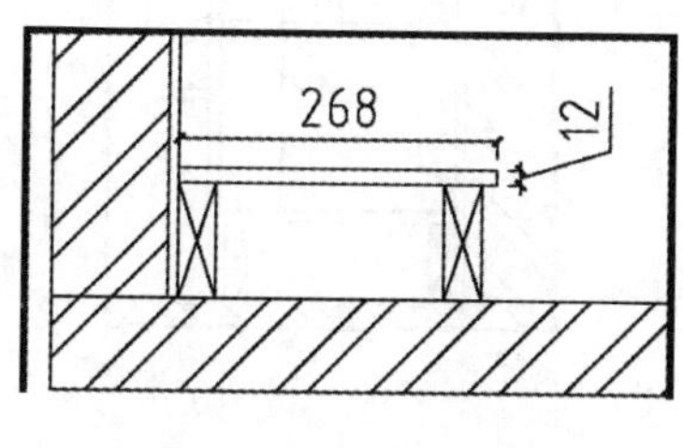

图 16-59　绘制结果

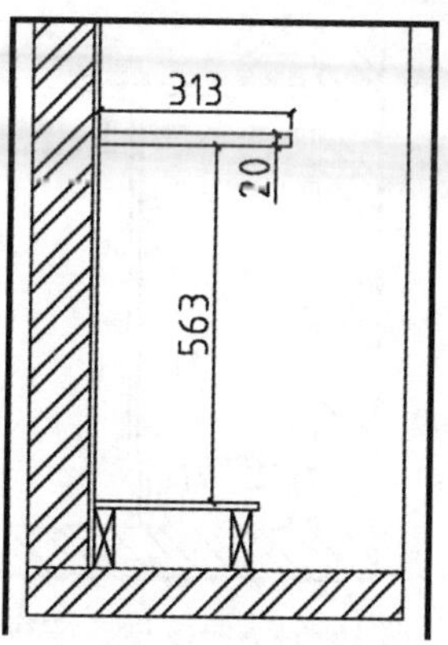

图 16-60　绘制矩形

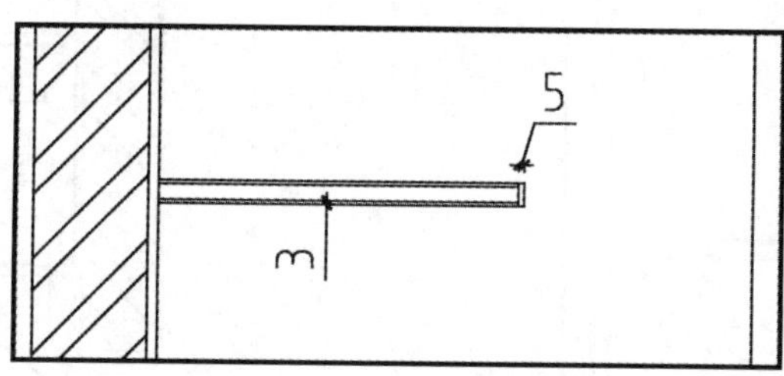

图 16-61　偏移并修剪矩形边

Step 08 绘制书柜门。调用 REC【矩形】命令，绘制尺寸为 565×18 的矩形，结果如图 16-63 所示。

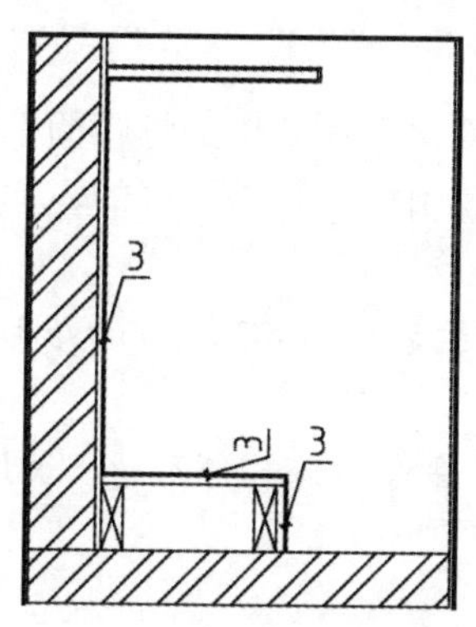

图 16-62　绘制三厘夹板

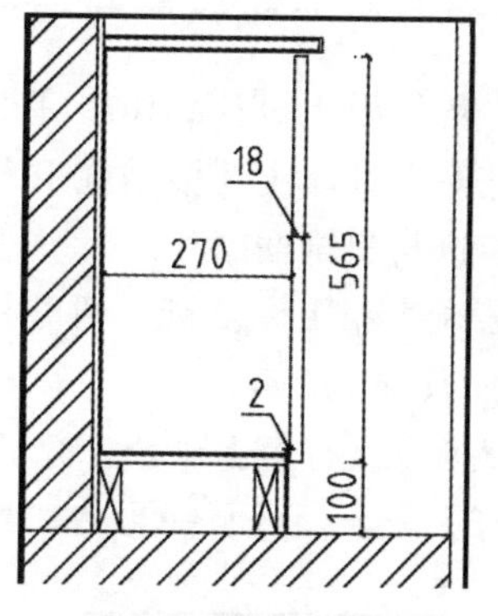

图 16-63　绘制矩形

Step 09 调用 X【分解】命令，分解矩形；调用 O【偏移】命令，偏移矩形边；调用 TR【修剪】命令，修剪矩形边，结果如图 16-64 所示。

Step 10 绘制书柜中间层板。调用 REC【矩形】命令，绘制尺寸为 565×18 的矩形，结果如图 16-65 所示。

Step 11 调用 X【分解】命令，分解矩形；调用 O【偏移】命令，偏移矩形边；调用 TR【修剪】命令，修剪矩形边，结果如图 16-66 所示。

Step 12 绘制层板粒。调用 C【圆形】命令，绘制半径为 5 的圆形，结果如图 16-67 所示。

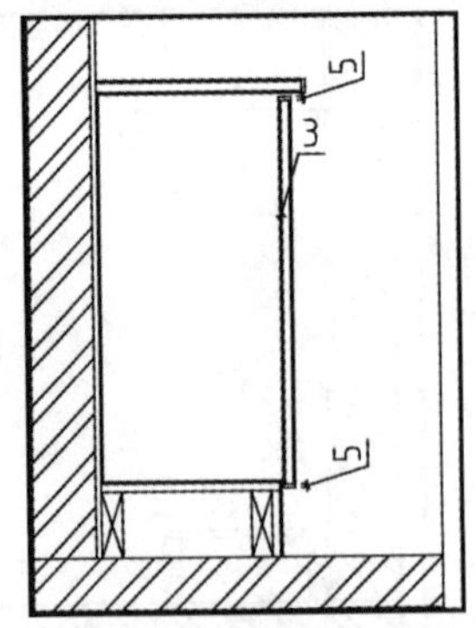

图 16-64　偏移并修剪矩形边

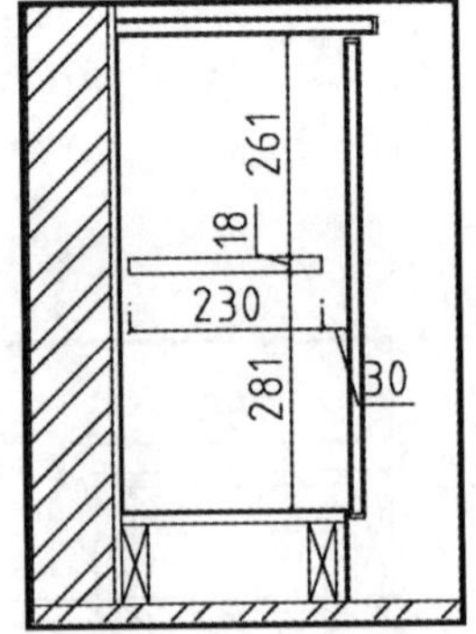

图 16-65　绘制矩形

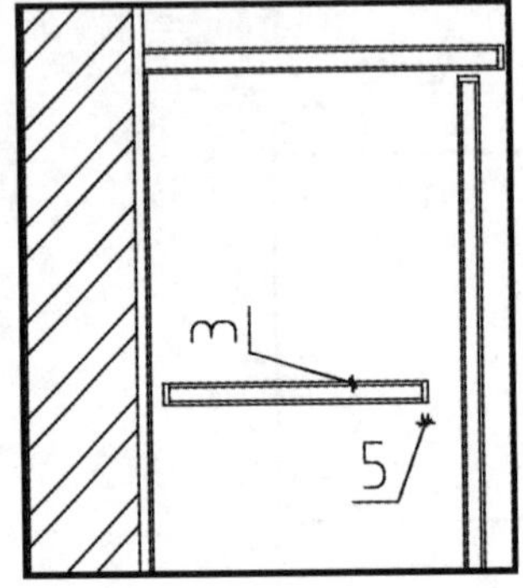

图 16-66　偏移并修剪矩形边

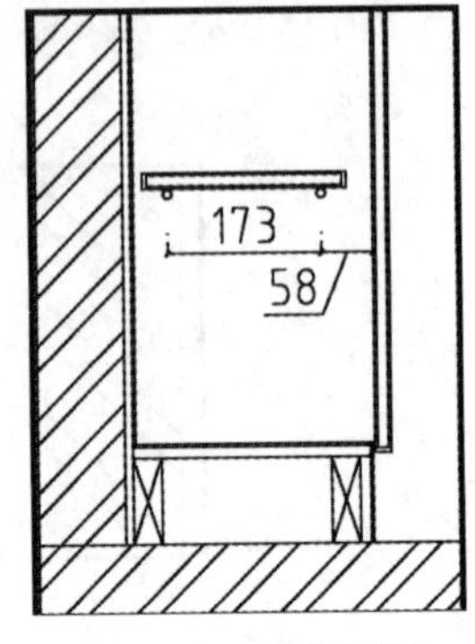

图 16-67　绘制圆形

16.2.3　绘制书柜层板

在书柜的层板中设计制作了灯带，所以在层板本身的基材上还要增加灯带的基材。书柜的施工工艺有多种，主要根据施工人员来定。但是板材的使用情况是差不多的，都是基础材料打底，装饰材料饰面。

Step 01 绘制书柜上方层板。调用 REC【矩形】命令，绘制尺寸为 303 × 50 的矩形，结果如图 16-68 所示。

Step 02 调用 X【分解】命令，分解矩形；调用 O【偏移】命令，偏移矩形边；调用 TR【修剪】命令，修剪矩形边，结果如图 16-69 所示。

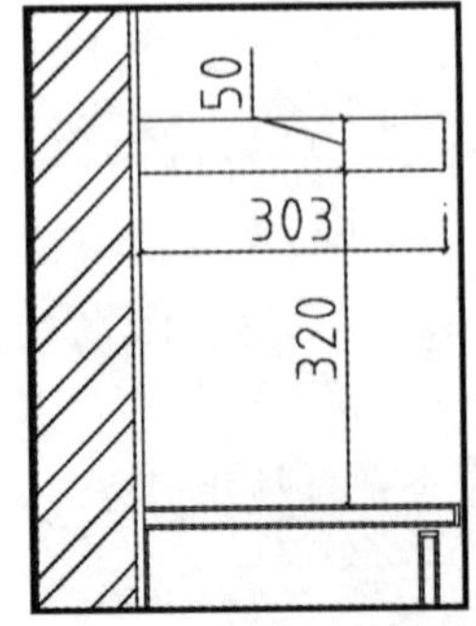

图 16-68　绘制矩形

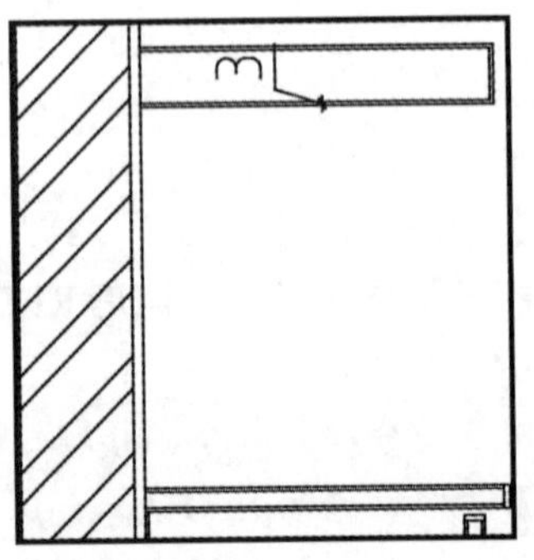

图 16-69　偏移并修剪矩形边

Step 03 绘制层板板材。调用 X【分解】命令、O【偏移】命令、TR【修剪】，偏移并修剪矩形边，结果如图 16-70 所示。

Step 04 绘制灯槽。调用 L【直线】命令，绘制直线；调用 TR【修剪】命令，修剪直线，结果如图 16-71 所示。

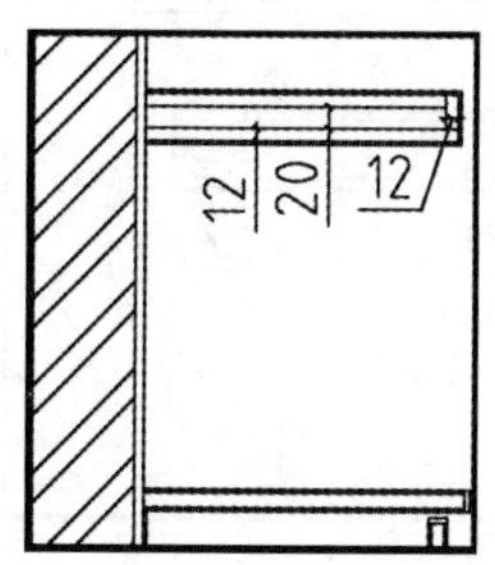

图 16-70　偏移并修剪矩形边

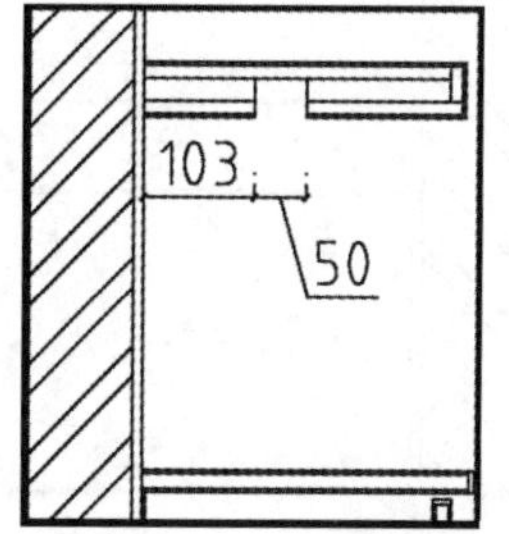

图 16-71　偏移并修剪直线

Step 05 板材剖切面绘制方法。调用 L【直线】命令，绘制直线，结果如图 16-72 所示。

Step 06 调用 L【直线】命令，绘制对角线，结果如图 16-73 所示。

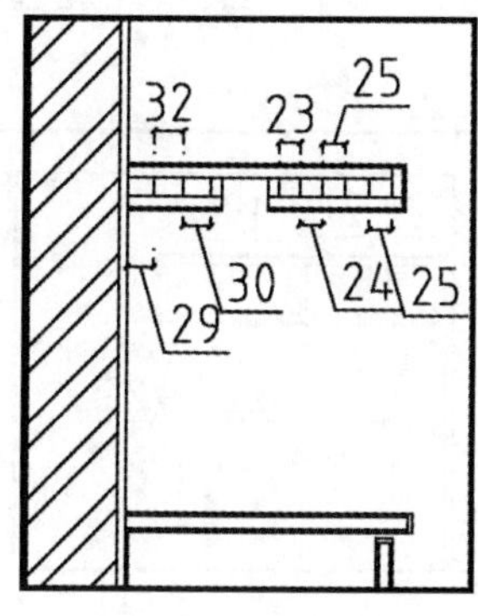

图 16-72　绘制直线

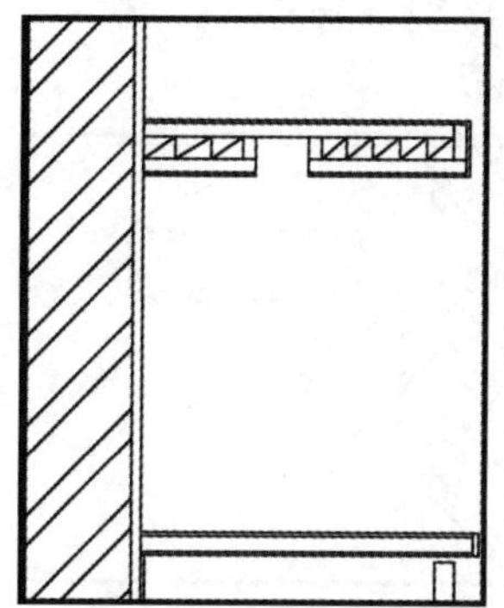

图 16-73　绘制对角线

Step 07 调用 CO【复制】命令，移动复制绘制完成的图形，结果如图 16-74 所示。

Step 08 绘制书柜顶板。调用 REC【矩形】命令，绘制尺寸为 350×80 的矩形；调用 TR【修剪】命令，修剪线段，结果如图 16-75 所示。

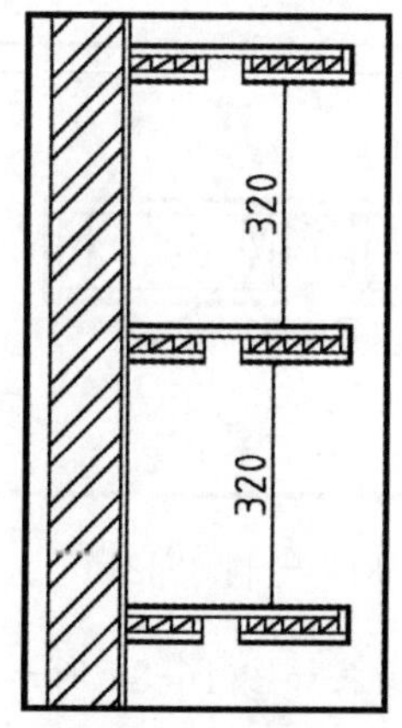

图 16-74　移动复制

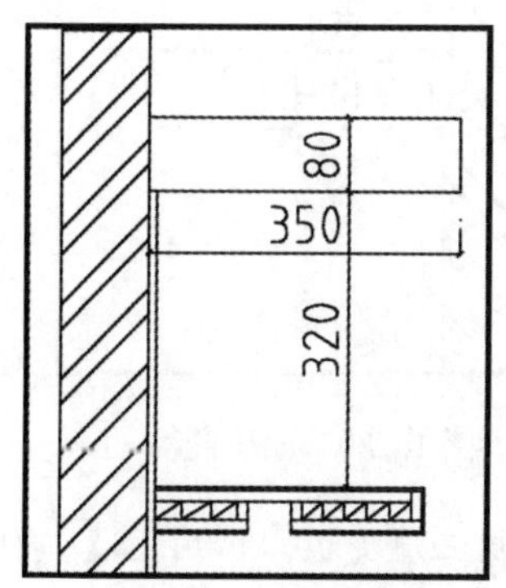

图 16-75　修剪线段

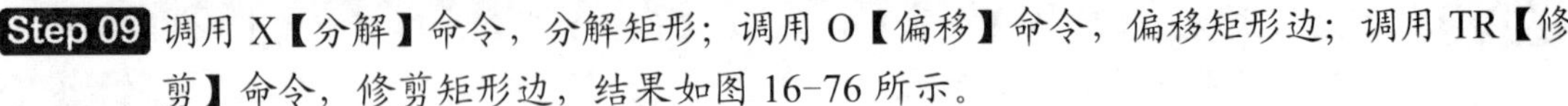

Step 09 调用 X【分解】命令，分解矩形；调用 O【偏移】命令，偏移矩形边；调用 TR【修剪】命令，修剪矩形边，结果如图 16-76 所示。

Step 10 调用 O【偏移】命令，偏移矩形边；调用 TR【修剪】命令，修剪矩形边，结果如图 16-77 所示。

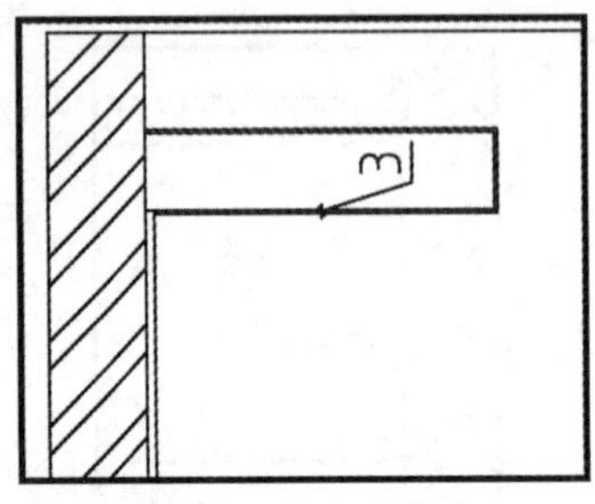

图 16-76 偏移并修剪矩形边

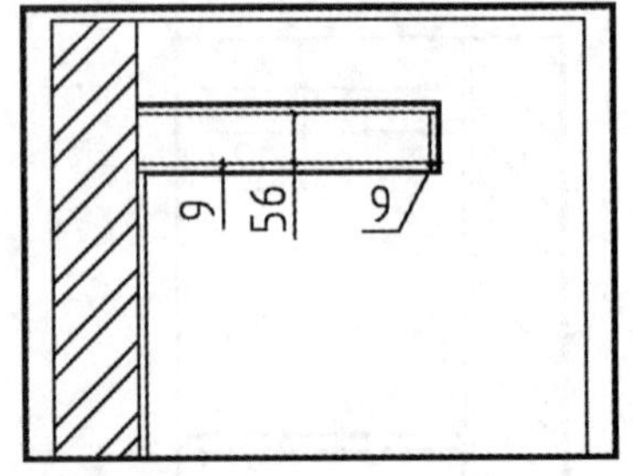

图 16-77 绘制结果

Step 11 绘制灯槽。调用 L【直线】命令，绘制直线；调用 TR【修剪】命令，修剪直线，结果如图 16-78 所示。

Step 12 板材剖切面绘制方法。调用 L【直线】命令，绘制直线，结果如图 16-79 所示。

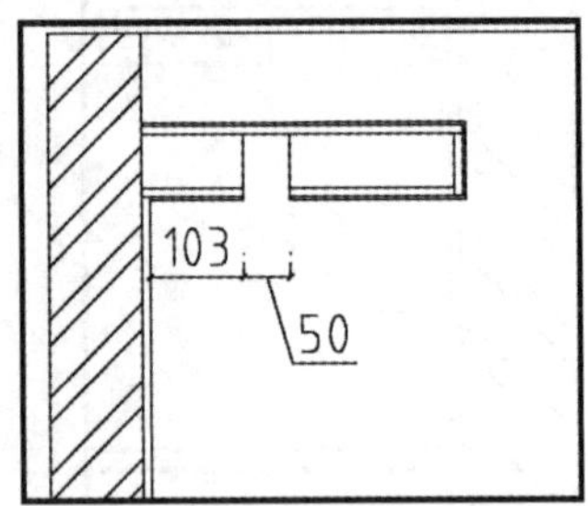

图 16-78 修剪直线

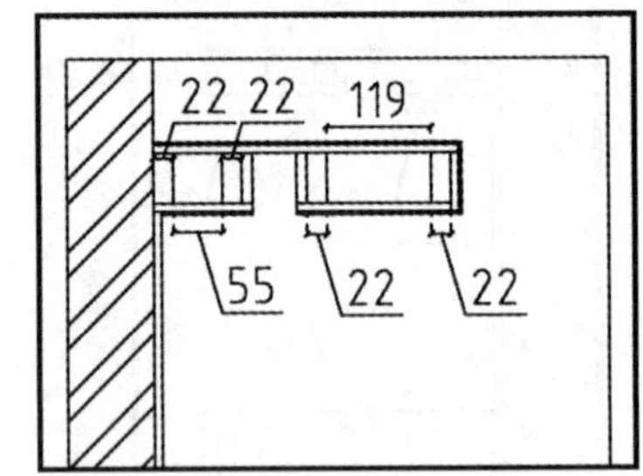

图 16-79 绘制直线

Step 13 绘制灯带安装基础板材。调用 L【直线】命令，绘制直线；调用 O【偏移】命令，偏移直线，结果如图 16-80 所示。

Step 14 调用 L【直线】命令，绘制对角线，结果如图 16-81 所示。

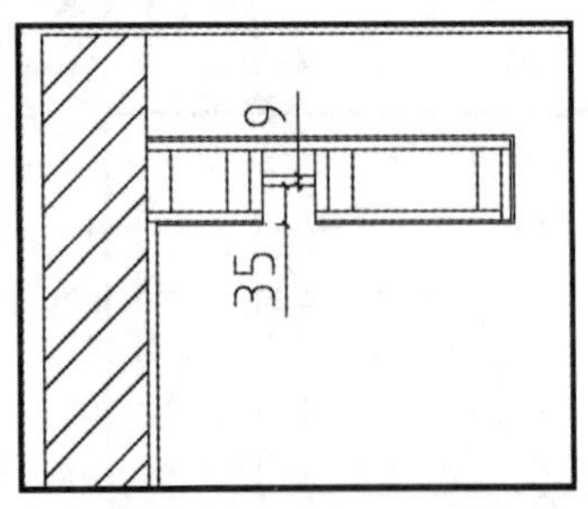

图 16-80 偏移直线

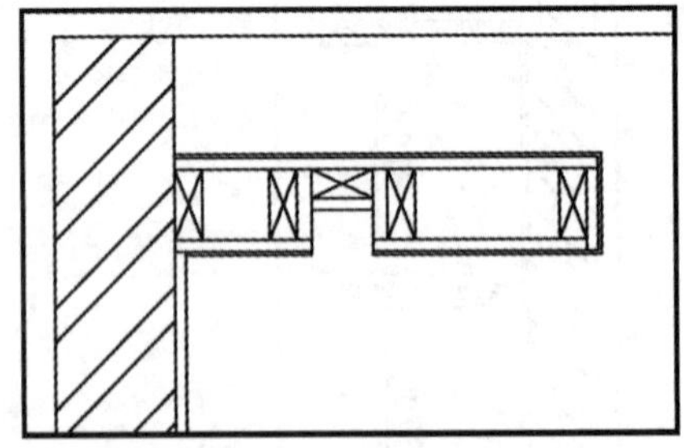

图 16-81 绘制对角线

Step 15 绘制三厘夹板。调用 O【偏移】命令，偏移线段，结果如图 16-82 所示。

Step 16 调用 TR【修剪】命令，修剪直线，结果如图 16-83 所示。

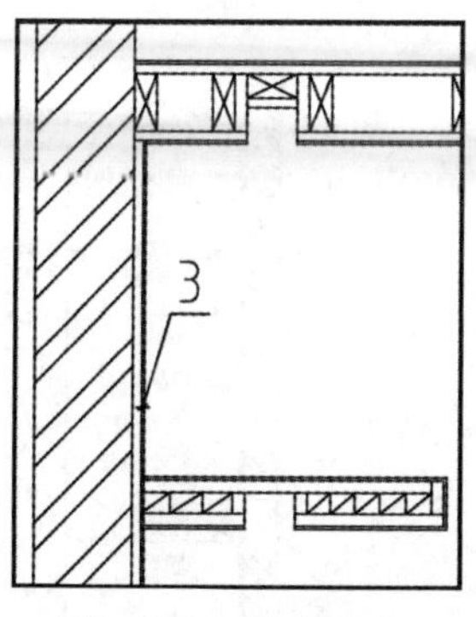

图 16-82　偏移线段

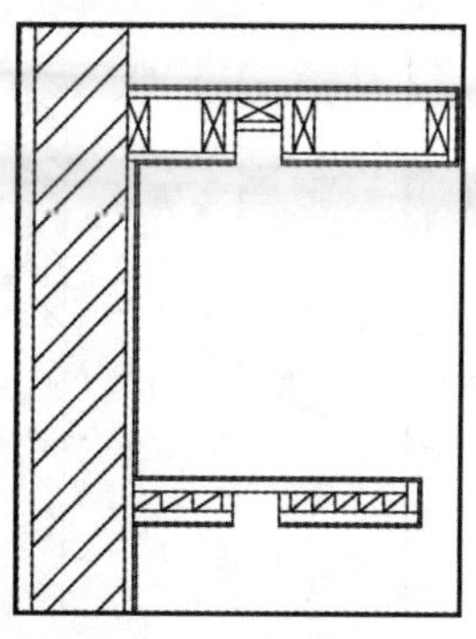

图 16-83　修剪直线

Step 17 插入图块。按【Ctrl+O】组合键，打开本书配套光盘提供的“第 16 章\家具图例.dwg”文件，将其中的灯具图形复制并粘贴至当前图形中，结果如图 16-84 所示。

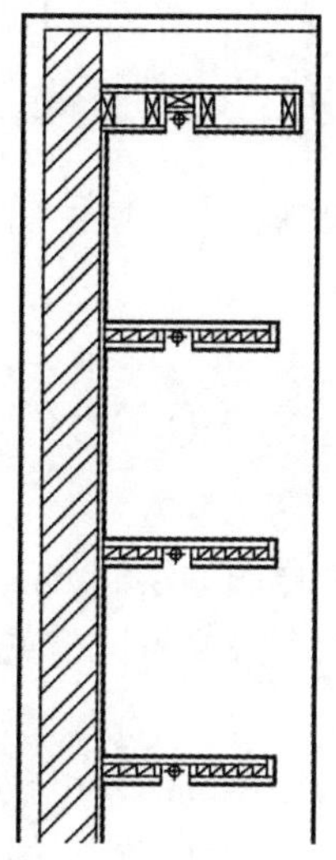

图 16-84　插入图块

16.2.4　绘制剖面图标注

剖面图的标注是很重要的一个环节，基于板材的使用、尺寸等情况，都要通过尺寸标注和材料标注来表现；假如不对绘制完成的剖面图进行标注，那么该图形则会毫无用处。

Step 01 尺寸标注。调用 DLI【线性标注】命令，为剖面图绘制尺寸标注，结果如图 16-85 所示。

Step 02 材料标注。调用 MLD【多重引线】命令，在绘图区中指定引线箭头、引线基线的位置，弹出在位文字编辑器，输入文字标注；在【文字格式】对话框中单击【确定】命令，完成材料标注的绘制，结果如图 16-86 所示。

Step 03 绘制图名标注。调用 L【直线】命令，绘制双横线，并将下面的直线的线宽设置为 0.3mm；调用 MT【多行文字】命令，绘制图名和比例，完成图名标注的结果如图 16-87 所示。

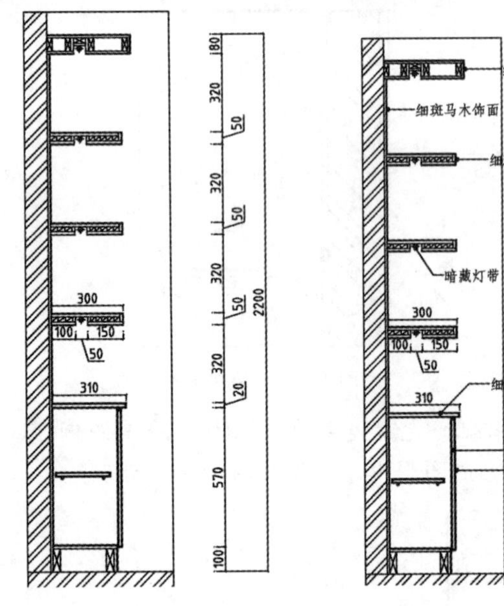

图 16-85　尺寸标注　　图 16-86　材料标注

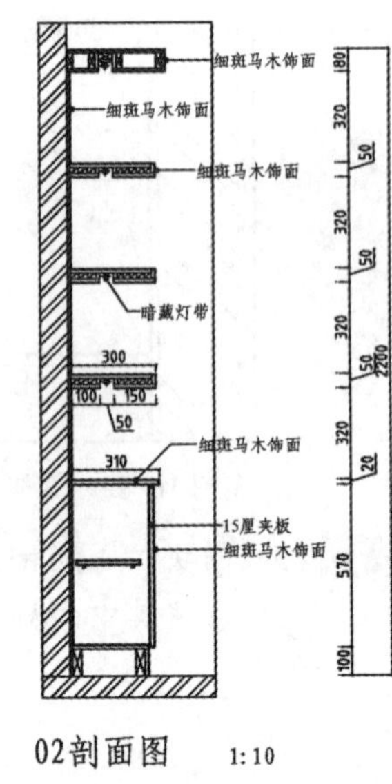

图 16-87　图名标注

16.3 专家精讲

本章介绍了室内装饰装修中节点大样图的绘制方法。在平面图、立面图中，没有将一些重要部位的构造和尺寸进行介绍，所以有必要为这些重要部位另外绘制节点大样图，以明确表示该部位的做法和使用材料等信息。

16.1 节介绍了电视背景墙剖面图的绘制方法。电视背景墙作为装饰设计的要点，为其绘制剖面详图是必须的。在剖面图中，可以表达背景墙的制作材料，比如基础材料和装饰面材料等；还需表达施工工艺，比如在本例中，电视背景墙使用石材饰面，在装饰石材的抽凹缝形成装饰效果；还要表达各细部材料的尺寸等。通过对背景墙剖面图的识读，可以明了其制作方法和使用材料。

16.2 节介绍了书柜剖面图的绘制方法。书柜剖面图可以表达书柜的具体制作方法以及使用材料，书柜由基础板材和装饰板材组成，各部分使用了什么板材、该板材的规格、材质等信息都需要通过剖面图来表现。

总之，在绘制剖面图时，图形越详细，表达的信息就越多，从而为施工的进行提供便利。

第 5 篇　园林景观绘制

第 17 章　园林景观设计

第 17 章 园林景观设计

现代景观设计（AL）就是合理运用自然因素、社会因素来创建优美的、宜人的人居环境，运用地理学、设计艺术学、生态学、园林植物学、建筑学等方面的知识来规划设计城市广场、城市公园、城市绿地、城市道路、居住区等。

17.1 别墅庭院景观设计

作为住宅市场细分出来的一种产品类型——“别墅”，它给人们提供了一种全新的生活方式，满足了人们对居住环境个性化的要求。随着人们对别墅这一建筑形式认识的改变，从以前作为身份地位的显示，到现在为了追求更高层次的生活品质，别墅的规划设计都在向人性化、个性化靠拢。

17.1.1 园林围墙设计与绘制

1. 园林围墙的概述

在建筑学上，墙是一种空间隔断结构，用来围合、分隔或保护某一区域。园林外墙位于绿地边缘，代表用地边界。因为靠临街面的外墙往往沿建筑红线而筑。

围墙古已有之，最初只是起防御功能。随着时代的变迁，其不仅保持原始功能，还起着分隔空间和障景的作用。园林设计师将其注入艺术内涵，如图 17-1 所示，通过搭配植物、山石等元素营造出园林景观的一道道美丽风景。

图 17-1　围墙

围墙按功能主要分为外墙和内墙，具体如下。

- 外墙（分隔围墙）：建在园林周边、景区外围，用于隔离外界。
- 内墙（园内围墙）：为划分空间、组织景色、安排游览路线而设。

以我国古典园林中形式多样的围墙为例。外墙内侧常设置花草、山石和树丛等，将墙隐蔽起来，使墙产生若有似无的效果。围墙还与地形相结合，平地上建成普通的平墙，坡地则把墙建成阶梯状。为了增加装饰效果，还会建成波浪形的云墙，如图 17 2 所示。而内墙则常设漏窗，如图 17-3 所示。透过漏窗，景色隐现，扑朔迷离，可望而不可及，达到增强空间层次、以小见大的效果。

图 17-2　云墙

图 17-3　内墙漏窗

2．绘制围墙

本节主要以某别墅庭院景观平面图的绘制为例，下面介绍如图 17-4 所示的别墅围墙的绘制方法。

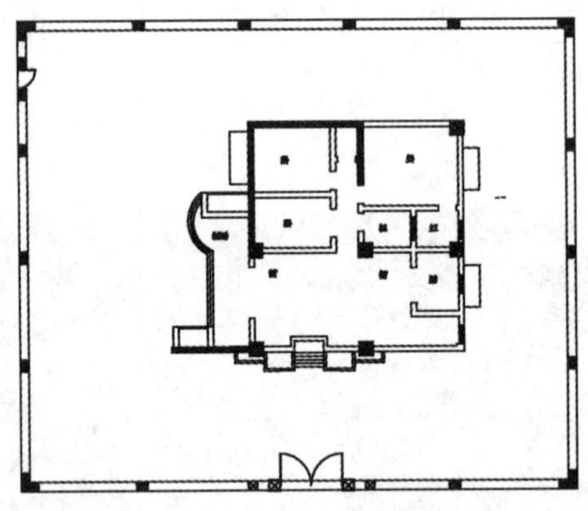
图 17-4　围墙平面图

Step 01 单击【快速访问】工具栏中的【打开】按钮，打开“第 17 章\别墅素材.dwg”文件，如图 17-5 所示。

Step 02 将“外墙”图层置于当前图层，调用 REC【矩形】命令，沿红线绘制矩形。

Step 03 调用 O【偏移】命令，偏移矩形，设置偏移距离为 400，效果如图 17-6 所示。

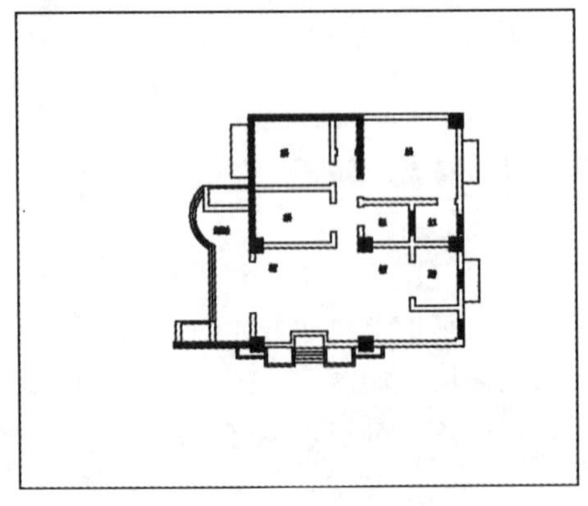
图 17-5　原始文件

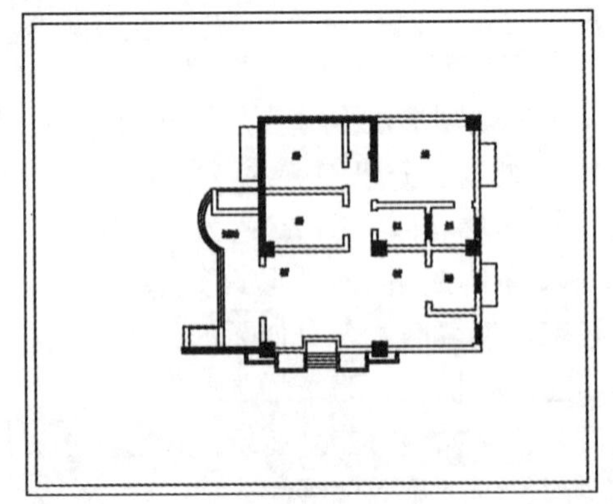
图 17-6　偏移红线

Step 04 调用 L【直线】命令，绘制围墙外墙柱子轮廓，效果如图 17-7 所示。

Step 05 调用 H【图案填充】命令，填充柱子，如图 17-8 所示。

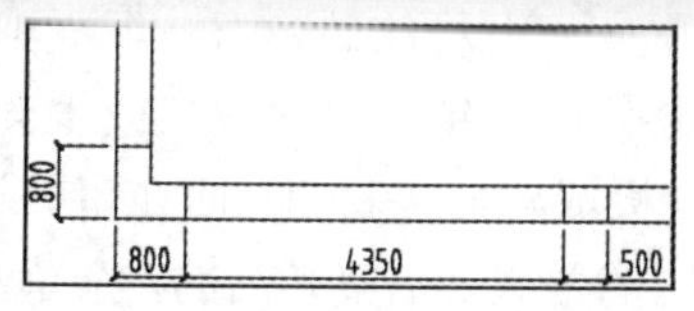

图 17-7　绘制柱子轮廓

图 17-8　填充柱子

Step 06 调用相同的命令，绘制其他柱子，效果如图 17-9 所示。

Step 07 调用 REC【矩形】、O【偏移】、L【直线】等命令，绘制大门两侧装饰柱，效果如图 17-10 所示。

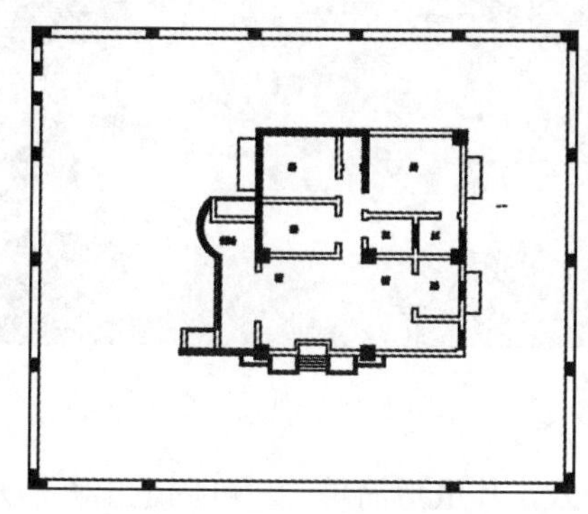

图 17-9　绘制其他柱子

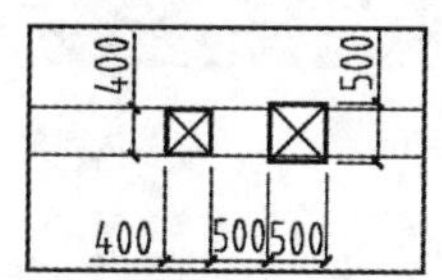

图 17-10　绘制装饰柱

Step 08 继续调用相同的命令，绘制另一侧的装饰柱，如图 17-11 所示。

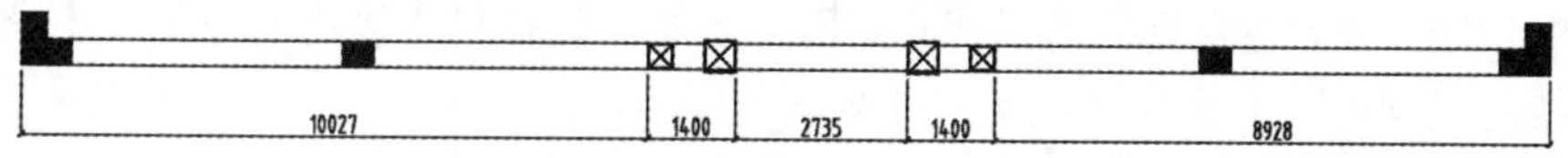

图 17-11　绘制另一侧装饰柱

Step 09 调用 REC【矩形】命令和 A【圆弧】命令，绘制大门效果如图 17-12 所示。

Step 10 调用相同的方法，绘制侧门，如图 17-13 所示。

Step 11 将大门和侧门移动至平面图中相应的位置，如图 17-4 所示，围墙绘制完成。

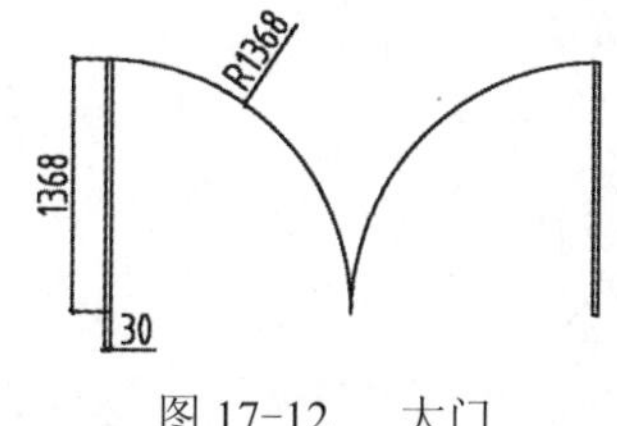

图 17-12　大门

图 17-13　侧门

17.1.2　园林铺装的设计与绘制

1．园林铺装概述

铺装在园林设计中相当重要，不论是新建的花园还是改建的花园，铺装都面临如何与景

观相匹配的问题，在诸多园林构景元素中，尤其在现代园林景观项目中，其范围与地位举足轻重。

在园林设计中，地面铺装从柔软、翠绿的芳草地到坚实、沉稳的砖、石、混凝土，从采用的材料到表现的对象，其形式与内容都很丰富。室内装修时，铺地材料或多或少会受到地毯或其他地面装饰物的限制，这使得你只能使用石材、地板或瓷砖等材料；而在室外设计中，选择面可就大多了，仅仅使用草坪就可以创造出多种不同的效果，平整光洁的，杂草丛生的，开满野花的，还可以在草坪上配植一些草本植物等。

铺装形式主要有软质铺装和硬质铺装，如图 17-14 和图 17-15 所示。

图 17-14　软质铺装

图 17-15　硬质铺装

- 软质铺装：灌木与草坪是最常见的一种铺装形式，其虽然简单，却可创造出充满魅力的效果，通过它可以强化景观的统一性。
- 硬质铺装：硬质铺装的园路不但能够将景园中不同的景区联系起来，同时作为一个重要的造园要素，也可成为观赏焦点。用适当的铺装材料可以将无特色的小空间变成一个特色景观。

2．绘制铺装

本节绘制的铺装主要有木质休息平台、羽毛球场、娱乐小广场及入口铺装。如图 17-16 所示的娱乐小广场，主要采用透水砖进行铺装。下面介绍别墅庭院铺装的绘制方法。

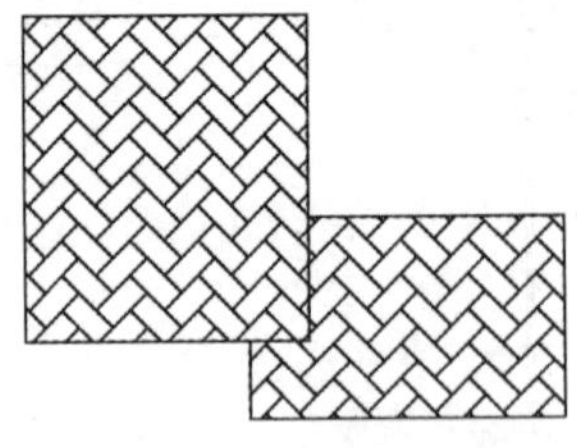

图 17-16　娱乐小广场

Step 01 调用 REC【矩形】命令，分别绘制尺寸为 4 000×2 500、3 620×4 035 的矩形，并适当调整其位置，如图 17-17 所示。

Step 02 继续调用 REC【矩形】命令，绘制羽毛球场，如图 17-18 所示。

Step 03 调用 REC【矩形】命令，绘制尺寸为 4 200×2 685 的木质平台，并适当调整其位置如图 17-19 所示。

Step 04 调用 TR【修剪】命令，修剪图形，如图 17-20 所示。

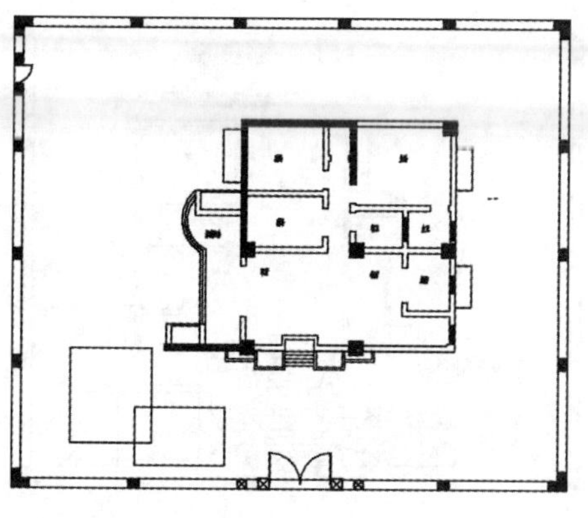

图 17-17 绘制矩形

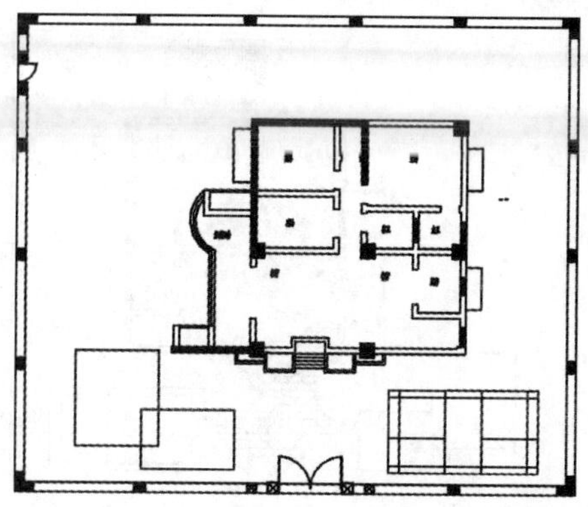

图 17-18 绘制羽毛球场

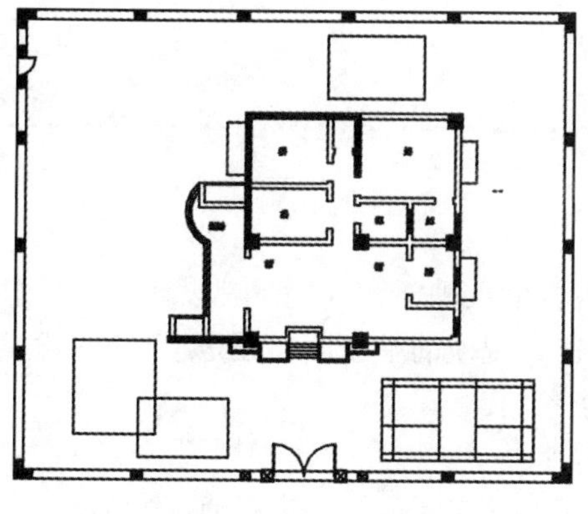

图 17-19 绘制矩形

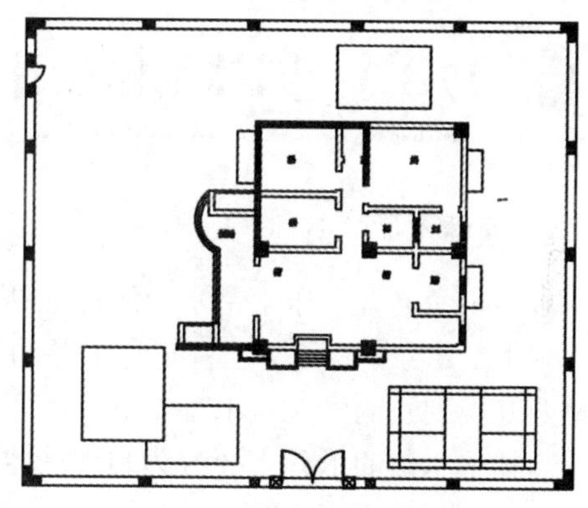

图 17-20 修剪图形

Step 05 调用 A【圆弧】命令，绘制如图 17-21 所示的图形。

Step 06 调用 H【图案填充】命令填充木质平台，选择 ANSI31 图案，填充比例为 60，角度为 45°，并将其置于“木板”层，效果如图 17-22 所示。

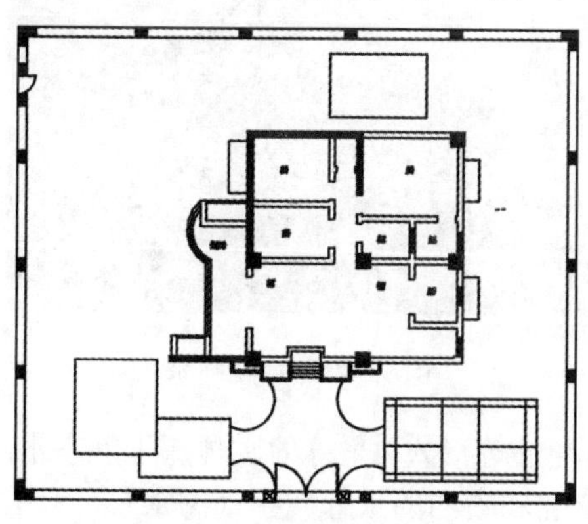

图 17-21 绘制圆弧

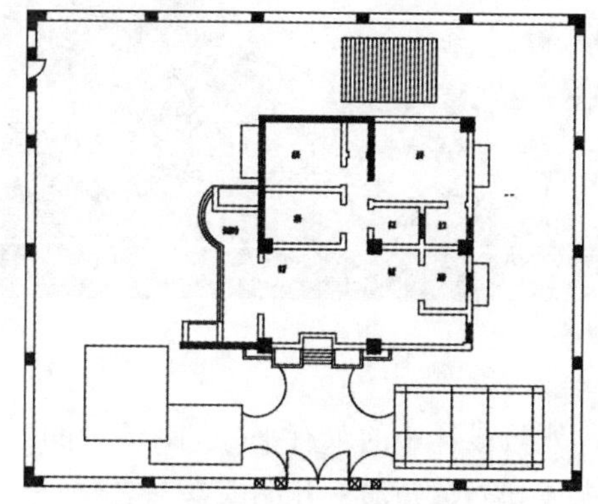

图 17-22 填充木质平台

Step 07 调用 H【图案填充】命令，填充图案，选择 AR-B816 图案，设置比例为 1.5，角度为 0°，并将填充图案置于“主园路填充”层，效果如图 17-23 所示。

Step 08 继续调用 H【图案填充】命令，填充图案，选择 AR-HBONE 图案，设置比例为 3，角度为 0°，并将填充图案置于“主园路填充”层，填充效果如图 17-24 所示。

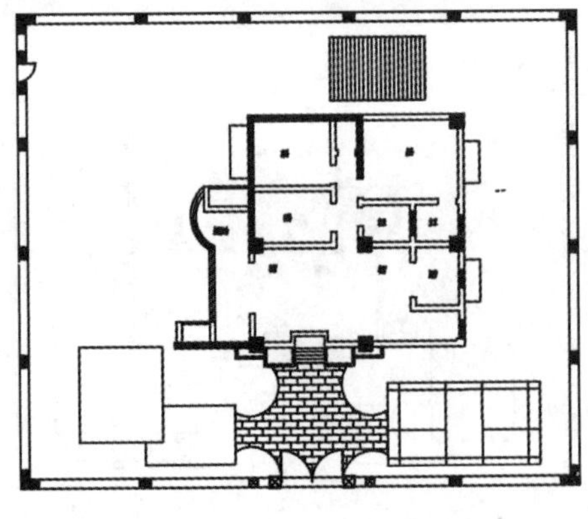
图 17-23　填充图案

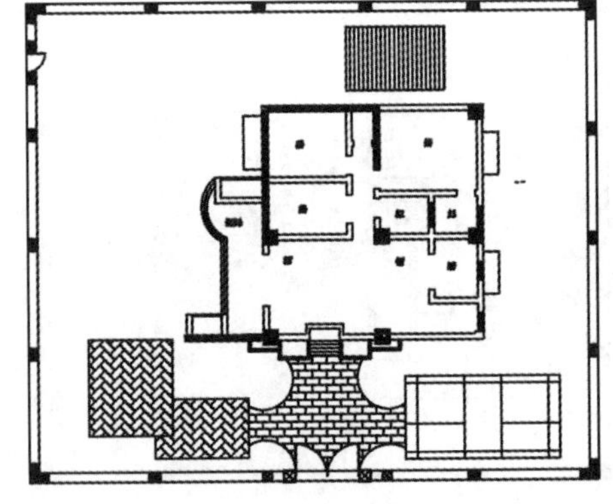
图 17-24　填充图案

17.1.3　园林水体设计与绘制

1. 园林水体的概述

水是生命之源。乐水亲水，近水而栖，是人类天性的反映。在环境景观设计中，对水资源的利用及水景的营造，一直具有重要的地位。无论在大规模的皇家园林还是小尺度的庭院，还是西方规则式的庭院，水都是其中不可替代的造景素材。

园林中水体的形式主要分为自然式水体和规则式水体。

- 自然式水体：河、湖、溪、泉、瀑布等，如图 17-25 所示的自然湖泊。
- 规则式水体：池、喷泉、水井、壁泉、跌水等，如图 17-26 所示的雕塑喷泉。

图 17-25　自然湖泊

图 17-26　雕塑喷泉

水景设计中的水有平静的、流动的、跌落的和喷涌的等形式。平静的水体属于静态水景，给人以安静、明洁、开朗或幽深之感；流动的、跌落的和喷涌的水体属于动态水景，给人以变幻多彩、明快、轻松之感，并且具有听觉美。

2. 绘制水体

下面以绘制自然水池为例，介绍水体的绘制。

Step 01 将“水”图层切换至当前图层。

Step 02 调用 SPL【样条曲线】命令，绘制样条曲线，并对其进行夹点编辑，如图 17-27 所示。

Step 03 继续调用 SPL【样条曲线】命令，绘制另一侧水体轮廓，并对其进行夹点编辑，如图 17-28 所示。

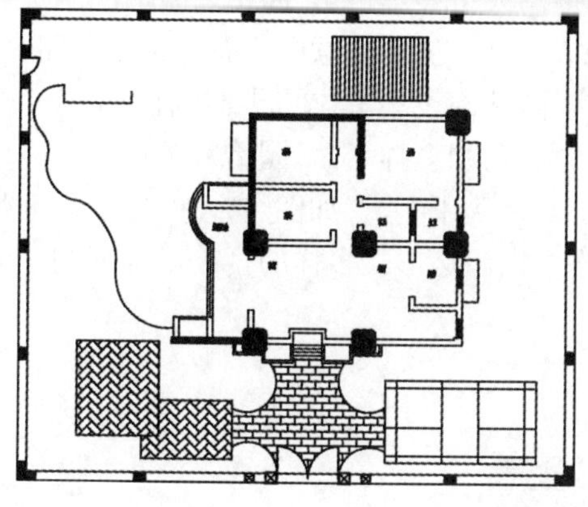

图 17-27 绘制水体轮廓

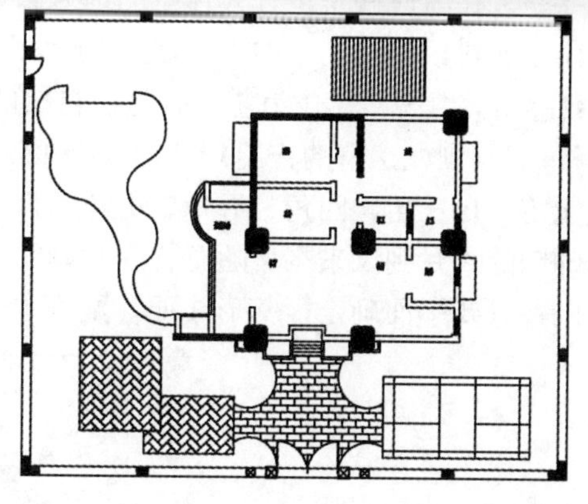

图 17-28 绘制另一侧水体轮廓

Step 04 调用【直线】命令，绘制水体波痕，如图 17-29 所示。

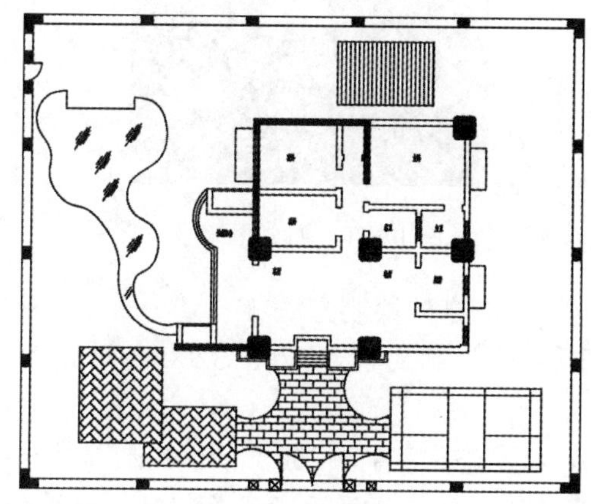

图 17-29 绘制波痕

17.1.4 园林小品的设计与绘制

1. 园林小品的概述

园林小品虽属园林中的小型艺术装饰品，但其影响之深，作用之大，感受之浓，的确胜过其他景物。一个个设计精巧、造型优美的园林小品，犹如点缀在大地中的颗颗明珠，光彩夺目，对提高游人的生活情趣和美化环境起着重要作用，成为广大游人所喜闻乐见的点睛之笔。例如，上海东风公园门洞，隐现出后面姿态优美的吹笛女雕塑，为游览者提供了一幅动人的立体面，强烈地吸引着人们的视线，自然地把游人疏导至园内。无论是扇面景窗还是景墙门洞、天棚园孔，它们虽然都是园林小品，但在造园艺术上、意境上却是举足轻重的；可以说园林小品的地位如同一个人的肢体与五官，它能使园林这个躯干表现出无穷的活力、个性与美感。

2．绘制凉亭

亭，在古时候是供行人休息的地方。“亭者，停也。人所停集也。”园中之亭，应当是自然山水或村镇路边之亭的“再现”。水乡山村，道旁多设亭，供行人歇脚，有半山亭、路亭、半江亭等，由于园林作为艺术且是仿自然的，所以许多园林都设亭。亭在园景中往往是个“亮点”，起到画龙点睛的作用。从形式上来说，也就十分美丽和多样了。《园冶》中说，亭“造式无定，自三角、四角、五角、梅花、六角、横圭、八角到十字，”如图 17-30 所示，苏州网师园的“月到风来亭”随意合宜则制，惟地图可略式也。这形式多样的亭，以因地制宜为原则，只要平面确定，其形式便基本确定了。

图 17-30　月到风来亭

接下来介绍别墅庭院的四角凉亭的绘制方法。

Step 01 调用 REC【矩形】命令，绘制尺寸为 3200×3200 的矩形，并调整其位置，如图 17-31 所示。

Step 02 调用 O【偏移】命令，偏移距离为 200，偏移矩形 7 次；并调用 L【直线】命令，绘制对角线，并将绘制好的凉亭置于“亭子“层，效果如图 17-32 所示。

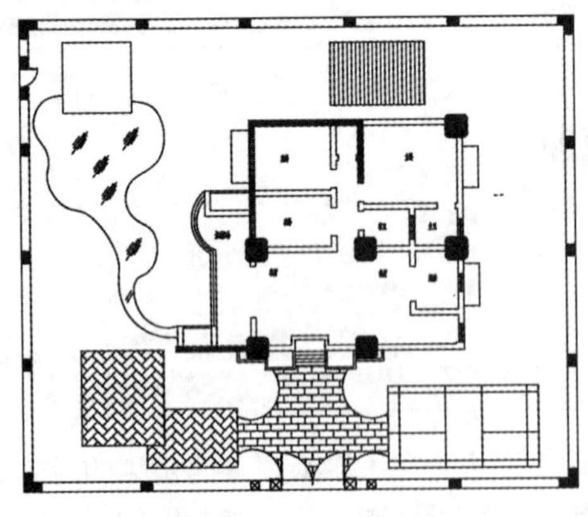

图 17-31　绘制凉亭轮廓

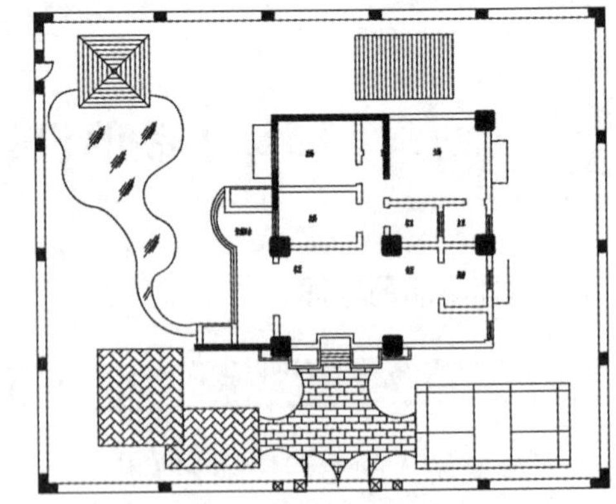

图 17-32　绘制凉亭顶部细节

3．绘制花架

花架是指用刚性材料构成一定形状的格架供攀缘植物攀附的园林设施，又称棚架、绿廊。花架可作遮荫休息之用，并可点缀园景。现在的花架有两方面作用，一方面供人歇足休息、欣赏风景；另一方面创造攀援植物生长的条件。因此可以说，花架是最接近于自然的园林小品了。

花架造型比较灵活，富于变化，最常见的形式是廊式花架，如图 17-33 所示。另一种是片式花架，片板嵌固于单向梁柱上，两边或一面悬挑，形体轻盈、活泼。还有一种是独立式花架，以各种材料作空格，构成墙垣、花瓶、伞亭等形状，用藤本植物缠绕成型，供观赏用。

下面介绍别墅花园中花架的绘制方法。

Step 01 调用 L【直线】命令，绘制长度为 4105，角度为 129° 的线段。

Step 02 调用 A【圆弧】命令，以上一步绘制的线段端点为圆弧端点，绘制半径为 2 963 的圆弧，并删除线段。

图 17-33　廊式花架

Step 03 调用 O【偏移】命令，依次偏移圆弧 3 次，偏移距离为 70、860、70，效果如图 17-34 所示

Step 04 调用 L【直线】命令，连接圆弧，如图 17-35 所示。

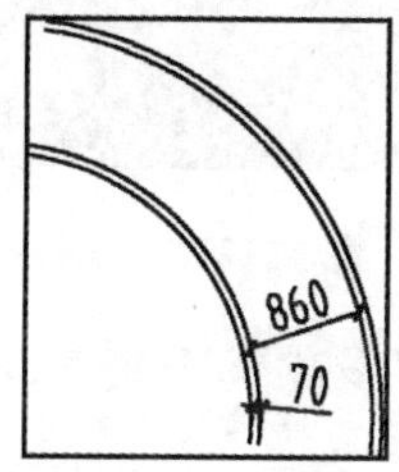

图 17-34　偏移圆弧

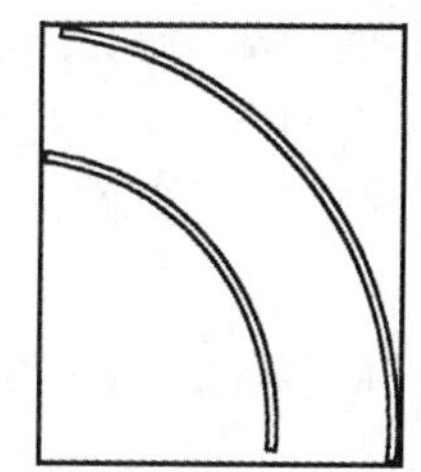

图 17-35　连接圆弧

Step 05 调用 REC【矩形】命令，绘制尺寸为 1 200×50 的矩形，并移至相应的位置，如图 17-36 所示。

Step 06 调用 AR【路径阵列】命令，阵列上一步所绘制的矩形，阵列数为 13，阵列距离为 220，并将绘制好的花架置于“花架”图层，结果如图 17-37 所示。

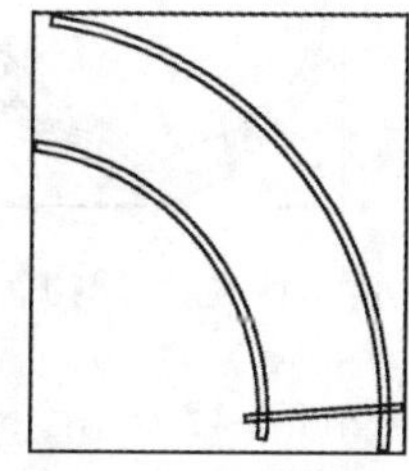

图 17-36　绘制矩形

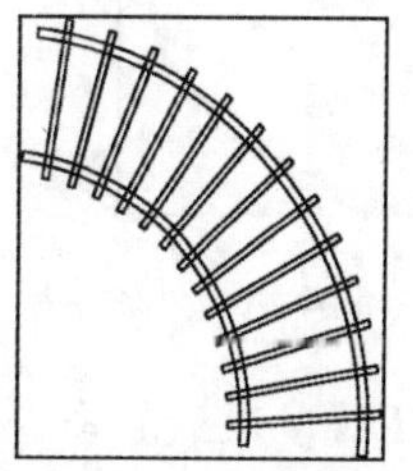

图 17-37　阵列矩形

Step 07 调用 M【移动】命令，将花架移至合适的位置，效果如图 17-38 所示，花架绘制完成。

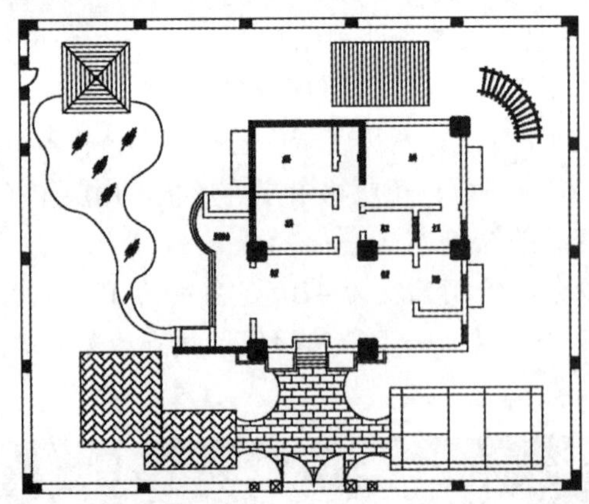

图 17-38 移动花架

4．绘制园林山石

石在园林中，特别在庭院中是重要的造景素材。我国自古有“园可无山，不可无石，石配树而华，树配石而坚”之说，可见山石在园林中的重要性。

图 17-39 冠云峰

园林中的山石因其具有形式美、意境美和神韵美而富有极高的审美价值，被认为是“立体的画”、“无声的诗”，如图 17-39 所示的留园中的冠云峰。山石材料的易得、施工的便捷、费用的低廉及成景的迅速，在讲究经济效益与环境效益的今天也是极为重要的一环。研究山石的特点、功能和分类，可以为山石的合理利用提供准确的参考。

下面以绘制岸边石为例，讲解石景的绘制方法。

Step 01 调用 PL【多段线】命令，绘制岸边石外轮廓，并设置多段线宽度为 5，如图 17-40 所示。

Step 02 继续调用 PL【多段线】命令，绘制岸边石内轮廓线，并将线宽设置为 1，如图 17-41 所示。

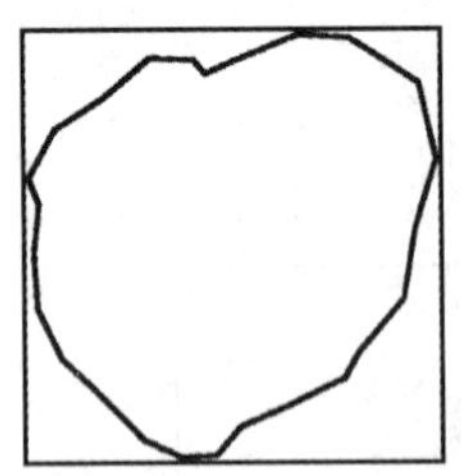

图 17-40 绘制岸边石外轮廓

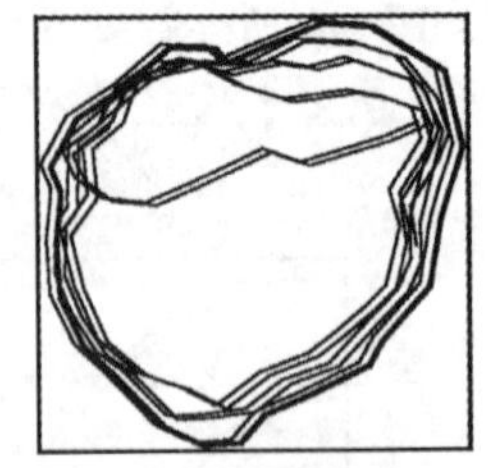

图 17-41 绘制岸边石内轮廓

Step 03 调用 PL【多段线】命令，继续绘制岸边石轮廓，如图 17-42 所示。

Step 04 调用相同的方法，绘制岸边石内轮廓，效果如图 17-43 所示。

Step 05 调用 B【创建块】命令，将绘制好的石头创建成块，岸边石绘制完成。

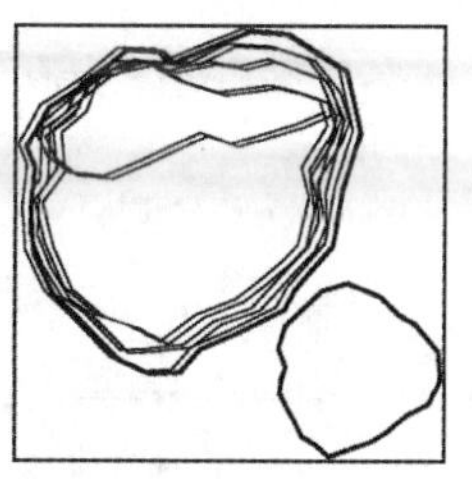

图 17-42　绘制轮廓线

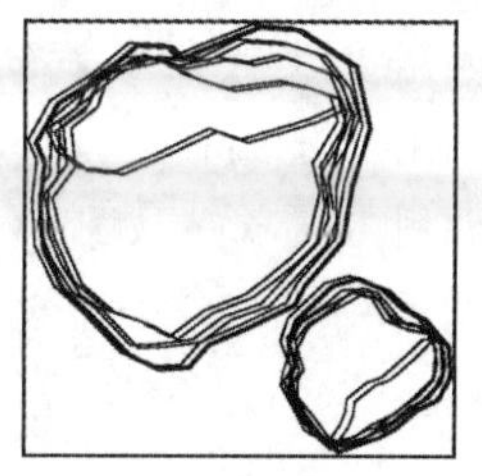

图 17-43　绘制内轮廓线

Step 06 调用 I【插入块】命令，将岸边石图块插入至平面图中，效果如图 17-44 所示。

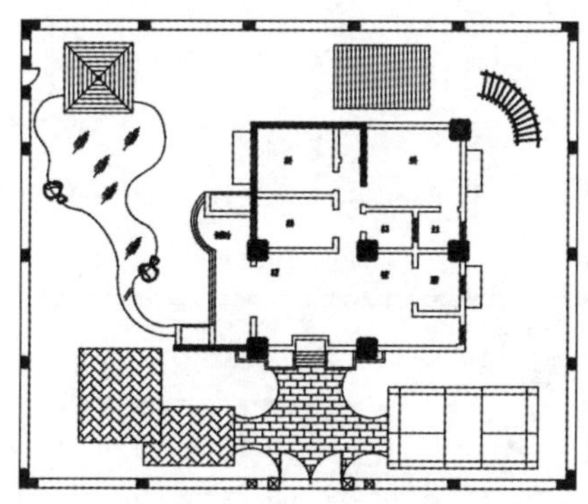

图 17-44　插入岸边石图块

5．绘制树池、花坛

曾几何时，我们注重了树种的选择、树池的围挡，但对树池的覆盖、树池的美化重视不够，没有把树池的覆盖当做硬性任务来完成，使得许多城市的绿化不够完美、功能不够完备，因此，在园林设计中必须重视细节，如树池的设计。树池不仅可以完善城市功能，美化市容，而且能增加绿地面积、通气保水，利于植物生长。

花池常用于城市公园、广场等人群集中的较大型开放空间环境中。花坛在花卉造景设计中的应用最为广泛，或作为局部空间构图的一个主景独立设置，或由多个独立花坛按一定的对称关系组合成一个大型的花坛，如图 17-45 所示。花坛既能种花植草，也可以配置树木；既能独立而设，也可以与喷泉、水池、雕塑、休息座椅等景观设施结合设计。

图 17-45　花坛

下面对树池、花坛的绘制方法进行讲解。

Step 01 调用 REC【矩形】命令，绘制尺寸为 500×500 的矩形，表示花坛外轮廓。

Step 02 调用 O【偏移】命令，将矩形向内偏移 100，如图 17-46 所示。

Step 03 调用 B【创建块】命令，将花坛创建为块。

Step 04 调用相同的命令，创建“树池”图块，如图 17-47 所示。

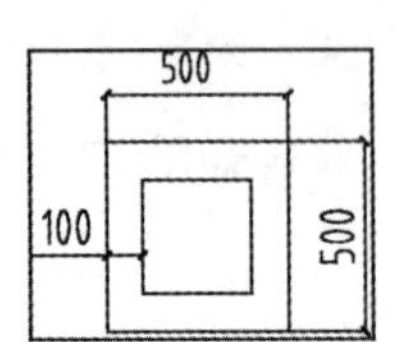

图 17-46　绘制花坛

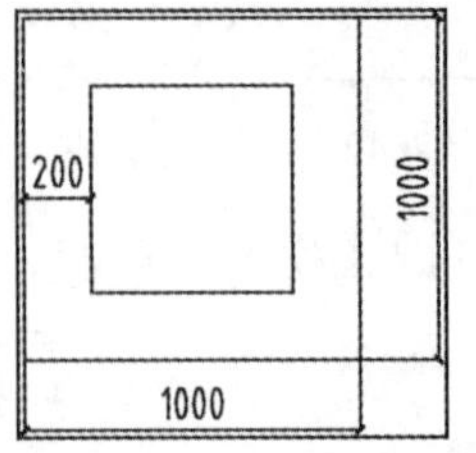

图 17-47　绘制树池

Step 05 调用 I【插入块】命令，将“树池”、“花坛”插入到别墅花园平面图相应的位置，效果如图 17-48 所示。

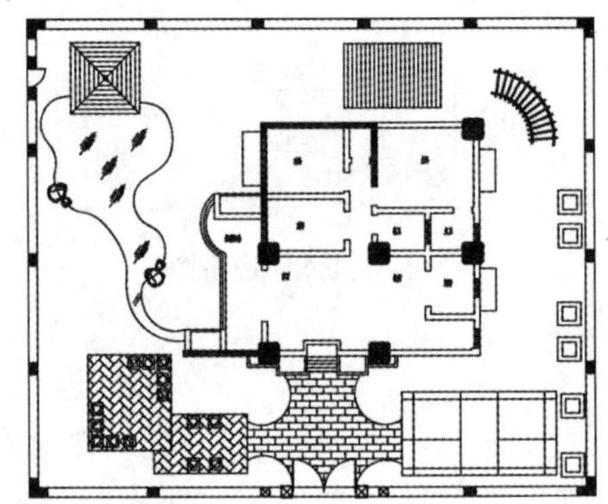
图 17-48　插入树池、花坛图块

6．绘制园椅、园桌

园椅、园桌是各种园林绿地及城市广场中必备的设施。湖边池畔、花间林下、广场周边、园路两侧、山腰台地处均可设置，供游人休息、促膝长谈和观赏风景。如果在一片天然的树林中设置一组蘑菇形状的休息圆凳，如图 17-49 所示，宛如林间树下长出的蘑菇，可把树林环境衬托得野趣无穷。而在草坪边、园路旁、竹丛下适当地布置园椅，也会给人以亲切感，并使大自然富有生机。

图 17-49　蘑菇状休息圆凳

下面介绍园椅、园桌的绘制方法。

Step 01 调用 C【圆】命令，绘制半径为 300 的圆形，表示圆桌。

Step 02 调用 REC【矩形】命令，绘制尺寸为 300×180 的矩形，表示坐凳，并移至相应的位置，如图 17-50 所示。

Step 03 调用 CO【复制】、RO【旋转】命令，绘制其他坐凳，如图 17-51 所示。

Step 04 调用 B【创建块】命令，创建休闲桌椅图块。

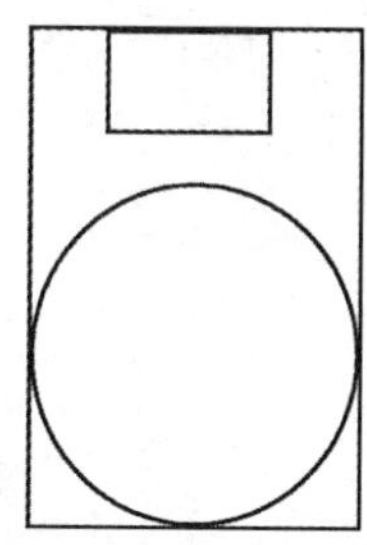

图 17-50　绘制圆桌坐凳

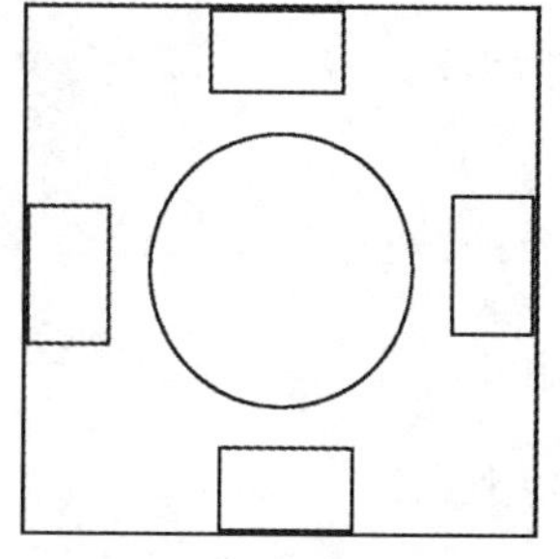

图 17-51　复制旋转坐凳

Step 05 调用 I【插入块】命令，将创建好的休闲桌椅图块插入平面图中的木质平台上，效果如图 17-52 所示。

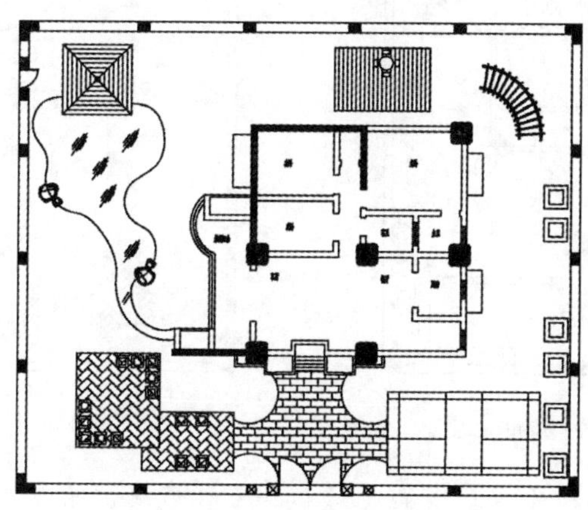

图 17-52　插入休闲桌椅

17.1.5　园林道路的设计与绘制

1. 园路的概述

园路是园林设计中不可或缺的构成要素，是园林的骨架、网络。不同的园路规划布置，往往反映不同的园林面貌和风格。例如，我国苏州古典园林，讲究峰回路转，曲折迂回，如图 17-53 所示的池边小径。而西欧古典园林则讲究平面几何形状，如凡尔赛宫。园林道路起着组织空间、引导游览、联系交通并提供散步休息场所的作用。园路是联系各景区、景点以及活动中心的纽带。此外，园林道路本身又是园林风景的组成部分，蜿蜒起伏的曲线，丰富的寓意，精美的图案，都给人以美的享受。

图 17-53　池边小径

2．绘制园路

Step 01 调用 SPL【样条曲线】命令，绘制园路，如图 17-54 所示。

Step 02 调用 O【偏移】命令，将绘制的样条曲线偏移 800，如图 17-55 所示。

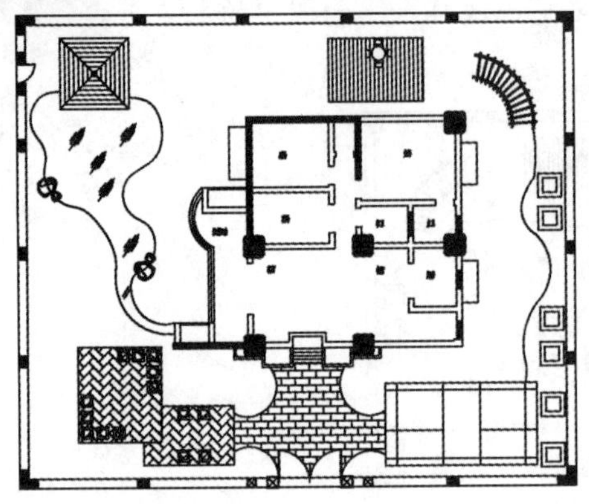

图 17-54　绘制样条曲线

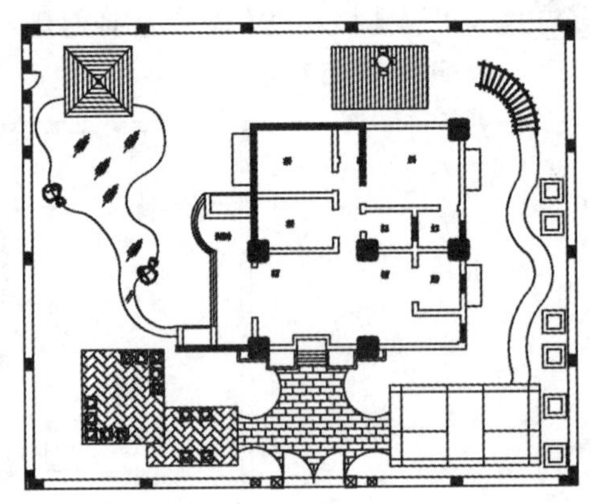

图 17-55　偏移得到园路

Step 03 调用 REC【矩形】、L【直线】、O【偏移】等命令，绘制台阶，如图 17-56 所示。

Step 04 使用相同的方法，绘制其他园路，效果如图 17-57 所示。

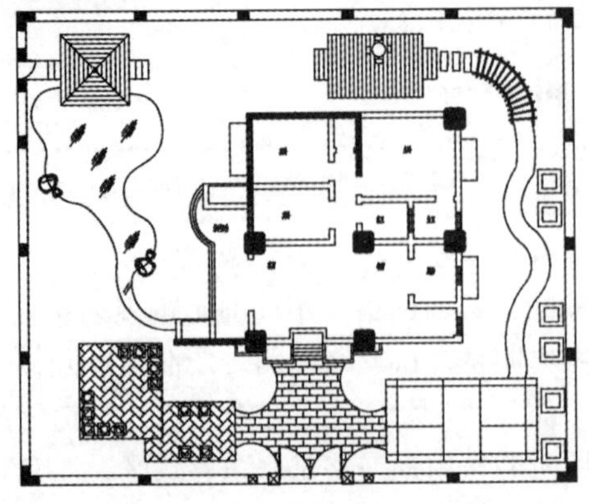

图 17-56　绘制台阶

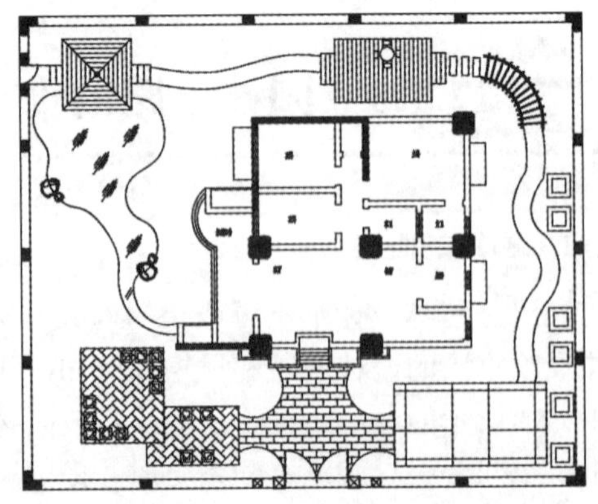

图 17-57　绘制其他园路

Step 05 继续使用相同的方法，绘制水中汀步，效果如图 17-58 所示，园路绘制完成。

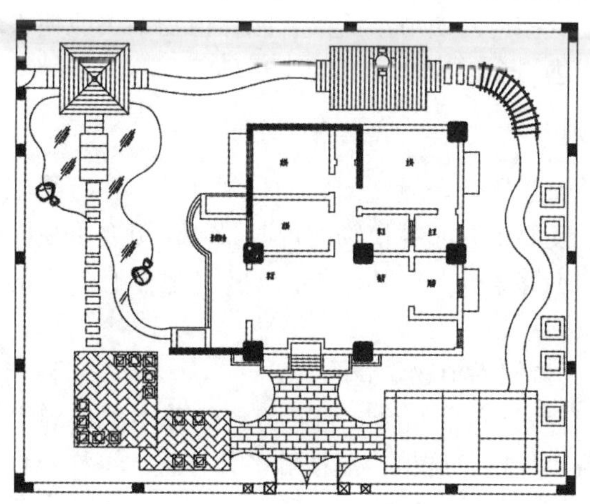

图 17-58 绘制水中汀步

17.1.6 园林植物配置与绘制

1. 园林植物的概述

园林植物种植即植物造景、景观种植或植物配置，是指在园林环境中进行自然景观的营造。即按照植物生态学原理、园林艺术构图和环境保护要求进行合理配置，创造各种优美、实用的园林空间环境，以充分发挥园林的综合功能和作用，尤其是生态效益，使自然环境得以改善。

园林植物配置中，常见的种植方式有孤植、对植、列植、丛植、群植、林带、树林、绿篱和绿墙等，如图 17-59 所示的夕阳中形态优美的孤植树；而如图 17-60 所示的整齐划一的列植树阵，又给人另外一番感觉。所以不同的植物种植方式，造景效果也不同。

图 17-59 孤植树

图 17-60 列植树阵

园林植物不仅有造景功能，还有许多其他功能。

如构成空间，园林植物是构成室外空间的重要元素之一，围合形成了封闭空间、开敞空间、半开敞空间、覆盖空间及垂直空间等。这些空间在满足和适应人们行为模式的同时，也会提供暗示，影响人们的行为。

如生态功能，园林植物是生态平衡的重要支柱，可以制造氧气，净化空气；分解毒素，杀灭细菌；阻滞尘埃，减少噪声；调节小气候。园林植物不仅能使人从视觉上、精神上得到美的享受，更能为人们创建一个健康、安静的生活环境。

2．园林植物配置原则

园林植物配置应遵循美学原理，重视园林的景观功能。在遵循生态的基础上，根据美学要求，进行融合创造。不仅要讲究园林植物的现时景观，更要重视园林植物的季相变化及生长的景观效果，从而达到步移景异，时移景异，创造“胜于自然”的优美景观。而具体到植物配置，还应遵循以下原则：

1）重视植物多样性。自然界植物千奇百态，丰富多彩，本身具有很好的观赏价值。

2）布局合理，疏朗有致，单群结合。自然界植物并不都是群生的，也有孤生的。园林植物配置就有孤植、列植、片植、群植、混植等多种方式。这样不仅能欣赏孤植树的风姿，也可欣赏到群植树的华美。

3）注意不同园林植物形态和色彩的合理搭配。园林植物的配置应根据地形、地貌配植不同形态、色彩的植物，而且相互之间不能造成视角上的抵触，也不能与其他园林建筑及园林小品在视角上相抵触。

4）注意园林植物自身的文化性与周围环境相融合。如岁寒三友松、竹、梅在许多文人雅士私家园林中很得益。但松、柏则多栽于陵园中。总之，园林植物配置在遵循生态学原理为基础的同时，还应结合美学原理。但应先生态，后景观的原则，换句话说，师法自然是前提，胜于自然是从属。

3．绘制乔木图例

下面对几种常用的乔木图例的绘制方法进行讲解，绘制步骤如下。

1）绘制日本晚樱

Step 01 单击【快速访问】工具栏中的【新建】按钮，新建空白文件。

Step 02 调用 C【圆】命令，分别绘制半径为 300、150 的同心圆，如图 17-61 所示。

Step 03 单击【绘图】工具栏中的【修订云线】按钮，设置弧长为 200，对外侧的大圆进行“修订云线”操作，如图 17-62 所示。

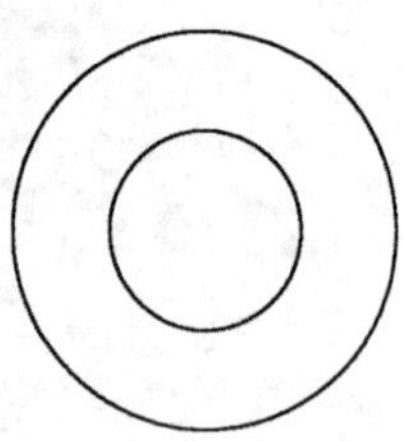

图 17-61　绘制同心圆

图 17-62　修订云线

Step 04 使用相同的方法，将内侧圆也进行“修订云线”操作，设置弧长为 120，如图 17-63 所示。

Step 05 调用 H【图案填充】命令，填充图案，参数设置如图 17-64 所示。

Step 06 调用 B【创建块】命令，将绘制好的的图形创建为块，至此，日本晚樱图例绘制效果如图 17-65 所示。

图 17-63　修订云线

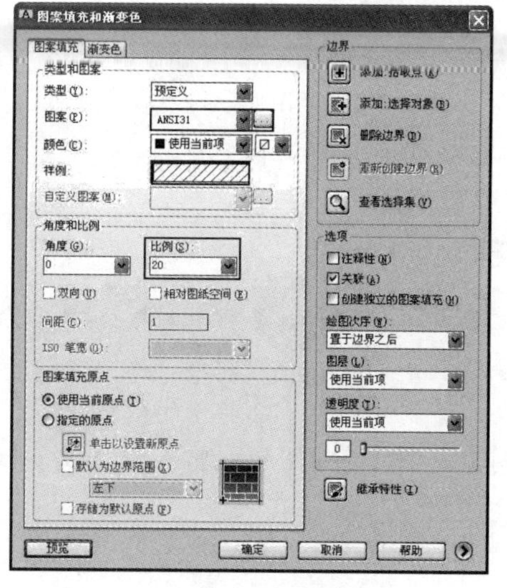

图 17-64　设置参数

图 17-65　日本晚樱图例

2）绘制梅花

Step 07 单击【快速访问】工具栏中的【新建】按钮，新建空白文件。

Step 08 调用 L【直线】命令、A【圆弧】命令，绘制如图 17-66 所示的图形。

Step 09 调用 AR【环形阵列】命令，将上一步所绘制的图形进行环形阵列，阵列数为 6，效果如图 17-67 所示。

Step 10 调用 L【直线】命令，连接圆弧端点，如图 17-68 所示。

图 17-66　绘制图形

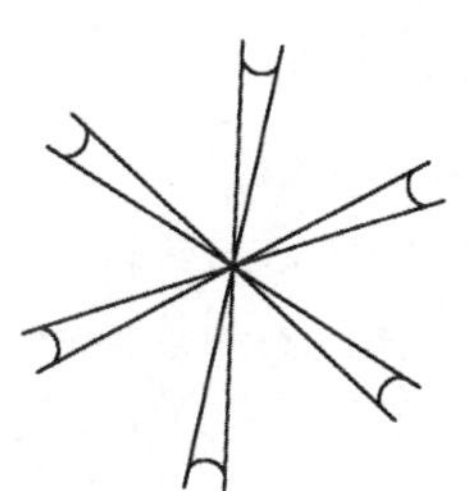

图 17-67　环形阵列

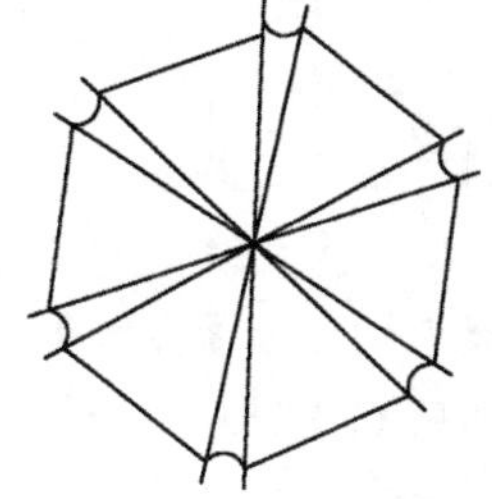

图 17-68　梅花图例

Step 11 调用 B【创建块】命令，将绘制好的的图形创建为块，梅花图例绘制完成。

3）绘制棕榈

Step 12 单击【快速访问】工具栏中的【新建】按钮，新建空白文件。

Step 13 调用 C【圆】命令，绘制半径为 400 的圆形。

Step 14 调用 A【圆弧】命令，绘制如图 17-69 所示的圆弧。

Step 15 继续调用 A【圆弧】命令，绘制细节部分，如图 17-70 所示。

Step 16 调用 AR【极轴阵列】命令，对圆弧及细部进行环形阵列，阵列数为 5，效果如图 17-71 所示。

Step 17 调用 B【创建块】命令，将绘制好的的图形创建为块，棕榈图例绘制完成。

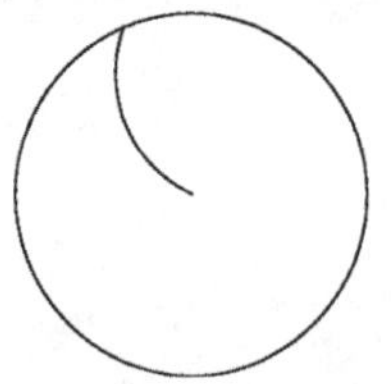
图 17-69　绘制圆弧

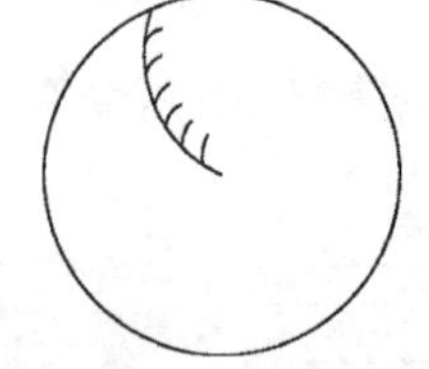
图 17-70　绘制细节部分

图 17-71　阵列图形

4）绘制石榴

Step 18 单击【快速访问】工具栏中的【新建】按钮，新建空白文件。

Step 19 调用 C【圆】命令，绘制半径为 350 的圆形。

Step 20 调用 L【直线】命令，绘制如图 17-72 所示的图形。

Step 21 调用 AR【极轴阵列】命令，阵列图形，阵列数为 5，并删除圆，效果如图 17-73 所示。

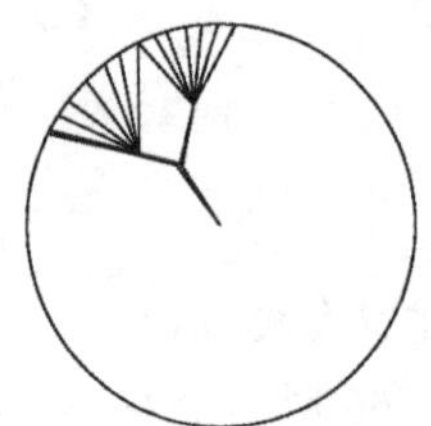
图 17-72　绘制分枝

图 17-73　阵列图形

Step 22 调用 B【创建块】命令，将绘制好的图形创建为块，石榴图例绘制完成。

4．绘制灌木图例

1）绘制四季桂

Step 01 调用 C【圆】命令，绘制半径为 300 的圆形。

Step 02 调用 L【直线】命令，绘制如图 17-74 所示的线段。

Step 03 继续调用 L【直线】命令，细化四季桂图例细节，如图 17-75 所示。

Step 04 调用 C【圆】命令，绘制半径为 25 的圆形，并修剪图形，如图 17-76 所示。

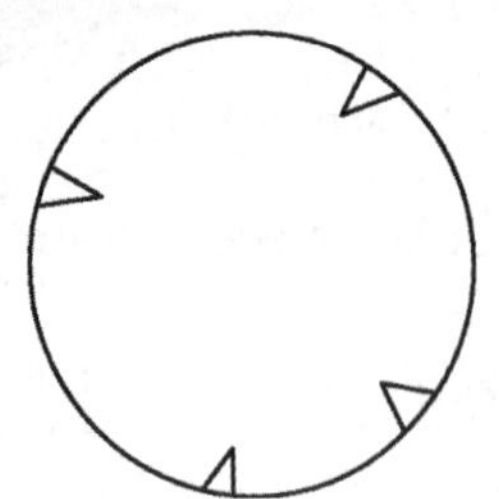
图 17-74　绘制线段

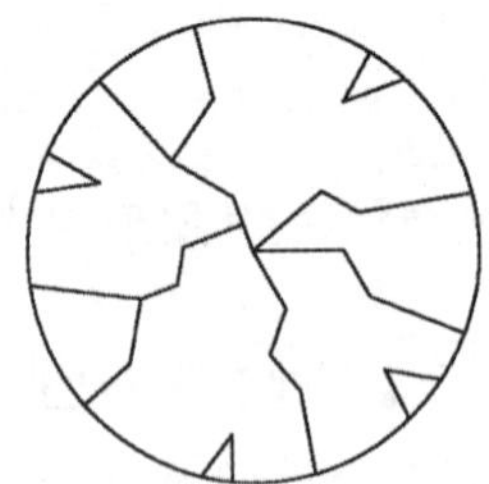
图 17-75　绘制细节

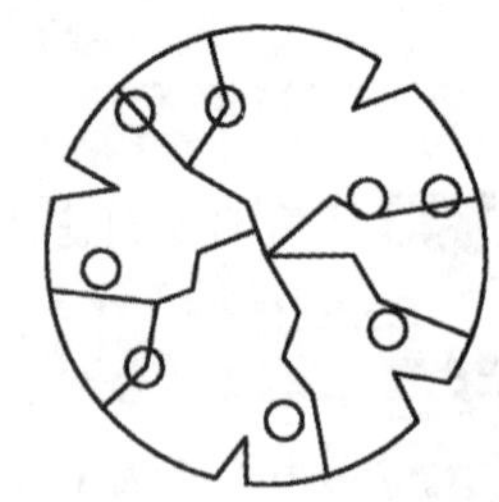
图 17-76　绘制小圆

Step 05 调用 B【创建块】命令，创建“四季桂”图块，四季桂图例绘制完成。

2）绘制栀子球

Step 06 调用 C【圆】命令，绘制半径为 300 的圆形。

Step 07 调用 PL【多段线】命令，绘制多段线，如图 17-77 所示。

Step 08 调用 C【圆】命令，绘制如图 17-78 所示的圆形。

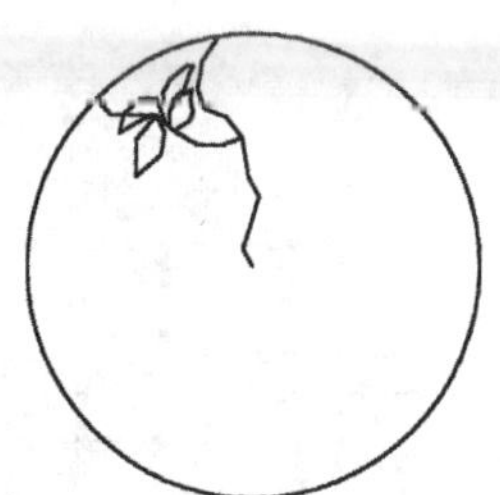

图 17-77 绘制多段线

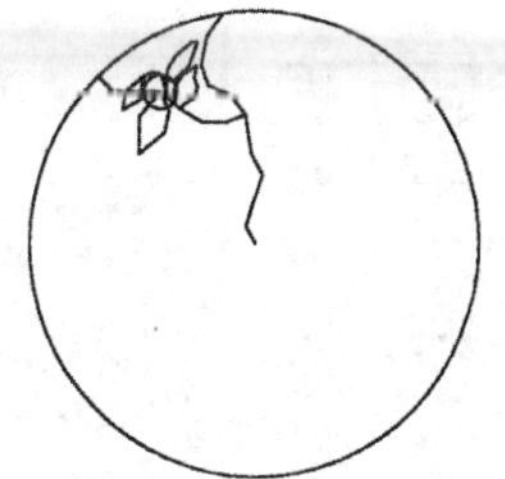

图 17-78 绘制圆形

Step 09 调用 AR【极轴阵列】命令，阵列图形，阵列数为 6，如图 17-79 所示。

Step 10 调用 B【创建块】命令，将绘制好的栀子球创建为块。

3）绘制苏铁

Step 11 调用 C【圆】命令，绘制半径为 300 的圆形。

Step 12 调用 O【偏移】命令，偏移圆，偏移距离为 300。

Step 13 调用 PL【多段线】命令，绘制如图 17-80 所示的多段线。

图 17-79 阵列图形

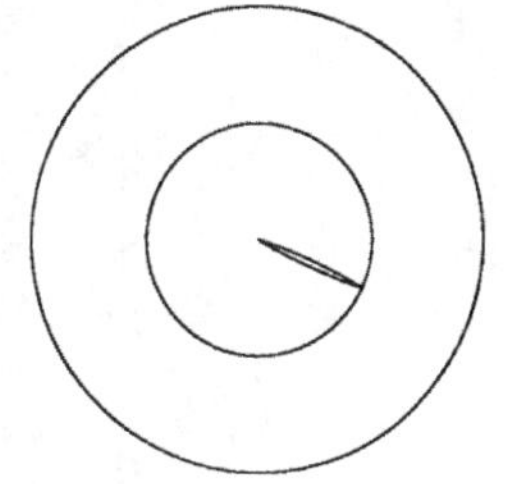

图 17-80 绘制多段线

Step 14 调用 AR【极轴阵列】命令，阵列绘制好的多段线，阵列数为 10，并删除内侧圆，如图 17-81 所示。

Step 15 使用相同的方法绘制如图 17-82 所示的图形。

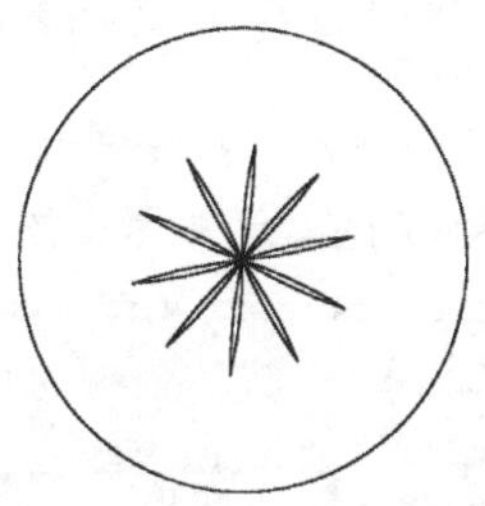

图 17-81 阵列多段线

图 17-82 苏铁图块

Step 16 调用 B【创建块】命令，创建“苏铁”图块，苏铁图块绘制完成。

4）绘制草地

Step 17 调用 PL【多段线】命令，将别墅花园草坪轮廓进行描边。

Step 18 调用 H【图案填充】命令，填充草地，参数设置如图 17-83 所示。

Step 19 填充结果如图 17-84 所示。

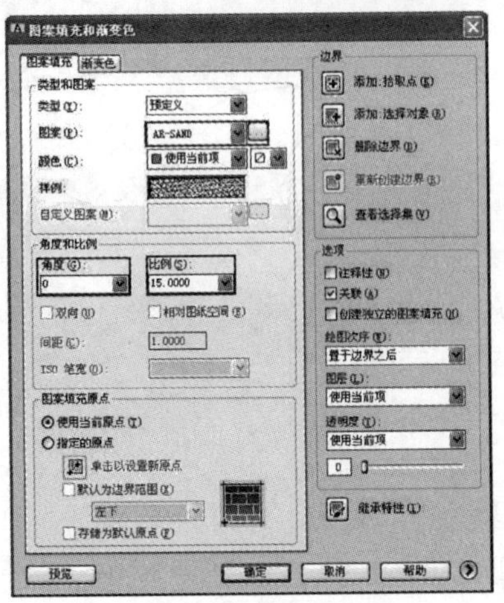

图 17-83 参数设置

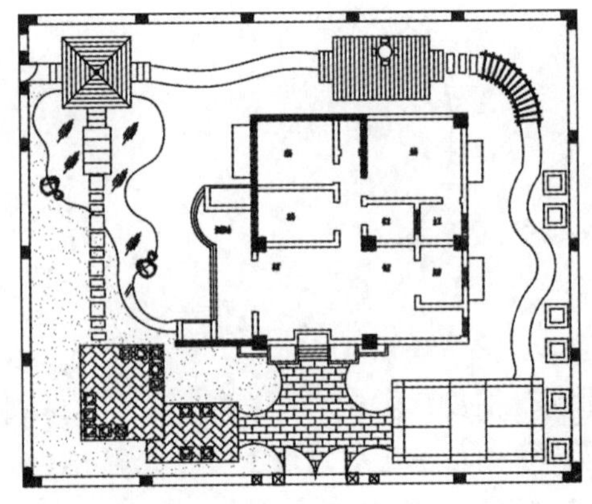

图 17-84 填充草坪

Step 20 使用上面相同的方法，填充其他位置的草坪，草坪绘制完成，如图 17-85 所示。

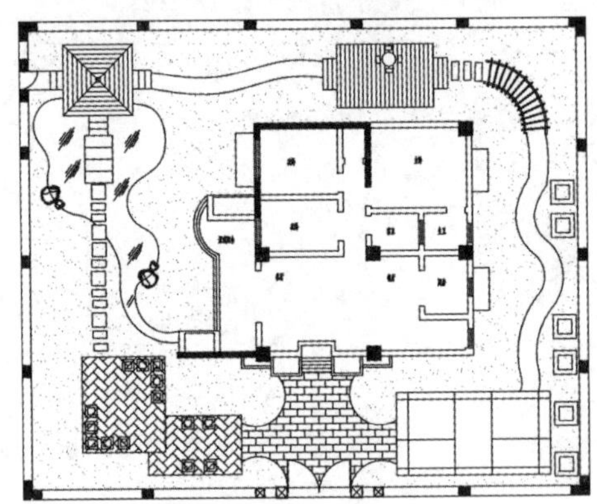

图 17-85 绘制草坪

Step 21 按【Ctrl+O】快捷键，打开“第 17 章\植物图例.dwg”文件，将植物图例复制至别墅庭院平面图中，并调用 CO【复制】、M【移动】命令将植物图例移至相应的位置，然后对图例大小进行适当的调整，结果如图 17-86 所示。

Step 22 调用 SPL【样条曲线】命令，绘制灌木丛轮廓，单击【修订云线】按钮，对灌木丛轮廓进行“修订云线”操作，并填充相应的图案，表示不同的植物，效果如图 17-87 所示。

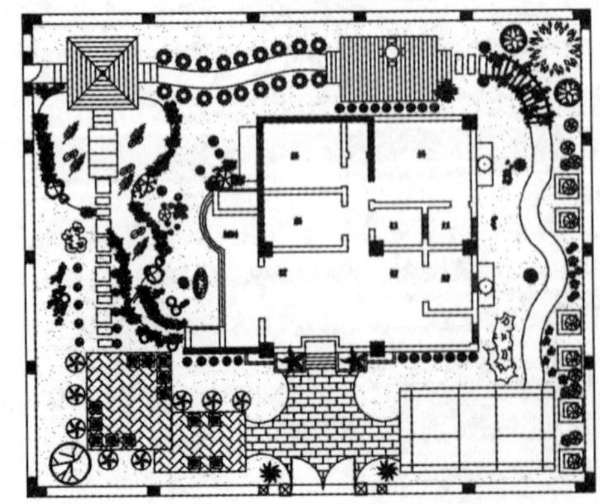

图 17-86 插入植物图例

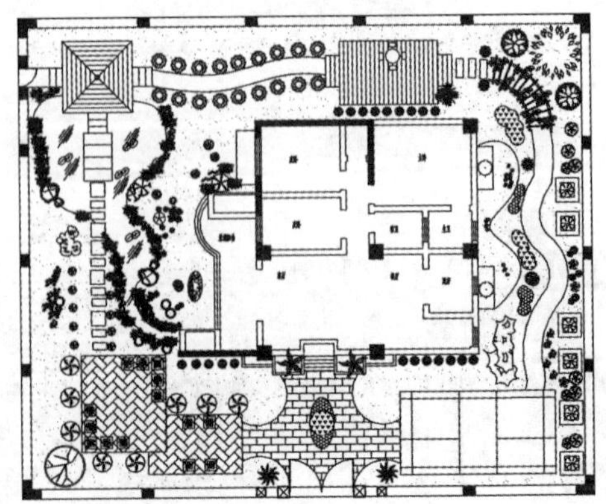

图 17-87 绘制灌木丛

17.1.7　标注文字

Step 01 单击【样式】工具栏中的【多重引线样式】按钮，在【修改多重引线样式】对话框中修改参数，设置字体为仿宋体，文字高度为 300，箭头符号为“点”，大小为 50。

Step 02 调用 MLD【多重引线】命令，标注休息园桌椅，如图 17-88 所示。

图 17-88　标注文字

Step 03 继续调用 MLD【多重引线】命令，标注其他文字，标注结果如图 17-89 所示。

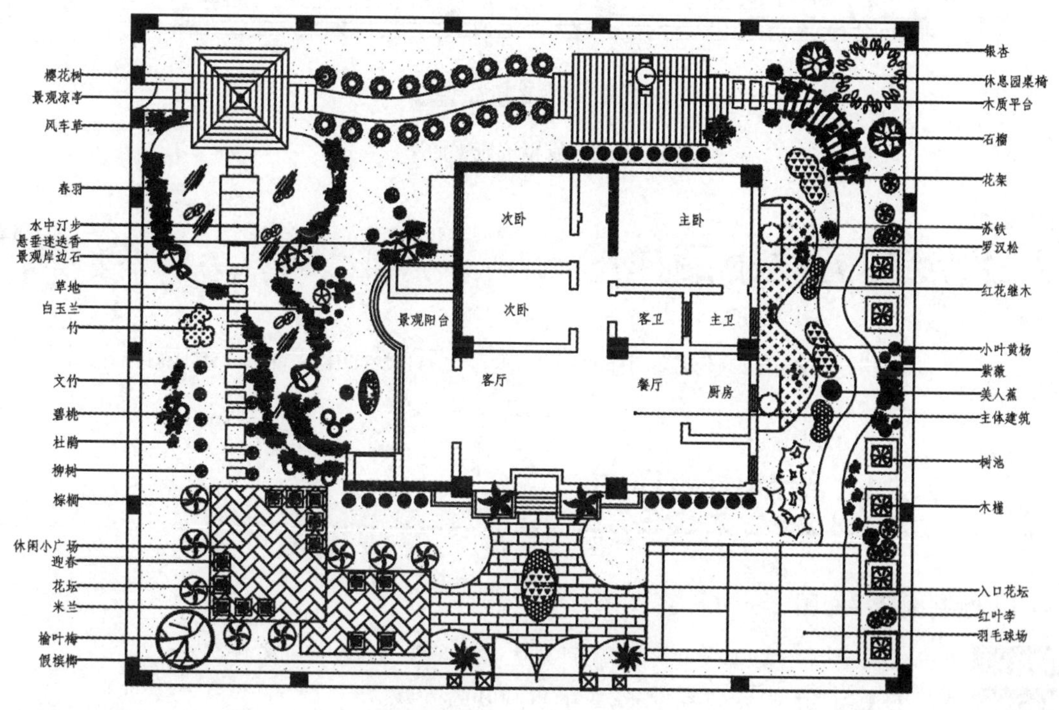

图 17-89　标注文字

Step 04 打开本书配套光盘提供的“指北针”文件，将指北针复制至平面图中，并移至合适的位置，最后打开本书配套光盘提供的“图名”文件，复制图名至平面图中，效果如图 17-90 所示。

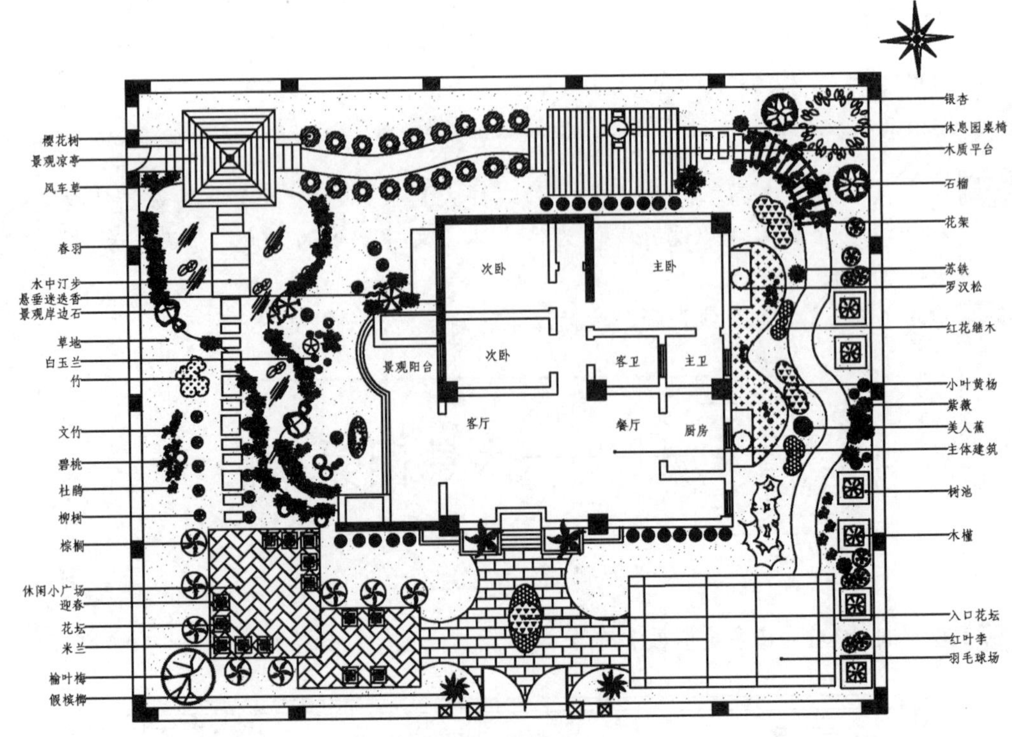

图 17-90　别墅庭院平面图

17.2 绘制园林小品详图

园林小品详图主要是指园林建筑小品详图，如凉亭详图、花架详图、围墙详图、园桥详图等。

17.2.1　绘制围墙详图

1．绘制围墙平面图

Step 01 单击【快速访问】工具栏中的【新建】按钮，新建空白文件。

Step 02 调用 L【直线】命令，绘制长度为 11 000 的直线。

Step 03 调用 O【偏移】命令，偏移直线，距离为 400，效果如图 17-91 所示。

Step 04 继续调用 O【偏移】命令偏移直线，如图 17-92 所示。

图 17-91　偏移直线

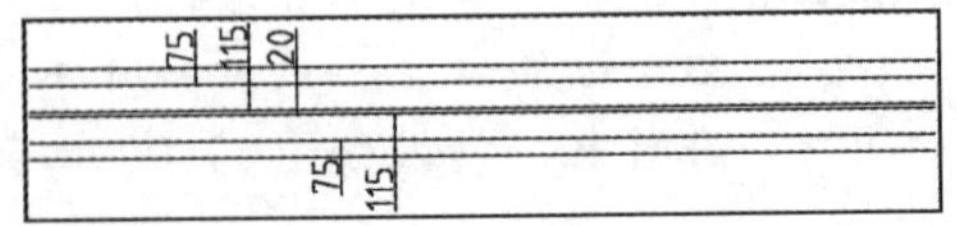

图 17-92　继续偏移直线

Step 05 调用 REC【矩形】命令，绘制 500×400 的矩形，并将其移至合适的位置，效果如图 17-93 所示。

Step 06 调用 CO【复制】命令，以矩形底边中点为基点，复制矩形，距离为 4 600，并配合【修剪】命令，修剪多余线段，效果如图 17-94 所示。

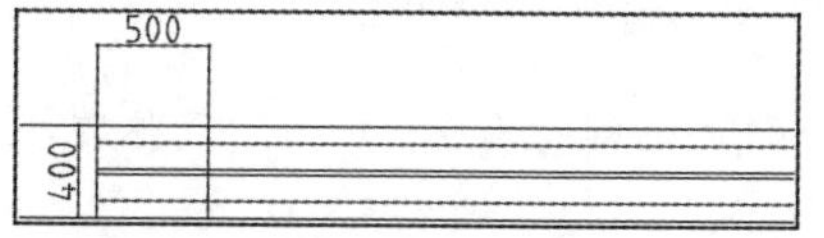

图 17-93 绘制矩形

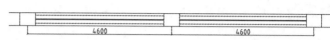

图 17-94 复制矩形

Step 07 调用【图案填充】命令，填充矩形，如图 17-95 所示。

Step 08 调用【多段线】命令，绘制折断线，如图 17-96 所示。

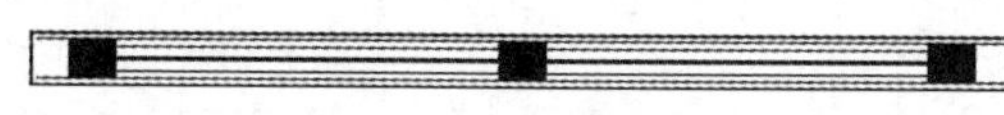

图 17-95 填充矩形

图 17-96 绘制折断线

Step 09 调用【线性标注】命令，标注图形，最终效果如图 17-97 所示。

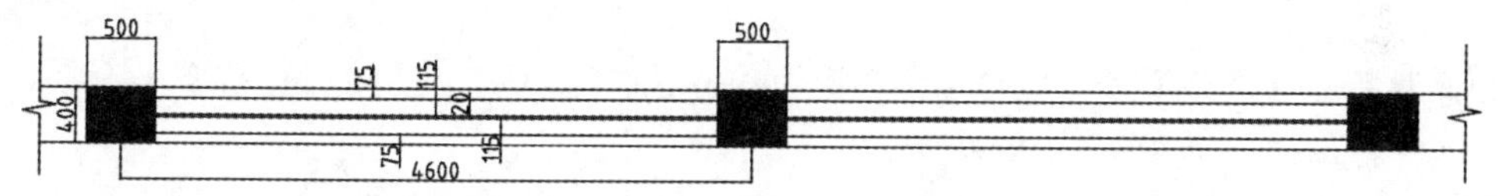

图 17-97 围墙平面图

2. 绘制围墙立面图

Step 01 根据平面图，调用 L【直线】命令，绘制立面轮廓，如图 17-98 所示。

Step 02 调用 O【偏移】命令，偏移底边，如图 17-99 所示。

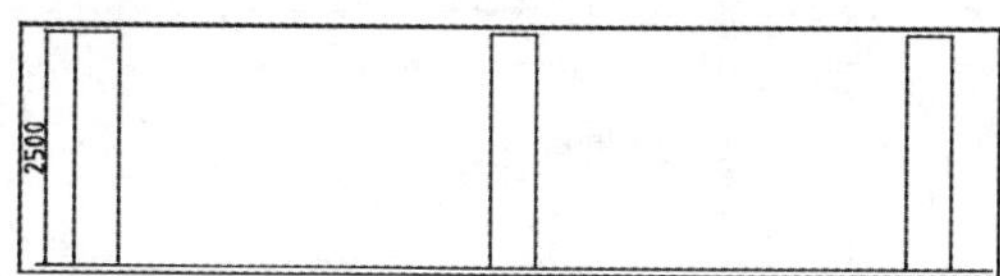

图 17-98 绘制立面轮廓

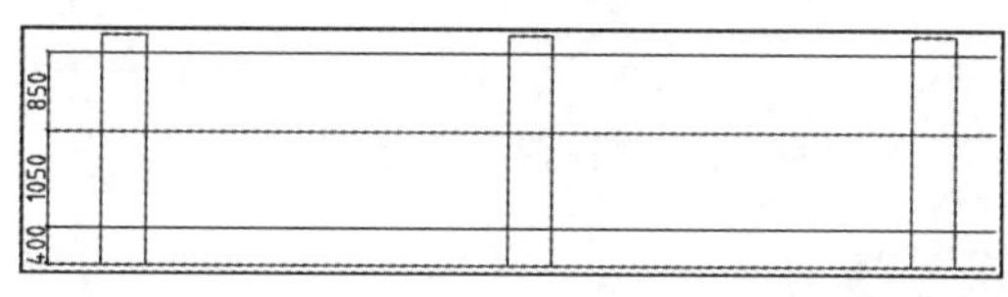

图 17-99 偏移底边

Step 03 调用 TR【修剪】命令，修剪多余直线，如图 17-100 所示。

Step 04 调用 O【偏移】命令，偏移直线，如图 17-101 所示。

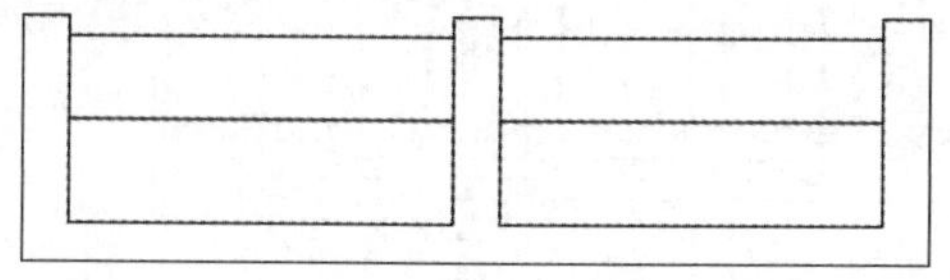

图 17-100 修剪线段

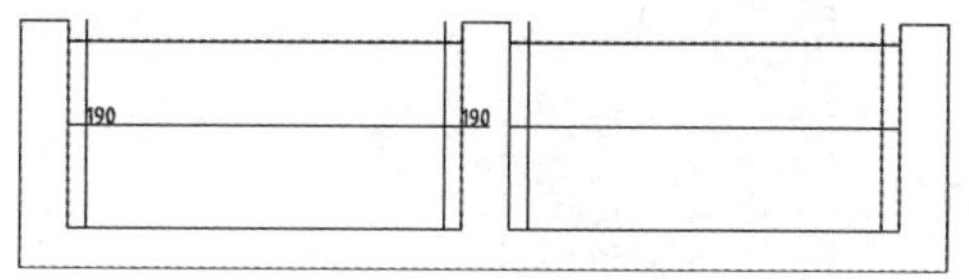

图 17-101 偏移直线

Step 05 调用 A【圆弧】命令，绘制圆弧，如图 17-102 所示。

Step 06 调用 TR【修剪】命令及 E【删除】命令，修整图形，结果如图 17-103 所示。

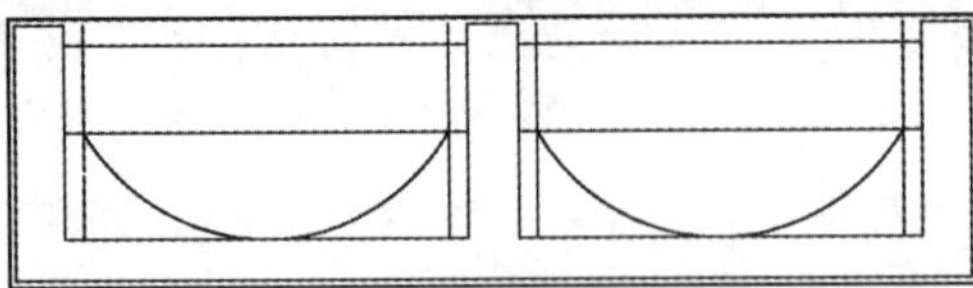

图 17-102 绘制圆弧

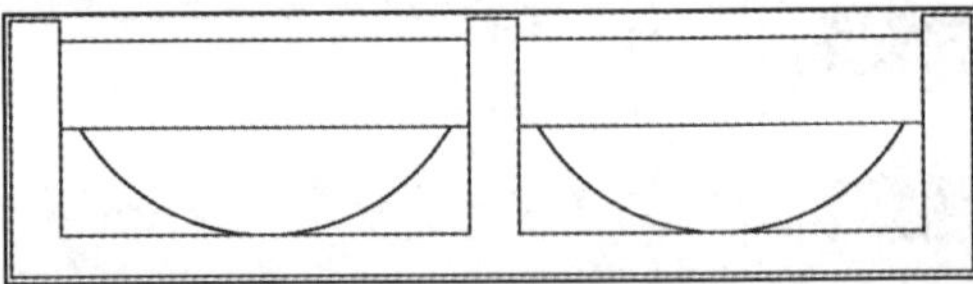

图 17-103 修整图形

Step 07 调用 H【图案填充】命令，选择图案 AN-B816，设置比例为 0.5，并指定圆弧左上角为填充新原点，填充图案，结果如图 17-104 所示。

Step 08 调用 O【偏移】命令和 TR【修剪】命令，绘制栏杆，如图 17-105 所示。

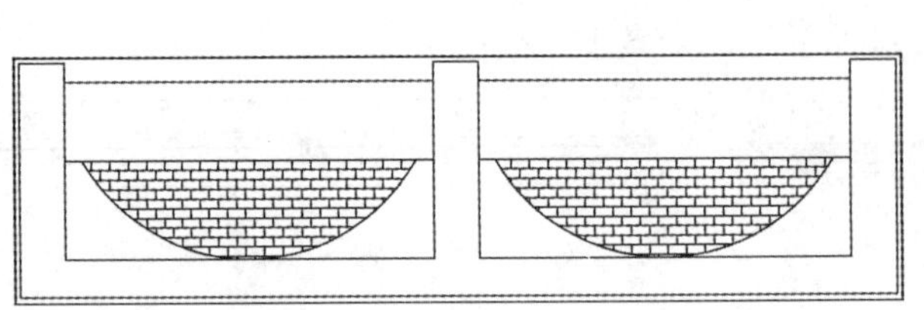

图 17-104 填充围墙墙面

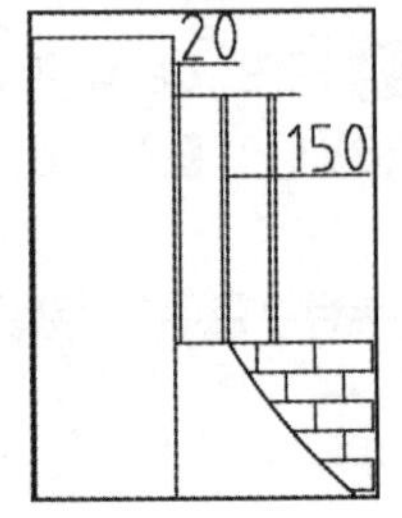

图 17-105 绘制栏杆

Step 09 调用 L【直线】命令、O【偏移】命令、EX【延伸】及 TR【修剪】等命令，绘制栏杆细部，如图 17-106 所示。

Step 10 调用 CO【复制】命令，复制栏杆，效果如图 17-107 所示。

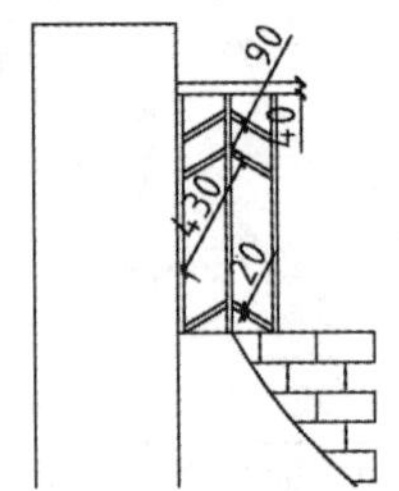

图 17-106 绘制栏杆细部

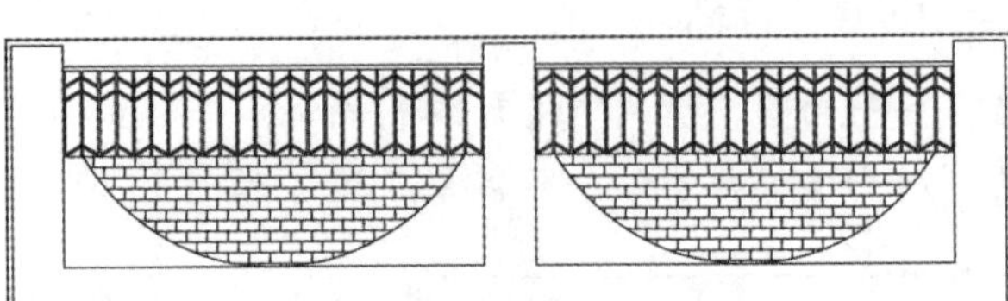

图 17-107 复制栏杆

Step 11 调用 L【直线】命令、A【圆弧】命令，绘制栏杆顶部结构，如图 17-108 所示。

Step 12 将顶部结构图形移至合适的位置，然后调用 AR【矩形阵列】命令，阵列顶部结构，阵列距离为 340，结果如图 17-109 所示。

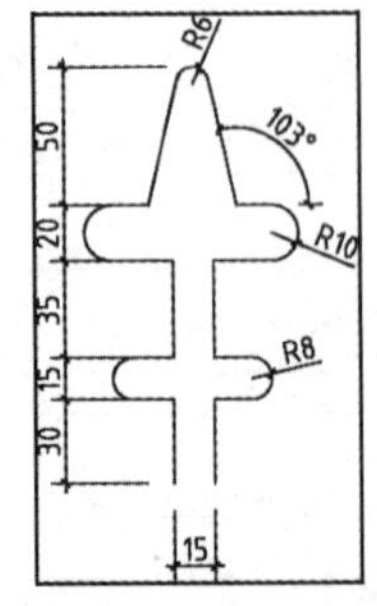

图 17-108 绘制栏杆顶部

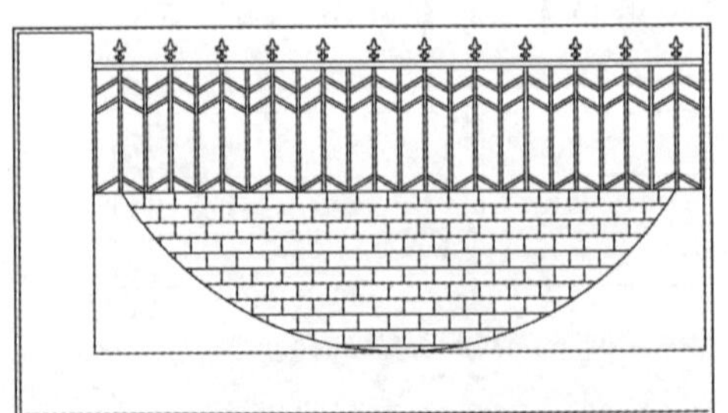

图 17-109 阵列栏杆顶部

Step 13 调用相同的方法，绘制围墙顶部另外部分栏杆，如图 17-110 所示。

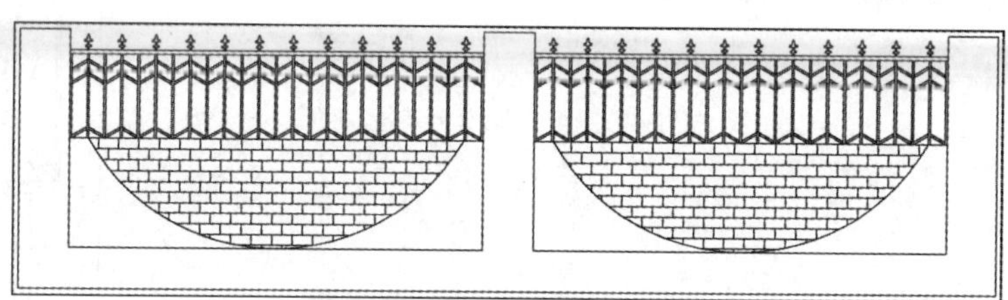

图 17-110　绘制右侧栏杆顶部

Step 14 调用 DLI【线性标注】命令、DCO【连续性标注】命令进行标注，调用 MLD【多重引线】命令，标注文字说明，结果如图 17-111 所示。

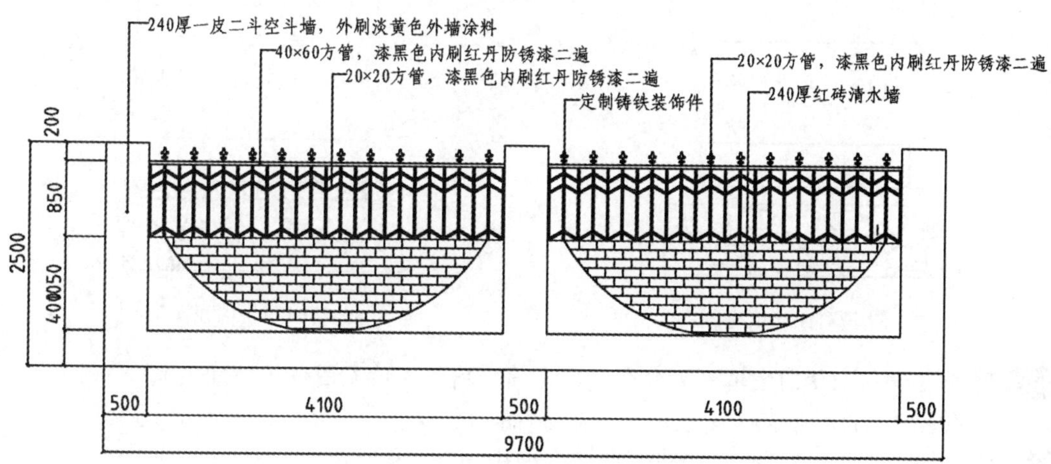

图 17-111　最终效果

Step 15 至此，围墙立面图绘制完成。

3．绘制围墙剖面图

Step 01 调用 REC【矩形】命令，绘制 800×250 的矩形，如图 17-112 所示。

Step 02 调用 X【分解】命令，分解矩形，并将矩形上边线向下偏移 50，如图 17-113 所示。

图 17-112　绘制矩形　　图 17-113　偏移上边线

Step 03 继续调用 REC【矩形】命令，绘制 600×120 的矩形，并移至合适的位置，如图 17-114 所示。

Step 04 重复调用 REC【矩形】命令，绘制矩形，如图 17-115 所示。

Step 05 调用 H【图案填充】命令，填充图案，选择 GRAVEL 图案，设置比例为 10，效果如图 17-116 所示。

Step 06 继续调用 H【图案填充】命令，填充图案，选择填充图案为 GRAVEL，设置比例为 3，效果如图 17-117 所示。

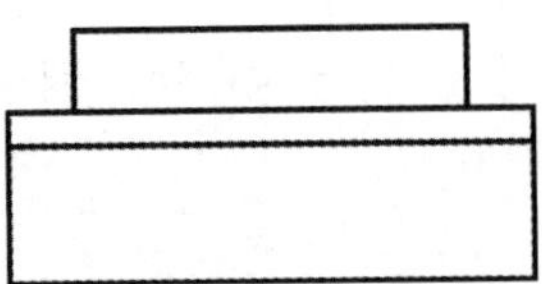
图 17-114　绘制矩形

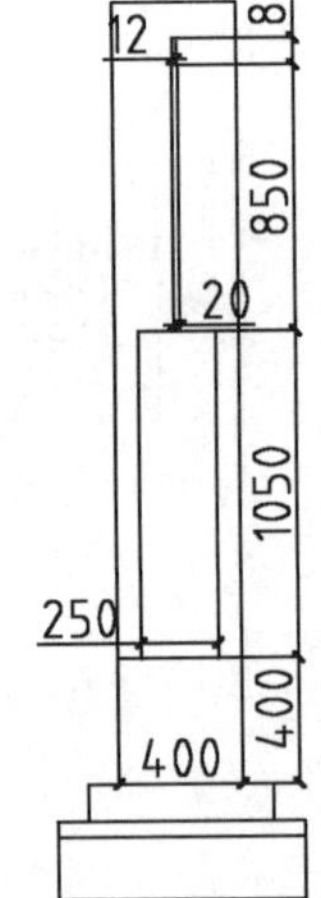

图 17-115　绘制矩形

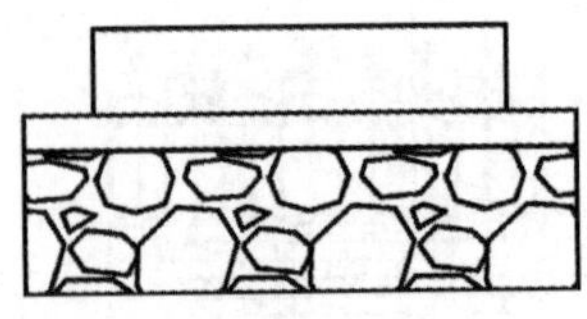
图 17-116　填充图案

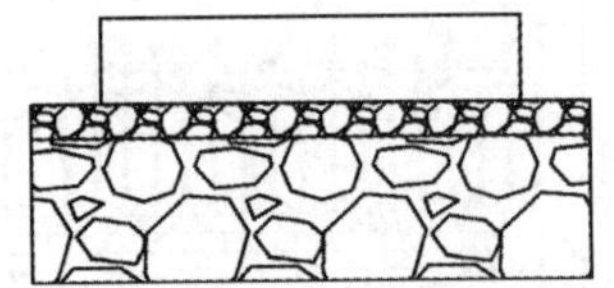
图 17-117　填充图案

Step 07 重复调用 H【图案填充】命令，填充围墙墙体，填充图案为 ANSI31，比例为 15，如图 17-118 所示。

Step 08 调用 L【直线】命令，绘制夯土层，如图 17-119 所示。

Step 09 调用 L【直线】命令，绘制围墙柱子轮廓，如图 17-120 所示。

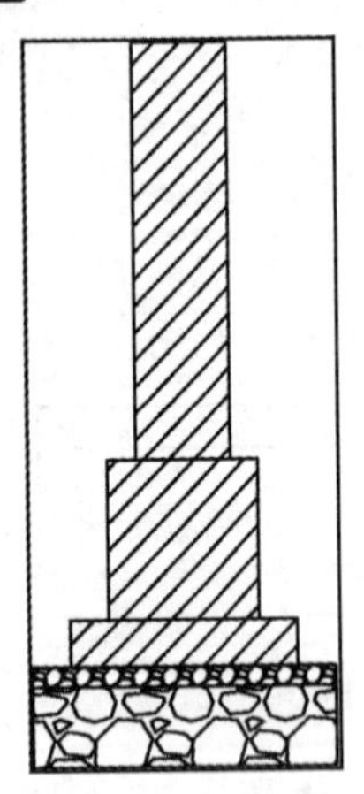
图 17-118　填充图案

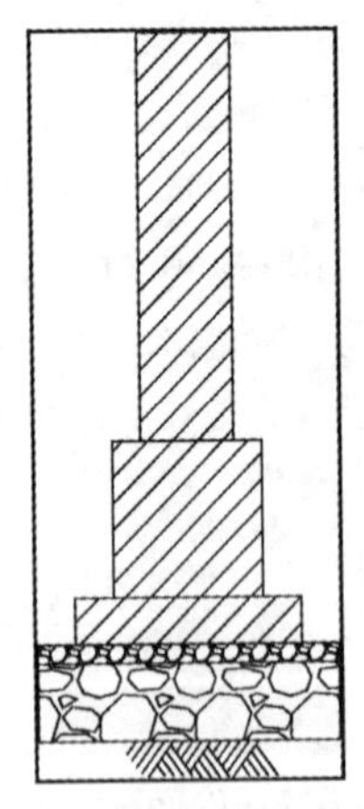
图 17-119　绘制夯土层

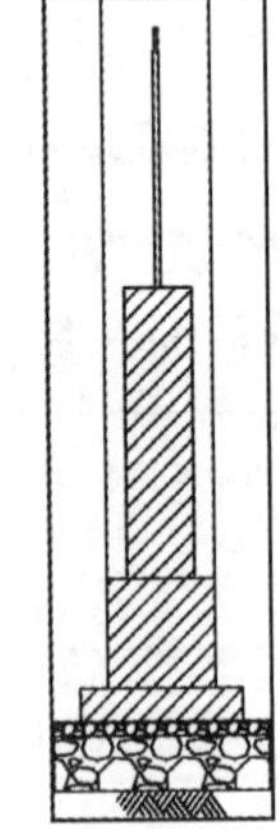
图 17-120　绘制围墙柱子轮廓

Step 10 调用 DLI【线性标注】命令、DCO【连续性标注】命令，标注尺寸，如图 17-121 所示。

Step 11 调用 MLD【多重引线】命令，标注文字说明，如图 17-122 所示，剖面图绘制完成。

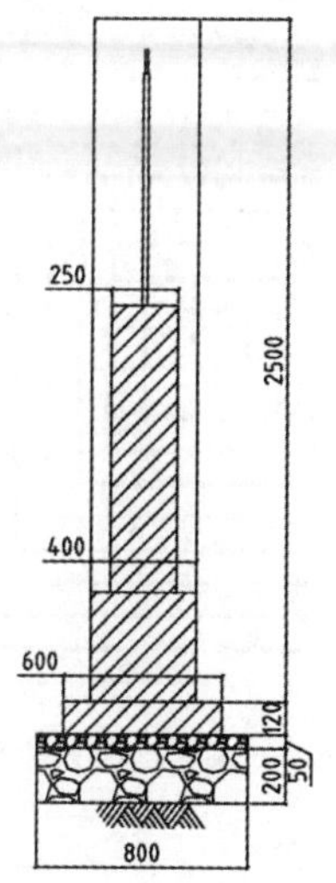

图 17-121　标注尺寸

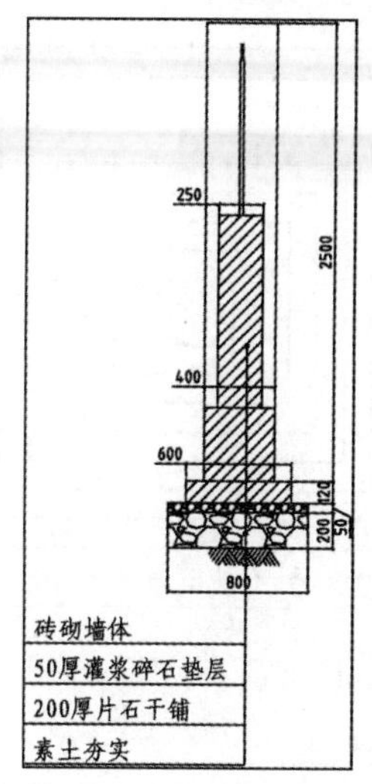

图 17-122　标注文字

17.2.2　绘制凉亭详图

1. 绘制凉亭顶视图

Step 01 调用 REC【矩形】命令，绘制尺寸为 4 064×4 064 的矩形，如图 17-123 所示。

Step 02 调用 O【偏移】命令，将矩形向内偏移，偏移距离为 200、10，效果如图 17-124 所示。

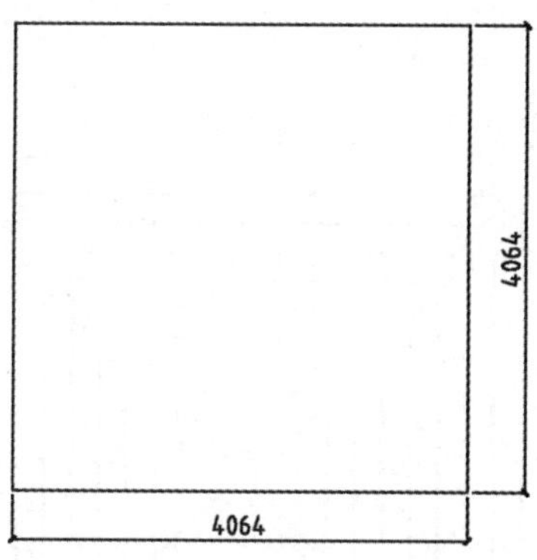

图 17-123　绘制凉亭外轮廓

图 17-124　偏移矩形

Step 03 继续调用 O【偏移】命令，依次偏移内侧矩形，偏移距离为 190、10，偏移 8 次，效果如图 17-125 所示。

Step 04 调用 REC【矩形】命令，绘制尺寸为 240×240 的矩形，并移至中心位置，如图 17-126 所示。

Step 05 调用 L【直线】命令，绘制对角线。

Step 06 调用【拉长】命令，将对角线向外拉长，长度为 36，如图 17-127 所示。

Step 07 调用 O【偏移】命令，将对角线向两侧偏移，偏移距离为 50，如图 17-128 所示。

图 17-125　偏移矩形

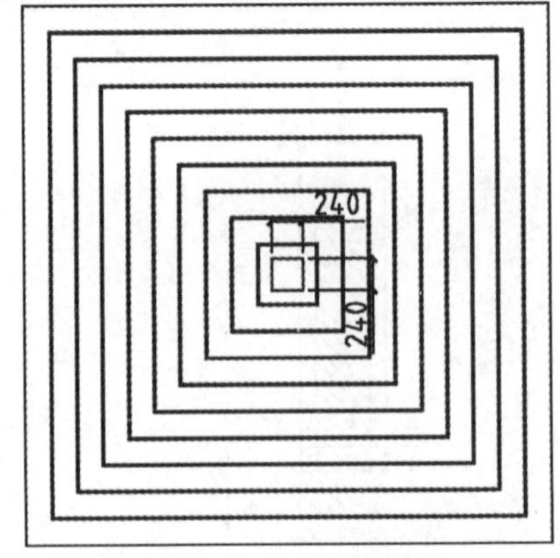

图 17-126　绘制矩形

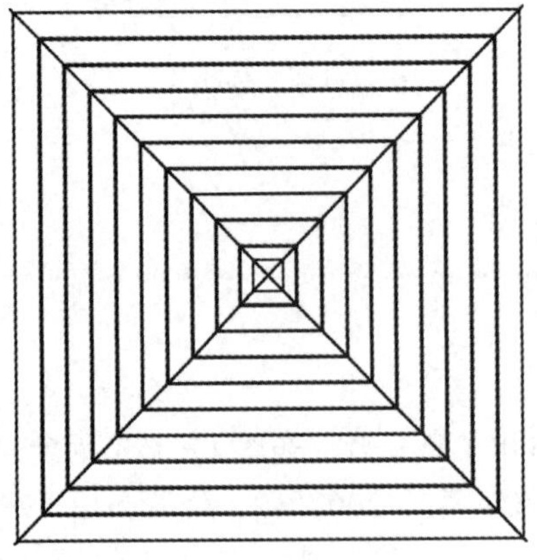

图 17-127　绘制对角线

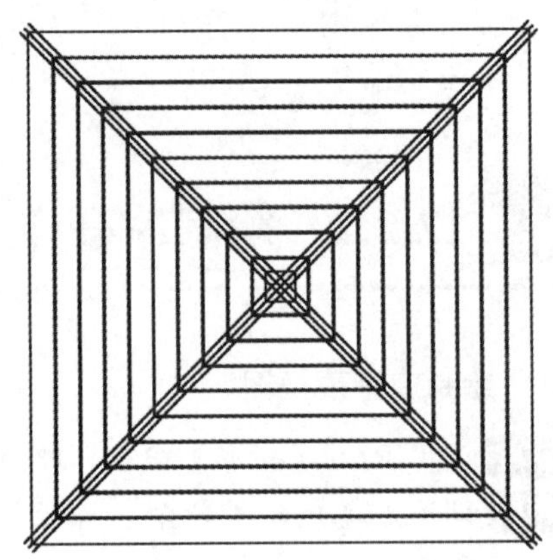

图 17-128　偏移对角线

Step 08 调用 L【直线】命令，连接对角线，如图 17-129 所示。

Step 09 调用 TR【修剪】命令、E【删除】命令，修整图形，如图 17-130 所示。

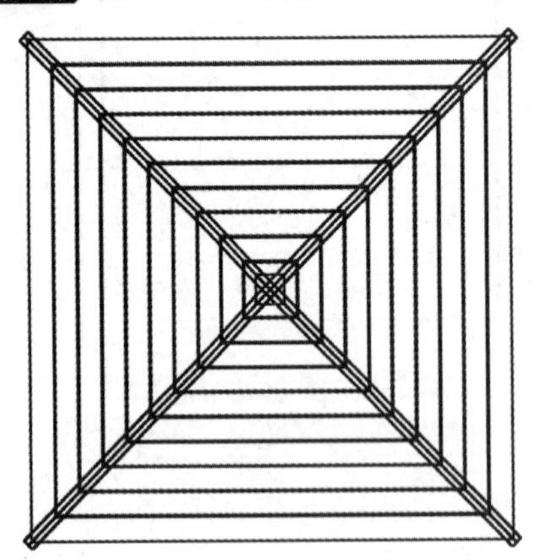

图 17-129　连接对角线

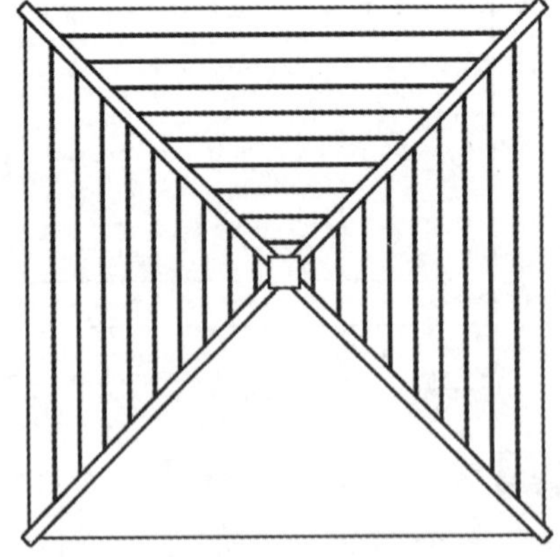

图 17-130　修整图形

Step 10 调用 O【偏移】命令和 L【直线】命令，绘制如图 17-131 所示网格。

Step 11 调用 DLI【线性标注】命令，标注尺寸，调用 MLD【多重引线】命令，标注文字，如图 17-132 所示，凉亭顶视图绘制完成。

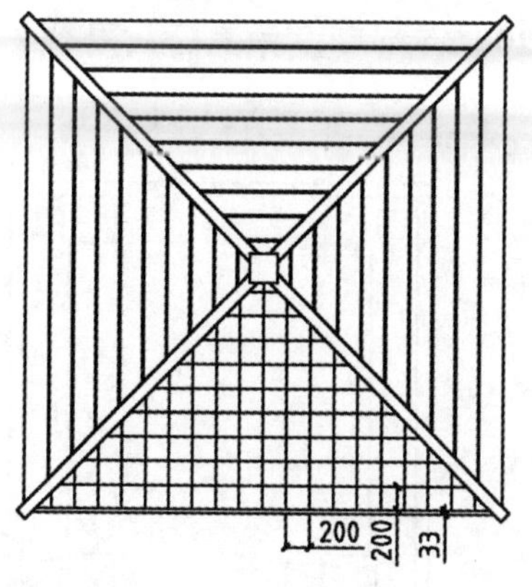

图 17-131　偏移底边

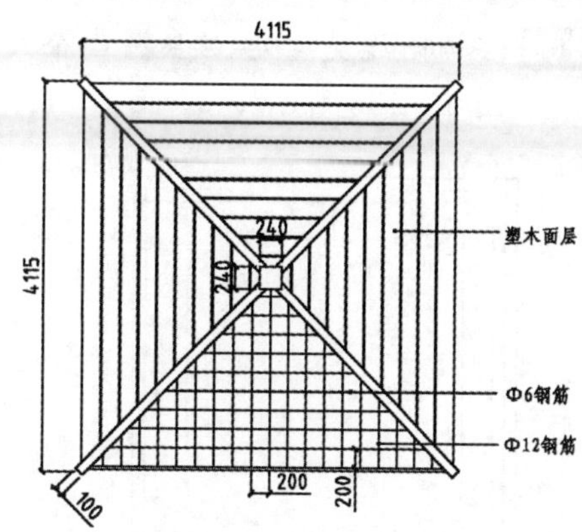

图 17-132　顶视图最终效果

2．绘制凉亭基础平面图

Step 01 调用 REC【矩形】命令，绘制尺寸为 3 200×3 200 的矩形。

Step 02 调用 O【偏移】命令，向内偏移矩形，如图 17-133 所示。

Step 03 调用 L【直线】命令，捕捉矩形中点，绘制辅助线如图 17-134 所示。

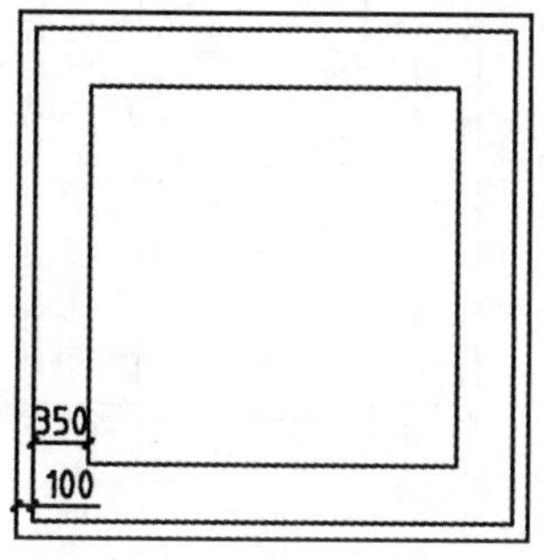

图 17-133　偏移矩形

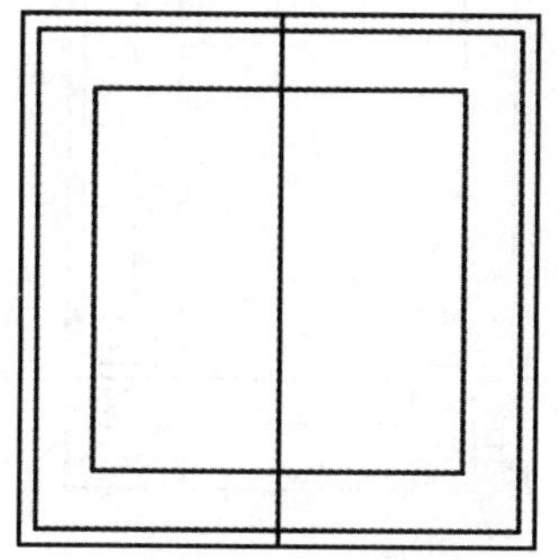
图 17-134　绘制辅助线

Step 04 调用 O【偏移】命令，偏移辅助线，如图 17-135 所示。

Step 05 调用 TR【修剪】命令，修剪图形，如图 17-136 所示。

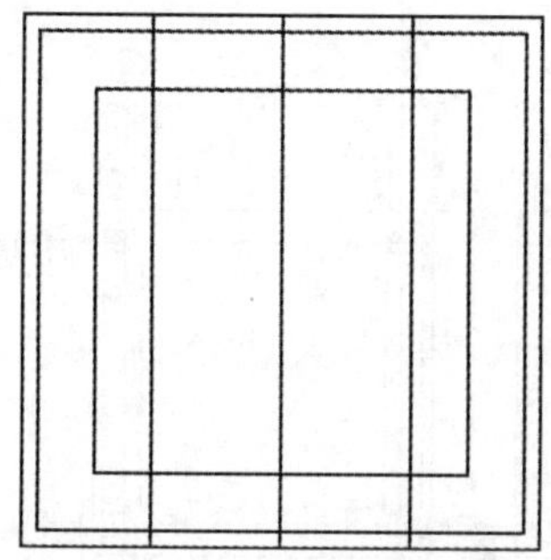
图 17-135　偏移辅助线

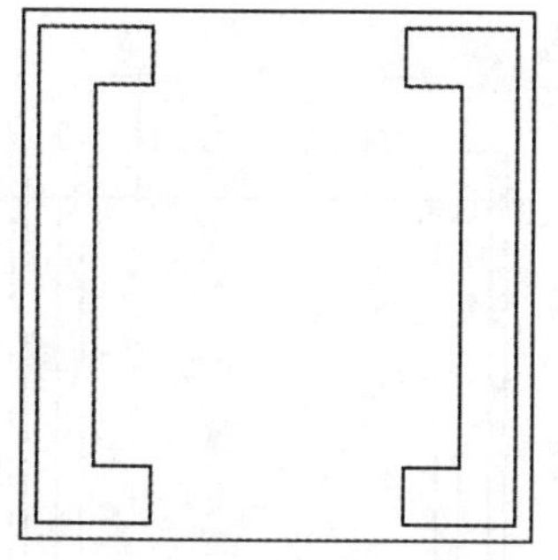
图 17-136　修剪辅助线

Step 06 调用 X【分解】命令，分解外侧矩形。

Step 07 调用 O【偏移】命令，偏移距离为 200，偏移外侧矩形边，如图 17-137 所示。

Step 08 在辅助线交点处，绘制 4 个尺寸为 200×200 的矩形，并删除辅助线，效果如图 17-138 所示。

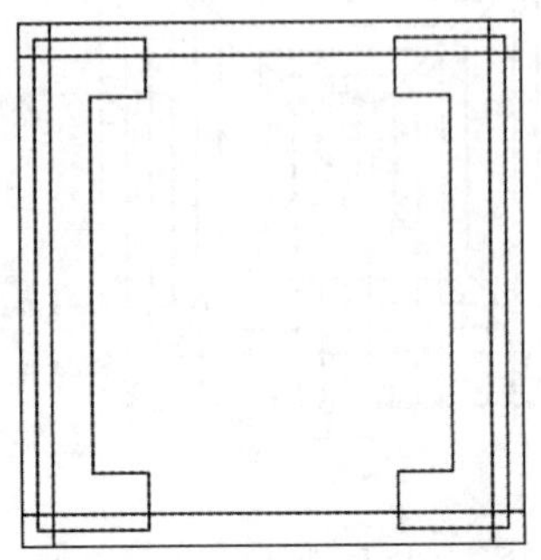

图 17-137 偏移矩形外侧边

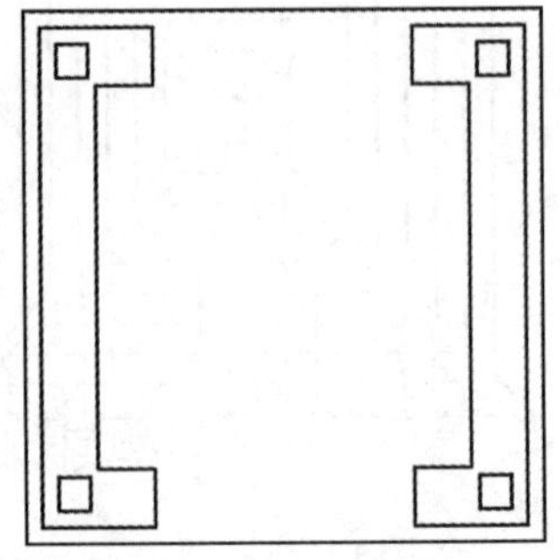

图 17-138 绘制矩形

Step 09 调用 L【直线】命令，绘制阶梯，如图 17-139 所示。

Step 10 调用 MI【镜像】命令，镜像绘制好的阶梯，如图 17-140 所示。

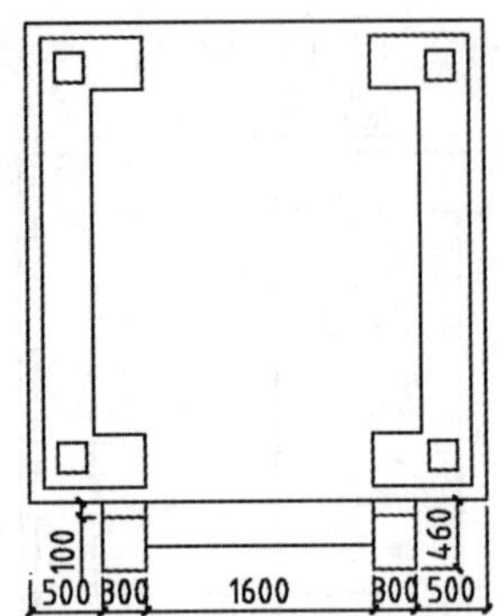

图 17-139 绘制阶梯

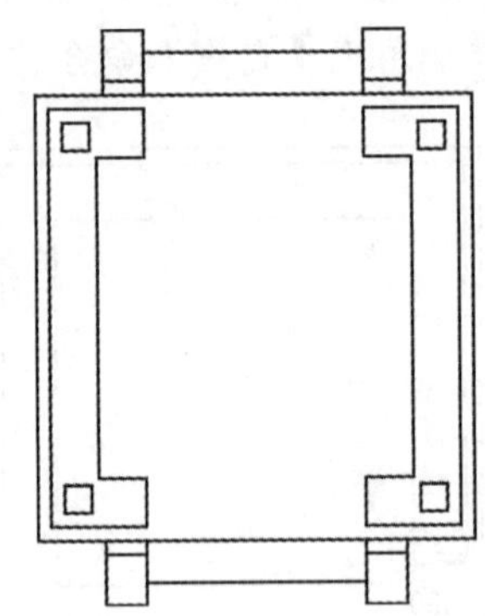

图 17-140 镜像阶梯

Step 11 调用 L【直线】命令，绘制柱子轴线，如图 17-141 所示。

Step 12 调用 DLI【线性标注】命令，标注尺寸，调用 C【圆】命令和 L【直线】命令，绘制轴号，并输入轴号数字，如图 17-142 所示，基础平面图绘制完成。

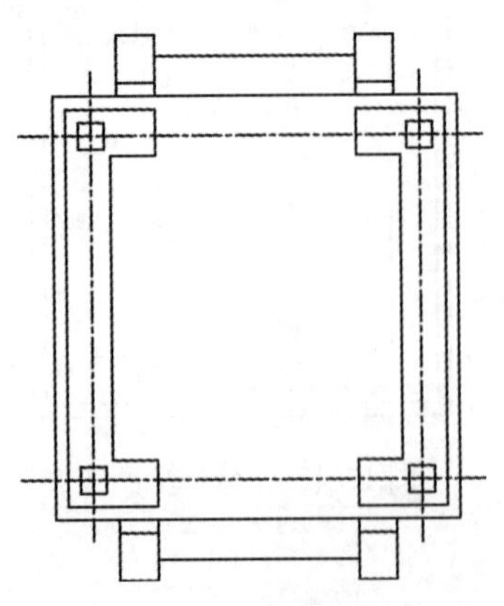

图 17-141 绘制柱轴线

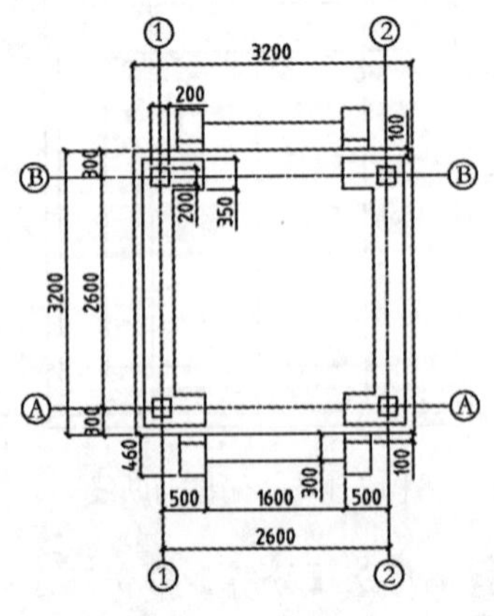

图 17-142 标注尺寸

3．绘制凉亭正立面图

Step 01 调用 L【直线】命令，绘制轴线和地面线，如图 17-143 所示。

Step 02 调用 O【偏移】命令，偏移地面线，绘制阶梯，如图 17-144 所示。

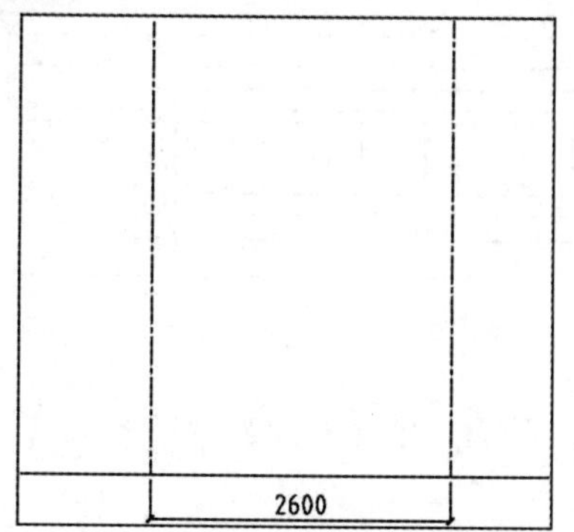

图 17-143　绘制轴线和地面线

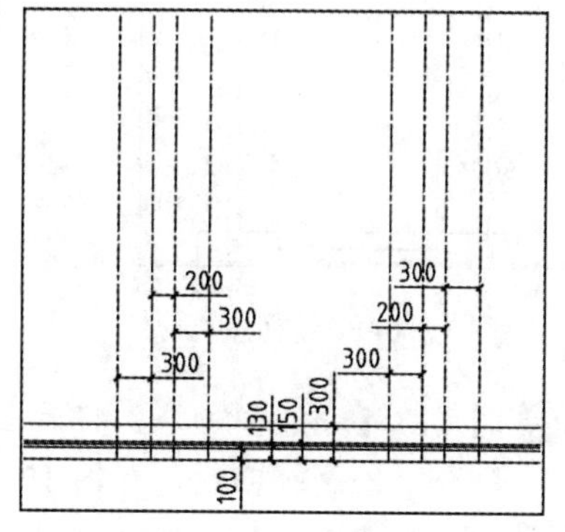

图 17-144　偏移线段

Step 03 调用 TR【修剪】命令，修剪图形，效果如图 17-145 所示。

Step 04 调用 L【直线】命令，绘制长度为 2 600 的线段，并偏移出柱子轮廓，如图 17-146 所示。

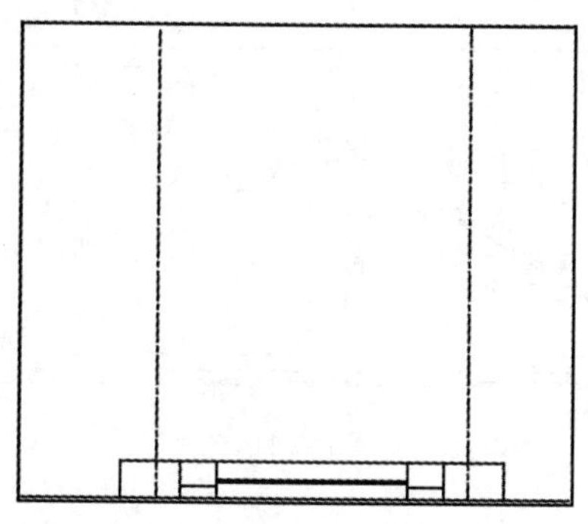

图 17-145　修剪图形

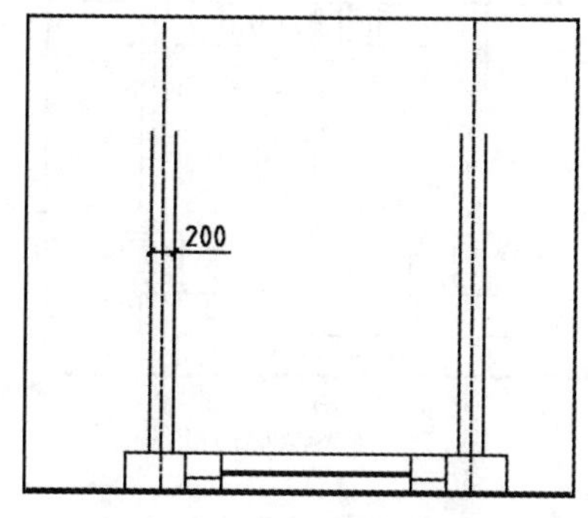

图 17-146　绘制柱子轮廓

Step 05 调用 L【直线】命令，绘制座椅立面，如图 17-147 所示。

Step 06 调用 L【直线】命令，配合 SPL【样条曲线】命令，绘制座椅靠背部分，效果如图 17-148 所示。

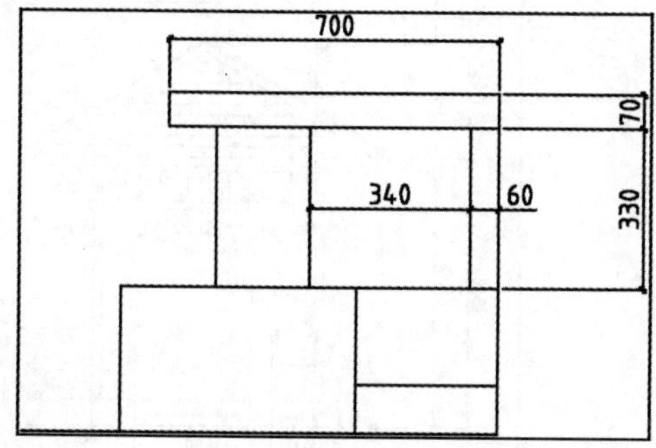

图 17-147　绘制座椅立面

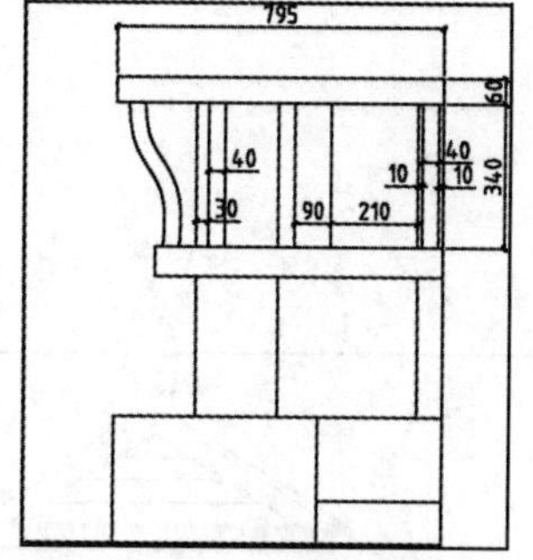

图 17-148　绘制座椅靠背

Step 07 调用 MI【镜像】命令，以过地板边线中点的直线作为镜像线，镜像亭内座椅，如图 17-149 所示。

Step 08 调用 L【直线】、O【偏移】及 REC【矩形】等命令，绘制梁，如图 17-150 所示。

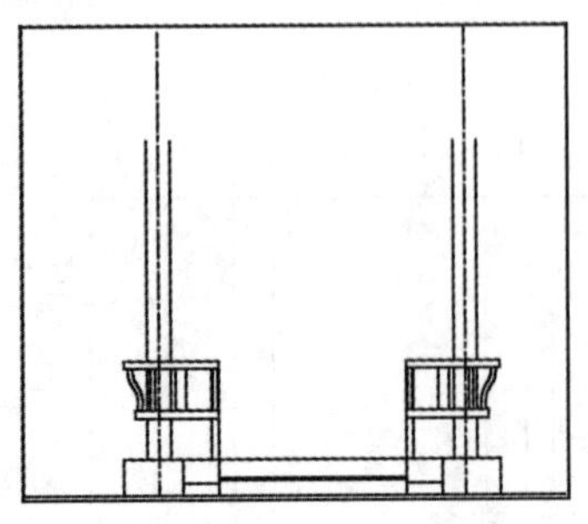

图 17-149 镜像座椅

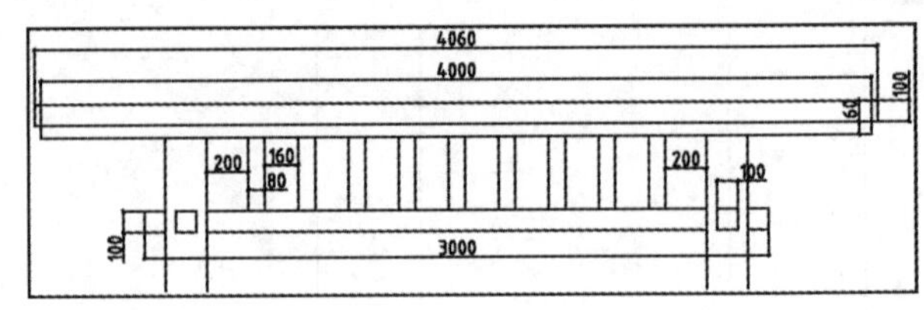

图 17-150 绘制梁

Step 09 调用 X【分解】命令，将最上边的矩形分解，并调用 L【直线】命令和 O【偏移】命令，绘制辅助线，如图 17-151 所示。

Step 10 调用 L【直线】命令，绘制亭顶轮廓，如图 17-152 所示。

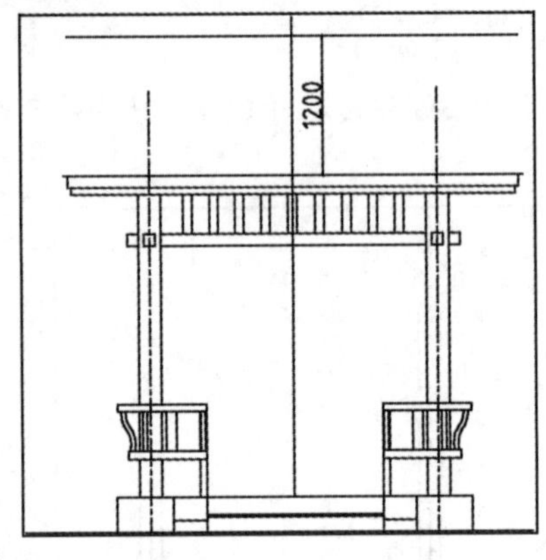

图 17-151 绘制辅助线

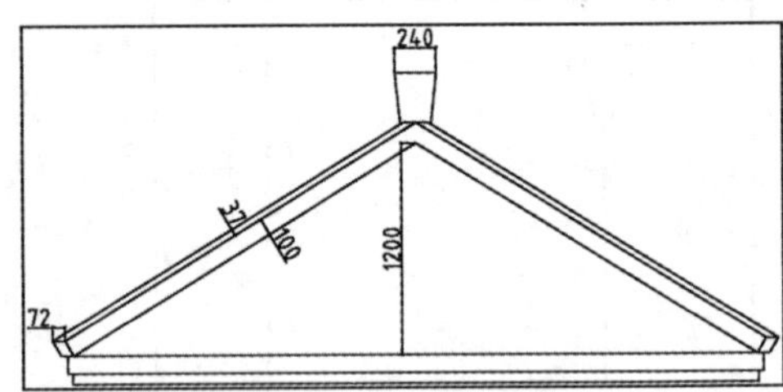

图 17-152 绘制亭顶轮廓

Step 11 调用 O【偏移】命令，偏移直线，并将并以线段进行修剪，效果如图 17-153 所示。

Step 12 调用 DLI【线性标注】命令【对齐标注】命令，标注尺寸，并根据上面所学的方法，标注轴号，如图 17-154 所示，凉亭正立面图绘制完成。

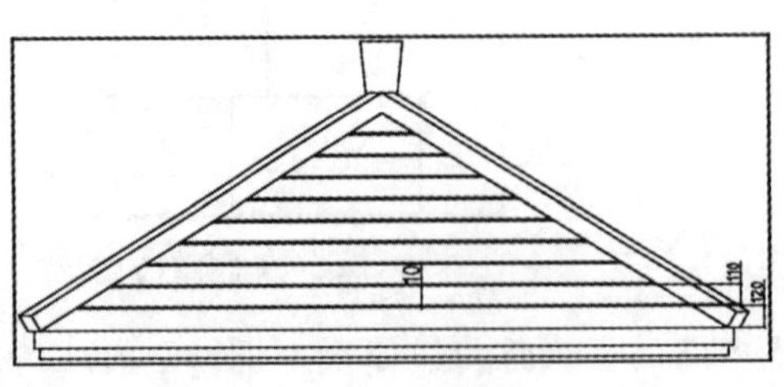

图 17-153 绘制亭顶细部

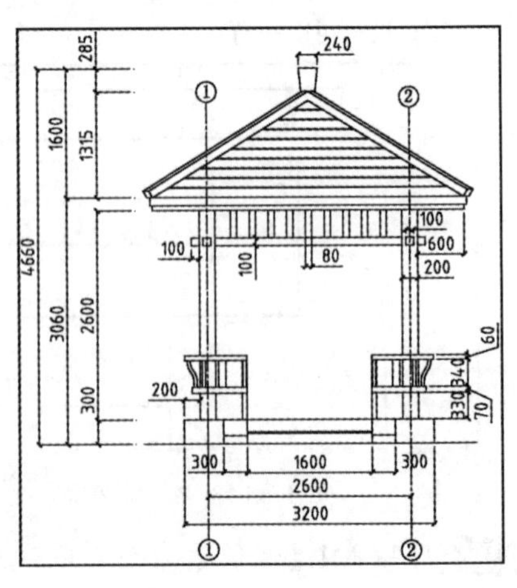

图 17-154 标注尺寸

17.2.3 绘制花架详图

1. 绘制花架平面图

Step 01 调用 L【直线】命令，绘制水平线段，长度为 13 500。

Step 02 调用 A【圆弧】命令，以线段的起点为起点，终点为终点，绘制半径为 8 050 的圆弧，并删除线段。

Step 03 调用 O【偏移】命令，依次向下偏移圆弧，偏移距离为 100、1 900、100，如图 17-155 所示。

Step 04 调用 L【直线】命令，连接圆弧，如图 17-156 所示。

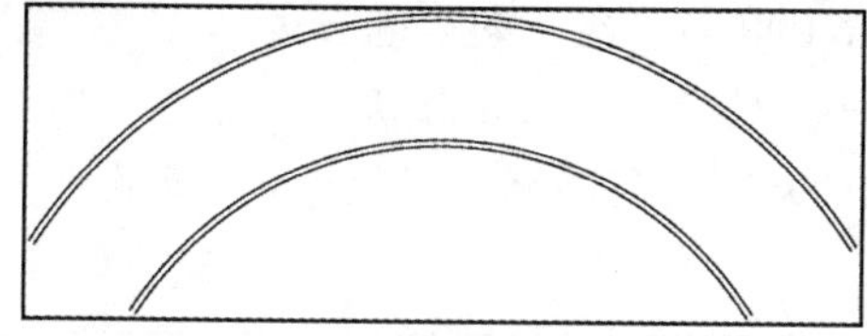

图 17-155 偏移圆弧

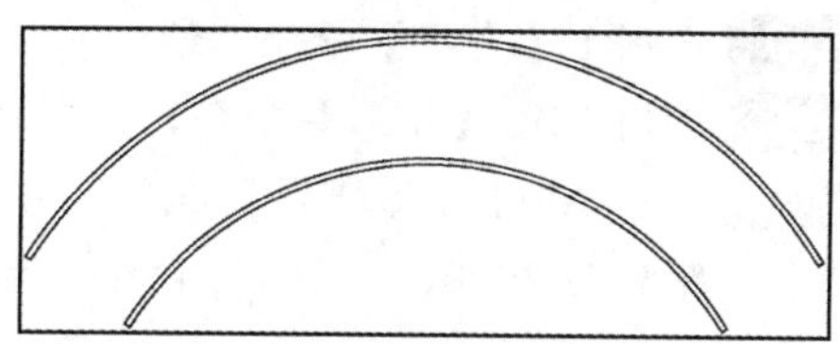

图 17-156 连接圆弧

Step 05 调用 REC【矩形】命令，绘制大小为 3 000×70 的矩形，并将其移至相应的位置，如图 17-157 所示。

Step 06 调用 AR【路径阵列】命令，阵列矩形，阵列距离为 500，并对阵列进行分解整理，效果如图 17-158 所示。

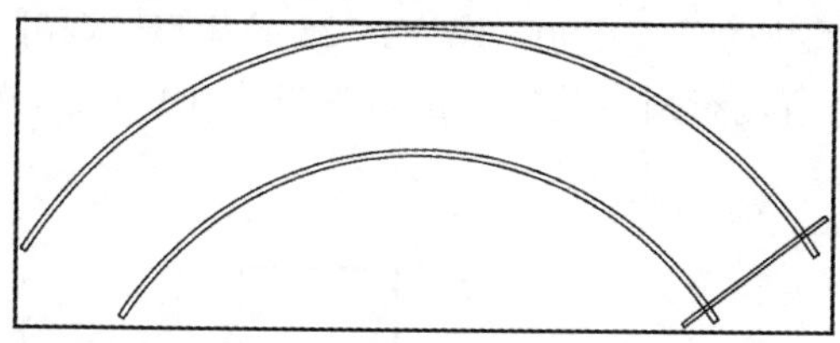

图 17-157 绘制并移动矩形

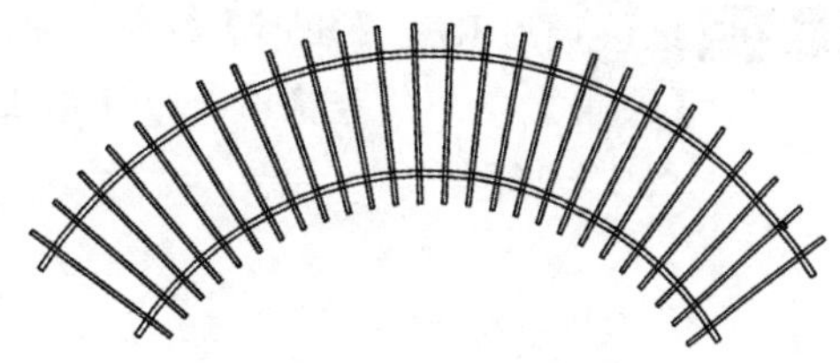

图 17-158 阵列矩形

Step 07 调用 REC【矩形】命令，分别绘制尺寸为 450×450、200×200 的矩形，表示柱子。

Step 08 调用 H【图案填充】命令，填充柱子，填充图案为 AR-SAND，比例为 50，另外一种为 ANSI-31，比例为 250，并将其移至合适的位置，结果如图 17-159 所示。

Step 09 调用 AR【路径阵列】命令，阵列柱子，阵列距离为 2100，阵列数目为 6，如图 17-160 所示。

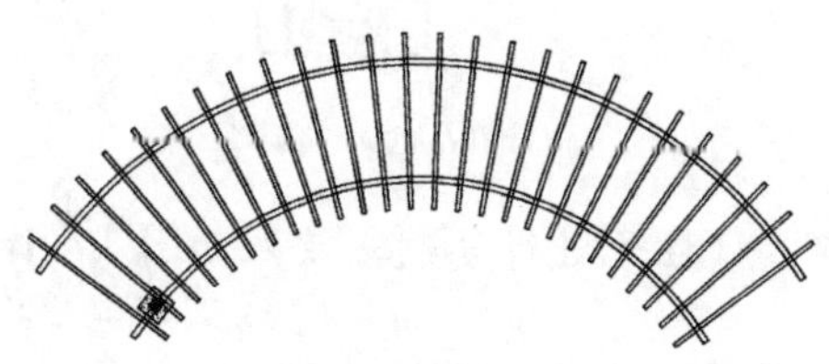

图 17-159 绘制柱子

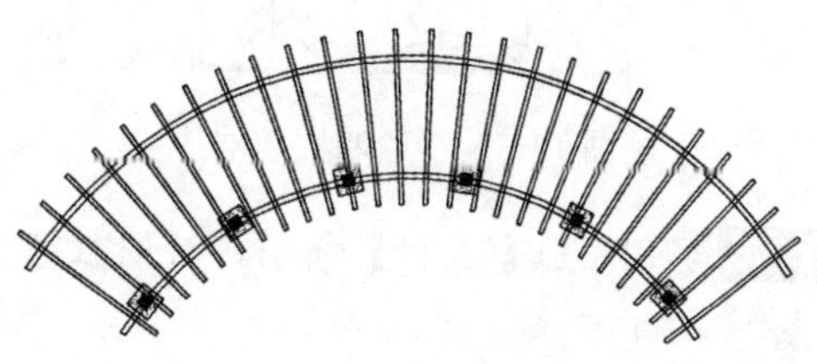

图 17-160 阵列柱子

Step 10 调用相同的方法绘制另一侧的柱子，其中阵列距离为 2 800，阵列数为 6，如图 17-161 所示。

Step 11 调用【对齐标注】命令，对花架平面进行标注，最终结果如图 17-162 所示。

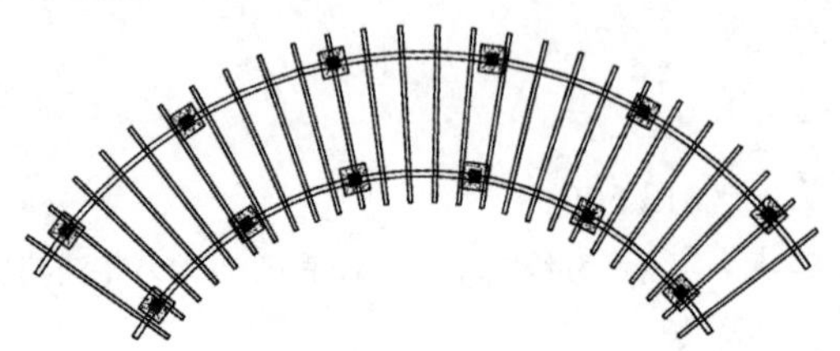

图 17-161　阵列另一侧柱子

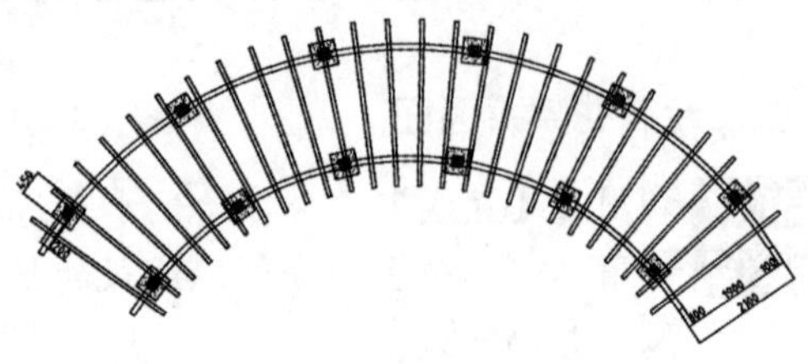

图 17-162　标注尺寸

2．绘制花架展开立面图

Step 01 调用 L【直线】命令，绘制长尺寸为度为 16 000 的直线，表示地面线。

Step 02 调用 REC【矩形】命令，绘制尺寸为 390×400 的矩形，表示柱基。

Step 03 调用 AR【矩形阵列】命令，将上一步绘制的矩形进行阵列，列数为 6，行数为 1，距离为 3000，如图 17-163 所示。

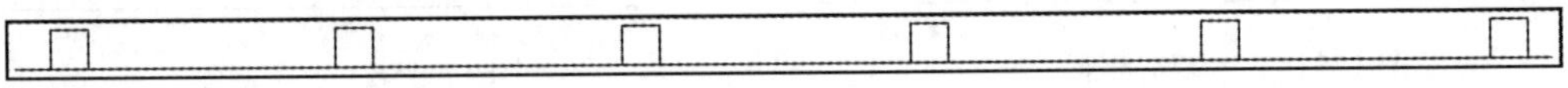

图 17-163　阵列柱基

Step 04 调用 REC【矩形】命令，绘制尺寸为 450×100 的矩形；调用 F【圆角】命令，并将其上面的角进行圆角处理，圆角半径为 30，并对其进行填充，填充图案为 GRAVEL，比例为 300，如图 17-164 所示。

Step 05 继续调用 REC【矩形】命令，分别绘制尺寸为 200×200、160×1 725 的矩形；调用 F【圆角】命令，并将第一个矩形上面两个角进行圆角处理，圆角半径为 10，效果如图 17-165 所示。

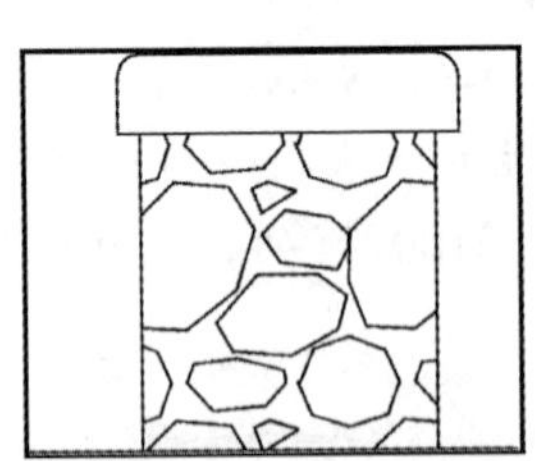

图 17-164　绘制柱基础

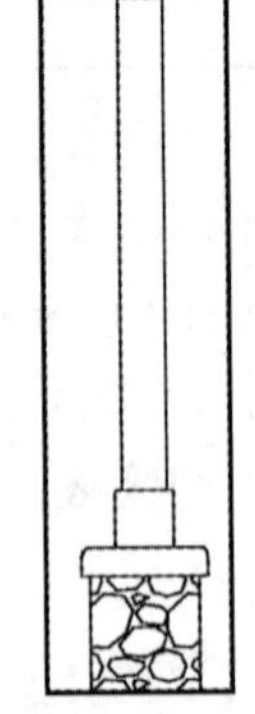

图 17-165　绘制柱子

Step 06 调用 CO【复制】命令，拾取柱基上边中点，对柱子进行复制，效果如图 17-166 所示。

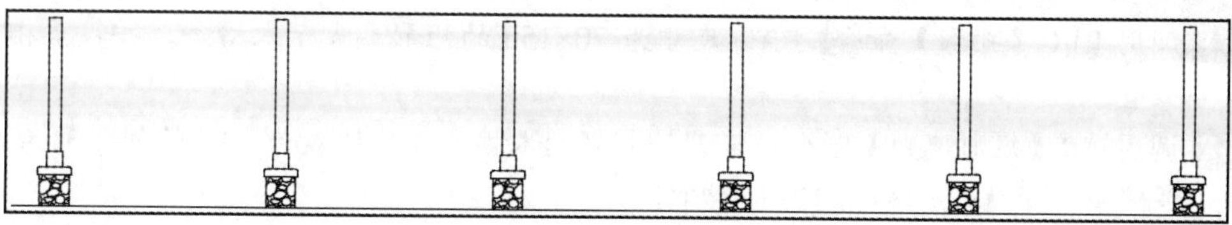

图 17-166　复制柱子

Step 07 调用 REC【矩形】命令，绘制尺寸为 15 400×150 的矩形，表示横梁，并移至相应的位置，然后修剪多余线段，效果如图 17-167 所示。

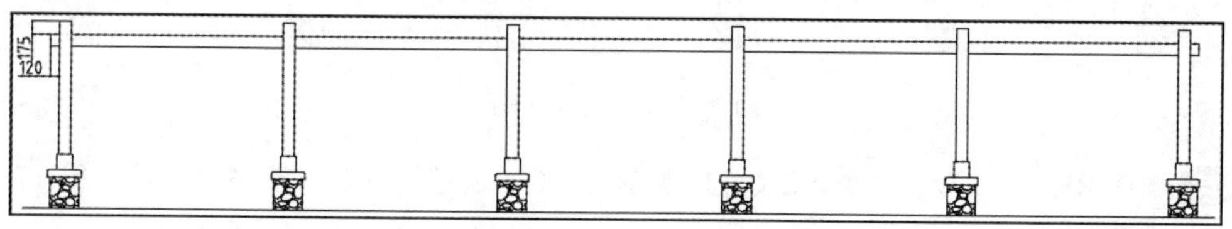

图 17-167　绘制梁

Step 08 调用 REC【矩形】命令，绘制尺寸为 80×150 的矩形，表示横梁，并调用 AR【矩形阵列】命令，阵列数为 6，阵列距离为 3 000，如图 17-168 所示。

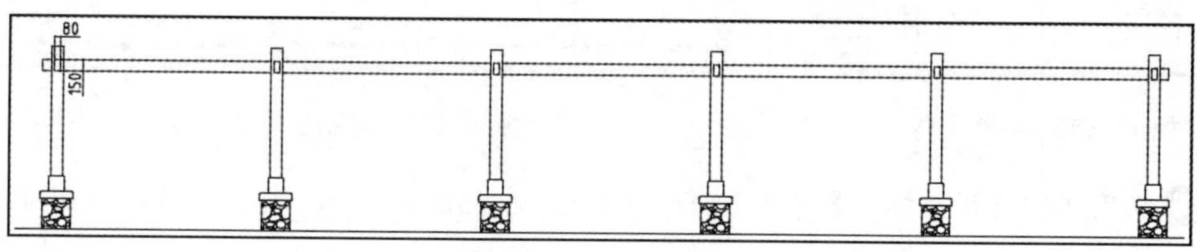

图 17-168　绘制横梁

Step 09 调用 PL【多段线】命令，绘制多段线，如图 17-169 所示。

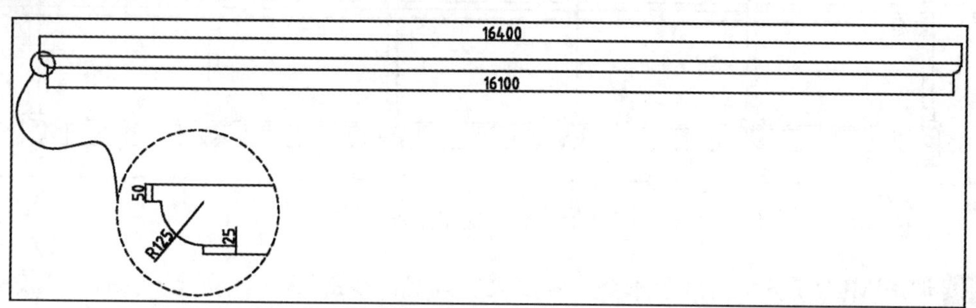

图 17-169　绘制梁

Step 10 并将其移至相应的位置，然后对图形进行修剪，修剪结果如图 17-170 所示。

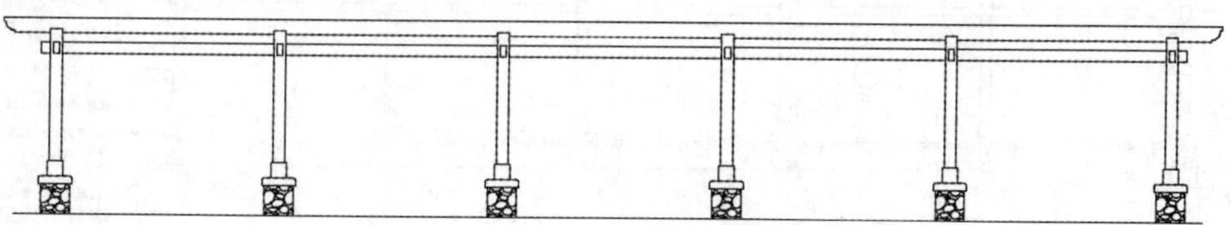

图 17-170　移动并修剪图形

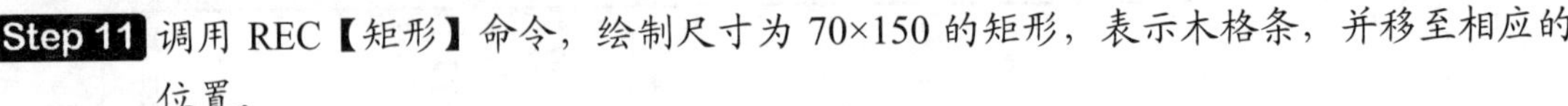

Step 11 调用 REC【矩形】命令，绘制尺寸为 70×150 的矩形，表示木格条，并移至相应的位置。

Step 12 调用 AR【矩形阵列】命令，阵列绘制好的木格条，阵列数为 33，阵列距离为 500，并修剪多余线段，如图 17-171 所示。

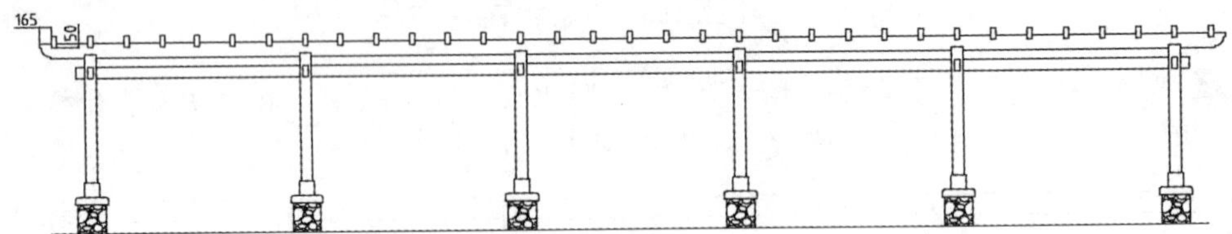

图 17-171　绘制木格条

Step 13 调用 REC【矩形】命令、L【直线】命令、O【偏移】命令，绘制坐凳，如图 17-172 所示。

Step 14 调用 CO【复制】命令，绘制其他坐凳，如图 17-173 所示。

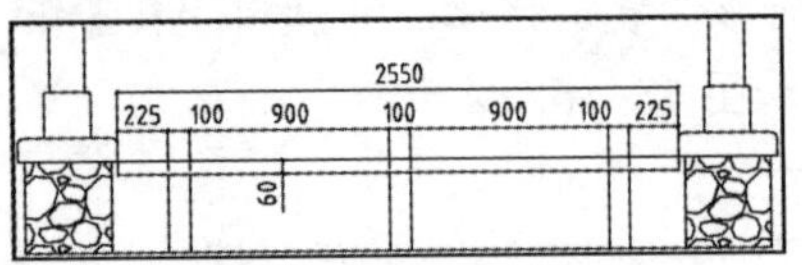

图 17-172　绘制坐凳

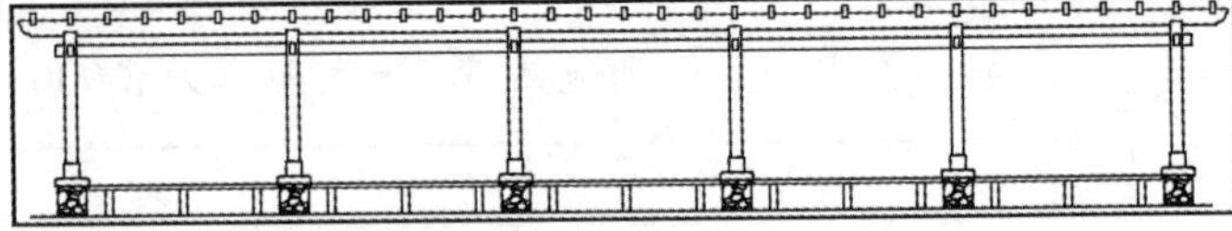

图 17-173　绘制其他坐凳

Step 15 调用 DLI【线性标注】命令和 DCO【连续性标注】命令，标注尺寸，如图 17-174 所示。

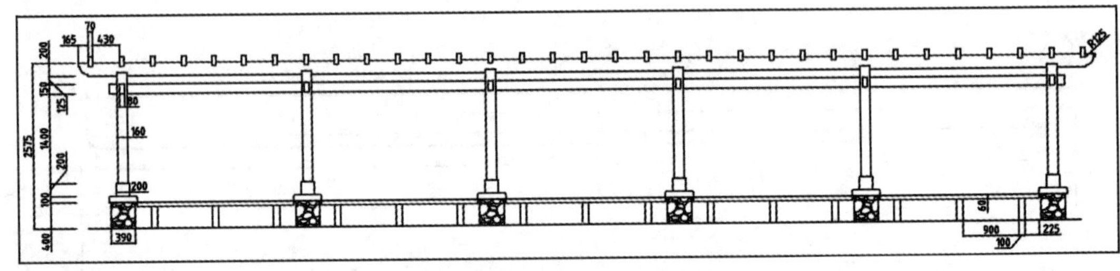

图 17-174　标注尺寸

Step 16 调用 MLD【多重引线】命令，标注文字说明，如图 17-175 所示，至此，花架展开立面图绘制完成。

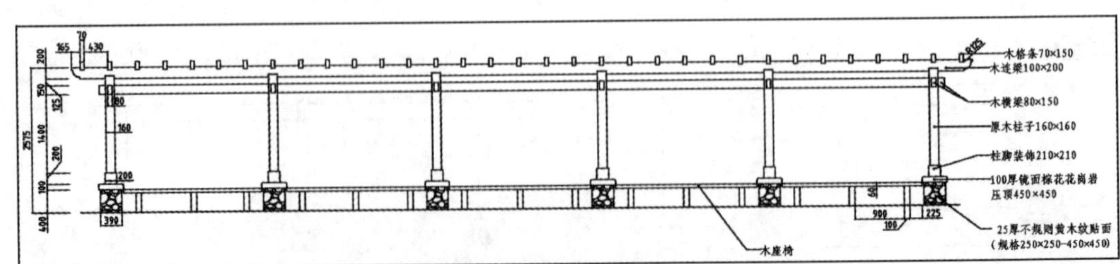

图 17-175　标注文字

3．绘制花架侧立面图

Step 01 调用 L【直线】命令，绘制长度为 3 200 的地面线。

Step 02 调用 CO【复制】命令，将展开立面图中柱子复制到合适的位置，如图 17-176 所示。

Step 03 调用 REC【矩形】命令，绘制尺寸为 2 795×150 的矩形，并移至合适的位置，如图 17-177 所示。

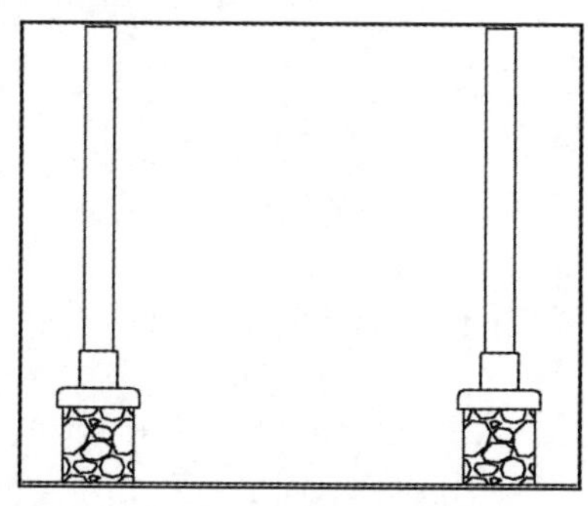

图 17-176 复制柱子

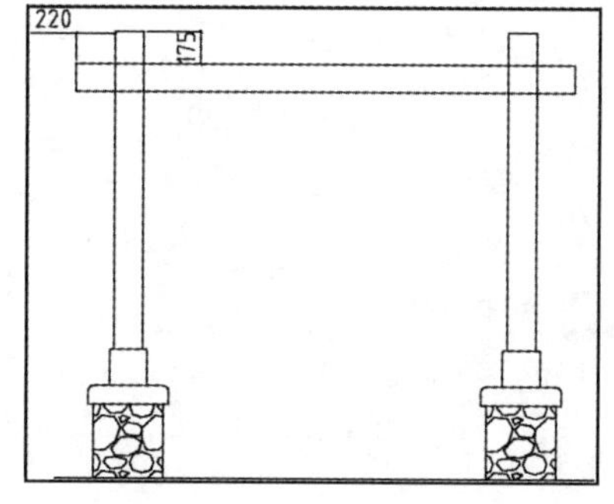

图 17-177 绘制横梁

Step 04 调用 TR【修剪】命令，修剪图形，如图 17-178 所示。

Step 05 调用 REC【矩形】命令，绘制两个尺寸为 80×150 的矩形，表示横梁，并移至合适的位置，如图 17-179 所示。

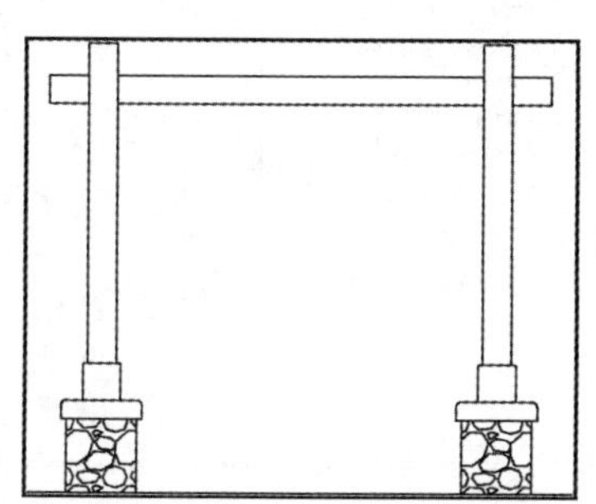

图 17-178 修剪图形

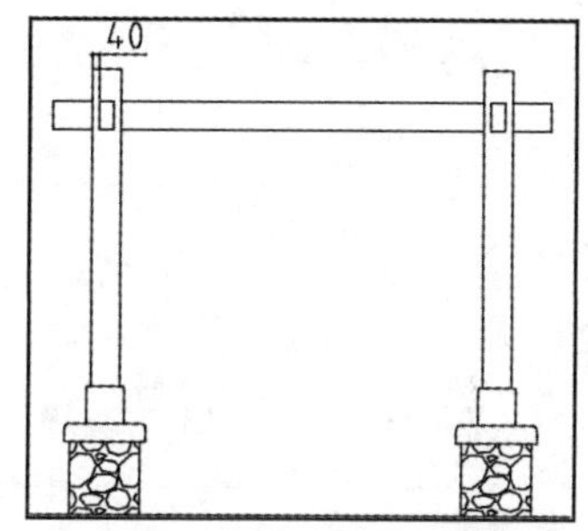

图 17-179 绘制横梁

Step 06 继续调用 REC【矩形】命令，绘制两个尺寸为 80×150 的矩形，并修剪多余线段，表示木连梁，如图 17-180 所示。

Step 07 调用 PL【多段线】命令，绘制多段线，并将其移至合适的位置，然后对图形修剪整理，如图 17-181 所示。

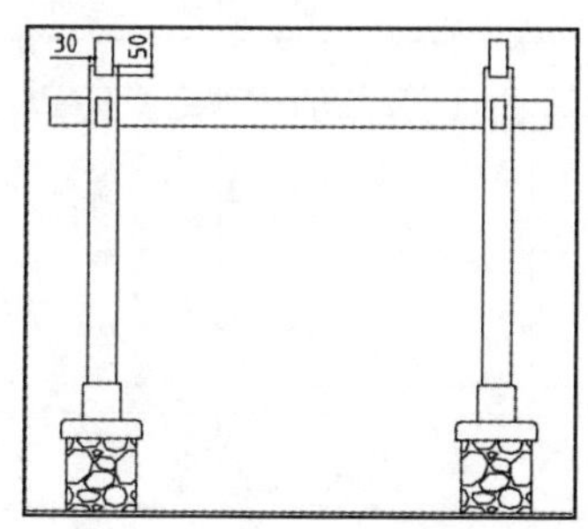

图 17-180 绘制木连梁

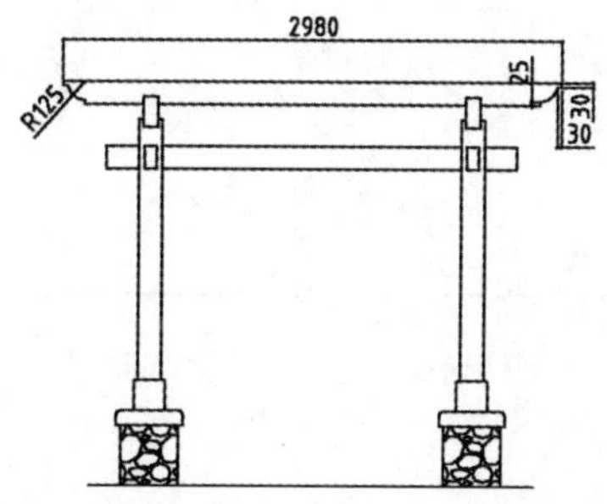

图 17-181 绘制木格条

Step 08 调用 DLI【线性标注】命令，标注尺寸，如图 17-182 所示。

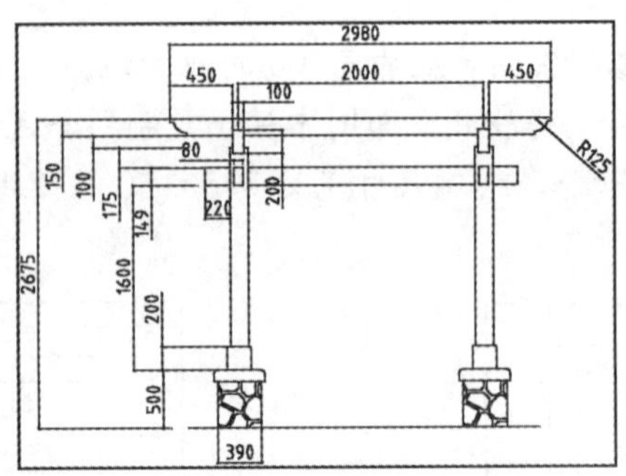

图 17-182　标注尺寸

Step 09 调用 MLD【多重引线】命令，标注文字说明，如图 17-183 所示，至此，花架侧立面图绘制完成。

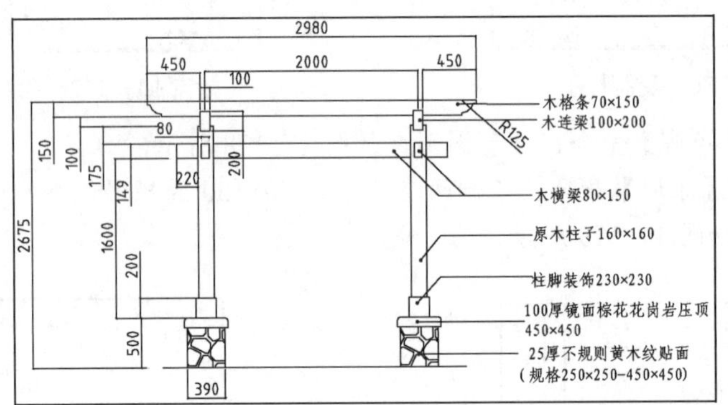

图 17-183　标注文字

17.2.4　绘制拱桥

1. 绘制拱桥平面图

下面介绍石拱桥的绘制方法，步骤如下。

Step 01 调用 L【直线】命令，绘制长度为 3 000 的垂直线段，绘制长度为 5 000 的水平线段，作为中心辅助线，如图 17-184 所示。

Step 02 调用 O【偏移】命令，偏移中心线，如图 17-185 所示。

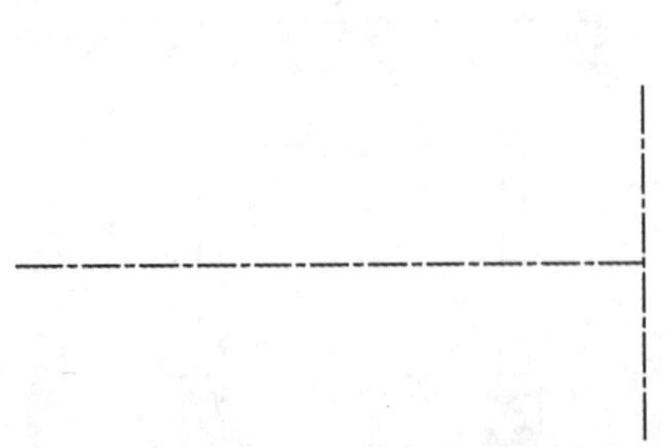

图 17-184　绘制中心线

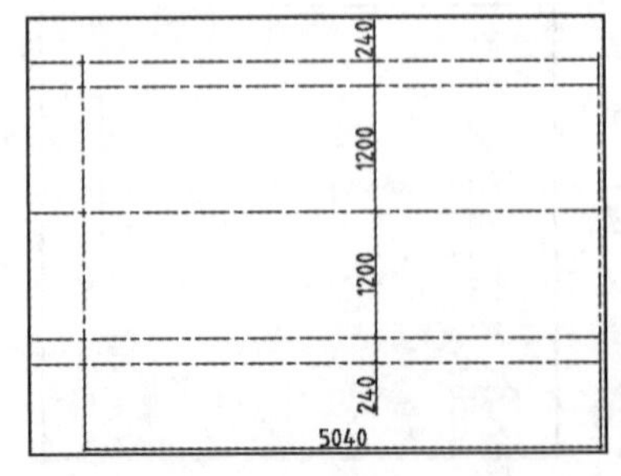

图 17-185　偏移中心线

Step 03 调用 O【偏移】命令，偏移直线，并对图形进行修剪，如图 17-186 所示。

Step 04 调用 L【直线】命令、O【偏移】命令、TR【修剪】命令，绘制平面图细部，如图 17-187 所示。

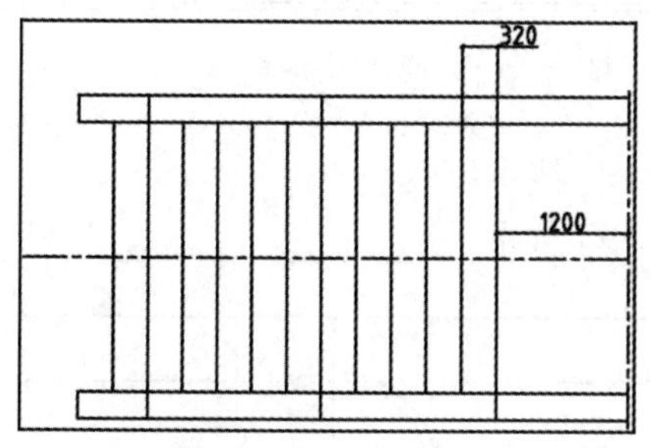

图 17-186　偏移直线

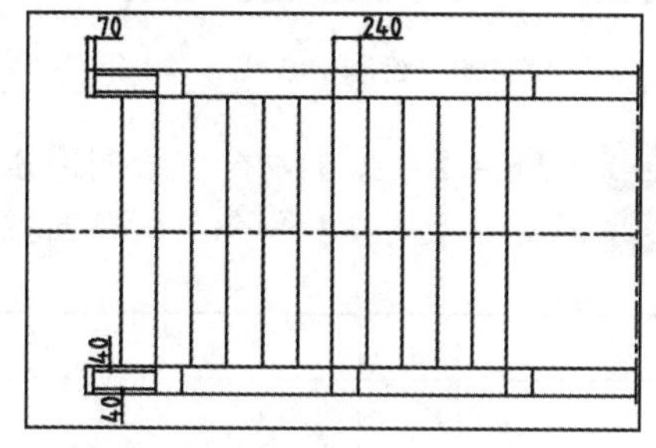

图 17-187　绘制细部

Step 05 调用 MI【镜像】命令，以垂直中心线为镜像线，镜像桥的另一部分，如图 17-188 所示。

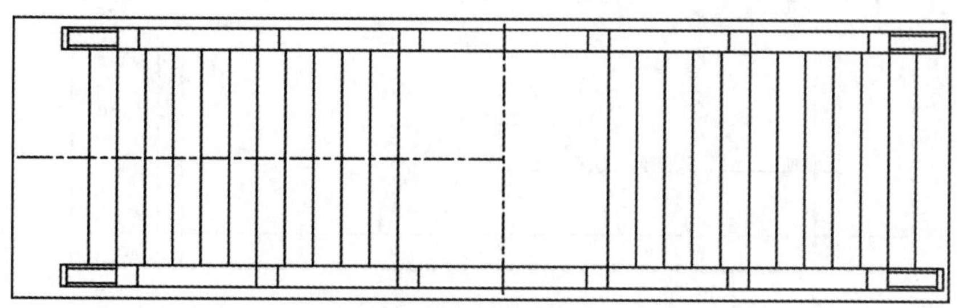

图 17-188　镜像图形

Step 06 调用 DLI【线性标注】命令，标注图形，如图 17-189 所示，至此，拱桥平面图绘制完成。

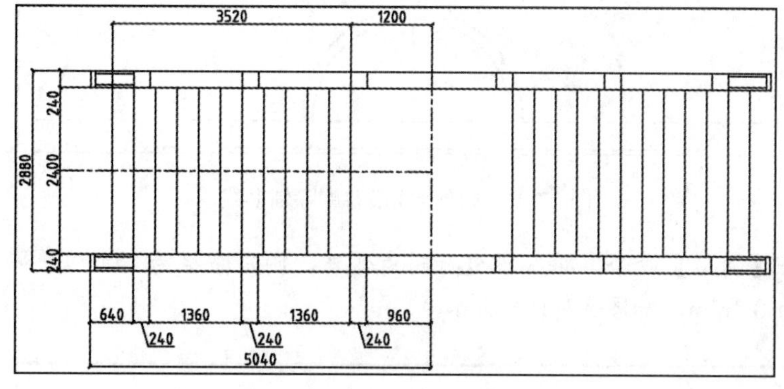

图 17-189　标注尺寸

2. 绘制拱桥立面图

Step 01 根据平面图提供的数据，调用 L【直线】命令，绘制长度为 10 000 的水平线段，绘制长度为 2 800 的垂直线段，作为中心辅助线，如图 17-190 所示。

Step 02 调用 O【偏移】命令，偏移线段，如图 17-191 所示。

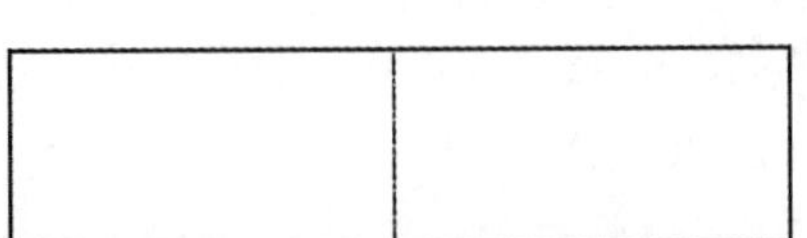

图 17-190　绘制中心线

图 17-191　偏移中心线

Step 03 调用 A【圆弧】命令，绘制圆弧，如图 17-192 所示。

Step 04 调用 O【偏移】命令，偏移圆弧，如图 17-193 所示。

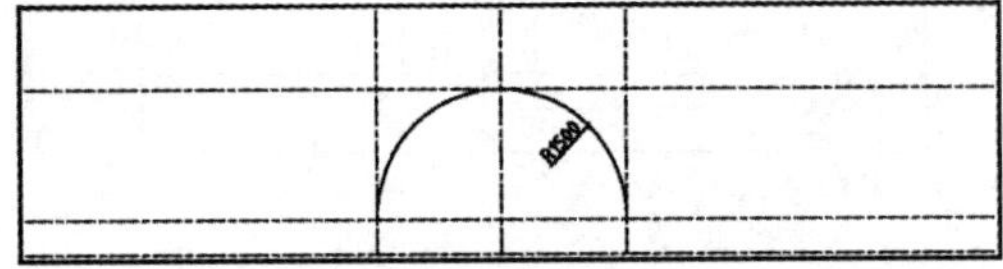

图 17-192　绘制圆弧

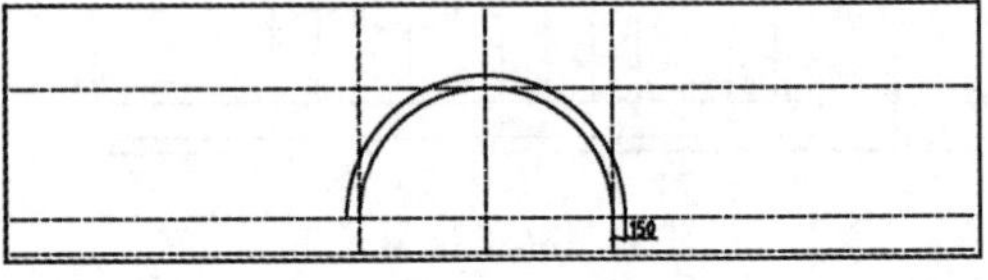

图 17-193　偏移圆弧

Step 05 调用 O【偏移】命令，偏移垂直中心线，如图 17-194 所示。

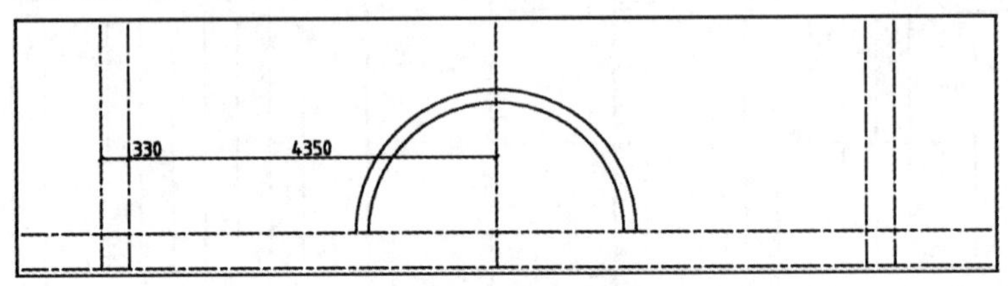

图 17-194　偏移垂直中心线

Step 06 调用 L【直线】命令，绘制线段，并删除辅助线，如图 17-195 所示。

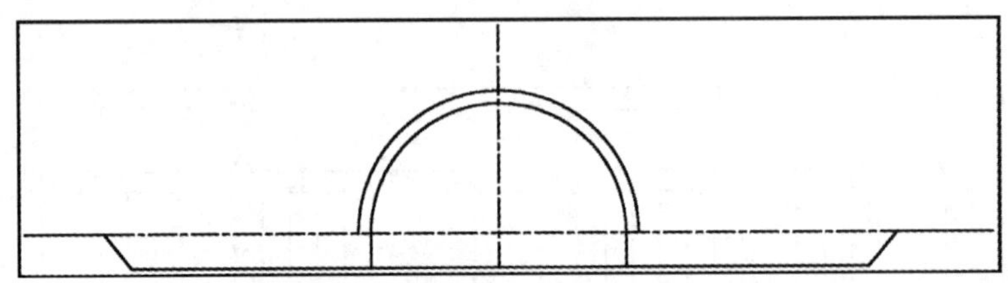

图 17-195　绘制线段并删除辅助线

Step 07 调用 F【圆角】命令，将线段进行圆角处理，圆角半径为 300，并将部分线段修改线宽为 0.3mm，如图 17-196 所示。

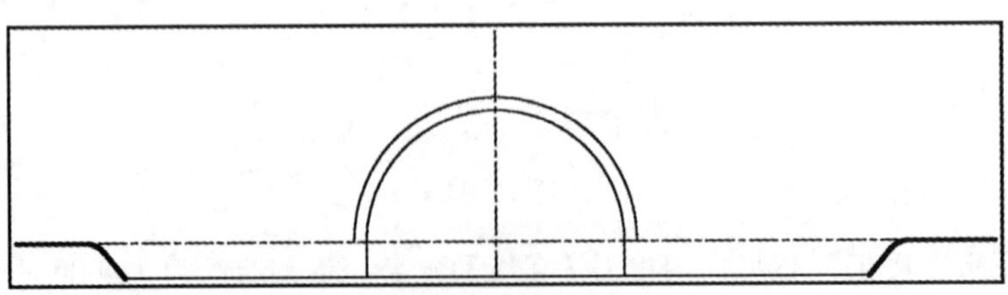

图 17-196　圆角线段

Step 08 调用 O【偏移】命令，偏移水平中心线，如图 17-197 所示。

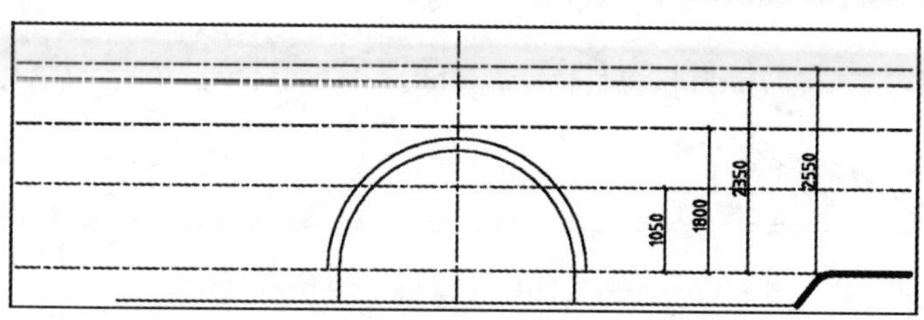

图 17-197　偏移水平中心线

Step 09 调用 O【偏移】命令，偏移垂直中心线，如图 17-198 所示。

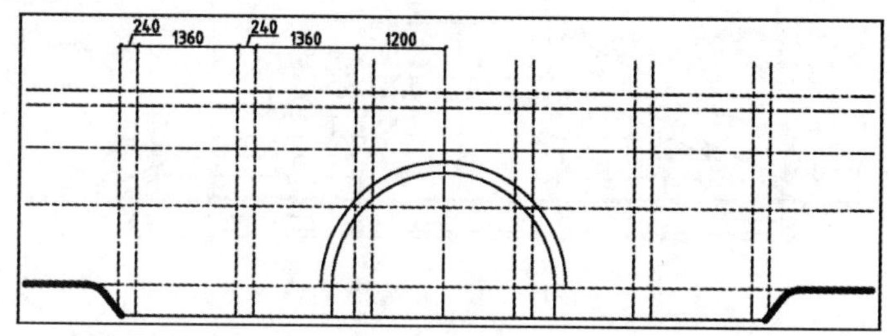

图 17-198　偏移垂直中心线

Step 10 调用 TR【修剪】、L【直线】、O【偏移】等命令，对图形进行整理，并将线型设置为默认细实线，如图 17-199 所示。

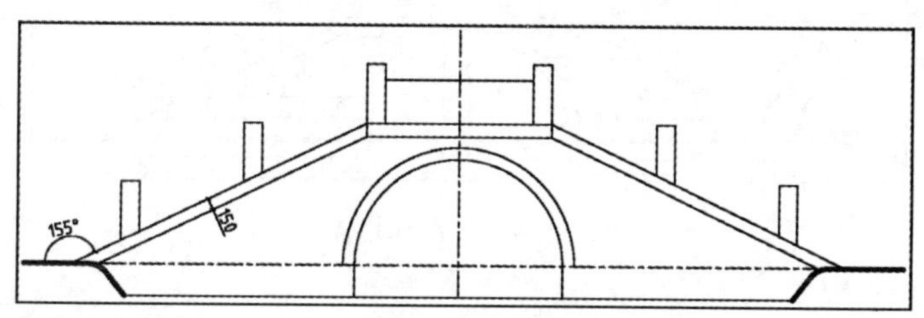

图 17-199　整理图形

Step 11 调用 O【偏移】命令，偏移线段，然后对图形进行整理，如图 17-200 所示。

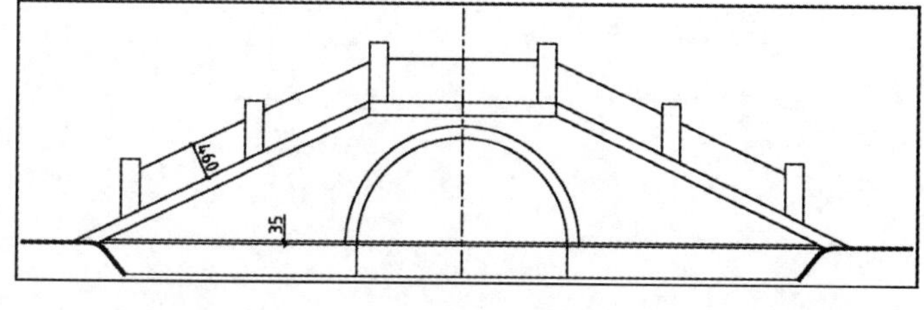

图 17-200　偏移线段

Step 12 调用 SPL【样条曲线】命令和 C【圆】命令，绘制栏板雕花，然后配合 L【直线】命令和 O【偏移】命令，绘制地板砖线，如图 17-201 所示。

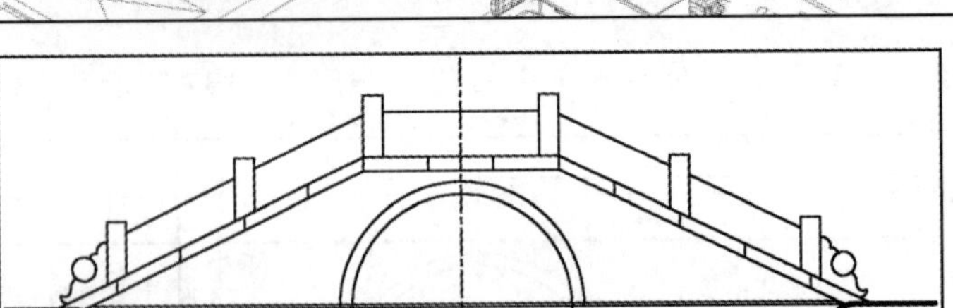

图 17-201　绘制雕花结构

Step 13 调用 H【图案填充】命令，选择 AR-B816 图案，设置比例为 1.5，填充图案，如图 17-202 所示。

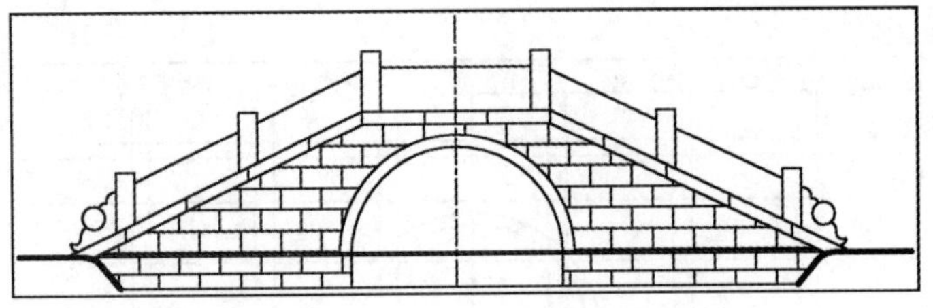

图 17-202　填充图案

Step 14 调用 I【插入】命令，插入“标高”图块，并调用 DLI【线性标注】命令，进行标注，如图 17-203 所示，至此，拱桥立面图绘制完成。

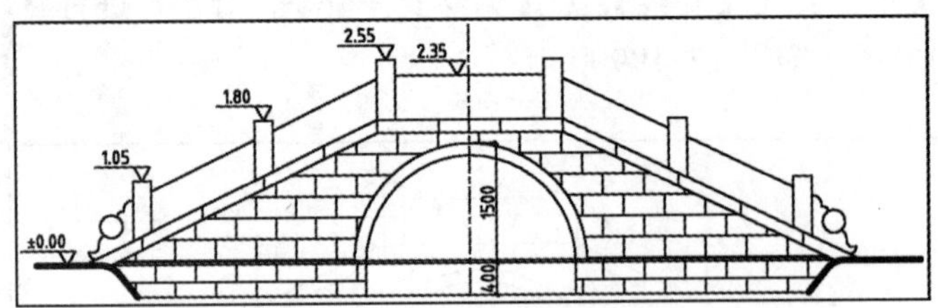

图 17-203　标注标高

读者意见反馈表

亲爱的读者：

感谢您对中国铁道出版社的支持，您的建议是我们不断改进工作的信息来源，您的需求是我们不断开拓创新的基础。为了更好地服务读者，出版更多的精品图书，希望您能在百忙之中抽出时间填写这份意见反馈表发给我们。随书纸制表格请在填好后剪下寄到：北京市西城区右安门西街8号中国铁道出版社综合编辑部 刘伟 收（邮编：100054）。或者采用传真（010-63549458）方式发送。此外，读者也可以直接通过电子邮件把意见反馈给我们，E-mail地址是：6v1206@gmail.com 我们将选出意见中肯的热心读者，赠送本社的其他图书作为奖励。同时，我们将充分考虑您的意见和建议，并尽可能地给您满意的答复。谢谢！

所购书名：____________________

个人资料：

姓名：__________性别：__________年龄：__________文化程度：__________

职业：__________电话：__________E-mail：__________

通信地址：__________邮编：__________

您是如何得知本书的：

□书店宣传 □网络宣传 □展会促销 □出版社图书目录 □老师指定 □杂志、报纸等的介绍 □别人推荐

□其他（请指明）____________________

您从何处得到本书的：

□书店 □邮购 □商场、超市等卖场 □图书销售的网站 □培训学校 □其他

影响您购买本书的因素（可多选）：

□内容实用 □价格合理 □装帧设计精美 □带多媒体教学光盘 □优惠促销 □书评广告 □出版社知名度

□作者名气 □工作、生活和学习的需要 □其他

您对本书封面设计的满意程度：

□很满意 □比较满意 □一般 □不满意 □改进建议

您对本书的总体满意程度：

从文字的角度 □很满意 □比较满意 □一般 □不满意

从技术的角度 □很满意 □比较满意 □一般 □不满意

您希望书中图的比例是多少：

□少量的图片辅以大量的文字 □图文比例相当 □大量的图片辅以少量的文字

您希望本书的定价是多少：

本书最令您满意的是：

1.

2.

您在使用本书时遇到哪些困难：

1.

2.

您希望本书在哪些方面进行改进：

1.

2.

您需要购买哪些方面的图书？对我社现有图书有什么好的建议？

您更喜欢阅读哪些类型和层次的计算机书籍（可多选）？

□入门类 □精通类 □综合类 □问答类 □图解类 □查询手册类 □实例教程类

您在学习计算机的过程中有什么困难？

您的其他要求：